**Handbuch der
Lebensmitteltoxikologie**

*Herausgegeben von
Hartmut Dunkelberg,
Thomas Gebel und
Andrea Hartwig*

200 Jahre Wiley – Wissen für Generationen

John Wiley & Sons feiert 2007 ein außergewöhnliches Jubiläum: Der Verlag wird 200 Jahre alt. Zugleich blicken wir auf das erste Jahrzehnt des erfolgreichen Zusammenschlusses von John Wiley & Sons mit der VCH Verlagsgesellschaft in Deutschland zurück. Seit Generationen vermitteln beide Verlage die Ergebnisse wissenschaftlicher Forschung und technischer Errungenschaften in der jeweils zeitgemäßen medialen Form.

Jede Generation hat besondere Bedürfnisse und Ziele. Als Charles Wiley 1807 eine kleine Druckerei in Manhattan gründete, hatte seine Generation Aufbruchsmöglichkeiten wie keine zuvor. Wiley half, die neue amerikanische Literatur zu etablieren. Etwa ein halbes Jahrhundert später, während der „zweiten industriellen Revolution" in den Vereinigten Staaten, konzentrierte sich die nächste Generation auf den Aufbau dieser industriellen Zukunft. Wiley bot die notwendigen Fachinformationen für Techniker, Ingenieure und Wissenschaftler. Das ganze 20. Jahrhundert wurde durch die Internationalisierung vieler Beziehungen geprägt – auch Wiley verstärkte seine verlegerischen Aktivitäten und schuf ein internationales Netzwerk, um den Austausch von Ideen, Informationen und Wissen rund um den Globus zu unterstützen.

Wiley begleitete während der vergangenen 200 Jahre jede Generation auf ihrer Reise und fördert heute den weltweit vernetzten Informationsfluss, damit auch die Ansprüche unserer global wirkenden Generation erfüllt werden und sie ihr Zeil erreicht. Immer rascher verändert sich unsere Welt, und es entstehen neue Technologien, die unser Leben und Lernen zum Teil tiefgreifend verändern. Beständig nimmt Wiley diese Herausforderungen an und stellt für Sie das notwendige Wissen bereit, das Sie neue Welten, neue Möglichkeiten und neue Gelegenheiten erschließen lässt.

Generationen kommen und gehen: Aber Sie können sich darauf verlassen, dass Wiley Sie als beständiger und zuverlässiger Partner mit dem notwendigen Wissen versorgt.

William J. Pesce
President and Chief Executive Officer

Peter Booth Wiley
Chairman of the Board

Handbuch der Lebensmitteltoxikologie

Belastungen, Wirkungen, Lebensmittelsicherheit, Hygiene

Band 3

Herausgegeben von
Hartmut Dunkelberg, Thomas Gebel und
Andrea Hartwig

WILEY-VCH Verlag GmbH & Co. KGaA

Herausgeber

Prof. Dr. Hartmut Dunkelberg
Universität Göttingen
Bereich Humanmedizin
Abt. Allgemeine Hygiene und Umweltmedizin
Lenglerner Straße 75
37039 Göttingen

Dr. Thomas Gebel
Bundesanstalt für Arbeitsschutz
und Arbeitsmedizin
Fachbereich 4
Friedrich-Henkel-Weg 1–25
44149 Dortmund

Prof. Dr. Andrea Hartwig
TU Berlin, Sekr. TIB 4/3-1
Institut für Lebensmitteltechnologie
Gustav-Meyer-Allee 25
13355 Berlin

■ Alle Bücher von Wiley-VCH werden sorgfältig erarbeitet. Dennoch übernehmen Autoren, Herausgeber und Verlag in keinem Fall, einschließlich des vorliegenden Werkes, für die Richtigkeit von Angaben, Hinweisen und Ratschlägen sowie für eventuelle Druckfehler irgendeine Haftung

**Bibliografische Information
der Deutschen Nationalbibliothek**
Die Deutsche Nationalbibliothek verzeichnet diese Publikation in der Deutschen Nationalbibliografie; detaillierte bibliografische Daten sind im Internet über http://dnb.d-nb.de abrufbar.

© 2007 WILEY-VCH Verlag GmbH & Co. KGaA, Weinheim

Alle Rechte, insbesondere die der Übersetzung in andere Sprachen, vorbehalten. Kein Teil dieses Buches darf ohne schriftliche Genehmigung des Verlages in irgendeiner Form – durch Photokopie, Mikroverfilmung oder irgendein anderes Verfahren – reproduziert oder in eine von Maschinen, insbesondere von Datenverarbeitungsmaschinen, verwendbare Sprache übertragen oder übersetzt werden. Die Wiedergabe von Warenbezeichnungen, Handelsnamen oder sonstigen Kennzeichen in diesem Buch berechtigt nicht zu der Annahme, dass diese von jedermann frei benutzt werden dürfen. Vielmehr kann es sich auch dann um eingetragene Warenzeichen oder sonstige gesetzlich geschützte Kennzeichen handeln, wenn sie nicht eigens als solche markiert sind.

Printed in the Federal Republic of Germany
Gedruckt auf säurefreiem Papier

Satz K+V Fotosatz GmbH, Beerfelden
Druck Strauss Druck, Mörlenbach
Bindung Litges & Dopf GmbH, Heppenheim

ISBN 978-3-527-31166-8

Inhalt

Geleitwort *XXI*

Vorwort *XXV*

Autorenverzeichnis *XXVII*

Band 1

I **Grundlagen**

Einführung

1 Geschichtliches zur Lebensmitteltoxikologie 3
   Karl-Joachim Netter

2 Lebensmittel und Gesundheit 19
   Thomas Gebel

3 Stellenwert und Aufgabe der Lebensmitteltoxikologie 33
   Hartmut Dunkelberg

Rechtliche Grundlagen der Lebensmitteltoxikologie

4 Europäisches Lebensmittelrecht 47
   Rudolf Streinz

5 Das Recht der Lebensmittel an ökologischer Landwirtschaft 97
   Hanspeter Schmidt

Lebensmitteltoxikologische Untersuchungsmethoden,
Methoden der Risikoabschätzung und Lebensmittelüberwachung

6 Allgemeine Grundsätze der toxikologischen Risikoabschätzung und
der präventiven Gefährdungsminimierung bei Lebensmitteln   *117*
Diether Neubert

7 Ableitung von Grenzwerten in der Lebensmitteltoxikologie   *191*
Werner Grunow   191

8 Hygienische und mikrobielle Standards und Grenzwerte
und deren Ableitung   *209*
Johannes Krämer

9 Sicherheitsbewertung von neuartigen Lebensmitteln
und Lebensmitteln aus genetisch veränderten Organismen   *225*
Annette Pöting

10 Lebensmittelüberwachung und Datenquellen   *259*
Maria Roth

11 Verfahren zur Bestimmung der Aufnahme und Belastung
mit toxikologisch relevanten Stoffen aus Lebensmitteln   *287*
Kurt Hoffmann

12 Analytik von toxikologisch relevanten Stoffen   *323*
Thomas Heberer und Horst Klaffke

13 Mikrobielle Kontamination   *389*
Martin Wagner

14 Nachweismethoden für bestrahlte Lebensmittel   *397*
Henry Delincée und Irene Straub

15 Basishygiene und Eigenkontrolle, Qualitätsmanagement   *439*
Roger Stephan und Claudio Zweifel

II Stoffbeschreibungen

1 Toxikologisch relevante Stoffe in Lebensmitteln – eine Übersicht   *453*
Andrea Hartwig

Inhalt | VII

Verunreinigungen

2 **Bakterielle Toxine** 459
Michael Bülte

3 **Aflatoxine** 497
Pablo Steinberg

4 **Ochratoxine** 513
Wolfgang Dekant, Angela Mally und Herbert Zepnik

5 **Mutterkornalkaloide** 541
Christiane Aschmann und Edmund Maser

Band 2

6 **Algentoxine** 565
Christine Bürk

7 **Prionen** 591
Hans A. Kretzschmar

8 **Radionuklide** 613
Gerhard Pröhl

9 **Folgeprodukte der Hochdruckbehandlung von Lebensmitteln** 645
Peter Butz und Bernhard Tauscher

10 **Folgeprodukte der ionisierenden Bestrahlung von Lebensmitteln** 675
Henry Delincée

11 **Arsen** 729
Tanja Schwerdtle und Andrea Hartwig

12 **Blei** 757
Marc Brulport, Alexander Bauer und Jan G. Hengstler

13 **Cadmium** 781
Gerd Crößmann und Ulrich Ewers

14 **Quecksilber** 803
Abdel-Rahman Wageeh Torky und Heidi Foth

15 **Nitrat, Nitrit** 851
Marianne Borneff-Lipp und Matthias Dürr

16	**Nitroaromaten** *881* Volker M. Arlt und Heinz H. Schmeiser
17	**Nitrosamine** *931* Beate Pfundstein und Bertold Spiegelhalder
18	**Heterocyclische aromatische Amine** *963* Dieter Wild
19	**Polyhalogenierte Dibenzodioxine und -furane** *995* Detlef Wölfle
20	**Polyhalogenierte Bi- und Terphenyle** *1031* Gabriele Ludewig, Harald Esch und Larry W. Robertson
21	**Weitere organische halogenierte Verbindungen** *1095* Götz A. Westphal

Band 3

22	**Polycyclische aromatische Kohlenwasserstoffe** *1121* Hans Rudolf Glatt, Heiko Schneider und Albrecht Seidel
22.1	Allgemeine physiko-chemische Eigenschaften von PAK *1121*
22.2	Historische Meilensteine bei der Erforschung der PAK-Kanzerogenese *1123*
22.3	Bildung und Vorkommen *1126*
22.3.1	Mechanismen der Bildung von PAK *1126*
22.3.2	PAK in der Umwelt des Menschen *1127*
22.3.3	PAK in Lebensmitteln *1129*
22.3.4	PAK-Substanzprofile in verschiedenen Matrizen *1131*
22.4	Toxikologische Wirkungen und Bioaktivierungswege *1131*
22.4.1	Allgemeines zum Wirkprofil und zu den Wirkmechanismen *1131*
22.4.2	Benzo[a]pyren *1132*
22.4.2.1	Biotransformationsschritte und beteiligte Enzymklassen *1132*
22.4.2.2	(+)-*anti*-Benzo[a]pyren-7,8-dihydrodiol-9,10-oxid als wesentliches ultimales Kanzerogen *1134*
22.4.2.3	Andere reaktive Metaboliten des Benzo[a]pyrens *1136*
22.4.3	PAK mit Fjord-Region *1138*
22.4.4	Methylierte PAK *1138*
22.4.5	Ethylenüberbrückte PAK *1140*
22.4.6	Naphthalin *1141*
22.5	Biomonitoring der individuellen Belastung und Beanspruchung *1142*
22.5.1	Bedarf für Biomonitoring *1142*
22.5.2	Biomarker aus dem Harn *1142*

22.5.3	Biomarker aus Blut und Geweben	*1144*
22.6	Grenzwerte, gesetzliche Regelungen	*1145*
22.7	Zusammenfassung	*1147*
22.8	Literatur	*1149*

23 Acrylamid *1157*
Doris Marko

23.1	Allgemeine Substanzbeschreibung	*1157*
23.2	Vorkommen	*1157*
23.3	Verbreitung in Lebensmitteln	*1159*
23.4	Biomonitoring, Kinetik und innere Exposition	*1161*
23.5	Metabolisierung und Ausscheidung	*1163*
23.6	Wirkungen	*1165*
23.6.1	Wirkungen auf Versuchstiere	*1165*
23.6.2	Wirkungen auf den Menschen	*1166*
23.6.3	Zusammenfassung der wichtigsten Wirkmechanismen	*1167*
23.7	Bewertung des Gefährdungspotenzials	*1167*
23.8	Grenzwerte, Richtwerte, Empfehlungen, gesetzliche Regelungen	*1167*
23.9	Vorsorgemaßnahmen	*1169*
23.10	Zusammenfassung	*1170*
23.11	Literatur	*1170*

24 Stoffe aus Materialien im Kontakt mit Lebensmitteln *1175*
Eckhard Löser und Detlef Wölfle

24.1	Einleitung	*1175*
24.2	Rechtsvorschriften für Materialien und Gegenstände im Lebensmittelkontakt	*1178*
24.3	Kunststoffe im Lebensmittelkontakt	*1184*
24.3.1	Monomere	*1185*
24.3.2	Hilfs- und Zusatzstoffe	*1197*
24.4	Papier, Kartons und Pappen im Lebensmittelkontakt	*1204*
24.5	Elastomere (Gummi) im Lebensmittelkontakt	*1210*
24.6	Zusammenfassung und Ausblick	*1214*
24.7	Literatur	*1216*

Rückstände

25 Gesundheitliche Bewertung von Pestizidrückständen *1223*
Ursula Banasiak und Karsten Hohgardt

25.1	Einleitung	*1223*
25.2	Fachliche Grundlagen und Voraussetzungen	*1224*
25.3	Methoden der Risikobewertung	*1228*
25.3.1	Einflussgrößen	*1229*
25.3.2	Abschätzung der lebenslangen Aufnahmemengen von Pestizidrückständen über die Nahrung	*1231*

25.3.3	Abschätzung der kurzfristigen Aufnahmemengen von Pestizidrückständen über die Nahrung *1237*	
25.3.3.1	Deterministische Verfahren *1237*	
25.3.3.2	Probabilistische Verfahren *1241*	
25.3.3.3	Deterministische und probabilistische Verfahren im Vergleich *1242*	
25.3.4	Risikobetrachtung *1243*	
25.4	Bewertung von Mehrfachrückständen und Rückständen aus verschiedenen Quellen *1245*	
25.4.1	Ursachen von Mehrfachrückständen *1245*	
25.4.2	Zum Begriff Kombinationswirkungen *1246*	
25.4.3	Möglichkeiten der Bewertung von Kombinationswirkungen *1246*	
25.4.4	Darstellung der Situation in der Bundesrepublik Deutschland *1248*	
25.5	Zusammenfassung und Schlussfolgerungen *1249*	
25.6	Literatur *1251*	

26 Toxikologische Bewertungskonzepte für Pestizidwirkstoffe *1257*
Roland Solecki

26.1	Einleitung *1257*	
26.2	Regulatorische Toxikologie der Pestizide *1259*	
26.3	Datenanforderungen für die Ableitung von Grenzwerten *1261*	
26.4	Grenzwerte für die Bewertung von Rückständen *1265*	
26.5	Bewertungskonzept für die Ableitung der Akuten Referenzdosis *1269*	
26.6	Toxikologische Endpunkte zur ARfD-Ableitung *1272*	
26.7	ADI-Wert und ARfD für rückstandsrelevante Pestizide in Lebensmitteln *1274*	
26.8	Literatur *1276*	

27 Wirkprinzipien und Toxizitätsprofile von Pflanzenschutzmitteln – Aktuelle Entwicklungen *1279*
Eric J. Fabian und Hennicke G. Kamp

27.1	Einleitung *1279*	
27.2	Insektizide *1281*	
27.2.1	Substanzklassen und Wirkprinzipien *1281*	
27.2.2	Neonicotinoide und Spinosyne *1287*	
27.2.2.1	Allgemeine Substanzbeschreibung *1287*	
27.2.2.2	Wirkprinzip *1288*	
27.2.2.3	Kinetik und innere Exposition *1289*	
27.2.2.4	Toxizitätsprofile *1289*	
27.3	Herbizide *1291*	
27.3.1	Substanzklassen und Wirkprinzipien *1291*	
27.3.2	Triketone und Isoxazole *1298*	
27.3.2.1	Allgemeine Substanzbeschreibung *1298*	
27.3.2.2	Wirkprinzip *1299*	
27.3.2.3	Kinetik und innere Exposition *1299*	

27.3.2.4	Toxizitätsprofil	*1301*
27.4	Fungizide	*1303*
27.4.1	Substanzklassen und Wirkprinzipien	*1303*
27.4.2	Strobilurine	*1309*
27.4.2.1	Allgemeine Substanzbeschreibung	*1309*
27.4.2.2	Wirkprinzip	*1311*
27.4.2.3	Kinetik und innere Exposition	*1313*
27.4.2.4	Toxizitätsprofil	*1314*
27.5	Zusammenfassung und Ausblick	*1315*
27.6	Literatur	*1315*

28 Herbizide *1321*
Lars Niemann

28.1	Einleitung	*1321*
28.2	Phenoxycarbonsäuren	*1322*
28.2.1	2,4-Dichlorphenoxyessigsäure (2,4-D)	*1322*
28.3	Organophosphate	*1325*
28.3.1	Glyphosat	*1325*
28.4	Harnstoffherbizide	*1335*
28.4.1	Diuron	*1335*
28.5	Bipyridiliumderivate	*1338*
28.5.1	Diquat	*1338*
28.6	Furanone	*1340*
28.6.1	Flurtamon	*1340*
28.7	Triazine	*1342*
28.7.1	Terbuthylazin	*1342*
28.8	Literatur	*1345*

29 Fungizide *1349*
Rudolf Pfeil

29.1	Einleitung	*1349*
29.2	Phenylamide	*1354*
29.2.1	Metalaxyl, Metalaxyl-M	*1355*
29.3	Methyl-Benzimidazole-Carbamate	*1357*
29.3.1	Carbendazim	*1357*
29.3.2	Thiabendazol	*1360*
29.4	Carboxamide	*1364*
29.4.1	Flutolanil	*1364*
29.5	Strobilurine	*1366*
29.5.1	Azoxystrobin	*1366*
29.5.2	Famoxadone	*1369*
29.5.3	Weitere Strobilurine	*1372*
29.6	Anilinopyrimidine	*1372*
29.6.1	Cyprodinil	*1372*
29.7	Phenylpyrrole	*1375*

29.7.1	Fludioxonil	*1375*
29.8	Dicarboximide	*1378*
29.8.1	Vinclozolin	*1379*
29.8.2	Procymidon	*1381*
29.8.3	Iprodion	*1383*
29.9	Aminosäureamid-Carbamate29.9 Aminosäureamid-Carbamate	*1385*
29.9.1	Iprovalicarb	*1385*
29.10	Demethylase-Inhibitoren	*1388*
29.10.1	Imazalil	*1389*
29.10.2	Propiconazol	*1391*
29.10.3	Flusilazol	*1394*
29.10.4	Weitere Triazole	*1397*
29.11	Morpholine	*1398*
29.11.1	Fenpropimorph	*1398*
29.12	Hydroxyanilide	*1400*
29.12.1	Fenhexamid	*1400*
29.13	Dithiocarbamate	*1403*
29.13.1	Alkylen-bis-dithiocarbamate	*1404*
29.13.2	Dimethyldithiocarbamate	*1408*
29.14	Phthalimide	*1410*
29.14.1	Folpet	*1411*
29.14.2	Captan	*1414*
29.15	Sulfamide	*1416*
29.15.1	Tolylfluanid	*1416*
29.16	Literatur	*1421*

30 **Insektizide** *1427*
Roland Solecki

30.1	Einleitung	*1427*
30.2	Organochlorverbindungen	*1430*
30.2.1	DDT und DDT-verwandte Insektizide	*1431*
30.2.2	Lindan	*1434*
30.3	Organophosphate	*1439*
30.3.1	Azinphos-methyl	*1440*
30.3.2	Dimethoat	*1443*
30.3.3	Chlorpyrifos	*1446*
30.4	Carbamate	*1449*
30.4.1	Aldicarb	*1450*
30.4.2	Pirimicarb	*1452*
30.5	Pyrethroide	*1455*
30.5.1	Pyrethrum	*1455*
30.5.2	Cyfluthrin und Beta-Cyfluthrin	*1458*
30.6	Weitere Insektizidwirkstoffgruppen	*1462*
30.6.1	Abamectin	*1462*
30.6.2	Spinosad	*1464*

30.6.3	Imidacloprid	*1467*
30.6.4	Fipronil	*1470*
30.6.5	Indoxacarb	*1473*
30.6.6	Diflubenzuron	*1476*
30.6.7	Tebufenozid	*1478*
30.6.7.1	Aufnahme, Verteilung, Metabolismus und Ausscheidung	*1478*
30.6.8	Methopren	*1481*
30.7	Literatur	*1483*

31	**Sonstige Pestizide**	*1489*
	Lars Niemann	
31.1	Einleitung	*1489*
31.2	Chlormequat	*1490*
31.3	Chlorpropham	*1494*
31.4	Ethephon	*1497*
31.5	Maleinsäure-Hydrazid	*1500*
31.6	Streptomycin	*1501*
31.7	Literatur	*1503*

32	**Antibiotika**	*1505*
	Ivo Schmerold und Fritz R. Ungemach	
32.1	Einleitung	*1505*
32.2	Die Marktzulassungsverfahren für Tierarzneimittel	*1506*
32.3	Einsatz von Antibiotika in der Veterinärmedizin	*1508*
32.3.1	Verbrauch an Antibiotika in der Veterinärmedizin	*1509*
32.3.2	Antimikrobielle Therapie bei Lebensmittel liefernden Tieren	*1510*
32.3.3	Antibiotikaverabreichung an landwirtschaftliche Nutztiere	*1512*
32.4	Die wissenschaftlichen Anforderungen an ein Antibiotikum zur Anwendung an Lebensmittel liefernden Tieren	*1514*
32.4.1	Die Festlegung von Rückstandshöchstmengen von Antibiotika in Lebensmitteln tierischer Herkunft	*1515*
32.4.1.1	Die Festlegung des ADI-Wertes	*1515*
32.4.1.2	Rückstandshöchstmengen für Antibiotika in Lebensmitteln	*1519*
32.4.1.3	Kategorisierung der Wirkstoffe	*1524*
32.4.1.4	Nicht erlaubte Antibiotika	*1525*
32.5	Die Wartezeit	*1526*
32.6	Die Umwidmung von Tierarzneimitteln	*1529*
32.7	Arzneimittel-Sonderregelung für Pferde	*1530*
32.8	Antibiotikarückstände, Resistenzproblem und Verbraucherschutz	*1530*
32.8.1	Rückstandsbefunde	*1532*
32.9	Zusammenfassung	*1532*
32.10	Literatur	*1533*

33 Hormone *1537*
Iris G. Lange und Heinrich D. Meyer

33.1 Allgemeine Substanzbeschreibung *1537*
33.2 Vorkommen *1546*
33.3 Verbreitung in Lebensmitteln *1547*
33.4 Kinetik und innere Exposition *1552*
33.5 Wirkungen *1557*
33.5.1 Mensch *1557*
33.5.2 Wirkungen auf Versuchstiere *1561*
33.5.3 Wirkungen auf andere biologische Systeme *1565*
33.5.4 Zusammenfassung der wichtigsten Wirkungsmechanismen *1567*
33.6 Bewertung des Gefährdungspotenzials bzw. Gesundheitliche Bewertung *1567*
33.7 Grenzwerte, Richtwerte, Empfehlungen, gesetzliche Regelungen *1569*
33.8 Vorsorgemaßnahmen (individuell, Expositionsvermeidung) *1570*
33.9 Zusammenfassung *1570*
33.10 Literatur *1571*

34 β-Agonisten *1579*
Heinrich D. Meyer und Iris G. Lange

34.1 Allgemeine Substanzbeschreibung *1579*
34.2 Vorkommen *1595*
34.3 Verbreitung in Lebensmitteln *1595*
34.4 Kinetik und innere Exposition *1596*
34.5 Wirkungen *1597*
34.5.1 Mensch *1597*
34.5.2 Wirkungen auf Versuchstiere *1601*
34.5.3 Wirkungen auf andere biologische Systeme *1603*
34.5.4 Zusammenfassung der wichtigsten Wirkungsmechanismen *1603*
34.6 Bewertung des Gefährdungspotenzials bzw. Gesundheitliche Bewertung *1603*
34.7 Grenzwerte, Richtwerte, Empfehlungen, gesetzliche Regelungen *1604*
34.8 Vorsorgemaßnahmen *1604*
34.9 Zusammenfassung *1605*
34.10 Literatur *1606*

35 Leistungsförderer *1609*
Sebastian Kevekordes

35.1 Einleitung *1609*
35.2 Wirksamkeit und Wirkungsweise *1614*
35.3 Rückstände antibiotischer Leistungsförderer in Lebensmitteln *1616*
35.4 Resistenzsituation *1616*
35.5 Toxikologische Aspekte *1617*

35.6	Ausblick *1619*
35.7	Literatur *1620*

Zusatzstoffe

36 Lebensmittelzusatzstoffe: Gesundheitliche Bewertung und allgemeine Aspekte *1625*
Rainer Gürtler

36.1	Einleitung *1625*
36.2	Definition des Zusatzstoff-Begriffs und andere lebensmittelrechtliche Aspekte *1626*
36.3	Gesundheitliche Bewertung zu technologischen Zwecken zugesetzter Zusatzstoffe *1630*
36.3.1	Prinzipien und Kriterien der Bewertung *1630*
36.3.2	Unverträglichkeit gegenüber Zusatzstoffen *1633*
36.3.3	Zusatzstoffe und Hyperaktivität bei Kindern *1636*
36.3.4	Bewertung physikalischer Eigenschaften von Zusatzstoffen *1637*
36.3.4.1	Geliermittel für Gelee-Süßwaren in Minibechern *1637*
36.3.4.2	Bedeutung des Molekulargewichts bei der Bewertung von Carrageen *1638*
36.3.4.3	Zusatzstoffe und Nanotechnologie *1639*
36.3.5	Stand der Bewertung zugelassener Zusatzstoffe *1654*
36.3.6	Bewertung einer Verwendung kanzerogener und genotoxischer Zusatzstoffe *1655*
36.4	Risikobewertung als Grundlage für Maßnahmen des Risikomanagements *1656*
36.5	Bezugsquellen für Stellungnahmen von Expertengremien *1657*
36.6	Literatur *1658*

37 Konservierungsstoffe *1665*
Gert-Wolfhard von Rymon Lipinski

37.1	Einleitung *1665*
37.2	Vorkommen, Herstellung, Anwendung und Nachweis in Lebensmitteln *1666*
37.3	Wirkungen und Exposition *1667*
37.4	Sorbate *1668*
37.4.1	Eigenschaften, Vorkommen und Herstellung *1668*
37.4.2	Konservierende Wirkung, Anwendungen und Nachweis in Lebensmitteln *1668*
37.4.3	Wirkungen am Menschen und Exposition *1669*
37.4.4	Kinetik und Metabolismus *1669*
37.4.5	Wirkungen auf Versuchstiere *1670*
37.4.6	Wirkungen auf biologische Systeme *1670*
37.5	Benzoate *1671*
37.5.1	Eigenschaften, Vorkommen und Herstellung *1671*

37.5.2	Konservierende Wirkung, Anwendungen und Nachweis in Lebensmitteln	*1672*
37.5.3	Wirkungen am Menschen und Exposition	*1672*
37.5.4	Kinetik und Metabolismus	*1673*
37.5.5	Wirkungen auf Versuchstiere	*1673*
37.5.6	Wirkungen auf biologische Systeme	*1674*
37.6	PHB-Ester	*1674*
37.6.1	Eigenschaften, Vorkommen und Herstellung	*1674*
37.6.2	Konservierende Wirkung, Anwendungen und Nachweis in Lebensmitteln	*1675*
37.6.3	Wirkungen am Menschen und Exposition	*1675*
37.6.4	Kinetik und Metabolismus	*1676*
37.6.5	Wirkungen auf Versuchstiere	*1676*
37.6.6	Wirkungen auf biologische Systeme	*1677*
37.7	Sulfite	*1677*
37.7.1	Eigenschaften, Vorkommen und Herstellung	*1677*
37.7.2	Konservierende Wirkung, Anwendungen und Nachweis in Lebensmitteln	*1678*
37.7.3	Wirkungen am Menschen und Exposition	*1678*
37.7.4	Kinetik und Metabolismus	*1679*
37.7.5	Wirkungen auf Versuchstiere	*1679*
37.7.6	Wirkungen auf biologische Systeme	*1681*
37.8	Propionate	*1681*
37.8.1	Eigenschaften, Vorkommen und Herstellung	*1681*
37.8.2	Konservierende Wirkung, Anwendungen und Nachweis in Lebensmitteln	*1682*
37.8.3	Wirkungen am Menschen und Exposition	*1682*
37.8.4	Kinetik und Metabolismus	*1682*
37.8.5	Wirkungen auf Versuchstiere	*1683*
37.8.6	Wirkungen auf biologische Systeme	*1683*
37.9	Andere	*1684*
37.9.1	Borsäure und Natriumtetraborat	*1684*
37.9.2	Dimethyldicarbonat	*1685*
37.9.3	Hexamethylentetramin	*1686*
37.9.4	Lysozym	*1687*
37.9.5	Natamycin	*1688*
37.9.6	Nisin	*1689*
37.10	Schutzmaßnahmen	*1690*
37.11	Zulassungen	*1690*
37.12	Literatur	*1692*

Band 4

38 **Farbstoffe** *1701*
Gisbert Otterstätter

39 **Süßstoffe** *1743*
Ulrich Schmelz

Natürliche Lebensmittelinhaltsstoffe mit toxikologischer Relevanz

40 **Ethanol** *1817*
Michael Müller

41 **Biogene Amine** *1847*
Michael Arand, Magdalena Adamska, Frederic Frère und Annette Cronin

42 **Toxische Pflanzeninhaltsstoffe (Alkaloide, Lektine, Oxalsäure, Proteaseinhibitoren, cyanogene Glykoside)** *1863*
Michael Murkovic

43 **Kanzerogene und genotoxische Pflanzeninhaltsstoffe** *1915*
Veronika A. Ehrlich, Armen Nersesyan, Christine Hölzl, Franziska Ferk, Julia Bichler und Siegfried Knasmüller

44 **Naturstoffe mit hormonartiger Wirkung** *1965*
Manfred Metzler

Vitamine und Spurenelemente – Bedarf, Mangel, Hypervitaminosen und Nahrungsergänzung

45 **Vitamin A und Carotinoide** *1991*
Heinz Nau und Wilhelm Stahl

46 **Vitamin D** *2017*
Hans Konrad Biesalski

47 **Vitamin E** *2027*
Regina Brigelius-Flohé

48 **Vitamin K** *2059*
Donatus Nohr

49 **Vitamin B_{12}** *2075*
Maike Wolters und Andreas Hahn

50	**Ascorbat** *2103* *Regine Heller*
51	**Folsäure** *2135* *Andreas Hahn und Maike Wolters*
52	**Kupfer** *2163* *Björn Zietz*
53	**Magnesium** *2203* *Hans-Georg Claßen und Ulf G. Claßen*
54	**Calcium** *2217* *Manfred Anke und Mathias Seifert*

Band 5

55	**Eisen** *2265* *Thomas Ettle, Bernd Elsenhans und Klaus Schümann*
56	**Iod** *2317* *Manfred Anke*
57	**Fluorid** *2381* *Thomas Gebel*
58	**Selen** *2403* *Lutz Schomburg und Josef Köhrle*
59	**Zink** *2447* *Andrea Hartwig*
60	**Chrom** *2467* *Detmar Beyersmann*
61	**Mangan** *2491* *Christian Steffen und Barbara Stommel*
62	**Molybdän** *Manfred Anke 2509*
63	**Natrium** *2559* *Angelika Hembeck*

Wirkstoffe in funktionellen Lebensmitteln und neuartige Lebensmittel nach der Novel-Food-Verordnung

64	**Wirkstoffe in funktionellen Lebensmitteln und neuartigen Lebensmitteln** *2591* *Burkhard Viell*
65	**Phytoestrogene** *2623* *Sabine E. Kulling und Corinna E. Rüfer*
66	**Omega-3-Fettsäuren, konjugierte Linolsäuren und *trans*-Fettsäuren** *2681* *Gerhard Jahreis und Jana Kraft*
67	**Präbiotika** *2719* *Annett Klinder und Beatrice L. Pool-Zobel*
68	**Probiotika** *2759* *Annett Klinder und Beatrice L. Pool-Zobel*

Sachregister *2789*

Geleitwort

Ohne Essen und Trinken gibt es kein Leben und Essen und Trinken, so heißt es, hält Leib und Seele zusammen. Lebensmittel sind Mittel zum Leben; sie sind einerseits erforderlich, um das Leben aufrecht zu erhalten, und andererseits wollen wir mehr als nur die zum Leben notwendige Nahrungsaufnahme. Wir erwarten, dass unsere Lebensmittel bekömmlich und gesundheitsförderlich sind, dass sie das Wohlbefinden steigern und zum Lebensgenuss beitragen.

Lebensmittel liefern das Substrat für den Energiestoffwechsel, für Organ- und Gewebefunktionen, für Wachstum und Entwicklung im Kindes- und Jugendalter und für den Aufbau und Ersatz von Körpergeweben und Körperflüssigkeiten. Das macht sie unentbehrlich. Hunger und Mangel ebenso wie vollständiges Fasten oder Verzicht oder Entzug von Essen und Trinken sind nur für begrenzte Zeit ohne gesundheitliche Schäden möglich.

Art und Zusammensetzung der Lebensmittel haben auch ohne spezifisch toxisch wirkende Stoffe erheblichen Einfluss auf die Gesundheit. Ihr Zuviel oder Zuwenig kann Fettleibigkeit oder Mangelerscheinungen hervorrufen. Sie können darüber hinaus einerseits durch ungünstige Zusammensetzung oder Zubereitung die Krankheitsbereitschaft des Organismus im Allgemeinen oder die Anfälligkeit für bestimmte Krankheiten, insbesondere Stoffwechselkrankheiten, fördern und andererseits die Abwehrbereitschaft stärken und zur Krankheitsprävention und zur Stärkung und aktiven Förderung von Gesundheit beitragen.

Aussehen, Geruch und Geschmack von Lebensmitteln, die Kenntnis von Bedingungen und Umständen ihrer Herstellung, ihres Transports und ihrer Vermarktung und ganz gewiss auch die Art ihrer Zubereitung und wie sie aufgetischt werden, können Lust- oder Unlustgefühle hervorrufen und haben eine nicht zu unterschätzende Bedeutung für Wohlbefinden und Lebensqualität.

Neben den im engeren Sinne der Ernährung, also dem Energie- und Erhaltungsstoffwechsel, dienenden (Nähr)Stoffen enthalten gebrauchsfertige Lebensmittel auch Stoffe, die je nach Art und Menge Gesundheit und Wohlbefinden beeinträchtigen können und die zu einem geringen Teil natürlicherweise, zum größeren Teil anthropogen in ihnen vorkommen. Mit diesen Stoffen beschäftigt sich die Lebensmitteltoxikologie und um diese Stoffe geht es in diesem Handbuch. Die Stoffe können aus sehr unterschiedlichen Quellen stammen und werden nach diesen Quellen typisiert, bzw. danach, wie sie in das Lebensmittel ge-

Handbuch der Lebensmitteltoxikologie. H. Dunkelberg, T. Gebel, A. Hartwig (Hrsg.)
Copyright © 2007 WILEY-VCH Verlag GmbH & Co. KGaA, Weinheim
ISBN: 978-3-527-31166-8

langt sind. Je nach Quelle und Typus sind unterschiedliche Akteure beteiligt. Typische Quellen sind

- die Umwelt: Stoffe können aus Luft, Boden oder Wasser in und auf Pflanzen gelangen und von Tieren direkt oder über Futterpflanzen und sonstige Futtermittel aufgenommen werden. Diese Schadstoffe können aus umschriebenen oder aus diffusen Quellen stammen und verursachende Akteure sind die Adressaten der Umweltpolitik, also beispielsweise Betreiber von Feuerungsanlagen, Industrie- und Gewerbebetrieben, aber auch alle Teilnehmer am Straßenverkehr. Gegen diese Verunreinigungen können sich die landwirtschaftlichen Produzenten nicht schützen; sie treffen konventionell und biologisch wirtschaftende Landwirte in gleicher Weise. In diesem Fall ist die Umweltpolitik Akteur des Verbraucherschutzes.
- die agrarische Urproduktion: Hierzu zählen Stoffe, die in der Landwirtschaft als Pflanzenbehandlungsmittel (z. B. Insektizide, Rodentizide, Herbizide, Wachstumsregler), als Düngemittel oder Bodenverbesserungsmittel (z. B. Klärschlamm, Kompost), in Wirtschaftsdünger oder Gülle ausgebracht oder in der Tierzucht (z. B. Arzneimittel, Masthilfsmittel) verwendet werden. Akteure sind naturgemäß in erster Linie die Landwirte selbst, aber auch die Hersteller und Vertreiber von Saatgut, Agrochemikalien, Futtermitteln, Düngemitteln, veterinär-medizinischen Produkten, und ebenso Tierärzte, Berater und Vertreter. Das Geflecht von Interessen, dem die Landwirte sich ausgesetzt sehen, ist kaum überschaubar.
- die verarbeitende Industrie und das Handwerk: Die in diesem Bereich eingesetzten Stoffgruppen sind besonders zahlreich. Als Beispiele seien genannt Aromastoffe und Geschmacksverstärker, Farbstoffe und Konservierungsmittel, Süßstoffe und Säuerungsmittel, Emulgatoren und Dickungsmittel, Pökelsalze und Backhilfsmittel; die Liste ließe sich beliebig verlängern. Stoffe dieser Gruppe werden Zusatzstoffe genannt, und die Zutatenliste fertig verpackter Lebensmittel gibt in groben Zügen Auskunft über sie. Dazu kommen aus den Quellen Lebensmittelindustrie und Handwerk Stoffe, die bei bestimmten Verfahren entstehen (z. B. Räuchern, Mälzen, Gären, Sterilisieren, Bestrahlen) oder die bei bestimmten Verfahren verwendet werden (z. B. beim Entzug von Alkohol aus Bier). Die Akteure sind vor allem die Lebensmittelindustrie und das verarbeitende Handwerk, aber auch die chemische Industrie, Brauereien, Kellereien, Abfüllbetriebe, Molkereien etc.
- Transport und Vermarktung: Hier geht es um Schadstoffe, die aus Verpackungsmaterialien in Lebensmittel übergehen können oder die bei unsachgemäßer Lagerung auf unverpackten Lebensmitteln auftreten können. Akteure sind vor allem die Verpackungsindustrie und der Einzelhandel.
- die küchentechnische Zubereitung der Lebensmittel: Bei den Prozessen des Kochens, Garens, Backens oder Bratens können Inhaltsstoffe zerstört werden oder andere entstehen. Beides kann Auswirkungen auf die Gesundheitsverträglichkeit und Bekömmlichkeit der Lebensmittel haben. Akteure sind einerseits alle Verbraucher, die in ihren Küchen tätig sind und andererseits Betreiber von Gaststätten, Kantinenpächter etc.

- die Natur: Es gibt in bestimmten Lebensmitteln Inhaltsstoffe, die toxikologisch relevant sein können, wenn sie nicht durch geeignete Verfahren der Zubereitung umgewandelt werden.
- Innovation: Auf der Suche nach neuen Märkten hat die Lebensmittelindustrie sog. funktionelle Lebensmittel entwickelt, die auch neue Probleme der Stoffbeurteilung aufwerfen. Akteure sind neben der Lebensmittelindustrie vor allem die für sie tätigen Wissenschaftler und die Werbebranche.

Neben den bei den jeweiligen Quellen genannten Akteuren gibt es in dem Feld, das dieses Handbuch abdeckt, viele weitere relevante Akteure, von denen einige im Folgenden genannt werden sollen.

- Wissenschaft: Die Lebensmitteltoxikologie und – soweit verfügbar – die Epidemiologie erarbeiten die Datenbasis und stellen Erklärungsmodelle bereit als Voraussetzung für eine Risikoabschätzung für alle relevanten Stoffe und erarbeiten Vorschläge für gesundheitsbezogene Standards als Voraussetzung für jeweilige Grenzwerte, Höchstmengen etc.
- Internationale Organisationen: Die Weltgesundheits- und die Welternährungsorganisation (WHO und FAO), bzw. deren Ausschüsse und Expertengremien erarbeiten auf der Grundlage der genannten Datenbasis Empfehlungen, welche Mengen der einzelnen Stoffe bei lebenslanger Exposition pro Tag oder pro Woche ohne gesundheitliche Beeinträchtigung aufgenommen werden können. Auch Expertengremien der EU sind mit derartigen Aufgaben befasst.
- Gesundheits- und Verbraucherpolitik: Die Politik organisiert zusammen mit ihren nachgeordneten Bundesanstalten und -instituten den Prozess der Risikobewertung und legt in entsprechenden Regelwerken Höchstmengen, Grenzwerte etc. für die einzelnen Stoffe in Lebensmitteln und gegebenenfalls auch dazu gehörende Analyseverfahren fest.
- Überwachung und Beratung: Die Bundesländer organisieren die Überwachung dieser Vorschriften und die Beratung der land- und viehwirtschaftlichen Produzenten.
- Verbraucherorganisationen wie die Verbraucherzentralen in den Ländern oder deren Bundesverband sind ebenfalls wichtige Akteure, die bisher zu wenig in die Prozesse der Risikobewertung und der Normsetzung eingebunden sind.

In ihrem „Handbuch der Lebensmitteltoxikologie" haben Hartmut Dunkelberg, Thomas Gebel und Andrea Hartwig mit ihren Autorinnen und Autoren die vorhandenen toxikologischen Daten und die derzeitigen Erkenntnisse über die in Lebensmitteln vorkommenden und bei ihrer Erzeugung verwendeten oder entstehenden Stoffe zusammengetragen, ihre Risikopotenziale abgeschätzt und Daten und Empfehlungen zur Risikominimierung bereit gestellt. Sie haben sich dabei bemüht, in die für Verbraucher und Öffentlichkeit verwirrende Vielfalt möglicher Schadstoffe und Akteure eine gewisse Ordnung und Systematik zu bringen. Vorausgeschickt werden Übersichten über rechtliche Regelungen und Standards, über Untersuchungsmethoden und Überwachung und vor allem über Modelle und Verfahren der toxikologischen Risiko-Abschätzung.

Eine derartige umfassende Übersicht über den Stand des lebensmitteltoxikologischen Wissens fehlte bisher im deutschen Sprachraum. Angesprochen werden neben Wissenschaftlern in Forschung, Behörden und Industrie Fachleute in Ministerien, Untersuchungsämtern und in der Lebensmittelüberwachung, in der landwirtschaftlichen Beratung, in der Lebensmittelverarbeitung und in Verbraucherorganisationen, dem Verbraucherschutz verpflichtete Politiker und Journalisten, Studierende der Lebensmittelchemie, aber auch die interessierte Öffentlichkeit.

Dank gilt den Herausgebern und der Herausgeberin für die Initiative zu diesem Handbuch und allen Autorinnen und Autoren für die immense Arbeit. Ich wünsche dem Werk die gute Aufnahme und weite Verbreitung, die es verdient. Möge all denen, die darin lesen oder nachschlagen werden, deutlich werden, was in der Lebensmitteltoxikologie gewusst wird, und wo die Grenzen des Wissens liegen.

Speisen und Getränke sollen den Körper stärken und die Seele bezaubern. Die große Zahl anthropogener Stoffe in, auf und um Lebensmittel kann Verbraucher leicht verunsichern. Unsicherheit ist ein Vorläufer von Angst, und Angst vor Chemie (= „Gift") im Essen fördert wahrlich nicht das Vergnügen daran. Zum seelischen Genuss gehört die Gewissheit, dass das Angebot der Lebensmittel geprüft und frei von Inhaltsstoffen ist, die je nach Art oder Menge der Gesundheit abträglich sein können. In diesem „Handbuch der Lebensmitteltoxikologie" wird beschrieben, mit welchen Modellen und Daten die Wissenschaft die Voraussetzungen für Verbrauchersicherheit schafft. Möge es dazu beitragen, Verbrauchern trotz der großen Zahl relevanter Stoffe mehr Vertrauen und Sicherheit zu geben.

Prof. Dr. Georges Fülgraff
Em. Professor für Gesundheitswissenschaften,
Ehrenvorsitzender Berliner Zentrum Public Health
Ehemaliger Präsident des Bundesgesundheitsamtes (1974–1980)

Vorwort

Lebensmittelerzeugung, Lebensmittelversorgung und Ernährungsverhalten tangieren medizinische, kulturelle, gesellschaftliche, wirtschaftliche und ökologische Sachgebiete und Problembereiche. Was im weitesten Sinne unter Lebensmittel- und Ernährungsqualität zu verstehen ist, lässt sich demnach aus ganz verschiedenen wissenschaftlichen oder lebensweltlichen Perspektiven beleuchten. Einen für die Gesundheit des Menschen wichtigen Zugang zur Lebensmittelbewertung und Lebensmittelsicherheit bietet die Lebensmitteltoxikologie.

Mit der vorliegenden Buchveröffentlichung sollen die wesentlichen lebensmitteltoxikologischen Erkenntnisse und Sachverhalte auf den aktuellen Wissensstand gebracht und verfügbar gemacht werden. Für die Zusammenstellung der Beiträge zu dieser nun in 5 Bänden vorliegenden Veröffentlichung war die umfassende und kritische Darstellung des jeweiligen Stoffgebietes bestimmend und maßgebend. Ziel war es, einen möglichst profunden Wissensstand zum jeweiligen Kapitel vorzulegen, ohne dabei durch ein zu enges Gliederungsschema auf die individuellen Schwerpunktsetzungen der Autoren verzichten zu müssen.

Die Herausgeber danken den Autorinnen und Autoren der Buchkapitel für ihre mit großer Sorgfalt und Expertise verfassten Buchbeiträge, die trotz größter Zeitknappheit und meist umfangreicher anderer Verpflichtungen zu erstellen waren, und damit auch für ihre engagierte Mitwirkung und die Unterstützung dieses Buchprojektes. Gedankt sei ihnen nicht weniger für die in einigen Fällen im besonderen Maße zu erbringende Geduld, wenn es um die Verschiebung des Zeitplans bis zur endgültigen Fertigstellung dieses Sammelwerkes ging. Wir fühlen uns ebenso den Ratgebern im Bekannten- und Freundeskreis verbunden und zu Dank verpflichtet, die uns bei verschiedenen und auch unerwarteten Fragen mit guten Ideen und Lösungsvorschlägen wirksam geholfen haben.

Nicht zuletzt trug ganz wesentlich der Wiley-VCH-Verlag durch eine kontinuierliche und zügige verlagstechnische Hilfestellung und durch eine angenehme Betreuung zum Gelingen dieses Buchprojektes bei.

Hartmut Dunkelberg,
Thomas Gebel und
Andrea Hartwig

Handbuch der Lebensmitteltoxikologie. H. Dunkelberg, T. Gebel, A. Hartwig (Hrsg.)
Copyright © 2007 WILEY-VCH Verlag GmbH & Co. KGaA, Weinheim
ISBN: 978-3-527-31166-8

Autorenverzeichnis

em. Prof. Dr. Manfred Anke
Am Steiger 12
07743 Jena
Deutschland

Dr. Magdalena Adamska
University of Zürich
Institute of Pharmacology
and Toxicology
Department of Toxicology
Winterthurerstraße 190
8057 Zürich
Schweiz

Prof. Dr. Michael Arand
University of Zürich
Institute of Pharmacology
and Toxicology
Department of Toxicology
Winterthurerstraße 190
8057 Zürich
Schweiz

Dr. Volker Manfred Arlt
Institute of Cancer Research
Section of Molecular Carcinogenesis
Brookes Lawley Building
Cotswold Road
Sutton, Surrey SM2 5NG
United Kingdom

Dr. Christiane Aschmann
Universitätsklinikum
Schleswig-Holstein
Institut für Toxikologie
und Pharmakologie
für Naturwissenschaftler
Campus Kiel
Brunswiker Straße 10
24105 Kiel
Deutschland

Dr. Ursula Banasiak
Bundesinstitut für Risikobewertung
Berlin (BfR)
Fachgruppe Rückstände von Pestiziden
Thielallee 88–92
14195 Berlin
Deutschland

Alexander Bauer
Universität Leipzig
Institut für Pharmakologie und
Toxikologie
Johannis-Allee 28
04103 Leipzig
Deutschland

Prof. Dr. Detmar Beyersmann
Universität Bremen
Fachbereich Biologie/Chemie
Leobener Straße, Gebäude NW2
28359 Bremen
Deutschland

Handbuch der Lebensmitteltoxikologie. H. Dunkelberg, T. Gebel, A. Hartwig (Hrsg.)
Copyright © 2007 WILEY-VCH Verlag GmbH & Co. KGaA, Weinheim
ISBN: 978-3-527-31166-8

Julia Bichler
Medizinische Universität Wien
Universitätsklinik für Innere Medizin I
Institut für Krebsforschung
Borschkegasse 8a
1090 Wien
Österreich

Prof. Dr. Hans K. Biesalski
Universität Hohenheim
Institut für Biologische Chemie
und Ernährungswissenschaft
Garbenstraße 30
70593 Stuttgart
Deutschland

Prof. Dr. Marianne Borneff-Lipp
Martin-Luther-Universität
Halle-Wittenberg
Institut für Hygiene
Johann-Andreas-Segner-Straße 12
06108 Halle/Saale
Deutschland

Prof. Dr. Regina Brigelius-Flohe
Deutsches Institut
für Ernährungsforschung
Arthur-Scheunert-Allee 114–116
14558 Potsdam-Rehbrücke
Deutschland

Dr. Marc Brulport
Universität Leipzig
Institut für Pharmakologie und
Toxikologie
Johannis-Allee 28
04103 Leipzig
Deutschland

Prof. Dr. Michael Bülte
Justus-Liebig-Universität Gießen
Institut für
Tierärztliche
Nahrungsmittelkunde
Frankfurter Straße 92
35392 Gießen
Deutschland

Dr. Christine Bürk
Lehrstuhl für Hygiene
und Technologie der Milch
Schönleutner Straße 8
85764 Oberschleißheim
Deutschland

Dr. Peter Butz
Bundesforschungsanstalt für
Ernährung und Lebensmittel (BFEL)
Institut für Chemie und Biologie
Haid-und-Neu-Straße 9
76131 Karlsruhe
Deutschland

Prof. Dr. Hans-Georg Claßen
Universität Hohenheim
Fachgebiet Pharmakologie,
Toxikologie und Ernährung
Institut für Biologische Chemie
und Ernährungswissenschaft
Fruwirthstraße 16
70593 Stuttgart
Deutschland

Dr. Ulf G. Claßen
Universitätsklinikum des Saarlandes
Institut für Rechtsmedizin
Kirrbergerstraße
66421 Homburg/Saar
Deutschland

Dr. Annette Cronin
University of Zürich
Institute of Pharmacology
and Toxicology
Department of Toxicology
Winterthurerstraße 190
8057 Zürich
Schweiz

Dr. Gerd Crößmann
Im Flothfeld 96
48329 Havixbeck
Deutschland

Prof. Dr. Wolfgang Dekant
Universität Würzburg
Institut für Toxikologie
Versbacher Straße 9
97078 Würzburg
Deutschland

Dr. Henry Delincée
Bundesforschungsanstalt
für Ernährung und Lebensmittel
Institut für Ernährungsphysiologie
Haid-und-Neu-Straße 9
76131 Karlsruhe
Deutschland

Prof. Dr. Hartmut Dunkelberg
Universität Göttingen
Bereich Humanmedizin
Abteilung Allgemeine Hygiene
und Umweltmedizin
Lenglerner Straße 75
37079 Göttingen
Deutschland

Matthias Dürr
Martin-Luther-Universität
Halle-Wittenberg
Institut für Hygiene
Johann-Andreas-Segner-Straße 12
06108 Halle/Saale
Deutschland

Veronika A. Ehrlich
Medizinische Universität Wien
Universitätsklinik für Innere Medizin I
Institut für Krebsforschung
Borschkegasse 8a
1090 Wien
Österreich

Prof. Dr. Bernd Elsenhans
Ludwig-Maximilians-Universität
München
Walther-Straub-Institut
für Pharmakologie und Toxikologie
Goethestraße 33
80336 München
Deutschland

Dr. Harald Esch
The University of Iowa
College of Public Health
Department of Environmental
& Occupational Health
Iowa City
IA 52242-5000
USA

Dr. Thomas Ettle
Technische Universität München
Fachgebiet Tierernährung
und Leistungsphysiologie
Hochfeldweg 6
85350 Freising-Weihenstephan
Deutschland

Prof. Dr. Ulrich Ewers
Hygiene-Institut des Ruhrgebietes
Rotthauser Straße 19
45879 Gelsenkirchen
Deutschland

Dr. Eric Fabian
BASF Aktiengesellschaft
Experimentelle Toxikologie
und Ökologie
Gebäude Z 470
Carl-Bosch-Straße 38
67056 Ludwigshafen
Deutschland

Franziska Ferk
Medizinische Universität Wien
Universitätsklinik für Innere Medizin I
Abteilung Institut für Krebsforschung
Borschkegasse 8a
1090 Wien
Österreich

Prof. Dr. Heidi Foth
Martin-Luther-Universität Halle
Institut für Umwelttoxikologie
Franzosenweg 1a
06097 Halle/Saale
Deutschland

Dr. Frederic Frère
University of Zürich
Institute of Pharmacology
and Toxicology
Department of Toxicology
Winterthurerstraße 190
8057 Zürich
Schweiz

Dr. Thomas Gebel
Universität Göttingen
Bereich Humanmedizin
Abteilung Allgemeine Hygiene
und Umweltmedizin
Lenglerner Straße 75
37079 Göttingen
Deutschland

Prof. Dr. Hans Rudolf Glatt
Deutsches Institut
für Ernährungsforschung (DIfE)
Potsdam-Rehbrücke
Arthur-Scheunert-Allee 114–116
14558 Nuthetal
Deutschland

Prof. Dr. Werner Grunow
Bundesinstitut für
Risikobewertung (BfR)
Thielallee 88–92
14195 Berlin
Deutschland

Dr. Rainer Gürtler
Bundesinstitut für
Risikobewertung (BfR)
Thielallee 88–92
14195 Berlin
Deutschland

Prof. Dr. Andreas Hahn
Leibniz Universität Hannover
Institut für Lebensmittelwissenschaft
Wunstorfer Straße 14
30453 Hannover
Deutschland

Prof. Dr. Andreas Hartwig
TU Berlin, Sekr. TIB 4/3-1
Institut für Lebensmitteltechnologie
Gustav-Meyer-Allee 25
13355 Berlin
Deutschland

Dr. Thomas Heberer
Bundesinstitut für
Risikobewertung (BfR)
Thielallee 88–92
14195 Berlin
Deutschland

Dr. Regine Heller
Friedrich-Schiller-Universität Jena
Universitätsklinikum
Institut für Molekulare Zellbiologie
Nonnenplan 2
07743 Jena
Deutschland

Dr. Angelika Hembeck
Bundesinstitut für
Risikobewertung (BfR)
Thielallee 88–92
14195 Berlin
Deutschland

Prof. Dr. Jan G. Hengstler
Universität Leipzig
Institut für Pharmakologie
und Toxikologie
Johannis-Allee 28
04103 Leipzig
Deutschland

Dr. Kurt Hoffmann
Deutsches Institut
für Ernährungsforschung
Arthur-Scheunert-Allee 114–116
14558 Nuthetal
Deutschland

Dr. Karsten Hohgardt
Bundesamt für Verbraucherschutz
und Lebensmittelsicherheit (BVL)
Referat Gesundheit
Messeweg 11/12
38104 Braunschweig
Deutschland

Christine Hölzl
Medizinische Universität Wien
Universitätsklinik für Innere Medizin I
Institut für Krebsforschung
Borschkegasse 8a
1090 Wien
Österreich

Prof. Dr. Gerhard Jahreis
Friedrich-Schiller-Universität
Institut für Ernährungswissenschaften
Lehrstuhl für Ernährungsphysiologie
Dornburger Straße 24
07743 Jena
Deutschland

Dr. Hennike G. Kamp
BASF Aktiengesellschaft
Experimentelle Toxikologie
und Ökologie
Gebäude Z 470
Carl-Bosch-Straße 38
67056 Ludwigshafen
Deutschland

Dr. Sebastian Kevekordes
Universität Göttingen
Bereich Humanmedizin
Abteilung Allgemeine Hygiene
und Umweltmedizin
Lenglerner Straße 75
37079 Göttingen
Deutschland

Dr. Horst Klaffke
Bundesinstitut für
Risikobewertung (BfR)
Thielallee 88–92
14195 Berlin
Deutschland

Dr. Annett Klinder
27 Therapia Road
London SE22 0SF
United Kingdom

Prof. Dr. Siegfried Knasmüller
Medizinische Universität Wien
Universitätsklinik für Innere Medizin I
Institut für Krebsforschung
Borschkegasse 8a
1090 Wien
Österreich

Prof. Dr. Josef Köhrle
Institut für Experimentelle
Endokrinologie
Campus Charité Mitte
Charitéplatz 1
10117 Berlin
Deutschland

Dr. Jana Kraft
Friedrich-Schiller-Universität
Institut für Ernährungswissenschaften
Lehrstuhl für Ernährungsphysiologie
Dornburger Straße 24
07743 Jena
Deutschland

Prof. Dr. Johannes Krämer
Institut für Ernährungs-
und Lebensmittelwissenschaften
Rheinische
Friedrich-Wilhelms-Universität Bonn
Meckenheimer Allee 168
53115 Bonn
Deutschland

Prof. Dr. Hans A. Kretzschmar
Zentrum für Neuropathologie
und Prionforschung (ZNP)
Institut für Neuropathologie
Feodor-Lynen-Straße 23
81377 München
Deutschland

Prof. Dr. Sabine Kulling
Universität Potsdam
Institut für Ernährungswissenschaft
Lehrstuhl für Lebensmittelchemie
Arthur-Scheunert-Allee 114–116
14558 Nuthetal
Deutschland

Dr. Iris G. Lange
Technische Universität München
Weihenstephaner Berg 3
85345 Freising-Weihenstephan
Deutschland

Prof. Dr. Eckhard Löser
Schwelmerstraße 221
58285 Gevelsberg
Deutschland

Dr. Gabriele Ludewig
The University of Iowa
College of Public Health
Department of Environmental
& Occupational Health
Iowa City
IA 52242-5000
USA

Dr. Angela Mally
Universität Würzburg
Institut für Toxikologie
Versbacher Straße 9
97078 Würzburg
Deutschland

Prof. Dr. Doris Marko
Institut für Angewandte
Biowissenschaften
Abteilung für Lebensmitteltoxikologie
Universität Karlsruhe (TH)
Fritz-Haber-Weg 2
76131 Karlsruhe
Deutschland

Prof. Dr. Edmund Maser
Universitätsklinikum
Schleswig-Holstein
Institut für Toxikologie
und Pharmakologie
für Naturwissenschaftler
Campus Kiel
Brunswiker Straße 10
24105 Kiel
Deutschland

Prof. Dr. Manfred Metzler
Universität Karlsruhe
Institut für Lebensmittelchemie
und Toxikologie
Kaiserstraße 12
76128 Karlsruhe
Deutschland

Prof. Dr. Heinrich D. Meyer
Technische Universität München
Weihenstephaner Berg 3
85345 Freising-Weihenstephan
Deutschland

PD Dr. Michael Müller
Universität Göttingen
Institut für Arbeits- und Sozialmedizin
Waldweg 37
37073 Göttingen
Deutschland

a.o. Prof. Dr. Michael Murkovic
Technische Universität Graz
Institut für Lebensmittelchemie
und -technologie
Petersgasse 12/2
8010 Graz
Österreich

Prof. Dr. Heinz Nau
Stiftung Tierärztliche Hochschule
Hannover
Institut für Lebensmitteltoxikologie
und Chemische Analytik
Bischofsholer Damm 15
30173 Hannover
Deutschland

Dr. Armen Nersesyan
Medizinische Universität Wien
Universitätsklinik für Innere Medizin I
Institut für Krebsforschung
Borschkegasse 8a
1090 Wien
Österreich

em. Prof. Dr. Karl-Joachim Netter
Universität Marburg
Institut für Pharmakologie
und Toxikologie
Karl-von-Frisch-Straße 1
35033 Marburg
Deutschland

em. Prof. Dr. Diether Neubert
Charité Campus
Benjamin Franklin Berlin
Institut für Klinische Pharmakologie
und Toxikologie
Garystraße 5
14195 Berlin
Deutschland

Dr. Lars Niemann
Bundesinstitut für
Risikobewertung (BfR)
Thielallee 88–92
14195 Berlin
Deutschland

Dr. Donatus Nohr
Universität Hohenheim
Institut für Biologische Chemie
und Ernährungswissenschaft
Garbenstraße 30
70593 Stuttgart
Deutschland

Gisbert Otterstätter
Papiermühle 17
37603 Holzminden
Deutschland

Dr. Rudolf Pfeil
Bundesinstitut für
Risikobewertung (BfR)
Thielallee 88–92
14195 Berlin
Deutschland

Dr. Beate Pfundstein
Deutsches Krebsforschungszentrum
(DKFZ)
Abteilung Toxikologie
& Krebsrisikofaktoren
Im Neuenheimer Feld 517
69120 Heidelberg
Deutschland

Dr. Annette Pöting
Toxikologie der Lebensmittel
und Bedarfsgegenstände
BGVV
Postfach 330013
14191 Berlin
Deutschland

Prof. Dr. Beatrice Pool-Zobel
Friedrich-Schiller-Universität Jena
Institut für Ernährungswissenschaften
Lehrstuhl für Ernährungstoxikologie
Dornburger Straße 25
07743 Jena
Deutschland

Dr. Gerhard Pröhl
GSF-Forschungszentrum
für Umwelt und Gesundheit
Ingolstädter Landstraße 1
85758 Neuherberg
Deutschland

Dr. Larry Robertson
The University of Iowa
College of Public Health
Department of Environmental
& Occupational Health
Iowa City
IA 52242-5000
USA

Dr. Maria Roth
Chemisches und
Veterinäruntersuchungsamt Stuttgart
Schaflandstraße 3/2
70736 Fellbach
Deutschland

Dr. Corinna E. Rüfer
Bundesforschungsanstalt
für Ernährung und Lebensmittel
Institut für Ernährungsphysiologie
Haid-und-Neu-Straße 9
76131 Karlsruhe
Deutschland

Dr. Heinz Schmeiser
Deutsches Krebsforschungszentrum
(DKFZ)
Abteilung Molekulare Toxikologie
Im Neuenheimer Feld 517
69120 Heidelberg
Deutschland

Ulrich-Friedrich Schmelz
Universität Göttingen
Bereich Humanmedizin
Abteilung Allgemeine Hygiene
und Umweltmedizin
Lenglerner Straße 75
37079 Göttingen
Deutschland

Prof. Dr. Ivo Schmerold
Veterinärmedizinische Universität
Wien
Abteilung für Naturwissenschaften
Institut für Pharmakologie
und Toxikologie
Veterinärplatz 1
1210 Wien
Österreich

Hanspeter Schmidt
Rechtsanwalt am OLG Karlsruhe
Sternwaldstraße 6a
79102 Freiburg
Deutschland

Dr. Heiko Schneider
Bundesinstitut für
Risikobewertung (BfR)
Thielallee 88–92
14195 Berlin
Deutschland

Dr. Lutz Schomburg
Institut für Experimentelle
Endokrinologie
Campus Charité Mitte
Charitéplatz 1
10117 Berlin
Deutschland

Prof. Dr. Klaus Schümann
Technische Universität München
Lehrstuhl für Ernährungsphysiologie
Am Forum 5
85350 Freising-Weihenstephan
Deutschland

Dr. Tanja Schwerdtle
TU Berlin
Fachgebiet Lebensmittelchemie
Institut für Lebensmitteltechnologie
und Lebensmittelchemie
Gustav-Meyer-Allee 25
13355 Berlin
Deutschland

Dr. Albrecht Seidel
Prof. Dr. Gernot Grimmer-Stiftung
Biochemisches Institut
für Umweltcarcinogene (BIU)
Lurup 4
22927 Großhansdorf
Deutschland

Dr. Mathias Seifert
Bundesforschungsanstalt
für Ernährung und
Lebensmittel – BfEL
Institut für Biochemie von
Getreide und Kartoffeln
Schützenberg 12
32756 Detmold
Deutschland

Dr. Roland Solecki
Bundesinstitut für
Risikobewertung (BfR)
Thielallee 88–92
14195 Berlin
Deutschland

Dr. Bertold Spiegelhalder
Deutsches Krebsforschungszentrum (DKFZ)
Abteilung Toxikologie
& Krebsrisikofaktoren
Im Neuenheimer Feld 517
69120 Heidelberg
Deutschland

Prof. Dr. Wilhelm Stahl
Heinrich-Heine-Universität
Düsseldorf
Institut für Biochemie
und Molekularbiologie I
Postfach 101007
40001 Düsseldorf
Deutschland

Prof. Dr. Christian Steffen
Bundesinstitut für Arzneimittel
und Medizinprodukte
Kurt-Georg-Kiesinger-Allee 3
53639 Bonn
Deutschland

Prof. Dr. Pablo Steinberg
Universität Potsdam
Lehrstuhl für Ernährungstoxikologie
Arthur-Scheunert-Allee 114–116
14558 Nuthetal
Deutschland

Prof. Dr. Roger Stephan
Institut für Lebensmittelsicherheit
und -hygiene
Winterthurerstraße 272
8057 Zürich
Schweiz

Dr. Barbara Stommel
Bundesinstitut für Arzneimittel
und Medizinprodukte
Kurt-Georg-Kiesinger-Allee 3
53639 Bonn
Deutschland

Irene Straub
Chemisches und
Veterinäruntersuchungsamt
Weißenburgerstr. 3
76187 Karlsruhe
Deutschland

Prof. Dr. Rudolf Streinz
Universität München
Institut für Politik
und Öffentliches Recht
Prof.-Huber-Platz 2
80539 München
Deutschland

Prof. Dr. Bernhard Tauscher
Bundesforschungsanstalt
für Ernährung und Lebensmittel
Haid-und-Neu-Straße 9
76131 Karlsruhe
Deutschland

Dr. Abdel-Rahman Wageeh Torky
Martin-Luther-Universität Halle
Institut für Umwelttoxikologie
Franzosenweg 1a
06097 Halle/Saale
Deutschland

Prof. Dr. Fritz R. Ungemach
Veterinärmedizinische Fakultät
der Universität Leipzig
Institut für Pharmakologie,
Pharmazie und Toxikologie
An den Tierkliniken 15
04103 Leipzig
Deutschland

Prof. Dr. Burkhard Viell
Bundesinstitut für
Risikobewertung (BfR)
Thielallee 88–92
14195 Berlin
Deutschland

Prof. Dr.
Gert-Wolfhard von Rymon Lipinski
Schlesienstraße 62
65824 Schwalbach a. Ts.
Deutschland

Prof. Dr. Martin Wagner
Veterinärmedizinische Universität
Wien (VUW)
Abteilung für öffentliches
Gesundheitswesen
Experte für Milchhygiene
und Lebensmitteltechnologie
Veterinärplatz 1
1210 Wien
Österreich

Dr. Götz A. Westphal
Universität Göttingen
Institut für Arbeits- u. Sozialmedizin
Waldweg 37
37073 Göttingen
Deutschland

Dr. Dieter Wild
Bundesanstalt für Fleischforschung
E.-C.-Baumann-Straße 20
95326 Kulmbach
Deutschland

Dr. Detlef Wölfle
Bundesinstitut für
Risikobewertung (BfR)
Thielallee 88–92
14195 Berlin
Deutschland

Dr. Maike Wolters
Mühlhauser Straße 41 A
68229 Mannheim
Deutschland

Herbert Zepnik
Universität Würzburg
Institut für Toxikologie
Versbacher Straße 9
97078 Würzburg
Deutschland

Dr. Björn P. Zietz
Universität Göttingen
Bereich Humanmedizin
Abteilung Allgemeine Hygiene
und Umweltmedizin
Lenglerner Straße 75
37079 Göttingen
Deutschland

Dr. Claudio Zweifel
Institut für Lebensmittelsicherheit
und -hygiene
Winterthurerstraße 272
8057 Zürich
Schweiz

22
Polycyclische aromatische Kohlenwasserstoffe

Hans Rudolf Glatt, Heiko Schneider und Albrecht Seidel

22.1
Allgemeine physiko-chemische Eigenschaften von PAK

Der Begriff „Polycyclische aromatische Kohlenwasserstoffe" (PAK) ist eine Sammelbezeichnung für aromatische Verbindungen mit kondensierten Ringsystemen. PAK können nichtaromatische Teilstrukturen enthalten, wie zum Beispiel Alkyl-Seitenketten oder fünfgliedrige Ringe. Die Strukturformeln einiger PAK sind in Abbildung 22.1 dargestellt. PAK im wörtlichen Sinne bestehen nur aus C- und H-Atomen. Gelegentlich wird der Begriff nicht strikt gehandhabt und auch für heterocyclische und substituierte Derivate verwendet. Heterocyclische Aromaten, bei denen einzelne oder mehrere C-Atome des Ringsystems durch N, S oder O ersetzt sind (Aza-, Thia- bzw. Oxaarene), entstehen häufig gemeinsam mit PAK und können sich toxikologisch ähnlich wie diese verhalten. Jedoch können Substituenten (z.B. Chlor-, Amino- und Nitrogruppen) die Biotransformation und das toxikologische Profil erheblich verändern, so dass die betreffenden Stoffklassen separat vorgestellt werden (Kapitel II.15 bis II.23).

Viele PAK sind planar. Überbrückungen und größere Substituenten können dagegen zu Torsionen führen. Das aromatische System ermöglicht die Bildung von π-Komplexen mit anderen Strukturen. PAK sind lipophil und in Wasser nahezu unlöslich. Bicyclen sind relativ leicht flüchtig. Mit zunehmender Größe von PAK nimmt nicht nur ihre Flüchtigkeit stark ab, sondern es verstärkt sich auch ihre Neigung, an Partikel (z.B. über π-Komplexe) zu adsorbieren. PAK sind chemisch relativ inert, zum Teil aber lichtempfindlich. Die Zahl der PAK, die in der Umwelt vorkommen können, ist nahezu unbegrenzt, insbesondere unter Berücksichtigung polyalkylierter Derivate, die im Rohöl dominieren. Weit verbreitet sind dabei vor allem Methyl- und Ethylsubstituenten. Rechnerisch können aus einem PAK mit zwölf nicht identischen Positionen, wie Benz[a]-anthracen (**10**) oder Benzo[a]pyren (**16**), allein durch Einführung von Methyl- und Ethylgruppen mehr als eine halbe Million Derivate abgeleitet werden. Bei PAK, die bei höherer Temperatur als bei der geochemischen Diagenese gebildet werden, ist die Komplexität zwar deutlich geringer, aber immer noch enorm.

Handbuch der Lebensmitteltoxikologie. H. Dunkelberg, T. Gebel, A. Hartwig (Hrsg.)
Copyright © 2007 WILEY-VCH Verlag GmbH & Co. KGaA, Weinheim
ISBN: 978-3-527-31166-8

1122 | *22 Polycyclische aromatische Kohlenwasserstoffe*

Naphthalin (**1**)
+a

Acenaphthylen (**2**)
0

Acenaphthen (**3**)
0

Fluoren (**4**)
0

Anthracen (**5**)
0

Reten (**6**)
nicht untersucht

Fluoranthen (**7**)
0

Pyren (**8**)
0

Chrysen (**9**)
+

Benz[*a*]anthracen (**10**)
+

3-Methylcholanthren (**11**)
++

Benzo[*b*]fluoranthen (**12**)
+

Benzo[*j*]fluoranthen (**13**)
+

Benzo[*k*]fluoranthen (**14**)
+

Perylen (**15**)
0

Benzo[*a*]pyren (**16**)
++

Anthanthren (**17**)
+

Dibenz[*a,h*]anthracen (**18**)
++

Indeno[1,2,3-*cd*]pyren (**19**)
+

Benzo[*ghi*]perylen (**20**)
0

Dibenzo[*a,e*]pyren (**21**)
++

Dibenzo[*a,h*]pyren (**22**)
++

Dibenzo[*a,l*]pyren (**23**)
+++

Benzo[*c,g*]carbazol (**24**)
++

Benzo[*b*]naphtho-
[2,1-*d*]thiophen (**25**)
+

22.2
Historische Meilensteine bei der Erforschung der PAK-Kanzerogenese

PAK haben die Geschichte der chemischen Kanzerogenese stärker als jede andere Substanzklasse geprägt. Im Jahre 1775 berichtete Pott, ein Chirurg aus London, über ein gehäuftes Auftreten von Scrotumtumoren bei Kaminfegern, das er auf die Belastung der Haut mit Ruß zurückführte [76]. Ein Jahrhundert später wies Volkmann eine erhöhte Inzidenz von Hautkrebs bei Teerarbeitern nach [95]. In den folgenden Jahren wurden derartige Zusammenhänge auch für Belastungen mit Mineralöl, Bitumen, Paraffin und anderen PAK-haltigen Produkten aufgezeigt, ohne dass die aktiven Komponenten bekannt waren. Yamagiwa und Ichikawa gelang es 1915 schließlich, die kanzerogene Wirkung von Steinkohlenteer in einem Tierexperiment zu belegen: Nach wiederholter Pinselung von Teer entwickelten sich Hautkarzinome an Kaninchenohren [100]. Dieses Ergebnis veranlasste die Suche nach den aktiven Komponenten. Dibenz-[a,h]anthracen (18) war die erste chemisch einheitliche Substanz, mit der eine Bildung von Tumoren experimentell induziert werden konnte (durch Kennaway und Hieger im Jahre 1930 [50]). Drei Jahre später folgten analoge Befunde mit Benzo[a]pyren (16), dem bis heute toxikologisch und umweltanalytisch am besten untersuchten PAK.

In den 1960er Jahren setzte sich das Konzept durch, dass viele Kanzerogene einer metabolischen Aktivierung zu chemisch reaktiven Produkten bedürfen und dass die DNA deren hauptsächliche Zielstruktur darstellt. Durch die kovalente Bindung der Metaboliten entstehen DNA-Addukte, die – falls nicht repariert – bei der nachfolgenden Replikation zu Mutationen fixiert werden können, wobei für die Kanzerogenese insbesondere Mutationen in Protoonkogenen und Tumorsuppressor-Genen von Bedeutung sind. Gerade für PAK wird dieses Grundkonzept durch zahlreiche Befunde gut unterstützt. Verschiedene PAK sind stark mutagen. Ihre DNA-Addukte lassen sich in Versuchstieren in Zielgeweben der Kanzerogenese nach Behandlung mit dem PAK nachweisen (aber auch in weiteren Geweben). Beeindruckend sind die Ergebnisse von Untersuchungen an Knockout-Tieren zur Wirkung von PAK (Tab. 22.1). Knockout eines Gens für ein aktivierendes Enzym (Cytochrom P450 1B1 oder mikrosomale Epoxidhydrolase) oder ei-

◀

Abb. 22.1 Strukturformeln und kanzerogene Aktivität einiger PAK und verwandter heterocyclischer Verbindungen. Weitere Beispiele finden sich in den Abbildungen 22.2, 22.5 und 22.6. Die Angaben zur kanzerogenen Aktivität beziehen sich auf Tiermodelle. Dabei ist zu beachten, dass die relative Aktivität der verschiedenen Verbindungen auch vom verwendeten Tiermodell abhängt. 0, in der Regel als nicht kanzerogen angesehen; jedoch reichen die vorliegenden Daten in keinem Falle aus, um eine schwache Aktivität auszuschließen; +, eindeutig kanzerogen, in den meisten verwendeten Modellen aber nur mäßig potent; +[a], Naphthalin galt lange Zeit als nicht kanzerogen; nach gründlicher Prüfung ließ sich in Inhalationsstudien jedoch eindeutig eine kanzerogene Wirkung sowohl in der Maus als auch in der Ratte belegen (diskutiert in Abschnitt 22.4.6), vergleichbar umfangreiche Studien fehlen für andere PAK; ++, stark kanzerogen; +++, außerordentlich stark kanzerogen.

Tab. 22.1 Einfluss der gezielten Inaktivierung (Knockout) verschiedener Gene auf kanzerogene und andere toxikologische Wirkungen von Benzo[a]pyren (BP) und 7,12-Dimethylbenz[a]-anthracen (DMBA) in der Maus.

Knockout-Gen[a]	Funktion des codierten Proteins	PAK	Untersuchter Effekt	Einfluss[b]	Literatur
CYP1B1	Fremdstoff metabolisierendes Enzym	DMBA	Lymphome, Knochenmarkstoxizität	↓↓	[12, 40]
EPHX1	Fremdstoff metabolisierendes Enzym	DMBA	Tumorinitiation (Haut)	↓↓	[67]
AHR	Transkriptionsfaktor (vor allem für Fremdstoff metabolisierende Enzyme)	BP	Kanzerogenität (Haut)	↓↓	[85]
PGHS2[c]	Entzündungsmediator, Fremdstoff metabolisierendes Enzym	BP	Teratogenität	↓	[74]
CYP1A1	Fremdstoff metabolisierendes Enzym	BP	Hepatotoxizität	↓	
			DNA-Addukte in Leber und extrahepatischen Geweben, Immun- und Knochenmarkssuppression, Gewichtsabnahme	↑	[91, 92]
GSTP1/2	Fremdstoff metabolisierendes Enzym	DMBA	Tumorinitiation (Haut)	↑	[41]
NQO1	Fremdstoff metabolisierendes Enzym	DMBA, BP	Tumorinitiation (Haut)	↑	[57, 58]
NRF2	Transkriptionsfaktor (vor allem für Fremdstoff metabolisierende Enzyme)	BP	Kanzerogenität (Magen)	↑	[79]
XPA	DNA-Reparatur	DMBA, BP	Kanzerogenität (Haut)	↑	
			Kanzerogenität (Lunge)	↑	[45, 94]
CSB	DNA-Reparatur	BP	Mutagenität (konstitutiv exprimierte Gene)	↑	
			Mutagenität (inaktive Gene), Kanzerogenität	=	[99]

a) AHR, Arylhydrocarbon-Rezeptor; CSB, Cockayn-Syndrom Komplementationsfaktor B; CYP, Cytochrom P450; EPHX, Epoxidhydrolase; GST, Glutathiontransferase; NQO1, Chinonreduktase 1; NRF2, nuclear respiratory factor 2; PGHS, Prostaglandin-H-Synthetase; XPA, Xeroderma pigmentosum Komplementationsfaktor A.

b) ↓ ausgeprägter Schutz; ↓↓ vollständiger oder nahezu vollständiger Schutz; ↑ Wirkungsverstärkung (um Mehrfaches); = kein signifikanter Einfluss.

c) heterozygoter Knockout in Muttertier oder homozygoter Knockout in Föten.

nen zugehörigen Kontrollfaktor (Arylhydrocarbon-(Ah-)Rezeptor) führte zu praktisch vollständigem Schutz vor der kanzerogenen Wirkung der untersuchten PAK (Benzo[a]pyren (**16**) und/oder 7,12-Dimethylbenz[a]anthracen (**28**)). Dagegen verstärkte genetischer Knockout eines detoxifizierenden Enzyms (Glutathiontransferasen P1/2 oder Chinonreduktase 1), eines zugehörigen Kontrollfaktors (nuclear respiratory factor 2) oder eines DNA-Reparaturenzyms (XPA und CSB) die Wirkung dieser PAK. Allerdings wirkte sich der Knockout von Reparaturfaktoren differenziell auf die kanzerogene und andere toxische Wirkungen aus. Während XPA generell für die Nucleotidexzisions-Reparatur benötigt wird, ist CSB nur für die verstärkte Reparatur aktuell transkribierter Gene wichtig. Nur Defizienz von XPA, nicht von CSB, führte zu einer verstärkten Kanzerogenität von PAK. Dies korreliert mit der Beobachtung, dass beim Menschen ein genetischer Defekt von XPA (Xeroderma pigmentosum Komplementationsfaktor A), aber nicht von CSB (Cockayn-Syndrom, Komplementationsfaktor B) das Tumorrisiko erhöht. Die Untersuchungen mit Knockout-Modellen geben nicht nur Einblick in Mechanismen der PAK-Kanzerogenese, sondern belegen zudem eindrücklich, dass es zahlreiche Wirtsfaktoren gibt, die bereits einzeln das Risiko gegenüber PAK stark verändern. Da viele der genannten Gene beim Menschen funktionelle Polymorphismen aufweisen, ist von einer beträchtlichen Variabilität des individuellen Risikos auszugehen [26].

PAK kommen neben weiteren Kanzerogenen im Zigarettenrauch vor. In der Mehrzahl der Bronchialtumoren von Rauchern findet man Mutationen im *p53*-Tumorsuppressor-Gen. Besonders häufig sind dabei G → T-Transversionen in den Codons 157, 248 und 273. Es ist bemerkenswert, dass *anti*-Benzo[a]pyren-7,8-dihydrodiol-9,10-oxid (**33**) – das wichtigste ultimale Kanzerogen des Benzo[a]pyrens – im *p53*-Gen bevorzugt gerade an Guaninreste in diesen Codons bindet und Transversionsmutationen zu Thymin induziert [15, 18, 78], während Kanzerogene aus anderen chemischen Klassen andere Hotspots für die Bindung und unterschiedliche Mutationsspektren aufweisen.

Die „International Agency for Research on Cancer" (IARC) stuft Agenzien, Arbeitsprozesse und Expositionssituationen hinsichtlich einer möglichen kanzerogenen Wirkung auf den Menschen ein. Für eine Einstufung in Gruppe 1 („the agent is carcinogenic to humans") sind neben geeigneten experimentellen Daten klare epidemiologische Befunde unabdingbar. Diese müssen belegen, dass Probanden, die spezifisch gegenüber diesem Agens exponiert waren, verglichen mit Kontrollen ein erhöhtes Tumorrisiko haben. Steinkohlenteer, Teerpech und unbehandelte Mineralöle wurden schon lange als Substanzgemische in Gruppe 1 eingestuft; das Gleiche gilt für Expositionen bei der Aluminium-, Eisen- und Stahlproduktion, der Kohlevergasung und der Kokerei (http://monographs.iarc.fr). In allen diesen Fällen wird die kanzerogene Wirkung zum größten Teil den PAK zugeschrieben. Für individuelle PAK ist die epidemiologische Absicherung von Kanzerogenitätsbefunden nicht möglich, da Monoexpositionen nicht vorkommen. Mit Benzo[a]pyren wurde von der IARC vor Kurzem zum ersten Mal eine Substanz in Gruppe 1 klassifiziert, obwohl das epidemiologische Kriterium in traditioneller Form nicht erfüllt ist [88]. Begründet wurde dies mit Daten zum Wirkmechanismus. Dieser ist für Benzo[a]pyren in Tiermodellen recht genau bekannt, und es lässt sich zeigen, dass die wesentlichen Schritte in humanen Zellen in Kultur und *in vivo* weitgehend gleich ablaufen wie in den Tiermodellen. Zusammen mit der überwältigenden epidemiologischen Evidenz für eine kanzerogene Wirkung von PAK-Gemischen war dies der Grund für die neue Bewertung.

22.3
Bildung und Vorkommen

22.3.1
Mechanismen der Bildung von PAK

PAK können beim Erhitzen von organischem Material entstehen, wenn die Sauerstoffzufuhr für eine vollständige Oxidation nicht ausreicht. Dabei kommen zwei Mechanismen zum Tragen. Das Ausgangsmaterial kann in Fragmente zerlegt werden, aus denen Ringsysteme durch Kondensation neu aufgebaut werden; bei hohen Temperaturen dominieren kleine Bausteine, insbesondere Acetylenradikale, die Bildung von PAK [4]. Bei niedrigeren Temperaturen können auch vorhandene alicyclische Komponenten (z. B. aus terpenoiden Verbindungen) aromatisiert werden, wobei Alkyl-Seitenketten teilweise erhalten bleiben. Bei beiden Mechanismen ist ein Einbau von Heteroatomen in die polycyclischen Aromaten möglich.

Bei sehr hoher Temperatur (>1000 °C) entstehen fast ausschließlich reine Aromaten – also „Stammverbindungen" wie Pyren (**8**), Chrysen (**9**) oder Benzo[a]pyren (**16**), vermutlich wegen der Dominanz der vollständigen De-novo-Synthese aus kleinsten Bruchstücken. Dies mag auch der Grund dafür sein, dass die Art des organischen Ausgangsmaterials, abgesehen von seinem Gehalt an Heteroatomen, kaum Einfluss auf das Muster der gebildeten Polycyclen hat.

Der optimale Temperaturbereich für die PAK-Bildung liegt allerdings tiefer, bei etwa 660–740 °C [6]. Bei diesen Temperaturen werden neben reinen Aromaten bereits erhebliche Mengen an Kongeneren gebildet, die zusätzlich Methylgruppen oder andere nichtaromatische Strukturen enthalten. Mit abnehmender Temperatur nimmt deren Anteil zu wie auch der Einfluss des Ausgangsmaterials auf das Muster der gebildeten Aromaten. So führte Erhitzen von Gallensäure zur Bildung von 3-Methylcholanthren (**11**) [98]. Reten (**6**) ist ein charakteristischer PAK, der beim Verbrennen [36] und bei der Diagenese [53] von Pinienholz aus Abietinsäure entsteht.

Bei der geochemischen Diagenese organischer Sedimente (z. B. Torf, Kohle und Mineralöl) entstehen PAK bei vergleichsweise niedrigen Temperaturen (100–200 °C), wobei aber sehr lange Zeiträume zur Verfügung stehen. Das Muster der gebildeten PAK erlaubt Rückschlüsse auf das Alter der Sedimente und die Taxonomie der abgelagerten Organismen. Es dominieren stark alkylierte PAK. Zum Beispiel sind in Rohöl solche Derivate von Chrysen (**9**), Benz[a]-

anthracen (**10**) und Triphenylen besonders häufig, die insgesamt drei oder vier Alkyl-C-Atome aufweisen (jeweils etwa zehnmal häufiger als die unsubstituierten Verbindungen) [9]. Da es viele mögliche Isomeren gibt, die sich in der Länge und Position der Seitenketten unterscheiden, sind die Strukturen nur in Ausnahmefällen genau aufgeklärt. Methylgruppen stellen jedoch die häufigsten aliphatischen Komponenten dar. Die meisten natürlichen organischen Sedimente enthalten eine große Vielfalt verschiedener PAK. Als Kuriosität seien hier jedoch einige spezielle Sedimente aus dem Amazonasgebiet erwähnt, deren PAK-Anteil fast ausschließlich aus Perylen (**15**) besteht (zu 90–95%, bezogen auf acht analysierte PAK); es wird vermutet, dass das Perylen diagenetisch aus Erythroaphin und verwandten Insekten- und Pilzpigmenten gebildet wurde [53].

Des Weiteren wird eine Biosynthese durch Pflanzen diskutiert. Gut belegt ist die Bildung von Naphthalin durch Magnolien [3]. Für andere PAK sind uns hierzu keine überzeugenden Studien bekannt. Jedoch sind größere aromatische Strukturelemente in verschiedenen sekundären Pflanzenmetaboliten enthalten, etwa der Phenanthrengerüst in der Aristolochiasäure (ein stark kanzerogenes Nitroaren aus der Osterluzei) und im Dehydroeffusol (aus *Juncus effusus*) [84].

Naphthalin nimmt eine Sonderstellung ein, da es in großen Mengen – einige 100 000 t pro Jahr – als Intermediat in der chemischen Industrie, unter anderem für die Herstellung von Phthalaten und Azofarbstoffen eingesetzt wird; gewonnen wird es vor allem aus Steinkohlenteer, in dem es einen Massenanteil von bis zu 12% ausmacht [70, 77].

22.3.2
PAK in der Umwelt des Menschen

Die kanzerogene Wirkung von PAK wurde über Expositionen am Arbeitsplatz entdeckt (Abschnitt 22.2). Auch wenn in Deutschland und vergleichbaren Industrieländern der Arbeitsschutz enorm verbessert wurde, kommen vereinzelt in Kokereien, in Teerverarbeitungsbetrieben oder im Untertagebau immer noch hohe Expositionen vor. Die Emission von PAK aus Industriebetrieben ist stark zurückgegangen und spielt nur mehr lokal eine Rolle.

Vulkanausbrüche, Wald- und andere große Brände können mit der Bildung und Freisetzung großer Mengen an PAK einhergehen. Beeindruckend ist auch die Menge von PAK, die nach dem Einsturz des World Trade Centers mit Staub in Manhattan niederging: Bezogen auf 37 untersuchte PAK wurde sie auf 100–1000 t geschätzt [72]. Solche Ereignisse sind allerdings nur von punktueller Bedeutung. Insgesamt führen der Verkehr (Abgase, Abrieb von Asphalt, Teer, Reifen) und Heizungen zu den stärksten PAK-Belastungen der Umwelt. In Abgasen von Kraftfahrzeugen kann mithilfe von Katalysatoren und Staubfiltern die Freisetzung von PAK stark reduziert werden. Ebenso emittieren gut eingestellte Zentralheizungen bezogen auf die Heizleistung um mehrere Größenordnungen weniger PAK als Kleinöfen.

Freigesetzte PAK verteilen sich vor allem über die Atmosphäre, aber auch über Abwässer in der Umwelt. Wegen ihrer geringen Flüchtigkeit und ihrer geringen Wasserlöslichkeit sind PAK mit ≥4 Ringen, die toxikologisch besonders interessant sind, nahezu vollständig an Ruß- und Staub- bzw. Schlammpartikel adsorbiert. Bei Bi- und Tricyclen ist dies weniger der Fall, so dass sie durch Verteilungsprozesse abgereichert werden können.

Sedimente in Küstengewässern weisen oft starke PAK-Belastungen auf. Vor allem in Organismen, die auf dem Grund leben, kann es zu einer Bioakkumulation kommen [65].

Auch in landwirtschaftlich genutzten Böden sind PAK in der Regel nachweisbar. Allerdings werden sie über die Wurzeln nicht in Pflanzen aufgenommen. Dies liegt wohl an ihrer geringen Wasserlöslichkeit und starken Bindung an Partikel. Dagegen wurden hohe PAK-Gehalte in Blattgemüsen (z. B. Grünkohl)

Tab. 22.2 Abschätzung der täglichen Aufnahme an PAK (in ng).

PAK	Nahrung [24][a]		Trinkwasser[b]		Luft[c]	Rauchen[d]
	1979	2000	[7]	[52]	[34]	[81]
Anthracen (5)		80	1–14	<3–19	5	
Phenanthren (26)		1400	5–92	<4–130	200	
Fluoranthen (7)		325	1–36	1–48	40	
Pyren (8)		325	2–30	<1–24	40	
Benz[a]anthracen (10)	170	50	1–11	0,2–3	30	260
Chrysen (9)		100			35	
Benzo[b]fluoranthen (12)	100	100	4,8–8	0,1–0,7	60	115
Benzo[j]fluoranthen (13)				0,06–0,3	10	65
Benzo[k]fluoranthen (14)		85		0,04–0,2	15	40
Benzo[a]pyren (16)	160	90	<0,2–4	<0,1–0,6	25	110
Benzo[e]pyren		50	0,4–8	<0,2–0,8	35	
Benzo[ghi]perylen (20)		60	1–2		30	
Indeno[1,2,3-cd]pyren (19)		85	1–2		30	65
Dibenz[a,h]anthracen (18)	20	30	2		20	20

a) Bestimmt in zwei Studien der Food Standards Agency (für 1979 bzw. 2000) aus Ernährungserhebungen aus dem UK und den PAK-Gehalten der einzelnen Lebensmittel, auf 65 kg Körpergewicht umgerechnet. Die Berechnungen beziehen sich auf die Nahrungsaufnahme pro Tag; sie erfolgten aus Mittelwerten.
b) Gehalte in Trinkwasserproben, auf 2 L umgerechnet.
c) Gehalte in 20 m^3 Atemluft.
d) Gehalte im Kondensat von 20 maschinell gerauchten Zigaretten. Dabei wird nur der Hauptstrom erfasst. Die Daten stimmen gut mit eigenen Befunden und Ergebnissen aus anderen neuen Studien überein. In älteren Studien wurden generell deutlich höhere Werte gefunden – nach einer Übersichtsarbeit [37] zum Beispiel von 400–800 ng Benzo[a]pyren im Hauptstrom von 20 Zigaretten. Die Gründe für diese Diskrepanz (Änderungen in Tabakzubereitung, Filtern und/oder Rauchmaschinen) sind uns nicht klar.

und Obst (z. B. Schalen von Äpfeln) in verkehrsreichen Gegenden gefunden, was eine Kontamination über die Luft, durch Ablagerung PAK-haltiger Partikel, nahe legt [32]. Von den Partikeln können PAK in die lipophile Kutikula eindringen, woraus sie durch Waschen nicht mehr entfernt werden können.

PAK werden auch beim Rauchen von Tabak gebildet (Tab. 22.2). Dabei wird eine größere Menge über den Nebenstrom als über den Hauptstrom freigesetzt. Für Benzo[a]pyren wurden Neben-zu-Hauptstrom-Quotienten von 2,5 bis 3,5 gefunden [37]. Der Beitrag von Zigarettenrauch zur gesamten Emission von Benzo[a]pyren in Deutschland wurde auf 0,1% geschätzt [33].

In der Atmosphäre werden PAK unter der Einwirkung von Ozon, Stickoxid und UV-Licht in Kombination mit O_2 relativ schnell unter Einführung funktioneller Gruppen und Ringöffnung oxidiert. Einige Produkte (z. B. Chinone, Nitroarene und Epidioxide) haben zwar ein beachtliches toxikologisches Potenzial, sind aber in der Umwelt wesentlich weniger persistent als die PAK selbst. Dagegen können PAK in Böden und Gewässersedimenten über Jahre persistieren, obwohl Mikroorganismen bekannt sind, die PAK als ausschließliche Kohlenstoff- und Energiequelle nutzen können [10, 51].

22.3.3
PAK in Lebensmitteln

PAK können entweder bereits in Primärprodukten aufgrund von Umweltbelastung und Bioakkumulation vorhanden sein oder bei der Verarbeitung und Zubereitung entstehen oder ins Lebensmittel gelangen.

Bei pflanzlichen Primärprodukten hängt der PAK-Gehalt von der lokalen Belastung der Luft mit PAK-haltigen Partikeln ab. Eine geringe Hintergrundbelastung ist weltweit festzustellen. In der Nähe von Hauptverkehrsstraßen und Schwerindustrien kann die Belastung jene in ländlichen Gegenden um das Zehnfache und mehr übersteigen. Kontaminationen finden sich in den großflächigen überirdischen Pflanzenteilen, während die unterirdischen Teile selbst bei starker Belastung des Bodens nahezu frei von PAK bleiben.

Unprozessierte Produkte (Fleisch, Eier und Milch) von Wirbeltieren sind kaum belastet, da diese PAK schnell metabolisieren und eliminieren. Nennenswerte Belastungen finden sich dagegen öfter in Muscheln, da diese PAK-haltige Schlammpartikel zusammen mit der Nahrung aufnehmen und PAK nur langsam metabolisieren [65]. Austern und Miesmuscheln werden zum Teil auch auf Holzbetten gezogen, die mit Teer oder Kreosot imprägniert wurden, was zu einer zusätzlichen PAK-Belastung führen kann.

Belastungen des Trinkwassers sind sehr selten und im Allgemeinen auf eine Kontamination durch Asphalt oder Teer zurückzuführen, die zum Abdichten von Wasserleitungen verwendet wurden. Ein Eintrag über das Auswaschen von kontaminierten Böden durch Oberflächenwasser findet nicht statt.

Pflanzliche Öle und Fette können erhebliche PAK-Gehalte aufweisen [32, 35], während Butter wenig belastet ist. Eine gewisse Belastung kann bereits bei Ölsaaten vorliegen [46], etwa wenn Holzabfälle auf Olivenhainen verbrannt werden. In der Regel ist der nachträgliche Eintrag bedeutsamer, in erster Linie beim Rösten der Ölsaaten zum Trocknen und zur Deaktivierung von Enzymen, die bei der Extraktion nachteilige Effekte haben könnten. Werden die Ölsaaten dabei direkt dem Rauch ausgesetzt, so kommt es zu einer hohen Belastung. Der PAK-Gehalt kann durch Behandlung mit Aktivkohle beim Raffinieren stark reduziert werden. Vereinzelt kann auch ein Eintrag aus kontaminierten Behältern und Geräten erfolgen.

Bei thermischer Zubereitung werden im Lebensmittel selbst keine Temperaturen erreicht, bei denen eine nennenswerte PAK-Bildung erfolgt, außer wenn es in direkten Kontakt mit offenem Feuer oder Glut kommt. Sehr hohe PAK-Konzentrationen können in Fleischwaren erreicht werden, die über Holzkohle gegrillt werden. Es wurden Werte bis zu 86 µg/kg Benzo[a]pyren gemessen [90]. Derart starke Belastungen erfordern das Zusammenspiel folgender Faktoren: Fett vom Grillgut tropft in die Glut und wird dort durch Pyrolyse zum Teil in PAK umgewandelt, die in den Ruß gelangen. Falls der aufsteigende Ruß mit dem Grillgut in Kontakt kommt, werden PAK-haltige Rußpartikel eingefangen, vor allem bei fettreicher Oberfläche. Durch Maßnahmen, die verhindern, dass das Fett in die Glut tropft, lässt sich die Belastung um das 10–30fache reduzieren.

Noch höhere PAK-Gehalte in Fleisch- und Fischwaren als durch Grillen können durch Räuchern gebildet werden. So wurden in nicht professionell geräuchertem Schinken Konzentrationen an Benzo[a]pyren von bis zu 300 µg/kg gemessen [90]. Durch Anwendung indirekter Verfahren, Kontrolle der Temperatur während der Raucherzeugung (400–700 °C), genügende Sauerstoffzufuhr, Begrenzung der Räucherzeit und Entfernen höher siedender Bestandteile – zu denen die PAK gehören – aus dem Rauch lassen sich die Konzentrationen stark reduzieren. Eine Alternative ist die Verwendung von Flüssigraucharomen. In professionell geräucherten, kommerziellen Lebensmitteln sind die PAK-Gehalte deshalb meistens wesentlich geringer als in privat mit traditionellen Verfahren hergestellten Produkten.

Auch in Pizza, die im Steinkohleofen gebacken wird, können hohe PAK-Gehalte erreicht werden [56]. Getrocknete Teeblätter und geröstete Kaffeebohnen enthalten zwar sehr hohe Mengen an PAK, doch werden diese nicht ins Getränk freigesetzt [42].

Die mittlere „Gesamt"-Menge an PAK, die täglich pro Person über die Nahrung aufgenommen wird, wurde in verschiedenen Studien geschätzt (wobei jeweils nur eine mehr oder weniger große Zahl von wichtigen PAK-Vertretern berücksichtigt wurde): 3,7 µg für das Vereinigte Königreich [19], 3 µg für Italien [56], 1,2 µg für Neuseeland [89] und 5–17 µg für die Niederlande [17]. In allen diesen Studien trugen geräucherte und gegrillte Fleisch- und Fischprodukte nur sehr geringfügig zur PAK-Aufnahme bei. In der britischen Studie [19] wurden die Hauptbeiträge zur Aufnahme von elf untersuchten PAK durch Fette und Öle (34%), Getreideprodukte (31%) und Gemüse (12%) geliefert. In der niederländischen Studie (17 PAK) nahmen Getreideprodukte (27%), Zuckerwaren (18%), Öle und Fette (14%), Obst (11%) und Gemüse (10%) die Spitzenränge ein [17].

Mit Nahrungsmitteln werden etwa zehnmal größere Mengen an PAK aufgenommen als über das Trinkwasser und über die Atemluft, außer bei erhöhten Belastungen am Arbeitsplatz. Die pro Tag und Person mit Nahrungsmitteln aufgenommene Menge an PAK entspricht etwa jener, die im Hauptstrom beim Rauchen von 20 Zigaretten anfallen (Tab. 22.2). Für diese Vergleiche wurde nur die Bruttoaufnahme berücksichtigt, ohne Korrektur für den Anteil, der unverändert den Gastrointestinaltrakt passiert oder gleich wieder abgeatmet wird. So ist bekannt, dass die orale Bioverfügbarkeit von PAK durch gleichzeitige Aufnahme von viel Fett erhöht wird und durch Ballaststoffe vermindert werden kann.

22.3.4
PAK-Substanzprofile in verschiedenen Matrizen

Eine Exposition des Menschen gegenüber PAK beinhaltet immer eine Exposition gegenüber sehr komplexen PAK-Gemischen. So wurden in Zigarettenrauch über 500 verschiedene PAK detektiert und ihre Strukturen ganz oder teilweise aufgeklärt [80]. In einer Studie wurden in Oliven- und Sonnenblumenölen 53 verschiedene PAK nachgewiesen [35], in einer weiteren Studie in Sedimenten in der Ostsee bei Stockholm 67 PAK (neben 12 polycyclischen Thiaarenen) [11]. In allen diesen Untersuchungen überwog die Zahl der alkylierten PAK jene der reinen Aromaten beträchtlich. Auch können die Mengenverhältnisse der einzelnen PAK erheblich variieren, etwa von 1-Methylpyren (**41**) zu Benzo[a]pyren (**16**) in eigenen Studien von 0,017 (in Steinkohlenteer) bis 4 (in Zigarettenrauchkondensat) (A. Seidel et al., Publikation in Vorbereitung).

22.4
Toxikologische Wirkungen und Bioaktivierungswege

22.4.1
Allgemeines zum Wirkprofil und zu den Wirkmechanismen

Direkt beim Menschen können erhöhte Inzidenzen von Neoplasien, jedoch kaum andere adverse Effekte mit PAK-Expositionen in Zusammenhang gebracht werden (mit Naphthalin als Sonderfall, Abschnitt 22.4.6). In der experimentellen Toxikologie wird das Wirkprofil vieler PAK zudem durch eine hohe genotoxische Aktivität geprägt, die sich bei dieser Substanzklasse in fast allen In-vitro- und In-vivo-Testsystemen leicht nachweisen lässt. Dagegen sind akute und chronische Toxizität in Tierversuchen gering, außer bei Substanzen, die auch außerordentlich stark mutagen und kanzerogen sind, z. B. Dibenzo[a,l]pyren (**23**). Belegt sind für einzelne PAK und experimentelle Modelle vor allem Knochenmarksdepression, Immunsuppression, Wasting-Syndrom, embryotoxische und teratogene Wirkungen und atherogene Effekte. Die meisten Wirkungen der PAK sind an die Bildung chemisch reaktiver Metaboliten gebunden, was sich mit dem Einsatz gentechnisch modifizierter Zell- [30] und Tiermodelle

(z. B. Knockout-Tiere, Tab. 22.1) eindrücklich belegen lässt. Einige Aktivierungswege werden im Folgenden vorgestellt.

Von großer Bedeutung ist dabei die Fähigkeit vieler PAK, über reversible Bindung den Ah-Rezeptor zu aktivieren und dadurch die Synthese von Enzymen für die eigene Biotransformation zu induzieren. Induziert werden Phase-I- und Phase-II-Enzyme, die planare Substrate gut umsetzen können. Dabei können CYP1A1, 1A2 und 1B1 mehr als 100fach induziert werden (ausgehend von einem sehr niedrigen konstitutiven Niveau). Welche dieser Formen induziert werden, hängt stark vom Gewebe ab. Geringere Induktionsfaktoren, aber ausgehend von viel höheren Basisniveaus, finden sich für weitere Enzyme (z. B. NQO1, PGHS1, UGT1A7, GSTA1). Zudem werden einige Gene reguliert, die andere Funktionen als den Fremdstoffmetabolismus betreffen. PAK wirken am Ah-Rezeptor gleich wie 2,3,7,8-Tetrachlordibenzo-p-dioxin, mit dem Unterschied, dass PAK nach der Induktion schnell eliminiert werden und die Enzymsysteme innerhalb weniger Tage nach Expositionsende auf den Normalzustand zurückkehren; dagegen wird 2,3,7,8-Tetrachlordibenzo-p-dioxin trotz Induktion nur extrem langsam eliminiert, so dass die Rezeptoraktivierung persistiert. In Doppel-Knockout-Tieren, die weder CYP1A1 noch CYP1B1 haben, wird auch Benzo[a]pyren nur sehr langsam eliminiert und kommt es zu Thymus-Atrophie und Leber-Hypertrophie [91] – entsprechend der typischen Wirkung von 2,3,7,8-Tetrachlordibenzo-p-dioxin in normalen Tiermodellen.

Die Fähigkeit eines PAK, den Ah-Rezeptor zu aktivieren und damit die eigene Bioaktivierung zu stimulieren, hängt von dessen Größe und Geometrie ab [16, 64]. Weil in einer frühen Studie über Struktur-Aktivitätsbeziehungen 3-Methylcholanthren (**11**) eine besonders hohe Aktivität gezeigt hatte [16], wird es trotz fehlender Umweltrelevanz weithin als prototypischer Induktor benutzt. Auch Benzo[a]pyren ist aktiv, im Gegensatz etwa zu Bi- und Tricyclen, Pyren und Benzo[e]pyren. Möglicherweise sind einige PAK nur deswegen nicht oder nur schwach kanzerogen, wenn sie einzeln getestet werden, weil sie ihre eigene Aktivierung nicht induzieren können. Dabei ist der Mensch gegenüber solchen Substanzen nur in Form von Substanzgemischen ausgesetzt, die immer auch Enzyminduktoren umfassen.

22.4.2
Benzo[a]pyren

22.4.2.1 Biotransformationsschritte und beteiligte Enzymklassen
Der erste Biotransformationsschritt rein aromatischer Verbindungen besteht in der Regel aus einer Epoxidierung, die durch CYP vermittelt wird. Epoxide von PAK sind chirale Moleküle (mit einzelnen Ausnahmen bei hoch symmetrischen PAK). Je nach CYP-Form werden die beiden Enantiomeren in unterschiedlichen Mengenverhältnissen gebildet. Arenoxide können zu Phenolen isomerisieren und zu trans-Dihydrodiolen hydrolysieren. Die Isomerisierung erfolgt spontan, die Hydrolyse erfordert bei vielen einfachen Arenoxiden, z. B. Benzo[a]pyren-7,8-oxid (**31**), die Anwesenheit der mikrosomalen Epoxidhydrolase (EPHX1). Al-

ternative erste Biotransformationsreaktionen von PAK sind die direkte Hydroxylierung und die Bildung eines Radikalkations (z. B. **36**). Radikalkationen sind extrem kurzlebig, wobei als erste isolierbare Produkte vor allem Chinone und Phenole gebildet werden. Diese Funktionalisierungsreaktionen können mehrmals am gleichen Molekül in verschiedenen Positionen erfolgen. Sobald sauerstoffhaltige funktionelle Gruppen ins Molekül eingeführt sind, können weitere Enzyme in die Biotransformation eingreifen, wie etwa Chinon-Reduktasen (NQO), Dihydrodiol-Dehydrogenasen (die überwiegend zur Superfamilie der Aldo/Keto-Reduktasen (AKR) gehören) und konjugierende Enzyme. Dabei sind nucleophile Metaboliten (hydroxylierte Verbindungen) mögliche Substrate für Sulfotransferasen (SULT) und UDP-Glucuronosyltransferasen (UGT), während elektrophile Metaboliten (Epoxide und Chinone) durch Glutathiontransferasen (GST) konjugiert werden können. Durch diese Prozesse können bereits aus einem einzigen PAK unzählige verschiedene Metaboliten entstehen. In der Regel

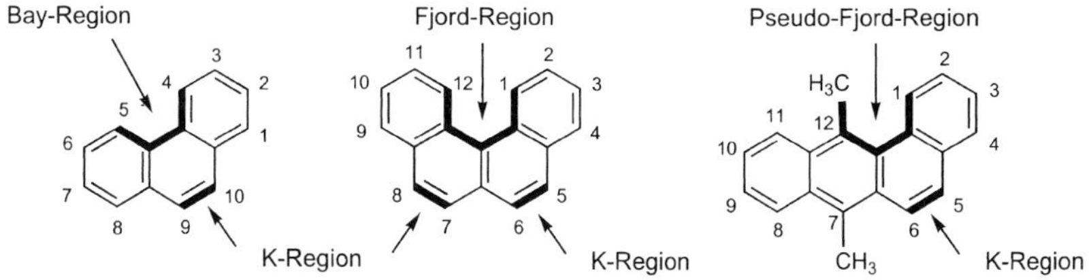

Phenanthren (**26**)
0

Benzo[c]phenanthren
(**27**) +

7,12-Dimethylbenz[a]-
anthracen (**28**) +++

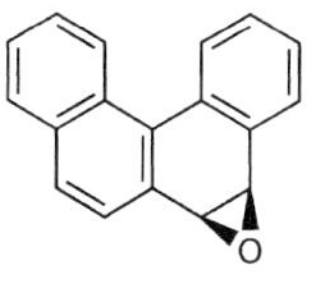

Benzo[c]phenanthren-
5,6-oxid (**29**)

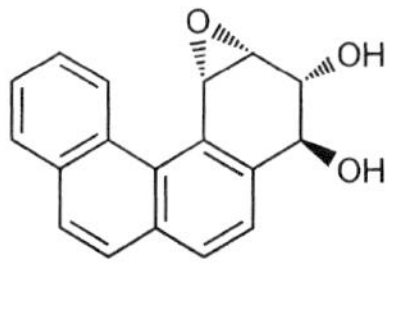

anti-Benzo[c]phenanthren-
3,4-dihydrodiol-1,2-oxid (**30**)

Abb. 22.2 Strukturelemente von PAK mit Bezug zu ihrer kanzerogenen Wirkung. Bay-, Fjord- und K-Regionen entstehen bei nicht linearer Anellierung mehrerer Benzolringe. Vicinale Dihydrodiol-Epoxide, deren Oxiranring in einer Bay- oder Fjord-Region lokalisiert ist (z. B. **30**), und K-Region-Epoxide (z. B. **29**) zeichnen sich durch eine hohe Reaktivität gegenüber DNA aus. Anfänglich wurden K-Region-Epoxide als wichtige ultimale Kanzerogene angesehen; mittlerweile ist klar, dass sie in Säugetierzellen leicht enzymatisch detoxifiziert werden können. Dies ist bei Bay- oder Fjord-Region-Dihydrodiol-Epoxiden viel weniger der Fall – möglicherweise weil eine Interaktion von Enzymen und Oxiranring räumlich erschwert ist; die Interaktion mit der mikrosomalen Epoxidhydrolase (EPHX1) wird zudem durch die Nachbarschaft hydrophiler Hydroxylgruppen stark beeinträchtigt. Für Angaben zur Kanzerogenität (0, +, +++) siehe Legende zu Abbildung 22.1.

befinden sich darunter auch mehrere chemische reaktive Metaboliten, die zelluläre Schäden anrichten können, wenn sie nicht detoxifiziert werden.

Einige Strukturelemente, die für die Biotransformation und Wirkung von PAK von besonderer Bedeutung sind, werden in Abbildung 22.2 vorgestellt.

22.4.2.2 (+)-anti-Benzo[a]pyren-7,8-dihydrodiol-9,10-oxid als wesentliches ultimales Kanzerogen

Mithilfe der Prüfung individueller Metaboliten auf kanzerogene und mutagene Aktivität, der DNA-Addukt-Analyse und dem Einsatz von Zielorganismen, in denen einzelne Enzymsysteme durch genetische Manipulation gezielt verändert wurden, ist es überzeugend gelungen, dem (+)-anti-Benzo[a]pyren-7,8-dihydrodiol-9,10-oxid (33) eine überragende Bedeutung bei der Kanzerogenese durch Benzo[a]pyren zuzuschreiben. Dieser Aktivierungsweg wird in Abbildung 22.3 vorgestellt. Die Beteiligung von CYP an zwei Schritten macht die große Bedeutung einer hohen CYP-Aktivität für die Aktivierung verständlich. Dabei zeigen gerade die Enzyme, die durch Benzo[a]pyren über den Ah-Rezeptor induziert werden, CYP1A1 und CYP1B1, hohe katalytische Aktivität und Regio/Stereoselektivität für die kritischen Reaktionen. Diese CYP-Formen zeigen eine unterschiedliche Gewebeverteilung, was sich erheblich auf ihre toxikologische Bedeutung auswirkt. In der Leber der Maus findet man, nach Enzyminduktion, viel

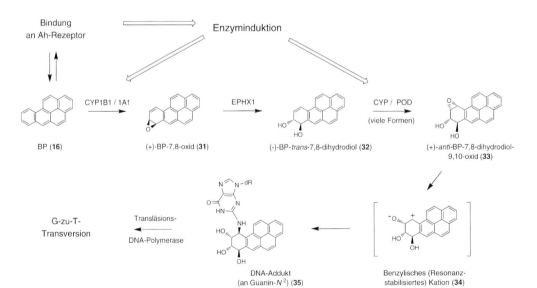

Abb. 22.3 Metabolische Aktivierung von Benzo[a]pyren (BP) zu einem Bay-Region-Dihydrodiol-Epoxid, dem eine überragende Bedeutung für die kanzerogene Wirkung zukommt. Etliche andere PAK mit einer Bay- oder Ford-Region werden über weitgehend analoge Biotransformationswege aktiviert. CYP, Cytochrom P450; EPHX1, mikrosomale Epoxidhydrolase; POD, Peroxidase.

CYP1A1, aber nur wenig CYP1B1. Die Leber hat viele Enzyme (UGT, AKR und GST), die Zwischenprodukte bei der Bildung des (+)-*anti*-Benzo[a]pyren-7,8-dihydrodiol-9,10-oxids abfangen oder dieses selbst detoxifizieren können. Solche Enzyme sind in viel geringerem Maße in Geweben vorhanden, in denen CYP1B1 vorzugsweise exprimiert wird. Aus diesem Grund wirkt sich ein hoher CYP1A1-vermittelter Metabolismus protektiv aus, zumindest in Konkurrenz mit dem weniger günstig lokalisierten CYP1B1-vermittelten Metabolismus [91]. Knockout von CYP1A1 führt selbst in der Leber zu verstärkter Bildung von DNA-Addukten, was auf das Anfluten von Dihydrodiol-Epoxiden, die nun verstärkt außerhalb der Leber durch CYP1B1 gebildet werden, zurückgeführt wird. Anzumerken wäre, dass in humanen Leberbiopsien CYP1A1-Protein nicht gefunden wird, auch nicht bei Rauchern – bei denen anderweitig eine Ah-Rezeptor-abhängige Induktion durchaus nachweisbar ist, zum Beispiel von CYP1A2 in der Leber und von CYP1A1 in Blutzellen.

Der erste Oxidationsschritt, die Bildung des (+)-Benzo[a]pyren-7,8-oxids (**31**), ist weitgehend von der Anwesenheit von CYP1A1 oder CYP1B1 abhängig. Andere CYP-Formen setzen Benzo[a]pyren sehr viel langsamer um und greifen bevorzugt an anderen Molekülregionen an. Nur in Anwesenheit von EPHX1 wird (+)-Benzo[a]pyren-7,8-oxid (**31**) zum *trans*-Dihydrodiol (**32**) hydrolysiert; andernfalls isomerisiert es spontan zum 7-Hydroxybenzo[a]pyren; auch ist eine enzymatische Konjugation mit Glutathion möglich. Die weitere Oxidation des Benzo[a]pyren-*trans*-7,8-dihydrodiols zum Dihydrodiol-Epoxid ist weniger stark an bestimmte CYP-Formen gebunden als die initiale Oxidation. Außer durch CYP1A1 und CYP1B1 wird sie unter anderem auch durch CYP1A2 und CYP3A4 vermittelt. Auch andere Enzyme als CYP können diesen terminalen Aktivierungsschritt vermitteln, z. B. Myeloperoxidase, Lactoperoxidase, Lipoxygenasen und Prostaglandin-H-Synthetase – wobei Peroxide als Sauerstoffdonatoren fungieren (während CYP normalerweise O_2 verwenden). Die Befunde zu diesen Aktivierungen durch Peroxidasen beschränken sich weitgehend auf Zellkulturen und zellfreie Systeme. Immerhin ließ sich durch Gen-Knockout der Prostaglandin-H-Synthetase 2 (PGHS2) die teratogene Wirkung von Benzo[a]pyren vermindern [74]. Die Epoxidierung des Dihydrodiols wird durch andere Enzyme konkurriert, vor allem durch Dihydrodiol-Dehydrogenasen [31] und UDP-Glucuronosyltransferasen [22].

Der Stereochemie kommt für die biologische Aktivität des (+)-*anti*-Benzo[a]pyren-7,8-dihydrodiol-9,10-oxids (**33**) eine große Bedeutung zu. Aus den beiden Enantiomeren eines *trans*-Dihydrodiols kann jeweils ein Paar von diastereomeren Dihydrodiol-Epoxiden gebildet werden. Diastereomeren mit *cis*- und *trans*-ständigem Oxiranring bezogen auf die benzylische Hydroxylgruppe werden als *syn*- beziehungsweise *anti*-Dihydrodiol-Epoxide bezeichnet. In Säugersystemen ist (+)-*anti*-Benzo[a]pyren-7,8-dihydrodiol-9,10-oxid viel stärker kanzerogen und mutagen als sein optischer Antipode und die beiden entsprechenden *syn*-Dihydrodiol-Epoxide. In bakteriellen Testsystemen sind die Unterschiede nur gering, was vermuten lässt, dass Säugerenzyme entweder stereoisomere Dihydrodiol-Epoxide differenziell detoxifizieren können oder deren DNA-Addukte differenziell prozessieren. Dabei sind aber Bay-Region-Dihydrodiol-Epoxide, im Gegensatz zu den einfachen Arenoxiden, keine Substrate für EPHX1. Neben einer spontanen Hydrolyse zu Tetrolen wurde eine Konjugation mit Glutathion, vermittelt durch mehrere GST-Formen (insbesondere GSTP1) gefunden.

22.4.2.3 Andere reaktive Metaboliten des Benzo[a]pyrens

Neben den Bay-Region-Dihydrodiol-Epoxiden können bei der Biotransformation des Benzo[a]pyrens zahlreiche weitere reaktive Zwischenprodukte gebildet werden. Für einige wurde eine biologische Aktivität in einzelnen Modellsystemen klar aufgezeigt. Jedoch ist unbekannt, ob und in welchem Ausmaße diese Metaboliten zur kanzerogenen Wirkung des Benzo[a]pyrens beitragen. Einige Beispiele seien hier diskutiert (Abb. 22.4).

Benzo[a]pyren-4,5-oxid (37) ist in Bakterien stark mutagen – sogar stärker als (+)-*anti*-Benzo[a]pyren-7,8-dihydrodiol-9,10-oxid. Diese Aktivität kommt in Säugerzellen aber nicht zum Tragen, da es durch ubiquitäre Enzyme (EPHX1 und verschiedene GST-Formen) extrem effizient detoxifiziert wird [27, 28]. Dementsprechend wurden *in vivo* nach Benzo[a]pyren-Behandlung nur vereinzelt und in geringem Ausmaß DNA-Addukte gefunden, die auf dieses Epoxid zurückgeführt werden können. Etwas häufiger sind DNA-Addukte, die dem 9-Hydroxybenzo[a]pyren-4,5-oxid (40) zuzuschreiben sind. Die 9-Hydroxygruppe führt zu einer drastischen Erhöhung der Reaktivität der Oxirangruppe, möglicherweise

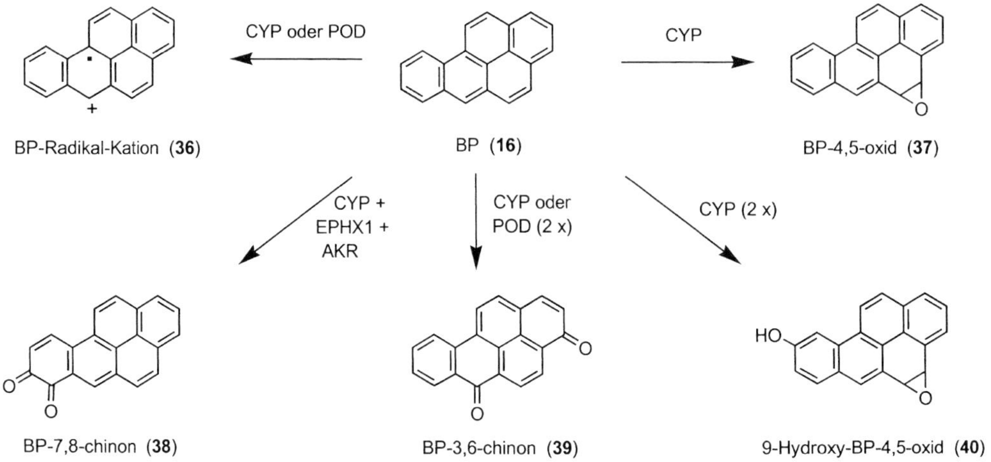

Abb. 22.4 Elektrophile Metaboliten, die neben Bay-Region-Dihydrodiol-Epoxiden (Abb. 22.3) zur Kanzerogenität von Benzo[a]pyren (BP) beitragen könnten. Für alle diese Metaboliten wurden in einzelnen In-vitro- und/oder In-vivo-Modellen DNA-schädigende Wirkungen nachgewiesen. Jedoch ist noch für keinen dieser Metaboliten ein Beitrag zur kanzerogenen Wirkung des BP solide belegt. Die wichtigsten Befunde und ihre Bedeutung werden im Haupttext weiter erläutert. AKR, Aldo-Keto-Reduktase; CYP, Cytochrom P450; EPHX1, mikrosomale Epoxidhydrolase; POD, Peroxidase.

mit Bildung eines Chinonmethid-Intermediats. Wegen der beschleunigten spontanen Reaktionsabläufe dürfte für eine enzymatische Inaktivierung nur wenig Zeit zur Verfügung stehen.

Einzelne Chinone von PAK sind in Säugerzellen in Kultur relativ stark zytotoxisch und teilweise auch genotoxisch – wobei im zweiten Fall je nach Substanz überwiegend chromosomale Schäden oder auch Genmutationen induziert werden [23, 60]. Die beteiligten Mechanismen sind heterogen. Einige Chinone reagieren als Michael-Akzeptoren mit Nucleophilen. In anderen Fällen erfolgt die Bindung an Makromoleküle nach einer Ein-Elektron-Reduktion zum Semichinon. Häufig ist auch ein Redox-Cyclisieren mit Bildung von reaktivem Sauerstoff. Die Befunde zur biologischen Aktivität der Chinone stützen sich fast ausschließlich auf Zellkulturmodelle. Untersuchungen mit Versuchstieren beschränken sich im Wesentlichen auf mehrkernige Benzo[a]pyren-Chinone (z. B. das 3,6-Chinon (**39**)) [48, 87]. Dabei zeigte sich eine marginale Initiation von Papillomen in der Maushaut nach lokaler Verabreichung. Vermutlich werden diese Chinone *in vivo* schnell zu Hydrochinonen reduziert, wonach sie leicht konjugiert [55] und dann ausgeschieden werden können [83]. Von der Gruppe von Penning wird eine Rolle von *ortho*-Chinonen (z. B. dem Benzo[a]pyren-7,8-chinon (**38**)) bei der PAK-Kanzerogenese postuliert [73, 75]; allerdings fehlen hierzu spezifische in vivo-Befunde. Immerhin weist die Beobachtung, dass genetischer Knockout der Chinonreduktase 1 (NQO1) zu einer verstärkten Initiation von Papillomen durch Benzo[a]pyren und 7,12-Dimethylbenz[a]anthracen in der Maushaut führt [58], auf einen möglichen Beitrag von Chinonen zu dieser Wirkung hin.

Cavalieri postuliert eine zentrale Rolle von Radikalkationen (wie **36**) bei der PAK-Kanzerogenese [14]. Klar zeigen konnte er, dass solche Radikale durch CYP und Peroxidasen gebildet werden können. Bei Durchführung dieser Reaktion in einem zellfreien System in Gegenwart von DNA lässt sich auch die Bildung von instabilen N7-PAK-Purin-Addukten nachweisen. Durch die Bindung an der N7-Position wird die glykosidische Bindung labilisiert, was zur Freisetzung der modifizierten Base und der Entstehung einer apurinischen Stelle in der DNA führt. Auch in Zellkultur und *in vivo* werden diese Basen-Addukte gebildet, doch bleibt unklar, wo die Adduktbildung in welchem Ausmaße erfolgt, an DNA, RNA oder freien Nucleotiden. Es ist zu erwarten, dass die Radikale vor allem im Zytoplasma und in der äußeren Kernmembran entstehen und mit den nächst liegenden Zielstrukturen reagieren, also die DNA im Kern kaum erreichen. Zu bedenken ist ferner, dass apurinische Stellen in der DNA in großer Zahl auch ohne Fremdstoffeinwirkungen erzeugt werden, zum Beispiel durch direkte spontane Depurinierung (ca. 9000 pro Tag und Zelle) [68]. 7,12-Dimethylbenz[a]anthracen gehört zu den PAK, die besonders viele N7-Basen-Addukte bilden. Knockout der EPHX1 sollte diese Radikalbildung nicht beeinträchtigen, hebt aber die kanzerogene Wirkung von 7,12-Dimethylbenz[a]anthracen in der Maus auf [67]. Daraus kann geschlossen werden, dass Radikalkationen allein nicht ausreichen, um Tumoren zu induzieren; möglich bleibt eine unterstützende Wirkung, für die es allerdings keine positiven Belege gibt.

22.4.3
PAK mit Fjord-Region

Unter einer Fjord-Region versteht man die vertiefte Bucht, die bei U-förmiger Anellierung von vier Benzolringen gebildet wird (Abb. 22.2). Benzo[c]phenanthren (**27**) ist der einfachste PAK mit einer Fjord-Region. Nach lokaler Verabreichung zeigte (±)-*anti*-Benzo[c]phenanthren-3,4-dihydrodiol-1,2-oxid (**30**) eine erheblich stärkere Induktion von Mammatumoren als die Positivkontrolle (±)-*anti*-Benzo[a]pyren-7,8-dihydrodiol-9,10-oxid [39]. Neben dem (−)-*anti*-Benzo[c]phenanthren-3,4-dihydrodiol-1,2-oxid, das am aktivsten war, zeigten auch die (+)-*anti*- und (+)-*syn*-Stereoisomeren in verschiedenen Mausmodellen eine kanzerogene Wirkung [54], im Gegensatz zu den homologen Benzo[a]pyren-Verbindungen, unter denen nur das (+)-*anti*-Diastereomer stark aktiv war. Während Bay-Region-Dihydrodiol-Epoxide vorwiegend an die exocyclische Aminogruppe von Guanin in der DNA binden, reagieren Fjord-I-Region-Dihydrodiol-Epoxide zusätzlich, sogar bevorzugt mit der exocyclischen Aminogruppe von Adenin [20].

Benzo[c]phenanthren selbst ist nur ein mäßig starkes Kanzerogen in Versuchstieren. Dies liegt zum Teil daran, dass es nur ein schwacher Agonist für den Ah-Rezeptor ist und dass es in Nagetieren bevorzugt an der K-Region metabolisiert wird (durch humane Enzymsysteme wird dagegen relativ viel 3,4-Dihydrodiol, die Vorstufe der Fjord-I-Region-Dihydrodiol-Epoxide, gebildet [5]). Dagegen gehört Dibenzo[a,l]pyren (**23**) zu den stärksten bekannten Kanzerogenen. Es dürfte etwa 100fach potenter sein als Benzo[a]pyren. So reichte eine einmalige epikutane Dosis von 75 ng Dibenzo[a,l]pyren, gefolgt von einer Behandlung mit einem tumorpromovierenden Phorbolester, um durchschnittlich 0,79 Tumoren pro Maus zu induzieren, während der Phorbolester allein keine Tumoren induzierte [43]. Bei alleiniger Behandlung mit Dibenzo[a,l]pyren genügte eine Gesamtdosis von 97 µg pro Tier (zweimal wöchentlich 4 nmol für 40 Wochen), um in 70% der Tiere maligne Tumoren zu induzieren [43]. In einer anderen Studie genügte eine achtmalige Injektion von jeweils 0,25 µmol Dibenzo[a,l]pyren in die Brustdrüse von Ratten, um in allen Tieren lokale Tumoren (Adenokarzinome und/oder Fibrosarkome) zu induzieren [13]. Die starke Kanzerogenität von Dibenzo[a,l]pyren geht einher mit einer außerordentlich hohen genotoxischen Aktivität seiner verschiedenen diastereomeren Fjord-Region-Dihydrodiol-Epoxide (11,12-Dihydrodiol-13,14-oxide) [59].

22.4.4
Methylierte PAK

Schon lange ist bekannt, dass einige methylierte PAK stärker kanzerogen sind als die homologen rein aromatischen Verbindungen. So sind 9-Methylanthracen, 9,10-Dimethylanthracen und 1-Methylpyren (**41**) im Gegensatz zu Anthracen (**5**) und Pyren (**8**) kanzerogen. In der Serie Benz[a]anthracen (**10**), 7-Methylbenz[a]anthracen und 7,12-Dimethylbenz[a]anthracen (**28**) nimmt die kanzerogene Aktivität mit der Zahl der Methylgruppen stark zu. Wegen seiner hohen

Aktivität und seiner vielen Zielgewebe (abhängig von der Applikationsart und dem Tiermodell) gehört 7,12-Dimethylbenz[a]anthracen zu den Substanzen, die in der experimentellen Krebsforschung am häufigsten eingesetzt werden, um Tumoren zu induzieren.

Die Wirkungsverstärkung durch Alkylgruppen beruht, abhängig von der Substanz, auf heterogenen Mechanismen: (a) Verschiebung der Positionen im Molekül (auch im Ringsystem), an denen oxidativer Stoffwechsel stattfindet; (b) elektronische und sterische Effekte von Alkylgruppen auf die biologische Aktivität homologer Metaboliten; (c) Bildung reaktiver Metaboliten an der Seitenkette.

7,12-Dimethylbenz[a]anthracen wird analog zu Benzo[a]pyren in erster Linie zu Bay-Region-Dihydrodiol-Epoxiden aktiviert, wie unter anderem durch das Ausbleiben einer kanzerogenen Wirkung in EPHX1-Knockout-Mäusen belegt wird [67]. Allerdings scheint die relative Bedeutung von CYP1B1 verglichen mit CYP1A1 beim 7,12-Dimethylbenz[a]anthracen noch gewichtiger als beim Benzo[a]pyren zu sein. Zudem verhalten sich 7,12-Dimethylbenz[a]anthracen-3,4-dihydrodiol-1,2-oxide ähnlich wie Fjord-Region-Dihydrodiol-Epoxide: Durch die räumliche Beengung in Fjord- und Pseudo-Fjord-Regionen (Abb. 22.2) werden Oxiranring und Hydroxylgruppen in eine quasi-diaxiale Konformation gezwungen; auch werden relativ viele Adenin-Addukte gebildet.

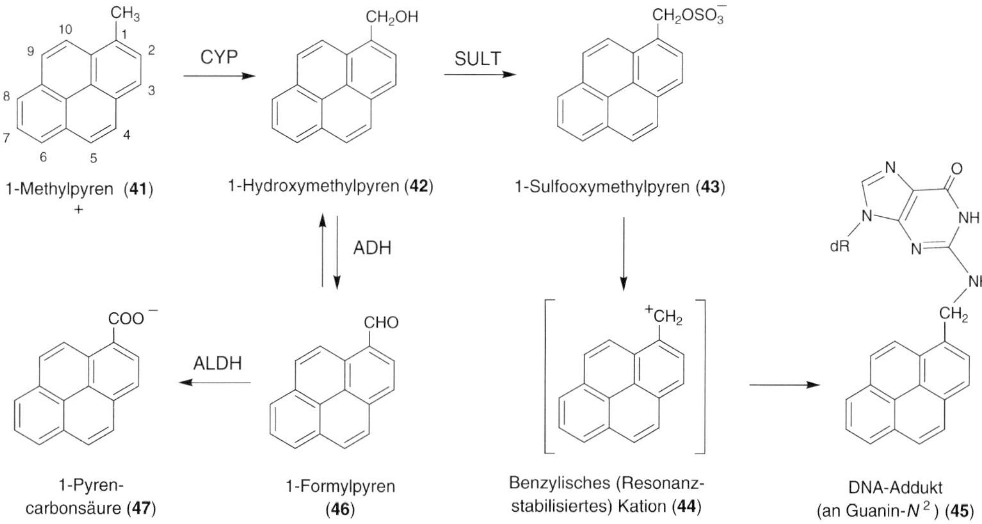

Abb. 22.5 Bioaktivierung von 1-Methylpyren. Der zweite Aktivierungsschritt wird durch die weitere Oxidation der Seitenkette konkurriert. Bei Beeinträchtigung dieser Detoxifizierungsreaktion, zum Beispiel durch Ethanol, kann die Bildung des aktiven Metaboliten (43) um ein Vielfaches gesteigert werden. Neben 1-Methylpyren werden andere PAK mit Alkylresten oder Methylenbrücken über diesen Weg aktiviert – wobei je nach Substrat aber unterschiedliche Formen der Sulfotransferase (SULT) beteiligt sein können. ADH, Alkohol-Dehydrogenase; ALDH, Aldehyd-Dehydrogenase; CYP, Cytochrom P450.

Anders ist die Situation beim 1-Methylpyren (**41**), das keine Bay-Region und keinen terminalen Benzo-Ring enthält. Damit ist eine Bildung eines vicinalen Dihydrodiol-Epoxids gar nicht möglich. 1-Methylpyren wird über einen benzylischen Alkohol (**42**) zu einem reaktiven Schwefelsäureester (**43**) aktiviert (Abb. 22.5). Mehrere humane CYP – einschließlich CYP3A4 (die quantitativ dominante Form in der Leber), CYP1A1 und CYP1B1 – metabolisieren 1-Methylpyren bevorzugt an der Methylgruppe [21]. Ebenso sind mehrere humane SULT in der Lage, 1-Hydroxymethylpyren zu aktivieren [66]. Diese Reaktion wird allerdings durch eine weitere Oxidation der Seitenkette zum Aldehyd (**46**) und zur Carbonsäure (**47**) konkurriert. In der Tat wurde an Ratten verabreichtes 1-Hydroxymethylpyren (**42**) zum überwiegenden Teil als Carbonsäure und deren Glucuronsäure-Konjugat ausgeschieden [62]. Gleichzeitige Verabreichung eines konkurrierenden Substrates (Ethanol) für Alkohol- und Aldehyd-Dehydrogenasen oder eines Hemmstoffes (4-Methylpyrazol) für Alkohol-Dehydrogenasen führte zu einer dramatischen (bis 200fachen) Steigerung der Bildung von DNA-Addukten in den Geweben der Ratte [61, 62]. Ferner ist zu beachten, dass das 1-Sulfooxymethylpyren (**45**) im Gegensatz zu Dihydrodiol-Epoxiden unter physiologischen Bedingungen als Anion vorliegt, wodurch seine passive Membrangängigkeit stark eingeschränkt wird. Seine Verteilung im Organismus wird in hohem Ausmaße durch Transmembrantransporter bestimmt. In der Ratte werden die höchsten DNA-Adduktspiegel in der Niere erreicht [29].

22.4.5
Ethylenüberbrückte PAK

Cyclopenta[*cd*]pyren (**48**) gilt als mittelstarkes Kanzerogen. Bei der Induktion von Lungenadenomen in der A/J-Maus erwies es sich jedoch als fünfmal potenter als Benzo[*a*]pyren [69]. Seine kanzerogene Wirkung wird in der Regel dem Cyclopenta[*cd*]pyren-3,4-oxid (**49**) zugeschrieben, das *in vitro* und *in vivo* die gleichen DNA-Addukte bildet wie Cyclopenta[*cd*]pyren in Zielgeweben seiner Kanzerogenese (Abb. 22.6). Allerdings ist Cyclopenta[*cd*]pyren-3,4-oxid (**49**) ein gutes Substrat für die EPHX1, so dass man *in vivo* eine relativ effiziente Inaktivierung erwarten würde. Es wurde gezeigt, dass das resultierende *trans*-Dihydrodiol (**50**) durch SULT zu einem reaktiven Ester (**51**) aktiviert werden kann, der die gleichen DNA-Addukte bildet wie Cyclopenta[*cd*]pyren-3,4-oxid [44]. Die relative Bedeutung der beiden Mechanismen zur DNA-Adduktbildung *in vivo* (direkt durch das Epoxid oder erst nach SULT-vermittelter Reaktivierung) kann mit den vorliegenden Daten nicht abgeschätzt werden.

Im Prinzip ist eine SULT-vermittelte Reaktivierung bei vielen PAK-Dihydrodiolen möglich. Durch die Konjugation wird eine andere Abgangsgruppe (Sulfat) anstelle des Oxiranringes eingeführt. In beiden Fällen wird das gleiche benzylische Kation (**52**) auf eine nucleophile Struktur (z. B. ein Stickstoffatom in der DNA) übertragen. Das aromatische 1-Pyrenyl-System, durch das dieses Kation resonanzstabilisiert wird, ist übrigens identisch mit jenem, das die Kationen aus Benzo[*a*]pyren-7,8-dihydrodiol-9,10-oxiden und 1-Sulfooxymethylpyren (**34**

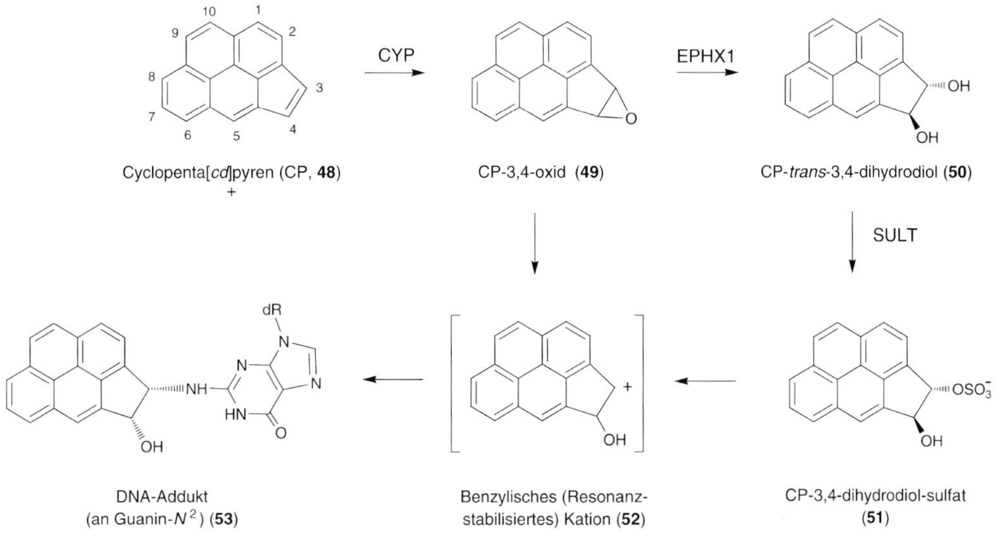

Abb. 22.6 Bioaktivierung von Cyclopenta[*cd*]pyren (CP). Eine analoge Aktivierung wurde auch bei anderen ethylen-überbrückten PAK beobachtet. CYP, Cytochrom P450; EPHX1, mikrosomale Epoxidhydrolase; SULT, Sulfotransferase.

bzw. **44**) stabilisiert. Auch wenn die Beispiele so ausgewählt wurden, um Parallelitäten aufzuzeigen, ist es kein Zufall, dass gerade diese Metaboliten ultimale Kanzerogene darstellen. Die Stabilisierung des Kations nimmt mit der Größe des Aromaten zu und hängt zudem von der Position ab. So wirkt das 1-Pyrenyl-System wesentlich stärker stabilisierend als die 2- und 4-Pyrenyl-Systeme. Damit lassen sich auch gut die viel geringere Reaktivität und biologische Aktivität der „reversen" Dihydrodiol-Epoxide des Benzo[*a*]pyrens (9,10-Dihydrodiol-7,8-oxide), der Bay-Region-Dihydrodiol-Epoxide des Benzo[*e*]pyrens wie auch von 2- und 4-Sulfooxymethylpyren verglichen mit den oben genannten isomeren Verbindungen erklären. Es gibt also verschiedene Verknüpfungen und Parallelen zwischen unterschiedlichen Aktivierungswegen.

22.4.6
Naphthalin

Wegen seiner Flüchtigkeit gelangt emittiertes Naphthalin vor allem in die Atmosphäre. Sie stellt die dominante Belastungsquelle für die Allgemeinbevölkerung dar. Naphthalin ist in Mottenkugeln enthalten, die gelegentlich zu erhöhter inhalativer Aufnahme führen. Viel häufiger ergeben sich hohe inhalative Belastungen an Arbeitsplätzen, da Naphthalin ein wichtiges Zwischenprodukt in der chemischen Industrie ist. Die Aufnahme über Lebensmittel und Trinkwasser ist beim Naphthalin von sehr untergeordneter Bedeutung.

Akut toxische Wirkungen treten beim Menschen und bei Versuchstieren erst bei sehr hohen Expositionen auf. Betroffen sind vor allem Lunge, das hämatologische System und die Augen (Katarakte). In der DDR wurde bei naphthalinexponierten Arbeitern ein stark gehäuftes Vorkommen von Larynxtumoren beobachtet. Eine kanzerogene Wirkung wurde in Inhalationsstudien in Mäusen und Ratten festgestellt: In weiblichen Ratten wurden Alveolär- und Bronchialtumoren induziert, in Mäusen Neuroblastome des olfaktorischen Epithels und Adenome des respiratorischen Epithels [70, 71]. Die Expositionen in diesen Studien, die allen regulatorischen Ansprüchen genügen, waren wesentlich höher als jene von anderen PAK, die in einem akademischen Rahmen geprüft wurden und negative Befunde ergaben.

Naphthalin ist negativ in Mutagenitätstests. Die nachgewiesenen reaktiven Metaboliten, Naphthalin-1,2-oxid, -1,2-chinon und -1,4-chinon, bilden viele Protein-, aber kaum DNA-Addukte [96]. Nach Naphthalinexposition kann es zu einer Glutathion-Depletion in Geweben (z. B. Augenlinse und Leber) kommen. Vermutlich wirkt Naphthalin über einen nicht genotoxischen Mechanismus kanzerogen, so dass geringfügige Belastungen kaum ein Risiko darstellen.

22.5
Biomonitoring der individuellen Belastung und Beanspruchung

22.5.1
Bedarf für Biomonitoring

Da gleichartige Lebensmittel in ihren PAK-Gehalten stark variieren können, lässt sich aus Ernährungserhebungen nur sehr begrenzt auf die aktuelle Belastung eines Individuums schließen. Auch können Bioverfügbarkeit, Bioaktivierung und Wirkstärke aufgrund situativer und individueller Faktoren variieren. Zur Abschätzung der inneren Belastung und der Beanspruchung eines Exponierten gegenüber PAK-Gemischen werden eine Reihe von Biomarkern im Harn und im Blut genutzt.

22.5.2
Biomarker aus dem Harn

Als Biomarker im Harn sind nur Metaboliten von PAK geeignet, die über diesen Ausscheidungsweg eliminiert werden und mit genügender Empfindlichkeit unterschiedliche Expositionshöhen anzeigen. Dies trifft am ehesten für Metaboliten von Phenanthren (26) und Pyren (8) zu, niedermolekulare PAK, die in relativ großen Mengen vorkommen. Wegen seiner hohen Symmetrie wird Pyren nur zu wenigen regioisomeren Metaboliten verstoffwechselt. Der prädominante primäre Metabolit ist 1-Hydroxypyren. Im Harn ausgeschiedene Konjugate des 1-Hydroxypyrens lassen sich mit hoher Sensitivität erfassen (direkt als Glucuronid oder nach Behandlung mit Glucuronidase/Sulfatase als Phenol); sie wurden häufig zum Belastungsbiomonitoring eingesetzt. Vor Kurzem wurde jedoch festgestellt, dass sowohl in der Ratte wie im Menschen ein großer Anteil des 1-Hydroxypyrens oxidativ weiter metabolisiert wird, zu 1,6- und 1,8-Dihydroxypyren, deren ausgeschiedene Konjugate jene des 1-Hydroxypyrens um ein Vielfaches übersteigen [83]. Vermutlich stellen sie wesentlich bessere Biomarker für Pyrenbelastungen dar als die Konjugate des 1-Hydroxypyrens.

Phenanthren (26) ist ein anderer PAK, dessen Metaboliten im Harn zum Biomonitoring eingesetzt wurden [47]. Phenanthren wird zu einer größeren Zahl verschiedener Phase-I-Metaboliten verstoffwechselt als Pyren, deren Muster variieren und damit diagnostisch genutzt werden können. Beispielsweise unterschieden sich die Mengenverhältnisse von Metaboliten, die an der 1,2- versus 3,4-Position oxidiert waren, bei Rauchern und Nichtrauchern statistisch signifikant, was auf eine Induktion von CYP1A2 bei Rauchern schließen lässt [47].

Gegen die Bestimmung der Phenole des Pyrens und Phenanthrens als Biomarker wird oft eingewendet, dass sie sich von nicht kanzerogenen PAK ableiten und dass sie nicht die Belastung durch die kanzerogenen, höher siedenden PAK (mit vier und mehr Benzolringen) widerspiegeln. Da deren Metaboliten relativ große Moleküle sind, werden sie vorzugsweise mit den Faeces und nur in sehr geringen Mengen im Urin ausgeschieden. Zudem stellen die im Urin ausgeschiedenen Phenole unabhängig vom gewählten PAK fast immer Stoffwechselprodukte dar, die bis auf wenige Ausnahmen nicht am Bioaktivierungsweg der PAK beteiligt sind. Eine Verbesserung bietet hier die kürzlich entwickelte Bestimmung eines Phenanthren-1,2,3,4-tetrols [38], das zum einen in freier oder konjugierter Form im Urin ausgeschieden werden kann und zum anderen als Hydrolyseprodukt des Bay-Region *anti*-Dihydrodiol-Epoxids den wichtigsten Bioaktivierungsweg für kanzerogene PAK widerspiegelt. Da auch das entsprechende Phenanthren-Dihydrodiol im Urin bestimmbar ist [47], stehen somit zwei Biomarker zur Verfügung, die nicht nur eine Belastung mit PAK anzeigen, sondern möglicherweise auch als Marker verschiedener Aktivierungsschritte dienen können.

Es ist bemerkenswert, dass im humanen Harn Benzo[a]pyren-6-yl-N7-Guanin und auch das analoge Adenin-Addukt nachgewiesen werden konnten, wenn auch nur in sehr geringen Konzentrationen und mit einem aufwändigen analytischen Verfahren [8]. Daraus kann nicht nur auf eine Exposition gegenüber Benzo[a]pyren geschlossen werden, sondern auch auf dessen Bioaktivierung zu einem Radikalkation und eine anschließende Reaktion mit Guanin- und Adeninstrukturen (in der DNA, RNA und/oder in niedermolekularen Nucleotiden) (Abschnitt 22.4.2.3). Auch konnte im Harn von Ratten, die mit 1-Sulfooxymethylpyren (43), dem aktiven Metaboliten von 1-Methylpyren (41), behandelt wurden, N^2-(1-Methylpyrenyl)desoxyguanosin (45) nachgewiesen werden [63]. Da in diesem Fall das Addukt noch die Desoxyribose enthielt, ist es nahe liegend, dass die kovalente Bindung an der DNA erfolgte und das Desoxyguanosin-Addukt durch Reparatur freigesetzt wurde. Allerdings erschien im Harn nur ein kleiner Bruchteil der im Beobachtungszeitraum reparierten DNA-Addukte, so dass das exzidierte Material größtenteils anderweitig prozessiert sein musste. Trotz dieser

Mängel weisen diese Befunde darauf hin, dass modifizierte Nucleotide, Nucleoside oder Nucleobasen im Urin als Beanspruchungsparameter verheißungsvoll sind. Allerdings ist noch erhebliche methodische Entwicklungsarbeit erforderlich.

22.5.3
Biomarker aus Blut und Geweben

Als Nachweis einer genotoxischen Belastung wird derzeit die Bestimmung von DNA-Addukten des Benzo[a]pyrens in Blutzellen oder in Zielgeweben der kanzerogenen Wirkung (z. B. in der Lunge) herangezogen. Wegen seiner hohen Sensitivität wird das ^{32}P-Postlabelling-Verfahren besonders häufig zur Bestimmung von DNA-Addukten eingesetzt. Es erlaubt den Nachweis von einem Addukt pro 10^8 bis 10^9 DNA-Basenpaare, wobei etwa 10 µg DNA, die sich leicht aus 10 mL Blut isolieren lassen, als Ausgangsmaterial genügen. Die Spezifität des Verfahrens ist allerdings unzureichend, da es keine Strukturinformation über die DNA-Addukte liefert. Nur durch chromatographische Vergleiche kann indirekt auf die Adduktstruktur geschlossen werden.

Nach Verzehr von gegrillten Hamburgern konnten bei acht von 23 Probanden in Blutzellen mit dem ^{32}P-Postlabelling-Verfahren DNA-Addukte detektiert werden, welche ähnliche chromatographische Eigenschaften aufwiesen wie das als Standard verwendete N^2-dG-Addukt (**35**) des anti-Benzo[a]pyren-7,8-dihydrodiol-9,10-oxids [93]. Auch mit ELISA-Technik, einem immunologischen Verfahren, welches ebenfalls nur unspezifisch die Adduktraten bestimmt, wurde nach Grillfleischkonsum ein drei- bis sechsfacher Anstieg von DNA-Addukten der PAK in weißen Blutzellen beobachtet [49, 82]. Bei diesen gezielten Ernährungsstudien mit durch PAK belastetem Grillfleisch wird jedoch auch eine große interindividuelle Variabilität der DNA-Adduktbildung festgestellt [49, 82, 93], die auf eine erhebliche Bedeutung genetischer oder situativer Einflüsse schließen lässt. Der Anstieg der gemessenen DNA-Addukte von PAK in Blutzellen korrelierte interessanterweise mit der erhöhten Ausscheidung des 1-Hydroxypyrens im Urin [49, 82]. Raucher weisen in der Regel höhere Adduktraten von PAK in Blutzellen auf. Auch in Lungengewebe, das bei der Resektion von Lungentumoren entnommen wird, lassen sich mit dem ^{32}P-Postlabelling-Verfahren DNA-Addukte nachweisen, die wegen ihrer chromatographischen Eigenschaften in der Regel als Addukte von PAK oder aromatischen Aminen interpretiert wurden. Kürzlich wurde diese Zuordnung aufgrund von Ergebnissen mit neuen Trennverfahren grundsätzlich infrage gestellt [2].

Infolge des hohen Zeitbedarfs ist das ^{32}P-Postlabelling-Verfahren für die Adduktanalytik in epidemiologischen Untersuchungen wenig geeignet. Eine Möglichkeit der schnelleren Quantifizierung ist in der chemischen Hydrolyse des anti-Benzo[a]pyren-7,8-dihydrodiol-9,10-oxid-N^2-dG-Adduktes zu Benzo[a]pyren-Tetrolen gegeben, welche sich mittels HPLC-Technik und Fluoreszenzspektrometrie zumindest bei stärker belasteten Individuen empfindlich genug bestimmen lässt, zumindest wenn genügend große Blutproben zur Verfügung stehen [1]. Diese prinzipielle Technik lässt sich auch auf die Quantifizierung von Addukten im Blut mit Hämoglobin [97] und Albumin [25] anwenden, die jedoch nur Surrogate für die eigentlichen Zielstrukturen darstellen. Ein gesicherter Zusammenhang zwischen Konzentrationen von DNA-Addukten im Zielgewebe und solchen an Proteinen im Blut besteht jedoch nicht.

Es ist zu erwarten, dass in den nächsten Jahren Bestimmungen von DNA-Addukten in physiologisch relevanten Konzentrationen mit der Massenspektrometrie möglich werden; diese Methode ist besonders geeignet, die häufig fehlenden Strukturinformationen zu liefern [86].

22.6
Grenzwerte, gesetzliche Regelungen

Viele PAK sind genotoxische Kanzerogene. Nach herkömmlicher Meinung gibt es für solche Substanzen keinen Grenzwert, unter dem eine Belastung absolut risikofrei ist. Eine völlige Vermeidung von PAK ist illusorisch, da sie bereits über natürliche Prozesse in der Umwelt und in Lebensmitteln auftreten und ihre Emission durch anthropogene Aktivitäten auf absehbare Zeit hin nicht vermieden werden kann, auch wenn technische Verbesserungen den Umfang reduzieren können. Selbstverständlich werden auch bei genotoxischen Kanzerogenen die Risiken bei genügend niedriger Belastung so gering, dass sie im Vergleich zu anderen Risiken völlig vernachlässigbar werden. Die erlassenen Grenzwerte berücksichtigen daher neben den toxischen Eigenschaften auch das Minimierungsprinzip, das die entsprechende technische Machbarkeit mit einbezieht. Um den analytischen Aufwand in einem vertretbaren Rahmen zu halten, wird für Grenz- und Richtwerte oft das Benzo[a]pyren als Leitsubstanz herangezogen. Dabei wird angenommen, dass es für einen relativ konstanten Anteil zur biologischen Aktivität von PAK-Gemischen beiträgt und dass damit sein Gehalt das Gefährdungspotenzial repräsentativ widerspiegelt. Es ist heute klar, dass dies nur in sehr grober Annäherung zutrifft, da PAK-Profile stark variieren können.

Es wurden deshalb schon früher verschiedentlich Listen von PAK vorgeschlagen, die untersucht werden sollten. Unter den frühen Listen hat jene der amerikanischen Environmental Protection Agency (EPA) (Tab. 22.3) aus dem Jahre 1984 die größte Beachtung gefunden. Die Liste enthält viele PAK, die zwar in besonders hohen Mengen vorkommen, aber überhaupt keine oder nur eine sehr geringe kanzerogene Wirkung aufweisen. Die Entdeckung von PAK, die extrem potent sind, aber nur in geringen Mengen vorkommen, wie auch die technische Entwicklung bei den analytischen Verfahren haben zu einem Umdenken geführt. So hat die European Food Safety Authority (EFSA) eine Prioritätsliste von 15 kanzerogenen PAK aufgestellt (Tab. 22.3); das Joint FAO/WHO Expert Committee on Food Additives (JECFA) hat die Aufnahme eines weiteren PAK, der in verschiedenen Lebensmitteln gefunden wurde (Benzo[c]fluoren), in die Prioritätsliste empfohlen. Diese 15+1 Liste soll zukünftig die Basis für regulatorische Maßnahmen der EU bilden. Von deutschen Experten wurde – primär

Tab. 22.3 Prioritätslisten verschiedener Organisationen für die Untersuchung von PAK.

	EPA[a], 1984	EFSA[b], 2005	D[c], 2005
Naphthalin (1)	+		+
Acenaphthylen (2)	+		
Acenaphthen (3)	+		
Fluoren (4)	+		
Phenanthren (26)	+		+
Anthracen (5)	+		
Fluoranthen (7)	+		
Benzo[c]fluoren		+	
Pyren (8)	+		+
1-Methylpyren (41)			+
Benz[a]anthracen (10)	+	+	+
Chrysen (9)	+	+	+
5-Methylchrysen		+	+
Benzo[b]fluoranthen (12)	+	+	+
Benzo[j]fluoranthen (13)	+	+	+
Benzo[k]fluoranthen (14)	+	+	+
Cyclopenta[cd]pyren (48)		+	+
Benzo[a]pyren (16)	+	+	+
Anthanthren (17)			+
Indeno[1,2,3-cd]pyren (19)	+	+	+
Dibenz[a,h]anthracen (18)	+	+	+
Benzo[ghi]perylen (20)	+	+	
Dibenzo[a,e]pyren (21)		+	+
Dibenzo[a,i]pyren		+	
Dibenzo[a,h]pyren (22)		+	+
Dibenzo[a,l]pyren (23)		+	+
Benzo[b]naphtho[2,1-d]thiophen (25)			

a) Environmental Protection Agency (USA).
b) European Food Safety Authority, 15+1-Liste.
c) Vorschlag einer Expertenkommission der Senatskommission der Deutschen Forschungsgemeinschaft zur Prüfung gesundheitsschädlicher Arbeitsstoffe; dabei ist vorgesehen, für Grenzwerte einen Summenparameter zu verwenden, bei dem die einzelnen PAK mit einem Faktor von 0,001 (Naphthalin, Phenanthren und Pyren) bis 100 (Dibenzo[a,l]pyren) entsprechend ihrem kanzerogenen Potential gewichtet werden.

für Analysen am Arbeitsplatz – eine geringfügig abweichende Liste von Substanzen vorgeschlagen, die neben kanzerogenen PAK auch Phenanthren und Pyren enthält, die für das Expositions-Biomonitoring in Harnproben besonders geeignet sind (Abschnitt 22.5.1). Es fällt auf, dass die alkylierten PAK in beiden neuen Prioritätslisten jeweils nur mit einer Substanz vertreten sind, obwohl sie in der Umwelt und in Lebensmitteln in mindestens so großen Mengen vorkommen wie die rein cyclischen Verbindungen und obwohl etliche alkylierte PAK

Tab. 22.4 Grenzwerte für Benzo[a]pyren in Lebensmitteln nach EU-Verordnung 208/2005.

Lebensmittel	Grenzwert, μg/kg (=ppb)
Kleinkinder- und Säuglingsnahrung	1
Öle und Fette	2
Ungeräucherter Fisch	2
Geräucherte Fleisch- und Fischprodukte	5
Krustazeen, Tintenfische	5
Schalentiere	10

stärker kanzerogen als ihre Ausgangsverbindungen sind. In der EFSA-Liste sind die alkylierten PAK durch 5-Methylchrysen vertreten. Diese Verbindung ist zwar kanzerogen, hat aber nur geringe Umweltrelevanz. Ihre Methylgruppe ist in einer Bay-Region lokalisiert. Derartige Verbindungen haben die Neigung, schon während des Verbrennungsprozesses zu der betreffenden methylenüberbrückten Verbindung (4H-Cyclopenta[def]chrysen in diesem Falle) zu cyclisieren. Von den deutschen Experten wird 1-Methylpyren (**41**) vorgeschlagen, ein weit verbreiteter PAK, der an der Methylgruppe zu einem mutagenen und kanzerogenen Metaboliten aktiviert wird (Abschnitt 22.4.4).

Zurzeit beruhen die meisten Grenzwerte für PAK auf Messungen mit einer oder wenigen Leitsubstanzen. Für mit Raucharomen behandelte Lebensmittel gilt in Deutschland laut Aromenverordnung (AromV in der Fassung vom 2.5.2006) ein Grenzwert von 0,03 μg/kg Benzo[a]pyren. Die EU-weit gültige Kontaminantenverordnung (446/2001/EG in Verbindung mit 208/2005/EG) hat für verschiedene Lebensmittel die Konzentration an Benzo[a]pyren auf 1–10 μg/kg beschränkt (Tab. 22.4). Für Trinkwasser ist in Deutschland in der Trinkwasserverordnung (TrinkwV vom 21.5.2001) auf Grundlage der EU-Richtlinie 98/83/EG ein Grenzwert von 0,01 μg/L Benzo[a]pyren und von 0,1 μg/L für die Summe von vier ausgewählten PAK (Benzo[b]fluoranthen (**12**), Benzo[k]fluoranthen (**14**), Indeno[1,2,3-cd]pyren (**19**) und Benzo[ghi]perylen (**20**)) festgelegt.

Die technische Richtkonzentration (TRK, ein pragmatischer Grenzwert, der rechtlich nicht mehr gültig ist) für Belastungen durch Benzo[a]pyren am Arbeitsplatz beträgt in Deutschland 2 μg/m^3 (5 μg/m^3 für Kokerei-Ofenbereich und die Strangpechherstellung). Der Zielwert für Benzo[a]pyren in der Luft allgemein ist in der EU als Jahresmittelwert mit 1 ng/m^3 festgelegt.

22.7 Zusammenfassung

Die kanzerogene Wirkung von PAK beim Menschen ist aus arbeitsplatzbedingten Expositionen seit langem klar belegt. Mit großer Wahrscheinlichkeit tragen PAK in erheblichem Maße zur hohen Krebshäufigkeit bei Tabakrauchern bei, auch wenn die Abschätzung dieses Beitrages wegen des Vorkommens weiterer

Tumorinitiatoren und -promotoren im Tabakrauch schwierig ist, zumal mit synergistischen Interaktionen zu rechnen ist. Für die Allgemeinbevölkerung ist die Nahrung die wichtigste Belastungsquelle für PAK. Die durchschnittliche tägliche PAK-Aufnahme mit der Nahrung entspricht etwa jener, die beim Rauchen einer Schachtel Zigaretten im Hauptstrom anfällt. Zu einem geringen Teil gelangen PAK über die Zubereitung in Lebensmittel (Trocknen von Ölsaaten, unprofessionelles Räuchern und Grillen), zum großen Teil über die Kontamination von Primärprodukten aus der Umwelt. Bei Pflanzen erfolgt die Kontamination über die Ablagerung PAK-haltiger Feinstäube aus der Luft, wobei sich Belastungen für den Menschen vor allem über Getreide, Blattgemüse und Obst ergeben können. Fleisch, Eier und Milch von Wirbeltieren sind vergleichsweise wenig belastet, da diese PAK schnell metabolisieren. Nennenswerte Belastungen finden sich dagegen öfter in Muscheln, da diese PAK-haltige Schlammpartikel zusammen mit der Nahrung aufnehmen und PAK nur langsam metabolisieren können.

Die kanzerogene Wirkung von PAK beruht zum größten Teil auf der Induktion von Mutationen (einschließlich Rekombinationen und Chromosomenverlusten) durch reaktive Metaboliten, wobei Mutationen in Onkogenen und Tumorsuppressor-Genen besonders wichtig sind. Bei einigen PAK wurden Bay-Region-Dihydrodiol-Epoxide als wichtigste kanzerogene Metaboliten identifiziert. Daneben sind weitere Aktivierungswege bekannt. Bereits kleine Unterschiede in der Struktur können die Biotransformationswege von PAK oder die intrinsische Aktivität von homologen Metaboliten drastisch verändern – mit entsprechenden Auswirkungen auf die kanzerogene Aktivität. In Tierversuchen gehören einzelne PAK zu den potentesten bekannten Kanzerogenen, während andere weitgehend inaktiv sind. Im Menschen werden PAK grundsätzlich über gleiche Enzymsysteme wie in Versuchstieren metabolisiert. Im Einzelnen können jedoch Unterschiede in der Menge, Aktivität, Gewebeverteilung wie auch der Substrat- und Produkt-(Regio/Stereo-)Spezifität der einzelnen Enzyme zu relevanten Veränderungen in den Stoffwechselwegen führen. In der Tat zeigen Befunde mit genetisch modifizierten Mausmodellen, dass zahlreiche Gene, die Komponenten des Fremdstoff metabolisierenden Systems codieren, die Suszeptibilität gegenüber PAK grundlegend verändern können. Dementsprechend sind auch vielfältige Suszeptibilitätsunterschiede in Abhängigkeit von Spezies und Individuum zu erwarten, die zudem wegen unterschiedlicher Aktivierungsmechanismen verschiedene PAK differenziell betreffen können.

Es ist wahrscheinlich, dass die PAK-Belastung von Lebensmitteln zur Kanzerogenese beim Menschen beiträgt. Zurzeit ist es nicht möglich, das Risiko in quantitativer Hinsicht befriedigend abzuschätzen. Epidemiologische Untersuchungen werden dadurch erschwert, dass (a) viele Grundlebensmittel mit PAK belastet sind und sich individuelle Belastungsunterschiede nur schwer erfassen lassen und (b) die Suszeptibilität in erheblichem Maße durch zahlreiche individuelle, aber nicht hinlänglich spezifizierte Faktoren moduliert werden dürfte. Die bedeutende Rolle von Wirtsfaktoren erschwert zudem die Risikoabschätzung auf der Basis von experimentellen Befunden; zusätzliche Schwierigkeiten ergeben sich aus der Komplexität der PAK (Exposition gegenüber variablen Gemischen, Variabilität des kanzerogenen Potenzials und Heterogenität der Aktivierungsmechanismen). Verbesserte Tiermodelle (etwa solche, die bezüglich wichtiger PAK-metabolisierender Enzyme humanisiert sind) und Belastungsbiomarker dürften in Zukunft die Beurteilung erleichtern.

Die Toxikologie der PAK ist durch ihre Genotoxizität geprägt. Diese ist die Grundlage für ihre Kanzerogenität und wohl auch für Keimbahnmutationen, Degenerationen von Geweben (z. B. atherosklerotische Plaques) und teratogene Schäden, die in Tierversuchen durch PAK induziert wurden.

Eine Sonderstellung nimmt das Naphthalin ein. Es ist ein schwaches Kanzerogen, das wie andere PAK zu reaktiven Metaboliten umgesetzt wird, die aber kaum genotoxisch sind. Wegen seiner Volatilität und geringen Bindung an Partikel verhält es sich in der Umwelt anders als größere PAK. Lebensmittel spielen nur eine sehr untergeordnete Rolle bei der Exposition des Menschen gegenüber Naphthalin.

Die Vielfalt der PAK erschwert ihre Analytik in Lebensmitteln, anderen Gebrauchsgegenständen, am Arbeitsplatz und in der Umwelt. Oft wird nur Benzo[a]pyren als Leitsubstanz zur Abschätzung der PAK-Belastung herangezogen. Jedoch ist Benzo[a]pyren weder der potenteste noch der häufigste kanzerogene PAK in Umwelt und Lebensmitteln; auch können die Mengenverhältnisse zwischen verschiedenen PAK drastisch variieren. Zunehmend werden deshalb Profile von mehreren ausgewählten PAK bestimmt. Bevorzugt sollten kanzerogene PAK untersucht werden, die besonders potent sind oder in großen Mengen vorkommen; zudem sollte das untersuchte Profil sicherstellen, dass verschiedene Emissionsquellen (mit unterschiedlichen Profilen) zuverlässig abgedeckt sind. So sollten auch alkylierte PAK vertreten sein. Dabei bietet es sich an, Vertreter auszuwählen, die über die Seitenkette bioaktiviert werden (z. B. 1-Methylpyren), um auch bezüglich der Bioaktivierungswege eine bessere Repräsentativität zu erreichen.

22.8
Literatur

1 Alexandrov, K., M. Rojas, O. Geneste, M. Castegnaro, A. M. Camus, S. Petruzzelli, C. Giuntini, H. Bartsch (1992) An improved fluorometric assay for dosimetry of benzo[a]pyrene diol-epoxide-DNA adducts in smokers' lung: comparisons with total bulky adducts and aryl hydrocarbon hydroxylase activity, *Cancer Res.* 52: 6248–6253.

2 Arif, J. M., C. Dresler, M. L. Clapper, C. G. Gairola, C. Srinivasan, R. A. Lubet, R. C. Gupta (2006) Lung DNA adducts detected in human smokers are unrelated to typical polyaromatic carcinogens, *Chem. Res. Toxicol.* 19: 295–299.

3 Azuma, H., M. Toyota, Y. Asakawa, S. Kawano (1996) Naphthalene: a constituent of magnolia flowers, *Phytochemistry* 42: 999–1004.

4 Badger, G. M., J. Novotny (1963) Mode of formation of 3,4-benzpyrene at high temperature, *Nature* 198: 1086.

5 Baum, M., S. Amin, F. P. Guengerich, S. S. Hecht, W. Köhl, G. Eisenbrand (2001) Metabolic activation of benzo[c]-phenanthrene by cytochrome P450 en-

6 Bayram, A., A. Müezzinoglu (1996) Environmental aspects of polycyclic aromatic hydrocarbons (PAHs) originating from coal-fired combustion systems and their monitoring requirements, in: M. Richardson (Ed.), Environmental Toxicology, Francis & Taylor, London, 333–354.

7 Berglind, L. (1982) Determination of polycyclic aromatic hydrocarbons in industrial discharges and other aqueous effluents, Nordic PAH Project, Report No. 16, Central Institute for Industrial Research, Oslo, 21.

8 Bhattacharya, S., D.C. Barbacci, M. Shen, J.N. Liu, G.P. Casale (2003) Extraction and purification of depurinated benzo[a]pyrene-adducted DNA bases from human urine by immunoaffinity chromatography coupled with HPLC and analysis by LC/quadrupole ion-trap MS, *Chem. Res. Toxicol.* **16**: 479–486.

9 Blumer, M., W.W. Youngblood (1975) Polycyclic aromatic hydrocarbons in soils and recent sediments, *Science* **188**: 53–55.

10 Boldrin, B., A. Tiehm, C. Fritzsche (1993) Degradation of phenanthrene, fluorene, fluoranthene, and pyrene by a *Mycobacterium sp.*, *Appl. Environ. Microbiol.* **59**: 1927–1930.

11 Broman, D., A. Colmsjö, C. Näf (1987) Characterization of the PAC profile in settling particulates from the urban waters of Stockholm, *Bull. Environ. Contam. Toxicol.* **38**: 1020–1028.

12 Buters, J.T.M., S. Sakai, T. Richter, T. Pineau, D.L. Alexander, U. Savas, J. Doehmer, J.M. Ward, C.R. Jefcoate, F.J. Gonzalez (1999) Cytochrome P450 CYP1B1 determines susceptibility to 7,12-dimethylbenz[a]anthracene-induced lymphomas, *Proc. Natl. Acad. Sci. USA* **96**: 1977–1982.

13 Cavalieri, E.L., S. Higginbotham, N.V. RamaKrishna, P.D. Devanesan, R. Todorovic, E.G. Rogan, S. Salmasi (1991) Comparative dose-response tumorigenicity studies of dibenzo[a,l]pyrene versus 7,12-dimethylbenz[a]anthracene, benzo[a]pyrene and two dibenzo[a,l]pyrene dihydrodiols in mouse skin and rat mammary gland, *Carcinogenesis* **12**: 1939–1944.

14 Cavalieri, E.L., E.G. Rogan (1995) Central role of radical cations in metabolic activation of polycyclic aromatic hydrocarbons, *Xenobiotica* **25**: 677–688.

15 Cherpillod, P., P.A. Amstad (1995) Benzo[a]pyrene-induced mutagenesis of p53 hot-spot codons 248 and 249 in human hepatocytes, *Mol. Carcinogen.* **13**: 15–20.

16 Conney, A.H., E.C. Miller, J.A. Miller (1957) Substrate-induced synthesis and other properties of benzpyrene hydroxylase in rat liver, *J. Biol. Chem.* **228**: 753–766.

17 de Vos, R.H., W. van Dokkum, A. Schouten, P. de Jong-Berkhout (1990) Polycyclic aromatic hydrocarbons in Dutch total diet samples (1984–1986), *Food Chem. Toxicol.* **28**: 263–268.

18 Denissenko, M.F., A. Pao, M.S. Tang, G.P. Pfeifer (1996) Preferential formation of benzo[a]pyrene adducts at lung cancer mutational hotspots in p53, *Science* **274**: 430–432.

19 Dennis, M.J., R.C. Massey, D.J. McWeeny, M.E. Knowles, D. Watson (1983) Analysis of polycyclic aromatic hydrocarbons in UK total diets, *Food Chem. Toxicol.* **21**: 569–574.

20 Dipple, A., M.A. Pigott, S.K. Agarwal, H. Yagi, J.M. Sayer, D.M. Jerina (1987) Optically active benzo[c]phenanthrene diol epoxides bind extensively to adenine in DNA, *Nature* **327**: 535–536.

21 Engst, W., R. Landsiedel, H. Hermersdörfer, J. Doehmer, H.R. Glatt (1999) Benzylic hydroxylation of 1-methylpyrene and 1-ethylpyrene by human and rat cytochromes P450 individually expressed in V79 Chinese hamster cells, *Carcinogenesis* **20**: 1777–1785.

22 Fang, J.L., F.A. Beland, D.R. Doerge, D. Wiener, C. Guillemette, M.M. Marques, P. Lazarus (2002) Characterization of benzo[a]pyrene-*trans*-7,8-dihydrodiol glucuronidation by human tissue microsomes and overexpressed UDP-glucuronosyltransferase enzymes, *Cancer Res.* **62**: 1978–1986.

23 Flowers-Geary, L., W. Bleczinski, R.G. Harvey, T.M. Penning (1996) Cytotoxicity and mutagenicity of polycyclic aromatic

hydrocarbon o-quinones produced by dihydrodiol dehydrogenase, *Chem.-Biol. Interact.* **99**: 55–72.

24 Food Standards Agency: PAHs in the UK diet (2002) 2000 total diet study samples, Food Survey Information Sheet No. 31.

25 Frank, S., T. Renner, T. Ruppert, G. Scherer (1998) Determination of albumin adducts of (+)-*anti*-benzo[a]pyrene-diol-epoxide using an high-performance liquid chromatographic column switching technique for sample preparation and gas chromatography-mass spectrometry for the final detection, *J. Chromatogr. B* **713**: 331–337.

26 Glatt, H. R. (2004) Genetische Polymorphismen des Menschen und Suszeptibilität gegenüber der kanzerogenen Wirkung von PAC: Grundlagen, in: J. Jacob, H. Greim (Eds.), Deutsche Forschungsgemeinschaft: Polyclische aromatische Kohlenwasserstoffe – Forschungsbericht, Wiley-VCH, Weinheim, 148–182.

27 Glatt, H. R., C. S. Cooper, P. L. Grover, P. Sims, P. Bentley, M. Merdes, F. Waechter, K. Vogel, T. M. Guenthner, F. Oesch (1982) Inactivation of a diol-epoxide by dihydrodiol dehydrogenase, but not by two epoxide hydrolases, *Science* **215**: 1507–1509.

28 Glatt, H. R., T. Friedberg, P. L. Grover, P. Sims, F. Oesch (1983) Inactivation of a diol-epoxide and a K-region epoxide with high efficiency by glutathione transferase X, *Cancer Res.* **43**: 5713–5717.

29 Glatt, H. R., W. Meinl, A. Kuhlow, L. Ma (2003) Metabolic formation, distribution and toxicological effects of reactive sulphuric acid esters, *Nova Acta Leopoldina* NF87 **329**: 151–161.

30 Glatt, H. R., U. Pabel, E. Muckel, W. Meinl (2002) Activation of polycyclic aromatic compounds by cDNA-expressed phase I and phase II enzymes, *Polycyclic Aromat. Compds.* **22**: 955–967.

31 Glatt, H. R., K. Vogel, P. Bentley, F. Oesch (1979) Reduction of benzo[a]pyrene mutagenicity by dihydrodiol dehydrogenase, *Nature* **277**: 319–320.

32 Grimmer, G. (1988) Polyclische aromatische Kohlenwasserstoffe, in: G. Eisenbrand, H. K. Frank, G. Grimmer, H.-J. Hapke, H.-P. Thier, G. Weigert (Eds.), Derzeitige Belastung und Trends bei der Belastung der Lebensmittel durch Fremdstoffe, W. Kohlhammer, Karlsruhe, 151–187.

33 Grimmer, G. (1993) Relevance of polycyclic aromatic hydrocarbons as environmental carcinogens, in: P. Garrigues, M. Lamotte (Eds.), Polycyclic Aromatic Compounds: Synthesis, Properties, Analytical Measurements, Occurrence and Biological Effects, Gordon and Breach Science Publishers, Yverdon (Switzerland), 887–894.

34 Guicherit, R., F. L. Schulting (1985) The occurrence of organic chemicals in the atmosphere of The Netherlands, *Sci. Total Environ.* **43**: 193–219.

35 Guillén, M. D., P. Sopelana (2004) Load of polycyclic aromatic hydrocarbons in edible vegetable oils: importance of alkylated derivatives, *J. Food Prot.* **67**: 1904–1913.

36 Harrad, S., L. Laurie (2005) Concentrations, sources and temporal trends in atmospheric polycyclic aromatic hydrocarbons in a major conurbation, *J. Environ. Monit.* **7**: 722–727.

37 Hecht, S. S. (1999) Tobacco smoke carcinogens and lung cancer, *J. Natl. Cancer Inst.* **91**: 1194–1210.

38 Hecht, S. S., M. Chen, H. Yagi, D. M. Jerina, S. G. Carmella (2003) r-1,t-2,c-4-Tetrahydroxy-1,2,3,4-tetrahydrophenanthrene in human urine: a potential biomarker for assessing polycyclic aromatic hydrocarbon metabolic activation, *Cancer Epidemiol. Biomarkers Prev.* **12**: 1501–1508.

39 Hecht, S. S., K. El-Bayoumy, A. Rivenson, S. Amin (1994) Potent mammary carcinogenicity in female CD rats of a fjord region diol-epoxide of benzo[c]phenanthrene compared to a bay region diol-epoxide of benzo[a]pyrene, *Cancer Res.* **54**: 21–24.

40 Heidel, S. M., P. S. MacWilliams, W. M. Baird, W. M. Dashwood, J. T. M. Buters, F. J. Gonzalez, M. C. Larsen, C. J. Czuprynski, C.R. Jefcoate (2000) Cytochrome P4501B1 mediates induction of bone marrow cytotoxicity and preleukemia cells in mice treated with 7,12-dimethyl-

40 benz[a]anthracene, *Cancer Res.* **60**: 3454–3460.

41 Henderson, C. J., A. G. Smith, J. Ure, K. Brown, E. J. Bacon, C. R. Wolf (1998) Increased skin tumorigenesis in mice lacking pi class glutathione S-transferases, *Proc. Natl. Acad. Sci. USA* **95**: 5275–5280.

42 Hietaniemi, V., M. L. Ovaskainen, A. Hallikainen (1999) PAH compounds and their intake from foodstuff on the market, National Food Administration, Finland.

43 Higginbotham, S., N. V. S. Ramakrishna, S. L. Johansson, E. G. Rogan, E. L. Cavalieri (1993) Tumor-initiating activity and carcinogenicity of dibenzo[a,l]pyrene versus 7,12-dimethylbenz[a]anthracene and benzo[a]pyrene at low doses in mouse skin, *Carcinogenesis* **14**: 875–878.

44 Hsu, C. H., P. L. Skipper, S. R. Tannenbaum (1999) DNA adduct formation by secondary metabolites of cyclopenta[cd]pyrene in vitro, *Cancer Lett.* **136**: 137–141.

45 Ide, F., N. Iida, Y. Nakatsuru, H. Oda, K. Tanaka, T. Ishikawa (2000) Mice deficient in the nucleotide excision repair gene *XPA* have elevated sensitivity to benzo[a]pyrene induction of lung tumors, *Carcinogenesis* **21**: 1263–1265.

46 Ignesti, G., M. Lodovici, P. Dolara, P. Lucia, D. Grechi (1992) Polycyclic aromatic hydrocarbons in olive fruits as a measure of air pollution in the Valley of Florence (Italy), *Bull. Environ. Contam. Toxicol.* **48**: 809–814.

47 Jacob, J., G. Grimmer, G. Dettbarn (1999) Profile of urinary phenanthrene metabolites in smokers and non-smokers, *Biomarkers* **4**: 319–327.

48 Joseph, P., D. J. Long, A. J. Klein-Szanto, A. K. Jaiswal (2000) Role of NAD(P)H:quinone oxidoreductase 1 (DT diaphorase) in protection against quinone toxicity, *Biochem. Pharmacol.* **60**: 207–214.

49 Kang, D. H., N. Rothman, M. C. Poirier, A. Greenberg, C. H. Hsu, B. S. Schwartz, M. E. Baser, J. D. Groopman, A. Weston, P. T. Strickland (1995) Interindividual differences in the concentration of 1-hydroxypyrene-glucuronide in urine and polycyclic aromatic hydrocarbon-DNA adducts in peripheral white blood cells after charbroiled beef consumption, *Carcinogenesis* **16**: 1079–1085.

50 Kennaway, E., I. Hieger (1930) Carcinogenic substances and their fluorescence spectra, *Br. J. Med.* **1**: 1044–1046.

51 Kiyohara, H., N. Takizawa, K. Nagao (1992) Natural distribution of bacteria metabolizing many kinds of polycyclic aromatic hydrocarbons, *J. Ferment. Bioeng.* **74**: 49–51.

52 Kveseth, K., B. Sortland, T. Bokn (1982) Polycyclic aromatic hydrocarbons in sewage, mussels and tap water, *Chemosphere* **11**: 623–639.

53 Laflamme, R. E., R. A. Hites (1978) The global distribution of PAH in recent sediments, *Geochim. Cosmochim. Acta* **42**: 289–303.

54 Levin, W., R. L. Chang, A. W. Wood, D. R. Thakker, H. Yagi, D. M. Jerina, A. H. Conney (1986) Tumorigenicity of optical isomers of the diastereomeric bay-region 3,4-diol-1,2-epoxides of benzo[c]phenanthrene in murine tumor models, *Cancer Res.* **46**: 2257–2261.

55 Lilienblum, W., B. S. Bock-Hennig, K. W. Bock (1985) Protection against toxic redox cycles between benzo[a]pyrene-3,6-quinone and its quinol by 3-methylcholanthrene-inducible formation of the quinol mono- and diglucuronide, *Mol. Pharmacol.* **27**: 451–458.

56 Lodovici, M., P. Dolara, C. Casalini, S. Ciappellano, G. Testolin (1995) Polycyclic aromatic hydrocarbon contamination in the Italian diet, *Food Addit. Contam.* **12**: 703–713.

57 Long, D. J., 2nd, R. L. Waikel, X. J. Wang, D. R. Roop, A. K. Jaiswal (2001) NAD(P)H:quinone oxidoreductase 1 deficiency and increased susceptibility to 7,12-dimethylbenz[a]anthracene-induced carcinogenesis in mouse skin, *J. Natl. Cancer Inst.* **93**: 1166–1170.

58 Long, D. J., 2nd, R. L. Waikel, X. J. Wang, L. Perlaky, D. R. Roop, A. K. Jaiswal (2000) NAD(P)H:quinone oxidoreductase 1 deficiency increases susceptibility to benzo[a]pyrene-induced mouse skin carcinogenesis, *Cancer Res.* **60**: 5913–5915.

59 Luch, A., H. R. Glatt, K. L. Platt, F. Oesch, A. Seidel (1994) Synthesis and mutagenicity of the diastereomeric fjord-region 11,12-dihydrodiol 13,14-epoxides of dibenzo[a,l]pyrene, *Carcinogenesis* **15**: 2507–2516.

60 Ludewig, G., S. Dogra, F. Setiabudi, A. Seidel, F. Oesch, H. R. Glatt (1991) Quinones derived from polycyclic aromatic hydrocarbons: induction of diverse mutagenic and genotoxic effects in mammalian cells, in: M. Cooke, K. Loening, J. Merritt (Eds.), Polynuclear Aromatic Hydrocarbons: Measurements, Means, and Metabolism, Battelle Press, Columbus (Ohio), 545–556.

61 Ma, L., A. Kuhlow, H. R. Glatt (2002) Enhancement of the bioactivation of 1-hydroxymethylpyrene in rats treated with ethanol or inhibitors of alcohol and aldehyde dehydrogenases, *Naunyn-Schmiedeberg's Arch. Pharmacol.* **365**: R139.

62 Ma, L., A. Kuhlow, H. R. Glatt (2002) Ethanol enhances the activation of 1-hydroxymethylpyrene to DNA adduct-forming species in the rat, *Polycyclic Aromat. Compds.* **22**: 933–946.

63 Ma, L., R. Landsiedel, A. Seidel, H. R. Glatt (2000) Detection of mercapturic acids and nucleoside adducts in blood, urine and faeces of rats treated with 1-hydroxymethylpyrene, *Polycyclic Aromat. Compds.* **21**: 135–149.

64 Machala, M., J. Vondracek, L. Blaha, M. Ciganek, J. V. Neca (2001) Aryl hydrocarbon receptor-mediated activity of mutagenic polycyclic aromatic hydrocarbons determined using *in vitro* reporter gene assay, *Mutation Res.* **497**: 49–62.

65 Meador, J. P., J. E. Stein, W. L. Reichert, U. Varanasi (1995) Bioaccumulation of polycyclic aromatic hydrocarbons by marine organisms, *Rev. Environ. Contam. Toxicol.* **143**: 79–165.

66 Meinl, W., J. H. Meerman, H. R. Glatt (2002) Differential activation of promutagens by alloenzymes of human sulfotransferase 1A2 expressed in *Salmonella typhimurium*, *Pharmacogenetics* **12**: 677–689.

67 Miyata, M., G. Kudo, Y. H. Lee, T. J. Yang, H. V. Gelboin, P. Fernandez-Salguero, S. Kimura, F. J. Gonzalez (1999) Targeted disruption of the microsomal epoxide hydrolase gene: microsomal epoxide hydrolase is required for the carcinogenic activity of 7,12-dimethylbenz[a]anthracene, *J. Biol. Chem.* **274**: 23963–23968.

68 Nakamura, J., J. A. Swenberg (1999) Endogenous apurinic/apyrimidinic sites in genomic DNA of mammalian tissues, *Cancer Res.* **59**: 2522–2526.

69 Nesnow, S., J. A. Ross, G. Nelson, K. Wilson, B. C. Roop, A. J. Jeffers, A. J. Galati, G. D. Stoner, R. Sangaiah, A. Gold, M. J. Mass 1994: Cyclopenta[cd]pyrene-induced tumorigenicity, Ki-*ras* codon 12 mutations and DNA adducts in strain A/J mouse lung, *Carcinogenesis* **15**: 601–606.

70 NTP (2000) Toxicology and carcinogenesis studies of naphthalene (CAS No. 91-30-3) in F344/N rats (inhalation studies), *Natl. Toxicol. Program Tech. Report Series No. 500.*

71 NTP (1992) Toxicology and carcinogenesis studies of naphthalene (CAS No. 91-30-3) in B6C3F$_1$ mice (inhalation studies), *Natl. Toxicol. Program Tech. Report Series No. 410.*

72 Offenberg, J. H., S. J. Eisenreich, L. C. Chen, M. D. Cohen, G. Chee, C. Prophete, C. Weisel, P. J. Lioy (2003) Persistent organic pollutants in the dusts that settled across lower Manhattan after September 11, 2001, *Environ. Sci. Technol.* **37**: 502–508.

73 Palackal, N. T., S. H. Lee, R. G. Harvey, I. A. Blair, T. M. Penning (2002) Activation of polycyclic aromatic hydrocarbon *trans*-dihydrodiol proximate carcinogens by human aldo-keto reductase (AKR1C) enzymes and their functional overexpression in human lung carcinoma (A549) cells, *J. Biol. Chem.* **277**: 24799–24808.

74 Parman, T., P. G. Wells (2002) Embryonic prostaglandin H synthase-2 (PHS-2) expression and benzo[a]pyrene teratogenicity in PHS-2 knockout mice, *FASEB J.* **16**: 1001–1009.

75 Penning, T. M., M. E. Burczynski, C. F. Hung, K. D. McCoull, N. T. Palackal, L. S. Tsuruda (1999) Dihydrodiol dehydrogenases and polycyclic aromatic hydrocarbon activation: generation of reactive and redox active o-quinones, *Chem. Res. Toxicol.* **12**: 1–18.

76 Pott, P. (1775) Chirurgical observations relative to the cataract, the polypus of the nose, the cancer of the scrotum, the different kind of ruptures, and the modification of the toes and feet, Hawes, Clarke & Collins, London.

77 Preuss, R., J. Angerer, H. Drexler (2003) Naphthalene: an environmental and occupational toxicant, *Int. Arch. Occup. Environ. Health* **76**: 556–576.

78 Puisieux, A., S. Lim, J. Groopman, M. Ozturk (1991) Selective targeting of *p53* gene mutational hotspots in human cancer by etiologically defined carcinogens, *Cancer Res.* **51**: 6185–6189.

79 Ramos-Gomez, M., M. K. Kwak, P. M. Dolan, K. Itoh, M. Yamamoto, P. Talalay, T. W. Kensler (2001) Sensitivity to carcinogenesis is increased and chemoprotective efficacy of enzyme inducers is lost in *nrf2* transcription factor-deficient mice, *Proc. Natl. Acad. Sci. USA* **98**: 3410–3415.

80 Rodgman, A., T. A. Perfetti (2006) The composition of cigarette smoke: a catalogue of polycyclic aromatic hydrocarbons, *Beitr. Tabakforsch. Int.* **22**: 13–69.

81 Roemer, E., R. Stabbert, K. Rustemeier, D. J. Veltel, T. J. Meisgen, W. Reininghaus, R. A. Carchman, C. L. Gaworski, K. F. Podraza (2004) Chemical composition, cytotoxicity and mutagenicity of smoke from US commercial and reference cigarettes smoked under two sets of machine smoking conditions, *Toxicology* **195**: 31–52.

82 Rothman, N., M. C. Poirier, M. E. Baser, J. A. Hansen, C. Gentile, E. D. Bowman, P. T. Strickland (1990) Formation of polycyclic aromatic hydrocarbon-DNA adducts in peripheral white blood cells during consumption of charcoal-broiled beef, *Carcinogenesis* **11**: 1241–1243.

83 Ruzgyte, A., M. Bouchard, C. Viau (2005) Development of a high-performance liquid chromatographic method for the simultaneous determination of pyrene-1,6- and 1,8-dione in animal and human urine, *J. Anal. Toxicol.* **29**: 533–538.

84 Shima, K., M. Toyota, Y. Asakawa (1991) Phenanthrene derivatives from the medullae of *Juncus effusus*, *Phytochemistry* **30**: 3149–3151.

85 Shimizu, Y., Y. Nakatsuru, M. Ichinose, Y. Takahashi, H. Kume, J. Mimura, Y. Fujii-Kuriyama, T. Ishikawa (2000) Benzo[*a*]pyrene carcinogenicity is lost in mice lacking the aryl hydrocarbon receptor, *Proc. Natl. Acad. Sci. USA* **97**: 779–782.

86 Singh, R., P. B. Farmer (2006) Liquid chromatography-electrospray ionization-mass spectrometry: the future of DNA adduct detection, *Carcinogenesis* **27**: 178–196.

87 Slaga, T. J., W. M. Bracken, A. Viaje, D. L. Berry, S. M. Fischer, D. R. Miller, W. Levin, A. H. Conney, H. Yagi, D. M. Jerina (1978) Tumor initiating and promoting activities of various benzo[*a*]pyrene metabolites in mouse skin, *Carcinogenesis* **3**: 371–382.

88 Straif, K., R. Baan, Y. Grosse, B. Secretan, F. El Ghissassi, V. Cogliano (2005) Carcinogenicity of polycyclic aromatic hydrocarbons, *Lancet Oncol.* **6**: 931–932.

89 Thomson, B., R. Lake, R. Lill (1996) The contribution of margarine to cancer risk from polycyclic aromatic hydrocarbons in the New Zealand diet, *Polycyclic Aromat. Compds.* **11**: 177–184.

90 Toth, L., K. Potthast (1984) Chemical aspects of smoking meat and meat products, *Adv. Food Res.* **29**: 87–158.

91 Uno, S., T. P. Dalton, N. Dragin, C. P. Curran, S. Derkenne, M. L. Miller, H. G. Shertzer, F. J. Gonzalez, D. W. Nebert (2006) Oral benzo[*a*]pyrene in *Cyp1* knockout mouse lines: CYP1A1 important in detoxication, CYP1B1 metabolism required for immune damage independent of total-body burden and clearance rate, *Mol. Pharmacol.* **69**: 1103–1114.

92 Uno, S., T. P. Dalton, S. Derkenne, C. P. Curran, M. L. Miller, H. G. Shertzer, D. W. Nebert (2004) Oral exposure to benzo[*a*]pyrene in the mouse: detoxication by inducible cytochrome P450 is more important than metabolic activation, *Mol. Pharmacol.* **65**: 1225–1237.

93 van Maanen, J. M. S., E. J. C. Moonen, L. M. Maas, J. C. S. Kleinjans, F. J. van Schooten (1994) Formation of aromatic DNA adducts in white blood cells in relation to urinary excretion of 1-hydroxy-pyrene during consumption of grilled meat, *Carcinogenesis* **15**: 2263–2268.

94 van Steeg, H., L. H. Mullenders, J. Vijg (2000) Mutagenesis and carcinogenesis in nucleotide excision repair-deficient XPA knock out mice, *Mutation Res.* **450**: 167–180.

95 Volkmann, R. (1874) Ueber Theer- und Rußkrebs, *Berl. Klin. Wochenschr.* **11**: 218.

96 Waidyanatha, S., M. A. Troester, A. B. Lindstrom, S. M. Rappaport (2002) Measurement of hemoglobin and albumin adducts of naphthalene-1,2-oxide, 1,2-naphthoquinone and 1,4-naphthoquinone after administration of naphthalene to F344 rats, *Chem.-Biol. Interact.* **141**: 189–210.

97 Weston, A., M. L. Rowe, D. K. Manchester, P. B. Farmer, D. L. Mann, C. C. Harris (1989) Fluorescence and mass spectral evidence for the formation of benzo[a]pyrene *anti*-diol-epoxide-DNA and -hemoglobin adducts in humans, *Carcinogenesis* **10**: 251–257.

98 Wieland, H., E. Dane (1933) Untersuchungen über die Konstitution von Gallensäuren: LII. Mitteilung, *Z. Physiol. Chem.* **219**: 240–244.

99 Wijnhoven, S. W. P., H. J. M. Kool, C. T. M. van Oostrom, R. B. Beems, L. H. F. Mullenders, A. A. van Zeeland, G. T. J. van der Horst, H. Vrieling, H. van Steeg (2000) The relationship between benzo[a]pyrene-induced mutagenesis and carcinogenesis in repair-deficient Cockayne syndrome group B mice, *Cancer Res.* **60**: 5681–5687.

100 Yamagiwa, K., K. Ichikawa (1915) Experimentelle Studie über die Pathogenese von Epithelialgeschwüren, *Mitt. Med. Fak. Kaiserl. Univ. Tokyo* **15**: 295–344.

23
Acrylamid

Doris Marko

23.1
Allgemeine Substanzbeschreibung

Acrylamid (2-Propenamid, Acrylsäureamid; C_3H_5NO, MW 71,09; CAS Nr. 79-06-1, Strukturformel s. Abb. 23.1) ist als Reinsubstanz ein farb- und geruchloser Feststoff mit einem Schmelzpunkt von 84,5 °C, einem Siedepunkt bei Atmosphärendruck von 192,6 °C, löslich in Wasser, Aceton und Ethanol.

Acrylamid zählt zur Gruppe der α,β-ungesättigten Carbonylverbindungen und ist als solches in der Lage, als Elektrophil in 1,4-Additionen mit Nucleophilen, beispielsweise SH- oder NH_2-Gruppen in Biomolekülen, im Sinne einer Michael-Addition zu reagieren.

23.2
Vorkommen

Seit der ersten chemischen Synthese von Acrylamid 1949 hat diese Verbindung weltweit in den verschiedensten Anwendungsbereichen enorme Bedeutung erlangt. Als Polymere oder Copolymere findet Acrylamid u. a. Verwendung in der Papier- und Textilindustrie, als Bestandteil von Verpackungsmaterialien, zur Flotation bei der Erzaufarbeitung, als Flockungsmittel bei der Trinkwasseraufbereitung oder als Dichtungsmittel im Tunnelbau. Auch in kosmetischen Produkten kommt Polyacrylamid als Binde- und Haftmittel zum Einsatz. In der wissenschaftlichen Forschung stellen Polyacrylamidgele zur Elektrophorese unentbehrliche Hilfsmittel beispielsweise bei der Trennung von Peptiden und Proteinen dar. Monomeres Acrylamid ist ein Bestandteil des Tabakrauchs.

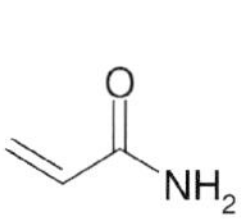

Abb. 23.1 Acrylamid.

Handbuch der Lebensmitteltoxikologie. H. Dunkelberg, T. Gebel, A. Hartwig (Hrsg.)
Copyright © 2007 WILEY-VCH Verlag GmbH & Co. KGaA, Weinheim
ISBN: 978-3-527-31166-8

Das Image einer zwar toxischen, aber nützlichen Industriechemikalie hat sich grundlegend verändert als am 24. April 2002 die schwedische National Food Administration zusammen mit Wissenschaftlern der Universität von Stockholm bekannt gab, dass Acrylamid beim Erhitzen von Lebensmitteln unter haushaltsüblichen Bedingungen entstehen kann. Auslöser waren Arbeitsplatzstudien, die in Zusammenhang mit dem Bau eines Eisenbahntunnels durch den Hallandsås in Südschweden durchgeführt wurden. Zur Abdichtung von Wassereinbrüchen in der Tunnelbaustelle wurden mehrere hundert Tonnen eines acrylamidhaltigen Produktes eingesetzt. Vermutlich aufgrund unvollständiger Polymerisation gingen größere Mengen monomeres Acrylamid ins Grundwasser über. In der Nähe des Dorfes Vadbäcken trat das stark acrylamidbelastete Wasser wieder zutage. In der Folge waren massives Fischsterben und schwerwiegende neurologische Störungen bei Rindern, die das verseuchte Wasser aufgenommen hatten, zu beobachten. Untersuchungen des Blutes der betroffenen Rinder ergaben hohe Gehalte an Acrylamid-Hämoglobinaddukten als Biomarker für die Acrylamidbelastung (s. Abschnitt 23.4.). Hohe Gehalte an Acrylamid-Hämoglobinaddukten fanden sich auch im Blut potenziell gefährdeter Tunnelarbeiter. Als vorgesehene Negativkontrollen wurden Personen mit untersucht, die weder im Tunnel gearbeitet noch mit belastetem Trinkwasser in Berührung gekommen waren. Unerwartet fand man auch bei diesen Testpersonen beachtliche Mengen an Acrylamid-Hämoglobinaddukten. Bereits frühere Studien lieferten erste Hinweise auf eine Hintergrundbelastung mit Acrylamid, ohne dass diese zur damaligen Zeit besondere Beachtung gefunden hätten. Bereits 1997 wurden Raucher und Personen, die im Laborbereich mit Polyacrylamid-Gelelektrophorese gearbeitet hatten, hinsichtlich ihrer Acrylamidbelastung untersucht [2]. Dabei waren die Acrylamid-Hämoglobin-Adduktgehalte von Rauchern mit durchschnittlich 120 pmol/g Hämoglobin ungefähr doppelt so groß wie die der exponierten Laborbeschäftigten. Aber auch Nichtraucher ohne berufliche Acrylamidexposition wiesen beachtliche Adduktgehalte auf. Bei Rauchern konnte für die Bildung von Hämoglobinaddukten mit Acrylamid oder dem strukturell ähnlichen Tabakrauchinhaltsstoff Acrylnitril eine eindeutige Korrelation mit dem Zigarettenkonsum gezeigt werden. Auffällig war jedoch, dass Addukte mit Acrylnitril bei Nichtrauchern praktisch nicht nachweisbar waren, während Acrylamidaddukte im Bereich von 30 pmol/g Globin gemessen wurden [2].

Als mögliche Quelle für Acrylamid gerieten schließlich hitzebehandelte Nahrungsmittel in den Fokus. Ein Fütterungsversuch an Ratten erbrachte hierzu konkretere Hinweise [54]. Den Tieren wurde jeweils eine gebratene bzw. eine unbehandelte Standarddiät über mehrere Wochen verabreicht. Bei den Tieren, die die gebratene Standarddiät aufgenommen hatten, war ein starker Anstieg der Acrylamid-Hämoglobin-Adduktgehalte im Plasma festzustellen. Die gebratenen Futterpellets wiesen einen Acrylamidgehalt von 110–200 µg/kg auf, während der Acrylamidgehalt der unbehandelten Diät bei 10 µg/kg lag [54].

23.3
Verbreitung in Lebensmitteln

Acrylamid entsteht bei der thermischen Behandlung von Lebensmitteln, insbesondere beim Backen, Rösten und Frittieren. Für die Bildung von Acrylamid in Lebensmitteln werden hauptsächlich zwei Mechanismen diskutiert. Acrylamid kann im Rahmen der nicht enzymatischen Bräunung, der so genannten Maillardreaktion, aus reduzierenden Zuckern und Aminosäuren gebildet werden. Wesentliche Faktoren der Bildung sind dabei die Temperatur und die Dauer der Hitzebehandlung, die Menge an reduzierenden Zuckern, die Anwesenheit zentraler Präkursoren wie z. B. Asparagin und eine geringe Wasserverfügbarkeit.

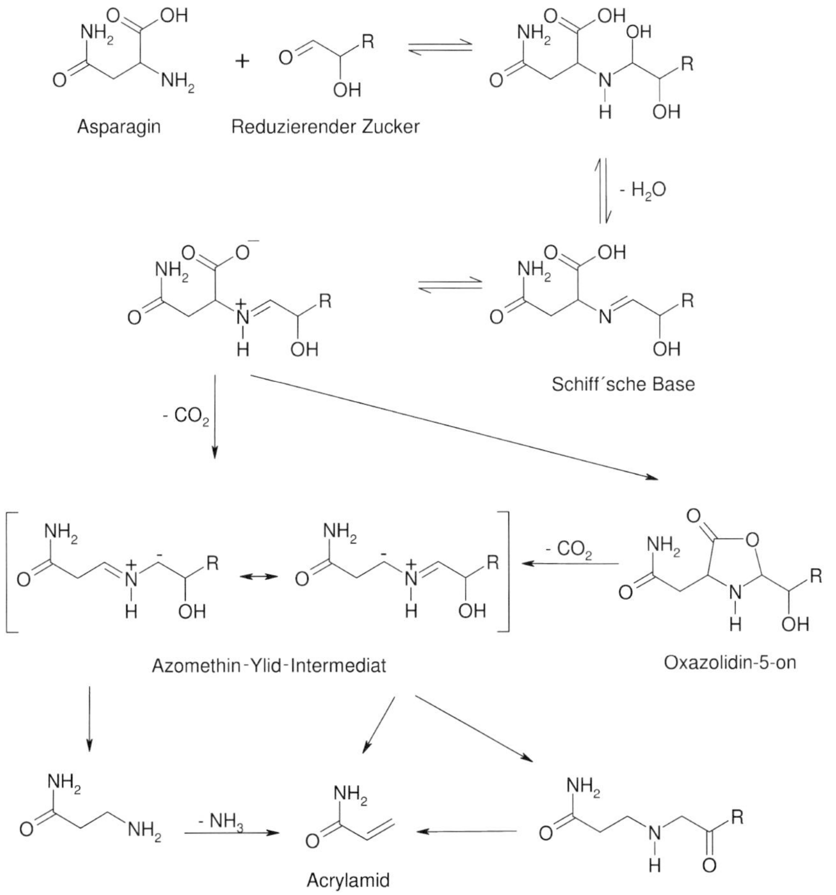

Abb. 23.2 Postulierte Bildung von Acrylamid aus Asparagin in Gegenwart von α-Hydroxycarbonylverbindungen (modifiziert nach [7]).

Tab. 23.1 Signalwerte, 5. Berechnung (gültig ab 21. 10. 2005) (Quelle: Bundesamt für Verbraucherschutz und Lebensmittelsicherheit).

Warengruppe	Signalwerte 5. Berechnung 21. 10. 2005 (µg/kg)	Beobachtungswerte 5. Berechnung 21. 10. 2005 (µg/kg)	Anzahl untersuchter Produkte	Minimum (Acrylamid in µg/kg)	Median (Acrylamid in µg/kg)	Mittelwert (Acrylamid in µg/kg)	Maximum (Acrylamid in µg/kg)
Feine Backwaren aus Mürbeteig	300	nicht vorhanden	143	5	118	169	1458
Frühstückszerealien (Cornflakes u. Müsli)	180	nicht vorhanden	47	5	50	84	545
Kaffee, geröstet	370	537	164	101	268	310	935
Kartoffelchips	1000	1333	159	5	363	652	4215
Knäckebrot	590	nicht vorhanden	93	5	276	300	1715
Pommes frites, zubereitet	530	nicht vorhanden	388	5	212	268	2310
Kartoffelpuffer, zubereitet	1000	2520	15	142	675	1065	3072
Lebkuchen und lebkuchenhaltige Gebäcke	1000	1270	449	5	233	501	6141
Spekulatius	560	706	81	5	230	356	2110
Zwieback oder Kekse für Säuglinge und Kleinkinder	245	nicht vorhanden	130	5	81	106	432
Diabetikerdauerbackwaren	545	nicht vorhanden	125	10	186	270	1695
Kaffeeextrakt (Kaffee, löslich)	1000	1030	64	87	857	808	1188
Kaffeeersatz	1000	2341	19	183	710	1001	2563

Bereits kurz nach dem Auffinden von Acrylamid als Bestandteil erhitzter Lebensmittel wurde der thermische Abbau von freiem Asparagin in Gegenwart reduzierender Zucker im Sinne einer Maillardreaktion als Hauptbildungsweg postuliert (Abb. 23.2). Hierbei wird die Bildung einer Schiff'schen Base aus Asparagin und Aldehydkomponenten bzw. α-Hydroxycarbonylverbindungen als Schlüsselereignis der Acrylamidbildung angesehen. Aus dem als Intermediat postulierten Azomethin-Ylid entsteht vermutlich über eine β-Elimination Acrylamid [36, 50, 51, 53, 57, 59–61].

Die Bildung von Acrylamid ist nicht auf Asparagin als Präkursor beschränkt, auch andere Aminosäuren können analoge Reaktionen durchlaufen, wenn auch mit unterschiedlicher Effizienz [58]. Als alternativer Weg der Entstehung von Acrylamid wird die Bildung aus Lipiden diskutiert [17]. Hierbei scheinen oxidativ gebildete Fettabbauprodukte wie Acrolein oder Acrylsäure eine wesentliche Rolle als Präkursoren zu spielen [17].

Hohe Gehalte an Acrylamid finden sich in stärkereichen Lebensmitteln, insbesondere in Kartoffelprodukten wie Pommes frites und Kartoffelchips, in gerösteten Zerealien, Brot (insbesondere Knäcke- und geröstetes Toastbrot), Backwaren, Kakao und Kaffee (Tab. 23.1). Während der Lagerung ist Acrylamid in den meisten Matrices weitestgehend stabil. Für Kaffee und Kakaopulver wurde allerdings während einer Lagerzeit von 3 bzw. 6 Monaten eine deutliche Abnahme der Acrylamidbelastung beobachtet [7, 26].

Die durchschnittliche tägliche Aufnahme von Acrylamid über die Nahrung wurde für Deutschland auf 0,6 µg/kg Körpergewicht geschätzt [33]. Schätzungen aus anderen europäischen Ländern gelangten zu vergleichbaren Größenordnungen. In den Niederlanden wurde beispielsweise 0,5 µg/kg Körpergewicht als Median der nahrungsgedingten Acrylamidaufnahme ermittelt [9]. In einer Schweizer Studie wird die tägliche durchschnittliche Acrylamidaufnahme auf ca. 0,3 µg/kg Körpergewicht geschätzt, wobei Kaffee offenbar einen wesentlichen Beitrag zur Gesamtaufnahme leistet. Die Aufnahmemenge ist von Faktoren wie der individuellen Ernährungsweise oder dem Alter abhängig und kann im Einzelfall oder für bestimmte Personengruppen höher liegen [9, 33].

23.4
Biomonitoring, Kinetik und innere Exposition

Hohen individuellen Acrylamidexpositionen können Personen ausgesetzt sein, die in der industriellen Acrylamidherstellung und -verarbeitung tätig sind. Zur Bewertung von Expositionen an solchen Arbeitsplätzen wurden bereits vor Jahren Untersuchungsmethoden zur Expositionsbestimmung entwickelt. Beim Acrylamid-Biomonitoring macht man sich zunutze, dass der Stoff im Blut mit freien Aminogruppen oder Thiolgruppen, beispielsweise im Hämoglobin, reagieren kann. Die relativ lange Halbwertszeit von Hämoglobin in Erythrozyten lässt dieses Biomakromolekül zu einem wertvollen Monitor für die Erfassung der Exposition gegenüber Elektrophilen werden [39]. Neben Cysteinen und His-

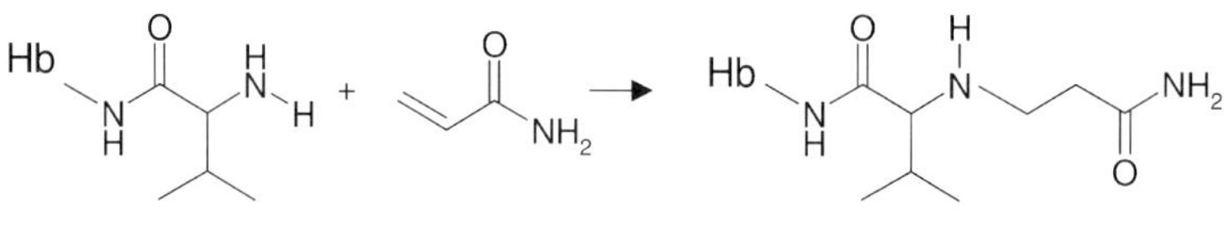

N-terminales Valin   Acrylamid   *N*-(2-carbamoylethyl)-valin-Hämoglobinaddukt

Abb. 23.3 Bindung von Acrylamid an N-terminales Valin im Hämoglobin.

tidinen stellen N-terminale Valine die wichtigsten nucleophil reaktiven Stellen menschlichen Hämoglobins dar. Acrylamid reagiert mit der freien Aminogruppe eines endständigen Valins und bildet kovalente Addukte (Abb. 23.3).

Dieses Acrylamid-Hämoglobinaddukt kann mittels eines modifizierten Edman-Abbaus (Abb. 23.4), eines Verfahrens, das klassischerweise für die Aufklärung von Aminosäuresequenzen in Proteinen Verwendung findet, abgespalten und nach Derivatisierung mittels chromatographischer/massenspektrometrischer Verfahren als Biomarker für die aufgenommene Acrylamiddosis quantitativ erfasst werden [3, 38, 44].

Die Bestimmung von Hämoglobin-Adduktspiegeln als Maß der inneren Exposition bei einer Auswahl von Individuen der „Malmö Diet und Cancer Cohort", ausgewählt anhand größtmöglicher Ernährungsvarianz (keiner, geringer oder hoher Konsum von Kaffee, frittierten Kartoffeln, Knäckebrot und anderen Lebensmitteln mit erwartungsgemäß relativ hohem Acrylamidgehalt), ergab unter Nichtrauchern einen Hämoglobin-Adduktgehalt im Bereich von 0,02–0,1 nmol/g und damit eine Schwankungsbreite um den Faktor 5. Erwartungsgemäß lagen im Vergleich dazu die Hämoglobin-Adduktspiegel von Rauchern mit 0,03–0,43 nmol/g höher [25].

Bioverfügbarkeitsstudien, in denen Acrylamid über das Trinkwasser an Ratten verabreicht wurde, haben ergeben, dass Acrylamid vollständig und rasch in den Organismus aufgenommen und verteilt wird und auch in den Fetus und die

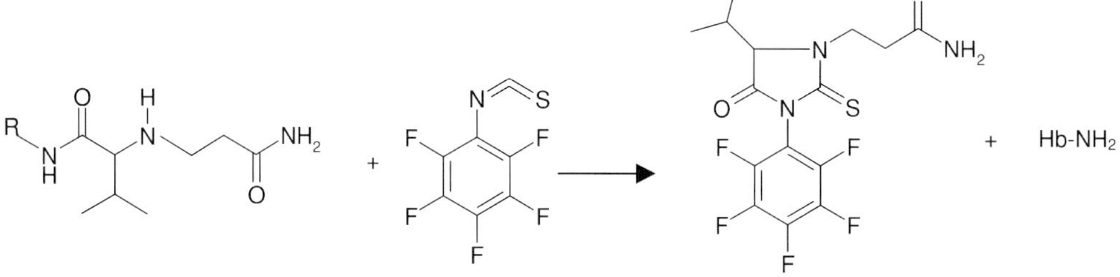

N-terminales AA-Valin-Hämoglobinaddukt   Pentafluorphenylisothiocyanat   *N*-AA-Valin-Pentafluorphenylthiohydantoin

Abb. 23.4 Modifizierter Edman-Abbau zur Erfassung N-terminaler Valinaddukte am Hämoglobin (modifiziert nach [40]).

Muttermilch übergehen kann. Die Ausscheidung von Acrylamid erfolgt im Bereich von Stunden [10]. Unklar ist jedoch bislang, inwieweit die jeweilige Lebensmittelmatrix die Bioverfügbarkeit von Acrylamid beeinflusst.

23.5
Metabolisierung und Ausscheidung

Acrylamid ist Substrat für Cytochrom P450-abhängige Monooxygenasen (CYP), Enzyme des Phase-I-Metabolismus. Acrylamid wird durch das Isoenzym CYP2E1 an der Doppelbindung epoxidiert, wodurch das wesentlich reaktivere Glycidamid (2,3-Epoxypropionamid, CAS 5694-00-8) entsteht (Abb. 23.5) [3, 11, 52].

Ebenso wie Acrylamid ist auch Glycidamid in der Lage, im Blut mit freien Amino- und Thiolgruppen in Proteinen zu reagieren. Verglichen mit Glycidamid besitzt Acrylamid ein höhere Reaktivität gegenüber Thiolgruppen [3], jedoch eine niedrigere Reaktivität gegenüber DNA-Basen [49]. Glycidamid hingegen reagiert wesentlich leichter mit der DNA unter Bildung entsprechender DNA-Addukte [22, 47]. Hierbei entsteht in erster Linie das N7-Addukt des Guanins, N7-(2-Carbamoyl-2-hydroxyethyl)-Guanin (Abb. 23.6). Daneben ist in deutlich geringerer Menge die Bildung von N3-(2-Carbamoyl-2-hydroxyethyl)-Adenin und N1-(2-Carboxy-2-hydroxyethyl)-2'-Desoxyadenosin beschrieben [15, 22, 47].

Eine wesentliche Inaktivierungs- und Entgiftungsreaktion für Acrylamid und Glycidamid ist die Phase-II-Konjugation mit Glutathion [10] (Abb. 23.7). Erste in vitro-Untersuchungen legen nahe, dass die Reaktion mit Glutathion nicht wesentlich von dem jeweiligen Glutathion-S-Transferase-(GST-)Genotyp abhän-

Abb. 23.5 CYP2E1-vermittelte Bildung von Glycidamid aus Acrylamid.

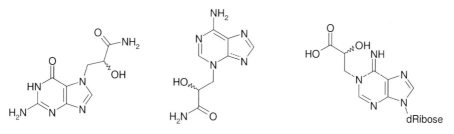

N7-(2-Carbamoyl-2-hydroxyethyl)-
-Guanin

N3-(2-Carbamoyl-2-hydroxyethyl)-
-Adenin

N1-(2-Carboxy-2-hydroxyethyl)-
-2'-Desoxyadenosin

Abb. 23.6 Strukturen von Glycidamid-DNA-Addukten (modifiziert nach [15]).

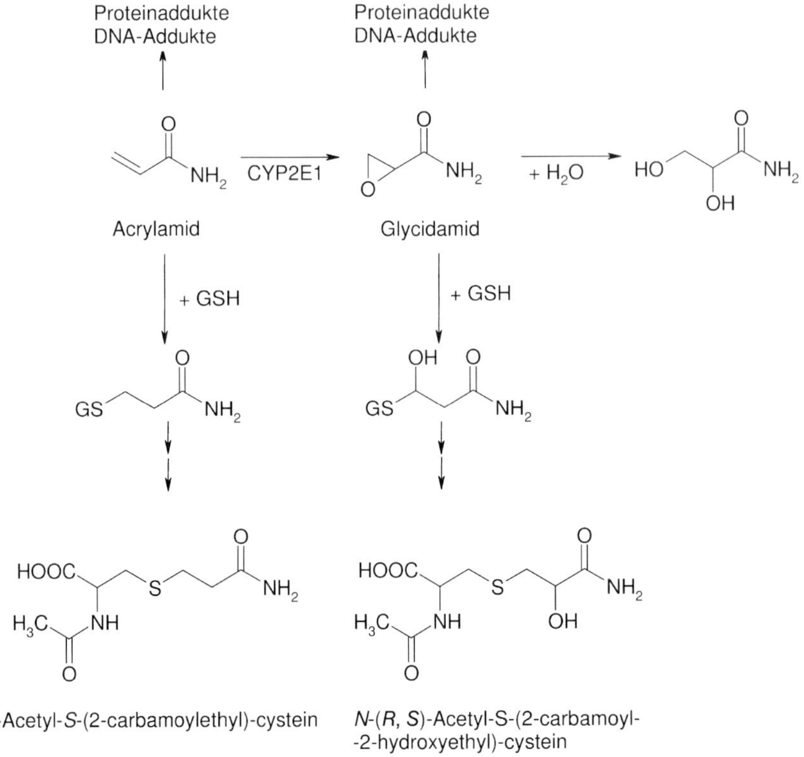

Abb. 23.7 Metabolismus von Acrylamid (modifiziert nach [8]).

gig zu sein scheint [42]. Im Hinblick auf die verschiedenen Metabolismuswege werden speziesspezifische Unterschiede diskutiert [21]. Unterschiede in der Oxidation zu Glycidamid lassen sich als Maus > Ratte > Mensch zusammenfassen [19]. In Maus und Ratte verläuft der Metabolismusweg von Glycidamid vorwiegend über die Konjugation mit Glutathion, beim Menschen scheint auch die Hydrolyse eine Rolle zu spielen [19].

Nach Bindung an Glutathion erfolgt die Ausscheidung als Mercaptursäure. Sowohl in der Ratte als auch im Menschen stellt N-Acetyl-S-(-2-carbamoylethyl)-L-Cystein den Hauptmetaboliten von Acrylamid im Urin dar. In geringeren Anteilen wird neben anderen Metaboliten auch die entsprechende Mercaptursäure des Glycidamids, N-(R,S)-Acetyl-S-(-2-carbamoyl-2-hydroxyethyl)-L-Cystein ausgeschieden [8, 19]. Diese beiden Mercaptursäuren stellen gleichzeitig einen Biomarker zur Erfassung der inneren Exposition dar [8, 21].

23.6
Wirkungen

Acrylamid besitzt neurotoxische Wirkungen und zählt zu den genotoxischen Kanzerogenen. Die bisher vorliegenden Daten zu Mutagenität und Genotoxizität von Acrylamid in somatischen Zellen weisen allerdings auf ein eher schwaches mutagenes und genotoxisches Potenzial hin. Acrylamid ist in in vitro-Mutagenitätstests an Bakterien- und Säugerzellkulturen mit und ohne metabolische Aktivierung negativ, während Glycidamid in Bakterienkulturen mutagenes Potenzial zeigt [4, 5, 14]. Acrylamid selbst reagiert extrem langsam mit der DNA. *In vivo* dominieren Addukte des Glycidamids, so dass man derzeit davon ausgehen muss, dass nur metabolisch gebildetes Glycidamid nennenswertes genotoxisches Potenzial besitzt. *In vivo* wurden nach Acrylamidgabe die Induktion von Mikrokernen, Chromosomenaberrationen und Schwesterchromatidaustausch beobachtet, was auf die Erzeugung von Chromosomenmutationen hindeutet. Bei in vivo-Studien an Nagern waren hierzu, von wenigen Ausnahmen abgesehen, jedoch Dosen von 30–150 mg/kg Körpergewicht erforderlich [14, 40, 41]. Ferner stellt Acrylamid ein Keimzellmutagen dar, das in Mäusen und Ratten zur Verminderung der Fertilität führt (s. 23.6.1). Ferner können bei hoher Exposition hautsensibilisierende Effekte auftreten [6, 16].

23.6.1
Wirkungen auf Versuchstiere

Acrylamid ist ein Nervengift, das Nervenzellen im zentralen und peripheren Nervensystem schädigt, was in mehreren Tierspezies gezeigt wurde. Im Tierversuch zeigen sich neurotoxische Symptome, die den neurotoxischen Wirkungen von Acrylamidintoxikationen bei Menschen ähneln. Hervorzuheben sind dabei Ataxie und Schwäche der Skelettmuskulatur [30, 32]. Die Neurotoxizität setzt allerdings erst ab einer bestimmten Aufnahmemenge (Schwellendosis) ein, wobei es Hinweise auf eine kumulative Neurotoxizität gibt [30]. Bei der Ratte wurde eine Dosis ohne Wirkung (NOAEL) von 0,5 mg Acrylamid pro kg Körpergewicht und Tag bestimmt [10, 12]. Der Mechanismus der neurotoxischen Wirkungen ist bislang nicht vollständig aufgeklärt. Neue Untersuchungen lassen vermuten, dass Acrylamid die Aufnahme von Neurotransmittern in striatale synaptische Vesikel kompromitiert, wobei möglicherweise die Reaktion von Acrylamid mit Thiolgruppen funktionell relevanter Proteine eine Rolle spielt [31]. Reproduktionstoxikologische Untersuchungen an Ratten ergaben eine Verminderung der Spermienzahl und erniedrigte Fertilität mit einem NOAEL von 5 mg/kg Körpergewicht und Tag sowie einen Anstieg der Letalität unreifer Embryonen mit einem NOAEL von 2 mg/kg Körpergewicht und Tag [56]. Die Behandlung männlicher Mäuse mit Acrylamid ruft in postmeiotischen Spermien und spermatogenen Stammzellen dominant letale Mutationen hervor, verbunden mit einem Absterben der Embryonen um den Implantationszeitpunkt herum [18, 24, 45]. Darüber hinaus sind erbliche chromosomale Translokationen [1, 34, 46] und spezifische Locusmutationen [43] zu beobachten. Untersuchungen an CYP2E1-Null-Mäusen legen den Schluss nahe, dass acrylamidvermittelte Keimzellmutationen und verminderte Fertilität in erster Linie durch dessen Metaboliten Glycidamid hervorgerufen werden [23].

Im Zusammenhang mit dem Vorkommen von Acrylamid in Lebensmitteln ist jedoch vor allem dessen kanzerogene Wirkung von Bedeutung, welche im Tierversuch eindeutig belegt ist. Bisher wurden zwei Kanzerogenitätsstudien an der Ratte durchgeführt. In der ersten Studie wurde eine Erhöhung der Tumorrate ab einer Dosis von 2 mg/kg Körpergewicht und Tag beobachtet, wobei jedoch die Art der Tumoren unspezifisch war. Eine Zunahme von Skrotummesotheliomen, einem seltenen, für die Ratte spezifischen Tumor, wurde ab einer Dosis von 0,5 mg/kg Körpergewicht und Tag festgestellt [28]. In einer zweiten Studie wurden Schilddrüsentumoren, Mammatumoren, Phäochromocytome sowie Skrotummesotheliome festgestellt, allerdings erst ab einer Dosis von 1 mg/kg Körpergewicht. Die Autoren diskutieren daher 0,5 mg/kg Körpergewicht als Dosis, bei der noch keine Erhöhung der Tumorrate festgestellt werden konnte [20]. In Kurzzeitversuchen zeigte sich bei Behandlung von F344-Ratten mit 2 oder 15 mg Acrylamid/kg/Tag für vier Wochen in den potenziellen Zielgeweben Schilddrüse, testikuläres Mesothelium und Nebennierenmark eine deutliche Erhöhung der DNA-Synthese bei gleichzeitig erhöhter DNA-Strangbruchrate, Effekte die in Nichtzielgeweben wie der Leber nicht zu beobachten waren [29].

23.6.2
Wirkungen auf den Menschen

Neurologische Störungen wie Fingerkribbeln oder Taubheit wurden bei stark acrylamidexponierten Arbeitern berichtet. Eine Monitoring-Studie in einer Polyacrylamidfabrik in China ergab unter unzureichenden arbeitshygienischen Bedingungen eine Korrelation zwischen dem Auftreten neurologischer Störungen bei Beschäftigten und den Acrylamid-Hämoglobin-Adduktgehalten im Blut [12]. Die Aufnahme neurotoxischer Acrylamidmengen über hitzebehandelte Lebensmittel kann jedoch weitestgehend ausgeschlossen werden.

Insgesamt drei Kohortenstudien wurden durchgeführt, um zu untersuchen, inwieweit Acrylamidexpositionen am Arbeitsplatz mit einem erhöhten Krebsrisiko verbunden sind. In allen Studien wurden keine signifikanten Korrelationen zwischen Krebsinzidenzen und Expositionen am Arbeitsplatz festgestellt, wobei allerdings die Aussagekraft der Studien entweder wegen einer zu geringen Anzahl untersuchter Personen oder geringer Acrylamidexpositionen im Vergleich zur Kontrollgruppe als eingeschränkt bewertet wird [13, 35, 48].

In einer Fall-Kontroll-Verzehrsstudie an schwedischen Tumorpatienten wurde untersucht, inwieweit der Verzehr potenziell acrylamidbelasteter Lebensmittel mit einem erhöhten Dickdarm-, Nieren-, oder Blasenkrebsrisiko verbunden ist [37]. Bei der Studie handelte es sich um die Zweitauswertung einer Studie, die ursprünglich konzipiert wurde, um Zusammenhänge zwischen dem Verzehr von mit heterocyclischen aromatischen Aminen belasteten Lebensmitteln und dem Auftreten der o.g. Tumoren zu untersuchen. Auch diese Studie erbrachte keinen Hinweis auf einen Zusammenhang zwischen Acrylamidaufnahme und der Entstehung von Krebs. Nach einer Stellungnahme des Bundesinstitutes für Risikobewertung weist die Studie jedoch methodische Schwächen auf, da das Ernährungsverhalten der untersuchten Personen sehr homogen war, nicht auf alle für Acrylamid potenziell relevanten Tumoren untersucht wurde und die Erfassung der Acrylamidaufnahme nicht ausreichend exakt war. Auch seien Faktoren, die ebenfalls das Krebsrisiko beeinflussen können, wie Übergewicht und Rauchen, nicht hinreichend berücksichtigt worden.

23.6.3
Zusammenfassung der wichtigsten Wirkmechanismen

Acrylamid ist als α,β-Dicarbonylverbindung in der Lage, mit Proteinen oder DNA-Basen im Sinne einer Michael-Addition zu reagieren. Acrylamid selbst reagiert jedoch nur sehr langsam mit der DNA und stellt nur ein schwaches genotoxisches und mutagenes Agens dar. CYP2E1-vermittelte Oxidation generiert Glycidamid, das sowohl *in vitro* als auch *in vivo* genotoxische Eigenschaften besitzt. Glycidamid bildet DNA-Addukte, bevorzugt am N7 des Guanins. Im Langzeitversuch an der Ratte wirkt Acrylamid kanzerogen. Hohe Expositionen führen bei Maus und Ratte zur Keimzellschädigung und zur Minderung der Fertilität. Sowohl bei Nagern als auch beim Menschen ist bei hohen Expositionen Neurotoxizität zu beobachten, die durch Ataxie, Sensibilitätsstörungen und Skelettmuskelschwäche geprägt ist.

23.7
Bewertung des Gefährdungspotenzials

Acrylamid wurde aufgrund seiner kanzerogenen Eigenschaften von der Senatskommission zur Prüfung gesundheitsschädlicher Arbeitsstoffe (MAK) als Stoff, der beim Menschen als kanzerogen anzusehen ist (Gruppe III 2), eingestuft. Eine vergleichbare Einstufung als „Stoff, der wahrscheinlich kanzerogen beim Menschen ist" wurde von der International Agency for Research on Cancer (IARC) der WHO vorgenommen [27]. Acrylamid gilt als Keimzellmutagen (R46) und kann die Fertilität beeinträchtigen (R62). Darüber hinaus ist Acrylamid als hautsensibilisierend eingestuft (R43).

23.8
Grenzwerte, Richtwerte, Empfehlungen, gesetzliche Regelungen

Die derzeit geltenden gesetzlichen Regelungen dienen der Vermeidung der Exposition mit Acrylamid als Industriechemikalie. Die Bedarfsgegenständeverordnung sieht vor, dass Gegenstände, die mit Lebensmitteln in Berührung kommen auch unter Verwendung acrylamidhaltiger Polymere hergestellt werden können. Für die Migration von Acrylamid aus Kunststoffgegenständen ist festgelegt, dass Acrylamid im betreffenden Lebensmittel nicht nachweisbar sein darf, wobei für das verwendete Nachweisverfahren eine Nachweisgrenze für Acrylamid von 10 µg/kg Lebensmittel zugrunde gelegt wird. Die Trinkwasserverordnung sieht einen Grenzwert für Acrylamid von 0,1 µg/L vor [55]. Hieraus kann jedoch kein Grenzwert für die Verkehrsfähigkeit von Lebensmitteln abgeleitet werden, die zubereitungsbedingt (backen, rösten, braten etc.) Acrylamid enthalten. Den oben genannten Grenzwerten ist gemeinsam, dass sie sich an der guten Herstellungspraxis orientieren. Zugrunde gelegt wird, dass der Acrylamidrückstand im Trinkwasser ebenso wie die Acrylamidmigration aus Kunststoffen bei sachgemäßer Verwendung minimiert werden kann. Diese Grenzwerte können nicht auf die Bewertung der gesundheitlichen Unbedenklichkeit von Lebensmitteln übertragen werden, die aufgrund zubereitungsbedingter Erhitzungsprozesse Acrylamid enthalten. Bislang gibt es für solche Produkte keine auf der Basis toxikologischer Daten festgelegten verbindlichen Grenzwerte. Wie in Abschnitt 23.6 dargestellt, ist Acrylamid zu der Klasse der genotoxischen Kanzerogene zu zählen. Für solche Stoffe gilt grundsätzlich das so genannte ALARA-Prinzip („as low as reasonably achievable"), d.h. so niedrig wie vernünftigerweise erreichbar. Im Rahmen des so genannten *Minimierungskonzeptes* soll eine Senkung der Acrylamidgehalte in Lebensmitteln erreicht werden. Dieses Minimierungskonzept beruht auf Abstimmungen zwischen dem Bundesamt für Verbraucherschutz und Lebensmittelsicherheit (BVL), den Bundesländern, Vertretern von Wirtschaftsunternehmen und dem Bundesministerium für Ernährung, Landwirtschaft und Verbraucherschutz. Hierzu erfasst das BVL Analyseergebnisse zu Acrylamidgehalten in Lebensmitteln aus der amtlichen Lebensmittelüberwachung der Länder und aus Untersuchungen des Bundesinstitutes für Risikobewertung (BfR). Die Lebensmittel werden definierten Warengruppen zugeordnet. Man spricht deshalb auch von warengruppenbezogener Beobachtung. Aus den jeweiligen Warengruppen werden die Lebensmittel identifiziert, die zu den 10% der am höchsten belasteten Lebensmittel der jeweiligen Warengruppe gehören. Der niedrigste Acrylamidgehalt dieser 10% am höchsten belasteten Lebensmittel ist der so genannte *Signalwert* (s. Tab. 23.1). Liegt dieser Wert allerdings über 1000 µg/kg, dann wird für diese Warengruppe ein Signalwert von 1000 µg/kg festgelegt. Grundsätzlich gilt 1000 µg/kg als höchster Wert. Das BVL aktualisiert die Signalwerte bislang jährlich. Im Hinblick auf das Ziel des Minimierungskonzepts werden festgelegte Signalwerte grundsätzlich nicht wieder angehoben, sondern beibehalten oder abgesenkt. Liegt allerdings der tatsächlich errechnete Signalwert über 1000 µg/kg oder errechnet sich theoretisch im Vergleich zum Vorjahr ein höherer Signalwert, dann werden diese Werte als so genannte *Beobachtungswerte* (s. Tab. 23.1) dokumentiert und spiegeln Rückschläge des Minimierungskonzepts wider. In der fünften Berechnung der Signalwerte, gültig ab 21. 10. 2005 war in sechs von 13 Warengruppen eine Signalwertabsenkung zu verzeichnen. Hierzu zählen Frühstückszerealien, Knäckebrot, Pommes frites, Zwieback, Diabetikerdauerbackwaren und feine Backwaren aus

Mürbeteig. Für zwei Warengruppen, löslichen Kaffee und Kaffeeersatz, wurde der Signalwert unter Absenkung des Beobachtungswertes beibehalten. Für fünf Warengruppen wurde der Signalwert unter Erhöhung des Beobachtungswertes beibehalten. Hierzu gehören gerösteter Kaffee, Kartoffelchips, Kartoffelpuffer, Lebkuchen und Spekulatius (Quelle: BVL).

Der Signalwert stellt keinen Grenzwert im rechtlichen Sinne dar. Überschreitet ein Lebensmittel den Signalwert, so führt dies dazu, dass die Lebensmittelüberwachungsbehörden gemeinsam mit den Herstellern Strategien entwickeln, wie der Acrylamidgehalt in den jeweiligen Produkten gesenkt werden kann. Dies ist aber nicht bei allen Lebensmitteln gleichermaßen möglich, insbesondere wenn es sich um Veränderungen bei den Verarbeitungsprozessen handelt, die zu Einschränkungen der sensorischen Qualität führen können.

23.9
Vorsorgemaßnahmen

Es wird empfohlen, die Erhitzungstemperatur insbesondere von stärkereichen Lebensmitteln so niedrig wie möglich zu halten. Beispielsweise sollten beim Frittieren von Pommes frites Temperaturen von 180 °C nicht überschritten werden. Dabei scheint die Temperatur einen größeren Einfluss auf die Acrylamidbildung zu haben als die Erhitzungszeit. Indirekt beeinflusst auch der Wassergehalt eines Lebensmittels die Acrylamidbildung. Solange ausreichend Wasser beim Erhitzungsprozess zugegen ist, kann die Zubereitungstemperatur 100 °C prinzipiell nicht überschreiten. So sollten Bratkartoffeln nur aus gekochten Kartoffeln hergestellt werden.

Auch die Erhitzungsart scheint eine wesentliche Rolle zu spielen. Beispielsweise ist der Acrylamidgehalt in Kartoffelpuffern bei der Zubereitung im Umluftherd (220 °C) geringer als bei vergleichbaren Temperaturen in der Pfanne. Bei der Zubereitung in einer Friteuse ist die Acrylamidbildung selbst bei 180 °C ausgeprägt. In diesem Sinne hat das Bundesministerium für Verbraucherschutz, Ernährung und Landwirtschaft den Slogan „Vergolden statt Verkohlen" formuliert. Einige empfohlene Maßnahmen betreffen insbesondere Kartoffelprodukte. So sollen Kartoffeln im Sinne niedriger Acrylamidgehalte in den Endprodukten dunkel und bei mäßigen Temperaturen gelagert werden. Der Gehalt an reduzierenden Zuckern ist in angekeimten oder vergrünten Kartoffeln besonders hoch, so dass diese nicht mehr verwendet werden sollten. Es ist davon auszugehen, dass insbesondere durch den Verzicht auf Pommes frites, Chips und verwandte Produkte die Acrylamidaufnahme wesentlich gesenkt werden kann. Ein gewichtiger Faktor für die Acrylamidexposition scheint auch der Genuss von Kaffee zu sein.

23.10
Zusammenfassung

Acrylamid entsteht beim Erhitzen von Lebensmitteln unter haushaltsüblichen Bedingungen. Wesentliche Parameter für die Acrylamidbildung sind die Erhitzungstemperatur und Gehalt entsprechender Präkursoren wie Arginin und reduzierende Zucker. Acrylamid ist neurotoxisch, wobei die Aufnahme neurotoxischer Dosen über erhitzte Nahrungsmittel weitestgehend auszuschließen ist. Acrylamid ist im Tierversuch kanzerogen. Acrylamid selbst stellt ein schwaches Mutagen dar. Durch Epoxidierung mittels CYP2E1 entsteht das deutlich reaktivere Glycidamid. Bei Glycidamidgabe wird überwiegend N7-(2-Carbamoyl-2-hydroxyethyl)-Guanin als DNA-Addukt gebildet. Die bisher vorliegenden Daten zu Mutagenität und Genotoxizität von Acrylamid *in vitro* und im Tierversuch weisen auf ein eher schwaches mutagenes und genotoxisches Potenzial hin. Die im Langzeittierversuch an der Ratte kanzerogene Dosis liegt ca. um den Faktor 1000 über der Menge an Acrylamid die im Durchschnitt in Deutschland über die Nahrung täglich aufgenommen wird. Bislang gibt es keine Studien, die eindeutig einen Zusammenhang zwischen der Acrylamidaufnahme über erhitzte Lebensmittel und dem Krebsrisiko beim Menschen belegen oder ausschließen.

23.11
Literatur

1 Adler ID, Teitmer P, Schmoller R, Schriever-Schwemmer G (1994) Dose-response for heritable translocations induced by acrylamide in spermatids of mice, *Mutat. Res.* **309**: 285–291.

2 Bergmark E (1997) Hemoglobine adducts of acrylamide and acrylonitrile in laboratory workers, smokers and non-smokers, *Chem. Res. Toxicol.* **10**: 78–84.

3 Bergmark E, Calleman CJ, He F, Costa LG (1993) Determination of hemoglobin adducts in humans occupationally exposed to acrylamide, *Toxicol. Appl. Pharmacol.* **120**: 45–54.

4 Besaratinia A, Pfeifer GP (2004) Genotoxicity of acrylamide and glycidamide, *J. Natl. Cancer Inst.* **96**: 1023–1029.

5 Besaratinia A, Pfeifer GP (2005) DNA adduction and mutagenic properties of acrylamide, *Mutat. Res.* **580**: 31–40.

6 Beyer DJ, Belsito DV (2000) Allergic contact dermatitis from acrylamide in a chemical mixer, *Contact Dermatitis* **42(3)**: 181–182.

7 Blank I (2005) Current status of acrylamide research in food: measurement, safety assessment, and formation, *Ann. N. Y. Acad. Sci.* **1043**: 30–40.

8 Boettcher MI, Schettgen T, Kutting B, Pischetsrieder M, Angerer J (2005) Mercapturic acids of acrylamide and glycidamide as biomarkers of the internal exposure to acrylamide in the general population, *Mutat. Res.* **580**: 167–176.

9 Boon PE, de Mul A, van der Voet H, van Donkersgoed G, Brette M, van Klaveren JD (2005) Calculations of dietary exposure to acrylamide, *Mutat. Res.* **580**: 143–55.

10 Calleman CJ (1996) The metabolism and pharmacokinetics of Acrylamide: Implications for mechanisms of toxicity and human risk estimation, *Drug Met. Rev.* **28**: 527–590.

11 Calleman CJ, Bergmark E, Costa LG (1990) Acrylamide is metabolized to glycidamide in the rat: evidence from he-

12 Calleman CJ, Wu Y, He F, Tian G, Bergmark E, Zhang S, Deng H, Wang Y, Crofton KM, Fennell T, Costa LG (1994) Relationship between biomarkers of exposure and neurological effects in a group of workers exposed to acrylamide, *Toxicol. Appl. Pharmacol.* **126**: 197–201.

13 Collins JJ, Swaen GMH, Marsh GM, Utidjian HMD, Caporossi JC, Lucas LJ (1989) Mortality patterns among workers exposed to acrylamide, *J. Occup. Med.* **31**: 614–617.

14 Dearfield KL, Douglas GR, Ehling UH, Moore MM, Sega GA, Brusick DJ, (1995) Acrylamide: a review of its genotoxicity and an assessment of heritable genetic risk, *Mut. Res.* **330**: 71–99.

15 Doerge DR, da Costa GG, McDaniel LP, Churchwell MI, Twaddle NC, Beland FA (2005) DNA adducts derived from administration of acrylamide and glycidamide to mice and rats, *Mutat. Res.* **580**: 131–141.

16 Dooms-Goossens A, Garmyn M, Degreef H (1991) Contact allergy to acrylamide, *Contact Dermatitis* **24(1)**: 71–72.

17 Ehling S, Hengel M, Shibamoto T (2005) Formation of acrylamide from lipids, *Adv. Exp. Med. Biol.* **561**: 223–223.

18 Ehling U, Neuhauser-Klaus A (1992) Reevaluation of the induction of specific-locus mutations in spermatogonia of the mouse by acrylamide, *Mutat. Res.* **283**: 185–191.

19 Fennell TR, Friedman MA (2005) Comparison of acrylamide metabolism in humans and rodents, *Adv. Exp. Med. Biol.* **561**: 109–16.

20 Friedman MA, Dulak LH, Stedham MA (1995) A Lifetime Oncogenicity Study in Rats with Acrylamide, *Fundam. Appl. Toxicol.* **27**: 95–105.

21 Fuhr U, Boettcher MI, Kinzig-Schippers M, Weyer A, Jetter A, Lazar A, Taubert D, Tomalik-Scharte D, Pournara P, Jakob V, Harlfinger S, Klaassen T, Berkessel A, Angerer J, Sorgel F, Schomig E (2006) Toxicokinetics of acrylamide in humans after ingestion of a defined dose in a test meal to improve risk assessment for acrylamide carcinogenicity, *Cancer Epidemiol. Biomarkers Prev.* **15**: 266–271.

22 Gamboa da Costa G, Churchwell MI, Hamilton LP, Von Tungeln LS, Beland FA, Marques MM, Doerge DR (2003) DNA adduct formation from acrylamide via conversion to glycidamide in adult and neonatal mice, *Chem. Res. Toxicol.* **16**: 1328–1337.

23 Ghanayem BI, Witt KL, El-Hadri L, Hoffler U, Kissling GE, Shelby MD, Bishop JB (2005) Comparison of germ cell mutagenicity in Male CYP2E1-Null and wild-type mice treated with acrylamide:evidence supporting a glycidamide-mediated effect, *Biology of Reproduction* **72**: 157–163.

24 Gutierrez-Espeleta G, Hughes L, Piegorsch W, Shelby M, Generoso W (1992) Acrylamide; dermal exposure produces genetic damage in male mouse germ cells, *Fundam. Appl. Toxicol.* **18**: 189–192.

25 Hagmar L, Wirfalt E, Paulsson B, Tornqvist M (2005) Differences in hemoglobin adduct levels of acrylamide in the general population with respect to dietary intake, smoking habits and gender, *Mutat. Res.* **580**: 157–165.

26 Hoenicke K, Gaterman R (2005) Studies on the stability of acrylamide in food during storage, *J. of AOAC International* **88 (1)**: 268–273.

27 IARC (1994) Monographs on the evaluation of carcinogenic risks to humans: Some Industrial Chemicals Summary of Data Reported and Evaluation, *IARC Monographs* **60**: 389–433.

28 Johnson KA, Gorzinski SJ, Bodner KM, Campbell RA, Wolf CH, Friedmann MA, Mast RW (1986) Chronic toxicity and oncogenicity study on acrylamide incorporated in the drinking water of fischer 344 rats, *Toxicol. Appl. Pharmacol.* **85**: 154–168.

29 Klaunig JE, Kamendulis LM (2005) Mechanisms of acrylamide induced rodent carcinogenesis, *Adv. Exp. Med. Biol.* **561**: 49–62.

30 LoPachin RM (2005) Acrylamide neurotoxicity: neurological, morhological and molecular endpoints in animal models, *Adv. Exp. Med. Biol.* **561**: 21–37.

31 LoPachin RM, Barber DS, He D, Das S (2006) Acrylamide inhibits dopamine uptake in rat striatal synaptic vesicles, *Toxicol. Sci.* **89**: 224–234.

32 LoPachin RM, Ross JF, Reid ML, Das S, Mansukhani S, Lehning EJ (2002) Neurological evaluation of toxic axonopathies in rats: acrylamide and 2,5-hexanedione, *Neurotoxicology* **23**: 95–110.

33 Madle S, Broschinski l, Mosbach-Schulz O, Schöning G, Schulte A (2003) Zur aktuellen Risikobewertung von Acrylamid in Lebensmitteln, *Bundesgesundheitsbl – Gesundheitsforsch – Gesundheitsschutz* **46**: 405–415.

34 Marchetti F, Lowe X, Bishop J, Wyrobek AJ (1997) Induction of chromosomal aberrations in mouse zygotes by acrylamide treatment of male germ cells and their correlation with dominant lethality and heritable translocations, *Environ. Mol. Mutagen* **30**: 410–417.

35 Marsh GM, Gula MJ, Youk AO, Schall LC (1999) Mortality patterns among workers exposed to acrylamide: 1994 follow up, *Occup. Environ. Med.* **56**: 181–190.

36 Mottram DS, Wedzicha BL, Dodson AT (2002) Acrylamide is formed in the Maillard reaction, *Nature* **419**: 448–449.

37 Mucci LA, Dickman PW, Steineck G, Adami HO, Augustsson K (2003) Dietary acrylamide and cancer of the large bowel, kidney, and bladder: Absence of an association in a population-based study in Sweden, *Brit. J. of Cancer* **88**: 84–89.

38 Ospina M, Vesper HW, Licea-Perez H, Meyers T, Mi L, Myers G (2005) LC/MS/MS method for the analysis of acrylamide and glycidamide hemoglobin adducts, *Adv. Exp. Med. Biol.* **561**: 97–107.

39 Osterman-Golkar S, Ehrenberg L, Segerback D, Hallstrom (1976) I. Evaluation of genetic risks of alkylating agents. II. Haemoglobin as a dose monitor, *Mutat. Res.* **34**: 1–10.

40 Paulsson B, Grawe J, Tornqvist M (2002) Hemoglobin adducts and micronucleus frequencies in mouse and rat after acrylamide or N-methylolacrylamide treatment. *Mutat. Res.* **516**: 101–111.

41 Paulsson B, Kotova N, Grawe J, Henderson A, Granath F, Golding B, Tornqvist M (2003) Induction of micronuclei in mouse and rat by glycidamide, genotoxic metabolite of acrylamide, *Mutat. Res.* **535**: 15–24.

42 Paulsson B, Rannug A, Henderson AP, Golding BT, Tornqvist M, Warholm M (2005) In vitro studies of the influence of glutathione transferases and epoxide hydrolase on the detoxification of acrylamide and glycidamide in blood, *Mutat. Res.* **580**: 53–59.

43 Russell L, Hunsicker P, Cacheiro N, Generoso W (1991) Induction of specific-locus mutations in male germ cells of the mouse by acrylamide monomer, *Mutat. Res.* **262**: 101–107.

44 Rydberg P, Luening B, Wachtmeister CA, Eriksson L, Toernqvist M (2002) Applicability of a Modified Edman Procedure for Measurement of Protein Adducts: Mechanisms of Formation and Degradation of Phenylthiohydantoins, *Chem. Res. Toxicol.* **15**: 570–581.

45 Shelby M, Cain K, Hughes L, Braden P, Generoso W (1986) Dominant lethal effects of acrylamide in male mice, *Mutat. Res.* **173**: 35–40.

46 Shelby M, Cain K, Cornett C, Generoso W (1987) Acrylamide: induction of heritable translocations in male mice, *Environ. Mol. Mutagen* **9**: 363–368.

47 Segerbäck D, Calleman CJ, Schroeder JL, Costa LG, Faustman EM (1995) Formation of N-7-(2-carbamoyl-2-hydroxyethyl)guanine in DNA of the mouse and the rat following intraperitoneal administration of [^{14}C]acrylamide, *Carcinogenesis* **16**: 1161–1165.

48 Sobel W, Bond GG, Parsons TW, Brenner FE (1986) Acrylamide cohort mortality study, *Br. J. Ind. Med.* **43**: 785–788.

49 Solomon JJ, Fedyk J, Mukai F, Segal A 1985 Direct alkylation of 2′-deoxynucleosides and DNA following in vitro reaction with acrylamide, *Cancer Res.* **45**: 3465–3470.

50 Stadler RH, Blank I, Varga N, Robert F, Hau J, Guy PA, Robert MC, Riediker S (2002) Acrylamide from Maillard reaction products, *Nature* **419**: 449–450.

51 Stadler RH, Robert F, Riediker S, Varga N, Davidek T, Devaud S, Goldmann T, Hau J, Blank I (2004) In-depth mecha-

51 nistic study on the formation of acrylamide and other vinylogous compounds by the maillard reaction, *J. Agric. Food Chem.* **52**: 5550–5558.
52 Sumner SC, Fennell TR, Moore TA, Chanas B, Gonzalez F, Ghanayem BI (1999) Role of cytochrome P450 2E1 in the metabolism of acrylamide and acrylonitrile in mice, *Chem. Res. Toxicol.* **12**: 1110–1116.
53 Taeymans D, Wood J, Ashby P, Blank I, Studer A, Stadler RH, Gonde P, Van Eijck P, Lalljie S, Lingnert H, Lindblom M, Matissek R, Muller D, Tallmadge D, O'Brien J, Thompson S, Silvani D, Whitmore T (2004) A review of acrylamide: an industry perspective on research, analysis, formation, and control. *Crit. Rev. Food Sci. Nutr.* **44**: 323–47.
54 Tareke E, Rydberg P, Karlsson P, Eriksson S, Toernqvist M (2000) Acrylamide: A Cooking Carcinogen? *Chem. Res. Toxicol.* **13**: 517–522.
55 Trinkwasser VO
56 Tyl RW, Friedman MA (2003) Effects of acrylamide on rodent reproductive performance, *Reproductive Toxicology* **17**: 1–13.
57 Weisshaar R, Gutsche V (2002) Formation of acrylamide in heated potato products – model experiments pointing to asparagines as precursor, *Dtsch. Lebensm. Rdsch.* **98**: 5550–5558.
58 Yaylayan VA, Locas CP, Wnorowski A, O'Brien J (2005) Mechanistic pathways of formation of acrylamide from different amino acids, *Adv. Exp. Med. Biol.* **561**: 191–203.
59 Yaylayan VA, Stadler RH (2005) Acrylamide formation in food: a mechanistic perspective, *J. AOAC Int.* **88**: 262–267.
60 Yaylayan VA, Wnorowski A, Perez Locas C (2003) Why asparagine needs carbohydrates to generate acrylamide, *J. Agric. Food Chem.* **51**: 1753–1757.
61 Zyzak DV, Sanders RA, Stojanovic M, Tallmadge DH, Eberhart BL, Ewald DK, Gruber DC, Morsch TR, Strothers MA, Rizzi GP, Villagran MD (2003) Acrylamide formation mechanism in heated foods. *J. Agric. Food Chem.* **51**: 4782–4787.

24
Stoffe aus Materialien im Kontakt mit Lebensmitteln

Eckhard Löser und Detlef Wölfle

24.1
Einleitung

Lebensmittel kommen durch Transport (Verpackungen, Behälter), Verarbeitung (Maschinen, Förderbänder, Schläuche) und Zubereitung (Kochgeschirr, Bestecke) mit verschiedenen Materialien und Gegenständen in Berührung. Durch den Übergang von chemischen Stoffen aus diesen Materialien und Gegenständen auf regelmäßig verzehrte Lebensmittel ist die Möglichkeit einer chronischen Exposition des Verbrauchers gegenüber einer Vielzahl von Substanzen gegeben. Verpackungen stehen häufig in engem und lang andauerndem Kontakt mit Lebensmitteln und sollen sie vor physikalischer (Beschädigung, Verschmutzung, Licht), chemischer (Gase, Feuchtigkeit, Fremdaromen) und mikrobiologischer Beeinträchtigung während Transport und Lagerung schützen sowie die Lagerdauer verlängern. Auch Materialien und Gegenstände, die mit Trinkwasser in Kontakt kommen, sind als Kontaminationsquellen für chemische Stoffe zu berücksichtigen.

Zur Herstellung von Produkten, die für den Lebensmittelkontakt vorgesehen sind, werden sehr unterschiedliche Materialien eingesetzt. Eine herausragende Rolle für Verpackungen und Folien spielen Kunststoffe (z.B. PVC, Polyethylen) und Zellglas. Weitere wichtige Materialien sind Papier und Karton, Gummi, Keramik, Glas, Silicon, Metalle und Legierungen sowie Textilien, Holz und Kork. Außerdem können auch Klebstoffe, Ionenaustauscherharze, Druckfarben, regenerierte Cellulose, Wachse, Lacke und Beschichtungen mit Lebensmitteln in Kontakt kommen [18, 89]. Um bestimmte Barriereeigenschaften der Verpackung (Undurchlässigkeit für Fett, Feuchte, Sauerstoff, Licht) zu erzielen, können verschiedene Materialien kombiniert werden wie bei Verbundkartons für Milchprodukte oder Fruchtsäfte (aus Karton-, Polyethylen- und Aluminiumschichten). Häufig müssen ganz unterschiedliche chemische Verbindungen als Verarbeitungshilfs- (Gleitmittel, Antistatika) und Zusatzstoffe (Antioxidanzien, UV-Stabilisatoren) eingesetzt werden, um die teilweise anspruchsvollen technologischen Standards in Bezug auf die physikalische/chemische Stabilität und die hygienischen Anforderungen an Lebensmittel zu erfüllen. So sind beispielsweise zur Vermeidung mikrobiologischer Kontaminationen des Füllguts von Gläsern und Flaschen für deren Metalldeckel Kunststoffdichtungen aus einer genau abgestimmten Mixtur von Chemikalien (Treibmittel, Weichmacher, Stabilisatoren) erforderlich.

Um die gesundheitliche Unbedenklichkeit von Materialien und Gegenständen, die mit Lebensmitteln in Berührung kommen, sicherzustellen, hat man in Deutschland bereits 1957 die Kunststoff-Kommission gegründet. Die Ergebnisse der Kommissionsberatungen wurden damals als Empfehlungen des Bundesgesundheitsamtes (BGA) und heute in Form der Kunststoff-Empfehlungen des Bundesinstituts für Risikobewertung (BfR) veröffentlicht [18]. Zur Harmonisierung der nationalen Regelungen verschiedener europäischer Länder auf diesem Gebiet wurde Anfang der 1960er Jahre ein Expertenkomitee des Europäischen Rates etabliert, um eine Resolution zur Regelung von Kunststoffen zu erstellen [42]. In den 1970er Jahren wurden diese Bemühungen in der Europäischen Kommission fortgesetzt und schließlich in den 1980er Jahren eine Rahmenrichtlinie für Lebensmittel-Kontaktmaterialien – 2004 ersetzt durch die Verordnung 1935/2004 des Europarates [89] – sowie Richtlinien für Kunststoffe und andere Materialien erstellt (s. Abschnitt 24.2). Auf der Grundlage dieser Richtlinien werden gesundheitliche Stoffbewertungen seit 2003 von der Europäischen Behörde für Lebensmittelsicherheit (European Food Safety Authority, EFSA) – früher vom Wissenschaftlichen Ausschuss für Lebensmittel der EU-Kommission (Scientific Committee on Food, SCF) oder nationalen Behörden (in Deutschland: BfR, früher BGA bzw. Bundesinstitut für gesundheitlichen Verbraucherschutz und Veterinärmedizin) vorgenommen und entsprechende Restriktionen und Verwendungshinweise für die bewerteten Substanzen aufgestellt. Bei der Stoffbewertung wird davon ausgegangen, dass oligomere und polymere Makromoleküle mit einem Molekulargewicht über 1000 Dalton nicht aus dem Magen-Darmtrakt resorbiert werden und daher kein gesundheitliches Risiko darstellen [25]. Dagegen sind Substanzen mit einem geringeren Molekulargewicht wie Ausgangsstoffe von Polymeren, die noch in Restmengen im Fertigprodukt vorhanden sind, oder Hilfs- und Zusatzstoffe toxikologisch zu bewerten. Entscheidend für die Bewertung sind diejenigen Substanzen und Substanzmengen (auch Reaktionsprodukte, Verunreinigungen), die aus dem entsprechenden Material in die Lebensmittel übergehen (migrieren). Standardisierte Migrationsmessungen und Expositionsabschätzungen (täglicher Verzehr von 1 kg Lebensmittel im Kontakt mit dem entsprechenden Material durch eine 60 kg schwere Person) sind die Grundlage für toxikologische Datenanforderungen [2, 25, 49, 78]. Für Lebensmittel, die in geringerer Menge verzehrt werden, wie Konserven (z. B. Fisch in Öl) oder in Gläsern abgepackte Produkte sind Expositionsbetrachtungen auf der Grundlage von Verzehrsdaten möglich [28]. Speziell für Baby- und Kindernahrung sind Expositionsabschätzungen, die auf altersabhängigen Verzehrsdaten basieren, notwendig [57]. Bei einzelnen Stoffen sind Expositionsabschätzungen über Biomonitoring-Verfahren wie im Fall des Weichmachers Diethylhexylphthalat [59] oder des Monomers Bisphenol A [19] durchgeführt worden. Daten aus derartigen Untersuchungen zeigen, ob die toxikologisch begründeten Grenzwerte (ADI, TDI) für gesundheitlich bedenkliche Substanzen in der Praxis eingehalten werden.

Eine Migration von toxikologisch problematischen Substanzen wie Kanzerogenen in Lebensmittel ist unerwünscht. Daher werden generell keine neuen genotoxischen Kanzerogene für die Verwendung im Lebensmittelkontakt mehr vorgesehen. In der Vergangenheit sind aber kanzerogene Ausgangsstoffe für Kunststoffe wie Vinylchlorid zur PVC-Synthese in die Positivliste für Monomere der Kunststoffrichtlinie aufgenommen worden unter der Auflage, dass sie nicht im Lebensmittel nachweisbar sein dürfen [4]. Analog wurde auch bei der Regulation von primären aromatischen Aminen verfahren, von denen einige Vertreter ein kanzerogenes Potential haben und die als Restmonomere, Verunreinigungen oder Zersetzungsprodukte aus Kunststoffen, Papieren und Gummimaterialien migrieren können [12].

Einige Substanzen können aufgrund ihrer lipophilen Eigenschaften vor allem auf fetthaltige Lebensmittel übergehen. Dazu gehören Weichmacher für flexible Kunststoffprodukte (Weich-PVC), die zur Erlangung der nötigen Eigenschaften dem Kunststoff in erheblichen Mengen zugesetzt und auch daraus wieder freigesetzt werden können [15]. Auch bei geringer Migrationshöhe können Substanzen aufgrund ihrer Persistenz oder Akkumulation im menschlichen Körper problematisch sein. So können beispielsweise aus fettabweisenden Papieren in sehr geringen Mengen perfluorierte Kohlenwasserstoffe mit z. T. extremer Persistenz freigesetzt werden (die Halbwertszeit von Perfluoroctansäure beim Menschen beträgt mehrere Jahre) [37].

Zur Regulation von Substanzgemischen sind für einige Substanzgruppen oder Salze, die einen gemeinsamen, toxikologisch relevanten Bestandteil/Metaboliten oder Endpunkt aufweisen, Gruppenrestriktionen festgelegt worden, z. B. ein Gruppen-TDI für einige Organozinnverbindungen [26], für die vor allem additive, immuntoxische Effekte angenommen werden. Ferner ist zu berücksichtigen, dass eine Stoffexposition aus unterschiedlichen Quellen erfolgen kann und daher der TDI nicht allein durch die Substanzaufnahme aus Lebensmittelkontaktmaterialien ausgeschöpft werden darf. Für einige Substanzen wie Metalle wurde der auszuschöpfende Anteil auf 10% des TDI begrenzt – analog zu den Trinkwasserleitlinien der WHO (Beispiel: Antimon [29]).

Von speziellem Interesse für die gesundheitliche Bewertung sind Substanzen, die auf Lebensmittel für Säuglinge und Kleinkinder übergehen können. Dabei sind die Besonderheiten des kindlichen Organismus (Toxikokinetik), ein bis zu zehnfach höherer Lebensmittelkonsum im Verhältnis zum Körpergewicht und auch ein unterschiedliches Konsumverhalten (eingeschränkt auf bestimmte Produkte) im Vergleich zu Erwachsenen zu berücksichtigen [57]. In die Kritik geraten sind in diesem Zusammenhang u. a. Substanzen, für die eine hormonähnliche (östrogene, anti-androgene) Wirkung nachgewiesen wurde. Solche Effekte werden für viele verschiedene Verbindungen diskutiert, z. B. für Nonylphenol (aus Dispersionen oder Emulgatoren) [40] und für Bisphenol A (als Monomer bei der Herstellung von Polycarbonat-Babyflaschen oder in Epoxidharzen für Dosen-Innenbeschichtungen) [45, 77].

Im Folgenden werden neben den rechtlichen Regelungen für Stoffe im Lebensmittelkontakt einige für die gesundheitliche Bewertung relevante Substanzen in häufig verwendeten Lebensmittelkontaktmaterialien exemplarisch besprochen.

24.2
Rechtsvorschriften für Materialien und Gegenstände im Lebensmittelkontakt

Aus Materialien und Gegenständen, die dazu bestimmt sind, in Kontakt mit Lebensmitteln zu kommen oder auf diese einzuwirken, können Ausgangsstoffe von Polymersynthesen, Verarbeitungshilfs- und Zusatzstoffe (Additive), u.a. auch Biozide, auf Lebensmittel übergehen. Um die Aufnahme toxikologisch relevanter Substanzmengen zu verhindern, wurde auf nationaler und europäischer Ebene durch gesetzliche Regelungen festgelegt, dass Stoffe nur in solchen Mengen migrieren dürfen, die als sicher anzusehen sind, d.h. nicht zu einem gesundheitlichen Risiko für den Verbraucher führen. Neben dem wichtigen Ziel des gesundheitlichen Verbraucherschutzes ist ein weiteres Anliegen der EU-Regelungen, zu einer Harmonisierung der Rechtsvorschriften in den Mitgliedsländern zu kommen und dadurch Handelshemmnisse zu beseitigen.

In Deutschland sind Lebensmittel-Kontaktmaterialien durch das *Gesetz zur Neuordnung des Lebensmittel- und des Futtermittelrechts* (LFGB, vom 1. September 2005) geregelt (Tab. 24.1) [63]. In § 2 dieses Gesetzes sind Materialien und Gegenstände, die dazu bestimmt sind mit Lebensmitteln in Berührung zu kommen, unter den Bedarfsgegenständen aufgeführt. Der Schutz der Gesundheit vor toxikologisch wirksamen Stoffen aus Bedarfsgegenständen ist in §§ 30, 31 durch entsprechende Verbote geregelt, die auf die Anforderungen der *Verordnung (EG) Nr. 1935/2004 des Europäischen Parlaments und des Rates* [89] Bezug nehmen. In Artikel 3 dieser Verordnung ist festgelegt, dass Materialien und Gegenstände im Kontakt mit Lebensmitteln so hergestellt werden müssen, „dass sie unter den normalen oder vorhersehbaren Verwendungsbedingungen keine Bestandteile auf Lebensmittel in einer Menge abgeben, die geeignet ist,
- die menschliche Gesundheit zu gefährden oder
- eine unvertretbare Veränderung der Zusammensetzung der Lebensmittel oder
- eine Beeinträchtigung der organoleptischen Eigenschaften der Lebensmittel herbeizuführen", also Geruch oder Geschmack der Lebensmittel zu beeinträchtigen.

Wenn Materialien oder Gegenstände, die aufgrund ihrer Beschaffenheit nicht eindeutig dafür bestimmt sind, mit Lebensmitteln in Berührung zu kommen in Verkehr gebracht werden, sind sie mit Angaben zu ihrem Verwendungszweck z.B. „Für Lebensmittelkontakt" oder einem festgelegten Symbol zu kennzeichnen (Verordnung (EG) Nr. 1935/2004, Anhang II), um einen nicht bestimmungsgemäßen Gebrauch von sonstigen Gegenständen (z.B. Handschuhen oder Folien für andere Verwendungszwecke) für den Lebensmittelkontakt zu verhindern.

Tab. 24.1 Beurteilungsgrundlagen für Materialien und Gegenstände im Lebensmittelkontakt auf nationaler und europäischer Ebene.

Deutschland	Europa
Allgemeine Regelungen	
Gesetz zur Neuordnung des Lebensmittel- und des Futtermittelrechts vom 1. September 2005 (BGBl. I Nr. 55, S. 2618)	Verordnung (EG) Nr. 1935/2004 (http://europa.eu.int/eur-lex/lex/LexUriServ/site/de/oj/2004/l_338/l_33820041113de00040017.pdf)
Regelungen für Kunststoff	
Bedarfsgegenstände-Verordnung (http://bundesrecht.juris.de/bundesrecht/bedggstv/index.html)	Kunststoffrichtlinie 2002/72/EG, geändert durch die Richtlinien 2004/1/EG, 2004/19/EG und 2005/79/EG. Substanzübersicht im „Synoptic Document" (http://europa.eu.int/comm/food/food/chemical safety/foodcontact/synoptic_doc_en.pdf)
Regelungen für weitere Stoffe und Materialien	
Bedarfsgegenstände-Verordnung; Kunststoff-Empfehlungen des BfR; KTW-Empfehlungen und Leitlinien des UBA zu Materialien im Trinkwasserkontakt (http://www.umweltbundesamt.de/uba-info-daten/daten/materialien-trinkwasser.htm)	EU-Richtlinien zu einzelnen Stoffen (s. Text); Resolutionen des Europarates für Materialien für den Lebensmittelkontakt; European Acceptance Scheme für Bauprodukte im Trinkwasserkontakt (im Aufbau)
Methoden zur Migrationsanalyse	
Bedarfsgegenstände-Verordnung; Amtliche Sammlung von Untersuchungsmethoden nach § 64 LFGB (http://www.methodensammlung-lmbg.de)	Richtlinie 82/711/EWG mit den Änderungen 93/8/EWG und 97/48/EG; Richtlinie 85/572/EWG
Hinweise zur Beantragung von Stoffen	
Bundesgesundheitsbl. (2003) **46**: 613–615	Note for Guidance (http://www.efsa.eu.int/science/afc/afc_guidance/722/afc_guidance_foodcontact_note_en1.pdf)

Die Verordnung (EG) Nr. 1935/2004 ist am 3. Dezember 2004 in Kraft getreten und ersetzt die Rahmenrichtlinie 89/109/EWG und die Richtlinie 80/590/EWG. Neu ist die Regulation von „aktiven und intelligenten Verpackungen", die dazu bestimmt sind, die Haltbarkeit und den Zustand von Lebensmitteln zu optimieren (aktiv) oder zu überwachen (intelligent). Außerdem wird das Prozedere für die Stoffbewertung, einschließlich der Risikobewertung durch die Europäische Behörde für Lebensmittelsicherheit (EFSA), festgelegt. Ferner werden allgemeine Bestimmungen für die Rückverfolgbarkeit von Materialien mit Lebensmittelkontakt auf allen Stufen der Herstellung, der Verarbeitung und des Vertriebs beschrieben; diese Bestimmungen sind ab dem 26. Oktober 2007 in Kraft.

Neben den allgemeinen Vorschriften für sämtliche Lebensmittel-Kontaktmaterialien in der erwähnten EG-Verordnung existieren noch *Einzelrichtlinien* für drei Gruppen von Materialien: Keramik, Zellglas und Kunststoff. Die Richtlinie 84/500/EWG, geändert durch die Richtlinie 2005/31/EG, für Keramik enthält Grenzwerte für die Migration von Blei und Cadmium und legt die Analysenmethoden für die Bestimmung der Blei- und Cadmiumlässigkeit fest. In der Richtlinie 93/10/EWG für Zellglasfolien, geändert durch 93/111/EWG und durch 2004/14/EG, ist eine Positivliste für Substanzen aufgeführt sowie Bedingungen, unter denen diese Substanzen eingesetzt werden dürfen. Die umfangreichsten Regelungen auf EU-Ebene existieren für Kunststoffe. Die Richtlinie 2002/72/EG für Kunststoffe enthält Positivlisten für Monomere und sonstige Ausgangsstoffe sowie ein unvollständiges Verzeichnis von Additiven zur Herstellung von Kunststoffen (Letzteres soll ebenfalls in eine Positivliste überführt werden bis spätestens zum 31.12.2007). Geändert wurde die Kunststoffrichtlinie durch die Richtlinie 2004/1/EG, die die Verwendung von Azodicarbonamid als Treibmittel verbietet, und durch Änderungen zur Anpassung von Stoffbewertungen bzw. die Neuaufnahme von Stoffen in die Positivlisten (Richtlinien 2004/19/EG und 2005/79/EG). Weitere Einzelrichtlinien befassen sich mit der Durchführung von Migrationsuntersuchungen (82/711/EWG, geändert durch 93/8/EWG und 97/48/EG) und den dafür einzusetzenden Lebensmittelsimulanzien (85/572/EWG).

Darüber hinaus existieren *Richtlinien für einzelne Stoffe*, die Besorgnis hinsichtlich ihrer gesundheitlichen Auswirkungen ergeben haben: für das Vinylchloridmonomer (78/142/EWG sowie zu Analysenmethoden im Fertigerzeugnis, 80/766/EWG, und in Lebensmitteln, 81/432/EWG); für Nitrosamine und *N*-nitrosierbare Stoffe in Saugern (93/11/EWG); für die Epoxyderivate BADGE/ BFDGE/NOGE (Verordnung (EG) Nr. 1895/2005).

In Deutschland werden die Bestimmungen der EU-Richtlinien zu Lebensmittel-Kontaktmaterialien durch die *Bedarfsgegenstände-Verordnung* in nationales Recht umgesetzt [4].

Um den Gesundheitsschutz der Verbraucher gegenüber Chemikalien aus Kunststoffen in Lebensmittel-Kontaktmaterialien zu gewährleisten, wurden spezifische Migrationsgrenzwerte (SML: „specific migration limit") für einzelne Substanzen in den Positivlisten festgelegt. Der SML wird aufgrund der toxikologischen Datenlage oder von toxikologischen Grenzwerten (ADI- bzw. TDI-Wert) abgeleitet: Dabei wird die konservative Annahme zugrunde gelegt, dass ein Mensch mit einem Körpergewicht (KG) von 60 kg lebenslang täglich 1 kg Lebensmittel verzehrt, auf das der fragliche Stoff maximal in Höhe des SML-Wertes übergeht. Beispielsweise würde sich für einen Stoff mit einem TDI-Wert von 0,1 mg/kg Körpergewicht ein SML von 6 mg/kg Lebensmittel ergeben. Darüber hinaus gilt bei Kunststoffen ein Gesamtmigrationsgrenzwert von 60 mg/kg Lebensmittel bzw. Lebensmittelsimulanz (OML: „overall migration limit") für die Gesamtheit der migrierenden Stoffe. Der OML wird als Maß für die Inertheit des Kunststoffmaterials betrachtet, er ist nicht toxikologisch abgeleitet. Werden über diesen Wert hinaus Stoffe an Lebensmittel abgegeben, wird von einer unvertretbaren Veränderung der Zusammensetzung der Lebensmittel i. S. des Art. 3 der EG Verordnung 1935/2004 ausgegangen.

Die Migration von Stoffen aus Materialien und Gegenständen ist als Diffusionsprozess thermodynamischen Gesetzen unterworfen. Außer Faktoren wie Temperatur, Zeit und Materialbeschaffenheit spielt vor allem auch die Art des Lebensmittels eine wichtige Rolle. Es besteht die Möglichkeit, die Migration direkt ins Lebensmittel oder alternativ in Lebensmittelsimulanzien zu bestimmen, d.h. in Wasser, in eine 3%ige wässrige Essigsäurelösung, in eine 10%ige wässrige Ethanollösung oder in Olivenöl bzw. ein anderes nicht flüchtiges, fettiges Lebensmittelsimulanz (Richtlinien 97/48/EG und 85/572/EWG). Die Erarbeitung von Analysenmethoden zur Prüfung der Einhaltung der durch die Richtlinie 2002/72/EG festgelegten spezifischen Begrenzungen und des Gesamtmigrationsgrenzwertes erfolgt durch Expertengremien im CEN/TC 194 und auf nationaler Ebene im Normenausschuss Materialprüfung im DIN.

Die Datenanforderung für die Aufnahme eines Stoffes in die Positivlisten für Kunststoffmonomere und -additive der EU sind im *„Note for Guidance"* der EFSA dargelegt [27]. Der Umfang der toxikologischen Daten ist abhängig vom Ausmaß der Migration der Substanz in Lebensmittel (Tab. 24.2). Bei der nationalen Bewertung von Stoffen aus anderen Materialien werden entsprechende Kriterien zugrunde gelegt, z.B. Extraktionsdaten (anstelle von Migrationsdaten) für die Bewertung von Papier und Kartons.

Der toxikologische Gesamtdatensatz umfasst Studien zur Genotoxizität, subchronischen/chronischen Toxizität sowie Kanzerogenität und Reproduktionstoxikologie entsprechend EU- und OECD-Guidelines. Bei Migrationswerten unter 0,05 mg/kg Lebensmittel sehen die reduzierten Datenanforderungen drei in vitro-Tests auf Genotoxizität vor: Es wird geprüft auf Mutagenität in Bakterien (*Salmonella typhimurium*- und *Escherichia coli*-Teststämmen, OECD 471) sowie in Säugerzell-Testsystemen (z.B. Maus-Lymphomzellen, OECD 476) und auf Klastogenität (Chromosomenaberrationen, OECD 473). Vor allem bei positiven Testergebnissen in Zellkulturen können auch in vivo-Studien gefordert werden, die entsprechende Endpunkte im Knochenmark, in peripheren Blutzellen (OECD 474, 475) oder in Leberzellen (z.B. Induktion der DNA-Reparatur: OECD 486) abdecken. Bei Migrationsgrenzwerten zwischen 0,05 und 5 mg/kg Lebensmittel

Tab. 24.2 Toxikologische Datenanforderungen in Abhängigkeit von der Migration.

Migration	Toxikologische Daten
<0,05 mg/kg	(1) 3 Genotoxizitätstests (bakterielle und Säugetierzell-Mutagenitätstests, Chromosomenaberrationstest)
0,05–5 mg/kg	(2) Zusätzlich zu (1): 90-Tage-Test, Abwesenheit der Akkumulation beim Menschen
5–60 mg/kg	(3) Zusätzlich zu (2): Studie zur chronischen Toxizität und Kanzerogenität, reproduktionstoxikologische Studie

sind zusätzlich Daten zur subchronischen Toxizität vorzulegen (OECD 408). Außerdem soll eine Akkumulation von Stoffen im menschlichen Körper – als generell unerwünschter Effekt – ausgeschlossen werden (z. B. anhand des Octanol-Wasser-Verteilungskoeffizienten oder von toxikokinetischen Daten). Bei einer Migration über 5 mg/kg Lebensmittel ist auch die chronische Toxizität und Kanzerogenität sowie die Reproduktions- und Entwicklungstoxikologie abzuprüfen. Weitere Angaben können Effekte auf das Immunsystem oder die Neurotoxizität betreffen. Aufgrund des vorgelegten toxikologischen Datenmaterials werden ggf. TDI-Werte abgeleitet und die bewerteten Stoffe in Listen von 0–5 eingeteilt oder bei Datenmängeln in die Listen 6–9 (Tab. 24.3, [2]). Für die Stoffe in Liste 3 können sich Restriktionen in Bezug auf den Einsatz dieser Stoffe ergeben, die durch Festlegungen von SML-Werten oder, wenn diese analytisch nicht überprüfbar wären, als Mengen im Fertigprodukt (QM [mg/kg] bzw. flächenbezogen als QMA-Werte [mg/6 dm^2]) angegeben werden. Für Stoffe in Liste 4A ohne nachweisbare Migration werden Nachweisbarkeitsgrenzen im Lebensmittel/Lebensmittelsimulanz oder Fertigprodukt aufgeführt. Für Stoffe in Liste 4B, deren Restgehalt im Fertigprodukt soweit wie möglich reduziert werden soll, werden ebenfalls Mengenbegrenzungen (QM oder QMA) angegeben. Eine Zusammenstellung sämtlicher bei der Herstellung von Kunststoffen verwendeter Substanzen, die der Europäischen Kommission gemeldet und bereits bewertet wurden oder für die noch wichtige Daten fehlen, enthält das „Synoptic Document" (Tab. 24.1) [26]. Die Beantragung der Bewertung und Zulassung von Stoffen bei der EU-Kommission erfolgt auf der Grundlage des „Note for Guidance", der eine Anleitung für das Verfahren und für die erforderlichen analytischen, technologischen und toxikologischen Daten enthält. Für biozide Substanzen sind auch die Wirkungen auf Mikroorganismen auf der Oberfläche von Lebensmittelkontaktgegenständen sowie auf oder im Lebensmittel zu prüfen.

Für solche Polymeren im Lebensmittelkontakt, die von der EU-Kommission infolge fehlender Kapazität noch nicht bearbeitet wurden, erstellt ein Expertenkomitee Richtlinien und *Resolutionen des Europarates*, die als Empfehlungen an die Regierungen der Mitgliedsstaaten gerichtet sind, aber keine Verpflichtung zur Umsetzung in nationales Recht darstellen [22]. In den bis 2005 veröffentlichten Resolutionen haben die Experten keine eigenen Substanzbewertungen durchgeführt, sondern die von der Industrie für den Lebensmittelkontakt benutzten Substanzen zusammengestellt und soweit vorhanden auf Bewertungen von international anerkannten Gremien verwiesen.

In Deutschland gibt es die im Rahmen des LMBG/LFGB erarbeiteten „Kunststoff-Empfehlungen" (in der aktualisierten Fassung ohne die durch die Bedarfsgegenstände-VO abgedeckten Monomere und Additive für Kunststoffe), die als Datenbank vom BfR im Internet zur Verfügung gestellt werden (Tab. 24.1) [18]. Die „Kunststoff-Empfehlungen" enthalten für spezifische Substanzen zur Herstellung von Hochpolymeren Informationen zu Anwendungsbedingungen (Höchstgehalte, Migrationsgrenzwerte) und -verboten. Die BfR-Empfehlungen unterscheiden sich grundsätzlich in zwei Punkten von den EU-Regelungen für Kunststoffe: 1. Für jeden Kunststofftyp (wie Hart-PVC, Weich-PVC, Polyethylen)

Tab. 24.3 Substanzklassifizierung (SCF-Listen).

Liste	Definition
Substanzen mit ausreichenden Daten für die Bewertung	
0	Lebensmittelinhaltsstoffe oder humane Stoffwechselmetaboliten
1	Substanzen mit einem von SCF oder JECFA festgesetzten ADI-, MTDI-, PMTDI- oder PTWI-Wert
2	Substanzen mit einem von SCF/EFSA festgesetzten TDI oder einem temporären (t)-TDI-Wert
3	Substanzen, deren Vorkommen im Endprodukt unwahrscheinlich ist. Substanzen mit geringer Migration, für die eine Restriktion angegeben ist
4	Substanzen mit nicht nachweisbarer Migration oder Monomere, deren Restgehalte im Material soweit wie möglich reduziert wurden
5	Substanzen, die nicht verwendet werden sollen
Substanzen mit unzureichenden Daten für die Bewertung	
6	Substanzen mit Verdacht auf Kanzerogenität (6A) oder andere gravierende toxische Eigenschaften (6B)
7	Substanzen, für die noch Informationen nachgefordert werden
8	Substanzen mit unzureichenden Daten
9	Substanzen mit mangelhafter Spezifikation oder Substanzgruppen mit unzureichender Beschreibung

wurden separate Positivlisten (Empfehlungen) erstellt. 2. Der Einzelstoff wird nur in der Einsatzmenge akzeptiert, die technisch unvermeidbar ist (vorausgesetzt die Migrationshöhe ist gesundheitlich unbedenklich). Die Empfehlungen sind keine Rechtsnormen, stellen aber den derzeitigen Stand von Wissenschaft und Technik für die Bedingungen dar, unter denen ein Bedarfsgegenstand aus hochpolymeren Stoffen den Anforderungen des § 31 des LFBG entspricht. Werden Bedarfsgegenstände abweichend von den Vorschriften dieser Empfehlungen hergestellt, liegt die Verantwortung bei etwaigen Beanstandungen aufgrund lebensmittelrechtlicher Vorschriften (§§ 30, 31 LFBG) allein beim Hersteller und Anwender. Die Aufnahme neuer Stoffe in die Empfehlungen erfolgt auf Antrag des Herstellers beim BfR. Die Begutachtung der Anträge erfolgt durch ein Expertengremium (Kunststoffkommission am BfR) auf der Grundlage von Datenanforderungen gemäß „Note for Guidance".

Für Bauprodukte aus Kunststoffmaterialien, die in Kontakt mit Trinkwasser (KTW) kommen, wird ein Europäisches Anerkennungssystem (European Acceptance Scheme, EAS) aufgebaut. Seine rechtlichen Grundlagen bilden die Richtlinie über Wasser für den menschlichen Gebrauch (98/83/EG; TrinkwV 2001) und die Bauprodukte-Richtlinie (89/106/EWG). Das EAS stellt ein ähnliches Bewertungssystem wie das für Lebensmittel-Bedarfsgegenstände aus Kunststoffen dar. Die Anforderungen an die Bestandteile des Trinkwasser-Verteilungssystems (z. B. Rohre) unterscheiden sich aufgrund der Besonderheiten des Lebensmittels (Aufnahmemenge: 2 L pro Tag und Person) und der Kontaktbedingungen im durchflossenen System. Bis zum Inkrafttreten des EAS empfiehlt das Umweltbundesamt (UBA) die weitere Anwendung der *KTW-Empfehlungen*, die eine gesundheitliche Beurteilung von Kunststoffen und anderen nicht metallischen Werkstoffen im Rahmen des LFBG für den Trinkwasserbereich darstellen [88]. Als gesonderte Positivlisten für Bauteile des Wasserversorgungssystems hat das UBA Leitlinien für Epoxidharze und Schmierstoffe veröffentlicht [86, 87].

24.3
Kunststoffe im Lebensmittelkontakt

Kunststoffe sind hochmolekulare Verbindungen (Polymere), die aus vielen gleichartigen (Homopolymere) oder verschiedenen (Copolymere) molekularen Bausteinen (Monomere) aufgebaut sind. Die Ausgangsprodukte für Polymere werden aus fossilen Quellen (Erdöl, Kohle, Erdgas) oder aus Naturstoffen wie Cellulose oder Kautschuk gewonnen. Die Verknüpfung der Monomeren erfolgt über ungesättigte Bindungen (Polymerisation) oder reaktionsfähige Endgruppen (Polykondensation, Polyaddition). Nach ihrem Herstellungsverfahren werden Kunststoffe unterteilt in
- Polymerisate, z. B. Polyethylen (PE), Polyvinylchlorid (PVC), Polystyrol (PS),
- Polykondensate, z. B. Polyester wie Polyethylenterephthalat (PET), Polycarbonate (PC), Polyamide (PA) und
- Polyaddukte, z. B. Epoxidharze, Polyurethane (PUR).

Der unterschiedliche molekulare Aufbau bestimmt die Eigenschaften der Kunststoffe:
- Thermoplaste (z. B. PE, PVC, PS, PC, PA, Polyethylenterephthalat, Celluloseacetat) sind lineare oder verzweigte Makromoleküle, die sich bei Erwärmung verformen lassen,
- Duroplaste (z. B. Epoxidharze, PUR) sind aus engmaschig vernetzten Makromolekülen aufgebaut und verhalten sich spröde bis elastisch,
- Elastomere (Styrol-Butadien-Copolymer, Kautschuk) bestehen aus weitmaschig vernetzten Makromolekülen.

Über Copolymerisation und unterschiedliche Herstellungsverfahren (Hoch-/Niederdruck; Katalysatoren) können die Kunststoffeigenschaften stark verändert werden. Aufgrund der Unterschiede im molekularen Aufbau, durch die Wahl des Herstellungsverfahrens sowie über die eingesetzten Hilfs- und Zusatzstoffe werden Kunststoffe in geeigneter Weise den Funktionen als Verpackungs- oder sonstigen Lebensmittelkontaktmaterialien angepasst. In Verbundstoffen werden verschiedene Materialien (Kunststoff, Pappe, Aluminium) miteinander kombiniert, um die Eigenschaften der Verpackungsmaterialien zu optimieren. Kunststoffe gehören daher zu den wichtigsten Lebensmittelkontaktmaterialien; mehr als 60% der Verpackungen bestehen aus Kunststoff.

24.3.1
Monomere

Technisch bedeutsame Kunststoffmonomere sind Alkene (Ethylen, Propylen, Butadien), aromatisch substituierte Alkene (Styrol), stickstoffsubstituierte Alkene (Acrylnitril), Acrylsäureverbindungen (Acrylate und Methacrylate), chlor- und fluorsubstituierte Alkene (Vinylchlorid, Vinylidenchlorid, Vinylfluorid, Vinylidenfluorid, Chloropren, Tetrafluorethylen), Diisocyanate, Aminoverbindungen (Hexamethylendiamin, Caprolactam, Melamin), Dicarbonsäuren (Adipinsäure, Terephthalsäure), Anhydride (Phthalsäureanhydrid), Aldehyde (Formaldehyd), Phenolverbindungen (Phenol, Bisphenol A), Alkohole (Ethylenglykol, Propylenglykol, Butandiol sowie deren ethoxylierte und propoxylierte Derivate), Carbonylverbindungen (Phosgen), Epoxyverbindungen (Ethylenoxid, Propylenoxid, Epichlorhydrin) und Silane (Methylchlorsilane). Die im Lebensmittelkontakt zulässigen Monomere und sonstigen Ausgangsstoffe sind vom Wissenschaftlichen Ausschuss für Lebensmittel (SCF) bzw. von der Europäischen Behörde für Lebensmittelsicherheit (EFSA) bewertet worden. Eine Positivliste dieser Stoffe ist in der Richtlinie 2002/72/EG für Kunststoffe [9] und in der Bedarfsgegenstände-Verordnung [4] enthalten. Einige Beispiele für die Regulation von Monomeren im Lebensmittelkontakt sind in Tabelle 24.4 dargestellt und hinsichtlich ihrer toxischen Eigenschaften im Folgenden kurz beschrieben.

Ethylen ($CH_2=CH_2$) ist ein farbloses, schwach süßlich riechendes Gas. Es wird zu einem großen Teil für die Herstellung von Polyethylen (PE) und von Mischpolymerisaten verwendet [50]. Je nach Polymerisationsbedingungen entstehen Produkte unterschiedlicher Dichte. PE niederer Dichte (LDPE) ist transparent und wird beispielsweise in Folien oder in Verbundstoffen (Getränkebehälter, Folien) eingesetzt. PE mit hoher Dichte (HDPE) ist milchig weiß und wird häufig zu Hohlkörpern (Flaschen) und dickeren Folien verarbeitet (Tab. 24.5).

Ethylen wird nach Inhalation rasch resorbiert. Nach längerer Exposition verursacht Ethylen Sehstörungen. Im Säugetierstoffwechsel wird Ethylen zum Teil oxidiert zu Ethylenoxid, einer alkylierenden, genotoxischen Substanz, die bei Ratten und Mäusen kanzerogen wirkt [60]. Entsprechend lassen sich DNA-Addukte in verschiedenen Spezies nachweisen. Eine Exposition gegenüber 50 ppm Ethylen führt zu einer internen Ethylenoxidbelastung vergleichbar mit der direkten Exposition gegenüber 1 ppm Ethylenoxid. Probandenstudien zeigten eine Umwandlungsrate von Ethylen von ca. 2%, 98% wurden unverändert exhaliert. In Tierversuchen ließ sich eine kanzerogene Wirkung von Ethylen nicht demonstrieren [43].

Wegen der hohen Flüchtigkeit sind für Ethylen im Polymer keine relevanten Restmengen zu erwarten, so dass vom SCF aufgrund des geringen toxischen Potentials des Gases keine Restriktion im Kontakt mit Lebensmitteln festgelegt wurde (Tab. 24.4). Ethylenanwendungen, die über den Rahmen der Kunststoffrichtlinie hinausgehen, sind in Deutschland durch die BfR-Empfehlungen zu Kunststoffdispersionen (XIV) und zu Bedarfsgegenständen auf Basis von Natur- und Synthesekautschuk (XXI) geregelt [18].

Tab. 24.4 Bewertung und Regulation einiger Monomeren [26].

Monomer	SCF-Liste	Bewertung	Restriktion
Ethylen	3	Restgehalt im Kunststoff sehr gering, niedriges toxisches Potential	
Propylen	3	Restgehalt im Kunststoff sehr gering, niedriges toxisches Potential	
Styrol	4B	kanzerogenes Potential (Maus)	
1,3-Butadien	4A	kanzerogenes Potential für den Menschen	QM = 1 mg/kg in BG oder SML = NN (NG = 0,02 mg/kg, Analysentoleranz inbegriffen)
Acrylnitril	4A	kanzerogenes Potential für den Menschen	SML = NN (NG = 0,02 mg/kg, Analysentoleranz inbegriffen)
Vinylchlorid	4A	kanzerogenes Potential für den Menschen	Siehe Richtlinie 78/142/EWG
Vinylidenchlorid	4B	kanzerogenes Potential	QM = 5 mg/kg in BG oder SML = NN (NG = 0,05 mg/kg)
Caprolactam	2	Gruppen-TDI = 0,25 mg/kg KG aufgrund oraler 90-Tages-studien	SML(T) = 15 mg/kg (zusammen mit Caprolactam, Natriumsalz)
Terephthalsäure	2	t-TDI: 0,125 mg/kg KG aufgrund oraler Rattenstudien; Mutagenitätstests negativ	SML = 7,5 mg/kg
Epichlorhydrin	4A	hoch toxisch, induziert in Ratten-Vormagentumoren	QM = 1 mg/kg in BG

BG = Bedarfsgegenstand; KG = Körpergewicht; NG = Nachweisgrenze der Analysenmethode; Analysentoleranz inbegriffen; NN = „nicht nachweisbar" bedeutet, dass der Stoff mit einer validierten Analysenmethode nicht nachgewiesen werden kann; QM = höchstzulässiger Restgehalt des Stoffes im Bedarfsgegenstand; SML = spezifischer Migrationsgrenzwert in Lebensmitteln oder in Lebensmittelsimulanzien, sofern nicht anders angegeben. Der SML ist mit einer validierten Analysenmethode zu bestimmen; SML(T) = SML ausgedrückt als Gesamtgehalt der angegebenen Substanz(en) der Stoffgruppe; t-TDI = temporärer TDI: wird bei Vorlage neuer Daten überprüft.

Aus den wenigen Angaben, die für Ethylengehalte in Fertigerzeugnissen im Kontakt mit Lebensmitteln vorliegen, ergeben sich Werte von 0,1–0,4 mg/kg PE [43]. Bei der ungünstigen Annahme einer 100%igen Migration aus der Verpackung in 1 kg verzehrtes Lebensmittel lässt sich eine Ethylenaufnahme von 24 µg pro Person und Tag ableiten. Das Krebsrisiko, das sich aus dieser oralen Exposition abschätzen lässt, liegt um Größenordnungen unter dem bei einer inhalativen Exposition, die sich an einem Arbeitsplatz durch Ethylenoxid ergeben

Tab. 24.5 Polyethylen: Vergleich von LDPE und HDPE [12].

	LDPE	HDPE
Eigenschaften	niedrige Zugfestigkeit; wenig durchlässig für Wasserdampf; relativ durchlässig für O_2, CO_2 und Aromastoffe; hoch transparent, wenig temperaturbeständig	höhere Bruchfestigkeit; höhere Undurchlässigkeit für Wasserdampf und Gase; nicht mehr transparent; beständiger gegenüber Chemikalien und Temperaturen
Anwendungen	Folien, Beutel, Tuben, Netze, Verbundmaterialien, -folien	Flaschen, Behälter, Verschlüsse, Kästen

könnte [43]. Da eine realistische Ethylen-Aufnahmemenge aus PE-verpackten Lebensmitteln aber wesentlich unter dem Wert von 24 µg/Tag liegt, ist ein Krebsrisiko des Menschen über diesen Expositionspfad vernachlässigbar gering.

Propylen ($CH_2=CH\text{-}CH_3$) wird durch Polymerisation zu Polypropylen (PP), das sich durch Methyl-Seitenketten vom Polyethylen unterscheidet [51]. Durch geeignete Katalysatoren lassen sich über die Stellung der Methylgruppen die Eigenschaften des PP beeinflussen. Aus PP können Behälter und Folien hergestellt werden (Tab. 24.6). PP kann während der Herstellung auch in zwei Richtungen „gereckt" (biaxial orientiertes PP) und in Form von dünnen Folien zur Verpackung von Frischfleisch und Käse verwendet werden.

Propylen ist unter Normaldruck ein Gas. Auch bei hohen Konzentrationen in der Luft ist Propylen nicht reizend, wirkt jedoch analgetisch und narkotisch. Zielorgane nach hoher chronischer Exposition sind Leber, Nieren und der Respirationstrakt. Wie bei Ethylen wird auch nach Langzeitinhalation von Propylen im Tierversuch keine kanzerogene Wirkung gefunden. Bei Propylen wird die gebildete Menge des kanzerogenen Propylenoxids [60] als nicht ausreichend für eine demonstrierbare kanzerogene Wirkung im Tierversuch angesehen.

Wegen der hohen Flüchtigkeit von Propylen sind im Kunststoff nur sehr geringe Restmengen zu erwarten und die Migration in Lebensmittel ist vernachlässigbar. Vom SCF ist daher aufgrund des geringen toxischen Potentials des Propylens keine Restriktion im Kontakt mit Lebensmitteln festgelegt worden (Tab. 24.4).

Tab. 24.6 Polypropylen [12].

Eigenschaften	hohe mechanische Festigkeit, gute Fett- und Feuchtebarriere, geringe Durchlässigkeit für Gase, Wasserdampf und Aromastoffe, beständig gegenüber höheren Temperaturen (140 °C, kurzfristig), gute Schweißbarkeit
Anwendungen	Folien (Backwaren), Flaschen (auch Heißabfüllgetränke), Becher (Milchprodukte), Behälter (Margarine), Kochbeutel

Styrol (Vinylbenzol, C_6H_5-CH=CH$_2$) ist eine farblose, benzolartig riechende Flüssigkeit. Es wird zur Herstellung von Polystyrol (PS), synthetischem Kautschuk und Polyesterharzen sowie Mischpolymerisaten verwendet. Die PS-Kunststoffe gehören zu den am meisten verwendeten Materialien für Lebensmittel- und Getränkeverpackungen [52]. Die Sprödigkeit von PS kann durch Zusatz von Polybutadien-Kautschuk oder in Form des Styrol-Butadien-Blockpolymers überwunden werden, so dass ein schlagfestes PS (High Impact-PS, HIPS) herstellbar ist [12]. PS/HIPS wird zu Folien, Behältern und Bechern verarbeitet. In aufgeschäumter Form (Styropor®) kann PS als Schutzverpackung für Eier, Fleisch, Obst und andere Lebensmittel verwendet werden.

Nach Inhalation oder oraler Gabe wird Styrol gut resorbiert (60–90%), die dermale Resorption ist jedoch gering. Styrol wird im gesamten Körper – vor allem in Fettdepots – verteilt. Der quantitativ wichtigste Stoffwechselweg ist die Oxidation der Seitenkette zu Styrol-7,8-oxid mit der anschließenden Bildung von Phenylglykol oder Konjugation mit Glutathion. Die Elimination erfolgt beim Menschen hauptsächlich über Mandelsäure (ca. 60–80%) und Phenylglyoxalsäure (ca. 30%). Die Metaboliten werden rasch und fast vollständig im Urin ausgeschieden [94].

Styrol führt beim Menschen zur Reizung der Schleimhäute der Augen und des oberen Respirationstraktes nach Inhalationsexposition. Bei chronischer dermaler Exposition kommt es zur Entfettung der Haut, nach inhalativer Aufnahme werden Müdigkeit, Konzentrationsschwäche, verlängerte Reaktionszeiten und Veränderungen im Elektroenzephalogramm (zum Teil schon nach 50 mL/m^3!) als Hinweis auf eine Wirkung auf das Nervensystem beobachtet. Styrol hat eine niedrige Geruchsschwelle von 0,05–0,06 mL/m^3; in Lebensmitteln liegen die Geschmacksschwellen zwischen 0,022 mg/kg (Wasser) und 33 mg/kg (Sahne) [68].

Styrol hat im Experiment bei verschiedenen Tierarten eine geringe Toxizität, wobei die Maus am empfindlichsten reagiert. Bei der Maus ist die Kapazität zur Bildung des Styroloxids besonders hoch im Vergleich zur Ratte. Hinzu kommt, dass die Entgiftungskapazität durch Epoxidhydrolasen in der Mäuselunge am geringsten ist. Der Metabolit 7,8-Styroloxid ist sehr reaktiv, er wirkt als direktes Mutagen und führt auch zu Chromosomenaberrationen. Nach oraler Styrolapplikation kam es bei der Maus zur erhöhten Inzidenz von Lungentumoren. Bei der Bewertung der Lungentumore in der Maus ist der speziesspezifische 7,8-Styroloxid-Stoffwechsel zu beachten. Ratten zeigten wegen der geringen Styroloxidbildung und der effizienten Entgiftung keine Tumoren. Aufgrund der sehr kurzen Halbwertszeit des Styroloxids *in vivo* wird das kanzerogene Potential, das nur nach hoher Dosierung bei der Maus gesehen wurde, als gering eingeschätzt [43].

Für Styrol wurde von der WHO aus einer 2-Jahres-Trinkwasserstudie, in der eine Reduktion im Körpergewicht der Ratten mit einem NOAEL von 7,7 mg/kg KG gefunden wurde, ein TDI von 7,7 µg/kg KG mit einem Unsicherheitsfaktor von 1000 (mit einem Extrafaktor von 10 für die kanzerogenen und mutagenen Effekte des 7,8-Styroloxids) abgeleitet. In Deutschland ist Styrol ein nach der Bedarfsgegenständeverordnung (§ 4 in Verbindung mit Anlage 3, Abschnitt A) als Monomer zugelassener Gefahrstoff, für den bisher keine unbedenklichen und technisch unvermeidbaren Anteile festgelegt worden sind, die auf Lebensmittel übergehen dürfen. Aufgrund der SCF-Bewertung, die der Kunststoffrichtlinie zugrunde liegt, kann Styrol nur unter der Voraussetzung angewendet werden, dass der Monomergehalt im Material soweit wie möglich reduziert wird (SCF-Liste 4B; Tab. 24.4). Bei der Bewertung von Styrol wurde die niedrige Geruchsschwelle (s. o.) berücksichtigt und davon ausgegangen, dass der Einsatz von Styrol durch die sensorischen Eigenschaften begrenzt wird. Anwendungen von Styrol, die über den Rahmen der Kunststoffrichtlinie hinausgehen, sind in Deutschland durch die BfR-Empfehlungen für Kunststoffdispersionen (XIV) und für Bedarfsgegenstände auf Basis von Natur- und Synthesekautschuk (XXI) geregelt [18].

Aus dem WHO-TDI ergäbe sich unter Standardbedingungen eine duldbare tägliche Aufnahme von 462 µg Styrol pro Person (bei täglichem Verzehr von 1 kg belasteter Lebensmittel durch eine 60 kg schwere Person). Hierbei ist zu berücksichtigen, dass die Styrolaufnahme über verschiedene Expositionspfade erfolgt und daher der TDI-Wert nicht allein über die Exposition durch Verpackungsmaterialien ausgeschöpft werden sollte. Aus der repräsentativen Studie zur Styrolexposition über Lebensmittel, die in England durchgeführt wurde [64], wurde ein Höchstwert von 14 µg/kg in einer fetthaltigen Probe ermittelt. Styrol kommt auch natürlicherweise in Lebensmitteln (Früchten, Fleisch, Gewürzen) vor oder entsteht bei der Herstellung von Bier, Wein und Käse [20]. Die wichtigsten Expositionspfade für Styrol sind Rauchen (500 µg/Tag) und das Einatmen von Luft in Industriegegenden (400 µg/Tag) [94]. Die Gesamtexposition gegenüber Styrol für Nichtraucher aus Luft (2 µg/Tag), Verkehr (10–50 µg/Tag) und Lebensmittel (5 µg/Tag) wird auf 40 µg pro Person und Tag geschätzt [94]. Aus den verfügbaren Daten lässt sich folgern, dass die Styrolaufnahme über Lebensmittelkontaktmaterialien keinen nennenswerten Beitrag zum Krebsrisiko für den Menschen darstellt [20, 36].

1,3-Butadien (CH_2=CH-CH=CH_2) ist unter Normaldruck ein farbloses Gas. Es wird als zweites Monomer zur Herstellung des Styrol-Butadien-Copolymers eingesetzt [52].

Eine hohe Exposition gegenüber Butadien in der Atemluft verursacht Irritationen und Depression des Zentralnervensystems bis zur Narkose. Es wird eine mittlere letale Konzentration von 285 000 mg Butadien pro m^3 Luft berichtet. Im Tierexperiment zeigt sich die Maus als besonders empfindlich gegenüber 1,3-Butadien. Während Ratten nach Exposition gegen 18 000 mg Butadien/m^3 keine spezifischen Vergiftungssymptome zeigten, war diese Konzentration für Mäuse letal. Genotoxische Wirkungen lassen sich sowohl *in vitro* als auch *in vivo* nachweisen. Tierversuche legen nahe, dass Butadien als Keimzellmutagen anzusehen ist. 1,3-Butadien ist ein Multiorgan-Kanzerogen im Tierversuch, vornehmlich bei der Maus bis hin zu sehr niedrigen Konzentrationen. Die hohe Sensitivität der Maus gegenüber der Ratte ist auf Unterschiede in der metabolischen Kapazität bei der Bildung der aktiven Epoxidmetaboliten (1,2-Epoxy-3-buten, 1,2:3,4 Diepoxybutan und 3,4-Epoxy-1,2-butandiol) zu sehen, die mit der DNA oder Hämoglobin reagieren können. Entsprechende Addukte lassen sich beim Menschen und Versuchstier nachweisen. Epidemiologische Studien wurden in der Butadienmonomer-Produktion und in Polymerisationsanlagen durchgeführt: Bei Arbeitern in Polymerisationsanlagen, nicht jedoch in der Monomerproduktion, konnten erhöhte Inzidenzen an Leukämien gefunden werden. Die Zuordnung dieser Tumoren allein zu Butadien erscheint jedoch schwierig, da Coexpositionen gegenüber Benzol und anderen Monomeren aber auch gegen Dithiocarbamate vorkamen. Letztere beeinflussen den Metabolismus von 1,3-Butadien. Auf der Basis dieser Daten wurde 1,3-Butadien als krebserzeugend für den Menschen eingestuft [95].

Aufgrund seines kanzerogenen Potentials (SCF-Liste 4A) darf Butadien im Lebensmittel nicht nachweisbar sein (Nachweisgrenze von 20 µg/kg einschließlich Analysentoleranz); der Butadien-Restgehalt im Lebensmittelkontaktmaterial (QM) darf den Wert von 1 mg/kg Fertigerzeugnis nicht überschreiten (Tab. 24.4).

Acrylnitril (Vinylcyanid, Propennitril, $CH_2=CH-CN$) ist eine farblose, hochentzündliche, leicht flüchtige Flüssigkeit und wird als Monomer zur Erzeugung von Acrylfasern und als Comonomer mit Styrol und Butadien eingesetzt. Styrol-Acrylnitril-Copolymere werden zur Herstellung von Lebensmittelverpackungen und Geschirr verwendet, Acrylnitril-Butadien-Styrol zur Herstellung von Haushaltsgeräten, die mit allen Arten von Lebensmitteln in Kontakt kommen.

Acrylnitril wird nach oraler, dermaler oder inhalativer Aufnahme rasch resorbiert. Es ist akut giftig, wobei die Vergiftungssymptome (Ikterus, Anämie, Zyanose, Schwindel, Erbrechen, Kopfschmerz) denen einer Cyanwasserstoffvergiftung ähneln. In flüssiger Form und als Dampf wirkt Acrylnitril haut- und schleimhautreizend. Für die Biotransformation von Acrylnitril sind zwei Hauptwege von Bedeutung: die direkte Konjugation mit Glutathion sowie die Cytochrom-P450-gesteuerte Oxidation zum 2-Cyanoethylenoxid (Glycidonitril). Die Elimination erfolgt vornehmlich über den Urin.

Langzeit-Tierversuche mit oraler Gabe von Acrylnitril im Trinkwasser oder Inhalationsstudien zeigten erhöhte Tumorinzidenzen (Mammatumoren, Gehirntumoren, Tumoren im Vormagen sowie in Zymbaldrüsen). Mutagene Wirkungen zeigten sich in In-vitro-Experimenten, aber auch in einigen in vivo-Studien. DNA-Addukte wurden in der Rattenleber nachgewiesen. Acrylnitril wirkt außerdem teratogen bei Dosierungen, die maternal toxisch sind. Epidemiologische Studien bei beruflich Exponierten sind inkonsistent und nicht abschließend bewertbar. Daher ist die human kanzerogene Wirkung derzeit nicht belegt [7].

Acrylnitril ist aufgrund der Kanzerogenität im Tierversuch vom SCF in Liste 4A eingruppiert [26]. Entsprechend der Bedarfsgegenstände-Verordnung darf der Übergang von Acrylnitril auf Lebensmittel nicht nachweisbar sein mit einer Nachweisbarkeitsgrenze von 0,02 mg/kg (einschließlich Analysentoleranz); d.h. bei täglichem Verzehr von 1 kg mit Acrylnitril belasteten Lebensmitteln ergäbe sich eine maximale Aufnahme von 0,02 mg/Person, entsprechend 0,3 µg/kg KG/Tag (Worst-case-Annahme) [4]. Eine solche theoretische Exposition liegt um vier Größenordnungen unter der Dosis, bei der im Tierversuch keine erhöhte Tumorinzidenz mehr nachweisbar war.

Vinylchlorid ($CH_2=CH-Cl$) ist ein farbloses, in höheren Konzentrationen süßlich riechendes Gas. Es wird zur Produktion von Polyvinylchlorid (PVC) und zur Copolymerisation mit Acryl- und anderen Vinylmonomeren verwendet. Hart-PVC wird hauptsächlich für Blister, vorgeformte Verpackungen (Flaschen, Schalen) oder Trinkwasserrohre eingesetzt, Weich-PVC für Milch-, Getränkeschläuche oder als Dichtmasse in Schraubdeckeln und Kronkorken (Tab. 24.7; [12]).

Vinylchlorid wird nach Inhalation oder oraler Aufnahme schnell resorbiert (zu 40 bzw. 95%), im Körper verteilt, metabolisiert und über den Urin ausgeschieden. Die höchsten Metabolitenkonzentrationen finden sich in Leber, Niere und Milz. In Ratten findet ein schneller transplazentarer Transfer statt. Die intermediär über Cytochrom P-450 (CYP2E1) entstehenden Metabolite sind Chlorethylenoxid und Chloracetaldehyd. Der wichtigste Detoxifizierungsweg ist die Konjugation mit Glutathion über Glutathion S-Transferase [94]. Der Metabolismus und die Elimination sind dosisabhängig und folgen einer Sättigungskinetik.

Vinylchlorid hat bei Mensch und Tier eine geringe akute Toxizität. Bei Inhalation sehr hoher Konzentrationen steht die narkotische Wirkung im Vordergrund. Die in früheren Jahren relativ hohe berufsbedingte Exposition gegenüber Vinylchlorid bewirkte typische Organerkrankungen, die unter dem Begriff „VC-Krankheit" zusammengefasst wurden und sich in einer Fibrose der Leber mit portaler Hypertension, Ösophagusvarizen, Milzvergrößerung mit Thrombozytopenie und Raynaud-artigen Durchblutungsstörungen der Hände mit Akroosteolyse an den Fingerspitzen manifestierten. Seit der deutlichen Verringerung der Arbeitsplatzkonzentrationen wurde über die VC-Krankheit nicht mehr berichtet. In epidemiologischen Untersuchungen wurde die Entstehung von Leberangiosarkomen sowie anderer Tumoren (Lunge) in Abhängigkeit einer Vinylchloridexposition am Arbeitsplatz gezeigt. Auch im Tierversuch mit oraler und inhalativer Exposition wurde eine krebserzeugende Wirkung von Vinylchlorid nachgewiesen (Mammatumoren, Leberzelltumoren, Lungentumoren und Tumoren der Blutgefäße (Hämangiosarkome) in verschiedenen Organen). Der Metabolit Chloracetaldehyd hat eine DNA-alkylierende Wirkung und dürfte für die mutagene und kanzerogene Wirkung von Vinylchlorid verantwortlich sein.

Tab. 24.7 Anwendungsbeispiele für weichmacherfreies und -haltiges PVC [12, 53].

	Hart-PVC	**Weich-PVC**
Eigenschaften	Härte, Transparenz, Ölresistenz	hohe O_2- und Wasserdampfdurchlässigkeit
Anwendungen	Flaschen (Wasser, Öl), Behälter, Trinkwasserrohre	Zieh- und Frischhaltefolien (besonders für Fleisch), Getränkeschläuche, Dichtungsmaterial für Schraubdeckel

Aufgrund seines kanzerogenen und genotoxischen Potentials ist Vinylchlorid in die SCF-Liste 4A eingestuft. Spezielle Richtlinien des Rates bzw. der Kommission existieren zum Grenzwert für das Vinylchloridmonomer (78/142/EWG) sowie zu dessen Analysenmethoden im Fertigerzeugnis (80/766/EWG) und in Lebensmitteln (81/432/EWG). Monomeres Vinylchlorid darf in Lebensmitteln oder Simulanzien bei einer Nachweisgrenze von 10 µg/kg nicht nachweisbar sein; der Vinylchlorid-Restgehalt im Fertigprodukt (QM) darf den Wert von 1 mg/kg nicht überschreiten (Tab. 24.4). Aus dem SML ergibt sich eine maximale tägliche Exposition des Verbrauchers mit 0,17 µg/kg KG. Untersuchungen des Trinkwassers in Deutschland haben einen Maximalwert für Vinylchlorid von 1,7 µg/L ergeben, der auf eine PVC-Leitung zurückgeführt wurde; Wasser aus PVC-Flaschen haben Vinylchloridgehalte <0,6 µg/L [94]. Die hypothetische Exposition von 0,17 µg/kg KG liegt um den Faktor 780 unter der Dosis, bei der im Tierversuch keine erhöhte Tumorinzidenz mehr beobachtet wurde. Da bei der gesundheitlichen Bewertung im Durchschnitt von einer wesentlich geringeren täglichen Aufnahme ausgegangen werden kann, wird die Verwendung von Vinylchlorid im Lebensmittelkontakt unter den angegebenen Restriktionen als vertretbar angesehen.

Vinylidenchlorid (1,1-Dichlorethen, VDC, $CH_2=CCl_2$) ist eine flüchtige, farblose Flüssigkeit, die leicht polymerisiert und zur Herstellung von Copolymeren eingesetzt wird. Polyvinylidenchlorid wird aufgrund seiner sehr guten Barriereeigenschaften gegenüber Gasen, Aromen, Wasser/-dampf und Ölen/Fetten für Folien und Verpackungsverbunde verwendet [12].

VDC wird aus dem Gastrointestinaltrakt schnell und fast vollständig resorbiert und im Körper verteilt – vorwiegend in Leber, Niere und Lunge. Die Biotransformation führt zur Bildung des Epoxids 2,2-Dichloroxiran und zur Detoxifizierung über Konjugation mit Glutathion. Die Exkretion erfolgt über Niere und Lunge.

VDC hat in hohen Konzentrationen eine dämpfende Wirkung auf das Zentralnervensystem bis hin zur Narkose. Im Tierversuch wurden aufgrund einer deutlichen art- und geschlechtsspezifischen Empfindlichkeit differierende Befunde beschrieben. Die Maus ist akut und bei länger dauernder Exposition empfindlicher als die Ratte, Zielorgane sind insbesondere Leber und Niere. Die unterschiedliche Empfindlichkeit steht mit der rascheren Sättigung der metabolischen Entgiftung bei der Maus in Zusammenhang. Die Verstoffwechselung erfolgt bei beiden Spezies über das Epoxid, allerdings überwiegt bei der Ratte die weitere Entgiftung zu Monochloressigsäure mit anschließender Konjugation, während bei der Maus das Epoxid nach Konjugation ausgeschieden wird. Im Tierversuch wirkt Vinylidenchlorid nicht teratogen und in der Mehrzahl der chronischen Versuche zeigte es keine kanzerogenen Effekte. Lediglich in einer Inhalationsstudie an Mäusen wurden insbesondere bei den Männchen Nierentumoren beobachtet. Da die Versuche zur Genotoxizität überwiegend negativ verliefen und im Tierversuch nur die bezüglich der Nephrotoxizität besonders empfindliche Maus Tumoren zeigt, wird ein nicht genotoxischer Mechanismus als Folge einer starken Nierentoxizität bei der Maus diskutiert. Eine kleine Kohortenstudie ($n=138$) zeigte für den Menschen kein erhöhtes Krebsrisiko oder sonstige Wirkungen.

Für VDC konnte vom SCF kein TDI abgeleitet werden. Die Substanz kann nur unter der Voraussetzung angewendet werden, dass der Monomergehalt im Material soweit wie möglich reduziert wird (SCF-Liste 4B; Tab. 24.4). VDC darf im Lebensmittel mit einer Nachweisgrenze von 0,05 mg/kg nicht nachweisbar sein; der VDC-Restgehalt im Lebensmittelkontaktmaterial (QM) darf den Wert von 5 mg/kg im Fertigprodukt nicht überschreiten (Tab. 24.4). Vom WHO-IPCS wurde 2003 auf der Grundlage einer Benchmark-Dosis ($BMDL_{10}$) von 4,6 mg/kg KG/Tag für hepatozelluläre Effekte in weiblichen Ratten mit einem Unsicherheitsfaktor von 100 ein TDI von 0,046 mg/kg KG abgeleitet [94]. Dieser toxikologisch abgeleitete TDI-Wert liegt deutlich höher als die Exposition, die über Lebensmittel mit dem vom SCF festgesetzten Höchstgehalt an VDC erreicht werden könnte.

Caprolactam (6-Hexanlactam, $C_6H_{11}NO$) wird als ein Monomer für Polyamide (PA) verwendet (Abb. 24.1). PA sind beständig gegenüber Wärme (bis über 100 °C), Chemikalien und Fetten/Ölen und wenig durchlässig für Gase und Aromastoffe. PA eignen sich daher als kochfeste Folien und in Kombination mit anderen Polymeren, z. B. als Verbundfolien (mit PE) für Vakuumverpackungen oder als Mittelschicht in Polyethylenterephthalat-Flaschen [12].

Caprolactam wirkt erregend auf das Zentralnervensystem und kann sowohl im Tierversuch als auch beim Menschen Krampfanfälle auslösen. Außerdem führt Caprolactamstaub bzw. -dampf konzentrationsabhängig zu Reizeffekten an der Haut und im Respirationstrakt. Einige Fälle von fraglicher Kontaktdermatitis geben kein klares Bild einer allergenen Wirkung. Im Tierversuch wirkt Caprolactam in hohen Dosen hemmend auf die Blutzirkulation und stimulierend auf die Atmung. Die chronische Verabreichung an Ratte, Maus und Meerschweinchen führte nicht zu einer Zunahme von Tumoren. Wie Untersuchungen zeigten, wirkt Caprolactam nicht genotoxisch, mit der Ausnahme, dass bei Drosophila und Maus mitotische Rekombinationen in somatischen Zellen hervorgerufen wurden. An Ratte und Kaninchen wirkt Caprolactam nicht teratogen. Ein Mehrgenerationenversuch an der Ratte gibt keinen Hinweis auf eine Beeinträchtigung der Reproduktion [46].

Für Caprolactam und sein Natriumsalz wurden vom SCF ein Gruppen-TDI von 0,25 mg/kg KG und ein SML(T) von 15 mg/kg Lebensmittel festgelegt (Tab. 24.4).

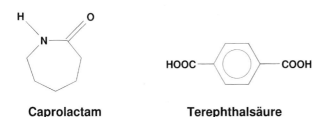

Abb. 24.1 Monomere für Polykondensate (Polyamid; Polyethylenterephthalat).

Terephthalsäure ($C_8H_6O_4$) dient zur Synthese von Polyethylenterephthalat (PET) (Abb. 24.1). PET zeichnet sich durch hohe mechanische Festigkeit, Transparenz, geringe Durchlässigkeit für Gase und Wärmeformbeständigkeit aus. Es wird hauptsächlich für Getränkeflaschen eingesetzt sowie für Schalen und Folien für Speisen, die in der Mikrowelle oder im Ofen erwärmt werden. PET wird auch als Siegelschicht in Verbundfolien (mit PE, Aluminium) für Vakuumverpackungen und Kochbeutel angewendet [12].

Terephthalsäure ist akut wenig giftig und reizt Haut und Schleimhäute nicht. Die vorliegenden Studien zeigen keine bedeutsamen Vergiftungserscheinungen. Bei länger dauernder oraler Gabe kommt es bei Ratten zur veränderten Harnzusammensetzung mit Bildung von Blasensteinen sowie zur Hyperplasie des Blasenepithels und als weitere Folge zu Blasentumoren in niedriger Inzidenz. Terephthalsäure wirkt nicht genotoxisch. In hohen Dosen (1000 mg/kg und höher), die auch toxisch für das Muttertier sind, wirkt es bei der Ratte fetotoxisch [10].

Für Terephthalsäure wurde vom SCF auf der Grundlage von (sub)chronischen, oralen Rattenstudien ein temporärer TDI von 0,125 mg/kg KG und ein SML von 7,5 mg/kg Lebensmittel festgelegt (Tab. 24.4).

Bisphenol A (BPA; 2,2-Bis-(4-hydroxyphenyl)propan; $C_{15}H_{16}O_6$) wird als Monomer zusammen mit Kohlensäuredichlorid zur Herstellung von Polycarbonat (PC) und Epoxidharzen (s.u.) verwendet (Abb. 24.2). PC zeichnet sich durch hohe mechanische Festigkeit, Transparenz und Wärmeformbeständigkeit aus. Aus PC werden Mehrweg-Milchflaschen, Babytrinkflaschen, Essgeschirr und Vorratsbehälter hergestellt [77].

BPA wird schnell aus dem Gastrointestinaltrakt von Ratten resorbiert, aber die orale Bioverfügbarkeit beträgt nur 2–8% der verabreichten Dosis, während

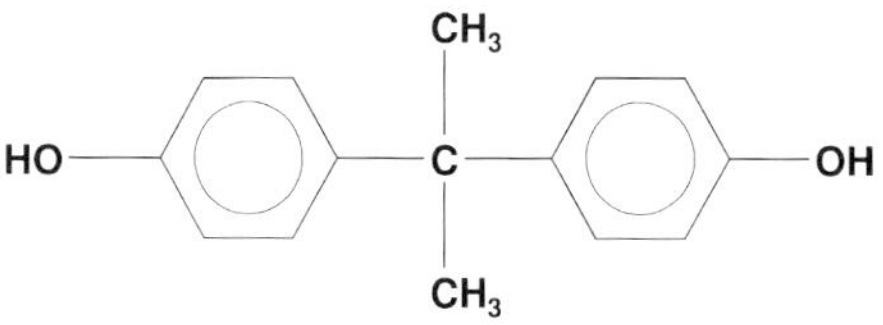

Bisphenol A

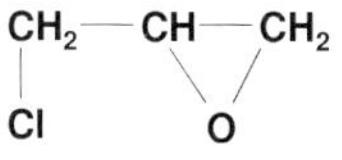

Epichlorhydrin

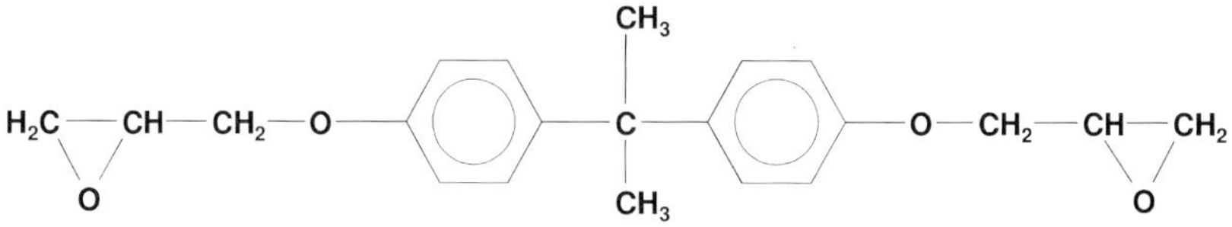

Bisphenol A - Diglycidether (BADGE)

Abb. 24.2 Ausgangsstoffe für Epoxidharze.

mehr als 80% über die Faeces ausgeschieden werden. BPA unterliegt einem extensiven First-pass-Metabolismus in der Leber, der Hauptmetabolit ist das Monoglucuronid des BPA, das auch über die Milch auf die Rattennachkommen übergehen kann. Auch in der menschlichen Plazenta wurde BPA nachgewiesen [77]. Ein Speziesunterschied besteht darin, dass BPA in Nagern aufgrund des enterohepatischen Kreislaufs relativ langsam ausgeschieden wird, während in Primaten das BPA-Glucuronid schnell über den Urin eliminiert wird [61].

BPA weist eine geringe akute Toxizität auf, die LD_{50} liegt >2 g/kg KG. Mit BPA wurden in den üblichen Testsystemen keine Sensibilisierung hervorgerufen, allerdings wurden im Tierversuch und beim Menschen photoallergische Reaktionen beobachtet. Aus Fütterungsstudien an Ratten ergab sich ein NOAEL von 25 mg/kg KG aufgrund einer reduzierten Körpergewichtszunahme bei der nächst höheren Dosis (50 mg/kg KG). Eine länger andauernde orale Exposition in hoher Dosierung führt im Tierversuch zu geringfügigen Schädigungen an Leber und Niere. Aus chronischen Fütterungsstudien an Ratte und Maus ergaben sich keine Anhaltspunkte für eine kanzerogene Wirkung von BPA. Die Mehrheit der in vitro- und in vivo-Studien zur Genotoxizität von BPA erbrachten negative Ergebnisse. Es gibt aber Hinweise auf eine DNA-Adduktbildung und auf eine Induktion von Aneuploidie. Eine Reihe von Studien befasst sich mit den reproduktionstoxikologischen und endokrinen Wirkungen von BPA. In einer umfassenden 3-Generationenstudie an Ratten wurden als kritische Effekte Reduktionen im Körpergewicht sowie in Organgewichten (bei den Nachkommen) mit Dosen ab 50 mg/kg KG festgestellt. Vereinzelte Beobachtungen zu Effekten auf die Spermatogenese und das männliche Reproduktionssystem in Ratten und Mäusen in Dosierungen zwischen 2 und 200 µg/kg KG/Tag konnten in anderen Studien nicht reproduziert werden [39, 77]. Einige Studien in Mäusen geben Hinweise auf BPA-Wirkungen im Niedrigdosisbereich (<50 µg/kg KG/Tag) z. B. auf Prostata [82], Testis, Brustdrüse und Gehirn [90]. Die beobachteten Wirkungen sind hinsichtlich ihrer biologischen Relevanz und ihrer Belastbarkeit im Hinblick auf die toxikologische Bewertung in der Diskussion. Für die Interpretation dieser Ergebnisse sind eine normale Variation in den Kontrollwerten [1] und potentiell östrogene Komponenten in der Nahrung [90] zu berücksichtigen. BPA zeigt schwach östrogene Wirkungen in in vitro- und in vivo-Studien, z. B. erhöhte Uterusgewichte. NOAEL-Werte für den uterotrophen Effekt liegen in der Regel bei 40 mg/kg KG/Tag und höher [77].

Der SCF hat als entscheidende Studie für die Ableitung eines TDI-Wertes die 3-Generationenstudie an Ratten identifiziert, aus der sich für BPA ein NOAEL von 5 mg/kg KG/Tag (aufgrund von Effekten auf das Körpergewicht bei 50 mg/kg und höher) ergibt. Wegen der Unsicherheit der Datenbasis hat der SCF einen Faktor von 500 für die Ableitung des temporären TDI (t-TDI) von 0,01 mg/kg KG für notwendig gehalten. Der SCF hält weitere experimentelle Daten für erforderlich und empfiehlt, den t-TDI bei Vorliegen neuer relevanter Daten zu überprüfen. Der t-TDI für BPA liegt deutlich über der geschätzten Verbraucherexposition, die unter konservativen Annahmen auf Werte zwischen 0,48 (für Erwachsene) und 1,6 (für Kinder) µg/kg KG/Tag geschätzt wurde [77].

Bisphenol-A-diglycidether (BADGE; 2,2-Bis-(4-hydroxyphenyl)propan-bis(2,3-epoxypropyl)ether; $C_{21}H_{24}O_4$) wird über die Kondensation von BPA mit Epichlorhydrin erhalten (Abb. 24.2) und zur Herstellung von Epoxidharzen für die Innenbeschichtung von Konservendosen eingesetzt. BADGE wird bei oraler Gabe an Ratten schnell resorbiert und vorwiegend in Faeces und nur zum geringen Teil über Urin eliminert. Die orale Bioverfügbarkeit beträgt nur 13% der gegebenen Dosis. BADGE unterliegt einem effizienten First-pass-Metabolismus. Es wird hauptsächlich an den Epoxidringen hydrolytisch gespalten und dann weiter oxidativ verstoffwechselt. Die akute orale Toxizität von reinem BADGE ist gering (orale LD_{50} in Ratten: 1 bis >4 g/kg KG). Während BADGE *in vitro* als direktes Mutagen wirkt, wurde *in vivo* keine Genotoxizität beobachtet, allerdings eine geringfügige DNA-Bindungsaktivität. Auch die Chlorhydrine von BADGE (BADGE · 2HCl, BADGE · HCl, BADGE · H_2O.HCl) sind hinsichtlich ihrer Genotoxizität unkritisch. Orale subchronische Studien mit BADGE an Ratten haben mit einer Dosis von 250 mg/kg KG/Tag und höher eine Vielzahl von Effekten ergeben, die auf eine renale Toxizität hinweisen. Dermale chronische Studien an Mäusen und Ratten ergaben keinen Anstieg von systemischen Tumoren. Daten aus einer oralen Kanzerogenitätsstudie an Ratten belegen, dass BADGE kein kanzerogenes Potenzial hat. In dieser Studie wurde mit einer Dosis von 15 mg/kg KG/Tag und höher bei den Männchen ein leicht reduziertes Körpergewicht und bei den Weibchen ein erhöhter Serumcholesterinwert gefunden. Aufgrund der mit 100 mg/kg KG/Tag bei Männchen beobachteten erniedrigten Milzgewichte wurde der NOAEL bei 15 mg/kg KG/Tag festgesetzt [28].

Das AFC-Gremium der EFSA hat auf der Basis des NOAEL von 15 mg/kg KG/Tag aus der oralen Toxizitäts-/Kanzerogenitätsstudie an Ratten für BADGE und seine Hydrolyseprodukte unter Anwendung eines Unsicherheitsfaktors von 100 einen TDI von 0,15 mg/kg KG festgesetzt (SML = 9 mg/kg Lebensmittel gemäß Verordnung (EG) Nr. 1895/2005); für die BADGE-Chlorhydrine gilt eine Beschränkung auf 1 mg/kg Lebensmittel [28]. Aus umfangreichen Daten zur BADGE-Konzentration in Lebensmitteln ergibt sich, dass Fischkonserven die Hauptexpositionsquelle für BADGE darstellen. Unter der konservativen Annahme, dass ein Verbraucher jeden Tag 140 g Fisch aus Konserven verzehrt, läge die tägliche Aufnahme bei 0,0028 mg BADGE pro Person (im Fall von Fischkonserven mit den höchsten BADGE-Gehalten bei 0,056 mg/Person) und damit sehr deutlich unter dem TDI-Wert. Im Migrat aus Epoxidbeschichtungen finden sich neben den Chlorhydrinen in geringer Konzentration auch andere, bisher noch nicht identifizierte BADGE-Reaktionsprodukte mit unbekannten toxikologischen Eigenschaften [28]; hierzu besteht weiterer Klärungsbedarf.

Epichlorhydrin (1-Chlor-2,3-epoxypropan, C_3H_5ClO) wird neben BADGE zur Herstellung von Epoxidharzen verwendet (Abb. 24.2). Es wird im Säugermetabolismus primär zu 3-Chlor-1,2-propandiol hydrolysiert, zu Chloressigsäure und Oxalsäure oxidiert bzw. zu 2,3-Epoxypropanol epoxidiert und konjugiert ausgeschieden. Es ist akut giftig und reizt Haut, Augen und Atemtrakt und kann zu Sensibilisierungen führen. Zielorgane einer toxischen Wirkung sind das Zentralnervensystem, der Atemtrakt und die Nieren. Epichlorhydrin ist ein reaktives Alkylierungsmittel und vermag daher mit Makromolekülen wie der DNA zu reagieren. In Zusammenhang damit stehen die mutagene und die im Tierversuch nachgewiesene kanzerogene Wirkung. Epichlorhydrin hat weiterhin eine reproduktionstoxische Wirkung.

Aufgrund seiner tumorinduzierenden Potenz ist Epichlorhydrin vom SCF in die Liste 4A eingruppiert und darf nur bis zu einem Gehalt (QM) von 1 mg/kg im Fertigprodukt vorhanden sein (Tab. 24.4).

24.3.2
Hilfs- und Zusatzstoffe

Hilfsstoffe sind für die Durchführung der Polymerisation notwendig (Initiatoren, Vernetzer). Aus toxikologischer Sicht und unter Berücksichtigung des Verbraucherschutzes sind die Hilfsstoffe, die häufig im fertigen Polymer chemisch gebunden sind, meist von geringerer Relevanz als die Zusatzstoffe (z. B. Stabilisatoren, Weichmacher, Füllstoffe, Gleitmittel und Flammschutzmittel), die die Eigenschaften der Kunststoffe beeinflussen. Die Zusatzstoffe können aus dem Polymer ins Lebensmittel migrieren, weshalb die Kenntnis der Toxizität dieser Stoffe von besonderer Bedeutung ist. Die Tabellen 24.8 und 24.9 geben Beispiele für die Regulation von typischen Zusatzstoffen in PE und PP sowie PVC.

Zur Gruppe der *Stabilisatoren* zählen die Antioxidanzien, Thermostabilisatoren und Lichtschutzmittel. Gebräuchliche Antioxidanzien sind sterisch gehinderte Phenole (z. B. Butylhydroxytoluol = BHT und viele andere Derivate mit höheren Molekulargewichten), sekundäre aromatische Amine (z. B. Phenylendiaminverbindungen als Stabilisatoren für Gummimaterialien), Phosphite (z. B. Tris[nonylphenyl]phosphit) und Phosphonite sowie Thioverbindungen (z. B. Dilaurylthiodipropionat). Als Thermostabilisatoren werden Metallverbindungen (z. B. Organozinnverbindungen, Metallstearate) eingesetzt. Lichtschutzmittel sind z. B. Hydroxyphenylbenzotriazole, sterisch gehinderte, aliphatische Amino- sowie Nickelchelatverbindungen.

Typische als Stabilisatoren eingesetzte *Organozinnverbindungen* sind mono- bis tetraalkylierte Mercaptide. Neben dem Einsatz als Licht- und Hitzestabilisatoren für PVC werden sie auch als Katalysatoren bei der Herstellung von Siliconen und Polyurethanschäumen sowie als Biozide („Antifoulingfarben" an Schiffen, im Holz- und Materialschutz, in Pflanzenschutzmitteln) verwendet. Organozinnverbindungen sind meist sehr giftig und wirken lokal reizend (z. B. Tributylzinnoxid). Für Tributylzinnoxid wurde ein NOAEL von 25 µg/kg KG/Tag aufgrund einer Beeinträchtigung des Immunsystems von Ratten (verminderte Resistenz gegenüber *Trichinella spiralis*) bei der nächst höheren Dosis festgelegt [13]. Auch für die im Kontakt mit Lebensmitteln eingesetzten Di-*n*-octylzinnverbindungen (DOT) sind Effekte auf das Immunsystem als sensitivste Endpunkte anzusehen. In einer Langzeitstudie an Ratten wurden erhöhte Inzidenzen an Thymus-Lymphomen und generalisierten malignen Lymphomen beobachtet; der NOAEL lag bei 0,067 mg (als Zinn)/kg KG/Tag. DOT haben kein genotoxisches Potential. In reproduktionstoxikologischen Studien wurde die Thymusin-

Tab. 24.8 Typische Zusatzstoffe für PE und PP [26, 50, 51].

Zusatzstoff	SCF-Liste	SCF-Bewertung	Restriktion
Antioxidanzien:			
Pentaerythrit-tetrakis[3-(3,5-di-*tert*-butyl-4-hydroxy-phenyl)propionat	2	TDI: 3 mg/kg KG	keine
Octadecyl-3-(3,5-di-*tert*-butyl-4-hydroxy-phenyl)propionat	2	TDI: 0,11 mg/kg KG TDI: 1 mg/kg KG	SML=6 mg/kg
Tris(2,4-di-*tert*-butylphenyl)-phosphit	2		keine
Gleitmittel:			
Erucamid, Oleamid, Stearamid	3		keine
Füllstoffe:			
Talkum	1	ADI: nicht festgelegt, akzeptabel	keine
Titandioxid	1		keine
Antistatika:			
Glycerolmonostearat	1	ADI: nicht festgelegt Gruppen-t-TDI =0,02 mg/kg KG	keine
N,N-Bis(2-hydroxyethyl)alkyl(C_8–C_{18})-aminhydrochlorid	2		SML(T)=1,2 mg/kg als tertiäres Amin (ausschließlich HCl)

KG = Körpergewicht; SML = spezifischer Migrationsgrenzwert in Lebensmitteln oder in Lebensmittelsimulanzien, sofern nicht anders angegeben. Der SML ist mit einer validierten Analysenmethode zu bestimmen; SML(T) = SML ausgedrückt als Gesamtgehalt der angegebenen Substanz(en) der Stoffgruppe.

volution bei den Nachkommen in einer 2-Generationenstudie als empfindlichster Parameter beschrieben; teratogene Effekte wurden weder in Ratten noch in Kaninchen gefunden [13]. Für DOT wurde vom SCF (1999) ein Gruppen-TDI von 0,6 µg Sn/kg KG abgeleitet (Tab. 24.9). Bei der Verwendung von Organozinnverbindungen als Stabilisatoren von Hart-PVC werden die Substanzen in die entsprechenden Chloride umgewandelt, die auf die Lebensmittel übergehen können (bis zu 42 µg/kg fette Lebensmittel). Dadurch werden etwa 10% des bisherigen TDI für DOT ausgeschöpft. Im Jahr 2004 hat das wissenschaftliche EFSA-Gremium für Kontaminanten der Nahrungskette (CONTAM Panel) einen neuen Gruppen-TDI-Wert von 0,1 µg/kg KG (angegeben als Zinn) aufgestellt, der neben DOT auch Triphenylzinn-, Di- und Tributylzinnverbindungen, die hauptsächlich in Fisch und Fischprodukten gefunden werden, einschließt. Dieser Wert wurde aufgrund des prinzipiell gleichen Wirkmechanismus der Substanzen (Immuntoxizität) ausgehend vom NOAEL des Tributylzinnoxids (unter Berücksichtigung des Molekulargewichts und eines Unsicherheitsfaktors von 100) abgeleitet [31].

Tab. 24.9 Typische Zusatzstoffe für Hart-PVC (H) und Weich-PVC (W) [26, 53].

Zusatzstoff	SCF-Liste	SCF-Bewertung	Restriktion
Stabilisatoren			
Dioctylzinnverbindungen (H)	2	Gruppen-TDI = 0,0006 mg/kg KG (als Zinn) (SCF, 1999)	SML(T) = 0,04 mg/kg (als Zinn)
Calcium/Zinkstearat (H, W)			keine Restriktion
Impact modifier			
Methylmethacrylat Butadien/Styrol(H)			(polymeres Additiv)
Verarbeitungshilfsstoff			
Acrylat (H)			(polymeres Additiv)
Gleitmittel			
Glycerolmonooleat (H)			keine Restriktion
Polyethylenwachs (H)	7		(polymeres Additiv)
Stearinsäure (W)			keine Restriktion
Mineralische Weißöle (W)	2	Gruppen-ADI = 4 mg/kg KG	keine Restriktion [a]
Weichmacher			
Di-2-ethylhexyladipat (W)	2		SML = 18 mg/kg
Epoxidiertes Sojaöl (W)	2	TDI = 1 mg/kg KG	keine Restriktion [a, b]
Di(2-ethylhexyl)phthalat (W)	2	TDI = 0,05 mg/kg KG	

KG = Körpergewicht; SML = spezifischer Migrationsgrenzwert in Lebensmitteln oder in Lebensmittelsimulanzien, sofern nicht anders angegeben. Der SML ist mit einer validierten Analysenmethode zu bestimmen; SML(T) = SML ausgedrückt als Gesamtgehalt der angegebenen Substanz(en) der Stoffgruppe

[a] Der Stoff muss die in Annex V der Richtlinie 2002/72/EG festgelegten Spezifikationen aufweisen.
[b] Restriktion für Kleinkinder: s. Opinion des AFC-Panels der EFSA [30].

Als *Weichmacher* für Folien, Beschichtungen, Deckeldichtungen und Tuben aus Weich-PVC werden u.a. verschiedene Phthalate, Di-2-ethylhexyladipat, Acetyl-tri-2-ethylhexylcitrat, Diphenyl-2-ethylhexylphosphat und epoxidiertes Sojaöl verwendet, um die nötige Flexibilität des Kunststoffmaterials zu erreichen (Abb. 24.3). Weitere Anwendungsgebiete von Weichmachern im Kontakt mit Lebensmitteln sind Fördergurte, Schläuche, Farben und Klebstoffe [18]. Da auch viele andere Verbraucher- (Spielzeug, Haushaltsgegenstände, Kleidung, Kosmetika) und Medizinprodukte (PVC-Materialien für Infusionen) Weichmacher enthalten, existieren verschiedene Aufnahmepfade, von denen Lebensmittel als wichtigste Quelle für die Langzeitexposition anzusehen sind. Aufgrund von reproduktionstoxischen Wirkungen gelten vor allem einige Phthalate wie Dibu-

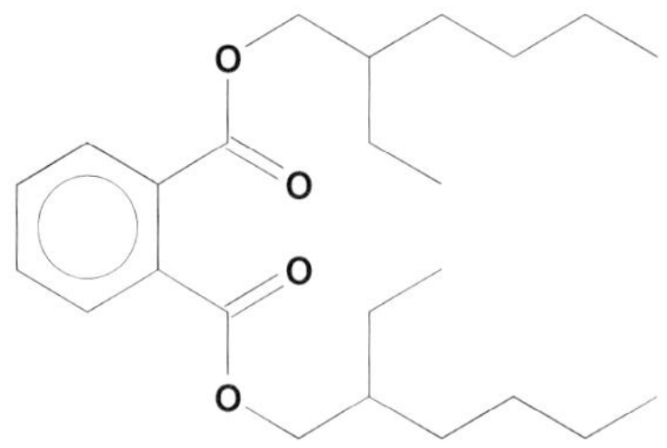

Diethylhexylphthalat (DEHP)

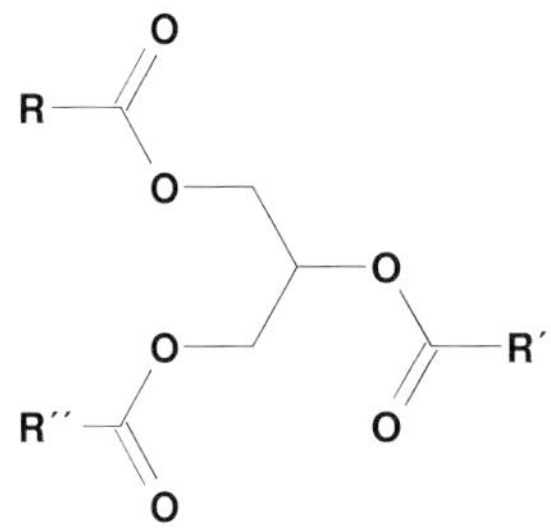

Epoxidiertes Sojaöl

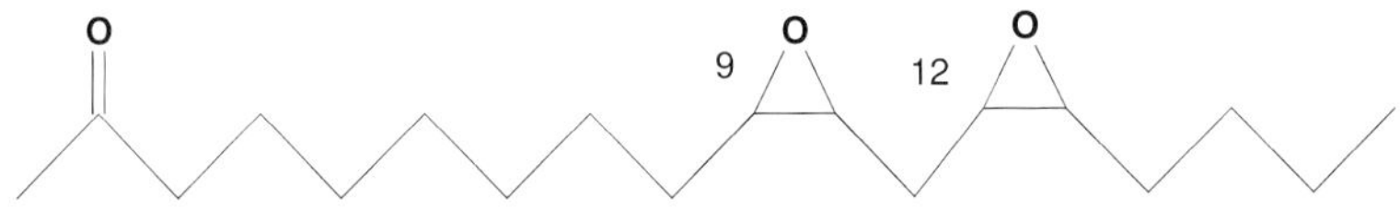

R und/oder R´ und/oder R´´

Abb. 24.3 Weichmacher für PVC.

tylphthalat, Benzylbutylphthalat und Di(2-ethylhexyl)phthalat als problematisch [81].

Di(2-ethylhexyl)phthalat (DEHP) kann über das ubiquitäre Vorkommen in der Umwelt sowie durch Verpackungen (Deckeldichtungen) oder andere Kontaktgegenstände (z. B. Milchschläuche, Förderbänder) in Lebensmittel gelangen. Weich-PVC enthält je nach Spezifikation 20–80% DEHP. DEHP ist nicht kovalent an das PVC gebunden und kann daher ausgasen bzw. beim Kontakt mit Flüssigkeiten oder Fetten herausgelöst werden. Bei oraler Aufnahme wird DEHP (in Dosen bis zu 200 mg/kg KG in Ratten) aus dem Magen-Darmtrakt zu 50% resorbiert, und in alle Gewebe verteilt, vorzugsweise in Leber und Fettgewebe. DEHP hydrolysiert zu 2-Ethylhexanol (2-EH) und Mono(ethylhexyl)phthalat (MEHP), aus dem oxidativ weitere Metabolite entstehen, u. a. Mono(2-ethyl-5-hydroxyhexyl)-phthalat und Mono(2-ethyl-5-oxohexyl)phthalat, die im Urin als spezifische Biomarker für eine DEHP-Exposition bestimmt werden [59]. Bei allen untersuchten Spezies mit Ausnahme der Ratte werden die Metabolite als Glucuronidkonjugate im Urin ausgeschieden. Die akute orale Toxizität im Tier ist gering (orale LD_{50} > 10 g/kg KG). DEHP zeigte in mehreren Studien (Dauer bis zu zwei Jahren) mit oraler Verabreichung toxische Effekte in Hoden, Niere und Leber. In Dosen von 37 mg/kg KG/Tag und höher trat an Ratten eine dosisabhängige Vakuolisierung der Sertoli-Zellen auf; die Dosis ohne Effekt für diese Hodenschäden betrug in einer Studie 3,7 mg/kg KG/Tag [69]. Funktionelle Effekte an den Nieren (verringerte Creatinin-Clearance) sowie krankhafte Gewebsveränderungen einschließlich chronischer Nephropathie wurden ab Dosen von 147 mg/kg KG/Tag beobachtet [65]. Zusätzlich traten Vergrößerungen der Leber, Peroxisomenproliferation und Lebertumoren auf. In Langzeitstudien mit hohen Dosierungen (ab 300 mg/kg KG/Tag für männliche Ratten) traten neben Leber- auch Leydigzelltumoren auf [91]. Da die Gesamtheit der *in vitro* und *in vivo* durchgeführten Untersuchungen kein relevantes genotoxisches Potential für DEHP und MEHP erkennen ließ, werden diese Substanzen als nicht genotoxische Kanzerogene angesehen. Nach heutiger Erkenntnis wird für die Hepatokanzerogenität von DEHP angenommen, dass diese bei Nagetieren mit Peroxisomenproliferation assoziiert ist und über den Peroxisomen proliferierenden Rezeptor alpha (PPARα) vermittelt wird. Dieser Mechanismus wird jedoch als nicht relevant für den Menschen angesehen [47], da beim Menschen PPARα einerseits in wesentlich geringerer Konzentration (1–10% im Vergleich zur Leber von Ratten und Mäusen) und andererseits in einer weniger aktiven Form vorliegt [58]. DEHP beeinflusst in Tierversuchen die Fertilität und führt zu Entwicklungsstörungen. In einer Zweigenerationenstudie mit DEHP an Ratten wurden NOAEL-Werte von 340 mg/kg KG/Tag (Reproduktion/Fertilität) bzw. 113 mg/kg KG/Tag (Entwicklung) ermittelt [73]. In einer Multigenerationenstudie mit DEHP an Ratten wurden NOAEL-Werte für die testikuläre Toxizität von 5 mg/kg KG/Tag, für die Fertilität von 46 mg/kg KG/Tag und für systemische Toxizität (Reduktion des Körpergewichts) von 14 mg/kg KG/Tag festgestellt [93]. Der NOAEL für die testikulären Effekte in dieser Studie wurde für die Ableitung des TDI von 0,05 mg/kg KG (unter Verwendung eines Unsicherheitsfaktors von 100) zugrundegelegt [34]. Aus epidemiologischen Untersuchungen ergeben sich erste Hinweise auf Effekte auf die Entwicklung des menschlichen Reproduktionssystems nach pränataler Phthalatexposition [81].

Ermittlungen von DEHP-Expositionen aus Gehalten in Lebensmitteln und über die Verzehrsgewohnheiten in England und Dänemark ergaben eine mittlere Aufnahme von etwa 2–4,5 µg/kg KG/Tag für Erwachsene und 26 µg/kg KG/Tag für Kinder im Alter von 1–6 Jahren [34]. Konservative Schätzungen der DEHP-Exposition über Muttermilch ergaben (auf der Basis einer begrenzten Anzahl von Proben) 21 µg/kg KG/Tag für Babys zwischen 0 und 3 Monaten sowie über Babynahrung von 21 µg/kg KG/Tag [80]. Aus den Expositionsangaben lässt sich abschätzen, dass der von der EFSA vorgeschlagene TDI-Wert für DEHP durch die Aufnahme von Lebensmitteln zu etwa 10–50% ausgeschöpft wird. In Einzelfällen kann es aber auch zu einer erheblichen Migration von Weichmachern z.B. aus Schraubdeckelverschlüssen von Gläsern in fettige Lebensmittel (Nudelsoßen, Erzeugnisse in Öl, Pesto und Dressings) kommen. Bei Verzehr von derartig belasteten Lebensmitteln kann der TDI für DEHP sehr deutlich überschritten werden [15]. Dies könnte zu Spitzenwerten der DEHP-Belastung aufgrund von Biomonitoringdaten von DEHP-Metaboliten im menschlichen Urin beitragen [59]. Laut BfR-Empfehlungen (I. Weichmacherhaltige Hochpolymere) sollen Folien, Beschichtungen und Tuben aus Weich-PVC, die DEHP enthalten, wegen der hohen Migrationen nicht im Kontakt mit fetthaltigen Lebensmitteln verwendet werden [18].

Epoxidiertes Sojaöl (ESBO) ist eine klare, schwach gelbe Flüssigkeit, die aus der Epoxidation von Sojabohnenöl entsteht. In Kunststoffen wie PVC wird ESBO sowohl als Weichmacher wie auch als Stabilisator eingesetzt. Eine häufige Anwendung im Lebensmittelbereich einschließlich Säuglingsnahrung ist der Einsatz (bis zu 40% ESBO) in Dichtungen für Glasgefäße und Flaschen; auch in PVC-Ziehfolien wird ESBO (bis zu 10%) eingesetzt [30]. ESBO hat eine geringe akute Toxizität (in Ratten: LD_{50} >5 g/kg KG). In einer oralen 2-Jahresstudie an Ratten wurden Veränderungen in den Gewichten von Uterus, Leber und Niere beobachtet. Der NOAEL wurde bei etwa 140 mg/kg KG ermittelt. In Abwesenheit von mutagenen, kanzerogenen und reproduktionstoxischen Effekten wurde aus diesem NOAEL mit dem Unsicherheitsfaktor von 100 ein TDI von 1 mg/kg KG abgeleitet [75]. Bestimmungen des ESBO-Gehalts in Lebensmitteln sind vor allem für Babynahrung vorgenommen worden und ergaben teilweise Werte über dem Gesamtmigrationsgrenzwert von 60 mg/kg Lebensmittel. Für Kinder im Alter von 6–12 Monaten wird bei einer realistischen Kontamination von 50 mg ESBO/kg Lebensmittel der TDI bereits bis zu 4–5fach überschritten [30].

In Lebensmitteln können neben ESBO auch entsprechende Chlorhydrine zu finden sein. Diese Chlorhydrine entstehen durch die Reaktion von ESBO mit Salzsäure, die durch den PVC-Abbau gebildet wird. Zu diesen ESBO-Derivaten liegen bisher noch keine adäquaten toxikologischen Daten vor.

Als *Emulgatoren* bei der Kunststoffherstellung werden u.a. Glykole und Salze höherer und dimerer Fettsäuren verwendet. Das Ammoniumsalz der *Perfluoroctansäure* (PFOA, Abb. 24.4) wird als Emulgator im Polymerisationsprozess von Fluorpolymeren wie Polytetrafluorethylen (zur Herstellung von Kochgeschirren mit Antihaftbeschichtung, z.B. Teflon®-Pfannen) eingesetzt. PFOA, eine ubiquitäre Umweltchemikalie, hat einen niedrigen Dampfdruck und ist nicht flüchtig. Aus Teflonbeschichtungen wird PFOA nur bei hohen Temperaturen (>360 °C) freigesetzt [37]. PFOA wird nach oraler Gabe schnell resorbiert, nicht metabolisiert und vor allem in Blut, Leber und Nieren wiedergefunden. Ein transplazentarer Transport wurde in Ratten nachgewiesen [44]. Die Halbwertszeit beträgt bei weiblichen Ratten bis zu 24 Stunden, bei männlichen Ratten bis zu 9 Tagen, bei Affen bis zu 30 Tagen und beim Menschen bis zu 15 Jahren.

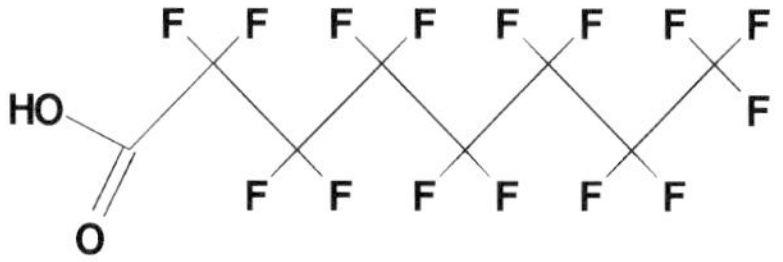

Abb. 24.4 Perfluoroctansäure.

Perfluoroctansäure (PFOA)

PFOA und andere perfluorierte Verbindungen binden an Proteine im Blut und reichern sich in der Nahrungskette an; in Kormoranen liegt die durchschnittliche PFOA-Konzentration bei 95 µg/kg Leber. Auch im menschlichen Blut von jungen, nicht beruflich exponierten Personen wird PFOA weltweit gefunden; in den USA und in Deutschland wurden Werte bis 58 µg/L gemessen [37].

Ammoniumperfluoroctanoat (APFO) ist nicht genotoxisch. In subchronischen Studien ist die Leber das Zielorgan von APFO in Ratten (Peroxisomenproliferation) und Affen (LOAEL = 3 mg/kg KG/Tag). In einer Zwei-Generationenstudie mit APFO an Ratten wurden Veränderungen im Körpergewicht und in Organgewichten induziert (LOAEL = 1 mg/kg KG/Tag). Bei chronischer Gabe induziert APFO in Ratten Adenome in Leber, Hoden (Leydigzellen) und Pankreas. Für PFOA werden nicht genotoxische Wirkmechanismen (Tumorpromotion) angenommen, deren Relevanz für den Menschen entweder nicht gegeben (Peroxisomenproliferation in der Leber) oder noch unklar (Leydigzellen, Pankreas) zu sein scheint [56, 85]. Aufgrund der toxikologischen Datenlage – vor allem in Anbetracht der extrem langen Halbwertszeiten beim Menschen – ist es zur Zeit nicht möglich, einen TDI-Wert für APFO (oder PFOA) abzuleiten. Der Einsatz von APFO ist daher auf Anwendungen beschränkt, die eine relevante Exposition des Menschen ausschließen, d.h. auf die Herstellung von hochtemperaturgesinterten Mehrweggegenständen (Antihaftbeschichtungen, Teflon®), in denen bei einer Nachweisgrenze von ca. 20 µg/kg Polymer kein PFOA mehr nachgewiesen wurde [35]. Es ist überdies zu berücksichtigen, dass andere perfluorierte Substanzen, die PFOA als Verunreinigung (im ppb-Bereich) enthalten, im Lebensmittelkontakt (z.B. für Papierbeschichtungen) oder als Wasser, Fett und Schmutz abweisende Ausrüstungen in Verbraucherprodukten (z.B. in Kleidung, Möbeln) verwendet werden. Die Auswirkungen verschiedener Expositionsquellen für PFOA (in sehr geringen Mengen) und anderer perfluorierter Substanzen (mit ähnlicher Toxikologie und Toxikokinetik) im Hinblick auf einen ausreichenden Sicherheitsabstand („margin of exposure") bedürfen weiterer Klärung. Das Sulfonat von PFOA (PFOS) ist bereits wegen seiner Toxizität (Reproduktions-, Entwicklungs- und systemischen Toxizität) und seiner Persistenz im Körper und in der Umwelt vom Markt genommen worden.

24.4
Papier, Kartons und Pappen im Lebensmittelkontakt

Papiere, Kartons und Pappen werden einzeln (z. B. für trockene Lebensmittel oder als Umverpackungen) oder im Verbund mit anderen Materialien (Kunststoff, Aluminium, Wachse oder Paraffine) für unterschiedliche Verpackungen und andere Zwecke im Kontakt mit Lebensmitteln eingesetzt. Da auf EU-Ebene noch keine spezifische Richtlinie für Papiere für den Lebensmittelkontakt existiert, hat das entsprechende Expertengremium des Europarats eine Resolution zu Papier und Pappen verfasst [21]. Diese legt u. a. Höchstgrenzen für Cadmium (2 µg Cd/dm^2), Blei (3 µg Pb/dm^2), Quecksilber (2 µg Hg/dm^2) und Pentachlorphenol (0,15 mg PCP/kg) fest. Die Resolution enthält auch eine Leitlinie zur Herstellung von Papier und Pappen aus rezyklierten Fasern. In einem Technischen Dokument wurden die für Papiere und Pappen verwendeten Substanzen zunächst ohne eigene toxikologische Bewertung aufgelistet. Im Vergleich dazu liegen den in Deutschland geltenden Papier-Empfehlungen des BfR (XXXVI und XXXVI/1–3) Positivlisten von gesundheitlich bewerteten Stoffen zur Herstellung von Papier und Kartonagen zugrunde [18]. In den BfR-Empfehlungen sind generelle Reinheitsanforderungen für Papiere festgelegt (Cd, Pb, Hg, PCP); Azofarbstoffe, die kanzerogene Amine abspalten können, sind ausgeschlossen; außerdem darf von den fertigen Papieren keine konservierende Wirkung auf die Lebensmittel ausgehen. Zur Bestimmung der maximal auf das Lebensmittel übergehenden Substanzen aus den Papierchemikalien wird in der Regel statt der bei Kunststoffen üblichen Migrationsmessungen eine Extraktion mit Wasser oder anderen Lebensmittelsimulanzien (*n*-Heptan, Octanol) durchgeführt. Zur Bewertung der Extraktionsdaten wird auf das übliche Expositionsmodell (1 kg Lebensmittel in Kontakt mit 6 dm^2 Verpackungsmaterial) zurückgegriffen. Papiere und Filterschichten für Heißextraktionen (BfR-Empfehlung XXXVI/1: Teebeutel, Kochbeutel, Filterpapiere) oder Papier für Backzwecke (BfR-Empfehlung XXXVI/2) müssen besonderen Anforderungen in Bezug auf hohe Temperaturen (in Migrationsuntersuchungen bzw. hinsichtlich der thermischen Stabilität) entsprechen.

Papiere und Pappen werden aus gebleichter oder ungebleichter Cellulose (Primärfasern) oder aus wiedergewonnenen Fasern aus Altpapier (rezyklierten Fasern) hergestellt [54]. Die Papiereigenschaften (Farbe, Dicke, Gewicht) hängen von der Zusammensetzung und Behandlung der verwendeten Pulpe ab. In Abhängigkeit vom Flächengewicht wird zwischen Papier (<225 g/m^2) und Pappen (>225 g/m^2) unterschieden; Kartongewichte liegen zwischen 150 und 600 g/m^2. Die technischen Anforderungen an Papiere und Pappen werden durch eine Vielzahl von chemischen Additiven erreicht, die entweder zum Faser-Rohmaterial gegeben oder nach der Produktion auf die Papieroberfläche (Beschichtung) gebracht werden (Tab. 24.10). Die Chemie dieser natürlichen oder synthetischen Additive ist sehr unterschiedlich, sie können individuelle Substanzen, Substanzgemische oder Polymere darstellen.

Durch die Verwendung von *rezyklierten Fasern* als Papierrohstoff kann es zu einer Verunreinigung mit Chemikalien aus den Altpapieren kommen. Ein Bei-

Tab. 24.10 Beispiele für Stoffe in der Papier-Empfehlung des BfR (XXXVI).

Papierrohstoffe:
Faserstoffe
Rohstoffadditive
Füllstoffe (wasserunlösliche Mineralstoffe, z. B. Carbonate und Silicate)

Fabrikationshilfsstoffe:
Leimstoffe (z. B. Stärke und Stärkederivate, Kolophonium, Polyurethane, Copolymere aus Acrylsäureamid)
Fällungs- und Fixiermittel, Pergamentiermittel
Retentionsmittel (z. B. Epichlorhydrinharze)
Entwässerungsbeschleuniger
Dispergier- und Flotationsmittel
Schaumverhütungsmittel
Schleimverhinderungsmittel und Konservierungsstoffe (z. B. Isothiazolinone, Formaldehyd-Abspalter)

Spezielle Veredelungsstoffe:
Nassverfestigungsmittel (z. B. Glyoxal)
Feuchthaltemittel
Farbstoffe und optische Aufheller (z. B. sulfatierte Stilbenderivate)
Mittel zur Oberflächenveredlung und -beschichtung (z. B. perfluorierte Verbindungen)

spiel dafür ist *Diisopropylnaphthalin* (DIPN), das als Kernlösemittel für Farbstoffe in Selbstdurchschreibepapieren enthalten ist. Beim Recycling von Altpapier mit Büroabfällen wird das DIPN nicht vollständig entfernt und kann so wieder in den Papierkreislauf gelangen. Von Recyclingkartons (DIPN-Gehalte von ca. 50 ppm) kann DIPN auch auf andere Verpackungsmaterialien wie Haushaltsfolien und Frühstücksbeutel und damit schließlich auf Lebensmittel übergehen. In Untersuchungen wurde nachgewiesen dass, fetthaltige Lebensmittel und solche mit großer Oberfläche (Reis, Eierbiskuits, Frühstückszerealien, Kakao) in besonderem Maße DIPN aus Papieren, Kartons und Pappen aufnehmen, die unter Verwendung von wiedergewonnener Faser hergestellt wurden. Aus den toxikologischen Daten ergibt sich keine Evidenz für ein genotoxisches Potential von DIPN. Aus einer subchronischen Studie mit 2,6-DIPN lässt sich zwar ein ausreichender Sicherheitsabstand zur tatsächlichen Exposition (gegenüber dem Isomerengemisch) ableiten, allerdings ist die Belastung mit DIPN aus technologischer Sicht als vermeidbar anzusehen. Daher soll der DIPN-Gehalt in Papier und Pappe so gering wie technisch möglich gehalten werden, um den Übergang auf Lebensmittel zu minimieren [18].

Als *Retentionsmittel,* die die Adsorption feiner Partikeln auf den Cellulosefasern verbessern, werden bei der Papierherstellung (Kaffeefilter, Teebeutel) Epichlorhydrinharze verwendet, aus denen Chlorpropanole in Lebensmittel migrieren können [71]. Das als Verunreinigung auftretende *1,3-Dichlor-2-propanol* (DCP) wurde vom SCF als genotoxisches Kanzerogen eingestuft und darf daher im Wasserextrakt der Fertigerzeugnisse nicht nachweisbar sein (Nachweisgrenze: 2 µg/L); aufgrund dieser Regelung kann ein Übergang von DCP aus Papier auf Lebensmittel ausgeschlossen werden. Aus Restmengen von nicht im Polymer gebundenem Epichlorhydrin kann außerdem *3-Monochlor-1,2-propandiol* (MCPD) hydrolytisch gebildet werden. DCP und MDPD sind auch Nebenprodukte bei der Herstellung von säurehydrolysierten pflanzlichen Proteinen und Sojasoße (in Einzelfällen bis zu einigen hundert mg/kg Lebensmittel); vor allem MCPD wird im ppb-Bereich in verschiedenen Lebensmitteln gefunden [41]. Aufgrund von in vivo-Genotoxizitätsstudien zu MCPD kam der SCF 2001 [76] zu dem Schluss, dass die *in vitro* beobachteten genotoxischen Effekte nicht *in vivo* exprimiert werden. Daher wurde die tumorigene Wirkung von MCPD in einer Kanzerogenitätsstudie mit Ratten auf nicht genotoxische Effekte (chronische hormonelle Störungen, anhaltende Zytotoxizität und chronische Hyperplasie) zurückgeführt. In dieser Studie ergab sich bei einer Dosis von 1,1 mg/kg KG/Tag aufgrund verschiedener Organeffekte ein LOAEL, der zur Ableitung eines TDI von 2 µg/kg KG (mit einem Unsicherheitsfaktor von 500) führte. Da wegen der erwähnten anderen Expositionsquellen der TDI nur zu einem Zehntel für Papiere im Lebensmittelkontakt ausgeschöpft werden sollte, wurde entsprechend der üblichen Expositionsannahmen (1 kg/60 kg-Person pro Tag) eine Obergrenze für MCPD von 12 µg/kg Lebensmittel in den BfR-Empfehlungen festgelegt; die Migration soll aber jeweils so gering wie technisch möglich sein [71].

Im Herstellungsprozess von Papier und Pappe aus natürlicher Cellulose im wässrigen Milieu spielen mikrobielle Verunreinigungen eine besondere Rolle. *Konservierungs- und Schleimverhinderungsmittel* dienen daher zur Hemmung des Bakterien- und Pilzwachstums im geschlossenen System der Papierherstellung. Biozide Substanzen, die ausschließlich in Materialien und Gegenständen im Kontakt mit Lebensmitteln eingesetzt werden, unterliegen nicht dem Biozidgesetz [38], sondern werden in Deutschland von der Kunststoffkommission auf der Grundlage der Bestimmungen der EFSA zu Lebensmittelkontaktmaterialien bewertet [27]. Bei der Beurteilung dieser Substanzen ist darauf zu achten, dass die Migration so gering ist, dass unter Berücksichtigung der minimalen Hemmstoffkonzentration (geringste Konzentration mit antimikrobieller Wirkung) keine Beeinflussung der Mikroflora des Lebensmittels erfolgt oder eine Resistenzbildung durch das Migrat induziert wird. Um zu überprüfen, ob von den fertigen Papieren, Kartons und Pappen keine konservierende Wirkung auf die Lebensmittel ausgeht, wird der in der Mikrobiologie übliche Hemmstofftest durchgeführt [18].

Ein Beispiel für biozide Stoffe in der Papierherstellung sind wässrige Systeme, die nach und nach *Formaldehyd* (CH_2O) freisetzen. Formaldehyd ist ein Reizgas mit stechendem Geruch. Die Vergiftungssymptome werden weitgehend von der Reizwirkung auf die Schleimhäute von Auge und Atemtrakt bestimmt (Tränenfluss, Husten, Atemnot, Laryngospasmus). Eine sensibilisierende Wirkung wird bei Hautkontakt mit wässrigen Formaldehydlösungen beobachtet, nicht aber durch gasförmiges Formaldehyd. Die Substanz ist mutagen und induziert nach exzessiver Exposition Nasenhöhlentumoren bei der Ratte und ist inzwischen auch als Humankanzerogen eingestuft worden [48]. Grundlage hierfür sind neuere epidemiologische Studien, die über eine erhöhte Mortalität durch Tumoren des Nasen-Rachenraumes bei Arbeitern („sufficient evidence") und über erhöhte Leukämieraten („strong but not sufficient evidence") berichten. Formaldehyd kommt natürlicherweise in Lebensmitteln vor und wird auch im Körper gebildet (humane Blutkonzentration 1,8–3 mg/L). Darüber hinaus wird der Verbraucher auf unterschiedliche Weise gegenüber Formaldehyd exponiert (Desinfektionsmittel, Haushaltsreiniger, kosmetische Mittel, Zigarettenrauch, Bauprodukte, Möbel, Farben und Lacke). Für Formaldehyd und Hexamethylentetramin in Produkten mit Lebensmittelkontakt gilt nach der Bedarfsgegenstände-Verordnung ein SML von 15 mg/kg Lebensmittel entsprechend einer täglichen Aufnahme von 0,25 mg/kg KG. Im Extrakt von Papiererzeugnissen darf höchstens 1 mg Formaldehyd/dm^2 nachweisbar sein [18]. Sollte sich die Einstufung von Formaldehyd als Humankanzerogen auf europäischer Ebene durchsetzen, ergäbe sich in vielen Bereichen ein Expositionsverbot.

Eine weitere Substanzklasse mit hoher antimikrobieller Wirkung sind die *Methylisothiazolinone*, die sich von Isothiazol durch Einfügen einer Carbonylfunktion ableiten (Abb. 24.5). Sie werden als Konservierungs- und Schleimverhinderungsmittel in der Papierherstellung eingesetzt. Toxikologisch zeichnen sich diese Substanzen (z. B. Kathon, eine 3:1-Mischung aus 5-Chlor-2-methyl-4-isothiazolin-3-on und 2-Methyl-4-isothiazolin-3-on) durch ihre hautsensibilisierenden und allergisierenden Eigenschaften bei Mensch und Versuchstier aus. Die Einsatzkonzentration bei der Papierherstellung (5 ppm) liegt üblicherweise unter der bei Probanden beobachteten Konzentration zur Auslösung einer Sensibilisierung [74]. Ein klares genotoxisches (trotz vereinzelter positiver Befunde), kanzerogenes oder teratogenes Potential liegt nicht vor. In einer 90-Tage-Trinkwasserstudie an Ratten lag der NOEL bei 6 mg/kg KG/Tag aufgrund von mikroskopischen Effekten im Magen bei der nächst höheren Dosis [84]. Für 2-Methyl-4-isothiazolin-3-on liegt eine SCF-Bewertung vor: die Substanz darf im Lebensmittel nicht nachweisbar sein (mit einer Nachweisgrenze von 0,02 mg/kg: SCF-Liste 4 A; [26]). Aufgrund der BfR-Empfehlung dürfen im Extrakt des Fertigerzeugnisses höchstens 0,5 µg/dm^2 an Isothiazolinonen nachweisbar sein [18].

Zur Verbesserung der mechanischen Festigkeit von nassen Papieren und Pappen dienen *Nassverfestigungsmittel* wie *Glyoxal* ($C_2H_2O_2$). Glyoxal verursacht bei Mensch und Tier Hautreaktionen (Ekzembildung, Allergien, Kontaktdermatitis)

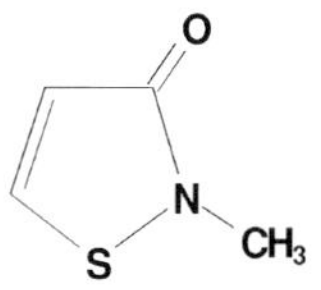

2-Methyl-4-isothiazolin-3-on

Abb. 24.5 Beispiel für ein Biozid in der Papierherstellung.

und ist nach der Gefahrstoffverordnung zu kennzeichnen (Xi, reizend). Glyoxal ist in Bezug auf seine chemische Struktur, Reaktivität, Molekülgröße sowie Toxizität dem Formaldehyd sehr ähnlich. Glyoxal wird in der Rattenleber zu Oxalsäure metabolisiert, kann aber auch an DNA (Guanosin) binden und induziert daher genotoxische Effekte *in vitro* und z. T. auch *in vivo* (Chromosomenaberrationen, DNA-Reparatur in Pylorusmukosa, DNA-Einzelstrangbrüche in der Leber und der Pylorusmukosa). Glyoxal zeigte in Mäusen nach dermaler Applikation keine tumorinitiierende Wirkung, hatte aber in einer Trinkwasserstudie an Ratten eine lokal tumorpromovierende Wirkung im Drüsenmagen (Anstieg von Adenokarzinomen), während in der Rattenleber keine Tumorpromotion beobachtet wurde. Aus einer subchronischen Studie an Ratten ergab sich ein LOEL von 107 mg/kg KG/Tag aufgrund von erniedrigten Serumproteinspiegeln [8]. Glyoxal kommt auch natürlicherweise in verschiedenen Lebensmitteln vor (Wein, Kaffee, Sojaprodukte, Brot; [66]). Der SCF hat die Substanz wegen eines möglichen kanzerogenen Potentials in Liste 6A eingestuft, d. h. sie sollte nicht in nachweisbaren Mengen auf Lebensmittel übergehen [26]. Im Extrakt von Papieren und Pappen darf laut BfR-Empfehlungen höchstens 1,5 mg Glyoxal pro dm^2 nachweisbar sein [18].

Als *optische Aufheller* für Papiere, Kartons und Pappen werden anionische Direktfarbstoffe mit fluoreszierenden Eigenschaften eingesetzt; in Lebensmittelverpackungen handelt es sich überwiegend um *sulfonierte Stilbenderivate* (Abb. 24.6). Diese Aufheller befinden sich in der weißen Außenlage der Verpackungen als Kaufanreiz, sie dürfen entsprechend der BfR-Empfehlung XXXVI nicht auf die Lebensmittel übergehen. Für einige Stilbenverbindungen wurde in in vitro-Untersuchungen eine schwache östrogene Aktivität gefunden, eine Bestätigung durch in vivo-Experimente liegt bisher nicht vor. Für verschiedene Vertreter dieser Substanzklasse wurde weder ein genotoxisches noch ein kanzerogenes Potential nachgewiesen; mit Distyrylbiphenylsulfonat wurde allerdings in einer chronischen Fütterungsstudie an Ratten in hoher Dosierung (>190 mg/kg KG/Tag) eine Induktion von Pankreastumoren beobachtet [14].

Zur *Oberflächenbeschichtung* von Papieren und Pappen mit Lebensmittelkontakt werden *perfluorierte organische Substanzen* als Oleophobierungsmittel eingesetzt, um den Papieren fett- und öldichte Eigenschaften zu verleihen. In perfluorierten organischen Verbindungen sind die Wasseratome am Kohlenstoffgerüst vollständig durch Fluoratome ersetzt, was den Substanzen eine höhere thermische und chemische Stabilität im Vergleich zu den analogen Kohlenwasserstoffverbindungen verleiht. Neben der hydrophoben perfluorierten Kohlenstoffkette trägt die hydrophile Kopfgruppe, beispielsweise Phosphat, Sulfonat (z. B. Perfluoroctansulfonat, $C_8F_{17}SO_3^-$, PFOS) oder Carboxylat (z. B. Perfluoroctansäure, $C_7F_{15}COOH$, PFOA), zum amphophilen Charakter der Verbindungen bei. PFOS und PFOA sind persistente Umweltschadstoffe und können weder photolytisch, hydrolytisch noch biologisch (aerob, anaerob) abgebaut werden [37]. Die Einstellung der PFOS-Produktion durch den weltgrößten Hersteller im Jahre 2002 hat zu einer signifikanten Abnahme der Verwendung von PFOS-Chemikalien in der EU geführt, da PFOS durch andere Perfluoralkylate oder andere Verbindungen ersetzt wurde

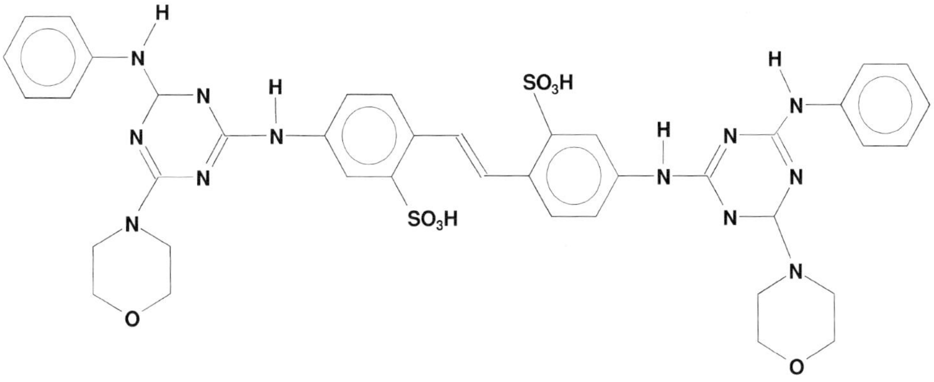

4,4´-Bis-[(4-anilino-morpholino-1,3,5,-triazin-2-yl)-amino]-stilben-2,2´-disulfonsäure

Abb. 24.6 Beispiel für einen optischen Aufheller.

[79]. Die Toxikologie und die problematische Toxikokinetik von PFOA, die als Verunreinigung einiger Perfluorverbindungen auftritt, wurde bereits im Zusammenhang mit Kunststoffen im Lebensmittelkontakt diskutiert. Typischerweise handelt es sich bei den Substanzen für Papierbeschichtungen entweder um Mischungen niedermolekularer Fluorverbindungen (überwiegend mit zwei C_8- oder C_{10}-Perfluorgruppen) oder um hochmolekulare Polymere mit perfluorierten Seitenketten. Einige dieser Substanzen können zu PFOS und PFOA abgebaut werden: Für Fluortelomeralkohole, die im Telomerisierungsverfahren entstehen und als Verunreinigung im Papier enthalten sein können (z. B. CF_3-$(CF_2)_7$-CH_2-CH_2OH, Perfluoroctylethanol, Abb. 24.7), ist ein biologischer Abbau zu PFOA beschrieben worden [5]. Studien zum Stoffwechsel von Perfluoroctylethanol in Mäusen, Ratten bzw. Rattenleberzellen ergaben, dass ganz überwiegend ausscheidungsfähige Abbauprodukte, *O*-Glucuronide und *O*-Sulfate, gebildet werden; der Anteil, der zu PFOA umgewandelt wird, wird auf maximal 1% geschätzt. Nach neueren Untersuchungen stellen Papiere, die mit Fluorchemikalien behandelt werden, eine potentielle Expositionsquelle für diese Chemikalien dar [5]. Für die Perfluoralkylverbindungen in den Papier-Empfehlungen des BfR (XXXVI) liegen die maximalen Migrationen im unteren ppb-Bereich.

Telomer-Alkohol

Abb. 24.7 Zwischenprodukt aus dem Telomerisierungsverfahren.

24.5
Elastomere (Gummi) im Lebensmittelkontakt

Unter den polymeren Werkstoffen, die im Kontakt mit Lebensmitteln verwendet werden, nimmt die Gruppe der Elastomere (Gummi) sowohl bei der Menge der migrierenden Stoffe und deren toxikologischen Eigenschaften als auch bei der Art der Verwendung im Lebensmittelkontakt eine Sonderstellung ein.

Elastomere sind weitmaschig vernetzte Polymere mit hoher reversibler Verformbarkeit (Elastizität). Diese Eigenschaft wird für die spezielle Verwendung der Elastomeren (Gummi) für Behälter, Schläuche, Gefäß- und Ventildichtungen, Transportbänder, elastische Netze, aber auch Schutzhandschuhe, Schürzen etc. genutzt.

Als Kautschuk bezeichnet man die den Elastomeren (Gummi) zugrunde liegenden, unvernetzten makromolekularen Stoffe, die plastisch verformbar sind. Die Vernetzung erfolgt bei erhöhten Temperaturen vorwiegend mit Schwefel durch Bildung von Schwefelbrücken zwischen den Mehrfachbindungen der makromolekularen Ketten. Bei gesättigten makromolekularen Ketten erfolgt eine C-C-Vernetzung mit Peroxiden, bei Halogen- oder Carboxygruppen enthaltenden Kautschuken mit Metalloxiden. Elastomer und Kautschuk werden begrifflich ungenau oft gleichwertig verwendet [92].

Naturkautschuk besteht aus *cis*-1,4-Polyisopren und wird von einer Reihe von Pflanzen der Familie der Euphorbiaceae durch enzymatische Polymerisation gebildet. Der wichtigste Produzent ist der Baum *Hevea brasiliensis*, aus dessen Rinde der Naturkautschuk als Milchsaft (Latex) gewonnen wird [92].

Die für den Lebensmittelkontakt vorgesehenen Synthesekautschuke werden je nach den geforderten Eigenschaften aus Polymerisaten oder Mischpolymerisaten auf Basis verschiedener Monomere hergestellt, die auch bei der Herstellung von Thermoplasten und Duroplasten Verwendung finden.

Durch verschiedene Vernetzungssysteme, Vulkanisationsbeschleuniger, -verzögerer, Aktivatoren, Weichmacher, Alterungsschutzmittel, Füllstoffe, Verarbeitungshilfsmittel, etc. können die Verarbeitbarkeit und die Eigenschaften des Kautschuks bzw. des Gummifertigartikels entscheidend beeinflusst werden.

Die für den Lebensmittelkontakt infrage kommenden Gummiartikel sind Bedarfsgegenstände mit meist zeitlich und flächenmäßig begrenztem Kontakt. Daran orientiert sich auch die BfR-Empfehlung XXI: „Bedarfsgegenstände auf Basis von Natur- und Synthese-Kautschuk" [18]. Dort sind vier Kategorien und eine Sonderkategorie definiert, die die unterschiedlichen Anwendungen und Kontaktbedingungen sowie die Migrationsprüfungen für die einzelnen verwendbaren Stoffe definieren (Tab. 24.11).

Entsprechend der BfR-Empfehlung XXI sind Einsatz, Einsatzmengen und Grenz- und Richtwerte der Migration von Stoffen aus Gummiartikeln geregelt. Außerdem liegt eine Resolution des Europarats zu Gummiprodukten im Lebensmittelkontakt mit einer Liste der in diesen Produkten verwendeten Substanzen vor [22].

Wegen der hohen mechanisch-dynamischen Beanspruchung (z. B. von Gummischläuchen in Melkanlagen) sowie der weitmaschigen Vernetzung (Vulkani-

Tab. 24.11 Einteilung in Kategorien (BfR-Empfehlung XXI).

Kategorie	Kontaktbedingungen	Anwendung (Beispiele)
1	Kontaktzeit > 24 h (Langzeitkontakt)	Einkochringe
2	Kontaktzeit ≤ 24 h (mittlere Kontaktzeit)	Dichtungen, Schläuche
3	Kontaktzeit ≤ 10 min (Kurzzeitkontakt)	Melkschläuche, Zitzengummis, Fördergurte, Handschuhe
4	unbedeutender Kontakt, nennenswerte Migration nicht zu erwarten	
Sonderkategorie	z. B. Mundkontakt	Spielwaren, Babysauger, Beißringe, Luftballons

sation) des Kautschuks sind Migrationen von Stoffen aus Gummiartikeln zur Zeit wesentlich höher als bei Duroplasten, deren Vernetzung engmaschig und dicht ist und die keiner ständigen dynamischen Belastung unterliegen, wie z. B. Gummischläuche in Melkanlagen.

Die Toxikologie der wichtigsten Monomere, die in Kautschuken mit Lebensmittelkontakt eingesetzt werden, wurde bereits in Abschnitt 24.3 behandelt. Die z. B. für Butadien und Acrylnitril festgelegten spezifischen Grenzwerte im Polymer finden sich in der Bedarfsgegenstände-Verordnung [4].

Dem Kautschuk als Ausgangsprodukt für die Herstellung von Bedarfsgegenständen können nur die in der Empfehlung XXI des BfR [18] gelisteten Stoffe in begrenzter Menge zugesetzt werden (Tab. 24.12).

Die Beschleuniger auf Basis von Dithiocarbamaten und Thiuramen haben toxikologische Bedeutung wegen ihrer goitrogenen Wirkung, die bei chronischer und hoher Exposition entsprechend auch zu hyperplastischen Veränderungen der Schilddrüse führen kann (die Toxikologie dieser Stoffgruppen ist in Kapitel II.25 beschrieben). Das bedeutsamere kanzerogene Risiko geht allerdings von den Zersetzungsprodukten, den Alkylaminen aus. Diese erscheinen in Migraten als nitrosierbare Stoffe (Precurser) sowie als die entsprechenden N-Nitrosamine (Abb. 24.8). Die Precurser sind durch Nitrit im Speichel in die entsprechenden N-Nitrosamine überführbar, wie z. B. in N-Nitroso-dimethylamin, -diethylamin oder -di-n-butylamin (s. a. Kapitel II.17) [24, 55].

Da N-Nitrosamine sowohl bei einer Vielzahl von Tierspezies als auch bei zum Teil sehr niedriger Dosis Tumoren auslösen, dürfte auch das Risiko für den Menschen vorhanden sein. Ferner ist zu berücksichtigen, dass Tierversuche eine höhere Empfindlichkeit gegenüber der kanzerogenen Wirkung der N-Nitrosamine zeigten, wenn die Exposition bereits in juvenilen Stadien erfolgt. Auch eine transplazentare kanzerogene Wirkung ist beschrieben [24, 55]. Dies hat erhebliche Bedeutung für Bedarfsgegenstände der Sonderkategorie entsprechend Empfehlung XXI, BfR [18].

2-Mercaptobenzothiazol (MBT) kommt als Ersatzstoff für Dithiocarbamate insbesondere für die Herstellung von Saugern aus Naturkautschuk infrage, um das Nitrosaminproblem zu vermeiden. Da dieser sensibilisierende Stoff aber in Lang-

Tab. 24.12 Zusatz- und Fabrikationshilfsstoffe.

Stoffgruppen	Beispiele
Vulkanisierungsmittel, Vernetzung	Schwefel, organische Metalloxide (Zinkoxid), Peroxide
Vulkanisationsbeschleuniger, Schwefelspender	Dithiocarbamat, Thiurame und 2-Mercaptobenzthiazol (MBT)
Vulkanisationsverzögerer	Phthalsäureanhydrid
Aktivatoren für die Beschleuniger	Zinkoxid
Alterungsschutzmittel (ASM)	BHT, p-Phenylendiamine
Verarbeitungshilfsmittel	Paraffine, Harze, Öle
Gleitmittel und Trennmittel	
Farbmittel, organische und anorganische, sofern keine Migration ins Lebensmittel erfolgt	
Füllstoffe	Carbonate, Ruß, Silicate

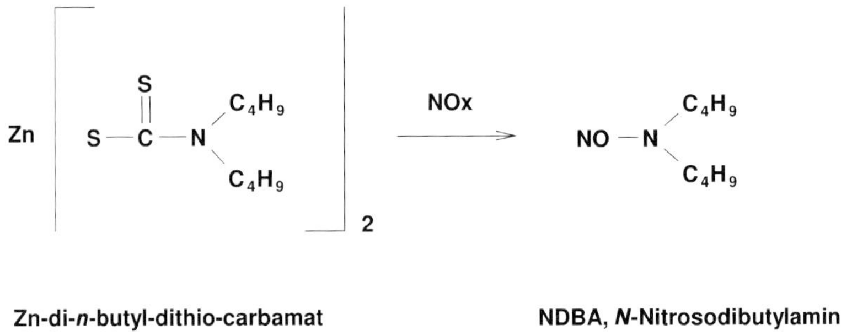

Zn-di-*n*-butyl-dithio-carbamat   **NDBA, *N*-Nitrosodibutylamin**

Abb. 24.8 *N*-Nitrosaminbildung aus Dithiocarbamaten.

zeitversuchen, allerdings nach hoher Dosierung mit der Schlundsonde, Tumoren induzierte [6, 11], wird er in seiner Einsatzmenge auf die technisch notwendigen Gehalte begrenzt. Als Alternative kommen Sauger aus Siliconkautschuk infrage.

Eine weitere bedeutende Gruppe der Kautschukchemikalien sind die Alterungsschutzmittel, die eine Oxidation der Doppelbindungen in den Polymerketten verhindern sollen. Dieser Prozess der Alterung wird durch Hitze und hohe dynamische Beanspruchung noch verstärkt und verkürzt somit die Verwendungsdauer der Fertigartikel erheblich.

In der Empfehlung XXI des BfR sind phenolische Alterungsschutzmittel wie BHT sowie einige Phosphate gelistet, die insgesamt im Bedarfsgegenstand zu höchstens 1% enthalten sein dürfen. Die ebenfalls als Alterungsschutzmittel dienenden aromatischen Amine sind wegen ihrer kanzerogenen Eigenschaften in Migraten begrenzt. Hoch dynamisch-mechanisch beanspruchte Gummifertigprodukte (wie Zitzengummis in Melkanlagen) sind aber ohne Alterungsschutzmittel wie p-Phenylendiaminderivate nicht verwendbar, da es sonst vorzeitig zur Rissbildung dieser Produkte kommt. Hier gilt, dass der Gehalt aromatischer Amine in Migraten (Milch oder Wasser, 10 Minuten Kontaktzeit bei 40 °C) höchstens 20 µg/L betragen darf, der von N-Phenyl-N'(1,3-di-methylbutyl)-p-Phenylendiamin maximal 0,3 mg/L. Generell gilt für Bedarfsgegenstände der Kategorie 1–3 und der Sonderkategorie: In den Extrakten dürfen insgesamt ≤20 µg/L primäres Arylamin (als Anilinhydrochlorid und/oder 1 mg/L s. N-Alkylarylamin (als N-Ethylphenylamin, bei Saugern und Beißringen ≤0,5 µg/mL enthalten sein (Methoden nach „Untersuchung von Bedarfsgegenständen aus Gummi", BfR) [17].

Bei einigen Gummi-Inhaltsstoffen gehen besonders beim Herstellungsprozess, aber auch vom Endprodukt, Risiken einer Sensibilisierung aus [45]. Bekannt ist die so genannte Gummiallergie, die bei der Verarbeitung sowie durch oberflächliche Kontamination der Fertigartikel mit Allergenen wie Dithiocarbamaten, Thiazolen, Thiuramen verursacht werden kann. Während von Stoffen aus Thermoplasten und Duroplasten kein nennenswertes Risiko für die Sensibilisierung ausgeht, ist bei Elastomeren wegen der höheren Migration auch in der Praxis ein höheres Risiko vorhanden.

Ein besonderes Interesse wegen sensibilisierender Inhaltsstoffe verdient der Naturkautschuk, der als Latex aus der Rinde des Hevea-Baumes als wässrige Dispersion gewonnen wird. Neben cis-1,4-Polyisopren enthält der Latex Proteine und Phosphoproteine (1–2%), Harze, Fettsäuren und Kohlehydrate. Die Proteine stabilisieren den frischen Latex gegen Koagulation. Der Proteingehalt im Naturkautschuk ist verantwortlich für eine hohe Inzidenz von Allergien nach Benutzung von Handschuhen aus Naturkautschuk, vor allem im medizinischen Bereich, aber auch in der Lebensmittelindustrie (Handschuhe, Schürzen) sowie im privaten Bereich. Die sensibilisierende Wirkung der Proteine wird durch Verwendung von gepuderten Handschuhen aus Naturkautschuk verstärkt, indem sich die wirksamen Proteine an Puder anlagern und beim Wechseln der Handschuhe in die Umgebung freigesetzt werden. Durch Einatmung dieser Proteine erfolgt rasch eine Sensibilisierung und allergische Erkrankung der Haut und Atemwege (Atemwegssensibilisierung). Die hohe Sensibilisierungsrate ließe sich durch Reduktion der Proteine im Latex sowie durch Verwendung nicht gepuderter Handschuhe oder durch die Anwendung anderer Materialien reduzieren oder sogar ganz vermeiden [70].

Füllstoffe für Kautschuke bedürfen ebenfalls, vor allem wegen eines möglichen Gehalts an kritischen Verunreinigungen, besonderer Beachtung. Als solche sind z. B. polycyclische aromatische Verbindungen, wie Benzo[a]pyren oder Anthracene etc. zu nennen. Diese können bei der Herstellung von Ruß aus Erdölprodukten entstehen. Daher dürfen für Bedarfsgegenstände nur hochreine Ruße, hergestellt aus Acetylen, Verwendung finden. Andere Füllstoffe, vor allem färbende, dürfen aus Bedarfsgegenständen aus Kautschuk nicht auf das Lebensmittel übergehen.

24.6
Zusammenfassung und Ausblick

Für Materialien und Gegenstände, die dazu bestimmt sind, mit Lebensmitteln in Berührung zu kommen, existieren europaweit im Wesentlichen nur für den Einsatz von Substanzen in Kunststoffen und für Zellglas umfangreiche Regelungen (EU-Richtlinien) auf der Basis von toxikologischen Bewertungen. Für andere Materialien im Lebensmittelkontakt wie Papier und Gummi liegen Resolutionen des Europarats ohne toxikologische Bewertungen vor, während auf nationaler Ebene in Deutschland in Form der BfR-Empfehlungen auch in diesen Bereichen toxikologisch begründete Restriktionen aufgestellt wurden. Einige Bereiche der Lebensmittelkontaktmaterialien sind bisher weder auf europäischer noch auf nationaler Ebene befriedigend geregelt. Offene Fragen ergeben sich z. B. in Bezug auf Katalysatorreste in Kunststoffen, Emulgatoren für Kunststoffdispersionen und Substanzen aus Druckfarben. Bei Stoffen, die auf Lebensmittel übergehen, für die aber keine offiziellen Grenzwerte und z. T. auch keine ausreichenden toxikologischen Daten existieren, ergeben sich häufig Probleme bei der lebensmittelrechtlichen Beurteilung.

Für die Festsetzung von Anwendungsbeschränkungen für Stoffe aus Materialien im Kontakt mit Lebensmitteln sind neben toxikologischen Gesichtspunkten vor allem auch die vielfältigen Expositionsszenarien zu berücksichtigen. Prinzipiell beruhen die Restriktionen auf der konservativen Annahme des Verzehrs von 1 kg des mit dem fraglichen Stoff belasteten Lebensmittels pro Person und Tag. Dies stellt in vielen Fällen – vor allem bei fetthaltigen Lebensmitteln und solchen Lebensmitteln, die nur in geringer Menge verzehrt werden, eine Überschätzung der Stoffaufnahme dar. Für die Fettaufnahme geht die EFSA von einem täglichen Verzehr von 200 g Fett pro Person aus, was zur Ableitung von Fettreduktionsfaktoren für Substanzen in Lebensmitteln mit mehr als 20 % Fettanteil geführt hat [78]. Zur Expositionsabschätzung für Lebensmittel mit geringem Verzehrsanteil, die in bestimmten Verpackungen (Gläser mit Metalldeckeln) angeboten werden, fehlen häufig aktuelle Verzehrsdaten mit Angaben zur Lebensmittelverpackung, um eine realitätsnahe probabilistische Expositionsbetrachtung vornehmen zu können. Bei bestimmten Substanzen wie Weichmachern oder Metallen sind vielfältige Expositionen über Produkte/Lebensmittel sowie über verschiedene Quellen aus der Umwelt in Betracht zu ziehen. Hinsichtlich der Gesamtexposition kann es daher zu deutlichen Überschreitungen des TDI (oder anderer Grenzwerte) kommen, wenn für Lebensmittelkontaktmaterialien keine weiteren (anteilig abgeleiteten) Anwendungsbeschränkungen vorgesehen sind.

Bei der Bewertung von Stoffen, die in sehr geringen Mengen auf Lebensmittel übergehen, ergibt sich als allgemeines Problem die Regulation von Substanzen bzw. Verunreinigungen im ppb-Bereich (µg/kg Lebensmittel). Da auf europäischer Ebene bisher kein Schwellenwert für die toxikologische Unbedenklichkeit von Substanzen im Sinn eines „Threshold of Toxicological Concern" eingeführt wurde, ist diese Frage bisher noch nicht gelöst [2]. Klärungsbedarf besteht auch bei der gesundheitlichen Bewertung bestimmter Reaktionsprodukte oder komplexer Gemische von Migraten: Ein Beispiel hierfür sind die im Einzelnen noch nicht identifizierten Reaktionsprodukte in Migraten von Epoxidbeschichtungen [28]. Für solche z. T. komplexen Substanzgemische wird von der EFSA eine generelle Vorgehensweise zur Bewertung von unbekannten Migraten geprüft, die aus Verpackungsmaterialien auf Lebensmittel übergehen.

Als mögliche Ursache für Lebensmittelkontaminationen ist in der Überwachung auch der unsachgemäße Gebrauch von Bedarfsgegenständen in Betracht zu ziehen. Hierzu zählen die Verwendung von Gegenständen, die nicht für den Lebensmittelkontakt vorgesehen sind (z. B. können Folien oder Handschuhe für andere Anwendungszwecke zu einer erhöhten Belastung von Lebensmitteln mit Weichmachern führen [83]) und die nicht sachgemäße Handhabung von Gegenständen (wie die Aufbewahrung von sauren oder salzhaltigen Lebensmitteln in Aluminium-Kochgeschirren oder -folien, was zu erhöhten Aluminiumgehalten der Lebensmittel führt [16]). Zur Vermeidung solcher Kontaminationen sind die Gegenstände für den Kontakt mit Lebensmitteln entsprechend deutlich zu kennzeichnen bzw. mit Warnhinweisen zu versehen.

Da die technologische Entwicklung bei den Lebensmittelverpackungen voranschreitet, müssen die rechtlichen Grundlagen diesen Entwicklungen angepasst werden. Mit der neuen europäischen Rahmenverordnung zu Materialien im Lebensmittelkontakt (EG 1935/2004) [89] ist der Entwicklung so genannter „aktiver" und „intelligenter" Verpackungen Rechnung getragen worden. Aktive Verpackungen (z. B. Sauerstoffabsorber) dienen zur Verlängerung der Haltbarkeit oder zur Erhaltung bzw. Verbesserung der Qualität von Lebensmitteln, intelligente Verpackungen (z. B. Sensoren für mikrobielle Kontaminationen oder Thermoindikatoren) zur Überwachung der Lebensmittelqualität während der Lagerung [23].

Zu den Stoffen, die zukünftig im Bereich der Lebensmittelverpackungen an Bedeutung gewinnen werden, gehören auch Biozide zur antimikrobiellen Oberflächenausrüstung. Im „Note for Guidance" [27] ist für antimikrobielle Substanzen ein separates Kapitel enthalten, um die biozide Wirkung auf die Lebensmittelkontaktgegenstände zu beschränken und eine Beeinträchtigung der Mikroflora der Lebensmittel zu verhindern. Außerdem ist darin festgehalten, dass die Anwendung von Bioziden nicht auf Kosten von Hygienemaßnahmen erfolgen darf. Von der EFSA sind z. B. 2,4,4'-Trichlor-2'-hydroxydiphenylether (Triclosan) und silberhaltige Komplexe zur Ausrüstung von Kunststoffmaterialien als Biozide im Lebensmittelkontakt bewertet worden [32, 33].

Neue technologische Perspektiven zur Verbesserung von Lebensmittelverpackungen bietet auch der Einsatz der Nanotechnologie. Mit Hilfe von Nanopartikeln können Barriereeigenschaften von Kunststoffen verbessert und Schutzschichten gegen den Gasdurchtritt erzeugt werden (dünne Schichten aus Metallen und Oxiden, nanopartikuläre Silicate) [62]. Weitere Innovationen auf diesem Gebiet sind nanoverstärkte Kunststoffoberflächen mit erhöhter Kratzfestigkeit, antimikrobielle Beschichtungen von Polymerfolien und ein verbesserter UV-Schutz (Zn/TiO_2). Die Anwendung dieser Techniken erfordert toxikologische Bewertungen, die den möglicherweise veränderten toxikologischen Eigenschaften der Stoffe, z. B. aufgrund der Partikelgröße und Größenverteilung, der Gestalt oder der Oberflächeneigenschaften von Nanopartikeln Rechnung tragen [67].

24.7
Literatur

1 Ashby J, Tinwell H, Odum J, Lefevre P (2004) Natural variability and the influence of concurrent control values on the detection and interpretation of low-dose or weak endocrine toxicities, *Environmental Health Perspectives* 112(8): 847–853.

2 Barlow S (2005) Threshold of toxicological concern (TTC): A tool for assessing substances of unknown toxicity present at low levels in the diet, ILSI Europe concise monograph series.

3 Barlow SM (1994) The role of the Scientific Committee for Food in evaluation plastics for packaging, *Food Additives and Contaminants* 11(2): 249–259.

4 Bedarfsgegenstände-Verordnung, in der Fassung vom 23. 12. 1997, Bundesgesetzblatt Teil 1, S. 5, zuletzt geändert am 07. 01. 2004, Bundesgesetzblatt Teil 1, S. 31, http://bundesrecht.juris.de/bundesrecht/bedggstv/index.html

5 Begley TH, White K, Honigfort P, Twaroski ML, Neches R, Walker RA (2005) Perfluorochemicals: Potential sources of and migration from food packaging. *Food Additives & Contaminants* 22: 1023–1031.

6 Beratergremium für umweltrelevante Altstoffe (BUA) der GDCh 1992 74. BUA-Stoffbericht: 2-Mercaptobenzothiazol und Salze, Hirzel S, Wissenschaftliche Verlagsgesellschaft mbH, Weinheim.

7 Beratergremium für umweltrelevante Altstoffe (BUA) der GDCh (1995) 142. BUA-Stoffbericht: Acrylnitril, Hirzel S, Wissenschaftliche Verlagsgesellschaft mbH, Stuttgart.

8 Beratergremium für umweltrelevante Altstoffe (BUA) der GDCh (1996) 187. BUA-Stoffbericht: Glyoxal (Ethandiol), Hirzel S, Wissenschaftliche Verlagsgesellschaft mbH, Stuttgart.

9 Berichtigung der Richtlinie 2002/72/EG der Kommission vom 6. August 2002 über Materialien und Gegenstände aus Kunststoff, die dazu bestimmt sind, mit Lebensmitteln in Berührung zu kommen, Amtsblatt der Europäischen Union L 39 vom 13. 02. 2003.

10 BG-Chemie (1990) Toxikologische Bewertung von Terephthalsäure Nr. 51. Berufsgenossenschaft der chemischen Industrie, Heidelberg.

11 Bouma K, Nab FM, Schothorst RC (2003) Migration of N-Nitrosamines, N-nitrosable substances and 2-mercaptobenzothiazol from baby bottle teats and soothers: a Dutch retail survey, *Food Additives and Contaminants* 20: 853–858.

12 Brauer B, Schuster R, Pump W (2006) Lebensmittelbedarfsgegenstände in: Frede W, Taschenbuch für Lebensmittelchemiker, Springer, Heidelberg, 845–904.

13 Bundesinstitut für Gesundheitlichen Verbraucherschutz und Veterinärmedizin (BGVV) (2002) Tributylzinn (TBT) und andere zinnorganische Verbindungen in Lebensmitteln und verbrauchernahen Produkten (6. März 2000). http://www.bfr.bund.de/cm/208/tributyl-zinn_tbt_und_ andere_ zinnorganische_verbindungen.pdf

14 Bundesinstitut für gesundheitlichen Verbraucherschutz und Veterinärmedizin (BgVV) (2001) Stilbenderivate als Textilhilfsmittel und als Bestandteil von Waschmitteln. http://www.bfr.bund.de/cm/216/stilbenderivate.pdf

15 Bundesinstitut für Risikobewertung (BfR) (2005) Übergang von Phthalaten aus Twist-off-Deckeln in Lebensmitteln. http://www.bfr.bund.de/cm/208/uebergang_von_phtalaten_aus_twist_off_deckeln_in_lebensmit.pdf

16 Bundesinstitut für Risikobewertung (BfR) (2005) Kein Zusammenhang zwischen der Aluminium-Aufnahme aus Lebensmittelbedarfsgegenständen und Alzheimer, Stellungnahme des BfR vom 13. Dezember 2005. http://www.bfr.bund.de/cm/216/kein_zusammenhang_zwischen_der_aluminium_aufnahme_aus_lebensmittelbedarfsgegenstaenden_und_alzheimer.pdf
17 Bundesinstitut für Risikobewertung (BfR) Analytische Methoden.
18 Bundesinstitut für Risikobewertung (BfR), Datenbank Kunststoffempfehlungen. http://www.bfr.bund.de/cd/447
19 Calafat AM, Kuklenyik Z, Reidy JA, Caudill SP, Ekong J, Needham LL (2005) Urinary concentrations of bisphenol A and 4-nonylphenol in a human reference population, *Environmental Health Perspectives* 113: 391–395.
20 Cohen JT et al. (2002) A comprehensive evaluation of the potential health risks associated with occupational and environmental exposure to styrene, *Journal of Toxicology and Environmental Health*, Part B, **5**: 1–28.
21 Council of Europe (2005) Resolution ResAP(2002)1 on paper and board materials and articles intended to come into contact with foodstuffs. http://www.coe.int/t/e/social_cohesion/soc%2Dsp/public_health/food_contract/PS%20E%20PAPER%20AND%20BOARD%20VERSION%202.pdf
22 Council of Europe, Committee of Ministers, Resolutions on materials and articles intended to come into contact with foodstuffs. http://www.coe.int/T/E/Social_Cohesion/soc-sp/Public_Health/Food_contact/presentation.asp#TopofPage
23 De Jong AR, Boumans H, Slaghek T, Van Veen J, Rijk R, Van Zandvoort M (2005) Active and intelligent packaging for food: Is it the future? *Food Additives and Contaminants* **22(10)**: 975–979.
24 Eisenbrand G (1989) N-Nitroso-Verbindungen in Nahrung und Umwelt, Wissenschaftliche Verlagsgesellschaft mbH, Stuttgart.
25 EU-Commission Health and Consumer Protection Directorate-General (2003) Practical Guide. http://europa.eu.int/comm/food/fs/sfp/food_contact/practical_guide_en.pdf
26 EU-Commission Health and Consumer Protection Directorate-General (2005) Synoptic Document. http://europa.eu.int/comm/food/food/chemicalsafety/foodcontact/synoptic_doc_en.pdf
27 European Food Safety Authority (EFSA) (2006) Note for Guidance, http://www.efsa.europa.eu/en/science/afc/afc_guidance/722.html
28 European Food Safety Authority (EFSA) (2004) Opinion of the Scientific Panel on Food Additives, Flavourings, Processing Aids and Materials in Contact with Food (AFC) on a request from the Commission related to 2,2-bis(4-hydroxyphenyl)-propane bis(2,3-epoxypropyl)ether (bisphenol A dighycidyl ether, BADGE), *The EFSA Journal* **86**: 1–40.
29 European Food Safety Authority (EFSA) (2004) Opinion of the Scientific Panel on Food Additives, Flavourings, Processing Aids and Materials in Contact with Food (AFC) on a request from the commission related to a 2nd list of substances for food contact materials, *The EFSA Journal* **24**: 1–13.
30 European Food Safety Authority (EFSA) (2004) Opinion of the Scientific Panel on Food Additives, Flavourings, Processing Aids and Materials in Contact with Food (AFC) on a request from the commission related to the use of epoxidised soybean oil in food contact materials, *The EFSA Journal* **64**: 1–17.
31 European Food Safety Authority (EFSA) (2004) Opinion of the Scientific Panel on Contaminants in the Food Chain on a request from the Commission to assess the health risks to consumers associated with exposure to organotins in foodstuffs, *The EFSA Journal* **102**: 1–119.
32 European Food Safety Authority (EFSA) (2004) Opinion of the Scientific Panel on Food Additives, Flavourings, Processing Aids and Materials in Contact with Food (AFC) on a request from the commission related to a 3rd list of substances for

food contact materials, *The EFSA Journal* **37**: 1–7.

33 European Food Safety Authority (EFSA) (2004) Opinion of the Scientific Panel on Food Additives, Flavourings, Processing Aids and Materials in Contact with Food (AFC) on a request from the commission related to a 4th list of substances for food contact materials, *The EFSA Journal* **65**: 1–17.

34 European Food Safety Authority (EFSA) (2005) Opinion of the Scientific Panel on Food Additives, Flavourings, Processing Aids and Materials in Contact with Food (AFC) on a request from the commission related to bis(2-ethylhexyl)phthalate (DEHP) for use in food contact materials, *The EFSA Journal* **243**: 1–20.

35 European Food Safety Authority (EFSA) (2005) Opinion of the Scientific Panel on Food Additives, Flavourings, Processing Aids and Materials in Contact with Food (AFC) on a request related to a 9th list of substances for food contact materials, *The EFSA Journal* **248**: 1–16.

36 Filser JG, Kessler W, Csanády GA (2002) Estimation of a possible tumorigenic risk of styrene from daily intake via food and ambient air, *Toxicology Letters* **126**: 1–18.

37 Fricke M, Lahl U (2005) Risikobewertung von Perfluortensiden als Beitrag zur aktuellen Diskussion zum REACH-Dossier der EU-Kommission, Umweltwissenschaften und Schadstoff-Forschung, *Zeitschrift für Umweltchemie und Ökotoxikologie* **17**(1): 36–49.

38 Gesetz zur Umsetzung der Richtlinie 98/8/EG des Europäischen Parlaments und des Rates vom 16. Februar 1998 über die Inverkehrbringung von Biozid-Produkten (Biozidgesetz), Bundesgesetzblatt Jahrgang (2002) Teil I Nr. 40, 27. Juni 2002.

39 Gray GM, Cohen JT, Cunha G, Hughes C, McConnell EE, Rhomberg L, Sipes IG, Mattison D (2004) Contributed articles, Weight of the evidence evaluation of low-dose reproductive and developmental effects of bisphenol A, *Human and Ecological Risk Assessment* **10**: 875–921.

40 Guenther K, Heinke V, Thiele B, Kleist E, Prast H, Raecker T (2002) Endocrine disrupting nonylphenols are ubiquitous in food, *Environmental Science and Technology* **36**: 1676–1680.

41 Hamlet CG, Sadd PA, Crews C, Velisek J, Baxter DE (2002) Occurrence of 3-chloro-propan-1,2-diol (3-MCPD) and related compounds in foods: a review, *Food Additives and Contaminants* **19**(7): 619–631.

42 Heckman JH (2005) Food packaging regulation in the United States and the European Union, *Regulatory Toxicology and Pharmacology* **42**: 96–122.

43 Hildebrand B, Jung R, Kemper FH, Löser E, Marquardt H (2000) Monomere in Kunststoffen mit Lebensmittelkontakt, Datenübersicht zur gesundheitlichen Beurteilung von 2-Chloropren, Ethylen, Styrol und Tetrafluorethylen, in Böhme C, Grunow W (Hrsg), BGVV Hefte 6/2000, Berlin.

44 Hinderliter PM, Mylchreest E, Gannon SA, Butenhoff JL, Kennedy (Jr.) GL (2005) Perfluorooctanoate: Placental and lactational transport pharmacokinetics in rats, *Toxicology* **211**: 139–148.

45 Ikarashi Y, Tsuchiya T, Nakamura A (1993) Evaluation of contact sensitivity of rubber chemicals using the murine local lymph node assay. *Contact Dermatitis* **28**: 77–80.

46 International Agency for Research on Cancer (IARC) (1999) Volume 71: Re-evaluation of some organic chemicals, hydrazine and hydrogen peroxide (part two) in IARC Monographs Programme on the Evaluation of carcinogenic risks to humans: 383–400.

47 International Agency for Research on Cancer (IARC) (2000) Summaries & Evaluations: di(2-ethylhexyl) phthalate, Vol. 77: 41–44.

48 International Agency for Research on Cancer (IARC) (2004) Formaldehyde, 2-butoxyethanol and 1-tert-butoxy-2-propanol, Summary of data reported and evaluation, Volume 88 in IARC Monographs Programme on the Evaluation of carcinogenic risks to humans, 7sep04. http://www.mindfully.org/pesticide/2004/formaldehyde-butoxethanol-88-IARC-7sep04.htm

49 International Life Sciences Institute (ILSI) Europe (2002) Exposure from food contact materials, Summary report of a workshop held in October (2001) in Ispra, Italy, ILSI Europe Report Series.
50 International Life Sciences Institute (ILSI) Europe (2002) Packaging materials: 4. Polyethylene for food packaging applications, ILSI Europe Report Series.
51 International Life Sciences Institute (ILSI) Europe (2002) Packaging materials: 3. Polypropylen as a packaging material for foods and Beverages, ILSI Europe Report Series.
52 International Life Sciences Institute (ILSI) Europe (2002) Packaging materials: 2. Polystyrene for food packaging applications, ILSI Europe Report Series.
53 International Life Sciences Institute (ILSI) Europe (2003) Packaging materials: 5. Polyvinyl chloride (PVC) for food packaging applications, ILSI Europe Report Series.
54 International Life Sciences Institute (ILSI) Europe (2004) Packaging materials: 6. Paper and Board for Food packaging applications, ILSI Europe Report Series.
55 Janzowski C, Hemm I, Eisenbrand G (2000) Organische Verbindungen/N-Nitrosamine, in: Wichmann, Schlipköter, Fülgraff, Handbuch der Umweltmedizin, Ecomed, Landsberg.
56 Kennedy (Jr.) GL, Butenhoff JL, Olsen GW, O'Connor JC, Seacat AM, Perkins RG, Biegel LB, Murphy SR, Farrar DG (2004) The toxicology of perfluorooctanoate, *Critical Reviews in Toxicology* **34(4)**: 351–384.
57 Kersting M, Alexy U, Sichert-Hellert W, Manz F, Schöch G (1998) Measured consumption of commercial infant food products in German infants: results from the DONALD study, *Journal of Pediatric Gastroenterology and Nutrition* **27**: 547–552.
58 Klaunig JE, Babich MA, Baetcke KP, Cook JC, Corton JC, David RM, DeLuca JG, Lai DY, McKee RH, Peters JM, Roberts RA, Fenner-Crisp PA (2003) PPARα agonist-induced rodent tumors: modes of action and human relevance, *Critical Reviews in Toxicology,* **33(6)**: 655–780.
59 Koch HM, Drexler H, Angerer J (2003) An estimation of the daily intake of di(2-ethylhexyl)phthalate (DEHP) and other phthalates in the general population, *International Journal of Hygiene and Environmental Health* **206**: 1–7.
60 Kolman A, Chovanec M, Osterman-Golkar A (2002) Genotoxic effects of ethylene oxide, propylene oxide and epichlorohydrin in humans: update review (1990–2001), *Mutation Research* **512**: 173–194.
61 Kurebayashi H, Nagatsuka S-I, Nemoto H, Noguchi H, Ohno Y (2005) Disposition of low doses of ^{14}C-bisphenol A in male, female, pregnant, fetal, and neonatal rats. *Archives of Toxicology* **79**: 243–252.
62 Lagarón JM, Cabedo L, Cava D, Feijoo JL, Gavara R, Gimenez E (2005) Improving packaged food quality and safety. Part 2: Nanocomposites, *Food Additives and Contaminants* **22(10)**: 994–998.
63 Lebensmittel-, Bedarfsgegenstände- und Futtermittelgesetzbuch (Lebensmittel- und Futtermittelgesetzbuch – LFGB), Bundesgesetzblatt (2005) Teil 1 Nr. 55, vom 6.September 2005.
64 MAFF (1999) Report FD 97/122, Survey of styrene in (1997) total diet samples, MAFF, R&D and Surveillance Report: 492, UK.
65 Moore (1996) Oncogenicity study in rats with di(2-ethylhexyl)phthalate including ancillary hepatocellular proliferation and biochemical analyses, Corning Hazleton Incorporated (CHV), 9200 Leesburg Pike, Vienna, Virginia 22182-1699, Laboratory Study Identification: CHV 663-134, Sponsor: Eastman Chemical Company, First America Center, P.O. Box 1994. Kingsport, Tennessee 37662-5394.
66 Nagao M, Fujita Y, Wakabayashi K, Nukaya H, Kosuge T, Sugimura T (1986) Mutagens in coffee and other beverages, *Environmental Health Perspectives* **67**: 89–91.
67 Oberdörster G, Maynard A, Donaldson K, Castranova V, Fitzpatrick J, Ausman K, Carter J, Karn B, Kreyling W, Lai D, Olin S, Monteiro-Riviere N, Warheit D, Yang H and a report from the ILSI Re-

67 search Foundation/Risk Science Institute Nanomaterial Toxicity Screening Working Group (2005) Review: Principles for characterizing the potential human health effects from exposure to nanomaterials: elements of a screening strategy, *Particle and Fibre Toxicology* **2**(8): 1–35.

68 Piringer OG, Baner AL (2000) Plastic Packaging Materials for Food, Wiley-VCH Weinheim, 430.

69 Poon R, Lecavalier P, Mueller R, Valli VE, Procter BB, Chu I (1997) Subchronic oral toxicity of di-n-octyl phthalate and di(2-ethylhexyl)phthalate in the rat, *Food and Chemical Toxicology* **35**: 225–239.

70 Raulf-Heimsoth M, Merget R, Haamann F, Tesche F (2005) Die Wirtschaftlichkeit der Prävention – das Beispiel Latexallergie, Kompass, BBG 115, 17.

71 Richter W (2002) Bericht über die 110. Sitzung der Kunststoff-Kommission/Expertengruppe des BgVV, 14./15. November (2001) in Berlin, *Bundesgesundheitsblatt – Gesundheitsforschung – Gesundheitsschutz* **4**: 371–373.

72 Richtlinie 2001/62/EG der Kommission vom 9. August (2001) zur Änderung der Richtlinie 90/128/EWG über Materialien und Gegenstände aus Kunststoff, die dazu bestimmt sind, mit Lebensmitteln in Berührung zu kommen, Amtsblatt der Europäischen Gemeinschaften vom 17. 8. 2001, L 221/18–35.

73 Schilling K, Deckardt K, Gembardt C, Hildebrand B (1999) Di-2-ethylhexyl phthalate – two-generation reproduction toxicity range-finding study in Wistar rats. Continuous dietary administration. Department of Toxicology of BASF Aktiengesellschaft, D-67056 Ludwigshafen, Laboratory project identification 15R0491/97096.

74 Schnuch A, Geier J, Lessmann H, Uter W (2004) Untersuchungen zur Verbreitung umweltbedingter Kontaktallergien mit Schwerpunkt im privaten Bereich, WaBoLu-Heft 01/04, Umweltbundesamt.

75 Scientific Committee on Food (SCF) (1999) Compilation of the evaluations of the Scientific Committee for Food on certain monomers and additives used in the manufacture of plastic materials intended to come into contact with foodstuffs until 21 March 1997, Reports of the Scientific Committee for Food (42nd series), European Commission, Luxembourg.

76 Scientific Committee on Food (SCF) (2001) Opinion of the Scientific Committee on Food on 3-monochloro-propane-1,2-diol (3-MCPD), SCF/CS/CNTM/OTH/17 Final.

77 Scientific Committee on Food (SCF) (2002) Opinion of the Scientific Committee on Food on bisphenol A, SCF/CS/PM/3936 final, 3 May 2002. http://ec.europa.eu/food/fs/sc/scf/out128_en.pdf.

78 Scientific Committee on Food (SCF) (2002) Opinion of the Scientific Committee on Food on the introduction of a fat (Consumption) reduction factor (FRF) in the estimation of the exposure to a migrant from food contact materials. http://europa.eu.int/comm/food/fs/sc/scf/out149_en.pdf.

79 Scientific Committee on Health and Environmental Risks (SCHER) (2005) Opinion on RPA's report „Perfluorooctane sulphonates risk reduction strategy and analysis of advantages and drawbacks". http://europa.eu.int/comm/health/ph_risk/committees/04_scher/docs/scher_o_014.pdf.

80 Scientific Committee on Toxicity, Ecotoxicity and the Environment (CSTEE) (2004) Opinion on the results of the risk assessment of bis(2-ethylhexyl)phthalate, Opinion expressed at the 41th CSTEE plenary meeting, Brussels, 8 January 2004.

81 Swan SH, Main KM, Liu F, Stewart SL, Kruse RL, Calafat AM, Mao CS, Redmon JB, Ternand CL, Sullivan S, Teague JL and Study for Future Families Research Team (2005) Decrease in anogenital distance among male infants with prenatal phthalate exposure, *Environmental Health Perspectives* **113**(8): 1056–1061.

82 Timms BG, Howdeshell KL, Barton L, Bradley S, Richter CA, vom Saal FS (2005) Estrogenic chemicals in plastic and oral contraceptives disrupt development of the fetal mouse prostate and urethra, *Proceedings of the National Academy of Sciences of the United States of America* **102**(19): 7014–7019.

http://www.who.int/water_sanitation_health/dwq/GDWQ2004web.pdf

83 Tsumura Y, Ishimitsu S, Kaihara A, Yoshii K, Nakamura Y, Tonogai Y (2001) Di(2-ethylhexyl) phthalate contamination of retail packed lunches caused by PVC gloves used in the preparation of foods. *Food Additives and Contaminants* **18**(6): 569–579.

84 U.S. Environmental Protection Agency (EPA) (1998) Registration Eligibility Decision (RED) Methylisothiazolinone. http://www.epa.gov/oppsrrd1/REDs/3092.pdf

85 U.S. Environmental Protection Agency (EPA) (2006) Perfluorooctanoic Acid Human Health Risk Assessment Review Panel (PFOA Review Panel) http://www.epa.gov/sab/panels/pfoa_rev_panel.htm.

86 Umweltbundesamt (UBA) (2003) Leitlinie zur hygienischen Beurteilung von Epoxidharzbeschichtungen im Kontakt mit Trinkwasser, *Bundesgesundheitsblatt – Gesundheitsforschung – Gesundheitsschutz* **46**: 797–817.

87 Umweltbundesamt (UBA) (2003) Leitlinie zur hygienischen Beurteilung von Schmierstoffen im Kontakt mit Trinkwasser (Sanitärschmierstoffe), Stand: 15. 04. 2003, *Bundesgesundheitsblatt – Gesundheitsforschung – Gesundheitsschutz* **46**: 818–824.

88 Umweltbundesamt (UBA) (2004) Empfehlung des Umweltbundesamtes zur weiteren Anwendung der KTW-Empfehlungen in der Übergangszeit bis zum In-Kraft-Treten des EAS, *Bundesgesundheitsblatt – Gesundheitsforschung – Gesundheitsschutz* **47**: 809, http://www.umweltbundesamt.de/uba-info-daten/daten/materialien-trinkwasser.htm

89 Verordnung (EG) Nr. 1935/2004 des Europäischen Parlaments und des Rates vom 27. Oktober 2004 über Materialien und Gegenstände, die dazu bestimmt sind, mit Lebensmitteln in Berührung zu kommen und zur Aufhebung der Richtlinien 80/590/EWG und 89/109/EWG, Amtsblatt der Europäischen Union vom 13. 11. 2004.

90 Vom Saal FS, Hughes C (2005) An extensive new literature concerning low-dose effects of bisphenol A shows the need for a new risk assessment, *Environmental Health Perspectives*, doi:10.1289/ehp. 7713, Online 13.04. 2005 http://dx.doi.org/

91 Voss, C, Zerban H, Bannasch P, Berger MR (2005) Lifelong exposure to di-(2-ethyl)-phthalate induces tumors in liver and testes of Sprague-Dawley rats, *Toxicology* **206**: 359–371.

92 Winnacker-Küchler (1986) Chemische Technik: Prozesse und Produkte, 5. Auflage, Band 4, Organische Zwischenverbindungen, Polymere, Marwede G, Sylvester G, Witte, Elastomere, 514–610, VCH-Verlag Weinheim.

93 Wolfe GW, Layton KA (2003) Multigeneration reproduction toxicity study in rats (unaudited draft): Diethylhexylphthalate: Multigenerational reproductive assessment by continuous breeding when administered to Sprague-Dawley rats in the diet, TherImmune Research Corporation (Gaithersburg, Maryland), TRC Study No 7244-200.

94 World Health Organisation (WHO) (2004) Guidelines for drinking water quality, third edition.

95 World Health Organisation1,3-Butadiene: Human health aspects, Concise International Chemical Assessment Document 30. http://www.inchem.org/documents/cicads/cicads/cicad30.htm

Rückstände

25
Gesundheitliche Bewertung von Pestizidrückständen

Ursula Banasiak und Karsten Hohgardt

25.1
Einleitung

Pflanzenschutzmittel werden zum Schutz von Kulturpflanzen gegen Krankheiten und Schädlinge ausgebracht und können zu Rückständen auf den Ernteprodukten führen. Sie dürfen nur angewandt werden, wenn sie amtlich zugelassen sind. Die hohe Verantwortung der Zulassungsbehörden besteht darin, Sorge zu tragen, dass die Rückstände keine Gefahr für die Gesundheit von Mensch und Tier bilden. Außerdem ist der freie Warenverkehr durch verbindliche Höchstgehalte (Rückstands-Höchstmengen) zu gewährleisten.

Rückstands-Höchstmengen für bestimmte Wirkstoff/Lebensmittelkombinationen werden nur festgesetzt, wenn nach dem aktuellen Wissensstand ein Risiko für den Verbraucher durch die Aufnahme von Rückständen mit der Nahrung auszuschließen ist. Dabei muss die Risikoabschätzung nach international anerkannten und abgestimmten Methoden erfolgen [36].

Zur Vorhersage der Aufnahme von Rückständen über die Nahrung in/auf Pflanzen hat die Weltgesundheitsorganisation (*World Health Organization*, WHO) hierzu im Jahre 1989 Richtlinien vorgestellt [56], die seit 1997 in einer überarbeiteten Fassung vorliegen [57]. In der ersten Fassung der WHO-Richtlinien wurde nur auf das Risiko bei langfristiger Aufnahme von Rückständen eingegangen. Bei bestimmten akut toxischen Wirkstoffen birgt aber auch die Aufnahme über kurze Zeiträume gewisse Risiken. Für diese Fälle werden in den überarbeiteten Richtlinien erste Vorschläge zur Abschätzung einer potenziellen Gefährdung unterbreitet. In der Zwischenzeit wurden auf Expertenebene weitere Vorschläge zur Einbindung akut toxischer Wirkstoffe erarbeitet [58]. Im Dezember 1998 fand in York (Großbritannien) ein Workshop zum Thema statt [38, 46]. Seither wird die Risikobewer-

Handbuch der Lebensmitteltoxikologie. H. Dunkelberg, T. Gebel, A. Hartwig (Hrsg.)
Copyright © 2007 WILEY-VCH Verlag GmbH & Co. KGaA, Weinheim
ISBN: 978-3-527-31166-8

tung ständig fortentwickelt, insbesondere durch das *Joint FAO/WHO Meeting on Pesticide Residues* (JMPR). Die Ergebnisse fließen in die Bewertungen der Mitgliedstaaten der Europäischen Union zur Aufnahme der Wirkstoffe in den Anhang I der Richtlinie 91/414/EWG ein und werden bei der Festsetzung von Rückstands-Höchstmengen auf nationaler und europäischer Ebene berücksichtigt.

Rückstands-Höchstmengen werden nur so hoch wie nötig und nie höher als toxikologisch vertretbar festgesetzt (ALARA-Prinzip: *„as low as reasonably achievable"*, Minimierungsgebot). Die Festsetzung erfolgt für die Bundesrepublik Deutschland auf der Grundlage des Lebensmittel- und Futtermittelgesetzbuches [45] in der Rückstands-Höchstmengenverordnung [49]. Die RHmV schließt Regelungen aufgrund von

- nationalen Zulassungen,
- Zulassungen in anderen Mitgliedstaaten der Europäischen Gemeinschaft (EG),
- Anträgen auf Erteilung einer Importtoleranz

ein, unabhängig davon, ob der Wirkstoff in der Verordnung namentlich erwähnt ist oder nicht.

Nicht ersichtlich aus der Verordnung sind der Zulassungsstatus, die Herkunft und mögliche Gefahren für die Gesundheit.

Höchstmengen, die in allen Mitgliedstaaten der Europäischen Gemeinschaft gelten, wurden bisher auf der Grundlage von vier verschiedenen Richtlinien [16–19] geregelt. Diese Richtlinien sollen nun aufgegeben und Höchstmengen zukünftig auf dem Verordnungswege festgesetzt werden. Dazu hat die Europäische Kommission dem Rat der Europäischen Union einen Vorschlag für eine Verordnung vorgelegt, der am 16. März 2005 veröffentlicht wurde [24]. Damit sind die Voraussetzungen für die vollständige Harmonisierung der Höchstmengen von Pflanzenschutzmittel-Rückständen geschaffen. Die Einbeziehung der Europäischen Behörde für Lebensmittelsicherheit (EFSA) in die Verfahren zur Festsetzung von Höchstmengen ist ein wichtiger Bestandteil der Verordnung.

25.2
Fachliche Grundlagen und Voraussetzungen

Die Festsetzung von Höchstmengen setzt voraus, dass
- die Rückstände analytisch bestimmbar sind,
- eine toxikologische Bewertung vorliegt,
- das Rückstandsverhalten des Stoffes ausreichend belegt ist.

Auf Analytik und Toxikologie wird in den Kapiteln des ersten Teils näher eingegangen. Um das Rückstandsverhalten der Pestizide bewerten zu können, sind zahlreiche Untersuchungen vorzunehmen [20–23, 26]. Dazu gehören
- *Untersuchungen zur Aufnahme, Verteilung und zum Metabolismus des Wirkstoffs in/auf Pflanzen*

Diese Untersuchungen werden mit radioaktiv markiertem Wirkstoff durchgeführt. Die einzelnen Komponenten des radioaktiven Rückstands sind soweit wie möglich zu identifizieren (Struktur) bzw. unterhalb bestimmter Konzentrationen mindestens zu charakterisieren (Löslichkeit in verschiedenen Lösemitteln wie Wasser, Alkohol etc.). Es sind qualitative und quantitative Angaben über die Abbau- und Reaktionsprodukte bzw. Metabolite erforderlich. Die Untersuchungsergebnisse bilden die Grundlage für die Rückstandsdefinition bei Lebensmitteln pflanzlicher Herkunft zur Überwachung der Höchstmengen und zur Risikobewertung.

- *Metabolismus in landwirtschaftlichen Nutztieren*
  Diese Versuche werden üblicherweise an laktierenden Ziegen (Kühen) und Hühnern mit radioaktiv markiertem Wirkstoff durchgeführt. Sie dienen der Ermittlung von Art und Menge möglicher Rückstände an Wirkstoff und Umwandlungsprodukten in essbaren tierischen Produkten. Wie bei den Untersuchungen an Pflanzen, sind die radioaktiven Rückstande soweit wie möglich zu identifizieren bzw. unterhalb bestimmter Konzentrationen mindestens zu charakterisieren. Die Untersuchungsergebnisse bilden die Grundlage für die Rückstandsdefinition bei Lebensmitteln tierischer Herkunft zur Überwachung der Höchstmengen und zur Risikobewertung.

- *Untersuchungen zur Art des Rückstands bei Verarbeitung des Erntegutes*
  Diese Untersuchungen sollen Aufschluss geben über die Art der Rückstände nach küchenmäßiger oder industrieller Verarbeitung, z. B. über die Bildung von Umwandlungsprodukten.

- *Rückstandsuntersuchungen in überwachten Feldversuchen*
  Diese Untersuchungen werden gemäß der beantragten Anwendungen zur Ermittlung der nach guter landwirtschaftlicher Praxis auftretenden Rückstandskonzentrationen durchgeführt und stellen die Grundlage für die Höchstmengen-Festsetzung und die Risikobewertung von Rückständen in pflanzlichen Lebensmitteln dar.

- *Fütterungsstudien (Transferstudien) an landwirtschaftlichen Nutztieren*
  Diese Untersuchungen werden erforderlich, wenn die Metabolismusstudien zeigen, dass unter Berücksichtigung der Rückstandskonzentration in Futtermitteln mit relevanten Rückständen in Lebensmitteln tierischer Herkunft zu rechnen ist. Sie bilden die Grundlage für die Höchstmengen-Festsetzung und die Risikobewertung von Rückständen in Lebensmitteln tierischer Herkunft.

- *Untersuchungen zum Rückstandsverhalten bei der Be- und Verarbeitung des Erntegutes*
  Diese Untersuchungen sollen Aufschluss geben über die Höhe der Rückstände nach küchenmäßiger oder industrieller Verarbeitung. Sie dienen der Ableitung von Verarbeitungsfaktoren, die bei der Risikobewertung berücksichtigt werden.

Es ist üblich, einerseits eine Rückstandsdefinition für die Höchstmengen-Festsetzung und Überwachung sowie andererseits eine – gegebenenfalls abweichende – zweite Rückstandsdefinition für die Risikoabschätzung festzulegen. In die

Rückstandsdefinition für die Risikoabschätzung müssen alle toxikologisch relevanten Umwandlungsprodukte einbezogen werden. Soweit keine anderen Erkenntnisse vorliegen, wird dabei angenommen, dass die Umwandlungsprodukte die gleiche Toxizität haben wie der Wirkstoff [27].

Im Ergebnis der Gesamtheit der Bewertungen der o.g. Teilgebiete werden Vorschläge für

- Rückstands-Höchstmengen als Grenzwerte für die amtliche Lebensmittelüberwachung der Handelsware, d.h. für das gesamte Erzeugnis (z.B. Bananen, Orangen mit Schale),
- typische Rückstände, d.h. Mediane der Rückstandswerte im essbaren Anteil des Erzeugnisses (z.B. Bananen, Orangen ohne Schale) aus überwachten Feldversuchen, die unter den kritischsten Anwendungsbedingungen durchgeführt werden (*supervised trials median residues* – STMR-Werte),
- höchste Rückstände im essbaren Anteil des Erzeugnisses (*highest residues* – HR-Werte) sowie
- Verarbeitungsfaktoren

abgeleitet.

Die Problematik unterschiedlicher Rückstandsdefinitionen für die Überwachung der Höchstmenge einerseits und für die Risikobewertung andererseits sowie die Konsequenzen für die Evaluierung der Rückstandsdaten werden anhand von Beispiel 1 erläutert. Beispiel 2 zeigt die Ableitung von Höchstmengen und STMR- bzw. HR-Werten für Erzeugnisse, bei denen Unterschiede für Rückstände in der Handelsware und im essbaren Anteil bestehen.

Beispiel 1: Bewertung der Rückstände des Wirkstoffes Tolylfluanid in Äpfeln [31]

Tolylfluanid
N-Dichlorfluormethylthio-N',N'-dimethyl-N-p-tolylsulfamid

Rückstandsdefinition in Pflanzen
- für die Überwachung der Höchstmenge: *Tolylfluanid*
- für die Risikobewertung: *Summe von Tolylfluanid und Dimethylaminosulfotoluidid (DMST), insgesamt berechnet als Tolylfluanid*

Rückstandsversuchsergebnisse (Rückstandskonzentrationen)
- Tolylfluanidrückstände in Äpfeln aus überwachten Feldversuchen:
  0,14; 0,18; 0,19; 0,22; 0,24; 0,26; 0,35; 0,40; 0,44; 0,46; 0,46; 0,48; 0,50; 0,50; 0,51; 0,54; 0,55; 0,58; 0,59; 0,60; 0,65; 0,92; 1,2; 1,5; 1,7; 2,0; 2,3; 2,3; 3,4 mg/kg.

→ Abgeleitete Rückstands-Höchstmenge für Tolylfluanid: 5 mg/kg
- Rückstände als Summe von Tolylfluanid und DMST (berechnet als Tolylfluanid) in Äpfeln aus überwachten Feldversuchen:
 0,18; 0,19; 0,19; 0,26; 0,27; 0,29; 0,41; 0,46; 0,46; 0,51; 0,56; 0,60; 0,64; **0,66; 0,70;** 0,74; 0,76; 0,80; 0,83; 0,87; 1,1; 1,3; 1,86; 2,0; 2,6; 2,7; 3,1; 4,0 mg/kg.
 → Abgeleitete Werte für die Risikobewertung von rohen Äpfeln: STMR: 0,68 mg/kg; HR: 4,0 mg/kg

Verarbeitungsfaktoren
Aus Verarbeitungsstudien mit Äpfeln zu Saft ergibt sich ein Verarbeitungsfaktor von 0,09 (Rückstand Saft:Rückstand Apfel). Mit diesem Faktor ist der STMR-Wert für rohe Äpfel zu multiplizieren, um die für Saft typische Rückstandskonzentration (STMR-P) zu erhalten (0,68 mg/kg · 0,09 = 0,0612 mg/kg).
 → Abgeleiteter Wert für die Risikobewertung von Apfelsaft: STMR-P: 0,06 mg/kg

Beispiel 2: Bewertung der Rückstände des Wirkstoffes Imidacloprid in Zitrusfrüchten [32]

Imidacloprid
1-[(6-Chlor-3-pyridinyl)methyl]-*N*-nitro-1*H*-imidazol-2-amin

Rückstandsdefinition in Pflanzen
- sowohl für die Überwachung der Höchstmenge und die Risikobewertung:
 Summe von Imidacloprid und seinen Metaboliten, die die 6-Chlorpyridinyl-Gruppe enthalten, insgesamt berechnet als Imidacloprid

Rückstandsversuchsergebnisse (Rückstandskonzentrationen)[1])
- Rückstände in ganzen Zitrusfrüchten aus überwachten Feldversuchen:
 0,06; 0,07; 0,11; 0,12 (3); 0,14; 0,15; 0,16 (4); 0,17 (3); 0,18; 0,18; 0,21 (3); 0,24; 0,26 (3); 0,28; 0,28; 0,29 (3); 0,30; 0,30; 0,31; 0,32; 0,34; 0,35; 0,36; 0,36; 0,37; 0,38; 0,38; 0,44; 0,44; 0,53; 0,57; 0,61; 0,62 und 0,88 mg/kg.
 → Abgeleitete Rückstands-Höchstmenge für Imidacloprid in Zitrusfrüchten: 1 mg/kg
- Rückstände in Zitrusfrüchten (essbarer Anteil) aus überwachten Feldversuchen:
 <0,05 (14); 0,05 (4); 0,06 (2); 0,07 und 0,11 mg/kg

1) Die Zahl in Klammern gibt an, wie häufig dieser Wert auftrat.

→ Abgeleitete Werte für die Risikobewertung von rohen Zitrusfrüchten: STMR: 0,05 mg/kg; HR: 0,11 mg/kg

Um das Risiko, das von Pestizidrückständen in Lebensmitteln ausgehen kann, abschätzen zu können, ist zunächst die Menge der von den Verbrauchern aufgenommenen Rückstände zu berechnen. Dabei ist zwischen der

- Aufnahme von Rückständen mit der Nahrung über die Lebenszeit (*long-term dietary intake*) und dessen Vertretbarkeit anhand der duldbaren täglichen Aufnahmemenge (ADI-Wert) und der
- kurzzeitigen Aufnahme (*short-term dietary intake*) hinsichtlich eines möglichen akuten Risikos und dessen Vertretbarkeit anhand der akuten Referenzdosis (ARfD)

zu unterscheiden. Eine Zulassung und damit verbunden die Festsetzung einer Rückstands-Höchstmenge wird dann für vertretbar gehalten, wenn das Ergebnis der bestmöglichen Aufnahmeabschätzung mit den toxikologischen Grenzwerten (ADI-Wert, ARfD) in Einklang steht.

25.3
Methoden der Risikobewertung

Das Risiko für die Verbraucher durch Rückstände in der Nahrung stellt eine Funktion der Gefährlichkeit (d.h. der Toxizität des Pflanzenschutzmittels) und der Exposition dar.

$$\text{Risiko} = f(\text{Gefährlichkeit}, \text{Exposition}) \tag{1}$$

Die Exposition der Verbraucher lässt sich als eine Funktion der verzehrten Menge des Lebensmittels und der darin vorhandenen Rückstandskonzentration beschreiben. Zur Vorhersage des Risikos wird die errechnete Aufnahmemenge (Exposition) mit dem relevanten toxikologischen Grenzwert (ADI-Wert, ARfD) verglichen.

$$\text{Exposition} = f(\text{Verzehrsmenge}, \text{Rückstand}) \tag{2}$$

Die allgemeine Gleichung zur Berechnung von Rückstandsmengen, die über die Nahrung aufgenommen werden *(dietary exposure)*, lautet sowohl für das chronische als auch das akute Risiko:

$$\text{Aufnahme} = \frac{\text{Rückstandskonzentration} \cdot \text{Verbrauch}}{\text{Körpermasse}} \tag{3}$$

Unterschiede bestehen für Kurzzeit- und Langzeitaufnahme bei den Parametern „Rückstandskonzentration" und „Verbrauch".

25.3.1
Einflussgrößen

Bei der Ermittlung der Exposition spielen Einflussgrößen, die sich entweder vom Lebensmittel bzw. der Kombination Lebensmittel/Wirkstoff oder von den Verbrauchern ableiten, eine Rolle.

Von den Einflussgrößen, die sich von der Kombination Lebensmittel/Wirkstoff ableiten, wurden Rückstandsdefinition, Rückstandskonzentration und Verarbeitungsfaktor bereits in Abschnitt 25.2 beschrieben. Weitere Parameter sind die Variabilität der Rückstände sowie die Massen einzelner Erzeugnisse bzw. Angaben zum essbaren Anteil der einzelnen Einheiten.

Variabilität der Rückstände

In der Regel werden bei der Anlage von überwachten Feldversuchen zur Ableitung von Höchstmengen sowie von STMR- und HR-Werten Rückstandsversuchsergebnisse von Mischproben (aus beispielsweise zehn Äpfeln hergestellt) erhalten. Die Rückstände variieren in den einzelnen Komponenten einer Mischprobe. Werden nur wenige Einheiten verzehrt, spiegelt der Rückstand, der in einer Mischprobe bestimmt wurde, die Rückstandssituation nicht ausreichend wider. Ambrus [2] beschreibt die Abhängigkeit der Rückstandskonzentration in Mischproben von der Anzahl der eingesetzten einzelnen Einheiten und geht auf die Unterschiede von *„field-to-field-"* als auch *„within-field-variability"* ein. Die Variabilität der Rückstände in einzelnen Einheiten wird durch die Einführung des Variabilitätsfaktors v in die Gleichung zur Berechnung der Kurzzeitaufnahmemenge berücksichtigt.

Der Variabilitätsfaktor v für eine Population von Rückstandsdaten für einzelne Einheiten (z. B. einzelne Äpfel) ist definiert als der Quotient aus dem Rückstand der Einheit des 97,5ten Perzentils und dem Mittelwert der Rückstände der gesamten Datenmenge [35, 38, 46]. Da in der Regel, wie oben ausgeführt, meist Rückstandsdaten aus der Untersuchung von Mischproben zur

Tab. 25.1 Variabilitätsfaktoren v.

	Charakterisierung des Lebensmittels	v
1	Kopfsalat, Kopfkohl	3
2	Masse des Erzeugnisses (einschließlich nicht verzehrbarer Anteil) >250 g (ausgenommen Kopfkohl, s. 1)	5
3	Masse des Erzeugnisses (einschließlich nicht verzehrbarer Anteil) ≥25 g und ≤250 g	7
4	Masse des Erzeugnisses (einschließlich nicht verzehrbarer Anteil) ≥25 g und ≤250 g gilt bei Anwendung des Pestizids in Granulatform	10
5	Masse des Erzeugnisses (einschließlich nicht verzehrbarer Anteil) ≥25 und ≤250 g gilt für Blattgemüse (ausgenommen Kopfsalat, s. 1)	10

Verfügung stehen, werden für v verschiedene Standardwerte (zwischen 3 und 10) festgelegt (s. Tab. 25.1). Diese Werte sind derzeit Bestandteil von Diskussionen, nachdem das *FAO/WHO* Joint Meeting on Pesticide Residues (JMPR) einen generellen Wert von 3 auf der Grundlage von Untersuchungen von Hamilton et al. [35] für alle Erzeugnisse ab einer Masse von 25 g akzeptiert hat [33]. Die Diskussion zur Akzeptanz dieses Faktors ist auf nationaler und internationaler Ebene noch nicht abgeschlossen [15].

Massen einzelner Erzeugnisse bzw. Angaben zum essbaren Anteil der einzelnen Einheiten

Daten für die Masse einzelner Erzeugnisse bzw. für den essbaren Anteil eines Erzeugnisses „*unit*" U [g] sind zur Zeit aus Frankreich, Großbritannien, Japan, Schweden und den USA verfügbar [11, 60]. Daten aus Deutschland stehen ebenfalls zur Verfügung [40]. In die Aufnahmeberechnung sollten möglichst die Daten für U aus der Region, aus der die Rückstandsdaten stammen, einfließen [28].

Als Einflussgrößen, die sich vom Verbraucher ableiten, sind Verzehrsmengen und Körpermassen für die unterschiedlichen Bevölkerungsgruppen zu nennen.

Verzehrsdaten

Im Sinne der Abschätzung der langfristigen Gefahren ist die *durchschnittliche Verzehrmenge* eine Schätzung der täglichen, durchschnittlichen, pro Kopf bezogenen Menge eines Lebensmittels oder einer Gruppe von Lebensmitteln, wie sie von einer bestimmten Bevölkerungsgruppe verzehrt wird. Die Verzehrmenge wird in Gramm Lebensmittel pro Person und Tag ausgedrückt. Das nationale Modell der Bundesrepublik Deutschland nutzte langjährig Daten für ein 4–6-jähriges Mädchen, die sich an den Angaben des Ernährungsberichtes 1980 der Deutschen Gesellschaft für Ernährung orientierten [37].

Neuere nationale Verzehrsmengen für Kinder im Alter bis zu fünf Jahren sind seit kurzem verfügbar. Von der Universität Paderborn wurde im Auftrag des damaligen Bundesministeriums für Verbraucherschutz, Ernährung und Landwirtschaft (BMVEL) eine neue bundesweite Verzehrsstudie (VELS) [39] an Kindern durchgeführt. Auf der Basis der VELS-Daten wurde von Banasiak et al. [3] ein neues Modell zur Abschätzung der Langzeitaufnahme für deutsche Kinder im Alter von zwei bis unter fünf Jahren entwickelt, um die Risikobewertung von Pflanzenschutzmittelrückständen auf nationaler Ebene verbrauchernah und aktuell zu gestalten.

Auf internationaler Ebene werden vom JMPR die Daten von GEMS/FOOD (abgeleitet aus *Food Balance Sheets*) genutzt [59].

Unter der *maximalen Verzehrmenge („large portion size")* LP [g/Tag] wird das 97,5. Perzentil der Portionsgewichte bzw. der Mahlzeiten eines Tages, ausschließlich erhoben von Konsumenten („*eaters only*"), verstanden. Daten für LP werden zur Abschätzung der Kurzzeitexposition benötigt und sind für die Gesamtbevölkerung und Kinder bis zu sechs Jahren aus Australien, Frankreich, Großbritannien, Japan, den Niederlanden, Südafrika und den USA verfügbar [11, 60]. Für die Aufnahmeberechnung sind die maximalen Werte für LP zu nutzen [28].

Für die Bundesrepublik Deutschland waren lange Zeit keine Daten für LP verfügbar. Angaben zum Pro-Kopf-Verbrauch, die aus Agrarstatistiken berechnet werden, sowie der durchschnittliche Lebensmittelverzehr, der aus den Daten der Einkommens- und Verbrauchsstichprobe geschätzt wurde [14], sind als „verbraucherfern" einzustufen und erlauben keine Berechnung der Varianz oder tatsächlich auftretender maximaler Verzehrsmengen. Auch eine Analyse des Studiendesigns und der Methodik der Nationalen Verzehrsstudie (NVS-Studie) [1] sowie der Dortmund *Nutritional and Anthropometrical Longitudinally Designed Study* (DONALD-Studie) [42, 43] zeigt, dass beide Studien nur partiell die Anforderungen an die geforderte Datenqualität erfüllen.

Für Deutschland wurden inzwischen entsprechende Daten für Kinder bis zu 5 Jahren erhoben (VELS) [39]. Auf der Basis der VELS-Daten wurde von Banasiak et al. [3] ein neues Modell zur Abschätzung der Kurzzeitaufnahme für deutsche Kinder im Alter von zwei bis unter fünf Jahren entwickelt, um die Risikobewertung von Pflanzenschutzmittelrückständen auf nationaler Ebene verbrauchernah und aktuell zu gestalten.

Körpermasse

Daten für die Körpermassen („*body weight*" bw oder auch „KG") von Kindern bis zu sechs Jahren und die Gesamtbevölkerung sind aus Australien, Frankreich, Großbritannien, Japan, den Niederlanden, Südafrika und den USA [11, 60] verfügbar. Für die Aufnahmeberechnung sollten die Daten der Region, aus der LP stammt, ausgewählt werden [28]. Sind keine Angaben vorhanden, werden folgende Vorgabewerte empfohlen:

$$bw \text{ Kind} = 15 \text{ kg}$$
$$bw \text{ Gesamtbevölkerung} = 60 \text{ kg}$$

Aus der VELS-Studie wird für Kinder von zwei bis unter fünf Jahren ein mittleres Körpergewicht von 16,15 kg abgeleitet und in den neuen deutschen Modellen angewendet [3].

25.3.2
Abschätzung der lebenslangen Aufnahmemengen von Pestizidrückständen über die Nahrung

Bei der Bewertung des chronischen Risikos sind innerhalb gewisser Grenzen Schwankungen bei der Aufnahme von geringer Bedeutung. Die Aufnahmemengen werden zwar auf den Tag bezogen, wichtig ist aber hier die mittlere tägliche Aufnahmemenge über einen langen Zeitraum. Dies erlaubt die Durchführung der Berechnung mit durchschnittlichen Verzehrsmengen. Außerdem ist die Verwendung „nivellierter" Rückstandswerte, die sich auf Mischproben beziehen und in denen Spitzenwerte nicht notwendigerweise vorkommen, möglich.

Wenn Rückstände über einen längeren Zeitraum aufgenommen werden, können sie unterschiedlichen einzelnen Lebensmitteln entstammen. Bei langfristigen Bewertungen wird die Exposition konservativ berechnet, d. h. als die Summe aller aufgenommenen Mengen aus den Lebensmitteln, in denen Rückstände aus sämtlichen Anwendungen des Wirkstoffs vorhanden sein können.

Zur Abschätzung der langfristigen Aufnahme von Rückständen über die Nahrung werden folgende Kenngrößen angewandt:

Internationale Ebene
- Theoretische maximale tägliche Aufnahmemenge (*theoretical maximum daily intake – TMDI*)
- International geschätzte tägliche Aufnahmemenge (*international estimated daily intake – IEDI*)

Nationale Ebene
- Nationale theoretische maximale tägliche Aufnahmemenge (*national theoretical maximum daily intake – NTMDI*)
- nNationale geschätzte tägliche Aufnahmemenge (*national estimated daily intake – NEDI*)

Theoretische maximale tägliche Aufnahmemenge – TMDI
Der TMDI-Wert wird durch Multiplikation der international festgelegten Höchstmengen mit der geschätzten durchschnittlichen täglichen regionalen Verzehrmenge (Daten der FAO-Lebensmittelverzehrserhebungen für derzeit fünf Regionen: Nahost, Fernost, Afrika, Lateinamerika und Europa einschl. Nordamerika und Australien) für jedes Erzeugnis und anschließende Addition der Produkte berechnet:

$$TMDI = \frac{\sum MRL_i \cdot F_i}{bw} \qquad (4)$$

Dabei sind
MRL_i Rückstands-Höchstmenge (MRL) für ein bestimmtes Lebensmittel in mg Pflanzenschutzmittel pro kg Nahrung,
F_i von GEMS/Food [11] berechnete Pro-Kopf-Verzehrmenge des bestimmten Lebensmittels,
bw Körpergewicht (*body weight*) in kg.

Die auf den Daten der WHO/FAO-Lebensmittelverzehrserhebungen [59] beruhenden fünf regionaltypischen Nahrungen werden derzeit von der WHO überprüft und erweitert, um eine bessere Repräsentation der Kulturen und Regionen der Welt zu gewährleisten [10, 11].

Der TMDI-Wert stellt eine grobe Überschätzung der tatsächlichen Aufnahmemenge dar, weil
- nur ein Anteil der verzehrten Menge des Lebensmittels mit dem Pflanzenschutzmittel behandelt wurde,
- die Rückstände der meisten behandelten Erntegüter zum Zeitpunkt der Ernte unter der Höchstmenge liegen,
- sich die Rückstände in der Regel während Lagerung, Transport, Zubereitung, industrieller Verarbeitung und Kochen des behandelten Erzeugnisses vermindern,
- es unwahrscheinlich ist, dass die Verbraucher lebenslang Lebensmittel verzehren, die Rückstände in der Größenordnung der Höchstmenge enthalten.

International geschätzte tägliche Aufnahmemenge – IEDI

Der IEDI-Wert stellt eine mehr an der Wirklichkeit orientierte Vorhersage der Aufnahme eines Pflanzenschutzmittel-Rückstandes dar, da bei seiner Ermittlung Korrekturfaktoren berücksichtigt werden. Im Wesentlichen handelt es sich um
- Medianwerte der Rückstände aus überwachten Feldversuchen (STMR),
- Rückstände im essbaren Anteil des Lebensmittels,
- Auswirkungen der Verarbeitung auf den Rückstandsgehalt (STMR-P).

Der IEDI-Wert kann aus folgender Gleichung abgeleitet werden:

$$IEDI = \frac{\sum STMR_i \cdot F_i \cdot E_i \cdot P_i}{bw} \qquad (5)$$

Dabei sind
$STMR_i$ Medianwert der Rückstandsgehalte aus überwachten Feldversuchen für ein bestimmtes Lebensmittel,
F_i regionale GEMS/Food-Verzehrmenge für dieses bestimmte Lebensmittel,
E_i Faktor zur Berücksichtigung des essbaren Anteils für dieses bestimmte Lebensmittel,
P_i Verarbeitungsfaktor für dieses bestimmte Lebensmittel,
bw Körpergewicht (*body weight*) in kg.

Nationale theoretische maximale tägliche Aufnahmemenge – NTMDI

Der NTMDI-Wert berücksichtigt Faktoren, die nur auf nationaler Ebene in Betracht kommen. Im Allgemeinen wird folgende Formel angewandt:

$$NTMDI = \frac{\sum MRL_n \cdot F_n}{bw} \quad (6)$$

Dabei sind

MRL_n nationale Rückstands-Höchstmenge für ein bestimmtes Lebensmittel in mg Pflanzenschutzmittel pro kg Nahrung,
F_n nationale Pro-Kopf-Verzehrmenge des bestimmten Lebensmittels,
bw Körpergewicht (*body weight*) in kg.

Nationale geschätzte tägliche Aufnahmemenge – NEDI

Der NEDI-Wert stellt eine Verfeinerung des NTMDI-Wertes dar, da er auf wirklichkeitsnahen Schätzungen der Rückstandskonzentrationen in Lebensmitteln und den entsprechenden Verzehrsmengen beruht. Der NEDI-Wert ergibt sich zu:

$$NEDI = \frac{\sum STMR_n \cdot F_n \cdot E_n \cdot P_n}{bw} \quad (7)$$

Dabei sind

$STMR_n$ Medianwert der Rückstandsgehalte aus überwachten Feldversuchen bei einem bestimmten Lebensmittel,
F_n nationale Pro-Kopf-Verzehrmenge des bestimmten Lebensmittels,
E_n Faktor zur Berücksichtigung des essbaren Anteils für dieses bestimmte Lebensmittel,

Tab. 25.2 Fiktive Daten für den Wirkstoff „Exempelphos".

Wirkstoff	Exempelphos		
ADI	0,1 mg/kg KG		
ARfD	0,25 mg/kg KG		
mittleres Körpergewicht	16,15 kg		
Lebensmittel	**MRL [mg/kg]**	**STMR [mg/kg]**	**HR [mg/kg]**
Milch	0,1	0,06	
Fleisch	0,05	0,02	0,02
Kernobst	3	0,86	2,45
Pfirsiche	2	0,68	1,2
Pflaumen	2	0,91	1,6
Paprika	1	0,38	0,61
Tomaten	2	0,91	1,2
Gurken	1	0,32	0,69
übrige Erzeugnisse	0,01		

ADI = acceptable daily intake, ARfD = acute reference dose,
KG = Körpergewicht, *MRL* = maximum residue limit,
STMR = supervised trials median residue, *HR* = highest residue.

Tab. 25.3 Beispiel einer NTMDI-Berechnung (national theoretical maximum daily intake) für „Exempelphos".

Lebensmittel	durchschnittliche Verzehrsmenge [g/d]	NTMDI [mg/kg KG]: 0,0435 Ausschöpfung ADI [%]: 43,5	
		MRL [mg/kg]	Aufnahme [mg/kg KG]
Milch	230,8	0,1	0,0014
Erzeugnisse auf Milchbasis	77,6	0,01	0,00005
Eier	18	0,01	0,00001
Fleisch	22,1	0,05	0,00007
Fleischerzeugnisse	24,5	0,01	0,00002
Fische	5,6	0,01	0,000003
Honig	1,6	0,01	0,000001
Zitrusfrüchte	74,2	0,01	0,00005
Schalenfrüchte	2,4	0,01	0,000001
Kernobst	205,3	3	0,0381
Aprikosen, gesamt	5,9	0,01	0,000004
Kirschen, gesamt	5,8	0,01	0,000004
Pfirsiche, gesamt	4,3	2	0,0005
Pflaumen, gesamt	1,5	2	0,0002
Beeren- und Kleinobst	31,8	0,01	0,00002
sonstige Früchte	40,8	0,01	0,00003
Wurzel- und Knollengemüse	18,1	0,01	0,00001
Zwiebelgemüse	3,1	0,01	0,000002
Auberginen, verarbeitet	0,1	0,01	0,00000006
Paprika, gesamt	4,7	1	0,0003
Tomaten, gesamt	15,6	2	0,0019
Gurken, gesamt	9,5	1	0,0006
Zucchini, gesamt	1	0,01	0,0000006
Cucurbitaceen mit ungenießbarer Schale	3,9	0,01	0,000002
Zuckermais, verarbeitet	1,1	0,01	0,0000007
Kohlgemüse	7,9	0,01	0,000005
Blattgemüse und frische Kräuter	5,5	0,01	0,000003
Hülsengemüse	4,5	0,01	0,000003
Sprossgemüse	1,8	0,01	0,000001
Pilze	1,3	0,01	0,0000008
Hülsenfrüchte	0,1	0,01	0,00000006
Ölsaaten	3,1	0,01	0,000002
Kartoffeln	41,4	0,01	0,00003
Tee	0,1	0,01	0,00000006
Teeähnliche Erzeugnisse	0,7	0,01	0,0000004
Getreide	89,9	0,01	0,00006
Gewürze	0,6	0,01	0,0000004

ADI = acceptable daily intake, KG = Körpergewicht, MRL = maximum residue limit.

P_n Verarbeitungsfaktor für dieses bestimmte Lebensmittel,
bw Körpergewicht (body weight) in kg.

Für die Bundesrepublik Deutschland wurde bisher bei der NTMDI- und NEDI-Berechnung die Gesamtverzehrsmenge für ein 4–6-jähriges Mädchen mit einem Körpergewicht von 13,5 kg auf der Basis veralteter Verzehrsdaten, die ausschließlich für pflanzliche Lebensmittel vorlagen, verwendet. Ausnahmen bildeten Rohkaffee, Tee, Keltertrauben (Wein) und Hopfen (Bier). Für diese Lebensmittel war eine getrennte Kalkulation für eine 36–50-jährige Frau mit einem Gewicht von 60 kg durchzuführen [37]. Durch die VELS-Studie stehen Daten für ein neues deutsches Modell für Kinder zur Verfügung. Die Liste der Verzehrsmengen für Lebensmittel pflanzlicher und tierischer Herkunft enthält Angaben über die in roher und/oder verarbeiteter Form verzehrten Mengen sowie zum Gesamtverzehr für zwei bis unter fünfjährige Kinder [3].

Genauere Abschätzungen setzen Informationen zu

- dem Anteil des behandelten Ernteguts oder Erzeugnisses an der Gesamtmenge (percent crop treated),
- dem Anteil einheimisch erzeugter vs. dem Anteil eingeführter Ernteguter oder Erzeugnisse,
- Monitoring- und Überwachungsdaten zu Rückständen,
- Studien über die Gesamtnahrungsaufnahme (total diet studies),
- Lebensmittelverzehrsdaten für die Gesamtbevölkerung und Untergruppen (z. B. Kinder, Schwangere, Senioren)

voraus, die üblicherweise nur auf nationaler bzw. regional eng begrenzter Ebene verfügbar sind.

Tab. 25.4 Beispiel einer NEDI-Berechnung (national estimated daily intake) für „Exempelphos".

Lebensmittel	durchschnittliche Verzehrsmenge [g/d]	NEDI [mg/kg KG]: 0,0133 Ausschöpfung ADI [%]: 13,3	
		STMR [mg/kg]	Aufnahme [mg/kg]
Milch	230,8	0,06	0,0009
Fleisch	22,1	0,02	0,00003
Kernobst	205,3	0,86	0,0109
Pfirsiche, gesamt	4,3	0,68	0,0002
Pflaumen, gesamt	1,5	0,91	0,00008
Paprika, gesamt	4,7	0,38	0,0001
Tomaten, gesamt	15,6	0,91	0,0009
Gurken, gesamt	9,5	0,32	0,0002

ADI = acceptable daily intake, KG = Körpergewicht, STMR = supervised trials median residue.

Die oben beschriebenen Rechnungen werden an einem Beispiel für einen fiktiven Wirkstoff „Exempelphos" auf der Grundlage der VELS-Verzehrsdaten ausgeführt. Es wurden die Werte, wie in Tabelle 25.2 beschrieben, angenommen. Die TMDI- und NEDI-Kalkulationen werden in den Tabellen 25.3 und 25.4 dargestellt.

Die IEDI-Werte für die Beispiele Tolylfluanid und Imidacloprid wurden vom JMPR für die fünf regionaltypischen GEMS/FOOD-Nahrungen berechnet [29].

25.3.3
Abschätzung der kurzfristigen Aufnahmemengen von Pestizidrückständen über die Nahrung

Bei kurzfristigen Bewertungen ist zu berücksichtigen, dass die Verbraucher ab und an große, weit über den Mittelwert für den betrachteten Zeitraum hinausgehende Portionen eines bestimmten Lebensmittels verzehren. Es besteht die Möglichkeit, dass die in einer solchen großen Portion enthaltenen Rückstände in der höchsten Konzentration vorhanden sind, die sich aus der Anwendung des Wirkstoffs ergeben könnte.

Die Aufnahme spezieller Lebensmittel kann bei einer einzigen Mahlzeit (oder Portion) erfolgen oder über den ganzen Tag verteilt sein.

Die kurzfristige Aufnahme kann sowohl mit deterministischen als auch mit probabilistischen Verfahren berechnet werden.

Bei deterministischen Verfahren wird die Aufnahme aus allen Lebensmitteln nicht summiert. Es wird für unwahrscheinlich gehalten, dass eine Person innerhalb eines kurzen Zeitraumes zwei oder mehr unterschiedliche Lebensmittel jeweils mit der Masse einer großen Portion aufnehmen wird. Außerdem wird für unwahrscheinlich gehalten, dass in genau diesen verschiedenen Lebensmitteln maximale Rückstandskonzentrationen des gleichen Wirkstoffs auftreten. Aus Gründen der empirischen Wahrscheinlichkeitsbetrachtung werden also kurzfristige deterministische Bewertungen jeweils für ein einziges Lebensmittel durchgeführt. Die Variabilität von Verzehrsmengen und Rückstandswerten wird dabei vernachlässigt, da zur Berechnung der Exposition bestimmte ausgewählte Werte für Verzehrsmenge und Rückstandskonzentration verwendet werden (Einzelpunktbewertung).

Die andere Methode ist, anstatt ausgewählter Einzelwerte die jeweiligen Verteilungen für Verzehrsmengen und Körpermassen mit der Verteilung der Rückstandswerte zu kombinieren. Durch dieses Verfahren erhält man eine Verteilung der Aufnahme von Rückständen (probabilistische Bewertung, Verteilungsanalyse).

25.3.3.1 Deterministische Verfahren
Zur Abschätzung der Aufnahme von Rückständen über die Nahrung werden folgende Kenngrößen angewandt:

- international geschätzte kurzzeitige Aufnahmemenge (*international estimated short term intake* – IESTI),
- nationale geschätzte kurzzeitige Aufnahmemenge (*national estimated short term intake* – NESTI).

International geschätzte kurzzeitige Aufnahmemenge – IESTI

Internationale Verzehrsmengen (*large portion, LP*) wurden durch die WHO als 97,5. Perzentil auf der Basis von nationalen Daten aus Australien, den Niederlanden, Frankreich, Großbritannien, Japan, Südafrika und den USA zur Verfügung gestellt [11, 60]. Daten aus Deutschland stehen seit kurzem zur Verfügung [3]. Die Staaten, die der WHO Angaben zu LP lieferten, stellten ebenfalls Körpergewichte (*body weight, bw*, KG) für Kinder bis zu sechs Jahren und Durchschnittswerte für die Gesamtbevölkerung zur Verfügung. Bei der Berechnung des IESTI-Wertes sind die personenbezogenen Körpergewichte des Landes auszuwählen, von dem die Daten zu LP stammen. Sind keine Angaben vorhanden, ist für Kinder ein Körpergewicht von 15 kg und für die Gesamtbevölkerung von 60 kg als Wert für jeweils eine Person anzunehmen [28].

Die zurzeit auf internationaler Ebene für den essbaren Anteil der Masse einer einzelnen Einheit (*unit, U*) des Lebensmittels zur Verfügung stehenden Daten sind nur begrenzt verfügbar (Frankreich, Großbritannien, Japan, Schweden, USA) [11, 60]. Daten aus Deutschland stehen seit kurzem zur Verfügung [40]. Bei der Berechnung des IESTI-Wertes sind die Daten desjenigen Landes auszuwählen, das der Region, aus der die Angaben zur guten landwirtschaftlichen Praxis (GAP) und die Rückstandsversuche zur Ableitung der Höchstmenge stammen, zuzuordnen ist [28].

Die Rückstände variieren in den einzelnen Komponenten einer Mischprobe. Werden nur wenige Einheiten verzehrt, spiegelt der Rückstand, der in einer Mischprobe bestimmt wurde, die Rückstandssituation nicht ausreichend wider. Dies wird durch den Variabilitätsfaktor (v) ausgeglichen.

Die zur Berechnung des IESTI-Wertes benötigten Einflussfaktoren sind wie folgt definiert:

LP maximale Verzehrmenge, d.h. Portionsgewichte (*highest large portion*), angegeben als 97,5. Perzentil in kg Lebensmittel/Tag.
HR höchster Rückstandswert (*highest residue*) einer Mischprobe in mg/kg.
HR-P höchster Rückstandswert im verarbeiteten Lebensmittel, in mg/kg, berechnet durch Multiplikation von HR des unverarbeiteten Lebensmittels mit dem Verarbeitungsfaktor.
bw Körpergewicht (*body weight*) in kg.
U Masse des essbaren Anteils eines Erzeugnisses (*unit weight*) in kg.
v Variabilitätsfaktor.
STMR Medianwert der Rückstandsgehalte aus überwachten Feldversuchen (*supervised trials median residue*) in mg/kg.
STMR-P Medianwert der Rückstandsgehalte im verarbeiteten *Lebensmittel* (*supervised trials median residue – processing*) in mg/kg.

In Abhängigkeit von der Verteilung der Rückstände in der Mischprobe und vom Verhältnis der Masse der einzelnen Lebensmitteleinheit zur Masse der maximal verzehrten Portion sind bei der Berechnung des IESTI-Wertes drei Fälle zu unterscheiden [28]:

Fall 1:
Der Rückstand in der Mischprobe des Lebensmittels im rohen oder verarbeiteten Zustand entspricht dem Rückstandsniveau in der verzehrten Portion (*LP*). Dies ist der Fall, wenn bei einer Mahlzeit einzelne kleine Einheiten (z. B. Kirschen) verzehrt werden (*U* < 25 g).

$$IESTI = \frac{LP \cdot (HR \text{ oder } HR-P)}{bw} \tag{8}$$

Fall 2:
Die verzehrte Portion könnte einen höheren Rückstand aufweisen als die Mischprobe (*U* > 25 g). Für diese Fälle gelten spezifische Variabilitätsfaktoren (*v*), die in Tabelle 25.1 zusammengefasst sind. Für mittelgroße bzw. große Erzeugnisse gilt in der Regel ein Variabilitätsfaktor von 7 (≥25 g ≤250 g) bzw. 5 (>250 g). Allerdings sind zwei Sonderfälle zu beachten, wo der Variabilitätsfaktor 10 beträgt. Das betrifft Versuchsergebnisse nach Anwendung von Pflanzenschutzmitteln als Granulat, da hier eine größere Variabilität der Rückstände auf den einzelnen Einheiten möglich ist. Der Faktor 10 gilt außerdem für Blattgemüse (ausgenommen Kopfsalat), da hierfür z. Z. kaum Untersuchungsergebnisse zur Variabilität vorliegen.

Auf der Basis von Untersuchungen von Hamilton et al. [35] wurde vom JMPR [33] ein Variabilitätsfaktor von 3 als neuer Vorgabewert für alle Erzeugnisse ab einer Masse von 25 g vorgeschlagen. Die Diskussion zur Akzeptanz dieses Faktors ist auf nationaler und internationaler Ebene noch nicht abgeschlossen [15].

Fall 2a:
Die Masse des einzelnen Erzeugnisses (einschließlich nicht verzehrbarer Anteil) ist kleiner als die verzehrte Portion (*LP*).

$$IESTI = \frac{U \cdot (HR \text{ oder } HR-P) \cdot v + (LP-U) \cdot (HR \text{ oder } HR-P)}{bw} \tag{9}$$

Fall 2b:
Die Masse des einzelnen Erzeugnisses (einschließlich nicht verzehrbarer Anteil) ist größer als die verzehrte Portion (*LP*).

$$IESTI = \frac{LP \cdot (HR \text{ oder } HR-P) \cdot v}{bw} \tag{10}$$

Fall 3:
Bei verarbeiteten Lebensmitteln ist durch Vermischen sichergestellt, dass der STMR-P die höchsten Rückstände repräsentiert.

$$IESTI = \frac{LP \cdot STMR - P}{bw} \qquad (11)$$

National geschätzte kurzzeitige Aufnahmemenge – NESTI
Für die Expositionsabschätzungen der kurzzeitigen Exposition auf nationaler Ebene sind die gleichen Formeln, wie oben unter Fall 1–3 beschrieben, anzuwenden. Allerdings sind Verfeinerungen möglich, da auf nationaler Ebene
- die Verteilung der Portionsgewichte (*LP*) für die Verbraucher derartiger Lebensmittel besser bestimmt werden können und
- die tatsächlichen Rückstandsgehalte (*HR*) in den Erzeugnissen besser als auf internationaler Ebene definiert werden können.

Von den Mitgliedstaaten der Europäischen Union ist Großbritannien das Land, in dem die meisten Erfahrungen zur Ermittlung der akuten Exposition und die notwendigen Verzehrsdaten vorliegen [47]. Für die Bundesrepublik Deutschland waren bisher keine Daten für *LP* und *U* verfügbar. Aus diesem Grund wurden die Abschätzungen auf nationaler Ebene auf der Basis der britischen Daten für Kleinkinder und Erwachsene vorgenommen. Nun stehen einerseits durch die VELS-Verzehrstudie und andererseits durch die Angaben von Hüther et al. [40] zu den Massen einzelner Einheiten Daten für ein eigenes deutsches Modell zur Verfügung.

Tab. 25.5 Beispiel einer NESTI-Berechnung (national estimated short term intake) für „Exempelphos".

Lebensmittel	Perzentil	LP [g]	U [g]	HR [mg/kg]	STMR [mg/kg]	v	Fall	NESTI [mg/kg KG]	% ARfD
Milch	97,5	712,3			0,06	1	3	0,0026	1,1
Fleisch	97,5	179,4		0,02		1	1	0,0002	0,1
Äpfel, roh	97,5	234,8	182	2,45		7	2a	0,2013	80,5
Birnen, roh	97,5	231,8	207	2,45		7	2a	0,2236	89,4
Pfirsiche, roh	97,5	192,6	97	1,2		7	2a	0,0576	23,0
Pflaumen, roh	90	151	52	1,6		7	2a	0,0459	18,3
Paprika, roh	97,5	145,3	155	0,61		7	2a	0,0384	15,4
Tomaten, roh	97,5	150,6	99	1,2		7	2a	0,0553	22,1
Gurken, roh	97,5	150	458	0,69		5	2b	0,032	12,8

ARfD = acute reference dose, *STMR* = supervised trials median residue, *HR* = highest residue, *LP* = large portion, *U* = unit weight, v = Variabilitätsfaktor.

Die oben beschriebenen Rechnungen für NESTI-Kalkulationen werden an einem Beispiel für einen fiktiven Wirkstoff „Exempelphos" auf der Grundlage der VELS-Verzehrsdaten ausgeführt (s. Tab. 25.5). Es wurden die in Tabelle 25.2 angegebenen Werte angenommen.

Die IESTI-Werte für die Beispiele Tolylfluanid und Imidacloprid wurden vom JMPR für die Gesamtbevölkerung und Kinder bis zu 6 Jahren berechnet [30].

25.3.3.2 Probabilistische Verfahren

Die Verteilung der Aufnahme von Rückständen lässt sich nur mit wiederholten deterministischen Berechnungen unter Verwendung von Verzehrsmengen, Körpermassen und Rückstandswerten aus beliebigen Bereichen ihrer jeweilgen Verteilung erstellen. Iterative Verfahren dieser Art werden als Monte-Carlo-Simulation bezeichnet. Entscheidend für eine zuverlässige probabilistische Bewertung ist also die Verfügbarkeit bzw. Erstellung der in der Monte-Carlo-Simulation zu kombinierenden Verteilungen, d. h. der Verteilung von Rückstandskonzentrationen in Lebensmitteln, der Verteilung von Verzehrsmengen und von Körpermassen der jeweiligen Verzehrer. Die Voraussetzung dafür stellen detaillierte Kenntnisse zu Rückstands- und Verzehrsdaten dar.

Beispiel:

Schritt 1: Die Verzehrsmenge von Lebensmittel 1 durch Person 1 am Tag 1 der Verzehrsstudie wird mit einem zufällig ausgewählten Rückstandswert aus der Rückstandsverteilung für Lebensmittel 1 multipliziert.

Schritt 2: Schritt 1 wird für alle in die Bewertung aufgenommenen Lebensmittel, die am Tag 1 von Person 1 verzehrt werden, wiederholt.

Schritt 3: Zur Abschätzung der Gesamtaufnahme durch Person 1 am Tag 1 werden die Verzehrsmengen für alle Lebensmittel summiert.

Schritt 4: Die Schritte 1 bis 3 werden mit anderen zufällig ausgewählten Rückstandswerten wiederholt (z. B. 1000-mal), wobei immer noch die Daten für die Person 1 am Tag 1 verwendet werden.

Schritt 5: Die Abschätzungen der Expositionen für Person 1 am Tag 1 werden als Frequenzen in Expositionsintervallen gespeichert.

Schritt 6: Die Schritte 1 bis 5 werden an den Tagen 2, 3, etc. der Verzehrserfassung für Person 1 wiederholt.

Schritt 7: Die Schritte 1–6 werden für alle Personen der Gruppe wiederholt.

Schritt 8: Aus der Frequenzverteilung der Expositionen für alle Personen an allen Tagen wird die abschließende Perzentilabschätzung abgeleitet.

Die Anzahl der Iterationen (Wiederholungen) muss ausreichen, um eine Konvergenz zu erreichen, d.h. die Verteilung der Rückstandsaufnahme darf sich nicht mehr signifikant verändern, wenn weitere Iterationen durchgeführt werden.

Das Ergebnis ist eine Frequenzverteilung von Rückstands-Aufnahmewerten, die z. B. die Schlussfolgerung erlaubt, dass bei 90%, 95% bzw. 99,9% der Personen in der betrachteten Gruppe die Exposition einen Wert von 0,00008, 0,0002 bzw. 0,024 mg/kg/Tag nicht überschreitet.

Daraus geht hervor, dass eine Wahrscheinlichkeitsrechnung einen anderen Endpunkt hat als das deterministische Verfahren: nämlich nicht die Berechnung der theoretischen Ausschöpfung der akuten Referenzdosis durch ein Lebensmittel, sondern die Feststellung, wieviel Prozent einer Bevölkerungsgruppe (Erwachsene, Kinder) bei einer bestimmten Exposition unterhalb der akuten Referenzdosis liegen. Das Ergebnis der deterministischen Berechnung wird damit nicht aufgehoben.

Nun hat ein solches Verfahren, wie z. B. die Monte-Carlo-Simulation, keine automatische obere Grenze hinsichtlich der Verteilung der Exposition. Die Erfahrungen aus anderen Bereichen mahnen aber zur Vorsicht bei der Interpretation am oberen Ende der Verteilung. Die US-EPA hat die Anwendung des 99,9ten Perzentils vorgeschlagen, wenn für die Höchstmengenfestsetzung die Risikoabschätzung einer akuten Exposition mittels einer Wahrscheinlichkeitsrechnung erfolgt.

25.3.3.3 Deterministische und probabilistische Verfahren im Vergleich

Der Vergleich zwischen Einzelpunktbewertung und Verteilungsanalyse soll am Beispiel der Kurzzeitexposition vorgenommen werden, da hier probabilistische Verfahren eine größere Rolle spielen als bei der Ermittlung der Langzeitexposition.

Bei einer deterministischen Bewertung wird
- nur ein einziges Lebensmittel betrachtet,
- eine einzige Verzehrsmenge, d. h. nach internationaler Vereinbarung das 97,5te Perzentil aus einer Verzehrserhebung für den Personenkreis, der dieses Lebensmittel verzehrt (*eaters only*) begutachtet,
- der höchste Rückstand aus überwachten Feldversuchen gemäß der kritischen GAP zugrunde gelegt,
- der Rückstandsgehalt bei Erzeugnissen mit Massen >25 g mit einem Variabilitätsfaktor multipliziert,
- als Körpergewicht ein einziger Wert eingesetzt.

Es handelt sich um eine Einzelpunktbewertung, wobei unterstellt wird, dass
- 100% der betroffenen Kultur mit dem speziellen Pestizid behandelt werden,
- das Erzeugnis immer den höchsten Rückstand enthält,
- es unwahrscheinlich ist, dass eine Person innerhalb eines kurzen Zeitraumes zwei oder mehr unterschiedliche Lebensmittel jeweils mit der Masse einer großen Portion und dem jeweils höchsten Rückstand aufnehmen wird.

Das Ergebnis stellt die Berechnung der Aufnahmemenge dar und wird direkt mit dem toxikologischen Grenzwert (z. B. ARfD) verglichen.

Bei einer probabilistischen Bewertung werden Verteilungen von Verzehrsmengen und Körpergewichten aus einer Verzehrserhebung einer bestimmten Bevölkerungsgruppe mit einer Verteilung von Rückstandskonzentrationen kombiniert, um eine Verteilung von Aufnahmemengen von Rückständen zu erhalten.

Bei probabilistischen Verfahren können
- mehrere Lebensmittel,
- der Anteil der behandelten Anbaufläche (% *crop treated*),
- Marktanteile der im eigenen Land produzierten Lebensmittel und von Importen

berücksichtigt werden.

Das Ergebnis probabilistischer Berechnungen ist eine Frequenzverteilung von Aufnahmemengen, woraus geschlossen werden kann, dass bei einem gewissen Prozentsatz der Individuen der betrachteten Bevölkerungsgruppe (z. B. bei 99,9%) die Rückstandsaufnahme einen bestimmten Wert (z. B. die ARfD) nicht übersteigt. Folgende Voraussetzungen sollten jedoch vor einer Anwendung zur Risikobewertung unabdingbar erfüllt sein:
a) Das verwendete Modell muss validiert sein.
b) Das verwendete EDV-Programm muss validiert sein.
c) Die notwendigen Daten zu den Variablen „Rückstandskonzentration" und „Verzehrsmenge" müssen vorliegen.

Nach den vorliegenden Erkenntnissen sind die Voraussetzungen a) und b) für das niederländische MCRA Modell, das in der EG zur Verfügung steht, erfüllt [4, 5, 54, 55]. Für den Verzehr (Voraussetzung c) liegen mit der VELS-Studie ebenfalls Ergebnisse vor, die entsprechend aufbereitet werden können. Die Rückstandskonzentrationen sind aus überwachten Feldversuchen in Datenbanken zu übernehmen, da in das deutsche Lebensmittel-Monitoring nicht alle relevanten Wirkstoffe einbezogen sind.

Weitere probabilistische Modelle wurden insbesondere in den USA als Antwort auf das *Food Quality Protection Act* von 1996 [34] entwickelt. Genannt seien die Modelle DEEM/Calendex [25], CARES [41] und Lifeline [44], die im Internet zur Verfügung stehen.

25.3.4
Risikobetrachtung

Die zulässige tägliche Aufnahmemenge (*acceptable daily intake – ADI*) einer chemischen Verbindung stellt den Schätzwert der Menge eines Stoffes dar, ausgedrückt auf Basis des Körpergewichts, die auf der Grundlage aller zum Zeitpunkt der Bewertung bekannten Erkenntnisse täglich ein Leben lang ohne ein erkennbares Gesundheitsrisiko für die Verbraucher aufgenommen werden kann. Der ADI-Wert wird in mg der chemischen Verbindung pro kg Körpergewicht angegeben.

Die akute Referenzdosis (*acute reference dose – ARfD*) einer chemischen Verbindung stellt den Schätzwert der Menge eines Stoffes dar, ausgedrückt auf Basis des Körpergewichts, die auf der Grundlage aller zum Zeitpunkt der Bewertung bekannten Erkenntnisse über einen kurzen Zeitraum, üblicherweise während einer Mahlzeit oder eines Tages, ohne ein für den Verbraucher erkennbares Gesundheitsrisiko aufgenommen werden kann. Die ARfD wird in mg der chemischen Verbindung pro kg Körpergewicht angegeben.

Um die nach den o.g. Formeln deterministisch berechnete Aufnahmemenge mit dem jeweiligen toxikologischen Grenzwert (ADI-Wert oder ARfD) vergleichen zu können, ist diese durch das der Verzehrmenge zu Grunde liegende Körpergewicht zu dividieren. Bei einer Ausschöpfung des entsprechenden Endpunktes zu mehr als 100% kann die Möglichkeit eines Risikos nicht ausgeschlossen werden.

Führt die bestmögliche Abschätzung der Aufnahmemengen zu einer Überschreitung des angegebenen ADI-Wertes oder der ARfD, muss dem Risiko durch entsprechende Maßnahmen des Risikomanagements begegnet werden. Dies bedeutet beispielsweise eine Verlängerung der Wartezeit, eine Verringerung der Aufwandmenge oder auch der Verzicht auf eine Anwendung des Pflanzenschutzmittels.

Im Gegensatz zu deterministischen Methoden erlauben probabilistische Verfahren die Berücksichtigung der Aufnahme von Rückständen durch den Verzehr mehrerer Lebensmittel. Es ist ebenfalls möglich, den Marktanteil von Importware bzw. den Anteil der im eigenen Land erzeugten Lebensmittel in die Abschätzung einfließen zu lassen. Werden Rückstandsdaten aus überwachten Feldversuchen verwendet, kann der Anteil der behandelten Anbaufläche berücksichtigt werden.

Die Anwendung statistischer Verfahren, d.h. die von Wahrscheinlichkeitsrechnungen, würde insbesondere für die Abschätzung der akuten Exposition zu einem realistischeren Ergebnis führen als das deterministische Verfahren. Im Gegensatz zum deterministischen Verfahren können andere relevante Faktoren, z.B. der Verzehr mehrerer Lebensmittel berücksichtigt werden.

Es soll jedoch nochmals erwähnt werden, dass eine Wahrscheinlichkeitsrechnung einen anderen Endpunkt hat als das deterministische Verfahren: nämlich nicht die Berechnung der theoretischen Ausschöpfung der akuten Referenzdosis durch ein Lebensmittel, sondern die Feststellung, wieviel Prozent einer Bevölkerungsgruppe bei einer bestimmten Exposition unterhalb der akuten Referenzdosis liegen. Das Ergebnis der deterministischen Berechnung wird damit nicht aufgehoben.

25.4
Bewertung von Mehrfachrückständen und Rückständen aus verschiedenen Quellen

25.4.1
Ursachen von Mehrfachrückständen

Das Auftreten von Mehrfachrückständen in Lebensmitteln wird seit Jahren immer wieder in der Öffentlichkeit problematisiert. Die Verbraucher sind verunsichert, da unklar ist, welche Risiken mit diesen Mehrfachrückständen verbunden sind. Die Entstehung dieser Mischungen (*cocktails*) hat verschiedene Ursachen. Es wird unterschieden zwischen

- *„primary cocktails"* – Mehrfachrückständen, die von der Behandlung einer landwirtschaftlichen Kultur/eines Erzeugnisses mit verschiedenen Pestiziden herrühren und
- *„secondary cocktails"* – Mehrfachrückständen, die durch die Mischung verschiedener Erzeugnisse bzw. von Erzeugnissen unterschiedlicher Anbauer herrühren [48].

Im Falle der *„primary cocktails"* ist zu berücksichtigen, dass es aus landwirtschaftlicher Sicht plausible Gründe gibt, die die Anwendung mehrerer Pflanzenschutzmittel an einer Kultur in einer Saison erfordern, wenn z. B. ein Befall mit Insekten, Spinnmilben und Pilzen vorliegt. Daneben kann die Kombination mehrerer Stoffe in einem Pflanzenschutzmittel durch die Ausweitung des Wirkungsspektrums oder die Verbesserung der Wirksamkeit dazu beitragen, dass die Aufwandmenge und damit die Rückstandsbelastung insgesamt reduziert wird. Es gibt daher auch Pflanzenschutzmittel, die bereits 2–4 Wirkstoffe enthalten. Außerdem ist es durchaus üblich, mehrere Mittel vor ihrer Anwendung zu mischen und als „Tankmischung" zu applizieren.

Im Falle der *„secondary cocktails"* handelt es sich um Produkte, die von verschiedenen Erzeugern stammen und vor Verkauf vermischt wurden (z. B. Salatmischung, Mischung roter, gelber, grüner Paprika oder auch die Sortierung nach Handelsklassen bei der Anlieferung in der Erzeugergenossenschaft). Die Analyse der Mischprobe spiegelt die unterschiedliche Praxis der Pestizidanwendung der jeweiligen Erzeuger wider.

Dass heutzutage vermehrt über Mehrfachrückstände berichtet wird, liegt auch an den verwendeten modernen Analysenmethoden. Diese Methoden sind sehr empfindlich und hochspezifisch. Das hat zur Folge, dass auch sehr geringe Rückstandskonzentrationen (<0,01 mg/kg) quantifiziert werden, die in früheren Jahren nicht bestimmt worden wären. Beispielsweise wurden vom Chemischen und Veterinäruntersuchungsamt Stuttgart im Bericht zu Mehrfachrückständen in Tafeltrauben alle massenspektroskopisch abgesicherten Werte oberhalb der Bestimmungsgrenzen herangezogen. Es wurden somit auch Gehalte <0,01 mg/kg berücksichtigt [13].

25.4.2
Zum Begriff Kombinationswirkungen

Bei gleichzeitiger Exposition gegenüber mehreren chemischen Stoffen ist eine Vielzahl von Wechselwirkungen denkbar, die sich vereinfacht in Additivität, Synergismus und Antagonismus einteilen lassen [8, 9].

- *Additive Wirkung:* Der kombinierte Effekt ist gleich der Summe der Effekte der Einzelstoffe.
- *Synergistische Wirkung:* Der kombinierte Effekt ist größer als die Summe der Effekte der Einzelstoffe (Potenzierung).
- *Antagonistische Effekte:* Der kombinierte Effekt ist kleiner als die Summe der Effekte der Einzelstoffe.

Mögliche Wechselwirkungen auf der Basis der unterschiedlichen Mechanismen sind vielfältig und ohne experimentelle Untersuchungen kaum vorhersehbar. Eine experimentelle Überprüfung der vielfältigen Kombinationsmöglichkeiten ist jedoch aus Gründen der Praktikabilität nicht zu leisten, da die Zusammensetzung vorkommender Gemische je nach Situation variieren kann und nicht mit dem untersuchten Gemisch übereinstimmt. Allerdings gibt es einige mathematische Modelle, insbesondere aus dem Bereich der Umweltkontaminanten, mit denen eine Vorhersage gemacht werden kann. Nach Meinung von Experten wird jedoch die Wahrscheinlichkeit von relevanten Kombinationswirkungen für gering gehalten, wenn die Exposition unterhalb der Wirkungsschwellen der Einzelsubstanzen liegt [7]. Konkrete Ansätze zur Berücksichtigung von Kombinationswirkungen im Rahmen der Risikoabschätzung beschränken sich zurzeit auf Stoffe mit gleichartigem Wirkmechanismus. Dies bedeutet, dass die Substanzen

- auf das gleiche molekulare Ziel im gleichen Zielgewebe einwirken und
- nach dem gleichen biologischen Wirkmechanismus agieren oder die selben toxischen Metaboliten bilden.

25.4.3
Möglichkeiten der Bewertung von Kombinationswirkungen

Die Ansätze zur Berücksichtigung von Kombinationswirkungen beschränken sich derzeit auf additive Effekte von Mehrfachrückständen von Stoffen mit gleichartigem Wirkmechanismus. Dabei wird angenommen, dass alle Stoffe in der Mischung in gleicher Weise wirken und sich nur in ihrer Potenz und damit in der Form der Dosis-Wirkungsbeziehung unterscheiden. Damit wird es möglich, den Gesamteffekt durch die Addition der relativen Rückstandsmengen unter Berücksichtigung der unterschiedlichen Potenz der einzelnen Stoffe (*toxicity equivalence factor, TEF* oder *relative potency factor, RPF*) zu bestimmen. Weitergehende Ansätze, die auch überadditive (synergistische) Wirkungen einschließen, sind zur Zeit nicht erkennbar.

Die *UK Food Standards Agency* (FSA) und das *UK Committee on Toxicology of Chemicals in Food, Consumers Products and the Environment* (COT) begründeten

im Jahr 2000 eine unabhängige Arbeitsgruppe (*Working Group for the Risk assessment of Mixtures of Pesticides and Veterinary Medicines,* WIGRAMP), die die Problematik der Mehrfachrückstände kritisch analysieren sollte. Die Ergebnisse der Analyse von WIGRAMP wurden im Jahr 2002 in einem umfangreichen Bericht publiziert [12]. Die Arbeitsgruppe schlägt folgende Verfahrensweise vor:
- Stoffe mit unterschiedlichen Wirkmechanismen wirken unabhängig von einander und sollten als einzelne Stoffe bewertet werden.
- Stoffe mit gleichem toxikologischen Wirkmechanismus wirken additiv und sollten gemeinsam bewertet werden.

Es wird die Anwendung probabilistischer Verfahren empfohlen.

Von der *US Environmental Protection Agency* (EPA) wurde ein Verfahren zur Bewertung der Exposition von Verbrauchern durch Organophosphat-Pestizide als Stoffe mit vergleichbarem Wirkmechanismus über die verschiedenen Aufnahmewege aus den Quellen Nahrung, Wasser und Wohnungsumfeld entwickelt. Das Verfahren wird z. Z. für die Bewertung von die Acetylcholinesterase (AChE) hemmenden Wirkstoffen angewandt, wobei Methamidophos als Bezugssubstanz (Index) gewählt wurde [52, 53]. Ein entsprechendes Verfahren ist für die Gruppe der *N*-Methyl-Carbamate in Vorbereitung.

Boon und van Klaveren [6] erarbeiteten für die Niederlande ein Modell unter Anwendung probabilistischer Verfahren zur Abschätzung der kumulativen Exposition von 1–6-jährigen Kindern und der Gesamtbevölkerung für 40 AChE hemmende Wirkstoffe. Die Rückstandsdaten wurden aus dem niederländischen Monitoring-Programm der Jahre 2000 und 2001 abgeleitet. Acephat und Phosmet wurden als Bezugssubstanzen genutzt, wobei als ARfD-Werte für Acephat 5 µg/kg/Tag [50] und für Phosmet 45 µg/kg/Tag [51] zugrunde gelegt wurden. Zuerst wurde die toxikologische Potenz für jede AChE hemmende Substanz relativ zu der von Acephat oder Phosmet kalkuliert (*relative potency factor, RPF*). Mit den erhaltenen Faktoren wurde die kumulative Rückstandskonzentration für jede einzelne Probe berechnet, ausgedrückt in Acephat- oder Phosmet-Äquivalenten. Diese kumulativen Rückstandskonzentrationen wurden mit den niederländischen Verzehrsdaten mittels probabilistischer Verfahren kombiniert, um die Exposition bezüglich AChE hemmender Substanzen abschätzen zu können.

Die Ergebnisse zeigen, dass ca. 6% der 2000 und 2001 in den Niederlanden untersuchten Proben AChE hemmende Substanzen enthielten. Das 99,9te Perzentil der Expositionsverteilung der Gesamtbevölkerung für AChE hemmende Wirkstoffe betrug 13,4±2,8 µg/kg/Tag mit Acephat als Index und 27,6±0,9 µg/kg/Tag mit Phosmet als Index. Die entsprechenden Werte für Kinder betrugen 35,7±6,8 µg/kg/Tag mit Acephat als Index und 70,0±11,0 µg/kg/Tag mit Phosmet als Index. Der größte Anteil resultierte aus Rückständen in Trauben.

25.4.4
Darstellung der Situation in der Bundesrepublik Deutschland

Rückstände mehrerer Wirkstoffe werden z.Z. in der Bundesrepublik Deutschland gehäuft bei Trauben, Erdbeeren, Kernobst, Zitrusfrüchten, Tomaten, Paprika und Salatarten festgestellt. Zur exemplarischen Darstellung der Problematik werden im Folgenden die Ergebnisse des Chemischen und Veterinäruntersuchungsamtes Stuttgart zu Tafeltrauben herangezogen [13]. Diese Daten werden hinsichtlich des Vorkommens von Organophosphat-Pestiziden als Stoffe mit vergleichbarem Wirkmechanismus ausgewertet.

Im Jahr 2004 wurden am CVUA Stuttgart 133 Proben Tafeltrauben aus konventionellem Anbau auf Pestizidrückstände untersucht. In 121 (91%) dieser Proben konnten Rückstände von bis zu 17 verschiedenen Wirkstoffen (durchschnittlich 4,7 Wirkstoffe pro Probe) nachgewiesen werden. Insgesamt wurden 76 verschiedene Pestizide bestimmt. Am häufigsten traten die Wirkstoffe Procymidon, Chlorpyrifos, Cyprodinil, Azoxystrobin, Quinoxyfen, Iprodion, Metalaxyl, Indoxacarb, Fludioxonil und Carbendazim auf. Unter den zehn am häufigsten nachgewiesenen Wirkstoffen befindet sich mit Chlorpyrifos nur ein Organophosphat, das allerdings in 39 Proben nachgewiesen wurde. Die Rückstandswerte in geordneter Reihenfolge betragen für Chlorpyrifos: 0,001 (7); 0,002 (6); 0,003; 0,003; 0,004 (6); 0,006; 0,009; 0,01 (4); 0,02 (4); 0,03; 0,03; 0,03; 0,05; 0,05; 0,06; 0,12; 0,16 mg/kg. Die Verteilung der Chlorpyriphos-Rückstände zeigt, dass ca. 60% der Werte unterhalb von 0,01 mg/kg und weitere 10% bei 0,01 mg/kg liegen.

Weitere analysierte Organophosphate waren Fenithrothion (10 Proben), Dimethoat/Omethoat (9 Proben), Chlorpyrifos-methyl (7 Proben), Azinphos-methyl (3 Proben), Trichlofon (3 Proben), Monocrotophos (2 Proben), Demeton-S-methyl (1 Probe), Dichlorvos (1 Probe), Malathion (1 Probe) und Fenthionsulfoxid (1 Probe). Für die genannten Wirkstoffe sowie die ebenfalls AChE hemmenden Carbamate sind analog der oben beschriebenen Modelle toxikologisch begründete TEF- bzw. RPF-Werte abzuleiten. Auf dieser Basis ist die kumulative Rückstandskonzentration der AChE hemmenden Substanzen für jede einzelne Probe zu berechnen. Die abschließende Risikobewertung kann, wie beschrieben, mittels deterministischen oder probabilistischen Methoden erfolgen.

Eine Auswertung der Befunde des CVUA [13] in Bezug auf das mehrfache Vorkommen von Organophosphat- und Carbamat-Rückständen ist exemplarisch für die Tafeltrauben italienischer Herkunft in Tabelle 25.6 dargestellt, wobei die Angaben zur ARfD für die Indexsubstanz Acephat und die RPF-Faktoren von Boon und van Klaveren [6] übernommen wurden. Durch Multiplikation der jeweiligen Rückstände mit den RPF-Faktoren wurde die kumulative Rückstandskonzentration für jede einzelne Probe berechnet, ausgedrückt in Acephat-Äquivalenten. Die deterministische Abschätzung erfolgte auf der Basis der deutschen VELS-Daten für 2–4-jährige Kinder.

Die Ergebnisse zeigen, dass bei den Proben Nr. 25047001, 29016001 und 31873001 die ARfD der Bezugssubstanz Acephat von 0,005 mg/kg KG überschritten wurde. Bei einer genaueren Betrachtung der Werte ergibt sich, dass

Tab. 25.6 Bewertung von Mehrfachrückständen in italienischen Tafeltrauben [6, 13] (Index-Substanz: Acephat, ARfD = 0,005 mg/kg KG [50], Verzehrsdaten: VELS-Studie [3]).

Labor-Nr.	Wirkstoffe	R [mg/kg]	RPF	R×RPF [mg/kg]	Summe [mg/kg]	NESTI [mg/kg KG]	% ARfD Acephat
20058001	Chlorpyrifos	0,002	0,75	0,0015	0,0047	0,0003078	6,2
	Methiocarb	0,004	0,8	0,0032			
20073001	Chlorpyrifos	0,01	0,75	0,0075	0,0131	0,0008578	17,2
	Methiocarb	0,007	0,8	0,0056			
25047001	Azinphos-methyl	0,07	1,25	0,0875	0,12125	0,0079394	158,8
	Chlorpyrifos	0,03	0,75	0,0225			
	Dichlorvos	0,03	0,375	0,01125			
26883001	Chlorpyrifos	0,004	0,75	0,003	0,003018	0,0001976	4,0
	Chlorpyrifos-methyl	0,003	0,006	0,000018			
29016001	Chlorpyrifos	0,12	0,75	0,09	0,0908	0,0059456	118,9
	Methiocarb	0,001	0,8	0,0008			
29023001	Azinphos-methyl	0,005	1,25	0,00625	0,00785	0,0005140	10,3
	Methiocarb	0,002	0,8	0,0016			
29502001	Chlorpyrifos	0,004	0,75	0,003	0,003042	0,0001992	4,0
	Chlorpyrifos-methyl	0,007	0,006	0,000042			
29907001	Methomyl	0,005	0,013	0,000065	0,000865	0,0000566	1,1
	Methiocarb	0,001	0,8	0,0008			
31873001	Carbaryl	0,18	0,5	0,09	0,093	0,0060896	121,8
	Chlorpyrifos	0,004	0,75	0,003			
34270001	Chlorpyrifos	0,001	0,75	0,00075	0,000774	0,0000507	1,0
	Chlorpyrifos-methyl	0,004	0,006	0,000024			
34957001	Chlorpyrifos-methyl	0,01	0,006	0,00006	0,00019	0,0000124	0,2
	Methomyl	0,01	0,013	0,00013			

ARfD = acute reference dose, R = Rückstand, *RPF* = relative potency factor, *NESTI* = national estimated short term intake.

bei den Proben Nr. 29016001 und Nr. 31873001 die additive Wirkung vernachlässigbar ist, da die Überschreitung der ARfD im Falle der Probe Nr. 29016001 allein vom Chlorpyriphos-Rückstand und im Falle von Nr. 31873001 allein vom Carbaryl-Rückstand verursacht wird. Bei der Probe Nr. 25047001 wird die Überschreitung der ARfD vorrangig durch Azinphos-methyl hervorgerufen (114,6% der ARfD), die Stoffe Chlorpyriphos und Dichlovos sind zu 29,5% bzw. 14,7% an der Überschreitung der ARfD von insgesamt 158,8% beteiligt.

25.5
Zusammenfassung und Schlussfolgerungen

Nach der Anwendung von Pflanzenschutzmitteln sind Rückstände in/auf Pflanzen in der Regel unvermeidbar. Bevor in der Bundesrepublik Deutschland eine Zulassung vom Bundesamt für Verbraucherschutz und Lebensmittelsicherheit

(BVL) erteilt werden kann, muss durch das Bundesinstitut für Risikobewertung (BfR) die Frage beantwortet werden, ob von diesen Rückständen ein Risiko für den Verbraucher ausgeht. Die dazu angewandten Verfahren der Expositionsabschätzung sind international abgestimmt und gehen auf weltweit akzeptierte Richtlinien der WHO zurück.

Zur Abschätzung der Langzeitexposition werden aus Mischproben von überwachten Feldversuchen ermittelte Rückstandswerte und durchschnittliche Verzehrsmengen genutzt. Die so abgeschätzte aufgenommene Rückstandsmenge wird dann zum ADI-Wert in Bezug gesetzt.

Im Gegensatz dazu kommt es bei der Abschätzung der Kurzzeitexposition auf die Ermittlung der im Zeitraum eines Tages aufgenommenen Rückstandsmengen an. Dazu werden deterministische und probabilistische Verfahren genutzt und die so ermittelte Rückstandsmenge wird zur ARfD in Bezug gesetzt. Beide Verfahren haben gänzlich unterschiedliche Ansätze bzw. Anforderungen und auch unterschiedliche Vor- und Nachteile. Sie unterliegen ständiger Weiterentwicklung, aber auch der Diskussion um ihre Akzeptanz.

Das deterministische Modell stellt eine Einzelpunktbewertung dar. Es unterstellt, dass 100% des Erzeugnisses mit PSM behandelt wurden und dass das Erzeugnis immer den höchsten Rückstand enthält. Es wird nur der Verzehr eines einzigen Erzeugnisses bewertet. Bei einer probabilistischen Bewertung handelt es sich um eine Analyse, bei der eine Verteilung von Verzehrsmengen und Körpergewichten mit einer Verteilung von Rückstandskonzentrationen kombiniert wird, um eine Verteilung der Aufnahme von Rückständen zu erhalten (Monte-Carlo-Analyse). Hierbei kann der Verzehr mehrerer Lebensmittel und der Anteil der behandelten Erzeugnisse berücksichtigt werden. Das Ergebnis ist eine Frequenzverteilung von Aufnahmewerten, allerdings ist die zu akzeptierende Sicherheitsgrenze (z. B. 99,9% der betrachteten Individuen) in Diskussion.

International bestehen außerdem Ansätze für eine kumulative Risikobewertung. Für Kombinationen von Stoffen als Rückstände in Lebensmitteln mit dem gleichen Wirkungsmechanismus wie z. B. Organophosphate und Carbamate ist das Dosis-Additivitäts-Konzept die Methode der Wahl für die Risikoabschätzung. Dabei wird angenommen, dass alle Stoffe in der Mischung in gleicher Weise wirken und sich nur in ihrer Potenz und damit in der Form der Dosis-Wirkungsbeziehungen unterscheiden. Damit wird es möglich, den Effekt durch die Addition der relativen Dosen unter Berücksichtigung der unterschiedlichen Potenz der einzelnen Stoffe zu bestimmen. Allerdings gibt es – von der Gruppe der Organophosphate und Carbamate abgesehen – derzeit kein kurzfristig umsetzbares allgemeines Konzept für die Bewertung von Mehrfachrückständen, da die Definition von Stoffgruppen mit gleichem Wirkungsmechanismus noch eine grundlegende wissenschaftliche Diskussion erfordert.

Es ergeben sich folgende Schlussfolgerungen:
- Grundsätzlich ist festzustellen, dass eine Überschreitung von ADI-Wert und/oder ARfD durch die abgeschätzte Rückstandsmenge in der Nahrung nicht akzeptabel ist.

- Aufnahmeberechnungen werden für die verschiedenen Bevölkerungsgruppen durchgeführt. Grundsätzlich sollten Kleinkinder berücksichtigt werden. Dies ist für die Bundesrepublik Deutschland durch die Daten der VELS-Studie gewährleistet.
- In der Regel wird bei der Risikoabschätzung mit der einfachsten deterministischen Modellrechnung begonnen. Diese wird schrittweise verfeinert. Danach wird die Möglichkeit einer probabilistischen Berechnung in Erwägung gezogen und diese, wenn die Voraussetzungen für eine derartige Berechnung erfüllt sind, durchgeführt.
- Bei probabilistischen Modellen sollte eine Berechnung mit einem validierten Modell bis zum 99,9ten Perzentil durchgeführt werden.
- Es sollte aber in Betracht gezogen werden, dass probabilistische Verfahren einen anderen Endpunkt haben als deterministische und dass das Ergebnis der Einzelpunktbewertung damit nicht aufgehoben wird. Somit stellen Wahrscheinlichkeitsrechnungen keine Verfeinerung der deterministischen Berechnung dar. Statt dessen sind diese als eine andere Methode der Expositionsabschätzung zu werten.
- Auf der Basis der jeweils vorliegenden Daten ist die bestmögliche Expositionsabschätzung zum Schutze der Verbraucher vorzunehmen.
- Bei der Bewertung von Kombinationswirkungen sollten Stoffe mit unterschiedlichen Wirkmechanismen als einzelne Stoffe, aber Stoffe mit gleichem toxikologischem Wirkmechanismus gemeinsam bewertet werden.

25.6
Literatur

1 Adolf T, Schneider R, Eberhardt W, Hartmann S, Herwig A, Heseker H, Hünchen K, Kübler W, Matiaske B, Moch KJ, Rosenbauer J (1995) Ergebnisse der Nationalen Verzehrsstudie (1985–1988) über die Lebensmittel- und Nährstoffaufnahme in der Bundesrepublik Deutschland, In: Kübler W, Anders HJ, Heeschen W (Hrsg) Band XI der VERA-Schriftenreihe, Wissenschaftlicher Fachverlag Dr. Fleck, Niederkleen.

2 Ambrus A (2000) Within and between field variability of residue data and sampling implications, *Food Additives and Contaminants* 17: 519–537.

3 Banasiak U, Heseker H, Sieke C, Sommerfeld C, Vohmann C (2005) Abschätzung der Aufnahme von Pflanzenschutzmittel-Rückständen in der Nahrung mit neuen Verzehrsmengen für Kinder, *Bundesgesundheitsbl – Gesundheitsforsch – Gesundheitsschutz* 48: 84–98.

4 Boon PE, Lignell S, van Klaveren JD, Toje Nij EIM (2004) Estimation of the acute dietary exposure to pesticides using the probabilistic approch and the point estimate methodology, Report 2004.008 Projectnr. 805.71.833.01 November 2004 RIKILT – Institute of Food Safety Wageningen, The Netherlands.

5 Boon PE, van der Voet H, van Klaveren JD (2003) Validation of a probabilistic model of dietary exposure to selected pesticides in Dutch infants, *Food additives and Contaminants* 20: 36–49.

6 Boon PE, van Klaveren JD (2003) Cumulative exposure to acetylcholinesterase inhibiting compounds in the Dutch population and young children. Toxic equivalency approach with acephate and phosmet as index compounds, Report

2003.003 January 2003, Project number 610.71529.01 RIKILT – Institute of Food Safety, Wageningen, The Netherlands.

7 Carpy SA, Kobel W, Doe J (2000) Health Risk of Low-Dose Pesticide Mixtures: A Review of the 1985–1998 Literature On Combination Toxicology and Healt Risk Assessment, *Journal of Toxicology and Environmental Health, Part B,* **3**: 1–25.

8 Cassee FR, Groten JP, van Bladeren PJ, Feron VJ (1998) Toxicological evaluation and risk assessment of chemical mixtures, *CRC Crit. Rev. Toxicol.* **28**: 73–101.

9 Cassee FR, Sühnel J, Groten P, Feron VJ (1999) The toxicology of chemical mixtures, In: General and Applied Toxicology, Ed. Ballantyne B, Marrs TC, Syversen T. Macmillan Reference Limited, London, 303–320.

10 CCPR (1999) Codex Committee on Pesticide Residues Progress Report by WHO on the revision of GEMS/Food Regional Diets, February 1999, CX/PR 99/3.

11 CCPR (2003) GEMS/Food Progress Report of Dietary Intakes. Codex Alimentarius Commission, FAO/WHO, Codex Committee on Pesticide Residues, 35th Session, Rotterdam, The Netherlands, 31 March – 5 April 2003, CX/PR $^3/_4$.

12 COT (2002) Committee on Toxicity of Chemicals in Food, Consumer Products and the Environment. Risk Assessment of Mixtures of Pesticides and Similar Substances, September 2002, A Report by Working Group on Risk Assessment of Pesticides and similar substances, COT secretariat, Food Standards Agency, London.

13 CVUA (2004) Rückstände von Pflanzenschutzmitteln in Tafeltrauben und Keltertrauben 2004, Chemisches und Veterinäruntersuchungsamt Stuttgart 2004 http://www.cvua.de

14 DGE 1988 Deutsche Gesellschaft für Ernährung Ernährungsbericht 1988, Druckerei Henrich, Frankfurt.

15 EFSA (2005) Opinion of the Scientific Panel on the Plant health, Plant protection products and their Residues on a request from Commission related to the appropriate variability factor(s) to be used for acute dietary exposure assessment of pesticide residues in fruit and vegetables, *The EFSA Journal* **177**: 1–61.

16 EG (1976) 76/895EWG Richtlinie des Rates vom 23. November 1976 über die Festsetzung von Höchstgehalten an Rückständen von Schädlingsbekämpfungsmitteln auf und in Obst und Gemüse, ABl. L 340 vom 9. 12. 1976: 26.

17 EG 1986 86/362/EWG Richtlinie des Rates vom 24. Juli 1986 über die Festsetzung von Höchstgehalten an Rückständen von Schädlingsbekämpfungsmitteln auf und in Getreide, ABl. L 221 vom 7. 8. 1990: 37.

18 EG (1986) 86/363/EWG Richtlinie des Rates vom 24. Juli 1986 über die Festsetzung von Höchstgehalten an Rückständen von Schädlingsbekämpfungsmitteln auf und in Lebensmitteln tierischen Ursprungs, ABl. L 350 vom 14. 12. 1990: 71.

19 EG (1990) 90/642/EWG Richtlinie des Rates vom 27. November 1990 über die Festsetzung von Höchstgehalten an Rückständen von Schädlingsbekämpfungsmitteln auf und in bestimmten Erzeugnissen pflanzlichen Ursprungs, einschließlich Obst und Gemüse, ABl. L 350 vom 14. 11. 1990: 71.

20 EG (1991) Richtlinie 91/414/EWG des Rates vom 15. Juli 1991 über das Inverkehrbringen von Pflanzenschutzmitteln, ABl. L 230 vom 19. 8. 1991: 1.

21 EG (1996) Richtlinie 96/68/EG der Kommission vom 21. Oktober 1996 zur Änderung der Richtlinie 91/414/EWG des Rates über das Inverkehrbringen von Pflanzenschutzmitteln, Abl L 277 vom 30. 10. 1996: 25.

22 EG (1997) Richtlinie 97/57/EG des Rates vom 22. September 1997 zur Festlegung des Anhangs VI der Richtlinie 91/414/EWG über das Inverkehrbringen von Pflanzenschutzmitteln, ABl L 265 vom 27. 9. 1997: 87.

23 EG (1999) Guidelines for the generation of data concerning residues as provided in Annex II part A, section 6 and Annex III, part A, section 8 of Directive 91/414/EEC concerning the plant protection products on the market, EC Document 1607/VI/97 rev. 2 10/6/1999 including the individual documents

7028/VI/95 rev. 3, 7029/VI/95 rev.5, 7524/VI/95 rev. 2, 7525/VI/95 rev.2, 7035/VI/95 rev. 5, 7030/VI/95 rev. 3, 7031/VI/95 rev. 4, 7032/VI/95 rev. 5, 7039/VI/95.

24 EG (2005) Verordnung (EG) Nr. 396/2005 des Europäischen Parlaments und des Rates vom 23. Februar 2005 über Höchstgehalte an Pestizidrückständen in oder auf Lebens- und Futtermitteln pflanzlichen und tierischen Ursprungs und zur Änderung der Richtlinie 91/414/EWG des Rates, ABl. L 70 vom 16. 3. 2005: 1.

25 Exponent (2004) http://www.exponent.com/practices/foodchemical/

26 FAO (2002) Submission and evaluation of pesticide residues data for the estimation of maximum residue levels in food and feed, FAO Plant Production and Protection Paper 170, Food and Agriculture Organization of the United Nations, Rome: 11–33.

27 FAO (2002) Submission and evaluation of pesticide residues data for the estimation of maximum residue levels in food and feed, FAO Plant Production and Protection Paper 170, Food and Agriculture Organization of the United Nations, Rome: 47–52.

28 FAO (2002) Submission and evaluation of pesticide residues data for the estimation of maximum residue levels in food and feed, FAO Plant Production and Protection Paper 170, Food and Agriculture Organization of the United Nations, Rome: 86–91.

29 FAO (2002) Pesticide residues in food – 2002. Report of the Joint Meeting of the FAO Panel of Experts on Pesticide Residues in Food and the Environment and the WHO Expert Group on Pesticide Residues – Annex 3, FAO Plant Production and Protection Paper 172, Food and Agriculture Organization of the United Nations, Rome: 311–338.

30 FAO (2002) Pesticide residues in food – 2002. Report of the Joint Meeting of the FAO Panel of Experts on Pesticide Residues in Food and the Environment and the WHO Expert Group on Pesticide Residues – Annex 4, FAO Plant Production and Protection Paper 172, Food and Agriculture Organization of the United Nations, Rome: 339–362.

31 FAO (2003) Tolylfluanid. Pesticide residues in food – 2002. Evaluations Part I – Residues. Volume 2. Joint Meeting of the FAO Panel of Experts on Pesticide Residues in Food and the Environment and the WHO Expert Group on Pesticide Residues, FAO Plant Production and Protection Paper 175/2, Food and Agriculture Organization of the United Nations, Rome: 1301–1387.

32 FAO (2003) Imidacloprid. Pesticide residues in food – 2002. Evaluations Part I – Residues. Volume 2. Joint Meeting of the FAO Panel of Experts on Pesticide Residues in Food and the Environment and the WHO Expert Group on Pesticide Residues, FAO Plant Production and Protection Paper 175/2, Food and Agriculture Organization of the United Nations, Rome: 687–1006.

33 FAO (2004) Pesticide residues in food – 2003. Report of the Joint Meeting of the FAO Panel of Experts on Pesticide Residues in Food and the Environment and the WHO Expert Group on Pesticide Residues, FAO Plant Production and Protection Paper 176, Food and Agriculture Organization of the United Nations, Rome: 11–12.

34 FQPA (1996) Food Quality Protection Act. US Public Law 104–170, Aug 3 1996.

35 Hamilton D, Ambrus A, Dieterle R, Felsot A, Harris C, Petersen B, Racke K, Wong S, Gonzalez R, Tanaka K, Earl M, Roberts G, Bhula R (2004) Pesticide residues in food – acute dietary exposure, *Pest Manag Sci* **60**: 311–339.

36 Hamilton D, Crossley C (2004) (Hrsg) Pesticide residues in food & drinking water: human exposure and risks, Wiley ISBN 0471-48991-3.

37 Hans R, Hübner H (1992) Festsetzung von Höchstmengen für Pflanzenschutzmittelrückstände in/auf Lebensmitteln, *Bundesgesundhbl* **35**: 246–250.

38 Harris CA, Mascall JR, Warren SFP, Crossley SJ (2000) Summary report of the international conference on pesticide residues variability and acute dietary risk

39 Heseker H, Oeppining A, Vohmann C (2003) Verzehrsstudie zur Ermittlung der Lebensmittelaufnahme von Säuglingen und Kleinkindern für die Abschätzung eines akuten Toxizitätsrisikos durch Rückstände von Pflanzenschutzmitteln (VELS), Forschungsbericht im Auftrag des Bundesministeriums für Verbraucherschutz, Ernährung und Landwirtschaft, Universität Paderborn.

40 Hüther L, Prüße U, Hohgardt K (2004) Mittlere Gewichte von Obst- und Gemüseerzeugnissen – deutsche Daten zur Abschätzung des von Pflanzenschutzmittelrückständen in Lebensmitteln ausgehenden möglichen akuten Risikos, *Gesunde Pflanzen* **56**: 55–60.

41 ILSI (2004) http://cares.ilsi.org

42 Kersting M (2004) Pizza und Süßes anstatt Gemüse? Was essen Kinder und Jugendliche heute? In: Dokumentation zur Fachtagung Ernährung und Gesundheit – Essen wir uns krank, Würzburg 29. 4. 2004, Bayrisches Staatsministerium für Umwelt, Gesundheit und Verbraucherschutz: 9–18.

43 Kersting M, Sichert-Hellert W, Klausen B, Alexy U, Manz F, Schöch G (1998) Energy intake of 1 to 18 year old German children and adolescents, *Z Ernährungswiss* **37**: 47–55.

44 LifeLine Group (2004) http://www.thelifelinegroup.org

45 LFGB (2005) Lebensmittel- und Futtermittelgesetzbuch in der Fassung der Bekanntmachung vom 26. April 2006 (BGBl. I S. 945).

46 PSD (1999) Pesticide Safety Directorate, Report of the International Conference on Pesticide Residues Variability and Acute Dietary Risk Assessment 1–3 December 1998, Royal York Hotel, York, United Kingdom, printed 15 February 1999.

47 PSD (2001) Data Requirements Handbook 23/05/01 Chapter 5: Residues 3. Guidance on the Estimation of Dietary Intakes of Pesticides Residues, Pesticides Safety Directorate UK, http://www.pesticides.gov.uk/applicant/registration_guides/data_reqs_handbook/residues.pdf

48 Reynolds S, Hill A (2002) Cocktail effects – stirred, not shaken ... yet, *Pesticide Outlook* – October 2002: 209–213.

49 RHmV (2005) Verordnung über Höchstmengen an Rückständen von Pflanzenschutz- und Schädlingsbekämpfungsmitteln, Düngemitteln und sonstigen Mitteln in oder auf Lebensmitteln und Tabakerzeugnissen (Rückstands-Höchstmengenverordnung – RHmV) vom 1. September 1994 (BGBl. I S. 2299), in der Fassung der Bekanntmachung der Neufassung der Rückstands-Höchstmengenverordnung vom 21. Oktober 1999 (BGBl. I S. 2083), zuletzt geändert durch die Zehnte Verordnung zur Änderung der Rückstands-Höchstmengenverordnung vom 7. Januar 2005 (BGBl. I S. 105).

50 US EPA (2000) Human health risk assessment. Acephate, Washington DC, Office of Pesticide Programs, Office of Prevention, Pesticides and Toxic Substances, US Environmental Protection Agency.

51 US EPA (2000) Human health risk assessment. Phosmet, Washington DC, Office of Pesticide Programs, Office of Prevention, Pesticides and Toxic Substances, US Environmental Protection Agency.

52 US EPA (2001) Prelininary cumulative risk assessment of the organophosphorus pesticides, Washington DC, Office of Pesticide Programs, Office of Prevention, Pesticides and Toxic Substances, US Environmental Protection Agency.

53 US EPA (2002) Guidance on cumulative risk assessment of pesticide chemicals that have a common mechanism of toxicity, Washington DC, Office of Pesticide Programs, Office of Prevention, Pesticides and Toxic Substances, US Environmental Protection Agency.

54 van der Voet H, Boon PE, van Klaveren JD (2003) Validation of Monte Carlo models for estimating pesticide intake in Dutch infants, Report no. 2003.002, RIKILT – Institute of Food Safety, Wageningen UR, Wageningen, The Netherlands.

55 van der Voet H, de Boer WJ, Boon PE, van Donkersgoed G, van Klaveren JD (2004) MCRA, a web-based program for Monte Carlo Risk Assessment, Release

3, Reference Guide, Biometrics and RIKILT, Wageningen UR, Wageningen, The Netherlands http://www2.rikilt.dlo.nl/mcra/mcra.html

56 WHO (1989) Guidelines for predicting dietary intake of pesticide residues. Prepared by the Joint UNEP/FAO/WHO Food Contamination Monitoring Programme in collaboration with Codex Committee on Pesticide Residues, World Health Organization, Geneva 1989.

57 WHO (1997) Guidelines for predicting dietary intake of pesticide residues (revised). Prepared by the Global Environment Monitoring System – Food Contamination Monitoring and Assessment Programme (GEMS/Food) in collaboration with Codex Committee on Pesticide Residues, Programme of Food Safety and Food Aid, World Health Organization, Geneva 1997, WHO/FSF/FOS/97.7.

58 WHO (1997) Food consumption and exposure assessment of chemicals. Report of a FAO/WHO Consultation Geneva, Switzerland 10–14 February 1997. Issued by World Health Organization in collaboration with Food and Agriculture Organization of the United Nations. Programme of Food Safety and Food Aid, World Health Organization, Geneva 1997, WHO/FSF/FOS/97.5.

59 WHO (1998) GEMS/Food Regional Diets – Regional Per Capita Consumption of Raw and Semi-processed Agricultural Commodities, Prepared by the Global Environment Monitoring System/Food Contamination Monitoring and Assessment Programme (GEMS/Food), Programme of Food Safety and Food Aid, World Health Organization, Geneva 1998, WHO/FSF/FOS/98.3.

60 WHO (2003) http://www.who.int/foodsafety/chem/acute_data

26
Toxikologische Bewertungskonzepte für Pestizidwirkstoffe

Roland Solecki

26.1
Einleitung

Unter Pestiziden werden chemische Mittel zusammengefasst, die zur Vernichtung von pflanzlichen und tierischen Schädlingen aller Art in Verkehr gebracht werden, d.h. es handelt sich hier um Chemikalien, die zur Abtötung von lebenden Organismen, wie Pflanzen, Bakterien, Pilzen, Insekten, Schnecken eingesetzt werden sollen. Hinsichtlich ihrer Verwendung und auch ihrer gesetzlichen Regelung lassen sich Pestizide in zwei Hauptgruppen untergliedern. Pestizide, die in der Landwirtschaft zum Schutze von Pflanzen eingesetzt werden (*agricultural pesticides*) stellen die Gruppe der Pflanzenschutzmittel (PSM) dar, während alle übrigen Pestizide, die im nicht landwirtschaftlichen Bereich eingesetzt werden (*non-agricultural pesticides*) als Biozidprodukte bzw. Biozide zusammengefasst werden können.

Die Zweckbestimmung von Biozidprodukten und Pflanzenschutzmitteln ist die Bekämpfung lebender Organismen, die als schädlich angesehen werden. Speziell auf dieses Ziel hin werden sie entwickelt, in den Verkehr gebracht und entsprechend ihrer Indikation verwendet. Angriffspunkte der bioziden Wirkungen sind grundlegende Strukturen und Funktionen von Lebewesen, wie die Vervielfältigung der Erbinformation, die Energiegewinnung und -transformation und die Signalübertragung zwischen den Zellen. Diese Strukturen und Funktionen sind sehr konservativ, d.h. sie haben sich während der Evolution wenig verändert. Folglich kann ein Biozid, das die Vitalfunktionen von Tieren und Pflanzen angreift, auch die Gesundheit des Menschen beeinflussen.

Pflanzenkrankheiten, Insekten, Nagetiere und andere Schadorganismen vernichten einen erheblichen Teil der Ernte und auch unserer Lebensmittel. Deshalb sind Pflanzenschutzmittel, aber auch Biozidprodukte, zur Sicherung unserer Ernährungsgrundlage sowie eines hohen Hygiene- und Gesundheitsstandards unverzichtbar. Neben dem direkten Schutz der Pflanzen und der Sicherung von Erträgen in der Landwirtschaft spielt aber auch der Schutz von Lebensmitteln vor Kontaminationen mit pathogenen Keimen oder toxischen

Stoffen, wie Mykotoxinen, eine wichtige Rolle, um die Lebensmittelsicherheit mit bioziden Stoffen zu gewährleisten. Neben diesem Schutzaspekt resultieren aus dem Einsatz dieser chemischen Verbindungen jedoch auch potenzielle Risiken durch die Bildung von Rückständen dieser bioziden Wirkstoffe in und auf unserer Nahrung, die einer gesundheitlichen Bewertung unterzogen werden müssen.

Pflanzenschutzmittel sind vorrangig zur Anwendung in der Landwirtschaft vorgesehen und dazu bestimmt, Pflanzen oder Pflanzenerzeugnisse vor Schadorganismen bzw. vor nachteiligen Beeinflussungen durch Tiere, durch andere Pflanzen (beispielsweise Unkräuter) oder durch Mikroorganismen zu schützen.

Die Einteilung der Pflanzenschutzmittel-Wirkstoffe kann nach ihrer chemischen Gruppenzugehörigkeit oder auch nach ihrem Anwendungsgebiet vorgenommen werden. Zu den derzeitig in der Landwirtschaft verwendeten Substanzklassen gehören neben anorganischen Verbindungen wie Schwefel und Metallsalzen vor allem organische Verbindungen wie Dithiocarbamate, Benzimidazole, Triazol-Derivate, Strobilurine, Chlorphenoxyalkansäuren, Dinitrophenole, Harnstoffverbindungen, chlorierte Kohlenwasserstoffe, Organophosphate, Carbamate oder Pyrethroide.

Aus den Anwendungsgebieten bzw. Indikationen gegen Zielorganismen lassen sich die Wirkstoffgruppen der Bakterizide (gegen Bakterien), Fungizide (gegen Pilze, insbesondere Schimmelpilze), Herbizide (gegen Unkräuter), Insektizide (gegen Insekten), Akarizide (gegen Milben), Nematizide (gegen Würmer), Molluskizide (gegen Schnecken) und Rodentizide (gegen Nagetiere) ableiten.

Biozide Wirkstoffe werden im nicht-landwirtschaftlichen Bereich gegen Schadorganismen eingesetzt, die auch im Lebensmittelbereich eine Rolle spielen können. Die Biozidprodukte können in vier Hauptgruppen untergliedert werden:
- Desinfektionsmittel
- Schutzmittel, einschließlich Holzschutzmittel
- Schädlingsbekämpfungsmittel
- sonstige Biozide, einschließlich Antifoulinganstriche

Diese vier Hauptgruppen werden in insgesamt 23 Produkttypen unterteilt. Für die lebensmitteltoxikologische Bewertung sind vor allem solche Biozidprodukte relevant, die bei ihrer Verwendung oder über behandelte Erzeugnisse in Kontakt mit Lebensmitteln kommen.

Desinfektionsmittel der ersten Hauptgruppe werden unter anderem im Veterinärbereich, dem Lebens- und Futtermittelbereich und im Trinkwasser zur Gewährleistung der Hygienestandards und zum Schutz vor Infektionen und anderen gefährlichen Krankheiten eingesetzt. Um diese Schutzziele zu gewährleisten, ist für eine Reihe von Produkttypen dieser Hauptgruppe ein Kontakt mit Lebens- und Nahrungsmitteln möglich, ja z.T. erforderlich, so dass hier eine Bewertung von Rückständen zu erfolgen hat und auch gesetzlich gefordert wird. Schutzmittel der zweiten Hauptgruppe werden im vorbeugenden und bekämpfenden Holzschutz, beim Haltbarmachen von Produkten und anderen Erzeugnissen oder zum Materialschutz eingesetzt, wo ein Kontakt mit Lebensmitteln nur indirekt über die behandelten Produkte (beispielsweise Verpackungsmaterial) möglich ist. Schädlingsbekämpfungsmittel werden eingesetzt, um Ungeziefer bzw. schadenverursachende Organismen wie Nagetiere, Schnecken, Insekten und Arthropoden zu bekämpfen. Da dieser Einsatz häufig im privaten Bereich erfolgt und auch Nahrungsschädlinge bekämpft werden, ist hier eine Kontamination von Lebensmitteln möglich, die jedoch durch eine sachgerechte Verwendung dieser Biozide vermeidbar sein muss. Die sonstigen Biozidprodukte der vierten Hauptgruppe fassen verschiedene Produkttypen wie beispielsweise Antifoulinganstriche, Flüssigkeiten für Einbalsamierung und Taxidermie sowie Schutzmittel für Lebens- und Futtermittel zusammen, wobei der letztere Produkttyp durch das mögliche Auftreten von Rückständen eine lebensmitteltoxikologische Bewertung erforderlich macht.

Wirkstoffe, die sowohl in Biozidprodukten als auch in Pflanzenschutzmitteln eingesetzt werden, sind in eine so genannte summative Gesamtbewertung (*aggregate risk assessment*) einer Verbraucherexposition einzubeziehen, bei der zusätzlich zur Exposition gegenüber Pestizidrückständen in und auf Lebensmitteln auch die möglichen Belastungen des Trinkwassers, von Bedarfsgegenständen, von Innenräumen und der Umwelt durch diese Biozide summiert werden. Dabei sollen alle möglichen Belastungen des Körpers gegenüber einer bestimmten toxischen Verbindung aus unterschiedlichen Expositionsquellen in die gesundheitliche Risikobewertung mit einbezogen werden, was jedoch die Entwicklung spezieller Modelle erforderlich macht.

26.2
Regulatorische Toxikologie der Pestizide

Die gesetzlichen Grundlagen für die gesundheitliche Bewertung von Pestiziden und ihren Rückständen wird in der Europäischen Union durch die „Richtlinie des Rates vom 15. Juli 1991 über das Inverkehrbringen von Pflanzenschutzmitteln (91/414/EWG)" und die „Richtlinie 98/08/EG des Europäischen Parlaments und des Rates vom 16. Februar 1998 über das Inverkehrbringen von Biozidprodukten" einheitlich in allen Mitgliedstaaten geregelt. Dadurch werden biozide Stoffe und Produkte europaweit einem einheitlichen Bewertungs- und Zulassungsverfahren unterworfen. Prinzipiell können Pflanzenschutzmittel und Biozidprodukte nur dann in den Mitgliedstaaten zugelassen werden, wenn deren Wirkstoffe in Annex I dieser Richtlinien aufgenommen sind (Positivliste für Wirkstoffe).

Im Rahmen eines EU Programmes, das auf der Richtlinie 91/414/EWG basiert, erfolgt seit 1995 eine zwischen den Mitgliedstaaten abgestimmte Bewertung der Pflanzenschutzmittel-Wirkstoffe in einem Gemeinschaftsverfahren, die für jeden Wirkstoff mit einer umfassenden Bewertung seiner Wirksamkeit, der unannehmbaren Auswirkungen auf Zielorganismen und der Bewertung von Risiken gegenüber der Umwelt sowie gegenüber Mensch und Tier einschließlich der Festlegung von toxikologischen Grenzwerten und Expositionsabschätzungen für repräsentative Verwendungen bei der Aufnahme in Anhang I dieser Richtlinie abgeschlossen wird. Die Unterlagen und Prüfberichte, die den Behörden für die Zulassung eines Pflanzenschutzmittels vorzulegen sind, werden in Europa durch die Anhänge II und III der Richtlinie 91/414/EWG in der Europäischen Gemeinschaft verbindlich festgelegt, die periodisch an den wissenschaftlichen Erkenntnisstand angeglichen werden. Bei neuen Wirkstoffen wird dieses Verfahren in Gang gesetzt, sobald die Zulassung eines Pflanzenschutzmittels mit diesem neuen Wirkstoff in einem der Mitgliedstaaten beantragt wird. Wirkstoffe, die vor 1993 in einem der Mitgliedstaaten auf dem Markt waren, werden als Altwirkstoffe (*existing active substances, EAS*) bezeichnet [14]. Diese Richtlinie dient der Harmonisierung des Handels von Lebensmitteln und Futtermitteln auf dem europäischen Markt. Damit wurde aber auch die Voraussetzung geschaffen, das für alle in Europa zugelassenen Pestizidwirkstoffe nach Abschluss dieses Verfahrens einheitliche Grenzwerte für die gesundheitliche Bewertung gelten sollten.

In den außereuropäischen Industrieländern, wie den USA, Kanada, Australien und Japan, gelten vergleichbare regulatorische Vorschriften wie in Europa. So erfolgt auch zwischen den USA, Kanada und Mexiko eine gemeinschaftliche Bewertung von bioziden Wirkstoffen sowie deren Rückstände in einem periodischen Programm. Seit 1992 arbeitet die „OECD (*Organisation for Economic Co-operation and Development*) Arbeitsgruppe für Pestizide" (*Working Group on Pesticides, WGP*) an einer internationalen Harmonisierung von Datenanforderungen, Prüfrichtlinien und Bewertungskonzepten für Pestizide in den OECD Ländern.

Dagegen können in den Entwicklungsländern, aus denen auch Lebensmittel mit Pestizidrückständen importiert werden, diese strengen gesetzlichen Bestimmungen häufig aufgrund fehlender Ressourcen nicht durchgesetzt werden. Um jedoch für den internationalen Handel einheitliche Standards durchzusetzen, greifen hier die Festlegungen des „Codex Alimentarius" (*Codex Committee on Pesticide Residues, CCPR*) mit den Codex-Höchstmengen für Rückstände in Lebensmitteln. Hierfür werden Wirkstoffe in Pflanzenschutzmitteln durch das Joint Meeting of Pesticide Residues (JMPR) der WHO und FAO in einem periodischen Programm bewertet. Die dort abgeleiteten Grenzwerte spielen eine wichtige Rolle bei der internationalen Festlegung von weltweit gültigen Standards durch den „Codex Alimentarius" sowie die gesundheitliche Bewertung von Rückständen in den Entwicklungsländern.

Für die regulatorische Toxikologie von Wirkstoffen in Biozidprodukten gelten vergleichbare Regelungen und Bewertungsprinzipien wie für Pflanzenschutzmittelwirkstoffe [25], die für die europäischen Mitgliedstaaten in Richtlinie 98/08/EG festgeschrieben sind. Ein vergleichbares EU-Programm zur systematischen Bewertung der auf dem Markt befindlichen Altstoffe, d. h. Wirkstoffe in so genannten „alten Biozid-Produkten", die bereits vor dem 14. Mai 2000 in einem EU-Mitgliedstaat in Verkehr waren, läuft seit 2004 in Europa und soll in einem Zeitraum von zehn Jahren abgeschlossen sein [2]. Dieses Programm wird durch unmittelbar geltende EU-Verordnungen, die „Review-Verordnungen", geregelt.

Die o.g. Richtlinien sehen EU-Positivlisten zulässiger Pflanzenschutzmittel- und Biozidwirkstoffe vor. Das darauf basierende nationale Zulassungsverfahren für die einzelnen Pflanzenschutzmittel und Biozidprodukte in den Mitgliedstaaten unterliegt dem Prinzip der gegenseitigen Anerkennung von Produktzulassungen.

Vor dem Inverkehrbringen dieser Produkte sind alle gesetzlich vorgeschriebenen Prüfungen durchzuführen und die geforderten Unterlagen bei den Zulassungs- und Bewertungsstellen vorzulegen, um dort eine Prüfung nach dem Stand der wissenschaftlichen Erkenntnisse vornehmen zu können. Das zuzulassende Produkt darf bei bestimmungsgemäßer und sachgerechter Anwendung, oder als Folge einer solchen Anwendung, über Rückstände in und auf Lebensmitteln keine schädlichen Auswirkungen auf die Gesundheit von Mensch und Tier haben. Wenn diese und weitere Voraussetzungen, z.B. hinsichtlich ausreichender Wirksamkeit und Umweltsicherheit, durch die Zulassungs- und Bewertungsbehörden positiv bewertet worden sind, darf eine amtliche Zulassung erfolgen. Die nationale Zulassung erfolgt in der Bundesrepublik Deutschland auf der Grundlage des Pflanzenschutzgesetzes und des Biozidgesetzes.

Gegenüber Lebensmittelzusatzstoffen, natürlichen Lebensmittelbestandteilen, Vitaminen und Mineralstoffen, Aromastoffen, Lebensmittelkontaminanten und anderen Materialien, die in Kontakt mit Lebensmitteln kommen, sind die gesetzlich vorgeschriebenen Datenanforderungen für eine Bewertung von Rückständen, die aus der Verwendung von Pestiziden hervorgehen können, wesentlich umfangreicher. Vergleichbare gesetzliche Prüfvorschriften gelten für Tierarzneimittel.

Die grundsätzliche Bewertung des von Pestizidwirkstoffen ausgehenden gesundheitlichen Risikos erfolgt aber nach den gleichen wissenschaftlichen international anerkannten Prinzipien, die auch für andere chemische Stoffe, die in und auf Lebensmitteln vorkommen, Anwendung finden.

26.3
Datenanforderungen für die Ableitung von Grenzwerten

Wichtigste Grundlage für die gesundheitliche Bewertung von Lebensmittelrückständen, die aus der Pestizidanwendung resultieren, sind die daraus abgeleitete Höhe und Dauer einer anzunehmenden Exposition, die mit einem Grenzwert in Beziehung gesetzt wird, der aus den toxikologischen Prüfungen zur Identifizierung des Gefahrenpotenzials und zur Ableitung von Dosis-Wirkungsbeziehungen abgeleitet wird. Diese toxikologischen Untersuchungen sollen ausreichende Informationen über den Zusammenhang zwischen Dosis und Schadwirkung, die Zielorgane, die Zeitabhängigkeit toxischer Effekte und auch deren mögliche Reversibilität liefern und geeignet sein, eine Dosis ohne schädliche Wirkung (*no observed adverse effect level; NOAEL*) festzulegen. Diese tierexperimentellen Untersuchungen müssen in aller Regel internationalen Standards hinsichtlich der Guten Laborpraxis (GLP) sowie der Prüfmethoden (beispielsweise OECD-Prüfrichtlinien) genügen.

Um eine lebensmitteltoxikologische Bewertung von Rückständen durchführen zu können, müssen experimentelle Prüfungen (Tab. 26.1) zur Toxikokinetik sowie zur toxikologischen Bewertung des Wirkstoffes vorgenommen werden.

- Untersuchungen zu Aufnahme, Verteilung, Metabolismus und Ausscheidung des Wirkstoffes im Organismus werden in der Regel nach einmaliger und wiederholter Verabreichung an Ratten durchgeführt.
- Die klassischen akuten Toxizitätsprüfungen zur Bestimmung der LD_{50} sind von untergeordneter Bedeutung für die Beurteilung von Lebensmittelrückständen. Die Studien liefern zwar begrenzte Informationen über die Wirkstärke des Stoffs, den zeitlichen Verlauf und die Besonderheiten der Vergiftung (Mortalität, klinische Symptome, pathologische Befunde) jedoch sind sie in der Regel nicht geeignet für die Ableitung von Grenzwerten.
- Subakute Toxizitätsprüfungen wurden mit Pestizidwirkstoffen häufig nur als Dosis-Findungsstudien über 28 Tage an Mäusen, Ratten und Hunden durchgeführt, um eine Abschätzung der Dosierungen für die subchronische und chronische Prüfung zu erhalten. Wenn sie jedoch nach den OECD-Prüfrichtlinien durchgeführt werden, können sie sehr wichtige Ergebnisse zur Bewertung des Kurzzeit-Risikos gegenüber Lebensmittelrückständen erbringen.
- Für die Gefahrenabschätzung und Dosis-Wirkungsbeurteilung von Stoffen bilden die subchronischen Studien an Ratten und Hunden über 90 Tage sowie die chronischen Prüfungen über zwei Jahre, die an Ratten und Mäusen durchgeführt werden, eine sehr wichtige Grundlage. Die Datenanforderungen in der EU fordern die Durchführung von chronischen Hundestudien über ein Jahr, wenn der Hund die sensitivste Tierart darstellt. Da Hundestudien über einen Zeitraum von einem Jahr gegenüber den Studien nach 90-tägiger Verabreichung sehr häufig nur einen geringen Erkenntnisgewinn beigetragen haben, wird künftig auf diese Tierversuche verzichtet werden können.
- Für Substanzen mit krebserzeugenden Eigenschaften ist es wichtig, den Mechanismus der Tumorentstehung zu erkennen sowie bei nicht genotoxischen Kanzerogenen auch die Wirkungsschwelle für die Tumorauslösung in Kanzerogenitätsprüfungen an Nagern zu ermitteln. Im Unterschied wird für Kanzerogene mit genotoxischer Wirkung häufig keine Wirkungsschwelle angenommen, d. h. dass auch kleinste Dosen eine irreversible Wirkung haben können und somit als Rückstände nicht tolerabel sind.
- Eine Batterie an In-vitro- und In-vivo-Untersuchungen zur Prüfung der Genotoxizität liefert Informationen über mögliche erbgutverändernde Eigenschaften von Pestizidwirkstoffen. Die Auslösung genotoxischer Effekte in somatischen Zellen kann als Warnhinweis auf eine mögliche krebserzeugende Wirkung angesehen werden. Darüber hinaus können Veränderungen des Erbmaterials in den Keimzellen der Fortpflanzungsorgane auf die Nachkommen übergehen und zu genetisch bedingten Erkrankungen oder Fehlbildungen in den Folgegenerationen führen.
- Für die reproduktionstoxikologische Bewertung eines Wirkstoffes werden Mehrgenerationsstudien an Ratten durchgeführt. Diese Multigenerationsstudien liefern Informationen über nachteilige Auswirkungen auf das Sexualver-

halten, die Spermatogenese/Oogenese, auf den Hormonhaushalt sowie die Entwicklung der Nachkommenschaft in zwei aufeinander folgenden Generationen.
- Für die entwicklungstoxikologische Bewertung eines Wirkstoffes werden Teratogenitätsprüfungen an Ratten und Kaninchen vorgenommen. In diesen Studien werden sowohl potenzielle toxische Wirkungen auf die Muttertiere als auch auf die Embryonal- und Fetalentwicklung der Nachkommen untersucht, die während der Schwangerschaft verursacht werden und sich beispielsweise in letalen Effekten und Aborten sowie Missbildungen und Variationen an inneren Organen und am Skelett manifestieren können.
- Die Neurotoxizitätsprüfungen nach akuter und subchronischer Verabreichung an Ratten stellen ein weiteres Glied in der Kette des toxikologischen Prüfspektrums für Stoffe mit Verdacht auf ein neurotoxisches Potenzial dar. In diesen Prüfungen werden insbesondere verhaltenstoxikologische Testbatterien zur Erfassung von sensorischen, motorischen und kognitiven Störungen durchgeführt, die durch neuropathologische, biochemische und elektrophysiologische Untersuchungen in Abhängigkeit vom Wirkprofil ergänzt werden können. Für eine Reihe von bioziden Wirkstoffen, wie Organophosphate und Carbamate sind zusätzlich Untersuchungen zur verzögerten Neurotoxizität an Hühnern vorzunehmen. Die Prüfung der Entwicklungsneurotoxizität an Ratten wird nur für ausgewählte Stoffe durchgeführt (beispielsweise Organophosphate, Pyrethroide) und hat in der Praxis bislang nur eine begrenzte Relevanz für die lebensmitteltoxikologische Bewertung von Rückständen gezeigt.
- Um weitere mögliche Endpunkte einer gesundheitlichen Gefährdung zu prüfen, werden ausgehend vom toxikologischen Wirkprofil einer Substanz mechanistische Untersuchungen mit dem Ziel der Aufklärung von Wirkungen auf die hormonelle Homöostase, das Immunsystem oder andere biochemische Wirkmechanismen in die gesundheitliche Bewertung einbezogen.
- Enthalten die Rückstände, denen der Verbraucher über Lebensmittel ausgesetzt sein kann, als Ergebnis des Stoffwechsels oder eines anderen Prozesses in oder auf behandelten Pflanzen (beispielsweise UV-Strahlung) oder als Ergebnis der Verarbeitung der behandelten Erzeugnisse relevante Metabolite oder Abbauprodukte, die in die Rückstandsdefinition für die Risikobewertung einbezogen werden müssen, so ist es notwendig, auch die Toxizität dieser Metaboliten in gesonderten Studien zu bewerten. Insbesondere dann, wenn die Metabolite/Abbauprodukte nicht in Säugetieren gefunden wurden, reichen die zum Wirkstoff vorliegenden Daten für eine gesundheitliche Bewertung nicht aus und das toxikologische Profil einer solchen Substanz muss gesondert geprüft werden.
- Untersuchungen an freiwilligen Versuchspersonen können sehr wichtige Erkenntnisse zur Toxikokinetik oder der Übertragbarkeit von Ergebnissen aus dem Tierversuch auf den Menschen liefern. Sie sind insbesondere für Wirkstoffe verfügbar, deren toxische Wirkungen gut bekannt und reversibel sowie durch nicht-invasive Methoden oder Blutentnahmen leicht zu überwachen

sind (beispielsweise Cholinesterase-Hemmung durch Organophosphate und Carbamate). Sie können grundsätzlich für die Ableitung von Grenzwerten herangezogen werden, wenn sie entsprechend den ethischen und wissenschaftlichen Kriterien durchgeführt worden sind [15, 20].

Das toxikologische Prüfkonzept von Pestizidwirkstoffen berücksichtigt in der Regel nur das toxikologische Wirkprofil eines einzelnen Wirkstoffes. Über Lebensmittelrückstände kann der Organismus jedoch gegenüber einer Vielzahl von Wirkstoffen exponiert werden. Bei gleichzeitiger Exposition gegenüber mehreren chemischen Stoffen ist eine Vielzahl von Wechselwirkungen denkbar, die sich in Additivität, Synergismus und Antagonismus einteilen lassen. Bei einer additiven Wirkung ist der kombinierte Effekt gleich der Summe der Effekte der Einzelstoffe. Dabei kann zwischen Dosis-Additivität und Effekt-Additivität unterschieden werden. Bei der synergistischen Wirkung ist der kombinierte Effekt das Resultat einer Potenzierung und somit größer als die Summe der Effekte der Einzelstoffe, während bei einer antagonistische Wirkung die beobachtete Wirkung kleiner als die Summe der Effekte der Einzelstoffe ist.

Obwohl zahlreiche Untersuchungen mit Pestizidkombinationen vorliegen, muss noch eine solidere wissenschaftliche Basis für die Bewertung von Kombinationswirkungen geschaffen werden. Benötigt werden vor allem umfangreichere Kenntnisse zur internen Exposition am Zielort und zur Modellierung von realistischeren Dosis-Wirkungsbeziehungen für die individuellen Komponenten einer Mischung ebenso wie Untersuchungen zu Wirkungsmechanismen und zu möglichen Interaktionswirkungen der Substanzen untereinander. Es sind nicht nur gleichartige Wirkungsweisen verschiedener Substanzen an einem Zielorgan zu berücksichtigen, sondern auch alle Prozesse, die einen Einfluss auf die am Zielorgan auftretenden Wirkstoffkonzentrationen nehmen können, wie Interaktionen bei Absorptionsverhalten, Proteinbindung oder Metabolismus. Solche Daten werden zurzeit mit den oben genannten Studien nicht in einem ausreichenden Umfang generiert. Aus Gründen des Tierschutzes können die potenziellen Kombinationswirkungen von Pestizidwirkstoffen auch nicht experimentell im Zulassungsverfahren untersucht werden, sondern hier sind alternative Verfahren und Modelle zu entwickeln. Für die genauere Bestimmung von Wirkungsmechanismen ist in Zukunft auch der Einsatz moderner Techniken, wie Gen-Chip-Analyse und eine verstärkte Nutzung von In-vitro-Systemen denkbar.

Beim Kontakt mit Rückständen in und auf Lebensmitteln, die nur in sehr geringen nicht toxischen Dosierungen vorkommen dürfen, ist die Aufnahme von Mischungen von Pestizidwirkstoffen in der Regel nicht gesundheitsgefährdend. Die Wahrscheinlichkeit eines erhöhten Gesundheitsrisikos durch additive Kombinationswirkungen wird als gering angesehen, da die Dosen, denen ein Mensch ausgesetzt ist, im Allgemeinen viel geringer als der relevante NOAEL-Wert sind [9].

26.4
Grenzwerte für die Bewertung von Rückständen

Die toxikologische Untersuchung von chemischen Stoffen und Produkten erfolgt mit dem Ziel, eine mögliche Gesundheitsgefährdung des Menschen zu erkennen und zu verhindern. Für den Bereich der Pflanzenschutzmittel-Toxikologie beinhaltet diese Aufgabe der präventiven Gefährdungsminimierung, auf der Grundlage der umfangreichen tierexperimentellen Daten und der eventuell vorliegenden Angaben zur Wirkung beim Menschen, Expositionsgrenzwerte abzuleiten, unterhalb derer eine Gesundheitsgefährdung mit hinreichender Sicherheit ausgeschlossen werden kann. Um zu entscheiden, ob eine Exposition gegenüber den in Lebensmitteln enthaltenen Rückständen von Pflanzenschutzmittel- bzw. Biozidwirkstoffen eine Gefahr für die Gesundheit darstellen kann, müssen die auf toxikologischen Studien basierenden Grenzwerte mit der zu erwartenden Exposition in Beziehung gesetzt werden [26].

Für die Beurteilung von langfristigen Gefahren für den Verbraucher durch Pflanzenschutzmittel-Rückstände in Lebensmitteln wurde von der WHO die Abschätzung der zulässigen täglichen Aufnahmemenge (*acceptable daily intake, ADI*) als entscheidungsrelevanter Grenzwert eingeführt. Dieses Konzept der Risikobewertung von Rückständen in Lebensmitteln wurde auf Grundlage des empirischen Ansatzes eingeführt, dass die höchste Dosis ohne Wirkung im Tierversuch, geteilt durch einen Faktor von 100, als „sichere Dosis" (*safe level*) für den Menschen angesehen werden kann [11]. Der Faktor von 100 soll alle Unsicherheiten abdecken, die sich aus den Unterschieden zwischen den Spezies und innerhalb einer Spezies ergeben können. Der ADI-Wert wird in mg der chemischen Verbindung pro kg Körpergewicht angegeben. Er stellt einen Schätzwert dar, der auf Grundlage von Ergebnissen der oben genannten umfangreichen Tierversuche und sonstiger toxikologischer Erkenntnisse auf Basis international vereinbarter wissenschaftlicher Prinzipien abgeleitet wird. Das ADI-Konzept [12] bildet auch die wesentlichste Basis, an der die Datenanforderungen für die experimentell-toxikologische Prüfung von Pestizidwirkstoffen ausgerichtet wurden (Tab. 26.1). Ein überwiegender Prozentsatz von ADI-Werten wurde auf der Basis von Langzeitstudien an Nagern zur Prüfung der chronischen Toxizität und Kanzerogenität abgeleitet. Für Organophosphate und Carbamate spielen jedoch auch subakute und subchronische Studien zur Untersuchung der Neurotoxizität, d. h. insbesondere die Hemmung der Cholinesterase (ChE) im Gehirn und den Erythrozyten eine große Rolle bei der ADI-Wert-Ableitung. Die Hemmung der ChE im Plasma wird von den meisten Behörden nicht als relevant für die Grenzwert-Ableitung angesehen, sie stellt eher eine Indikation für eine Exposition mit einem ChE-Hemmer dar. Insbesondere für Wirkstoffe mit reproduktions- und entwicklungstoxischen Eigenschaften spielen die Mehrgenerations- und Teratogenitätsstudien eine herausragende Rolle bei der Festsetzung des ADI-Wertes. Für Wirkstoffe mit kanzerogenen und teratogenen Eigenschaften wird häufig ein zusätzlicher Sicherheitsfaktor verwendet, insbesondere wenn die Effekte einen hohen Schweregrad

Table 26.1 Untersuchungen zur toxikologischen Bewertung von Rückständen.

Aufnahme, Verteilung, Metabolismus und Ausscheidung (Toxikokinetik)
Untersuchungen der oralen Absorption, Verteilung, Ausscheidung und Metabolismus bei Säugetieren sowie landwirtschaftlichen Nutztieren.

Toxikologischen Bewertung des Wirkstoffes
Akute Toxizität
Untersuchungen der akuten oralen Toxizität (LD_{50}) nach einmaliger Verabreichung.
Subchronische Toxizität
Dosisfindungsstudien über 28 Tage an Ratte, Hund, Maus; nicht obligatorisch.
Toxizitätsstudien nach oraler Verabreichung über 90 Tage an Ratte und Hund sowie über zwölf Monate am Hund, wenn diese Spezies deutlich empfindlicher ist.
Chronische Toxizität und Kanzerogenität
Toxizitätsstudien nach oraler Verabreichung über zwei Jahre an Ratte und Maus mit kombinierter Prüfung der krebserzeugenden Wirkung.
Genotoxizität
in vitro-Untersuchungen (bakterielle Prüfung auf Genmutation, Chromosomenaberrationstest mit Säugerzellen, Genmutationstest mit Säugerzellen) sowie in vivo-Untersuchungen mit somatischen Zellen (Mikronucleustest bzw. Metaphasenanalyse in Knochenmarkzellen oder UDS-Test sowie bei positiven Befunden mit Keimzellen).
Reproduktions- und Entwicklungstoxizität
Mehrgenerationenuntersuchungen an der Ratte.
Teratogenitätsprüfung an Ratte und Kaninchen.
Neurotoxizität
Prüfung der verzögerten Neurotoxizität an Hühnern sowie der akuten/subakuten Neurotoxizität an Ratten; nicht obligatorisch, abhängig von Toxizitätsprofil.
Andere toxikologische Prüfungen
Toxikologische Prüfungen mit Metaboliten sowie zusätzliche mechanistische Untersuchungen (z. B. immuntoxisches Potenzial, endokrine Wirkungen).
Medizinische Daten
Ärztliche Überwachung des Betriebspersonals, Untersuchungen an Freiwilligen und Beobachtungen zur Exposition der Bevölkerung (z. B. aus epidemiologischen Studien).

---

aufweisen oder in der niedrigsten Dosierung adverse Effekte (*low observed adverse effect level, LOAEL*) auftreten.

Für eine Reihe von Wirkstoffen stellt der Hund die empfindlichste Tierart dar, so dass der ADI aus Studien nach 90 Tagen oder einem Jahr abgeleitet wird. Da diese Studiendauern – im Gegensatz zu den 2-Jahresstudien an Ratten und Mäusen – nur einen kleinen Teil der Lebenserwartung von Hunden ausmachen, wird von einigen Regulatoren ein zusätzlicher Sicherheitsfaktor verwendet. Im Unterschied zum JMPR, das traditionell einen zusätzlichen Sicherheitsfaktor von 3 bei einer Ableitung des ADI von Hundesstudien verwendet, ist diese Vorgehensweise in der EU-Wirkstoffprüfung und auch bei anderen außereuropäischen Bewertungsbehörden derzeit nicht üblich. Um die Notwendigkeit von zusätzlichen Sicherheitsfaktoren systematisch zu untersuchen und gleichzeitig auch die Möglichkeiten zur Reduzierung von toxikologischen Untersuchungen am Hund zu prüfen, wurden vom International Life Science Institute (ILSI), der US Environmental Protection Agency (US-EPA) und dem Bundesinstitut für Risikobewertung in Berlin (BfR) verschiedene wissenschaftliche Analysen und Datenerhebungen aus erfolgten Risikobewertungen durchgeführt. Die Ergebnisse werden derzeit für Publikationen in wissenschaftlichen Zeitschriften vorbereitet, um diese dann auch in die Bewertungskonzepte der verschiedenen internationalen Regelungsbehörden abgestimmt integrieren zu können. Die der Definition des ADI zugrunde liegenden Bewertungskonzepte unterliegen somit einer ständigen Fortentwicklung nach dem aktuellen Stand von Wissenschaft und Technik, werden diesem auf Basis wissenschaftlicher Untersuchungen kontinuierlich angepasst und können somit sicherstellen, dass eine tägliche und lebenslange Aufnahme der betreffenden Wirkstoffdosis keine nachteiligen Folgen für die menschliche Gesundheit hat. Das kann zeitweise auch dazu führen, dass diese neuen Konzepte zu unterschiedlichen Zeitpunkten in die Bewertungspraxis verschiedener Bewertungsbehörden eingeführt werden und temporär unterschiedliche Grenzwerte abgeleitet werden.

Die durchschnittliche tägliche Aufnahmemenge eines Pflanzenschutzmittels mit der Nahrung wird üblicherweise von den mittleren Rückstandsgehalten abgeleitet, die in überwachten Feldversuchen in den betreffenden Kulturen bestimmt werden. Erforderlichenfalls gehen Faktoren zur Veränderung der Rückstände bei der Verarbeitung und Zubereitung in die Abschätzung ein. Diese Rückstandsmengen werden mit der durchschnittlichen täglichen Verzehrsmenge für die betreffenden Lebensmittel multipliziert. Für die Bundesrepublik Deutschland gingen bislang die Verzehrsmengen 4–6-jähriger Mädchen in die Abschätzung ein, weil diese Personengruppe in der Regel die höchste Nahrungsaufnahme mit Bezug auf das Körpergewicht aufweist und somit ein „Worst-Case-Szenario" d.h. die Annahme des ungünstigsten Falles darstellt. Neuere nationale Verzehrsmengen für Kinder im Alter bis zu fünf Jahren sind seit kurzem aus einer neuen bundesweiten Verzehrsstudie (VELS) verfügbar (s. Kapitel II-25 Rückstände). Die ermittelte durchschnittliche tägliche Aufnahme an Rückständen eines Pflanzenschutzmittel-Wirkstoffes sollte den festgelegten ADI nicht überschreiten. Bei bestimmten Wirkstoffen kann jedoch anwendungs- und ernährungsbedingt eine kurzfristige Überschreitung des ADI auftreten. Wenn diese Stoffe eine besonders hohe akute Toxizität aufweisen und toxische Wirkungen bereits nach einer sehr kurzzeitigen Exposition auftreten können, ist der aus längerfristigen Studien abgeleitete ADI nicht zur Bewertung der akuten Gefährdung durch Pflanzenschutzmittel-Rückstände in der Nahrung geeignet. Um in solchen Situationen ein mögliches Gesundheitsrisiko beurteilen zu können, wurde ein Verfahren zur Festlegung einer so genannten Akuten Referenzdosis *(acute reference dose, ARfD)* entwickelt, das in einem Übersichtsartikel von Solecki et al. [27] ausführlich beschrieben wird.

Tabelle 26.2 gibt eine Übersicht über die ADI-Werte und die ARfD von beispielhaft ausgewählten Pflanzenschutzmittel-Wirkstoffen, deren toxikologisches Profil in den Kapiteln II-28–30 näher beschrieben wird.

Table 26.2 ADI und ARfD für rückstandsrelevante Pestizide in Lebensmitteln.

Substanz	ADI [mg/kg KG]	Jahr	ARfD [mg/kg KG]	Jahr	Literatur
Azinphos-methyl	0,005	1993	0,075	2002	[3]
Azoxystrobin	0,1	2002	n.n.	2002	[3]
Benomyl	0,1 [a]	1995	[b]		[30]
Captan	0,1	2004	0,3/n.n. [c]	2004	[20]
Carbendazim	0,02	2003	0,02	2003	[3]
Chlorpyrifos	0,01	1999	0,1	1999	[30]
Cyprodinil	0,03	2003	n.n.	2003	[19]
Dicofol	0,002 [d]	1992	0,15	1997	[3]
Fludioxonil	0,03	2003	n.n.	2003	[3]
Folpet	0,1	2004	0,2/n.n.	2004	[20]
Imazalil	0,03	2001	n.n.	2001	[30]
Imidacloprid	0,06	2001	0,4	2001	[30]
Indoxacarb	0,006	2004	0,02	2004	[3]
Iprodione	0,06	2001	n.n.	2001	[3]
Malathion	0,3	1997	2,0	2003	[30]
Mancozeb	0,05	2003	0,3	2003	[3]
Maneb	0,03	1995	n.n.	2001	[3]
Metalaxyl-M	0,08 [e]	2002	n.n.	2002	[30]
Methidathion	0,001	1992	0,01	1997	[30]
Metiram	0,03	1993	n.n.	2000	[3]
Procymidone	0,025	2002	0,035	2002	[3]
Quinoxyfen	0,2	2003	n.n.	2003	[3]
Thiabendazole	0,1	1997	0,1	2002	[30]
Tolylfluanid	0,08	2002	0,5	2002	[30]
Zineb	0,03 [f]	1993	[g]		[30]

a) ADI-Wert wurde 1995 von WHO abgeleitet, Rückstände sollten mit dem ADI von Carbendazim verglichen werden, BfR hat keinen ADI publiziert.

b) Die Ableitung der ARfD wurde 1995 von der WHO noch nicht routinemäßig vorgenommen, Benomyl wurde nicht in den Anhang I der Richtlinie 91/414/EWG aufgenommen, so dass auch keine Grenzwerte im Rahmen dieser Bewertung festgelegt wurden.

c) ARfD nur für Frauen im gebährfähigen Alter, keine ARfD für allgemeine Bevölkerung einschließlich Kinder erforderlich.

d) ADI-Wert wurde 1992 von WHO abgeleitet, BfR hat keinen ADI publiziert.

e) Summe aus Metalaxyl und Metalaxyl-M.

f) Summe aus Zineb, Metiram, Mancozeb und Maneb.

g) Die Ableitung der ARfD wurde 1993 von der WHO noch nicht routinemäßig vorgenommen, Zineb wurde nicht in den Anhang I der Richtlinie 91/414/EWG aufgenommen, so dass auch keine Grenzwerte im Rahmen dieser Bewertung festgelegt wurden.

26.5
Bewertungskonzept für die Ableitung der Akuten Referenzdosis

Das Joint FAO/WHO Meeting on Pesticide Residues (JMPR) befasste sich 1994 mit Situationen, in denen der von langfristigen Studien abgeleitete ADI höchstwahrscheinlich keine adäquate Basis für die Bewertung akut-toxischer Wirkungen bei kurzzeitiger Exposition ist [13]. Anlässlich einer Joint FAO/WHO Expert Consultation wurde 1995 empfohlen, für alle Pflanzenschutzmittel-Wirkstoffe das Potenzial für akut-toxische Wirkungen routinemäßig zu bewerten und gegebenenfalls eine akute Referenzdosis (ARfD) abzuleiten, die neben dem ADI zu berücksichtigen sei [14].

Das JMPR (1998) definiert erstmals die ARfD als diejenige Substanzmenge (in mg/kg Körpergewicht), die über die Nahrung innerhalb einer kurzen Zeitspanne, üblicherweise mit einer Mahlzeit oder an einem Tag, nach dem Stand der Kenntnisse ohne erkennbares Gesundheitsrisiko für den Verbraucher aufgenommen werden kann. Da Daten zur Nahrungsaufnahme nur für einen Zeitraum von 24 Stunden zur Verfügung stehen und nicht in einzelne Mahlzeiten unterteilt werden können, wurde die ursprüngliche Definition modifiziert und bezieht sich deshalb nicht auf eine Mahlzeit, sondern auf eine Wirkstoffmenge, die – innerhalb von 24 Stunden oder weniger – mit der Nahrung und/oder dem Trinkwasser aufgenommen wird [18]. Da die ARfD aus toxikologischer Sicht jedoch über eine wesentlich kürzere Periode anwendbar wäre, muss diese Definition als sehr konservativer Ansatz, insbesondere für schnell reversible Effekte, betrachtet werden.

Für die Festsetzung der ARfD werden im Prinzip die gleichen Grundsätze und Methoden angewandt wie für die Ableitung des ADI, d.h. der Wert basiert auf einem experimentell ermittelten NOAEL, der durch einen geeigneten Sicherheitsfaktor geteilt wird. Abweichend vom ADI-Konzept ist eine kurzzeitige Überschreitung der ARfD nicht zu tolerieren, da akut-toxische Wirkungen unter Umständen bereits nach einer einzelnen Dosis auftreten können. Die Ableitung einer ARfD sollte nicht nur für Pflanzenschutzmittelwirkstoffe, sondern für alle Chemikalien erwogen werden, deren Verwendung zu Rückständen oder Kontaminanten in Lebensmitteln und im Trinkwasser führen kann.

Unter Bezug auf die Daten zur Nahrungsaufnahme, insbesondere von Kindern, und eine damit verbundene „Worst-case"-Abschätzung der maximalen Exposition gegenüber Rückstandshöchstmengen wurde als maximale Obergrenze für die ARfD ein Grenzwert von 5 mg/kg Körpergewicht ermittelt [18]. Wenn dieser Wert mit dem Durchschnittswert für den Sicherheitsfaktor von 100 multipliziert wird, ergibt sich ein maximaler NOAEL von 500 mg/kg KG in experimentellen Tierstudien, der eine Relevanz für die Ableitung der ARfD hat. Wenn Effekte in höheren Dosierungen beobachtet werden, so hat ein daraus abgeleiteter akuter Grenzwert keinen praktischen Einfluss auf die Risikobewertung von Rückständen.

Die Ableitung einer ARfD ist unerlässlich, wenn sich aus der kurzzeitigen Exposition des Verbrauchers gegenüber Pflanzenschutzmittel-Rückständen ein spezifisches Risiko ergeben kann. Obwohl das Risiko nicht nur von den toxikologischen Eigenschaften der Wirkstoffe, sondern auch von der Exposition abhängt, sollten für die Ableitung der ARfD vorwiegend nur toxikologische Erwägungen eine Rolle spielen.

Für die Ableitung der ARfD wurde von der WHO folgendes schrittweise Verfahren vorgeschlagen [18, 20]:

1. Bewertung der Datenbasis zur Bestimmung des toxikologischen Gesamtprofils

Grundsätzlich ist das Gesamtpaket aller vorgelegten toxikologischen Untersuchungen eines Pestizidwirkstoffes zu bewerten (s. Tab. 26.1), um den am besten geeigneten Endpunkt mit dem relevantesten NOAEL für die Ableitung der ARfD zu bestimmen.

2. Erwägung der Prinzipien, nach denen keine Ableitung einer ARfD erfolgen sollte

- Keine relevanten toxikologischen Effekte, die auf eine akute Exposition zurückgeführt werden können, werden in Dosierungen bis zu einem Bereich von maximal 500 mg/kg KG/ Tag beobachtet *und/oder*
- keine substanzbezogene Mortalität wird nach einmaliger Verabreichung in Dosierungen bis zu 1000 mg/kg KG beobachtet.
- Wenn Mortalität die einzige Begründung für eine ARfD darstellt, sind die Ursachen hinsichtlich einer Relevanz für eine Exposition des Menschen zu bewerten.

Wenn keine ARfD für einen Pestizidwirkstoff abgeleitet wird, so sind eine Erklärung und eine nachvollziehbare Begründung zu geben.

Wenn die oben genannten Kriterien die Festlegung einer ARfD nicht ausschließen, so sollte sie von den am besten geeigneten Endpunkten abgeleitet werden.

3. Auswahl der geeigneten Endpunkte für die Festsetzung der ARfD

- Auswahl des relevantesten toxikologischen Endpunktes und seiner NOAELs für eine 24-stündige Exposition. Dabei ist zu berücksichtigen, dass es mehrere Zielorgane geben kann.
- Auswahl der geeignetsten Studie, in welcher dieser Endpunkt verlässlich bestimmt wurde, wobei es wichtig ist, ob der festgestellte kritische Effekt nur bei einer oder bei mehreren Spezies beobachtet wird.
- Identifiziere den relevantesten NOAEL für diesen Endpunkt.

Wenn auch nach Bewertung aller relevanten Endpunkte keine ARfD abgeleitet wird, so ist das zu begründen und nachvollziehbar zu erklären.

4. Auswahl von passenden Sicherheitsfaktoren für die ARfD-Ableitung

Für die Ableitung der ARfD wird überwiegend ein Sicherheitsfaktor von 100 verwendet, der auf den empirischen Ansatz zurückgeht, der auch für die ADI-Ableitung gilt. Der Faktor 100 wird als Produkt zweier Teilfaktoren von jeweils 10 gesehen, die für Unterschiede in der Empfindlichkeit zwischen Mensch und Tier (Interspezies-Variabilität) sowie für individuelle Unterschiede in der menschlichen Bevölkerung (Intraspezies-Variabilität) eingesetzt werden. Für eine darüber hinausgehende Differenzierung der Risikobewertung wurde vorgeschlagen, den Interspezies-Faktor in einen Faktor von 4 für toxikokinetische Unterschiede und einen Faktor von 2,5 für toxikodynamische

Unterschiede aufzuteilen, während sich der Intraspezies-Faktor aus zwei gleichen Faktoren von jeweils 3,2 für die toxikokinetischen und toxikodynamischen Unterschiede ergibt [21, 28, 29].

Bei der Ableitung des Sicherheitsfaktors wird eine schrittweise Vorgehensweise empfohlen:
- Zunächst wird bestimmt, ob die Datenbasis ausreichend ist, um die Ableitung eines chemikalienspezifischen Anpassungsfaktors (*chemical-specific adjustment factor, CSAF*) zu unterstützen [10]. Das Konzept der Ableitung von spezifischen CSAFs basiert auf Untersuchungen zu Differenzen zwischen verschiedenen Tierarten und der Variabilität in der Reaktion der menschlichen Population auf den Einfluss chemischer Noxen und wurde in den letzten Jahren durch die WHO im Rahmen des International Programme on Chemical Safety (IPCS) entwickelt. Es soll eine stoffspezifische Ableitung von Sicherheitsfaktoren unterstützen. So hat die WHO vor allem bei Cholinesterase hemmenden Wirkstoffen, wie Carbamaten und Organophosphaten, einen chemikalienspezifischen Anpassungsfaktor von 0,5 für die toxikokinetischen Unterschiede verwendet, wenn Anhaltspunkte für Stoffwirkungen vorliegen, die eher von der maximalen Konzentration (C_{max}) im Blut bzw. im Zielorgan als von der bioverfügbaren Menge eines Stoffes abhängen [17, 22].
- Da für Pflanzenschutzmittel-Wirkstoffe häufig keine ausreichenden mechanistischen toxikokinetischen bzw. toxikodynamische Daten vorliegen, die zur Ableitung eines CSAF erforderlich sind, kann ein solcher spezifischer Faktor meist nicht abgeleitet werden. In diesen Fällen ist jegliche weitere Information zu berücksichtigen, die zu einer erhöhten oder erniedrigten Unsicherheit führt. Beispiele dafür sind die Dauer der verwendeten Studie, der Schweregrad und die mögliche Reversibilität der toxischen Effekte oder der fehlende experimentelle Nachweis eines NOAEL, so dass ein LOAEL als Basis für die Ableitung des Grenzwertes verwendet werden muss. Für Wirkstoffe mit kanzerogenen, mutagenen oder teratogenen Eigenschaften ist ein erhöhter Sicherheitsfaktor für die ARfD-Ableitung nur in Ausnahmefällen gerechtfertigt.
- Wenn o. g. Möglichkeiten nicht genutzt werden können, sollte der üblicherweise verwendete Faktor von 100 verwendet werden. Bei Verwendung eines NOEL aus Humanstudien wird üblicherweise ein Faktor 10 verwendet, da keine Unsicherheit aus der Interspezies-Variabilität zu berücksichtigen ist.

Bei der Abschätzung des akuten Risikos durch Pflanzenschutzmittel-Rückstände sollen auch unterschiedliche Subpopulationen berücksichtigt werden. Da jedoch in den meisten Fällen nur Toxizitätsstudien an erwachsenen Tieren verfügbar sind, gibt es in aller Regel keine entsprechenden Daten, um spezifische ARfDs für unterschiedliche Altersgruppen abzuleiten. Grundsätzlich ist festzustellen, dass die quantitativen Unterschiede zwischen Kindern und Erwachsenen in der Regel kleiner als ein Faktor von 10 sind, im Einzelfall kann die Sensitivität des noch nicht vollständig entwickelten Organismus jedoch auch um mehr als das 10fache höher sein [6, 8]. Da es nicht möglich ist, eine generelle Aussage über die altersbedingten Unterschiede in der Empfindlichkeit gegenüber Pflanzenschutzmitteln zu treffen, muss für jeden Wirkstoff individuell geprüft werden, ob ein zusätzlicher bzw. höherer Sicherheitsfaktor erforderlich ist [29]. Der Vorschlag, für Kleinkinder und Kinder (6 Jahre) einen zusätzlichen Sicherheitsfaktor für die Ableitung der ARfD anzuwenden, wurde bei der internationalen Konferenz in York [1] und von der WHO [16] mit dem Fazit diskutiert, dass bei einer akzeptablen Datenbasis kein zusätzlicher Faktor routinemäßig verwendet werden sollte. Bevorzugt sollte nur eine ARfD für die Gesamtbevölkerung abgeleitet werden. Dabei ist wichtig, dass auch die sich entwickelnden Nachkommen durch die ARfD geschützt werden. Wenn jedoch eine ARfD auf entwicklungstoxischen Effekten basiert, ist ein solcher Wert auf die gesamte erwachsene Bevölkerung zu übertragen, auch wenn das eine sehr konservative Risikobewertung für bestimmte Subpopulationen ergibt. Für die Exposition bestimmter Gruppen wie Kleinkinder ist eine solche ARfD jedoch nicht relevant. Da für Kinder im Alter von 1–6 Jahren spezielle Verzehrsdaten vorliegen und diese auch eine höhere Nahrungsaufnahme pro Kilo Körpergewicht haben können, kann ein solch konservativer Wert zu einer nicht praxisrelevanten, übertriebenen Risikobewertung führen. In solchen Fällen erscheint die Ableitung einer zweiten ARfD von einem anderen relevanten Endpunkt als sinnvoll. Sind jedoch außer den entwicklungstoxischen Effekten keine anderen Effekte relevant für die Ableitung einer ARfD, ist eine akute Risikobewertung gegenüber Rückständen mit den Verzehrsdaten für Kinder nicht erforderlich.

Wenn die anfängliche Schätzung der ARfD unterhalb eines bereits festgesetzten ADI-Wertes liegt, dann sollte im Rahmen der ARfD-Bewertung auch die Ableitung des ADI-Wertes noch einmal überdacht werden. Eine ARfD kann auf keinen Fall niedriger als der ADI-Wert für den gleichen Stoff sein [18].

26.6
Toxikologische Endpunkte zur ARfD-Ableitung

Durch eine einmalige Exposition kann eine Vielzahl von akuten Effekten hervorgerufen werden. Die Relevanz dieser Effekte muss in einer Fall zu Fall Entscheidung bewertet werden.

Dabei ist es wichtig, ob die Effekte in akuten Studien oder zu Beginn von subakut/subchronischen Studien beobachtet worden sind bzw. ob die Effekte überhaupt durch eine einmalige Exposition hervorgerufen werden könnten. Wenn keine gegenteilige Information vorliegt, sollten jedoch alle Effekte aus Studien mit wiederholter Substanzverabreichung hinsichtlich ihrer Relevanz für die Ableitung einer ARfD bewertet werden. Wenn der kritische Effekt nicht in einer akuten Studie bestimmt wurde, sollte der NOAEL für den entsprechenden Endpunkt aus einer subakut/subchronischen Studie herangezogen werden. Das ist eine eher konservative Herangehensweise, so dass die Neubewertung eines solchen NOAELs (bspw. durch eine Studie nach einmaliger Substanzverabreichung) dann erforderlich werden kann, wenn die akute Aufnahme eine solch konservativ abgeleitete ARfD überschreitet.

26.6 Toxikologische Endpunkte zur ARfD-Ableitung

Die folgende Liste von Zieleffekten stellt keine umfassende Auflistung dar, aber diese Mechanismen wurden von der WHO als mögliche toxikologische Gefahrensignale für die Ableitung einer ARfD in einem Leitfaden näher betrachtet [20]:

- *Hämatotoxizität:*
  Die Erzeugung einer Methämoglobinämie wird als sehr kritischer Effekt bei der Bewertung einer akuten Antwort auf eine Chemikalienexposition betrachtet. Dabei wird ein Schwellenwert von 4% und höher über dem Normalwert bei Hunden und jegliche statistisch signifikante Erhöhung gegenüber der Kontrollgruppe in Studien mit Nagern als relevant für die Ableitung einer konservativen ARfD betrachtet. Hämolytische Anämien können als wenig relevant für eine ARfD-Ableitung betrachtet werden, weil der Schweregrad von toxischen Wirkungen auf Erythrozyten, wie mechanische Schäden, immunvermittelte Anämie oder oxidative Schädigung erst mit zunehmender Exposition relevant wird.

- *Immunotoxizität:*
  Da es unwahrscheinlich ist, dass eine akute Exposition persistente Effekte auf die Immunfunktion hat, werden immunotoxische Wirkungen in subchronischen Studien in aller Regel als nicht geeignet für die ARfD-Festsetzung angesehen.

- *Neurotoxizität:*
  Da das Nervensystem nur eine sehr begrenzte Kapazität für Reparaturen und Erneuerungen hat, werden alle neurotoxischen Wirkungen, einschließlich verzögerte Neuropathie, Verhaltenseffekte und Cholinesterasehemmung, auch aus subakut/subchronischen Studien für eine ARfD-Bewertung herangezogen, da sie das Ergebnis einer akuten Exposition darstellen können; es sei denn, die neurotoxischen Effekte wurden nur nach wiederholter Verabreichung und nicht in einer akuten Neurotoxizitätsstudie beobachtet.

- *Leber und Nierentoxizität:*
  Wenn die Effekte auf diese Organe nicht als adaptiv oder Folge einer wiederholten Exposition ausgeschlossen werden können, kann die ARfD auf Basis hepatotoxischer und nephrotoxischer Effekte abgeleitet werden. Dieser konservative Ansatz wird erforderlichenfalls einer Präzisierung durch eine spezielle akute Studie zur Untersuchung der Leber- und Nierentoxizität unterzogen werden müssen.

- *Endokrine Effekte:*
  Generell können Effekte auf das endokrine System mit hormonellen oder anderen biochemischen Veränderungen – mit Ausnahme von Wirkungen zur Beeinflussung der weiblichen Reproduktion – als unwahrscheinliche Konsequenz einer nur einmaligen Exposition angesehen werden. Sie werden nach dem gegenwärtigen Bewertungskonzept nicht zur Ableitung einer ARfD herangezogen.

- *Entwicklungsstörungen:*
  Jeder behandlungsbedingte schädigende Effekte auf die Embryonal- und Fetalentwicklung, wie beispielsweise Resorptionen, Missbildungen sowie andere entwicklungsverzögernde Wirkungen auf die Nachkommen sollten trotz dessen, dass solche Befunde typischerweise in Studien nach wiederholter Sub-

stanzverabreichung beobachtet werden, als potenziell geeignet für die Ableitung einer ARfD angesehen werden.
- *Gastroenterale Effekte:*
  Direkte Effekte auf den Magen-Darm-Trakt in tierexperimentellen Studien sollten sehr sorgfältig hinsichtlich der menschlichen Exposition über Lebensmittelrückstände bewertet werden, d. h. wenn die Wirkungen besonders durch eine lokale Reizwirkung der Substanz oder eine pharmakologische Reaktion in Folge der Verabreichungsmethode (beispielsweise hohe einmalige Maximalkonzentrationen nach Schlundsondenverabreichung) auftreten, sollten diese nicht für die Ableitung einer ARfD herangezogen werden.

Für die Ableitung der ARfD ist nur eine beschränkte Anzahl von Studien und Endpunkten der üblicherweise für die Zulassung eines Pflanzenschutzmittels vorzulegenden toxikologischen Prüfungen geeignet. Die gegenwärtig verfügbaren Studienprotokolle decken nicht alle End- und Zeitpunkte ab, die für eine detaillierte Bewertung möglicher akuter Wirkungen relevant sind.

Aus den Studien, die normalerweise für die Zulassung eines Pflanzenschutzmittels erforderlich sind, ist häufig kein spezifischer NOAEL für akut-toxische Wirkungen abzuleiten, der vorzugsweise als Basis für die ARfD geeignet wäre. Wenn die standardmäßig für die Zulassung vorzulegenden Studien nicht zur Ableitung der ARfD geeignet sind, sollte jedoch nur in außergewöhnlichen Fällen (beispielsweise falls die geschätzte kurzzeitige Aufnahme von Pflanzenschutzmittel-Rückständen die ARfD überschreitet) eine spezielle Studie nach einmaliger Substanzverabreichung zur Untersuchung der kritischen Effekte durchgeführt werden. Ein Prüfprotokoll für eine solche experimentelle toxikologische Untersuchung nach einmaliger Substanzverabreichung, das sich flexibel an den zu untersuchenden relevanten Endpunkten orientieren muss, wurde von der WHO für die exaktere Ableitung einer ARfD entwickelt [20].

Die Notwendigkeit der Ableitung einer ARfD sollte nicht nur für Pflanzenschutzmittel-Wirkstoffe in Erwägung gezogen werden, wo diese Vorgehensweise mittlerweile fest zum Konzept der gesundheitlichen Risikobewertung gehört, sondern auch für andere Stoffe, gegenüber denen der Mensch über Lebensmittel exponiert ist. Dazu gehören Biozidwirkstoffe, Tierarzneimittel, Lebensmittel- und Trinkwasserkontaminanten sowie andere Materialien, die in Kontakt mit Lebensmitteln kommen. Es bleibt zu hoffen, dass für diese Stoffe ein vergleichbares toxikologisches Konzept angewandt wird, wie es als Leitfaden für Pflanzenschutzmittel-Wirkstoffe publiziert wurde [20, 27].

26.7
ADI-Wert und ARfD für rückstandsrelevante Pestizide in Lebensmitteln

In Tabelle 26.2 wird beispielhaft eine summarische Übersicht über die ADI-Werte und ARfDs für einige rückstandsrelevante Pestizide in Lebensmitteln gegeben, die im koordinierten Kontrollprogramm der EU im Bericht 2002 [23] sowie in einer Studie der CVUA (Chemisches und Veterinäruntersuchungsamt Stuttgart) an Tafeltrauben aus konventionellem Anbau in der Bundesrepublik Deutschland [7] nachgewiesen wurden. Die entsprechenden Grenzwerte wurden im Rahmen der Anhang I-Aufnahme nach Richtlinie 91/414/EWG in der EU [24] oder vom WHO-Panel des JMPR [30] festgelegt bzw. sind der mit Stand vom 08. Juli 2004 publizierten Information des Bundesinstitutes für Risikobewertung [3] entnommen worden.

Auf EU-Ebene werden in allen fünfzehn Mitgliedstaaten sowie in den EFTA-Staaten, die das EWR-Abkommen 1 (Norwegen, Island und Liechtenstein) unterzeichnet haben, Lebensmittel pflanzlichen Ursprungs auf Pestizidrückstände untersucht. Im koordinierten Kontrollprogramm der EU wurden acht Produkte (Birnen, Bananen, Bohnen, Kartoffeln, Karotten/Speisemöhren, Apfelsinen/Mandarinen, Pfirsiche/Nektarinen/Brugnolen und Spinat) auf 41 verschiedene Pestizide untersucht [23].

Das hier am häufigsten festgestellte Pestizid mit nachweisbaren Rückständen bis in Höhe des MRL war Imazalil (17% aller Proben, die auf diese Substanz untersucht wurden), gefolgt von Thiabendazol (13%), Chlorpyriphos (11,5%), der Maneb-Gruppe (10%), der Benomyl-Gruppe (5,7%) und Methidathion (5,5%). Der Anteil einiger weiterer Pestizide bewegte sich zwischen 1 und knapp 4%. Dazu zählten Iprodion (3,7%), Malathion (3,5%), Azinphos-Methyl (2,7%), Procymidon (2,68%), Dicofol (2,6%), Captan/Folpet (2,4%) und Tolylfluanid (2,1%). Die Prozentangaben betreffen den Anteil aller Proben mit nachweisbaren Rückstandsgehalten in Höhe oder unterhalb des MRL, die auf diese Substanz untersucht worden sind. Proben mit Rückstandsgehalten über dem MRL wurden mit Ausnahme der Benomyl-Gruppe (1,2% aller Proben, die auf diese Substanz untersucht wurden) mit einem Anteil von weniger als einem Prozent gefunden. Für die am häufigsten nachgewiesenen Pestizide wird in Tabelle 26.2 eine zusammenfassende Übersicht über die für die toxikologische Bewertung dieser Rückstände relevanten Grenzwerte (ADI und ARfD) gegeben.

Das Lebensmittel-Monitoring ist ein gemeinsam von Bund und Ländern seit 1995 durchgeführtes systematisches Mess- und Beobachtungsprogramm. Dabei werden Lebensmittel repräsentativ für Deutschland auf Gehalte an gesundheitlich unerwünschten Stoffen untersucht. Grundlage des jährlich durchgeführten Monitoring ist ein von Bund und Ländern aufgestellter Plan, der die Auswahl der Lebensmittel und der darin zu untersuchenden Stoffe detailliert festlegt. Das Lebensmittel-Monitoring dient dem vorbeugenden gesundheitlichen Verbraucherschutz. Mit seiner Hilfe können mögliche gesundheitliche Risiken für die Verbraucher durch Umweltschadstoffe, Rückstände von Pflanzenschutzmitteln und andere unerwünschte Substanzen frühzeitig erkannt und gegebenenfalls durch gezielte Maßnahmen abgestellt werden. Die Untersuchungen der letzten Jahre haben gezeigt, dass Tafelweintrauben häufig Rückstände von Pflanzenschutzmitteln aufweisen [5].

Im Jahr 2004 wurden am CVUA Stuttgart 133 Proben Tafeltrauben aus konventionellem Anbau auf Pestizidrückstände im Rahmen der Lebensmittelüberwachung in der Bundesrepublik Deutschland untersucht [7]. Insgesamt wurden

76 verschiedene Pestizide bestimmt. Am häufigsten traten die Wirkstoffe Procymidon, Chlorpyrifos, Cyprodinil, Azoxystrobin, Quinoxyfen, Iprodion, Metalaxyl, Indoxacarb, Fludioxonil und Carbendazim auf. Tabelle 26.2 enthält auch die Grenzwerte dieser im Rahmen der Überwachung festgestellten Pestizide. Hinsichtlich der Rückstandsbewertung wird diese Studie in Kapitel II-25 Rückstände ausgewertet.

Da ADI-Werte und Akute Referenzdosen zu unterschiedlichen Zeitpunkten sowohl von Expertengruppen der Weltgesundheitsorganisation (WHO), von europäischen Expertengruppen im Rahmen der EU-Wirkstoffprüfung als auch durch die zuständigen nationalen Behörden – in Deutschland durch das BfR – nach unterschiedlichen Prioritätenlisten und Zeitplänen festgelegt werden [3, 19, 20, 30] können die Grenzwerte der verschiedenen nationalen und internationalen Gremien und Behörden für denselben Wirkstoff voneinander abweichen. Sowohl der wissenschaftliche Kenntnisstand und die sich daraus ableitenden Bewertungsgrundsätze als auch die experimentelle Datenbasis für die toxikologische Bewertung eines Wirkstoffes unterliegen einer ständigen Fortentwicklung. Darüber hinaus ist zu beachten, dass für toxikologische Bewertungen, die vor 1998 vorgenommen wurden, keine routinemäßige Festlegung der ARfD erfolgte, d.h. wenn für solche Wirkstoffe die Notwendigkeit bestand, wurde vom JMPR in den folgenden Jahren nur eine Bewertung der Stoffe zur Festlegung der ARfD durchgeführt, ohne dass die ADI-Festsetzung überprüft werden konnte. Somit muss für eine Risikobewertung, beispielsweise wenn eine Rückstandshöchstmenge überschritten ist, der zum jeweiligen Zeitpunkt aktuelle Grenzwert herangezogen werden, damit die notwendigen und der jeweiligen Situation angemessenen Maßnahmen zum Schutz des Verbrauchers veranlasst werden können.

26.8
Literatur

1 Anonym, Report of the International Conference on Pesticide Residues Variability and Acute Dietary Risk Assessment, York, December 1998.

2 BAuA (2003) Leitfaden für Zulassungen von Biozid-Produkten, Bundesanstalt für Arbeitsschutz und Arbeitsmedizin Dortmund. http://www.baua.de/amst/index.htm

3 BfR (2004) Expositionsgrenzwerte für Rückstände von Pflanzenschutzmitteln in Lebensmitteln; Bundesinstitut für Risikobewertung. http://www.bfr.bund.de/cm/218/expositionsgrenzwerte_fuer_rueckstaende_von_pfla nzenschutzmitteln_in_lebensmitteln.pdf

4 BVL (2004) EU-Wirkstoffbewertung. Bundesamt für Verbraucherschutz und Lebensmittelsicherheit. http://www.bvl.bund.de/pflanzenschutz/EUStart.htm

5 BVL (2005) Lebensmittel-Monitoring. Bundesamt für Verbraucherschutz und Lebensmittelsicherheit. http://www.bvl.bund.de/lebensmittel/monitoring.htm

6 E.J. Calabrese (1991) Animal models for selected high-risk groups – hereditary blood disorders. Calabrese et al. (Hrsg.) Principles of animal extrapolation. Chelsea, Michigan, USA. Lewis Publishers Inc., 289–320.

7 CVUA (2004) Rückstände von Pflanzenschutzmitteln in Tafeltrauben und Keltertrauben, Chemisches und Veterinäruntersuchungsamt Stuttgart. http://www.cvua.de
8 J. L. Dorne, K. Walton and A. G. Renwick (2004) Human variability in the renal elimination of foreign compounds and renal excretion-related uncertainty factors for risk assessment. *Food Chem. Toxicol.*, **42 (2)**: 275–298.
9 P. G. Groten, F R. Casse, P. J. van Bladeren, C. T. Rosa, V. J. Feron und J. Sühnel (2004) Mischungen chemischer Stoffe. In: Lehrbuch der Toxikologie, H. Marquardt und S. Schäfer (Hrsg.), Wissenschaftliche Verlagsgesellschaft mbH Stuttgart, 287–302.
10 IPCS (2001) Guidance document for the use of data in development of chemical-specific adjustment factors (CSAFs) for interspecies differences and human variability in dose/concentration response assessment. International Programme on Chemical Safety, July 2001. www.ipcsharmonize.org/documents/CSAF Guidance 5.PDF
11 JMPR (1958) Procedures for the testing of intentional food additives to establish their safety for use. Second Report of the Joint FAO/WHO Expert Committee on Food Additives. FAO Nutrition Meeting Report Series, No 17; WHO Technical Report Series, No 144. WHO 1958.
12 JMPR (1962) Principles governing consumer safety in relation to pesticide residues. FAO Plant Production and Protection Division Report, No PL/1961/11, WHO Technical Report Series, No 240. WHO 1962.
13 JMPR (1994) Pesticide Residues in Food – 1994, Report of the JMPR, FAO Plant Production and Protection Paper 127.
14 JMPR (1997) Pesticide Residues in Food – 1997, Report of the JMPR, FAO Plant Production and Protection Paper 140.
15 JMPR (1998) Pesticide Residues in Food – 1998, Report of the JMPR. FAO Plant Production and Protection Paper 148.
16 JMPR (1999) Pesticide Residues in Food – 1999, Report of the JMPR, FAO Plant Production and Protection Paper 153.
17 JMPR (2000) Pesticide Residues in Food – 2000, Report of the JMPR, FAO Plant Production and Protection Paper 163.
18 JMPR (2002) Pesticide Residues in Food – 2002, Report of the JMPR, FAO Plant Production and Protection Paper 172.
19 JMPR (2003) Pesticide Residues in Food – 2003, Report of the JMPR, FAO Plant Production and Protection Paper 176.
20 JMPR (2004) Pesticide Residues in Food – 2004, Report of the JMPR, FAO Plant Production and Protection Paper, 178.
21 A.G. Renwick (1993) Data-derived safety factors for the evaluation of food additives and environmental contaminants. *Food Additives & Contaminants* **10**, 275–305.
22 A.G. Renwick (2000) The use of safety or uncertainty factors in the setting of acute reference doses. *Food Additives & Contaminants* **17**, 627–635.
23 SANCO (2004) Überwachung von Pestizidrückständen in Erzeugnissen pflanzlichen Ursprungs in der Europäischen Union, in Norwegen, Island und Liechtenstein, Bericht 2002 – Zusammenfassung. http://europa.eu.int/comm/dgs/health_consumer/index_en.htm
24 SANCO (2005) Technical Review Reports (Final). http://europa.eu.int/comm/food/plant/protection/evaluation/exist_subs_rep_en.htm
25 R. Solecki (2002) Human Health, Safety and Risk Assessment. In: The Biocides Business. D. J. Knight and M. Cooke (Hrsg.), Wiley-VCH Verlag GmbH, Weinheim, 141–166.
26 R. Solecki und R. Pfeil (2004) Biozide und Pflanzenschutzmittel In: Lehrbuch der Toxikologie, H. Marquardt und S. Schäfer (Hrsg.), Wissenschaftliche Verlagsgesellschaft mbH Stuttgart, 657–702.
27 R. Solecki, L. Davies, V. Dellarco, I. Dewhurst, M. van Raaij und A. Tritscher (2005) Guidance on Setting of Acute Reference Dose (ARfD) for Pesticides. *Food and Chem. Toxicol.* **43**:1569–1593.
28 K. Walton, J. L. Dorne and A. G. Renwick (2004) Species-specific uncertainty factors for compounds eliminated principally by renal excretion in humans. *Food. Chem. Toxicol.* **42 (2)**, 261–274.

29 WHO (1994) Assessing human health risks of chemicals: derivation of guidance values for health-based exposure limits. Environmental Health Criteria 170. WHO, Geneva.

30 WHO (2002) Inventory of IPCS and other WHO pesticide evaluations and summary of toxicological evaluations performed by the Joint Meeting on Pesticide Residues (JMPR). Evaluations through 2003. International Programme on Chemical Safety (IPCS).

27
Wirkprinzipien und Toxizitätsprofile von Pflanzenschutzmitteln – Aktuelle Entwicklungen

Eric J. Fabian und Hennicke G. Kamp

27.1
Einleitung

Seit Naturstoffe und synthetische Substanzen als Pflanzenschutzmittel in der landwirtschaftlichen Produktion eingesetzt werden, wurde damit das Ziel verfolgt, Ernteausfälle zu vermeiden sowie die Qualität und Quantität des Erntegutes zu erhöhen. Bei der Anwendung eines Pflanzenschutzmittels haben viele Faktoren Einfluss auf das angestrebte Ziel, wobei die Eigenschaften des eigentlichen Wirkstoffes die Wirkung des Mittels in besonderem Maße bestimmen. Der aktive Wirkstoff gibt das Wirkprinzip und davon abhängig das Wirkprofil des Pflanzenschutzmittels vor. Daher wird bei der Entwicklung von Pflanzenschutzmitteln der Suche neuer aktiver Wirkstoffe besondere Aufmerksamkeit gewidmet. Die Auswahl geeigneter Substanzen erfolgt in einem Selektionsprozess, in welchem zunächst die gewünschte biologische Wirksamkeit im Vordergrund steht. Daneben ist der Auswahlprozess von der späteren Anwendung des neuen Pflanzenschutzmittels sowie geltenden regulatorischen Anforderungen bestimmt, die sich für die Anwendung und die Vermarktung von Pflanzenschutzmitteln in gesetzlichen Zulassungsbedingungen widerspiegeln. Diese Regelungen sind auf europäischer Ebene seit 1991 in der EU Richtlinie 91/414/EEC vorgegeben (s.a. Kapitel II-25). Diese Richtlinie und ihre Übertragungen in nationales Recht bestimmen jedoch nicht nur die Markteinführung neuer Pflanzenschutzmittel, sondern haben auch Einfluss auf die Anzahl der auf dem europäischen Markt angebotenen Pflanzenschutzmittel insgesamt, da die Richtlinie eine Evaluierung aller in der EU vermarkteten Mittel vorschreibt. Die Bewertungen, auch für ältere Wirkstoffe, werden im Rahmen eines Re-Registrierungsprozesses nach aktuellen Kriterien vorgenommen. Wirkstoffe, für welche die Gesamtdatenlage eine Bewertung erlaubt und welche die derzeitigen Registrierungsanforderungen erfüllen, werden für jeweils zehn Jahre in eine Positivliste (Annex 1) aufgenommen und dürfen in der EU vermarktet werden. Es gab in den letzten Jahren eine Reduktion der angebotenen Pflanzenschutzmittel, was neben den regulatorischen Aspekten auch auf die Portfolio-Berei-

Handbuch der Lebensmitteltoxikologie. H. Dunkelberg, T. Gebel, A. Hartwig (Hrsg.)
Copyright © 2007 WILEY-VCH Verlag GmbH & Co. KGaA, Weinheim
ISBN: 978-3-527-31166-8

nigung der Pflanzenschutzmittel produzierenden Firmen im Bereich der Wirkstoffe und der Formulierungen zurückzuführen ist. Diese Portfolio-Optimierungen finden statt, um aufgrund des Konkurrenzdrucks die Rentabilität der angebotenen Produkte zu erhöhen.

Die Zulassungsbedingungen verlangen zum einen, dass politische Grenzwerte, wie z. B. eine definierte maximale Konzentration für jeden Wirkstoff im Grundwasser von 0,1 µg/L nicht überschritten werden – dies wäre z. B. ein Ausschlusskriterium für eine Zulassung – zum anderen, dass wissenschaftliche Risikobewertungen unterschiedlicher Bereiche die sichere Anwendung des Mittels demonstrieren. Wissenschaftliche Risikobewertungen werden für unterschiedliche Populationen, wie z. B. für Anwender des Pflanzenschutzmittels, Konsumenten unter geeigneter Berücksichtigung von Risikogruppen wie z. B. Kleinkindern sowie für unterschiedliche Ökosysteme erstellt. Expositionsszenarien für diese Zielpopulationen sind zu ermitteln und die toxikologischen und umwelttoxikologischen Gefährdungspotenziale der zu bewertenden Substanzen mit diesen in Beziehung zu setzen. Die Exposition des Konsumenten wird über Verzehrsmengen und die Rückstände in den für die jeweiligen Pflanzenschutzmittel relevanten Agrarprodukten ermittelt. Dafür werden validierte Analysemethoden eingesetzt, welche neben der quantitativen Bestimmung von Rückständen von Pflanzenschutzmitteln in den relevanten Lebensmittelmatrices die Überwachung der aus Entwicklungsarbeiten abgeleiteten und gesetzlich festgelegten maximalen Rückstandswerte (Maximum Residue Levels, MRLs) erlauben. Aufgrund des zunehmenden Einsatzes von empfindlichen Analysenmethoden, wie z. B. LC/MS, und deren behördlicher Akzeptanz für die Lebensmittelüberwachung können zunehmend auch niedrige Nachweisgrenzen technisch realisiert werden. Diese erlauben die Überwachung von niedrigen MRL-Werten, die z. B. bei biologisch hochaktiven Substanzen mit niedriger Aufwandmenge und niedrigem ADI-Wert gegeben sind. Gefährdungspotenziale werden aus toxikologischen und umwelttoxikologischen Studien abgeleitet und sind wesentlich durch das Toxizitätsprofil des aktiven Wirkstoffes bestimmt. Daher wird die Mehrzahl der toxikologischen Studien mit dem reinen Wirkstoff durchgeführt. Die Formulierung des Wirkstoffes, also das in den Handel gelangende Pflanzenschutzmittel, wird in zusätzlichen Studien untersucht, welche als mögliche kritische Endpunkte die akute Toxizität (oral, dermal, inhalativ), Reizwirkung an Haut und Schleimhaut sowie ein sensibilisierendes Potenzial der Substanzmischung prüfen. Einen großen Einfluss auf die aktuelle Agrarforschung sowie die globale Entwicklung von Pflanzenschutzmitteln hat zusätzlich das so genannte „Reduced Risk Pesticide Program" der amerikanischen Zulassungsbehörde für Pflanzenschutzmittel „Environmental Protection Agency" (EPA). Dieses seit 1993 bestehende politische Instrument verfolgt das Ziel, neue Pflanzenschutzmittel mit gegenüber konventionellen Mitteln günstigeren Eigenschaften in den Markt einzuführen. Neue Pflanzenschutzmittel haben im Rahmen dieses Programms Vorteile bei der Zulassung, z. B. hinsichtlich ihrer Bearbeitungszeit im Zulassungsprozess, wenn sie gegenüber konventionellen Mitteln ein geringeres Gefährdungspotenzial für die menschliche Gesundheit, eine geringere Toxizität für Nicht-Ziel-Organismen, eine verringerte Grundwasserkontamination, eine verringerte Aufwandmenge, ein geringes Resistenzbildungspotenzial sowie die Möglichkeit zur Eingliederung in die Prinzipien des Integrierten Pflanzenbaus vorweisen. Das „Food Quality Protection Act" (FQPA) hat dieses Programm juristisch verankert, so dass die Entwicklung von Pflanzenschutzmitteln mit den vom „Reduced Risk Pesticide Program" definierten Vorteilen auch gesetzlich gefördert wird. Die geförderten Eigenschaften neuer Pflanzenschutzmittel bedingen häufig neue, bisher nicht angewandte Wirkprinzipien. Dabei bestimmen die durch das Wirkprinzip vorgegebenen biologischen Zielstrukturen durch ihr mögliches speziesabhängiges Vorkommen und die gegebenenfalls dadurch bedingte Spezifität neben der biologischen Aktivität der Substanz im Zielorganismus auch wesentlich deren Toxizitätsprofil im Säuger. In diesem Zusammenhang ist es das Ziel dieses Kapitels, Wirkprinzipien und Toxizitätsprofile ausgewählter Wirkstoffe von Pflanzenschutzmitteln unter besonderer Berücksichtigung aktueller Entwicklungstendenzen darzustellen. Für Insektizide, Herbizide und Fungizide werden eine Auswahl angewandter Wirkprinzipien dargestellt und zugehörige Substanzklassen und aktive Wirkstoffe aufgezeigt. Am Beispiel von Neonicotinoiden, HPPD-Inhibitoren und Strobilurinen werden beispielhaft aktuelle Substanzklassen aus den drei bedeutenden Anwendungsgebieten des chemischen Pflanzenschutzes detaillierter beschrieben. Es sei an dieser Stelle vermerkt, dass im Rahmen dieser Betrachtungen keine vollständige Beschreibung der Toxizitätsprofile der behandelten Wirkstoffklassen und Wirkstoffe erfolgen kann und soll. Vielmehr ist es Ziel dieses Beitrages, eine Einführung in Wirkprinzipien unterschiedlicher Pflanzenschutzmittel zu geben und ihre Korrelation zu kritischen, toxischen Endpunkten zu diskutieren.

27.2
Insektizide

27.2.1
Substanzklassen und Wirkprinzipien

Insektizide sind Mittel zur Bekämpfung schädlicher Insekten oder Schadorganismen, welche die Nahrung von Mensch oder Tier angreifen und vernichten, Erzeugnisse und Produkte aus Holz, Textilien und anderen Materialien beeinträchtigen oder als Vektoren Krankheiten übertragen [54].

Zielorganismen von landwirtschaftlicher Bedeutung sind saugende und beißende Insekten, Milben, Zecken und Nematoden. Saugende Insekten sind z. B. Blattläuse, Schildläuse oder Zikaden. Beißende Insekten werden in Käferarten (Coleopteren) und Schmetterlingsarten (Lepidopteren) unterteilt.

Insektizide vermitteln zu circa 80% ihre Wirkung über einen Eingriff in die neuronale Signaltransduktion. Ein Anteil von ungefähr 5% von den weltweit vermarkteten Insektiziden entfällt auf Wirkstoffe, welche spezifisch in die Entwicklung und Reproduktion der Schädlinge eingreifen und z. B. als Hormonmimetika oder als Inhibitoren der Chitinbiosynthese wirken [8].

Hemmstoffe der neuronalen Signaltransduktion
Organophosphate, Carbamate und Pyrethroide werden seit Jahrzehnten zur Kontrolle von Schadinsekten und zur Minimierung der durch diese verursachten Schäden eingesetzt. Organophosphate und Carbamate hemmen die Acetylcholinesterase (s. a. Kapitel II-30), wodurch sich im Insekt zunächst eine starke Muskelerregung und nachfolgend tödliche Lähmungen einstellen. Aus diesen Substanzklassen ist eine große Anzahl von Wirkstoffen entwickelt worden, welche sich in der Regel durch schnelle Wirkung und einfache sowie kostengünstige Herstellung auszeichnen [8].

Synthetische Pyrethroide (s. a. Kapitel II-30) greifen über Ionenkanal-Modulation in die neuronale Transduktion ein. Die Substanzklasse wird seit den 1970er Jahren vermarktet und ist durch ihre breite Anwendung neben den Organophosphaten und Carbamaten eine der umsatzstärksten insektiziden Wirkstoffklassen.

Nicotin, Spinosyne sowie Neonicotinoide vermitteln ihre insektizide Wirkung durch eine Wechselwirkung mit den postsynaptischen Rezeptoren im zentralen und vegetativen Nervensystem der Zielorganismen [11, 33]. Spinosad stellt eine Mischung von Naturstoffen dar, welche sich in der praktischen Anwendung bewährt hat und die heute über biotechnologische Prozesse produziert wird [8]. Zahlreiche dem Nicotin verwandte Wirkstoffe aus der Substanzklasse der Neonicotinoide, die im Fall von chlorhaltigen Substanzen auch als Chlornicotinyl-Insektizide bezeichnet werden, haben eine Spezifität gegenüber nicotinergen Acetylcholin-Rezeptoren in Insekten und weisen daher eine im Vergleich zu zahlreichen anderen Insektiziden geringere Säugertoxizität auf (s. a. Abschnitt 27.2.2). In der Regel wirken diese Substanzen systemisch, schnell und dauerhaft [8]. Ein Beispiel ist der Wirkstoff Imidacloprid, welcher 1991 auf dem Markt eingeführt wurde und heute Inhaltsstoff zahlreicher, wirtschaftlich sehr erfolgreicher Pflanzenschutzmittel ist [17]. Imidacloprid ist gegen eine Vielzahl von Schadorganismen aktiv und wirkt aufgrund seines Wirkprinzips auch auf Populationen von Insekten, welche gegen konventionelle Mittel wie z. B. Organophosphate oder Carbamate resistent sind [2]. Neben anderen Verbindungen eignet sich Imidacloprid daher auch für die Anwendung in integrierten Resistenz-Strategie-Programmen [43].

Sowohl Phenylpyrazole, wie z. B. Fipronil, als auch die als Avermectine bezeichneten makrocyclischen Lactone, welche ursprünglich aus Bodenmikroorganismen isoliert wurden, wirken auf Chlorid-Ionenkanäle in Nervenzellen. Fipronil blockiert die durch den Neurotransmitter γ-Aminobuttersäure (GABA) regulierten Chlorid-Ionenkanäle (vgl. Abb. 27.1), während Avermectine v. a. die Funktion der durch Glutamat regulierten Chlorid-Ionenkanäle beeinflusst [43, 33]. Durch ihre hohe Aktivität und aufgrund der ebenfalls im Säuger vorkommenden biologischen Zielstruktur besitzen diese Substanzen eine ausgeprägte

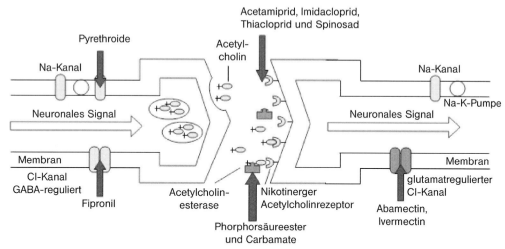

Abb. 27.1 Schematische Darstellung der neuronalen Signaltransduktion als biologische Zielstruktur ausgewählter aktiver Wirkstoffe.

akute Säugertoxizität. Diese wird durch die in Tabelle 27.1 beschriebenen LD_{50}-Werte sowie durch die gesundheitsbezogene Kennzeichnung dieser Wirkstoffs nach GefStoffV deutlich. Das als giftig eingestufte Fipronil hat einen LD_{50}-Wert (Ratte, oral) von 97 mg/kg KG und bewirkt nach wiederholter Gabe in Ratten und Hunden Krämpfe sowie weitere neurotoxische Symptome [54].

Regulatoren von Insektenwachstum und Reproduktion

Verbindungen, welche spezifisch in das Wachstum und die Vermehrung ausgewählter Insekten und Insektenpopulationen eingreifen, sind Juvenilhormon-Mimetika, Ecdyson-Mimetika und Inhibitoren der Chitinbiosynthese. Juvenilhormon-Mimetika wie z. B. Fenoxycarb wirken gegen sich schuppende Insekten. Beispiele für Ecdyson-Mimetika sind Azadirachtin oder Tebufenozide. Wirkstoffe dieses Wirkprinzips werden häufig gegen Lepidopteren angewandt. Hemmstoffe der Chitin-Biosynthese, wie die Benzoylharnstoffe Diflubenzuron oder Flufenoxuron wirken neben Lepidopteren häufig auch gegen Zikaden oder weiße Fliegen [8, 13, 44, 53]. Durch die spezifischen Eingriffe in die Wachstumsregulation von Insekten und die Vermehrung ihrer Populationen haben diese Mittel in der Anwendung eine hohe Spezifität für die Zielorganismen und weisen gegenüber anderen Insektiziden häufig eine deutlich geringere akute Toxizität und ein weniger kritisches Gefährdungspotenzial im Säuger auf (s. a. Tab. 27.1).

Tab. 27.1 Biologische und toxikologische Klassifizierung ausgewählter Insektizide.

Wirkprinzip	Ziel im Säuger vorhanden	Wirkstoffklasse	Wirkstoffe	Gesundheitsbezogene Kennzeichnung (nach GefStoffV) [a]	LD_{50} (Ratte, oral) [mg/kg KG]	ADI [mg/kg KG/Tag]
Hemmstoffe der neuronalen Signaltransduktion						
Inhibitoren der Acetylcholinesterase	ja	Carbamate	Aldicarb	T+, N, R26/28-24-50/53	0,93	0,003 [55]
			Carbofuran	T+, N, R26/28-50/53	8	0,002 [55]
			Oxamyl	T+, N, R26/28-21-51/53	2,5	0,03 [55]
		Organophosphate	Chlorpyrifos	T, N, R25-50/53	135	0,01 [55]
			Malathion	Xn, N, R22-50/53	1375	0,3 [55]
			Parathion (E605)	T+, N, R26/28-24-48/25-50/53	2	0,004 [55]
Agonisten/Modulatoren der nicotinergen Acetylcholinrezeptoren	ja	Neonicotinoide	Acetamiprid	R52/53	417/314	0,1 [4]
			Imidacloprid	Xn, R22-52	450	0,06 [10]
			Thiacloprid	Xn, R20-22	396	0,01 [10]
		Lactone	Spinosad	Xi, R43-51/53	>5000	0,024 [10]
Natrium-Kanal-Modulatoren	ja	Pyrethroide	α-Cypermethrin	T, N, R25-48/22-37-50/53	79	0,025 [10]
			Fenvalerate	T, N, R23/25-43-50/53	451	0,02 [10]
			Deltamethrin	T, N, R23/25-50/53	135	0,01 [10]
		Oxadiazine	Indoxacarb	Xn, N, R22-51/53	268	0,003 [4]
		Phenylpyrazole	Fipronil	T, N, R23/24/25-48/25-50/53-55-57	97	0,006 [10]
Chlorid-Kanal-Modulatoren	ja	Avermectine	Abamectin	T+, N, R24-26/28-50/53	10	0,0002 [10]
			Ivermectin	T, R25	50	0,002 [10]

27.2 Insektizide

Regulatoren des Insektenwachstums

Hemmstoffe der Chitinbiosynthese	Benzoylharnstoffe	Diflubenzuron	nein	N, R50/53	>4640	0,02 [10]
		Flufenoxuron		N, R50/53	>3000	0,02 [4]
Ecdyson-Mimetika	Diacylhydrazine	Azadirachtin	nein	Xn, R22	>3540	[9]
		Tebufenozide		N, R51/53	>5000	0,02 [10]
Juvenilhormon-Mimetika	Carbamate	Fenoxycarb	nein	N, R50/53	>10000	0,04 [10]

Hemmstoffe der mitochondrialen Atmungskette und der oxidativen Phosphorylierung

Komplex I-Inhibitoren	Naturstoff, n.k.	Rotenon	ja	T, Xi, N, R25-36/37/38-50/53	132–1500	0,008 [10]
	n.k.	Pyridaben		T, N, R23/25-50/53	850	0,0025 [10]
	Pyrazole	Tebufenpyrad		Xn, R20/22	595	0,002 [4]
Entkoppler	Pyrrole	Chlorfenapyr	ja	T, N, R22/23-50/53	441	0,02 [4]
Inhibitoren der ATP-Synthase	Thioharnstoffe	Diafenthiuron	ja	R21/22/23-48	2068	0,003 [55]

n.k.: nicht klassifiziert.
a) für den aktiven Wirkstoff oder repräsentative Formulierungen

Hemmstoffe der mitochondrialen Atmungskette und der oxidativen Phosphorylierung

Der Naturstoff Rotenon sowie die synthetischen, meist als Akarizide eingesetzten Verbindungen Pyridaben oder Tebufenpyrad sind Beispiele für Wirkstoffe, welche durch eine Inhibition des Komplex I der mitochondrialen Atmungskette die Zellatmung inhibieren (s. a. Abb. 27.6). Chlorphenapyr, eine Verbindung, welche erst nach metabolischer Aktivierung wirksam wird, agiert als klassischer Entkoppler, durch den die Ausbildung des für die Aktivität der Mitochondrien notwendigen Protonengradienten verhindert und die ATP-Bildung inhibiert wird.

Diafenthiuron hemmt nach Abbau zu einem Carbodiimid die ATP-Synthase (s. a. Abb. 27.6).

Wie in Tabelle 27.1 durch die LD_{50}- und ADI-Werte sowie die gesundheitsbezogene Kennzeichnung nach GefStoffV gezeigt, weisen die insektizid wirksamen Inhibitoren der mitochondrialen Atmungskette bzw. der ATP-Synthese eine ausgeprägte akute und chronische Toxizität im Säuger auf. Bemerkenswert ist, dass die in Abschnitt 27.4 beschriebenen fungizid wirksamen Hemmstoffe der mitochondrialen Zellatmung im Säuger sowohl bei akuter als auch bei chronischer oraler Exposition meist nur geringe Toxizität aufweisen. Mögliche Hintergründe sind in Abschnitt 27.4.2 ausgeführt.

***Bacillus thuringiensis* (Bt) Insektizide**

Unterschiedliche Arten des *Bacillus thuringiensis* (Bt) vermitteln ihre insektizide Wirkung durch δ-Endotoxin, ein während der Sporulation der Bazillen gebildetes Protein. Das Wirkprinzip beruht auf der Zerstörung des Darmepithels der Zielorganismen. Im Gastrointestinaltrakt von Säugern werden die vegetativen Keime dagegen abgetötet und das Endotoxin schnell durch Proteinasen abgebaut. Formulierungen von Stämmen, welche δ-Endotoxin enthalten, wurden seit 1971 gegen unterschiedliche Insekten eingesetzt [33, 72]. Durch die Anwendung biotechnologischer Methoden war es möglich, transgene Pflanzen wie z. B. Baumwolle, Kartoffeln u. a. zu gewinnen, die Bt-Endotoxin als systemisches Insektizid exprimieren und dadurch eine Toleranz gegen ausgewählte Lepidopteren besitzen. Besonders zu bemerken ist, dass Bt-Insektizide im Vergleich zu herkömmlichen Insektiziden deutliche Vorteile hinsichtlich toxikologischer Gefährdungspotenziale sowie umwelttoxikologischer Risikobewertungen besitzen [33]. Es ist anzunehmen, dass das Bt-Protein und vergleichbare Anwendungen, vor allem hinsichtlich ihres möglichen Einsatzes im Zusammenhang mit biotechnologischen Methoden, in Zukunft weiter an Bedeutung gewinnen werden.

27.2.2
Neonicotinoide und Spinosyne

27.2.2.1 Allgemeine Substanzbeschreibung

Neonicotinoide, die aufgrund ihrer chemischen Struktur häufig auch als Chlornicotinyl-Insektizide bezeichnet werden, sind Wirkstoffe, welche in ihrer chemischen Struktur und ihrem Wirkprinzip dem Nicotin ähnlich sind. Die Substanzklasse resultiert aus Leitstrukturoptimierungen heterocyclischer Nitromethylene, deren insektizides Potenzial 1974 im Rahmen von Routine-Testungen entdeckt wurde [26, 43]. Auf dieser Grundlage gelang 1985 bei der Firma Bayer die Darstellung von Imidacloprid (Abb. 27.2) durch die Kopplung einer Chlorpyridyl-Einheit an *N*-Nitro-substituierte Imidazolidine. Imidacloprid ist als Agonist des postsynaptischen, nicotinergen Acetylcholinrezeptors aktiv gegen saugende und beißende Insekten wie Läuse, weiße Fliegen, Zikaden und bestimmte Käferarten [43]. Durch gezielte Strukturmodifikationen konnten weitere Neonicotinoide synthetisiert und das Wirkspektrum der Substanzklasse erweitert werden [8].

Aufgrund ihres Wirkprinzips wirken Imidacloprid und andere Neonicotinoide auch auf Schadorganismen, die gegen herkömmliche Insektizide, wie z. B. Organophosphate, Carbamate oder Pyrethroide bereits resistent sind. Dadurch

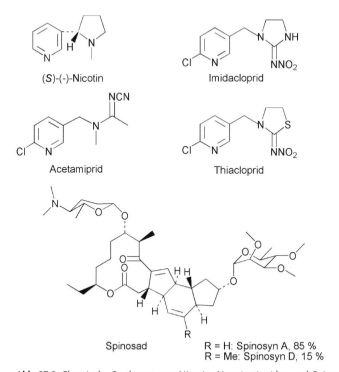

Abb. 27.2 Chemische Strukturen von Nicotin, Neonicotinoiden und Spinosad.

nimmt die Substanzklasse bei der Bekämpfung von Resistenzproblemen eine besondere Bedeutung ein und ist ein wesentlicher Bestandteil allgemein erlassener Resistenz-Management-Strategien im Insektizidbereich. Imidacloprid und andere Neonicotinoide sind relativ polar und besitzen systemische Eigenschaften. Diese erlauben durch die damit verbundene Translokation in der Pflanze spezielle Anwendungen, wie z. B. den Schutz der späteren Pflanze durch eine Saatgutbehandlung oder die Bekämpfung von über Blattapplikationen schlecht erreichbaren Schädlingen durch unterschiedliche Techniken der Bodenapplikation. Imidacloprid wurde 1991 in den Markt eingeführt und ist der umsatzstärkste Vertreter dieser Substanzklasse. Der Wirkstoff ist in mehr als 60 Ländern zugelassen und wird in einer Vielzahl von Kulturen gegen zahlreiche Schädlingsarten eingesetzt. Beispiele für Nachfolgeprodukte, die u. a. eine Verbreiterung des Wirkungsspektrums ermöglichten, sind Acetamiprid und Thiacloprid (Abb. 27.2). Der Wirkstoff Spinosad aus der Substanzklasse der Spinosyne ist eine Mischung aus den Naturstoffen Spinosyn A und Spinosyn D, welche erstmals 1980 aus der Strahlenpilzart *Saccharopolyspora spinosa* isoliert wurden. Die Herstellung dieser Wirkstoffe erfolgt über eine Fermentation. In der praktischen Anwendung wird Spinosad gegen Lepidopteren und Coleopteren eingesetzt [8].

27.2.2.2 Wirkprinzip

Neonicotinoide agonisieren den nicotinergen Acetylcholin-Rezeptor des zentralen und peripheren Nervensystems [1, 3, 15, 40, 56]. Die Substanzen dieser Wirkstoffklasse vermitteln dadurch eine Dauerreizung am synaptischen Spalt und bewirken eine den Hemmstoffen der Acetylcholinesterase vergleichbare Wirkung. Diese zeigt sich im Zielorganismus zunächst durch eine Nervenreizung, welcher eine Paralyse folgt, auf die bei entsprechender Applikationsmenge der Tod des Zielorganismus folgt [48]. Zusätzlich gibt es subletale Sekundäreffekte, welche zur biologischen Aktivität von Imidacloprid und anderen Neonicotinoiden beitragen, indem sich ein verringertes Fressverhalten einstellt und die Vermehrung der Insektenpopulation begrenzt wird [17].

Die ausgeprägte insektizide Selektivität von Imidacloprid und anderen Neonicotinoiden ist auf eine höhere Affinität zum nicotinergen Acetylcholin-Rezeptor von Insekten gegenüber dem analogen Rezeptor des Säugers zurückzuführen. Damit unterscheiden sich diese Verbindungen wesentlich von Nicotin [33]. Die Selektivität ist auf molekularer Ebene vorgegeben und es konnte in Kompetitionsstudien gezeigt werden, dass Imidacloprid die Verbindung α-Bungarotoxin, einen natürlichen Liganden des nicotinergen Acetylcholin-Rezeptors, am isolierten Rezeptor aus Zielorganismen effektiv verdrängt, während die Kompetition an Rezeptoren aus Säugerorganismen um einen Faktor 1000 geringer ist [37, 38]. Dies ist darauf zurückzuführen, dass der analoge, aber in der Subvariante unterscheidbare Rezeptor aus Säugerorganismen eine signifikant geringere Bindungsaffinität zu Imidacloprid und verwandten Verbindungen dieser Substanzklasse besitzt.

Die Selektivität von Imidacloprid lässt sich anhand der akuten LD_{50}-Werte von Zielorganismen und Ratten verdeutlichen: Die LD_{50} an Läusen (*Myzus persicae*) beträgt nach einer Behandlung 0,62 mg/kg KG und ist damit Faktor 7300 niedriger als die nach oraler Applikation erhaltene LD_{50} von 450 mg/kg KG der Ratte [36].

Spinosad beeinflusst die nicotinergen Acetylcholin- sowie die GABA-Rezeptoren, wodurch exponierte Insekten unterschiedliche neurotoxische Symptome zeigen, welche bis zur Paralyse und zum Tod führen. Zielorganismen der insektiziden Wirkung von Spinosad sind saugende Insekten sowie Coleopteren und Lepidopteren.

27.2.2.3 Kinetik und innere Exposition

Wie in Tabelle 27.2 dargestellt, zeigen Neonicotinoide nach oraler Applikation eine hohe Bioverfügbarkeit und werden nach ihrer Aufnahme im Organismus umfassend verteilt. Aufgrund ihrer Hydrophilie und durch die intensive Funktionalisierung im Metabolismus wird der in den Organismus aufgenommene Anteil der applizierten Substanz, gegebenenfalls nach Konjugation im Phase-II-Metabolismus, in der Regel schnell wieder ausgeschieden.

Spinosad wird nach oraler Applikation von Ratten schnell und umfassend resorbiert und nahezu vollständig metabolisiert. Hinsichtlich der Bioverfügbarkeit, der Verteilung, der Metabolisierung und der Ausscheidungsparameter zeigen Spinosyn A und Spinosyn D ein vergleichbares Profil. Aus den kinetischen Untersuchungen liegen keine Hinweise auf ein bioakkumulierendes Potenzial vor.

27.2.2.4 Toxizitätsprofile

Die Signalübertragung an den interzellulären Kontaktstellen des neuronalen Systems und die damit verknüpfte Reizweiterleitung im Organismus sind ein existentieller Prozess. Daher vermitteln Substanzen, welche die neuronale Sig-

Tab. 27.2 Kinetisches Verhalten ausgewählter Neonicotinoide und Spinosad in der Ratte.

Insektizid	Kinetik und Metabolismus (Ratte, oral)
Acetamiprid [58]	Bioverfügbarkeit >80% der Dosis, schnelle Aufnahme, Verteilung und Ausscheidung, intensive Metabolisierung durch Phase I- und II-Reaktionen
Imidacloprid [54]	Bioverfügbarkeit >90% der Dosis, schnelle Aufnahme, umfassende Verteilung und Ausscheidung, circa 75% der Dosis werden über den Urin ausgeschieden, intensive Metabolisierung
Thiacloprid [68]	Schnelle Aufnahme, Verteilung und Ausscheidung, intensive Metabolisierung durch Phase I- und II-Reaktionen
Spinosad [54]	Schnelle und umfassende Aufnahme, Verteilung und nahezu vollständige Metabolisierung, keine wesentlichen Unterschiede toxikokinetischer Parameter für Spinosyn A und Spinosyn D

naltransduktion im Säugerorganismus in unphysiologischer Weise aktivieren, modulieren oder hemmen, in der Regel eine ausgeprägte Toxizität, die bis zum Tod führen kann. Die Toxizitätsprofile von Wirkstoffen, welche ihre Wirkung über die Beeinflussung der neuronalen Signaltransduktion ausüben, sind vielfältig. Imidacloprid und verwandte Agonisten des nicotinergen Acetylcholin-Rezeptors besitzen aufgrund ihrer Spezifität gegenüber dem in Insekten exprimierten Rezeptor eine geringere Neurotoxizität im Säuger als andere, in die Nervenleitung eingreifende, weniger selektive Insektizide wie z. B. Phosphorsäureester oder Carbamate. Die Neonicotinoide Imidacloprid und Thiacloprid zeigen in akuten Neurotoxizitätsstudien an Ratten gegenüber der Kontrolle dosisabhängige Effekte auf die Motoraktivität und die Bewegungsfähigkeit [63, 68]. Nach der Applikation hoher Dosen Thiacloprid an Ratten wird ein leichter Tremor beobachtet. Für Acetamiprid ist als symptomatischer Effekt in der akuten Neurotoxizitätsstudie an der Ratte eine gegenüber der Kontrolle eingeschränkte Bewegungsfähigkeit beschrieben [58]. In einer subchronischen Neurotoxizitätsstudie an Ratten zeigte Imidacloprid für Männchen in der hohen Dosierung neurotoxische Symptome, wie Lethargie, Atemstörungen, eingeschränkte Bewegungsfähigkeit und Spasmen. Thiacloprid zeigte an männlichen Ratten in einer vergleichbaren Studie bei hohen Dosierungen einen verringerten Greifreflex der Hinterpfoten [68]. Für Acetamiprid sind in der subchronischen Neurotoxizitätsstudie keine spezifischen neurotoxischen Symptome beschrieben [58]. Sowohl für Imidacloprid, Thiacloprid und Acetamiprid basieren die LOAELs bzw. NOAELs der subakuten Neurotoxizitätsstudien in beiden Geschlechtern nicht auf neurotoxischen Effekten, sondern auf verringerter Futteraufnahme und gegenüber Kontrolltieren verringertem Körpergewicht [58, 63, 68].

Die Neonicotinoide Imidacloprid, Thiacloprid und Acetamiprid besitzen, bedingt durch die Selektivität auf den nicotinergen Acetylcholin-Rezeptor von Insekten, eine vergleichsweise moderate akute Toxizität in Säugertieren (s. a. Tab. 27.1). In subchronischen und chronischen Toxizitätsstudien basieren die für die Ableitung von LOAELs bzw. NOAELs relevanten toxischen Endpunkte dieser Substanzen ebenfalls nicht auf neurotoxischen Effekten.

Befunde, die zur Ableitung von LOAELs bzw. NOAELs herangezogen werden, variieren daher innerhalb der Wirkstoffklasse und beziehen sich neben anderen auf veränderte Organgewichte, Leber- und/oder Schilddrüseneffekte sowie häufig auf reduziertes Körpergewicht und verringerte Futteraufnahme [58, 63, 68].

Spinosad

Spinosad weist, wie in Tabelle 27.1 dargestellt, mit einer LD_{50} von > 5000 mg/kg KG an der Ratte (oral) eine geringe akute Toxizität auf. Bei den akuten Studien wurden weder allgemeine klinische noch neurotoxische Symptome beobachtet [54]. Auch in der für die Registrierung durchgeführten akuten Neurotoxizitätsstudie wurden keine neurotoxischen Effekte bis zu der höchsten getesteten Dosis von 2000 mg/kg KG beobachtet. In der subchronischen Neurotoxizitätsstudie an der Ratte wurden neurotoxische Symptome beobachtet. Für diese dosisabhängigen Effekte sind NOAEL-Werte beschrieben. In subchronischen und chronischen Fütterungsstudien an der Ratte, der Maus und dem Hund waren keine spezifischen Zielorgane vorhanden [67]. Bei allen Tierarten wurden als gemeinsame histopathologische Effekte intrazelluläre Vakuolisierungen in verschiedenen Organen und Geweben beobachtet. Diese Effekte waren reversibel. In höheren Dosierungen wurde die Vakuolenbildung von entzündlichen und degenerativen Läsionen in verschiedenen Organen sowie von klinisch chemischen Veränderungen begleitet [54, 67].

27.3 Herbizide

27.3.1 Substanzklassen und Wirkprinzipien

Herbizide sind Mittel, die zur Abtötung von Pflanzen oder zu deren Wachstumshemmung dienen. Sie werden eingesetzt, um z. B. die Vegetation auf Nutzflächen, Straßen- und Gleisanlagen o. Ä. einzuschränken bzw. zu verhindern. Hauptanwendungsgebiete sind Kulturen von Nutzpflanzen, die durch Herbizide vor um Nährstoffe, Wasser und Sonnenlicht konkurrierenden Pflanzen geschützt werden, um so die Erträge der Kulturpflanzen zu erhöhen. Herbizide können selektiv oder nicht selektiv das Wachstum von Pflanzen auf behandelten Flächen verhindern. Nicht selektiv wirkende Herbizide werden als Totalherbizide bezeichnet. Ebenfalls können Herbizide hinsichtlich ihrer Aufnahmewege in die Pflanze (Boden-, Blattherbizide), ihrer Wirkorte (systemisch, topisch) sowie der Anwendungszeiträume (Vor-, Nachauflaufherbizide) unterschieden werden.

Häufige Zielpflanzen, gegen die Herbizide eingesetzt werden, sind bedecktsamige Pflanzen (Angiospermen), die z. B. nach der Zahl ihrer Keimblätter weiter klassifiziert werden. Zu den einkeimblättrigen Pflanzen (Monokotyle) gehören z. B. die Gräser, zu den zweikeimblättrigen Pflanzen (Dikotyle) gehört z. B. das Kettenlabkraut. Häufig sind die zu bekämpfenden Pflanzen mit der Kulturpflanze verwandt, z. B. Gräser wie Flughafer oder Quecke mit Getreide bzw. Gräser wie Sorghum-Arten mit Mais, Leguminosen mit Sojabohnen oder Kreuzblütler wie Senf und Rauken mit Raps.

Für die Vermittlung des herbiziden Wirkprinzips sind mehr als 30 biologische Zielstrukturen bekannt. Dabei handelt es sich überwiegend um Angriffsorte, die im Chloroplasten der Pflanze lokalisiert sind. Ebenfalls von Bedeutung sind Eingriffe in die Biosynthese langkettiger Fettsäuren sowie essenzieller Aminosäuren, die ebenfalls überwiegend im Chloroplasten stattfinden.

Hemmung der Photosynthese

Die Fixierung von Kohlendioxid aus der Atmosphäre unter Bildung von Kohlenhydraten und Sauerstoff ist der zentrale Stoffwechselvorgang in Pflanzen. Die stark endotherme Reaktion erfolgt dabei über zwei Teilreaktionen in der Thylakoidmembran der Chloroplasten, der Lichtreaktion unter Beteiligung der Photosysteme I und II sowie der Dunkelreaktion, welche im Wesentlichen durch den Calvincyclus bestimmt ist (s. Abb. 27.3). Eine große Zahl herbizid aktiver Wirkstoffe erniedrigt die Photosyntheseleistung von Pflanzen über Eingriffe in die Funktion der Photosysteme I und II.

Dazu gehören u. a. die Bipyridiliumsalze Diquat und Paraquat, welche den Elektronenfluss der Elektronentransportkette zwischen Photosystem I und II beeinflussen. Der Elektronentransport wird dabei nicht inhibiert, sondern die Hemmung der Photosynthese wird über eine vermehrte Bildung von Radikalen in Form reaktiver Sauerstoffspezies vermittelt. Die Bildung von reaktiven Sauerstoffspezies bildet auch die Grundlage des Toxizitätsprofils dieser Substanzen im Säugerorganismus. Nach oraler Gabe zeigen sich im Versuchstier Effekte wie Gastro-

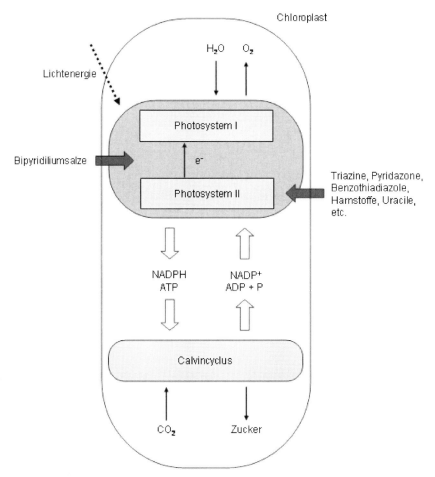

Abb. 27.3 Schematische Darstellung der Photosynthese als biologische Zielstruktur ausgewählter aktiver Wirkstoffe.

enteritis, Ulcera, toxische Nephritis, Leberstörungen, ZNS-Symptome und Anämie. Die starke akute Toxizität zeigt sich auch anhand der niedrigen LD_{50}-Werte (Ratte, oral) von 344/283 mg/kg KG für Paraquat und 408–234 mg/kg KG für Diquat. Beim Menschen kann eine orale Aufnahme ab 40–60 mg/kg KG Paraquat zum Tode führen. Die Symptomatiken entsprechen dem im Tierversuch beobachteten Toxizitätsprofil. Todesursache ist häufig das toxische Lungenödem. Der ADI-Wert von Paraquat und Diquat beträgt 0,002 mg/kg KG/Tag [11, 30, 46, 51, 54].

Die Mehrzahl der Hemmstoffe der Photosynthese vermittelt ihre biologische Aktivität über die Inhibition des Elektronentransports vom Photosystem II zum Photosystem I. Weltweit werden über vierzig Wirkstoffe aus unterschiedlichen Substanzklassen vermarktet, die über diesen Mechanismus ihre Wirkung entfalten. Beispiele für diese Substanzklassen sind Triazine, Triazinone, Pyridazone, Phenylcarbamate, Benzothiadiazole, Uracile, Pyridazinone, Phenylpyridazine, Nitrile, Harnstoffe, Anilide und Triazolinone [51].

Entkoppler greifen in die mitochondriale Zellatmung der Pflanzen ein, indem sie den für den ATP-Aufbau benötigten Protonengradienten über die Mitochondrienmembran abbauen und so die Zellatmung hemmen. Eine herbizide Wirkstoffklasse dieses Wirkprinzips stellen z. B. Dinitrophenole dar. Aus dieser Wirkstoffklasse wurde DNOC (4,6-Dinitro-o-kresol) 1892 als erstes synthetisches Insektizid eingeführt und ab 1934 auch als Herbizid im Pflanzenschutz angewandt. Weitere Vertreter dieser Substanzklasse sind Dinoseb und Dinoterb. Dinitrophenole zeigen eine hohe akute Toxizität. So liegen die LD_{50}-Werte (Ratte, oral) bei ca. 25 bis 60 mg/kg KG. Bei chronischer Gabe wurden an Versuchstieren degenerative Veränderungen der Leber sowie Katarakte beobachtet. Eine akute Vergiftung führt beim Menschen zu Erbrechen, Schweißausbruch, Hyperthermie, Tachykardie und -pnoe, Kopfschmerz und Schwindel bis hin zu Krämpfen, Koma und Hirnödemen [46, 51, 54].

Die Hemmung der Biosynthese essenzieller Bestandteile des Photosyntheseapparates ist ein weiteres Wirkprinzip, welches z. B. durch die Hemmung der Protoporphyrinogen-IX-Oxidase, einem Schlüsselenzym der Chlorophyllbiosynthese, vermittelt wird. Die Hemmung der Protoporphyrinogen-IX-Oxidase führt in der Pflanzenzelle zu einer Anreicherung von Protoporphyrinogen-IX, welches als so genannter „Photosensitizer" zur Bildung von reaktiven Sauerstoffspezies führt und über eine oxidative Schädigung essenzieller Zellbestandteile die herbizide Wirkung vermittelt. Wirkstoffklasse dieses Wirkprinzips (PPO-Inhibitoren, Protox-Inhibitoren) sind Nitrodiphenylether wie Nitrofen, Oxadiazole, Tetrahydrophthalimide, Triazolinone oder Uracile. Diese Wirkstoffklassen weisen in der Regel eine geringe akute Toxizität auf. Da die betroffene Zielstruktur als Enzym der Häm-Biosynthese auch im Säuger vorhanden ist, wurden in subchronischen und chronischen Studien bei behandelten Tieren reversibel erhöhte Porphyrinspiegel. Daraus ableitbare sekundär-toxische Effekte treten vor allem in der Leber auf. Abgeleitet von Effekten in chronischen Studien wurden die Protox-Inhibitoren mit niedrigen ADI-Werten belegt [51, 52].

Ein weiterer Angriffspunkt für Herbizide ist die Carotinoidbiosynthese. Carotinoide sind von großer Bedeutung für die Photonenabsorption und Faktoren

Tab. 27.3 Biologische und toxikologische Klassifizierung ausgewählter Herbizide.

Wirkprinzip	Ziel im Säuger vorhanden	Wirkstoffklasse	Wirkstoffe	Gesundheitsbezogene Kennzeichnung (nach GefStoffV) [a]	LD_{50} (Ratte, oral) [mg/kg KG]	ADI [mg/kg KG/Tag]
Hemmung der Photosynthese						
Elektronentransfer	ja	Bipyridilium	Diquat	T, N, R26-48/25-22-36/37/38-43-50/53	408–234	0,002 [10]
			Paraquat	T, N, R26-24/25-48/25-36/37/38-50/53	344/283	0,002 [10]
Photosystem II Inhibierung	nein	Triazine	Atrazin	Xn, N, R48/22-43-50/53	3992–1332	0,005 [55]
		Pyridazone	Chloridazon	Xi, N, R43-50/53	2140–3830	0,16 [10]
		Benzothiadiazole	Bentazon	Xi, R22-36-43-52/53	>1000	0,1 [10]
		Harnstoffe	Isoproturon	Xn, N, R40-50/53	1826–2417	0,015 [10]
		Uracile	Bromacil	–	2000	0,025 [10]
Protoporphyrinogen-IX-Oxidase Inhibierung	ja	4-Nitrodiphenyl-ether	Nitrofen	T, N, R45-61-22-50/53	3580–410	
		Oxadiazole	Oxadiazon	N, R50/53	>5000	
			Oxadiargyl	Xn, N, R63-48/22-50/53	>5000	0,008 [10]
		Tetrahydrophthali-mide	Flumioxazin	T, N, R61-50/53	>5000	0,009 [10]
		Triazolinone	Carfentrazone-ethyl	N, R50/53	5143	0,03 [10]
			Sulfentrazone	–	2855	
Phytoen-Desaturase Inhibierung	nein	Pyridazone	Chloridazon	Xi, N, R43-50/53	2140–3830	0,16 [10]
		Anilide	Diflufenican	R52/53	>5000	0,02 [10]
			Picolinafen	N, R50/53	>5000	0,014 [10]
Hydroxyphenylpyruvat-Dioxygenase Inhibierung	ja	Triketone	Sulcotrione	Xi, R43	>5000	0,0005 [10]
			Mesotrione	N, R50/53	>5000	0,01 [10]
		Isoxazole	Isoxaflutole	Xn, N, R61-50/53	>5000	0,02 [10]

27.3 Herbizide

Wirkmechanismus / Klasse	Wirkstoff	R-Sätze	LD50	Wert [Ref]
Hemmung der mitochondrialen Atmung				
Entkoppler ja	Dinitrophenole	DNOC	T+, N, R68-26/27/28-38/41-43-44-50/53	25–40	0,005 [10]
		Dinoterb	T+, N, R61-24-28-44-50/53	62	
Hemmung der Aminosäurebiosynthese				
Acetolactat-Synthase Inhibierung nein	Sulfonylharnstoffe	Amidosulfuron	–	>5000	0,2 [10]
		Nicosulforon	–	>5000	2,0 [10]
	Imidazolinone	Imazaquin	–	>5000	0,25 [55]
		Pyrithiobac-Sodium	–	3200	
		Flumetsulam	–	>5000	
Enolpyruvylshikimat-3-Phosphat-Synthase Inhibierung nein		Glyphosat	Xi, N, R41-51/53	5400	0,3 [10]
Glutamin-Synthetase Inhibierung ja		Glufosinat	Xn, R22	1620	0,02 [10]
Hemmung der Fettsäurebiosynthese				
Acetyl-Coenzym-A-carboxylase Inhibierung ja	Cyclohexandione (Cyclohexenone)	Clethodim	Xn, R22-36/38	1360	0,01 [10]
	Aryloxyphen-oxypropionat	Fenoxaprop	Xi, R43	3150	0,01 [10]
Hemmung der Biosynthese langkettiger Fettsäuren ja	Thiocarbamate	Triallat	Xn, N, R22-48/22-43-50/53	1100	
		EPTC	Xn, R22	>2000	0,05 [10]
		Vernolat	Xn, N, R22-51/53	1500	
	Sulfonsäure-arylester	Ethofumesat	N, R51/53	>5000	0,07 [10]
		Benfuresat	–	2030	
Herbizide mit Phytohormonwirkung				
Auxin-Mimetika nein	Phenoxycarbon-säuren	Fluroxypyr	R52/53	2405	0,8 [10]
	Benzoesäuren	Dicamba	Xn, Xi, R36-52/53	1700	0,03 [10]
	Pyridincarbon-säuren	Diflufenzopyr	–	>5000	0,26 [55]

a) für den aktiven Wirkstoff oder repräsentative Formulierungen

essenzieller Schutzmechanismen vor photooxidativer Schädigung. Wirkstoffe, welche die Carotinoidbiosynthese hemmen, werden als Bleichherbizide bezeichnet, da der fehlende Schutz zur Zerstörung des Chlorophylls der Pflanzen führt. Die Störung der Carotinoidbiosynthese kann an unterschiedlichen Enzymen erfolgen. PDS-Inhibitoren hemmen die Funktion der Phytoen-Desaturase, welche die Bildung von all-*trans*-Z-Carotin katalysiert. Zu diesen Bleichherbiziden gehören Anilide wie Diflufenican oder Picolinafen sowie Pyridazone wie Chloridazon. Da die biologische Zielstruktur nicht im Säuger vorhanden ist, zeigen diese Wirkstoffe in der Regel eine geringe akute Säugertoxizität. Die ADI-Werte der in Tabelle 27.3 aufgeführten Vertreter dieser Wirkstoffklasse betragen 0,014 bis 0,02 mg/kg KG/Tag [51].

Eine weitere Gruppe von Carotinoidbiosynthese-Inhibitoren hemmt die Hydroxyphenylpyruvat-Dioxygenase (HPPD), ein Enzym, welches die Biosynthese von Plastochinonen katalysiert (HPPD-Inhibitoren). Plastochinone dienen als Cofaktoren der Phytoen-Desaturase, wodurch eine Hemmung der HPPD indirekt die Carotinoidbiosynthese inhibiert. Mit der HPPD wird ebenfalls die Tocopherolbiosynthese gehemmt und aufgrund der Anreicherung von Tyrosin das Pflanzenwachstum reduziert. Beispiele für HPPD-Inhibitoren sind Benzoylcyclohexandione wie Sulcotrione und Mesotrione oder Isoxaflutol, welches erst in der Pflanze in die eigentliche Wirkform umgewandelt wird. Die HPPD-Inhibitoren zeigen in der Regel eine geringe Säugertoxizität (s. Tab. 27.3). Subchronische und chronische Studien an Ratten zeigten, dass die mit der HPPD-Hemmung verbundene Anreicherung von Tyrosin ein Ereignis ist, das toxische Sekundäreffekte auslösen kann (s. a. Abschnitt 27.3.2) [51, 52].

Hemmung der Aminosäurebiosynthese
Die Hemmung von Enzymen der Biosynthese nur in Pflanzen synthetisierter Aminosäuren stellt ein herbizides Wirkprinzip dar, welches mit einer verringerten intrinsischen Säugertoxizität korreliert ist. Zielenzyme für die Anwendung von Herbiziden dieses Wirkprinzips sind die Acetolactatsynthase, die Enolpyruvylshikimat-3-Phosphat-Synthase sowie die Glutaminsynthase.

Zu den Acetolactatsynthase-Hemmstoffen (ALS-Inhibitoren) gehören Sulfonylharnstoffe wie z. B. Amidosulfuron, Nicosulfuron, Mesosulfuron-Methyl und Imidazolinone wie z. B. Imazaquin sowie Dimethoxypyrimidyloxy-Benzoesäuren und Triazolopyrimidine wie z. B. Pyrithiobac-Sodium und Flumetsulam. Durch die Hemmung der ALS wird in der Pflanzenzelle kein Acetolactat sowie kein Acetohydroxybutyrat gebildet, wodurch ebenfalls die Biosynthese von Valin, Leucin und Isoleucin gestört ist. ALS-Inhibitoren weisen im Allgemeinen eine geringe Säugertoxizität auf (LD_{50} >5000 mg/kg KG, Ratte, oral). Die in Tabelle 27.3 aufgeführten Beispiele haben ADI-Werte von 0,2–2 mg/kg KG/Tag [51].

Die Enolpyruvylshikimat-3-Phosphat-Synthase ist ein Enzym des Shikimisäureweges, der zur Bildung von Vorstufen von Pflanzenbestandteilen mit aromatischer Struktur führt. Die Hemmung dieses Enzyms und die damit verknüpfte Inhibierung der Biosynthese von Tryptophan, Phenylalanin, Tyrosin u. a. wird durch das Totalherbizid Glyphosate vermittelt. Glyphosate zeichnet sich durch eine relativ niedrige Säugertoxizität und schnelle Abbaubarkeit in der Umwelt sowie niedrige Herstellungskosten aus. Glyphosate ist die Wirkkomponente in Round Up®, welches aktuell häufig in Kombination mit biotechnologisch gewonnenen glyphosateresistenten Kulturpflanzen angewandt wird und große wirtschaftliche Bedeutung besitzt [51].

Der initiale Schritt der Ammoniumassimilation von Pflanzen wird durch das Enzym Glutaminsynthase katalysiert. Eine Hemmung dieses Enzyms führt in der Pflanzenzelle zu einer Anreicherung von Ammoniak, welcher zelltoxisch wirkt und zum Absterben der Pflanze führt. Der Wirkstoff Glufosinat inhibiert die Glutaminsynthase und wird in der praktischen Anwendung als Totalherbizid eingesetzt. Im Säuger ist die Glutaminsynthase an der Regulierung der Ammoniumspiegel beteiligt und kontrolliert die Umwandlung des Neurotransmitters Glutamat zu Glutamin. Bei der einmaligen Gabe von Glufosinat wurde im Tierversuch eine reversible Inhibierung der Glutaminsynthase in Gehirn, Leber und Niere beobachtet, wodurch bei den Tieren Verhaltensänderungen ausgelöst wurden. In subchronischen und chronischen Studien führte die Applikation von Glufosinat ebenfalls zu einer Hemmung der Glutaminsynthase-Aktivität, wobei gezeigt wurde, dass eine chronische Hemmung der Glutaminsynthase nicht zu einer Beeinträchtigung der Lernfähigkeit und des Erinnerungsvermögens bei Mäusen führt. Beim Menschen wurden nach akzidentieller Exposition Gedächtnisverluste beschrieben [51, 52].

Hemmung der Fettsäurebiosynthese
Fettsäuren sind wesentliche Bestandteile der Zellmembranen und der Zellorganellen. Eine Hemmung der Fettsäurebiosynthese führt deshalb zur Inhibierung von zentralen Stoffwechselwegen der Zelle wie der Zellwand- und DNA-Biosynthese. Ein Schlüsselenzym der Fettsäurebiosynthese ist die Acetyl-Coenzym-A-Carboxylase (ACCase). Diese katalysiert die Bildung der Fettsäurevorstufe Malonyl-Coenzym-A aus Acetyl-Coenzym-A und Bicarbonat. Bedeutende Wirkstoffklassen von ACCase-Hemmstoffen sind Aryloxypropionate und Cyclohexenone wie Fenoxaprop und Clethodim. ACCasen spielen auch im Säuger eine zentrale Rolle in der Lipidbiosynthese. Interessanterweise ist die Hemmung der ACCase durch die oben genannten Wirkstoffe spezifisch für Pflanzen. Die ADI-Werte der in Tabelle 27.3 aufgeführten Beispiele liegen bei 0,01 mg/kg KG/Tag [51, 52].

Die Bildung längerkettiger Fettsäuren erfolgt durch Elongasen im endoplasmatischen Retikulum der Pflanzenzellen. Diese Fettsäuren sind Vorstufen für die Biosynthese von Wachsen, welche als Bestandteil der Cuticula die Pflanze unter anderem vor Wasserverlust schützen. Eine Hemmung der Elongasen führt zu einer starken Wachstumshemmung. Die bedeutendste Gruppe der Elongaseinhibitoren stellen die Thiocarbamate wie Triallat, EPTC oder Vernolat dar. Thiocarbamate zeigen eine mäßige akute Toxizität mit LD_{50}-Werten ab 1100 mg/kg KG (Ratte, oral). Die für die Ableitung von LOAEL und NOAEL zugrunde liegenden toxischen Effekte sind Hodentoxizität sowie neurologische

Effekte, die in subchronischen und chronischen Studien an Ratten und Hunden beobachtet wurden [51, 52].

Die Darstellung zeigt, dass herbizide Wirkstoffe, die auf biologische Zielstrukturen, die spezifisch nur in der Pflanze vorkommen, wirken, häufig eine nur geringe akute Säugertoxizität aufweisen. NOAELs oder LOAELs dieser Substanzen, die zur Ableitung von ADI-Werten herangezogen wurden, basieren häufig auf toxischen Effekten, die nicht mit dem herbiziden Wirkmechanismus assoziiert sind.

27.3.2
Triketone und Isoxazole

27.3.2.1 Allgemeine Substanzbeschreibung
Inhibitoren des Enzyms Hydroxyphenylpyruvat-Dioxygenase (HPPD) umfassen Vertreter der Wirkstoffklassen Triketone und Isoxazole. Der Wirkstoffklasse der Triketone gehören Mesotrione und Sulcotrione an, während Isoxaflutol zur Wirkstoffklasse der Isoxazole gehört (s. Abb. 27.4) [49, 52].

Hellyer beobachtete in den späten 1960er Jahren, dass in unmittelbarer Nähe des in Australien beheimateten Busches „*Callistemon spp.*" nur wenige Pflanzen wachsen. Detailliertere Untersuchungen zeigten, dass in dem Busch Naturstoffe vorkommen, welche herbizide Aktivität besitzen. Das in den Pflanzenextrakten nachgewiesene 4,4,6,6-Tetraalkylcyclohexan-1,3,5-trion stellte eine Basis für die Entwicklung einer neuen herbiziden Wirkstoffklasse dar. Basierend auf der Leitstruktur der Cyclohexan-1,3-dione wurden Triketone wie z. B. Sulcotrione und Mesotrione für den Pflanzenschutz entwickelt (s. Abb. 27.4) [18, 27].

Mesotrione und Sulcotrione werden als Nachauflaufherbizide gegen zweikeimblättrige (dikotyle) Pflanzen im Maisanbau eingesetzt, häufig auch in Mischungen mit gegen Gräser wirksamen Herbiziden. Isoxaflutol wirkt als Herbizid mit breitem Wirkspektrum gegen Dikotyle und Gräser im Maisanbau als

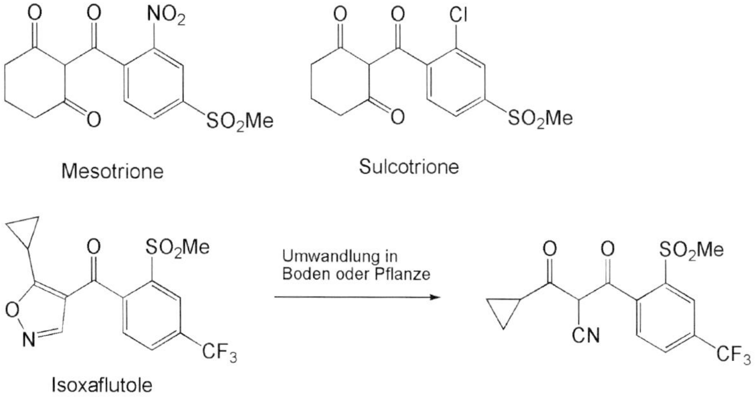

Abb. 27.4 Chemische Strukturen ausgewählter Vertreter der Triketone und Isoxazole.

Vorauflaufherbizid. Dabei muss der Wirkstoff zur Entwicklung seiner herbiziden Wirkung erst in der Pflanze oder im Boden zur ringgeöffneten Diketonform aktiviert werden (s. Abb. 27.4) [41, 51].

Auch in der Humanmedizin werden Substanzen mit identischem Wirkprinzip eingesetzt, um die beim Menschen vorkommende genetisch bedingte Krankheit Tyrosinämie Typ 1 zu therapieren. Hierzu wurde z. B. 2-(2-Nitro-4-trifluoromethylbenzoyl)cyclohexan-1,3-dion (NTBC) entwickelt [52, 25].

27.3.2.2 Wirkprinzip

Herbizide, welche durch eine Hemmung der HPPD ihre biologische Aktivität vermitteln, führen in exponierten Pflanzen zu einer Bleichung, die durch eine starke Abnahme der Carotinoid- und als Konsequenz der Chlorophyllgehalte verursacht wird. Zusätzlich akkumuliert in den Pflanzen die Verbindung Phytoen. Die Symptome sind mit den durch die als Bleichherbizide bekannten Phytoen-Desaturase-Inhibitoren (PDS-Inhibitoren) verursachten Wirkungen vergleichbar. PDS katalysiert die Umwandlung von Phytoen in Carotinoide. Triketone und Isoxazole zeigen an diesem Enzym jedoch keine Wirkung, sondern hemmen, wie in Abbildung 27.5 dargestellt, das Enzym HPPD.

Dieses Enzym katalysiert die Umsetzung von 4-Hydroxyphenylpyruvat zu Homogentisinsäure, die wiederum als Vorläuferstruktur in die Biosynthese von Plastochinonen und α-Tocopherol eingeht, wodurch das Wirkprinzip auch eine Abnahme dieser Stoffwechselprodukte in der Pflanze zur Folge hat. Da die Plastochinone ihrerseits als Cofaktoren der PDS dienen, führt ihr Fehlen zu einer Verringerung der PDS-Aktivität, was zu den beobachteten Symptomen in den exponierten Pflanzen führt. Die Hemmung der α-Tocopherolbiosynthese hat zur Folge, dass der Schutz vor starker Sonneneinstrahlung nicht mehr gegeben ist und Chlorophyll photochemisch zersetzt wird. Die Hemmung der HPPD führt in der Pflanzenzelle darüber hinaus zu einer Anreicherung von Tyrosin, welches in unphysiologisch hohen Konzentrationen eine Wachstumshemmung initiiert [45, 49, 51, 52].

Experimente an isolierten Enzymen pflanzlichen und tierischen Ursprungs zeigten eine kompetitive Hemmung der HPPD, die reversibel über die inhibitorische Bindung des Wirkstoffes vermittelt wird. Bindungsaffinitäten und Kinetik der Komplexe sind stark spezies- und substanzabhängig [18].

27.3.2.3 Kinetik und innere Exposition

Wie in Tabelle 27.4 dargestellt, wird Mesotrione nach oraler Gabe schnell resorbiert und zeigt eine Bioverfügbarkeit von nahezu 100%. Mesotrione wurde kaum metabolisiert und rasch, hauptsächlich über den Urin, ausgeschieden. Die Metabolisierung erfolgt vor allem durch oxidative Prozesse, welche zu hydroxylierten Produkten führen. Ratten und Mäuse zeigten einen vergleichbaren Metabolismus [24, 66].

In Kinetikstudien an Ratten wurde gezeigt, dass Isoxaflutole nach oraler Aufnahme schnell resorbiert und nahezu vollständig metabolisiert wird. Der größte

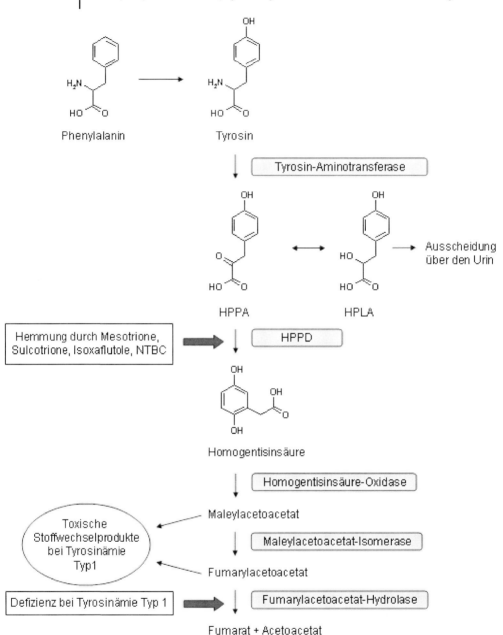

Abb. 27.5 Schematische Darstellung des Tyrosinstoffwechsels.

Tab. 27.4 Kinetisches Verhalten von Mesotrione und Isoxaflutol in der Ratte.

Herbizid	Kinetik und Metabolismus (Ratte, oral)
Mesotrione [66]	schnelle, nahezu vollständige Resorption, kaum Metabolisierung, nahezu vollständige Ausscheidung innerhalb von 48 Stunden v. a. über den Urin
Isoxaflutol [64]	schnelle, nahezu vollständige Resorption, intensive Metabolisierung, nahezu vollständige Ausscheidung innerhalb von 48 Stunden v. a. über den Urin

Teil des applizierten Herbizids wird innerhalb von 48 Stunden wieder ausgeschieden, eine Anreicherung im Körper findet nicht statt. Isoxaflutol wird intensiv metabolisiert. Der gebildete Hauptmetabolit, dessen Vorkommen in der Ratte bis zu 70% der applizierten Dosis betragen kann, wird durch Hydroxylierung gebildet [64].

Um das kinetische Verhalten von dem als Pharmazeutikum eingesetzten NTBC im Vergleich zu anderen HPPD-Inhibitoren hinsichtlich resultierender Tyrosinspiegel beim Menschen zu ermitteln, wurden klinische Studien an Probanden durchgeführt. Diese Untersuchungen zeigten, dass NTBC nach oraler Gabe schnell resorbiert wird. Die maximalen Plasmakonzentrationen wurden nach 0,25–4 Stunden erreicht und die Halbwertszeit im Blut beträgt 54 Stunden [25]. Nach Gabe unterschiedlicher Dosen Mesotrione an Probanden wurde gezeigt, dass auch diese Substanz schnell resorbiert wird. Dosisabhängig wurden die maximalen Plasmakonzentrationen nach 1–6 Stunden gemessen, die Halbwertszeit im Blut beträgt circa eine Stunde [25].

27.3.2.4 Toxizitätsprofil

Das Enzym HPPD besitzt im Säuger für den Tyrosinstoffwechsel große Bedeutung. HPPD-Inhibitoren wie Mesotrione und Sulcotrione hemmen dieses Enzym in Pflanzen und im Säugerorganismus. In Ratten wurden nach der Gabe von HPPD-Inhibitoren erhöhte Tyrosinspiegel sowie die Ausscheidung von 4-Hydroxyphenylpyruvat (HPPA) und 4-Hydroxyphenyllactat (HPLA) gemessen. Die erhöhten Tyrosinspiegel im Blut und eine Akkumulation dieser Aminosäure in der Tränenflüssigkeit führten zu einer Corneaschädigung. Erhöhte Tyrosinspiegel nach Gabe von HPPD-Inhibitoren wurden auch in Kaninchen beobachtet, führten jedoch nicht zu Schäden an der Hornhaut [18, 31, 39, 52].

Mesotrione zeigte in tierexperimentellen Untersuchungen niedrige akute Toxizität (s. a. Tab. 27.3). Subchronische und chronische Studien an Ratten, Mäusen und Hunden zeigten als adverse Effekte Augenschäden, Leber- und Nierenveränderungen sowie eine verringerte Futteraufnahme und verringerte Körpergewichte der Versuchstiere. In allen untersuchten Spezies waren während subchronischer oder chronischer Exposition die Tyrosinspiegel im Plasma in Folge der Hemmung der HPPD erhöht. Die Effekte auf z. B. Augen, Leber, Niere und Körpergewicht wurden auf die erhöhten Tyrosinspiegel zurückgeführt.

Bei Menschen mit der Krankheit Tyrosinämie Typ 1 wird die Fumarylacetonacetase, ein Enzym im Tyrosinstoffwechsel, nicht gebildet, was zur Akkumulation von leber- und nierentoxischen endogenen Zwischenstufen der Biosynthese wie Succinylaceton führt (s. a. Abb. 27.5). Die Behandlung mit dem HPPD-Inhibitor NTBC führt zu einer Abschwächung der Symptome, da durch die Hemmung des Enzyms eine voranliegende Reaktion in der Biosynthese von Tyrosin gehemmt wird. Die Gabe von NTBC zeigte eine signifikante Reduktion der mit der Krankheit assoziierten Symptome. Die Konsequenz der Therapie ist ebenfalls eine Erhöhung der Tyrosinspiegel im Blut. Im Rahmen einer an Probanden durchgeführten Studie zur Untersuchung des kinetischen Verhaltens von NTBC und Mesotrione waren auch nach Gabe von Mesotrione dosisabhängig erhöhte Tyrosinspiegel im Blut messbar. Aus Humanuntersuchungen ist ebenfalls bekannt, dass beim Menschen das Tyrosin im Organismus schnell ausgeschieden wird [25, 52]. Ein analoges Verhalten ist bei Mäusen gegeben, während bei Ratten längere Halbwertszeiten von Tyrosin gezeigt wurden. Da das kinetische Verhalten von Tyrosin im Menschen damit der Maus vergleichbar ist und Tyrosin als ursächlich für die beobachteten Effekte angesehen wird, bildete der LOAEL von 2,1 mg/kg KG/Tag aus chronischen Studien an der Maus die Basis für die Risikobewertung für den Menschen [66]. Der ADI-Wert wurde mit 0,01 mg/kg KG/Tag festgelegt (s. a. Tab. 27.3).

Isoxaflutol zeigt in der Ratte mit einem LD_{50}-Wert von >5000 mg/kg KG eine geringe akute Toxizität (s. a. Tab. 27.3). In subchronischen Studien an Ratten wurde nach oraler Applikation ein NOEL von 1118 mg/kg KG/Tag abgeleitet. Aus Langzeitstudien an Hunden wurde basierend auf Körpergewichtsveränderungen ein LOAEL von ca. 450 mg/kg KG/Tag abgeleitet. In einer chronischen Studie an Ratten wurden bei oraler Gabe von 500 mg/kg KG/Tag veränderte Organgewichte und histopathologische Befunde an Leber, Schilddrüse, Auge (Corneaschädigung) und Nervensystem beobachtet. Der LOAEL beträgt 20 mg/kg KG/Tag. In einer chronischen Studie in Mäusen waren kritische Endpunkte ein erhöhtes Lebergewicht mit histopathologischen Veränderungen sowie verringerter Futterverbrauch und reduzierte Körpergewichte. Aus diesen Studien wurde ein LOAEL von 64 mg/kg KG/Tag für männliche Tiere und 78 mg/kg KG/Tag für weibliche Tiere abgeleitet. In Ratten zeigte Isoxaflutole bei Dosen von 100 und 500 mg/kg KG Tag entwicklungstoxische Wirkungen, die sich in verringerten Körpergewichten der Feten und erhöhten Inzidenzen an skelettalen Anomalien manifestierten. Der LOAEL für maternale Toxizität lag bei 500 mg/kg KG Tag. An Kaninchen wurden bei den Nachkommen in Dosen unterhalb der maternalen Toxizität Veränderungen der Wirbelsäule beobachtet. Isoxaflutole zeigte keine reproduktionstoxischen Effekte. Der ADI-Wert beträgt 0,02 mg/kg KG/Tag (s. a. Tab. 27.3).

Mesotrione weist eine geringe ökotoxische Potenz auf. Es besitzt eine geringe akute Toxizität gegenüber Enten und Wachteln sowie aquatischen Organismen. Die LC_{50} (Fisch, akut) liegt über 120 mg/L, der EC_{50}-Wert für die Daphnientoxizität beträgt 900 mg/L. Isoxaflutole besitzt einen LD_{50} > 2150 mg/kg KG für Ente und Wachtel und zeigt geringe Toxizität gegenüber aquatischen Organismen (LC_{50} (Fisch, akut) > 1,7 mg/L, EC_{50} (Daphnie, akut) > 1,5 mg/L). Aufgrund des Wirkmechanismus sind alle HPPD-Inhibitoren toxisch für pflanzliche Nicht-Zielorganismen [64, 66].

27.4 Fungizide

27.4.1 Substanzklassen und Wirkprinzipien

Fungizide sind Mittel, welche das Wachstum, die Ausbreitung und die Vermehrung von Pilzen hemmen. Aufgrund der Vielzahl existierender Pilzerkrankungen beim Menschen, bei Tieren und bei Kulturpflanzen besitzen fungizide Wirkstoffe in unterschiedlichen Bereichen der Medizin, Veterinärmedizin und in der Landwirtschaft große Bedeutung [54, 70]. Pathogene Pilzarten umfassen Ascomyceten, Basidomyceten, Deuteromyceten und Oomyceten. Neben dem Ertragsverlust ist dabei die Kontamination des Erntegutes mit toxischen Mykotoxinen eine Folge der Pilzinfektionen. In der landwirtschaftlichen Produktion sind für jede Pilzart Vertreter bekannt, die pathogene Schadensbilder in unterschiedlichen Kulturen verursachen können und damit Ziele fungizider Pflanzenschutzmittel darstellen.

Fungizide können ihre Wirkung über unterschiedliche Wirkprinzipien vermitteln, wobei die nach Wirkprinzip geordneten Substanzklassen in Abhängigkeit ihrer biologischen Zielstruktur gegebenenfalls in Subgruppen unterteilbar sind (s. a. Tab. 27.5).

Hemmstoffe der mitochondrialen Atmungskette und der oxidativen Phosphorylierung
Wirkstoffe, die durch eine Hemmung der mitochondrialen Atmungskette und der oxidativen Phosphorylierung fungizid wirksam sind, können in Qo-, Qi-, Komplex II- und ATP-Transport-Inhibitoren differenziert werden (s. a. Abb. 27.6). Durch Wirkstoffe dieses Wirkprinzips werden der mitochondriale Elektronentransfer, die Zellatmung sowie die ATP-Synthese unterbrochen, wodurch existentielle Wachstums- und Vermehrungsprozesse des Pilzes gehemmt werden [28]. Strobilurine sowie die Wirkstoffe Famoxadone und Fenamidone inhibieren eine Bindungsstelle des b/c1-Komplexes innerhalb der mitochondrialen Atmungskette an der Außenseite der inneren Mitochondrienmembran und werden daher als „Qo-Inhibitoren" („outside inhibitors") bezeichnet (s. a. Abschnitt 27.4.2). Cyazofamid, ein Wirkstoff, der 2002 in den Markt eingeführt wurde, blockiert als erstes bekanntes Fungizid eine Bindungsstelle von Ubichinon im b/c1-Komplex, die an der Innenseite der inneren Mitochondrienmembran lokalisiert ist [28] und wird daher der Gruppe so genannter Qi-Inhibitoren („inside inhibitors") zugeord-

Tab. 27.5 Biologische und toxikologische Klassifizierung ausgewählter Fungizide.

Wirkprinzip	Ziel im Säuger vorhanden	Wirkstoffklasse	Wirkstoffe	Gesundheitsbezogene Kennzeichnung (nach GefStoffV) [a]	LD_{50} (Ratte, oral) [mg/kg KG]	ADI [mg/kg KG/Tag]
Hemmstoffe der mitochondrialen Atmungskette und der oxidativen Phosphorylierung						
Qo-Inhibitoren	ja	Strobilurine	Azoxystrobin	T, N, R23-50/53	>5000	0,1 [4]
			Kresoxim-Methyl	Xn, R40-50/53	>5000	0,4 [4]
			Trifloxystrobin	Xi, N, R43-50/53	>5000	0,1 [10]
			Picoxystrobin	Xn, N, R20-50/53	>5000	0,043 [10]
			Pyraclostrobin	R38-50/53	>5000	0,03 [10]
		Oxazolidindione	Famoxadone	Xn, N, R48/22-50/53	>5000	0,012 [10]
		Imidazolone	Fenamidone	N, R50/53	2028	0,03 [19]
Qi-Inhibitoren	ja	Imidazole	Cyazofamid	N, R50/53	>5000	0,17 [10]
Komplex II-Inhibitoren	ja	Anilide	Boscalid	N, R51/53	>5000	0,04 [10]
ATP-Transport-Inhibitoren	ja	Thiophene	Silthiopham	N, R51/53	>5000	0,064 [10]
Hemmstoffe der Steroidbiosynthese						
Demethylierungs-Inhibitoren	ja	Azole	Cyproconazole	Xn, N, R22-50/53-63	1115	0,01 [10]
			Epoxiconazole	N, R40-62-63-51/53	>5000	0,0032 [10]
			Flusilazole	Xn, N, R40-61-22-51/53	670	0,002 [4]
Reduktase/Isomerase-Inhibitoren	ja	Spiroketale	Spiroxamin	Xn, Xi, N, R20/21/22-38-43-50/53	500–595	0,025 [10]
		Morpholine	Fenpropimorph	Xn, Xi, N, R22-38-63-51/53	>3000	0,003 [10]
Demethylierungs-Inhibitoren	ja	Hydroxyanilide	Fenhexamid	N, R51/53	>5000	0,2 [10]

Hemmstoffe des Zellwandaufbaus					
Sterolbiosynthese-Inhibitoren	ja	Zimtsäurederivate	Dimethomorph	N, R51/53	3300/4500 0,05 [10]
Hemmstoffe der Zellteilung					
Tubulin-Interaktion	ja	Benzamide	Zoxamide	R43	>5 000 0,5 [10]
		Benzimidazole	Carbendazim	N, R46-60-61-50/53	>15 000 0,02 [10]
Hemmstoffe der Signaltransduktion					
G-Protein-Interaktion	ja	Chinoline	Quinoxyfen	N, R43-50/53	>5 000 0,2 [10]

a) für den aktiven Wirkstoff oder repräsentative Formulierungen

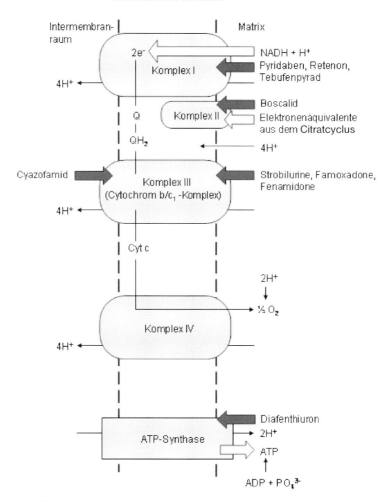

Abb. 27.6 Schematische Darstellung der mitochondrialen Atmungskette und der oxidativen Phosphorylierung als biologische Zielstruktur ausgewählter aktiver Wirkstoffe.

net. Das 2003 in den Markt eingeführte Boscalid aus der Substanzklasse der Anilide, das als Breitbandfungizid gegen viele Pilzerkrankungen in einer Großzahl von Kulturen aktiv ist, vermittelt seine Wirkung durch die Inhibition des Succinat-Ubichinon-Oxidoreduktase-Systems im Komplex II der mitochondrialen Elektronentransportkette (s.a. Abb. 27.6). Mit einem LD_{50}-Wert von >5000 mg/kg KG zeigt Boscalid in der Ratte bei oraler Exposition eine geringe akute Toxizität. Bei subakuten, subchronischen und chronischen oralen Expositionen im Nager basieren die beobachteten adversen Effekte, die zur Ableitung von LOAELs bzw. NOAELs herangezogen wurden, vorwiegend auf reduziertem Körpergewicht und verringerter Futteraufnahme (v. a. bei Mäusen) sowie auf erhöhten Organgewichten und histopathologischen Veränderungen der Leber und der Schilddrüse [60]. Das 1999 auf den Markt eingeführte Silthiofam inhibiert ATP-Transporter, wodurch ATP-abhängige Reaktionen und damit wachstums- und vermehrungsrelevante Prozesse im Pilz gehemmt werden [28]. Da die oxidative Phosphorylierung und die damit verknüpfte ATP-Synthese für Säugerorganismen existentiell sind, vermitteln Hemmstoffe dieser Prozesse in der Regel eine ausgeprägte (akute) Toxizität. Dagegen besitzen, wie in Tabelle 27.5 dargestellt, die fungizid wirksamen Hemmstoffe der mitochondrialen Atmungskette und der oxidativen Phosphorylierung eine geringe akute Toxizität mit LD_{50}-Werten von häufig > 5000 mg/kg KG (Ratte, oral), was u. a. durch das kinetische Verhalten der ausgewählten Beispiele und die dadurch verringerten endogenen Dosen begründet sein kann. Bei subakuten, subchronischen und chronischen oralen Expositionen im Nager basieren die beobachteten adversen Effekte in der Regel nicht auf Symptomen, die direkt auf eine Hemmung der oxidativen Phosphorylierung zurückgeführt werden können. Befunde, die zur Ableitung von LOAELs bzw. NOAELs herangezogen wurden, variieren daher innerhalb der Wirkstoffklassen und beziehen sich auf unterschiedliche Zielorgane sowie häufig auf reduziertes Körpergewicht und verringerte Futteraufnahme (s. a. Abschnitt 27.4.2).

Hemmstoffe der Steroidbiosynthese
Da alle Pilzarten, mit Ausnahme der Oomyceten, Steroide wie z. B. Ergosterin zum Aufbau ihrer Zellmembran benötigen, verfügen Hemmstoffe der Steroidbiosynthese häufig über ein breites fungizides Wirkungsspektrum gegen eine Vielzahl pathogener Pilze [9, 29, 35]. Eine bedeutende Stoffklasse von Steroidbiosynthese-Hemmstoffen sind die Azole. Diese Verbindungen wurden seit Anfang der 1970er Jahre auf den Markt eingeführt und stellen aktuell einen Anteil von ungefähr 25% der weltweit vermarkteten Fungizide dar [54]. Dabei sind für Azole mit Diazol- bzw. Triazol-Grundstruktur zahlreiche Derivate mit unterschiedlichen Wirkungsspektren bekannt. Azole hemmen das Enzym Sterol-14-α-Demethylase und inhibieren dadurch essenzielle Demethylierungsreaktionen der Steroidbiosynthese. Beispiele aus dieser Substanzklasse sind die in Tabelle 27.5 genannten Wirkstoffe Cyproconazole, Epoxiconazole und Flusilazole. Viele Wirkstoffe aus der Stoffklasse der Azole besitzen eine ausgeprägte Lipophilie, welche die Penetration der Wirkstoffe zu Cytochrom P-450-Enzymen des endoplasmatischen Retikulums begünstigt. Dort vermitteln die Substanzen sowohl induzierende als auch inhibierende Eigenschaften auf unterschiedliche Cytochrom P-450-Isoenzyme und hemmen die Steroidbiosynthese. Subchronische und chronische Studien zeigen u. a. toxische Effekte in der Leber, Veränderungen der Schilddrüse und Störungen der Steroidbiosynthese. Viele Azol-Wirkstoffe zeigen bei höheren Dosierungen entwicklungstoxische Effekte, die sich im Tierexperiment z. B. in erhöhter pränataler Mortalität, Wachstumsretardierung und strukturellen Fehlbildungen zeigen. Das Toxizitätsprofil von Azolen variiert jedoch innerhalb der Substanzklasse und kann für unterschiedliche Wirkstoffe

deutliche Unterschiede hinsichtlich kritischer, toxischer Endpunkte aufweisen [54, 74].

Spiroketale und Morpholine sowie Hydroxyanilide, die ebenfalls die Steroidbiosynthese hemmen, greifen an anderer Stelle der Biosynthese ein und bilden daher hinsichtlich des fungiziden Wirkprinzips separate Subgruppen der Steroidbiosynthese-Inhibitoren.

Hemmstoffe des Zellwandaufbaus

Zimtsäurederivate wie z.B. Dimethomorph vermitteln ihr fungizides Potenzial durch die Inhibition des Zellwandaufbaus im Pilz, welche durch eine Hemmung der Sterolbiosynthese vermittelt wird [61]. Das Wirkprinzip ist gegen eine Vielzahl unterschiedlicher Pilzarten aktiv und Dimethomorph wird in zahlreichen Kulturen angewandt [50]. Dimethomorph hat eine geringe akute Toxizität mit LD_{50}-Werten von 3300 und 4500 mg/kg KG (m/w, Ratte, oral) und besitzt einen ADI-Wert von 0,05 mg/kg KG/Tag. Die für eine Ableitung von NOAELs, bzw. LOAELs beobachteten toxischen Endpunkte in subchronischen und chronischen Toxizitätsstudien waren verringertes Körpergewicht im Fall der Maus, verringertes Körpergewicht und histopathologische Veränderungen der Leber im Fall der Ratte sowie Effekte auf die Leber und die Prostata im Fall des Hundes [61].

Hemmstoffe der Zellteilung

Der Wirkstoff Zoxamide, welcher gegen ausgewählte Deuteromyceten und Oomyceten wirksam ist, hemmt die Vermehrung des Pilzes durch eine Inhibition der Zellteilung. Ebenfalls zeigen ausgewählte Vertreter aus der Stoffklasse der Dicarboximide, wie z.B. Carbendazim, eine fungizide Aktivität, welche durch die Hemmung der Zellteilung vermittelt wird. Die biologische Aktivität dieser Wirkstoffe basiert auf der Wechselwirkung der Substanzen mit dem die Mitosespindel ausbildenden Protein Tubulin [16, 69]. Die Wechselwirkung mit diesem Protein kann speziesabhängig sein: Aus *in vitro*-Untersuchungen ist bekannt, dass Carbendazim die Funktion von Tubulin aus Pilzen stärker beeinflusst als diejenige entsprechender Säugerproteine [12]. Die Hemmung der Zellteilung aufgrund der Störung des Spindelapparates ist für den Säugerorganismus als toxischer Wirkmechanismus für zahlreiche Substanzen mit unterschiedlichen Endpunkten beschrieben. Typische Effekte von Spindelgiften sind cytogenetische Anomalien, bevorzugt an proliferierenden Zellsystemen, welche weitere Folgeschäden verursachen können [71]. Zoxamide, welches nach der Absorption schnell ausgeschieden und über zahlreiche metabolische Wege abgebaut wird, zeigt in seinem Toxizitätsprofil nur wenige, für den Wirkmechanismus typische toxische Endpunkte im Säuger: Nach oraler Exposition weist Zoxamide mit einer LD_{50} von >5000 mg/kg KG eine geringe akute Toxizität auf. Typisch für Mitosehemmer sind die in *in vitro*-Untersuchungen beobachteten numerischen Chromosomenaberrationen. Dagegen zeigten *in vivo*-Untersuchungen im Knochenmark der Maus bis zu Dosen von 2000 mg/kg KG keine gegenüber der Kontrolle erhöhten Bildungsraten von Mikrokernen. Bei längeren oralen Expositionen im Säugerorganismus basieren die beobachteten adversen Effekte nicht auf Symptomen, welche als kritische toxikologische Endpunkte einer Mitosehemmung zu verstehen sind. Zoxamide zeigte im Rahmen der durchgeführten Registrierungsstudien keine teratogenen und reproduktionstoxikologischen Effekte. Die Substanz ist nicht mutagen und es gibt keine Hinweise auf ein kanzerogenes Potenzial. Befunde, die in subakuten, subchronischen und chronischen Studien zur Ableitung von LOAELs bzw. NOAELs herangezogen wurden, beziehen sich neben anderen auf Leber- und Schilddrüseneffekte sowie häufig auf reduziertes Körpergewicht und verringerte Futteraufnahme [69]. Carbendazim besitzt mit einer LD_{50} von >15 000 mg/kg KG (Ratte, oral) eine geringe akute Toxizität. Als Hemmstoff der Zellteilung besitzt Carbendazim ein aneuploidogenes Potenzial und kritische toxische Endpunkte in reproduktionstoxikologischen Studien sowie in subchronischen und chronischen Untersuchungen. Aufgrund des Wirkprinzips ist für diese Effekte ein Schwellenwert vorhanden und es können NOAELs für die reprotoxikologischen Effekte abgeleitet werden.

Hemmstoffe der Signaltransduktion
Für das Wirkprinzip des 1998 auf den Markt eingeführten Quinoxyfens wurde im Jahre 2000 ein Mechanismus vorgeschlagen, nach welchem der Wirkstoff G-Proteine der Signaltransduktion innerhalb der Pilzhyphe inhibiert [28]. Quinoxyfen besitzt mit einer LD_{50} von >5000 mg/kg KG eine geringe akute Toxizität. Adverse Effekte in subchronischen und chronischen Untersuchungen basieren neben anderen auf veränderten Organgewichten sowie histopathologischen Befunden der Leber und der Niere.

27.4.2
Strobilurine

27.4.2.1 Allgemeine Substanzbeschreibung
Strobilurine stellen eine bedeutende Klasse von Fungiziden dar, die für eine kurative und präventive Anwendung in der Landwirtschaft von großem Interesse ist. Ausgewählte Vertreter dieser Verbindungsklasse wirken gegen Ascomyceten, Basidomyceten, Deuteromyceten und Oomyceten, womit Strobilurine prinzipiell gegen alle vier bedeutenden Gruppen pathogener Pilze einsetzbar sind [28].
1977 beschrieben Anke et al. die aus Kulturen des Kiefernzapfenrüblings (*Strobilurus tenacellus*) isolierten Naturstoffe Strobilurin A und B (Abb. 27.7) [3]. Eine wesentliche biologische Aktivität dieser Verbindungsklasse ist ihre fungizide Wirkung. Diese Aktivität bietet den Produzenten der natürlichen Strobilurine Wachstumsvorteile gegenüber konkurrierenden Pilzen mit identischem Lebensraum. Ebenfalls natürlich vorkommende Analoga der Strobilurine sind das aus dem Buchenschleimrüblings (*Oudemansiella mucida*) isolierte Oudemansin A

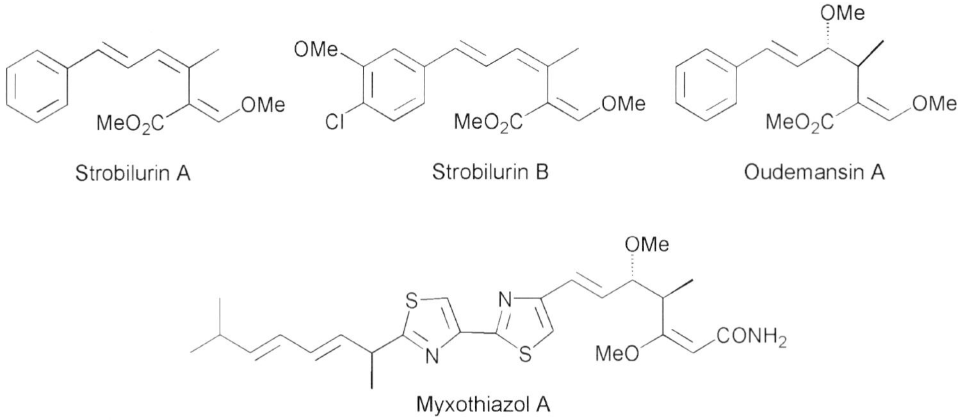

Strobilurin A **Strobilurin B** **Oudemansin A**

Myxothiazol A

Abb. 27.7 Chemische Strukturen natürlicher Strobilurine und verwandter Naturstoffe.

und das in dem Myxobakterium *Myxococcus fulvus* vorkommende Myxothiazol A (Abb. 27.7) [47].

Der biochemische Wirkmechanismus der Strobilurine wurde durch Becker et al. 1981 aufgeklärt. Das neue, bis dahin für Fungizide unbekannte Wirkprinzip war hinsichtlich der kommerziellen Nutzung im Pflanzenschutz von großem Interesse [7, 28]. Strobilurin A zeigte in den Prüfungen für eine agrochemische Nutzung eine schwache Wirkung, welche auf das Triensystem im Molekül zurückgeführt wurde, das sich als photolabil und oxidationsempfindlich erwies. Leitstrukturoptimierungen erhöhten die Stabilität und die biologische Aktivität natürlicher Strobilurine und ermöglichten damit die agrochemische Anwendung dieser Substanzklasse [6, 47]. Der Einbau eines aromatischen Ringes an die im Strobilurin A vorliegende Trienstruktur ist dabei ein charakteristisches Merkmal synthetischer Strobilurine (Abb. 27.8). Diese Stabilisierung des Triensystems in Kombination mit dem im Biophor des natürlichen Strobilurins vorliegenden (*E*)-Methyl-6-methoxyacrylat-System ist die Basis für das entwickelte Fungizid Azoxystrobin (Tab. 27.6). Dieses Strobilurin wirkt gegen eine Vielzahl von Pilzerkrankungen und ist in über 80 Kulturen zugelassen. Eine gute fungizide Wirkung ist bei den Strobilurinen ebenfalls vorhanden, wenn neben der Stabilisierung des Triensystems die Enolether-Gruppe des Biophors durch ein Oximether-System ersetzt wird. Diese Leitstruktur ist die Basis des Fungizids Kresoxim-methyl. Kresoxim-methyl ist in einer Vielzahl von Kulturen zugelassen und zeigt u. a. eine sehr gute Wirkung gegen Septoria in Getreide sowie falschen und echten Mehltau in Obst- und Sonderkulturen. Die Kombination von Oximetherester-Biophor und Oximether-Seitenkette ist die Basisstruktur von Trifloxystrobin, welches heute neben seinem Einsatz im Getreide gegen Mehltau und Rost für zahlreiche weitere Anwendungen in unterschiedlichen Kulturen zugelassen ist. Picoxystrobin wird u. a. gegen Rost und Septoria in Weizen eingesetzt und wurde 2002 in den Markt eingeführt. Pyraclostrobin (F 500®) weist

Tab. 27.6 Ausgewählte synthetische Strobilurine und verwandte Fungizide [6].

Fungizid	Firma	Erstzulassung/Markteinführung
Azoxystrobin[a]	Syngenta	1996
Kresoxim-methyl	BASF	1996
Trifloxystrobin[b]	Bayer CropScience	1999
Picoxystrobin[c]	Syngenta	2002
Pyraclostrobin (F 500®)	BASF	2002
Famoxadone	DuPont	1997
Fenamidone[d]	Bayer CropScience	2001

a) von ICI entdeckt, heute Teil von Syngenta.
b) von Novartis entdeckt, 2000 an Bayer verkauft, heute Bayer CropScience.
c) von Zeneca entdeckt, heute Teil von Syngenta.
d) von Rhone-Poulenc/Aventis entdeckt, heute Teil von Bayer CropScience.

einen Biophor auf, in dem eine Methoxy- und eine Esterfunktion direkt über ein Stickstoffatom mit dem aromatischen Ring der Grundstruktur synthetischer Strobilurine verknüpft sind. Das Fungizid wird u.a. gegen Septoria und Rost in Getreide sowie gegen echten und falschen Rebenmehltau eingesetzt und wirkt darüber hinaus gegen eine Vielzahl von pathogenen Pilzen in unterschiedlichsten Kulturen. Neben den gegebenen Beispielen befinden sich derzeit weitere Wirkstoffe dieser Verbindungsklasse in der Entwicklung bzw. im Zulassungsprozess [28].

Famoxadone und Fenamidone gehören aufgrund ihrer chemischen Struktur nicht zu den Strobilurinen, besitzen jedoch den gleichen Wirkmechanismus und werden daher in den vorliegenden Abschnitt integriert. Die beiden Fungizide wirken u.a. auf Oomyceten wie die Kartoffelkrautfäule oder den falschen Rebenmehltau.

27.4.2.2 Wirkprinzip

Die fungizide Aktivität der Strobilurine basiert auf der Inhibition der mitochondrialen Zellatmung durch die reversible Bindung an den Cytochrom-b/c1-Komplex (Komplex III). Dieser Komplex ist auf der inneren Mitochondrienmembran lokalisiert. Er ist der Teil der Elektronentransportkette, in dem Ubihydrochinon zu Ubichinon oxidiert und die korrespondierenden Elektronenäquivalente auf das Fe(III)-Zentrum des porphyrinhaltigen Cytochrom c übertragen werden (s.a. Abb. 27.6).

Der von Strobilurinen vermittelte Mechanismus ist in mitochondrialen Präparationen von Hefen sowie höheren Spezies wie Rindern und Ratten beschrieben [7, 47].

Der Komplex III hat zwei Bindungsstellen für Ubichinon (Q), an der Außenseite der mitochondrialen Membran (Qo) und an der Innenseite der Membran (Qi).

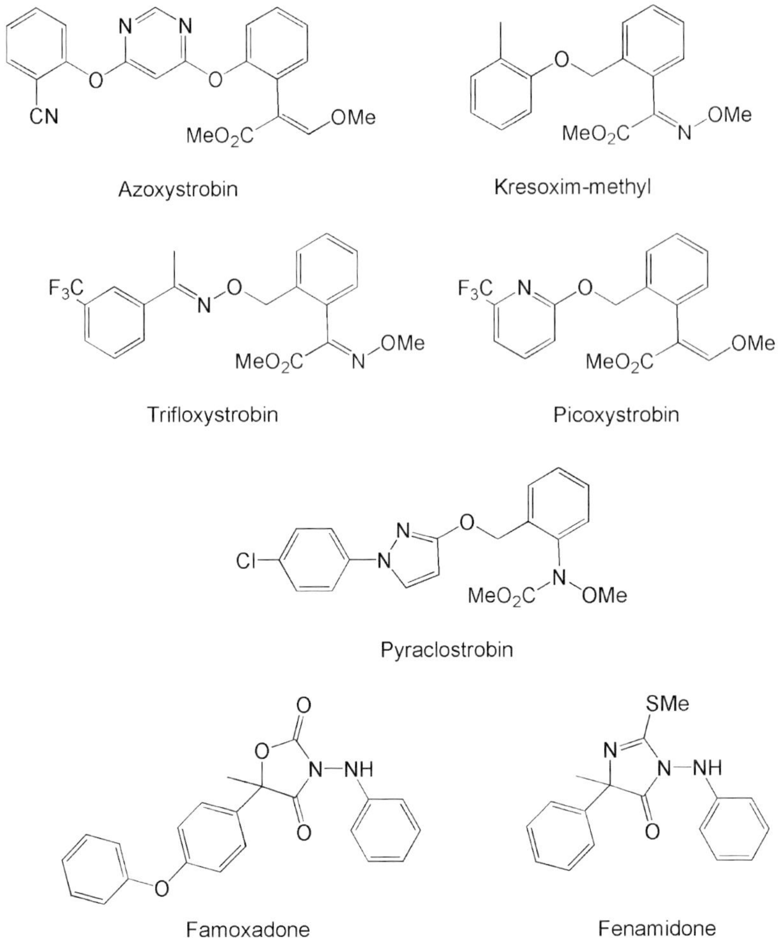

Abb. 27.8 Chemische Strukturen synthetischer Strobilurine und verwandter Fungizide.

Die Strobilurine, Oudemansin A, Famoxadone sowie Fenamidone blockieren die Bindungsstelle des Ubichinons Q von der Außenseite der mitochondrialen Membran und werden daher in die Gruppe der so genannten „Qo-Inhibitoren" (outside Inhibitors) eingeteilt.

Sobald der Inhibitor bindet, wird der Elektronentransfer von Cytochrom b auf Cytochrom c1 und damit die Zellatmung des Pilzes unterbunden. Damit kann die von diesem Schritt abhängige ATP-Synthese nicht stattfinden und die energieabhängigen Prozesse des Pilzwachstums und der Pilzvermehrung werden gehemmt [34]. Hinweise aus der Literatur, nach welchen die Hemmung des Cytochrom-b/c1-Komplexes über einen biochemischen alternativen Elektronentransportweg umgangen werden kann, können hinsichtlich der biologischen Aktivität zu einem Resistenzverhalten gegenüber den Strobilurinen beitragen [73].

27.4.2.3 Kinetik und innere Exposition

Die orale Bioverfügbarkeit der in Tabelle 27.7 dargestellten Strobilurine liegt in der Ratte zwischen 50 und 100% der Dosis. Der absorbierte Anteil wird in der Regel intensiv metabolisiert sowie unter Desaktivierung der biophoren Gruppe funktionalisiert und gegebenenfalls nach Konjugation im Phase-II-Metabolismus ausgeschieden. Fenamidone besitzt toxikokinetische Eigenschaften, die denen der Strobilurine ähnlich sind. Famoxadone zeigt eine höhere metabolische Stabilität und besitzt mit 40% der Dosis die unter den dargestellten Substanzbeispielen geringste orale Bioverfügbarkeit.

Tab. 27.7 Kinetisches Verhalten ausgewählter Strobilurine und verwandter Fungizide in der Ratte.

Fungizid	Kinetik und Metabolismus (Ratte, oral)
Azoxystrobin [32, 59]	Schnelle und vollständige Aufnahme, umfassende Verteilung, höchste Gewebespiegel in Niere und Leber, schnelle Ausscheidung hauptsächlich über Galle/Faeces, intensive Metabolisierung durch Phase I- und II-Reaktionen
Kresoxim-methyl [32, 65]	Bioverfügbarkeit circa 50% der Dosis, schnelle Aufnahme, umfassende Verteilung, höchste Gewebespiegel in Leber, Niere und Plasma, schnelle Ausscheidung über Faeces und Urin, intensive Metabolisierung durch Phase I- und II-Reaktionen
Trifloxystrobin [21]	Bioverfügbarkeit circa 60% der Dosis, schnelle Aufnahme, umfassende Verteilung, schnelle Ausscheidung über Faeces und Urin, intensive Metabolisierung durch Phase I- und II-Reaktionen
Picoxystrobin [20]	Bioverfügbarkeit circa 75% der Dosis, schnelle Aufnahme, umfassende Verteilung, höchste Gewebespiegel in Leber und Niere, schnelle Ausscheidung überwiegend über Galle/Faeces, umfassende Metabolisierung durch Phase I- und II-Reaktionen
Pyraclostrobin (F 500®) [22]	Bioverfügbarkeit circa 50% der Dosis, schnelle Aufnahme, umfassende Verteilung, höchste Gewebespiegel in Leber und Niere, schnelle Ausscheidung überwiegend über Galle/Faeces, intensive Metabolisierung durch Phase I- und II- Reaktionen
Famoxadone [32, 62]	Bioverfügbarkeit circa 40% der Dosis, schnelle Aufnahme, umfassende Verteilung, höchste Gewebespiegel in Fett und Leber, Ausscheidung hauptsächlich als unveränderter Wirkstoff im Faeces, Metabolisierung durch Phase I-Reaktionen
Fenamidone [19]	Bioverfügbarkeit circa 80% der Dosis, schnelle Aufnahme, umfassende Verteilung, Ausscheidung hauptsächlich über Galle/Faeces, intensive Metabolisierung durch Phase I- und II-Reaktionen

27.4.2.4 Toxizitätsprofil

Die oxidative Phosphorylierung und die damit verknüpfte ATP-Synthese ist für Zellen existentiell, da durch diesen Prozess lebensnotwendige Energieäquivalente für die Zelle und den Organismus zur Verfügung gestellt werden. Eine Hemmung der Zellatmung vermittelt daher in der Regel eine ausgeprägte akute Toxizität.

So zeigt die Verbindung Myxothiazol A mit einer LD_{50} von 2 mg/kg KG in der Maus eine vergleichsweise hohe akute Toxizität [23]. Trotz des identischen Wirkprinzips weisen z. B. Strobilurin A [47] und die kommerziellen Fungizide dieser Wirkstoffklasse bei oraler Exposition eine gegenüber Säugetieren geringe akute Toxizität auf. In der akuten Prüfung sind für diese Substanzen in der Regel auch bei hohen Dosierungen keine klinisch spezifischen Symptome zu beobachten. Die hohe biologische Aktivität auf die Zielorganismen und die vergleichsweise niedrige akute Toxizität im Säugerorganismus stellen dabei eine Selektivität dar, welche für die Anwendung dieser Substanzklasse von besonderem Interesse ist. Wie in Tabelle 27.5 zusammengefasst ist, werden Strobilurine und verwandte Substanzen in der Regel schnell ausgeschieden und besitzen zahlreiche metabolische Abbauwege unter Einbeziehung von Metabolisierungsprozessen des Biophors. Deshalb ist davon auszugehen, dass die geringen akuten Toxizitäten auch auf das kinetische Verhalten der betrachteten Substanzen und die dadurch verringerten endogenen Dosen zurückzuführen sind.

Bei subakuten, subchronischen und chronischen oralen Expositionen im Nager basieren die beobachteten adversen Effekte in der Regel nicht auf Symptomen, die auf das fungizide Wirkprinzip zurückgeführt werden können. Befunde, die zur Ableitung von LOAELs bzw. NOAELs herangezogen werden, variieren daher innerhalb der Wirkstoffklasse und beziehen sich neben anderen auf Leber- und/oder Nierenffekte sowie häufig auf reduziertes Körpergewicht und verringerte Futteraufnahme [19–22, 59, 62, 65].

In aquatischen Organismen zeigen Strobilurine und verwandte Fungizide oft eine im Vergleich zu Ratten und anderen Säugetieren hohe akute Toxizität mit einem Wirkeintritt innerhalb weniger Stunden. Die Empfindlichkeit zahlreicher aquatischer Organismen gegenüber Strobilurinen kann durch die oft geringe

Tab. 27.8 Aquatische Toxizität ausgewählter Strobilurine und verwandter Fungizide [µg/L].

Fungizid	Fisch LC_{50} (96 h)	Fisch NOAEC (chronisch)	Daphnie EC_{50} (48 h)	Daphnie NOAEC (chronisch)
Azoystrobin [6]	470	147	259	44
Kresoxim-methyl [6]	190	–	186	32
Trifloxystrobin [6]	15	4,3	16	2,8
Picoxystrobin [6]	65	40	18	8
Famoxadone [62]	12	1,4	11,8	0,085
Fenamidone [19]	740	310	55	12,5

metabolische Kompetenz von Wasserorganismen und gegebenenfalls durch eine Biokonzentration begründet werden. Die Toxizität nimmt jedoch auch bei längeren Expositionszeiten häufig nicht wesentlich zu, was sich im Vergleich zu anderen Substanzklassen, in einem relativ geringen Quotienten von chronischen und akuten NOECs ausdrücken lässt (s. a. Tab. 27.8). Da die Inhibition der mitochondrialen Atmungskette als eigentliches Wirkprinzip der Strobilurine eine akute Toxizität vermittelt, die stärker dosis- als zeitabhängig ist, stellt der niedrige Quotient einen für das Wirkprinzip charakteristischen Parameter dar [6].

27.5
Zusammenfassung und Ausblick

Für Insektizide, Herbizide und Fungizide werden unter besonderer Berücksichtigung aktueller Entwicklungen aktive Wirkstoffe von Pflanzenschutzmitteln aus unterschiedlichen Substanzklassen vorgestellt. Dabei stehen die Wirkprinzipien und Toxizitätsprofile der behandelten Wirkstoffe im Vordergrund und werden hinsichtlich ihrer jeweiligen biologischen Zielstrukturen diskutiert und bewertet.

Neue Wirkstoffe mit neuen Wirkprinzipien, welche möglichst spezifisch gegen Schadorganismen wirken und welche hinsichtlich auftretender Resistenzen im Rahmen von integrierten Risiko-Management-Strategien zur Verringerung der Resistenzbildung beitragen können, haben in den letzten Jahrzehnten im chemischen Pflanzenschutz eine besondere Bedeutung gewonnen und werden auch zukünftig für eine ökonomische und effektive Agrarproduktion von großem Interesse sein [14, 34, 42]. Dabei geben geltende Zulassungsbedingungen die politischen und gesellschaftlichen Anforderungen sowie die dadurch vorgegebenen toxikologischen und ökotoxikologischen Profile aktueller und zukünftiger Wirkstoffe wieder.

Es ist davon auszugehen, dass neben Entwicklungen weiterer neuer chemischer Pflanzenschutzmittel alternative Methoden, wie z. B. Bt-Insektizide mit toxikologisch und ökotoxikologisch günstigen Bewertungsprofilen unter besonderer Berücksichtigung einer möglichen zusätzlichen Anwendung der Biotechnologie zunehmend an Bedeutung gewinnen und die zur Verfügung stehenden Methoden deutlich erweitern werden.

27.6
Literatur

1 Abbink J (1991) Zur Biochemie von Imidacloprid, *Pflanzenschutz-Nachrichten Bayer* 44: 183–194.

2 Altmann R, Elbert A (1992) Imidacloprid – ein neues Insektizid für die Saatgutbehandlung in Zuckerrüben, Getreide und Mais, *Mitteilungen der Deutschen Gesellschaft für allgemeine und angewandte Entomologie* 8: 212–221.

3 Anke T, Oberwinkler F, Steglich W, Schramm G (1977) The Strobulins – New antifungal antibiotics from the basi-

4 Australian Government, Department of Health and Ageing (2004) ADI List.
5 Bai D, Lummis SCR, Leicht W, Breer H, Sattelle (1991) Actions of Imidacloprid on cholinergic receptors of an identified insect motor neurone, *Pesticide Science* **33**: 197–204.
6 Barlett DW, Clough JM, Godwin JR, Hall AA, Hamer M, Dobrzanski B (2002) The strobilurin fungicides, *Pesticide Management Science* **58**: 649–662.
7 Becker WF, von Jagow G, Anke T, Steglich W (1981) Oudemansin, Strobilurin A, Strobilurin B and Myxothiacol: New inhibitors of the bc1 segment of the respiratory chain with an *E-β*-methoxyacrylate system as common structural element, *Federation of European Biochemical Societies Letters* **132**: 329–333.
8 Beckmann M, Haack KJ (2003) Chemische Schädlingsbekämpfung: Insektizide für die Landwirtschaft, *Chemie in unserer Zeit* **37**: 88–91.
9 Buchenauer H (1995) DMI-fungicides – side effects on the plant and problems of resistance, in Lyr H (Hrsg) Modern selective fungicides – properties, applications, mechanisms of action, Gustav Fischer, Jena, 259–290.
10 Bundesinstitut für Risikobewertung (2004) Expositionsgrenzwerte für Rückstände von Pflanzenschutzmitteln in Lebensmitteln, Information des BfR vom 8. Juli 2004.
11 Cordett JR, Wright K, Baillie AC (1984) The biochemical mode of action of pesticides, Academic Press, London.
12 Davidse LC, Ishii H (1995) Biochemical and molecular aspects of the mechanisms of action of benzimidazoles, *N*-phenylcarbamates and *N*-phenylformamidoximes and the mechanisms of resistance to these compounds in fungi, in Lyr H (Hrsg) Modern selective fungicides, G. Fischer, Jena, 305–322.
13 De Cock A, Degheele D (1998) Buprofezin: A novel chitin synthesis inhibitor affecting specifically planthoppers, white flies and scale insects, in Ishaaya I, Degheele D (Hrsg) Insecticides with novel modes of action – mechanisms and application, Springer, Berlin, 74–91.
14 Denholm I, Horowitz AR, Cahill M, Ishaaya I (1998) Management of resistance to novel insecticides, in Ishaaya I, Degheele D (Hrsg) Insecticides with novel modes of action – mechanisms and application, Springer, Berlin, 260–282.
15 Donglin B, Lummis SCR, Leicht W, Breer H, Sattelle (1991) Actions of Imidacloprid and a related nitromethylene on cholinergic receptors of an identified insect motor neurone, *Pesticide Science* **33**: 197–204.
16 Edlich W, Lyr H (1995) Mechanism of action of dicarboximide fungicides, Modern selective fungicides, properties, applications, mechanisms of action, Gustav Fischer, Jena, 119–131.
17 Elbert A, Nauen R, Leicht W (1998) Imidacloprid, a novel chloronicotinyl insecticide: Biological activity and agricultural importance, in Ishaaya I, Degheele D (Hrsg) Insecticides with novel modes of action – mechanisms and application, Springer, Berlin, 50–73.
18 Ellis MK, Whitfield AC, Gowans LA, Auton TR, McLean Provan W, Lock EA, Lee DL, Smith LL (1996) Characterization of the interaction of 2-[2-Nitro-4-(trifluoromethyl)benzoyl]-4,4,6,6-tetramethyl-cyclohexane-1,3,5-trione with rat hepatic 4-Hydroxyphenylpyruvate Dioxygenase, *Chemical Research in Toxicology* **9**: 24–27.
19 European Commission Health & Consumer Protection Directorate-General (2003) Review report for the active substance Fenamidone.
20 European Commission Health & Consumer Protection Directorate-General (2003) Review report for the active substance Picoxystrobin.
21 Fluoride Action Network Pesticide Project (2003) Trifloxystrobin.
22 Food and Agriculture Organization of the United Nations, Agriculture Department (2003) Pyraclostrobin, toxicological evaluation.
23 Gerth K, Irschik H, Reichenbach H, Trowitzsch W (1980) Myxothiazol, an antibiotic from myxococcus fulvus (myxobacterales). I. Cultivation, isolation, phy-

sicochemical and biological properties, *The Journal of Antibiotics* **23**: 1474–1479.

24 Gledhill AJ, Jones BK, Laird WJ (2001) Metabolism of 2-(4-methylsulphonyl-2-nitrobenzoyl)-1,3-cyclohexanedione (mesotrione) in rat and mouse, *Xenobiotica* **31**: 733–747.

25 Hall MG, Wilks MF, Provan WM, Eksborg S, Lumholtz B (2001) Pharmacokinetics and pharmacodynamics of NTBC (2-(2-nitro-4-fluoromethylbenzoyl)-1,3-cyclohexanedione) and mesotrione, inhibitors of 4-hydroxyphenyl pyruvate dioxygenase (HPPD) following a single dose to healthy male volunteers, *British Journal of Clinical Pharmacology* **52**: 169–177.

26 Harris M, Price RN, Robinson J, May TE (1986) WL 108477 – A novel neurotoxic insecticide, British Crop Protection Conference, Conf. II, 2B-4, 115–122.

27 Hellyer RO (1968) The occurrence of β-triketones in the steam-volatile oils of some myrtaceous Australian plants, *Australian Journal of Chemistry* **21**: 2825–2828.

28 Henningsen M (2003) Pilzbekämpfung in der Landwirtschaft, *Chemie in unserer Zeit* **37**: 98–111.

29 Hewitt G (2000) Fungicides, New modes of action of fungicides, *Pesticide Outlook* **11**: 28–32.

30 Hock B, Fedtke C, Schmidt RR (1995) Herbizide – Entwicklung, Anwendung, Wirkungen, Nebenwirkungen, Georg Thieme, Stuttgart.

31 Holme E, Lindstedt S, Lock EA (1995) Treatment of tyrosinemia type I with an enzyme inhibitor (NTBC), *International Pediatrics* **10**: 41–43.

32 Industrieverband Agrar eV (2000) Chemie-Wirtschaftsförderungsgesellschaft (Hrsg) Wirkstoffe in Pflanzenschutz und Schädlingsbekämpfungsmitteln, BLV Verlagsgesellschaft mbH, München.

33 Ishaaya I, Horowitz AR (1998) Insecticides with novel modes of action: An overview, in Ishaaya I, Degheele D (Hrsg) Insecticides with novel modes of action – mechanisms and application, Springer, Berlin, 1–24.

34 Knight SC, Anthony VM, Brady AM, Greenland AJ, Heaney SP, Murray DC, Powell KA, Schulz MA, Spinks CA, Worthington PA, Youle D (1997) Rationale and perspectives on the development of fungicides, *Annual Review of Phytopathology* **35**: 349–372.

35 Kuck KH, Scheinpflug H, Pontzen R (1995) DMI fungicides, in Lyr H (Hrsg) Modern selective fungicides – properties, applications, mechanisms of action, Gustav Fischer, 205–258.

36 Leicht W (1993) Imidacloprid – a chloronicotinyl insecticide, *Pesticide Outlook* **8**: 17–21.

37 Liu MY, Casida JE (1993) High affinity binding of [^{3}H]Imidacloprid in the insect acetylcholine receptor, *Pesticide Biochemistry and Physiology* **46**: 40–46.

38 Liu MY, Lanford J, Casida JE (1993) Relevance of [^{3}H]Imidacloprid binding site in house fly head acetylcholine receptor to insecticidal activity of 2-Nitromethylene- and 2-Nitroimino-imidazolidines, *Pesticide Biochemistry and Physiology* **46**: 200–206.

39 Lock EA, Gaskin P, Ellis MK, Robinson M, McLean Provan W, Smith LL (1998) The effect of a low protein diet and dietary supplementation of threonine on tyrosine and 2-(2-nitro-4-trifluoromethylbenzoyl)cyclohexane-1,3-dione-induced corneal lesions, the extent of tyrosinemia and the activity of the enzymes involved in tyrosine metabolism in the rat, *Toxicology and Applied Pharmacology* **150**: 125–132.

40 Methfessel C (1992) Die Wirkung von Imidacloprid am nikotinergen Acetylcholin-Rezeptor des Rattenmuskels, *Pflanzenschutz-Nachrichten Bayer* **45**: 369–380.

41 Mitchell G, Bartlett DW, Fraser TE, Hawkes TR, Holt DC, Townson JK, Wichert RA (2001) Mesotrione: A new selective herbicide for use in maize, *Pesticide Management Science* **57**: 120–128.

42 Müller U (2002) Chemical crop protection research. Methods and Challenges, *Pure and Applied Chemistry* **74**: 2241–2246.

43 Naumann K (1994) Neue Insektizide, *Nachrichten aus Chemie, Technik und Laboratorium* **42**: 255–262.

44 Oberlander H, Silhacek DL (1998) New perspectives on the mode of action of benzoylphenyl urea insecticides, in

Ishaaya I, Degheele D (Hrsg) Insecticides with novel modes of action – mechanisms and application, Springer, Berlin, 92–105.

45 Pallet KE, Little JP, Sheekey M, Veerasekaran P (1998) The mode of action of isoxaflutole I. Physiological effects, metabolism and selectivity, *Pesticide Biochemistry and Physiology* **62**: 113–124.

46 Reichl F-X (1997) Taschenatlas der Toxikologie – Substanzen, Wirkungen, Umwelt, Georg Thieme, Stuttgart.

47 Sauter H, Steglich W, Anke T (1999) Strobilurins: Evolution of a new class of active substances, *Angewandte Chemie* **38**: 1329–1349.

48 Schroeder ME, Flattum RF (1984) The mode of action and neurotoxic properties of the nitromethylene heterocycle insecticides, *Pesticide Biochemistry and Physiology* **22**: 148–160.

49 Schulz A, Ort O, Beyer P, Kleinig H (1993) SC-0051, a 2-benzoyl-cyclohexane-1,3-dione bleaching herbicide, is a potent inhibitor of the enzyme *p*-hydroxyphenylpyruvate dioxygenase, *Federation of the European Biochemical Societies Letters* **318**: 162–166.

50 Schwinn F, Staub T (1995) Oomycetes fungicides, in Lyr H (Hrsg) Modern selective fungicides – properties, applications, mechanisms of action, Gustav Fischer, Jena, 323–354.

51 Seitz T, Hoffmann MG, Krähmer H (2003) Chemische Unkrautbekämpfung, Herbizide für die Landwirtschaft, *Chemie in unserer Zeit* **37**: 112–126.

52 Shaner DL (2003) Herbicide safety relative to common targets in plants and mammals, *Pest Management Science* **60**: 17–24.

53 Smagghe G, Degheele D (1998) Ecdysone agonists: Mechanism and biological activity, in Ishaaya I, Degheele D (Hrsg) Insecticides with novel modes of action – mechanisms and application, Springer, Berlin, 25–39.

54 Solecki R, Pfeil R (2004) Biozide und Pflanzenschutzmittel in Marquardt H, Schäfer S (Hrsg) Lehrbuch der Toxikologie, Wissenschaftliche Verlagsgesellschaft, Stuttgart, 657–701.

55 The British Crop Protection Council (2000) in Tomlin CDS (Hrsg) The Pesticide Manual, Britsh Crop Potection Council, Farnham.

56 Tomizawa M, Yamamoto I (1992) Binding of nicotinoids and the related compounds to the insect nicotinic acetylcholine receptor, *Journal of Pesticide Science* **17**: 230–236.

57 Tomizawa M, Yamamoto I (1993) Structure-activity relationships of nicotinoids and Imidacloprid analogs, *Journal of Pesticide Science* **18**: 91–98.

58 US Environmental Protection Agency (2002) Pesticide fact sheet – Acetamiprid.

59 US Environmental Protection Agency (1997) Pesticide fact sheet – Azoystrobin.

60 US Environmental Protection Agency (2003) Pesticide fact sheet – Boscalid.

61 US Environmental Protection Agency (1998) Pesticide fact sheet – Dimethomorph.

62 US Environmental Protection Agency (2003) Pesticide fact sheet – Famoxadone.

63 US Environmental Protection Agency (1994) Pesticide fact sheet – Imidacloprid.

64 US Environmental Protection Agency (1998) Pesticide fact sheet – Isoxaflutole.

65 US Environmental Protection Agency (1998) Pesticide fact sheet – Kresoxim-Methyl.

66 US Environmental Protection Agency (2001) Pesticide fact sheet – Mesotrione.

67 US Environmental Protection Agency (1997) Pesticide fact sheet – Spinosad.

68 US Environmental Protection Agency (2003) Pesticide fact sheet – Thiacloprid.

69 US Environmental Protection Agency (2001) Pesticide fact sheet – Zoxamide.

70 Vanden Bosche H (1995) Chemotherapy of human fungal infections, in Lyr H (Hrsg) Modern selective fungicides – properties, applications, mechanisms of action, Gustav Fischer, 431–484.

71 Westendorf J (2004) Naturstoffe in Marquardt H, Schäfer S (Hrsg) Lehrbuch der Toxikologie, Wissenschaftliche Verlagsgesellschaft, Stuttgart, 1025–1073.

72 Whalon ME, McGaughey WH (1998) *Bacillus thuringiensis*: Use and resistance management, in Ishaaya I, Degheele D (Hrsg) Insecticides with novel modes of action – mechanisms and application, Springer, Berlin, 106–137.

73 Wood PM, Hollomon DW (2003) A critical evaluation of the role of alternative oxidase in the performance of strobilurin and related fungicides acting at the Qo site of complex III, *Pest Management Science* **59**: 499–511.

74 Zarn JA, Brüschweiler BJ, Schlatter JR (2003) Azole fungicides affect mammalian steroidogenesis by inhibiting sterol 14-demethylase and aromatase, *Environmental Health Perspectives* **111**: 255–261.

28
Herbizide

Lars Niemann

28.1
Einleitung

Herbizide sind Pflanzenschutzmittel (PSM), die Pflanzenwuchs von vornherein verhindern sollen oder zum kompletten (Totalherbizide) bzw. selektiven Abtöten von Pflanzen, meist Unkräutern, eingesetzt werden. Sie spielen in der landwirtschaftlichen Produktion zwar eine große Rolle, treten aber nur verhältnismäßig selten als Rückstände in so hohen Konzentrationen auf, dass die gesetzlich festgelegten Höchstmengen überschritten werden. Sie umfassen ein sehr weites Spektrum von Substanzgruppen mit einer Vielzahl von Einzelverbindungen und können auf unterschiedliche Weise klassifiziert werden.

Entsprechend der chemischen Heterogenität der Herbizide sind ihre toxischen Wirkungen auf die „Nicht-Zielorganismen" Mensch und Tier vielfältig, ähneln einander aber zumeist bei Substanzen mit verwandter Struktur. Im Folgenden wird die Toxikologie nur von solchen Herbiziden beschrieben, deren Rückstände in Deutschland und anderen Ländern der EU am häufigsten Anlass zur Besorgnis geben und die gleichzeitig als Beispielsubstanzen für einige wichtige Wirkstoffgruppen dienen können [3, 10, 24, 29, 35]. Für eine eher systematische Darstellung der toxikologischen Eigenschaften der herbiziden Wirkstoffe in deutscher Sprache wird auf die 2004 erschienene zweite Auflage des „Lehrbuches der Toxikologie" von Marquardt und Schäfer verwiesen [31]. Die toxikologischen Informationen zu einzelnen Wirkstoffen in diesem Kapitel sind im Wesentlichen aktuellen toxikologischen Bewertungen des Bundesinstituts für Risikobewertung (BfR) entnommen, die wiederum weitgehend auf unveröffentlichten und daher nicht zitierfähigen Studien der Hersteller beruhen [27]. Wenn vorhanden und abgeschlossen, wurden weiterhin aktuelle Bewertungen durch EU-Gremien bzw. die Weltgesundheitsorganisation (WHO) und die Welternährungsorganisation (FAO) – zumeist im Rahmen des jährlich stattfindenden „Joint FAO/WHO Meeting on Pesticide Residues (JMPR)" – berücksichtigt. Zu bestimmten Einzelaspekten wird auch auf Veröffentlichungen verwiesen. Sofern die aus rückstandsanalytischer Sicht bedeutungsvollen Substanzen in Deutschland als Wachstumsregulatoren

Handbuch der Lebensmitteltoxikologie. H. Dunkelberg, T. Gebel, A. Hartwig (Hrsg.)
Copyright © 2007 WILEY-VCH Verlag GmbH & Co. KGaA, Weinheim
ISBN: 978-3-527-31166-8

zugelassen sind, wird ihre Toxikologie in Kapitel II-31 beschrieben, auch wenn sie von einigen Autoren [24, 35] als Herbizide klassifiziert und im Ausland vorrangig als solche eingesetzt werden.

28.2
Phenoxycarbonsäuren

Die selektiv wirkenden Phenoxy-Herbizide sind chemische Analoga der Auxine, d. h. pflanzlicher Wachstumshormone, und rufen bei den zu bekämpfenden Unkräutern unkontrolliertes oder anderweitig gestörtes Wachstum hervor, das letztendlich zu deren Absterben führt. Sie beeinflussen die Zellteilung und greifen in den Metabolismus der Phosphate und der Nucleinsäuren ein [24, 29, 35]. Säugetiere verfügen über keine den Auxinen vergleichbaren Hormone und es gibt keine Belege für endokrine Wirkungen dieser Substanzen in Nicht-Zielorganismen [24, 31]. Als Beispiel wird im Folgenden der bereits 1944 als erster Vertreter dieser Substanzklasse eingeführte Wirkstoff 2,4-Dichlorphenoxyessigsäure (2,4-D) [35] vorgestellt. Chemisch zur selben Gruppe gehören u. a. die wichtigen Herbizide MCPA, Dichlorprop und Mecoprop sowie das seit den 1980er Jahren in Deutschland nicht mehr zugelassene 2,4,5-T, das als technischer Wirkstoff häufig mit dem hoch toxischen Dioxin 2,3,7,8-TCDD verunreinigt war [24, 31, 35].

28.2.1
2,4-Dichlorphenoxyessigsäure (2,4-D)

Rückstände von 2,4-D werden in Deutschland eher selten, in anderen EU-Ländern dagegen häufiger in verschiedenen Kulturen nachgewiesen [10], wobei Höchstmengenüberschreitungen kaum vorkommen. 2,4-D war bereits Gegenstand der EU-Bewertung und ist 2002 in Anhang I der Richtlinie 91/414/EWG aufgenommen worden [7]. Das JMPR der WHO/FAO hat den Wirkstoff toxikologisch zuletzt 1996 [18] und, vorrangig aus Rückstandssicht, 2001 [21] bewertet. Die diesen Bewertungen zugrundeliegenden toxikologischen Untersuchungen wurden entweder mit 2,4-D selbst, seinem Ethylhexylester (2,4-D 2-EHE) oder dem Dimethylaminsalz (2,4-D DMA) durchgeführt.

Aufnahme, Verteilung, Metabolismus und Ausscheidung
Der Wirkstoff wurde nach oraler Verabreichung an Ratten rasch und nahezu vollständig aus dem Darm resorbiert und innerhalb von zwei Tagen wieder ausgeschieden (2,4-D: etwa 90% über den Urin, 10% über die Faeces; 2,4-D 2-EHE: 64% über den Urin, 18% über die Faeces, 10% als CO_2). Die höchsten Rückstände wurden zu diesem Zeitpunkt in den Nieren und in der Leber sowie im Gehirn nachgewiesen; es liegen aber keine Hinweise auf eine Anreicherung im Organismus vor. 2,4-D 2-EHE wird rasch zu 2,4-D und 2-Ethylhexanol hydrolysiert. Während Letzteres zu polaren Verbindungen umgewandelt wird, erfolgt

die Ausscheidung von 2,4-D selbst zu 97% in unveränderter Form. Daneben wurden geringe Mengen 2,4-D-Konjugate gefunden. Beim Wiederkäuer (Ziege) wurden darüber hinaus die Metaboliten 2,4-Dichlorphenol (2,4-DCP) und 2,4-Dichloranisol nachgewiesen.

Toxikologische Bewertung des Wirkstoffes
Nach einmaliger oraler Gabe an Ratten erwiesen sich sowohl 2,4-D als auch 2,4-D 2-EHE als mäßig toxisch und sind dementsprechend von der EU eingestuft (Xn) und mit dem Warnhinweis R22 gekennzeichnet worden. Die LD_{50}-Werte lagen in den verschiedenen Studien zwischen 425 und 764 mg/kg KG (2,4-D) bzw. zwischen 720 und 982 mg/kg KG (Ethylester). An klinischen Symptomen traten verminderte Aktivität, Haltungs- und Bewegungsstörungen, verzögerte Reflexe, gesträubtes Fell, respiratorische Störungen, Diarrhö und fortschreitende Erschöpfung in Erscheinung. Solche Intoxikationserscheinungen und auch Todesfälle wurden in den akuten oralen Studien an Ratten ab einer Dosierung von 300 mg 2,4-D/kg KG beobachtet.

Bei akuten Vergiftungen des Menschen mit 2,4-D standen Schwäche und Blutdruckabfall im Vordergrund, bei Aufnahme einer letalen Dosis kamen Brennen der Zunge und der Speiseröhre, Bauchschmerzen, Hautröte, Erbrechen, Muskelschmerzen mit fibrillären Zuckungen, Fieber oder herabgesetzte Körpertemperatur, Lethargie und Lähmungserscheinungen dazu. Der Tod trat durch Leber- und Nierenversagen oder Atemstillstand ein. Bei nicht letalen Fällen kann der Urin noch eine Woche nach Wirkstoffaufnahme dunkel verfärbt sein und Myo- und Hämoglobin enthalten. Im Blut lässt sich eine erhöhte Aktivität von Leberenzymen feststellen, was ebenfalls für eine Schädigung dieses Organs spricht.

Zielorgane der toxischen Wirkung nach subchronischer oraler Verabreichung von 2,4-D und 2,4-D 2-EHE an Ratten, Mäuse und Hunde waren die Nieren und die Leber. Relevante Befunde bestanden in erhöhten Organgewichten, histopathologischen Veränderungen und Abweichungen in verschiedenen klinisch-chemischen Parametern wie z. B. einer erhöhten Aktivität mehrerer leberabhängiger Enzyme oder labordiagnostischen Hinweisen auf eine gestörte Nierenfunktion. Hunde erwiesen sich als besonders empfindlich. In 90-Tage-Studien an dieser Spezies wurden als niedrigste relevante orale Dosen ohne schädlichen Effekt 1 mg/kg KG/Tag (für 2,4-D) bzw. 1,6 mg/kg KG/Tag (2,4-D 2-EHE) ermittelt. Substanzwirkungen traten in diesen Versuchen ab einer Dosis von 3 bzw. 5,9 mg/kg KG/Tag in Erscheinung und bestanden primär in klinisch-chemischen Veränderungen sowie histopathologischen Nierenbefunden. In einer Studie mit 2,4-D über ein Jahr an Hunden wurde als niedrigste relevante orale Dosis ohne schädlichen Effekt ebenfalls 1 mg/kg KG/Tag ermittelt. An Effekten traten ab einer Dosis von 5 mg/kg KG/Tag wiederum klinisch-chemische und histopathologische Veränderungen an den Nieren und der Leber auf.

Bei Ratten war ein erhöhtes Nierengewicht der auffälligste Befund, der jedoch erst in vergleichsweise höheren Dosierungen von 60 (2,4-D) bzw. 150 mg/kg KG/Tag (2,4-D 2-EHE) beobachtet wurde und in einigen Studien von histologischen Nierenläsionen begleitet war. Ohne erkennbaren schädigenden Effekt waren Dosierungen von 15 bzw. 22,6 mg/kg KG/Tag.

Auch in den Langzeit-Fütterungsstudien mit 2,4-D an Ratten und Mäusen waren die Nieren das Hauptzielorgan. Weitere wesentliche Befunde bestanden bei Ratten in einer verminderten Körpergewichtszunahme, einer reduzierten Erythrozyten- und Thrombozytenzahl sowie einem erhöhten Schilddrüsengewicht. Als niedrigste Dosis ohne schädlichen Effekt wurden 5 mg/kg KG/Tag in der Studie über 24 Monate an Ratten ermittelt. Substanzwirkungen wie eine verminderte Körpergewichtszunahme und ein erhöhtes Nierengewicht wurden ab einer Dosis von 45 mg/kg KG/Tag beobachtet.

Die Prüfung auf Kanzerogenität in diesen tierexperimentellen Studien erbrachte keine Hinweise auf krebserzeugende Eigenschaften des Wirkstoffes. Seit Ende der 1970er Jahre wurden jedoch diverse epidemiologische Untersuchungen durchgeführt, die widersprüchliche Ergebnisse hinsichtlich eines kanzerogenen Potenzials von Phenoxy-Herbiziden wie 2,4-D beim Menschen zeigten. In einigen Studien wurde über ein erhöhtes Krebsrisiko bei Anwendern berichtet. So wurde insbesondere bei Gleisarbeitern an Bahnstrecken ein erhöhtes Risiko von Weichteil-Sarkomen und Non-Hodgkin-Lymphomen beschrieben. Auch in einigen Studien an Landwirten und Waldarbeitern wurde eine erhöhte Krebsrate beobachtet. In keiner dieser Studien wurde jedoch eine Aussage über die Reinheit von 2,4-D bzw. der anderen betrachteten Wirkstoffe aus dieser Gruppe und ihren Gehalt an Dioxinen und Furanen getroffen oder der Einfluss weiterer Chemikalien oder anderer Noxen geprüft. Aufgrund der vorliegenden Daten kann kein eindeutiger Zusammenhang zwischen der Krebsentstehung beim Menschen und einer berufsbedingten Phenoxyherbizid-Exposition abgeleitet werden [5, 7, 13, 18, 24].

Trotz einiger positiver Befunde in Genotoxizitätstests *in vitro* kann aufgrund der durchweg negativen *in vivo*-Studien davon ausgegangen werden, dass 2,4-D nicht mutagen ist.

In den Untersuchungen zur Reproduktionstoxizität (Mehrgenerationenstudie mit 2,4-D) an Ratten wurden ab einer Dosis von ca. 80 mg/kg KG/Tag eine verringerte Überlebensrate und ein vermindertes Körpergewicht der Nachkommen beobachtet. Diese Effekte traten nur in einem Dosisbereich auf, der auch für die Elterntiere toxisch war. Als niedrigste relevante Dosis ohne reproduktionstoxische Effekte wurde 5 mg/kg KG/Tag ermittelt.

In den Untersuchungen zur Embryotoxizität und Teratogenität an Ratten wurden ab einer Dosis von 75 mg/kg KG/Tag (2,4-D) bzw. 47 mg/kg KG/Tag (2,4-D 2-EHE) bei den Nachkommen vermehrt Skelettvariationen festgestellt. Auch diese Effekte wurden nur im maternaltoxischen Dosisbereich beobachtet. Als niedrigste relevante Dosis ohne entwicklungstoxische Wirkung wurden 25 mg/kg KG/Tag (2,4-D) bzw. 16 mg/kg KG/Tag (2,4-D 2-EHE) in den Teratogenitätsstudien an Ratten ermittelt.

Aus den Ergebnissen der Untersuchungen zur Neurotoxizität sind Hinweise auf funktionelle und Verhaltensstörungen sowie Veränderungen im Serotoninspiegel in hohen Dosierungen von 75 mg/kg KG/Tag und darüber abzuleiten.

Tab. 28.1 Auswahl von in Deutschland gültigen Höchstmengen für 2,4-D gemäß RHmV (Stand November 2005).

Lebensmittel	Höchstmenge [mg/kg]
Zitrusfrüchte	1,00
Hopfen, Ölsaat, Tee, teeähnliche Erzeugnisse	0,10
andere pflanzliche Lebensmittel	0,05

Lebensmitteltoxikologisch relevante Grenzwerte (s. a. Tab. 28.1)
Da die erhöhte Sensitivität von Hunden auf eine bei dieser Tierart im Vergleich zu den Nagetieren oder auch dem Menschen verzögerte renale Ausscheidung schwacher organischer Säuren wie 2,4-D zurückgeführt wird und es sich somit um ein weniger gut geeignetes Tiermodell handelt, sind die toxikologischen Grenzwerte im EU-Verfahren unter Verwendung eines Sicherheitsfaktors von 100 aus Studien an Ratten abgeleitet worden [7]. Der auch in Deutschland verbindliche Grenzwert für die langfristige, im Extremfall lebenslängliche Exposition (acceptable daily intake, ADI) beruht auf der 2-Jahres-Studie und beträgt danach 0,05 mg/kg KG [7]. Das BfR hat im Jahre 2004 zusätzlich eine in der Bundesrepublik gültige „Akute Referenzdosis" (ARfD) von 0,15 mg/kg KG festgelegt [4], wobei die akute Neurotoxizitätsstudie an Ratten als Ausgangspunkt diente, in der eine Dosis ohne erkennbare Wirkung von 15 mg/kg KG identifiziert worden war. Das JMPR der WHO/FAO hatte demgegenüber bei seiner letzten umfassenden toxikologischen Bewertung im Jahre 1996 einen niedrigeren ADI-Wert von 0,01 mg/kg abgeleitet [18], während die Bestimmung einer akuten Referenzdosis von diesem Gremium bislang für nicht erforderlich erachtet wurde [21].

28.3
Organophosphate

Organische Phosphorverbindungen sind im Pflanzenschutz hauptsächlich als Insektizide im Einsatz, doch gehören zu dieser großen Gruppe auch zwei aus Sicht der Rückstandsbewertung wichtige Herbizide, nämlich Glyphosat und Glufosinat [24, 35].

28.3.1
Glyphosat

Bei dem Totalherbizid Glyphosat, N-(Phosphonomethyl)glycin, einer Aminophosphonsäure, handelt es sich um eines der weltweit am häufigsten eingesetzten Pestizide. Die Entwicklung gentechnisch veränderter und dadurch glyphosatresistenter Nutzpflanzen (Mais, Soja, Baumwolle) wird den Umfang seiner Anwendung in den nächsten Jahren voraussichtlich noch befördern. Der wiederholte Nachweis von Rückständen in verschiedenen Kulturen in den EU-Ländern [10] ist daher nicht überraschend. Der Wirkstoff wird vorwiegend als Isopropylammonium-, Natrium- oder Trimethylsulfoniumsalz (vgl. Exkurs I) formuliert. Es gibt eine ganze Reihe von Herstellern des Wirkstoffes und zahlreiche Pflanzenschutzmittel, die Glyphosat enthalten, sind auf dem Markt; das bekannteste davon ist sicher das *Roundup*® der US-amerikanischen Firma Monsanto.

Der Wirkstoff hemmt das Enzym 5-Enolpyruvylshikimat-3-phosphat (EPSP)-Synthetase, das in Pflanzen für die Biosynthese von Phenylalanin, Tyrosin und Tryptophan essenziell ist, im Tierreich aber nicht vorkommt [24]. Glyphosat ist toxikologisch umfassend untersucht und war wiederholt Gegenstand kritischer Bewertungen durch supranationale Gremien wie die EU im Vorfeld der Aufnahme in Anhang I der RL 91/414/EWG im Jahre 2002 [8], die WHO im Rahmen des „International Programme on Chemical Safety (IPCS)" im Jahre 1994 [15] oder erst unlängst (2004) das JMPR von FAO und WHO [22]. Während hierfür jeweils Studien verschiedener Hersteller Berücksichtigung fanden, basiert eine andere aktuelle Bewertung im Wesentlichen auf den Daten von Monsanto sowie einigen Veröffentlichungen [36]. Es dürfte wenige Chemikalien geben, mit denen so viele toxikologische Studien durchgeführt worden sind, was aber in diesem Fall nicht mit besonders kritischen Effekten auf die Gesundheit, sondern mit der Vielzahl der Hersteller zu erklären ist. So wurden zum Zwecke der EU-Wirkstoffprüfung Mitte der 1990er Jahren von vier verschiedenen Antragstellern insgesamt acht Langzeitstudien an Ratten und Mäusen vorgelegt, zu denen seither noch mindestens drei weitere hinzugekommen sind. Neben den nach anerkannten toxikologischen Standardmethoden durchgeführten Untersuchungen gibt es eine kaum überschaubare Zahl von Veröffentlichungen von höchst unterschiedlicher Qualität zu toxikologischen Einzelfragen, wobei häufig nicht der reine Wirkstoff, sondern *Roundup*® oder andere, bisweilen unzureichend charakterisierte Formulierungen, als Prüfsubstanzen verwendet wurden.

Aufnahme, Verteilung, Metabolismus und Ausscheidung

Glyphosat wurde nach oraler Verabreichung an Ratten nur zu etwa 30–36% aus dem Magen-Darm-Trakt absorbiert. Dementsprechend erfolgte die Ausscheidung hauptsächlich über die Faeces (ca. 60–70%), während die Elimination über die Niere (bis zu 30%) und die Galle (<10%) von untergeordneter Bedeutung war. Sieben Tage nach oraler Gabe war der radioaktiv markierte Wirkstoff nahezu vollständig ausgeschieden. Die relativ höchsten (absolut aber sehr geringen) Rückstände wiesen zu diesem Zeitpunkt die Knochen und das Knochenmark, die Leber und die Nieren auf. Es liegen keine Hinweise auf eine Anreicherung im Organismus vor. Glyphosat wurde nur geringgradig metabolisiert; das einzige bekannte Biotransformationsprodukt im Säuger ist Aminomethylphosphonsäure (AMPA), die als Hauptmetabolit im Boden und zu einem größeren Anteil auch in Pflanzen auftritt und in geringen Mengen (<0,7%) auch im tierischen Organismus entsteht – vermutlich im Ergebnis bakterieller Abbauvorgänge im Darm. In anderen Studien wurde überhaupt keine Verstoffwechselung des Wirkstoffes im Säugetier beobachtet.

Toxikologische Bewertung des Wirkstoffes

In den zahlreichen Untersuchungen zur akuten Toxizität wurde übereinstimmend festgestellt, dass Glyphosat nach einmaliger oraler Gabe nur schwach giftig ist. Die LD_{50} lag regelmäßig höher als 2000 mg/kg KG; Todesfälle traten vereinzelt ab einer Dosis von 5000 mg/kg KG auf. Klinische Symptome in höheren Dosierungen bestanden in erschwerter Atmung und verminderter Aktivität, manchmal auch in Ataxie und Krämpfen.

Trotz der geringen oralen Toxizität des Wirkstoffes liegen insbesondere aus asiatischen Ländern Berichte über nicht seltene Vergiftungen mit zum Teil tödlichem Ausgang bei Menschen vor, die irrtümlich oder in suizidaler Absicht größere Mengen glyphosathaltiger Pflanzenschutzmittel oral aufgenommen hatten [23, 32]. Diese Fälle waren vorrangig durch Schädigungen der Darmschleimhaut mit der Folge eines starken Flüssigkeitsverlustes, von Elektrolyt-Imbalancen, hypovolämischem Schock und Kreislauf- oder Multiorganversagen gekennzeichnet. Nach Erbrechen kam es bei bewusstlosen Patienten wiederholt zu Aspirationspneumonien. Die vorhandenen Informationen deuten in ihrer Gesamtheit aber darauf hin, dass für diese toxischen Effekte primär Beistoffe in den Formulierungen, insbesondere oberflächenaktive Netzmittel („Surfactants"), die die Aufnahme von Glyphosat in das pflanzliche Gewebe erleichtern, als Ursache angesehen werden müssen, nicht der Wirkstoff selbst [25, 27, 33, 36]. Bei der gesundheitlichen Risikobewertung der Rückstände sollten diese Intoxikationen nach missbräuchlicher Anwendung daher keine Rolle spielen.

In Studien zur subakuten und subchronischen Toxizität an Ratten, Mäusen und Hunden traten in hohen Dosierungen von mehr als 300 mg/kg KG/Tag gastrointestinale Symptome wie weicher Kot und Diarrhö, eine verminderte Futteraufnahme und verzögerte Körpergewichtszunahme sowie pathologische Befunde an den Speicheldrüsen in Erscheinung. Letztere bestanden in einer Hypertrophie und verstärkten basophilen Anfärbbarkeit azinärer Zellen. Pathogenese und toxikologische Relevanz dieser Veränderungen sind nicht klar. Abweichungen einiger klinisch-chemischer Parameter wie eine vermehrte Aktivität leberabhängiger Enzyme und ein marginal erhöhtes Organgewicht wiesen darüber hinaus auf eine, allerdings eher schwach ausgeprägte, Hepatotoxizität von Glyphosat hin.

Fütterungsstudien zur Langzeittoxizität und Kanzerogenität wurden an Ratten und Mäusen durchgeführt und ergaben bis zur höchsten geprüften Dosierung von etwa 1000 mg/kg KG/Tag keine Hinweise auf kanzerogene Wirkungen von Glyphosat [8, 15, 22, 36]. In der Literatur wurde zwar die Vermutung geäußert, dass die Anwendung glyphosathaltiger PSM bei landwirtschaftlich Beschäftigten das Risiko für das Auftreten von Non-Hodgkin-Lymphomen oder multipler Myelome erhöhen könnte [13], doch ließ sich ein ursächlicher Zusammenhang schon aufgrund der geringen Fallzahl und der Tatsache, dass die wenigen Betroffenen immer über lange Zeit auch gegenüber vielen anderen Pestiziden, (Agro)chemikalien und sonstigen berufsbedingten Noxen exponiert waren, wissenschaftlich nicht belegen.

Die chronische Toxizität nach Langzeitverabreichung an Versuchstiere manifestierte sich in einer Verringerung von Futteraufnahme und Körpergewichtszunahme, Veränderungen klinisch-chemischer Parameter und den bereits beschriebenen histologischen Veränderungen an den Ohr- und Unterkieferspeicheldrüsen, wobei zusätzlich noch eine Organgewichtserhöhung festgestellt wurde. Die Effekte wurden bei Ratten in Dosierungen ab 100, in anderen Studien erst ab ca. 300 mg/kg KG/Tag beobachtet. Nach Verabreichung sehr hoher Dosen im Futter (etwa 800 bis 1000 mg/kg KG/Tag) wurden darüber hinaus bei Ratten Katarakte und Irritationen der Magenschleimhaut, bei Mäusen hepatozelluläre Hypertrophie sowie eine Schleimhautreizung in der Harnblase gefunden.

Die zahlreichen, in den unterschiedlichsten Testsystemen *in vitro* und und *in vivo*, an somatischen und teilweise auch an Keimzellen durchgeführten Studien zur Genotoxizität von Glyphosat erbrachten insgesamt keine Hinweise auf ein mutagenes Potenzial des Wirkstoffes. Weder waren Punkt-(Gen-)mutationen oder klastogene (chromosomenbrechende) Wirkungen noch Veränderungen im Chromosomensatz (Aneuploidie) oder eine direkte Interaktion mit der DNA nachweisbar [8, 27]. Für einige der untersuchten glyphosathaltigen Formulierungen ist dieses Bild allerdings weniger klar, da in der Literatur des öfteren über positive Befunde oder zumindest widersprüchliche Ergebnisse berichtet wurde [1, 28, 34]. Diese Untersuchungen sind jedoch in den meisten Fällen mit unzureichend charakterisierten Prüfsubstanzen und häufig unter Verwendung selten genutzter, nicht standardisierter Testsysteme durchgeführt worden, so dass sich ihre Beurteilung aufgrund mangelnder Erfahrungen und von Zweifeln an der Validität der Methoden extrem schwierig gestaltet, zumal die beobachteten Effekte zumeist nur schwach ausgeprägt waren. Außerdem ergaben sich wiederholt Anhaltspunkte dafür, dass die beschriebenen Befunde eher Ausdruck einer zytotoxischen Wirkung von bestimmten Formulierungshilfsstoffen als einer echten Mutagenität sein könnten [36]. Für die gesundheitliche Bewertung von Glyphosat-Rückständen sind sie ohne Belang.

In den Untersuchungen zur Reproduktionstoxizität (Mehrgenerationenstudie) an Ratten ergaben sich keine Hinweise auf eine Beeinträchtigung der Fertilität. Erst ab einer sehr hohen Dosis von 2000 mg/kg KG/Tag wurde ein vermindertes Körpergewicht der Nachkommen festgestellt, doch waren in diesem Dosisbereich auch bei den Elterntieren Effekte wie eine verminderte Gewichtszunahme oder eine veränderte Konsistenz der Faeces zu beobachten, so dass eine spezifische reproduktionstoxische Wirkung nicht anzunehmen ist.

Mehrere Untersuchungen zur Embryotoxizität und Teratogenität wurden an Ratten und Kaninchen durchgeführt. Dabei wurden bei der Ratte ab einer Dosis von 1000 mg/kg KG/Tag eine Verringerung der Zahl lebender Feten und des fetalen Körpergewichtes sowie Entwicklungsverzögerungen der Nachkommen und eine erhöhte Inzidenz von Skelettanomalien festgestellt. Diese Befunde traten nur in einem Dosisbereich auf, in welchem sich toxische Effekte, vorrangig Mortalität, respiratorische Symptome, Salivation und verminderte Körpergewichtszunahme auch bei den Muttertieren manifestierten. In den entsprechenden Studien an Kaninchen wurde ab einer Dosis von 450 mg/kg KG/Tag eine erhöhte embryonale Mortalität registriert. Weiterhin gab es Anzeichen für ein vermehrtes Auftreten viszeraler Anomalien bei den Nachkommen. In diesem

Dosisbereich zeigten auch die Muttertiere Vergiftungszeichen wie Mortalität, Aborte, gastrointestinale Symptome und Gewichtsverlust.

Spezielle Untersuchungen zur akuten oder subchronischen Neurotoxizität an Ratten sowie zur verzögerten Neurotoxizität an Hühnern ergaben keine Hinweise auf neurotoxische Eigenschaften des Wirkstoffes.

Lebensmitteltoxikologisch relevante Grenzwerte (s. a. Tab. 28.2)
Aufgrund einer teilweise unterschiedlichen Datenbasis und wegen divergierender Auffassungen zur Relevanz der Speicheldrüsenbefunde wurde auf Basis der Langzeitstudien an Ratten von der EU bei Anhang I-Aufnahme im Jahre 2002 ein ADI-Wert von 0,3 mg/kg KG festgelegt [8], der demzufolge auch in Deutschland Gültigkeit hat, während das JMPR 2004 einen höheren ADI-Wert von 1,0 mg/kg KG abgeleitet hat [22].

Die Festlegung einer akuten Referenzdosis (ARfD) ist wegen der geringen Toxizität im akuten Versuch sowie aufgrund des Fehlens akuter Effekte bei relevanten Dosierungen nach Mehrfachgabe dagegen von beiden Gremien übereinstimmend als nicht erforderlich erachtet worden [8, 22].

Exkurs I: Glyphosat-Trimesium
Rückstände von Glyphosat im Erntegut können auch aus der Anwendung von Glyphosat-Trimesium resultieren, das in Deutschland, nicht aber in anderen EU-Mitgliedstaaten, als ein separater und daher vom Glyphosat zu unterscheidender Wirkstoff angesehen wird. Chemisch handelt es sich dabei um das Trimethylsulfoniumsalz der Glyphosat-Säure mit Trimesium als kationischem und Glyphosat als anionischem Anteil. Für Glyphosat-Trimesium liegt ein kompletter toxikologischer Datensatz vor [8, 27]. Im Unterschied zu anderen Glyphosat-Salzen, etwa dem Natrium- oder dem Isopropylammoniumsalz, verhält sich die Trimesiumverbindung toxikologisch deutlich anders als Glyphosat und zeichnet

Tab. 28.2 Auswahl von in Deutschland gültigen Höchstmengen für Glyphosat gemäß RHmV (Stand November 2005).

Lebensmittel	Höchstmenge [mg/kg]
Wildpilze	50,00
Gerste, Hafer, Sojabohnen, Sorghum	20,00
Baumwollsaat, Leinsamen, Senfsaat, Rapssamen	10,00
Roggen, Triticale, Weizen	5,00
Erbsen (Hülsenfrucht)	3,00
Bohnen (Hülsenfrucht), Oliven zur Ölgewinnung	2,00
Zuckerrüben	1,00
andere pflanzliche Lebensmittel	0,10

sich insbesondere durch eine höhere akute Toxizität aus, wobei die LD$_{50}$ bei Ratten mit 464 mg/kg KG immerhin vier- bis fünfmal niedriger lag als für Glyphosat. Hunde scheinen noch empfindlicher zu sein. Dementsprechend ist Glyphosat-Trimesium als „gesundheitsschädlich bei oraler Aufnahme" eingestuft worden (Xn, R22). Die höhere akute Toxizität könnte mit der nahezu vollständigen Resorption des Trimesium-Anteils aus dem Magen-Darm-Trakt zusammenhängen. Vergiftungsfälle beim Menschen mit zum Teil tödlichem Ausgang nach missbräuchlicher oder akzidenteller oraler Aufnahme von Pflanzenschutzmitteln, die Glyphosat-Trimesium enthielten, sind vereinzelt auch aus Deutschland und anderen EU-Ländern bekannt geworden [27].

Wenngleich der Wirkstoff, ebenso wie Glyphosat, weder als mutagen, kanzerogen, teratogen oder anderweitig reproduktionstoxisch zu betrachten ist, lagen die Dosierungen, die bei Versuchstieren bereits gesundheitsschädigende Effekte hervorriefen, nahezu durchweg niedriger als in den Studien mit Glyphosat. Im Rahmen der EU-Wirkstoffprüfung in Vorbereitung der Aufnahme in Anhang I der RL 91/414/EWG, die im Jahre 2002 gemeinsam mit Glyphosat erfolgt ist, wurde für Glyphosat-Trimesium dementsprechend ein (niedrigerer) separater ADI-Wert von 0,2 mg/kg KG auf der Basis einer Langzeitstudie an Ratten abgeleitet [8]. Als kritischer Effekt wurde dabei neben einer Verminderung von Futteraufnahme und Körpergewichtszunahme das in den Studien mit Glyphosat nicht beobachtete Auftreten von chronischen Entzündungen des Nasen-Rachen-Raumes und des Kehlkopfes identifiziert. Im Unterschied zu Glyphosat ist für das Trimesiumsalz auch die Bestimmung einer ARfD als notwendig erkannt worden. Diese beträgt 0,25 mg/kg KG [8] und beruht auf allgemeinen Intoxikationserscheinungen in subchronischen Untersuchungen an Hunden.

Für Glyphosat-Trimesium wurden keine separaten Höchstmengen festgelegt; es gelten die für Glyphosat angegebenen.

Exkurs II: Aminomethylphosphonsäure (AMPA)

Für das Biotransformationsprodukt eines Pestizides wurde der Metabolit AMPA toxikologisch umfassend untersucht. Es liegen Studien zur akuten und subakuten/subchronischen Toxizität, zur Mutagenität und Teratogenität vor. Dabei ergaben sich keine Anhaltspunkte für gesundheitlich bedenkliche Effekte oder eine im Vergleich zur Muttersubstanz höhere Toxizität [27]. Bei seiner Bewertung von Glyphosat im Jahre 2004 hat das JMPR der WHO/FAO [22] eine frühere Einschätzung [19] bestätigt, wonach AMPA keine größere toxikologische Relevanz als die Muttersubstanz besitzt.

AMPA wird auch nach Gabe von Glyphosat-Trimesium an Ratten gebildet, wobei die Metabolisierung des Glyphosat-Anteils in einer Studie mit wiederholter oraler Verabreichung 8,5% erreichte und damit sogar noch deutlich höher lag als in den Versuchen mit Glyphosat. Der Grund für diese auffällige Differenz ist nicht bekannt.

Für die Analytik ist von Bedeutung, dass in genetisch manipulierten (glyphosatresistenten) Pflanzen AMPA den Hauptrückstand darstellen kann. Die relativ häufigen Funde von AMPA in Grund- und Oberflächenwasser erklären sich zum einen mit seinem im Vergleich zum Glyphosat langsameren mikrobiellen Abbau, zum anderen mit anderen Einträgen, bei denen die Substanz ebenfalls entstehen kann. So wird AMPA auch durch Hydrolyse aus Phosphonsäuren freigesetzt, die u.a. als Detergentien in Wasch- und Reinigungsmitteln einschließlich gewerblicher Reiniger sowie in Kühlkreisläufen eingesetzt werden [12].

Für AMPA wurden keine separaten Höchstmengen festgelegt; es sind die für Glyphosat angegebenen zu verwenden. Vom JMPR der WHO/FAO wurde explizit festgestellt, dass der für Glyphosat abgeleitete Grenzwert für die Langzeitbelastung (ADI) von 1,0 mg/kg KG auch für AMPA gilt [22].

Glufosinat

Das Aminosäurederivat Glufosinat (Ammonium-DL-homoalanin-4-yl-(methyl)phosphinat) ist ein wichtiger herbizider Wirkstoff, der zumeist in Form seines Ammoniumsalzes u. a. im Obstbau (Äpfel) und im Kartoffelanbau eingesetzt wird. Er hemmt die Glutamin-Synthetase [24, 29] und dieser Wirkmechanismus bestimmt auch seine Toxizität bei den Nicht-Zielorganismen. In den letzten Jahren wurden verschiedene Pflanzen, insbesondere Sojabohnen, Mais, Zuckerrüben und Raps, gentechnisch so verändert, dass sie gegenüber Glufosinat resistent geworden sind. Allerdings ändert sich dadurch auch das Metabolitenmuster, was für die Lebensmittelüberwachung in Zukunft Bedeutung gewinnen könnte. Nach den heute üblichen Anforderungen ist Glufosinat toxikologisch umfassend untersucht, so dass eine Bewertung der Gesundheitsgefahren möglich ist. Die Reevaluierung im Rahmen der EU-Altwirkstoffprüfung steht derzeit kurz vor ihrem Abschluss. Die folgende Darstellung der Toxikologie von Glufosinat beruht auf den dem Bundesinstitut für Risikobewertung (BfR) vorliegenden Unterlagen [27] sowie einer Bewertung durch das JMPR der WHO und FAO aus dem Jahre 1999 [20].

Aufnahme, Verteilung, Metabolismus und Ausscheidung

Glufosinat wurde nach einmaliger oraler Verabreichung einer Dosis von 2 mg/kg Körpergewicht an Ratten nur zu einem geringen Anteil von 8–13% resorbiert und innerhalb von zwei Tagen nahezu vollständig eliminiert, wobei mit einem Anteil von 81–89% die Ausscheidung über die Faeces dominierte. Sieben Tage nach oraler Gabe wurden in den Nieren, den Hoden und der Leber noch Rückstände in Höhe von bis zu 0,17 ppm gemessen, was nur ca. 0,1–0,2% der insgesamt applizierten Dosis entspricht. Eine Mehrfachgabe des Wirkstoffes war ohne Einfluss auf den Ausscheidungsweg und die Eliminationsrate. Im Urin wurden neben der Muttersubstanz die Metaboliten 3-Methylphosphinico-propionsäure (MPP) sowie 3-Methylphosphinico-3-oxo-propionsäure nachgewiesen, die auch in den Faeces, in Leber- und Nierenextrakten gefunden wurden. Zu einem geringen Anteil entsteht darüber hinaus N-Acetylglufosinat (NAG).

Trotz einer quantitativ nur relativ geringen Metabolisierungsrate werden MPP und NAG als die Hauptmetaboliten betrachtet.

Toxikologische Bewertung des Wirkstoffes
Nach oraler Gabe von Glufosinat wurden in einer akuten Studie an Ratten ab einer Dosierung von 1000 mg/kg KG Diarrhö, Überempfindlichkeit bei Berührung, verminderte Spontanaktivität, Speichel- und Tränenfluss, Krämpfe, Bauch- und Seitenlage, erschwerte Atmung und ein allgemein verschlechterter Gesundheitszustand beobachtete. Es kam auch zu Todesfällen mit dunkelbrauner Verfärbung von Leber und Nebennieren und in einigen Fällen mit Blut gefüllten Lungen als auffälligste pathologische Befunde. Bei dieser Spezies war Glufosinat von geringer bis mäßiger akut-oraler Toxizität. Als empfindlicher erwiesen sich Mäuse, bei denen ab einer Dosierung von 230 mg/kg KG verminderte Spontanaktivität, Atmungs- und Bewegungsstörungen, gesträubtes Fell, Krämpfe, Bauch- und Seitenlage sowie Körpergewichtsverluste zu verzeichnen waren. Todesfälle traten bereits ab einer Dosierung von 300 mg/kg KG auf. Der Wirkstoff ist hinsichtlich seiner akuten oralen Toxizität als „gesundheitsschädlich" eingestuft und mit Xn und dem Warnhinweis R22 gekennzeichnet.

Vergiftungen des Menschen mit Glufosinat waren in der überwiegenden Zahl der Fälle auf die orale Aufnahme von Pflanzenschutzmitteln in suizidaler Absicht zurückzuführen, die neben dem Wirkstoff auch oberflächenaktive Beistoffe bzw. Lösungsmittel enthalten. Die beobachteten Effekte bestanden anfänglich in Übelkeit, Erbrechen und Durchfall. Später kamen neurotoxische Symptome wie Zittern, Krämpfe und Koma sowie respiratorische Störungen hinzu. Todesfälle sind selten.

Nach subchronischer oraler Verabreichung des Wirkstoffes an Ratten, Mäuse und Hunde traten eine verminderte Futteraufnahme, eine Abnahme des Körpergewichts, akut-toxische und neurotoxische Effekte sowie klinisch-chemische und hämatologische Veränderungen in Erscheinung; in höheren Dosen starb ein Teil der Tiere. Bei Ratten und Hunden wurden außerdem eine verminderte Aktivität der Glutamin-Synthetase und – nur bei Ratten – ein erhöhtes Nierengewicht festgestellt. Als niedrigste Dosierungen ohne schädlichen Effekt wurden 2 mg/kg KG/Tag in einer Fütterungsstudie über 90 Tage und 4,5 mg/kg KG/Tag in der 1-Jahres-Fütterungsstudie jeweils an Hunden ermittelt. Substanzwirkungen (verminderte Futteraufnahme, verminderte Körpergewichte, Veränderungen hämatologischer Parameter) wurden in diesen Studien im Dosisbereich von 7,6–8,4 mg/kg KG/Tag beobachtet. Bei einer Dosis von 10–16 mg/kg KG/Tag traten aber bereits neurotoxische Effekte und Mortalität auf. Wenn der Wirkstoff in Gelatinekapseln appliziert wurde, wodurch eine größere Menge gleichzeitig anflutet, waren toxische Effekte bei noch geringeren Dosen von 1 mg/kg KG/Tag an zu beobachten.

In Langzeitstudien an Ratten und Mäusen ergaben sich keine Hinweise auf ein kanzerogenes Potenzial von Glufosinat. An nicht-neoplastischen Veränderungen sind bei Ratten eine erhöhte Futteraufnahme und Körpergewichtszunahme, Veränderungen klinisch-chemischer und hämatologischer Parameter, erhöhte Nierengewichte und Retina-Atrophie beschrieben, während bei Mäusen eine verminderte Körpergewichtszunahme, abweichende klinisch-chemische Parameter und eine erhöhte Mortalität auftraten. Als niedrigste relevante Dosis ohne schädlichen Effekt wurden 2 mg/kg KG/Tag (entspricht einer Konzentration von 40 mg/kg im Futter) in der Studie über 24 Monate an Ratten ermittelt. Substanzwirkungen wie eine verminderte Glutamin-Synthetase-Aktivität in der Leber und im Gegensatz dazu eine erhöhte Aktivität dieses Enzyms in den Nieren sowie erhöhte Nierengewichte wurden ab einer Dosis von 7 mg/kg KG/Tag (ca. 140 mg/kg im Futter) beobachtet. Glufosinat ist nicht mutagen.

In den Untersuchungen zur Reproduktionstoxizität (Mehrgenerationenstudie) an Ratten wurden ab einer Dosis von 30 mg/kg KG/Tag (entspricht einer Konzentration von 360 mg/kg im Futter) erhöhte Postimplantationsverluste und in deren Folge eine verminderte Wurfgröße beobachtet, die nicht von toxischen Effekten bei den Elterntiere begleitet waren. Die Fertilität war nicht beeinträchtigt. In den Untersuchungen zur Embryotoxizität und Teratogenität wurden bei Ratten ab einer Dosis von 50 mg/kg KG/Tag vermehrt intrauterine Mortalität, Resorptionen und Aborte beobachtet, die sich bei den Muttertieren als vaginale Hämorrhagien manifestierten. Ab einer Dosis von 250 mg/kg KG/Tag traten bei den Nachkommen erweiterte Nierenbecken und Harnleiter sowie eine Entwicklungsretardierung in Form einer verzögerten Ossifikation in Erscheinung. Beim Kaninchen wurden vorzeitige Geburten, Aborte und vermehrt tote Feten ab einer Dosis von 20 mg/kg KG/Tag beobachtet. Diese Effekte traten allerdings nur im maternaltoxischen Dosisbereich auf; als niedrigste relevante Dosis ohne entwicklungstoxische Wirkung wurden 6,3 mg/kg KG/Tag ermittelt. Glufosinat muss wegen seiner reproduktions- und entwicklungstoxischen Wirkungen eingestuft und gekennzeichnet werden; doch ist seine genaue Klassifizierung zum gegenwärtigen Zeitpunkt in der EU noch umstritten.

In Untersuchungen zur akuten und subchronischen Neurotoxizität an Ratten wurden neurotoxische Symptome oder Verhaltensveränderungen ab einer Dosis von etwa 500 mg/kg KG beobachtet. In einer Studie über 37 Tage an Ratten wurde jedoch bereits in der niedrigsten Dosis von 1,5 mg/kg KG/Tag (entspricht einer Dosis von 20 mg/kg im Futter) eine verminderte Glutamin-Synthetase-Aktivität festgestellt. Hinweise auf das Auftreten einer verzögerten peripheren Neuropathie haben sich in einer speziellen Untersuchung an den dafür besonders empfindlichen Hühnern nicht ergeben.

Mit dem im Säugetier nur in geringen (1–7% der verabreichten Dosis), in gentechnisch manipulierten Pflanzen aber in größeren Mengen auftretenden Abbauprodukt *N*-Acetylglufosinat (NAG) wurden Untersuchungen zum Metabolismus, zur akuten und subchronischen Toxizität, Reproduktionstoxizität (einschließlich Teratogenitätsstudien), zur chronischen Toxizität, Mutagenität und Neurotoxizität durchgeführt. Dabei zeigte sich in allen Prüfbereichen eine gegenüber der Muttersubstanz geringere Toxizität. Zwar wurde in den toxikologischen Studien mit NAG ebenfalls die für den Ausgangsstoff Glufosinat typische Hemmung der Glutamin-Synthetase beobachtet, doch konnte dieser Effekt auf das Vorhandensein von Glufosinat-Verunreinigungen (0,1–4,5%) sowie eine teilweise Rückwandlung von NAG zu Glufosinat im Magen-Darmtrakt der Versuchstiere zurückgeführt werden.

3-Methylphosphinicopropionsäure (MPP) und 2-Methylphosphinicoessigsäure (MPA) wurden in toxikokinetischen Untersuchungen mit Ratten zu 0,8% (MPP) bzw. 0,1% (MPA) der verabreichten Glufosinat-Dosis im Urin nachgewiesen. Auch mit diesen beiden Verbindungen wurden toxikologische Untersuchungen durchgeführt, allerdings in geringerem Umfang als mit NAG.

MPP wird rasch resorbiert und bereits innerhalb eines Tages nahezu vollständig (ca. 85%) ausgeschieden, überwiegend mit dem Urin (>90%). Ein Vergleich der akuten Toxizität und der Dosierungen ohne Wirkung in den Fütterungsstudien zeigt, dass MPP eine geringere Toxizität als Glufosinat aufweist. Zielorgane der toxischen Wirkung waren nicht zu erkennen. Außerdem bewirkt MPP keine dem herbiziden Wirkungsmechanismus von Glufosinat zugrundeliegende Hemmung der Glutamin-Synthetase. Auch MPA weist eine geringere Toxizität als Glufosinat auf.

Lebensmitteltoxikologisch relevante Grenzwerte (s. a. Tab. 28.3)
Von der Dosis ohne Wirkung in der Langzeitstudie an Ratten wurde der derzeit in Deutschland gültige ADI-Wert von 0,02 mg/kg KG abgeleitet, der mit dem vom JMPR der WHO/FAO festgelegten Wert übereinstimmt [4, 20]. Die vom deutschen BfR bestimmte ARfD von 0,045 mg/kg KG [4] basiert auf der 1-Jahresstudie an Hunden. Im EU-Verfahren ist vorgeschlagen worden, den ADI-Wert mit einem erhöhten Sicherheitsfaktor von 300 statt 100 von der Dosis ohne entwicklungstoxische Wirkung in der Studie am Kaninchen herzuleiten. Diese Herangehensweise würde jedoch numerisch in einem ADI in derselben Größenordnung wie bisher (0,021 mg/kg KG) resultieren. Außerdem wurde auf der gleichen experimentellen Basis zusätzlich zu der oben genannten eine zweite akute Referenzdosis von 0,021 mg/kg KG abgeleitet, die für Frauen im gebärfähigen Alter gelten soll. Die Festlegung geschlechts- oder altersspezifischer

Tab. 28.3 Auswahl von in Deutschland gültigen Höchstmengen für Glufosinat gemäß RHmV (Stand November 2005).

Lebensmittel	Höchstmenge [mg/kg]
Hülsenfrüchte, Sonnenblumenkerne mit Schale	3,00
Sojabohnen, Zuckerrüben	2,00
Kartoffeln, Rapssamen	1,00
Johannisbeeren, Kiwis	0,50
Bananen, Zitrusfrüchte	0,20
Mais	0,10
andere pflanzliche Lebensmittel	0,10

ARfD-Werte, häufig für Kinder, ist wissenschaftlich umstritten. Diese Vorgehensweise wird jedoch in den letzen Jahren auch von internationalen Organisationen wie der WHO oder der EU praktiziert und ist z.B. in den USA durchaus üblich, hat aber in Deutschland bislang kaum Berücksichtigung bei der Festsetzung von Höchstmengen gefunden. Hier ist auch in Hinblick auf die Praktikabilität bei der Überwachung die künftige internationale Entwicklung abzuwarten.

28.4 Harnstoffherbizide

Die Wirkstoffe aus dieser großen Substanzgruppe greifen in die Photosynthese ein [29, 35]. Dazu gehören u.a. Chlortoluron, Diuron, Isoproturon, Linuron, Metobromuron und Monolinuron. Im Folgenden wird die Toxikologie von Diuron stellvertretend für die ganze Gruppe dargestellt, wobei die Toxizität der einzelnen Verbindungen sich gerade in Hinblick auf den Dosis-Wirkungsbezug und das Spektrum der auftretenden Tumoren unterscheiden kann [31].

28.4.1 Diuron

Das schon seit langem angewandte Totalherbizid Diuron (3-(3,4-Dichlorphenyl)-1,1-dimethylharnstoff) ist aus Sicht der Lebensmittelüberwachung zwar nicht wegen Rückständen in Erntegut oder Nahrungsmitteln von besonderer Bedeutung, gehört aber zu den wichtigsten und kritischsten Kontaminanten im Grund- und Oberflächenwasser und verursacht der Wasserwirtschaft erhebliche Kosten, um das Trinkwasser von diesem Wirkstoff und seinen Abbauprodukten freizuhalten. Der Eintrag ins Wasser ist insbesondere auf die Anwendung auf Nichtkulturland zurückzuführen, etwa zur Freihaltung von Gleisanlagen oder zur Bekämpfung von Unkräutern auf asphaltierten Flächen. In Deutschland sind daher auch strenge Anwendungsbeschränkungen für Diuron in Kraft. Allerdings sind illegale Anwendungen zumindest in der Vergangenheit häufig vermutet und in manchen Fällen auch nachgewiesen worden. Die folgende Darstellung der Toxikologie dieses Wirkstoffes beruht auf den dem BfR vorliegenden Unterlagen [27], den Ausführungen im oben erwähnten „Lehrbuch der Toxikologie" [31] und einigen Veröffentlichungen [2, 11, 14, 16, 26, 30].

Aufnahme, Verteilung, Metabolismus und Ausscheidung
Diuron wurde nach oraler Verabreichung an Ratten nahezu vollständig absorbiert und innerhalb von drei Tagen zu insgesamt mehr als 97% ausgeschieden, wovon über 85% auf den Urin und ca. 12% auf die Faeces entfielen. Eine Exkretion von bis zu 38% in der Gallenflüssigkeit innerhalb von nur 48 Stunden spricht für eine ausgeprägte enterohepatische Zirkulation. Es liegen keine Hin-

weise auf eine Anreicherung im Organismus vor. Die relativ höchsten Rückstände wurden nach drei Tagen in den Erythrozyten und in der Niere nachgewiesen. Wie nachfolgend gezeigt, sind sowohl das Blut als auch der Urogenitaltrakt Hauptzielorgane der toxischen Wirkung. Diuron wird im Säugerorganismus nahezu vollständig metabolisiert; die wichtigsten Biotransformationsreaktionen waren die Demethylierung der Arylharnstoffstruktur und die Hydroxylierung des Benzolringes.

Toxikologische Bewertung des Wirkstoffes
Nach einmaliger oraler Gabe von Diuron wurden ein gestörtes Allgemeinbefinden und verminderte Aktivität, Taumeln, spastischer Gang, Koma und schließlich Atemstillstand beobachtet. Nach Verabreichung des Wirkstoffes in Ölen war die Toxizität deutlich höher als in wässrigen Lösungen. Dementsprechend schwankte die LD_{50} für Ratten auch in Abhängigkeit vom verwendeten Lösemittel zwischen etwa 1000 und über 5000 mg/kg KG. Auch die Dosierungen, bei denen in den einzelnen Studien nach oraler Aufnahme erste Symptome zu beobachten waren bzw. bei denen Mortalität auftrat, streuten in einem weiten Bereich zwischen 500 und mehr als 5000 mg/kg KG. Eine vorhergehende eiweißarme Ernährung der Versuchstiere kann anscheinend zu besonders stark ausgeprägten toxischen Wirkungen von Diuron beitragen.

Berichte über Vergiftungsfälle beim Menschen nach oraler Aufnahme liegen nicht vor.

Nach subchronischer oraler Verabreichung von Diuron an Ratten, Mäusen und Hunden wurden eine hämolytische Anämie mit Met- und Sulfhämoglobinbildung und kompensatorisch gesteigerter Erythropoese sowie eine Leberschädigung beobachtet, die durch ein erhöhtes Organgewicht, eine gesteigerte Mitoserate und Hypertrophie der Hepatozyten, eine erhöhte Enzymaktivität der Aminotransferasen und der Alkalischen Phosphatase und die Induktion mikrosomaler Leberenzyme charakterisiert war. Weitere wesentliche Befunde in den Studien zur Kurzzeittoxizität betrafen den Urogenitaltrakt (Hyperplasie des Nierenbeckenepithels und der Harnblasenschleimhaut, Pigmenteinlagerungen in den proximalen Nierentubuli). Darüber hinaus waren weitere Veränderungen im Zusammenhang mit der Anämie wie z. B. Ablagerungen des durch den Zerfall der roten Blutkörperchen freigewordenen Eisens in der Milz, der Leber und den Nieren (Hämosiderose) oder auch ein erhöhtes Milzgewicht zu verzeichnen. Generell vermindert waren die Futteraufnahme und die Körpergewichtszunahme; teilweise kam es sogar zur Abmagerung der Versuchstiere. Als niedrigste relevante Dosis ohne schädlichen Effekt wurden 0,7 mg/kg KG/Tag (entspricht einer Konzentration von 10 mg/kg im Futter) in einer Studie an Ratten über 26 Wochen ermittelt. Substanzwirkungen (Hämosiderose, erhöhte Retikulozytenzahlen und erniedrigter Hämatokrit bei den weiblichen Tieren) wurden in dieser Studie ab einer Dosis von etwa 2 mg/kg KG/Tag (25 mg/kg im Futter) beobachtet. Diese Befunde fanden auch in den Langzeitstudien an Ratten und Mäusen ihre Bestätigung. Bei Ratten waren in einer 2-Jahresstudie noch in der niedrigsten geprüften Dosierung von etwa 1 mg/kg KG/Tag ein erhöhtes Milzgewicht und bei den weiblichen Tieren Hinweise auf Anämie festzustellen.

Während die Prüfung auf Kanzerogenität an Mäusen keine Hinweise auf krebserzeugende Eigenschaften des Wirkstoffes erbrachte, traten bei Ratten in der höchsten Dosierung von ca. 100 mg/kg KG/Tag vermehrt Tumoren der Harnblase und des Nierenbeckens auf. Aufgrund dieser Effekte ist Diuron von der EU in der Kategorie 3 für kanzerogene Stoffe eingestuft und mit dem Warnhinweis R40 gekennzeichnet worden. Da sich aus den durchgeführten Mutagenitätstests aber weder *in vitro* noch *in vivo* Anhaltspunkte für erbgutverändernde Eigenschaften des Wirkstoffes ergeben haben, ist ein nicht genotoxischer, dosisabhängiger Mechanismus der Tumorentstehung anzunehmen. Ein Zusammenhang könnte mit der reizenden Wirkung von Diuron oder eines seiner Metaboliten auf die ableitenden Harnwege bestehen, die sich in der Langzeitstudie an Ratten in Form von Hyperplasien und Ödemen der Schleimhaut von Harnblase und Nierenbecken sowie blutigem Urin (Hämaturie) manifestierte. Weiterhin wurde in speziellen Untersuchungen eine dosisabhängig stimulierende Wirkung von Diuron auf die Zellteilung (mitogene Wirkung) und die Zellproliferation festgestellt. Insbesondere war der Anteil der Zellen in der DNA-Synthesephase des Zellzyklus gegenüber der Kontrolle erhöht. In einer solchen Situation ist statistisch die Wahrscheinlichkeit erhöht, dass Zellen maligne entarten und vom Immunsystem nicht rechtzeitig erkannt und zerstört werden.

In Untersuchungen zur Reproduktionstoxizität an Ratten wurden in Mehrgenerationenstudien bis zur höchsten geprüften Dosierung von etwa 100 mg/kg KG/Tag keine schädlichen Auswirkungen auf die Fruchtbarkeit und die Fortpflanzung festgestellt. Allerdings war in dieser Dosisgruppe die Körpergewichtszunahme sowohl der Elterntiere als auch der Nachkommen vermindert. Diese nächstniedrige Dosierung von ca. 15 mg/kg KG/Tag wurde als niedrigste relevante Dosis ohne reproduktionstoxische Wirkung angesehen. Diuron ist nicht teratogen. In den Untersuchungen zur Entwicklungstoxizität an Ratten wurde nur in der höchsten, bereits deutlich maternaltoxischen Dosis von 400 mg/kg KG/Tag eine fetale Entwicklungsverzögerung beobachtet, die durch ein vermindertes Körpergewicht und eine verzögerte Reifung des Skelettsystems gekennzeichnet war. Neurotoxische oder endokrine Wirkungen von Diuron sind nicht beschrieben.

Lebensmitteltoxikologisch relevante Grenzwerte (s. a. Tab. 28.4)
Von der subchronischen Studie an Ratten mit einer Substanzverabreichung über 26 Wochen wurden ein ADI-Wert und eine akute Referenzdosis von jeweils 0,007 mg/kg KG abgeleitet [4]. Die Bewertung von Diuron im EU-Verfahren ist noch nicht abgeschlossen.

Tab. 28.4 Auswahl von in Deutschland gültigen Höchstmengen für Diuron gemäß RHmV (Stand November 2005).

Lebensmittel	Höchstmenge [mg/kg]
Schnitt- und Knollensellerie sowie Blätter von Knollensellerie, Petersilie und deren Wurzel	0,50
Karotten	0,20
Bohnen mit Hülsen (frisch), Erbsen mit und ohne Hülsen (frisch)	0,10
andere pflanzliche Lebensmittel	0,05

28.5
Bipyridiliumderivate

Es handelt sich um Totalherbizide, die aufgrund eines Eingriffs in die Elektronenübertragung bei der Photosynthese pflanzliches Gewebe sehr rasch irreversibel schädigen können [29, 35]. Aus Rückstandssicht in Europa am bedeutsamsten [10] aus dieser relativ kleinen, aber im Pflanzenschutz wichtigen Gruppe ist Diquat (1,1′-Ethylen-2,2′-bipyridyldiylium). Mit Diquat verwandt ist der Wirkstoff Paraquat (1,1-Dimethyl-4,4-bipyridinium), der v. a. aufgrund schwerer, therapeutisch kaum beherrschbarer Vergiftungen, meist in suizidaler Absicht, traurige Berühmtheit gewonnen hat [24, 31]. Im Zeitraum von 1945 bis 1989 wurden allein in England und Wales 570 Todesfälle im Zusammenhang mit einer Paraquat-Intoxikation gemeldet, womit auf diesen Wirkstoff mehr als 50% aller in dieser Zeit überhaupt von Pestiziden verursachten tödlichen Vergiftungen entfielen [24]. Die Symptome und Prognose der Diquat-Vergiftung beim Menschen unterscheiden sich jedoch von einer Intoxikation mit Paraquat.

28.5.1
Diquat

Der Wirkstoff wird, in Form von Diquat-Dibromid, im Getreide- und Kartoffelbau, bei Raps und Hülsenfrüchten vorwiegend zur Krautabtötung (Sikkation) eingesetzt und in einigen EU-Ländern bisweilen bei Rückstandsuntersuchungen gefunden. So stand er 2002 in Finnland und Schweden an der Spitze der zehn in Obst und Gemüse am häufigsten nachgewiesenen Pestizide [10], was allerdings nicht automatisch bedeutet, dass auch die Höchstmengen überschritten worden wären, während er in den anderen („alten") Mitgliedstaaten keine so große Rolle zu spielen scheint. Diquat ist nach umfassender Reevaluierung in Anhang I der Richtlinie 91/414/EWG aufgenommen worden [6]. Seine letzte Bewertung durch das JMPR der WHO/FAO geht auf das Jahr 1993 zurück [17].

Aufnahme, Verteilung, Metabolismus und Ausscheidung

In Untersuchungen an Ratten wurde festgestellt, dass Diquat nach oraler Verabreichung nur langsam und zu einem geringen Anteil (<10%) aus dem Magen-Darm-Trakt aufgenommen wird. Die Elimination des resorbierten Anteils war 96 Stunden nach Einmalgabe nahezu vollständig abgeschlossen und erfolgte vorwiegend über den Urin und die Gallenflüssigkeit. Die relativ höchsten Geweberückstände wurden in den Nieren, den Lungen und der Leber gefunden. Außerdem wurde eine besondere Affinität des Wirkstoffes zur Augenlinse beobachtet, wo auch die Eliminationshalbwertszeit auffällig lang war. Mit diesem Befund in Übereinstimmung steht die Tatsache, dass Augeneffekte toxikologisch eine besondere Rolle spielen. Die Verstoffwechselung von Diquat ist begrenzt, da Metaboliten weniger als 20% der insgesamt im Urin ausgeschiedenen Menge ausmachen, was einem absoluten Wert von weniger als 1% der insgesamt verabreichten Dosis entspricht.

Toxikologische Bewertung des Wirkstoffes

Die akut-orale Toxizität von Diquat ist mit einer LD_{50} von knapp über 200 mg/kg KG für Ratten relativ hoch. Mortalität war vereinzelt bereits ab einer Dosis von 150 mg/kg KG zu verzeichnen und in diesem Dosisbereich traten auch die ersten klinischen Symptome auf, die in gesträubtem Fell, unphysiologischer Körperhaltung und Seitenlage bestanden. Pathologisch fielen eine Erweiterung des Nierenbeckens, entfärbte oder fleckige Nieren und ein durch Gasansammlungen ballonierter Magen-Darm-Trakt auf.

Akute Vergiftungen des Menschen nach akzidenteller oder beabsichtigter Aufnahme waren klinisch primär durch Unwohlsein, Erbrechen, Bauchschmerzen und Diarrhö, pathologisch durch Ulzerationen im gesamten Verdauungstrakt von der Mundhöhle abwärts gekennzeichnet. Nach Aufnahme größerer Mengen des Wirkstoffes (> 5 mL Konzentrat) kann es zu protrahiertem Verlauf mit Sistieren der Darmtätigkeit, Darmverschluss, Schock, Nierenversagen und schließlich Multiorganversagen mit Todesfolge kommen. Bei Vergiftungen mit hohen Dosen >2 g Diquat) kann die Letalität 90% überschreiten, während die Prognose nach oraler Aufnahme kleinerer Mengen (1 g) eher günstig zu stellen ist.

In den subchronischen und Langzeitstudien waren bei Ratten und Hunden insbesondere Effekte auf die Augen (Katarakte), bei Mäusen vorrangig eine Nierenschädigung zu verzeichnen, die sich in histologischen Läsionen manifestierte. Die niedrigsten relevanten Dosierungen ohne schädigende Wirkung lagen bei 0,5 mg/kg KG/Tag in der 1-Jahresstudie an Hunden und bei 0,2 mg/kg KG/Tag in der Langzeitstudie an Ratten. Hinweise auf ein kanzerogenes Potenzial haben sich nicht ergeben.

Der Wirkstoff ist weder mutagen, teratogen noch reproduktions- oder neurotoxisch.

Lebensmitteltoxikologisch relevante Grenzwerte
Für Diquat (bestimmt als Diquat-Ion) ist im EU-Verfahren bei der Anhang I-Aufnahme, wie auch schon 1993 durch das JMPR, ein ADI-Wert von 0,002 mg/kg KG abgeleitet worden [6, 17], wobei jeweils die chronische Studie an Ratten als Basis diente und der übliche Sicherheitsfaktor von 100 verwendet wurde. Eine akute Referenzdosis ist im Rahmen der EU-Bewertung Mitte der 1990er Jahre oder durch das JMPR nicht festgelegt worden, da dieser Grenzwert international erst danach eingeführt wurde. Aufgrund der recht hohen akuten und subchronischen Toxizität des Wirkstoffes ist ein solcher Grenzwert für die kurzzeitige Aufnahme aber erforderlich. Daher ist vom BfR im Jahre 2005 national eine ARfD von 0,01 mg/kg KG abgeleitet worden [4], die auf dem Auftreten maternaltoxischer Effekte (herabgesetzte Futteraufnahme und verminderte Körpergewichtszunahme in den ersten Tagen nach Behandlungsbeginn) in einer Teratogenitätsstudie an Kaninchen bei einer Dosis von 3 mg/kg KG/Tag beruht. Die nächstniedrige Dosierung von 1 mg/kg KG/Tag war ohne schädigenden Effekt und diente als Ausgangspunkt für die Bestimmung des Grenzwertes, wiederum unter Verwendung eines Sicherheitsfaktors von 100.

Für Diquat sind in Deutschland keine spezifischen Höchstmengen festgelegt worden. Somit gilt nach § 1, Abs. 4 der RHmV die allgemeine Höchstmenge von 0,01 mg/kg.

28.6
Furanone

Verbindungen aus dieser relativ neuen Gruppe greifen in die Carotinoidsynthese ein und hemmen dadurch in der Folge die Bereitstellung des zur Photosynthese erforderlichen Chlorophylls [27]. Als Beispiel wird im Folgenden die Toxikologie des Wirkstoffes Flurtamon dargestellt.

28.6.1
Flurtamon

Bei diesem Wirkstoff [(RS)-5-Methylamino-2-phenyl-4-(a,a,a-trifluor-m-tolyl)furan-3(2H)-on], handelt es sich um ein Herbizid, das u.a. im Getreide, in Sonnenblumen und Gemüse eingesetzt wird. Rückstände sind in Deutschland in Getreideerzeugnissen festgestellt worden [3]. Flurtamon ist nach umfassender Bewertung im Rahmen der EU-Wirkstoffprüfung in den Anhang I der Richtlinie 91/414/EWG aufgenommen worden [9].

Aufnahme, Verteilung, Metabolismus und Ausscheidung
Anhand der renalen Ausscheidung nach oraler Verabreichung des Wirkstoffes an Ratten wurde eine Absorption von 38–43% aus dem Darm abgeschätzt. Die Ausscheidung erfolgte vorwiegend bereits während der ersten 24 Stunden und

war nach sieben Tagen abgeschlossen. Sie erfolgte zu etwa 50–60% über die Faeces. Die höchsten Rückstände wurden in der Leber nachgewiesen. Flurtamon wird intensiv metabolisiert, wobei Hydroxylierung, N-Demethylierung, Alkylierung, Hydrolyse des Furanrings und schließlich Konjugationsreaktionen eine Rolle spielen.

Toxikologische Bewertung des Wirkstoffes
Flurtamon ist von geringer akut-oraler Toxizität mit einer LD_{50} für Ratten oberhalb der geprüften Limitdosis von 5000 mg/kg KG. Als einzige Symptome wurden gastrointestinale Störungen in der einzigen geprüften Dosierung beschrieben; Todesfälle oder histopathologische Veränderungen traten nicht auf. Berichte über Vergiftungsfälle bei Menschen liegen nicht vor.

In subchronischen und Langzeitfütterungsstudien an Ratten, Mäusen und Hunden erwies sich die Leber als das wesentliche Zielorgan für die Toxizität. Pathologische Befunde waren eine Organgewichtserhöhung mit makroskopisch sichtbarer Lebervergrößerung und histologisch eine zentrilobuläre Hypertrophie der Hepatozyten. In der Langzeitstudie an Mäusen kam die erhöhte Inzidenz einer Amyloidose als vermutlich behandlungsbedingter Effekt hinzu, wovon vorrangig die Nieren betroffen waren. Die niedrigsten relevanten Dosierungen waren 5 mg/kg KG/Tag in der 1-Jahresstudie an Hunden bzw. 2,8 mg/kg KG/Tag in einer chronischen Studie mit zweijähriger Substanzverabreichung an Ratten. Hinweise auf ein kanzerogenes oder genotoxisches Potenzial haben sich nicht ergeben.

In den Untersuchungen zur Reproduktionstoxizität wurde keine Beeinträchtigung der Fertilität festgestellt. In Dosierungen oberhalb von ca. 25 mg/kg KG/Tag war allerdings in der Mehrgenerationenstudie an Ratten die Körpergewichtsentwicklung der Nachkommen verzögert und es wurden Veränderungen in den Organgewichten beobachtet. Ähnliche Effekte waren aber auch bei den Elterntieren zu verzeichnen. Weder bei Ratten noch bei Kaninchen wirkte Flurtamon teratogen. Bei Ratten wurden nur in der höchsten geprüften Dosierung von 1000 mg/kg KG/Tag bei den Feten Entwicklungsverzögerungen festgestellt; bei Kaninchen war in der oberen Dosisgruppe, die 600 mg Flurtamon/kg KG erhalten hatte, die intrauterine Mortalität erhöht, wobei vereinzelt auch Aborte und Totalresorptionen ganzer Würfe vorkamen. Diese Dosierungen waren bei beiden Spezies auch maternaltoxisch, was sich insbesondere in einer verminderten Körpergewichtszunahme der Muttertiere manifestierte.

Lebensmitteltoxikologisch relevante Grenzwerte (s. a. Tab. 28.5)
Im Rahmen der EU-Bewertung wurde, ausgehend von der Dosis ohne Wirkung in der Langzeitfütterungsstudie an Ratten, ein ADI von 0,03 mg/kg KG abgeleitet [9]. Die Festlegung einer ARfD erschien unter Berücksichtigung des toxikologischen Profils von Flurtamon nicht erforderlich.

Tab. 28.5 Auswahl von in Deutschland gültigen Höchstmengen für Flurtamon gemäß RHmV (Stand November 2005).

Lebensmittel	Höchstmenge [mg/kg]
alle pflanzlichen Lebensmittel	0,05

28.7
Triazine

Die Wirkstoffe aus dieser Gruppe hemmen, ähnlich wie die Harnstoffherbizide, die Photosynthese, greifen aber an anderer Stelle in diesen Prozess, vermutlich in den Elektronentransport, ein [24, 29]. Neben dem im Folgenden beispielhaft dargestellten Terbuthylazin gehören dazu u.a. Atrazin und Simazin, die v.a. als Grund- und Trinkwasserkontaminanten Bedeutung erlangt haben. Im Gegensatz zu Terbuthylazin sind diese Wirkstoffe in Deutschland schon seit Jahren nicht mehr zugelassen und sind auch nicht in Anhang I der EU-Richtlinie 91/414/EWG aufgenommen worden. Dagegen soll Atrazin zumindest noch im Jahre 1997 in den USA das insgesamt am häufigsten angewandte Pestizid gewesen sein, wo es vor allem im Maisanbau eingesetzt wurde [35]. Wie der Fall einer vermutlich beabsichtigten Einleitung von Atrazin in den Bodensee nahe einer großen Trinkwasserentnahmestelle im Jahre 2005 beweist, ist in den nächsten Jahren immer noch mit Funden auch der nicht mehr zugelassenen Herbizide aufgrund illegaler Einträge zu rechnen. Toxikologisch steht bei den Triazinen eine Beeinflussung des endokrinen Systems im Vordergrund, die sich in Versuchen an Ratten dosisabhängig u.a. in Störungen von Fertilität und Reproduktion sowie in Mammatumoren manifestierte [27, 31].

28.7.1
Terbuthylazin

Rückstände dieses herbiziden Wirkstoffes (N^2-*tert*-Butyl-6-chlor- N^4-ethyl-1,3,5-triazin-2,4-diamin) wurden in Deutschland 2003 in 17% der untersuchten Olivenölproben festgestellt, doch lagen sie ausnahmslos unterhalb der gesetzlich festgelegten Höchstmenge [3]. Terbuthylazin wurde nach den heute üblichen Anforderungen toxikologisch umfassend untersucht, war aber bislang nicht Gegenstand einer toxikologischen Bewertung durch supranationale Gremien wie die EU oder die WHO. Die folgende Darstellung beruht auf den im BfR vorliegenden toxikologischen Studien [27].

Aufnahme, Verteilung, Metabolismus und Ausscheidung
Der Wirkstoff wurde nach oraler Verabreichung an Ratten rasch und nahezu vollständig resorbiert und innerhalb von zwei Tagen zu mehr als 85% wieder

ausgeschieden, wovon etwa 56% auf den Urin und mehr als 30% auf die Faeces entfielen. Der Nachweis von etwa 45% der zur Markierung des Wirkstoffes verwendeten Radioaktivität in der Gallenflüssigkeit deutet auf eine Zirkulation zumindest eines Teils der Dosis zwischen Darm und Leber vor der endgültigen Ausscheidung hin (enterohepatischer Kreislauf). Die höchsten Rückstände wurden nach sieben Tagen in der Leber, in den Nieren und im Blut nachgewiesen. Es liegen keine Hinweise auf eine Anreicherung im Organismus vor.

Terbuthylazin wird intensiv metabolisiert; die wichtigsten Biotransformationsreaktionen waren oxidative Deethylierung, Oxidation einer Methylgruppe der tertiären Butylgruppe mit nachfolgender Konjugation des Alkohols hauptsächlich mit Glucuronsäure oder Oxidation des Alkohols zu Carboxylsäure. Von geringerer Bedeutung waren dagegen die Dechlorierung mit der Bildung von Mercaptursäurederivaten und die Bildung kleiner Mengen von 2-Hydroxytriazinmetaboliten.

Toxikologische Bewertung des Wirkstoffes
Nach einmaliger oraler Gabe des Wirkstoffes in hohen Dosen wurden folgende klinische Symptome beobachtet: Fellsträuben, Erschöpfung, Diarrhö, gekrümmte Körperhaltung, gestörte Atmung und verminderte motorische Aktivität. Diese Symptome einschließlich Mortalität traten in der akuten oralen Studie an Ratten ab einer Dosierung von 1000 mg/kg KG auf. Als LD_{50} wurde eine Dosis von 1600 mg/kg KG ermittelt, so dass von einer mäßigen akut-oralen Toxizität dieser Substanz auszugehen ist. Fälle von Intoxikationen des Menschen mit Terbuthylazin sind nicht bekannt.

Hauptsächliche toxische Wirkungen nach mittelfristiger oraler Verabreichung des Wirkstoffes an Ratten, Mäuse, Kaninchen und Hunde waren eine Verminderung von Futteraufnahme und Körpergewichtszunahme. Als niedrigste relevante orale Dosis ohne schädlichen Effekt wurde 0,4 mg/kg KG/Tag (entspricht einer Konzentration von 10 mg/kg im Futter) in der 1-Jahres-Studie an Hunden ermittelt. Die beschriebenen Substanzwirkungen wurden in dieser Studie ab einer Dosis von 1,6 mg/kg KG/Tag (entspricht einer Konzentration von 50 mg/kg im Futter) beschrieben. Bei den offenbar besonders empfindlichen Kaninchen waren bei wiederholter Verabreichung bereits ab einer täglichen Dosis von 5 mg/kg KG/Tag klinische Zeichen akuter Toxizität und in Einzelfällen auch Mortalität zu verzeichnen. In höheren Dosierungen wurden bei dieser Spezies weiterhin auf eine Anämie hindeutende hämatologische Effekte wie verminderte Erythrozytenzahl, reduzierter Hämatokrit und herabgesetzte Hämoglobinkonzentration, reversibel verminderte Organgewichte (Leber, Herz, Thymus, Testes), Blutstauungen und Blutaustritt in verschiedenen Organen verstorbener Tieren (z. B. im Atmungs- und Verdauungstrakt, im Thymus, der Milz und im Knochenmark), darüber hinaus Atrophie des Thymus, der Lymphknoten und Milz sowie unreife Hoden beobachtet.

Hauptsächliche toxische Wirkungen nach oraler Verabreichung des Wirkstoffes in Langzeitstudien an Ratten und Mäusen waren eine verminderte Futteraufnahme und eine herabgesetzte Körpergewichtszunahme. Bei Ratten wurden außerdem eine verminderte Wasseraufnahme, Veränderungen einer Reihe leber- bzw. nierenabhängiger klinisch-chemischer Parameter (erhöhte Aktivität von alkalischer Phosphatase, Alanin-Aminotransferase und Kreatinkinase; erhöhte Blutspiegel von Kreatinin, Harnstoff und Gamma-Globulin sowie verschobenes Albumin/Globulin-Verhältnis) und in höheren Dosierungen pathologische Befunde wie eine tubuläre Atrophie der Hoden, Atrophie der Skelettmuskulatur und eine chronisch progressive Nephropathie festgestellt. Als niedrigste relevante Dosis ohne schädlichen Effekt wurden 0,21 mg/kg KG/Tag (entspricht einer Konzentration von 6 mg/kg im Futter) in der Studie über 24 Monate an Ratten ermittelt. Substanzwirkungen (verminderte Futter- und Wasseraufnahme und verringerte Körpergewichtszunahme) wurden in diesem Versuch ab einer Dosis von 0,97 mg/kg KG/Tag (entspricht einer Konzentration von 30 mg/kg im Futter) beobachtet.

Terbuthylazin ist nicht mutagen, während die in Langzeitstudien an Ratten und Mäusen erhobenen Daten zur Kanzerogenität widersprüchlich sind. Die Studie an Mäusen erbrachte keine Hinweise auf krebserzeugende Eigenschaften des Wirkstoffes. In der Studie an Ratten wurden dagegen in der höchsten Dosisgruppe von 32,6 mg/kg KG/Tag (entspricht einer Konzentration von 750 mg/kg im Futter) bei männlichen Tieren eine erhöhte Inzidenz gutartiger Leydig-Zell-Tumoren der Hoden und bei den weiblichen Tieren vermehrt Mamma-Karzinome gefunden.

In Untersuchungen zur Reproduktionstoxizität, d. h. einer Mehrgenerationenstudie an Ratten, wurde ab einer Dosis von 20 mg/kg KG/Tag (entspricht einer Konzentration von 300 mg/kg im Futter) eine erhöhte Zahl infertiler Paarungen festgestellt, vermutlich aufgrund fehlender oder zumindest einer verminderten Anzahl von Gelbkörpern in den Ovarien. Weiterhin wurden bei den Nachkommen ab einer Dosis von 13 mg/kg KG/Tag (entspricht einer Konzentration von 200 mg/kg im Futter) erhöhte Mortalität und verzögertes Wachstum beobachtet. In Versuchen zur Entwicklungstoxizität und Teratogenität an Ratten und Kaninchen traten bei Ratten ab einer Dosis von 30 mg/kg KG/Tag vermehrt Skelettvariationen wie zusätzliche Rippen und fehlende Verknöcherung der Zehen auf; allerdings zeigten in dieser Dosierung auch die Muttertiere ebenfalls Vergiftungssymptome. Als niedrigste relevante Dosis ohne entwicklungstoxische Wirkung wurden 5 mg/kg KG/Tag in der Studie zur Entwicklungstoxizität an Ratten bestimmt. Die niedrigste Dosis ohne maternaltoxische Wirkung wurde in Höhe von 0,8 mg/kg KG/Tag bei Kaninchen festgestellt.

Lebensmitteltoxikologisch relevante Grenzwerte (s. a. Tab. 28.6)
Der derzeit in Deutschland gültige ADI-Wert von 0,002 mg/kg KG wurde von einer Langzeitstudie an Ratten abgeleitet, während die akute Referenzdosis von 0,008 mg/kg KG [4] auf toxischen Wirkungen bei den Muttertieren in einer Studie zur Entwicklungstoxizität und Teratogenität am Kaninchen basiert. International abgestimmte Grenzwerte für Terbuthylazin sind noch nicht festgelegt worden.

Tab. 28.6 Auswahl von in Deutschland gültigen Höchstmengen für Terbuthylazin gemäß RHmV (Stand November 2005).

Lebensmittel	Höchstmenge [mg/kg]
Bohnen und Erbsen mit Hülsen (frisch), Getreide, Kartoffeln, Kernobst, Steinobst, Trauben, Zuckerrüben	0,10
andere pflanzliche Lebensmittel	0,05

28.8 Literatur

1 Bolognesi C, Bonatti S, Degan P, Gallerani E, Peluso M, Rabboni R, Roggieri P, Abbondandolo A (1997) Genotoxic activity of glyphosate and its technical formulation Roundup, *Journal of Agricultural and Food Chemistry* **45**: 1967–1982.

2 Boyd EM, Krupa V (1970) Protein-deficient diet and diuron toxicity, *Journal of Food Chemistry* **18**: 1104–1107.

3 BVL (2004) Lebensmittel-Monitoring (2003, http://www.bvl.bund.de/Lebensmittel/Sicherheit und Kontrollen/-Lebensmittelmonitoringbericht_2003.pdf

4 BfR (2006) Grenzwerte für die gesundheitliche Beurteilung von Pflanzenschutzmittelrückständen, Information Nr. 002/2006, http://www.bfr.bund.de/cm/218/grenzwerte_fuer_die_gesundheitliche_bewertung_von_pflanzenschutzmittelrückstaenden.pdf

5 DeRoos AJ, Blair A, Rusiecki JA, Hoppin JA, Svec M, Dosemici M, Sandler DP, Alavanja MC (2005) Cancer incidence among glyphosate-exposed pesticide applicators in the agricultural health study, *Environmental Health Perspectives* **113**: 49–54.

6 EC (2001) Review report for the active substance diquat, Finalized in the standing committee on plant health at its meeting on 12 December 2000 in view of the inclusion of diquat in Annex I of Directive 91/414/EEC, http://www.europa.eu.int/comm/food/plant/protection/evaluation/existactive/list1_diquat_en.pdf

7 EC (2001) Review report for the active substance 2,4-D, Finalized in the Standing committee on plant health at its meeting on 2 October 2001 in view of the inclusion of 2,4-D in Annex I of Directive 91/414/EEC, http:/www.europa.eu.int/comm/food/plant/protection/evaluation/existactive/list1_2- 4-d_en.pdf

8 EC (2002) Review report for the active substance glyphosate, Finalized in the Standing committee on plant health at its meeting on 29 June 2001 in view of the inclusion of maleic hydrazide in Annex I of Directive 91/414/EEC, http://www.europa.eu.int/comm/food/plant/protection/evaluation/existactive/list1_glyp hosate_en.pdf

9 EC (2003) Review report for the active substance flurtamone, Finalized in the Standing committee on food chain and animal health at its meeting on 4 July 2003 in view of the inclusion of flurtamone in Annex I of Directive 91/414/EEC, http://www.europa.eu.int/comm/food/plant/protection/evaluation/newactive/list1_flurtamo ne_en.pdf

10 EC (2004) Monitoring of pesticide residues in products of plant origin in the European Union, Norway, Iceland and Liechtenstein, 2002) Report, Health & Consumer Protection Directorate-General, SANCO/17/04 final, http://www.europa.eu.int/comm/food/fs/inspections/fnaoi/reports/annual_eu/monrep_20 02_en.pdf

11 Gaines TB, Linder RE (1986) Acute toxicity of pesticides in adult and weanling rats, *Fundamental and Applied Toxicology* **7**: 299–308.

12 Gellert G (2005) Quellen der Belastung von Oberflächengewässern durch den Metaboliten AMPA (aminomethylphosphonic acid) und seine mögliche Wirkung, in: Jahresberichte des Staatlichen Untersuchungsamtes Nordrhein-Westfalen 2004, htpp://www.stua-si.nrw.de

13 Hardell L, Eriksson MA (1999) Case-control study of Non-Hodgkin lymphoma and exposure to pesticides, *Cancer* **85**: 1353–1360.

14 Hodge HC, Downs WL, Panner BS (1967) Oral toxicity and metabolism of diuron (*N*-(3,4-dichlorophenyl)-*N′,N′*-dimethylurea) in rats and dogs, *Food and Cosmetics Toxicology* **5**: 513–531.

15 IPCS (1994) Environmental Health Criteria for Glyphosate, WHO, EHC series No. 159, Geneva, Switzerland.

16 Jancke S, Mahro U, Rienaecker S (1981) Ergebnisse zur subchronischen oralen Toxizität von Diuron an Wistar-Ratten, 1. Mitteilung: Hämatologische und klinisch-chemische Parameter, *Tagungsberichte der Akademie der Landwirtschaftswissenschaften der DDR* **187**: 219–225.

17 JMPR (1994) Diquat, in: Pesticide residues in food – 1993 evaluations, Part II – Toxicology, World Health Organization, Geneva, Switzerland, WHO/PCS 94.4, 125–146.

18 JMPR (1997) 2,4-Dichlorophenoxyacetic acid (2,4-D), in: Pesticide residues in food – 1996 evaluations, Part II – Toxicologial, World Health Organization, Geneva, Switzerland, WHO/PCS/97.1, 45–96.

19 JMPR (1998) Aminomethylphosphonic acid (AMPA), in: Pesticide residues in food – 1997 evaluations, Part II – Toxicological and environmental, World Health Organization, Geneva, Switzerland, WHO/PCS/98.6, 31–42.

20 JMPR (2000) Glufosinate-ammonium (addendum), in: Pesticide residues in food – 1999 evaluations, Part II – Toxicological, World Health Organization, Geneva, Switzerland, WHO/PCS/00.4, 129–160.

21 JMPR (2002) 2,4-D, in: Pesticide residues in food – 2001 evaluations, Part I – Residues, *FAO Plant Production and Protection Paper* **171**: 91–97.

22 JMPR (2004) Glyphosate in: Pesticide residues in food – 2004 Report, *FAO Plant Production and Protection Paper* **178**: 98–103.

23 Kawamura K, Nobuhara H, Tsuda K, Tanaka A, Matsubara Y, Yamauchi N (1987) Two cases of glyphosate (Roundup) poisoning, *Gekkan Yakuji* **29**: 163–166.

24 Marrs TC (2004) Toxicology of Herbicides, in Marrs TC, Ballantyne B (Hrsg) Pesticide Toxicology and International Regulation, John Wiley & Sons Chichester/U.K., 305–348.

25 Martinez TT, Brown K (1991) Oral and pulmonary toxicology of the surfactant used in Roundup herbicide, *Proceedings of The Western Pharmacological Society* **34**: 43–46.

26 Mueller H, Solecki R (1981) Ergebnisse zur subchronischen Toxizität von Diuron an Wistar-Ratten, 2. Mitteilung: Pathologische Veränderungen der Organe, *Tagungsberichte der Akademie der Landwirtschaftswissenschaften der DDR*, **187**: 227–235.

27 Niemann L (2006) Persönliche Mitteilung (aufgrund persönlicher Einsichtnahme in die dem Bundesinstitut für Risikobewertung vorliegenden Zulassungsunterlagen zu einzelnen Wirkstoffen).

28 Peluso M, Munnia A, Bolognesi C, Parodi S (1998) ^{32}P-Postlabeling detection of DNA adducts in mice treated with the herbicide Roundup, *Environmental and Molecular Mutagenesis* **31**: 55–59.

29 PMRA (1999) Health Canada, Voluntary Pesticide Resistance-Management Labelling Based on Target Site/Mode of Action, http://www.hc-sc.gc.ca

30 Schoket B, Vincze B (1990) Dose-related induction of rat hepatic drug-metabolizing enzymes by diuron and chlorotoluron, two substituted phenylurea herbicides, *Toxicological Letters* **50**: 1–7.

31 Solecki R, Pfeil R (2004) Herbizide, in: Marquardt H, Schäfer S (Hrsg) Lehrbuch der Toxikologie, Wissenschaftliche Verlagsgesellschaft Stuttgart, 2. Auflage, 672–681.

32 Talbot AR, Shiaw MH, Huang JS, Yang SF, Goo TS, Wang SH, Chen CL, Sanford TR (1991) Acute poisoning with a glyphosate-surfactant herbicide („Round-

up"): A review of 93 cases, *Human and Experimental Toxicology* **10**: 1–8.
33 Tominack RL, Yang GY, Tsai WJ, Chung HM, Deng JF (1991) Taiwan National Poison Center survey of glyphosate – surfactant herbicide ingestions, *Clinical Toxicology* **29**: 91–109.
34 Vigfusson NV, Vyse ER (1980) The effect of the pesticides Dexon, Captan and Roundup on sister-chromatid exchanges in human lymphocytes in vitro, *Mutation Research* **79**: 53–57.
35 Ware GW (2000) Herbicides (Chapter 11), Plant Growth Regulators (Chapter 12), Defoliants and Desiccants (Chapter 13), in: Ware GW The Pesticide Book, Thomson Publications Fresno/Ca (USA), 5th edition, 109–142.
36 Williams GM, Kroes R, Munro IC (2000) Safety evaluation and risk assessment of the herbicide roundup and its active ingredient, glyphosate, for humans, *Regulatory Pharmacology and Toxicology* **31**: 117–165.

29
Fungizide

Rudolf Pfeil

29.1
Einleitung

Fungizide werden in der Landwirtschaft, der Industrie und im Haus- und Gartenbereich in großem Umfang und für eine Vielzahl von Anwendungen eingesetzt, beispielsweise zur Verhinderung und Behandlung von Pflanzenkrankheiten, zum Schutz der Ernteprodukte bei Lagerung und Transport sowie zum Schutz von Bauten, Baumaterialien und Textilien. Unter Fungiziden versteht man anorganische und organische Substanzen, die das Wachstum von Pilzen hemmen (Fungistatika) oder völlig unterbinden (Fungizide). In den folgenden Ausführungen wird diese Unterscheidung jedoch nicht berücksichtigt, da die fungistatische oder fungizide Wirkung häufig nur eine Frage der angewendeten Konzentration ist. In der landwirtschaftlichen Anwendung können viele Fungizide oft nur fungistatisch wirksam werden, weil höhere, fungizide Konzentrationen von den zu behandelnden Pflanzen nicht ohne Schädigung vertragen werden [26].

Fungizide hatten im Jahr 2003 einen Marktanteil von 21,5% an den weltweit abgesetzten Pflanzenschutzmitteln [7] und in Deutschland im Jahr 2004 einen Anteil von 23,3% an der insgesamt im Inland abgegebenen Wirkstoffmenge in Pflanzenschutzmitteln [3]. Die Bedeutung der Fungizide für die landwirtschaftliche Produktion und die Sicherung der Ernährung wird aus Untersuchungen deutlich, nach denen die Ernteverluste durch mikrobiell verursachte Pflanzenkrankheiten auf etwa 10% in Europa und Nordamerika und etwa 15% in Afrika, Ozeanien und der früheren Sowjetunion geschätzt werden [7]; bei einigen wichtigen Kulturpflanzen betrug der Anteil der Verluste zwischen etwa 9,0–9,6% für Reis, Weizen und Mais und etwa 19,4% für Zuckerrohr [20].

Fungizide sind Substanzen aus sehr unterschiedlichen chemischen Gruppen, die sich dementsprechend in ihren toxikologischen Eigenschaften und in ihrem Potenzial zur Auslösung von gesundheitsschädlichen Wirkungen beim Menschen unterscheiden. Einige der folgenschwersten epidemischen Pflanzenschutzmittel-Vergiftungen sind durch Fungizide verursacht worden, wie etwa in der Türkei zwischen 1955 und 1959 oder im Irak 1976 durch den Verzehr von Brot, für dessen Herstellung hexachlorbenzol- bzw. methylquecksilberhaltiges Saatgutgetreide verwendet wurde. Bei der Mehrzahl der heutzutage in der Landwirtschaft eingesetzten fungiziden Wirkstoffe ist das Potenzial zur Auslösung schwerer Vergiftungen bei Anwendern oder Verbrauchern jedoch gering. Dafür sind verschiedene Gründe verantwortlich, insbesondere die heute im Vergleich zu früheren Jahren strengeren Anforderungen an die Prüfung und Zulassung von Pflanzenschutzmitteln, die zu einem großen Fortschritt beim Schutz der Gesundheit und der Umwelt geführt haben [1, 75].

Bei der Vielzahl der im Pflanzenschutz eingesetzten Fungizide sind mehrere Einteilungsprinzipien möglich. Für eine Übersicht nach phytomedizinischen Gesichtspunkten ist es zweckmäßig, die Substanzen nach ihrer Wirkungsweise bzw. dem Angriffspunkt ihrer Wirkung zu einzuteilen, während sich für die Darstellung der toxikologischen Eigenschaften eher eine Gliederung der Wirkstoffe nach der chemischen Gruppenzugehörigkeit anbietet (Tab. 29.1) [24].

Durch Pilze verursachte Pflanzenkrankheiten können zum einen durch Verhinderung der Infektion prophylaktisch und zum anderen nach bereits erfolgter Infektion eradikativ angewendet werden. Prophylaktische Fungizide wirken, indem sie einen Schutzbelag auf der Pflanzenoberfläche bilden, der durch wiederholte Spritzungen ständig erneuert werden muss. Eradikative Wirkstoffe können dagegen auch bereits im Wirtsorganismus etablierte Erreger beseitigen [26, 67, 69].

Je nach Anwendungsart und Anwendungsort der Wirkstoffe unterscheidet man Blattfungizide, die auf die oberirdischen, grünen Teile der zu schützenden Wirtspflanze aufgebracht werden, Bodenfungizide, die zur Bekämpfung bodenbürtiger Pilze eingesetzt werden, teilweise aber auch durch eine Aufnahme der Stoffe in die Jungpflanzen systemisch wirken, und Beizmittel, die auf Samen, Knollen oder Zwiebeln aufgebracht werden, um sie vor dort oder im Boden vorhandenen pilzlichen Krankheitserregern zu schützen [26, 67].

Nach der Art der Verteilbarkeit auf und in der Pflanze bzw. nach der Wirkungsart lassen sich die Fungizide in protektive, locosystemische und systemische Substanzen unterscheiden. Protektive Fungizide müssen in vorbeugender Weise auf die Pflanze aufgebracht werden, um das Auskeimen der Sporen oder das Eindringen der Pilzhyphen in die Pflanze zu verhindern. Für einen hohen Bekämpfungserfolg ist ein möglichst lückenloser Belag des Wirkstoffes auf der Pflanzenoberfläche wichtig, der in Abhängigkeit von Pflanzenwachstum und Witterungsverhältnissen durch wiederholte Anwendungen erneuert werden muss. Zu den protektiven Fungiziden zählen besonders die älteren, anorganisch-chemischen Substanzen, wie z. B. Schwefel oder Kupfersalze, ferner auch Dithiocarbamate und Phthalimide. Locosystemische Fungizide dringen nur in die Pflanzenteile ein, die mit dem Wirkstoff unmittelbar in Kontakt kommen; sie werden insbesondere gegen Oberflächenpilze eingesetzt. Zu dieser Gruppe zählen z. B. die obsoleten Organoquecksilberverbindungen sowie Heteroaromaten und Dicarboximide (Vinclozolin, Iprodion). Die neueren, systemischen Fungizide können der Pflanze über den Boden (d. h. über die Wurzeln) oder über

Tab. 29.1 Einteilung der Fungizide nach dem Wirkungsmechanismus (Angriffspunkt) und nach chemischer Gruppenzugehörigkeit (nach [24]).

Angriffspunkt (allgemein)	Angriffspunkt (spezifisch)	Gebräuchlicher Gruppenname	Chemische (Unter-)Gruppe	Wirkstoffe (Auswahl)
Nucleinsäuresynthese	RNA-Polymerase I	Phenylamide	Acylalanine	Benalaxyl, **Metalaxyl**, Metalaxyl-M
Mitose und Zellteilung	β-Tubulin-Polymerisierung	Methyl-Benzimidazol-Carbamate	Benzimidazole (bzw. Vorstufen)	Benomyl, **Carbendazim**, **Thiabendazol**, Thiophanat-methyl
Atmungskette	Komplex II: Succinat-Dehydrogenase (Ubichinon)	Carboxamide		Boscalid, Carboxin, **Fenfuram**, **Flutolanil**
	Komplex III: Ubichinol-Cytochrom c-Reduktase (Cytochrom bc₁)	Strobilurine („Quinone outside inhibitors")	Methoxyacrylate Methoxycarbamate Oximinoacetate	**Azoxystrobin** Pyraclostrobin Kresoxim-methyl, Trifloxystrobin
			Oxazolidindione Imidazolinone	**Famoxadone** Fenamidone
Aminosäure- und Proteinsynthese	Methionin-Biosynthese (vorgeschlagen)	Anilinopyrimidine		**Cyprodinil**, Mepanipyrim, Pyrimethanil
Signaltransduktion	Mitogen aktivierte Proteinkinase (MAP)	Phenylpyrrole		Fenpiclonil, **Fludioxonil**
Lipid- und Membransynthese	NADH-Cytochrom c-Reduktase, Lipidperoxidation (vorgeschlagen)	Dicarboximide		**Iprodione**, **Procymidone**, **Vinclozolin**
	Phospholipid-Biosynthese, Zellwandsynthese (vorgeschlagen)	Aminosäureamid-Carbamate	Valinamid-Carbamate	Benthiavalicarb-isopropyl, **Iprovalicarb**
Sterol-Biosynthese in Membranen	Sterol-C-14-Demethylase	Demethylase-Inhibitoren (DMI)	Imidazole	**Imazalil**, Prochloraz
			Triazole	Epoxiconazol, **Flusilazol**, **Propiconazol**, Tebuconazol, Triadimenol
	Sterol-Δ¹⁴-Reduktase Sterol-Δ⁸ → Δ⁷-Isomerase	Amine	Morpholine	**Fenpropimorph**, Tridemorph
	Sterol-C-4-Demethylase-Komplex: Sterol-3-Keto-Reduktase	Hydroxyanilide		**Fenhexamid**

Tab. 29.1 (Fortsetzung)

Angriffspunkt (allgemein)	Angriffspunkt (spezifisch)	Gebräuchlicher Gruppenname	Chemische (Unter-)Gruppe	Wirkstoffe (Auswahl)
„Multi-site"-Kontakt-Aktivität	„Multi-site"-Aktivität	Dithiocarbamate	Ethylen-bis-dithiocarbamate	**Mancozeb, Maneb, Metiram, Zineb**
			Propylen-bis-dithiocarbamate	**Propineb**
			Dimethyl-dithiocarbamate	**Ferbam**, Ziram
		Phthalimide		**Captan, Folpet**
		Sulfamide		Dichlofluanid, **Tolylfluanid**

die Blätter zugeführt werden. Über das pflanzliche Wasserleitungssystem erfolgt eine Verteilung des Wirkstoffes in alle vegetativen Zentren. Die pflanzenschutztechnischen Vorteile der systemischen Fungizide bestehen in einer rationellen Ausbringung, besonders aber in einer die gesamte Pflanze schützenden und lang dauernden Wirkung. Zu dieser Gruppe zählen u. a. Benzimidazole, Triazole, Strobilurine und Morpholine [26, 67, 69, 107].

Die erste sicher verbürgte Anwendung von Fungiziden im Pflanzenschutz stammt aus dem Jahr 1803, als in England eine Schwefelverbindung (Schwefelkalkbrühe) gegen Mehltauerkrankungen an Obstbäumen empfohlen wurde. Neben dem Schwefel, der noch heute als Fungizid im Acker-, Obst- und Weinbau eingesetzt wird, hat bereits 1807 das Kupfersulfat Anwendung als Beizmittel gegen Weizensteinbrand gefunden. Seine auch heute noch bedeutende Stellung als Fungizid erhielt das Kupfer jedoch erst 1882, als ein Gemisch aus Kupfersulfat und gelöschtem Kalk, das zur Abschreckung von Dieben auf die Rebstöcke gebracht wurde, als wirksam gegen die Blattfallkrankheit bei Weinreben erkannt und 1885 als „Bordeaux-Brühe" auch zur Bekämpfung der Kraut- und Knollenfäule der Kartoffel empfohlen wurde. Durch Schwefel- und Kupferverbindungen war somit erstmals eine breite und effektive Fungizidanwendung in der Landwirtschaft möglich. Die Entdeckung der fungiziden Eigenschaften weiterer Metalle, wie Zink, Cadmium und Quecksilber, führte zu einer weiten Verbreitung der anorganischen Fungizide, die jedoch teilweise eine hohe Toxizität und eine geringe Pflanzenverträglichkeit aufwiesen. Mit der Einführung der Aryl-Quecksilberverbindungen im Jahr 1915 wurden erstmals metallorganische Verbindungen in großem Maßstab von der Industrie als Fungizide für die Landwirtschaft hergestellt, die jedoch heute aufgrund ihrer toxikologischen und ökologischen Bedenklichkeit verboten sind. Zu Beginn der 1930er Jahre fand mit den Dithiocarbamidsäurederivaten, die als Vulkanisationsbeschleuniger schon industriell hergestellt wurden, eine neue Gruppe von schwefelhaltigen organischen Fungiziden Einzug als Pflanzenschutzmittel. Im Vergleich zu den älteren anorganischen Wirkstoffen zeigten sie eine höhere und längere Wirksamkeit, eine bessere Pflanzenverträglichkeit und eine leichtere Abbaubarkeit in der Umwelt. Seitdem sind für die Anwendung im Pflanzenschutz zahlreiche neue Fungizidverbindungen entwickelt worden, die sich je nach ihrer chemischen Gruppenzugehörigkeit im Wirkungsmechanismus und in ihren toxikologischen Eigenschaften unterscheiden [26, 74, 107].

Für die Auswahl der Wirkstoffgruppen und der Substanzen, für die im Folgenden Daten zur Toxizität mitgeteilt werden, war zum einen die in Deutschland abgegebene Wirkstoffmenge von Bedeutung, zum anderen wurde die Bedeutung der Wirkstoffe in Hinsicht auf Rückstandsbefunde in Lebensmitteln, unter Bezugnahme auf die Ergebnisse des Lebensmittel-Monitoring in der EU und in Deutschland, berücksichtigt.

Der Inlandsabsatz an Fungizidwirkstoffen belief sich in Deutschland im Jahr 2004 auf insgesamt 8176 t, davon entfielen auf Dithiocarbamate und Thiuramdisulfide 1985 t (24,3%), auf Morpholine und analoge Verbindungen 1422 t (17,4%), auf Azole 1359 t (16,6%), auf Pyrimidin-, Pyridin- und Piperazinverbindungen 150 t (1,8%), auf Carboxamide und Dicarboximide 115 t (1,4%), auf Benzimidazole und Vorstufen 84 t (1,0%) und auf sonstige organische Fungizide 1990 t (24,3%) [3].

Die Überwachung von Pestizidrückständen in Erzeugnissen pflanzlichen Ursprungs in der EU, Norwegen, Island und Liechtenstein ergab, dass fungizide Wirkstoffe (in den folgenden Absätzen *kursiv* markiert) einen hohen Anteil an den insgesamt nachweisbaren Rückständen und insbesondere bei Obst und Gemüse ausmachen [16]. Im koordinierten Sonder-Kontrollprogramm der EU, in dem acht Produkte (Birnen, Bananen, Bohnen, Kartoffeln, Karotten/Speisemöhren, Apfelsinen/Mandarinen, Pfirsiche/Nektarinen/Brugnolen und Spinat) auf 41 verschiedene Pestizide untersucht wurden, war das Fungizid *Imazalil* (in 17% aller Proben, die auf diese Substanz untersucht wurden) das am häufigsten festgestellte Pestizid, gefolgt von *Thiabendazol* (13%), der *Maneb*-Gruppe (10%), der *Benomyl*-Gruppe (5,7%) sowie den Insektiziden Chlorpyriphos (11,5%) und Methidathion (5,5%). Der Anteil einiger weiterer Pestizide bewegte sich zwischen 1 und knapp 4%. Dazu zählten die Fungizide *Iprodion* (3,7%), *Procymidon* (2,68%), *Captan/Folpet* (2,4%) und *Tolylfluanid* (2,1%) sowie die Insekzide bzw. Akarizide Malathion (3,5%), Azinphos-Methyl (2,7%) und Dicofol (2,6%) [16].

Überschreitungen des Maximum Residue Limit (MRL) wurden am häufigsten bei den Fungiziden der *Maneb*-Gruppe (1,19% aller untersuchten Proben lagen über dem MRL), bei *Thiabendazol* (0,24%) und *Imazalil* (0,24%) sowie bei den Insektiziden bzw. Akariziden Bromopropylat (0,37%), Dicofol (0,33%), Chlorpyriphos (0,25%), Endosulfan (0,23%) und Methomyl (0,22%) festgestellt [16].

Die höchsten Rückstandsgehalte, die in einer Sammelprobe nachgewiesen wurden, waren 25 mg/kg der *Maneb*-Gruppe (bei Spinat), 20 mg/kg Methiocarb (bei Bohnen), 11 mg/kg *Thiabendazol* (bei Apfelsinen/Mandarinen), 10,80 mg/kg Methamidophos (bei Bohnen) und 8,9 mg/kg *Imazalil* (bei Apfelsinen/Mandarinen) [16].

Die meisten Überschreitungen bei einem Produkt wies die *Maneb*-Gruppe auf, deren Werte bei Spinat am häufigsten über den MRL lagen (11,88% aller

Proben), gefolgt von Bromopropylat bei Apfelsinen (1,61% aller Proben), Endosulfan bei Bohnen (1,58% aller Proben), *Iprodion* bei Spinat (1,37%) und Metamidophos bei Bohnen (1,02%).

Zu den wichtigsten Pestizid-Produktkombinationen, in denen nachweisbare Rückstände (in Höhe oder unterhalb bzw. oberhalb des MRL) festgestellt wurden, zählten *Imazalil* und Apfelsinen/Mandarinen, *Imazalil* und Bananen, *Thiabendazol* und Apfelsinen/Mandarinen sowie *Thiabendazol* und Bananen [16].

Im Rahmen des bundesweiten Lebensmittel-Monitorings 2003 wurde ebenfalls ermittelt, dass in bestimmten Lebensmitteln – in diesem Falle in Tafelweintrauben – ein hoher Anteil von Proben mit Rückständen an Fungiziden vorkommt: Unter den zwölf am häufigsten nachgewiesenen Pestiziden in Proben aus Anbaugebieten in Europa waren zehn Fungizide (Procymidon, Dithiocarbamate, Cyprodinil, Pyrimethanil, Metalaxyl, Fludioxonil, Carbendazim, Azoxystrobin, Quinoxyfen, Myclobutanil) und nur zwei Insektizide bzw. Akarizide (Chlorpyrofos, Acrinathrin) vertreten [4].

Die zu den ausgewählten Wirkstoffen angegebenen toxikologischen Daten stammen zumeist aus Untersuchungen, die den deutschen Behörden im Rahmen des Zulassungsverfahrens für Pflanzenschutzmittel oder im Rahmen des Bewertungsverfahrens zur Aufnahme von Wirkstoffen in den Anhang I der Richtlinie 91/414/EWG vorgelegt worden sind [72]. Diese Studien werden aber in aller Regel von den Zulassungsinhabern nicht veröffentlicht, d. h. eine Zitierung wäre für den Leser ohne praktischen Nutzen. Da die betreffenden Studien aber in vielen Fällen auch der WHO zur Bewertung und zur Ableitung von Grenzwerten (ADI, ARfD) vorgelegt und die entsprechenden Zusammenfassungen und Ergebnisse als Berichte des JMPR (Joint Meeting on Pesticide Residues) der FAO/WHO veröffentlicht wurden, kamen in erster Linie diese Bewertungsberichte als Referenzen für die aufgeführten Daten infrage. Für einige Wirkstoffe waren außerdem Informationen aus publizierten Bewertungen der US EPA und – in Einzelfällen – der EFSA oder der EMEA verfügbar. Unveröffentlichte Daten aus Bewertungen des Bundesinstituts für Risikobewertung (BfR) wurden als persönliche Mitteilung deklariert [71]. Da die für die Zulassung eines Pflanzenschutzmittels geforderten toxikologischen Daten zum Wirkstoff in den EU-Mitgliedstaaten und den USA weitgehend übereinstimmen, sind abweichende Bewertungsergebnisse und Grenzwerte eher auf eine unterschiedliche Interpretation bestimmter Effekte oder politische Vorgaben bei der Risikobewertung als auf eine unterschiedliche Datenbasis zurückzuführen [6, 28, 72, 77].

29.2
Phenylamide

Zur Gruppe der Phenylamide (Acylalanine) gehören die Wirkstoffe Metalaxyl, Metalaxyl-M, Benalaxyl und Furalaxyl, die Ende der 1970er Jahre im Pflanzenschutz eingeführt wurden. Die Substanzen, die das Enzym RNA-Polymerase I und damit die Nucleinsäuresynthese hemmen [24, 76, 107], werden als systemisch wirkende Fungizide im Kartoffelbau, im Hopfenbau, im Gemüsebau und im Zierpflanzenbau eingesetzt. Stellvertretend für die Gruppe der Phenylamide werden die Wirkstoffe Metalaxyl und Metalaxyl-M (in den USA Mefenoxam) näher beschrieben.

29.2.1
Metalaxyl, Metalaxyl-M

Der Wirkstoff Metalaxyl hat die chemische Bezeichnung Methyl-N-(methoxyacetyl)-N-(2,6-xylyl)-DL-alaninat (IUPAC); Metalaxyl-M hat die chemische Bezeichnung Methyl-N-(methoxyacetyl)-N-(2,6-xylyl)-D-alaninat (IUPAC). Metalaxyl und Metalaxyl-M sind systemische Fungizide mit präventiver und kurativer Wirkung, die bevorzugt im Hopfenbau, im Kartoffelbau, im Weinbau und im Gemüsebau angewendet werden [5, 70, 78]. Die folgenden toxikologischen Angaben beziehen sich auf die von der WHO und der US EPA publizierten Daten [55, 89].

Aufnahme, Verteilung, Metabolismus und Ausscheidung

Metalaxyl bzw. Metalaxyl-M wurden nach einmaliger oraler Verabreichung an Ratten rasch und vollständig absorbiert und innerhalb von drei Tagen nahezu vollständig ausgeschieden, zu etwa gleichen Teilen über den Urin und die Faeces. Die höchsten Rückstände wurden nach sieben Tagen in Leber, Niere, Lunge und Fettgewebe nachgewiesen; es gab keine Hinweise auf eine Anreicherung im Organismus. Die Substanzen wurden nahezu vollständig metabolisiert; die wichtigsten Biotransformationsreaktionen waren Hydrolyse der Methylestergruppe, Oxidation der aromatischen Methylgruppen und des Phenylrings und anschließende N-Dealkylierung. Metalaxyl bewirkte eine mäßige Induktion Fremdstoff metabolisierender Enzyme in Leber, Niere und Lunge.

Toxikologische Bewertung des Wirkstoffes

Nach akuter oraler Verabreichung waren Metalaxyl bzw. Metalaxyl-M von mittlerer Toxizität, die LD_{50} bei Ratten betrug etwa 670 bzw. 380–950 mg/kg KG. Klinische Symptome wie Atemnot, gesträubtes Fell, verringerte Aktivität, Ataxie, Krämpfe, Tremor und erhöhte Erregbarkeit traten bei Ratten ab einer Dosis von 200 mg/kg KG auf, Mortalität war ab einer Dosis von 500 mg/kg KG zu verzeichnen.

Nach subchronischer oraler Verabreichung von Metalaxyl bzw. Metalaxyl-M an Ratten und Hunde waren vor allem Wirkungen auf die Leber (erhöhtes Lebergewicht, erhöhte AP- und ALT-Aktivitäten im Plasma, Hepatozyten-Hypertrophie) zu verzeichnen, bei Hunden kam es außerdem zu einer Abnahme von Hämoglobinkonzentration, Erythrozytenzahl und Hämatokrit. Die niedrigste relevante Dosis ohne schädlichen Effekt betrug 7,4–8 mg/kg KG/Tag in den Studien an Hunden; Wirkungen auf die Leber traten ab einer Dosis von etwa 29 mg/kg KG/Tag auf.

Nach chronischer oraler Verabreichung an Ratten war die Leber Zielorgan der toxischen Wirkungen (erhöhtes Lebergewicht, erhöhte ALT-Aktivität im Plasma, Hepatozyten-Hypertrophie, Bildung fettiger Vakuolen). Die Dosis ohne schädlichen Effekt betrug 9 mg/kg KG/Tag; Effekte auf die Leber traten ab einer Dosis von 43 mg/kg KG/Tag auf. In der Studie an Mäusen war als wesentlicher Befund eine verringerte Körpergewichtszunahme in der höchsten Dosisgruppe von 100 mg/kg KG/Tag zu verzeichnen, die Dosis ohne schädlichen Effekt betrug 19 mg/kg KG/Tag.

Die Prüfungen auf Kanzerogenität in Langzeitstudien an Ratten und Mäusen erbrachten keine Anhaltspunkte für krebserzeugende Eigenschaften von Metalaxyl.

Aus in vitro-Kurzzeittests an Bakterien und Säugerzellen sowie in vivo-Kurzzeittests an Säugern ergaben sich keine Anhaltspunkte für erbgutverändernde Eigenschaften von Metalaxyl bzw. Metalaxyl-M.

In einer 3-Generationenstudie zur Reproduktionstoxizität an Ratten wurden bis zur höchsten geprüften Dosis von 96 mg/kg KG/Tag keine schädlichen Auswirkungen auf die Fruchtbarkeit und auf die Entwicklung der Nachkommen festgestellt.

In den Untersuchungen zur Entwicklungstoxizität an Ratten und Kaninchen wurden keine schädlichen Effekte auf die Nachkommen beobachtet. Als Dosis ohne entwicklungstoxische Wirkung wurden an Ratten 400 mg/kg KG/Tag und an Kaninchen 300 mg/kg KG/Tag ermittelt, während die Dosis ohne maternaltoxische Wirkung bei Ratten 50 mg/kg KG/Tag und bei Kaninchen 150 mg/kg KG/Tag betrug.

Lebensmitteltoxikologisch relevante Grenzwerte (vgl. Tab. 29.2)
ADI: 0–0,08 mg/kg KG [55]
Der ADI wurde als „Gruppen-ADI" (d.h. für Metalaxyl und Metalaxyl-M, einzeln oder in Kombination) vom NOAEL (8 mg/kg KG/Tag) in einer 2-Jahre-Studie an Hunden mit einem Sicherheitsfaktor von 100 abgeleitet.

Chronische Referenzdosis: 0,074 mg/kg KG [89]
Die chronische Referenzdosis für Metalaxyl-M (Mefenoxam) wurde vom NOAEL (7,4 mg/kg KG/Tag) in einer 6-Monate-Studie an Hunden mit einem Sicherheitsfaktor von 100 abgeleitet.

ARfD: nicht erforderlich [55, 89]
Die Ableitung einer ARfD für Metalaxyl bzw. Metalaxyl-M wurde als nicht erforderlich angesehen, da die Wirkstoffe eine geringe akute Toxizität zeigten und keine Anhaltspunkte vorlagen, dass schwer wiegende Gesundheitsschäden schon bei einmaliger Exposition ausgelöst werden könnten.

Tab. 29.2 Auswahl der in Deutschland gültigen Höchstmengen für Metalaxyl gemäß RHmV [73].

Wirkstoff	mg/kg	Lebensmittel
Metalaxyl	10,00	Hopfen
Metalaxyl	2,00	Salat, Tafeltrauben
Metalaxyl	1,00	Endivie, Keltertrauben, frische Kräuter, Kernobst, Kopfkohl
Metalaxyl	0,50	Erdbeeren, Gurken außer Einlegegurken, Knoblauch, Paprika, Schalotten, Speisezwiebeln, Zitrusfrüchte
Metalaxyl	0,30	Chicorée
Metalaxyl	0,20	Frühlingszwiebeln, Grünkohl, Melonen, Porree, Tomaten, Wassermelonen
Metalaxyl	0,10	Blumenkohle, Karotten, Ölsaat, Pastinaken, Tee
Metalaxyl	0,05	andere pflanzliche Lebensmittel

29.3 Methyl-Benzimidazol-Carbamate

Wirkstoffe aus der Gruppe der Methyl-Benzimidazol-Carbamate werden seit den 1960er Jahren im Pflanzenschutz eingesetzt. Die Benzimidazole Benomyl, Carbendazim und Thiabendazol sowie die Benzimidazol-Vorstufe Thiophanat-methyl sind Verbindungen mit breitem Wirkungsspektrum, die als systemische Blatt- und Bodenfungizide angewendet werden, während Fuberidazol als Saatbeizmittel im Getreide als Ersatz für die obsoleten quecksilberorganischen Verbindungen eingesetzt wird. Die fungizide Wirkung der Benzimidazole beruht im Wesentlichen auf der Hemmung der Mitose, indem sie an die β-Untereinheiten der Mikrotubuli binden und den Aufbau des Spindelapparates stören; Thiabendazol hemmt darüber hinaus die Nucleinsäure- und die Proteinsynthese [24, 67, 68, 76, 107]. Dieser Wirkungsmechanismus der Benzimidazole bedingt auch die toxischen Effekte, die im Tierversuch vor allem in schnell proliferierenden Geweben, wie beispielsweise in Knochenmarkzellen oder männlichen Keimzellen beobachtet werden können. Stellvertretend werden der Wirkstoff Carbendazim, der auch der wirksame Metabolit von Benomyl und Thiophanatmethyl ist sowie der Wirkstoff Thiabendazol näher beschrieben.

29.3.1 Carbendazim

Der Wirkstoff Carbendazim hat die chemische Bezeichnung Methyl-benzimidazol-2-yl-carbamat (IUPAC). Carbendazim ist ein systemisches Fungizid mit protektiver und kurativer Wirkung, das im Getreidebau, im Rapsbau, im Gemüsebau und im Obstbau eingesetzt wird [5, 70, 78]. Die folgenden toxikologischen Angaben beziehen sich im Wesentlichen auf die von der WHO und der US EPA publizierten Daten [40, 64, 86, 90, 100] sowie einen Handbuchbeitrag [68].

Aufnahme, Verteilung, Metabolismus und Ausscheidung

Carbendazim wurde bei Ratten nach oraler Gabe zu etwa 80% absorbiert und größtenteils innerhalb von 72 Stunden wieder ausgeschieden, zu etwa 60% über den Urin und zu etwa 35% mit den Faeces. Die höchsten Rückstände wurden in Leber und Niere gefunden. Die Metabolisierung erfolgte rasch, als bedeutsamste Abbauprodukte werden 5-Hydroxy-methyl-benzimidazolcarbamat sowie entsprechende Glucuronide und Sulfate gebildet.

Toxikologische Bewertung des Wirkstoffes

Carbendazim zeigte eine geringe akute orale Toxizität, bei Ratten betrug die LD_{50} mehr als 10 000 mg/kg KG. Die klinischen Symptome bei hohen Dosen waren unspezifisch. Degenerative Veränderungen in Hoden und Nebenhoden wurden ab einer Dosis von 10 000 mg/kg KG festgestellt.

Die subchronische und chronische Applikation von Carbendazim an Ratten, Mäuse und Hunde bewirkte vor allem eine Lebervergrößerung sowie Leberzell-Hypertrophie und -Nekrosen und bei Ratten auch eine Hemmung der Spermatogenese. Als relevante Dosis ohne schädlichen Effekt wurden 2,5 mg/kg KG/Tag in der 2-Jahr-Studie an Hunden ermittelt; Substanzwirkungen (Lebereffekte) traten ab einer Dosis von 12,5 mg/kg KG/Tag auf.

Die Prüfung auf krebserzeugende Eigenschaften im Langzeit-Tierversuch erbrachte keine Hinweise auf eine kanzerogene Wirkung von Carbendazim bei Ratten. Bei Mäusen kam es nur bei Stämmen mit anlagebedingt hoher Spontanrate zu einem vermehrten Auftreten von Lebertumoren bei Dosierungen ab etwa 45 mg/kg KG/Tag, während ein Stamm mit niedriger Spontanrate für Lebertumoren keine kanzerogenen Effekte bei Dosierungen bis zu 550 mg/kg KG/Tag zeigte.

Umfangreiche Untersuchungen zur Genotoxizität ergaben, dass Carbendazim durch Hemmung der Mitose *in vitro* und *in vivo* numerische Chromosomenaberrationen (Aneuploidie) induziert; die Effekte wurden sowohl in somatischen Zellen als auch in Keimzellen nachgewiesen. Im Tierversuch war die Inzidenz von Mikrokernen nach einer einmaligen Dosis von 100 mg/kg KG erhöht, eine Einzeldosis von 50 mg/kg KG war ohne Wirkung. Beim derzeitigen Kenntnisstand ist davon auszugehen, dass es für den verantwortlichen Mechanismus, d. h. die Bindung an die β-Untereinheiten der Mikrotubuli und die dadurch ausgelöste Funktionsstörung des Spindelapparates, einen Schwellenwert gibt. Durch die Anwendung eines entsprechenden Sicherheitsfaktors kann das gesundheitliche Risiko für den Menschen deshalb hinreichend minimiert werden.

In den Ein- und Mehrgenerationenstudien an Ratten bewirkten hohe Carbendazimdosierungen (ab etwa 200 mg/kg KG/Tag) bei den Elterntieren neben anderen toxischen Effekten auch eine leichte Abnahme der Fertilität sowie bei den Nachkommen eine leichte Erniedrigung des Körpergewichts; eine Dosis von etwa 120 mg/kg KG/Tag war ohne reproduktionstoxischen oder entwicklungstoxischen Effekt.

In den Untersuchungen zur Entwicklungstoxizität an Ratten bewirkten Carbendazimdosierungen ab 20–30 mg/kg KG/Tag, die per Magensonde verabreicht wurden, vermehrt Fehlbildungen des Nervensystems (Hydrocephalus, Microphthalmie, Anophthalmie) und des Skeletts (Wirbelsäule, Rippen, Schlüsselbein). Die relevante Dosis ohne entwicklungstoxische bzw. maternaltoxische Wirkung betrug 10 bzw. 30 mg/kg KG/Tag. Bei Verabreichung von Carbendazim mit dem Futter wurden dagegen selbst bei Dosierungen von etwa 750 mg/kg Körpergewicht keine Fehlbildungen induziert. Daraus ist zu folgern, dass die zur Auslösung entwicklungstoxischer Effekte notwendige Konzentration und Wirkungsdauer der Substanz am Zielort nur bei Applikation per Magensonde zu erreichen ist, was bei der Risikoabschätzung für Verbraucher und Anwender zu berücksichtigen ist.

In den Untersuchungen zur Entwicklungstoxizität an Kaninchen bewirkten Carbendazimdosierungen ab 20 mg/kg KG/Tag, die per Magensonde verabreicht wurden, eine verminderte Implantationsrate und erhöhte pränatale Mortalität, während eine Dosis von 125 mg/kg KG/Tag zu verminderten Fetengewichten und einer erhöhten Inzidenz von Fehlbildungen des Skeletts (Wirbelsäule, Rippen) führte. Die relevante Dosis ohne entwicklungstoxische bzw. maternaltoxische Wirkung betrug 10 bzw. 20 mg/kg KG/Tag.

In speziellen Untersuchungen an Ratten führten einmalig verabreichte Carbendazimdosen ab 100 mg/kg KG zu einer Beeinträchtigung der Spermatogenese und zu Hodenatrophie; eine Dosis von 50 mg/kg KG war ohne signifikanten Effekt. Nach Bewertung der US EPA [90, 100] war bei dieser Dosis jedoch bereits eine minimale Wirkung auf die Spermatogenese nachweisbar.

Lebensmitteltoxikologisch relevante Grenzwerte (vgl. Tab. 29.3)
ADI: 0–0,03 mg/kg KG [40]
Der ADI wurde vom NOAEL (2,5 mg/kg KG/Tag) in der 2-Jahre-Studie an Hunden mit einem Sicherheitsfaktor von 100 abgeleitet.

Chronische Referenzdosis: 0,025 mg/kg KG [90, 100]
Die chronische Referenzdosis wurde vom NOAEL (2,5 mg/kg KG/Tag) in der 2-Jahre-Studie an Hunden mit einem Sicherheitsfaktor von 100 abgeleitet.

ARfD (für Frauen in gebährfähigem Alter): 0,1 mg/kg KG [64, 86, 90, 100]
Die ARfD für Frauen in gebährfähigem Alter wurde vom NOAEL (10 mg/kg KG/Tag) in den Entwicklungstoxizitätsstudien an Ratten und Kaninchen mit einem Sicherheitsfaktor von 100 abgeleitet.

ARfD (für die Allgemeinbevölkerung): 0,5 mg/kg KG [64]
Die ARfD für die Allgemeinbevölkerung wurde von der WHO vom NOAEL (50 mg/kg KG/Tag) in einer akuten Studie an Ratten zur Wirkung auf die Spermatogenese mit einem Sicherheitsfaktor von 100 abgeleitet.

ARfD (für die Allgemeinbevölkerung): 0,17 mg/kg KG [86, 90, 100]
Die ARfD für die Allgemeinbevölkerung wurde von der US EPA vom LOAEL (50 mg/kg KG/Tag) in einer akuten Studie an Ratten zur Wirkung auf die Spermatogenese mit einem Sicherheitsfaktor von 300 abgeleitet.

Tab. 29.3 Auswahl der in Deutschland gültigen Höchstmengen für Carbendazim gemäß RHmV [73].

Wirkstoff	m/kg	Lebensmittel
B, C, T-m [a]	5,00	Salat, Zitrusfrüchte
B, C, T-m [a]	3,00	Kopfkohle außer Rosenkohl
B, C, T-m [a]	2,00	Bohnen (Hülsenfrucht), Kernobst, Rhabarber, Stangensellerie, Trauben
B, C, T-m [a]	1,00	Aprikosen, Bananen, Gurken außer Einlegegurken, Pfirsiche, Zuchtpilze
B, C, T-m [a]	0,50	Auberginen, Kürbisse, Melonen, Pflaumen, Rosenkohl, Tomaten
B, C, T-m [a]	0,30	Zucchini
B, C, T-m [a]	0,20	Sojabohnen
B, C, T-m [a]	0,10	andere pflanzliche Lebensmittel

a) Benomyl, Carbendazim, Thiophanat-methyl: insgesamt berechnet als Carbendazim.

29.3.2
Thiabendazol

Der Wirkstoff Thiabendazol hat die chemische Bezeichnung 2-(Thiazol-4-yl)benzimidazol (IUPAC). Im Pflanzenschutz wird Thiabendazol als systemisch wirkendes Fungizid mit protektiver und kurativer Wirkung vor allem zur Nacherntebehandlung von Zitrusfrüchten, Bananen, Kernobst, sonstigen Früchten (wie Avocados, Mangos, Papayas), Pilzen und Kartoffeln, im Zierpflanzenbau sowie zur Saatgutbehandlung und zur Wundbehandlung eingesetzt. Thiabendazol wird darüber hinaus auch als Anthelminthikum in der Human- und Veterinärmedizin verwendet und besitzt ein breites Wirkungsspektrum gegen Magen-Darm-Nematoden und gegen Trichinen [5, 70, 78, 79]. Die folgenden toxikologischen Angaben beziehen sich im Wesentlichen auf die von der EU, der EMEA, der WHO und der US EPA publizierten Daten [10, 22, 29–31, 88, 93].

Aufnahme, Verteilung, Metabolismus und Ausscheidung
Thiabendazol wurde nach oraler Verabreichung an Ratten, Mäuse, Hunde oder Menschen rasch und je nach Spezies zu etwa 70% (Ratte) bzw. zu mehr als 80% (Mensch) absorbiert und innerhalb von sieben Tagen nahezu vollständig ausgeschieden; bei Ratten und Menschen hauptsächlich mit dem Urin (67–91%) und weniger mit den Faeces (2–27%), während bei Hunden die Ausscheidung über den Urin etwa geringer war als über die Faeces. Die höchsten Rückstände wurden (nach sieben Tagen) in Leber, Fettgewebe, Nieren und Lunge nachgewiesen; es gab keine Hinweise auf eine Anreicherung im Organismus. Thiabendazol wurde nahezu vollständig metabolisiert, vor allem durch Hydroxylierung in 5-Stellung und anschließende Bindung an Glucuron- oder

Schwefelsäure; im Urin von Ratten wurden daneben auch geringere Mengen an 4-Hydroxy-Thiabendazol und 2-Acetylbenzimidazol nachgewiesen.

Toxikologische Bewertung des Wirkstoffes
Nach akuter oraler Verabreichung zeigte Thiabendazol eine geringe akute Toxizität, die LD_{50} bei Ratten betrug etwa 3100 mg/kg KG. Die klinischen Symptome bei höheren Dosierungen umfassten Mattigkeit, Ataxie, Narkose, zentrale Dämpfung und Atemstillstand; Mortalität trat bei Ratten ab einer Dosis von etwa 2220 mg/kg KG auf. Bei Hunden lösten akute orale Dosierungen ab 200 mg/kg KG Erbrechen aus, beim Menschen traten bei therapeutischen Dosierungen (zweimal täglich 25 mg/kg KG über 1–10 Tage) Appetitlosigkeit, Übelkeit, Erbrechen und Schwindel auf.

Nach subchronischer oraler Verabreichung von Thiabendazol an Ratten, Mäuse und Hunde waren vor allem Wirkungen auf Leber und Gallenblase (erhöhtes Lebergewicht, erhöhte Enzymaktivitäten (AP, ALT, AST) im Plasma, zentrilobuläre Leberzell-Hypertrophie; Gallengangsproliferation; Vakuolisierung des Gallenblasenepithels), Schilddrüse (erhöhtes Organgewicht, Follikelzell-Hyperplasie), Erythrozyten (Anämie, gesteigerte Erythropoese in Knochenmark und Milz, Hämosiderose) und Nieren (erhöhtes Organgewicht; Degeneration und Nekrose der Tubulusepithelzellen) sowie eine verminderte Körpergewichtszunahme festzustellen. Die niedrigste relevante Dosis ohne schädlichen Effekt betrug 9 mg/kg KG/Tag in den Studien an Ratten und 10 mg/kg KG/Tag in den Studien an Hunden; schädliche Wirkungen auf Leber, Schilddrüse und Erythrozyten traten ab Dosierungen von etwa 40 mg/kg KG/Tag auf.

Nach chronischer oraler Verabreichung von Thiabendazol an Ratten und Mäuse waren – wie auch in den Kurzzeitstudien – vor allem Leber, Schilddrüse, Niere und Erythrozyten Zielorgane der toxischen Wirkungen, mit ähnlichen Veränderungen wie oben beschrieben. Weitere relevante Befunde waren eine verminderte Körpergewichtszunahme und bei Mäusen außerdem eine erhöhte Mortalität, vor allem aufgrund von Thrombosen im Herzmuskel. Die Wirkungen auf Leber und Schilddrüse waren in den Studien an Ratten ab einer Dosis von 30 mg/kg KG/Tag festzustellen, die niedrigste relevante Dosis ohne schädlichen Effekt betrug 10 mg/kg KG/Tag. In der Studie an Mäusen traten die o. a. klinischen Befunde und Leberwirkungen bei Dosierungen ab etwa 60 mg/kg KG/Tag auf, die Dosis ohne schädlichen Effekt betrug etwa 6 mg/kg KG/Tag.

Die Prüfung auf Kanzerogenität in einer Langzeitstudie an Mäusen erbrachte keine Anhaltspunkte für krebserzeugende Eigenschaften von Thiabendazol. In einer Langzeitstudie an Ratten zeigten die männlichen Tiere bei Dosierungen ab 30 mg/kg KG/Tag leicht erhöhte Inzidenzen von Schilddrüsen-Adenomen; eine Dosis von 10 mg/kg KG/Tag war ohne entsprechenden Effekt.

Mechanistische Untersuchungen zur Tumorauslösung ergaben, dass die Verabreichung von Thiabendazol an Ratten durch Enzyminduktion in der Leber zu einem erhöhten Umsatz und zur Konzentrationsabnahme von Schilddrüsenhormonen im Blut führt, in deren Folge es zur vermehrten Ausschüttung von Thyreotropin (TSH) und zur Schilddrüsen-Hyperplasie bzw. bei längerfristiger Exposition zur Tumorentstehung in der Schilddrüse kommt. Da die Tumorentstehung auf einem sekundären Mechanismus (Überlastung eines hormonellen Wirkungskreises bzw. des Fremdstoffmetabolismus) beruht, der erst bei Dosierungen weit oberhalb der zu erwartenden Exposition von Anwender oder Verbraucher zum Tragen kommt, ist die kanzerogene Wirkung von Thiabendazol als nicht relevant für den Menschen anzusehen. Die US EPA [93] hat Thiabendazol deshalb wie folgt klassifiziert: *„likely to be carcinogenic at doses high enough to cause a disturbance of the thyroid hormone balance. It is not likely to be carcinogenic at doses lower than those which could cause a disturbance of this hormonal balance"*.

Zahlreiche in vitro-Kurzzeittests an Bakterien und Säugerzellen mit Thiabendazol ergaben keine Anhaltspunkte für die Induktion von Genmutationen und strukturellen Chromosomenaberrationen oder für eine direkte Interaktion mit der DNA. Thiabendazol induzierte jedoch numerische Chromosomenaberrationen (Aneuploidie) unter in vitro-Bedingungen, während unter in vivo-Bedingungen Aneuploidie nur bei parenteraler, nicht aber bei oraler Verabreichung ausgelöst wurde. Die Aneuploidie konnte als Folge der Bindung von Thiabendazol an die β-Untereinheiten der Mikrotubuli und die Hemmung der Tubulin-Polymerisation erklärt werden, die zur Funktionsstörung des Spindelapparates führte. Beim derzeitigen Kenntnisstand ist davon auszugehen, dass es für diesen Wirkungsmechanismus einen Schwellenwert gibt. Deshalb kann das gesundheitliche Risiko für den Menschen durch die Anwendung eines entsprechenden Sicherheitsfaktors hinreichend minimiert werden.

In den Mehrgenerationsstudien zur Reproduktionstoxizität an Ratten wurden bis zur höchsten geprüften Dosis von 90 mg/kg KG/Tag keine schädlichen Auswirkungen auf die Fruchtbarkeit festgestellt. Dosierungen ab 30 mg/kg KG/Tag bzw. von 90 mg/kg KG/Tag führten zu verminderter Futteraufnahme und Körpergewichtszunahme der Elterntiere bzw. zu verminderter Körpergewichtszunahme der Nachkommen; die niedrigste relevante Dosis ohne schädlichen Effekt betrug 10 mg/kg KG/Tag in einer 2-Generationenstudie.

In einer 5-Generationenstudie zur Reproduktionstoxizität an Mäusen war das Körpergewicht der Nachkommen bzw. die Wurfgröße und die Anzahl aufgezogener Nachkommen bei Dosierungen ab etwa 150 mg/kg KG/Tag bzw. von etwa 750 mg/kg KG/Tag vermindert; eine Dosis von etwa 30 mg/kg KG/Tag war ohne schädlichen Effekt.

In den Studien zur Entwicklungstoxizität an Ratten führten Dosierungen ab 40 mg/kg KG/Tag zu verminderter Futteraufnahme und Körpergewichtszunahme der Muttertiere sowie zu verminderten Fetengewichten; eine Dosis von 10 mg/kg KG/Tag war ohne maternal- und entwicklungstoxische Wirkung.

In den Studien zur Entwicklungstoxizität an Kaninchen bewirkten Dosierungen ab 120 mg/kg KG/Tag eine verminderte Körpergewichtszunahme der Muttertiere, erhöhte Resorptionsraten und (in einer Studie) eine leicht erhöhte Inzidenz an Missbildungen (Hydrocephalus), die in einer neueren Studie bei Dosierungen bis 600 mg/kg KG/Tag nicht vorkamen. Die niedrigste relevante Dosis ohne maternal- und entwicklungstoxische Wirkung betrug 24 mg/kg KG/Tag.

In den Studien zur Entwicklungstoxizität an Mäusen waren bei Dosierungen ab 100 mg/kg KG/Tag die Futteraufnahme und Körpergewichtszunahme der Muttertiere, die Anzahl der Implantationen und das Fetengewicht erniedrigt; bei Dosierungen ab 240 bzw. 480 mg/kg KG/Tag wurde eine erhöhte Inzidenz an Missbildungen des Rumpfskeletts (Wirbel- und Rippenfusionen) bzw. des Gliedmaßenskeletts festgestellt. Die niedrigste relevante Dosis ohne maternal- und entwicklungstoxische Wirkung betrug 25 mg/kg KG/Tag.

In klinischen Studien mit Thiabendazol am Menschen wurden orale Dosierungen von 250 mg/Person/Tag (etwa 3–4 mg/kg KG/Tag) über 24 Wochen ohne Nebenwirkungen und ohne Veränderungen der untersuchten klinischen, hämatologischen und klinisch-chemischen Parameter toleriert. Bei therapeutischen Dosierungen von bis zu 3000 mg/Person/Tag (etwa 50 mg/kg KG/Tag) über zehn Tage wurden dagegen Nebenwirkungen wie Übelkeit, Erbrechen, Hautveränderungen (Exanthem), Impotenz, Leberschädigung, Muskelschmerzen und Fieber berichtet. Die therapeutische Anwendung von Thiabendazol während der Schwangerschaft und der Laktation ist kontraindiziert.

Lebensmitteltoxikologisch relevante Grenzwerte (vgl. Tab. 29.4)
ADI: 0–0,1 mg/kg KG [10, 29, 30]
Der ADI wurde vom NOAEL (10 mg/kg KG/Tag) in der Langzeitstudie an Ratten, der 1-Jahr-Studie an Hunden, der 2-Generationen-Reproduktionsstudie und den Entwicklungstoxizitätsstudien an Ratten mit einem Sicherheitsfaktor von 100 abgeleitet.

ADI: 0,1 mg/kg KG [22]
Der ADI wurde von dem insgesamt ermittelten NOAEL (10 mg/kg KG/Tag) mit einem Sicherheitsfaktor von 100 abgeleitet.

Chronische Referenzdosis: 0,1 mg/kg KG [88, 93]
Die chronische Referenzdosis wurde vom NOAEL (10 mg/kg KG/Tag) in der Langzeitstudie an Ratten mit einem Sicherheitsfaktor von 100 abgeleitet.

ARfD: 0,1 mg/kg KG [31]
Die ARfD wurde von der vom NOAEL (9 bzw. 10 mg/kg KG/Tag) für hämatologische Effekte in den subchronischen Studien an Ratten und Hunden mit einem Sicherheitsfaktor von 100 abgeleitet.

ARfD (für Frauen in gebärfähigem Alter): 0,1 mg/kg KG [88, 93]
Die ARfD für Frauen in gebärfähigem Alter wurde vom NOAEL für fetale Effekte (10 mg/kg KG/Tag) in den Studien zur Entwicklungstoxizität an Ratten mit einem Sicherheitsfaktor von 100 abgeleitet.

ARfD (für die Allgemeinbevölkerung): 0,1 mg/kg KG [88, 93]
Die ARfD für die Allgemeinbevölkerung wurde vom NOAEL für maternaltoxische Effekte (10 mg/kg KG/Tag) in den Studien zur Entwicklungstoxizität an Ratten mit einem Sicherheitsfaktor von 100 abgeleitet.

Tab. 29.4 Auswahl der in Deutschland gültigen Höchstmengen für Thiabendazol gemäß RHmV [73].

Wirkstoff	mg/kg	Lebensmittel
Thiabendazol	15,00	Avocados, Kartoffeln (gelagert)
Thiabendazol	10,00	Papayas, Zuchtpilze
Thiabendazol	5,00	Äpfel, Bananen, Birnen, Brokkoli, Mangos, Zitrusfrüchte
Thiabendazol	0,10	Hopfen, Schalenfrüchte, Tee, teeähnliche Erzeugnisse
Thiabendazol	0,05	andere pflanzliche Lebensmittel

29.4
Carboxamide

Zur Gruppe der Carboxamide gehören die Wirkstoffe Boscalid, Carboxin, Fenfuram und Flutolanil, die in den 1960er (Carboxin) bzw. 1980er Jahren (Flutolanil) im Pflanzenschutz eingeführt wurden. Es handelt sich um systemisch wirkende Fungizide, die den Enzymkomplex Succinat-Dehydrogenase (Komplex II), d. h. die Oxidation von Succinat zu Fumarat in der Atmungskette hemmen [24, 76, 107]. Die bevorzugten Anwendungsgebiete sind der Ackerbau (Getreide, Raps) sowie der Gemüse- und Weinbau. Stellvertretend wird der Wirkstoff Flutolanil beschrieben.

29.4.1
Flutolanil

Der Wirkstoff Flutolanil hat die chemische Bezeichnung a,a,a-Trifluor-3'-isopropoxy-o-toluanilid (IUPAC). Flutolanil ist ein systemisches Fungizid mit protektiver und kurativer Wirkung, das in Getreide, Reis, Kartoffeln, Zuckerrüben sowie im Gemüse- und Obstbau eingesetzt wird [70, 78]. Die folgenden toxikologischen Angaben beziehen sich auf die von der WHO und der US EPA publizierten Daten [54, 87].

Aufnahme, Verteilung, Metabolismus und Ausscheidung
Flutolanil wurde nach einmaliger oraler Verabreichung an Ratten rasch und zu etwa 70% (bei hohen Dosierungen etwa 10%) absorbiert und innerhalb von sieben Tagen nahezu vollständig und zu etwa gleichen Teilen über den Urin und die Faeces ausgeschieden. Die höchsten Rückstände wurden in der Leber und nach wiederholter Verabreichung auch im Fettgewebe nachgewiesen; es gab keine Hinweise auf eine Anreicherung im Organismus. Flutolanil wurde nahezu vollständig metabolisiert, im Urin waren vor allem Desisopropyl-Flutolanil und die entsprechenden Schwefel- und Glucuronsäurekonjugate nachweisbar.

Toxikologische Bewertung des Wirkstoffes
Nach akuter oraler Verabreichung zeigte Flutolanil eine geringe Toxizität, die LD_{50} bei Ratten betrug mehr als 10 000 mg/kg KG. Die einzigen klinischen Symptome waren vorübergehende Lethargie und verminderte Körpergewichtszunahme.

Zielorgane der toxischen Wirkung nach subchronischer oraler Verabreichung des Wirkstoffes an Ratten, Mäuse und Hunde waren Leber und Schilddrüse (erhöhte Organgewichte, Hypertrophie von Hepatozyten). Weitere wesentliche Befunde waren verminderte Körpergewichtszunahme und bei Hunden gastrointestinale Symptome (Erbrechen, Durchfall, Speicheln). Die niedrigste relevante Dosis ohne schädlichen Effekt betrug 50 mg/kg KG/Tag in der 24-Monate-Studie an Hunden, toxische Wirkungen traten ab einer Dosis von 250 mg/kg KG/Tag auf.

Nach chronischer oraler Verabreichung an Ratten und Mäuse waren vor allem Wirkungen auf Leber (erhöhtes Lebergewicht, Leberzelldegeneration), Milz (verminderter Zellgehalt) und Erythrozyten (Abnahme von Hämoglobinkonzentration und Erythrozytenzahl) sowie eine verminderte Körpergewichtszunahme festzustellen. Nach Bewertung des JMPR lag die niedrigste relevante Dosis ohne schädlichen Effekt in der Langzeitstudie an Ratten bei 9 mg/kg KG/Tag, toxische Wirkungen traten ab einer Dosis von 87 mg/kg KG/Tag auf [54]. Die US EPA setzte für diese Studie einen NOAEL von 87 mg/kg KG/Tag fest [87].

Die Prüfung auf Kanzerogenität in einer Langzeitstudie an Mäusen erbrachte keine Anhaltspunkte für krebserzeugende Eigenschaften von Flutolanil. In einer Langzeitstudie an Ratten wurde eine leicht (nicht signifikant) erhöhte Inzidenz von Cholangiomen und Harnblasen-Papillomen festgestellt; eine Dosis von 9 mg/kg KG/Tag war ohne entsprechenden Effekt.

Aus in vitro-Kurzzeittests an Bakterien und Säugerzellen sowie in vivo-Kurzzeittests an Säugern ergaben sich keine Anhaltspunkte für erbgutverändernde Eigenschaften von Flutolanil.

In einer 2-Generationenstudie zur Reproduktionstoxizität an Ratten wurden bis zur höchsten geprüften Dosis von 1600 mg/kg KG/Tag keine schädlichen Auswirkungen auf die Fruchtbarkeit und auf die Entwicklung der Nachkommen festgestellt.

In den Untersuchungen zur Entwicklungstoxizität an Ratten und Kaninchen traten bis zur höchsten geprüften Dosis von 1000 mg/kg KG/Tag keine schädlichen Effekte auf die Muttertiere und die Nachkommen auf.

Lebensmitteltoxikologisch relevante Grenzwerte
ADI: 0–0,09 mg/kg KG [54]
Der ADI wurde vom NOAEL (9 mg/kg KG/Tag) in einer Langzeitstudie an Ratten mit einem Sicherheitsfaktor von 100 abgeleitet.

Chronische Referenzdosis: 0,87 mg/kg KG [87]
Die chronische Referenzdosis wurde vom NOAEL (87 mg/kg KG/Tag) in einer Langzeitstudie an Ratten mit einem Sicherheitsfaktor von 100 abgeleitet.

ARfD: nicht erforderlich [54, 87]
Die Ableitung einer ARfD wurde als nicht erforderlich angesehen, da der Wirkstoff eine geringe akute Toxizität zeigte und keine Anhaltspunkte vorlagen, dass schwerwiegende Gesundheitsschäden schon bei einmaliger Exposition ausgelöst werden könnten.

In Deutschland wurden für Flutolanil bislang keine Höchstmengen festgesetzt [73]. Es gilt somit eine allgemeine Höchstmenge von 0,01 mg/kg.

29.5
Strobilurine

Die Wirkstoffe aus der Gruppe der so genannten Strobilurine sind Mitte der 1990er Jahren im Pflanzenschutz eingeführt worden, sie wurden in Anlehnung an den aus dem Pilz *Strobilurus tenacellus* (Kiefernzapfenrübling) isolierten fungitoxischen Naturstoff Strobilurin A synthetisiert. Strobilurine binden an Cytochrom b, einen Teil des Ubichinol-Cytochrom c-Reduktase-Enzymkomplexes (Komplex III; Cytochrom bc_1-Komplex) der Atmungskette, der in der inneren Mitochondrienmembran lokalisiert ist; dadurch wird der Elektronentransfer auf das Cytochrom c blockiert [24, 76, 107]. Die Wirkstoffe verhindern die Keimung und Entwicklung der Sporen; sie werden bevorzugt im Getreidebau sowie im Obst-, Wein- und Gemüsebau angewendet. Die bekanntesten Wirkstoffe sind Azoxystrobin, Pyraclostrobin, Kresoxim-methyl, Trifloxystrobin, Famoxadone und Fenamidon. Stellvertretend werden der Wirkstoff Azoxystrobin aus der Untergruppe der Methoxyacrylate und der Wirkstoff Famoxadone aus der Untergruppe der Oxazolidindione beschrieben.

29.5.1
Azoxystrobin

Der Wirkstoff Azoxystrobin hat die chemische Bezeichnung Methyl (*E*)-2-{2[6-(2-cyanophenoxy)pyrimidin-4-yloxy]phenyl}-3-methoxyacrylat (IUPAC). Azoxystrobin ist ein systemisches Fungizid mit hauptsächlich protektiver, aber auch kurativer Wirkung, das im Acker-, Hopfen-, Gemüse-, Obst- und Weinbau eingesetzt wird [5, 70, 78]. Die folgenden toxikologischen Angaben beziehen sich auf die von der EU und der US EPA publizierten Daten [8, 83].

Aufnahme, Verteilung, Metabolismus und Ausscheidung

Azoxystrobin wurde bei Ratten nach oraler Gabe praktisch vollständig absorbiert. Es erfolgte eine rasche Verteilung in zahlreiche Organe, die höchsten Rückstände wurden in Niere und Leber gefunden. Die Ausscheidung nach einmaliger oraler Verabreichung erfolgte größtenteils innerhalb von 48 Stunden, hauptsächlich über die Galle bzw. die Faeces und zu 10–20% mit dem Urin. Azoxystrobin wurde umfassend metabolisiert, hauptsächlich durch Hydrolyse, Ringhydroxylierung und Konjugation mit Glucuronsäure und Glutathion; insgesamt waren mehr als 18 Metaboliten nachzuweisen.

Toxikologische Bewertung des Wirkstoffes

Azoxystrobin zeigte bei Ratten eine geringe akute Toxizität, die orale LD_{50} war größer als 5000 mg/kg KG. Die klinischen Symptome bei hohen oralen Dosen waren unspezifisch, es wurden Diarrhö und Inkontinenz beobachtet.

Die subchronische und chronische Applikation von Azoxystrobin führte bei Dosierungen ab 25 mg/kg Körpergewicht hauptsächlich zu Leberveränderungen, die höchstwahrscheinlich durch eine Beeinträchtigung der Gallesekretion zu erklären sind. Auffälligste Symptome beim Hund waren, neben klinischen Befunden wie Erbrechen und Durchfall, erhöhte Enzymaktivitäten (γ-GT, AP) und Cholesterin- und Triglyceridkonzentrationen im Serum sowie eine Lebervergrößerung. Bei Ratten waren darüber hinaus bei Dosierungen von etwa 80 mg/kg Körpergewicht Gallengangsproliferationen sowie eine Erweiterung der Gallengänge mit Wandverdickung und entzündlichen Veränderungen festzustellen. Die Bewertung der EU [8] ergab als insgesamt niedrigste relevante Dosis ohne schädlichen Effekt 10 mg/kg KG/Tag in den subchronischen Studien an Hunden. Im Unterschied dazu setzte die US EPA [83] den NOAEL in der 90-Tage- bzw. 1-Jahr-Studie an Hunden bei 50 bzw. 25 mg/kg KG/Tag fest; klinische Symptome und schädliche Wirkungen auf Leber wurden bei Dosierungen ab 250 bzw. 200 mg/kg KG/Tag gesehen.

Nach chronischer oraler Verabreichung von Azoxystrobin an Ratten und Mäuse war – ebenso wie nach subchronischer Exposition – die Leber Zielorgan der toxischen Wirkungen. Die niedrigste relevante Dosis ohne schädlichen Effekt betrug etwa 18 mg/kg KG/Tag in einer Langzeitstudie an Ratten, Substanzwirkungen (Veränderungen der Gallengänge) waren bei Dosierungen ab etwa 34 mg/kg KG/Tag festzustellen.

Die Prüfungen auf Kanzerogenität in Langzeitstudien an Ratten und Mäusen erbrachten keine Hinweise auf krebserzeugende Eigenschaften von Azoxystrobin.

Unter in vitro-Bedingungen zeigte Azoxystrobin keine mutagenen Eigenschaften in bakteriellen Testsystemen, löste jedoch in Tests an Säugerzellen Chromosomenaberrationen aus. Das *in vitro* nachweisbare Potenzial zur Induktion von strukturellen Chromosomenveränderungen konnte jedoch in mehreren in vivo-Kurzzeittests an Säugern nicht bestätigt werden, so dass Azoxystrobin unter Berücksichtigung aller Daten als nicht genotoxischer Wirkstoff angesehen werden kann.

In der 2-Generationenstudie zur Reproduktionstoxizität an Ratten bewirkte die höchste geprüfte Dosis von etwa 165 mg/kg KG/Tag eine Reduzierung der Körpergewichtszunahme und der Futteraufnahme bei den Elterntieren und eine verminderte Körpergewichtszunahme bei den Nachkommen, hatte aber keine schädlichen Auswirkungen auf die Fruchtbarkeit. Eine Dosis von etwa 32 mg/kg KG/Tag war ohne parentaltoxische bzw. ohne entwicklungstoxische Wirkung.

In der Studie zur Entwicklungstoxizität an Ratten bewirkten Dosierungen ab 100 mg/kg KG/Tag klinische Symptome (Salivation, Diarrhö, Inkontinenz) und eine Verminderung der Körpergewichtszunahme und der Futteraufnahme bei den Muttertieren sowie eine leichte Retardierung des pränatalen Wachstums (verzögerte Ossifikation); eine Dosis von 25 mg/kg KG/Tag war ohne maternal- und entwicklungstoxische Wirkung [8].

In der Studie zur Entwicklungstoxizität an Kaninchen bewirkte die höchste geprüften Dosis von 500 mg/kg KG/Tag Diarrhö sowie eine Verminderung der Körpergewichtszunahme und der Futteraufnahme bei den Muttertieren, aber keine entwicklungstoxischen Effekte. Die niedrigste relevante Dosis ohne maternaltoxische Wirkung betrug 150 mg/kg KG/Tag [83].

Lebensmitteltoxikologisch relevante Grenzwerte (vgl. Tab. 29.5)
ADI: 0–0,1 mg/kg KG [8]
Der ADI wurde vom NOAEL (10 mg/kg KG/Tag) in einer 1-Jahr-Studie an Hunden mit einem Sicherheitsfaktor von 100 abgeleitet.

Tab. 29.5 Auswahl der in Deutschland gültigen Höchstmengen für Azoxystrobin gemäß RHmV [73].

Wirkstoff	mg/kg	Lebensmittel
Azoxystrobin	50,00	teeähnliche Erzeugnisse
Azoxystrobin	20,00	Hopfen
Azoxystrobin	5,00	Blattkohle, Reis, Stangensellerie
Azoxystrobin	3,00	Brombeeren, Himbeeren, frische Kräuter, Salatarten
Azoxystrobin	2,00	Bananen, Erdbeeren, Frühlingszwiebeln, Solanaceen, Trauben
Azoxystrobin	1,00	Artischocken, Bohnen mit Hülsen (frisch), Cucurbitaceen mit genießbarer Schale, Zitrusfrüchte
Azoxystrobin	0,50	Blumenkohl, Cucurbitaceen mit ungenießbarer Schale, Erbsen mit Hülsen (frisch), Rapssamen, Sojabohnen
Azoxystrobin	0,30	Gerste, Hafer, Kopfkohl, Knollensellerie, Roggen, Triticale, Weizen
Azoxystrobin	0,20	Bohnen ohne Hülsen (frisch), Chicorée, Erbsen ohne Hülsen (frisch), Karotten, Kohlrabi, Meerrettich, Pastinaken, Petersilienwurzeln, Schwarzwurzeln
Azoxystrobin	0,10	Hülsenfrüchte, Porree, Rosenkohl, Schalenfrüchte, Tee
Azoxystrobin	0,05	andere pflanzliche Lebensmittel

Chronische Referenzdosis: 0,18 mg/kg KG [83]
Die chronische Referenzdosis wurde vom NOAEL (18,2 mg/kg KG/Tag) in einer Langzeitstudie an Ratten mit einem Sicherheitsfaktor von 100 abgeleitet.

ARfD: nicht erforderlich [8]
Die Ableitung einer ARfD wurde als nicht erforderlich angesehen, da der Wirkstoff eine geringe akute Toxizität zeigte und keine Anhaltspunkte vorlagen, dass schwerwiegende Gesundheitsschäden schon bei einmaliger Exposition ausgelöst werden könnten.

ARfD: 0,67 mg/kg KG [83]
Die akute Referenzdosis wurde vom LOAEL (200 mg/kg KG) in einer akuten Neurotoxizitätsstudie an Ratten mit einem Sicherheitsfaktor von 300 abgeleitet.

29.5.2
Famoxadone

Der Wirkstoff Famoxadone hat die chemische Bezeichnung 3-Anilino-5-methyl-5-(4-phenoxyphenyl)-1,3-oxazolidin-2,4-dion (IUPAC). Famoxadone ist ein systemisches Fungizid mit protektiver, translaminarer und residualer Wirkung, das bevorzugt im Wein-, Acker- und Gemüsebau eingesetzt wird [5, 70, 78]. Die folgenden toxikologischen Angaben beziehen sich auf die von der EU, der WHO und der US EPA publizierten Daten [11, 53, 96, 99].

Aufnahme, Verteilung, Metabolismus und Ausscheidung
Famoxadone wurde nach oraler Verabreichung an Ratten zu etwa 40% absorbiert und innerhalb von fünf Tagen nahezu vollständig ausgeschieden (ca. 10% über den Urin, ca. 90% über die Faeces); in der Galle wurden 30–39% der verabreichten Dosis gefunden. Es lagen keine Hinweise auf eine Anreicherung im Organismus vor. Famoxadone wurde nur in geringem Umfang metabolisiert, hauptsächlich durch Hydroxylierung des Phenoxyphenyl- bzw. des Aninilinrests, Öffnung des Oxazolidinrings und Spaltung der Oxazolidin-Anilin-Bindung. In den Faeces wurden hauptsächlich der unveränderte Wirkstoff sowie mono- und dihydroxyliertes Famoxadone gefunden, im Urin 4-Acetoxyanilin und ein Sulfat des Phenoxyphenylrests.

Toxikologische Bewertung des Wirkstoffes
Famoxadone zeigte bei Ratten eine geringe akute Toxizität, die orale LD_{50} war größer als 5000 mg/kg KG. Eine einmalige orale Dosis von 5000 mg/kg KG bewirkte weder klinische Symptome noch Mortalität.

Nach subchronischer oraler Verabreichung von Famoxadone an Ratten, Mäuse, Hunde und Affen waren vor allem Wirkungen auf die Leber (Organgewichtserhöhung, Enzyminduktion, erhöhte Leberenzym- und Bilirubinkonzentration im Plasma, Leberzell-Hypertrophie, Cholestase, Leberzell-Degeneration und -Nekrose) und die Erythrozyten (Bildung von Heinz-Körperchen, Hämolyse, regenerative Anämie; sekundäre Veränderungen in Knochenmark, Milz und Leber) festzustellen, bei Hunden außerdem Linsentrübung (Katarakt). Die niedrigste relevante Dosis ohne schädlichen Effekt betrug 1,2 mg/kg KG/Tag in der 1-Jahr-Studie an Hunden. Substanzwirkungen (Linsentrübung) traten in dieser Studie ab einer Dosis von etwa 9 mg/kg KG/Tag auf, während in der 90-Tage-Studie an Hunden ein weibliches Tier bereits bei einer Dosis von 1,4 mg/kg KG/Tag eine minimale einseitige Linsendegeneration zeigte.

Nach chronischer oraler Verabreichung von Famoxadone an Ratten und Mäuse waren – ebenso wie nach subchronischer Exposition – Leber und Erythrozyten die Zielorgane der toxischen Wirkungen. Die niedrigste relevante Dosis ohne schädlichen Effekt betrug 8,4 mg/kg KG/Tag in der Studie über 24 Monate an Ratten, Substanzwirkungen (leichte Hämolyse, hepatozelluläre Hypertrophie) traten ab einer Dosis von 17 mg/kg KG/Tag auf.

Die Prüfungen auf Kanzerogenität in Langzeitstudien an Ratten und Mäusen erbrachten keine Hinweise auf krebserzeugende Eigenschaften von Famoxadone.

Ein in vitro-Chromosomenaberrationstest mit Human-Lymphozyten ergab ohne metabolische Aktivierung einen schwach positiven Befund. Alle anderen in vitro-Kurzzeittests an Bakterien und Säugerzellen sowie In-vivo-Kurzzeittests an Säugern zeigten jedoch keine Anhaltspunkte für erbgutverändernde Eigenschaften von Famoxadone.

In einer 2-Generationenstudie zur Reproduktionstoxizität an Ratten bewirkte die höchste geprüfte Dosis von etwa 45 mg/kg KG/Tag verminderte Körpergewichte und Lebertoxizität bei den Elterntieren und verminderte Körpergewichtszunahme bei den Nachkommen, hatte aber keine schädlichen Auswirkungen auf die Fruchtbarkeit. Eine Dosis von 11,3 mg/kg KG/Tag war ohne parentaltoxische bzw. ohne entwicklungstoxische Wirkung.

In den Untersuchungen zur Entwicklungstoxizität an Ratten und Kaninchen hatte die höchste geprüfte Dosis von 1000 mg/kg KG/Tag keine schädlichen Wirkungen auf die Nachkommen zur Folge, während Maternaltoxizität (verminderte Körpergewichtszunahme und Futteraufnahme) bei Ratten ab einer Dosis von 500 mg/kg KG/Tag auftrat.

In einer akuten Neurotoxizitätsstudie an Ratten induzierte die höchste geprüfte Dosis von 2000 mg/kg KG bei den männlichen Tieren allgemeine klinische Symptome (Verminderung von Körpergewicht und Futteraufnahme, erhöhte Inzidenz von geschlossenen Augenlidern), aber keine spezifischen neurotoxischen Wirkungen. Die Dosis ohne systemische Wirkung betrug 1000 mg/kg KG. In einer subchronischen Neurotoxizitätsstudie an Ratten bewirkte die höchste geprüfte Dosis von etwa 47 mg/kg KG/Tag eine Verminderung der Körpergewichtszunahme und der Futteraufnahme, neurotoxische Effekte traten nicht auf. Die Dosis ohne systemische Wirkung betrug etwa 12 mg/kg KG.

In einer subakuten Studie zur Immuntoxizität an Ratten induzierte die höchste geprüfte Dosis von 55 mg/kg KG/Tag allgemeine klinische Symptome (Verminderung von Körpergewicht und Futteraufnahme, erhöhte Milzgewichte infolge vermehrter Pigmentablagerung), aber keine immuntoxischen Wirkungen. Die Dosis ohne systemische Wirkung betrug 14 mg/kg KG/Tag. In einer subakuten Studie zur Immuntoxizität an Mäusen induzierte die höchste geprüfte Dosis von 1186 bzw. 1664 mg/kg KG/Tag bei den männlichen Tieren eine leicht verminderte humorale Immunantwort, während bei den weiblichen Tieren die Milzgewichte infolge vermehrter Pigmentablagerung erhöht waren. Die Dosis ohne Wirkung betrug 327 bzw. 417 mg/kg KG/Tag.

In einer in vitro-Toxizitätsstudie mit Linsenepithel-Zellen von Hund, Primat und Maus sowie Hornhautepithel-Zellen vom Menschen induzierte die höchste geprüfte Konzentration von 1 mg/mL in den Zellen aller untersuchten Spezies Zytotoxizität; geringere Konzentrationen lösten keine biologisch signifikanten Effekte aus. Der Mechanismus für die beim Hund beobachtete Linsentrübung wurde bislang nicht geklärt.

Lebensmitteltoxikologisch relevante Grenzwerte (vgl. Tab. 29.6)
ADI: 0–0,012 mg/kg KG [11]
Der ADI wurde vom NOAEL (1,2 mg/kg KG/Tag) in einer 1-Jahr-Studie an Hunden mit einem Sicherheitsfaktor von 100 abgeleitet.

ADI: 0–0,006 mg/kg KG [53]
Der ADI wurde vom NOAEL (1,2 mg/kg KG/Tag) in einer 1-Jahr-Studie an Hunden mit einem Sicherheitsfaktor von 200 abgeleitet. Der erhöhte Sicherheitsfaktor wurde verwendet, da die Studie nicht als Langzeitstudie anzusehen sei und eine Progression des kritischen Effekts bei langfristiger Exposition nicht ausgeschlossen werden könne.

Chronische Referenzdosis: 0,0014 mg/kg KG [96, 99]
Die chronische Referenzdosis wurde vom LOAEL (1,4 mg/kg KG/Tag) in einer 90-Tage-Studie an Hunden mit einem Sicherheitsfaktor von 1000 abgeleitet. Der erhöhte Sicherheitsfaktor wurde mit der Verwendung eines LOAEL aus einer subchronischen Studie begründet.

ARfD: 0,2 mg/kg KG [11]
Die ARfD wurde vom NOAEL für Lebereffekte (16 mg/kg KG/Tag) in einer subakuten Studie an Mäusen mit einem Sicherheitsfaktor von 100 abgeleitet.

Tab. 29.6 Auswahl der in Deutschland gültigen Höchstmengen für Famoxadone gemäß RHmV [73].

Wirkstoff	mg/kg	Lebensmittel
Famoxadone	2,00	Trauben
Famoxadone	0,30	Melonen
Famoxadone	0,20	Auberginen, Cucurbitaceen mit genießbarer Schale, Gerste
Famoxadone	0,10	übriges Getreide außer Mais und Reis
Famoxadone	0,05	Hopfen, Ölsaat, Tee, teeähnliche Erzeugnisse
Famoxadone	0,02	andere pflanzliche Lebensmittel

ARfD: 0,6 mg/kg KG [53]
Die akute Referenzdosis wurde vom NOAEL für hämatologische Effekte (62 mg/kg KG/Tag) in einer subakuten Studie an Ratten mit einem Sicherheitsfaktor von 100 abgeleitet.

ARfD: nicht erforderlich [96, 99]
Die Ableitung einer ARfD wurde als nicht erforderlich angesehen, da der Wirkstoff eine geringe akute Toxizität zeigte und keine Anhaltspunkte vorlagen, dass schwerwiegende Gesundheitsschäden schon bei einmaliger Exposition ausgelöst werden könnten.

29.5.3
Weitere Strobilurine

Langzeitstudien an Ratten und Mäusen ergaben für Trifloxistrobin und Pyraclostrobin keine Hinweise auf kanzerogene Eigenschaften, Kresoxim-methyl löste jedoch in hohen Dosierungen (≥ 370 mg/kg Körpergewicht) vermehrt Leberzelltumoren bei Ratten aus. In mechanistischen Untersuchungen zur Tumorentstehung konnte gezeigt werden, dass Kresoxim-methyl keine initiierende, aber tumorpromovierende Wirkung besitzt und durch die Stimulierung der Zellproliferation zu einer verstärkten phänotypischen Expression von präneoplastischen Foci in der Leber führt (Leberfoci-Test). Aufgrund der Kenntnisse über die Mechanismen promovierender Wirkungen ist die Existenz einer Wirkungsschwelle anzunehmen, so dass unter Einbeziehung von Sicherheitsfaktoren akzeptable Expositionen von Anwender und Verbraucher abgeleitet werden können [75].

29.6
Anilinopyrimidine

Anilinopyrimidine sind eine neue chemische Gruppe von fungiziden Wirkstoffen (Cyprodinil, Mepanipyrim, Pyrimethanil), die in den 1990er Jahren im Pflanzenschutz eingeführt wurden. Die Substanzen hemmen die Methionin-Biosynthese und damit die Sekretion von hydrolytischen Enzymen, die für eine Infektion notwendig sind [24, 76, 106]. Cyprodinil ist ein systemisches Fungizid, während es sich bei Mepanipyrim und Pyrimethanil um nicht systemische bzw. lokalsystemischen Fungizide handelt. Stellvertretend wird der Wirkstoff Cyprodinil beschrieben.

29.6.1
Cyprodinil

Der Wirkstoff Cyprodinil hat die chemische Bezeichnung 4-Cyclopropyl-6-methyl-*N*-phenylpyrimidin-2-amin (IUPAC). Cyprodinil ist ein systemisches Fungizid mit protektiver und kurativer Wirkung, das im Getreide-, Gemüse-, Obst- und Weinbau eingesetzt wird [5, 70, 78]. Die folgenden toxikologischen Angaben beziehen sich auf die von der WHO und der US EPA publizierten Daten [52, 95] sowie einen Handbuchbeitrag [106].

Aufnahme, Verteilung, Metabolismus und Ausscheidung
Cyprodinil wurde nach einmaliger oraler Verabreichung an Ratten rasch und zu etwa 75% absorbiert und innerhalb von zwei Tagen nahezu vollständig ausgeschieden (50–70% über den Urin, 30–50% über die Faeces). Die höchsten Rückstände wurden in Nieren, Leber und Lungen nachgewiesen; es gab keine Hinweise auf eine Anreicherung im Organismus. Die nahezu vollständige Metabolisierung von Cyprodinil erfolgte vorwiegend durch die Hydroxylierung des Phenyl- und des Pyrimidinringes und der Methylgruppe und die Bildung von Glucuronsäure- und Schwefelsäurekonjugaten.

Toxikologische Bewertung des Wirkstoffes
Nach akuter oraler Verabreichung zeigte Cyprodinil eine geringe Toxizität, die LD_{50} bei Ratten betrug mehr als 2000 mg/kg KG. Es traten folgende klinische Symptome auf: Piloarrektion, gekrümmte Körperhaltung, Dyspnoe und verminderte lokomotorische Aktivität. Mortalität wurde bis zu einer Dosis von 2000 mg/kg KG nicht beobachtet.

Zielorgane der toxischen Wirkung nach subchronischer oraler Verabreichung des Wirkstoffes an Ratten, Mäuse und Hunde waren Leber, Nieren und Schilddrüse (erhöhte Organgewichte, Hypertrophie und Einzelzellnekrosen von Hepatozyten, fokale chronische Entzündung in der Nierenrinde, Hypertrophie von Epithelzellen der Schilddrüse). Weitere wesentliche Befunde waren verzögerte Körpergewichtsentwicklung und Veränderungen klinisch-chemischer Parameter. Die niedrigste relevante Dosis ohne schädlichen Effekt betrug 19 mg/kg KG/Tag in der 90-Tage-Studie an Ratten, toxische Wirkungen traten ab einer Dosis von 134 mg/kg KG/Tag auf.

Zielorgane der toxischen Wirkung nach chronischer oraler Verabreichung an Ratten und Mäuse waren Leber und Pankreas (degenerative Veränderungen der Leber, Hyperplasie des exokrinen Pankreas). Die niedrigste relevante Dosis ohne schädlichen Effekt betrug 2,7 mg/kg KG/Tag in der Studie über 24 Monate an Ratten, toxische Wirkungen traten ab einer Dosis von 36 mg/kg KG/Tag auf.

Die Prüfungen auf Kanzerogenität in Langzeitstudien an Ratten und Mäusen erbrachten keine Anhaltspunkte für krebserzeugende Eigenschaften von Cyprodinil.

Aus in vitro-Kurzzeittests an Bakterien und Säugerzellen sowie in vivo-Kurzzeittests an Säugern ergaben sich keine Anhaltspunkte für erbgutverändernde Eigenschaften von Cyprodinil.

In einer 2-Generationenstudie zur Reproduktionstoxizität an Ratten wurden bis zur höchsten geprüften Dosis von 295 mg/kg KG/Tag keine schädlichen Auswirkungen auf die Fruchtbarkeit festgestellt; bei dieser Dosierung war jedoch die Körpergewichtsentwicklung der Elterntiere sowie der Nachkommen während der Laktationsperiode beeinträchtigt. Die niedrigste relevante Dosis ohne toxische Wirkung betrug 74 mg/kg KG/Tag.

In der Studie zur Entwicklungstoxizität an Ratten bewirkte die höchste geprüfte Dosis von 1000 mg/kg KG/Tag eine verminderte Körpergewichtszunahme und Futteraufnahme bei den Muttertieren sowie verminderte Körpergewichte und verzögerte Ossifikation bei den Nachkommen; eine Dosis von 200 mg/kg KG/Tag war ohne maternal- und entwicklungstoxische Wirkung.

In der Studie zur Entwicklungstoxizität an Kaninchen bewirkte die höchste geprüfte Dosis von 400 mg/kg KG/Tag eine verminderte Körpergewichtszunahme bei den Muttertieren und eine leicht erhöhte Inzidenz von Würfen bzw. Feten mit zusätzlicher (13.) Rippe; eine Dosis von 150 mg/kg KG/Tag war ohne maternal- und entwicklungstoxische Wirkung.

In einer Untersuchung zur akuten Neurotoxizität an Ratten führten Dosierungen von 600 und 2000 mg/kg KG zu verminderter Aktivität, gekrümmter Körperhaltung, Piloarrektion und Hypothermie; die Dosis ohne toxische Wirkung betrug 200 mg/kg KG. In einer Untersuchung zur subchronischen Neurotoxizität an Ratten hatte die höchste geprüfte Dosis von etwa 600 mg/kg KG/Tag systemische Toxizität (an Leber, Niere und Schilddrüse), aber keine neurotoxische Wirkung zur Folge.

Im Boden und in Pflanzen vorkommende Metaboliten von Cyprodinil (CGA 249287, 304075, 232449, 263208 und 321915) zeigten eine geringe orale Toxizität (LD_{50}, Ratte: >2000 mg/kg KG) und keine mutagene Wirkung im Ames-Test.

Lebensmitteltoxikologisch relevante Grenzwerte (vgl. Tab. 29.7 und 29.8)
ADI: 0–0,03 mg/kg KG [52]
Der ADI wurde vom NOAEL (2,7 mg/kg KG/Tag) in einer Langzeitstudie an Ratten mit einem Sicherheitsfaktor von 100 abgeleitet.

Chronische Referenzdosis: 0,03 mg/kg KG [95]
Die chronische Referenzdosis wurde vom NOAEL (2,7 mg/kg KG/Tag) in einer Langzeitstudie an Ratten mit einem Sicherheitsfaktor von 100 abgeleitet.

ARfD: nicht erforderlich [52]
Die Ableitung einer ARfD wurde als nicht erforderlich angesehen, da der Wirkstoff eine geringe akute Toxizität zeigte und keine Anhaltspunkte vorlagen, dass schwerwiegende Gesundheitsschäden schon bei einmaliger Exposition ausgelöst werden könnten.

ARfD (für Frauen in gebährfähigem Alter): 1,5 mg/kg KG [95]
Die ARfD für Frauen in gebährfähigem Alter wurde vom NOAEL für embryo- und fetotoxische Effekte (150 mg/kg KG/Tag) in einer Entwicklungstoxizitätsstudie an Kaninchen mit einem Sicherheitsfaktor von 100 abgeleitet.
Die Ableitung einer ARfD für die Allgemeinbevölkerung wurde von der US EPA als nicht erforderlich angesehen [95].

Tab. 29.7 Auswahl der in Deutschland gültigen Höchstmengen für Cyprodinil gemäß RHmV [73].

Wirkstoff	mg/kg	Lebensmittel
Cyprodinil	2,00	Kleinfrüchte und Beeren, Trauben
Cyprodinil	1,00	Brombeeren, Erdbeeren, Frühlingszwiebeln, Gerste, Himbeeren
Cyprodinil	0,50	Auberginen, Bohnen mit Hülsen (frisch), Erbsen mit Hülsen (frisch), Gurken, Paprika
Cyprodinil	0,30	Roggen, Triticale, Weizen
Cyprodinil	0,10	Bohnen ohne Hülsen (frisch), Erbsen ohne Hülsen (frisch)
Cyprodinil	0,05	andere pflanzliche Lebensmittel

Tab. 29.8 Allgemeinverfügungen für Cyprodinil gemäß § 47a LMBG bzw. § 54 LFGB (Stand: 12. Oktober 2005).

Wirkstoff	mg/kg	Lebensmittel	AV vom
Cyprodinil	1,00	Birnen	27. 06. 2002
Cyprodinil	0,50	Pfirsiche	30. 07. 2002
Cyprodinil	0,50	Aprikosen	23. 10. 2003
Cyprodinil	2,00	Salat, Erdbeeren	29. 07. 2004
Cyprodinil	1,00	Äpfel	29. 07. 2004
Cyprodinil	0,50	Pflaumen, Tomaten	29. 07. 2004
Cyprodinil	0,50	Cucurbitaceen mit genießbarer Schale (außer Gurken)	23. 11. 2004

29.7 Phenylpyrrole

Phenylpyrrole sind eine neue chemische Gruppe von fungiziden Wirkstoffen (Fenpiclonil, Fludioxonil), die in den Jahren 1988 bis 1993 im Pflanzenschutz eingeführt wurden. Die Wirkstoffe hemmen die mitogen aktivierte Proteinkinase (MAP) und damit die intrazelluläre Signalübertragung [24, 78]. Fenpiclonil ist ein Kontaktfungizid mit geringer systemischer Wirkung, das als Beizmittel eingesetzt wird, während das nicht systemisch wirksame Fludioxonil sowohl als Beizmittel und auch als Blattfungizid verwendet wird. Stellvertretend wird der Wirkstoff Fludioxonil beschrieben.

29.7.1 Fludioxonil

Der Wirkstoff Fludioxonil hat die chemische Bezeichnung 4-(2,2-Difluor-1,3-benzodioxol-4-yl)-1H-pyrrol-3-carbonitril (IUPAC). Fludioxonil ist ein Kontaktfungizid mit residualer Wirkung, das sowohl als Beizmittel als auch als Blattfungizid im Wein-, Obst- und Gemüsebau eingesetzt wird [5, 70, 78]. Die folgenden toxikologischen Angaben beziehen sich auf die von der WHO und der US EPA publizierten Daten [59, 84].

Aufnahme, Verteilung, Metabolismus und Ausscheidung
Fludioxonil wurde nach oraler Verabreichung an Ratten rasch und zu etwa 80% absorbiert und innerhalb von sieben Tagen nahezu vollständig ausgeschieden, vorzugsweise über die Faeces (ca. 80%) bzw. mit der Galle (ca. 70%) und zu geringeren Anteilen über den Urin. Die höchsten Rückstände wurden nach sieben Tagen in Leber, Niere und Lunge nachgewiesen; es liegen keine Hinweise auf eine Anreicherung im Organismus vor. Fludioxonil wurde umfassend metabolisiert, vorwiegend durch Oxidation des Pyrrolrings und in geringerem Maße durch Hydroxylierung des Phenylrings. Die Phase-I-Metaboliten wurden als Glucuron- oder Schwefelsäurekonjugate vorwiegend mit der Galle eliminiert; im Urin waren mehr als 20 Metaboliten nachweisbar. Durch autoxidative Dimerisierung des Hydroxy-Pyrrol-Metaboliten entstand eine Verbindung, die in den Toxizitätsstudien zu einer blauen Färbung des Urins, der Nieren und des Gastrointestinaltraktes führte.

Toxikologische Bewertung des Wirkstoffes
Nach akuter oraler Verabreichung zeigte Fludioxonil eine geringe Toxizität, die LD_{50} bei Ratten betrug mehr als 5000 mg/kg KG. Bei der höchsten geprüften Dosis von 5000 mg/kg KG wurden weiche Faeces als einziger klinischer Befund beobachtet; Mortalität trat nicht auf.

Zielorgane der toxischen Wirkung nach subchronischer oraler Verabreichung von Fludioxonil an Ratten und Mäuse waren Leber (erhöhtes Organgewicht, Leberzell-Hypertrophie und -Nekrosen), Niere (chronische Nephropathie) und Erythrozyten (erniedrigte Erythrozytenzahl bzw. Hämoglobinkonzentration). Die Effekte traten erst bei vergleichsweise hohen Dosierungen ($\geq$ 400 mg/kg KG/Tag) auf, Dosierungen von 64–70 mg/kg KG/Tag waren ohne entsprechende Wirkung. Bei Hunden waren als wesentliche Befunde Diarrhö, verringerte Körpergewichtsentwicklung und Abnahme von Erythrozytenzahl und Hämoglobin zu verzeichnen. Nach der Bewertung der WHO [59] betrug die niedrigste relevante Dosis ohne schädliche Wirkung 33 mg/kg KG/Tag in der 12-Monate-Studie an Hunden; hämatologische Effekte traten ab Dosierungen von 290–300 mg/kg KG/Tag auf. Die US EPA [84] setzte für diese Studie einen NOAEL von 3,3 mg/kg KG/Tag fest; schädliche Wirkungen auf die Erythrozyten und die Leber wurden bei Dosierungen ab etwa 36 mg/kg KG/Tag festgestellt.

Die Zielorgane der toxischen Wirkung nach chronischer oraler Verabreichung von Fludioxonil an Ratten und Mäuse waren – wie in den Kurzzeitstudien – Leber, Niere und Erythrozyten; daneben war eine verringerte Körpergewichtsentwicklung und Futterverwertung zu verzeichnen. Die niedrigste relevante Dosis ohne schädlichen Effekt betrug 37 mg/kg KG/Tag in der Langzeitstudie an Ratten, toxische Wirkungen traten ab einer Dosis von 110 mg/kg KG/Tag auf.

Die Prüfung auf Kanzerogenität in der Langzeitstudie an Ratten erbrachte keine Hinweise auf krebserzeugende Eigenschaften von Fludioxonil. In einer Langzeitstudie an Mäusen wurde eine leicht erhöhte Inzidenz von Lymphomen bei weiblichen Tieren festgestellt, der Befund konnte jedoch in einer weiteren Studie mit höheren Dosierungen nicht reproduziert werden.

Aus der Mehrzahl der in vitro-Kurzzeittests an Bakterien und Säugerzellen sowie aus den in vivo-Kurzzeittests an Knochenmarkszellen und Keimzellen von Säugern ergaben sich keine Anhaltspunkte für erbgutverändernde Eigenschaften des Wirkstoffes.

In der 2-Generationenstudie zur Reproduktionstoxizität an Ratten bewirkte eine Dosierung von 210 mg/kg KG/Tag verringerte Körpergewichte der Elterntiere und der Nachkommen; eine Dosierung von 21 mg/kg KG/Tag war ohne parental- bzw. reproduktionstoxischen Effekt.

In der Studie zur Entwicklungstoxizität an Ratten bewirkte die höchste geprüfte Dosis von 1000 mg/kg KG/Tag bei den Muttertieren eine verminderte Körpergewichtszunahme und bei den Nachkommen eine leicht erhöhte Inzidenz von Würfen bzw. Feten mit erweitertem Nierenbecken oder Harnleiter [84]; eine Dosis von 100 mg/kg KG/Tag war ohne maternal- und entwicklungstoxische Wirkung.

In der Studie zur Entwicklungstoxizität an Kaninchen traten bis zur höchsten geprüften Dosis von 300 mg/kg KG/Tag keine schädlichen Effekte auf die Nachkommen auf, während die Körpergewichtszunahme der Muttertiere bei Dosierungen ab 100 mg/kg KG/Tag vermindert war; eine Dosis von 10 mg/kg KG/Tag war ohne maternaltoxischen Effekt [84].

Studien mit den Pflanzenmetaboliten CGA192155, CGA 265378 und CGA 308103 sowie dem Bodenmetaboliten CGA 339833 ergaben eine geringe akut orale Toxizität an Ratten (Ratte: >2000 mg/kg KG) und keine Hinweise auf Mutagenität im Ames-Test. Der Bodenmetabolit CGA 339833 zeigte in einer 90-Tage-Studie an Ratten bei Dosierungen ab 185 mg/kg KG/Tag Effekte auf Leber, Niere und das Riechepithel; die Dosis ohne schädliche Wirkung betrug 58 mg/kg KG/Tag.

Lebensmitteltoxikologisch relevante Grenzwerte (vgl. Tab. 29.9 und 29.10)
ADI: 0–0,4 mg/kg KG [59]
Der ADI wurde vom NOAEL (37 mg/kg KG/Tag) in einer Langzeitstudie an Ratten mit einem Sicherheitsfaktor von 100 abgeleitet.

Chronische Referenzdosis: 0,03 mg/kg KG [84]
Die chronische Referenzdosis wurde vom NOAEL (3,3 mg/kg KG/Tag) in einer 1-Jahr-Studie an Hunden mit einem Sicherheitsfaktor von 100 abgeleitet.

ARfD: nicht erforderlich [59]
Die Ableitung einer ARfD wurde als nicht erforderlich angesehen, da der Wirkstoff eine geringe akute Toxizität zeigte und keine Anhaltspunkte vorlagen, dass schwerwiegende Gesundheitsschäden schon bei einmaliger Exposition ausgelöst werden könnten.

Tab. 29.9 Auswahl der in Deutschland gültigen Höchstmengen für Fludioxonil gemäß RHmV [73].

Wirkstoff	mg/kg	Lebensmittel
Fludioxonil	2,00	Trauben
Fludioxonil	1,00	Brombeeren, Erdbeeren, Himbeeren, Kleinfrüchte und Beeren, Paprika
Fludioxonil	0,50	Auberginen, Gurken
Fludioxonil	0,30	Frühlingszwiebeln
Fludioxonil	0,20	Bohnen mit Hülsen (frisch), Erbsen mit Hülsen (frisch)
Fludioxonil	0,05	andere pflanzliche Lebensmittel

Tab. 29.10 Allgemeinverfügungen für Fludioxonil gemäß § 47a LMBG bzw. § 54 LFGB (Stand: 12. Oktober 2005).

Wirkstoff	mg/kg	Lebensmittel	AV vom
Fludioxonil	0,50	Birnen	27. 06. 2002
Fludioxonil	0,50	Pfirsiche	30. 07. 2002
Fludioxonil	0,50	Aprikosen	23. 10. 2003
Fludioxonil	2,00	Erdbeeren, Salat	11. 08. 2004
Fludioxonil	0,50	Pflaumen	11. 08. 2004
Fludioxonil	0,30	Cucurbitaceen mit genießbarer Schale (außer Gurken)	23. 11. 2004
Fludioxonil	0,50	Tomaten	27. 01. 2005

ARfD (für Frauen in gebährfähigem Alter): 1,0 mg/kg KG [84]
Die ARfD für Frauen in gebährfähigem Alter wurde vom NOAEL für embryo- und fetotoxische Effekte (100 mg/kg KG/Tag) in einer Entwicklungstoxizitätsstudie an Ratten mit einem Sicherheitsfaktor von 100 abgeleitet.

Die Ableitung einer ARfD für die Allgemeinbevölkerung wurde von der US EPA als nicht erforderlich angesehen [84].

29.8
Dicarboximide

Bei den Wirkstoffen aus der Gruppe der Dicarboximide, die in den 1970er Jahren als Fungizide im Pflanzenschutz eingeführt und bekannt geworden sind, handelt es sich um N-(3,5-Dichlorphenyl)-Heterocyclen wie Iprodion, Procymidon und Vinclozolin. Sie zeigen eine hohe Wirkung gegen den Schimmelpilz *Botrytis cinerea*, der insbesondere im Weinbau und bei Erdbeeren beträchtliche Schäden anrichtet und gegen Benzimidazole weitgehend resistent geworden ist, sowie gegen *Sclerotinia*- und *Monilia*-Arten. Als Wirkungsmechanismus der Dicarboximide wird die Hemmung des Enzyms NADH-Cytochrom c-Reduktase und der Lipidsynthese bzw. Membranschädigung durch Lipidperoxidation vorgeschlagen [24, 78].

Aus der Gruppe der Dicarboximide wird der Wirkstoff Vinclozolin ausführlicher beschrieben. Vinclozolin wirkt antiandrogen und führte im Tierversuch u.a. zu Wirkungen auf die Leber, die Nebennieren und die Geschlechtsorgane sowie zu reproduktionstoxischen Effekten. Bei Procymidon war das Spektrum der Befunde ähnlich, während Iprodion nur einen Teil dieser Wirkungen auslöste.

29.8.1
Vinclozolin

Der Wirkstoff Vinclozolin hat die chemische Bezeichnung (RS)-3-(3,5-Dichlorphenyl)-5-methyl-5-vinyl-1,3-oxazolidin-2,4-dion (IUPAC). Vinclozolin ist ein Kontaktfungizid mit protektiver Wirkung, das bevorzugt im Gemüse-, Obst- und Weinbau eingesetzt wird [70, 78]. Die folgenden toxikologischen Angaben beziehen sich auf die von der WHO und der US EPA publizierten Daten [44, 85].

Aufnahme, Verteilung, Metabolismus und Ausscheidung

Vinclozolin wurde bei Ratten nach oraler Gabe zu etwa 90% absorbiert und rasch in verschiedene Organe verteilt; die höchsten Rückstände wurden in Leber, Niere, Nebennieren und Fettgewebe gefunden. Vinclozolin wurde umfassend metabolisiert, hauptsächlich durch hydrolytische Oxazolidinring-Öffnung, Spaltung der 2,3- oder 3,4-N-C-Bindung und anschließende Decarboxylierung, Hydroxylierung und Konjugation mit Glucuronsäure; insgesamt waren mehr als 15 Metaboliten nachzuweisen, in Spuren auch 3,5-Dichloranilin. Die Ausscheidung nach einmaliger oraler Verabreichung erfolgte größtenteils innerhalb von 48 Stunden und zu etwa gleichen Teilen über Urin und Faeces, wobei bis zu 70% der Dosis biliär sezerniert wurden.

Toxikologische Bewertung des Wirkstoffes

Vinclozolin zeigte bei Ratten eine sehr geringe akute Toxizität, die orale LD_{50} war größer als 15000 mg/kg KG. Die klinischen Symptome bei hohen Dosen waren unspezifisch, vereinzelt wurden Atemnot und Bewegungsstörungen beobachtet.

Die subchronische Applikation von Vinclozolin führte bei Ratten, Mäusen und Hunden in Dosierungen ab etwa 3 mg/kg KG/Tag vor allem zu Veränderungen in den Geschlechtsorganen, wie verminderte Spermiogenese, Hyperplasie der Leydigzellen und der ovariellen Stromazellen sowie Prostata-Atrophie, die auf die antiandrogene Wirkung des Stoffes zurückzuführen sind. Weitere relevante Befunde waren Hyperplasie der Nebennieren und der Hypophyse, Lebertoxizität und Linsentrübung. Insgesamt wurde ein NOAEL von etwa 4 mg/kg KG/Tag in den subchronischen Studien an Ratten und Hunden ermittelt.

Aus in vitro-Kurzzeittests an Bakterien und Säugerzellen sowie in vivo-Kurzzeittests an Säugern ergaben sich keine Anhaltspunkte für erbgutverändernde Eigenschaften von Vinclozolin.

In Langzeitstudien an Ratten und Mäusen bewirkte Vinclozolin in hohen Dosierungen eine Zunahme von Tumoren der Leberzellen, des Uterus und der Nebennieren, während geringere Dosierungen (ab etwa 25 mg/kg KG/Tag) vermehrt Tumoren in Leydigzellen und ovariellen Stromazellen auslösten. Die niedrigste relevante Dosis ohne kanzerogene Wirkung betrug 2,3 mg/kg KG/Tag in den Langzeitstudien an Ratten, für nicht neoplastische Effekte wurde ein NOAEL von 1,2–1,4 mg/kg KG/Tag ermittelt.

In mechanistischen Untersuchungen konnte gezeigt werden, dass Vinclozolin und insbesondere zwei seiner Metaboliten als kompetitive Antagonisten an den Androgenrezeptoren wirken und dadurch zu einer dosisabhängigen und reversiblen Störung des Rückkopplungsmechanismus zwischen dem hypothalamisch-hypophysären System und der Androgenkonzentration im Blut führen. Die in Testes, Ovarien, Uterus und Nebennieren ausgelösten Tumoren können somit auf eine andauernde erhöhte Ausschüttung von FSH, LH und ACTH zurückgeführt werden. Im Leberfoci-Test an Ratten zeigte sich, dass Vinclozolin keine initiierende, aber tumorpromovierende Wirkung besitzt und zu einer verstärkten phänotypischen Expression von präneoplastischen Foci in der Leber führt. Aufgrund der Kenntnisse über die Mechanismen promovierender Wirkungen ist die Existenz einer Wirkungsschwelle für die Tumorbildung in der Leber und in den endokrin geregelten Organen anzunehmen, so dass unter Einbeziehung von Sicherheitsfaktoren akzeptable Expositionen von Anwender und Verbraucher abgeleitet werden können.

In den Mehrgenerationenstudien bewirkten hohe Vinclozolindosierungen von etwa 100 mg/kg KG bei den Elterntieren neben anderen toxischen Effekten auch eine verminderte Fertilität sowie bei den männlichen Nachkommen eine Feminisierung der inneren und äußeren Genitalorgane, die eine Infertilität zur Folge hatte. Für die parentaltoxischen und die reproduktionstoxischen Wirkungen von Vinclozolin wurde ein NOAEL von etwa 5 mg/kg KG an Ratten ermittelt.

In den Untersuchungen zur Entwicklungstoxizität an Ratten führten hohe, für die Muttertiere toxische Dosierungen ebenfalls zu Fehlbildungen der Geschlechtsorgane bei den männlichen Nachkommen, während bei niedrigeren Dosierungen u.a. eine Verringerung des Anogenital-Abstandes festzustellen war. Für die entwicklungstoxischen Wirkungen von Vinclozolin wurde ein NOAEL von etwa 6 mg/kg Körpergewicht an Ratten ermittelt.

Aufgrund der Erfahrungen mit anderen antagonistischen Antiandrogenen, wie z.B. dem Arzneimittelwirkstoff Flutamid, wird eine etwa gleiche Wirksamkeit dieser Verbindungen bei Mensch und Ratte angenommen; akzeptable Expositionen von Anwender und Verbraucher können somit unter Verwendung entsprechender Sicherheitsfaktoren abgeleitet werden.

Tab. 29.11 Auswahl der in Deutschland gültigen Höchstmengen für Vinclozolin gemäß RHmV [73].

Wirkstoff	mg/kg	Lebensmittel
Vinclozolin	40,00	Hopfen
Vinclozolin	10,00	Johannisbeeren, Kiwis
Vinclozolin	5,00	Erdbeeren, Kleinfrüchte außer Johannisbeeren, Trauben, Salatarten, Strauchbeerenobst
Vinclozolin	3,00	Solanaceen außer Tomaten
Vinclozolin	2,00	Aprikosen, Bohnen mit Hülsen (frisch), Erbsen mit Hülsen (frisch), Chicorée, Chinakohl, Pflaumen
Vinclozolin	1,00	Cucurbitaceen mit genießbarer Schale, Cucurbitaceen mit ungenießbarer Schale, Kernobst, Rapssamen, Zwiebelgemüse
Vinclozolin	0,50	Bohnen (Hülsenfrucht), Bohnen ohne Hülsen (frisch), Erbsen (Hülsenfrucht), Karotten, Kirschen
Vinclozolin	0,30	Erbsen ohne Hülsen (frisch)
Vinclozolin	0,10	Tee
Vinclozolin	0,05	andere pflanzliche Lebensmittel

Lebensmitteltoxikologisch relevante Grenzwerte (vgl. Tab. 29.11)
ADI: 0–0,01 mg/kg KG [44]
Der ADI wurde vom NOAEL (1,4 mg/kg KG/Tag) in einer Langzeitstudie an Ratten mit einem Sicherheitsfaktor von 100 abgeleitet.

Chronische Referenzdosis: 0,012 mg/kg KG [85]
Die chronische Referenzdosis wurde vom NOAEL (1,2 mg/kg KG/Tag) in einer Langzeitstudie an Ratten mit einem Sicherheitsfaktor von 100 abgeleitet.

ARfD (für Frauen in gebährfähigem Alter): 0,06 mg/kg KG [85]
Die ARfD für Frauen in gebährfähigem Alter wurde vom NOAEL für embryo- und fetotoxische Effekte (6 mg/kg KG/Tag) in einer Entwicklungstoxizitätsstudie an Ratten mit einem Sicherheitsfaktor von 100 abgeleitet.

Die Ableitung einer ARfD für die Allgemeinbevölkerung wurde von der US EPA als nicht erforderlich angesehen [85].

29.8.2
Procymidon

Der Wirkstoff Procymidon hat die chemische Bezeichnung N-(3,5-Dichlorphenyl)-1,2-dimethylcyclopropan-1,2-dicarboximid (IUPAC). Procymidon ist ein systemisches Fungizid mit protektiven und kurativen Eigenschaften, das bevorzugt im Gemüse-, Obst- und Weinbau eingesetzt wird [70, 78]. Die folgenden toxikologischen Angaben beziehen sich auf publizierte Daten der FAO und der WHO sowie auf Bewertungen des BfR [23, 32, 71].

Toxikologische Bewertung des Wirkstoffes

Die antiandrogene Wirkung von Procymidon beruht wie bei Vinclozolin auf einem kompetitiven Antagonismus an den Androgenrezeptoren, so dass die Effekte beider Stoffe im Tierversuch ähnlich sind.

Procymidon zeigte nach akuter oraler Verabreichung an Ratten eine geringe Toxizität (LD_{50} >5000 mg/kg KG). In den subchronischen Studien an Mäusen, Ratten und Hunden wurden vor allem Wirkungen auf die Leber (erhöhtes Lebergewicht, Leberzell-Hyperplasie) und Hodenatrophie bei Mäusen beobachtet; die niedrigste relevante Dosis ohne schädlichen Effekt betrug etwa 7,5 mg/kg KG/Tag in einer 6-Monate-Studie an Ratten.

In den Langzeitversuchen wurden erhöhte Inzidenzen von Leberzell-Tumoren bei Mäusen und von Leydigzell-Tumoren bei Ratten festgestellt. Der NOAEL für chronische Effekte in der Langzeitstudie an Ratten betrug 4,6 mg/kg KG/Tag.

In einer 2-Generationenstudie zur Reproduktionstoxizität an Ratten bewirkte die höchste geprüfte Dosis von etwa 38 mg/kg KG/Tag Infertilität der männlichen Nachkommen, die mit Fehlbildungen der Geschlechtsorgane (Hypospadie) und verringerten Anogenital-Abstand einherging. Außerdem waren die Leber- und Hodengewichte der Nachkommen und der Elterntiere nach Dosierungen ab 12,5 mg/kg KG/Tag erhöht. Der NOAEL für reproduktionstoxische Effekte betrug 12,5 mg/kg KG/Tag und für systemische Toxizität 2,5 mg/kg KG/Tag [71].

In neueren Untersuchungen zur Entwicklungstoxizität an Ratten führten Dosierungen ab 125 mg/kg KG/Tag, die für die Muttertiere toxisch waren, zu Hypospadie, während ab 12,5 mg/kg KG/Tag der Anogenital-Abstand bei den männlichen Nachkommen verringert war; eine Dosis von 3,5 mg/kg KG/Tag war ohne schädlichen Effekt [71]. Beim Kaninchen waren die geprüften Dosierungen ohne teratogene Wirkung.

Lebensmitteltoxikologisch relevante Grenzwerte (vgl. Tab. 29.12)
ADI: 0–0,1 mg/kg KG [32]
Der ADI wurde vom NOAEL für reproduktionstoxische Effekte (12,5 mg/kg KG/Tag) in einer 2-Generationenstudie zur Reproduktionstoxizität an Ratten mit einem Sicherheitsfaktor von 100 abgeleitet.

ADI: 0,025 mg/kg KG [2, 71]
Der ADI wurde vom NOAEL für systemische Toxizität (2,5 mg/kg KG/Tag) in einer 2-Generationenstudie zur Reproduktionstoxizität an Ratten mit einem Sicherheitsfaktor von 100 abgeleitet.

ARfD: 0,035 mg/kg KG [2, 71]
Die ARfD wurde vom NOAEL (3,5 mg/kg KG/Tag) in einer Entwicklungstoxizitätsstudie an Ratten mit einem Sicherheitsfaktor von 100 abgeleitet.

Tab. 29.12 Auswahl der in Deutschland gültigen Höchstmengen für Procymidon gemäß RHmV [73].

Wirkstoff	mg/kg	Lebensmittel
Procymidon	10,00	Himbeeren
Procymidon	5,00	Erdbeeren, Kiwis, Salatarten, Trauben
Procymidon	2,00	Bohnen mit Hülsen (frisch), Chicorée, Solanaceen, Steinobst außer Kirschen
Procymidon	1,00	Birnen, Cucurbitaceen mit genießbarer Schale, Cucurbitaceen mit ungenießbarer Schale, Erbsen mit Hülsen (frisch), Sonnenblumenkerne mit Schale, Rapssamen, Sojabohnen
Procymidon	0,30	Erbsen ohne Hülsen (frisch)
Procymidon	0,20	Erbsen (Hülsenfrucht), Knoblauch, Schalotten, Speisezwiebeln
Procymidon	0,10	Hopfen, Tee, teeähnliche Erzeugnisse
Procymidon	0,05	Schalenfrüchte, übrige Ölsaat
Procymidon	0,02	andere pflanzliche Lebensmittel

29.8.3 Iprodion

Der Wirkstoff Iprodion hat die chemische Bezeichnung 3-(3,5-Dichlorphenyl)-N-isopropyl-2,4-dioxoimidazolin-1-carboxamid (IUPAC). Iprodion ist ein Kontaktfungizid mit protektiver und kurativer Wirkung, das bevorzugt im Acker-, Gemüse-, Obst- und Weinbau eingesetzt wird [5, 70, 78]. Die folgenden toxikologischen Angaben beziehen sich auf publizierte Daten der EU, der WHO und der US EPA [12, 43, 80, 81].

Toxikologische Bewertung des Wirkstoffes
Die antiandrogene Wirkung von Iprodion beruht – im Unterschied zu Vinclozolin – auf einer Hemmung der Androgensekretion durch den Wirkstoff selbst sowie zwei seiner Metaboliten (RP36112 und RP36115). Mechanistische Untersuchungen *in vitro* zeigten, dass der Effekt reversibel und unterhalb einer Schwellendosis nicht mehr nachweisbar ist. Während Iprodion und der Metabolit RP36112 den aktiven Transport von Cholesterin in die Mitochondrien stören, hemmt der Metabolit RP36115 für die Steroidsynthese notwendige Enzyme.

Iprodion zeigte nach akuter oraler Verabreichung an Ratten eine geringe Toxizität (LD_{50} >2000 mg/kg KG).

In den subchronischen Studien an Mäusen, Ratten und Hunden wurden vor allem Wirkungen auf die Geschlechtsorgane und die akzessorischen Geschlechtsdrüsen (Atrophie), die Nebennierenrinde (Hypertrophie) und die Leber (Hypertrophie) beobachtet. Die niedrigste relevante Dosis ohne schädlichen Effekt betrug 31 mg/kg KG/Tag in einer 90-Tage-Studie an Ratten.

In den Langzeitversuchen wurden erhöhte Inzidenzen von Leberzell-Tumoren und Luteomen bei Mäusen und von Leydigzell-Tumoren bei Ratten festgestellt.

Der NOAEL für chronische Wirkungen betrug 6,1 mg/kg KG/Tag in einer Langzeitstudie an Ratten.

In den Reproduktionsstudien bewirkte Iprodion – im Unterschied zu Vinclozolin und Procymidon – auch bei hohen, für die Elterntiere toxischen Dosierungen weder Infertilität noch Fehlbildungen bei den Nachkommen.

In den Studien zur Entwicklungstoxizität an Ratten hatten maternaltoxische Dosierungen eine verzögerte Entwicklung und eine Verringerung des Anogenital-Abstandes bei den männlichen Nachkommen zur Folge; eine Dosis von 20 mg/kg KG/Tag war ohne schädlichen Effekt.

Lebensmitteltoxikologisch relevante Grenzwerte (vgl. Tab. 29.13)
ADI: 0–0,06 mg/kg KG [12, 43]
Der ADI wurde vom NOAEL (ca. 6 mg/kg KG/Tag) in einer Langzeitstudie an Ratten mit einem Sicherheitsfaktor von 100 abgeleitet.

Chronische Referenzdosis: 0,02 mg/kg KG [80, 81]
Die chronische Referenzdosis wurde vom NOAEL (ca. 6 mg/kg KG/Tag) in einer Langzeitstudie an Ratten mit einem Sicherheitsfaktor von 300 abgeleitet; der erhöhte Sicherheitsfaktor wurde mit den Anforderungen des FQPA (Food Quality Protection Act) zum Schutz von Kindern begründet.

ARfD: nicht erforderlich [12]
Die Ableitung einer ARfD wurde als nicht erforderlich angesehen, da der Wirkstoff eine geringe akute Toxizität zeigte und keine Anhaltspunkte vorlagen, dass

Tab. 29.13 Auswahl der in Deutschland gültigen Höchstmengen für Iprodion gemäß RHmV [73].

Wirkstoff	mg/kg	Lebensmittel
Iprodion	10,00	Erdbeeren, Heidelbeeren, Johannisbeeren, Kernobst, frische Kräuter, Trauben, Salatarten, Stachelbeeren
Iprodion	5,00	Bohnen mit Hülsen (frisch), Chinakohl, Kiwis, Knoblauch, Kopfkohl, Schalotten, Solanaceen, Speisezwiebeln, Steinobst, Strauchbeerenobst, Zitronen
Iprodion	3,00	Bananen, Frühlingszwiebeln, Reis
Iprodion	2,00	Chicorée, Cucurbitaceen mit genießbarer Schale, Mandarinen
Iprodion	1,00	Erbsen mit Hülsen (frisch), Gerste
Iprodion	0,50	Rapssamen, Rosenkohl, Rote Rüben, Weizen
Iprodion	0,30	Karotten, Melonen, Radieschen, Rettiche
Iprodion	0,20	Erbsen ohne Hülsen (frisch), Haselnüsse, Hülsenfrüchte, Rhabarber
Iprodion	0,10	Hopfen, Leinsamen, Kohlrabi, Meerrettich, Pastinaken, Tee, teeähnliche Erzeugnisse
Iprodion	0,05	Blumenkohl
Iprodion	0,02	andere pflanzliche Lebensmittel

schwerwiegende Gesundheitsschäden schon bei einmaliger Exposition ausgelöst werden könnten.

ARfD (für Frauen in gebährfähigem Alter): 0,06 mg/kg KG [80, 81]
Die ARfD für Frauen in gebährfähigem Alter wurde vom NOAEL für embryo- und fetotoxische Effekte (20 mg/kg KG/Tag) in einer Entwicklungstoxizitätsstudie an Ratten mit einem Sicherheitsfaktor von 300 abgeleitet; der erhöhte Sicherheitsfaktor wurde mit den Anforderungen des FQPA (Food Quality Protection Act) zum Schutz von Kindern begründet.

Die Ableitung einer ARfD für die Allgemeinbevölkerung wurde von der US EPA als nicht erforderlich angesehen [80, 81].

29.9
Aminosäureamid-Carbamate

Zur Gruppe der Aminosäureamid-Carbamate bzw. zur Untergruppe der Valinamid-Carbamate gehören die Wirkstoffe Benthiavalicarb-isopropyl und Iprovalicarb, die im Pflanzenschutz erst Ende der 1990er Jahre eingeführt wurden. Iprovalicarb und Benthiavalicarb-isopropyl sind systemische Fungizide, die vor allem im Weinbau, in Kartoffeln und im Gemüsebau angewendet werden. Als Wirkungsmechanismus der Carbonsäureamide wird die Hemmung der Phospholipid-Biosynthese bzw. der Zellwandsynthese vorgeschlagen [24, 78]. Stellvertretend wird der Wirkstoff Iprovalicarb beschrieben.

29.9.1
Iprovalicarb

Der Wirkstoff Iprovalicarb hat die chemische Bezeichnung Isopropyl-2-methyl-1-[(1-p-tolylethyl)carbamoyl]-(S)-propylcarbamat (IUPAC). Iprovalicarb wird als systemisches Fungizid mit protektiver, kurativer und eradikativer Wirkung bevorzugt im Weinbau sowie in Kartoffeln, Gemüse und Tabak angewendet [5, 70, 78]. Die folgenden toxikologischen Angaben beziehen sich auf publizierte Daten der EU und der US EPA [13, 92].

Aufnahme, Verteilung, Metabolismus und Ausscheidung
Iprovalicarb wurde nach oraler Verabreichung an Ratten zu mehr als 90% absorbiert und innerhalb von zwei Tagen nahezu vollständig ausgeschieden (männliche Ratten vorwiegend mit den Faeces, weibliche Ratten zu etwa gleichen Teilen über Urin und Faeces); in der Galle wurden bis zu 70% der verabreichten Dosis gefunden. Die höchsten Rückstände wurden nach 2–3 Tagen in der Leber nachgewiesen; es liegen keine Hinweise auf eine Anreicherung im Organismus vor. Iprovalicarb wurde nahezu vollständig metabolisiert; die wichtigsten Biotransformationsreaktionen waren Hydroxylierung, Oxidation und Konjugation mit Glycin oder Taurin. Es wurden zwölf Metaboliten identifiziert,

Hauptmetabolit (in Galle und Urin) war mit einem Anteil von etwa 60% das Diastereomerengemisch der Carboxylsäure des Wirkstoffes.

Toxikologische Bewertung des Wirkstoffes

Nach akuter oraler Verabreichung zeigte Iprovalicarb eine geringe Toxizität, die LD_{50} bei Ratten war größer als 5000 mg/kg KG. Eine einmalige Dosis von 5000 mg/kg KG bewirkte weder klinische Symptome noch Mortalität.

Nach subchronischer oraler Verabreichung von Iprovalicarb an Ratten, Mäuse und Hunde waren vor allem Wirkungen auf die Leber (erhöhtes Organgewicht; ALT, AP und Cholesterin im Plasma erhöht; Enzyminduktion; Hypertrophie, Verfettung und Nekrose von Leberzellen) und bei Mäusen auch auf die Niere (erniedrigtes Organgewicht; erhöhte Wasseraufnahme) zu verzeichnen. Die Bewertung der subchronischen Studien durch die US EPA [92] ergab eine niedrigste relevante Dosis ohne schädlichen Effekt von 2,6 mg/kg KG/Tag in der 1-Jahr-Studie an Hunden; erhöhte Leberenzymaktivitäten und morphologische Veränderungen der Leber traten ab einer Dosis von 24,7 mg/kg KG/Tag auf. Im Unterschied dazu ergab die Bewertung der 1-Jahr-Studie an Hunden durch die EU [13] eine niedrigste relevante Dosis ohne schädliche Wirkung von etwa 3 mg/kg KG/Tag für die weiblichen Tiere, während bei dieser Dosis bei den männlichen Tieren bereits schädliche Wirkungen auf die Leber angenommen wurden.

Aus in vitro-Kurzzeittests an Bakterien und Säugerzellen sowie in vivo-Kurzzeittests an Säugern ergaben sich keine Anhaltspunkte für erbgutverändernde Eigenschaften von Iprovalicarb.

Nach chronischer oraler Verabreichung von Iprovalicarb an Ratten und Mäuse waren – wie auch in den Kurzzeitstudien – die Leber und bei der Maus auch die Niere Zielorgane der toxischen Wirkung; es wurden im Wesentlichen die oben beschriebenen Veränderungen festgestellt. Die niedrigste relevante Dosis ohne schädlichen Effekt betrug 26 mg/kg KG/Tag in der Studie über 24 Monate an Ratten; toxische Wirkungen auf die Leber (Hyperplasie der Gallengänge) traten ab einer Dosis von 263 mg/kg KG/Tag auf.

Die Prüfung auf Kanzerogenität in einer Langzeitstudie an Mäusen erbrachte keine Hinweise auf krebserzeugende Eigenschaften von Iprovalicarb. In der Langzeitstudie an Ratten wurde bei den weiblichen Tieren der höchsten Dosisgruppe (1380 mg/kg KG/Tag) eine leicht erhöhte Inzidenz von Tumoren des Urogenitalsystems beobachtet, während die Inzidenzen von Tumoren der Milchdrüse und der Hypophyse verringert waren. Bei den männlichen Ratten der höchsten Dosisgruppe (1110 mg/kg KG/Tag) wurde eine leicht erhöhte Inzidenz von Skelett-Tumoren beobachtet.

Spezielle Untersuchungen zur Aufklärung des Mechanismus der Tumorinduktion ergaben keine Anhaltspunkte für Tumor initiierende Eigenschaften von Iprovalicarb im Leber-Foci-Test an Ratten sowie keine Anhaltspunkte für die Induktion von DNA-Addukten in der Harnblase und im Uterus. Da Iprovalicarb auf der Basis der vorliegenden Daten nicht als genotoxisches Kanzerogen anzusehen ist und die erhöhte Krebshäufigkeit im Tierexperiment erst bei Dosierungen weit oberhalb der zu erwartenden Exposition von Anwender oder Verbraucher auftrat, wird die kanzerogene Wirkung von Iprovalicarb von der EU als nicht relevant für den Menschen angesehen [13]. Die US EPA hat das Krebsrisiko für den Menschen ebenfalls als vernachlässigbar bewertet [92].

In einer 2-Generationenstudie zur Reproduktionstoxizität an Ratten führte die höchste Dosis von etwa 1330 mg/kg KG/Tag bei den Elterntieren zu toxischen Effekten auf die Leber und bei den Nachkommen zu geringerer Überlebensrate, vermindertem Körpergewicht und erhöhtem Lebergewicht. Der NOAEL für Elterntiere und Nachkommen betrug 146 mg/kg KG/Tag.

In den Untersuchungen zur Entwicklungstoxizität an Ratten und Kaninchen hatte eine Dosis von 1000 mg/kg KG/Tag weder nachteilige Effekte auf die Muttertiere noch auf die Entwicklung der Nachkommen.

Studien zur akuten und subchronischen Neurotoxizität an Ratten mit Dosierungen bis zu 2000 bzw. 1434 mg/kg KG/Tag ergaben keine Hinweise auf neurotoxische Eigenschaften von Iprovalicarb.

Der im Urin nachgewiesene Metabolit *Para*-methyl-phenethylamin zeigte eine mittlere akute orale Toxizität an Ratten (LD_{50}: 300–500 mg/kg KG) und keine Hinweise auf mutagene Eigenschaften im Ames-Test.

Lebensmitteltoxikologisch relevante Grenzwerte (vgl. Tab. 29.14)
ADI: 0–0,015 mg/kg KG [13]
Der ADI wurde vom LOAEL (ca. 3 mg/kg KG/Tag) in einer 1-Jahr-Studie an Hunden mit einem erhöhten Sicherheitsfaktor von 200 abgeleitet.

Chronische Referenzdosis: 0,026 mg/kg KG [92]
Die chronische Referenzdosis wurde vom NOAEL (2,6 mg/kg KG/Tag) in einer 1-Jahr-Studie an Hunden mit einem Sicherheitsfaktor von 100 abgeleitet.

ARfD: nicht erforderlich [13, 92]
Die Ableitung einer ARfD wurde als nicht erforderlich angesehen, da der Wirkstoff eine geringe akute Toxizität zeigte und keine Anhaltspunkte vorlagen, dass schwerwiegende Gesundheitsschäden schon bei einmaliger Exposition ausgelöst werden könnten.

Tab. 29.14 Auswahl der in Deutschland gültigen Höchstmengen für Iprovalicarb gemäß RHmV [73].

Wirkstoff	mg/kg	Lebensmittel
Iprovalicarb	2,00	Trauben
Iprovalicarb	1,00	Salatarten, Tomaten
Iprovalicarb	0,20	Melonen, Wassermelonen
Iprovalicarb	0,10	Gurken, Hopfen, Ölsaat, Speisezwiebeln, Tee, Zucchini
Iprovalicarb	0,05	andere pflanzliche Lebensmittel

29.10
Demethylase-Inhibitoren

Die Einführung der Demethylase-Inhibitoren bzw. Azol-Fungizide im Pflanzenschutz erfolgte Anfang der 1970er Jahre und fand praktisch parallel zur Entwicklung der Azol-Antimykotika gegen humanpathogene Pilze statt. Die Verbindungen dieser Substanzklasse besitzen ein Diazol-(*Imidazol*-) bzw. *Triazol*-Grundgerüst und lassen sehr viele chemische Modifikationen zu. Die fungistatische bzw. fungizide Wirkung der Azole beruht auf der Blockierung der Biosynthese von Ergosterol, einem essenziellen Bestandteil der Zellmembran von Pilzen. Azole hemmen das Enzym Lanosterol-14-α-Demethylase (CYP 51), das zu den pilzspezifischen Cytochrom-P450-Enzymen gehört und unterbinden dadurch die oxidative Demethylierung der Ergosterol-Vorstufe Lanosterol. In der Folge kommt es zur Störung des Zellwandaufbaus, zum Austritt essenzieller Zellbestandteile und zum Zelltod [24, 76, 107].

Die meisten Azol-Wirkstoffe sind sehr lipophil, was ihre Penetration zu den Cytochrom-P450-Enzymen innerhalb des endoplasmatischen Retikulums und im Innern der Mitochondrien der Pilze begünstigt. Diese Eigenschaften sind jedoch auch im Wesentlichen für die toxikologischen Wirkungen der Azole im Säugerorganismus verantwortlich; je nach den physikochemischen Eigenschaften der Stoffe kommt es in unterschiedlichem Maße zur Hemmung von Cytochrom-P-450-Enzymen, zu toxischen Veränderungen in der Leber und zu endokrinen Störungen; daneben wird bei den meisten Stoffen auch eine mehr oder weniger stark ausgeprägte Induktion Fremdstoff metabolisierender Enzyme in der Leber beobachtet [75].

Die Azole und besonders die mehr als 20 Wirkstoffe aus der Gruppe der Triazole (z. B. Azaconazol, Bitertanol, Bromuconazol, Cyproconazol, Difenoconazol, Diniconazol, Epoxiconazol, Fenbuconazol, Flusilazol, Hexaconazol, Myclobutanil, Paclobutrazol, Penconazol, Propiconazol, Tebuconazol, Tetraconazol, Triadimefon, Triadimenol) gehören zu den wichtigsten Fungiziden im Pflanzenschutz, denn sie tragen wesentlich zur Ertrags- und Qualitätssicherung der Ernte bei. Ihre wichtigsten Anwendungsgebiete in Europa sind der Getreidebau sowie der Obst- und Weinbau, wo Azol-Fungizide im Jahr 1999 auf fast 50% der Gesamtagrarfläche, in den USA dagegen, aufgrund des trockeneren Klimas in den Getreideanbaugebieten, auf nur etwa 3% der Fläche angewendet worden sind [75].

Wirkstoffe aus der Gruppe der Azole werden auch in der Humanmedizin eingesetzt und sind bei der Behandlung von systemischen Pilzinfektionen von besonderer Bedeutung, da diese Stoffe im Vergleich zu anderen Verbindungen (z. B. Amphotericin B) weniger toxisch sind. Bislang liegen keine Anhaltspunkte vor, dass es durch die Anwendung von Azol-Fungiziden im Pflanzenschutz zur Resistenzentwicklung von potenziell humanpathogenen Pilzen in der Umwelt kommt; weitere Untersuchungen zu dieser Frage stehen jedoch aus [75].

Stellvertretend für die Gruppe der Demethylase-Inhibitoren werden aus der Gruppe der Imidazole der Wirkstoff Imazalil und aus der Gruppe der Triazole die Wirkstoffe Propiconazol und Flusilazol näher beschrieben.

29.10.1
Imazalil

Der Wirkstoff Imazalil hat die chemische Bezeichnung (±)-1-(β-Allyloxy-2,4-dichlorphenylethyl)imidazol (IUPAC). Imazalil ist ein systemisches Fungizid mit protektiver und kurativer Wirkung, das bevorzugt als Beizmittel (in Getreide), darüber hinaus aber auch im Obstbau und im Gemüsebau angewendet wird [5, 70, 78]. In der Veterinärmedizin wird der Wirkstoff Imazalil unter dem Namen Enilconazol als Antimykotikum zur Behandlung von Dermato- und Rhinomykosen eingesetzt. Die folgenden toxikologischen Angaben beziehen sich auf publizierte Daten der WHO und der US EPA [49, 51, 66, 91].

Aufnahme, Verteilung, Metabolismus und Ausscheidung
Imazalil wurde nach oraler Verabreichung an Ratten rasch und nahezu vollständig absorbiert und innerhalb von vier Tagen zu mehr als 90% ausgeschieden (zu etwa gleichen Teilen über Urin und Faeces). Die höchsten Rückstände wurden in Leber und Niere nachgewiesen; es gab keine Hinweise auf eine Anreicherung des Wirkstoffes im Organismus. Die nahezu vollständige Metabolisierung von Imazalil erfolgte über Epoxidation, Epoxidhydration, oxidative O-Desalkylierung, Imidazoloxidation, Spaltung des Imidazolringes und oxidative N-Desalkylierung; es wurden mehr als 25 Metaboliten nachgewiesen.

Toxikologische Bewertung des Wirkstoffes
Nach akuter oraler Verabreichung zeigte Imazalil eine mittlere orale Toxizität, die LD_{50} bei Ratten betrug 230–350 mg/kg KG. Klinische Symptome wie Exophthalmus, Piloarrektion, Diarrhö, Diurese, Speichel- und Tränenfluss, Hypothermie, Excitation, Ataxie und Tremor traten bei Ratten ab einer Dosierung von 160 mg/kg KG auf, Mortalität war ab einer Dosis von 320 mg/kg KG zu verzeichnen.

Nach subchronischer oraler Verabreichung von Imazalil an Ratten, Mäuse und Hunde kam es vor allem zu Wirkungen auf die Leber (erhöhtes Organgewicht, erhöhte AP-Aktivität im Plasma, Hypertrophie und fettige Vakuolisierung der Hepatozyten). Weitere wesentliche Befunde waren verzögerte Körpergewichtsentwicklung, klinische Symptome (Speichelfluss, Erbrechen, Durchfall) bei Hunden sowie erhöhte Nieren- und Thymusgewichte bei Ratten. Die niedrigste relevante Dosis ohne schädlichen Effekt betrug 2,5 mg/kg KG/Tag bei Hunden und 5 mg/kg KG/Tag bei Ratten; Substanzwirkungen traten ab einer Dosis von etwa 20 mg/kg KG/Tag auf.

Nach chronischer oraler Verabreichung von Imazalil an Ratten und Mäuse war die Leber ebenfalls Zielorgan der toxischen Wirkung (erhöhtes Organgewicht, Hypertrophie, Vakuolisierung und Pigmentierung der Hepatozyten); weiterer wesentlicher Befund war eine verringerte Körpergewichtszunahme. Die niedrigste relevante Dosis ohne schädlichen Effekt betrug 3,6 mg/kg KG/Tag in einer 30-Monate-Studie an Ratten; Substanzwirkungen traten ab einer Dosis von 15 mg/kg KG/Tag auf.

In einer Kanzerogenitätsstudie an Ratten zeigten die männlichen Tiere ab einer Dosis von 58 mg/kg KG/Tag eine erhöhte Inzidenz von Schilddrüsen-Tumoren und in der höchsten geprüften Dosis von 120 mg/kg KG/Tag eine erhöhte Inzidenz von Leberzell-Adenomen; eine Dosis von 10 mg/kg KG/Tag war ohne entsprechenden Effekt.

In der Kanzerogenitätsstudie an Mäusen zeigten die männlichen Tiere ab einer Dosis von 33 mg/kg KG/Tag und die weiblichen Tiere in der höchsten Dosisgruppe von 100 mg/kg KG/Tag eine leicht erhöhte Inzidenz von Leberzell-Adenomen; eine Dosis von 8 mg/kg KG/Tag war ohne entsprechenden Effekt.

Mechanistische Untersuchungen zur Tumorauslösung ergaben, dass Imazalil spezifische Leberenzyme induziert und die endokrine Funktion der Schilddrüse beeinträchtigt. Durch den erhöhten Umsatz von Schilddrüsen-Hormonen kommt es zur vermehrten Ausschüttung von Thyreotropin (TSH) und folglich zur Schilddrüsen-Hyperplasie bzw. bei längerfristiger Expositionsdauer zur Tumorbildung in der Schilddrüse. Da die Tumorentstehung auf einem sekundären Mechanismus (Überlastung eines hormonellen Wirkungskreises bzw. des Fremdstoffmetabolismus) beruht, der erst bei Dosierungen weit oberhalb der zu erwartenden Exposition von Anwender oder Verbraucher zum Tragen kommt, wird die kanzerogene Wirkung von Imazalil von der WHO als nicht relevant für den Menschen angesehen. Die US EPA (2005) hat Imazalil als „likely to be carcinogenic in humans" eingestuft.

Aus in vitro-Kurzzeittests an Bakterien und Säugerzellen sowie in vivo-Kurzzeittests an Säugern ergaben sich keine Anhaltspunkte für erbgutverändernde Eigenschaften von Imazalil.

In einer 2-Generationenstudie zur Reproduktionstoxizität an Ratten bewirkte die höchste geprüfte Dosis von 80 mg/kg KG/Tag toxische Effekte bei den Elterntieren, eine verminderte Anzahl lebender Nachkommen und eine erhöhte Anzahl von Totgeburten. Die niedrigste relevante Dosis ohne parentaltoxischen bzw. reproduktionstoxischen Effekt betrug 20 mg/kg KG/Tag.

In der Studie zur Entwicklungstoxizität an Ratten bewirkten Dosierungen ab 80 mg/kg KG/Tag verminderte Fetengewichte sowie maternaltoxische Effekte; eine Dosis von <40 bzw. 40 mg/kg KG/Tag war ohne maternaltoxische bzw. ohne entwicklungstoxische Wirkung.

In der Studie zur Entwicklungstoxizität an Kaninchen wurden ab einer Dosis von 10 mg/kg KG/Tag Maternaltoxizität, eine erhöhte Resorptionsrate und eine verminderte Anzahl lebender Feten festgestellt; eine Dosis von 5 mg/kg KG/Tag war ohne maternal- bzw. entwicklungstoxische Wirkung.

In Studien zur Entwicklungstoxizität an Mäusen bewirkten Dosierungen ab 40 mg/kg Maternaltoxizität und eine erhöhte Anzahl von Feten mit überzähligen Rippen; eine Dosis von 120 mg/kg KG/Tag hatte eine erhöhte Resorptionsrate und eine verminderte Anzahl lebender Feten zur Folge. Eine Dosis von 10 mg/kg KG/Tag war ohne maternal- bzw. entwicklungstoxische Wirkung.

In einer speziellen Studie zur Entwicklungsneurotoxizität an Mäusen führten Dosierungen ab 40 mg/kg KG/Tag zu Veränderungen von Verhaltensmerkmalen bei den Nachkommen; eine Dosis von 20 mg/kg KG/Tag war ohne entsprechenden Effekt.

Lebensmitteltoxikologisch relevante Grenzwerte (vgl. Tab. 29.15)
ADI: 0–0,03 mg/kg KG [49, 51]
Der ADI wurde vom NOAEL (2,5 mg/kg KG/Tag) in einer 1-Jahr-Studie an Hunden mit einem Sicherheitsfaktor von 100 abgeleitet.

Chronische Referenzdosis: 0,025 mg/kg KG [91]
Die chronische Referenzdosis wurde vom NOAEL (2,5 mg/kg KG/Tag) in einer 1-Jahr-Studie an Hunden mit einem Sicherheitsfaktor von 100 abgeleitet.

ARfD: 0,05 mg/kg KG [66]
Die ARfD wurde vom NOAEL für maternal- und entwicklungstoxische Effekte (5 mg/kg KG/Tag) in einer Entwicklungstoxizitätsstudie an Kaninchen mit einem Sicherheitsfaktor von 100 abgeleitet.

ARfD (für Frauen in gebährfähigem Alter): 0,05 mg/kg KG [91]
Die ARfD für Frauen in gebährfähigem Alter wurde vom NOAEL für embryo- und fetotoxische Effekte (5 mg/kg KG/Tag) in einer Entwicklungstoxizitätsstudie an Kaninchen mit einem Sicherheitsfaktor von 100 abgeleitet.

Die Ableitung einer ARfD für die Allgemeinbevölkerung wurde von der US EPA als nicht erforderlich angesehen [91].

29.10.2
Propiconazol

Der Wirkstoff Propiconazol hat die chemische Bezeichnung (±)-1-[2-(2,4-Dichlorphenyl)-4-propyl-1,3-dioxolan-2yl-methyl]-1H-1,2,4-triazol (IUPAC). Propiconazol ist ein systemisches Fungizid mit präventiver und kurativer Wirkung, das

Tab. 29.15 Auswahl der in Deutschland gültigen Höchstmengen für Imazalil gemäß RHmV [73].

Wirkstoff	mg/kg	Lebensmittel
Imazalil	5,00	Kartoffeln (gelagert), Kernobst, Zitrusfrüchte
Imazalil	2,00	Bananen, Melonen
Imazalil	0,50	Tomaten
Imazalil	0,20	Cucurbitaceen mit genießbarer Schale
Imazalil	0,10	Hopfen, Tee, teeähnliche Erzeugnisse
Imazalil	0,02	andere pflanzliche Lebensmittel

in Deutschland bevorzugt im Ackerbau (Getreide), darüber hinaus aber auch im Obstbau (Steinobst) und im Weinbau angewendet wird [5, 70, 78]. Die folgenden toxikologischen Angaben beziehen sich auf publizierte Daten der EU, der WHO und der US EPA [14, 61, 103, 105].

Aufnahme, Verteilung, Metabolismus und Ausscheidung
Propiconazol wurde nach oraler Verabreichung an Ratten zu mehr als 80% absorbiert und innerhalb von zwei Tagen zu etwa 95% ausgeschieden, zu etwa 39–81% über den Urin und zu etwa 20–50% über die Faeces. In der Galle waren bis zu 68% der verabreichten Dosis nachweisbar, es fand eine ausgeprägte enterohepatische Rezirkulation statt. Die höchsten Rückstände wurden in Leber und Niere nachgewiesen; es lagen keine Hinweise auf eine Anreicherung im Organismus vor. Propiconazol wurde nahezu vollständig metabolisiert; die wichtigsten Biotransformationsreaktionen waren Oxidation der Propyl-Seitenkette, Verkürzung der *N*-Propyl-Seitenkette, Hydroxylierung des Triazol- und/oder Phenylrings und Spaltung des Dioxolanrings.

Toxikologische Bewertung des Wirkstoffes
Propiconazol zeigte eine mittlere akute Toxizität, die orale LD_{50} bei Ratten betrug 1517 mg/kg KG. Nach akuter oraler Gabe wurden Dyspnoe, Sedation, Ataxie, Tremor, Krämpfe, gesträubtes Fell und Bauch-Seitenlage beobachtet. Die Symptome traten ab einer Dosierung von 500 mg/kg KG auf, Mortalität ab 1000 mg/kg KG.

Nach subchronischer oraler Verabreichung von Propiconazol waren bei Ratten und Mäusen neben einer reduzierten Körpergewichtsentwicklung vor allem Wirkungen auf die Leber (erhöhtes Organgewicht; erniedrigte Serum-Cholesterin-Konzentration; Leberzell-Hypertrophie, -Vakuolisierung und -Nekrose) und bei Ratten auch eine Abnahme der Erythrozytenparameter festzustellen. Die niedrigste relevante Dosis ohne schädlichen Effekt betrug 65–75 mg/kg KG/Tag, Lebereffekte wurden ab Dosierungen von 130–150 mg/kg KG/Tag beobachtet. Hunde zeigten nach oraler Verabreichung von Propiconazol als wesentlichen Befund lokale Effekte (Schleimhautreizung) im Gastrointestinaltrakt; systemische Effekte waren bei Dosierungen bis 35 mg/kg KG/Tag nicht zu verzeichnen. Die niedrigste relevante Dosis ohne schädlichen Effekt betrug 1,9 mg/kg KG/Tag in der 1-Jahr-Studie an Hunden; Reizwirkungen im Gastrointestinaltrakt traten in dieser Studie ab einer Dosis von 8,4 mg/kg KG/Tag auf.

Aus in vitro-Kurzzeittests an Bakterien und Säugerzellen sowie in vivo-Kurzzeittests an Säugern ergaben sich keine Anhaltspunkte für erbgutverändernde Eigenschaften von Propiconazol.

Zielorgane der toxischen Wirkung von Propiconazol nach chronischer oraler Verabreichung an Ratten und Mäuse waren – wie in den subchronischen Studien – die Leber (Maus, Ratte) und die Erythrozyten (Ratte), außerdem war eine verringerte Körpergewichtszunahme festzustellen. Nach der Bewertung der

WHO [61] und der US EPA [103] betrug die niedrigste relevante Dosis ohne schädliche Wirkung 10–11 bzw. 18 mg/kg KG/Tag in den Studien an Mäusen bzw. an Ratten; Substanzeffekte wurden bei Dosierungen ab 59 bzw. 96 mg/kg KG/Tag beobachtet. Nach Bewertung der EU [14] lag die niedrigste relevante Dosis ohne schädliche Wirkung bei 3,6 mg/kg KG/Tag in der Langzeitstudie an Ratten.

Die Prüfung auf Kanzerogenität in Langzeitstudien an Ratten erbrachte keine Hinweise auf krebserzeugende Eigenschaften von Propiconazol. In den Langzeitstudien an Mäusen war – im Zusammenhang mit hepatotoxischen Effekten – bei Dosierungen ab 108 mg/kg KG/Tag eine erhöhte Inzidenz von Lebertumoren bei den männlichen Tieren zu verzeichnen; eine Dosis von 59 mg/kg KG/Tag war ohne entsprechenden Effekt.

In mechanistischen Untersuchungen wurde gezeigt, dass mit Propiconazol Fremdstoff metabolisierende Enzyme in der Leber entsprechend dem Muster von Phenobarbital induziert werden. In Anbetracht dieses Wirkungsmechanismus und der negativen Ergebnisse in den Genotoxizitätsstudien wurde das kanzerogene Potenzial von Propiconazol von der WHO als nicht relevant für den Menschen bewertet [61]. In den USA ist Propiconazol als möglicherweise kanzerogen für den Menschen (Group C – possible human carcinogen) eingestuft worden [103].

In der Mehrgenerationenstudie zur Reproduktionstoxizität an Ratten bewirkten Dosierungen ab etwa 35 mg/kg KG/Tag verringerte Körpergewichtszunahmen und Lebertoxizität bei den Elterntieren sowie verringerte Körpergewichte der Nachkommen, während bei einer Dosis von etwa 175 mg/kg KG/Tag die Lebensfähigkeit der Nachkommen verringert war. Die niedrigste relevante Dosis ohne Effekte auf Elterntiere und Nachkommen betrug etwa 7 mg/kg KG/Tag.

In den Studien zur Entwicklungstoxizität an Ratten lösten Dosierungen ab 300 mg/kg KG/Tag bei den Muttertieren schwere klinische Symptome sowie eine Verminderung der Futteraufnahme und der Körpergewichtszunahme aus, während Dosierungen ab 90 mg/kg KG/Tag bei den Nachkommen leicht erhöhte Inzidenzen von Gaumenspalten sowie vermehrt Skelett- und Organvariationen und verringerte Körpergewichte und Überlebensraten bewirkten. Die niedrigste relevante Dosis ohne maternal- bzw. entwicklungstoxische Wirkung betrug 90 bzw. 30 mg/kg KG/Tag.

In den Studien zur Entwicklungstoxizität an Kaninchen führten Dosierungen ab 250 mg/kg KG/Tag bei den Muttertieren zur Verminderung der Futteraufnahme und der Körpergewichtszunahme, während eine Dosis von 400 mg/kg KG/Tag bei den Nachkommen erhöhte Resorptionsraten sowie vermehrt Skelettvariationen auslöste. Die niedrigste relevante Dosis ohne maternal- bzw. entwicklungstoxische Wirkung betrug 100 bzw. 250 mg/kg KG/Tag.

Tab. 29.16 Auswahl der in Deutschland gültigen Höchstmengen für Propiconazol gemäß RHmV [73].

Wirkstoff	mg/kg	Lebensmittel
Propiconazol	0,50	Trauben
Propiconazol	0,20	Aprikosen, Pfirsiche
Propiconazol	0,10	Bananen, Hopfen, Tee, teeähnliche Erzeugnisse
Propiconazol	0,05	andere pflanzliche Lebensmittel

Lebensmitteltoxikologisch relevante Grenzwerte (vgl. Tab. 29.16)
ADI: 0–0,07 mg/kg KG [61]
Der ADI wurde vom NOAEL (7 mg/kg KG/Tag) in einer Mehrgenerationenstudie an Ratten mit einem Sicherheitsfaktor von 100 abgeleitet.

ADI: 0,04 mg/kg KG [14]
Der ADI wurde vom NOAEL (3,6 mg/kg KG/Tag) in einer 2-Jahre-Studie an Ratten mit einem Sicherheitsfaktor von 100 abgeleitet.

Chronische Referenzdosis: 0,1 mg/kg KG [103, 105]
Die chronische Referenzdosis wurde vom NOAEL (10 mg/kg KG/Tag) in einer 2-Jahre-Studie an Mäusen mit einem Sicherheitsfaktor von 100 abgeleitet.

ARfD: 0,3 mg/kg KG [14, 61]
Die ARfD wurde vom NOAEL für embryo- und fetotoxische Effekte (30 mg/kg KG/Tag) in den Entwicklungstoxizitätsstudien an Ratten mit einem Sicherheitsfaktor von 100 abgeleitet.

ARfD (für Frauen in gebärfähigem Alter): 0,1 mg/kg KG [103, 105]
Die ARfD für Frauen in gebärfähigem Alter wurde vom NOAEL für embryo- und fetotoxische Effekte (30 mg/kg KG/Tag) in den Entwicklungstoxizitätsstudien an Ratten mit einem Sicherheitsfaktor von 300 abgeleitet; der erhöhte Sicherheitsfaktor wurde mit der fehlenden akuten Neurotoxizitätsstudie begründet.

ARfD (für die Allgemeinbevölkerung): 0,3 mg/kg KG [103, 105]
Die ARfD für die Allgemeinbevölkerung wurde vom NOAEL für maternaltoxische Effekte (90 mg/kg KG/Tag) in den Entwicklungstoxizitätsstudien an Ratten mit einem Sicherheitsfaktor von 300 abgeleitet; der erhöhte Sicherheitsfaktor wurde mit der fehlenden akuten Neurotoxizitätsstudie begründet.

29.10.3
Flusilazol

Der Wirkstoff Flusilazol hat die chemische Bezeichnung Bis-(4-Fluorphenyl)methyl-(1H-1,2,4-triazol-1-yl-methyl)-silan (IUPAC). Flusilazol ist ein systemisches Fungizid mit präventiver und kurativer Wirkung, das bevorzugt im Ackerbau (Getreide, Zuckerrüben) und im Obstbau (Kernobst, Bananen) angewendet wird

[5, 70, 78]. Die folgenden toxikologischen Angaben beziehen sich auf publizierte Daten der WHO sowie auf Bewertungen des BfR [41, 71].

Aufnahme, Verteilung, Metabolismus und Ausscheidung
Flusilazol wurde nach oraler Gabe an Ratten zu etwa 80% absorbiert und im Körper verteilt; die höchsten Rückstände wurden in Leber, Haut und Fettgewebe gefunden. Die Ausscheidung nach einmaliger oraler Verabreichung erfolgte zu mehr als 90% innerhalb von 96 Stunden, bei Triazol-Markierung hauptsächlich über den Urin (60–80%) und zu etwa 10–25% mit den Faeces. Flusilazol wurde nahezu vollständig metabolisiert, vor allem durch Hydrolyse, Demethylierung und Konjugation. Die bedeutsamsten Abbauprodukte waren 1H-1,2,4-Triazol, [Bis(4-fluorophenyl)methyl]-silanol und [Bis(4-fluorophenyl)methylsilyl]-methanol und sein Glucuronid.

Toxikologische Bewertung des Wirkstoffes
Flusilazol besitzt bei Ratten eine mittlere akute Toxizität, die orale LD_{50} lag zwischen 670 und 1100 mg/kg Körpergewicht. Klinische Symptome (wie Gewichtsverlust, Schwäche, Lethargie, Speicheln, erschwerte Atmung, Krämpfe, Reflexverlust) und Mortalität traten ab einer Dosierung von 600 mg/kg KG auf.

Nach subchronischer Verabreichung von Flusilazol an Ratten, Mäuse und Hunde waren vor allem Wirkungen auf die Leber (Lebergewichtszunahme, Leberzell-Hypertrophie und -Degeneration) und die Harnblase (Hyperplasie und Nekrose der Schleimhaut) festzustellen. Die niedrigste relevante Dosis ohne schädlichen Effekt betrug 0,14 (bzw. 0,2) mg/kg KG/Tag in der 1-Jahr-Studie an Hunden; Substanzwirkungen traten ab einer Dosis von 0,7 mg/kg KG/Tag auf.

Aus in vitro-Kurzzeittests an Bakterien und Säugerzellen sowie in vivo-Kurzzeittests an Säugern ergaben sich keine Anhaltspunkte für erbgutverändernde Eigenschaften von Flusilazol.

Bei chronischer Verabreichung von Flusilazol waren die Leber (Leberzell-Hypertrophie und -Verfettung, fokale Nekrosen), die Harnblase (Schleimhaut-Hyperplasie) und die Nieren (Hydronephrose, Pyelonephritis) Zielorgane. Die Effekte traten bei Ratten ab einer Dosis von 2 mg/kg KG/Tag und bei Mäusen ab einer Dosis von 14 mg/kg KG/Tag auf; die niedrigste relevante Dosis ohne schädliche Wirkung betrug 0,4 mg/kg KG/Tag (Ratte).

In der Langzeitstudie an Ratten bewirkte die höchste Dosierung von 31 mg/kg KG/Tag bei beiden Geschlechtern eine erhöhte Häufigkeit von Blasentumoren und bei den männlichen Tieren von Hodentumoren, in den Studien an Mäusen war ab einer Dosis von 14 mg/kg KG/Tag die Inzidenz von Lebertumoren erhöht. Für die Tumorentstehung sind sekundäre Wirkungsmechanismen anzunehmen: Die Harnblasentumoren können durch die zytotoxische Wirkung von Flusilazol bzw. seiner Metaboliten und die regenerative Hyperplasie der Harnblasenschleimhaut entstehen, während die Induktion Fremdstoff metabolisierender Enzyme und die hepatotoxische Wirkung als auslösende Faktoren für die Lebertumoren anzusehen sind. Die Hodentumoren sind als Folge einer kompensatorisch gesteigerten Gonadotropinsekretion zu erklären, da Flusilazol ähnlich wie das Antimykotikum Ketoconazol die Enzyme 17α-Hydroxylase und C17,21-Lyase und dadurch die Biosynthese der Androgene hemmt.

In den Mehrgenerationenstudien an Ratten führten Dosierungen ab 4 mg/kg KG/Tag zu Lebertoxizität bei den Elterntieren, während Dosierungen ab 17 mg/kg KG/Tag eine verlängerte Trächtigkeitsdauer, verminderte Wurfgrößen und erhöhte perinatale Mortalität der Nachkommen zur Folge hatten. Die niedrigste relevante Dosis ohne reproduktionstoxische Wirkung betrug 4 mg/kg KG/Tag.

In den Studien zur Entwicklungstoxizität an Ratten und Kaninchen bewirkte Flusilazol bereits im nicht maternaltoxischen Dosisbereich (≥ 9 mg/kg KG/Tag) eine Verlängerung der Trächtigkeitsdauer und eine Plazentavergrößerung, die mit Gefäßerweiterungen und Nekrosen einherging. Daneben kam es zu embryo-/fetotoxischen Effekten, die sich in einer erhöhten Resorptionsrate und einem vermehrten Auftreten von Variationen am Skelett- und am Urogenitalsystem manifestierten; bei höheren, maternaltoxischen Dosierungen traten überdies Gaumenspalten auf. Die niedrigste relevante Dosis ohne entwicklungstoxische Wirkung betrug 0,5 bzw. 4,6 mg/kg KG/Tag in den Studien an Ratten (Substanzverabreichung per Schlundsonde bzw. im Futter) und 12 mg/kg KG/Tag in den Studien an Kaninchen.

Die reproduktionstoxischen Wirkungen wurden in erster Linie auf die Störung der Östrogensynthese zurückgeführt, da Flusilazol u. a. das Cytochrom-P450-Enzym Aromatase (CYP 19) hemmte, welches die Biosynthese von Östrogenen aus androgenen Vorläufermolekülen katalysiert. Da die entwicklungstoxischen Effekte von Flusilazol nach oraler oder dermaler Exposition bei ähnlichen Dosierungen auftraten, die orale und dermale Absorption aber deutlich verschieden waren, ist ein ausgeprägter First-pass-Effekt, d. h. eine verringerte Bioverfügbarkeit bei oraler Verabreichung anzunehmen.

Lebensmitteltoxikologisch relevante Grenzwerte (vgl. Tab. 29.17)
ADI: 0–0,001 mg/kg KG [41]
Der ADI wurde vom NOAEL (0,14 mg/kg KG/Tag) in einer 1-Jahr-Studie an Hunden mit einem Sicherheitsfaktor von 100 abgeleitet.

Tab. 29.17 Auswahl der in Deutschland gültigen Höchstmengen für Flusilazol gemäß RHmV [73].

Wirkstoff	mg/kg	Lebensmittel
Flusilazol	0,20	Kernobst
Flusilazol	0,10	Bananen, Gerste, Roggen
Flusilazol	0,05	Triticale, Weizen, Zuckerrüben
Flusilazol	0,01	andere pflanzliche Lebensmittel

ADI: 0,002 mg/kg KG [2, 71]
Der ADI wurde vom NOAEL (0,2 mg/kg KG/Tag) in einer 1-Jahr-Studie an Hunden mit einem Sicherheitsfaktor von 100 abgeleitet.

ARfD: 0,005 mg/kg KG [2, 71]
Die ARfD wurde vom NOAEL für embryo- und fetotoxische Effekte (0,5 mg/kg KG/Tag) in den Entwicklungstoxizitätsstudien an Ratten mit einem Sicherheitsfaktor von 100 abgeleitet.

29.10.4
Weitere Triazole

Verschiedene Triazol-Wirkstoffe haben neben den für sie typischen lebertoxischen Effekten auch zur Auslösung von Lebertumoren bei Mäusen geführt, so etwa Cyproconazol, Difenoconazol, Diniconazol, Epoxiconazol, Fenbuconazol, Tebuconazol, Tetraconazol, Triadimefon und Triadimenol. Da die Tumorentstehung auf einem sekundären Wirkungsmechanismus, d. h. der phenobarbitalartigen Induktion Fremdstoff metabolisierender Enzyme beruht, für den eine Wirkungsschwelle angenommen werden kann, wird die Bedeutung dieser Tumoren für den Menschen als gering angesehen. Die durch Diniconazol und Fenbuconazol bewirkte Zunahme von Schilddrüsentumoren bei Ratten ist ebenfalls im Zusammenhang mit der Enzyminduktion in der Leber und dem dadurch bedingten erhöhten Umsatz der Schilddrüsenhormone zu sehen, der eine Überlastung des hormonellen Regelkreises zur Folge hat. Epoxiconazol führt im Langzeitversuch an Ratten zu Tumoren des Ovars und der Nebennierenrinde, als Ursache dieser Wirkungen wird zum einen die Hemmung der Aromatase (CYP 19) und zum anderen die der Steroid-11-Hydroxylase (CYP 11) und der Steroid-21-Hydroxylase (CYP 21) angenommen. Die dadurch bedingte verminderte Östrogen- sowie Cortocosteron- und Aldosteronsysnthese hat eine erhöhte Ausschüttung von FSH, LH und ACTH und eine andauernde Stimulierung von Ovar und Nebennierenrinde zur Folge. Die reproduktionstoxischen Wirkungen von Epoxiconazol, wie erhöhte pränatale Mortalität und verlängerte Trächtigkeit, können ebenfalls auf die Störung der Östrogensynthese zurückgeführt werden [47, 48, 63, 71, 75].

Die meisten Azol-Wirkstoffe können bei höheren Dosierungen entwicklungstoxische Effekte auslösen, vor allem pränatale Mortalität, Wachstumsretardierungen und Variationen, zum Teil aber auch verschiedenartige grobstrukturelle Fehlbildungen. Es wird angenommen, dass diese Wirkungen zumindest partiell von dem möglichen gemeinsamen Abbauprodukt 1,2,4-Triazol hervorgerufen werden. Die Fehlbildungen manifestieren sich im Tierversuch vor allem als Gaumenspalten, Hypognathie und Hydrozephalus und wurden u. a. durch die Wirkstoffe Bitertanol, Cyproconazol, Diniconazol und Triadimenol bei maternaltoxischen Dosierungen induziert [47, 48, 63, 71, 75].

29.11
Morpholine

Wirkstoffe aus der Gruppe der Morpholine (Aldimorph, Dodemorph, Fenpropimorph, Tridemorph) werden seit den 1960er Jahren als systemisch wirksame Fungizide vorrangig für die Bekämpfung des Echten Mehltaus und von Rostpilzen an Getreide, aber auch im Hopfenbau, im Gemüsebau und im Obstbau eingesetzt. Die Wirkung der Morpholine beruht auf der Blockierung der Ergosterol-Biosynthese, im Unterschied zu den Azolen hemmen Morpholine jedoch die Enzyme Sterol-Δ^{14}-Reduktase sowie Sterol-$\Delta^8 \to \Delta^7$-Isomerase. Die Konsequenzen der Einlagerung so entstandener falscher Sterole in die Zellmembran entsprechen denen nach Anwendung von Azol-Derivaten [24, 76, 107]. Stellvertretend wird der Wirkstoff Fenpropimorph beschrieben.

29.11.1
Fenpropimorph

Der Wirkstoff Fenpropimorph hat die chemische Bezeichnung (±)-cis-4-[3-(4-tert-Butylphenyl)-2-methylpropyl]-2,6-dimethylmorpholin (IUPAC). Fenpropimorph ist ein systemisches Fungizid mit protektiver und kurativer Wirkung, das bevorzugt im Ackerbau (Getreide, Zuckerrüben), aber auch im Gemüsebau und im Obstbau angewendet wird [5, 70, 78]. Die folgenden toxikologischen Angaben beziehen sich auf publizierte Daten der WHO und der US EPA [38, 50, 58, 104].

Aufnahme, Verteilung, Metabolismus und Ausscheidung
Fenpropimorph wurde nach oraler Verabreichung an Ratten rasch und nahezu vollständig absorbiert und innerhalb von 96 Stunden nahezu vollständig ausgeschieden, zu etwa gleichen Teilen über den Urin (40–55%) und die Faeces (40–55%) bzw. mit der Galle (ca. 60–80%) und zu geringen Anteilen (<2%) über die Atemluft. Die höchsten Rückstände wurden im Fettgewebe und in der Leber nachgewiesen; es gab keine Hinweise auf eine Anreicherung des Wirkstoffes im Organismus. Die vollständige Metabolisierung von Fenpropimorph erfolgte hauptsächlich durch Oxidation an den Seitenketten des Phenyl- und Morpholinrings und in geringem Maße auch durch Öffnung des Morpholinrings; ein Teil der Phase-I-Metaboliten wurde in konjugierter Form ausgeschieden.

Toxikologische Bewertung des Wirkstoffes
Nach akuter oraler Verabreichung zeigte Fenpropimorph eine mittlere bis geringe orale Toxizität, die LD_{50} bei Ratten betrug 1500–3500 mg/kg KG. Klinische Symptome wie Ataxie, Sedierung und Atemnot traten bei Ratten ab einer Dosierung von 1000 mg/kg KG auf, Mortalität war ab einer Dosis von 1000 mg/kg KG zu verzeichnen.

Nach subchronischer oraler Verabreichung von Fenpropimorph an Ratten, Mäuse und Hunde kam es vor allem zu Wirkungen auf die Leber (erhöhtes Organgewicht, erhöhte AP-und ALT-Aktivität im Plasma). Weitere wesentliche Befunde waren verminderte Futteraufnahme und Körpergewichtszunahme sowie Hyperkeratose der Schleimhaut im Gastrointestinaltrakt. Die niedrigste relevante Dosis ohne schädlichen Effekt betrug 0,4 mg/kg KG/Tag in der 90-Tage-Studie an Ratten; toxische Wirkungen (Leber) traten ab einer Dosis von 0,8 mg/kg KG/Tag auf.

Zielorgan der toxischen Wirkung nach chronischer oraler Verabreichung an Ratten und Mäuse war – wie in den Kurzzeitstudien – die Leber (erhöhtes Organgewicht, Hypertrophie der zentrilobulären Hepatozyten). Weitere wesentliche Befunde waren eine reduzierte Futteraufnahme und Körpergewichtszunahme sowie verminderte Cholinesterase-Aktivitäten in Plasma, Erythrozyten und Gehirn. Die niedrigste relevante Dosis ohne schädlichen Effekt betrug 0,3 mg/kg KG/Tag in der Studie über 24 Monate an Ratten; toxische Wirkungen wurden ab einer Dosis von 1,7 mg/kg KG/Tag beobachtet.

Die Prüfungen auf Kanzerogenität in Langzeitstudien an Ratten und Mäusen erbrachten keine Hinweise auf krebserzeugende Eigenschaften von Fenpropimorph.

In vitro-Kurzzeittests an Bakterien und Säugerzellen sowie in vivo-Kurzzeittests an Säugern ergaben keine Anhaltspunkte für erbgutverändernde Eigenschaften von Fenpropimorph.

In der 2-Generationenstudie zur Reproduktionstoxizität an Ratten bewirkte die höchste geprüfte Dosierung von 1,25 mg/kg KG/Tag eine leichte Zunahme der Totgeburten, ein vermindertes Körpergewicht und eine verzögerte Entwicklung der Nachkommen; eine Dosis von 0,6 mg/kg KG/Tag war ohne reproduktionstoxischen Effekt.

In einer Studie zur Entwicklungstoxizität an Ratten induzierte eine Dosis 160 mg/kg KG/Tag deutliche Maternaltoxizität (einschließlich Mortalität) und bei den Nachkommen Missbildungen (Gaumenspalten); eine Dosis von 10 bzw. 40 mg/kg KG/Tag war ohne maternal- bzw. entwicklungstoxische Wirkung.

In den Studien zur Entwicklungstoxizität an Kaninchen bewirkten Dosierungen ab 30 mg/kg KG/Tag Maternaltoxizität, erhöhte Resorptionsraten sowie verringerte Fetengewichte und Missbildungen (Anomalien der Gliedmaßen); eine Dosis von 15 mg/kg KG/Tag war ohne maternal- bzw. entwicklungstoxische Wirkung.

In einer Untersuchung zur akuten Neurotoxizität an Ratten bewirkten Dosierungen von 500 und 1500 mg/kg KG Piloarrektion und verminderte Aktivität; die Dosis ohne toxische Wirkung betrug 100 mg/kg KG.

Lebensmitteltoxikologisch relevante Grenzwerte (vgl. Tab. 29.18)
ADI: 0–0,003 mg/kg KG [38]
Der ADI wurde vom NOAEL (0,3 mg/kg KG/Tag) in einer 2-Jahre-Studie an Ratten mit einem Sicherheitsfaktor von 100 abgeleitet.

Tab. 29.18 Auswahl der in Deutschland gültigen Höchstmengen für Fenpropimorph gemäß RHmV [73].

Wirkstoff	mg/kg	Lebensmittel
Fenpropimorph	10,00	Hopfen
Fenpropimorph	2,00	Bananen
Fenpropimorph	1,00	Erdbeeren, Strauchbeerenobst, Kleinfrüchte und Beeren
Fenpropimorph	0,50	Gerste, Hafer, Porree, Roggen, Rosenkohl, Triticale, Weizen
Fenpropimorph	0,10	Tee
Fenpropimorph	0,05	andere pflanzliche Lebensmittel

Chronische Referenzdosis: 0,1 mg/kg KG [104]
Die chronische Referenzdosis wurde vom NOAEL (0,3 mg/kg KG/Tag) in einer 2-Jahre-Studie an Ratten mit einem Sicherheitsfaktor von 100 abgeleitet.

ARfD: 0,2 mg/kg KG [58]
Die ARfD wurde vom NOAEL für embryo- und fetotoxische Effekte (15 mg/kg KG/Tag) in den Entwicklungstoxizitätsstudien an Kaninchen mit einem Sicherheitsfaktor von 100 abgeleitet.

ARfD: nicht erforderlich [104]
Die Ableitung einer ARfD wurde von der US EPA als nicht erforderlich angesehen, da der Wirkstoff eine geringe akute Toxizität zeigte und keine Anhaltspunkte vorlagen, dass schwerwiegende Gesundheitsschäden schon bei einmaliger Exposition ausgelöst werden könnten.

29.12
Hydroxyanilide

Zur Gruppe der Hydroxyanilide gehört der Wirkstoff Fenhexamid, der erst Ende der 1990er Jahre im Pflanzenschutz eingeführt wurde. Hydroxyanilide hemmen das Enzym Sterol-3-Ketoreduktase, das für die C4-Demethylierung bei der Sterol-Biosynthese notwendig ist [24, 78].

29.12.1
Fenhexamid

Der Wirkstoff Fenhexamid hat die chemische Bezeichnung 2′,3′-Dichlor-4′-hydroxy-1-methylcyclohexancarboxanilid (IUPAC). Fenhexamid wird seit Ende der 1990er Jahre als systemisches Blattfungizid mit protektiver Wirkung bevorzugt gegen *Botrytis cinerea* und *Monilia*-Arten im Gemüse-, Obst- und Weinbau angewendet [5, 70, 78]. Die folgenden toxikologischen Angaben beziehen sich auf publizierte Daten der EU, der WHO und der US EPA [9, 65, 97].

Aufnahme, Verteilung, Metabolismus und Ausscheidung
Fenhexamid wurde nach oraler Verabreichung an Ratten rasch und zu mehr als 97% absorbiert und innerhalb von 48 Stunden nahezu vollständig ausgeschieden, hauptsächlich über die Faeces (62–81%) und zu geringen Anteilen über den Urin (15–36%). Die in der Galle sezernierten Glucuronsäure-Konjugate des Wirkstoffes (etwa 60% der verabreichten Dosis nach einer Stunde bzw. mehr als 97% nach 48 Stunden) wurden nach Hydrolyse im Gastrointestinaltrakt zum großen Teil reabsorbiert (enterohepatischer Kreislauf). Die höchsten Rückstände wurden in Niere und Leber nachgewiesen; es gab keine Hinweise auf eine Anreicherung des Wirkstoffes im Organismus. Die Metabolisierung von Fenhexamid erfolgte hauptsächlich durch Konjugation der aromatischen Hydroxylgruppe mit Glucuronsäure, in geringerem Umfang auch durch Hydroxylierung an der 2-, 3- und 4-Position im Cyclohexylring und anschließende Konjugation mit Glucuron- und Schwefelsäure. In den Ausscheidungen wurden hauptsächlich Fenhexamid und das Glucuronsäure-Konjugat des Wirkstoffes (62–75% bzw. 4–23% der verabreichten Dosis) gefunden.

Toxikologische Bewertung des Wirkstoffes
Nach akuter oraler Verabreichung zeigte Fenhexamid eine geringe Toxizität, die LD_{50} bei Ratten war größer als 5000 mg/kg KG. Bis zur höchsten geprüften Dosis von 5000 mg/kg KG wurden weder Todesfälle noch klinische Symptome beobachtet.

Nach subchronischer Verabreichung von Fenhexamid waren bei Ratten und Mäusen vor allem Wirkungen auf Leber (Organgewicht erhöht/erniedrigt; AP, ALT, Cholesterin erhöht; Proliferation der Kupfer-Zellen) und/oder Nieren (Organgewicht erniedrigt; Kreatinin erhöht; Tubulonephrose) und bei Hunden auf die Erythrozyten (vermehrtes Vorkommen von Heinz-Körperchen; Hämolyse; Hämoglobin und Erythrozytenzahl erniedrigt) und Nebennieren (Organgewicht erhöht; intrazytoplasmatische Vakuolisierung der Nebennierenrinde) festzustellen. Die niedrigste relevante Dosis ohne schädlichen Effekt betrug etwa 17 mg/kg KG/Tag (entspricht einer Konzentration von 500 mg/kg im Futter) in der 52-Wochen-Studie an Hunden, toxische Wirkungen wurden ab einer Dosis von 124 mg/kg KG/Tag beobachtet.

In vitro-Kurzzeittests an Bakterien und Säugerzellen sowie in vivo-Kurzzeittests an Säugern ergaben keine Anhaltspunkte für erbgutverändernde Eigenschaften von Fenhexamid.

Zielorgan der toxischen Wirkung nach chronischer oraler Verabreichung von Fenhexamid an Mäuse war – wie in den Kurzzeitstudien – die Niere (Nierengewicht erniedrigt; Kreatinin erhöht; vermehrte Basophilie der kortikalen Tubuli), während bei Ratten vor allem verminderte Körpergewichtszunahme und Futterverwertung, gesteigerte extramedulläre Hämatopoese, Knochenmarkhyperplasie und Schleimhaut-Hyperplasie des Caecum festzustellen waren. Die niedrigste relevante Dosis ohne schädlichen Effekt betrug 28 mg/kg KG/Tag (entspricht einer Konzentration von 500 mg/kg im Futter) in der Studie über 24 Monate an

Ratten; toxische Wirkungen wurden ab einer Dosis von 292 mg/kg KG/Tag beobachtet.

Die Prüfungen auf Kanzerogenität in Langzeitstudien an Ratten und Mäusen erbrachten keine Hinweise auf krebserzeugende Eigenschaften von Fenhexamid.

In einer 2-Generationenstudie an Ratten hatte die höchste Dosis von 1814 mg/kg KG/Tag (entspricht einer Konzentration von 20 000 mg/kg im Futter) keine schädlichen Auswirkungen auf die Reproduktionsparameter, während Dosierungen ab 406 mg/kg KG/Tag zu Leber- und Nierenfeffekten bei den Elterntieren und zu verringerten Körpergewichten der Nachkommen führten. Eine Dosis von 38 mg/kg KG/Tag (entspricht einer Konzentration von 500 mg/kg im Futter) war ohne schädlichen Effekt.

In der Studie zur Entwicklungstoxizität (Embryotoxizität, Teratogenität) an Ratten hatte eine Dosis von 2000 mg/kg KG/Tag weder nachteilige Effekte auf die Muttertiere noch auf die Entwicklung der Nachkommen.

In der Studie zur Entwicklungstoxizität an Kaninchen bewirkte die höchste Dosis von 1000 mg/kg KG/Tag Maternaltoxizität und bei den Nachkommen verminderte Körpergewichte und verzögerte Ossifikation; eine Dosis von 100 bzw. 300 mg/kg KG/Tag war ohne maternal- bzw. entwicklungstoxische Wirkung.

Eine Untersuchung zur akuten Neurotoxizität an Ratten mit Dosierungen bis zu 2000 mg/kg KG ergab keine Hinweise auf neurotoxische Wirkungen von Fenhexamid.

Lebensmitteltoxikologisch relevante Grenzwerte (vgl. Tab. 29.19)
ADI: 0–0,2 mg/kg KG [9, 65]
Der ADI wurde vom NOAEL (17 mg/kg KG/Tag) in einer 1-Jahr-Studie an Hunden mit einem Sicherheitsfaktor von 100 abgeleitet.

Chronische Referenzdosis: 0,17 mg/kg KG [97]
Die chronische Referenzdosis wurde vom NOAEL (17 mg/kg KG/Tag) in einer 1-Jahr-Studie an Hunden mit einem Sicherheitsfaktor von 100 abgeleitet.

Tab. 29.19 Auswahl der in Deutschland gültigen Höchstmengen für Fenhexamid gemäß RHmV [73].

Wirkstoff	mg/kg	Lebensmittel
Fenhexamid	30,00	Salat
Fenhexamid	10,00	Kiwis, Strauchbeerenobst
Fenhexamid	5,00	Aprikosen, Erdbeeren, Kirschen, Kleinfrüchte und Beeren, Pfirsiche, Trauben
Fenhexamid	2,00	Paprika
Fenhexamid	1,00	Auberginen, Cucurbitaceen mit genießbarer Schale, Pflaumen, Tomaten
Fenhexamid	0,10	Hopfen, Ölsaat, Tee
Fenhexamid	0,05	andere pflanzliche Lebensmittel

ARfD: nicht erforderlich [9, 65, 97]
Die Ableitung einer ARfD wurde als nicht erforderlich angesehen, da der Wirkstoff eine geringe akute Toxizität zeigte und keine Anhaltspunkte vorlagen, dass schwerwiegende Gesundheitsschäden schon bei einmaliger Exposition ausgelöst werden könnten.

29.13
Dithiocarbamate

Schwefelanaloge von Kohlensäurederivaten gehören zu den wichtigsten Fungiziden im Pflanzenschutz, heutzutage werden vor allem Ester und Salze der Dithiocarbamidsäure (Dithiocarbamate) und Thiuramdisulfide eingesetzt. Schwefelkohlenstoff (CS_2), das Anhydrid der Dithiokohlensäure, wurde bereits 1872 als Insektizid zur Bekämpfung der Reblaus angewendet und zeigt auch eine fungizide Wirkung, fand jedoch aufgrund seiner leichten Entflammbarkeit und Flüchtigkeit und seiner Toxizität keine Verbreitung. Erst mit der Einführung der als Vulkanisationsbeschleuniger für Kautschuk entwickelten Dithiocarbamidsäure-Derivate Thiram und Ziram in den 1930er Jahren begann die großtechnische Produktion von schwefelhaltigen organischen Fungiziden und ihre weltweite Anwendung im Pflanzenschutz [26, 67, 74]. In der Medizin sind Dithiocarbamidsäure-Derivate zur Behandlung parasitärer Erkrankungen und des Alkoholismus eingesetzt worden [75].

Dithiocarbamate werden durch Reaktion von sekundären Monoaminen und Diaminen mit Schwefelkohlenstoff und darüber hinaus mit verschiedenen Metallsalzen (Fe, Na, Mn, Zn) hergestellt. Das Wirkungsoptimum liegt bei Dithiocarbamaten mit zwei Methylgruppen am Stickstoff, Kettenverlängerung über zwei Kohlenstoffe hinaus führt zu Wirkungsverlust. Dithiocarbamate sind protektiv wirksame Blattfungizide, die in den zu bekämpfenden Pilzen mit den SH-Gruppen von Enzymen reagieren sowie metallhaltige Enzyme durch Komplexbildung inaktivieren. Die Folge ist im Wesentlichen eine Hemmung der ATP-Produktion und der Lipidsysnthese [67].

Im Säugerorganismus hemmen Dithiocarbamate in hohen Dosen ebenfalls SH-Gruppen und Metalle (Fe, Zn, Cu) enthaltende Enzyme, wie beispielsweise Dopamin-β-Hydrolase, Xanthin-Oxidase, Cytochrom-Oxidase, Succinat-Dedydrogenase, ATPase, Glucose-6-phosphat-Dehydrogenase und Hexokinase. Die Alkohol- und besonders die Acetaldehyd-Dehydrogenase werden durch die meisten Alkyldithiocarbamate und Thiuramdisulfide gehemmt (Antabus-Effekt). Über die einzelnen Enzyme greifen Dithiocarbamate in die Katecholaminsynthese und den Fremdstoffmetabolismus ein. Die thyreoidale Peroxidase wird durch Metaboliten der Alkyl-bis-dithiocarbamate, insbesondere Ethylenthioharnstoff (ETU) und Propylenthioharnstoff (PTU), gehemmt. Daraus resultieren erniedrigte Schilddrüsenhormonkonzentrationen im Blut, die negativ rückkoppelnd zur Stimulation der Adenohypophyse und damit zur vermehrten Ausschüttung von Thyreotropin (TSH) führen [1, 20, 27, 76].

29.13.1
Alkylen-bis-dithiocarbamate

Die Gruppe der Alkylen-bis-dithiocarbamate umfasst die Ethylen-bis-dithiocarbamate mit den Wirkstoffen *Mancozeb* (chemische Bezeichnung: Mangan-ethylen-bis(dithiocarbamat)-polymerkomplex mit Zinksalz; IUPAC), *Maneb* (chemische Bezeichnung: Mangan ethylenbis(dithiocarbamat) polymer; IUPAC), *Metiram* (chemische Bezeichnung: Tris(aminozink(II)-ethylenbis(dithiocarbamat))tetrahydro-1,2,4,7-dithiazocin-3,8-dithion , Polymer; IUPAC) und *Zineb* (chemische Bezeichnung: Zink ethylenbis(dithiocarbamat) polymer; IUPAC) sowie die Propylen-bis-dithiocarbamate mit dem Wirkstoff *Propineb* (chemische Bezeichnung: Zink propylenbis(dithiocarbamat) polymer; IUPAC).

Alkylen-bis-dithiocarbamate sind protektiv wirksame Blattfungizide, die im Ackerbau, im Gemüsebau, im Obstbau, im Weinbau und im Hopfenbau, aber auch in nicht rückstandsrelevanten Kulturen (Forst, Zierpflanzen) angewendet werden [5, 70, 78]. Die folgenden toxikologischen Angaben beziehen sich auf publizierte Daten der EU und der WHO [15, 17–19, 33–37, 62].

Aufnahme, Verteilung, Metabolismus und Ausscheidung
Alkylen-bis-dithiocarbamate wurden bei Ratten nach oraler Gabe nur unvollständig absorbiert, d. h. je nach Wirkstoff zwischen etwa 10–30% (Zineb) und etwa 50–70% (Propineb). Es erfolgte eine rasche Verteilung im Organismus, die höchsten Konzentrationen wurden in Schilddrüse, Niere, Leber und Lunge gefunden. Die Ausscheidung der Alkylen-bis-dithiocarbamate erfolgte bei Ratten nach oraler Verabreichung nahezu vollständig innerhalb von 24–72 Stunden, wobei der absorbierte Anteil hauptsächlich über den Urin und zu weniger als 10% biliär und über die Atemluft eliminiert wurde. Der mit den Faeces ausgeschiedene Anteil beträgt je nach Substanz etwa 30–70% der verabreichten Dosis und enthält überwiegend den nicht resorbierten, unveränderten Wirkstoff. Der absorbierte Anteil wurde vollständig metabolisiert. Das toxikologisch bedeutsamste Abbauprodukt der Ethylen-bis-dithiocarbamate war Ethylenthioharnstoff (ETU), daneben wurden Ethylenharnstoff, Ethylen-bis-isothiocyanatsulfid, Ethylendiamin und Schwefelkohlenstoff gebildet. Das toxikologisch bedeutsamste Abbauprodukt von Propineb war Propylenthioharnstoff (PTU), daneben waren Propylenharnstoff, Propylendiamin und 4-Methylimidazolin nachweisbar.

Toxikologische Bewertung der Wirkstoffe
Alkylen-bis-dithiocarbamate besitzen eine geringe akute Toxizität, bei Ratten war die orale LD_{50} größer als 5000 mg/kg KG. Klinische Symptome wie Diarrhö, Apathie, erschwerte Atmung, Ataxie und Krämpfe traten bei Dosierungen >2000 mg/kg KG und Mortalität bei Dosierungen ab 4000 mg/kg KG auf.

Die subchronische und chronische Toxizität der Alkylen-bis-dithiocarbamate im Tierversuch wurde vorrangig durch die Metaboliten Ethylenthioharnstoff (ETU) bzw. Propylenthioharnstoff (PTU) bestimmt, die auch als Verunreinigung der Wirkstoffe vorkommen können. Die durch ETU bzw. PTU bewirkte Hemmung der Thyroxinsynthese führte zur Abnahme der Schilddrüsenhormone (T3, T4) im Blut und zur vermehrten Ausschüttung von Thyreotropin (TSH), die eine Hyperplasie der Schilddrüse zur Folge hatte. Nach Verabreichung von Ethylen-bis-dithiocarbamaten traten die Effekte auf die Schilddrüse bei Ratten und Hunden bei Dosierungen ab etwa 15–25 mg/kg KG/Tag auf; die relevanten Dosierungen ohne Wirkung lagen bei etwa 3–5 mg/kg KG/Tag in den Studien an Ratten und bei etwa 2,5–7 mg/kg KG/Tag in den Studien an Hunden.

Nach Verabreichung von Propineb waren die o.a. Wirkungen auf die Schilddrüse an Ratten bereits bei Dosierungen ab etwa 4 mg/kg KG/Tag und an Hunden bei Dosierungen ab 46 mg/kg KG/Tag festzustellen. Die NOAELs betrugen 0,74 mg/kg KG/Tag in den Studien an Ratten und 4,3 mg/kg KG/Tag in den Studien an Hunden.

Für einige Ethylen-bis-dithiocarbamate liegen zwar vereinzelte positive Ergebnisse aus Mutagenitätstests an Bakterien und Säugerzellen vor, aus der überwiegenden Zahl der In-vitro-Tests sowie den internationalen Standards entsprechenden in vivo-Kurzzeittests an Säugern ergeben sich jedoch keine Anhaltspunkte für erbgutverändernde Eigenschaften der Alkylen-bis-dithiocarbamate.

Die Prüfung auf krebserzeugende Eigenschaften im Langzeit-Tierversuch ergab, dass Mancozeb-Dosierungen von ca. 30–40 mg/kg KG eine Zunahme von Schilddrüsentumoren bei Ratten und Maneb-Dosierungen von ca. 350 mg/kg KG/Tag eine Zunahme von Lebertumoren bei Mäusen bewirken können, während Metiram und Zineb keine kanzerogene Wirkung bei Ratte und Maus zeigten. Der Metabolit ETU führte bereits in Dosierungen von ca. 4 mg/kg Körpergewicht zu einem vermehrten Auftreten von Schilddrüsentumoren bei Ratten und ist damit als toxikologisch bedeutsamstes Abbauprodukt der Ethylen-bis-dithiocarbamate anzusehen. Probineb und sein Hauptmetabolit PTU bewirkten in Dosierungen von ca. 50 mg/kg KG/Tag eine Zunahme von Schilddrüsentumoren bei Ratten, während PTU bei Mäusen eine Zunahme von Lebertumoren auslöste. Die kanzerogene Wirkung von ETU bzw. PTU wird jedoch als nicht relevant für den Menschen angesehen, da die Tumorentstehung auf einem sekundären Wirkungsmechanismus (Überlastung eines hormonellen Wirkungskreises bzw. des Fremdstoffmetabolismus) beruht, der erst bei Dosierungen weit oberhalb der zu erwartenden Exposition von Anwender oder Verbraucher zum Tragen kommt.

In den Mehrgenerationsstudien bewirkten für die Elterntiere toxische Dosierungen von Mancozeb bzw. Maneb (ca. 70 bzw. 100 mg/kg KG/Tag) erniedrigte Körpergewichte der Nachkommen, während Metiram-Dosierungen bis ca. 21 mg/kg KG/Tag keine toxischen Effekte bei den Nachkommen auslösten. Der NOAEL für reproduktions- bzw. parental-toxische Effekte betrug für Mancozeb 7 mg/kg KG/Tag, für Maneb etwa 20 bzw. 5 mg/kg KG/Tag und für Metiram etwa 20 bzw. 2 mg/kg KG/Tag.

Propineb-Dosierungen ab etwa 10 mg/kg KG/Tag führten bei den Elterntieren zu klinischen Symptomen (Lähmung der Hintergliedmaßen) und zur Abnahme der Fertilität sowie zu einer leichten Erniedrigung der Nachkommenzahl; der NOAEL betrug 3 mg/kg KG/Tag.

In den Studien zur Entwicklungstoxizität traten bei Ratten nach hohen, maternaltoxischen Mancozeb- oder Maneb-Dosierungen (≥500 mg/kg KG/Tag) vermehrt Fehlbildungen am Skelett- und Nervensystem auf, niedrigere maternaltoxische Dosierungen führten zu erhöhter pränataler Mortalität. Der NOAEL für entwicklungstoxische Effekte betrug 60 mg/kg KG/Tag für Mancozeb und 100 mg/kg KG/Tag für Maneb.

Der Metabolit ETU bewirkte bei Ratten bereits in nicht maternaltoxischen Dosierungen von 10 mg/kg KG/Tag vermehrt Fehlbildungen am Skelett- und Nervensystem, während diese Effekte beim Hamster erst bei deutlich höheren Dosierungen auftraten.

Propineb löste bei Ratten in maternaltoxischen Dosierungen von 100 mg/kg Körpergewicht vermehrt Fehlbildungen am Skelettsystem aus, während der Metabolit PTU bei maternaltoxischen Dosierungen von 50 mg/kg KG/Tag eine Zunahme der Fehlbildungen des Skelett- und Nervensystems bewirkte. Der NOAEL für maternal- bzw. entwicklungstoxische Effekte von Propineb betrug 10 bzw. 30 mg/kg KG/Tag.

In einer subchronischen Studie mit Mancozeb an Ratten wurden bei hohen Dosierungen (ca. 350 mg/kg Körpergewicht) neben anderen toxischen Effekten Lähmungen der hinteren Extremitäten und bei Dosierungen von ca. 50 mg/kg Körpergewicht degenerative Veränderungen des peripheren Nervensystems festgestellt.

In der Produktion von Mancozeb tätige Personen zeigten jedoch auch nach langjähriger Exposition keine Hinweise auf eine Beeinträchtigung der Schilddrüsenfunktion. Demgegenüber wurden bei Personen, die in der Herstellung von Zineb tätig waren, nach mehrjähriger Exposition klinische Befunde erhoben, die auf eine Beeinträchtigung des Katecholamin-Metabolismus hinweisen.

Lebensmitteltoxikologisch relevante Grenzwerte (vgl. Tab. 29.20)
Ethylen-bis-dithiocarbamate
ADI: 0–0,03 mg/kg KG [33–35, 37]
Der ADI wurde als „Gruppen-ADI" (d.h. für Mancozeb, Maneb, Metiram und Zineb; einzeln oder in Kombination) vom NOAEL (2,5 mg/kg KG/Tag) in einer 1-Jahr-Studie an Hunden mit dem Wirkstoff Metiram mit einem Sicherheitsfaktor von 100 abgeleitet.

Mancozeb
ADI: 0–0,05 mg/kg KG [17]
Der ADI wurde vom NOAEL (4,8 mg/kg KG/Tag) in einer Langzeitstudie an Ratten mit einem Sicherheitsfaktor von 100 abgeleitet.

Tab. 29.20 Auswahl der in Deutschland gültigen Höchstmengen für Dithiocarbamate gemäß RHmV [73].

Wirkstoff	mg/kg	Lebensmittel
Dithiocarbamate	25,00	Hopfen
Dithiocarbamate	5,00	Johannisbeeren, frische Kräuter, Oliven, Salatarten, Stachelbeeren, Zitrusfrüchte
Dithiocarbamate	3,00	Kernobst, Porree, Tomaten
Dithiocarbamate	2,00	Aprikosen, Einlegegurken, Erdbeeren, Gerste, Grünkohl, Hafer, Pfirsiche, Radieschen, Rettich, Solanaceen außer Tomaten, Trauben, Zucchini
Dithiocarbamate	1,00	Blumenkohle, Bohnen mit Hülsen (frisch), Erbsen mit Hülsen (frisch), Frühlingszwiebeln, Kirschen, Kopfkohle, Pflaumen, Roggen, Weizen
Dithiocarbamate	0,50	Blattkohle außer Grünkohl, Cucurbitaceen mit ungenießbarer Schale, Gurken außer Einlegegurken, Knoblauch, Rapssamen, Schalotten, Speisezwiebeln, Stangensellerie
Dithiocarbamate	0,30	Brunnenkresse
Dithiocarbamate	0,20	Chicorée, Karotten, Knollensellerie, Schwarzwurzeln
Dithiocarbamate	0,10	Bohnen ohne Hülsen (frisch), Erbsen ohne Hülsen (frisch), Kartoffeln, Kohlrabi, Ölsaat außer Rapssamen, Schalenfrüchte, Tee, teeähnliche Erzeugnisse
Dithiocarbamate	0,05	andere pflanzliche Lebensmittel

ARfD: 0,6 mg/kg KG [17]
Die ARfD wurde vom NOAEL für entwicklungstoxische Effekte (60 mg/kg KG/Tag) in einer Entwicklungstoxizitätsstudie an Ratten mit einem Sicherheitsfaktor von 100 abgeleitet.

Maneb
ADI: 0–0,05 mg/kg KG [18]
Der ADI wurde vom NOAEL (ca. 5 mg/kg KG/Tag) in einer Mehrgenerationenstudie sowie einer subchronischen Studie an Ratten mit einem Sicherheitsfaktor von 100 abgeleitet.

ARfD: 1 mg/kg KG [18]
Die ARfD wurde vom NOAEL für entwicklungstoxische Effekte (100 mg/kg KG/Tag) in einer Entwicklungstoxizitätsstudie an Ratten mit einem Sicherheitsfaktor von 100 abgeleitet.

Metiram
ADI: 0–0,03 mg/kg KG [19]
Der ADI wurde vom NOAEL (3,1 mg/kg KG/Tag) in einer Langzeitstudie an Ratten mit einem Sicherheitsfaktor von 100 abgeleitet.

ARfD: nicht erforderlich [19]
Die Ableitung einer ARfD wurde als nicht erforderlich angesehen, da der Wirkstoff eine geringe akute Toxizität zeigte und keine Anhaltspunkte vorlagen, dass schwerwiegende Gesundheitsschäden schon bei einmaliger Exposition ausgelöst werden könnten.

Propineb
ADI: 0–0,007 mg/kg KG [15, 36]
Der ADI wurde vom NOAEL (0,74 mg/kg KG/Tag) in einer subchronischen Studie an Ratten mit einem Sicherheitsfaktor von 100 abgeleitet.

ARfD: 0,1 mg/kg KG [15]
Die ARfD wurde vom NOAEL für maternaltoxische Effekte (10 mg/kg KG/Tag) in einer Entwicklungstoxizitätsstudie an Ratten mit einem Sicherheitsfaktor von 100 abgeleitet.

„Interim ARfD": 0,1 mg/kg KG [62]
Von der WHO wurde eine „interim ARfD" vom NOAEL für maternaltoxische Effekte (10 mg/kg KG/Tag) in einer Entwicklungstoxizitätsstudie an Ratten mit einem Sicherheitsfaktor von 100 abgeleitet.

29.13.2
Dimethyldithiocarbamate

Zu den als Fungizide eingesetzten Dimethyldithiocarbamaten gehören die Wirkstoffe *Ferbam* (chemische Bezeichnung: Eisen-tris(dimethyldithiocarbamat); IUPAC) und *Ziram* (chemische Bezeichnung: Zink-bis(dimethyldithiocarbamat); IUPAC). Dimethyldithiocarbamate sind protektiv wirksame Blattfungizide. Während Ziram bevorzugt im Gemüsebau, im Obstbau, im Weinbau und auch als Repellent angewendet wird, findet Ferbam vorwiegend im Obstbau Verwendung [70, 78]. Die folgenden toxikologischen Angaben beziehen sich auf publizierte Daten der WHO [45, 46] und die Bewertung der EU für Ziram [71].

Aufnahme, Verteilung, Metabolismus und Ausscheidung
Dimethyl-dithiocarbamate wurden bei Ratten nach oraler Gabe nur unvollständig absorbiert, d.h. je nach Wirkstoff zwischen etwa 45% (Ferbam) und etwa 70% (Ziram). Es erfolgte eine rasche Verteilung in verschiedene Organe, die höchsten Konzentrationen wurden in Blut, Leber, Niere und Muskulatur gefunden. Die Ausscheidung erfolgte bei Ratten nach oraler Verabreichung nahezu vollständig innerhalb von 48 Stunden, wobei der absorbierte Anteil hauptsächlich über die Atemluft und den Urin und nur zu weniger als 2% biliär eliminiert wird. Die absorbierten Wirkstoffanteile wurden vollständig metabolisiert; als bedeutsamste Abbauprodukte wurden in der Atemluft Schwefelkohlenstoff und im Urin Sulfat, ein Dimethylaminsalz und das Glucuronsäure-Konjugat von Dimethyldithiocarbamat gefunden.

Toxikologische Bewertung des Wirkstoffes

Bei oraler Aufnahme zeigten die Dimethyl-dithiocarbamate eine mittlere bzw. geringe akute Toxizität, die orale LD_{50} bei Ratten betrug etwa 200–400 mg/kg KG für Ziram bzw. mehr als 4000 mg/kg KG für Ferbam. Als klinische Symptome traten im Tierversuch u.a. Ataxie, Lethargie, Dyspnoe und Ptosis auf. Beim Menschen führten hohe orale Ziram-Dosen zu zentralnervösen Symptomen wie Schwindel, Erbrechen, Kopfschmerzen, Ataxie und Krämpfen.

Nach subchronischer oraler Verabreichung von Ziram an Ratten und Hunde wurde bei Dosierungen ab etwa 15 bzw. 7 mg/kg KG/Tag insbesondere eine Schädigung der Leber festgestellt, die mit Veränderungen klinisch-chemischer Merkmalswerte (AP, ALT, AST, Cholesterin, Albumin) und mit morphologischen Veränderungen (Gewichtszunahme, Leberzelldegeneration und -nekrosen) verbunden waren. Orale Ziram- bzw. Ferbam-Dosierungen von etwa 40 bzw. 25 mg/kg KG/Tag lösten bei Hunden Krämpfe aus. Der niedrigste NOAEL für subchronische Wirkungen betrug 1,6 mg/kg KG/Tag für Ziram bzw. 5 mg/kg KG/Tag für Ferbam und wurde in den 1-Jahr-Studien an Hunden ermittelt.

Mutagenitätstests an Bakterien zeigten für Ferbam ein negatives Ergebnis, während Ziram in Bakterien Genmutationen und in Säugerzellen Chromosomenaberrationen induzierte. Internationalen Standards entsprechende in vivo-Kurzzeittests an Säugern ergaben jedoch keine Anhaltspunkte für erbgutverändernde Eigenschaften von Ziram in Somazellen (Knochenmark, Leber) und Keimzellen.

Die chronische Ziram-Exposition verursachte bei Ratten in Dosierungen ab etwa 3 mg/kg KG/Tag eine Epithel-Hyperplasie in Schilddrüse und Magen sowie eine Abnahme der Erythrozytenzahl und eine Hämosiderose der Milz, bei höheren Dosierungen traten außerdem degenerative Veränderungen in Leber, Nebenniere, Pankreas und Skelettmuskulatur sowie eine Hyperplasie des C-Zell-Systems auf. Bei Mäusen bewirkten chronische Ziram-Dosierungen eine Hyperplasie der Leberzellen (ab 3 mg/kg KG/Tag) und des Harnblasenepithels (ab 27 mg/kg KG/Tag). In der Langzeitstudie mit Ferbam an Ratten führten hohe Dosierungen (125 mg/kg KG/Tag) zu erhöhter Mortalität, neurologischen Symptomen, cystischen Veränderungen des Gehirns und Hodenatrophie. Der niedrigste NOAEL für chronische Effekte war <2,5 mg/kg KG/Tag (bzw. 0,56 mg/kg KG/Tag in einer anderen, für das Bewertungsverfahren in der EU vorgelegten Studie) für Ziram bzw. 12 mg/kg KG/Tag für Ferbam und wurde in den Langzeitstudien an Ratten ermittelt.

Neuere, internationalen Standards entsprechende Langzeit-Tierversuche an Ratten und Mäusen ergaben keine Hinweise auf eine kanzerogene Wirkung von Ziram, in einer älteren Studie an Ratten traten jedoch bei Dosierungen ab 11 mg/kg KG/Tag vermehrt Tumoren des C-Zell-Systems auf. Für Ferbam erbrachte die Langzeitstudie an Ratten keine Hinweise auf kanzerogene Wirkung.

In der 2-Generationenstudie zur Reproduktionstoxizität mit Ziram wurden keine spezifischen schädlichen Auswirkungen auf die Fruchtbarkeit und auf die Entwicklung der Nachkommen festgestellt; die höchste Dosierung von 25 mg/kg KG/Tag bewirkte jedoch eine verminderte Körpergewichtszunahme der Elterntiere und der Nachkommen. Der NOAEL betrug 10 mg/kg KG/Tag.

In den Studien zur Entwicklungstoxizität an Ratten führten maternaltoxische Ziram-Dosierungen von 64 mg/kg KG/Tag zu kleineren Feten, während Dosierungen ab 16 mg/kg KG/Tag Anomalien des Zwerchfells induzierten. Der NOAEL für maternal- und entwicklungstoxische Wirkungen betrug 4 mg/kg KG/Tag.

In den Studien zur Entwicklungstoxizität an Kaninchen führten maternaltoxische Ziram-Dosierungen von 15 mg/kg KG/Tag zu erhöhter pränataler Mortalität und zu kleineren Feten; der NOAEL für maternal- und entwicklungstoxische Wirkungen betrug 7,5 mg/kg KG/Tag.

Bei Mäusen führten ein- bzw. fünfmalige intraperitoneale Ziram-Dosen von 50 bzw. 25 mg/kg KG/Tag sowie fünfmalige orale Ferbam-Dosen von 1000 mg/kg KG/Tag zu einer Zunahme an abnormen Spermien, während fünfmalige orale oder intraperitoneale Ferbam-Dosen von 500 mg/kg KG/Tag keine schädlichen Auswirkungen auf die Spermienqualität hatten.

Neurotoxizitätsuntersuchungen an Ratten ergaben, dass eine akute orale Ziram-Dosis von 300 mg/kg KG neben anderen toxischen Effekten zu Bewegungsstörungen und verminderter motorischer Aktivität führt. Subchronische orale Ziram-Dosen von 34–40 mg/kg KG/Tag hatten eine Hemmung der neurotoxischen Esterase im Gehirn zur Folge.

Lebensmitteltoxikologisch relevante Grenzwerte
ADI: 0–0,003 mg/kg KG [45, 46]
Der ADI wurde als „Gruppen-ADI" (d.h. für *Ferbam und Ziram*, einzeln oder in Kombination) vom LOAEL (2,5 mg/kg KG/Tag) in einer Langzeitstudie an Ratten mit Ziram und einem erhöhten Sicherheitsfaktor von 1000 abgeleitet.

ADI: 0–0,006 mg/kg KG [2, 71]
Der ADI für *Ziram* wurde in der EU vom NOAEL (0,56 mg/kg KG/Tag) in einer Langzeitstudie an Ratten mit einem Sicherheitsfaktor von 100 abgeleitet.

ARfD: 0,04 mg/kg KG [2, 71]
Die ARfD für *Ziram* wurde in der EU vom NOAEL für embryo- und fetotoxische Effekte (4 mg/kg KG/Tag) in einer Entwicklungstoxizitätsstudie an Ratten mit einem Sicherheitsfaktor von 100 abgeleitet.

29.14
Phthalimide

Mit Captan wurde im Jahr 1949 der erste Wirkstoff aus der Gruppe der Phthalimide im Pflanzenschutz eingeführt, die Substanzen Folpet und Captafol kamen erstmals Anfang der 1950er bzw. 1960er Jahre als kurativ wirksame Blattfungizide, insbesondere für die Bekämpfung der Venturia-Arten (Schorf-Krankheiten) im Kernobstbau und des falschen Mehltaus der Reben im Weinbau zur Anwendung [25, 74, 78]. Die Wirkstoffe reagieren mit SH-Gruppen von Enzymen, insbesondere sind die an der dehydrierenden Decarboxylierung von Pyruvat beteiligten Enzymkomplexe betroffen [20, 25, 76, 107].

Captafolhaltige Pflanzenschutzmittel sind in Deutschland seit Mitte der 1980er Jahre nicht mehr zugelassen, da der Wirkstoff bei Ratten und Mäusen zur Tumorentstehung in mehreren Organen führte und ein genotoxischer Wirkmechanismus nicht ausgeschlossen werden konnte [75].

29.14.1
Folpet

Der Wirkstoff Folpet hat die chemische Bezeichnung N-(Trichlormethylthio)phthalimid (IUPAC). Folpet ist ein Blattfungizid mit protektiver Wirkung, das bevorzugt im Weinbau, im Gemüsebau, im Obstbau und im Hopfenbau angewendet wird [5, 70, 78]. Die folgenden toxikologischen Angaben beziehen sich auf publizierte Daten der WHO und der US EPA [42, 60, 98, 102] sowie einen Handbuchbeitrag [25].

Aufnahme, Verteilung, Metabolismus und Ausscheidung
Folpet wurde nach einmaliger oraler Gabe von 10 mg/kg Körpergewicht an Ratten rasch und nahezu vollständig absorbiert und innerhalb von fünf Tagen – bei Ringmarkierung des Wirkstoffes – hauptsächlich mit dem Urin (ca. 90%) und zu ca. 6% mit den Faeces ausgeschieden; bei Markierung der Seitenkette wurden ca. 40% der verabreichten Dosis in der Atemluft nachgewiesen. Nach einmaliger oraler Gabe von 500 mg/kg KG war die Resorption unvollständig (ca. 60%), innerhalb von fünf Tagen wurden ca. 60% mit dem Urin und ca. 40% mit den Faeces (hauptsächlich als unveränderter Wirkstoff) ausgeschieden. Die höchsten Rückstände wurden im Gastrointestinaltrakt, in der Leber und im Blut gefunden, nach fünf Tagen konnten keine Rückstände mehr nachgewiesen werden. Es liegen keine Hinweise auf eine Anreicherung im Organismus vor. Folpet wurde nahezu vollständig metabolisiert, der Abbau erfolgte über Phthalimid und den sehr reaktionsfähigen Metaboliten Thiophosgen ($SCCl_2$). Im Duodenum wurden zwei Stunden nach der Verabreichung von Folpet Disulfonsäure, das Glutathion-Konjugat von Thiophosgen und Thiazolidin gefunden. Im Urin wurden hauptsächlich Phthalamidsäure und in geringeren Mengen Phthalimid, Phthalsäure und Hydroxy-Phthalimid nachgewiesen.

Toxikologische Bewertung des Wirkstoffes
Nach akuter oraler Verabreichung zeigte Folpet eine geringe Toxizität, die LD_{50} bei Ratten war größer als 2000 mg/kg KG. Klinische Symptome wie verminderte Aktivität, Atemnot, gesteigerte Tränensekretion, Diarrhö, Krämpfe, fehlende Reflexe und Koma wurden ab einer Dosierung von 1000 mg/kg KG beobachtet.

Nach subchronischer oraler Verabreichung von Folpet an Ratten und Hunde waren die Futteraufnahme und die Körpergewichtszunahme vermindert, bei Ratten wurden außerdem bei Dosierungen ab etwa 400 mg/kg KG/Tag Veränderungen klinisch-chemischer Merkmale (Abnahme von AP, ALT, AST, LDH und Gesamtprotein im Plasma) sowie Hyperkeratose in Ösophagus und Magen festgestellt. Bei Hunden wurden bei Dosierungen ab 790 mg/kg KG/Tag Zeichen akuter Toxizität (Erbrechen, Diarrhö, gesteigerter Speichelfluss), Veränderungen klinisch-chemischer Parameter (Abnahme von Gesamtprotein, Cholesterin, Glucose und Harnstoff im Plasma; Anämie; vermindertes Harnvolumen) sowie diverse makroskopische und mikroskopische Veränderungen der Organe (vermindertes Testesgewicht, tubuläre Testesdegeneration, fehlende Spermatozoen in den Nebenhoden; Atrophie und Fibrose der Prostata und des lymphatischen und blutbildenden Systems, Degeneration der Schilddrüse, Muskeldystrophie) festgestellt. Die niedrigste relevante Dosis ohne schädlichen Effekt betrug 10 mg/kg KG/Tag in der 1-Jahr-Studie an Hunden; toxische Wirkungen (Futteraufnahme, Körpergewicht, klinisch-chemische Parameter) traten ab einer Dosis von 60 mg/kg KG/Tag auf.

Zielorgane der toxischen Wirkung nach chronischer oraler Verabreichung von Folpet an Ratten und Mäuse waren Magen und Dünndarm (Hyperkeratose der Ösophagus- und Magen-Schleimhaut; Ödeme, entzündliche Zellinfiltrate und Geschwüre im Magen; Hyperplasie der Duodenum- und Jejunum-Schleimhaut), außerdem waren die Futteraufnahme und das Körpergewicht vermindert und die Mortalität erhöht. Die niedrigste relevante Dosis ohne schädlichen Effekt betrug ca. 10 mg/kg KG/Tag in den Langzeitstudien an Ratten; Substanzwirkungen (Abnahme der Futteraufnahme und des Körpergewichts) traten ab einer Dosierung von ca. 25 mg/kg KG/Tag auf.

Die Prüfung auf Kanzerogenität in der Langzeitstudie an Fischer-344-Ratten ergab bei den Tieren der höchsten Dosisgruppe von ca. 100 mg/kg KG/Tag eine geringfügig erhöhte Inzidenz von Schilddrüsen-Adenomen, gutartigen Mamma-Tumoren und malignen Lymphomen, die Häufigkeiten dieser Tumoren lagen jedoch im Bereich der historischen Kontrollen. In der Langzeitstudie an Crl:CD(SD)BR-Ratten führten Dosierungen von bis zu ca. 160 mg/kg KG/Tag nicht zu erhöhten Tumorinzidenzen.

In den Langzeitstudien an Mäusen traten ab einer Dosierung von ca. 150 mg/kg KG/Tag bei beiden Geschlechtern Magen-Papillome, Adenome und Karzinome des Duodenums und bei männlichen Tieren ab einer Dosierung von ca. 1800 mg/kg KG/Tag Magen- und Jejunum-Karzinome auf. Als NOAEL für die kanzerogene Wirkung wurde eine Dosis von ca. 47 mg/kg KG/Tag ermittelt, während als NOAEL für die Hyperplasie der Duodenal-Schleimhaut eine Dosis von ca. 16 mg/kg KG/Tag ermittelt wurde.

Kurzzeittests an Bakterien, Hefen und Säugerzellen ergaben Anhaltspunkte für genotoxische Eigenschaften von Folpet unter In-vitro-Bedingungen. Die mutagene Wirkung konnte zumeist durch den Zusatz von Leber-Homogenat (zur metabolischen Aktivierung), Serum, Cystein oder Glutathion vermindert oder aufgehoben werden. In Kurzzeittests an Säugern waren demzufolge keine Anhaltspunkte für genotoxische Eigenschaften von Folpet unter in vivo-Bedingungen festzustellen. Spezielle Untersuchungen zum Wirkungsmechanismus zeigten, dass der reaktive Trichlormethylthio-Anteil von biologischen Thiolen, insbesondere Glutathion, umgesetzt und damit „entgiftet" wurde. Die negativen

Ergebnisse der In-vivo-Tests mit Folpet können auf diesen Schutzmechanismus zurückgeführt werden. Die WHO (1995) kam dementsprechend zu der Schlussfolgerung, dass von Folpet kein signifikantes genotoxisches Risiko ausgehe („folpet does not present a significant genotoxic risk").

Die kanzerogene Wirkung von Folpet bei chronischer oraler Verabreichung ist auf die zytotoxische Wirkung und die dadurch ausgelöste regenerative Zellproliferation im Dünndarm zurückzuführen. Es handelt sich um einen nicht genotoxischen Mechanismus der Kanzerogenese, für den eine Schwellendosis angenommen werden kann. Eine kanzerogene Wirkung von Folpet ist deshalb nicht bei Dosierungen ohne Zytotoxizität und regenerative Zellhyperplasie zu erwarten.

In den 2-Generationenstudie zur Reproduktionstoxizität an Ratten führten Dosierungen ab etwa 240 mg/kg KG/Tag zu verminderten Körpergewichten der Elterntiere und der Nachkommen, während Dosierungen ab etwa 110 mg/kg KG/Tag Hyperkeratose des Epithels in Ösophagus und Magen zur Folge hatten. Es wurden keine schädlichen Auswirkungen auf die Fruchtbarkeit festgestellt. Die niedrigste Dosis ohne schädliche Wirkung betrug etwa 110 mg/kg KG/Tag für systemisch toxische Effekte und etwa 20 mg/kg KG/Tag für lokale Effekte im Verdauungstrakt.

In den Studien zur Entwicklungstoxizität an Ratten zeigten die Muttertiere bei Dosierungen ab 360 mg/kg KG/Tag eine verminderte Futteraufnahme und Körpergewichtszunahme, die Dosis ohne maternaltoxische Wirkung betrug 150 mg/kg KG/Tag. In zwei von drei Studien traten keine entwicklungstoxischen Wirkungen bei Dosierungen bis 800 mg/kg KG/Tag auf, während in einer Studie eine leicht erhöhte Inzidenz von Rippenanomalien und reduzierte Ossifikation bei Dosierungen ab 150 mg/kg KG/Tag festzustellen war.

In den Studien zur Entwicklungstoxizität an Kaninchen bewirkten Dosierungen ab 20 mg/kg KG/Tag bei den Muttertieren verminderte Futteraufnahme und Körpergewichtszunahme und bei den Nachkommen verminderte Körpergewichte und verzögerte Ossifikation; bei einer Dosis von 60 mg/kg KG/Tag trat eine erhöhte Hydrocephalus-Inzidenz auf. Die niedrigste relevante Dosis ohne maternal- und entwicklungstoxische Wirkung betrug 10 mg/kg KG/Tag, der NOAEL für Missbildungen (Hydrocephalus) betrug 20 mg/kg KG/Tag.

Lebensmitteltoxikologisch relevante Grenzwerte (vgl. Tab. 29.21)
ADI: 0–0,1 mg/kg KG [42]
Der ADI wurde vom NOAEL (ca. 10 mg/kg KG/Tag) in einer Langzeitstudie an Ratten, einer 1-Jahr-Studie an Hunden und den Entwicklungstoxizitätsstudien an Ratten und Kaninchen mit einem Sicherheitsfaktor von 100 abgeleitet.

Chronische Referenzdosis: 0,09 mg/kg KG [98, 102]
Die chronische Referenzdosis wurde vom NOAEL (9 mg/kg KG/Tag) in einer Langzeitstudie an Ratten mit einem Sicherheitsfaktor von 100 abgeleitet.

Tab. 29.21 Auswahl der in Deutschland gültigen Höchstmengen für Captan/Folpet gemäß RHmV [73].

Wirkstoff	mg/kg	Lebensmittel
Captan, Folpet	120,00	Hopfen
Captan, Folpet	10,00	Keltertrauben
Captan, Folpet	3,00	Kernobst, Beeren- und Kleinobst, ausgenommen Keltertauben, Tomaten
Captan, Folpet	2,00	Bohnen (frisch), Chicorée, Endivie, Erbsen (frisch), Kopfsalat, Porree, Steinobst
Captan, Folpet	0,10	andere pflanzliche Lebensmittel

ARfD (Frauen in gebährfähigem Alter): 0,2 mg/kg KG [60]
Die ARfD für Frauen in gebährfähigem Alter wurde vom NOAEL für teratogene Effekte (20 mg/kg KG/Tag) in den Entwicklungstoxizitätsstudien an Kaninchen mit einem Sicherheitsfaktor von 100 abgeleitet.

Die Ableitung einer ARfD für die Allgemeinbevölkerung wurde von der WHO als nicht erforderlich angesehen [60].

ARfD (Frauen in gebährfähigem Alter): 0,1 mg/kg KG [98, 102]
Die ARfD für Frauen in gebährfähigem Alter wurde vom NOAEL für embryo- und fetotoxische Effekte (10 mg/kg KG/Tag) in einer Entwicklungstoxizitätsstudie an Kaninchen mit einem Sicherheitsfaktor von 100 abgeleitet.
Die Ableitung einer ARfD für die Allgemeinbevölkerung wurde von der US EPA als nicht erforderlich angesehen [98, 102].

29.14.2
Captan

Der Wirkstoff Captan hat die chemische Bezeichnung *N*-(Trichlormethylthio)cyclohex-4-en-1,2-dicarboximid (IUPAC). Captan ist ein Blattfungizid mit protektiver und kurativer Wirkung, das bevorzugt im Obstbau und im Gemüsebau angewendet wird [5, 70, 78]. Die folgenden toxikologischen Angaben beziehen sich auf publizierte Daten der WHO und der US EPA [39, 57, 82, 101] sowie einen Handbuchbeitrag [25].

Toxikologische Bewertung des Wirkstoffes
Captan wurde bei oraler Verabreichung fast vollständig absorbiert, der Abbau erfolgte über Tetrahydrophthalimid und den sehr reaktionsfähigen Metaboliten Thiophosgen ($SCCl_2$). Captan war von geringer akuter oraler Toxizität, die LD_{50} bei Ratten betrug mehr als 5000 mg/kg KG. Captan zeigte in zahlreichen In-vitro-Tests mutagene Eigenschaften; unter in vivo-Bedingungen waren diese Effekte jedoch nicht auszulösen, da die reaktionsfähigen Metaboliten im Organismus offenbar inaktiviert werden können. Dosierungen ab etwa 120 mg/

kg KG/Tag führten im Langzeitversuch bei Mäusen zu Entzündungen und Hyperplasie der Schleimhaut in Magen und Dünndarm sowie zu Tumoren des Duodenums; bei Ratten gab es keine Hinweise auf Kanzerogenität. In Studien zur Reproduktionstoxizität an Kaninchen traten maternal- und entwicklungstoxische Effekte bei Dosierungen ab 30 mg/kg KG/Tag auf; Dosierungen ab 100 mg/kg KG/Tag führten zu Fruchttod und Missbildungen.

Die US EPA hat 2004 das kanzerogene Potenzial von Captan neu bewertet und kommt zu der Schlussfolgerung, dass die hohen Dosierungen, die unter experimentellen Bedingungen Zytotoxizität und regenerative Zellhyperplasie auslösten, um mehrere Größenordnungen über der anzunehmenden Aufnahme von Rückständen in Lebensmitteln oder der Exposition am Arbeitsplatz oder im häuslichen Bereich liegen. Nach Auffassung der US EPA ist Captan höchstwahrscheinlich nicht kanzerogen für den Menschen, wenn es entsprechend den Anwendungsvorschriften eingesetzt wird. Deshalb wurde Captan, das bislang als wahrscheinliches Humankanzerogen („probable human carcinogen") eingestuft war, nunmehr als „not likely to be a human carcinogen at dose levels that do not cause cytotoxicity and regenerative cell hyperplasia" und „likely to be carcinogenic to humans following prolonged high-level exposures causing cytotoxicity and regenerative cell hyperplasia" klassifiziert [101].

Lebensmitteltoxikologisch relevante Grenzwerte
ADI: 0–0,1 mg/kg KG [39]
Der ADI wurde vom NOAEL (12,5 mg/kg KG/Tag) in den Reproduktionstoxizitätsstudien an Ratten und Affen mit einem Sicherheitsfaktor von 100 abgeleitet.

Chronische Referenzdosis: 0,13 mg/kg KG [82]
Die chronische Referenzdosis wurde vom NOAEL (12,5 mg/kg KG/Tag) in einer Reproduktionstoxizitätsstudie an Ratten mit einem Sicherheitsfaktor von 100 abgeleitet.

ARfD (Frauen in gebährfähigem Alter): 0,3 mg/kg KG [57]
Die ARfD für Frauen in gebährfähigem Alter wurde vom NOAEL für Fruchttod und Missbildungen (30 mg/kg KG/Tag) in den Entwicklungstoxizitätsstudien an Kaninchen mit einem Sicherheitsfaktor von 100 abgeleitet.
Die Ableitung einer ARfD für die Allgemeinbevölkerung wurde von der WHO als nicht erforderlich angesehen [57].

ARfD (Frauen in gebährfähigem Alter): 0,1 mg/kg KG [82]
Die ARfD für Frauen in gebährfähigem Alter wurde vom NOAEL für embryo- und fetotoxische Effekte (10 mg/kg KG/Tag) in einer Entwicklungstoxizitätsstudie an Kaninchen mit einem Sicherheitsfaktor von 100 abgeleitet.
Die Ableitung einer ARfD für die Allgemeinbevölkerung wurde von der US EPA als nicht erforderlich angesehen [82].

29.15
Sulfamide

Zu der Gruppe der Sulfamide gehören die Wirkstoffe Dichlorfluanid und Tolylfluanid. Die Stoffe sind Kontaktfungizide mit protektiver Wirkung, die mit SH-Gruppen von Enzymen reagieren und die Energieversorgung der Zelle hemmen [76, 78]. Stellvertretend wird der in Deutschland im Pflanzenschutz zugelassene Wirkstoff Tolylfluanid beschrieben.

29.15.1
Tolylfluanid

Der Wirkstoff Tolylfluanid hat die chemische Bezeichnung N-Dichlorfluormethylthio-N',N'-dimethyl-N-p-tolyl-sulfamid (IUPAC). Tolylfluanid ist ein Blattfungizid mit protektiver Wirkung, das bevorzugt im Obstbau, im Gemüsebau und im Weinbau angewendet wird [5, 70, 78]. Die folgenden toxikologischen Angaben beziehen sich auf publizierte Daten der EFSA, der WHO und der US EPA [21, 56, 94].

Aufnahme, Verteilung, Metabolismus und Ausscheidung
Tolylfluanid wurde nach oraler Verabreichung an Ratten rasch und zu mehr als 90% absorbiert und innerhalb von zwei Tagen zu über 97% ausgeschieden (etwa 60–80% über den Urin, etwa 10–35% über die Faeces, bis zu 15% über die Galle). In der Atemluft waren etwa 15% der verabreichten Dosis als flüchtige Metaboliten nachweisbar, die aus der Dichlorfluormethyl-Seitenkette gebildet wurden. Die höchsten Rückstände wurden nach sechs Tagen in Leber, Niere, Schilddrüse, Erythrozyten, Nebenniere und Lunge nachgewiesen; es liegen keine Hinweise auf eine Anreicherung im Organismus vor.

Tolylfluanid wurde nahezu vollständig metabolisiert; der Hauptabbauweg erfolgte über die Abspaltung des Fluordichlormethylsulfenylrestes zum Dimethylaminosulotoluidid (DMST), das oxidiert und im Urin als Hauptmetabolit 4-Dimethylaminosulfonylaminobenzoesäure bzw. nach Demethylierung in geringeren Mengen als 4-Methylaminosulfonylaminobenzoesäure ausgeschieden wurde. Ein weiterer Abbauweg führte zur Umwandlung der Dichlorfluormethyl-Seitenkette zum Metaboliten Thiazolidin-2-thion-4-carbonsäure (TTCA).

Toxikologische Bewertung des Wirkstoffes
Nach akuter oraler Verabreichung zeigte Tolylfluanid eine geringe Toxizität, die LD_{50} bei Ratten war größer als 5000 mg/kg KG. Klinische Symptome wie Sedierung, verminderte Motilität, Verhaltensstörungen und Atemnot traten ab einer Dosis von 500 mg/kg KG auf, Mortalität wurde ab einer Dosis von 1000 mg/kg KG beobachtet.

Nach subchronischer oraler Verabreichung von Tolylfluanid an Ratten und Hunde waren vor allem Wirkungen auf die Leber (erhöhtes Organgewicht;

erhöhte Leberenzym-Aktivitäten (AP, ALT, AST, GLDH) und Cholesterinwerte im Plasma; vermehrte Glykogeneinlagerung in den Leberzellen) festzustellen, außerdem kam es bei Ratten zu Wirkungen auf die Schilddrüse (erniedrigte T4-Werte, erhöhte TSH-Werte) und bei Hunden zu Wirkungen auf die Niere (erhöhte Harnstoff- und Kreatininwerte im Plasma: Glucos- und Proteinurie; Dilatation, Hypertrophie und Desquamation der Tubulusepithelien). Weitere wesentliche Befunde in den Kurzzeittoxizitätsstudien waren verringerte Körpergewichtszunahme, erhöhte Wasseraufnahme sowie bei Hunden schlechter Allgemeinzustand, Apathie, verminderte Futteraufnahme, Erbrechen, Durchfall und erhöhte Fluorideinlagerung in Knochen und Zähne. Die niedrigste relevante Dosis ohne schädlichen Effekt betrug 20 mg/kg KG/Tag in der 13-Wochen-Studie an Ratten, toxische Wirkungen auf Leber und Schilddrüse wurden ab einer Dosierung von 110 mg/kg KG/Tag festgestellt. Bei Hunden betrug die niedrigste relevante Dosis ohne schädlichen Effekt 31 mg/kg KG/Tag in der 13-Wochen-Studie und 12 mg/kg KG/Tag in einer 1-Jahr-Studie, eine verminderte Körpergewichtszunahme und toxische Wirkungen auf Leber und Niere wurden ab Dosierungen von etwa 60–90 mg/kg KG/Tag festgestellt. In einer weiteren 1-Jahr-Studie an Hunden wurde eine erhöhte Fluorideinlagerung in Knochen und Zähne bei männlichen Tieren bei Dosierungen von 80 mg/kg KG/Tag und bei weiblichen Tieren bei Dosierungen ab 20 bzw. 5 mg/kg KG/Tag festgestellt.

In vitro-Kurzzeittests an Bakterien ergaben keine Hinweise auf mutagene Eigenschaften von Tolylfluanid, in einigen In-vitro-Kurzzeittests an Säugerzellen wurden jedoch klastogene Effekte im zytotoxischen Konzentrationsbereich festgestellt. Da die in vivo-Kurzzeittests an Säugern, in denen verschiedene Endpunkte in somatische Zellen und Keimzellen untersucht wurden, negative Ergebnisse lieferten, wurde Tolylfluanid von der WHO als nicht erbgutverändernd bewertet („unlikely to be genotoxic").

Nach chronischer oraler Verabreichung von Tolylfluanid an Ratten und Mäuse waren vor allem Wirkungen auf die Leber (erhöhtes Organgewicht; Hypertrophie, Vakuolisierung und Verfettung der Hepatozyten), die Niere (erhöhtes Organgewicht; verringerte Osmolarität, erhöhtes Urinvolumen; verstärkte Vakuolisierung im proximalen Tubulusepithel), die Knochen und Zähne (erhöhte Fluoridkonzentration in Knochen und Zähne, Hyperostose, Verhärtung des Schädeldaches und der Zähne, Verfärbung der Zähne), die Schilddrüse (Hyperplasie der Follikelzellen bei Ratten) und das Auge (Kataraktbildung bei Mäusen) festzustellen; außerdem waren die Körpergewichtszunahme erniedrigt und die Wasseraufnahme erhöht. Die niedrigste relevante Dosis ohne schädlichen Effekt betrug 3,6 mg/kg KG/Tag in der Langzeitstudie an Ratten, ab einer Dosis von 18 mg/kg KG/Tag war die Fluoridkonzentration in den Zähnen erhöht.

Die Prüfung auf Kanzerogenität in Langzeitstudien an Mäusen erbrachte keine Hinweise auf krebserzeugende Eigenschaften von Tolylfluanid. In einer Langzeitstudie an Ratten zeigten die Tiere der höchsten Dosisgruppe von 500 mg/kg KG/Tag eine leicht erhöhte Inzidenz von Follikelzell-Adenomen der Schilddrüse; eine Dosis von 90 mg/kg KG/Tag war ohne entsprechenden Effekt.

Mechanistische Studien zur Entstehung der Schilddrüsentumoren ergaben, dass der Metabolit TTCA die Schilddrüsenperoxidase (TPO) reversibel hemmt und so eine verminderte Schilddrüsenhormon-Synthese bewirkt. Als Reaktion auf die Hypothyreose kommt es zu einer erhöhten TSH-Sekretion, zur Hyperplasie der Schilddrüse und insbesondere bei Ratten bei einer längerfristigen hormonellen Imbalance zur Bildung von Tumoren.

Da Tolylfluanid auf der Basis der vorliegenden Daten nicht als genotoxisches Kanzerogen anzusehen und die Induktion von Tumoren nicht bei Dosierungen ohne Wirkung auf die Schilddrüsenfunktion zu erwarten ist, wird die kanzerogene Wirkung von Tolylfluanid von der WHO als nicht relevant für den Menschen angesehen („unlikely to pose a carcinogenic risk to humans") [56]. Von der US EPA wurde Tolylfluanid gleichwohl als „likely to be carcinogenic to humans" eingestuft [94].

In den Mehrgenerationenstudien zur Reproduktionstoxizität an Ratten wurden bei den Elterntieren klinische Symptome („bloody snouts"), verminderte Körpergewichtszunahme und verstärktes Wachstum der Schneidezähne und bei den Nachkommen eine Verminderung der Überlebensrate, des Geburtsgewichtes und der Körpergewichtszunahme sowie Atmungsstörungen festgestellt. Die niedrigste relevante Dosis ohne Effekte auf Elterntiere und Nachkommen betrug 7,9 mg/kg KG/Tag, schädliche Effekte traten ab einer Dosierung von 58 mg/kg KG/Tag auf.

In den Untersuchungen zur Entwicklungstoxizität an Ratten war bei den Muttertieren bei Dosierungen ab 100 mg/kg KG/Tag eine Verminderung der Futteraufnahme und der Körpergewichtszunahme und bei den Nachkommen bei Dosierungen ab 300 mg/kg KG/Tag eine Verminderung des Körpergewichts festzustellen; die niedrigste relevante Dosis ohne entwicklungstoxische Wirkung betrug 100 mg/kg KG/Tag.

In den Studien zur Entwicklungstoxizität an Kaninchen führte die höchste geprüfte Dosis von 70 mg/kg KG/Tag zu verminderter Futteraufnahme und Körpergewichtszunahme, zu Lebertoxizität, Plazentaläsionen und einer verringerten Implantationsrate. Die niedrigste relevante Dosis ohne maternal- und entwicklungstoxische Wirkung betrug 25 mg/kg KG/Tag.

In einer Untersuchung zur akuten Neurotoxizität an Ratten induzierten Dosierungen bis zu 2000 mg/kg KG keine spezifischen neurotoxischen Wirkungen, bei Dosierungen ab 150 mg/kg KG war jedoch die Bewegungsaktivität bei weiblichen Tieren leicht vermindert. Die Dosis ohne systemische Wirkung betrug 50 mg/kg KG.

In einer Untersuchung zur subchronischen Neurotoxizität an Ratten bewirkte die höchste geprüfte Dosis von etwa 620 mg/kg KG/Tag keine spezifischen neurotoxischen Wirkungen, Dosierungen ab 130 mg/kg KG führten aber zu erniedrigten Körpergewichten. Die Dosis ohne systemische Wirkung betrug 25 mg/kg KG.

Lebensmitteltoxikologisch relevante Grenzwerte (vgl. Tab. 29.22 und Tab. 29.23)
ADI: 0–0,08 mg/kg KG [56]
Der ADI wurde vom NOAEL (3,6 mg/kg KG/Tag) in einer Langzeitstudie an Ratten und Affen mit einem Sicherheitsfaktor von 50 abgeleitet. Der verminderte Sicherheitsfaktor wurde mit den geringen Speziesunterschieden bei der Fluorideinlagerung in Knochen und Zähne nach Verabreichung von Tolylfluanid begründet.

ADI: 0,1 mg/kg KG [21]
Der ADI wurde vom NOAEL (12 mg/kg KG/Tag) in einer Mehrgenerationenstudie zur Reproduktionstoxizität an Ratten mit einem Sicherheitsfaktor von 100 abgeleitet.

Chronische Referenzdosis: 0,026 mg/kg KG [94]
Die chronische Referenzdosis wurde vom NOAEL (7,9 mg/kg KG/Tag) in einer Reproduktionstoxizitätsstudie an Ratten mit einem Sicherheitsfaktor von 300 abgeleitet; der erhöhte Sicherheitsfaktor wurde mit fehlenden Vergleichsdaten zur Wirkung auf die Schilddrüse bei jungen und erwachsenen Tieren begründet.

ARfD: 0,5 mg/kg KG [56]
Die ARfD wurde vom NOAEL (50 mg/kg KG/Tag) in einer akuten Neurotoxizitätsstudie an Ratten mit einem Sicherheitsfaktor von 100 abgeleitet.

ARfD: 0,25 mg/kg KG [21]
Der ADI wurde vom NOAEL für embryo- und fetotoxische Effekte (25 mg/

Tab. 29.22 Auswahl der in Deutschland gültigen Höchstmengen für Tolylfluanid gemäß RHmV [73].

Wirkstoff	mg/kg	Lebensmittel
Tolylfluanid	30,00	Hopfen
Tolylfluanid	15,00	Salatarten
Tolylfluanid	5,00	Erdbeeren, Kernobst, Kleinfrüchte und Beeren, Strauchbeerenobst, Trauben
Tolylfluanid	2,00	Cucurbitaceen mit genießbarer Schale, Melonen, Tomaten
Tolylfluanid	1,00	Stielmus
Tolylfluanid	0,10	andere pflanzliche Lebensmittel

Tab. 29.23 Allgemeinverfügungen für Tolylfluanid gemäß § 47a LMBG bzw. § 54 LFGB (Stand: 12. Oktober 2005).

Wirkstoff	mg/kg	Lebensmittel	AV vom
Tolylfluanid	5,00	Gurken, Paprika, Tomaten	16. 07. 2004

kg KG/Tag) in einer Entwicklungstoxizitätsstudie an Kaninchen mit einem Sicherheitsfaktor von 100 abgeleitet.

ARfD (Frauen in gebährfähigem Alter): 0,083 mg/kg KG [94]
Die ARfD für Frauen in gebährfähigem Alter wurde vom NOAEL für embryo- und fetotoxische Effekte (25 mg/kg KG/Tag) in einer Entwicklungstoxizitätsstudie an Kaninchen mit einem erhöhten Sicherheitsfaktor von 300 abgeleitet; der erhöhte Sicherheitsfaktor wurde mit fehlenden Vergleichsdaten zur Wirkung auf die Schilddrüse bei jungen und erwachsenen Tieren begründet.

ARfD (Allgemeinbevölkerung): 0,17 mg/kg KG [94]
Die ARfD für die Allgemeinbevölkerung wurde vom NOAEL (50 mg/kg KG/Tag) in einer akuten Neurotoxizitätsstudie an Ratten mit einem erhöhten Sicherheitsfaktor von 300 abgeleitet; der erhöhte Sicherheitsfaktor wurde mit fehlenden Vergleichsdaten zur Wirkung auf die Schilddrüse bei jungen und erwachsenen Tieren begründet.

Abkürzungen

ACTH	adrenocorticotropes Hormon
ADI	*acceptable daily intake*
ALT	Alanin-Aminotransferase
AP	Alkalische Phosphatase
ARfD	*acute reference dose*
AST	Aspartat-Aminotransferase
BfR	Bundesinstitut für Risikobewertung
BGBl	Bundesgesetzblatt
BVL	Bundesamt für Verbraucherschutz und Lebensmittelsicherheit
DMI	Demethylase-Inhibitor
EC	*European Commission*
EFSA	*European Food Safety Authority*
EMEA	*European Medicines Agency*
EPA	*Environmental Protection Agency*
EU	Europäische Union
FAO	*Food and Agricultural Organization of the United Nations*
FRAC	*Fungicide Resistance Action Committee*
FQPA	*Food Quality Protection Act*
FSH	Follikel stimulierendes Hormon
γ-GT	Gamma-Glutamyl-Transferase
GLDH	Glutamat-Dehydrogenase
IUPAC	*International Union of Pure and Applied Chemistry*
JECFA	*Joint FAO/WHO Expert Committee on Food Additives*
JMPR	*Joint FAO/WHO Meeting on Pesticide Residues*
kg	Kilogramm
KG	Körpergewicht

LD$_{50}$	letale Dosis (für 50% der behandelten Versuchstiere)
LDH	Lactat-Dehydrogenase
LH	luteinisierendes Hormon
LOAEL	*lowest observed adverse effect level*
mg	Milligramm
MRL	*maximum residue limit*
NADH	Nicotinamid-Adenin-Dinucleotid, reduziert
NOAEL	*no observed adverse effect level*
RHmV	Rückstands-Höchstmengenverordnung
RNA	Ribonucleinsäure
T3, T4	Trijodthyronin, Thyroxin
TSH	schilddrüsenstimulierendes Hormon
US	*United States*
WHO	*World Health Organization*

29.16
Literatur

1 Ballantyne B (2004) Toxicology of fungicides, in: Marrs TC, Ballantyne B (Hrsg) Pesticide toxicology and international regulation, John Wiley & Sons Ltd, Chichester, England, 193–303.

2 BfR (2006) Grenzwerte für die gesundheitliche Bewertung von Pflanzenschutzmittelrückständen, BfR Information Nr. 002/2006. http://www.bfr.bund.de/cm/218/grenzwerte_fuer_die_gesundheitliche_bewertung_von_pflanzenschutzmittelrueckstaenden.pdf.

3 BVL (2004) Absatz an Pflanzenschutzmitteln in der Bundesrepublik Deutschland. Ergebnisse der Meldungen gemäß § 19 Pflanzenschutzgesetz für das Jahr 2004. http://www.bvl.bund.de/cln_027/DE/04_Pflanzenschutzmittel/01_ZulassungWirkstoffpruefung/01_Aktuelles/meld_par_19_Download,templateId=raw,property=publicationFile.pdf/meld_par_19_Download.pdf.

4 BVL (2004) Lebensmittel-Monitoring 2003. http://www.bvl.bund.de/dl/monitoring/monitoring_2003B.pdf.

5 BVL (2006) Verzeichnis zugelassener Pflanzenschutzmittel. http://psm.zadi.de/8080/psm/jsp/index.jsp?modul=form

6 Chaffey CEA, Dobozy VA (2004) Regulation under NAFTA, in: Marrs TC, Ballantyne B (Hrsg) Pesticide toxicology and international regulation, John Wiley & Sons Ltd, Chichester, England, 513–525.

7 CropLife International (2005) Crop protection steward activities of the plant science industry. http://www.croplife.org/library/documents/Stewardship/crop_protection_stewardship_activities_of_the_plant_science_industry_-_Oct_2005.pdf.

8 EC (1998) Review report for the active substance azoxystrobin, 7581/VI/97-rev 5, 22 April 1998. http://europa.eu.int/comm/food/plant/protection/evaluation/newactive/list2-01_en.pdf.

9 EC (2000) Review report for the active substance fenhexamid, 6497/VI/99-final, 19 October 2000. http://europa.eu.int/comm/food/plant/protection/evaluation/newactive/list1-04_en.pdf.

10 EC (2001) Review report for the active substance thiabendazole, 7603/VI/97-final, 22 March 2001. http://europa.eu.int/comm/food/plant/protection/evaluation/existactive/list1-26_en.pdf.

11 EC (2002) Review report for the active substance famoxadone, 6505/VI/99-final, 18 September 2002. http://europa.eu.int/

12. EC (2002) Review report for the active substance iprodione, 5036/VI/98-final, 3 December 2002. http://europa.eu.int/comm/food/plant/protection/evaluation/existactive/list1-42_en.pdf.
13. EC (2002) Review report for the active substance iprovalicarb, SANCO/2034/2000-final, 2 July 2002. http://europa.eu.int/comm/food/plant/protection/evaluation/newactive/list1-08_en.pdf.
14. EC (2003) Review report for the active substance propiconazole, SANCO/3049/99-Final, 14 April 2003. http://europa.eu.int/comm/food/plant/protection/evaluation/existactive/list1-51_en.pdf.
15. EC (2003) Review report for the active substance propineb, SANCO/7574/VI/97-final, 26 February 2003. http://europa.eu.int/comm/food/plant/protection/evaluation/existactive/list1-34_en.pdf.
16. EC (2004) Monitoring of pesticide residues in products of plant origin in the European Union, Norway, Iceland and Liechtenstein, (2002) Report. http://europa.eu.int/comm/food/fs/inspections/fnaoi/reports/annual_eu/monrep_2002_en.pdf.
17. EC (2005) Review report for the active substance mancozeb. SANCO/4057/2001 – rev. 3.3, 3 June 2005. http://europa.eu.int/comm/food/plant/protection/evaluation/existactive/list_mancozeb.pdf.
18. EC (2005) Review report for the active substance maneb. SANCO/4058/2001 – rev. 4.3, 3 June 2005. http://europa.eu.int/comm/food/plant/protection/evaluation/existactive/list_maneb.pdf.
19. EC (2005) http://europa.eu.int/comm/food/plant/protection/evaluation/existactive/list_metiram.pdf.
20. Ecobichon DJ (2001) Toxic effects of pesticides, in: Klaassen CD (Hrsg) Casarett and Doull's toxicology: The basis science of poisons, 6th edition, McGraw-Hill, New York, 763–810.
21. EFSA (2005) Scientific Report, Conclusion regarding the peer review of the pesticide risk assessment of the active substance tolylfluanid, finalized 14 March 2005. http://www.efsa.eu.int/science/praper/conclusions/894/praper_sr29_conclusion_tolylfluanid_en1.pdf.
22. EMEA (2004) Thiabendazole, Extrapolation to goats Summary report 3, EMEA/MRL/868/03-final, June 2004. http://www.emea.eu.int/pdfs/vet/mrls/086803en.pdf.
23. FAO (2001) FAO specifications and evaluations for plant protection products, Procymidone, FAO, Rome. http://www.fao.org/ag/AGP/AGPP/Pesticid/Specs/docs/Pdf/new/Procymi.pdf.
24. FRAC (Fungicide Resistance Action Committee) (2005) FRAC code list 2: Fungicides sorted by modes of action, December 2005. http://www.frac.info/index.htm.
25. Gordon EB (2001) Captan and Folpet, in: Krieger RL (Hrsg) Handbook of pesticide toxicology, 2nd edition, Academic Press, San Diego, 1711–1742.
26. Grewe F (1977) Fungi und Fungizide. Wesen, Einteilung, Prüfungsmethoden und Geschichte der Fungizide, in: Wegler R (Hrsg) Chemie der Pflanzenschutz- und Schädlingsbekämpfungsmittel, Band 4, Springer-Verlag, Berlin Heidelberg New York, 67–115.
27. Hurt S, Ollinger J, Arce G, Bui Q, Tobia AJ, van Ravenswaay, B (2001) Dialkyldithiocarbamates (EBDCs) in Krieger RL (Hrsg) Handbook of pesticide toxicology, 2nd edition, Academic Press, San Diego, 1759–1779.
28. Hussey DJ, Bell GM (2004) Regulation of pesticides and biocides in the European Union, in: Marrs TC, Ballantyne B (Hrsg) Pesticide toxicology and international regulation, John Wiley & Sons Ltd, Chichester, England, 501–512.
29. JECFA (1993) Tiabendazole (Thiabendazole), WHO Food Additives Series 31, World Health Organization, Geneva, Switzerland. http://www.inchem.org/documents/jecfa/jecmono/v31je04.htm.
30. JECFA (1997) Thiabendazole (addendum), WHO Food Additives Series 39, World Health Organization, Geneva, Switzerland. http://www.inchem.org/documents/jecfa/jecmono/v39je02.htm.

31 JECFA (2002) Tiabendazole (addendum), WHO Food Additives Series 49, World Health Organization, Geneva, Switzerland. http://www.inchem.org/documents/jecfa/jecmono/v49je03.htm.

32 JMPR (1990) Procymidone, in: Pesticide residues in food – 1989 evaluations, Part II – Toxicology, FAO Plant Production and Protection Paper 100/2, FAO, Rome, 161–181.

33 JMPR (1994) Mancozeb, in: Pesticide residues in food – 1993 evaluations, Part II – Toxicology, World Health Organization, Geneva, Switzerland, WHO/PCS/94.4, 257–289.

34 JMPR (1994) Maneb, in: Pesticide residues in food – 1993 evaluations, Part II – Toxicology, World Health Organization, Geneva, Switzerland, WHO/PCS/94.4, 291–310.

35 JMPR (1994) Metiram, in: Pesticide residues in food – 1993 evaluations, Part II – Toxicology, World Health Organization, Geneva, Switzerland, WHO/PCS/94.4, 311–331.

36 JMPR (1994) Propineb, in: Pesticide residues in food – 1993 evaluations, Part II – Toxicology, World Health Organization, Geneva, Switzerland, WHO/PCS/94.4, 369–381.

37 JMPR (1994) Zineb, in: Pesticide residues in food – 1993 evaluations, Part II – Toxicology, World Health Organization, Genev, Switzerland, WHO/PCS/94.4, 395–407.

38 JMPR (1995) Fenpropimorph, in: Pesticide residues in food – (1994) evaluations, Part II – Toxicology, World Health Organization, Geneva, Switzerland, WHO/PCS/95.2, 77–99.

39 JMPR (1996) Captan, in: Pesticide residues in food – (1995) evaluations, Part II – Toxicological and Environmental, World Health Organization, Geneva, Switzerland, WHO/PCS/96.48, 33–42.

40 JMPR (1996) Carbendazim, in: Pesticide residues in food – (1995) evaluations, Part II – Toxicological and Environmental, World Health Organization, Geneva, Switzerland, WHO/PCS/96.48, 43–74.

41 JMPR (1996) Flusilazole, in: Pesticide residues in food – (1995) evaluations, Part II – Toxicological and Environmental, World Health Organization, Geneva, Switzerland, WHO/PCS/96.48, 157–179.

42 JMPR (1996) Folpet, in: Pesticide residues in food – 1995 evaluations, Part II – Toxicological and Environmental, World Health Organization, Geneva, Switzerland, WHO/PCS/96.48, 181–201.

43 JMPR (1996) Iprodione (addendum), in: Pesticide residues in food – 1995 evaluations, Part II – Toxicological and Environmental, World Health Organization, Geneva, Switzerland, WHO/PCS/96.48, 231–237.

44 JMPR (1996) Vinclozolin, in: Pesticide residues in food – 1995 evaluations, Part II – Toxicological and Environmental, World Health Organization, Geneva, Switzerland, WHO/PCS/96.48, 375–404.

45 JMPR (1997) Ferbam, in: Pesticide residues in food – (1996) evaluations, Part II – Toxicological, World Health Organization, Geneva, Switzerland, WHO/PCS/97.1, 133–140.

46 JMPR (1997) Ziram, in: Pesticide residues in food – (1996) evaluations, Part II – Toxicological, World Health Organization, Geneva, Switzerland, WHO/PCS/97.1, 217–237.

47 JMPR (1998) Fenbuconazole, in: Pesticide residues in food – (1997) evaluations, Part II – Toxicological and Environmental, World Health Organization, Geneva, Switzerland, WHO/PCS/98.6, 87–105.

48 JMPR (1999) Bitertanol, in: Pesticide residues in food – (1998) evaluations, Part II – Toxicological, World Health Organization, Geneva, Switzerland, WHO/PCS/99.18, 39–61.

49 JMPR (2001) Imazalil, in: Pesticide residues in food – (2000) evaluations, Part II – Toxicological, World Health Organization, Geneva, Switzerland, WHO/PCS/01.3, 195–215.

50 JMPR (2002) Fenpropimorph, in: Pesticide residues in food – (2001) evaluations, Part II – Toxicological, World Health Organization, Geneva, Switzerland, WHO/PCS/02.1, 61–64.

51 JMPR (2002) Imazalil, in: Pesticide residues in food – (2001) evaluations, Part II – Toxicological, World Health Organiza-

tion, Geneva, Switzerland, WHO/PCS/02.1, 65–77.

52 JMPR (2003) Cyprodinil, in: Pesticide residues in food – 2003, Report of the Joint Meeting of the FAO Panel of Experts on Pesticide Residues in Food and the Environment and the WHO Core Assessment Group on Pesticide Residues, FAO Plant Production and Protection Paper 176, 53–72.

53 JMPR (2003) Famoxadone, in: Pesticide residues in food – 2003, Report of the Joint Meeting of the FAO Panel of Experts on Pesticide Residues in Food and the Environment and the WHO Core Assessment Group on Pesticide Residues, FAO Plant Production and Protection Paper 176, 96–111.

54 JMPR (2003) Flutolanil, in: Pesticide residues in food – 2002 evaluations, Part II – Toxicological, World Health Organization, Geneva, Switzerland, WHO/PCS/03.1, 89–115.

55 JMPR (2003) Metalaxyl and Metalaxyl-M, in: Pesticide residues in food – 2002 evaluations, Part II – Toxicological, World Health Organization, Geneva, Switzerland, WHO/PCS/03.1, 165–221.

56 JMPR (2003) Tolylfluanid, in: Pesticide residues in food – 2002 evaluations, Part II – Toxicological, World Health Organization, Geneva, Switzerland, WHO/PCS/03.1, 299–349.

57 JMPR (2004) Captan, in: Pesticide residues in food – 2004, Report of the Joint Meeting of the FAO Panel of Experts on Pesticide Residues in Food and the Environment and the WHO Core Assessment Group on Pesticide Residues, FAO Plant Production and Protection Paper 178, 40–42.

58 JMPR (2004) Fenpropimorph, in: Pesticide residues in food – 2004, Report of the Joint Meeting of the FAO Panel of Experts on Pesticide Residues in Food and the Environment and the WHO Core Assessment Group on Pesticide Residues, FAO Plant Production and Protection Paper 178, 70–72.

59 JMPR (2004) Fludioxonil, in: Pesticide residues in food – 2004, Report of the Joint Meeting of the FAO Panel of Experts on Pesticide Residues in Food and the Environment and the WHO Core Assessment Group on Pesticide Residues, FAO Plant Production and Protection Paper 178, 74–96.

60 JMPR (2004) Folpet, in: Pesticide residues in food – 2004, Report of the Joint Meeting of the FAO Panel of Experts on Pesticide Residues in Food and the Environment and the WHO Core Assessment Group on Pesticide Residues, FAO Plant Production and Protection Paper 178, 96–98.

61 JMPR (2004) Propiconazole, in: Pesticide residues in food – 2004, Report of the Joint Meeting of the FAO Panel of Experts on Pesticide Residues in Food and the Environment and the WHO Core Assessment Group on Pesticide Residues, FAO Plant Production and Protection Paper 178, 180–185.

62 JMPR (2004) Setting an ARfD for Propineb, in: Pesticide residues in food – 2004. Report of the Joint Meeting of the FAO Panel of Experts on Pesticide Residues in Food and the Environment and the WHO Core Assessment Group on Pesticide Residues, FAO Plant Production and Protection Paper 178, 9–10.

63 JMPR (2004) Triadimenol and Triadimefon, in: Pesticide residues in food – 2004, Report of the Joint Meeting of the FAO Panel of Experts on Pesticide Residues in Food and the Environment and the WHO Core Assessment Group on Pesticide Residues, FAO Plant Production and Protection Paper 178, 231–241.

64 JMPR (2005) Carbendazim, in: Pesticide residues in food – 2005, Report of the Joint Meeting of the FAO Panel of Experts on Pesticide Residues in Food and the Environment and the WHO Core Assessment Group on Pesticide Residues, FAO Plant Production and Protection Paper, in press.

65 JMPR (2005) Fenhexamid, in: Pesticide residues in food – 2005, Report of the Joint Meeting of the FAO Panel of Experts on Pesticide Residues in Food and the Environment and the WHO Core Assessment Group on Pesticide Residues, FAO Plant Production and Protection Paper, in press.

66 JMPR (2005) Imazalil, in: Pesticide residues in food – 2005, Report of the Joint Meeting of the FAO Panel of Experts on Pesticide Residues in Food and the Environment and the WHO Core Assessment Group on Pesticide Residues, FAO Plant Production and Protection Paper, in press.

67 Krämer W (1977) Wirkstoffe gegen Pflanzenkrankheiten (Fungizide und Bakterizide), in: Büchel KH (Hrsg) Pflanzenschutz und Schädlingsbekämpfung, Thieme Verlag, Stuttgart, 111–154.

68 Mull RL, Hershberger LW (2001) Inhibitors of DNA biosynthesis-mitosis: benzimidazoles – the benzimidazole fungicides benomyl and carbendazim, in: Krieger RL (Hrsg) Handbook of pesticide toxicology, 2nd edition, Academic Press, San Diego, 1673–1699.

69 Müller F (1986) Phytopharmakologie. Verhalten und Wirkungsweise von Pflanzenschutzmitteln, Ulmer Verlag, Stuttgart.

70 Perkow W (2002) Wirksubstanzen der Pflanzenschutz- und Schädlingsbekämpfungsmittel, Paul Parey, Berlin.

71 Pfeil R (2006) Persönliche Mitteilung aufgrund persönlicher Einsichtnahme in die Zulassungsunterlagen im Bundesinstitut für Risikobewertung (BfR), Berlin.

72 Pfeil R, Niemann L (2004) Bewertung von Pflanzenschutzmitteln in Hinsicht auf gesundheitliche Unbedenklichkeit für den Verbraucher, in: Heitefuss R, Klingauf F (Hrsg) Gesunde Pflanzen – Gesunde Nahrung, Schriftenreihe der Deutschen Phytomedizinischen Gesellschaft, Band 7, Ulmer Verlag, Stuttgart, 84–98.

73 RHmV (Rückstands-Höchstmengenverordnung) (2005) Dreizehnte Verordnung zur Änderung der Rückstands-Höchstmengenverordnung vom 14. 11. 2005, Bundesgesetzblatt Teil I vom 18. 11. 2005, 3162.

74 Scheinpflug H, Schlör H, Widdig A (1977) Chemie der Fungizide, in: Wegler R (Hrsg) Chemie der Pflanzenschutz- und Schädlingsbekämpfungsmittel, Band 4, Springer-Verlag, Berlin Heidelberg New York, 117–238.

75 Solecki R, Pfeil R (2004) Biozide und Pflanzenschutzmittel, in: Marquardt H, Schäfer S (Hrsg) Lehrbuch der Toxikologie, 2. Auflage, Wissenschaftliche Verlagsgesellschaft Stuttgart, 657–701.

76 Stenersen J (2004) Chemical pesticides: mode of action and toxicology, CRC Press, Boca Raton. Florida.

77 Stevens JT, Breckenridge CB (2001) Agricultural chemicals: Regulation, risk assessment, and risk management, in: Gad SC (Hrsg) Regulataory toxicology, 2nd edition, Taylor & Francis, London New York, 215–243.

78 Tomlin CDS (Hrsg) (2003) The pesticide manual, 13th ed, BCPC (British Crop Protection Council, Alton, Hampshire, UK.

79 Tracy JW, Webster LT Jr (1996) Drugs used in the chemotherapy of helminthiasis, in: Hardman JG, Limbird LE, Molinoff PB, Ruddon RW, Goodman Gilman A (Hrsg) Goodman & Gilman's The pharmacological basis of therapeutics, 9th ed, McGraw-Hill, New York, 1009–1026.

80 US EPA (1998) Reregistration Eligibility Decision (RED) Iprodione. http://www.epa.gov/REDs/2335.pdf.

81 US EPA (1999) Iprodione; Pesticide Tolerance, Federal Register 64, 29589–29598. http://www.epa.gov/EPA-PEST/1999/June/Day-02/p13948.htm.

82 US EPA (1999) Reregistration Eligibility Decision (RED) Captan. http://www.epa.gov/oppsrrd1/REDs/0120red.pdf.

83 US EPA (2000) Azoxystrobin; Pesticide Tolerance, Federal Register 65, 58404–58414. http://www.epa.gov/fedrgstr/EPA-PEST/2000/September/Day-29/p25051.htm.

84 US EPA (2000) Fludioxonil; Pesticide Tolerance, Federal Register 65, 82927–82937. http://www.epa.gov/EPA-PEST/2000/December/Day-29/p33168.htm.

85 US EPA (2000) Reregistration Eligibility Decision (RED) Vinclozolin. http://www.epa.gov/REDs/2740red.pdf.

86 US EPA (2001) Benomyl and Carbendazim – Endpoint Selection for Incidental Oral Ingestion for Carbendazim – 3rd Report of the Hazard Identification As-

sessment Review Committee. March 20, 2001. http://www.epa.gov/oppsrrd1/reregistration/tm/mbc-hiarc.pdf.

87 US EPA (2001) Flutolanil, N-(3-(1-methylethoxy)phenyl)-2-(trifuoromethyl)benzamide; Pesticide Tolerance, Federal Register 66, 10817–10826. http://www.epa.gov/fedrgstr/EPA-PEST/2001/February/Day-20/p2047.htm.

88 US EPA (2001) Human health risk assessment: Thiabendazole (TBZ). June 21, (2001) http://www.epa.gov/pesticides/reregistration/thiabendazole/hed_finalredchapter_tbz.pdf.

89 US EPA (2001) Mefenoxam; Pesticide Tolerance. Federal Register 66, 47994–48003. http://www.epa.gov/EPA-PEST/2001/September/Day-17/p23088.htm.

90 US EPA (2001) Revised Occupational and Residential Exposure Assessment and Recommendations for the Risk Assessment Document for Carbendazim (MBC). March 21, 2001. http://www.epa.gov/oppsrrd1/reregistration/tm/mbc-ore.pdf.

91 US EPA (2002) Human Health Risk Assessment – Imazalil. http://www.epa.gov/oppsrrd1/reregistration/imazalil/ImazHumanRiskAssess.pdf.

92 US EPA (2002) Iprovalicarb; Pesticide Tolerance, Federal Register 67, 54351–54359. http://www.epa.gov/EPA-PEST/2002/August/Day-22/p21293.htm.

93 US EPA (2002) Reregistration Eligibility Decision (RED): Thiabendazole. October 2002. http://www.epa.gov/REDs/thiabendazole_red.pdf.

94 US EPA (2002) Tolylfluanid; Pesticide Tolerance, Federal Register 67, 60130–60142. http://www.epa.gov/EPA-PEST/2002/September/Day-25/p24094.htm.

95 US EPA (2003) Cyprodinil; Pesticide Tolerance, Federal Register 68, 54808–54818. http://www.epa.gov/EPA-PEST/2003/September/Day-19/p23854.htm.

96 US EPA (2003) Famoxadone; Pesticide Tolerance, Federal Register 68, 39462–39471. http://www.epa.gov/EPA-PEST/2003/July/Day-02/p16736.htm.

97 US EPA (2003) Fenhexamid; Pesticide Tolerance, Federal Register 68, 55513–55519. http://www.epa.gov/EPA-PEST/2003/September/Day-26/p24013.htm.

98 US EPA (2003) Folpet; Pesticide Tolerance, Federal Register 68, 10377–10388. http://www.epa.gov/EPA-PEST/2003/March/Day-05/p5192.htm.

99 US EPA (2003) Pesticide Fact Sheet Famoxadone. http://www.epa.gov/opprd001/factsheets/famoxadone.pdf.

100 US EPA (2003) Reregistration Eligibility Decision for Thiophanate-Methyl. March 28, 2003. http://www.epa.gov/REDs/tm_red.pdf.

101 US EPA (2004) Captan; Cancer Reclassification; Amendment of Reregistration Eligibility Decision; Notice of Availability, Federal Register 69, 68357–68360. http://www.epa.gov/EPA-PEST/2004/November/Day-24/p26083.htm.

102 US EPA (2004) Folpet; Pesticide Tolerance, Federal Register 69, 52182–52192. http://www.epa.gov/EPA-PEST/2004/August/Day-25/p19036.htm.

103 US EPA (2004) Propiconazole; Time-Limited Pesticide Tolerances, Federal Register 69 pp 47005–47013. http://www.epa.gov/EPA-PEST/2004/August/Day-04/p17509.htm.

104 US EPA (2005) Fenpropimorph; Notice of Filing a Pesticide Petition to Establish a Tolerance for a Certain Pesticide Chemical in or on Food. Federal Register 70, 36155–36159. http://www.epa.gov/EPA-PEST/2005/June/Day-22/p12079.htm.

105 US EPA (2005) Propiconazole; Tolerances for Emergency Exemptions, Federal Register 70, 43284–43292. http://www.epa.gov/fedrgstr/EPA-PEST/2005/July/Day-27/p14599.htm.

106 Waechter F, Weber E, Hertner T (2001) Cyprodinil: a fungicide of the anilinopyrimidine class, in: Krieger RL (Hrsg) Handbook of pesticide toxicology, 2nd edition, Academic Press, San Diego, 1701–1710.

107 Ware GW (2000) The pesticide book, 5th edition, Thomson Publications, Fresno, California, USA.

30
Insektizide

Roland Solecki

30.1
Einleitung

Insektizide werden als Pflanzenschutzmittel, Tierarzneimittel und als Biozidprodukte zur Bekämpfung schädlicher Insekten eingesetzt, welche die Nahrung von Mensch und Tier angreifen und vernichten können, Lebensmittel beeinträchtigen oder als Vektoren Krankheiten von Mensch und Tier verbreiten können [47].

Erste Berichte zur Verwendung von Chemikalien zur Insektenbekämpfung gehen auf etwa 1000 v. Chr. zurück, wo über den Einsatz von Schwefelgasen berichtet wird. Aus China wird etwa im 10. Jahrhundert unserer Zeitrechnung über die Verwendung von Arsensulfiden zur Bekämpfung von Gartenschädlingen berichtet. Zu Beginn des 18. Jahrhunderts wurde bereits Tabakrauch als Begasungsmittel eingesetzt. In den napoleonischen Feldzügen wurden pulverisierte Chrysanthemenblüten zur Läusebekämpfung verwendet. Anfang des 20. Jahrhunderts war der Insektizidgebrauch auf verschiedene Arsenverbindungen, Petroleum, Öle, Nicotin, Pyrethrum, Schwefel, Cyanwasserstoff und Cryolit beschränkt.

Die geschichtliche Entwicklung der heute immer noch gegen Insekten eingesetzten organischen Phosphorverbindungen begann bereits in der ersten Hälfte des 19. Jahrhunderts, während eine industrielle Produktion und breite praktische Nutzung erst durch die verstärkte Syntheseforschung mit Beginn des 20. Jahrhunderts einsetzte. Ende der dreißiger Jahre entdeckte Schrader die mit Struktur und Wirkung verknüpfte Regel, nach der für biologisch wirksame Phosphorsäureester eine leicht abspaltbare Acyl-Gruppierung enthalten sein muss. Schrader wird auch die Entdeckung des ersten Organophosphatpestizids „Bladan" angerechnet, das mit dem Wirkstoff TEPP auf dem Markt eingeführt wurde [13]. Die zunächst synthetisierten Verbindungen Tabun, Sarin und Soman waren aufgrund der sehr hohen Toxizität nicht als Insektizide einsetzbar, sondern sie wurden als chemische Kampfstoffe eingesetzt. Mit dem OMPA (Octamethyl-pyrophosphorsäureamid, *Schradan*) wurde 1941 eine der ersten insektiziden Substanzen aus der Gruppe der Organophosphate dargestellt.

Mit den chlororganischen Insektiziden, wie insbesondere DDT und Hexachlorcyclohexan, den Cyclodienen sowie den Carbamaten wurden weitere Stoffklassen als Insektizide eingeführt und in zunehmendem Umfang vor allem in der Landwirtschaft eingesetzt. Chlorkohlenwasserstoffinsektizide, wie insbesondere DDT sowie Hexachlorcyclohexan und chlorierte Cyclodiene erlangten in den 1940er und 1950er Jahren neben den Carbamaten eine sehr große Bedeutung bei der Schädlingsbekämpfung. Als nicht systemisches Kontaktgift wurde DDT im 2. Weltkrieg erstmals großflächig auch zur Bekämpfung von Malaria und Gelbfieber eingesetzt. Das auch direkt gegen Insektenlarven wirksame Gift konnte bereits in sehr geringen Dosierungen auch zur Läusebekämpfung eingesetzt werden. In der Landwirtschaft erfolgte der erste DDT-Einsatz anfangs der 1940er Jahre in der Kartoffelkäferbekämpfung. Dabei wurde erkannt, dass dieses Insektizid gegen eine große Anzahl weiterer Pflanzenschädlinge wirksam ist. Der landwirtschaftliche Einsatz stellte nach dem 2. Weltkrieg das Haupteinsatzgebiet von DDT dar. Bis 1972 wurden etwa zwei Millionen Tonnen DDT weltweit in die Umwelt ausgebracht.

In den 1960er Jahren musste dann den bis dahin als „Wunderpestizide" in großem Umfang eingesetzten Insektiziden eine zweite Facette gegenübergestellt werden, die zunächst nur auf ökotoxikologische Wirkungen gegenüber Vögeln und auf die Krebsentstehung beim Menschen bezogen war. Die daraufhin einsetzende intensivere Bewertung von Nebenwirkungen auf die Gesundheit von Mensch und Tier hat auch für andere Insektizide wichtige Erkenntnisse zur toxikologischen Bewertung erbracht und zu drastischen Veränderungen in der gesetzlichen Festschreibung von Prüfanforderungen für das Inverkehrbringen dieser chemischen Stoffe geführt. Aber auch die Entwicklung neuer Wirkstoffgruppen und die Verwendungspraxis von Pestiziden wurde durch diese Erkenntnisse nachhaltig beeinflusst, so dass die Pestizide heute zu den am intensivsten untersuchten chemischen Verbindungen gehören.

In den 1970er Jahren konnten die bis dahin nur als Pflanzenextrakte eingesetzten Pyrethroide in großer Menge und Vielfalt stabil synthetisiert werden, so dass insektizid wirksame Produkte mit verbesserter Stabilität und höher Selektivität auf den Markt gebracht wurden. Die Synthese weiterer Stoffgruppen wie die der Spinosyne, von Nicotinabkömmlingen oder von Juvenilhormon-Analoga hat die Palette der Insektizide mit häufig selektiveren und häufig auch geringer toxischen Stoffen gegenüber Säugern und Vögeln zum Ende des vergangenen Jahrhunderts deutlich verändert.

Außerdem wurden mit mikrobiellen Wirkstoffen, dem zielgerichteten Einsatz von Insektenparasiten oder Raubinsekten sowie Repellentien und Lockstoffen neue Konzepte der integrierten biologischen Schädlingsbekämpfung eingeführt.

Die verschiedenen chemischen Stoffgruppen der Insektizide weisen erhebliche Unterschiede in ihrem Wirkmechanismus gegenüber Insekten auf. Dadurch ergeben sich auch sehr wesentliche Unterschiede in der Wirksamkeit gegenüber den unterschiedlichen Insektenarten und der Möglichkeit zur Resistenzentwicklung bei den Zielorganismen. Aus diesen unterschiedlichen insektiziden Wirkmechanismen können sich auch sehr deutliche Unterschiede in der toxikologischen Wirkung gegenüber Säugern, einschließlich des Menschen, ergeben. Viele bereits seit langem eingesetzte Insektizide, deren Angriffsort z. B. das Nervensystem der Insekten ist, können aufgrund vergleichbarer Mechanismen der Signalübertragung auch beim Menschen zu neurotoxischen Effekten führen. So stellt die Acetylcholinesterase sowohl bei Insekten als auch beim Menschen einen wichtigen Überträgerstoff im Nervensystem dar. Die durch Organophosphate und auch Carbamate bewirkte Hemmung der Cholinesterase (ChE) kann somit sowohl im Insekt als auch im Säugerorganismus einen folgenschweren Eingriff in die Übertragung von Nervenimpulsen darstellen.

Die Entwicklung neuer Gruppen von Insektiziden hat sich deshalb immer wieder auch auf für Insekten spezifische physiologische Prozesse konzentriert. So gibt es für Häutungsbeschleuniger oder Häutungshemmer bei Wirbeltieren keine vergleichbaren physiologischen Mechanismen und damit auch häufig keine vergleichbaren toxikologischen Angriffspunkte. Die relativ hohe Selektivität anderer Insektizide beim Eingriff in den Chitinstoffwechsel bei Raupen und Larven führt zum Absterben der Puppen oder zu nicht lebensfähigen adulten Tieren bestimmter Insektenarten, die sich zum Zeitpunkt der Anwendung in diesen Entwicklungsstadien befinden. Die gezielte Verwendung solcher Insektizide kann deshalb häufig mit einer geringeren Toxizität sowohl gegenüber „Nützlingen" aus dem Reich der Insekten als auch gegenüber wildlebenden Säugetieren und dem Menschen verbunden sein [46].

In den folgenden Abschnitten soll ein toxikologisches Kurzprofil von ausgewählten Insektiziden verschiedener chemischer Gruppen dargestellt werden, die für die lebensmitteltoxikologische Bewertung unserer Nahrung von Bedeutung sein können. Die toxikologischen Informationen zu einzelnen Wirkstoffen in diesem Kapitel berücksichtigen einerseits aktuelle Bewertungen des Bundesinstituts für Risikobewertung (BfR) und die dort veröffentlichten Expositionsgrenzwerte für Rückstände von Pflanzenschutzmitteln in Lebensmitteln [7]. Neben den BfR-Bewertungen, die weitgehend auf unveröffentlichten und daher nicht zitierfähigen Studien beruhen [pers. Mittl.], wurden weiterhin Bewertungen durch die WHO (*Joint FAO/WHO Meeting on Pesticide Residues, JMPR*) [62] und weiterer internationaler Behörden (z. B. *US Environmental Protection Agency, US-EPA, European Food and Safety Agency, EFSA, European Agency for the Evaluation of Medicinal Products, EMEA*) berücksichtigt. Zu einzelnen Aspekten wurde auch auf Veröffentlichungen in der allgemein zugänglichen Fachliteratur zurückgegriffen [14, 40, 41].

In den einzelnen Abschnitten zur lebensmitteltoxikologischen Wirkstoffbeschreibung werden Aufnahme, Verteilung, Metabolismus und Ausscheidung der Stoffe kurz charakterisiert, dann die toxikologische Bewertung des Wirkstoffes beschrieben und schließlich zitierfähige lebensmitteltoxikologisch relevante Grenzwerte dargestellt. Für die Beurteilung von langfristigen Gefahren für den Verbraucher durch Pflanzenschutzmittel-Rückstände in Lebensmitteln wurde der für die Abschätzung der langfristig zulässigen täglichen Aufnahmemenge entscheidungsrelevante Grenzwert (*acceptable daily intake, ADI*) angegeben [60]. Für die Bewertung der kurzzeitigen Aufnahme von Lebensmitteln wird die Akute Referenzdosis *(acute reference dose, ARfD)* zitiert, wenn deren Ableitung aufgrund der toxikologischen Eigenschaften eines Stoffes erforderlich ist [48]. Dabei wird bei einigen betroffenen Wirkstoffen auf Hintergründe für die Ableitung unterschiedlicher ADI- oder ARfD-Werte durch verschiedene Behörden oder wissenschaftliche Gremien eingegangen.

Die auf der Abschätzung der Langzeit- und Kurzzeitaufnahme beruhende Risikobewertung hinsichtlich der Ausschöpfung o. g. Expositionsgrenzwerte durch die kalkulierte Nahrungsaufnahme wurde für einige ausgewählte Wirkstoffe aus Bewertungen des JMPR, aus Schätzungen der EFSA und EMEA übernommen. Hinsichtlich der Verzehrsdaten wurden hierbei vom JMPR die Daten des „*Global Environment Monitoring System – Food Contamination Monitoring and Assessment Programme*" (*GEMS/FOOD*) genutzt. Die fachlichen Grundlagen und Voraussetzungen sowie die Methoden der Risikobewertung zur Abschätzung der kurzfristigen und langfristigen Aufnahmemengen von Pestizidrückständen über die Nahrung z. B. auf Basis der Mediane der Rückstandswerte im essbaren Anteil des Erzeugnisses aus überwachten Feldversuchen, die unter den kritischsten Anwendungsbedingungen durchgeführt werden (*supervised trial median residues, STMR*) sind in Kapitel II-26 erläutert bzw. in den jeweils zitierten Referenzen in der Regel ausführlich dargestellt. Für einige Wirkstoffe wurden auszugsweise die gemäß Rückstandshöchstmengenverordnung (RHmV) festgesetzten Höchstmengen (bis zur 13. Änderungsverordnung (ÄVO) vom 14. 11. 2005) für einige verschiedene pflanzliche Lebensmittel beispielhaft aufgeführt.

30.2
Organochlorverbindungen

Chlorkohlenwasserstoffe besitzen allgemein eine geringe Wasserlöslichkeit und zeigen häufig eine hohe Persistenz in der Umwelt, wodurch es bei einer Reihe von Stoffen in der Vergangenheit zu einer bedenklichen Anreicherung in der Nahrungskette gekommen ist. Zu den traditionell als Insektizide eingesetzten Chlorkohlenwasserstoffen gehören DDT und DDT-verwandte Insektizide, Hexachlorcyclohexan, Pentachlorphenol und chlorierte Cyclodiene.

Bei den Insektiziden dieser Substanzklasse stehen Effekte auf das Nervensystem im Vordergrund. Diese Wirkstoffe sollen an den Nervenmembranen der Insekten eine Übererregbarkeit erzeugen, die in höheren Konzentrationen zu deren Lähmung führen kann. Durch die Einlagerung in die Lipidmembran und die Interferenz mit dem Na-Transport scheint die Verzögerung der Repolarisierungsphase eine zentrale Rolle zu spielen. Die daraus resultierende Erregbarkeitssteigerung erfasst zunächst die motorischen Bahnen zum Gehirn. Die spinalen Bahnen werden in einem von Spezies zu Spezies unterschiedlichen Maße meist erst bei höheren Konzentrationen einbezogen [44].

30.2.1
DDT und DDT-verwandte Insektizide

DDT (1,1,1-Trichlor-2,2-bis-(p-chlorphenyl)ethan) war eine der am intensivsten verwendeten Chemikalien zur Insektenbekämpfung in landwirtschaftlichen Kulturen.

Technisches DDT ist ein aus weißen, geruchlosen Kristallen bestehendes Gemisch, das aus drei isomeren Hauptbestandteilen (p,p'-DDT, o,p'-DDT und o,o'-DDT) sowie weiteren gering konzentrierten Verbindungen wie DDE und DDD zusammengesetzt ist. Obwohl DDT in der Luft relativ instabil ist, wird es besonders im Boden nur sehr langsam abgebaut, so dass sich z.B. in Mitteleuropa Halbwertszeiten von bis zu 20 Jahren ergeben können. Die Ausbringung von DDT in den 1950er und 1960er Jahren hat aufgrund der hohen Bioakkumulation zu einer Kontamination des Bodens und des Wassers geführt. DDT und seine ebenfalls beständigen Metaboliten wurden auch in der Nahrungskette angereichert und haben zu einer besonders auffälligen Schädigung von Vögeln geführt. DDT wurde für die Verringerung der Schalendicke und einer damit verbundenen Beeinträchtigung der Fortpflanzung, insbesondere von Greifvogelarten, verantwortlich gemacht. Darüber hinaus ist DDT bereits in sehr geringen Konzentrationen fischtoxisch.

In vielen Ländern der Erde wurde der DDT-Einsatz Anfang der 1970er Jahre massiv eingeschränkt oder verboten und die erlaubten Rückstandsmengen in Lebensmitteln stark eingegrenzt. Nach dem auf internationaler Ebene wirksam gewordenen Verbot des breiten Einsatzes von DDT konnte ein deutlicher Rückgang der in der Umwelt sowie bei Mensch und Tier gemessenen Konzentrationen von DDT und seiner Metaboliten festgestellt werden [47].

Aufnahme, Verteilung, Metabolismus und Ausscheidung

DDT und verwandte Verbindungen werden vor allem enteral, aber auch über die Haut mit einer hohen Absorptionsrate aufgenommen. Die Resorption nach oraler Aufnahme erfolgt rasch und komplett. Sie wird durch das Vorhandensein von Nahrungsfetten unterstützt. Aus dem Blutkreislauf wird DDT über ein dynamisches Gleichgewicht überwiegend in Fettdepots des Säugerorganismus verteilt. Obwohl DDT und verwandte Stoffe in den Fettdepots wirkungslos bleiben, erfolgt z.B. bei Hungerzuständen eine rasche Mobilisierung und Umverteilung aus den dabei abgebauten Fettgeweben. DDT wird zum einen über DDD zu DDA metabolisiert, zum anderen zu DDE. Der quantitative Anteil dieser Metaboliten ist speziesspezifisch. Während DDA und das Zwischenprodukt DDD vor allem renal ausgeschieden werden, persistieren DDT und DDE im Organismus. Generell muss mit einer langen Halbwertszeit von bis zu einem Jahr gerechnet werden, wobei mit zunehmender Verweildauer im Organismus der DDE-Anteil ansteigt. Eine besondere Rolle für die Toxizität gegenüber Neugeborenen, die eine noch relativ gering entwickelte Fähigkeit zur Metabolisierung besitzen, spielt die Anreicherung von DDT in der Muttermilch. Seit dem DDT-Verbot konnte weltweit auch ein deutlicher Rückgang der DDT-Belastung in der Milch festgestellt werden [45].

Toxikologische Bewertung des Wirkstoffes

Die akute Toxizität von DDT ist mit einer oralen LD_{50} bei der Ratte von ca. 250 mg/kg Körpergewicht (KG) als gering einzuschätzen. Die toxische Wirkung im Tierversuch ist aber in hohem Maße vom mitverabreichten Lösungsmittel abhängig. So tragen ölige Lösungen zu einer höheren Toxizität bei als wässrige Zubereitungen.

Die Vergiftungserscheinungen werden von einer Übererregung und Lähmung vor allem der motorischen und z.T. sensorischen Nerven bestimmt. Als Vergiftungssymptome werden im Tierversuch zentralnervöse Wirkungen wie Hypersensibilität, Tremor, Konvulsionen sowie verstärkte Salivation und Lakrimation beobachtet, die häufig von Erbrechen, Koma, Kreislaufversagen und Atemstillstand begleitet werden.

Für den Menschen gelten 150–300 mg/kg KG als letale Dosis. Erste Symptome treten ab einer Dosis von 10 mg/kg KG auf. Als Vergiftungszeichen beim Menschen wurden Kopfschmerzen, Parästhesien, Tremor, Konvulsionen und Erbrechen beschrieben, wobei das Auftreten akut toxischer Effekte beim Menschen sehr selten beobachtet worden ist. Aus den Beobachtungen am Menschen wurde ein Gesamt-NOAEL von 0,25 mg/kg KG pro Tag abgeleitet [27].

In subchronischen und chronischen Toxizitätsstudien an Ratten wurde die Leber als Zielorgan bestimmt. Es wurde Hepatomegalie, entzündliche Infiltrationen und fokale Nekrosen der Leber in Dosierungen von 24 mg/kg KG pro Tag beobachtet. Außerdem wurde gezeigt, dass DDT, DDE und DDD eine starke Induktion mikrosomaler Leberenzyme hervorrufen können, die bei weiblichen Ratten stärker ausgebildet wird.

DDT wird insgesamt als nicht genotoxisch angesehen, obwohl in einzelnen In-vitro-Tests besonders an Säugerzellen Mitosehemmungen und Chromosomenaberrationen auftraten.

Bei Mäusen verschiedener Stämme wurden im Langzeitversuch erhöhte Inzidenzen von Leber- und Lungentumoren sowie von Lymphomen beobachtet. Die erhöhte Inzidenz von Lebertumoren bei Mäusen und eventuell auch bei Ratten wird zum einen mit einer möglicherweise tumorpromovierenden Wirkung der Substanz in Verbindung gebracht, zum anderen auf den Metaboliten DDE zurückgeführt. Dieser tritt bei der Maus zu einem besonders großen Anteil auf und führte – im Gegensatz zu DDT – auch in einer Langzeitstudie an Goldhamstern zu Lebertumoren. Bezüglich eines vermehrten Auftretens von Tumoren bei Affen, Ratten sowie Hamstern liegen aber insgesamt sehr widersprüchliche Ergebnisse vor.

Die zahlreichen epidemiologischen Studien und weitere spezielle Untersuchungen am Menschen, in denen mögliche Korrelationen zwischen dem Auftreten verschiedener Krebsarten und DDT- bzw. DEE-Rückständen im menschlichen Organismus untersucht wurden, zeigten keine Anhaltspunkte für einen

Zusammenhang zwischen einer DDT-Exposition über die Umwelt oder Nahrung und einem dadurch erhöhten Krebsrisiko [15].

Endokrine Wirkungen der einzelnen DDT-Isomere, wie die Aktivierung von Östrogenrezeptoren durch o,p'-DDT und die Hemmung von Androgenrezeptoren durch p,p'-DDT und deren Metaboliten, wurden häufig in der Fachliteratur beschrieben.

Zur Reproduktionstoxizität bei Säugern gibt es widersprüchliche Ergebnisse. Ältere Multigenerationsversuche an Hunden und Schafen zeigten keine Effekte.

An Ratten waren jedoch Hinweise auf eine Beeinträchtigung der Reproduktion während der Laktation mit erhöhter Mortalität unter den Nachkommen zu beobachten.

Beim Kaninchen zeigte die Verabreichung von DDT veränderte Hormonspiegel und einen Einfluss auf die Ovulationsrate, jedoch ohne dass relevante Effekte auf die übrigen geprüften Reproduktionsparameter nachweisbar waren.

Teratogenitätsstudien erbrachten insgesamt keine Hinweise auf embryotoxische oder teratogene Wirkungen. Es konnte aber gezeigt werden, dass DDT und seine Metaboliten über die Plazenta den Fetus erreichen können.

Aus den vorliegenden Untersuchungen wurde als niedrigste relevante Grenzkonzentration ohne schädliche Wirkungen (*no observed adverse effect level; NOAEL*) eine Dosierung von 1 mg/kg KG pro Tag, was einer Futterkonzentration von 125 ppm entspricht, bestimmt [3].

Lebensmitteltoxikologisch relevante Grenzwerte
Da DDT in Pflanzenschutzmitteln nicht mehr eingesetzt werden darf, wurden auch keine für Lebensmittelrückstände üblicherweise festzulegenden Grenzwerte, wie ADI und ARfD, festgesetzt. Aufgrund der hohen Persistenz und der immer noch relevanten Anreicherung in der Nahrungskette finden sich jedoch auch in Nahrungsmitteln immer noch DDT-Rückstände. Während die Exposition bei der Anwendung von DDT vorrangig gegenüber p,p'-DDT erfolgt, ist die allgemeine Bevölkerung über die Nahrung und das Trinkwasser gegenüber dem p,p'-DDE Metaboliten exponiert.

Zusammenfassende Bewertungen von Expositionsdaten und Konzentrationen in menschlichen Organen, Milch und Blut haben gezeigt, dass die Gesamtbelastung des Menschen von 5000–10 000 µg DDT/kg Milchfett auf 1000 oder geringere Werte in den letzten drei Dekaden zurückgegangen ist [45].

Um die gesundheitlichen Wirkungen dieser Rückstände bewerten zu können, wurde von der WHO ein Expositionsgrenzwert (*provisional tolerable daily intake for humans, PTDI*) von 0,01 mg/kg KG abgeleitet [27].

Vom JMPR wurde die Langzeitaufnahme von DDT-Kontaminationen der Nahrung für die „International geschätzte tägliche Aufnahmemenge" (*international estimated daily intake, IEDI*) mit einer Ausschöpfung des ADI-Wertes zwischen 10 und 30% des PTDI-Wertes kalkuliert. Diese Abschätzung ergibt, dass der PTDI-Wert durch DDT-Gehalte, die in Karotten, Getreide, Eiern, Milch und Fleisch immer noch nachgewiesen werden, nur teilweise ausgeschöpft wird und somit kein gesundheitliches Risiko aus dieser Lebensmittelkontamination resultiert.

Die Schätzung der kurzzeitigen Aufnahmemenge (*international estimated short term intake*, IESTI) wurde nicht vorgenommen, da die Ableitung einer ARfD aufgrund des toxikologischen Profils nicht erforderlich ist und somit keine Gefährdung des Menschen durch die Kurzzeitaufnahme von DDT mit der Nahrung erwartet wird [27].

30.2.2
Lindan

Der Wirkstoff ist ein Gemisch aus mindestens acht Hexachlorcyclohexan-(HCH-)Isomeren, von denen das γ-Isomer, dessen Anteil zwischen 10 und 18% schwankt, als einziges der sechs stabilen Isomeren eine relevante insektizide Aktivität aufweist. Im insektiziden Wirkstoff Lindan muss ein 99%iger Gehalt des γ-Isomers eingehalten werden, um einerseits die Wirksamkeit zu garantieren und andererseits bedenkliche Wirkungen von anderen Isomeren auszuschließen. So besitzt das β-Isomer ein sehr hohes Potenzial zur Anreicherung im Warmblüterorganismus und in Umweltmedien. Das α-Isomer, welches zu etwa 70% im synthetisierten Hexachlorcyclohexan enthalten ist, besitzt eine starke tumorigene Wirkung, so dass die hepatokarzinogene Wirkung des HCH bei Mäusen auf dieses Isomer zurückgeführt wurde. Während das γ-Isomer die höchste akute Toxizität besitzt und einen stimulierenden Effekt auf das Nervensystem ausübt, haben das α-, β- und δ-Isomer eine eher dämpfende Wirkung auf das zentrale Nervensystem.

Lindan wirkt sowohl als insektizides Fraß- als auch als Kontaktgift. Darüber hinaus besitzt es aufgrund seines hohen Dampfdruckes eine Wirkung als Atemgift. Lindan hemmt vor allem die Na^+, K^+-ATPase und somit den Kationentransport durch die Nervenmembran. Darüber hinaus tritt eine vorübergehende Verstärkung des Serotoninmetabolismus auf [47].

Aufnahme, Verteilung, Metabolismus und Ausscheidung
Lindan wurde bei den Versuchstieren Ratte, Kaninchen und Maus nach oraler Gabe schnell resorbiert und innerhalb weniger Stunden im Organismus verteilt. Die höchsten Konzentrationen wurden im Fettgewebe und in der Haut gemessen. Auch bei anderen Spezies traten die höchsten Lindanrückstände im Fettgewebe auf. Die dermale Aufnahme findet verzögert und limitiert statt. Die Metabolisierung erfolgt hauptsächlich in der Leber über Dehydrochlorierung, Dechlorierung, Dehydrogenierung sowie Oxidation zu einer Vielzahl von Metaboliten, insbesondere zu chlorierten Phenolen. Diese werden mit dem Urin ausgeschieden. Die Halbwertszeit bei der Ratte beträgt 3–4 Tage. Nach oraler Applikation von Lindan an Legehennen waren geringe Rückstände im Eiklar festzustellen, während die Konzentration im Eigelb mit zunehmender Verabreichungsdauer zunahm.

Toxikologische Bewertung des Wirkstoffes

Lindan besitzt eine hohe akute Toxizität. Die orale LD_{50} beträgt bei Ratten etwa 90–160 mg/kg KG und bei Mäusen etwa 65–145 mg/kg KG.

Als Vergiftungszeichen werden vor allem neurologische Symptome sowie herabgesetzte Aktivität oder Unruhe, Zittern und Konvulsionen beschrieben. Diese neurotoxischen Wirkungen beruhen auf einer Blockierung der inhibitorischen Wirkung des Neurotransmitters Gamma-Aminobuttersäure (GABA). Es ergaben sich Hinweise, dass junge Versuchstiere, aber auch Säuglinge und Kleinkinder empfindlicher als Erwachsene reagieren. Dafür wird die stärkere Resorption und unvollständige Metabolisierung infolge der Unreife von Leberenzymen, mit der Folge einer höheren Akkumulation im Zentralnervensystem (ZNS), verantwortlich gemacht.

Die toxikologischen Eigenschaften nach subchronischer und chronischer Applikation des Wirkstoffes wurden an Ratten und an Hunden geprüft. Nach längerer Verabreichungsdauer kam es zu toxischen Wirkungen auf die Leber, die Niere und das ZNS. Sie waren mit erhöhter Aktivität von bestimmten Leberenzymen, einem erhöhtem Organgewicht von Niere und Leber, Nephritis, Degeneration und Nekrose von Nierenepithelzellen sowie Hypertrophie von Leberzellen ab Dosierungen von 20 ppm im Futter verbunden. Als relevanter NOAEL wurde eine Dosis von 0,75 mg/kg KG pro Tag bestimmt, was einer Futterkonzentration von 10 ppm entspricht [pers. Mittl.]. Es liegen keine Hinweise auf mutagene Eigenschaften von Lindan vor.

Die bei chronischer Verabreichung von weniger gereinigten Lindanchargen an Mäusen beobachteten kanzerogenen Effekte werden vor allem dem in der Prüfsubstanz enthaltenen α-Isomer zugeschrieben. Ein genotoxischer Mechanismus für diese Tumorentstehung bei Mäusen ist nicht anzunehmen.

Bei Ratten führt die lebenslange Aufnahme von Lindan nicht zu kanzerogenen Effekten. Die wissenschaftliche Literatur sowie epidemiologische Erhebungen weisen keinen spezifischen Zusammenhang zwischen Lindanexposition und kanzerogenen Effekten beim Menschen aus [21].

In den Mehrgenerationsstudien an Ratten wurde festgestellt, dass Lindandosen von 13 mg/kg KG pro Tag zu einem geringeren Geburtsgewicht, verzögerter pränataler Entwicklung und erhöhter perinataler Mortalität führten. Der NOAEL für die reproduktionstoxischen Effekte wurde mit 1,7 mg/kg KG pro Tag bestimmt.

Die Teratogenitätsprüfungen an Ratten und Kaninchen ergaben keine Anhaltspunkte für fruchtschädigende Eigenschaften bei Dosierungen, die nicht für die Muttertiere toxisch waren. Der NOAEL für überzählige Rippen lag bei 5 mg/kg KG pro Tag bei Ratten und 10 mg/kg KG pro Tag bei Kaninchen [47].

Lebensmitteltoxikologisch relevante Grenzwerte

Lindan ist in der Bundesrepublik Deutschland nicht als Pflanzenschutzmittelwirkstoff zugelassen, jedoch resultiert aus dem jahrzehntelangen, vielfältigen Einsatz des Wirkstoffes Lindan in aller Welt ein nahezu ubiquitäres Vorkommen. Lindan fand seit 1945 nicht nur als Insektizid im Pflanzenschutz, sondern auch als Therapeutikum in der Human- und Veterinärmedizin und auch als Biozid zur Schädlingsbekämpfung im Haushalt und in der Kommunalhygiene sowie im Holz- und Vorratsschutz Verwendung.

Die Anwendung am Menschen diente vorrangig zur Bekämpfung von Läusen und Milben. Bei der gesundheitlichen Bewertung von Lindan ist daher grundsätzlich von mehreren möglichen Expositionsquellen auszugehen, so dass hierfür neben der lebensmitteltoxikologischen Abschätzung des gesundheitlichen Risikos insbesondere eine aggregierte Risikobewertung unter Berücksichtigung aller Expositionsquellen angezeigt ist.

Eine Bewertung der Deutschen Forschungsgemeinschaft (DFG) [8] gibt für HCH als annehmbare Tagesdosis für den Menschen (TDI) folgende Werte an:
- α-HCH: 0,005 mg/kg KG
- β-HCH: 0,001 mg/kg KG
- γ-HCH: 0,0125 mg/kg KG

Unter Zugrundelegung der DFG-Werte von 1982 lässt sich ableiten, dass die annehmbare Tagesdosis für α-HCH etwa um den Faktor 2 und für β-HCH etwa um den Faktor 10 niedriger ist als für γ-HCH (Lindan).

Die für γ-HCH abgeleitete annehmbare Tagesdosis der DFG ist praktisch identisch mit dem von der WHO [21] festgesetzten ADI-Wert von 0,01 mg/kg KG.

Die Bewertung neuer Daten zu Lindan [1] hat jedoch zu einer Reduktion des NOAEL, bzw. des ADI um den Faktor 2 geführt, während zu α- und β-HCH keine neuen Daten vorgelegt wurden. Für die gesundheitliche Bewertung von Lindan hat die WHO deshalb einen ADI-Wert von 0,005 mg/kg KG aus der chronischen Langzeitstudie an Ratten festgelegt [7].

Als ARfD wurde eine Grenzdosierung von 0,06 mg/kg KG auf Basis der akuten Neurotoxizitätsstudie an der Ratte mit einem Sicherheitsfaktor (SF) von 100 festgelegt.

Wenn man davon ausgeht, dass neue Studien zu α- und β-HCH ebenfalls entsprechend niedrigere NOAELs ergeben würden, wären folgende TDI-Werte abzuleiten:
- α-HCH: 0,0025 mg/kg KG
- β-HCH: 0,0005 mg/kg KG

In Bezug auf akut toxische Effekte der einzelnen HCH-Isomere ist davon auszugehen, dass γ-HCH eine höhere akute Toxizität aufweist als die anderen Isomere. Deshalb kann für die Bewertung des akuten gesundheitlichen Risikos durch α- und β-HCH als „Worst case"-Annahme die ARfD für Lindan (0,06 mg/kg KG) verwendet werden.

Von der US-EPA werden Expositionsgrenzwerte (*population adjusted dose, PAD*) festgelegt, die das gesundheitliche Risiko für den Verbraucher nach chronischer und akuter Aufnahme von Lebensmittelrückständen und anderen Expositionsquellen charakterisieren. Entsprechend den Festlegungen des von der

US-Regierung 1996 neu eingeführten Gesetzes zur Lebensmittelsicherheit (*Food Quality Protection Act, FQPA*) wird hier besonders aufgrund der besonderen Empfindlichkeit von Kindern und Jugendlichen häufig ein zusätzlicher Sicherheitsfaktor festgelegt. Somit gilt in den USA ein dreifach niedrigerer chronischer Grenzwert (cPAD) von 0,0016 mg/kg KG für die gesundheitliche Bewertung der chronischen Nahrungsaufnahme als er z. B. von der WHO aber auch den europäischen Staaten und Australien festgelegt wurde, obwohl die Grenzwertableitung vom gleichen NOAEL aus der chronischen Langzeitstudie an Ratten erfolgt ist. Als akuter Grenzwert (aPAD) wurde von der US-EPA ebenfalls ein niedrigerer Wert von 0,02 mg/kg KG aus der akuten Neurotoxizitätsstudie an Ratten mit einem erhöhten Sicherheitsfaktor von 100×3 festgelegt [56].

Hinsichtlich der Rückstandsbewertung von tierischen Lebensmitteln soll ein Beispiel dargestellt werden, das im Jahr 2005 an Fischen aus Elbe und Mulde problematisiert wurde, da diese zum Teil recht hohe Gehalte an α-HCH und β-HCH aufweisen, was Untersuchungen des Umweltbundesamtes (UBA) belegt haben [50].

Die höchsten nachgewiesenen Rückstandsgehalte in Brassen aus der Mulde lagen im Jahr 2004 für α-HCH bzw. für β-HCH bei 0,037 bzw. 0,18 mg/kg Frischgewicht (FG). Diese Werte liegen um den Faktor 1,9 bzw. 18 über den in der Rückstands-Höchstmengen-Verordnung (RHmV) für diese Verbindungen festgesetzten Gehalten.

Derart belastete Fische sind somit nach dem Lebensmittel- und Bedarfsgegenständegesetz nicht verkehrsfähig. Den Kontrollen der amtlichen Lebensmittelüberwachung unterliegen allerdings nur Fische, die gewerbsmäßig gefangen wurden. Sie gelten nicht für den Fang von Sportanglern und Hobbyfischern.

Das BfR hat daraufhin die vom UBA veröffentlichten Gehalte an α-HCH und β-HCH gesundheitlich bewertet [6]. Diese Berechnungen zeigten, dass die gesundheitlich tolerierbaren täglichen Aufnahmemengen durch die HCH-Gehalte nur teilweise ausgeschöpft werden.

Die *Abschätzung der Exposition und des akuten bzw. chronischen Verbraucherrisikos* beruht hierbei auf aktuellen Verzehrsdaten für Süßwasserfische, die aus einer aktuellen Verzehrsstudie für Kleinkinder im Alter zwischen zwei und fünf Jahren ermittelt wurden [5]. Die so ermittelten aufgenommenen Rückstandsmengen wurden anschließend mit den o. g. toxikologischen Grenzwerten für das akute bzw. chronische Verbraucherrisiko verglichen:

- *Ermittlung des akuten Risikos*
  Maximal in Brassen gefundene Rückstände:
  α-HCH = 0,037 mg/kg (FG); β-HCH = 0,18 mg/kg (FG).
  Maximale Verzehrsmenge für Süßwasserfische aus der VELS-Studie = 325,7 g
  Mittleres Körpergewicht (Kleinkind): 16,15 kg
  Berechnete Aufnahme in mg/kg KG:
  – 0,000746186 (α-HCH);
  – 0,003630093 (β-HCH).
  ARfD (α-HCH) = 0,06 mg/kg KG (Körpergewicht)
  ARfD (β-HCH) = 0,06 mg/kg KG

Tab. 30.1 Auswahl von in Deutschland gültigen Höchstmengen für Lindan gemäß RmHV (Stand November 2005).

Wirkstoff	mg/kg	Lebensmittel
Lindan	1,00	Kakaokerne, teeähnliche Erzeugnisse
Lindan	0,50	Gewürze
Lindan	0,05	Hopfen, Tee
Lindan	0,01	andere pflanzliche Lebensmittel

Ausschöpfung der ARfD: α-HCH=1,2%; β-HCH=6,1%.
Die Risikoberechnung auf Basis der hohen maximalen Verzehrsmenge für Süßwasserfische von 325,7 g ergibt, dass die in Brassen der Mulde nachgewiesenen maximalen Rückstände an α-HCH bzw. β-HCH kein akutes gesundheitliches Risiko darstellen.

- *Ermittlung des chronischen Risikos*
  Maximal in Brassen gefundene Rückstände:
  α-HCH=0,037 mg/kg (FG); β-HCH=0,18 mg/kg (FG).
  Durchschnittliche Verzehrsmenge für Süßwasserfische aus der VELS-Studie=0,4 g
  Mittleres Körpergewicht (Kleinkind): 16,15 kg
  Berechnete Aufnahme in mg/kg KG pro Tag:
  – 0,00000092 (α-HCH);
  – 0,00000446 (β-HCH).
  TDI (α-HCH)=0,0025 mg/kg KG pro Tag
  TDI (β-HCH)=0,0005 mg/kg KG pro Tag
  Ausschöpfung der TDI-Werte: α-HCH=0,04%; β-HCH=0,89%.

Damit sind die derart belasteten Fische zwar wegen der Höchstmengenüberschreitungen für den Verkauf nicht geeignet, ihr Verzehr stellt aber kein gesundheitliches Risiko für den Verbraucher dar.

Aufgrund der geringen Verzehrsmengen von Süßwasserspeisefischen ist nicht mit einem chronischen Risiko durch die in Brassen der Mulde gefundenen Rückstände an α- bzw. β-HCH zu rechnen. Selbst die „Worst-case"-Annahme eines lebenslangen Verzehrs von maximal mit den nachgewiesenen HCH-Rückständen belasteten Süßwasserspeisefischen führt nur zu einer geringfügigen Auslastung der TDI-Werte. Umgekehrt würde auch der lebenslange Verzehr von 300 g Fischfleisch je Woche, das mit den maximal gefundenen HCH-Gehalten belastetet ist, nicht zu einer Überschreitung der TDI-Werte führen [6].

In Tabelle 30.1 sind beispielhaft Höchstmengen für einige pflanzliche Lebensmittel aufgeführt, die gemäß RHmV (bis zur 13. ÄVO vom 14. 11. 2005) in der Bundesrepublik Deutschland festgesetzt wurden.

30.3
Organophosphate

In den für die lebensmitteltoxikologische Bewertung besonders relevanten Pflanzenschutzanwendungen finden verschiedene Phosphorsäureester vor allem als Kontakt- und Systeminsektizide Verwendung. Organophosphate (OPs) werden aber auch in Biozidprodukten sowie in der Veterinärmedizin gegen Ekto- und Enteroparasiten eingesetzt und können deshalb auch über diese Indikationen als Rückstände in Lebensmitteln auftauchen.

Nach dem leicht abspaltbaren aciden Substituenten X, der die wichtigste Voraussetzung für die Reaktion mit Enzymen darstellt, lassen sich die Organophosphate in folgende vier Hauptkategorien nach ihren Substituenten X unterteilen:

```
R₁ O (oder S)
  \ /
   P
  / \
R₂   X
```

1. X enthält quaternären Stickstoff
2. X = F
3. X = CN, OCN, SCN oder anderes Halogen als F
4. X enthält andere Gruppen wie Alkyle, Aryle, Heterocyclen, Stickstoff oder Phosphorylgruppen

Bei den basischen Substituenten R_1 und R_2 handelt es sich um eine kurzkettige Alkyl-, Alkoxy-, Alkylthio- oder Aminogruppe [13].

Die Giftigkeit der Organophosphate ist sehr unterschiedlich und reicht von sehr hoher akuter Toxizität beim Paraoxon mit einer LD_{50} <2 mg/kg KG bis zum gering toxischen Malathion mit einer oralen LD_{50} von 2800 mg/kg KG. Sowohl die insektiziden Wirkungen als auch die toxikologisch relevanten Effekte der meisten Organophosphate beruhen auf einer Hemmung der Acetylcholinesterase, die den Neurotransmitter Acetylcholin in Cholin und Acetat spaltet. Die Hemmwirkung der Organophosphate beruht auf der mit dem Acetylcholin gemeinsamen Eigenschaft, an das katalytische Zentrum des Enzyms zu binden. Nach Abspaltung des Acylrests (Substituent X) reagiert die elektrophile, positiv geladene P-Gruppe des Organophosphates mit der funktionellen OH-Gruppe eines Serinrestes im nucleophilen, katalytischen Zentrum der Cholinesterase. Diese Organophosphat-Enzymbindung ist zunächst noch instabil, so dass die Acetylcholinesterase spontan oder durch nucleophile Oxime reaktivierbar ist. Wird jedoch ein weiterer Substituent (R_1 oder R_2) abgespalten, geht der monosubstituierte Phosphorsäurerest eine stabile Bindung mit dem Enzym ein, die nicht mehr durch Oxime reaktivierbar ist. Dieser so genannte Alterungsprozess kann in Abhängigkeit vom Wirkstoff mehrere Stunden bis Tage dauern. Die irreversible Hemmung der Acetylcholinesterase hat zur Folge, dass freigesetztes Acetylcholin nicht mehr gespalten wird und sich vor allem im zentralen und peripheren Nervengewebe anreichert. Aus der Akkumulation des Acetylcholins an den muskarinergen Acetylcholinrezeptoren der parasympathischen Nervenenden resultieren muskarinartige Wirkungen, zu denen Tränen- und Speichelfluss, erhöhte Bronchialsekretion und Bronchospasmen, gesteigerte Magen- und

Darmsekretion mit verstärkter Peristaltik und Spasmen, Miosis und Sehstörungen, Blutdrucksenkung und Schweißdrüsenstimulierung gehören können [49].

Die Anreicherung von Acetylcholin an den nicotinergen Acetylcholinrezeptoren der parasympathischen und sympathischen Ganglien bzw. den motorischen Endplatten im Muskelgewebe ruft nicotinartige Effekte hervor, die sich in Muskelsteife, Tremor, Muskelzuckungen, tonisch-klonischen Krämpfen, Sprachstörungen, Parästhesien, Bewusstseinsstörungen und Atemlähmung äußern können.

Als ein weiterer Angriffsort der Organophosphate ist die neurotoxische Esterase anzusehen, die ebenso wie die Acetylcholinesterase durch Phosphorylierung gehemmt wird. Die hieraus resultierende neurotoxische Wirkung mit einer primär das Axon betreffenden Schädigung scheint durch eine Strukturänderung des Enzym-Organophosphat-Komplexes hervorgerufen zu werden. Durch die Alterung des Enzyms können nach einer akuten Vergiftung neurotoxische Effekte mit einer Latenzzeit bis zu vier Wochen hervorgerufen werden. Die Symptomatik beginnt häufig mit Parästhesien an den unteren Extremitäten, schreitet fort mit Schwäche und Ataxie und kann in schweren Fällen zur spastischen Paralyse führen, die dann auch die oberen Extremitäten erfasst. Die Rückbildung dieser Symptomatik erfolgt sehr langsam und häufig unvollständig. Da Hühner auf diese verzögerten Neuropathie sehr empfindlich reagieren und unter standardisierten Laborbedingungen gut gehalten werden können, wird diese Tierart nach den OECD-Prüfrichtlinien für diesen Endpunkt eingesetzt. Ein verzögertes neurotoxisches Potenzial wurde bei Hühnern und beim Menschen aber nur für bestimmte Organophosphate, wie Methamidophos, Chlorpyrifos, Trichlorfon oder Dichlorvos nachgewiesen.

Bei wiederholter Exposition gegenüber Organophosphaten wird eine Anpassung des Organismus beobachtet, so dass die neurotoxischen Symptome bei vergleichbaren Dosierungen bzw. Enzymhemmungen deutlich geringer ausgeprägt sein können. Diese Adaptationsreaktionen, die sowohl bei Versuchstieren als auch beim Menschen auftreten können, werden auf eine Reduktion von muskarinergen Acetylcholinrezeptoren zurückgeführt [47].

30.3.1
Azinphos-methyl

Der Wirkstoff Azinphos-methyl hat die chemische Bezeichnung S-(3,4-Dihydro-4-oxobenzol[d]-[1,2,3]-triazin-3-ylmethyl) O,O-dimethyl-dithio-phosphat (IUPAC).

Es ist ein Insektizid und Akarizid mit Fraßgift- und Berührungsgiftwirkung, das seine Hauptwirkung als Cholinesterase-Hemmstoff entfaltet.

Azinphos-methyl wird erfolgreich gegen beißende und saugende Insekten, Käfer, Raupen, Afterraupen, Obstmade, Heu- und Sauerwurm und Spinnmilben angewendet [42].

Aufnahme, Verteilung, Metabolismus und Ausscheidung

An Ratten wurde nach oraler Verabreichung von radioaktiv markiertem Azinphosmethyl ein hoher Resorptionsgrad ermittelt. Drei Stunden nach einmaliger Gabe erreichte die Azinphosmethyl-Konzentration im Blut den höchsten Wert (C_{max}).

Die Elimination aus dem Körper erfolgte nahezu vollständig innerhalb von 48 h über Urin und Galle. Die höchsten Rückstände wurden in der Leber und in den Nieren gefunden.

Die Biotransformation umfasst die Spaltung des Organophosphatesters, Methylierungs- und Oxidationsreaktionen sowie die Bildung von Konjugaten.

Toxikologische Bewertung des Wirkstoffes

Azinphosmethyl besitzt eine sehr hohe Toxizität bei einmaliger oraler Verabreichung mit einer oralen LD_{50} zwischen 4,4 und 26 mg/kg KG. Die stärkste Hemmung der Cholinesterase-Aktivität von Plasma und Erythrozyten wurde 5 bis 24 h nach einmaliger oraler Verabreichung festgestellt. Im Gehirn war die Cholinesterase-Aktivität nach ca. 2 h am stärksten gehemmt. Während Mäuse etwa gleich empfindlich reagieren wie Ratten, sind Meerschweinchen weniger empfindlich.

Nach unterschiedlichen Verabreichungswegen (z. B. oraler, dermaler, inhalativer und intraperitonealer Gabe) sind bei verschiedenen Labortieren die gleichen Symptome nachweisbar, die typisch für eine Organophosphatvergiftung sind. Zunächst werden tonische und klonische Krämpfe, Ataxie, Prostration, Salivation und Atemstörungen beobachtet, die gefolgt werden von Apathie und Piloarrektion. Die Symptome treten gewöhnlich innerhalb von 5–20 Minuten nach der Aufnahme von oralen Dosierungen im Letalbereich auf.

In Kurzzeituntersuchungen mit oraler Verabreichung bei Ratten wurde eine Hemmung der Cholinesterase-Aktivität ab Dosierungen von 1 mg/kg KG nachgewiesen, die nach Absetzen des wirkstoffhaltigen Futters innerhalb mehrerer Wochen reversibel war.

Bei Hunden war die Hemmung der Cholinesterase-Aktivität von klinischen Befunden wie verschlechtertem Allgemeinzustand, verringertem Körpergewichtszuwachs und Diarrhö begleitet. Außerdem wurden in höheren Dosierungen Zeichen einer cholinergen Stimulation mit Spasmen und Tremor festgestellt.

Langzeit-Fütterungsstudien an Ratten und Mäusen ergaben neben einer ChE-Hemmung keine Hinweise auf weitere spezifische toxische Wirkungen. Der NOAEL von 0,8 mg/kg KG pro Tag entspricht einer Futterkonzentration von 15 ppm bei Ratten und 5 ppm bei Mäusen.

Aus den Mutagenitäts- und Kanzerogenitätprüfungen lässt sich kein genotoxisches oder kanzerogenes Potenzial von Azinphosmethyl ableiten.

In Reproduktionsstudien an Ratten wurden eine verringerte Fertilitätsrate und eine verringerte Überlebensrate der Nachkommen sowie ein reduziertes Geburtsgewicht und Wachstumsretardierungen neben einer verringerten Aktivität der Gehirn-Cholinesterase oberhalb eines NOAEL von 0,5 mg/kg KG pro Tag beobachtet, was einer Futterkonzentration von 5 ppm entspricht.

In Teratogenitätsstudien wurden keine embryotoxischen, fetotoxischen oder teratogenen Effekte festgestellt. Für Ratten und Kaninchen wurde jeweils ein NOAEL für die Maternaltoxizität von 1 mg/kg KG pro Tag und 2,5 mg/kg KG pro Tag abgeleitet. Die maternaltoxischen Befunde mit reduzierter Cholinesterase-Aktivität, klinischen Befunden und Mortalität, verringerter Körpergewichtsentwicklung und Futteraufnahme waren im späteren Stadium der Trächtigkeit stärker ausgeprägt [17].

Die Hauptmetaboliten von Azinphos-methyl erwiesen sich nach oraler Verabreichung an Ratten weniger toxisch als die Muttersubstanz. Ein additiver Effekt zeigte sich nach simultaner akut-oraler Gabe von Azinphos-methyl mit Methamidophos bzw. Azinphos-ethyl bzw. Propoxur. Ein potenzierender Effekt wurde nur bei gleichzeitiger Verabreichung von Chlorpyrifos festgestellt.

Oxime wie Toxogonin und Pralidoxim, allein oder mit Atropin verabreicht, stellen wirksame Antidota im Falle einer akuten Vergiftung mit Azinphos-methyl dar [pers. Mittl.].

Lebensmitteltoxikologisch relevante Grenzwerte
Von der WHO [17] und dem BfR [7] wurde ein ADI-Wert von 0,005 mg/kg KG publiziert, der von den Multigenerationsstudien an Ratten mit einem Sicherheitsfaktor von 100 abgeleitet wurde. Die Ableitung einer ARfD wurde vom JMPR bei seiner letzten Bewertung aus dem Jahre 1991 noch nicht vorgenommen. Als ARfD wurde vom BfR ein Wert von 0,075 mg/kg KG publiziert [7], der aus einer Humanstudie mit einem Sicherheitsfaktor von 10 abgeleitet wurde.

Von der US-EPA wurde als chronische Referenzdosis ein Wert von 0,00149 mg/kg KG festgelegt [54], der mit einem Sicherheitsfaktor von 100 aus der 1-Jahresstudie an Hunden abgeleitet wurde. Als ARfD hat die US-EPA einen Wert von 0,003 mg/ kg KG von der niedrigsten Dosis mit schädlichen Effekten (*low observed effect level, LOAEL*) aus einer akuten Neurotoxizitätsstudie an Ratten abgeleitet. Da in dieser Studie kein NOAEL ermittelt werden konnte, wurde ein zusätzlicher Unsicherheitsfaktor von 3 mit dem sonst üblichen Faktor von 100 multipliziert.

Tab. 30.2 Auswahl von in Deutschland gültigen Höchstmengen für Azinphosmethyl gemäß RmHV (Stand November 2005).

Wirkstoff	mg/kg	Lebensmittel
Azinphosmethyl	1,00	Trauben, Zitrusfrüchte
Azinphosmethyl	0,50	Gemüse, übriges Obst
Azinphosmethyl	0,10	Tee, teeähnliche Erzeugnisse
Azinphosmethyl	0,05	andere pflanzliche Lebensmittel

In Tabelle 30.2 sind beispielhaft Höchstmengen für einige pflanzliche Lebensmittel aufgeführt, die gemäß RHmV (bis zur 13. ÄVO vom 14. 11. 2005) in der Bundesrepublik Deutschland festgesetzt wurden.

30.3.2
Dimethoat

Der Wirkstoff Dimethoat hat die chemische Bezeichnung *O,O*-Dimethyl-*S*-methylcarbamoylmethyl-phosphordithioat (IUPAC).

Dimethoat ist ein systemisches Insektizid und Akarizid mit Kontaktwirkung. Es hemmt die Cholinesterase. Dabei erfolgt zunächst eine Aktivierung der Substanz unter oxidativer Umwandlung der P=S-Gruppierung in eine P=O-Gruppierung. Die anschließende Verteilung und der Transport des Wirkstoffs erfolgen im Xylem. Nach topikaler Applikation wird in sehr kurzer Zeit ein sehr hohes Penetrationsmaximum durch die Kutikula erreicht.

Dimethoat findet Anwendung gegen beißende und saugende Insekten und gegen Spinnmilben in Getreide, Kartoffeln, Zucker- und Futterrüben, Klee, Luzerne, Lupinen, Kern-, Stein- und Beerenobst, Gemüse, Zierpflanzen, im Weinbau und im Forst. Als Gießmittel wird es gegen Kohl-, Möhren- und Zwiebelfliege angewandt [42].

Aufnahme, Verteilung, Metabolismus und Ausscheidung

Dimethoat wurde nach oraler Verabreichung an Ratten nahezu vollständig absorbiert. Innerhalb von fünf Tagen wurde der Wirkstoff zu mehr als 98% ausgeschieden. In der Galle wurden nach einmaliger oraler Verabreichung von 10 mg/kg KG innerhalb von 48 h jeweils etwa 3,5% der verabreichten Dosis ausgeschieden. Der überwiegende Teil der Radioaktivität wurde anschließend im Darm reabsorbiert (entero-hepatische Rezirkulation). Es liegen keine Hinweise auf eine Anreicherung im Säugerorganismus vor.

Der Wirkstoff wird nahezu vollständig metabolisiert. Als Hauptmetaboliten im Urin wurden Dimethyldithiophosphat und Dimethoat-Carboxylsäure nachgewiesen. Die wichtigsten Biotransformationsreaktionen bestanden in einer Spaltung der C-N-Bindung und anschließender Oxydation.

Toxikologische Bewertung des Wirkstoffes

Nach einmaliger oraler Verabreichung wurde eine LD_{50} von 387 mg/kg KG bei der Ratte bestimmt.

Als wesentlichste Symptome traten Piloarrektion, gekrümmte Körperhaltung, Lethargie, verminderte Atmungsrate auf, die ab 250 mg/kg KG beobachtet wurden.

In subchronischen Studien an Ratten wurde ab einer Dosis von 2 mg/kg KG pro Tag eine Hemmung der Aktivität der Gehirn-Cholinesterase beobachtet. Bei höheren Dosierungen traten zusätzlich eine Hemmung der Plasma- und Erythrozyten-Cholinesterase sowie eine verzögerte Körpergewichtsentwicklung auf. Der NOAEL bei Ratten liegt bei 0,67 mg/kg KG pro Tag.

In Studien an Hunden wurde ab einer Dosierung von 2 mg/kg KG pro Tag eine Hemmung der ChE-Aktivität der Erythrozyten beobachtet. Der NOAEL beträgt bei diesen Spezies 0,4 mg/kg KG pro Tag nach 90-tägiger und 0,2 mg/kg KG pro Tag nach einjähriger Verabreichung.

Auf Grundlage der sehr umfangreichen Testbatterie zur Genotoxizität mit In-vitro-Kurzzeittests an Bakterien und Säugerzellen sowie In-vivo-Kurzzeittests an Säugern wurde eingeschätzt, dass Dimethoat keine erbgutverändernden Eigenschaften hat.

In Studien zur Langzeittoxizität und Kanzerogenität an Ratten wurde ab einer Dosis von 1,2 mg/kg KG pro Tag eine Hemmung der Erythrozyten- und Gehirn-Cholinesterase beobachtet. Bei noch höheren Dosierungen wurden eine verzögerte Körpergewichtsentwicklung, Anämie, erhöhte Leukozytenzahl und Organgewichtsveränderungen beobachtet. Der NOAEL lag bei 0,2 mg/kg KG pro Tag. Es wurden keine Hinweise auf krebserzeugende Eigenschaften des Wirkstoffes gefunden.

Mäuse zeigten in Studien zur Langzeittoxizität und Kanzerogenität bereits ab der niedrigsten geprüften Dosis von 3,6 mg/kg KG pro Tag eine Verminderung der Aktivität der Erythrozyten-Cholinesterase und eine leichte Abnahme des Ovariengewichtes. Bei höheren Dosierungen traten zusätzlich erhöhtes Lebergewicht, eine Vakuolisierung von Hepatozyten und eine verstärkte extramedulläre Hämatopoese auf. Es wurden auch bei Mäusen keine Hinweise auf krebserzeugende Eigenschaften des Wirkstoffes gefunden [pers. Mittl.].

In den Mehrgenerationenstudien an Ratten wurden ab einer Dosis von 5 mg/kg KG pro Tag eine Hemmung der Aktivität der Erythrozyten- und Gehirn-Cholinesterase sowie verminderte Implantationsraten festgestellt. Bereits ab einer Dosis von 0,08 mg/kg KG pro Tag war das Geburtsgewicht der Nachkommen vermindert.

Untersuchungen zur Entwicklungstoxizität wurden an Ratten, Kaninchen und Mäusen durchgeführt. Dabei wurde bei der Maus in der höchsten geprüften Dosis von 40 mg/kg KG pro Tag ein reduziertes Gewicht der Feten festgestellt. Bei dieser Dosierung war auch die Körpergewichtsentwicklung der Muttertiere vermindert.

In den Teratogenitätsprüfungen wurden bis zur jeweils höchsten geprüften Dosis von 18 mg/kg KG pro Tag bei Ratten und von 40 mg/kg KG pro Tag bei Kaninchen keine entwicklungstoxischen Wirkungen auf die Nachkommen beobachtet [20].

Studien zur verzögerten Neurotoxizität an Hühnern erbrachten keine Hinweise auf eine neurotoxische Wirkung des Wirkstoffes.

Die Ergebnisse der Studien zur akuten Neurotoxizität an Ratten zeigten ab 20 mg/kg KG verminderte Pupillenreflexe und zusätzlich ab 200 mg/kg KG reversible Wirkungen bei der Prüfung von spezifischen Verhaltensparametern (*functional observational battery, FOB*) mit einem NOAEL von 2 mg/kg KG.

Untersuchungen zur subchronischen Neurotoxizität an Ratten zeigten eine Hemmung der Aktivität von Plasma-, Erythrozyten- und Gehirn-Cholinesterase mit einem NOAEL von 0,07 mg/kg KG pro Tag.

Ein Vergleich der Stärke der hemmenden Wirkung von Omethoat, Isodimethoat und Dimethoat auf die Aktivität der Cholinesterase ergab für Omethoat die stärkste Wirkung und für Dimethoat vergleichsweise die geringste Wirkung.

Arbeitsmedizinische Untersuchungen der Beschäftigten bei der Herstellung und Formulierung des Wirkstoffes ergaben Hinweise auf eine Hemmung der Aktivität der Cholinesterase.

Zur Prüfung der Cholinesterasehemmung wurden mit Dimethoat auch Humanstudien an Freiwilligen durchgeführt. Die Dauer der Studien lag zwischen einem Tag (einmalige Applikation) und bis zu 57 Tagen. Es wurde ein NOEL der Wirkung auf die Cholinesterase beim Menschen von 0,2 mg/kg KG pro Tag ermittelt, der vom JMPR als unterstützend für die Ableitung der ARfD eingeschätzt wurde [35].

Lebensmitteltoxikologisch relevante Grenzwerte

Der ADI-Wert von 0,002 mg/kg KG wurde für Dimethoat aus den chronischen Hundstudien mit einem Sicherheitsfaktor von 100 abgeleitet [7].

Die ARfD für Dimethoat wurde mit 0,02 mg/kg KG nach einmaliger Verabreichung in der akuten Neurotoxizitätsstudie an Ratten mit einem Sicherheitsfaktor von 100 abgeleitet [7].

Da die Verbraucher sowohl gegenüber Dimethoat-Rückständen als auch Omethoat-Rückständen exponiert sind, wurde als Rückstandsdefinition zur lebensmitteltoxikologischen Risikobewertung die Summe aus Dimethoat und Omethoat vorgeschlagen. Beim Auftreten von Mehrfachrückständen können beide Wirkstoffe analytisch separat bestimmt werden. Da die vergleichende toxikologische Bewertung von Omethoat ergeben hat, dass dieser Wirkstoff 10-mal toxischer als Dimethoat ist, werden für die Aufnahmeberechnungen die Omethoat-Rückstände mit 10 multipliziert, um die toxikologisch relevanten Rückstände zu kalkulieren.

Vom JMPR wurde die Langzeitaufnahme von Dimethoat/Omethoat-Rückständen mit der Nahrung für den IEDI mit einer Ausschöpfung des ADI-Wertes von 150% für die europäische Diät und zwischen 10 und 90% für die restlichen vier Regionen kalkuliert. Diese Abschätzung ergibt, dass eine Überschreitung des ADI-Wertes aufgrund der verfügbaren Informationen nicht ausgeschlossen werden kann.

Die durch das JMPR geschätzte kurzzeitige Aufnahmemenge (IESTI) hatte eine Überschreitung der ARfD bis zu 230% für die allgemeine Bevölkerung und bis zu 760% für Kinder ergeben, so dass auch ein akutes gesundheitliches Risiko aufgrund der verfügbaren Informationen nicht ausgeschlossen werden konnte. Für Kohl wurden 230% Auslastung der ARfD für die allgemeine Bevölkerung und 760% Auslastung der ARfD für Kinder kalkuliert. Für Kopfsalat wurden 130% Auslastung der ARfD für die allgemeine Bevölkerung und 200% Aus-

Tab. 30.3 Auswahl von in Deutschland gültigen Höchstmengen für Dimethoat, Omethoat gemäß RmHV (Stand November 2005).

Wirkstoff	mg/kg	Lebensmittel
Dimethoat, Omethoat	2,00	Frühlingszwiebeln, Oliven
Dimethoat, Omethoat	1,00	Erbsen mit Hülsen, Kamille, Kirschen, Kopfkohl, Minze
Dimethoat, Omethoat	0,50	Salat
Dimethoat, Omethoat	0,30	Roggen, Rosenkohl, Triticale, Weizen
Dimethoat, Omethoat	0,20	Blumenkohl
Dimethoat, Omethoat	0,10	übrige teeähnliche Erzeugnisse
Dimethoat, Omethoat	0,05	Hopfen, Ölsaat, Schalenfrüchte, Tee
Dimethoat, Omethoat	0,02	andere pflanzliche Lebensmittel

lastung der ARfD für Kinder kalkuliert. Für Paprika war eine Auslastung der ARfD von 140% für Kinder kalkuliert worden [35].

In Tabelle 30.3 sind beispielhaft die gemeinsam für Rückstände von Dimethoat und Omethoat festgelegten Höchstmengen für einige pflanzliche Lebensmittel aufgeführt, die gemäß RHmV (bis zur 13. ÄVO vom 14. 11. 2005) in der Bundesrepublik Deutschland gültig sind.

30.3.3
Chlorpyrifos

Der Wirkstoff Chlorpyrifos hat die chemische Bezeichnung O,O-Diethyl-O-(3,5,6-trichlor-2-pyridyl)-monothiophosphat (IUPAC).

Es ist ein Insektizid mit Berührungs-, Fraß- und Atemwirkung. Die systemische Adsorption erfolgt durch Blätter und Wurzeln in den Pflanzen. Chlorpyrifos ist als Organophosphat auch ein Hemmstoff der Cholinesterase.

Der Wirkstoff findet in Pflanzenschutzmitteln Anwendung gegen Blattläuse an Äpfeln, Obstmaden an Kernobst, gegen beißende Insekten an Kernobst, Pflaumen, Zwetschen, gegen Ameisen an Zierpflanzen, Drahtwürmer, Moosknopfkäfer an Zuckerrüben sowie gegen Hausfliegen, Haushalts- und Lagerschädlinge [42].

Aufnahme, Verteilung, Metabolismus und Ausscheidung

Chlorpyrifos wurde nach oraler Verabreichung an Ratten zu über 90% absorbiert. Innerhalb von drei Tagen wurde der Wirkstoff zu 96% von männlichen Ratten ausgeschieden. Nach sieben Tagen wurden in den Geweben von Nutztieren sehr niedrige Rückstände nachgewiesen, die weniger als 0,2% der verabreichten Dosis betrugen. Es liegen keine Hinweise auf eine Anreicherung im Organismus vor.

Der Wirkstoff wird nahezu vollständig metabolisiert; die wichtigsten Biotransformationsreaktionen bestanden in Oxidation und Hydrolyse. Als Metaboliten im Urin wurden der Hauptmetabolit TCP (3,5,6-Trichlor-2-pyridylphosphat) sowie Konjugate von TCP nachgewiesen.

Toxikologische Bewertung des Wirkstoffes

Nach einmaliger oraler Verabreichung wurde eine LD_{50} von 66–192 mg/kg KG bei der Ratte bestimmt. Symptome der ChE-Hemmung und weitere allgemeine Vergiftungssymptome, wie Lethargie, gesträubtes Fell und erschwerte Atmung traten ab 50 mg/kg KG auf.

Hauptwirkung in den Studien zur Kurzzeit- und Langzeittoxizität an Ratten, Hunden und Mäusen war eine Hemmung der ChE im Plasma, in den Erythrozyten und im Gehirn. Entsprechend den Kriterien der WHO wird die Hemmung der ChE im Plasma nicht als schädlicher Effekt gewertet. Als Beginn eines nachteiligen Effektes (LOAEL) ist die Dosierung maßgebend, bei der die ChE im Gehirn mit ca. 20% gehemmt ist oder die ChE in den Erythrozyten eine entsprechende statistisch signifikante Hemmung aufweist, falls keine Angaben zur ChE im Gehirn vorliegen.

In den Studien zur Langzeittoxizität und Kanzerogenität an Ratten wurde entsprechend o.g. Kriterien ein für die Grenzwertableitung relevanter NOAEL von 1 mg/kg KG pro Tag bestimmt, obwohl der NOAEL für die Hemmung der ChE in den Erythrozyten bei 0,1 mg/kg KG pro Tag lag. Ab einer Dosis von 3 mg/kg KG pro Tag war die ChE im Gehirn gehemmt. Bei höheren Dosierungen wurden zusätzlich eine verringerte Körpergewichtszunahme und eine Erhöhung der Nebennierengewichte beobachtet. Daneben traten Katarakte und Retina-Atrophien auf.

In den Studien zur Langzeittoxizität und Kanzerogenität an Mäusen wurde ein NOAEL auf Basis der Gehirncholinesterasehemmung bei einer Futterkonzentration von 5 ppm bestimmt, die einer Dosierung von 0,7 mg/kg KG pro Tag entspricht. Bei höheren Dosierungen traten zusätzlich eine verringerte Körpergewichtszunahme, Augentrübungen, Anzeichen von Leberverfettung, Cholangitis sowie klinische Vergiftungssymptome wie Tränenfluss und Haarausfall und eine Keratitis auf.

Beim Hund wurde in einer Studie über zwei Jahre ein NOAEL von 1 mg/kg KG pro Tag bestimmt.

Es wurden weder bei Ratten noch bei Mäusen Hinweise auf krebserzeugende Eigenschaften des Wirkstoffes gefunden. Aus der Gesamtheit der vorliegenden Mutagenitätsuntersuchungen ergeben sich keine erbgutverändernden Eigenschaften des Wirkstoffes [23].

In den Mehrgenerationenstudien an Ratten wurden ab einer Dosis von 5 mg/kg KG pro Tag verringerte Körpergewichte und reduzierte Überlebensraten der Nachkommen in einem Dosisbereich beobachtet, der bei den Elterntieren zur Hemmung der ChE im Gehirn sowie histologischen Veränderungen der Nebenniere führte.

In einer Teratogenitätsstudie an Mäusen wurden ab einer Dosis von 25 mg/kg KG pro Tag verringerte Körpergewichte der Nachkommen und verzögerte Ossifikation der Sternebrae festgestellt, während maternaltoxische Effekte, wie Mortalität, cholinerge klinische Symptome, verringertes Körpergewicht und verminderte Futteraufnahme, bereits ab 10 mg/kg KG pro Tag auftraten.

In Untersuchungen zur Entwicklungstoxizität wurden bei der Ratte ab einer Dosis von 15 mg/kg KG pro Tag verringerte Implantationsraten sowie eine Hemmung der ChE verbunden mit klinischen Symptomen, neben einer Körpergewichtszunahme und einer verringerten Futteraufnahme festgestellt.

Sowohl bei Mäusen als auch bei Ratten wurde ein maternaltoxischer NOAEL auf Basis der Gehirncholinesterasehemmung von 1 mg/kg KG pro Tag ermittelt.

In einer Teratogenitätsstudie an Kaninchen wurden ab einer Dosis von 141 mg/kg KG pro Tag erhöhte postimplantative Verluste sowie verzögertes Wachstum der Feten beobachtet. In diesem Dosisbereich war auch die Körpergewichtszunahme der Muttertiere verringert. Der NOAEL für Maternal- und Fetotoxizität lag bei 81 mg/kg KG pro Tag.

In Untersuchungen an Ratten zur Entwicklungs-Neurotoxizität, in denen Chlorpyrifos vom 6. Trächtigkeitstag bis zum 10. bzw. 11. Tag der Laktation verabreicht wurde, war ab 5 mg/kg KG pro Tag die ChE im Gehirn, den Erythrozyten und im Herzgewebe der Nachkommen gehemmt. Bei dieser Dosierung wurden bei den Muttertieren akute Vergiftungssymptome, eine starke Hemmung der ChE im Gehirn sowie Verlust ganzer Würfe festgestellt.

Bei der Prüfung auf verzögerte periphere Neuropathie an Hühnern wurden keine Effekte auf die untersuchten Parameter festgestellt.

In einer Studie zur akuten Neurotoxizität an Ratten wurden ab einer Dosis von 50 mg/kg KG neben einer Körpergewichtsabnahme auch Beeinflussungen von Verhaltensparametern zur Prüfung der Greifkraft, des Haltevermögens auf der schiefen Ebene und beim Landen auf den Pfoten beobachtet. Der NOAEL lag bei 10 mg/kg KG.

Eine Recherche der umfangreichen Literatur zu neurotoxischen Effekten von Chlorpyrifos – nach einmaliger oder 4-tägiger pränataler oder postnataler Verabreichung – auf die Entwicklung von Ratten ergab insgesamt einen NOAEL in der Größenordnung von 1 mg/kg KG pro Tag. Die ChE im Gehirn bzw. in den Erythrozyten war bei sieben Tage alten Ratten nach einmaliger Verabreichung bereits ab einer Dosierung von 1,5 mg/kg KG signifikant gehemmt. Aus den Untersuchungen zur Wirkung von Chlorpyrifos auf die ChE beim Menschen (eine subchronische und zwei akute Studien) leitet sich ein NOAEL von 1 mg/kg KG/d ab. Ab 2 mg/kg KG/d war die ChE in den Erythrozyten gehemmt [pers. Mittl.].

Lebensmitteltoxikologisch relevante Grenzwerte
Der ADI-Wert wurde mit 0,01 mg/kg KG nach Verabreichung des Wirkstoffes in der chronischen Studie an Ratte, Maus und Hund mit einem Sicherheitsfaktor von 100 abgeleitet.

Die ARfD wurde mit 0,1 mg/kg KG von der akuten Neurotoxizitätsstudie an Ratten mit einem Sicherheitsfaktor von 100 abgeleitet. Die Ableitung wird von Untersuchungen zur Wirkung von Chlorpyrifos auf die ChE beim Menschen unterstützt, wenn ein Sicherheitsfaktor von 10 als erforderlich angesehen wird [7].

Tab. 30.4 Auswahl von in Deutschland gültigen Höchstmengen für Chlorpyrifos gemäß RmHV (Stand November 2005).

Wirkstoff	mg/kg	Lebensmittel
Chlorpyrifos	3,00	Bananen
Chlorpyrifos	2,00	Kiwis, Mandarinen
Chlorpyrifos	1,00	Artischocken, Johannisbeeren, Kopfkohl, Stachelbeeren
Chlorpyrifos	0,50	Chinakohl, Brombeeren, Himbeeren, Kernobst, Solanaceen, teeähnliche Erzeugnisse, Trauben
Chlorpyrifos	0,30	Kirschen, Zitrusfrüchte außer Zitronen und Mandarinen
Chlorpyrifos	0,20	Erdbeeren, Gerste, Pfirsiche, Pflaumen, Radieschen, Rettich, Rohkaffee, Speisezwiebeln, Zitronen
Chlorpyrifos	0,10	Hopfen, Karotten, Tee
Chlorpyrifos	0,05	andere pflanzliche Lebensmittel

Chlorpyrifos ist auf Früchten überwiegend auf der Oberfläche lokalisiert. Zitrusfrüchte und Bananen werden geschält verzehrt, so dass eine Betrachtung der Aufnahme unter Berücksichtigung des Schälens von Orangen, Mandarinen und Bananen möglich ist. Vom JMPR wurde die Langzeitaufnahme von Chlorpyrifos-Rückständen mit der Nahrung für die „International geschätzte tägliche Aufnahmemenge" (IEDI) mit einer Ausschöpfung des ADI-Wertes zwischen 1 und 6% kalkuliert. Diese Abschätzung ergibt, dass der ADI-Wert nur teilweise ausgeschöpft wird und somit keine Gefährdung des Verbrauchers besteht. Die durch das JMPR „International geschätzte kurzzeitige Aufnahmemenge" (IESTI) war geringer als 100% der ARfD für Kinder und für die allgemeine Bevölkerung, so dass sich auch kein gesundheitliches Risiko für die Kurzzeitaufnahme von Chlorpyrifos-Rückständen ergibt [26].

In Tabelle 30.4 sind beispielhaft Höchstmengen für einige pflanzliche Lebensmittel aufgeführt, die gemäß RHmV (bis zur 13. ÄVO vom 14. 11. 2005) in der Bundesrepublik Deutschland festgesetzt wurden.

30.4 Carbamate

Als Carbamat-Insektizide werden *N*-substituierte Ester der Carbamidsäure zusammengefasst. Sie haben folgende allgemeine Struktur:

$R_2-O-C(O)-N(CH_3)-R_1$

Die Wirksamkeit dieser Stoffgruppe wird durch den Substituenten sehr wesentlich beeinflusst. Carbamat-Insektizide, deren Hauptwirkung ebenfalls eine Hemmung der Cholinesterase darstellt, haben als R_1-Substituenten meist eine Methyl- oder eine Wasserstoffgruppe und als R_2-Substituenten entweder einen

Alkohol, ein Oxim oder ein Phenol. Obwohl die generelle Wirksamkeit und auch die allgemeine Toxizität der Carbamate vergleichbar mit den Organophosphaten ist, gibt es einige wesentliche Differenzen zwischen beiden Substanzklassen, besonders hinsichtlich unterschiedlicher Eigenschaften in Bezug auf die Bindung an die Acetylcholinesterase. Carbamate weisen eine wesentlich größere Dosisspanne zwischen dem Auftreten der ersten Vergiftungssymptome und den Einsetzen von Mortalität auf. Auch ist die Reversibilität der Carbamat-Intoxikation schneller als bei Organophosphaten, was auf die ausgeprägtere Reaktivierungsrate der Acetylcholinesterase zurückgeführt werden kann. Die Halbwertszeit für die Reaktivierung des Enzyms beträgt etwa 30–40 Minuten. Da diese spontane Reaktivierung der carbamylierten Cholinesterase in einer vergleichbaren Zeitperiode wie durch Oxime erfolgt, sind die Organophosphat-Antidota bei einer Carbamat-Vergiftung kontraindiziert.

30.4.1
Aldicarb

Der Wirkstoff Aldicarb hat die chemische Bezeichnung 2-Methyl-2-(methylthio)propionaldehyd-O-methylcarbomoyloxim (IUPAC).

Aldicarb wirkt als Fraß- und Kontaktgift über eine Hemmung der Cholinesterase sowohl insektizid, akarizid und auch nematizid. Die Aufnahme des Wirkstoffes in der Pflanze erfolgt über die Wurzeln.

Aldicarb findet Anwendung bei Bodenbehandlungen gegen beißende und saugende Insekten, Spinnmilben und freilebende Nematoden in Beet-Kulturen im Freiland und unter Glas nach der Aussaat bzw. dem Pflanzen. Gegen Rübenfliege und Moosknopfkäfer an Zuckerrüben, gegen Stock- und Blattälchen an Erdbeeren und Zierpflanzen erfolgt ein Einsatz im Freiland bis 14 Tage nach der Pflanzung. Aufgrund der sehr langen Karenzzeiten darf Obst von Flächen, die mit Aldicarb behandelt wurden, im Behandlungsjahr nicht verwendet werden [42].

Aldicarb gehörte zu den ersten Pflanzenschutzmitteln, für die aufgrund der sehr hohen akuten Toxizität eine „akute Referenzdosis" zur lebensmitteltoxikologischen Bewertung eingeführt wurde. Damit sollte gegen potenzielle Vergiftungen durch Aldicarb-Rückstände Vorsorge getroffen werden, da insbesondere bei Kindern und Kleinkindern ein gesundheitliches Risiko beim Verzehr von Bananen angenommen wurde.

Aufnahme, Verteilung, Metabolismus und Ausscheidung
Die intestinale Resorption von Aldicarb beträgt mehr als 90%. Der Wirkstoff wird rasch in die Organe und Gewebe verteilt und innerhalb von vier Tagen zu mehr als 95% wieder ausgeschieden, es erfolgt keine Bioakkumulation.

Als Hauptmetaboliten wurden bei der Ratte Aldicarbsulfoxid und -sulfon bestimmt [2].

Toxikologische Bewertung des Wirkstoffes

Aldicarb besitzt eine sehr hohe akute Toxizität mit einer oralen LD_{50} bei Mäusen zwischen 0,3 und 1,5 mg/kg KG und bei Ratten zwischen 0,5 und 1,2 mg/kg KG.

Es wurden klinische Symptome beobachtet, die mit der ChE-Hemmung durch dieses Carbamat-Insektizides verbunden sind.

Bei Versuchspersonen wurde bei 0,05 mg/kg KG eine Hemmung der Cholinesterase in den Erythrozyten festgestellt, während Dosierungen von 0,1 mg/kg KG bereits Vergiftungssymptome beim Menschen auslösten. Bei diesen Versuchen an Freiwilligen konnte ein NOEL von 0,025 mg/kg KG bestimmt werden, der von der WHO für die Ableitung des ADI-Wertes und der ARfD herangezogen wurde [16, 18].

Die subchronische Verabreichung von Aldicarb an Mäuse, Ratten und Hunde zeigte eine Hemmung der Cholinesterase-Aktivität, ohne dass spezifische Organschäden nachweisbar waren. Als Gesamt-NOAEL für die Hemmung der ChE-Aktivität wurde eine Dosis von 0,6 mg/kg KG pro Tag bei Mäusen, von 0,1 mg/kg KG pro Tag bei Ratten und von 0,05 mg/kg KG pro Tag bei Hunden bestimmt.

Dabei zeigte sich, dass die Art der Verabreichung einen großen Einfluss auf die Toxizität von Aldicarb und seinen Metaboliten hat. Mäuse, Ratten und Hunde tolerierten Dosierungen im Bereich der oralen LD_{50}, wenn diese im Futter verabreicht wurden. Dosierungen, die nach Sondenapplikation zum Tod innerhalb von zwei Stunden führten, verursachten nur eine moderate ChE-Hemmung ohne Todesfälle, wenn sie über das Futter verabreicht wurden [16].

In den chronischen Studien waren keine relevanten toxischen Effekte bis zu Dosierungen von 0,7 mg/kg KG pro Tag bei Mäusen und 0,1 mg/kg KG pro Tag bei Ratten festzustellen.

Aus den Mutagenitäts- und Kanzerogenitätsstudien ergaben sich keine Hinweise auf ein genotoxisches und kanzerogenes Potenzial [13].

In Mehrgenerations- und Teratogenitätsstudien an Ratten wurden keine spezifischen reproduktionstoxischen oder teratogenen Wirkungen bis zu Dosierungen von 0,7 und 1,0 mg/kg KG pro Tag beobachtet, die aber zu einer deutlichen Hemmung der ChE-Aktivität führten. Die einmalige Verabreichung von Dosierungen zwischen 0,001 und 0,1 mg/kg KG hemmte die ChE-Aktivität bei Feten stärker als bei den Muttertieren.

Auch beim Kaninchen konnten bis zu Dosierungen von 0,5 mg/kg KG pro Tag keine entwicklungstoxischen Effekte beobachtet werden [4].

Lebensmitteltoxikologisch relevante Grenzwerte

Der ADI-Wert und auch die ARfD wurden von der WHO mit 0,003 mg/kg KG aus den Versuchen nach Verabreichung des Wirkstoffes an freiwillige Versuchspersonen mit einem Sicherheitsfaktor von 10 abgeleitet [7, 62].

Vom JMPR wurde die Langzeitaufnahme von Aldicarb-Rückständen mit der Nahrung für die „International geschätzte tägliche Aufnahmemenge" (*IEDI*)

Tab. 30.5 Auswahl von in Deutschland gültigen Höchstmengen für Aldicarb gemäß RmHV (Stand November 2005).

Wirkstoff	mg/kg	Lebensmittel
Aldicarb	0,50	Kartoffeln
Aldicarb	0,20	Blumenkohl, Pecannüsse, Rosenkohl, Zitrusfrüchte
Aldicarb	0,10	Bananen, Karotten, Pastinaken, Rohkaffee
Aldicarb	0,05	andere pflanzliche Lebensmittel

mit einer Ausschöpfung des ADI-Wertes zwischen 6 und 20% kalkuliert. Diese Abschätzung ergibt, dass der ADI-Wert nur teilweise ausgeschöpft wird und somit keine Gefährdung des Verbrauchers besteht. Die durch das JMPR 2001 „International geschätzte kurzzeitige Aufnahmemenge" (*IESTI*) hat für Bananen und Kartoffeln eine Überschreitung der ARfD ergeben, so dass ein akutes gesundheitliches Risiko aufgrund der verfügbaren Informationen nicht ausgeschlossen werden konnte. Für Bananen wurde eine kurzzeitige Aufnahmemenge von 230% der ARfD für die allgemeine Bevölkerung und von 560% der ARfD für Kinder kalkuliert. Für Kartoffeln wurde eine kurzzeitige Aufnahmemenge von 160% der ARfD für die allgemeine Bevölkerung und von 400% für Kinder abgeschätzt [25].

Im Rahmen der EU-Wirkstoffprüfung nach Richtlinie 91/414/EWG wurde 2003 beschlossen, Aldicarb nicht in den Anhang I dieser Richtlinie aufzunehmen. Somit mussten alle Pflanzenschutzmittelzulassungen mit diesem Wirkstoff in den europäischen Mitgliedsstaaten, bis auf einige sehr begrenzte Anwendungen, die 2007 auslaufen, widerrufen werden [12].

Da insbesondere der Einsatz von Aldicarb auch in außereuropäischen Ländern weiterhin zugelassen ist, gelten für diesen Wirkstoff auch weiterhin gesetzliche Höchstmengenfestlegungen.

In Tabelle 30.5 sind beispielhaft Höchstmengen für einige pflanzliche Lebensmittel aufgeführt, die gemäß RHmV (bis zur 13. ÄVO vom 14. 11. 2005) in der Bundesrepublik Deutschland festgesetzt wurden.

30.4.2
Pirimicarb

Der Wirkstoff hat die chemische Bezeichnung 2-Dimethylamino-5,6-dimethylpyrimidin-4-yl-dimethyl-carbamat (IUPAC) und wirkt über eine Cholinesterasehemmung gegen Blattläuse in Getreide, Rüben, Früchten, Gemüse, Zierpflanzen und Tabak.

Pirimicarb wird auch bei Resistenz gegen Organophosphate eingesetzt. Es ist ein spezifisches Blattlausmittel mit Berührungs- und Atemgiftwirkung, wird von den Wurzeln aufgenommen, dringt in Blätter ein und ist nicht translozierend [42].

Aufnahme, Verteilung, Metabolismus und Ausscheidung

Pirimicarb wurde nach oraler Verabreichung an Ratten nahezu vollständig (>80%) resorbiert, intensiv metabolisiert und innerhalb von 24 h zu über 60–70% der verabreichten Dosis hauptsächlich über den Urin ausgeschieden.

Die höchsten Rückstände wurden in der Leber nachgewiesen.

Die Metabolisierung erfolgte durch Hydrolyse des Carbamatesters, Hydroxylierung, *N*-Demethylierung und anschließende Glucuronidierung. Es liegen keine Hinweise auf eine Anreicherung des Wirkstoffes im Organismus vor.

Toxikologische Bewertung des Wirkstoffes

Bei einmaliger Verabreichung zeigte Pirimicarb eine hohe orale Toxizität mit einer LD_{50} von 142 mg/kg KG bei Ratten. Es wurden folgende klinische Symptome beobachtet: verringerte Aktivität, Muskelzuckungen, vermehrter Speichelfluss und Fellsträuben. Die Befunde traten nach einmaliger oraler Verabreichung an Ratten ab einer Dosierung von 40 mg/kg KG auf. Mortalität wurde in diesem Versuch bei Ratten ab einer Dosis von 110 mg/kg KG beobachtet.

Zielorgane der toxischen Wirkung nach subchronischer oraler Verabreichung des Wirkstoffes an Ratten und Hunde waren das Nervensystem mit verminderter Cholinesterase-Aktivität ab 4 mg/kg KG in subchronischen Versuchen an Hunden. Weitere wesentliche Befunde in den Studien zur Kurzzeittoxizität waren eine eingeschränkte Futteraufnahme und ein vermindertes Körpergewicht sowie toxische Wirkungen auf die Leber und das Blut.

Als niedrigste relevante Dosis ohne schädlichen Effekt wurde von der WHO ein Gesamt-NOAEL von 2,0 mg/kg KG pro Tag aus den subchronischen und den chronischen Studien an Hunden abgeleitet, der auf der Hemmung der ChE-Aktivität und auf Knochenmarksveränderungen bei 4 mg/kg KG basiert [36].

Von der EFSA wird ein NOAEL von 3,5 mg/kg KG pro Tag aus der 1-Jahresstudie am Hund als relevanteste Grenzdosierung vorgeschlagen, da die Cholinesteraseeffekte, die in der 90-Tage-Studie beobachtet wurden, keine Progression nach einjähriger Verabreichung zeigten [9].

Zielorgane der toxischen Wirkung nach chronischer oraler Verabreichung an Mäusen und Ratten waren Lunge, Leber, Niere und zu einem geringen Grad das Gehirn. Weitere wesentliche Befunde in den Studien zur chronischen Toxizität waren ein veränderter Lipidmetabolismus bei Ratten in Dosen ab 12 mg/kg KG pro Tag. Als niedrigste relevante Dosis ohne schädlichen Effekt in den chronischen Studien wurde ein NOAEL von 3,7 mg/kg KG pro Tag in der Studie über zwei Jahre an Ratten ermittelt.

Die Langzeitstudie an Ratten erbrachte keine Hinweise auf eine kanzerogene Wirkung von Pirimicarb. In der Studie an Mäusen wurde bei den Tieren der höchsten Dosisgruppe von 130 mg/kg KG pro Tag eine erhöhte Inzidenz gutartiger Lungentumoren beobachtet, die als nicht relevant für den Menschen bewertet wurden.

Bei In-vitro-Kurzzeittests an Bakterien und Säugerzellen traten mutagene Effekte in einem Test an Maus-Lymphomazellen auf. Daraufhin durchgeführte In-vivo-Kurzzeittests an Säugern ergaben keine Hinweise auf ein Potenzial für erbgutverändernde Eigenschaften des Wirkstoffes.

In den Mehrgenerationenstudien an Ratten wurden ab einer Dosis von 84 mg/kg KG pro Tag bei den Nachkommen verminderte Körpergewichte festgestellt. Diese Effekte wurden im Dosisbereich beobachtet, der auch für die Elterntiere toxisch war. Als niedrigste relevante Dosis ohne toxische Effekte in dieser Studie wurde ein NOAEL von 24 mg/kg KG pro Tag ermittelt.

In den Untersuchungen zur Entwicklungstoxizität an Ratten wurden in einer Dosis von 75 mg/kg KG pro Tag verminderte Fetengewichte und Verminderungen der Skelettverknöcherung im maternaltoxischen Dosisbereich beobachtet. Der NOAEL für die maternaltoxische und entwicklungstoxische Wirkung bei Ratten wurde bei einer Dosis von 25 mg/kg KG pro Tag bestimmt.

Beim Kaninchen wurden vergleichbare Wirkungen mit einem NOAEL von 10 mg/kg KG pro Tag beschrieben [36].

In Untersuchungen zur akuten Neurotoxizität an Ratten wurden reversible Effekte auf die Funktion der Extremitäten, sensorisch-motorische Fähigkeiten und das Aktivitätsverhalten bei einer Dosis von 110 mg/kg KG pro Tag festgestellt [pers. Mittl.].

Lebensmitteltoxikologisch relevante Grenzwerte
Der ADI-Wert wurde von der WHO mit 0,02 mg/kg KG vom Gesamt-NOAEL aus den subchronischen und chronischen Hundestudien mit einem Sicherheitsfaktor von 100 abgeleitet [36]. Von der EFSA wurde ein ADI-Wert von 0,035 mg/kg KG aus der 1-Jahresstudie am Hund mit einem Sicherheitsfaktor von 100 abgeleitet [9].

Die ARfD wurde von WHO und EFSA mit 0,1 mg/kg KG aus der akuten Neurotoxizitätsstudie an Ratten mit einem Sicherheitsfaktor von 100 festgelegt [7].

Die EFSA hat in ihrem Konsultationsbericht für die Langzeitaufnahme nach dem WHO-Modell *(theoretical maximum daily intake, TMDI)* und mit Bezug auf

Tab. 30.6 Auswahl von in Deutschland gültigen Höchstmengen für Pirimicarb gemäß RmHV (Stand November 2005).

Wirkstoff	mg/kg	Lebensmittel
Pirimicarb	2,00	frische Kräuter
Pirimicarb	1,00	Kernobst, Kirschen, Salatarten
Pirimicarb	0,50	Brombeeren, Brunnenkresse, Chicorée, Fruchtgemüse, Himbeeren, Hülsengemüse mit Hülsen (frisch), Kleinfrüchte und Beeren, Kohlgemüse, Pilze, Spinat und verwandte Arten, Sprossgemüse, Zwiebelgemüse
Pirimicarb	0,10	Getreide
Pirimicarb	0,05	andere pflanzliche Lebensmittel

die europäische Diät eine Ausschöpfung des ADI-Wertes von 2% kalkuliert und für die Kurzzeitaufnahme *(national estimated short term intake, NEST)* eine Ausschöpfung der ARfD unterhalb von 1% abgeschätzt [9].

In Tabelle 30.6 sind beispielhaft Höchstmengen für einige pflanzliche Lebensmittel aufgeführt, die gemäß RHmV (bis zur 13. ÄVO vom 14. 11. 2005) in der Bundesrepublik Deutschland festgesetzt wurden.

30.5 Pyrethroide

Pyrethroide sind Nervengifte für Insekten, sie können aber auch neurotoxische Wirkungen auf Säuger entfalten. Die Hauptwirkung zielt auf eine reversible Verlängerung des physiologischen Na-Einstroms in die Nervenfasern durch die Offenhaltung des spannungsabhängigen Natriumkanals an erregten Nervenmembranen. Pyrethroide ohne α-Cyano-Substitution (Typ-I-Pyrethroide, z. B. Pyrethrum, Permethrin) bewirken kurze Folgen wiederholter Nervenimpulse. Das daraus resultierende T-Syndrom wird durch einen Tremor des Gesamtorganismus bestimmt. Pyrethroide mit α-Cyano-Substitution (Typ-II-Pyrethroide, z. B. Cyfluthrin, Deltamethrin) rufen lang anhaltende Folgen von Nervenimpulsen in sensiblen Rezeptoren und Nervenfasern mit vorübergehender Depolarisation der Nervenmembran hervor. Das aus diesen Wirkungen entstehende CS-Syndrom wird durch Choreoathetose und Salivation charakterisiert. Es gibt auch einige Pyrethroide, die sowohl Tremor als auch Salivation erzeugen, was als TS-Syndrom bezeichnet wird. Die Dauer der reversiblen Offenhaltung der Natriumkanäle ist spezifisch für die untersuchte Tierart sowie das eingesetzte Pyrethroid und wird auch durch äußere Faktoren wie vor allem die Temperatur beeinflusst [47, 43].

30.5.1 Pyrethrum

Der Wirkstoff Pyrethrum ist eine Sammelbezeichnung für sechs insektizide Bestandteile mit folgenden ISO-Namen: Chinerin I, Chinerin II, Jasmolin I, Jasmolin II, Pyrethrin I und Pyrethrin II.

Die insektizide Aktivität dieser Pflanzenextrakte, die zu den Typ-I-Pyrethroiden gerechnet werden, basiert auf einem Gemisch von je drei natürlich vorkommenden, eng verwandten insektiziden Estern der Chrysanthemumsäure (Pyrethrine I) und der Pyrethrinsäure (Pyrethrine II). Das Verhältnis der Pyrethrine I und Pyrethrine II beeinflusst die neuroaktiven Eigenschaften gegenüber Insekten.

Beim Pyrethrum handelt es sich um ein Insektizid mit Berührungsgiftwirkung, das die Weiterleitung von Impulsen in den Nervenfasern stört. Während ein höherer Anteil der Pyrethrine II die Zeitdauer zum Eintritt der Bewegungslosigkeit verkürzt, tritt durch eine Zunahme der Pyrethrine I die Abtötungswirkung bei Insekten schneller ein.

Die heute verwendeten Pyrethrum-Produkte sind eine Mischung aus raffiniertem Pyrethrum-Extrakt, der vorwiegend aus den vier Hauptanbaugebieten in Kenia, Tansania, Papua-Neuguinea und Ruanda kommt. Die modernen Extraktionsverfahren ermöglichen einen Gesamtpyrethringehalt von ca. 57%. Als weitere phytochemische Extrakte sind Triglyceridöle, Terpenoide und carotinoide Pflanzenfarben bis zu 25% sowie verschiedene Extraktionsrückstände und Antioxidantien enthalten [24].

Anwendung findet der Wirkstoff gegen beißende und saugende Insekten im Obst-, Gemüse-, Acker- und Weinbau, gegen Blatt-, Schild- und Schmierläuse, Spinnmilben usw. an Zier- und Zimmerpflanzen, gegen Kornkäfer und andere Vorratsschädlinge sowie gegen Stubenfliegen und Hausungeziefer. Pyrethrum wird in Kombination mit Synergisten eingesetzt und z. T. zusätzlich mit anderen Insektiziden (z. B. Rotenon) gemeinsam appliziert [42].

Aufnahme, Verteilung, Metabolismus und Ausscheidung
Pyrethrum wurde nach oraler Verabreichung an Ratten nahezu vollständig resorbiert, intensiv metabolisiert und innerhalb von zwei Tagen über den Urin und die Faeces in etwa gleichen Mengen nahezu vollständig ausgeschieden. Die höchsten Rückstände wurden im Fett nachgewiesen.

Die Metabolisierung erfolgt auf zwei Hauptabbauwegen, der Oxidation der Doppelbindung an der Cyclopenten- oder der Cyclopropanseite des Moleküls. Aus dem dabei entstehenden Diol kann durch Oxidation der Methylgruppen an der Seitenkette des Cyclopropanrings Carboxysäure gebildet werden. Einen zweiten Weg stellt die Hydrolyse der Esterbindung dar, wobei die korrespondierende Säure und der Alkohol gebildet werden.

Toxikologische Bewertung des Wirkstoffes
Pyrethrum besitzt bei der Ratte eine mittlere akute orale Toxizität mit einer LD_{50} von 1000 bzw. 2400 mg/kg KG bei weiblichen bzw. männlichen Tieren. Klinische Symptome traten oberhalb einer Dosierung von 320 bzw. 710 mg/kg KG bei weiblichen bzw. männlichen Ratten auf. So wurden gesträubtes Fell und Tremor der Tiere beobachtet. Verstorbene Tiere wiesen hämorrhagische Lungen auf, im unteren Bereich des Gastrointestinaltraktes wurde bräunlichgelbe Flüssigkeit gefunden, der Anogenitalbereich war verfärbt.

Zielorgane der toxischen Wirkung nach subchronischer oraler Verabreichung von Pyrethrum an Ratten, Mäuse und Hunde waren Leber, Niere und das Blut. Als wichtigste Befunde wurden vermindertes Körpergewicht, erhöhte Leber- und Nierengewichte, erhöhte Aktivität von Serumtransaminasen, Veränderungen im Serumproteinhaushalt, Anämie sowie erhöhte Leukozytenzahl diagnostiziert.

Als niedrigste relevante Dosis ohne schädlichen Effekt wurde ein NOAEL von 18 mg/kg KG pro Tag aus der 90-Tage-Studie an Hunden ermittelt. Die Substanzwirkungen traten bereits ab einer Dosis von 29 mg/kg KG pro Tag auf.

Nach chronischer oraler Verabreichung an Ratten und Mäuse waren Leber, Lunge, Schilddrüse die wichtigsten Zielorgane der toxischen Wirkung.

In der Studie an Mäusen wurde bei 690 mg/kg KG pro Tag eine leicht erhöhte Inzidenz von Lungentumoren beobachtet.

Leberzell- und Schilddrüsenhyperplasien waren die wesentlichsten nicht-neoplastischen Befunde in der Rattenstudie mit einem NOAEL von 4 mg/kg KG pro Tag, was einer Futterkonzentration von 100 ppm entspricht. Diese Studie erbrachte auch eine erhöhte Inzidenz von Leber- und Schilddrüsentumoren ab einer Dosis von 43 mg/kg KG pro Tag. Zur Abklärung der Bedeutung dieser Tumoren für den Menschen wurden mechanistische Studien durchgeführt, welche die Schlussfolgerung unterstützen konnten, dass es sich bei den beobachteten, erhöhten Tumorinzidenzen um „Grenzwertphänomene von vernachlässigbarer toxikologischer Relevanz für den Menschen" handelt.

Aus In-vitro-Kurzzeittests an Bakterien und Säugerzellen sowie In-vivo-Kurzzeittests an Säugern ergaben sich keine Anhaltspunkte für erbgutverändernde Eigenschaften des Wirkstoffgemisches [24].

In den Untersuchungen zur Reproduktionstoxizität an Ratten wurden bei den Nachkommen ab einer Dosis von 100 mg/kg KG pro Tag, die auch für die Elterntiere toxisch war, eine verminderte Futteraufnahme und verminderte Körpergewichte festgestellt. Als niedrigste relevante Dosis ohne reproduktionstoxische Effekte wurde ein NOAEL von 10 mg/kg KG pro Tag ermittelt.

In den Untersuchungen zur Entwicklungstoxizität an Ratten und Kaninchen wurden bei den jeweils höchsten getesteten Dosierungen von 75 und 250 mg/kg KG pro Tag zwar maternaltoxische Wirkungen, aber keine schädlichen Effekte auf die Nachkommen festgestellt.

In einer Untersuchung zur akuten Neurotoxizität an Ratten wurden ab einer Dosis von 63 mg/kg KG bei den weiblichen Tieren Zittern und ab 125 mg/kg KG bei den männlichen Tieren motorische Veränderungen beobachtet. Eine Dosis von 20 mg/kg KG war ohne neurotoxischen Effekt [24].

Lebensmitteltoxikologisch relevante Grenzwerte

Der ADI-Wert von 0,04 mg/kg KG wurde vom NOAEL aus der Rattenstudie zur Untersuchung der chronischen Toxizität und Kanzerogenität mit einem Sicherheitsfaktor von 100 abgeleitet.

Die ARfD von 0,2 mg/kg KG wurde vom NOAEL aus der akuten Neurotoxizitätsstudie an Ratten mit einem Sicherheitsfaktor von 100 abgeleitet [24].

Vom JMPR wurde die Langzeitaufnahme von Pyrethrum-Rückständen mit der Nahrung für den IEDI mit einer Ausschöpfung von 1% des ADI-Wertes kalkuliert. Die durch das JMPR geschätzte kurzzeitige Aufnahmemenge (IESTI) ergibt mit 1% der ARfD ebenfalls keinerlei gesundheitliches Risiko für die Aufnahme von Pyrethrum-Rückständen mit der Nahrung [39].

In Tabelle 30.7 sind beispielhaft Höchstmengen für einige pflanzliche Lebensmittel aufgeführt, die gemäß RHmV (bis zur 13. ÄVO vom 14. 11. 2005) in der Bundesrepublik Deutschland festgesetzt wurden.

Tab. 30.7 Auswahl von in Deutschland gültigen Höchstmengen für Pyrethrum gemäß RmHV (Stand November 2005).

Wirkstoff	mg/kg	Lebensmittel
Pyrethrum	3,00	Getreide, Ölsaat
Pyrethrum	1,00	Gemüse, Obst
Pyrethrum	0,50	andere pflanzliche Lebensmittel

30.5.2
Cyfluthrin und Beta-Cyfluthrin

Cyfluthrin hat die chemische Bezeichnung (RS)-α-Cyano-4-fluor-3-phenoxybenzyl (1RS;3RS;1RS,3SR)-3-(2,2-dichlorvenyl)-2,2-dimethylcyclopropancarboxylat (IUPAC) und wird gegen beißende und saugende Insekten in Kohl- und Zierpflanzen sowie im Obst- und Weinbau, speziell gegen Apfelwickler eingesetzt. Weiterhin wurde eine Wirksamkeit gegen Maiszünsler im Mais, gegen Rapsglanzkäfer und Kohlschotenrüßler im Raps, gegen Blattläuse im Hopfen und auch gegen Vorrats- und Hygieneschädlinge nachgewiesen.

Beta-Cyfluthrin ist ein nicht systemisches Insektizid mit Kontakt- und Fraßwirkung und wirkt auf das Nervensystem mit einer schnellen Anfangswirkung und einer langen Wirkungsdauer. Der Wirkstoff wird gegen saugende und beißende Insekten mit Schwerpunkt gegen Lepidopteren in einer großen Anzahl von Kulturen, z. B. Getreide, Gemüse, Raps und Mais, eingesetzt [42].

Cyfluthrin, wie auch Beta-Cyfluthrin, besteht aus vier Stereoisomeren, die jedoch in beiden Wirkstoffen in unterschiedlichen Anteilen enthalten sind. Während in Beta-Cyfluthrin die biologisch aktiven Stereoisomeren II und IV zu ca. 35 und 63% und die Stereoisomeren I und III nur zu ca. 0,3 und 0,7% vorkommen, betragen die Anteile der Stereoisomeren I–IV in Cyfluthrin ca. 24, 20, 34 und 22%.

Da Beta-Cyfluthrin als Bestandteil von Cyfluthrin angesehen werden kann, ist es plausibel, die toxikologischen Untersuchungen mit Cyfluthrin auch für die Bewertung von Beta-Cyfluthrin zu verwenden.

Aus zusätzlichen Untersuchungen mit Beta-Cyfluthrin für die Prüfbereiche akute Toxizität, Kurzzeittoxizität und Genotoxizität lässt sich eine Gleichartigkeit des toxischen Wirkprofils von Beta-Cyfluthrin und Cyfluthrin ableiten. Die Dosierungen ohne schädliche Wirkung in subakuten und subchronischen Studien liegen in der gleichen Größenordnung. Deshalb wurde für die Bewertung der Toxikokinetik, des Metabolismus, der chronischen Toxizität und Kanzerogenität und der Reproduktionstoxizität auf Untersuchungen mit Cyfluthrin zurückgegriffen.

Cyfluthrin wird als Pflanzenschutzmittel in der landwirtschaftlichen Pflanzenproduktion, als Tierarzneimittel in der Veterinärmedizin und Tierproduktion sowie als Biozidprodukt im nicht-landwirtschaftlichen Bereich eingesetzt. Aus allen diesen Verwendungen können Rückstände in Lebensmitteln resultieren.

Aufnahme, Verteilung, Metabolismus und Ausscheidung
Es liegen keine Untersuchungen zur Toxikokinetik mit Beta-Cyfluthrin vor. Cyfluthrin wurde nach oraler Verabreichung an Ratten zu etwa 90% absorbiert und innerhalb von zwei Tagen nahezu vollständig zu etwa zwei Dritteln über den Urin und zu einem Drittel über die Faeces wieder ausgeschieden. In der Galle wurden ca. 33% der verabreichten Dosis von 0,5 mg/kg KG gefunden. Die höchsten Rückstände wurden nach zwei Tagen in Fettgewebe, Leber und Nieren gefunden. Es liegen keine Hinweise auf eine Anreicherung im Organismus vor. Cyfluthrin wurde nahezu vollständig metabolisiert; die wichtigsten Biotransformationsreaktionen bestanden in Spaltung der Esterbindung, Oxidation, Hydroxylierung und Konjugation.

Toxikologische Bewertung des Wirkstoffes
Cyfluthrin besitzt bei der Ratte eine hohe akute orale Toxizität in nicht wässrigen Trägersubstanzen mit einer LD_{50} von 155 mg/kg KG. In wässrigen Formulierungen wurde eine deutlich höhere orale Toxizität mit einer LD_{50} von 16 mg/kg KG beobachtet. Sie wird durch eine schnellere und vollständigere Resorption im Darm bedingt. Die klinischen Symptome der akuten Intoxikation mit Cyfluthrin bei Versuchstieren sind typisch für Typ-II-Pyrethroide. Sie bestehen hauptsächlich aus Choreoathetose und Salivation (CS-Syndrom) sowie Tremor, Ataxie und klonischen Krämpfen. Hautreaktionen wie Jucken, Gespanntheit und Rötung der Gesichtshaut sowie faziale Parästhesie wurden nach Kontakt mit dem Wirkstoff Cyfluthrin beobachtet. Die Parästhesien beim Menschen sind vorübergehend. Sie sind als direkte Wirkung auf sensorische Nervenendigungen und nicht als Ergebnis einer primären Hautreizung anzusehen.

In den Studien zur akuten oralen Toxizität mit Beta-Cyfluthrin wurde eine LD_{50} von 77 mg/kg KG bei der Ratte bestimmt. Ab 10 mg/kg KG waren neben Mortalität der Tiere die für das CS-Syndrom typischen Befunde, wie Kratz- und Scharrbewegungen, Ataxie, Krämpfe, Tremor, Atemstörungen, Hyperkinese, Choreoathetose und Speichelfluss zu beobachten.

In Kurzzeitstudien an Ratten, Mäusen und Hunden wurden nach oraler Verabreichung von Cyfluthrin insbesondere Verhaltensstörungen beobachtet.

In Studien zur Kurzzeittoxizität mit Beta-Cyfluthrin wurde an Ratten ein NOAEL von 10 mg/kg KG pro Tag ermittelt. Ab einer Dosis von 40 mg/kg KG pro Tag wurden verminderte Wasseraufnahme, retardierte Körpergewichtszunahme, Bewegungs- und Verhaltensstörungen sowie schlechter Allgemeinzustand beobachtet.

In Studien an Hunden wurden ab einer Dosis von 9 mg Beta-Cyfluthrin/kg KG pro Tag Verhaltens- und Bewegungsstörungen sowie verringerte Körpergewichtszunahme beobachtet. Der NOAEL in dieser Studie betrug 1,5 mg Beta-Cyfluthrin/kg KG pro Tag.

Zur Langzeittoxizität und Kanzerogenität liegen nur Studien mit Cyfluthrin vor, in denen bei Ratten ab einer Dosis von 7 mg/kg KG pro Tag verminderte Körpergewichtszunahme und Hyperplasien der Nebenniere und bei Mäusen ab einer Dosis von 120 mg/kg KG pro Tag eine verminderte Körpergewichtszunahme beobachtet wurden. Aus diesen Langzeit-Fütterungsstudien mit Cyfluthrin wurden NOAELs von 2 und 45 mg/kg KG pro Tag, jeweils bei Ratte und Maus, ermittelt.

Es ergaben sich keine Hinweise auf ein kanzerogenes Potenzial des Wirkstoffes.

In-vitro-Kurzzeittests an Bakterien und Säugerzellen sowie In-vivo-Kurzzeittests an Säugern erbrachten keine Anhaltspunkte für erbgutverändernde Eigenschaften des Wirkstoffes [10].

In den mit Cyfluthrin durchgeführten Untersuchungen zur Reproduktionstoxizität wurden keine schädlichen Auswirkungen auf die Fruchtbarkeit festgestellt. Die Entwicklung der Nachkommen war ab einer Dosis von 19 mg/kg KG pro Tag beeinträchtigt; es wurden verzögertes Wachstum und Tremor bei den Nachkommen während der Laktationsphase beobachtet. Die Effekte auf die Nachkommen wurden auch unterhalb von Dosierungen beobachtet, die für die Elterntiere toxisch waren.

Untersuchungen zur Entwicklungstoxizität an Ratten wurden auch mit Beta-Cyfluthrin durchgeführt. Dabei wurden ab einer Dosis von 40 mg/kg KG pro Tag verminderte Fetengewichte und damit in Zusammenhang stehende Ossifiktionsverzögerungen bei den Nachkommen festgestellt. Diese Befunde traten nur in einem Dosisbereich auf, in welchem auch die Muttertiere Anzeichen toxischer Effekte (Speichelfluss, Koordinationsstörungen, Hypoaktivität, Mortalität) zeigten.

An Kaninchen liegen nur Studien mit Cyfluthrin vor, in denen ab einer Dosis von 45 mg/kg KG pro Tag Postimplantationsverluste und Fehlgeburten gefunden wurden. In diesem Dosisbereich zeigten auch die Muttertiere eine Verminderung von Futterverzehr und Körpergewichtszunahme.

In einer Studie zur akuten Neurotoxizität an Ratten trat ab einer Einzeldosis von 10 mg/kg KG verstärkte Hypoaktivität auf. Der NOAEL in dieser Studie lag bei 2 mg/kg KG. In einer Studie zur subchronischen Neurotoxizität an Ratten wurde ab einer Dosis von 8 mg/kg KG pro Tag Parästhesie beobachtet.

In pharmakologischen Untersuchungen mit einmaliger Dosierung von Cyfluthrin an Mäusen wurde als niedrigste Dosis ohne schädlichen Effekt 0,3 mg/kg KG ermittelt. Die nächsthöhere Dosierung von 1 mg/kg KG bewirkte eine leichte Stimulierung der Spontanmotilität sowie eine Verlängerung der Schlafdauer bei einer durch Hexobarbital induzierten Narkose [pers. Mittl.].

Lebensmitteltoxikologisch relevante Grenzwerte
Der ADI-Wert von 0,003 mg/kg KG wurde für die Aufnahme in Anhang I der EU-Richtlinie 91/414/EWG von einer pharmakologischen Studie an der Maus mit einem Sicherheitsfaktor von 100 abgeleitet, da der gleiche ADI-Wert auch

Tab. 30.8 Auswahl von in Deutschland gültigen Höchstmengen für Cyfluthrin gemäß RmHV (Stand November 2005).

Wirkstoff	mg/kg	Lebensmittel
Cyfluthrin	20,00	Hopfen
Cyfluthrin	0,50	Aprikosen, Pfirsiche, Salatarten
Cyfluthrin	0,30	Blattkohle, Paprika, Trauben
Cyfluthrin	0,20	Kernobst, Kirschen, Kopfkohle, Pflaumen
Cyfluthrin	0,10	Gurken außer Einlegegurken, Tee, teeähn. Erzeugnisse
Cyfluthrin	0,05	Blumenkohl, Hülsengemüse (frisch), Mais, Rapssamen, Tomaten
Cyfluthrin	0,02	andere pflanzliche Lebensmittel

Tab. 30.9 Auswahl von maximal zulässigen Rückständen (MRL) für Cyfluthrin in tierischen Lebensmitteln gemäß EMEA-Vorschlag.

Wirkstoff	µg/kg	Lebensmittel
Cyfluthrin, als Summe der Isomere	50	Fettgewebe
Cyfluthrin, als Summe der Isomere	10	Muskelfleisch, Niere und Leber
Cyfluthrin, als Summe der Isomere	20	Kuhmilch

von der europäischen Arzneimittelzulassungsbehörde (EMEA) für die Risikobewertung von Cyfluthrin in Tierarzneimitteln abgeleitet worden war [10]. Damit sollen in Europa gleiche Expositionsgrenzwerte für die Bewertung der Langzeitaufnahme von Cyfluthrin-Rückständen aus Pflanzenschutzmittel- und Tierarzneimittelanwendungen verwendet werden. Die daraufhin durchgeführte aggregierte Risikobewertung der EMEA aus dem Pflanzenschutzmitteleinsatz und der Tierarzneimittelanwendung ergibt eine Langzeitaufnahme von 85 µg/kg, die unterhalb des ADI von 180 µg/Person liegt [11].

Eine ARfD von 0,02 mg/kg KG wurde von der akuten Neurotoxizitätsstudie an Ratten mit einem Sicherheitsfaktor von 100 abgeleitet [7].

Die o. g. Expositionsgrenzwerte gelten gleichermaßen für Cyfluthrin und Beta-Cyfluthrin.

In Tabelle 30.8 sind beispielhaft Höchstmengen für einige pflanzliche Lebensmittel aufgeführt, die gemäß RHmV (bis zur 13. ÄVO vom 14. 11. 2005) in der Bundesrepublik Deutschland festgesetzt wurden.

In Tabelle 30.9 sind beispielhaft maximal zulässige Rückstände in Lebensmitteln (MRL) für einige tierische Lebensmittel aufgeführt, die von der EMEA vorgeschlagen wurden [11].

30.6
Weitere Insektizidwirkstoffgruppen

In diesem Abschnitt werden verschiedene Stoffgruppen zusammengefasst, die neben Angriffen auf das Insektennervensystem spezifische insektizide Wirkungen, mit häufig sehr selektiven Effekten, auf die Zielorganismen entfalten, die mit einer geringeren toxischen Wirkung gegenüber Säugern und Vögeln einhergehen können.

Solche Wirkstoffe können als natürliches Fermentationsprodukt von Mikroorganismen gebildet werden, wie die Abamectine von dem im Boden vorkommenden Mikroorganismus *Streptomyces avermitilis* oder die Spinosyne von Bakterien wie *Saccharopolyspora spinosa*.

Weitere hier dargestellte synthetische neuroaktive Wirkstoffe stellen die Nicotinabkömmlinge, die Nitroguanidine, die Phenylpyrazole und die Oxadiazine dar. Während die meisten Insektizide ihre Wirkung auf das Nervensystem entfalten, gibt es einige Wirkstoffe, die in biologische Besonderheiten der Insekten eingreifen. Solche synthetisch nachgebauten Stoffe, die in Insekten, aber nicht in Säugern vorkommen, wirken z. B. als Wachstumsregulatoren, welche die Chitinsynthese hemmen können, als Ecdyson-Antagonisten, welche die Häutung der Insekten beeinflussen, oder als Juvenilhormon-Analoga, welche die Wirkung von Juvenilhormonen im Insekt zu einem vom Menschen bestimmten Zeitpunkt imitieren sollen. Durch Juvenilhormone wird eine Vielzahl verschiedener Funktionen, einschließlich der Embryogenese, des Larvenwachstums, der Metamorphose, der Reproduktion, der Diapause und der Migration, reguliert. Durch das Juvenilhormon Neotenin, das in den Corpora allata gebildet wird, erfolgt z. B. die Förderung des larvalen Wachstums und die Hemmung der Metamorphose. Da die Juvenilhormone nur bei Insekten vorkommen, gehören seine synthetisch hergestellten Analoga zu den besonders selektiven und geringer toxischen Insektiziden [46].

30.6.1
Abamectin

Der Wirkstoff Abamectin trägt die chemische Bezeichnung 5-O-Demethylavermectin A_{1a} (i)-Mischung mit 5-O-Demethyl-25-de(1-methylpropyl19-25-(1-methylethyl)avermectin A_{1a} (ii) und gehört chemisch zu den Glykosiden.

Es wirkt als Kontakt- und Fraßgift mit geringer systemischer Wirkung. Es ist ein natürliches Fermentationsprodukt des im Boden vorkommenden Mikroorganismus *Streptomyces avermitilis*.

Durch die Stimulierung der Gamma-Aminobuttersäure erfolgt eine Hemmung von Neurotransmittern, was zu einer Zunahme von Chloridionen in postsynaptischen Regionen von Nervenzellen führt.

Abamectin wird bevorzugt gegen Spinnmilben und Minierfliegen und gegen Feuerameisen eingesetzt und ist eng verwandt mit Ivermectin, das weltweit als Therapeutikum bei Mensch und Tier eingesetzt wird [42].

Aufnahme, Verteilung, Metabolismus und Ausscheidung

Abamectin wurde nach oraler Verabreichung an Ratten zu etwa 70–80% absorbiert, zu etwa 50% metabolisiert und innerhalb von sieben Tagen zu etwa 90% ausgeschieden. Die Ausscheidung erfolgt zu etwa 1% über den Urin und zu etwa 69–82% über die Faeces. Die höchsten Rückstände wurden in Leber, Niere und Muskel nachgewiesen. Es liegen keine Hinweise auf eine Anreicherung des Wirkstoffes im Organismus vor.

Toxikologische Bewertung des Wirkstoffes

Bei einmaliger Verabreichung zeigte Abamectin eine sehr hohe orale Toxizität. Die orale LD$_{50}$ bei der Ratte lag zwischen 8,7 und 12,8 mg/kg KG. Symptome, wie Ataxie und Tremor sowie Mortalität einzelner Tiere traten in der akuten oralen Studie an Ratten ab einer Dosierung von 6,7 mg/kg KG auf.

Zielorgan der toxischen Wirkung nach subchronischer oraler Verabreichung des Wirkstoffes an Ratten und Hunde war das zentrale Nervensystem. Bei der Ratte traten acht Wochen nach Verabreichung des Wirkstoffes über das Futter Mortalität, Tremor sowie verringerte Aktivität auf.

Beim Hund wurden nach subchronischer Verabreichung des Wirkstoffes Mortalität, Tremor, Ataxie, tonische Krämpfe, unkoordinierte Bewegungen, Bradykardie, Erbrechen, Mydriasis und eine Verringerung der Körpergewichtszunahme beobachtet. Als niedrigste relevante Dosis ohne schädlichen Effekt wurde ein Gesamt-NOAEL von 0,25 mg/kg KG pro Tag in den Studien an Hunden nach 18 und 53 Wochen ermittelt. Die genannten Substanzwirkungen wurden ab einer Dosis von 0,5 mg/kg KG pro Tag beobachtet.

Zielorgan der toxischen Wirkung nach chronischer oraler Verabreichung an Ratten und Mäuse war ebenfalls das zentrale Nervensystem. Als niedrigste relevante Dosis ohne schädlichen Effekt wurde ein NOAEL von 1,5 mg/kg KG pro Tag in der Studie über zwei Jahre an Ratten ermittelt. Tremor trat bereits ab einer Dosis von 2 mg/kg KG pro Tag auf. Die Langzeitstudien erbrachten keine Hinweise auf eine kanzerogene Wirkung des Wirkstoffes.

Aus In-vitro-Kurzzeittests an Bakterien und Säugerzellen sowie In-vivo-Kurzzeittests an Säugern ergaben sich keine Anhaltspunkte für erbgutverändernde Eigenschaften des Wirkstoffes [pers. Mittl.].

In den Mehrgenerationenstudien an Ratten wurden ab einer Dosis von 0,2 mg/kg KG pro Tag vermehrte Mortalität, verringertes Körpergewicht, verzögerte Entwicklung des Auges und Verhaltenseffekte wie spastische Bewegungen festgestellt. Als niedrigste relevante Dosis ohne reproduktionstoxische Effekte wurde ein NOAEL von 0,12 mg/kg KG pro Tag ermittelt.

In den Untersuchungen zur Entwicklungstoxizität an Ratten und Kaninchen wurden nur in der Kaninchenstudie ab einer Dosis von 2 mg/kg KG pro Tag leicht erhöhte Inzidenzen von Missbildungen, wie Gaumenspalten, Omphalozele und Klumpfüße sowie Ossifiktionsverzögerungen festgestellt. Die Effekte wurden nur im maternaltoxischen Dosisbereich beobachtet. Als niedrigste rele-

Tab. 30.10 Auswahl von in Deutschland gültigen Höchstmengen für Abamectin gemäß RmHV (Stand November 2005).

Wirkstoff	mg/kg	Lebensmittel
Abamectin, Avermectin B1a, Avermectin B1b, 8,9-Z-Avermectin B1a	0,10	Erdbeeren, Salatarten
Abamectin, Avermectin B1a, Avermectin B1b, 8,9-Z-Avermectin B1a	0,05	Hopfen, Paprika
Abamectin, Avermectin B1a, Avermectin B1b, 8,9-Z-Avermectin B1a	0,02	Auberginen, Ölsaat, Schalenfrüchte, Tee, Tomaten
Abamectin, Avermectin B1a, Avermectin B1b, 8,9-Z-Avermectin B1a	0,01	andere pflanzliche Lebensmittel

vante Dosis ohne entwicklungstoxische Wirkung wurde ein NOAEL von 1 mg/kg KG pro Tag ermittelt.

In zahlreichen speziellen Untersuchungen mit unterschiedlichen Genotypen der CF-1-Mäuse wurde für diesen Mäusestamm eine spezifische Empfindlichkeit für entwicklungstoxische Wirkungen nachgewiesen, die für den Menschen nicht relevant ist. Diese Wirkungen basieren auf einer Stoffwechselbesonderheit mit einen Mangel an p-Glycoprotein.

Untersuchungen mit dem zu etwa 20% durch Photodegradation auf der Pflanze entstehenden Metaboliten Delta-8,9-Isomer ergaben dem Abamectin vergleichbare Effekte, die Dosierungen ohne schädlichen Effekt (NOAEL) lagen jedoch höher [19].

Lebensmitteltoxikologisch relevante Grenzwerte

Der ADI-Wert von 0,002 mg/kg KG wurde vom NOAEL aus der 53-Wochen-Hundstudie mit einem Sicherheitsfaktor von 100 abgeleitet.

Die ARfD von 0,02 mg/kg KG wurde von der therapeutischen Dosis für Ivermectin beim Menschen mit einem Sicherheitsfaktor von 100 abgeleitet [7].

In Tabelle 30.10 sind beispielhaft Höchstmengen für einige pflanzliche Lebensmittel aufgeführt, die gemäß RHmV (bis zur 13. ÄVO vom 14. 11. 2005) in der Bundesrepublik Deutschland festgesetzt wurden.

30.6.2
Spinosad

Das Wirkstoffgemisch aus Spinosyn A und Spinosyn D, das zu den makrocyclischen Lactonen gehört, hat die chemische Bezeichnung (2R,3aS,5aR, 5bS,9S, 13S,14R,16aS,16bR)-2-(6-deoxy-2,3,4-tri-O-methyl-α-L-mannopyranosyloxy)-13-(4-dimethylamino-2,3,4,6-tetradeoxy-β-D-erythropyranosyloxy)-9-ethyl-2,3,3a,5a,6,7,9, 10,11,12,13,14,15,16a,16b-hexadecahydro-14-methyl-1H-8-oxacyclododeca[b]as-indacene-7,15-dion (Spinosyn A) bzw. (2R,3aR,5aS,5bS,9S,13S, 14R,16aS,16bR)-2-(6-deoxy-2,3,4-tri-O-methyl-α-L-man nopyranosyloxy)-13-(4-dimethylamino-2,3, 4,6-tetradeoxy-β-D-erythropyranosyloxy)-9-ethyl-2,3,3a,5a,6,7,9,10,11,12,13,14,15, 16a,16b-hexadecahydro-4,14-dimethyl-1H-8-oxacyclododeca[b]as-indac en-7,15-dion (Spinosyn D) (IUPAC).

Es handelt bei diesem Wirkstoff sich um ein Kontakt- und Fraßgift mit vorwiegend larvizider Wirkung, er beeinflusst den nicotinergen Acetylcholinrezeptor im Insektennervensystem. Die irreversible Wirkung führt innerhalb weniger Stunden zur Lähmung des Insekts. Spinosad findet Anwendung gegen saugende und beißende Insekten im Kartoffel-, Obst- und Gemüsebau, gegen weiße Fliege und Thripse im Zierpflanzenbau [42].

Aufnahme, Verteilung, Metabolismus und Ausscheidung

Der Wirkstoff wurde nach oraler Verabreichung an Ratten zu etwa 50% absorbiert, weiträumig verteilt und innerhalb von sieben Tagen zu mehr als 90% ausgeschieden. Dabei werden 5–10% über den Urin und mehr als 80% über die Faeces ausgeschieden, worin 50–60% Galleexkretion enthalten sind. Die höchsten Rückstände wurden nach 14 Tagen in Nieren, Lymphknoten, Fettgewebe und Schilddrüse nachgewiesen. Es liegen Hinweise auf eine Anreicherung im Organismus vor.

Spinosad wird nahezu vollständig metabolisiert, wobei zu den wichtigsten Biotransformationsreaktionen die N- bzw. O-Demethylierung und Hydroxylierung des Makrocyclus, sowie die Konjugation mit Glutathion bzw. Cystein gehören.

Toxikologische Bewertung des Wirkstoffes

Aus den Studien zur akuten Toxizität leitet sich eine sehr geringe akut orale Toxizität mit einer LD_{50} von über 2000 mg/kg KG bei der Ratte ab. Dabei wurden vermehrter Tränen- und Speichelfluss, farbiger Ausfluss aus Nase und Augen, urin- und kotbeflecktes Fell, verminderte Aktivität und Koordinationsstörungen beobachtet. Diese Symptome traten nach einmaliger oraler Verabreichung an Ratten erst ab einer Dosierung von 2000 mg/kg KG auf.

In Untersuchungen zur akuten und subchronischen Neurotoxizität an Ratten wurden keine spezifischen neurotoxischen Effekte festgestellt. Zielorgane der toxischen Wirkung nach subchronischer oraler Verabreichung des Wirkstoffes an Ratten, Mäuse und Hunde waren dagegen hauptsächlich Schilddrüse, Niere und Leber, aber auch zahlreiche andere Organe, darunter Lymphknoten, Milz, Lunge und Keimdrüsen.

Die wesentlichsten Befunde in allen betroffenen Organen waren ausgedehnte Vakuolisierungen, die teilweise mit Organgewichtszunahmen verbunden waren. Sie waren häufig mit entzündlichen bis hin zu degenerativen und nekrotischen histologischen Veränderungen verbunden. Weitere Befunde in den Studien zur Kurzzeittoxizität waren hämatologische und klinisch-chemische Veränderungen wie erhöhte Leberenzymaktivitäten und Proteinkonzentrationen, Körpergewichtsabnahme und eine verringerte Futteraufnahme. Substanzwirkungen, wie eine Atrophie der Magenschleimhaut und erhöhte Schilddrüsengewichte, wurden neben der Vakuolisierung, besonders im lymphatischen System, in den Hundestudien ab einer Dosis von 6,5 mg/kg KG pro Tag beobachtet, die als LOAEL in der 28-Tage-Studie ermittelt wurde. Als niedrigste Dosis ohne schädlichen Effekt wurden 4,9 mg/kg KG pro Tag in der 90-Tage-Studie und 2,7 mg/kg KG pro Tag in der 12-Monate-Studie an Hunden festgestellt [32].

Die Zielorgane der toxischen Wirkung nach chronischer oraler Verabreichung an Ratten und Mäuse waren im Wesentlichen mit denen aus den subchronischen Studien identisch, wobei die dort beschriebenen Wirkungen vor allem hinsichtlich ihrer Intensität übertroffen wurden. Weitere wesentliche Befunde in den Studien zur chronischen Toxizität waren eine erhöhte Mortalitätsrate in der höchsten Dosisgruppe in der 2-Jahresstudie an Ratten.

Die Prüfung auf Kanzerogenität erfolgte in Langzeitstudien an Ratten und Mäusen. Die Studien erbrachten keine Hinweise auf krebserzeugende Eigenschaften des Wirkstoffes. Als niedrigste relevante Dosis ohne schädlichen Effekt wurde ein NOAEL von 2,4 mg/kg KG pro Tag in der Studie über 24 Monate an Ratten ermittelt. Eine Vakuolisierung der Schilddrüse und eine erhöhte Anzahl von retikuloendothelialen Zellen in den mesenterialen Lymphknoten wurde in dieser Studie ab einer Dosis von 9,5 mg/kg KG pro Tag beobachtet.

Aus In-vitro-Kurzzeittests an Bakterien und Säugerzellen sowie In-vivo-Kurzzeittests an Säugern ergaben sich keine Anhaltspunkte für erbgutverändernde Eigenschaften des Wirkstoffes [pers. Mitt.].

In den Mehrgenerationenstudien an Ratten wurden ab einer Dosis von 100 mg/kg KG pro Tag verminderte Wurfgrößen, verringerte Überlebensraten und erniedrigtes Neugeborenengewicht beobachtet. Diese Effekte wurden in einem Dosisbereich beobachtet, der auch für die Elterntiere toxisch war. Als niedrigste relevante Dosis ohne reproduktionstoxische Effekte wurde ein NOAEL von 10 mg/kg KG pro Tag bestimmt.

In den Untersuchungen zur Entwicklungstoxizität wurden auch im maternaltoxischen Dosisbereich bis zu 200 mg/kg KG pro Tag bei Ratten und 50 mg/kg KG pro Tag bei Kaninchen keine entwicklungstoxischen Effekte bei den Nachkommen festgestellt [32].

Lebensmitteltoxikologisch relevante Grenzwerte

Der ADI-Wert von 0,02 mg/kg KG wurde vom JMPR und dem BfR aus der chronischen Rattenstudie über 24 Monate mit einem Sicherheitsfaktor von 100 abgeleitet [7]. Von der US-EPA wurde der NOAEL aus der chronischen Hundestudie zur Ableitung einer chronischen Referenzdosis von 0,026 mg/kg KG mit einem Sicherheitsfaktor von 100 herangezogen [57].

Vom JMPR wurde die Langzeitaufnahme von Spinosad-Rückständen mit der Nahrung für den IEDI mit einer Ausschöpfung des ADI-Wertes zwischen 2 und 30% kalkuliert. Diese Abschätzung ergibt, dass der ADI-Wert nur teilweise ausgeschöpft wird und somit keine Gefährdung des Verbrauchers besteht.

Tab. 30.11 Maximal zulässige Rückstände für Spinosad in pflanzlichen Lebensmitteln gemäß LMBG (Stand Dezember 2005).

Wirkstoff	mg/kg	Lebensmittel
Spinosad	1,00	Tomaten, Paprika
Spinosad	0,30	Erdbeeren
Spinosad	0,20	Trauben, Birnen, Äpfel
Spinosad	0,02	Zitrusfrüchte

Die Festlegung einer ARfD ist wegen der geringen akuten Toxizität sowie des Fehlens akuter Effekte bei relevanten Dosierungen nach Mehrfachapplikation nicht erforderlich.

Deshalb ist auch die Schätzung der kurzzeitigen Aufnahmemenge (IESTI) nicht erforderlich, da kein gesundheitliches Risiko durch die Kurzzeitaufnahme von Spinosad-Rückständen angenommen werden muss [32].

Für Spinosad wurden keine Einträge in der RHmV (bis zur 13. ÄVO vom 14. 11. 2005) gefunden. Sofern ein Wirkstoff nicht namentlich in der RHmV aufgeführt ist, gilt generell eine allgemeine Höchstmenge von 0,01 mg/kg, soweit nicht andere gesetzlich vorgegebene Regelungen ergangen sind. Dieser Fall trifft für Spinosad zu, denn es wurde eine Allgemeinverfügung gemäß § 47a Lebensmittel- und Bedarfsgegenständegesetz (LMBG) erteilt, die die in Tabelle 30.11 aufgeführten maximal zulässigen Rückstände in pflanzlichen Lebensmitteln in der Bundesrepublik Deutschland erlaubt (Stand: 01. Dezember 2005).

30.6.3
Imidacloprid

Der Wirkstoff Imidacloprid hat die chemische Bezeichnung (EZ)-1-(6-Chlor-3-pyridylmethyl)-N-nitroimidazolidin-2-ylidenamin (IUPAC) und gehört zur chemischen Gruppe der Nitroguanidine.

Es ist ein systemisches Insektizid mit Kontakt- und Fraßwirkung und ein Effektor des nicotinergen Acetylcholinrezeptors im Nervensystem von Insekten, wobei die chemische Signalübertragung gestört wird.

Nach Blattapplikation erfolgt eine gute translaminare und akropetale Verteilung. Die gute Kontaktwirkung und hohe Wurzelsystemizität erlauben die Boden- und Saatgutbehandlung. Imidacloprid findet Anwendung gegen saugende und beißende Insekten in Getreide, Mais, Zuckerrüben, Kartoffeln, Gemüse, Kern- und Steinobst [42].

Aufnahme, Verteilung, Metabolismus und Ausscheidung
Imidacloprid wurde nach oraler Verabreichung an Ratten nahezu vollständig absorbiert. Innerhalb von zwei Tagen wurde der Wirkstoff zu etwa 96% über Urin,

Galle und Atemluft ausgeschieden. Die Hauptmenge der Radioaktivität wurde mit etwa 70–80% über den Urin und ein geringerer Anteil von 17–25% über die Faeces ausgeschieden. In der Galle wurden ca. 36% der verabreichten Dosis gefunden. Die höchsten Rückstände wurden nach 48 h in Niere, Leber, Lunge und Haut nachgewiesen. Es liegen keine Hinweise auf eine Anreicherung im Organismus vor.

Der Wirkstoff wurde nahezu vollständig mit über 80% metabolisiert. Die wichtigsten Biotransformationsreaktionen bestanden in oxidativer Spaltung des Moleküls und in einer Hydroxylierung des Imidazolidinrings in 4- oder 5-Position. Als Metabolit von besonderer toxikologischer Bedeutung ist Imidacloprid-Nitrosimin hervorzuheben, das mit maximal 10% im Urin auftrat und auch einen relevanten Metaboliten in der Pflanze darstellt.

Toxikologische Bewertung des Wirkstoffes

Aus der Studie zur akuten oralen Toxizität an der Ratte wurde eine LD_{50} von 500 mg/kg KG bestimmt. Als wesentlichste Symptome wurden Apathie, Atemschwierigkeiten, schwankender Gang, Tremor und Spasmen ab 100 mg/kg KG beobachtet. Mortalität trat ab 300 mg/kg KG auf.

Die Verminderung des Körpergewichtes war der sensitivste Endpunkt nach wiederholter Verabreichung von Imidacloprid an Mäuse ($\geq$ 86 mg/kg KG pro Tag), Ratten ($\geq$ 30 mg/kg KG pro Tag), Kaninchen ($\geq$ 24 mg/kg KG pro Tag) und Hunde ($\geq$ 22 mg/kg KG pro Tag).

Mäuse zeigten in der Studie über 107 Tage bei einer Futterkonzentration von 3000 ppm Körpergewichtsverluste, schlechten Allgemeinzustand und toxische Wirkungen auf die Leber, mit einem NOAEL von 86 mg/kg KG pro Tag, der einer Futterkonzentration von 600 ppm entspricht.

In Studien zur Kurzzeittoxizität an Ratten wurden ab einer Dosis von 61 mg/kg KG pro Tag zusätzlich ein erhöhter Futterverbrauch bei verminderter Körpergewichtszunahme beobachtet. Die Leber war das Hauptzielorgan in Dosierungen ab 410 mg/kg KG pro Tag bei Mäusen, ab 17 mg/kg KG pro Tag bei Ratten und ab 31 mg/kg KG pro Tag bei Hunden. Neben Leberzellhypertrophie und einer Induktion von Cytochrom P-450-Enzymen traten zusätzlich Leberschädigungen mit einem Anstieg von Alanin Aminotransferase, Alkalischer Phosphatase und Galactatdehydrogenase im Plasma, sowie angeschwollenen Zellkernen, Zellinfiltrationen, Leberzellnekrosen auf.

In Studien an Hunden wurden ab einer Dosis von 22 mg/kg KG pro Tag verminderte Körpergewichtszunahme und Tremor beobachtet. Bei höheren, teilweise letalen Dosierungen traten zusätzlich erhöhte Lebergewichte, Induktion von Leberenzymen, Thymusinvolution sowie Atrophie von Leberzellen und Schilddrüsenfollikeln auf. Der Gesamt-NOAEL in den 13- und 52-Wochen-Studien am Hund betrug 15 mg/kg KG pro Tag, was einer Futterkonzentration von 500 ppm entspricht [30].

In der Studie zur Langzeittoxizität und Kanzerogenität an Ratten wurden ab einer Dosis von 17 mg/kg KG pro Tag eine verminderte Körpergewichtszunahme und eine vermehrte Mineralisierung im Kolloid der Schilddrüsenfollikel beobachtet. Bei höheren Dosierungen traten zusätzlich klinisch-chemische Befunde, wie ein Anstieg von Alkalischer Phosphatase, Aspartat Aminotransferase und Creatinkinase im Blut sowie Verminderung von Cholesterin auf. Der NOAEL in der 2-Jahresstudie betrug 6 mg/kg KG pro Tag.

Mäuse zeigten in der Kanzerogenitätsstudie ab einer Dosis von 210 mg/kg KG pro Tag eine verminderte Körpergewichtszunahme. Bei höheren Dosierungen traten zusätzlich untypische Lautäußerungen, vermehrte Mineralisierung im Thalamus, erhöhte Sensitivität gegenüber einer Äthernarkose, Leberzellhypertrophie und klinisch-chemische Veränderungen, wie Anstieg von Alkalischer Phosphatase und Bilirubin im Blut sowie Verminderung von Cholesterin auf. Der NOAEL in der 2-Jahresstudie betrug 66 mg/kg KG pro Tag.

Es wurden keine Hinweise auf krebserzeugende Eigenschaften des Wirkstoffes bei Ratten und Mäusen gefunden.

In In-vitro-Kurzzeittests an Bakterien und Säugerzellen sowie In-vivo-Kurzzeittests an Säugern wurden insgesamt keine Anhaltspunkte für erbgutverändernde Eigenschaften des Wirkstoffes gefunden [30].

In den Untersuchungen zur Reproduktionstoxizität an Ratten wurden keine schädlichen Auswirkungen auf die Fruchtbarkeit festgestellt. Die Entwicklung der Nachkommen war ab einer Dosis von 80 mg/kg KG pro Tag beeinträchtigt. In der Mehrgenerationsstudie wurde ein vermindertes postnatales Wachstum in einem Dosisbereich beobachtet, der auch bei den Elterntieren zu verminderter Körpergewichtszunahme führte.

In der Untersuchung zur Entwicklungstoxizität wurden bei der Ratte ab einer Dosis von 100 mg/kg KG pro Tag neben einem Körpergewichtsverlust der Muttertiere auch Verknöcherungsstörungen der Rippen bei den Nachkommen festgestellt.

In der Studie an Kaninchen wurden neben einem Körpergewichtsverlust der Muttertiere ab einer Dosis von 72 mg/kg KG pro Tag ein Anstieg von vollständigen Wurfverlusten durch Abort oder Fruchtresorption sowie verminderte Fetengewichte und Verknöcherungsverzögerung der Nachkommen gefunden.

Bei Säugetieren kann Imidacloprid als schwacher Agonist für nicotinerge Acetylcholinrezeptoren wirken. Bei Vergiftungen sind daher nicotinartige Effekte auf das Nervensystem zu erwarten.

In einer Studie zur akuten Neurotoxizität an Ratten traten ab einer Dosis von 151 mg/kg KG akute cholinerge Symptome auf, die innerhalb von fünf Tagen reversibel waren.

In einer Studie zur subchronischen Neurotoxizität an Ratten zeigten sich ab einer Dosis von 196 mg/kg KG pro Tag leichte Verminderung der Koordination und verminderte Griffstärke bei männlichen Tieren.

In einer Studie zur Entwicklungsneurotoxizität an Ratten zeigten sich ab einer Dosis von 80 mg/kg KG pro Tag bei den Nachkommen verminderte Motor- und Lokomotoraktivität während der beginnenden Aufnahme des Wirkstoffs über das Futter im letzten Drittel der Laktationsphase [pers. Mittl.].

Tab. 30.12 Auswahl von in Deutschland gültigen Höchstmengen für Imidacloprid gemäß RmHV (Stand November 2005).

Wirkstoff	mg/kg	Lebensmittel
Imidacloprid	2,00	Endivie, Paprika, Salat
Imidacloprid	1,00	Kernobst, Zitrusfrüchte
Imidacloprid	0,50	Aprikosen, Auberginen, Pfirsiche, Tomaten
Imidacloprid	0,30	Frühlingszwiebeln, Kartoffeln
Imidacloprid	0,20	Cucurbitaceen mit ungenießbarer Schale
Imidacloprid	0,10	andere pflanzliche Lebensmittel
Imidacloprid	0,05	Hopfen

Lebensmitteltoxikologisch relevante Grenzwerte

Der ADI-Wert von 0,06 mg/kg KG wurde von der chronischen Rattenstudie mit einem Sicherheitsfaktor von 100 abgeleitet.

Die ARfD wurde mit 0,4 mg/kg KG von der akuten Neurotoxizitätsstudie an Ratten mit einem Sicherheitsfaktor von 100 abgeleitet [7].

Obwohl die US-EPA die Expositionsgrenzwerte von den gleichen Endpunkten abgeleitet hat, liegen die für die USA derzeit verbindlichen Grenzwerte um ein dreifaches niedriger (aPAD = 0,019 mg/kg KG; cPAD = 0,14 mg/kg KG), da aufgrund der durch den FQPA vorgegebenen Kriterien ein erhöhter Sicherheitsfaktor von 300 eingesetzt wurde [58].

Der IEDI von Imidacloprid, basierend auf den STMR-Werten, die für 47 Lebensmitteln für fünf GEMS/Food regionale Diäten bestimmt wurden, liegt zwischen 0 bis 2% des ADI-Wertes, so dass dieser nur sehr gering ausgeschöpft wird und somit keine Gefährdung für den Verbraucher besteht. Der IESTI für Imidacloprid wurde für 49 Lebensmittel kalkuliert, für die MRLs, STMR-Werte und/oder HR-Werte bestimmt wurden und lag zwischen 0 und 4% der ARfD für die allgemeine Bevölkerung und 0 bis 15% für Kinder, so dass sich kein gesundheitliches Risiko für die Kurzzeitaufnahme von Imidacloprid-Rückständen ergibt [34].

In Tabelle 30.12 sind beispielhaft Höchstmengen für einige pflanzliche Lebensmittel aufgeführt, die gemäß RHmV (bis zur 13. ÄVO vom 14. 11. 2005) in der Bundesrepublik Deutschland festgesetzt wurden.

30.6.4
Fipronil

Der Wirkstoff Fipronil hat die chemische Bezeichnung 5-Amino-1-(2,6-dichloro-α,α,α-trifluor-p-tolyl)-4-trifluoromethylsulfinylpyrazol-3-carbonitrile (IUPAC) und ist ein Vertreter einer neuen Klasse von Insektiziden, die als Phenylpyrazole bezeichnet werden.

Durch den Wirkstoff erfolgt eine Blockade des durch die GABA regulierten Ionenkanals, speziell des Chloridkanals.

Fipronil wird gegen saugende und beißende Insekten zur Blatt- und Bodenanwendung, als Ködermittel und als Saatbeize in Getreide, Zuckerrüben und Gemüse angewandt. Es hat auch sehr gute Wirkung gegen Kornkäfer und Kartoffelkäfer, wird auch als Biozid zur Insektenbekämpfung im Wohnbereich sowie zur Termiten-, Ameisen- und Heuschreckenbekämpfung eingesetzt [42].

Aufnahme, Verteilung, Metabolismus und Ausscheidung
Im Stoffwechselversuch an Ratten zeigte sich nach oraler Verabreichung eine dosisabhängige Resorptionsrate von bis zu 50% mit anschließender Verteilung in verschiedene Gewebe, besonders im Fettgewebe. Die über 90%ige Ausscheidung erfolgte über die Faeces und über den Urin.

Das Metabolitenmuster war vergleichbar zwischen den untersuchten Spezies, wobei neben Fipronil im Urin bis zu 14 Metaboliten identifiziert wurden.

Toxikologische Bewertung des Wirkstoffes
Fipronil besitzt eine hohe Toxizität, die orale LD_{50} beträgt bei männlichen und weiblichen Ratten 92 und 103 mg/kg KG und bei männlichen und weiblichen Mäusen 98 und 91 mg/kg KG. Klinische Symptome wurden generell innerhalb von 24 Stunden beobachtet und schlossen Tremor und Konvulsionen verschiedener Typen ein. Weiterhin wurden Wirkungen auf die Aktivität, den Gang und die Körperhaltung, Feuchtigkeit verschiedener Körperbereiche und Anfälle beobachtet [22].

Die toxikologischen Eigenschaften nach subchronischer und chronischer Applikation des Wirkstoffes wurden an Ratten, Mäusen und Hunden geprüft.

Generell kommt es durch eine reversible Hemmung der GABA-Rezeptoren zu einer Hemmung des Chloridionen-Transportes und zu einer unkontrollierten Aktivität des Zentralnervensystems. Nach längerer Verabreichungsdauer konnten daher tonisch-klonische Krämpfe bei Hunden und bei Ratten beobachtet werden.

In subchronischen Studien an Ratten konnten neben den zentralnervösen Wirkungen auch zusätzlich die Leber und die Schilddrüse als Zielorgane erkannt werden.

Die Hauptbefunde klinisch-chemischer Untersuchungen bestanden in einer Erhöhung des schilddrüsenstimulierenden Hormons (TSH), einer Verminderung von Thyroxin- und Trijodthyronin-Werten (T3, T4), einer Erhöhung der Gesamtprotein- und Cholesterinkonzentrationen und einer Verminderung der Aminotransferaseaktivitäten im Plasma. Als relevanter Gesamt-NOAEL wurde eine Dosierung von 0,3 mg/kg KG pro Tag aus den subchronischen Studien an Ratten und Hunden abgeleitet [pers. Mittl.].

Die Prüfung auf chronische Toxizität und auf krebserzeugende Eigenschaften erfolgte im Langzeittierversuch an Ratten und an Mäusen.

In der Kanzerogenitätsstudie an Mäusen wurde neben einer Lebergewichtserhöhung und nicht-neoplastischen Läsionen der Leber auch eine leichte Erhöhung der Inzidenz von hepatozellularen Karzinomen beobachtet, die aber nicht als behandlungsbezogen eingeschätzt wurde. Der NOAEL für die systemischen Effekte betrug 0,055 mg/kg KG pro Tag, was einer Futterkonzentration von 0,5 ppm entspricht.

Dabei kam es in der Studie an Ratten oberhalb eines NOAEL von 0,02 mg/kg KG pro Tag zu toxischen Effekten, vor allem auf das Zentralnervensystem, die Leber und die Schilddrüse. Weiterhin wurde eine Erhöhung von Schilddrüsentumoren beobachtet, die jedoch bei der gegebenen Exposition des Menschen gegenüber Fipronil als nicht relevant eingeschätzt wurde.

Aus In-vitro-Kurzzeittests an Bakterien und Säugerzellen, sowie In-vivo-Kurzzeittests an Säugern ergaben sich keine Anhaltspunkte für erbgutverändernde Eigenschaften des Wirkstoffes [22].

In der Mehrgenerationenstudie wurden bei maternaltoxischen Dosen schädliche Auswirkungen auf die Wurfgröße und Lebensfähigkeit der Nachkommen festgestellt.

Eine Dosis von 2 mg/kg KG pro Tag, die einer Futterkonzentration von 30 ppm entspricht, war ohne schädlichen Effekt auf die Nachkommen.

Die Untersuchungen zur Entwicklungstoxizität bei Ratten und Kaninchen ergaben keine Anhaltspunkte für fruchtschädigende Eigenschaften bei der Limitdosierung für maternaltoxische Effekte von 20 mg/kg KG pro Tag bei Ratten und von 1 mg/kg KG pro Tag bei Kaninchen [52].

In einer Studie zur akuten Neurotoxizität an Ratten traten ab einer Dosis von 7,5 mg/kg KG akute neurotoxische Symptome auf. Der NOAEL in dieser akuten Studie war 2,5 mg/kg KG. In einer weiteren Studie zur akuten Neurotoxizität an Ratten wurde ein NOAEL von 0,5 mg/kg KG pro Tag bestimmt, der auf neurotoxischen Wirkungen bei 5 mg/kg KG beruhte. In einer subchronischen Neurotoxizitätsstudie an Ratten wurde ein NOAEL von 0,3 mg/kg KG pro Tag abgeleitet, der auf Konvulsionen und abnormalen Verhaltenseffekten bei der Prüfung der FOB basierte und als am relevantesten für die Ableitung einer ARfD von der WHO eingeschätzt wurde [29].

Lebensmitteltoxikologisch relevante Grenzwerte

Der ADI-Wert von 0,0002 mg/kg KG wurde vom NOAEL aus der Langzeitstudie an Ratten mit einem Sicherheitsfaktor von 100 abgeleitet.

Die ARfD von 0,003 mg/kg KG wurde von der subakuten Neurotoxizitätsstudie an Ratten mit einem Sicherheitsfaktor von 100 abgeleitet [7].

Vom JMPR wurde die Langzeitaufnahme von Fipronil-Rückständen mit der Nahrung für den IEDI mit einer Ausschöpfung des ADI-Wertes zwischen 20 und 60% kalkuliert. Diese Abschätzung ergibt, dass der ADI-Wert nur teilweise ausgeschöpft wird und somit keine Gefährdung des Verbrauchers besteht.

Die durch das JMPR geschätzte kurzzeitige Aufnahmemenge (IESTI) war geringer als 100% der ARfD für Kinder und für die allgemeine Bevölkerung, so dass sich kein gesundheitliches Risiko für die Kurzzeitaufnahme von Fipronil-Rückständen ergibt [29].

Für Fipronil wurden keine Einträge in der RHmV gefunden. Sofern ein Wirkstoff nicht namentlich in der RHmV aufgeführt ist, gilt generell eine allgemeine Höchstmenge von 0,01 mg/kg, soweit nicht ausnahmsweise andere gesetzlich vorgegebene Regelungen ergangen sind.

30.6.5
Indoxacarb

Der Wirkstoff Indoxacarb hat die chemische Bezeichnung (S)-7-Chlor-3-[methoxycarbonyl-(4-trifluormethoxy-phenyl]-carbamoyl)-2,5-dihydro-indenol(1,2-e)(1,3,4)oxa-diazin-4a(3H)-carbonsäuremethylester (IUPAC) und gehört zu den Oxadiazinen.

Indoxacarb tritt in Form der Isomere DPX-KN128 (als Insektizid aktiv) und IN-KN127 (keine insektizide Wirkung) auf. Das Isomerengemisch DPX-MP062 enthält die o.g. Isomere im Verhältnis 75:25; das Isomerengemisch DPX-JW062 enthält die Isomere im Verhältnis 50:50 (Racemat).

Indoxacarb ist ein systemisches Insektizid mit Kontakt- und Fraßwirkung und blockiert die Natriumkanäle der Nervenzellen. Der Wirkstoff wird gegen Schmetterlingsraupen in Wein, Obst und Gemüse angewandt [42].

Aufnahme, Verteilung, Metabolismus und Ausscheidung
Indoxacarb wurde nach oraler Verabreichung an Ratten zu etwa 60% absorbiert. Innerhalb von sieben Tagen wurde der Wirkstoff zu etwa 90% über Urin und Faeces ausgeschieden. In der Galle wurden ca. 17–23% der verabreichten Dosis von DPX-JW062 gefunden. Sieben Tage nach oraler Applikation waren in den Geweben noch bis zu 17% des Wirkstoffes vorhanden. Die höchsten Rückstände wurden nach sieben Tagen im Fett nachgewiesen. Der Wirkstoff wurde nahezu vollständig metabolisiert.

Toxikologische Bewertung des Wirkstoffes
Aus den Studien zur akuten Toxizität wurde eine orale LD_{50} von 268 mg/kg KG für weibliche Tiere und eine LD_{50} von 1730 mg/kg KG für männliche Tiere bestimmt. Vergiftungssymptome, wie Ataxie, gesträubtes Fell, gekrümmte Körperhaltung, Spasmen, Lethargie, Piloarrektion, Tremor und Salivation wurden bei weiblichen Tieren ab 100 mg/kg KG und bei männlichen Tieren ab 1000 mg/kg KG beobachtet.

In der 90-Tage-Studie an Ratten wurde ein NOAEL von 2 mg/kg KG pro Tag basierend auf einer hämolytischen Anämie festgestellt, die ab einer Dosis von 4,6 mg/kg KG pro Tag beobachtet wurde. Bei höheren Dosierungen traten zusätzlich eine verzögerte Körpergewichtsentwicklung und eine Verminderung des Gesamtproteins und der Globuline im Serum auf.

In der 90-Tage-Studie an Hunden wurde ab einer Dosis von 3 mg/kg KG pro Tag eine hämolytische Anämie beobachtet. In der 1-Jahresstudie an Hunden wurde dieser Effekt ab einer Dosis von 2,3 mg/kg KG pro Tag beobachtet, so dass sich ein Gesamt-NOAEL von 1 mg/kg KG pro Tag ergibt, der einer Futterkonzentration von 40 ppm entspricht.

Mäuse waren weniger sensitiv und zeigten erst ab einer Dosis von 30 mg/kg KG pro Tag eine verzögerte Körpergewichtsentwicklung und verminderten Futterverbrauch.

In Studien zur Langzeittoxizität und Kanzerogenität an Ratten wurde ab einer Dosis von 2 mg/kg KG pro Tag eine hämolytische Anämie beobachtet. Bei höheren Dosierungen traten zusätzlich verminderter Futterverbrauch und verzögerte Körpergewichtsentwicklung auf.

Mäuse zeigten in der Studie zur Kanzerogenität ab einer Dosis von 2,6 mg/kg KG pro Tag verminderten Futterverbrauch und verzögerte Körpergewichtsentwicklung.

In beiden Tierarten wurden keine Hinweise auf krebserzeugende Eigenschaften in den getesteten Wirkstoffkonzentrationen bis zu 125 ppm in Mäusen und weiblichen Ratten bzw. 250 ppm in männlichen Ratten gefunden.

In In-vitro-Kurzzeittests an Bakterien und Säugerzellen sowie In-vivo-Kurzzeittests an Säugern erbrachten keine Anhaltspunkte für erbgutverändernde Eigenschaften des Wirkstoffes.

In der Mehrgenerationenstudie an Ratten wurden keine schädlichen Auswirkungen auf die Fruchtbarkeit festgestellt. Die Entwicklung der Nachkommen während der Laktation war bei einer Dosis von 3,8 mg/kg KG pro Tag beeinträchtigt. Neben einem verminderten Körpergewicht der Jungtiere in der Laktationsphase wurden auch ein vermindertes Körpergewicht und eine verminderte Futteraufnahme der Elterntiere beobachtet. Als NOAEL wurde in dieser Studie eine Dosierung von 1,3 mg/kg KG pro Tag bestimmt.

In Untersuchungen zur Entwicklungstoxizität an Ratten wurde ab einer Dosis von 4 mg/kg KG pro Tag ein vermindertes Körpergewicht der Nachkommen und der Muttertiere sowie ein reduzierter Futterverbrauch festgestellt.

In der Studie an Kaninchen wurde bei der Limitdosierung von 1000 mg/kg KG pro Tag ein vermindertes Körpergewicht der Feten und eine verzögerte Ossifikation bei den Nachkommen gefunden. Der Futterverbrauch und die Körpergewichtsentwicklung der Muttertiere waren bei dieser Dosis ebenfalls vermindert [38].

In einer Studie zur akuten Neurotoxizität an Ratten trat ab einer Dosis von 100 mg/kg KG verminderte motorische Aktivität auf. Bei höheren Dosierungen wurden zusätzlich in einer funktionellen Testbatterie (FOB) Wirkungen auf die Vorder- und Hinterextremitäten beobachtet. Der NOAEL für die systemische Toxizität betrug 12,5 mg/kg KG bei Weibchen. Ab einer Dosis von 50 mg/kg KG wurde eine Abnahme des Körpergewichtes und Alopezie beobachtet.

In einer Studie zur subchronischen Neurotoxizität wurden bis zu den höchsten Dosierungen, 12 mg/kg KG pro Tag bei männlichen und 6 mg/kg KG pro Tag bei weiblichen Ratten, keine Hinweise auf spezifische neurotoxische Wirkungen festgestellt [59].

Tab. 30.13 Auswahl von in Deutschland gültigen Höchstmengen für Indoxacarb gemäß RmHV (Stand November 2005).

Wirkstoff	mg/kg	Lebensmittel
Indoxacarb	1,00	Feldsalat
Indoxacarb	0,50	Keltertrauben
Indoxacarb	0,30	Blumenkohl, Radieschen, Rettich
Indoxacarb	0,20	Kernobst, Tomaten
Indoxacarb	0,10	Cucurbitaceen mit genießbarer Schale, Kopfkohl
Indoxacarb	0,02	andere pflanzliche Lebensmittel

Lebensmitteltoxikologisch relevante Grenzwerte

Der ADI-Wert wurde vom JMPR mit 0,01 mg/kg KG vom NOAEL aus der 1-Jahres-Hundestudie, basierend auf den Effekten an den Erythrozyten und der sekundär dadurch bewirkten Hämosiderose in Milz und Leber, mit einem Sicherheitsfaktor von 100 abgeleitet [38]. Die US-EPA hat die Festlegung der chronischen RfD mit 0,02 mg/kg KG von einen NOAEL bei 2 mg/kg KG pro Tag aus der subchronischen Rattenstudie mit einem Sicherheitsfaktor von 100 festgesetzt [59], während der vom BfR publizierte ADI-Wert von 0,006 mg/kg KG auf einem – in der EU-Wirkstoffprüfung nach RL 91/414/EWG abgestimmten – NOAEL aus den subchronischen Rattenstudien von 0,62 mg/kg KG pro Tag beruht, der die von der EPA als NOAEL bestimmte Dosierung von 2 mg/kg KG pro Tag noch als LOAEL mit Bezug auf die hämatologischen Effekte betrachtet [7].

Die ARfD wurde von WHO, EPA und BfR mit 0,125 mg/kg KG von der akuten Neurotoxizitätsstudie an Ratten mit einem Sicherheitsfaktor von 100 abgeleitet.

Vom JMPR wurde die Langzeitaufnahme von Indoxacarb-Rückständen mit der Nahrung für den IEDI mit einer Ausschöpfung des ADI-Wertes zwischen 1 und 50% kalkuliert. Diese Abschätzung ergibt, dass der ADI-Wert nur teilweise ausgeschöpft wird und somit keine Gefährdung des Verbrauchers besteht.

Die durch das JMPR geschätzte kurzzeitige Aufnahmemenge (IESTI) hat für Kopfkohl eine Überschreitung der ARfD mit 130% für Kinder ergeben, so dass ein akutes gesundheitliches Risiko für diese Ware aufgrund der verfügbaren Informationen nicht ausgeschlossen werden konnte. Für die restlichen Lebensmittel wurde eine Auslastung der ARfD von 0–40% für die allgemeine Bevölkerung und von 0–60% für Kinder kalkuliert, so dass für die überweisende Mehrzahl der Lebensmittel kein gesundheitliches Risiko erkennbar ist [38].

In Tabelle 30.13 sind beispielhaft Höchstmengen für einige pflanzliche Lebensmittel aufgeführt, die gemäß RHmV (bis zur 13. ÄVO vom 14. 11. 2005) in der Bundesrepublik Deutschland festgesetzt wurden.

30.6.6
Diflubenzuron

Der Wirkstoff hat die chemische Bezeichnung 1-(4-Chlorphenyl)-3-(2,6-difluorbenzoyl)-harnstoff (IUPAC) und gehört zu den Harnstoffderivaten. Diflubenzuron ist ein Insektizid mit Fraßwirkung und gewisser Kontaktwirkung. Es ist nicht systemisch und dringt nicht in das Pflanzengewebe ein, weshalb saugende Insekten in der Regel nicht erfasst werden. Hieraus ergibt sich die deutliche Selektivität in der Wirkung.

Diflubenzuron greift in den Chitinstoffwechsel von Raupen und Larven ein, verhindert deren Häutung, führt zum Absterben der Puppen oder zu nicht lebensfähigen adulten Tieren. Es besitzt auch eine ovizide Wirkung, indem die Chitineinlagerung in die Kutikula des Embryos gestört wird, adulte Tiere zeigen dagegen keine Reaktion. Angewandt wird Diflubenzuron gegen Obstmaden und beißende Insekten in Kernobst [42].

Aufnahme, Verteilung, Metabolismus und Ausscheidung

Der Anteil des resorbierten Wirkstoffes sinkt mit steigender Dosierung. Nach oraler Verabreichung an Ratten wurden etwa 42% einer Dosis von 4 mg/kg KG und 4% einer Dosis von 900 mg/kg KG resorbiert. Innerhalb von fünf Tagen wurde der verabreichte Wirkstoff zu etwa 90% ausgeschieden, wobei die Gesamtausscheidung relativ unabhängig von der Dosis war. Deutliche dosisabhängige Unterschiede bestanden jedoch bezüglich der anteiligen Ausscheidung über Urin und Faeces. 28% einer Dosis von 4 mg/kg KG und nur etwa 1% einer Dosis von 1000 mg/kg KG wurden über den Urin, der Rest über die Faeces ausgeschieden. Die Summe der Ausscheidung einer Dosis von 4 mg/kg KG über Urin und Galle betrug 42%. Die höchsten Rückstände wurden nach zwei Tagen in Leber und Erythrozyten nachgewiesen. Es liegen keine Hinweise auf eine Anreicherung im Organismus vor.

Der resorbierte Anteil des Wirkstoffes wurde nahezu vollständig metabolisiert, während in den Faeces nahezu ausschließlich die Muttersubstanz gefunden wurde. Die wichtigste Biotransformationsreaktion war die Hydroxylierung der Phenylgruppe.

Toxikologische Bewertung des Wirkstoffes

Aus den Studien zur akut oralen Toxizität leitet sich eine LD_{50} bei der Ratte oberhalb einer Dosis von 4600 mg/kg KG ab. Nach oraler Gabe des Wirkstoffes wurden keine klinischen Symptome und keine Mortalität beobachtet.

Zielorgane der toxischen Wirkung nach subchronischer oraler Verabreichung des Wirkstoffes an Ratten, Mäuse und Hunde waren das Rote Blutzellsystem und die Leber. Als Hauptwirkung von Diflubenzuron ist die Bildung von sowohl Methämoglobin als auch Sulfhämoglobin hervorzuheben [61]. Daneben wurden eine Abnahme der Erythrozytenzahl, des Hämoglobins, des Hämatokrits sowie Anzeichen gesteigerter Hämatopoese, Hämosiderose und entzündliche Veränderungen in der Leber, mit gesteigerter Aktivität von Leberenzymen im Serum und einer Organgewichtserhöhung, festgestellt.

Als niedrigste relevante Dosis ohne schädlichen Effekt wurde ein NOAEL von 2 mg/kg KG pro Tag in der 52-Wochen-Studie an Hunden ermittelt.

Zielorgane der toxischen Wirkung nach chronischer oraler Verabreichung an Ratten und Mäuse waren ebenfalls das Rote Blutzellsystem und die Leber. Weiterer wesentlicher Befund in den Studien zur chronischen Toxizität war eine Hyperplasie der Schilddrüse bei weiblichen Ratten. Als niedrigste relevante Dosis ohne schädlichen Effekt wurde ein NOAEL von 2 mg/kg KG pro Tag in der Studie über 24 Monate an Ratten ermittelt [53].

Die Prüfungen auf Kanzerogenität an Ratten und Mäusen erbrachten keine Hinweise auf krebserzeugende Eigenschaften des Wirkstoffes.

Aus In-vitro-Kurzzeittests an Bakterien und Säugerzellen sowie In-vivo-Kurzzeittests an Säugern ergaben sich keine Anhaltspunkte für erbgutverändernde Eigenschaften des Wirkstoffes [28].

In der Mehrgenerationenstudie an Ratten wurde ab einer Dosis von 3800 mg/kg KG pro Tag eine leichte Verminderung des Wurfgewichtes und des Körpergewichtes der Nachkommen festgestellt. Als niedrigste relevante Dosis ohne reproduktionstoxische und paternaltoxische Effekte wurde ein NOAEL von 360 mg/kg KG pro Tag ermittelt, der einer Futterkonzentration des Wirkstoffes von 5000 ppm entspricht.

In den Untersuchungen zur Entwicklungstoxizität an Ratten und Kaninchen wurden jeweils bis zur höchsten Dosis von 1000 mg/kg KG pro Tag keine Effekte bei den Nachkommen festgestellt [28].

Lebensmitteltoxikologisch relevante Grenzwerte
Der ADI-Wert von 0,02 mg/kg KG wurde von der chronischen Rattenstudie mit einem Sicherheitsfaktor von 100 abgeleitet.

Die Festlegung einer ARfD wurde wegen der geringen Toxizität im akuten Versuch sowie des Fehlens akuter Effekte bei relevanten Dosierungen nach Mehrfachapplikation für nicht erforderlich gehalten [7].

Vom JMPR wurde die Langzeitaufnahme von Diflubenzuron-Rückständen mit der Nahrung für den IEDI mit einer Ausschöpfung des ADI-Wertes zwischen 3 und 20% kalkuliert. Diese Abschätzung ergibt, dass der ADI-Wert nur teilweise ausgeschöpft wird und somit keine Gefährdung des Verbrauchers besteht.

Die Schätzung der kurzzeitigen Aufnahmemenge (IESTI) wurde nicht vorgenommen, da die Ableitung einer ARfD aufgrund des toxikologischen Profils nicht erforderlich ist und somit kein gesundheitliches Risiko durch die Kurzzeitaufnahme von Diflubenzuron-Rückständen besteht [28].

In Tabelle 30.14 sind beispielhaft Höchstmengen für einige pflanzliche Lebensmittel aufgeführt, die gemäß RHmV (bis zur 13. ÄVO vom 14. 11. 2005) in der Bundesrepublik Deutschland festgesetzt wurden.

Tab. 30.14 Auswahl von in Deutschland gültigen Höchstmengen für Diflubenzuron gemäß RmHV (Stand November 2005).

Wirkstoff	mg/kg	Lebensmittel
Diflubenzuron	2,00	Wildfrüchte
Diflubenzuron	1,00	Kernobst, Kohlgemüse
Diflubenzuron	0,20	Pilze
Diflubenzuron	0,05	andere pflanzliche Lebensmittel

30.6.7
Tebufenozid

Der Wirkstoff Tebufenozid hat die chemische Bezeichnung (IUPAC Nomenklatur) N-tert-Butyl-N'-(4-ethylbenzoyl)-3,5 dimethylbenzohydrazid und gehört zu den Benzohydrazinen.

Tebufenozid wirkt als Häutungsbeschleuniger, da es dem häutungskontrollierenden Hormon Ecdyson ähnelt. Dadurch wird die Metamorphose gehemmt und der Reproduktionsprozess beeinflusst. Mit Piperonylbutoxid erzeugt es eine synergistische Wirkung.

Tebufenozid wird gegen Wicklerraupen im Obst- und Weinbau sowie im Gemüse und im Forst angewandt [42].

30.6.7.1 Aufnahme, Verteilung, Metabolismus und Ausscheidung

Tebufenozid wurde nach oraler Verabreichung an Ratten bis zu ca. 39% absorbiert. Die Absorption erfolgte rasch, so dass nach 3–5 Stunden die maximale Plasmakonzentration erreicht wurde. Innerhalb von sieben Tagen wurde der Wirkstoff nahezu vollständig vorwiegend über die Faeces ausgeschieden. In der Galle wurden insgesamt bis zu ca. 39% der verabreichten Dosis gefunden. Die höchsten Rückstände wurden in der Leber, den Nieren und im Fett nachgewiesen. Es liegen keine Hinweise auf eine Anreicherung im Organismus vor. Der Wirkstoff wurde nur teilweise im Säugerorganismus metabolisiert. Der Hauptteil des Wirkstoffes wurde nicht absorbiert und unverändert über die Faeces ausgeschieden. Die wichtigsten Biotransformationsreaktionen bestanden in einer schrittweisen Oxidation der Ethyl- und Methylseitengruppen der Benzolringe des Moleküls.

Toxikologische Bewertung des Wirkstoffes

Aus den Studien zur akuten Toxizität wurde eine LD_{50} von über 5000 mg/kg KG geschätzt. Bei dieser Dosierung traten weder klinische Symptome noch Mortalität auf.

In Studien zur Kurzzeittoxizität wurden an Ratten, Mäusen und Hunden Anzeichen von Hämolyse und Methämoglobin-Bildung beobachtet.

Bei Ratten wurden ab einer Dosis von 133 mg/kg KG pro Tag eine verringerte Körpergewichtszunahme, eine verminderte Erythrozytenzahl und ein erniedrigter Hämoglobinspiegel sowie Anzeichen von regenerativer Erythropoese beobachtet. Bei höheren Dosierungen traten zusätzlich eine verringerte Futteraufnahme sowie erhöhte Leber- und Milzgewichte auf.

In Studien an Hunden wurden ab einer Dosis von 9 mg/kg KG pro Tag Auswirkungen einer Hämolyse mit einem NOAEL von 2 mg/kg KG pro Tag beobachtet. Bei höheren Dosierungen traten zusätzlich eine verstärkte Hämatopoese und ein erhöhter Methämoglobinspiegel auf.

Mäuse zeigten ab einer Dosis von 35 mg/kg KG pro Tag Gewebepigmentierung und verstärkte Hämatopoese. Bei höheren Dosierungen wurde ebenfalls ein erhöhter Methämoglobinspiegel nachgewiesen.

In Studien zur Langzeittoxizität und Kanzerogenität an Ratten und Mäusen wurden wie in den Studien zur Kurzzeittoxizität eine verstärkte Anämie, Methämoglobinbildung und eine Pigmentierung der Milz als Folge der Hämolyse beobachtet. Bei Ratten wurde ein NOAEL von 5 mg/kg KG pro Tag und bei Mäusen ein NOAEL von 8 mg/kg KG pro Tag bestimmt.

In der Kanzerogenitätsstudie an Ratten wurde eine erhöhte Inzidenz von Adenomen der Hypophyse bei weiblichen Tieren innerhalb historischer Kontrollen beobachtet, die jedoch als nicht relevant für den Menschen eingeschätzt wird. Insgesamt wurden aus den Studien an Ratten und Mäusen keine Hinweise auf krebserzeugende Eigenschaften des Wirkstoffes mit Relevanz für den Menschen gefunden.

In In-vitro-Kurzzeittests an Bakterien und Säugerzellen sowie In-vivo-Kurzzeittests an Säugern erbrachten keine Anhaltspunkte für erbgutverändernde Eigenschaften des Wirkstoffes.

In zwei Mehrgenerationenstudien an Ratten wurden ab einer Dosis von 170 mg/kg KG pro Tag eine gering verminderte Implantationsrate und reduzierte Wurfgrößen sowie ein vermindertes Körpergewicht und eine gering verminderte Überlebensrate beobachtet. Die Effekte wurden nur in jeweils einer von zwei Mehrgenerationenstudien festgestellt. Die Effekte auf die Nachkommen wurden in einem Dosisbereich beobachtet, der bei den Elterntieren zu vermindertem Körpergewicht und histopathologischen Veränderungen in der Milz, wie extramedulläre Hämatopoese und Hämosiderinablagerungen, führte.

Untersuchungen zur Entwicklungstoxizität wurden an Ratten und Kaninchen durchgeführt. Dabei wurden bei beiden Tierarten bis zu einer Limitdosis von 1000 mg/kg KG pro Tag keine Wirkungen auf die Entwicklung der Nachkommen festgestellt [33].

Lebensmitteltoxikologisch relevante Grenzwerte
Der ADI-Wert von 0,02 mg/kg KG wurde aus der 1-Jahres-Hundestudie mit einem Sicherheitsfaktor von 100 abgeleitet [7]. Vom JMPR wurde die Langzeitaufnahme von Tebufenozid-Rückständen mit der Nahrung für den IEDI mit einer Ausschöpfung des ADI-Wertes zwischen 1 und 20% kalkuliert. Diese Abschät-

Tab. 30.15 Auswahl von in Deutschland gültigen Höchstmengen für Tebufenozid gemäß RmHV (Stand November 2005).

Wirkstoff	mg/kg	Lebensmittel
Tebufenozid	1,00	Trauben
Tebufenozid	0,50	Kernobst
Tebufenozid	0,05	Süßkirschen
Tebufenozid	0,02	andere pflanzliche Lebensmittel

zung ergibt, dass der ADI-Wert nur teilweise ausgeschöpft wird und somit keine Gefährdung des Verbrauchers durch die Langzeitaufnahme von Tebufenozid-Rückständen besteht.

Die Ableitung einer ARfD war im Jahr 2001 vom JMPR aufgrund der hämatotoxischen Effekte, die nach einmaliger Aufnahme des Wirkstoffes auftreten können, für erforderlich gehalten worden. In Ermangelung einer geeigneten akuten Studie wurde bei dieser Bewertung eine ARfD von 0,05 mg/kg KG basierend auf einem NOAEL von 5 mg/kg KG pro Tag aus einer 2-Wochenstudie an Hunden mit einem Sicherheitsfaktor von 100 abgeleitet und festgestellt, dass es sich hierbei um eine sehr konservative ARfD handelt, die durch eine spezifisch geplante Studie nach einmaliger Verabreichung des Wirkstoffes verbessert werden kann. Die daraufhin durch das JMPR geschätzte kurzzeitige Aufnahmemenge (IESTI) hatte eine Überschreitung der ARfD ergeben, so dass ein akutes gesundheitliches Risiko aufgrund der verfügbaren Informationen nicht ausgeschlossen werden konnte. Für Spinat wurden beispielsweise 440% Auslastung der ARfD für die allgemeine Bevölkerung und 1220% Auslastung der ARfD für Kinder kalkuliert. Für Kohl wurden 230% Auslastung der ARfD für die allgemeine Bevölkerung und 410% Auslastung der ARfD für Kinder kalkuliert. Für Äpfel und Weintrauben war eine Auslastung der ARfD von 210% bzw. von 190% für Kinder kalkuliert worden [33].

Nachdem 2004 eine solche spezielle Studie nach einmaliger Verabreichung an Hunde eingereicht worden war, konnte durch das JMPR eine realistischere ARfD von 1 mg/kg KG mit einem Sicherheitsfaktor von 100 festgesetzt werden. Die mit Bezug auf diese neue ARfD durchgeführte Risikobewertung auf Basis des IESTI ergab keine Überschreitung der ARfD, so dass sich kein akutes gesundheitliches Risiko für die Kurzzeitaufnahme nach dieser verfeinerten Risikobewertung ergibt [37].

In Tabelle 30.15 sind beispielhaft Höchstmengen für einige pflanzliche Lebensmittel aufgeführt, die gemäß RHmV (bis zur 13. ÄVO vom 14.11.2005) in der Bundesrepublik Deutschland festgesetzt wurden.

30.6.8
Methopren

Der Wirkstoff Methopren hat die chemische Bezeichnung (IUPAC Nomenklatur) Isopropyl-(2E,4E,7R,S)-11-methoxy-3,7,11-trimethyl dodeca-2,4-dienoat. Er stellt ein Racematgemisch aus zwei Enatiomeren (R und S in einem Verhältnis von 1:1) dar.

Die Aktivität des Wirkstoffes als Juvenilhormon ist auf das S-Enantiomer begrenzt.

Juvenilhormonanaloge wie Methopren, Fenoxycarb, Hydropren und Pyriproxyfen wirken ähnlich wie natürlich vorkommende Insektenhormone und binden vorrangig an den Juvenilhormonrezeptor. Die Stadien der größten Wirksamkeit dieser Hormonanaloga sind die frühe Embryogenese, die späte Larvalentwicklung, die Metamorphose und die adulte Reproduktion. Somit kommt der exakten Anwendung zu einem sensiblen Zeitpunkt der Insektenentwicklung für dieser Wirkstoffgruppe eine große Bedeutung zu. Junge Larven sind nur gering empfindlich, wodurch die Bekämpfung von Larvenschäden normalerweise nicht ins Wirkungsspektrum der Juvenilhormonanaloga fällt [47].

Aufnahme, Verteilung, Metabolismus und Ausscheidung

Methopren wurde bei Ratten nach oraler Gabe innerhalb von fünf Tagen zu nahezu 20% jeweils mit den Faeces und mit dem Urin ausgeschieden. Fast 40% wurden als CO_2 abgeatmet. Die höchsten Rückstände fanden sich in Leber, Nieren, Lunge und Fettgewebe. In Urin und Galle wurde kein unveränderter Wirkstoff nachgewiesen.

Es traten eine Vielzahl primärer und sekundärer Metaboliten auf, wobei der Abbau zu CO_2, Acetat und Propionat durch Esterhydrolyse und O-Demethylierung mit nachfolgender Ausscheidung oder Einbau in körpereigene Stoffe im Vordergrund stand.

Toxikologische Bewertung des Wirkstoffes

Methopren zeigte eine sehr geringe akut orale Toxizität, mit einer LD_{50} von über 5000 mg/kg KG, ohne dass spezifische Symptome unterhalb der Limitdosierungen beobachtet wurden.

Nach subakuter und subchronischer Verabreichung sehr hoher Dosierungen an Ratten und Hunde erwies sich die Leber als Hauptzielorgan. Bei Hunden wurde ein NOAEL von 500 ppm, entsprechend 8,6 mg/kg KG pro Tag, aus der 90-Tage-Studie abgeleitet [31]. Bei Ratten wurde aus der 90-Tage-Studie ebenfalls ein NOAEL von 500 ppm abgeleitet, der auf Leber- und Niereneffekten in der höchsten geprüften Dosierung von 1000 ppm beruht [51].

In der chronischen Fütterungsstudie an Ratten wurden hepatotoxische Wirkungen in der höchsten geprüften Dosierung von 5000 ppm beobachtet, so dass ein NOAEL von 1000 ppm, der 44 mg/kg KG pro Tag entspricht, abgeleitet wurde.

In der chronischen Mäusestudie wurden in der höchsten Dosierung von 2500 ppm deutlich verstärkte Pigmentablagerungen in den Hepatozyten und eine Amyloidose beobachtet und ein NOAEL von 1000 ppm bestimmt, der einer Dosierung von 130 mg/kg pro Tag entspricht.

Es wurden keine Hinweise auf mutagene und kanzerogene Wirkungen von Methopren beobachtet.

In einem 3-Generationsversuch an Ratten war lediglich in sehr hohen Dosierungen von 2500 ppm bei Elterntieren und Nachkommen zeitweise die Körpergewichtsentwicklung vermindert.

In maternaltoxischen Dosierungen wurde beim Kaninchen das Auftreten von Aborten und eine Abnahme der Anzahl der Feten je Muttertier bei 2000 mg/kg KG pro Tag beobachtet, ohne dass Hinweise auf eine teratogene Wirkung auftraten.

Auch bei Mäusen wurden bis zur höchsten getesteten Dosierung von 600 mg/kg KG pro Tag keine entwicklungstoxischen Effekte beobachtet [55].

Lebensmitteltoxikologisch relevante Grenzwerte

Von der WHO wurde ein ADI-Wert von 0,09 mg/kg KG für Methopren vom NOAEL aus der 90-Tage-Hundestudie mit einem Sicherheitsfaktor von 100 abgeleitet.

Die Festlegung einer ARfD wurde von der WHO wegen der geringen Toxizität im akuten Versuch sowie des Fehlens akuter Effekte bei relevanten Dosierungen nach Mehrfachapplikation für nicht erforderlich gehalten [7].

Vom JMPR wurde die Langzeitaufnahme von Methopren-Rückständen mit der Nahrung für den IEDI mit einer Ausschöpfung des ADI-Wertes zwischen 10 und 70% kalkuliert. Diese Abschätzung ergibt, dass der ADI-Wert nur teilweise ausgeschöpft wird und somit keine Gefährdung des Verbrauchers besteht.

Die Schätzung der kurzzeitigen Aufnahmemenge (IESTI) wurde nicht vorgenommen, da die Ableitung einer ARfD aufgrund des toxikologischen Profils nicht erforderlich ist und somit kein gesundheitliches Risiko durch die Kurzzeitaufnahme von Methopren-Rückständen besteht [31].

Abkürzungen

ACP	*Advisory Committee on Pesticides*
ADI	*acceptable daily intake*
aPAD	*acute population adjusted dose*
ÄVO	Verordnung zur Änderung der Rückstandshöchstmengenverordnung (Änderungsverordnung)
ARfD	*acute reference dose*
ATSDR	*Agency of Toxic Substances and Disease Registry*
BfR	Bundesinstituts für Risikobewertung
ChE	Cholinesterase

cPAD	*chronic population adjusted dose*
DFG	Deutschen Forschungsgemeinschaft
EFSA	*European Food and Safety Agency*
EMEA	*European Agency for the Evaluation of Medicinal Products*
FG	Frischgewicht
FOB	*functional observational battery*
FQPA	*Food Quality Protection Act*
GABA	Gamma-Aminobuttersäure
GEMS/Food	*Global Environment Monitoring System – Food Contamination Monitoring and Assessment Programme*
HCH	Hexachlorcyclohexan
HR	höchster Rückstandswert *(highest residue)* einer Mischprobe in mg/kg
IEDI	*international estimated daily intake*
JMPR	*Joint FAO/WHO Meeting on Pesticide Residues*
KG	Körpergewicht
LD	letale Dosis
MRL	maximal zulässige Rückstände in Lebensmitteln
NOAEL	*no observed adverse effect level*
OPs	Organophosphate
PAD	*population adjusted dose*
PTDI	*provisional tolerable daily intake for humans*
RHmV	Rückstandshöchstmengenverordnung
SF	Sicherheitsfaktor
STMR	*supervised trial median residues*
TDI	Tagesdosis für den Menschen
TSH	schilddrüsenstimulierendes Hormon
UBA	Umweltbundesamt
US EPA	*United States Environmental Protection Agency*
ZNS	Zentralnervensystem

30.7
Literatur

1 ACP (2001) Evaluation of Fully Approved or Provisionally Approved Products, Lindane, Issue No. 197.
2 ACP (1994) Evaluation of Fully Approved or Provisionally Approved Products, Aldicarb, Issue No. 109.
3 ATSDR (2002) Public Health Statement, DDT, DDE and DDD, Public Health Service, US Department of Health and Human Services.
4 Baron RL (1991) Carbamate Insecticides, in: Hayes WJ & Laws ER (Hrsg) Handbook of Pesticide Toxicology, Vol 3 Classes of Pesticides, Academic Press Inc., San Diego New York Boston London Sydney Tokyo Toronto, 1125–1190.
5 BfR (2005) BfR entwickelt neues Verzehrsmodell für Kinder, BfR Information Nr. 016/2005, http://www.bfr.bund.de/cm/218/bfr_entwickelt_neues_verzehrsmodell_fuer_kinder.pdf
6 BfR (2005) Keine Gesundheitsgefahr durch überhöhte HCH-Gehalte in Fischen, BfR Information Nr. 031/2005,

http://www.bfr.bund.de/cm/208/bfr_sieht_keine_ gesundheitsgefahr_durch_ueberhoehte_hch_gehalte_in_fischen_aus_mulde_und_elbe.pdf

7 BfR (2006) Grenzwerte für die gesundheitliche Beurteilung von Pflanzenschutzmittelrückständen, Information Nr. 002/2006, http://www.bfr.bund.de/cm/218/grenzwerte_fuer_die_gesundheitliche_bewertung _von_ pflanzenschutzmittelrueckstaenden.pdf

8 Deutsche Forschungsgemeinschaft (DFG) (1982) Hexachlorcyclohexan-Kontamination – Ursachen, Situation und Bewertung, Kommission zur Prüfung von Rückständen in Lebensmitteln, Mitteilung IX, H. Boldt Verlag, Boppard.

9 EFSA (2005) Conclusion on the peer review of pirimicarb, EFSA Scientific Report 43: 1–76, http://www.efsa.eu.int/science/praper/conclusions/catindex_en.html

10 EMEA (1997) Committee for Veterinary Medical Products – Cyfluthrin, Summary Report; EMEA/MRL/028/95-Final, November 1997, //www.emea.eu.int/pdfs/vet/mrls/002895en.pdf

11 EMEA (2000) Committee for Veterinary Medical Products – Cyfluthrin, Summary Report; EMEA/MRL/746/00-Final, July 2000, //www.emea.eu.int/pdfs/vet/mrls/002895en.pdf

12 EU (2003) Council Decision of 18 March (2003) concerning the non-inclusion of aldicarb in Annex I to Council Directive 91/414/EEC and the withdrawal of authorisations for plant protection products containing this active substance, //europa.eu.int/comm/food/plant/protection/evaluation/exist_subs_rep_en.htm

13 Gallo MA Lawryk NJ (1991) Organic Phosphorus Pesticides, in: Hayes WJ & Laws ER (Hrsg) Handbook of Pesticide Toxicology, Vol 2 Classes of Pesticides, Academic Press Inc., San Diego New York Boston London Sydney Tokyo Toronto, 917–123.

14 Hayes WJ, Laws ER (1991) Handbook of Pesticide Toxicology, Academic Press Inc., San Diego New York Boston London Sydney Tokyo Toronto.

15 IARC (1991) DDT and associated compounds, WHO International Agency for Research on Cancer, Lyon, IARC Monographs on the Evaluation of Carcinogenic Risks to Humans Occupational Exposures in Insecticide Application, and some Pesticides, **53**: 175–249.

16 JMPR (1992) Aldicarb, in: Pesticide Residues in Food – 1992, Evaluations 1992, Part II – Toxicology, Joint Meeting of the FAO Panel of Experts on Pesticide Residues in Food and the Environment and the WHO Expert Group on Pesticide Residues, WHO, 33–78.

17 JMPR (1992) Azinphos-methyl, in: Pesticide Residues in Food – 1991, Evaluations 1991, Part II – Toxicology, Joint Meeting of the FAO Panel of Experts on Pesticide Residues in Food and the Environment and the WHO Expert Group on Pesticide Residues, WHO, 3–23.

18 JMPR (1996) Aldicarb in: Pesticide Residues in Food – 1995, Report of the Joint Meeting of the FAO Panel of Experts on Pesticide Residues in Food and the Environment and the WHO Core Assessment Group on Pesticide Residues, *FAO Plant Production and Protection Paper* **133**: 14.

19 JMPR (1997) Abamectin in: Pesticide Residues in Food – 1995, Report of the Joint Meeting of the FAO Panel of Experts on Pesticide Residues in Food and the Environment and the WHO Core Assessment Group on Pesticide Residues, *FAO Plant Production and Protection Paper* **145**: 19–31.

20 JMPR (1997) Dimethoate in: Pesticide Residues in Food – 1996, Report of the Joint Meeting of the FAO Panel of Experts on Pesticide Residues in Food and the Environment and the WHO Expert Group on Pesticide Residues, *FAO Plant Production and Protection Paper* **140**: 40–45.

21 JMPR (1998) Lindane in: Pesticide Residues in Food – 1997, Report of the Joint Meeting of the FAO Panel of Experts on Pesticide Residues in Food and the Environment and the WHO Core Assessment Group on Pesticide Residues, *FAO Plant Production and Protection Paper* **145**: 144–147.

22 JMPR (1998) Fipronil in: Pesticide Residues in Food – 1997, Report of the Joint

Meeting of the FAO Panel of Experts on Pesticide Residues in Food and the Environment and the WHO Core Assessment Group on Pesticide Residues, *FAO Plant Production and Protection Paper* **145**: 106–118.

23 JMPR (1999) Chlorpyrifos, in: Pesticide Residues in Food 1999, Report of the Joint Meeting of the FAO Panel of Experts on Pesticide Residues in Food and the Environment and the WHO Core Assessment Group on Pesticide Residues, *FAO Plant Production and Protection Paper* **153**: 48–54.

24 JMPR (1999) Pyrethrins, in: Pesticide Residues in Food 1999, Report of the Joint Meeting of the FAO Panel of Experts on Pesticide Residues in Food and the Environment and the WHO Core Assessment Group on Pesticide Residues, *FAO Plant Production and Protection Paper* **153**: 183–188.

25 JMPR (2001) Aldicarb in: Pesticide Residues in Food – 2001, Report of the Joint Meeting of the FAO Panel of Experts on Pesticide Residues in Food and the Environment and the WHO Core Assessment Group on Pesticide Residues, *FAO Plant Production and Protection Paper* **167**: 23–26.

26 JMPR (2001) Chlorpyrifos, in: Pesticide Residues in Food – 2000, Report of the Joint Meeting of the FAO Panel of Experts on Pesticide Residues in Food and the Environment and the WHO Core Assessment Group on Pesticide Residues, *FAO Plant Production and Protection Paper* **163**: 59.

27 JMPR (2001) DDT, in: Pesticide Residues in Food – 2000, Report of the Joint Meeting of the FAO Panel of Experts on Pesticide Residues in Food and the Environment and the WHO Core Assessment Group on Pesticide Residues, *FAO Plant Production and Protection Paper* **163**: S. 59–63.

28 JMPR (2001) Diflubenzuron, in: Pesticide Residues in Food – 2001, Report of the Joint Meeting of the FAO Panel of Experts on Pesticide Residues in Food and the Environment and the WHO Core Assessment Group on Pesticide Residues, *FAO Plant Production and Protection Paper* **167**: 43–47.

29 JMPR (2001) Fipronil, in: Pesticide Residues in Food – 2000, Report of the Joint Meeting of the FAO Panel of Experts on Pesticide Residues in Food and the Environment and the WHO Core Assessment Group on Pesticide Residues, *FAO Plant Production and Protection Paper* **163**: 78–82.

30 JMPR (2001) Imidacloprid, in: Pesticide Residues in Food – 2001, Report of the Joint Meeting of the FAO Panel of Experts on Pesticide Residues in Food and the Environment and the WHO Core Assessment Group on Pesticide Residues, *FAO Plant Production and Protection Paper* **167**: 93–97.

31 JMPR (2001) Methoprene in: Pesticide Residues in Food – 2001, Report of the Joint Meeting of the FAO Panel of Experts on Pesticide Residues in Food and the Environment and the WHO Core Assessment Group on Pesticide Residues, *FAO Plant Production and Protection Paper* **167**: 121–126.

32 JMPR (2001) Spinosad, in: Pesticide residues in Food – 2001, Report of the Joint Meeting of the FAO Panel of Experts on Pesticide Residues in Food and the Environment and the WHO Core Assessment Group on Pesticide Residues, *FAO Plant Production and Protection Paper* **167**: 150–171.

33 JMPR, (2001) Tebufenozid, in: Pesticide Residues in Food – 2001, Report of the Joint Meeting of the FAO Panel of Experts on Pesticide Residues in Food and the Environment and the WHO Core Assessment Group on Pesticide Residues, *FAO Plant Production and Protection Paper* **167**: 172–185.

34 JMPR (2002) Imidacloprid; Lindane, in: Pesticide Residues in Food – 2002, Report of the Joint Meeting of the FAO Panel of Experts on Pesticide Residues in Food and the Environment and the WHO Core Assessment Group on Pesticide Residues, *FAO Plant Production and Protection Paper* **172**: 150–185.

35 JMPR (2004) Dimethoate, in: Pesticide Residues in Food – 2003, Report of the Joint Meeting of the FAO Panel of Ex-

perts on Pesticide Residues in Food and the Environment and the WHO Core Assessment Group on Pesticide Residues, *FAO Plant Production and Protection Paper* **176**: 76–88.
36 JMPR (2004) Pirimicarb, in: Pesticide Residues in Food – 2004, Report of the Joint Meeting of the FAO Panel of Experts on Pesticide Residues in Food and the Environment and WHO the Core Assessment Group on Pesticide Residues, *FAO Plant Production and Protection Paper* **178**: 154–161.
37 JMPR, (2004) Tebufenozid (addendum) in: Pesticide Residues in Food – 2003, Report of the Joint Meeting of the FAO Panel of Experts on Pesticide Residues in Food and the Environment and WHO the Core Assessment Group on Pesticide Residues, *FAO Plant Production and Protection Paper* **176**: 190–191.
38 JMPR (2006) (in press) Indoxacarb in: Pesticide Residues in Food – 2005, Report of the Joint Meeting of the FAO Panel of Experts on Pesticide Residues in Food and the Environment and the WHO Core Assessment Group on Pesticide Residues, *FAO Plant Production and Protection Paper* .
39 JMPR (2006) (in press) Pyrethrins in: Pesticide Residues in Food – 2005, Report of the Joint Meeting of the FAO Panel of Experts on Pesticide Residues in Food and the Environment and the WHO Core Assessment Group on Pesticide Residues, *FAO Plant Production and Protection Paper.*
40 Marquardt H, Schäfer S (2004) Lehrbuch der Toxikologie, Wissenschaftliche Verlagsgesellschaft mbH, Stuttgart.
41 Marrs TC, Ballantyne B (2004) Pesticide Toxicology and International regulation, John Wiley & Sons, Ltd.
42 Perkow W, Ploss H (2004) Wirksubstanzen der Pflanzenschutz- und Schädlingsbekämpfungsmittel; Stand: September 2004, Parey Verlag Stuttgart.
43 Ray DE Toxicology of Pyrethrins and Synthetic Pyrethroids, in: Marrs TC & Ballantyne B (Hrsg) Pesticide Toxicology and International regulation, John Wiley & Sons, Ltd, 129–158.
44 Smith A (1991) Clorinated Hydrocarbon Insecticides, in: Hayes WJ. & Laws ER (Hrsg) Handbook of Pesticide Toxicology; Vol 2 Classes of Pesticides, Academic Press Inc., San Diego New York Boston London Sydney Tokyo Toronto, 731–916.
45 Smith D (1999) Worldwide trends in DDT levels in human breast milk, *Int. J. Epidemiology* **28**: 179–188.
46 Solecki R (2004) Toxicology of Miscellaneous Insecticides, in: Marrs TC & Ballantyne B (Hrsg) Pesticide Toxicology and International regulation, John Wiley & Sons, Ltd, 159–348.
47 Solecki R, Pfeil R (2004) Biozide und Pflanzenschutzmittel, in: Marquardt H & Schäfer S (Hrsg) Lehrbuch der Toxikologie, Wissenschaftliche Verlagsgesellschaft mbH Stuttgart, 657–702.
48 Solecki R, Davies L, Dellarco V, Dewhurst I, van Raaij M, Tritscher A (2005) Guidance on Setting of Acute Reference Dose (ARfD) for Pesticides, *Food and Chemical Toxicology* **43**: 1569–1593.
49 Thompson CM, Richardson RJ (2004) Anticholinesterase Insecticides, in: Marrs TC & Ballantyne B (Hrsg) Pesticide Toxicology and International regulation, John Wiley & Sons, Ltd., 89–128.
50 UBA (2005) Stark erhöhte Hexachlorcyclohexan (HCH)-Werte in Fischen aus Mulde und Elbe, http://www.umweltbundesamt.de/uba-info-presse/hintergrund/HCH_in_Elbefischen.pdf
51 US-EPA (1991) Reregistration Eligibility Decision for Methoprene, http://www.epa.gov/pesticides/op
52 US-EPA (1997) Fipronil; Pesticide Tolerances, Federal Register, November 26, (1997) Vol. 62, Number 228.
53 US-EPA (1997) Reregistration Eligibility Decision for Diflubenzuron, http://www.epa.gov/pesticides/op
54 US-EPA (1999) Reregistration Eligibility Decision for Azinphosmethyl, http://www.epa.gov/pesticides/op
55 US-EPA (2001) Reregistration Eligibility Decision for Methoprene, http://www.epa.gov/pesticides/op
56 US-EPA (2002) Reregistration Eligibility Decision for Lindane, Case 315, http://www.epa.gov/pesticides/reregistration/lindane

57 US-EPA (2002) Spinosad, Time-Limited Pesticide Tolerance, Federal Register, June 12, 2002 Vol. 67, No. 113.
58 US-EPA (2003) Imidacloprid; Notice of Filing a Pesticide Petition to Establish a Tolerance for a Certain Pesticide Chemical in or on Food, Federal Register, March 5, 2003 Vol. 68, No. 43.
59 US-EPA (2003) Indoxacarb, Notice of Filing a Pesticide Petition to Establish a Tolerance for a Certain Pesticide Chemical in or on Food, Federal Register, July 2, (2003) Vol. 68, No. 127.
60 WHO 1958 Procedures for the testing of intentional food additives to establish their safety for use, Second Report of the Joint FAO/WHO Expert Committee on Food Additives, FAO Nutrition Meeting Report Series No 17, Technical Report Series No 144, WHO.
61 WHO (1996) Diflubenzuron, Environmental Health Criteria 184, WHO.
62 WHO (2002) Inventory of IPCS and other WHO pesticide evaluations and summary of toxicological evaluations performed by the Joint Meeting on Pesticide Residues (JMPR), International Programme on Chemical Safety (IPCS), WHO.

31
Sonstige Pestizide

Lars Niemann

31.1
Einleitung

Zu dieser großen und sowohl bezüglich ihrer chemischen Struktur und Gruppenzugehörigkeit als auch der Art und Weise ihrer Wirkung und Anwendung naturgemäß sehr heterogenen Gruppe zählen u. a. Wirkstoffe zur Bekämpfung von Fadenwürmern im Boden (Nematizide), von Weichtieren, v. a. Schnecken (Molluskizide) und von Nagetieren (Rodentizide), primär im Vorratsschutz, sowie Antibiotika zur Behandlung bakterieller Pflanzenkrankheiten. Die gegen Spinnen und Milben wirksamen Akarizide werden dagegen zumeist aus praktischen Gründen den Insektiziden zugeordnet, da es sich dabei zumindest um dieselben Wirkstoffklassen, häufig sogar identische Wirkstoffe, handelt. Viele Substanzen besonders aus den drei erstgenannten Gruppen zeichnen sich durch eine hohe akute Toxizität aus, wodurch sich Probleme und Risiken bei ihrer Anwendung ergeben können. So setzen häufig als Rattengift eingesetzte Wirkstoffe wie Warfarin die Blutgerinnung nicht nur bei den Zieltieren, sondern auch beim Menschen herab. Nach der Aufnahme von Schneckenkornpräparaten sind Intoxikationen bei Haus- und Wildtieren beschrieben. Aus Sicht der Rückstandsbewertung sind diese Wirkstoffgruppen bei sachgerechtem und bestimmungsgemäßem Einsatz jedoch nicht relevant. Eine größere Rolle als Rückstände in Erntegut oder Lebensmitteln spielen dagegen die ebenfalls den „sonstigen" Pestiziden zuzuordnenden „Wachstumsregulatoren" oder „Halmstabilisatoren", deren weitverbreitete Anwendung hauptsächlich im Interesse einer Erleichterung der landwirtschaftlichen Praxis erfolgt.

Im weiteren Sinne könnte man sicher auch die mikrobiologischen Pflanzenschutzmittel zu den „sonstigen Pestiziden" rechnen, also Bakterien, Pilze oder Viren, die gezielt ausgebracht werden, um entweder in direkter Interaktion oder durch die Produktion von Toxinen Schaderreger, meist Insekten oder Pilze, zu bekämpfen. Abgesehen von Fällen, in denen chemisch charakterisierte Toxine gebildet werden, etwa durch *Bacillus thuringiensis* (BT), steht die Bearbeitung dieser „Biopestizide" aus rückstandsanalytischer Sicht erst am Beginn und hat die prinzipielle Schwierigkeit zu überwinden, dass für Mikroorganismen in Pflanzenschutzmitteln im Regelfall weder Grenzwerte abgeleitet noch Höchstmengen festgelegt werden können. Unter Berücksichtigung dieser derzeit noch unbefriedigenden Situation wird auf die Beschreibung einzelner Spezies an dieser Stelle verzichtet und nur auf die Thematik als in der Zukunft eventuell bedeutsam hingewiesen.

Im Folgenden wird die Toxikologie der vier Substanzen Chlormequat (mit einem Exkurs zu Mepiquat), Chlorpropham, Ethephon und Maleinsäure-Hydrazid beschrieben, die in größerem Umfang als Wachstumsregulatoren eingesetzt und in der Bundesrepublik [3] oder anderen Mitgliedstaaten der EU relativ häufig bei Rückstandsuntersuchungen gefunden werden [10], wobei die Rückstände allerdings häufig von anderen Anwendungen als den in Deutschland zugelassenen herrühren. Anschließend wird anhand des Streptomycin exemplarisch auf die besondere Problematik der Antibiotikaanwendung im Pflanzenschutz eingegangen.

Die toxikologischen Informationen zu den einzelnen Wirkstoffen in diesem Kapitel sind im Wesentlichen aktuellen Bewertungen des Bundesinstituts für Risikobewertung (BfR) entnommen, die wiederum weitgehend auf unveröffentlichten und daher nicht zitierfähigen Studien der Hersteller beruhen [24]. Wenn vorhanden und abgeschlossen, wurden weiterhin Bewertungen durch EU-Gremien bzw. die WHO (JMPR, Joint FAO/WHO Meeting on Pesticide Residues) berücksichtigt. Zu einzelnen Aspekten wurde auch auf Veröffentlichungen in der allgemein zugänglichen veterinärmedizinischen und toxikologischen Fachliteratur bzw. Monographien zurückgegriffen.

31.2
Chlormequat

Der Wirkstoff Chlormequat (2-Chlorethyltrimethylammoniumchlorid, früher auch unter den Synonyma „Chlorcholinchlorid" bzw. „CCC" bekannt), eine quaternäre Ammoniumverbindung, hemmt wie die verwandte Substanz Mepiquat die Biosynthese pflanzeneigener Wuchsstoffe (Phytohormone). Er wird schon seit langem insbesondere zur Halmverkürzung im Getreideanbau, im Ausland, darunter einigen EU-Ländern, aber auch mit dem Ziel einer gleichmäßigen Reifung der Früchte im Obstbau eingesetzt [3, 27]. Rückstände von Chlormequat werden bei der Lebensmittelüberwachung relativ häufig nachgewiesen. In Dänemark, Deutschland, Finnland, Schweden und dem Vereinigten Königreich gehörte der Wirkstoff im Jahre 2002 zu den im Getreide am häufigsten nachgewiesenen Pestiziden; in Dänemark, Großbritannien, Schweden sowie im Nicht-EU Land Norwegen rangierte er dabei sogar an erster Stelle. Relativ häufig wurden Chlormequat-Rückstände bei Untersuchungen in Belgien, Dänemark und den Niederlanden auch in Obst und Gemüse festgestellt, wobei sie unter allen Pestiziden von der Häufigkeit her jeweils an erster Stelle lagen. Funde in Obst und Gemüseproben wurden auch aus Frankreich, Italien, Luxemburg und Österreich berichtet [10]. In Deutschland waren 2003 in immerhin 60% der untersuchten Weizenproben sowie in 10 von 76 Blumenkohlproben Chlormequat-Rückstände nachweisbar, lagen allerdings immer unterhalb der gesetzlichen Höchstmengen. Relativ häufig belastet waren auch Birnen, Haferflocken und Kulturpilze [3]. Nachgewiesen wurden in der Bundesrepublik und im Ausland auch Fälle illegaler Anwendung im Gemüsebau, z. B. bei Karotten und Kartoffeln. 2002 wurden in Deutschland nicht zulässige Chlormequat-Rückstände in Babynahrung gefunden, die auf kontaminierte Import-Birnen zurückzuführen waren [1]. Produkte mit solchen unzulässig hohen Rückstandsbelastungen sind nicht verkehrsfähig, stellen aber in den meisten Fällen kein gesundheitliches Risiko dar. Im Lebensmittelmonitoring-Bericht des deutschen Bundesamtes für Verbraucherschutz und Lebensmittelsicherheit über das Jahr 2003 [3] heißt es: „Das Vorkommen von Chlormequat-Rückständen in pflanzlichen Lebensmitteln ist weiter zu beobachten, um zu prüfen, ob aus der Sicht des vorbeugenden Verbraucherschutzes Minimierungsbedarf geboten ist."

Der in mehreren zugelassenen Pflanzenschutzmitteln enthaltene Wirkstoff kann als toxikologisch umfassend untersucht angesehen werden und war wiederholt Gegenstand der Bewertung durch das JMPR von WHO/FAO, zuletzt 1997 [17] und 1999 [18]. Die umfangreiche toxikologische Datenbasis beruht zum größeren Teil auf recht alten Studien und Publikationen [13, 14 u. a.]; es gibt aber auch einige subchronische und Langzeituntersuchungen aus den 1990er Jahren [24], die qualitativ durchaus den heutigen Anforderungen genügen.

Aufnahme, Verteilung, Metabolismus und Ausscheidung

Chlormequat wird nach oraler Verabreichung an Ratten nahezu vollständig absorbiert, nur geringgradig metabolisiert und bereits innerhalb von zwei Tagen zu mehr als 98% ausgeschieden, vorwiegend (>95%) im Urin. Die höchsten Rückstände wurden zu diesem Zeitpunkt in der Leber und den Nieren gemessen.

Toxikologische Bewertung des Wirkstoffes

Chlormequat zeigte nach einmaliger oraler Aufnahme durch Ratten eine mittlere Toxizität mit einer LD_{50} von ca. 400 mg/kg KG, während Hunde, Katzen und Kaninchen noch empfindlicher reagierten. An klinischen Symptomen wurden Speichel- und Tränenfluss, Schwäche der Hinterextremitäten, Übererregbarkeit und Krämpfe beobachtet. Diese Vergiftungssymptome sind auf eine direkte parasympathikomimetische Wirkung von Chlormequat zurückzuführen, wodurch aufgrund einer Depolarisation der Endplatten die neuromuskuläre Erregungsübertragung gestört wird [14]. In hohen Dosen kommt es zu Bronchokonstriktion und peripher bedingter Atemlähmung. Dementsprechend führte die wiederholt berichtete orale Aufnahme von Chlormequat in suizidaler Absicht beim Menschen zu zerebralen Krampfanfällen und Atemstillstand.

In Untersuchungen zur subakuten und subchronischen Toxizität an Hunden und Ratten wurden in täglichen Dosierungen von 10 bzw. 18 mg/kg KG und darüber eine verzögerte Körpergewichtszunahme sowie Veränderungen klinisch-chemischer Parameter wie z. B. ein Anstieg der Lipid- und Harnstoffkonzentration sowie der Aktivität leberabhängiger Enzyme im Blut festgestellt. Pathologische Befunde bestanden in einer Erhöhung des relativen Organgewichtes von Leber und Nieren, Hämosiderinablagerungen, einer feintropfigen Verfettung und Zellinfiltraten in der Leber sowie einer katarrhalischen Enteritis. Bei Hunden wurden darüber hinaus klinische Symptome wie Diarrhö, Erbrechen, vermehrter Speichelfluss und Apathie beobachtet, die den biochemischen Veränderungen und Organschäden vorangehen und als empfindlichster Indikator für eine Intoxikation mit Chlormequat angesehen werden. Nach Verabreichung hoher Dosen kam es bei dieser Spezies sogar zu vereinzelten Todesfällen.

In Langzeit-Fütterungsstudien an Ratten und Mäusen traten dagegen erst in Dosierungen von mehr als 40 mg/kg KG/Tag klinische Symptome wie Speichelfluss und Schwäche der Hinterextremitäten sowie eine verzögerte Körpergewichtsentwicklung auf, während weder die klinisch-chemische noch die pathologische Untersuchung Hinweise auf substanzbedingte Effekte ergaben. Dies könnte sowohl auf einen Gewöhnungseffekt als auch auf die im Vergleich zum Hund geringere Empfindlichkeit von Ratte und Maus hindeuten. Es wurden keine Anhaltspunkte für eine kanzerogene Wirkung von Chlormequat gefunden.

Anhand der Ergebnisse von in vitro-Studien an Bakterien und Säugerzellen sowie in vivo-Kurzzeittests an Säugern kann der Wirkstoff als nicht genotoxisch betrachtet werden.

In den Untersuchungen zur Reproduktionstoxizität (Mehrgenerationenstudien) wurde festgestellt, dass für die Elterntiere toxische Chlormequat-Dosen zu einer verminderten Anzahl und einem verminderten Körpergewicht der Nachkommen führten; dabei war eine Dosis von 69 mg/kg KG/Tag (entspricht einer Konzentration von 900 mg/kg im Futter) in einer 2-Generationen-Studie an Ratten ohne schädlichen Effekt. Die Untersuchungen zur Entwicklungstoxizität (Embryotoxizität, Teratogenität) an Ratten und Kaninchen ergaben keine Anhaltspunkte für fruchtschädigende Eigenschaften bei Dosierungen, die nicht auch für die Muttertiere toxisch waren. Zeitweise wurden bei landwirtschaftlichen Nutztieren, insbesondere Schweinen, auftretende Beeinträchtigungen der Fortpflanzung aufgrund von ausbleibenden oder zu schwach ausgeprägten Brunsterscheinungen bei den Sauen, Störungen der Hodenfunktion und Spermatogenese bei Ebern sowie gesundheitlicher Probleme in der Ferkelaufzucht mit einer Chlormequatbelastung der Futtermittel in Zusammenhang gebracht. Daraufhin durchgeführte spezielle Untersuchungen bestätigten diese Verdachtsmomente jedoch nicht.

In Übereinstimmung mit dem Wirkmechanismus von Chlormequat ergaben die klinischen Befunde in den akuten und subchronischen Studien in verschiedenen Spezies bei höheren Dosierungen Hinweise auf eine neurotoxische Wirkung; eine Dosis von 4,7 mg/kg KG/Tag (entspricht einer Konzentration von 150 mg/kg im Futter) war bei Hunden jedoch ohne derartigen Effekt und wird somit als Grenzkonzentration (no observed adverse effect level, NOAEL) für die Neurotoxizität angesehen.

Lebensmitteltoxikologisch relevante Grenzwerte (vgl. Tab. 31.1)

Der in Deutschland gültige Grenzwert für die langfristige, im Extremfall lebenslängliche Aufnahme (acceptable daily intake, ADI) und der Grenzwert für die kurzzeitige Aufnahme, die „Akute Referenzdosis" (ARfD), für Chlormequat sind beide von der Ein-Jahresstudie an Hunden abgeleitet worden, da dies die empfindlichste Tierart ist. Sie betragen beide jeweils 0,05 mg/kg KG [4] und stimmen mit den vom JMPR der WHO/FAO [18] festgelegten Werten überein.

Tab. 31.1 Auswahl von in Deutschland gültigen Höchstmengen für Chlormequat gemäß RHmV (Stand November 2005).

Lebensmittel	Höchstmenge [mg/kg]
Zuchtpilze	10,00
Hafer	5,00
Gerste, Roggen, Triticale, Weizen	2,00
Hopfen, Oliven, Ölsaat, Schalenfrüchte, Tee	0,10
andere pflanzliche Lebensmittel	0,05

Exkurs: Mepiquat

Der ebenfalls zu den quaternären Ammoniumverbindungen gehörende und als Wachstumsregulator eingesetzte Wirkstoff Mepiquat (eigentlich Mepiquatchlorid; 1,1-Dimethylpiperidiniumchlorid) wird von der deutschen Lebensmittelüberwachung zwar seltener als das chemisch verwandte Chlormequat festgestellt, doch kam es im Jahre 2003 vereinzelt zu Höchstmengenüberschreitungen in Haferflocken und Austernpilzen [3]. Im europäischen Ausland gehörte Mepiquat in Schweden und Norwegen zu den Pestiziden, deren Rückstände, jeweils im Getreide, am häufigsten nachgewiesen wurden [10]. In Deutschland ist eine gesonderte Höchstmenge von 1,0 mg/kg für Mepiquat nur für Getreide und Getreideprodukte festgelegt, ansonsten gilt nach § 1, Abs. 4 der RHmV die allgemeine Höchstmenge von 0,01 mg/kg.

Toxikologisch ist Mepiquatchlorid gut untersucht [24]. Es wird nahezu vollständig absorbiert, nicht metabolisiert, rasch wieder ausgeschieden und reichert sich nicht im Körper an. Seine akute Toxizität wie auch die Neurotoxizität sind mit der von Chlormequat vergleichbar; der Hund hat sich als die empfindlichste Spezies erwiesen, bei der nach einmaliger Gabe höherer Dosen Sedierung, Speichelfluss, Muskelschwäche und Krämpfe auftraten. Zielorgane der toxischen Wirkung nach längerfristiger oraler Verabreichung des Wirkstoffes an Ratten, Mäuse und Hunde waren das Nervensystem und die Erythrozyten. Wesentliche Befunde bestanden bei Ratten in einer verminderten Körpergewichtszunahme, neurologischen Symptomen und Verhaltensauffälligkeiten; bei Hunden ab einer Dosis von etwa 60 mg/kg KG/Tag in Anämie mit Hämosiderinablagerungen in Milz und Leber sowie einer sistierenden Gewichtszunahme.

Mepiquatchlorid ist weder mutagen noch kanzerogen und beeinflusste in Reproduktionsstudien an Ratten deren Fertilität nicht. Allerdings waren in solchen Dosierungen, die auch für die Elterntiere bereits toxisch waren, das Geburtsgewicht, die Lebensfähigkeit und das postnatale Wachstum der Jungtiere beeinträchtigt. In Untersuchungen zur Entwicklungstoxizität traten bei Kaninchen ab einer (maternaltoxischen) Dosis von 100 mg/kg KG/Tag Aborte bzw. Frühgeburten auf, während sich keine Anzeichen für Teratogenität ergaben.

Als toxikologische Grenzwerte wurden vom Bundesinstitut für Risikobewertung (BfR) auf Basis der Studien am Hund ein ADI und eine ARfD von jeweils 0,3 mg/kg KG abgeleitet [4].

31.3
Chlorpropham

Das zu den Carbamaten gehörende Chlorpropham, N-(3-Chlorphenyl)isopropylcarbamat (CIPC), ein Chloranilinabkömmling, wird in Deutschland als Keimhemmungsmittel bei der Lagerung von Kartoffeln eingesetzt. Es handelt sich somit um einen Wachstumsregulator, der im Ausland aber auch in einer Vielzahl von Kulturen als Herbizid zur Unterbindung des Wurzelwachstums und zur Hemmung der Photosynthese verwendet wird. In Deutschland erzeugte Produkte sind selten belastet; doch spielen Rückstände von Chlorpropham in anderen EU-Ländern – wohl aufgrund seiner vielfältigeren Anwendung – eine größere Rolle. So zählte Chlorpropham im Jahre 2002 zu den zehn von der belgischen Lebensmittelüberwachung in Obst und Gemüse am häufigsten nachgewiesenen Pestiziden [10].

Der Wirkstoff wurde toxikologisch umfassend untersucht und Anfang 2005 nach mehrjähriger Prüfung und Beratung in der EU [9] in Anhang I der Richtlinie 91/414/EWG aufgenommen. Darüber hinaus war er wiederholt Gegenstand von Bewertungen durch das JMPR der WHO/FAO, zuletzt in den Jahren 2000 und 2005 [19, 21]. Während in früheren Jahren die toxikologische Bewertung durch eine Vielzahl von älteren und qualitativ teilweise zweifelhaften Untersuchungen erschwert wurde und zur Kompensation dieser Mängel zeitweise erhöhte Sicherheitsfaktoren (bis 500) zur Ableitung der Grenzwerte verwendet wurden, hatte eine Task Force mehrerer Herstellerfirmen in Vorbereitung der Reevaluierung durch die EU eine Reihe neuer, GLP-konformer Studien in Auftrag gegeben, auf denen die im Folgenden dargestellten Angaben zur Toxikologie im Wesentlichen beruhen.

Aufnahme, Verteilung, Metabolismus und Ausscheidung

Der Wirkstoff wurde nach oraler Verabreichung an Ratten zu etwa 90% absorbiert und innerhalb von sieben Tagen nahezu vollständig ausgeschieden (89–97% über den Urin, 4–7% über die Faeces), zum überwiegenden Anteil bereits während der ersten 24 Stunden. Der enterohepatischen Zirkulation kommt offenbar eine große Bedeutung zu, da nach intravenöser Gabe bis zu 40% des zur radioaktiven Markierung verwendeten ^{14}C-Isotops in der Galle nachweisbar waren. Die höchsten Rückstände sind nach sieben Tagen im Blut, in der Leber und in der Milz nachgewiesen worden. Es liegen keine Hinweise auf eine Anreicherung im Organismus vor. Der Wirkstoff wird nahezu vollständig metabolisiert; die wichtigsten Biotransformationsreaktionen sind Hydroxylierung mit nachfolgender Konjugation, Oxidation der Isopropylkette und Spaltung der Amidbindung mit Entstehung von 3-Chloranilin (maximal 0,6% in Urin und Faeces). Ältere Untersuchungen deuten darüber hinaus darauf hin, dass ein signifikanter Anteil des Chlorpropham auch zu CO_2 abgebaut und rasch abgeatmet wird.

Toxikologische Bewertung des Wirkstoffes

Nach oraler Gabe des Wirkstoffes wurden verminderte Aktivität bis hin zur Lethargie, Ataxie und Salivation beobachtet. Solche klinischen Symptome, aber auch Todesfälle, traten bei Ratten ab einer Dosis von 3000 mg/kg KG auf; die akut-orale LD_{50} betrug 4200 mg/kg KG. Hunde scheinen allerdings empfindlicher zu reagieren. Nach einmaliger Verabreichung von Chlorpropham wurden bei weiblichen Hunden bereits ab einer Dosis von 125 mg/kg KG Erbrechen und verminderte Aktivität festgestellt, außerdem war die Methämoglobin-Konzentration im Blut erhöht. Bei 625 mg/kg KG traten zusätzlich Ataxie und Zittern in Erscheinung. Eine Dosis von 50 mg/kg KG wurde dagegen schädigungslos vertragen.

Zielorgane der toxischen Wirkung nach subchronischer oraler Verabreichung des Wirkstoffes an Ratten, Mäuse und Hunde waren das Blut und die Schilddrüse. In allen untersuchten Tierarten wurden eine verstärkte Methämoglobinbildung sowie Anämie und damit verbundene Befunde wie Milzvergrößerung, extramedulläre Blutbildung und Retikulozytose beobachtet. Die letztgenannten Veränderungen weisen vermutlich auf einen Versuch des Organismus hin, die hämatologischen Effekte zu kompensieren [11]. Die Beeinflussung der Schilddrüse durch Chlorpropham war auf den Hund beschränkt und manifestierte sich in einer Größenzunahme und einem erhöhten Organgewicht, histologisch in diffuser Hypertrophie und Hyperplasie der Follikel sowie in erniedrigten Konzentrationen der Schilddrüsenhormone T3 und T4. Weitere wesentliche Befunde in den Studien zur Kurzzeittoxizität waren ein erhöhtes Lebergewicht und Veränderungen in einigen klinisch-chemischen Parametern wie z.B. erhöhte Cholesterin- und Phospholipidspiegel im Serum.

Als niedrigste relevante Dosis ohne schädlichen Effekt wurden 5 mg/kg KG/Tag in einer 60-Wochen-Studie an Hunden ermittelt. Substanzwirkungen (Vergrößerung und histologische Läsionen der Schilddrüse, verminderter T4-Spiegel) wurden in dieser Studie ab einer Dosis von 50 mg/kg KG/Tag beobachtet. In derselben Dosierung wurden in einer 90-Tage-Studie an Ratten hämatologische Veränderungen festgestellt; eine tägliche Dosis von 10 mg/kg KG war bei dieser Spezies ohne schädlichen Effekt. Insofern ist von einer vergleichbaren Empfindlichkeit beider Spezies bei längerfristiger Exposition auszugehen, obwohl sich die primären Zielorgane unterscheiden.

In den Langzeitstudien an Ratten und Mäusen wurden Effekte auf das Blut (Anämie, Methämoglobinämie, bei Mäusen auch eine auffällig dunkle Blutfärbung), die Leber, die Milz und das Knochenmark (erhöhtes Leber- und Milzgewicht, histologische Veränderungen) festgestellt. Weitere wesentliche Befunde in den Studien zur chronischen Toxizität waren bei Ratten eine verminderte Körpergewichtszunahme sowie ein erhöhtes Organgewicht von Hoden und Schilddrüse und bei Mäusen bläulich verfärbte Extremitäten (Zyanose), vermutlich in Folge der hämatologischen Effekte. Eine Dosis ohne schädlichen Effekt konnte weder bei der Ratte noch bei der Maus bestimmt werden, da auch in den jeweils niedrigsten geprüften Dosierungen noch relevante substanzbedingte Befunde festgestellt wurden. So waren bei Wistar-Ratten nach Verabreichung von ca. 24 mg/kg KG/Tag (entspricht einer Konzentration von 600 mg/kg im Futter) in einer Studie über 24 Monate noch Anämie und Methämoglobinbildung, ein erhöhtes Milzgewicht sowie leichte histopathologische Veränderungen an der Leber, der Milz und am Knochenmark zu verzeichnen. Bei Sprague-Dawley-(SD-)Ratten wurden diese Befunde in der niedrigsten Dosierung von 30 mg/kg KG/Tag im Wesentlichen bestätigt. Bei CD 1-Mäusen wurden in einer Studie über 18 Monate Methämoglobinbildung und extramedulläre Hämatopoese (Milz) noch in der unteren Dosisgruppe beobachtet, in der die Tiere eine tägliche Dosis von etwa 33 mg/kg KG (entspricht einer Konzentration von 250 mg/kg im Futter) erhalten hatten. Für die Grenzwertableitung ist allerdings entscheidend, dass bei dem vergleichbar empfindlichen Hund ein klarer NOAEL bei einer Dosis von 5 mg/kg KG/Tag festgestellt wurde, die deutlich unterhalb der bei den Nagerspezies noch wirksamen Dosierungen lag.

Kanzerogene Wirkungen wurden nur in einer der beiden Studien an Ratten beobachtet und waren auf die höchste Dosis von 1000 mg/kg KG/Tag beschränkt. In dieser Dosisgruppe trat eine erhöhte Inzidenz von Hodentumoren in Erscheinung. Dabei handelte es sich um von den Leydig-Zellen ausgehende Adenome. Dieser Befund wurde durch den Nachweis nicht neoplastischer Hodenveränderungen (Hyperplasie von Leydig-Zellen) nach Gabe hoher Chlorprophamdosen (ca. 700 mg/kg KG/Tag) in der Studie an Wistar-Ratten unterstützt. Ein dosisabhängiger, nicht genotoxischer Wirkmechanismus ist anzunehmen.

Während einige ältere Untersuchungen Hinweise auf mutagene Effekte erbracht hatten, ergaben sich aus der Mehrzahl der in vitro-Studien an Bakterien und Säugerzellen sowie aus neueren, unter GLP-Bedingungen durchgeführten in vivo-Kurzzeittests an Säugern keine Anhaltspunkte für erbgutverändernde Eigenschaften des Wirkstoffes. Eine in verschiedenen Testsystemen beobachtete Mitosehemmung könnte die – z. B. bei eingelagerten Kartoffeln erwünschten – keimhemmenden Eigenschaften von Chlorpropham erklären, stellt aber keine genotoxische Wirkung dar.

In den Untersuchungen zur Reproduktionstoxizität (Mehrgenerationenstudie) an Ratten wurden in der höchsten geprüften Dosis von ca. 670 mg/kg KG/Tag (entspricht einer Konzentration von 10 000 mg/kg im Futter) bei den Nachkommen ein verringertes Körpergewicht und vermindertes Milzgewicht sowie Hinweise auf eine erhöhte postnatale Mortalität festgestellt. Diese Effekte wurden nur in einem Dosisbereich beobachtet, der auch für die Elterntiere toxisch war. Als niedrigste relevante Dosis ohne reproduktionstoxische Wirkung wurden 200 mg/kg KG/Tag (entspricht einer Konzentration von 3000 mg/kg im Futter) ermittelt. Die Fertilität war nicht beeinträchtigt. Bei Ratten sind ein Übergang der Substanz durch die Plazenta auf die Feten und eine Ausscheidung in der Milch nachgewiesen worden.

In den Untersuchungen zur Entwicklungstoxizität (Embryotoxizität, Teratogenität) an Ratten und Kaninchen wurden ab einer Dosis von 250 mg/kg KG/Tag (Kaninchen) bzw. 800 mg/kg KG/Tag (Ratte) bei den Feten ein vermindertes Körpergewicht, leichte Skelettanomalien und verzögerte Ossifikation beobachtet. Vermehrt traten postimplantative Verluste auf. Diese Effekte wurden nur im maternaltoxischen Dosisbereich beobachtet. Als niedrigste relevante Dosis ohne entwicklungstoxische Wirkung wurden 125 mg/kg KG/Tag in der Studie zur Entwicklungstoxizität an Kaninchen ermittelt.

Lebensmitteltoxikologisch relevante Grenzwerte (vgl. Tab. 31.2)

Mit einem Sicherheitsfaktor von 100 sind für Chlorpropham im EU-Verfahren ein ADI-Wert von 0,05 mg/kg KG und eine ARfD von 0,5 mg/kg KG abgeleitet worden, wobei in beiden Fällen Untersuchungen an Hunden die Basis bildeten [9]. Für den Langzeitwert wurde die Studie über 60 Wochen und für die ARfD die akute Studie an Hündinnen herangezogen. Beide Grenzwerte sind auch vom JMPR der WHO/FAO bei seiner Neubewertung des Wirkstoffes im Jahre 2005 bestätigt worden [21].

31.4
Ethephon

Der als Wachstumsregler seit langem weltweit in vielen Kulturen (u. a. Getreide, Obst und Gemüse, Baumwolle) und teilweise in großem Umfang angewendete

Tab. 31.2 Auswahl von in Deutschland gültigen Höchstmengen für Chlorpropham gemäß RHmV (Stand November 2005).

Lebensmittel	Höchstmenge [mg/kg]
Kartoffeln, gewaschen	5,00
Karotten, Blätter von Knollensellerie, Kerbel, Pastinaken, Petersilie, Schnittsellerie, Stangensellerie	0,20
andere pflanzliche Lebensmittel	0,10

Wirkstoff Ethephon (2-Chlorethylphosphonsäure) setzt auf pflanzlichen Oberflächen als Abbauprodukt Ethylen frei, dessen normaler physiologischer Spiegel im pflanzlichen Organismus dadurch modifiziert wird. Ethylen ist ein wichtiges Pflanzenhormon, das in speziesspezifischer, im Detail aber noch nicht aufgeklärter Weise verschiedene Wachstums- und Reifungsprozesse in Pflanzen entweder direkt steuert oder aber zumindest beeinflusst [27]. In Deutschland sind Rückstände insbesondere nach der Anwendung im Getreide gefunden worden [10]. Der Wirkstoff ist derzeit Gegenstand der Reevaluierung in der EU; das JMPR der WHO/FAO hat ihn zuletzt 1993 [15] und 2002 [20] bewertet und toxikologische Grenzwerte abgeleitet.

Aufnahme, Verteilung, Metabolismus und Ausscheidung

Ethephon wurde nach oraler Verabreichung an Ratten zu etwa 80% absorbiert. Innerhalb von fünf Tagen wurden etwa 90% der verabreichten Dosis wieder ausgeschieden. Die höchsten Rückstände waren zu diesem Zeitpunkt in der Leber, den Nieren und Knochen nachweisbar, doch liegen keine Hinweise auf eine Anreicherung im Organismus vor. Der Wirkstoff wurde bei Ratten nur zu etwa 40–50% metabolisiert; wobei sein Dinatriumsalz, Ethylen und CO_2 die wichtigsten Biotransformationsprodukte waren.

Toxikologische Bewertung des Wirkstoffes

Nach einmaliger oraler Verabreichung an Ratten traten klinische Symptome wie Erbrechen, gesträubtes Fell und Apathie sowie auch erste Todesfälle in Dosierungen ab etwa 2000 mg/kg KG auf; eine LD_{50} wurde nur für weibliche Tiere ermittelt und lag bei 2210 mg/kg KG. Somit ist Ethephon trotz seines ausgeprägt acidischen Charakters, der zu reizenden oder sogar ätzenden Wirkungen auf Haut und Schleimhaut führen kann, nach oraler Aufnahme nur von relativ geringer akuter Toxizität.

In Studien zur Kurzzeittoxizität traten bei Ratten ab dem Dosisbereich von 300–400 mg/kg KG/Tag Mortalität und verzögerte Körpergewichtsentwicklung in Erscheinung. Die Aktivität der Cholinesterasen war schon bei 150 mg/kg KG/Tag in den Erythrozyten und bereits bei einer täglichen Dosis von 75 mg/kg KG im Plasma zu jeweils mehr als 20% vermindert. Noch empfindlicher reagierten Hunde, bei denen in einer Studie über ein Jahr bereits ab einer Dosis von 50 mg/kg KG/Tag eine verzögerte Körpergewichtsentwicklung und ein vermindertes Milzgewicht zu beobachten waren. Die nächstniedrige Dosierung von ca. 27 mg/kg KG/Tag war in diesem Versuch jedoch ohne nachweisbar schädlichen Effekt.

In Studien zur Langzeittoxizität und Kanzerogenität an Ratten und Mäusen waren im Dosisbereich von 130–140 mg/kg KG/Tag eine Hemmung der Cholinesterase-Aktivität im Plasma und in den Erythrozyten festzustellen, während eine tägliche Dosis von 13–14 mg/kg KG schädigungslos vertragen wurde. Bei höheren Dosierungen trat zusätzlich zur Cholinesterasehemmung eine verzögerte Körpergewichtsentwicklung auf. Veränderungen von Harnparametern wie eine Absenkung des pH im Urin sind vermutlich auf den Säurecharakter von Ethephon zurückzuführen. Bei keiner der beiden Tierarten wurden Hinweise auf krebserzeugende Eigenschaften des Wirkstoffes gefunden.

Ethephon ist nicht mutagen. Eine Beeinträchtigung der Fertilität oder teratogene Wirkungen waren ebenfalls nicht zu beobachten. In der Mehrgenerationenstudie an Ratten waren jedoch ab einer Dosis von 230 mg/kg KG/Tag das Geburtsgewicht und die Überlebensrate der Nachkommen während der Laktationsphase vermindert. Eine hohe und bereits deutlich toxische Dosis von 500 mg/kg KG/Tag führte bei trächtigen Kaninchen zu vermehrten Resorptionen mit der Folge einer verminderten Anzahl lebender Feten.

Trotz der wiederholt festgestellten Hemmung der Cholinesterasen waren neurotoxische Wirkungen wie Pupillenkonstriktion, vermehrte Harnabgabe, verminderte Körpertemperatur oder herabgesetzte motorische Aktivität bei Ratten auf hohe Dosen ab etwa 500 mg/kg KG beschränkt. Hinweise auf das Auftreten einer verzögerten peripheren Neuropathie ergaben sich nicht.

Beobachtungen am Menschen

Mit Ethephon wurden mehrere Untersuchungen an Freiwilligen durchgeführt, wobei der Wirkstoff den Probanden über 15, 16 oder 28 Tage oral verabreicht wurde. In einer täglichen Dosis von 0,5 mg/kg KG war zwar noch die Plasma-Cholinesterase, nicht aber die Erythrozyten-Cholinesterase gehemmt, und es traten keine klinischen Symptome auf. In älteren Studien sind demgegenüber in einer etwas höheren Dosierung (1,5 mg/kg KG/Tag) noch vorübergehend Intoxikationserscheinungen beobachtet worden.

Lebensmitteltoxikologisch relevante Grenzwerte (vgl. Tab. 31.3)

Ethephon gehört zu den wenigen Pestiziden, für die bezüglich des gesundheitlich kritischen Effekts, in diesem Falle der Cholinesterasehemmung, eine höhere Sensitivität des Menschen im Vergleich zu Versuchstieren belegt ist. Aus die-

Tab. 31.3 Auswahl von in Deutschland gültigen Höchstmengen für Ethephon gemäß RHmV (Stand November 2005).

Lebensmittel	Höchstmenge [mg/kg]
Johannisbeeren	5,00
Kernobst, Kirschen, Paprika, Tomaten	3,00
Ananas, Baumwollsaat	2,00
Gerste, Roggen	0,50
Triticale, Weizen	0,20
Hopfen, Schalenfrüchte, Tee	0,10
andere pflanzliche Lebensmittel	0,05

sem Grunde wurden vom JMPR der WHO/FAO bei seinen Bewertungen des Wirkstoffes 1993 [15] ein ADI von 0,05 mg/kg KG und im Jahre 2002 [20] eine ARfD in derselben Höhe jeweils von der subakuten Studie am Menschen unter Verwendung des in solchen Fällen üblichen (reduzierten) Sicherheitsfaktors von 10 abgeleitet, da dann der zusätzliche „Interspezies-Faktor" zur Extrapolation von tierexperimentellen Daten auf den Menschen entfällt. Diese Grenzwerte sind derzeit auch in Deutschland gültig [4], werden aber im Rahmen der laufenden EU-Wirkstoffprüfung kontrovers diskutiert, da es aus ethischen und politischen Überlegungen generelle Bedenken gegen die Verwendung von Daten aus Humanstudien gibt.

31.5
Maleinsäure-Hydrazid

Rückstände dieses zu den Pyridazinen gehörenden Wirkstoffes (1,2-Dihydropyridazin-1,6-dion) werden in vielen EU-Ländern relativ häufig nachgewiesen, wobei Höchstmengenüberschreitungen aber offenbar selten sind [10]. Maleinsäure-Hydrazid findet seit langem als Wachstumsregulator in verschiedenen Kulturen wie Gemüse (Zwiebeln, Mohrrüben u. a.), Tabak, auf Grasland sowie als Keimhemmungsmittel bei Kartoffeln Anwendung. Die Substanz wirkt als „Antimetabolit" der für die RNA-Synthese erforderlichen Base Uracil. Die zum Wirkstoff vorliegenden Informationen wurden im Rahmen der EU-Altwirkstoffprüfung umfassend reevaluiert [8] und Maleinsäure-Hydrazid ist im Ergebnis dieser Prüfung im Jahre 2004 in Anhang I der RL 91/414/EWG aufgenommen worden. Die letzte toxikologische Bewertung durch das JMPR der WHO/FAO datiert aus dem Jahre 1996 [16].

Aufnahme, Verteilung, Metabolismus und Ausscheidung

Im Stoffwechselversuch an Ratten zeigte sich nach oraler Verabreichung eine rasche intestinale Resorption mit anschließend nur unvollständiger Metabolisierung und eine etwa 90%ige Ausscheidung innerhalb von 24 Stunden, welche zu etwa 12% über die Faeces und zu etwa 77% über den Urin erfolgte. Neben der Muttersubstanz waren einige Konjugationsprodukte nachweisbar.

Toxikologische Bewertung des Wirkstoffes

Der Wirkstoff Maleinsäure-Hydrazid ist nach einmaliger Verabreichung von geringer akuter Toxizität; die orale LD_{50} liegt bei Ratten höher als 5000 mg/kg KG.

Die toxikologischen Eigenschaften nach subchronischer und chronischer Applikation des Wirkstoffes wurden an Ratten und an Hunden geprüft. Nach längerer Verabreichungsdauer kam es vor allem zur Abnahme des Körpergewichtes und zu Wirkungen auf Leber, Niere und Schilddrüse, die mit Veränderungen klinisch-chemischer Parameter und mit morphologischen Veränderungen (Organgewichtsabnahme, perivaskuläre Entzündung der Leber) verbunden waren. Als niedrigste relevante Dosis ohne schädlichen Effekt wurden in der Ein-Jahresstudie an Hunden 25 mg/kg KG/Tag ermittelt. Im selben Dosisbereich wurden auch in der Langzeitstudie an Ratten keine substanzbedingten Effekte beobachtet, während in höheren Dosierungen wiederum die Körpergewichtsentwicklung beeinträchtigt war. Hinweise auf kanzerogene Wirkungen ergaben sich nicht.

In einer Mehrgenerationenstudie an Ratten wurde in sehr hohen Dosierungen von über 500 mg/kg KG/Tag eine verminderte Körpergewichtszunahme der Nachkommen festgestellt; in Studien zur Entwicklungstoxizität traten nach Verabreichung von 1000 mg/kg KG/Tag an die Muttertiere bei Rattenfeten vermehrt überzählige Rippen auf.

Lebensmitteltoxikologisch relevante Grenzwerte

Auf der Basis der Langzeitstudie an Ratten und der Ein-Jahresstudie am Hund hatte das JMPR der WHO/FAO 1996 einen ADI von 0,3 mg/kg KG abgeleitet [16]. Im EU-Verfahren zur Anhang I-Aufnahme ist auf derselben Basis ein numerisch geringfügig niedrigerer Wert von 0,25 mg/kg KG festgelegt worden [8]. Die Bestimmung einer akuten Referenzdosis war unter Berücksichtigung des toxikologischen Profils von Maleinsäure-Hydrazid nicht erforderlich.

Für diesen Wirkstoff sind keine spezifischen Höchstmengen festgelegt worden. Somit gilt nach § 1, Abs. 4 der RHmV in Deutschland die allgemeine Höchstmenge von 0,01 mg/kg.

31.6
Streptomycin

Das von dem Pilz *Streptomyces griseus* gebildete und in den 1940er Jahren eingeführte Aminoglycosid-Antibiotikum Streptomycin, O-2-Desoxy-2(methylamino)-δ-L-glucopyranosyl-(1 → 2)-O-5-desoxy-3-C-formyl-δ-L-lyxofuranosyl-(1 → 4)-N,N'-bis(aminoiminomethyl)-D-streptamin, hat in der Vergangenheit medizinisch eine sehr wichtige Rolle gespielt, da es eines der ersten wirklich effektiven Medikamente gegen die Tuberkulose sowie eine Reihe anderer bedeutsamer bakterieller Infektionskrankheiten war. Sein daher weit verbreiteter Einsatz in der Human- und Veterinärmedizin ist in den letzten Dekaden jedoch stark rückläufig, was zum einen auf eine starke Resistenzentwicklung bei vielen ursprünglich sensitiven Erregerspezies zurückzuführen ist, zum anderen auf eine Reihe von Nachteilen, die zwar schon lange bekannt sind, aber früher in Ermangelung von Alternativen in Kauf genommen werden mussten [7, 25]. Dazu gehören die extrem geringe Resorption des Wirkstoffes aus dem Darm, was zur Behandlung systemischer Infektionen die parenterale Verabreichung, zumeist in Form der intramuskulären Injektion von Streptomycinsulfat, erforderlich macht. Weiterhin wurden beim Menschen häufig schwere Nebenwirkungen beobachtet. Sie betrafen insbesondere das Innenohr und die Nieren. Streptomycin schädigt die Haarzellen in der Cochlea, deren Zerstörung zu einem irreversiblen Verlust des Gehörs führen kann. Da der Wirkstoff relativ leicht plazentagängig ist, kam es auch bei Kindern zu Taubheit, deren Mütter in der Schwangerschaft z. B. wegen einer Tuberkulose behandelt worden sind. Die Nephrotoxizität ist auf eine längere Speicherung der Substanz in diesem Organ nach Verabreichung hoher Dosen zurückzuführen [7]. Trotzdem spielt Streptomycin als Bestandteil einer Kombinationstherapie immer noch eine Rolle bei der Therapie der Tuberkulose [2] und gilt als wirksames Mittel bei der Behandlung einiger sehr seltener, aber lebensbedrohlicher Infektionen wie der Tularämie [23, 26], die vereinzelt auch in Deutschland auftritt, oder der Pest [12], die z. B. im Südwesten der USA oder in einigen afrikanischen, asiatischen und südamerikanischen Ländern als Naturherdinfektion endemisch ist. Daher sollte eine Resistenzbildung oder -ausbreitung bei den bislang überwiegend sensitiven Erregern dieser Krankheiten unbedingt vermieden werden.

Für den Pflanzenschutz ist von Bedeutung, dass Streptomycin ein effektives Antibiotikum zur Bekämpfung von *Erwinia amylovora*, des Erregers des Feuerbrandes in Obstgehölzen wie Apfel, Birne und Quitte darstellt. Diese bakterielle Pflanzenkrankheit führt insbesondere im süddeutschen und Alpenraum, wo für die Ausbreitung des Erregers besonders günstige klimatische Bedingungen herrschen, zu erheblichen wirtschaftlichen Verlusten, wobei neben intensiv bewirtschafteten Plantagen auch die ökologisch wertvollen Streuobstwiesen gefährdet sind. Nach dem derzeitigen Erkenntnisstand ist der Streptomycineinsatz trotz der intensiven und in Deutschland auch staatlich geförderten Forschung auf diesem Gebiet immer noch allen bisher geprüften alternativen Verfahren zur Feuerbrandbekämpfung überlegen. Die aus den USA berichtete Streptomycin-Resistenz von *Erwinia amylovora* selbst ist mit hoher Wahrscheinlichkeit auf eine unkontrollierte und exzessive Anwendung des Antibiotikums zurückzuführen und in Europa noch nicht aufgetreten [7]. Streptomycinsulfat enthaltende Präparate sind in Deutschland nicht als Pflanzenschutzmittel zugelassen, in der Vergangenheit aber immer wieder mit behördlicher Ausnahmegenehmigung bei „Gefahr im Verzug" unter strengen Auflagen eingesetzt worden. In Folge solcher Anwendungen sind in den 1990er Jahren vor allem in den Bundesländern Baden-Württemberg und Bayern wiederholt Streptomycin-Rückstände im Honig nachgewiesen worden. Rückstände im Obst von behandelten Gehölzen sollten dagegen aufgrund des frühen Anwendungszeitpunktes, in den meisten Fällen weit vor der Ernte, und des raschen Abbaus der Substanz in den Früchten keine Rolle spielen, zumindest dann nicht, wenn die vorgeschriebene Wartezeit eingehalten wird [22].

Aus rein toxikologischer Sicht sind Streptomycin-Rückstände unbedenklich, da der Wirkstoff bei oraler Aufnahme schon wegen seiner geringen intestinalen Absorption nahezu untoxisch ist. Die beschriebenen Arzneimittelnebenwirkungen etwa auf das Gehör oder die Nieren haben zwar auch bei Versuchstieren und bei der früher sehr umfangreichen veterinärmedizinischen Anwendung Bestätigung gefunden, sind aber, wie beim Menschen, immer nur nach parenteraler Verabreichung aufgetreten. Streptomycin ist weder mutagen oder kanzerogen noch reproduktionstoxisch. Teratogene Effekte waren auf die Innenohrschädigung nach intramuskulärer Injektion beschränkt [7].

Dagegen stellen die Induktion einer Resistenz oder die Selektion resistenter Bakterienspezies im Darm einen Grund zur Besorgnis dar, insbesondere da eine Übertragung dieser Resistenzen auf humanpathogene Erreger, etwa durch den Austausch von Plasmiden, nicht völlig ausgeschlossen werden kann. Allerdings deuten einige Untersuchungen darauf hin, dass es einen Schwellenwert für die Ausbildung von Resistenzen geben könnte [5, 6], und es ist auf dieser Basis ein ADI-Wert von 0,01 mg/kg KG vorgeschlagen worden [7]. Aus Vorsorgegründen sollte die fallweise Anwendung von Streptomycin zur Feuerbrandbekämpfung im Pflanzenschutz weiterhin restriktiv gehandhabt werden.

Für alle pflanzlichen Lebensmittel gilt in Deutschland eine Höchstmenge von 0,05 mg/kg (RMmV, Stand November 2005).

Auch für Honig ist dieselbe Höchstmenge von 0,05 mg/kg vorgeschlagen worden [22], derzeit gilt aber für dieses Lebensmittel ein Wert von 0,02 mg/kg.

31.7
Literatur

1 BgVV (2002) Chlormequat-Rückstände in Babynahrung, Stellungnahme (Pressemitteilung) des Bundesinstituts für gesundheitlichen Verbraucherschutz und Veterinärmedizin (BgVV) vom 25. Februar 2002.
2 Böttger EC (2001) Tuberkulose in: Köhler W, Eggers H-J, Fleischer R, Marre H, Pfister H, Pulverer G (Hrsg) Medizinische Mikrobiologie, Urban & Fischer, München und Jena, 418–428.
3 BVL (2004) Lebensmittel-Monitoring 2003, http://www.bvl.bund.de/ Lebensmittel/Sicherheit und Kontrollen/ Lebensmittelmonitoringbericht_2003.pdf
4 BfR (2006) Grenzwerte für die gesundheitliche Beurteilung von Pflanzenschutzmittelrückständen, Information Nr. 002/2006, http://www.bfr.bund.de/ cm/218/grenzwerte_fuer_die_ gesundheitliche_bewertung_von_ pflanzenschutzmittelrückstaenden.pdf
5 Condon S, Collins JK, Cogan JF, Looney E, Coffey A, Walsh D (1987) Effect of antibiotics in food on the establishment of antibiotic-resistant *Escherichia coli* in the intestine, using mice as model consumers, *Irish Journal of Food Science and Technology*, 11: 1–12.
6 Corpet DE (1987) Antibiotic residues and drug resistance in human intestinal flora, *Antimicrobial Agents and Chemotherapy*, 31: 587–593.
7 Engler R, Faqi AS (1997) Streptomycin. Toxicological and pharmacological aspects. Health effects and risk assessment related to the pesticidal use of streptomycin. Monographie, erstellt im Auftrag des Ministeriums Ländlicher Raum von Baden-Württemberg, Projekt Nr. 0057, unveröffentlicht.
8 EC (2002) Review report for the active substance maleic hydrazide, Finalized in the Standing committee on the Food Chain and Animals Health at its meeting on 3 December 2002 in view of the inclusion of maleic hydrazide in Annex I of Directive 91/414/EEC, http://europa.eu.int/ comm/food/plant/protection/ evaluation/existactive/list1-40 en.pdf
9 EC (2003) Review report for the active substance chlorpropham, Finalized in the Standing committee on the Food Chain and Animals Health at its meet-

ing on 28 November 2003 in view of the inclusion of chlorpropham in Annex I of Directive 91/414/EEC, http://europa.eu.int/comm/food/plant/protection/evaluation/existactive/list chlorpropham.pdf

10 EC (2004) Monitoring of pesticide residues in products of plant origin in the European Union, Norway, Iceland and Liechtenstein, 2002 Report, Health & Consumer Protection Directorate-General, SANCO/17/04 final, http://europa.eu.int/comm/food/fs/inspections/fnaoi/reports/annual_eu/monrep_2002_en.pdf

11 Fujitani T, Tada Y, Yoneyama M (2004) Chlorpropham-induced splenotoxicity and its recovery in rats, *Food Chemistry and Toxicology*, **42**: 1469–1477.

12 Heesemann J (2001) Yersinia pestis, Pest, in: Köhler W, Eggers H-J, Fleischer R, Marre H, Pfister H, Pulverer G (Hrsg) Medizinische Mikrobiologie, Urban & Fischer, München und Jena, 319–323.

13 Hennighausen G, Tiefenbach B (1977) Über die Ursachen für die Speziesdifferenzen der akuten Toxizität von Chlorcholinchlorid, *Archiv für Experimentelle Veterinärmedizin*, **31**: 527–532.

14 Hennighausen G, Tiefenbach B (1978) Über die Mechanismen der akuten toxischen Wirkung von Chlorcholinchlorid und 2-Chloräthylphosphonsäure (Ethephon), *Archiv für Experimentelle Veterinärmedizin*, **32**: 609–621.

15 JMPR (1994) Ethephon, in: Pesticide residues in food – 1993 evaluations, Part II – Toxicology, World Health Organization, Geneva, Switzerland, WHO/PCS/94.4, 147–165.

16 JMPR (1997) Maleic hydrazide, in: Pesticide residues in food – 1996 evaluations, Part II – Toxicological, World Health Organization, Geneva, Switzerland, WHO/PCS/97.1, 161–177.

17 JMPR (1998) Chlormequat (addendum), in: Pesticide residues in food – 1997 evaluations, Part II – Toxicological and environmental, World Health Organization, Geneva, Switzerland, WHO/PCS/98.6, 43–57.

18 JMPR (2000) Chlormequat (addendum), in: Pesticide residues in food – 1999 evaluations, Part II – Toxicological, World Health Organization, Geneva, Switzerland, WHO/PCS/00.4, 3–8.

19 JMPR (2001) Chlorpropham, in: Pesticide residues in food – 2000 evaluations, Part II – Toxicological, World Health Organization, Geneva, Switzerland, WHO/PCS/01.3, pp 3–59.

20 JMPR (2003) Ethephon (addendum), in: Pesticide residues in food – 2002 evaluations, Part II – Toxicological, World Health Organization, Geneva, Switzerland, WHO/PCS/03.1, 77–83.

21 JMPR (2005) Evaluation on chlorpropham, World Health Organization, Geneva, Switzerland (in press).

22 Klementz D, Pestemer W (1997) Rückstandsverhalten von Streptomycin auf/in Äpfeln, in Honig, Nektar und Pollen nach Anwendung von Plantomycin im Freiland, Annex I zur Monographie von Engler und Faqi, siehe [7].

23 Köhler W (2001) Die Gattung Francisella – Tularämie, in: Köhler W, Eggers H-J, Fleischer R, Marre H, Pfister H, Pulverer G (Hrsg) Medizinische Mikrobiologie, 8. Auflage, Urban & Fischer, München und Jena, 365–368.

24 Niemann L (2006) Persönliche Mitteilung (aufgrund persönlicher Einsichtnahme in die dem Bundesinstitut für Risikobewertung vorliegenden Zulassungsunterlagen zu einzelnen Wirkstoffen).

25 Prescott LM, Harley JP, Klein DA (1999) Chapter 33 Antimicrobial Chemotherapy, in: Microbiology, 4th edition. WCB/McGraw-Hill, Boston, 677–696.

26 Robert-Koch-Institut (2005) Tularämie: Ausbruch unter Teilnehmern einer Hasen-Treibjagd im Landkreis Darmstadt-Dieburg, *Epidemiologisches Bulletin*, **50**: 465–466.

27 Ware GW (2000) Plant Growth Regulators (Chapter 12), Defoliants and Desiccants (Chapter 13), in: Ware GW The Pesticide Book, 5th edition, Thomson Publications Fresno/Ca (USA), 109–142.

32
Antibiotika

Ivo Schmerold und Fritz R. Ungemach

32.1
Einleitung

Der Einsatz von Antibiotika hat in der Veterinärmedizin eine ähnliche Bedeutung erlangt wie in der Humanmedizin und ist längst nicht mehr wegzudenken. Bei Heim- und Nutztierarten erfolgt er zu Zwecken der Vorbeuge (Prophylaxe oder Metaphylaxe) und, in erster Linie, zur Therapie bakteriell bedingter Infektionskrankheiten.

Die klinische Behandlung Lebensmittel liefernder Tiere mit Antibiotika erfolgt auf der Grundlage arzneimittelrechtlicher Bestimmungen; antimikrobielle Wirkstoffe werden aber auch auf der Basis des Futtermittelrechts als so genannte Leistungsförderer dem Tierfutter beigemischt. In der Europäischen Union (EU) hat letzterer Anwendungsbereich in den vergangenen Jahren an Bedeutung stark verloren, da die Mehrzahl der früher futtermittelrechtlich zugelassenen Antibiotika verboten worden ist. Für die letzten verbliebenen vier Wirkstoffe Salinomycin, Monensin, Avilamycin und Flavophospholipol gilt seit 2006 ebenfalls ein EU-weites Anwendungsverbot [29].

In der Veterinärmedizin unterscheidet man arzneimittelrechtlich zwischen Arzneispezialitäten zur Anwendung bei Heimtieren wie beispielsweise Hunde und Katzen und Arzneimitteln, die für die Behandlung von Lebensmittel liefernden Tieren zugelassen sind. Hierzu zählen alle Tiere von Tierarten wie Rind, Schaf, Ziege, Schwein, Pferd und Kaninchen sowie Geflügel, Fische, wild lebende Tiere (z.B. Haarwild und Federwild inklusive Gatterwild) und Bienen, die für die Gewinnung von Lebensmitteln für den menschlichen Genuss (Fleisch, Milch, Eier, Honig) vorgesehen sind.

Diese Unterscheidung trägt dem Umstand Rechnung, dass die Anwendung von Arzneimitteln an Lebensmittel liefernden Tieren zur Bildung von Rückständen in Lebensmitteln führen kann, die von den behandelten Tieren gewonnen werden. Aus einer Arzneimittelbehandlung herrührende Rückstände in essbaren Geweben wie Muskelfleisch, inneren Organen oder in Milch und Eiern stellen grundsätzlich eine gesundheitliche Gefährdung des Konsumenten solcher tierischer Lebensmittel dar. Arzneimittelrückstände können durch die eigentlichen pharmakologischen Wirkstoffe, aber auch durch pharmazeutische Hilfsstoffe, spontane Abbauprodukte oder im Tier gebildete Metabolite der Arzneimittel-Inhaltsstoffe gebildet werden. Sie bilden mitunter ein komplexes Gemisch und können zudem in den verschiedenen essbaren Geweben oder Produkten unterschiedlich zusammengesetzt sein. Entsprechend komplex kann sich in Abhängigkeit von den physikalisch-chemischen Eigenschaften der Wirkstoffe und ihrer Abbauprodukte die Verteilung und Speicherung von Rückständen in behandelten Tieren gestalten. Darüber hinaus variiert das pharmakokinetische Verhalten eines Wirkstoffes in Abhängigkeit von der Tierspezies und auch in Abhängigkeit von der Applikationsart.

Nach Abschluss der Arzneimittelbehandlung nimmt die Konzentration der Rückstände im Tier mit der Zeit durch Abbau und Ausscheidung wieder ab. Bei unsachgemäßer Arzneimittelanwendung besteht die Gefahr einer verzögerten Rückstandselimination, so dass zum Zeitpunkt der Schlachtung bzw. der Milch- oder Eigewinnung Rückstände in gesundheitlich bedenklicher Art und Menge in den Nahrungsmitteln vorhanden sein können. Einmal in die Nahrungskette eingeschleust, sind unentdeckte rückstandskontaminierte Lebensmittel praktisch nicht wahrnehmbar und ihre gesundheitlichen Folgen kaum zu identifizieren oder zuzuordnen. Dieser Sachverhalt birgt ein erhebliches, anonymes Gefahrenpotenzial beim unsachgemäßen Umgang mit Tierarzneimitteln und verweist auf die hohe Verantwortung des Tierarztes bei der Arzneimittelbehandlung so genannter landwirtschaftlicher Nutztiere (die Begriffe Lebensmittel liefernde Tiere und Nutztiere werden synonym gebraucht). Die Forderung nach einem sorgfältigen und medizinisch fachgerechten Umgang mit Arzneimitteln gilt in besonderem Maße für den Einsatz von Antibiotika.

32.2
Die Marktzulassungsverfahren für Tierarzneimittel

Die Marktgenehmigungsverfahren für das Inverkehrbringen von Tierarzneimitteln ähneln jenen der Humanarzneimittel. Die Verfahren für Tierarzneimittel sind im Wesentlichen durch die Verordnung (EG) Nr. 726/2004 des Europäischen Parlaments und des Rates vom 31. März 2004, die Richtlinie 2001/82/EG vom 6. November 2001 und die Richtlinie 2004/28/EG des Europäischen Parlaments und des Rates vom 31. März 2004 festgelegt [13, 14, 32]. Unter dem Aspekt des Verbraucherschutzes gelten in der EU für Tierarzneimittel allerdings zusätzliche Bestimmungen.

Seit 1. Januar 2000 dürfen in der EU Arzneispezialitäten für Lebensmittel liefernde Tiere nur noch pharmakologisch wirksame Stoffe enthalten, für die amtlich festgelegte Rückstandshöchstmengen (maximum residue limits, MRL-Werte) in Lebensmitteln tierischen Ursprunges festgelegt worden sind [31]. Das EU-weit gültige System der Festlegung von Höchstmengen für Tierarzneimittelrückstände wird durch die Verordnung des Rates Nr. 2377/90/EWG geregelt [33]. Es ist wiederholt wegen seiner Stringenz im Hinblick auf den Verbraucherschutz und daraus resultierender Anwendungsverbote zu Lasten einer uneingeschränkten Arzneimittelversorgung landwirtschaftlicher Nutztiere kritisiert worden.

Die Sicherheitsbeurteilung von Antibiotika und ihren Rückständen berücksichtigt die klassischen pharmakologischen und toxikologischen Parameter, nach denen jeder Wirkstoff evaluiert wird, und zusätzlich die mit dieser Stoffklasse inhärent verbundenen antimikrobiellen Risiken für die Ökologie der menschlichen Darmflora und der Selektion von Bakterien mit Resistenz gegen Antibiotika in Mensch oder Tier.

Für die Erlangung der Marktzulassung muss ein antimikrobiell wirksames Tierarzneimittel eine Reihe von Kriterien erfüllen: Es muss für die vorgesehene Tierart (Zieltierart) verträglich und im Rahmen der beanspruchten Indikationen klinisch wirksam sein, seine Rückstände in Lebensmitteln, die von behandelten Tieren gewonnen werden, müssen für den Konsumenten gesundheitlich unbedenklich sein. Zusätzlich darf durch die Anwendung von Antibiotika bei Tieren keine Gefahr für die Umwelt, beispielsweise durch Ausscheidung von Metaboliten mit antimikrobieller Aktivität in Urin und Kot (Gülle), entstehen.

Können für pharmakologisch wirksame Substanzen keine sicheren Rückstandshöchstmengen festgesetzt werden, beispielsweise wegen des Nachweises oder der berechtigten Annahme besonders gefährlicher toxischer Eigenschaften (wie etwa teratogenes, genotoxisches oder tumorigenes Potenzial), so werden die Stoffe in Anhang IV der genannten Ratsverordnung aufgenommen (s. u.). In diesem Anhang befinden sich Stoffe, welche für die Anwendung am Lebensmittel liefernden Tier explizit verboten sind. Hierzu zählen auch antimikrobiell wirksame Verbindungen (Chloramphenicol, Dapson, Nitrofurane und Nitroimidazole). Es können deshalb in der EU keine Arzneispezialitäten für Lebensmittel liefernde Tiere legal auf dem Markt sein, die diese Stoffe enthalten.

In der EU ist die Europäische Arzneimittelagentur (EMEA) in London für die Festsetzungsverfahren von Rückstandshöchstmengen sowie vieler anderer Aspekte, die mit der Evaluierung, Zulassung und Überwachung von Tierarzneimitteln zusammenhängen, verantwortlich [32].

Das Inverkehrbringen eines Tierarzneimittels setzt eine Marktzulassungsgenehmigung voraus. Seit 1998 existieren in der EU zwei Zulassungsverfahren: das zentrale (zentralisierte) und das dezentrale (dezentralisierte) Zulassungssystem. Das zentrale Verfahren – gemäß Verordnung (EG) Nr. 726/2004 [32] – ist bei der EMEA zu beantragen und erlaubt nach positivem Abschluss die Vermarktung der Spezialität in der gesamten EU; das dezentrale Verfahren gemäß Richtlinie 2001/82/EG [13] hat die Vermarktungsgenehmigung lediglich in bestimmten, vom Antrag stellenden pharmazeutischen Unternehmer ausgewählten EU-Mitgliedstaaten zur Folge. Als dritte Alternative, von der allerdings immer seltener Gebrauch gemacht wird, gibt es die so genannten nationalen Verfahren, bei denen die Zulassung ausschließlich für den jeweiligen inländischen Markt beantragt wird. Diese verschiedenen Verfahren bedingen eine heterogene Zusammensetzung des Tierarzneimittelmarktes in den verschiedenen Mitgliedstaaten der EU.

32.3
Einsatz von Antibiotika in der Veterinärmedizin

In der Veterinärmedizin werden Antibiotika als essenzielle Pharmaka für die Prävention und Behandlung bakterieller Infektionen eingesetzt. Sie sind nicht nur für die Gesunderhaltung der Tiere, sondern auch für die Erzeugung qualitativ hochwertiger und sicherer tierischer Lebensmittel und zur Verhütung ernährungsbedingter Krankheiten bei Menschen derzeit unverzichtbar.

Beachtenswert ist, dass die meisten antimikrobiellen Wirkstoffe, die zur Behandlung von Lebensmittel liefernden Tieren zugelassen sind, entweder identisch mit in der Humanmedizin eingesetzten Antibiotika oder mit ihnen chemisch verwandt sind. Dieser Umstand bedingt, dass im Grunde jede antibiotische Behandlung von Tieren zur Selektion von Bakterien mit Co- oder Kreuzresistenzen zu Substanzen führen kann, die auch zur Behandlung von Menschen verwendet werden.

Eine Reihe von Stoffen, wie zum Beispiel Ceftiofur, Cefquinom, Florfenicol und einige Fluorchinolone, darunter Enrofloxacin, Danofloxacin, Marbofloxacin und Difloxacin, die Makrolide Tilmicosin, Tylosin und Tulathromycin und die Gruppe der Pleuromutiline, wie beispielsweise Tiamulin und Valnemulin, werden ausschließlich in der Veterinärmedizin verwendet. Sie gehören jedoch mit Ausnahme der Pleuromutiline alle zu Wirkstoffgruppen, die auch in der Humanmedizin eingesetzt werden.

Von den als Tierarzneimittel eingesetzten Antibiotika sind antibiotische Leistungsförderer grundsätzlich zu unterscheiden. Hierbei handelt es sich um antimikrobiell wirksame Futtermittelzusatzstoffe, die bei Nutztieren nach futtermittelrechtlichen Vorgaben und nicht unter tierärztlicher Aufsicht mit dem Ziel einer Wachstumsförderung niedrig dosiert eingesetzt werden. Diesem rein wirtschaftlichen Nutzen steht das potenzielle Risiko einer Resistenzselektion gegenüber. So konnte unter dem Einsatz des Glykopeptids Avoparcin als Leistungsförderer eine Zunahme vancomycinresistenter Enterokokken sowohl bei den Tieren (z. B. Masthühner) und in von ihnen gewonnenen Lebensmitteln als auch bei Tierhaltern festgestellt werden [37]. Da Vancomycin ein Reserveantibiotikum in der Humanmedizin ist und ein Übergang solcher Resistenzen auf humanpathogene Keime zu einem Problem für die Therapie schwerer Infektionen in der Humanmedizin werden könnte, wurde Avoparcin 1997 als Leistungsförderer verboten; bislang gibt es allerdings keinen endgültigen Beweis und es ist nur wenig wahrscheinlich, dass lebensbedrohliche oder fatal verlaufene Infektionen mit vancomycinresistenten Enterokokken durch eine Übertragung von Tieren ausgelöst worden sind. Aufgrund des insgesamt ungünstigen Nutzen-Risikoverhältnisses wurden seitdem in der EU antibiotische Leistungsförderer schrittweise verboten; für die noch verbliebenen Wirkstoffe gilt ein Anwendungsverbot seit dem 1.1.2006 [29]. Einige der bisher als Leistungsförderer eingesetzten Wirkstoffe, z. B. Salinomycin, dürfen jedoch weiterhin als Kokzidiostatika dem Futter zugesetzt werden.

32.3.1
Verbrauch an Antibiotika in der Veterinärmedizin

Über die Menge der in der Veterinärmedizin eingesetzten Antibiotika liegen nur spärliche Daten vor. Nur in einigen EU-Mitgliedstaaten wird der Antibiotikaverbrauch systematisch erfasst und sind pharmazeutische Firmen gehalten, Verkaufszahlen ihrer Produkte zur Verfügung zu stellen.

Die FEDESA (Fédération Européenne de la Santé Animale; heutige Nachfolgeeinrichtung: IFAH, International Federation for Animal Health, Brüssel) hat vor einigen Jahren Verkaufsdaten über Antibiotika, darunter Penicilline, Tetracycline, Makrolide, Aminoglykoside, Fluorchinolone und Sulfonamid/Trimethoprim-Kombinationen, in der EU und der Schweiz für die Jahre 1997 und 1999 publiziert (Tab. 32.1) [6].

Für das Jahr 1997 wird der Gesamtverbrauch an Antibiotika für Humanmedizin und Tiergesundheit in der EU und in der Schweiz auf 12752 t geschätzt. Davon wurden insgesamt 5093 t bei Tieren eingesetzt, wobei 31% (1599 t) auf so genannte Leistungsförderer und etwa 69% (3494 t) auf therapeutisch eingesetzte Substanzen entfielen. 22% des verkauften Gesamtantibiotikakontingents kamen als Arzneimittel bei landwirtschaftlichen Nutztieren zur Anwendung. Aufgrund des schrittweisen Verbots von antibiotischen Leistungsförderern ist deren Verbrauch von 1997 bis 1999 drastisch zurückgegangen.

Den Hauptanteil an der Gesamtmenge der veterinärmedizinisch eingesetzten Antibiotika nehmen mit 66% Tetracycline ein, während Makrolide 12% und Penicilline 9% ausmachen. Alle anderen Gruppen von Antibiotika belaufen sich auf 12%. Im Gegensatz zu den Gegebenheiten in der Humanmedizin finden neuere Antibiotika wie etwa Vertreter der 3. Generation der Cephalosporine und Fluorchinolone gegenwärtig nur in einem vergleichsweise geringen Ausmaß veterinärmedizinische Anwendung.

Auf der Grundlage der EU-Verbrauchszahlen für 1997, der europäischen Bevölkerungszahlen, der Anzahl der Tiere der verschiedenen Nutztierarten (Rind, Schaf, Ziege, Schwein, Geflügel) können Dosen von 342 mg bzw. 54 mg Antibiotikum/kg Körpermasse/Jahr für Menschen bzw. Nutztiere kalkuliert werden [26]. Diese Rechnung weist auf einen überraschenden, etwa 6,3fach höheren Verbrauch von Antibiotika am Menschen im Vergleich zum Tier hin, wenn man den Antibiotikaverbrauch auf Körpermasse normiert (Tab. 32.2). Bei der Umrechnung des Antibiotikaverbrauchs auf standardisierte Tagesdosen (defined daily doses, DDD) liegt die Anzahl der jährlichen Behandlungstage mit Antibiotika beim Menschen um ein Vielfaches über der bei Tieren, was nicht nur für einen erhöhten Einsatz von Antibiotika, sondern auch für eine längere Behandlungsdauer im Vergleich zum Veterinärbereich spricht.

32.3.2
Antimikrobielle Therapie bei Lebensmittel liefernden Tieren

Jede antimikrobielle Therapie verfolgt das Ziel, bakterizid oder bakteriostatisch wirksame Konzentrationen eines geeigneten Antibiotikums am Ort der Infektion zu erreichen. Toxische Konzentrationsschwellen im Blut oder an anderen Körperstellen sollten dabei nicht überschritten werden.

Im Idealfall übt das Antibiotikum eine selektive Toxizität auf die infektionsauslösenden Bakterien aus und nicht auf Zellen oder Gewebe des behandelten Tieres. Bakteriostatisch wirksame Stoffe (z. B. Tetracycline, Makrolide, Lincosamide, Sulfonamide, Trimethoprim) hemmen lediglich die Vermehrung der Bakterien, während bakterizide Stoffe (z. B. β-Lactamantibiotika, Aminoglykoside, Fluorchinolone, Sulfonamid-Trimethoprim-Kombinationen) die pathogenen Erreger tatsächlich abtöten und ihre Zahl verringern. Für eine endgültige Elimination der Bakterien ist das Immunsystem des „Wirtes" aber wesentlich, insbesondere wenn Bakteriostatika verabreicht werden.

Die fachgerechte Auswahl eines für den konkreten Krankheitsfall geeigneten Antibiotikums setzt die Beachtung der Prinzipien eines sorgfältigen Umgangs mit Antibiotika bei jeder antimikrobiellen Therapie voraus. Von der WHO wurden Grundsätze für den „prudent use" von Antibiotika mit dem Ziel formuliert, die Entstehung von bakteriellen Resistenzen in behandelten Tieren zu minimieren [35]. Aber auch verschiedene Mitgliedstaaten der EU haben Leitlinien für den fachgerechten Einsatz von antimikrobiellen Stoffen in der Veterinärmedizin erarbeitet (z. B. [3]). Danach müssen Tierärzte beim Einsatz von Antibiotika unter anderem folgende Grundregeln beachten:

- Bei der Diagnosestellung muss zusätzlich zur klinischen Untersuchung des Tieres oder Tierbestands, wann immer möglich, eine mikrobiologische Diagnostik mit Identifizierung des infektiösen Agens und Bestimmung seiner antimikrobiellen Empfindlichkeit (Antibiogramm) durchgeführt werden. Bei Erkrankungen größerer Tiergruppen (Bestandserkrankungen) muss eine entsprechende Anzahl von Tieren untersucht werden und bei fortgesetzter Behandlung die Resistenzsituation durch regelmäßige mikrobiologische Untersuchungen überprüft werden.

Tab. 32.1 Gesamteinsatz von Antibiotika in der Europäischen Union [t].

	1997	1999	Differenz 1999–1997
Einsatz in der Therapie			
Humanmedizin	7 659 (60%)	8 528 (64,5%)	+11,3%
Veterinärmedizin[a]	3 494 (27,5%)	3 902 (29,5%)	+11,7%
Einsatz als Leistungsförderer	1 599 (12,5%)	786 (5,9%)	−50,9%
Summe	12 752	13 216	+3,6%

a) 80% hiervon betreffen die Anwendung an Nutztieren.

Tab. 32.2 Antibiotikaverbrauch für Mensch und Tier pro Jahr in Europa im Verhältnis zur Körpermasse und Behandlungsdauer in Tagen (EU 1997) [26].

Spezies	Population ($\times 10^6$)	Körpermasse ($\times 10^6$ kg)	mg/kg Körpermasse
Nutztierart (3494 t · 0,8)[a]			
Rind/Kalb	56,7	17,130	
Schaf/Ziege	79,1	2,359	
Schwein	190,5	20,398	
Geflügel (2 kg)	5,804	11,609	
Summe	6130,3	51,496	54
Mensch (60 kg) (7659 t)			
Summe	373	22,380	342

Dosierung	Mensch	Nutztier
Tägliche Dosis (Durchschnitt)	5–10 mg/kg KM	10–20 mg/kg KM
Behandlungstage/Jahr	34–68	2,7–5,4

a) 80% hiervon betreffen die Anwendung an Nutztieren.

- Es muss das am besten geeignete Antibiotikum gewählt werden. Dies bedeutet, wann immer möglich, sollte einem spezifisch wirksamen Schmalspektrum-Antibiotikum vor einem weniger spezifischen Breitspektrum-Antibiotikum der Vorzug gegeben werden. Weitere Auswahlkriterien sind eine ausreichende Anreicherung am Infektionsort und eine gute Verträglichkeit. Modernere antibakterielle Wirkstoffe, wie beispielsweise die Fluorchinolone und Cephalosporine der 3. Generation, die in der Humanmedizin als Reservemittel bei schweren Infektionen verwendet werden, sollten nur bei zwingender Indikation angewandt werden, wenn andere Antibiotika nicht mehr wirksam sind.
- Es muss das richtige Dosierungsschema unter Berücksichtigung der pharmakodynamischen Eigenschaften (antibakteriell wirksame Konzentrationen, bakterizide oder bakteriostatische Wirkung, postantibiotischer Effekt) und pharmakokinetischen Charakteristika (Übertritt aus dem Blut in die Gewebe, Elimination) des infrage kommenden Antibiotikums durchgeführt werden. Die Dosierung muss die erforderliche Plasma- bzw. Gewebekonzentration in Abhängigkeit von der Empfindlichkeit des vorhandenen Erregers sicherstellen. Die Applikationsart muss so gewählt werden, dass am Infektionsort bakteriostatische oder bakterizide Konzentrationen erreicht werden. Die Dosierungsintervalle bei Wiederholungsbehandlungen müssen der Dauer der antimikrobiellen Wirksamkeit am Infektionsort angepasst sein. Insbesondere sind Resistenz begünstigende Unterdosierungen und Therapielücken zu vermeiden. Die Dosen sollten ausreichend hoch sein, aber Überdosierung vermieden werden, um das Risiko unerwünschter Wirkungen zu vermindern. Die Behand-

lungsdauer sollte so lange wie nötig, aber so kurz wie möglich gehalten werden. Antimikrobiell wirksame Antibiotikakonzentrationen müssen bis zur Elimination des Erregers aufrechterhalten bleiben. Eine antibiotische Medikation sollte deshalb in den meisten Fällen für mindestens 3–7 Tage durchgeführt und nach dem Verschwinden der klinischen Symptomatik noch für 1–2 Tage fortgeführt werden.

Der prophylaktische Einsatz von Antibiotika sollte solchen Ausnahmesituationen vorbehalten bleiben, in denen für noch nicht infizierte Tiere erfahrungsgemäß ein erhöhtes Risiko einer bakteriellen Infektion besteht und der Erreger prognostiziert werden kann. Zur vorbeugenden Behandlung in größeren Tierbeständen, vor allem in Schweine- und Geflügelbeständen, werden Antibiotika auch metaphylaktisch eingesetzt, d.h. in Tiergruppen, in welchen einige Tiere bereits mit einem bekannten Erreger infiziert sind, Krankheitssymptome aber noch nicht aufgetreten sind. Der metaphylaktische Einsatz von Antibiotika soll den Ausbruch von Krankheiten und die Erregerausbreitung in einem Tierbestand im Vorfeld verhindern.

Neben der Beachtung dieser Kriterien spielen auch Aspekte der Behandlungskosten und die Wartezeiten, deren Länge von der verabreichten Arzneispezialität bestimmt wird, eine Rolle.

32.3.3
Antibiotikaverabreichung an landwirtschaftliche Nutztiere

Die Verabreichung von Antibiotika an Tiere erfolgt über verschiedene Applikationswege. Zur individuellen Behandlung von Tieren können sie parenteral, also durch intravenöse, intramuskuläre, intraperitoneale oder subkutane Injektion verabreicht werden. Zur Behandlung größerer Bestände von Kälbern, Schweinen und Geflügel werden Antibiotika aus Gründen der Praktikabilität meistens peroral über das Futter oder Trinkwasser appliziert. Antibiotika werden auch topisch, so zum Beispiel intraartikulär, intramammär, intrapleural, subkonjunktival, intratracheal und intrauterin angewandt. Darüber hinaus befinden sich spezielle galenische Zubereitungen wie Langzeitformulierungen und Arzneimittel-Vormischungen zur Herstellung von Fütterungsarzneimitteln auf dem Markt.

Eine besondere Art der peroralen Behandlung größerer Tierbestände ist die Verabreichung von Antibiotika in Form so genannter Fütterungsarzneimittel. Diese Arzneimittel sind durch die Richtlinie des Rates 90/167/EEC [15] definiert; sie dürfen nur aus Fütterungsarzneimittel-Vormischungen, die ihrerseits als zugelassene Arzneispezialitäten auf dem Markt sind, und definierten Mischfuttermitteln hergestellt werden. Fütterungsarzneimittel dürfen auf spezielle tierärztliche Verschreibung nur in durch die nationalen Behörden eigens lizensierten Mischbetrieben hergestellt werden. Jedoch gibt es in einigen EU-Ländern, nicht aber in Deutschland, auch für landwirtschaftliche Betriebe die Möglichkeit, Fütterungsarzneimittel herzustellen. Diese Betriebe müssen gesetzliche Voraussetzungen erfüllen und unterliegen behördlichen Auflagen; selbst hergestellte Fütterungsarzneimittel dürfen nur an den eigenen Tierbestand verabreicht werden. Allerdings ist die Behandlung von Tieren mit Fütterungsarzneimitteln mit spezifischen Problemen verbunden. Zu ihnen zählen inhomogene Wirkstoffverteilung im Futter, vorzeitiger chemischer Abbau der Wirkstoffe, unerwünschte Wechselwirkungen mit anderen Komponenten des Futters oder gleichzeitig verabreichten Pharmaka, verminderte Bioverfügbarkeit und Unterdosierung aufgrund verminderter Futteraufnahme durch die kranken Tiere. Ein weiteres Problem bei der bestandsweisen Behandlung von landwirtschaftlichen Nutztieren ist die Exposition einer großen Anzahl von Tieren oft über längere Zeiträume gegenüber Antibiotika mit einem entsprechend hohen Selektionsdruck für resistente Bakterien.

Die praktische Durchführung einer Antibiotikatherapie verläuft bei den verschiedenen Tierspezies unterschiedlich [17]. Die Arzneimittelbehandlung von Rindern geschieht meist individuell durch parenterale Injektion. Die orale Verabreichung von Antibiotika an erwachsene, ruminierende Wiederkäuer stellt wegen der möglichen Beeinträchtigung der mikrobiellen Pansenfauna und hieraus resultierender Verdauungsstörungen eher die Ausnahme dar, obwohl Arzneispezialitäten für die orale Behandlung erwachsener Rinder auf dem Markt sind (z. B. Sulfonamide). Die perorale Anwendung von Antibiotika erfolgt in erster Linie bei noch nicht ruminierenden Kälbern (junge Tiere mit noch nicht entwickeltem Pansen) entweder individuell bei der Fütterung nach Einmischung in den Milchaustauscher oder im Zuge einer Herdenbehandlung über das Tränkewasser. Für einige Antibiotika verbietet sich die Verabreichung in Milch oder Milchaustauscher (z. B. Tetracycline), da ihre gastrointestinale Resorption nach Lösung in diesen Matrices durch Komplexierung mit Calcium gestört sein kann.

Schweine können mit Antibiotika entweder individuell (z. B. per injectionem) oder, insbesondere wenn ein ganzer Bestand behandelt werden muss, peroral behandelt werden. Für letztere Anwendungsweise steht eine Vielzahl von Spezialitäten zur Selbsteinmischung in das Futter oder Tränkewasser durch den Tierhalter im Betrieb zur Verfügung. Zusätzlich können Antibiotika in Form so genannter Fütterungsarzneimittel verabreicht werden.

Die Verabreichung von Antibiotika an Geflügel geschieht praktisch ausnahmslos peroral über das Tränkewasser oder als Fütterungsarzneimittel. Für eine Reihe von Antibiotikaklassen, darunter Sulfonamide, Chinolone, Penicilline, Aminoglykoside, Tetracycline und Makrolide, wurden Rückstandshöchstmengen in Geflügelfleisch festgelegt. Demgegenüber sind zur antibiotischen Behandlung von Legegeflügel vergleichsweise wenige Antibiotika erlaubt, wie beispielsweise Tiamulin, Colistin, Tetracycline und Oxolinsäure. Dieser Umstand rührt aus der Tatsache, dass Antibiotika auch über das Ei „ausgeschieden" werden und Rückstandshöchstmengen in dieser Matrix nur für wenige Antibiotika festgelegt worden sind. Für viele Antibiotika würden unrealistisch lange Wartezeiten (s. u.) für das Ei erforderlich sein.

Zur Behandlung von Speisefischen stehen Chinolone und Tetracycline zur Verfügung. Zu beachten ist, dass jene Antibiotika, welche zur Anwendung bei allen zur Lebensmittelerzeugung genutzten Arten erlaubt sind, auch Fische einschließen, sodass die Anzahl von einsetzbaren antibiotischen Wirkstoffen tatsächlich deutlich höher ist.

Honigbienenvölker dürfen nicht mit Antibiotika behandelt werden. Für Honig wurden nur Rückstandshöchstmengen für antiparasitär wirksame Verbindungen festgelegt (z. B. Coumaphos, Amitraz, Flumethrin).

32.4
Die wissenschaftlichen Anforderungen an ein Antibiotikum zur Anwendung an Lebensmittel liefernden Tieren

Grundsätzlich gilt, dass ein Tierarzneimittel erst dann an Tiere verabreicht werden darf, wenn eine amtliche Genehmigung für das Inverkehrbringen erteilt worden ist.

In Hinblick auf die wissenschaftlichen Anforderungen definieren und detaillieren die genannten Richtlinien [13, 14, 32] die drei Grundparameter, denen jedes Tierarzneimittel im Zuge eines Marktzulassungsverfahrens gerecht werden muss, nämlich die pharmazeutische Qualität, die klinische Wirksamkeit und die Unbedenklichkeit. Der Sicherheitsaspekt von Tierarzneimitteln ist vielgestaltig und umfasst die Verträglichkeit des Arzneimittels bei Zieltier- und bei Nicht-Zieltierarten (die Zieltierart ist jene Tierart, für welche ein Tierarzneimittel zugelassen ist), die Sicherheit des Personals bei der Arzneimittelproduktion, beim sonstigen Umgang, bei der Anwendung am Tier sowie umwelttoxikologische Belange. Ein besonderes Augenmerk liegt allerdings auf dem Gesichtspunkt der gesundheitlichen Unbedenklichkeit von Arzneimittelrückständen im behandelten Tier zum Zeitpunkt der Schlachtung bzw. von ihm gewonnener Produkte wie Milch, Eier oder Honig.

Es ist ein Allgemeinplatz, dass die Verabreichung von Arzneimitteln an Tiere grundsätzlich zu Rückständen in tierischen Lebensmitteln führen kann. In der wissenschaftlichen Fachwelt besteht allerdings ebenso Einhelligkeit darüber, dass das Dogma der Nulltoleranz von Arzneimittelrückständen in Lebensmitteln der Vergangenheit angehört. Die chemische Analytik ist so empfindlich geworden, dass die Idealforderung der Gewinnung vollständig rückstandsfreier tierischer Lebensmittel wegen der in Kauf zu nehmenden untolerierbar langen Wartezeiten nicht mehr aufrechterhalten werden kann. Wie in anderen Bereichen der Lebensmittelsicherheit, etwa hinsichtlich Rückständen von Pestiziden in und auf pflanzlichen Lebensmitteln oder der Lebensmittelzusatzstoffe, kann auch für Arzneimittelrückstände in Lebensmitteln tierischen Ursprunges nicht von einem Nullwert ausgegangen werden, sondern es müssen vielmehr für die Gemeinschaft tolerierbare, d.h. für den Verbraucher ihrer Art und Menge nach unbedenkliche Rückstände definiert und akzeptiert werden. Es ist deshalb unumgänglich geworden, ein System zur Abschätzung tolerierbarer Rückstände zu etablieren, welches den Erfordernissen der öffentlichen Gesundheit ebenso gerecht wird wie den Gesetzmäßigkeiten der Arzneimittel-Rückstandsbildung in Tieren.

32.4.1
Die Festlegung von Rückstandshöchstmengen von Antibiotika in Lebensmitteln tierischer Herkunft

Die Verordnung des Rates Nr. 2377/90/EWG schreibt vor, dass für alle pharmakologisch wirksamen Stoffe, die zur Anwendung bei Lebensmittel liefernden Tieren vorgesehen sind, Rückstandshöchstmengen in den „essbaren Geweben" Muskulatur, Leber, Niere und Fett und tierischen Produkten Milch, Ei und Honig festgelegt werden müssen [33]. Der erfolgreiche Abschluss des bei der EMEA zu beantragenden Verfahrens zur Festsetzung von Rückstandshöchstmengen ist eine unabdingbare Voraussetzung für die später erfolgende Einleitung eines Marktzulassungsverfahrens für eine Tierarzneispezialität zur Anwendung bei Lebensmittel liefernden Tieren. Solche Verfahren müssen für alle Klassen von Pharmaka – etwa Antiparasitika, Entzündungshemmer, Anästhetika, Sedativa und Antibiotika sowie für Hormone und selbst für körpereigene Stoffe – durchgeführt werden.

Administrative, juristische und wissenschaftliche Details finden sich in der genannten europäischen Rückstandshöchstmengen-Verordnung [33], der Verordnung (EG) Nr. 726/2004 [32] und in den Richtlinien Nr. 2001/82/EG [13] und Nr. 2004/28/EG [14] sowie im Band 8 der Reihe „Die Regelung der Arzneimittel in der Europäischen Gemeinschaft" [5].

32.4.1.1 Die Festlegung des ADI-Wertes

Die Strategie der Festlegung von gesundheitlich unbedenklichen Rückstandshöchstmengen in Lebensmitteln tierischer Herkunft folgt weltweit und daher auch in der EU dem ADI-Prinzip (**a**cceptable **d**aily **i**ntake, akzeptable Tagesdosis), einem Verfahren zur Risikoabschätzung (risk assessment), das in abgewandelter Form auch der Festlegung von Pestizidrückständen in und auf pflanzlichen Lebensmitteln und der Sicherheitsbeurteilung von Lebensmittelzusatzstoffen zugrunde liegt und in analoger Weise auch von anderen internationalen Ausschüssen mit verwandter Aufgabenstellung, wie dem Joint FAO/WHO Expert Committee on Food Additives (JECFA), angewandt wird.

Bei der Evaluierung von Tierarzneimitteln für Lebensmittel liefernde Tiere muss der besondere Aspekt berücksichtigt werden, dass der Konsument nicht nur gegenüber der Muttersubstanz, die als Rückstand in Geweben vorkommen kann, sondern in den meisten Fällen zusätzlich einem Spektrum von Metaboliten exponiert ist, die in den Organen behandelter Tiere entstehen und auch mit der Milch oder in den Eiern ausgeschieden werden können. Bei Antibiotika müssen ferner mikrobiologische Risiken beachtet werden. Diese manifestieren sich beispielsweise in der Entstehung von resistenten Bakterien innerhalb des behandelten Tieres, die direkt oder über die Lebensmittelkette vom Tier auf den Menschen übergehen können, oder aber in der Anwesenheit von antimikrobiell wirksamen Rückständen im Lebensmittel mit Auswirkungen auf die humane Darmflora.

In der ersten Phase des „risk assessment" von Tierarzneimittelrückständen, wie etwa von einem Antibiotikum, findet eine Ermittlung des Gefährdungspotenzials und seiner Dosisabhängigkeit („hazard identification", „hazard characterization") statt, die zur Bestimmung des ADI-Werts führt. Dieser Wert stellt eine auf wissenschaftlicher Basis stehende Abschätzung jener Menge an Rückstand, ausgedrückt in µg/kg Körpermasse, dar, die lebenslang von Menschen mit der täglichen Nahrung ohne ein relevantes Risiko einer gesundheitlichen Beeinträchtigung aufgenommen werden kann.

Die Grundlage der ADI-Wert-Ermittlung bildet in den meisten Fällen jene (höchste) Dosis, die in einem geeigneten Tierexperiment hinsichtlich des empfindlichsten pharmakologischen oder toxikologischen Parameters ohne Effekt geblieben ist (NOEL, **no o**bserved **e**ffect **l**evel). Für die Findung dieser Dosis ist eine breite Palette pharmakologischer und toxikologischer Untersuchungen in Versuchstieren vorgeschrieben: Erarbeitung der wesentlichen pharmakodynamischen und pharmakokinetischen Eigenschaften, akute Toxizitäts- und (sub-)chronische Toxizitätsstudien sowie Studien zur Reproduktionstoxizität, Teratogenität, Genotoxizität und Kanzerogenität. Hinzu kommen Studien zu besonderen, stoffspezifischen Eigenschaften, z. B. zu neurotoxischen, immunotoxischen oder allergisierenden Effekten.

Soweit vorhanden und geeignet, sind auch toxikologische (epidemiologische) Daten heranzuziehen, die am Menschen erhoben worden sind.

Bei Rückständen antimikrobiell wirksamer Stoffe muss zusätzliches Augenmerk auf ihre eventuellen Effekte auf die menschliche Darmflora gerichtet werden. Denkbare Effekte sind Störungen der Ökologie der intestinalen Keimbesiedelung durch antibiotisch wirksame Lebensmittelkontaminanten und die Entstehung resistenter Keime.

Studien zu derartigen Wirkungen sind ihrer Natur nach komplex und die Wahl eines geeigneten experimentellen Modells, welches plausible Ergebnisse zu liefern in der Lage ist, bleibt dem Antragsteller weitgehend vorbehalten. Tatsächlich wurden in diesem Zusammenhang in vivo-Untersuchungen mit freiwilligen Personen oder speziellen Tiermodellen (z. B. gnotobiotische Mäuse) bereits vorgeschlagen, durchgeführt oder sogar akzeptiert [2, 12]. Auch gastro-intestinale in vitro-Modelle zur Simulierung der in vivo-Situation sind bekannt [9]. Am häufigsten werden in vitro-Untersuchungen zur Bestimmung minimaler Hemmkonzentrationen für wesentliche Vertreter der menschlichen aeroben und anaeroben Darmflora durchgeführt. Alle diese Versuchsanordnungen zielen auf die Bestimmung eines NOELs ab, welcher, alternativ zu den NOELs der klassischen Toxizitätstests, als Basis zur Bestimmung eines „mikrobiologischen" ADI-Wertes dienen kann.

Analoge Überlegungen gelten für Effekte auf Mikroorganismen, welche in der industriellen Lebensmittelverarbeitung Verwendung finden. Im Vordergrund steht die Evaluierung von Effekten niedriger Rückstandskonzentrationen in der Milch behandelter Kühe, welche für die Produktion von Käse oder Joghurt verwendet werden kann. NOELs diesen Typs spielen bei der Erarbeitung von zulässigen Rückstandsobergrenzen in der Milch eine große Rolle.

32.4 Die wissenschaftlichen Anforderungen an ein Antibiotikum

Aus der Palette der vorliegenden toxikologischen und mikrobiologischen Studien zu einem antibiotischen Wirkstoff muss der NOEL des am besten geeigneten toxikologischen oder pharmakologischen Endpunkts identifiziert werden (oftmals sind die mikrobiologischen NOELs niedriger als die toxikologischen), der die Grundlage zur Berechnung des ADI-Wertes bildet. Zur Ermittlung des toxikologischen ADI-Wertes wird der NOEL durch einen Sicherheitsfaktor dividiert, welcher die Unsicherheiten der Extrapolation der Ergebnisse von tierexperimentellen Studien oder toxikologischer in vitro-Daten auf den Menschen (pauschale Annahme einer 10fach höheren Empfindlichkeit des Menschen im Vergleich zum Versuchstier) und die interindividuelle Variation in der menschlichen Population abfangen soll (pauschale Annahme einer bis zu 10fach höheren Sensitivität besonders empfindlicher Bevölkerungsgruppen, z. B. Kleinkinder). Bei Vorliegen valider Toxizitätsdaten beträgt der „Un"sicherheitsfaktor 100 (10 · 10), er kann aber in Abhängigkeit von ihrer Natur und Qualität zwischen 10 (NOEL von Ergebnissen beim Mensch) und 1000 (irreversible toxische Wirkungen) schwanken (Abb. 32.1). Die Wahl des Sicherheitsfaktors ist nicht exakt wissenschaftlich begründet, sondern erfolgt pragmatisch mit dem Ziel eines „safety-first approach".

Die Ableitung eines „mikrobiologischen" ADI-Wertes erfolgt nach einer anderen Berechnungsformel, die von der EMEA und in vergleichbarer Weise vom FAO/WHO-JECFA angewendet wird. In Abbildung 32.2 ist beispielhaft die ADI-Wert-Ableitung für den antimikrobiellen Stoff Florfenicol dargestellt, für welchen ein „mikrobiologischer" ADI-Wert festgelegt worden ist. Es stellte sich heraus, dass nur die Muttersubstanz, nicht aber die im Tier gebildeten Metaboliten antimikrobielle Aktivität besitzen. Deshalb wurden nur für Florfenicol die

$$\text{ADI (mg/Person/Tag)} = \frac{\text{NOEL (mg/kg Kgew./Tag)} \times 60}{\text{Sicherheitsfaktor}}$$

Beispiel:

NOEL (im Versuchstier):	z.B. 0,1 mg/kg Kgew./Tag
Sicherheitsfaktor*:	100
ADI-Wert (Mensch):	0–1 µg/kg Kgew./Tag
für durchschnittliche Person (60 kg Kgew.):	0–60 µg//Tag

Der ADI-Wert definiert die gesundheitlich unbedenkliche Obergrenze des Rückstandes einer pharmakologisch wirksamen Substanz bei lebenslanger Aufnahme mit der täglichen Nahrung.

* Zusammensetzung des Standard-Sicherheitsfaktors 100:
Faktor 10 (Extrapolation Versuchstier → Mensch) × Faktor 10 (Extrapolation auf auf alle Bevölkerungsgruppen). Insgesamt kann der Sicherheitsfaktor in Abhängigkeit von der toxikologischen Datenlage zwischen 10 und 1000 schwanken.

Abb. 32.1 Berechnung des ADI-Wertes auf der Basis des NOEL.

$$\text{ADI} = \frac{\text{min. Hemmkonz.} \times \text{Fäkalbolus/Tag}}{\text{bioverfügbare Fraktion} \times \text{Kgew.}}$$

min. Hemmkonz.: minimale Hemmkonzentration (MHK) gegenüber dem empfindlichsten Repräsentanten der menschlichen Darmflora

Fäkalbolus/Tag: standardisierte ausgeschiedene Kotmenge pro Tag

bioverfügbare Fraktion: Fraktion der oral aufgenommenen antibiotisch wirksamen Rückstandsmenge, welche die Intestinalflora im hinteren Darmabschnitt erreicht

Kgew.: das durchschnittliche Körpergewicht ist auf 60 kg standardisiert

Für die Ableitung von mikrobiologischen ADI-Werten existieren verschiedene Modelle und Formeln. In der hier abgebildeten Formel sind Sicherheitsfaktoren, die fallweise zu beachten sind, unberücksichtigt.

ADI-Wert für Florfenicol:

MHK von Florfenicol für Fusobacterium sp: 0,36 µg/ml

$$\text{ADI} = \frac{0{,}36\ \mu\text{g/g} \times 150\ \text{g}}{0{,}3 \times 60\ \text{kg}} = 3\ \mu\text{g/kg Kgew.}$$

Florfenicol ist eine Nachfolgesubstanz für Chloramphenicol, das zur Anwendung bei Lebensmittel liefernden Tieren verboten ist. Die Substanz hat einen analogen Wirkmechanismus wie Chloramphenicol, doch unterscheidet sie sich durch das Fehlen der Nitrogruppe, welche für die Auslösung der als Nebenwirkung beim Menschen bekannten aplastischen Anämie verantwortlich gemacht wird. Florfenicol hat gegenüber Chloramphenicol ein erweitertes Wirkspektrum, da die Substanz durch das Fehlen einer spezifischen OH-Gruppe nicht durch die bakterielle Chloramphenicolacetyltransferase inaktiviert werden kann. Mittlerweile ist Florfenicol in der EU für alle Lebensmittel liefernden Tierarten zugelassen [23].

Abb. 32.2 ADI-Wert-Ableitung von Florfenicol (0–3 µg/kg KG).

minimalen Hemmkonzentrationswerte bei wesentlichen Repräsentanten aus der menschlichen Darmflora untersucht. Von zehn verschiedenen Isolaten waren Fusobakterien die empfindlichsten Mikroorganismen mit einem minimalen Hemmkonzentrationswert (MHK) von 0,36 µg/mL, welcher schließlich in die ADI-Wertberechnung einging [23] (Abb. 32.2).

Der auf der Basis einer chronischen Toxizitätsstudie mit Florfenicol in Hunden ebenfalls abgeleitete „toxikologische" ADI von 0,01 mg/kg KG/Tag wurde nicht berücksichtigt, da er deutlich höher lag als der mikrobiologische ADI-Wert von 0,003 mg/kg KG/Tag (entspricht 180 µg/Tag für eine Person mit 60 kg Körpergewicht).

Kann für einen Wirkstoff kein ADI-Wert gefunden werden, beispielsweise weil der Wirkstoff tatsächlich unter dem Gesichtspunkt des Konsumentenschutzes kritische toxische Eigenschaften aufweist (z. B. praktisch dosisunabhängige Genotoxizität, Teratogenität, irreversible Organtoxizität) oder die Qualität der Studien unzulänglich ist, so kann seine Anwendung bei Lebensmittel liefernden Tieren nicht erlaubt werden.

Das ADI-Konzept kann bei Substanzen versagen, für welche trotz guter Datenlage kein sicherer NOEL abgeleitet werden kann. Eine solche Situation kann eintreten, wenn für einen toxischen Effekt keine Schwellendosis feststellbar ist. In solchen seltenen Situationen muss nach alternativen Konzepten der Sicherheitsbewertung gesucht werden.

Ein Beispiel ist die allergisierende Wirkung von Penicillinen. Generell muss man davon ausgehen, dass die orale Aufnahme von penicillinhaltigen Lebensmitteln bei vorsensibilisierten Personen allergische Symptome in unterschiedlicher Schwere auslösen kann (etwa 2–2,5% der Menschen sind von einer Penicillinallergie betroffen). Dieser Aspekt wurde bei der Evaluierung der Penicilline durch die EMEA berücksichtigt. Im Bewertungsbericht zu Penicillinen heißt es, dass die Aufnahme von mindestens 10 IE Benzylpenicillin (1 IE = 0,6 µg Benzylpenicillin) notwendig ist, um eine allergische Reaktion in einem sensibilisierten Konsumenten hervorzurufen. In Ermangelung eines exakten ADI wurde vom Tierarzneimittelausschuss der EMEA und FAO/WHO-JECFA die maximal zulässige tägliche Aufnahme von Rückständen auf 30 µg Benzylpenicillin (Penicillin G)/Person begrenzt, da bei dieser Dosis das Risiko milder allergischer Reaktionen als unbedeutend und damit als unbedenklich unter dem Gesichtspunkt des Verbraucherschutzes eingeschätzt wird [22, 34].

Eine andere Herangehensweise wurde von der US FDA für den antimikrobiellen Leistungsförderer Carbadox praktiziert, für dessen genotoxische Wirkung kein ADI-Wert ableitbar ist. Durch Verwendung mathematischer Modelle zur linearen Dosisextrapolation bei niedrigen Dosen (Mantel-Bryan-Modell; one-hit linear extrapolation) wurde eine so genannte „scheinbar" sichere Dosis ermittelt, bei der das Tumorrisiko bei Versuchstieren bei lebenslanger Exposition kleiner als $1:10^6$ ist. Dieser Ansatz einer Risikobewertung wurde allerdings vom FAO/WHO-JECFA nicht übernommen [27]. In der EU sind alle Stoffe der Chinoxalingruppe (z. B. Carbadox, Olaquindox) zur Anwendung an Nutztieren verboten.

32.4.1.2 Rückstandshöchstmengen für Antibiotika in Lebensmitteln

Steht der ADI-Wert fest, können im zweiten Schritt des „risk assessment" auf der Basis von Untersuchungen zur Rückstandsdepletion in den essbaren Geweben und tierischen Produkten und unter Heranziehung standardisierter täglicher Verzehrsportionen die Rückstandshöchstmengen für die jeweiligen essbaren Gewebe (Zielgewebe) und tierischen Produkte festgelegt werden. Die Rückstandshöchstmengen sind EU-weit gültig und werden im Amtsblatt der

Europäischen Gemeinschaften publiziert. Sie dienen als Richtwert für die amtliche Überwachung von Tierarzneirückständen in Lebensmitteln.

Für die Ableitung der Rückstandshöchstmengen vom ADI-Wert wurde das Körpergewicht eines Menschen auf einheitlich 60 kg standardisiert und ein tägliches Verzehrspaket tierischer Lebensmittel für eine Person definiert. Dieses setzt sich, betrachtet man beispielsweise ein Rind, Pferd oder Schwein, aus 500 g Fleisch (300 g Muskelfleisch, 100 g Leber, 50 g Niere und 50 g Fett) zusammen, zu welchem gegebenenfalls noch 1,5 L Milch addiert werden müssen. Weitere Standardverzehrspakete wurden für Geflügel, Fisch und Honig definiert (Abb. 32.3). Die Rückstandshöchstmengen, ausgedrückt in µg/kg Frischgewicht, in den einzelnen Komponenten eines jeweiligen Verzehrspakets werden auf der Basis von spezifischen Untersuchungen zur Rückstandskinetik in der Zieltierart so festgelegt, dass die Summe den ADI-Wert nicht übersteigt.

Bei der Festsetzung von MRL-Werten spielen ferner noch folgende, teilweise nicht quantifizierbare Kriterien eine Rolle:
- Vereinbarkeit mit realistischen Wartezeiten,
  z.B. wurden für verschiedene Wirkstoffe keine MRL-Werte für Milch oder Eier festgelegt, da zu lange Ausscheidungszeiten zu wirtschaftlich untragbaren Wartezeiten führen würden,
- routinemäßige analytische Nachweisbarkeit,
- Anwendungshäufigkeit des Wirkstoffs (Frequenz, Dauer, Anzahl behandelter Tiere) und daraus resultierende Expositionshäufigkeit der Verbraucher,

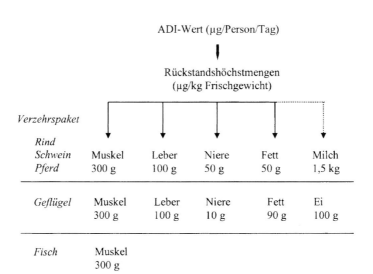

Abb. 32.3 Vom ADI-Wert zu den Rückstandshöchstmengen in Lebensmitteln tierischer Herkunft. Die Summe der Rückstandsgehalte der einzelnen, tierartspezifischen täglichen Verzehrspakete darf den ADI-Wert nicht überschreiten. Milch und Eier sind nur dann Bestandteil des Verzehrspakets, wenn der antibiotische Wirkstoff für Milch liefernde Tiere bzw. Legegeflügel vorgesehen ist.

Tab. 32.3 Sicherheitsaspekte im ADI/MRL-Konzept.

Parameter	Bemerkung
NOEL	niedriger als die tatsächliche toxische Schwellendosis
Sicherheitsfaktor 10×10	Ausgleich der Empfindlichkeitsunterschiede zwischen Mensch und Versuchstier (Faktor 10) bzw. innerhalb der menschlichen Population (Faktor 10). Tatsächlich sind beide Faktoren meistens <10
ADI	wirksame Dosen bei Menschen >> ADI
MRL	Summe der MRL in den täglichen Standard-Verzehrsportionen oftmals <ADI
Gesamtrückstand	Metaboliten meist schlechter bioverfügbar und weniger toxisch als Muttersubstanz
Verzehrsportion	Überschätzung der realen Verzehrsmengen (z.B. für Pestizidrückstände gelten kleinere Verzehrsportionen)
Lebensmittelverarbeitung	Verluste bzw. biologische Inaktivierung von Rückständen beim Kochen bleiben unberücksichtigt

Tab. 32.4 Auszug aus Anhang I der Verordnung des Rates 2377/90/EWG (Stand Oktober 2004).

Pharmakologisch wirksamer Stoff	Markerrückstand	Tierart	Rückstandshöchstmenge	Zielgewebe	Sonstige Vorschriften
Danofloxacin	Danofloxacin	Rinder, Schafe, Ziegen	200 µg/kg	Muskel	
			100 µg/kg	Fett	
			400 µg/kg	Leber	
			400 µg/kg	Nieren	
			30 µg/kg	Milch	
		Geflügel	200 µg/kg	Muskel	Nicht bei Tieren anwenden, von denen Eier für den menschlichen Verzehr gewonnen werden
			100 µg/kg	Fett	
			400 µg/kg	Leber	
			800 µg/kg	Nieren	

Die für einen pharmakologischen Wirkstoff festgesetzten Rückstandshöchstmengen werden im Amtsblatt der Europäischen Gemeinschaften tabellarisch publiziert. Rückstandshöchstmengen sind legal zulässige Konzentrationsobergrenzen von Markerrückständen in den Zielgeweben. Als Markerrückstände werden jene Rückstände innerhalb des gesamten Rückstandsspektrums eines Pharmakons bezeichnet, die analytisch gut fassbar sind. Im Falle von Danfloxacin ist dies die Muttersubstanz. Zielgewebe sind jene Gewebe bzw. tierische Produkte, in welchen der Markerrückstand in analytisch nachweisbarer Konzentration vorkommt. Fett oder Muskel sind immer als Zielgewebe zu bestimmen; ebenso sind Eier, Milch oder Honig immer Zielgewebe, wenn der Wirkstoff für Legegeflügel, Milch für den menschlichen Genuss liefernde Tiere oder Honigbienen vorgesehen ist. Danofloxacin darf in Arzneispezialitäten zur Behandlung von Rindern, Schafen und Ziegen, einschließlich Milch liefernden Tieren, verwendet werden. Legegeflügel ist im Gegensatz zu Mastgeflügel von der Behandlung mit danofloxacinhaltigen Spezialitäten ausgeschlossen, da kein Rückstandshöchstwert für Eier festgesetzt ist.

Tab. 32.5 In der Europäischen Union für die Behandlung von Lebensmittel liefernden Tierarten erlaubte antimikrobielle Wirkstoffe.

Stoffklasse	Substanz	Annex[a]	Tierspezies[b]
Sulfonamide	Die Rückstände aller Stoffe der Sulfonamidgruppe dürfen insgesamt 100 µg/kg nicht überschreiten.	I	Alle zur Lebensmittelgewinnung genutzten Tierarten
Diaminopyrimidin-Derivate	Baquiloprim,	I	Rinder, Schweine
	Trimethoprim	I	Alle zur Lebensmittelgewinnung genutzten Tierarten
Penicilline	Amoxicillin	I	Alle zur Lebensmittelgewinnung genutzten Tierarten
	Ampicillin	I	Alle zur Lebensmittelgewinnung genutzten Tierarten
	Benzylpenicillin	I	Alle zur Lebensmittelgewinnung genutzten Tierarten
	Cloxacillin	I	Alle zur Lebensmittelgewinnung genutzten Tierarten
	Dicloxacillin	I	Alle zur Lebensmittelgewinnung genutzten Tierarten
	Nafcillin	I	Rinder
	Oxacillin	I	Alle zur Lebensmittelgewinnung genutzten Tierarten
	Penethamat	I	Rinder, Schweine
	Phenoxymethylpenicillin	I	Schweine
Cephalosporine	Cefacetril	I	Rinder (Milch)
		II	Rinder (Fleisch)
	Cefalexin	I	Rinder
	Cefapirin	I	Rinder
	Cefazolin	I	Rinder, Schafe, Ziegen
	Cefoperazon	I	Rinder (Milch)
		II	Rinder (Fleisch)
	Cefquinom	I	Rinder, Schweine
	Ceftiofur	I	Rinder
	Cefalonium	I	Rinder (Milch)
		II	Rinder (Fleisch)
Chinolone	Danofloxacin	I	Alle zur Lebensmittelgewinnung genutzten Tierarten
	Difloxacin	I	Alle zur Lebensmittelgewinnung genutzten Tierarten außer Geflügel
	Enrofloxacin	I	Alle zur Lebensmittelgewinnung genutzten Tierarten
	Flumequin	I	Alle zur Lebensmittelgewinnung genutzten Tierarten
	Marbofloxacin	I	Rinder, Schweine
	Sarafloxacin	I	Hühner, Salmoniden
	Oxolinsäure	I	Alle zur Lebensmittelgewinnung genutzten Tierarten
Makrolide	Acetylisovaleryltylosin	I	Schweine
	Erythromycin	I	Alle zur Lebensmittelgewinnung genutzten Tierarten
	Spiramycin	I	Rinder, Schweine, Hühner
	Tilmicosin	I	Alle zur Lebensmittelgewinnung genutzten Tierarten
	Tylosin	I	Alle zur Lebensmittelgewinnung genutzten Tierarten
	Tulathromycin	I	Rinder, Schweine

Tab. 32.5 (Fortsetzung)

Stoffklasse	Substanz	Annex[a]	Tierspezies[b]
Amphenicole	Florfenicol	I	Alle zur Lebensmittelgewinnung genutzten Tierarten
	Thiamphenicol	I	Rinder, Hühner
Tetracycline	Chlortetracyclin	I	Alle zur Lebensmittelgewinnung genutzten Tierarten
	Doxycyclin	I	Rinder, Schweine, Geflügel
	Oxytetracyclin	I	Alle zur Lebensmittelgewinnung genutzten Tierarten
	Tetracyclin	I	Alle zur Lebensmittelgewinnung genutzten Tierarten
Ansamycin	Rifaximin	I	Rinder (Milch)
		II	Rinder (Fleisch)
Pleuromutiline	Tiamulin	I	Kaninchen, Schweine, Hühner, Puten
	Valnemulin	I	Schweine
Lincosamide	Lincomycin	I	Alle zur Lebensmittelgewinnung genutzten Tierarten
	Pirlimycin	I	Rinder
Aminoglycoside	Apramycin	I	Rinder
		II	Schweine, Kaninchen, Schafe, Hühner
	Dihydrostreptomycin	I	Rinder, Schafe, Schweine
	Gentamicin	I	Rinder, Schweine
	Neomycin (einschl. Framycetin)	I	Alle zur Lebensmittelgewinnung genutzten Tierarten
	Paromomycin	I	Alle zur Lebensmittelgewinnung genutzten Tierarten
	Spectinomycin	I	Alle zur Lebensmittelgewinnung genutzten Tierarten
	Streptomycin	I	Rinder, Schafe, Schweine
	Kanamycin	I	Alle zur Lebensmittelgewinnung genutzten Tierarten außer Fisch
Novobiocin	Novobiocin	I	Rinder (Milch)
		II	Rinder (Fleisch)
	Bacitracin	I	Rinder (Milch)
		II	Rinder (Fleisch)
	Colistin	I	Alle zur Lebensmittelgewinnung genutzten Tierarten
Beta-Lactamase-Inhibitoren	Clavulansäure	I	Rinder, Schweine

a) Annex der Ratsverordnung Nr. 2377/90/EWG; alle gelisteten Substanzen befinden sich in den Anhängen I–III und dürfen in Arzneispezialitäten für Lebensmittel liefernde Tierarten enthalten sein. Das Spektrum der im jeweiligen EU-Mitgliedsland zugelassenen Spezialitäten variiert allerdings. Weitere Details s. Tabelle 32.4.

b) Tierspezies, für welche in der EU Rückstandshöchstmengen festgelegt worden sind.
(Anmerkung: Einige Antibiotika, die nur intramammär angewendet werden dürfen, befinden sich für Milch in Anhang I und für Fleisch in Anhang II, da sie die Milch-Blut-Schranke nicht penetrieren können und somit keine Rückstände in essbaren Geweben nach lokaler Verabreichung verursachen. Apramycin ist für die ausschließliche orale Anwendung bei einigen Tierarten in Anhang II, da aufgrund vernachlässigbarer Resorption keine Rückstände in essbaren Geweben entstehen.)

- Rückstände des Wirkstoffs aus anderen Quellen (Pestizide, natürliche Kontaminanten),
- Kombinationswirkungen verschiedener Rückstände (z. B. Addition der antimikrobiellen Wirkungen verschiedener Antibiotikarückstände).

Das ADI/MRL-Prinzip für die Risikoabschätzung von Tierarzneimittelrückständen ist ein sehr konservatives Verfahren zum Schutz des Verbrauchers, das durch eine Reihe inhärenter Sicherheitsfaktoren oben genannte Unwägbarkeiten kompensiert (Tab. 32.3).

Rückstandshöchstmengen sind demnach legale Konzentrationsobergrenzen von Arzneimittelrückständen in tierischen Lebensmitteln (Zielgeweben), die nach wissenschaftlichen Kautelen festgelegt worden sind und nach menschlichem Ermessen keine gesundheitlichen Beeinträchtigungen, selbst bei theoretisch lebenslanger täglicher Aufnahme, zur Folge haben (Tab. 32.4).

In der EU sind für etwa 650 Wirkstoffe bzw. Wirkstoffgruppen Rückstandshöchstmengen festgelegt. Sie sind in den Anhängen I–III der Ratsverordnung Nr. 2377/90/EWG [33] aufgeführt und stehen der pharmazeutischen Industrie zur Herstellung von Arzneispezialitäten für Lebensmittel liefernde Tiere zur Verfügung. In Tabelle 32.5 sind alle antibiotischen Wirkstoffe aufgeführt, für welche derzeit Rückstandshöchstmengen festgesetzt sind.

32.4.1.3 Kategorisierung der Wirkstoffe

Nach Abschluss des Festlegungsverfahrens für Rückstandshöchstmengen wird der evaluierte Wirkstoff in einem der Anhänge I–IV der Rückstandshöchstmengen-Verordnung aufgenommen. Nur Stoffe der Anhänge I–III dürfen in Arzneimitteln für Lebensmittel liefernde Tiere enthalten sein, während für die Stoffe des Anhanges IV ein explizites Anwendungsverbot besteht (Ausnahme Pferd, s. u.) (vgl. Abschnitt 32.4.1.4).

Der Anhang I verzeichnet pharmakologische Wirkstoffe, für die aufgrund ausreichend guter wissenschaftlicher Dokumentation „endgültige" Rückstandshöchstmengen festgelegt werden konnten. Hierzu zählen alle Antibiotika zur systemischen Anwendung. In Anhang II sind jene Stoffe aufgenommen, für die keine Rückstandshöchstmengen festgelegt werden müssen, da von diesen zu keinem Zeitpunkt nach ihrer Verabreichung Rückstände entstehen, die ein gesundheitliches Verbraucherrisiko bergen. Zu solchen Stoffen zählen beispielsweise Substanzen, die nicht oder nur zu einem geringen Ausmaß in das Tier gelangen, die ohnehin Bestandteil der täglichen Nahrung oder identisch zu endogenen Stoffen sind oder die vom Tier schnell vollständig entgiftet und ausgeschieden werden. Anhang III listet jene Stoffe, für die aufgrund einer gegenwärtig nicht völlig befriedigenden Datenlage nur vorläufig gültige Höchstmengen festgelegt werden konnten. Der Antragsteller erhält eine Frist von maximal sieben Jahren, um die Mängel der Dokumentation bzw. der Datenlage zu beheben und das neue Erkenntnismaterial der EMEA zur abermaligen Begutachtung vorzulegen.

32.4.1.4 Nicht erlaubte Antibiotika

Anhang IV listet Wirkstoffe mit explizitem Anwendungsverbot für Lebensmittel liefernde Tiere auf. Die Verbote wurden auf der Basis bekannter Toxizitätsprofile oder aber wegen erheblicher toxikologischer Datenlücken ausgesprochen, aufgrund derer sich keine für den Verbraucher unbedenklichen Rückstandskonzentrationen festlegen lassen. Die Aufnahme dieser Stoffe in den Anhang IV folgt den Prinzipien des vorbeugenden Verbraucherschutzes und erfolgte nicht aufgrund öffentlich bekannt gewordener Verbraucherschädigung.

Für folgende Antibiotika besteht ein explizites Anwendungsverbot bei Lebensmittel liefernden Tieren gemäß Anhang IV der VO des Rates Nr. 2377/90/EWG [33]: Chloramphenicol, Dapson, Dimetridazol, Furazolidon, Metronidazol, Nitrofurane, Ronidazol.

Für den verbotenen Stoff Chloramphenicol konnten beispielsweise keine unbedenklichen Rückstandshöchstmengen festgelegt werden, weil es nicht möglich war, eine Schwellendosis für die Induktion der beim Menschen durch dieses Antibiotikum (als Nebenwirkung) hervorgerufenen aplastischen Anämie zu identifizieren. Darüber hinaus erwies sich Chloramphenicol in einigen in vitro- und in vivo-Genotoxizitätstests als positiv; adäquate Karzinogenitätsstudien und Reproduktionstoxizitätsstudien (in Versuchstieren) lagen nicht vor und auch für fetotoxische Effekte war kein NOEL ableitbar [24].

Für die Stoffgruppe der Nitrofurane [25] und Nitroimidazole [19–21] waren keine ADI- und Rückstandshöchstwerte ableitbar, da Stoffe beider Gruppen im Experiment mutagene, genotoxische oder kanzerogene Eigenschaften aufweisen.

Auch das Verbot der früher als Futterzusatzstoffe eingesetzten antibiotischen Verbindung Carbadox basiert auf ihren im Tierversuch nachgewiesenen genotoxischen und krebserregenden Eigenschaften [27, 30]. Weiterhin ist der Einsatz des Nitrofuranderivats Nifursol im Jahre 2002 als Futterzusatzstoff verboten worden [28].

Von diesen Wirkstoffen mit wissenschaftlich begründetem Anwendungsverbot sind jene Stoffe zu unterscheiden, die aufgrund eines abgebrochenen bzw. nicht abgeschlossenen Verfahrens zur Festsetzung von Rückstandshöchstmengen nicht bei Lebensmittel liefernden Tieren angewendet werden dürfen. Bei letzteren Stoffen, zu welchen beispielsweise das Antiphlogistikum Phenylbutazon, das Antiprotozoikum Diminazenaceturat und weitere, in der Verordnung (EG) Nr. 434/1997 des Rates genannte Stoffe zählen, wurde das Rückstandshöchstmengen-Verfahren entweder nicht eingeleitet oder vorzeitig vom Sponsor zurückgezogen [31]. Ein Anwendungsverbot nach Artikel 14 der Verordnung des Rates (EWG) 2377/90 besteht auch für alle Antibiotika, für die niemals ein Verfahren zur Festsetzung eines MRL-Wertes eingeleitet wurde und die somit nicht Aufnahme in einen der Anhänge I–III dieser Verordnung gefunden haben. Viele als Humanarzneimittel zugelassene, häufig eingesetzte und gut verträgliche Antibiotika dürfen wegen nicht erfolgter Sicherheitsbewertung nicht an Lebensmittel liefernde Tiere verabreicht werden.

Es ruft mitunter Verwunderung hervor, dass sich unter den für die veterinärmedizinische Anwendung bei landwirtschaftlichen Nutztieren explizit verbotenen antibiotischen Wirkstoffen, die aufgrund einer negativen Sicherheitsbewertung ihrer Rückstände in Anhang IV aufgenommen wurden, auch solche befinden, die zur Anwendung in der Humanmedizin zugelassen sind und sich bei jahrzehntelanger Anwendung als wirksam und hinreichend verträglich erwiesen haben (z. B. Chloramphenicol, Nitroimidazole, Nitrofurane). Dabei darf aber nicht außer Acht gelassen werden, dass die Anwendung dieser Arzneimittel beim Menschen in der Regel aufgrund einer individuellen, medizinisch gerechtfertigten Indikationsstellung und Verschreibung durch einen Arzt erfolgt. Hierbei steht das mögliche Risiko unerwünschter Wirkungen einem therapeutischen Nutzen gegenüber. Da die Verabreichung gezielt erfolgt, können Risikofaktoren, wie empfindliche Bevölkerungsgruppen und andere Kontraindikationen sowie Warnhinweise berücksichtigt werden. In jedem Falle muss die Anwendung von Arzneimitteln vom Patienten gewollt sein und erfolgt erst nach Aufklärung über mögliche unerwünschte Nebenwirkungen.

Die solchermaßen kontrollierte Arzneimittelanwendung am Menschen unterscheidet sich grundlegend von der Aufnahme von Arzneimittelrückständen in kontaminierten tierischen Lebensmitteln. Die Aufnahme von Rückständen (in erlaubter und unerlaubter Höhe) erfolgt unwissentlich, unkontrolliert, gegebenenfalls risikobehaftet und unabhängig von Alter, Geschlecht und individueller Disposition des Konsumenten. Es existiert ein ausschlaggebender Unterschied in der Nutzen-Risikoabwägung beim Arzneimitteleinsatz zwischen Menschen und Nutztier, da jedes nicht tolerierbare Rückstandsrisiko vermieden werden muss.

Das System der Rückstandshöchstmengen-Festlegung beruht auf dem Prinzip des wissenschaftlich begründeten, vorbeugenden Verbraucherschutzes. Jeder Tierarzt oder gegebenenfalls Tierhalter, der Arzneimittel an Nutztieren anwendet, hat deshalb über die unmittelbaren veterinärmedizinischen Obliegenheiten hinaus eine Verantwortung für wesentliche Belange der öffentlichen Gesundheit.

32.5
Die Wartezeit

Unter praktischen veterinärmedizinischen Bedingungen ist die wichtigste Maßnahme zur Gewährleistung des gesundheitlichen Verbraucherschutzes vor nicht unbedenklichen Tierarzneimittel-Rückständen die Einhaltung einer Wartezeit. Die Wartezeit ist Bestandteil des „risk management" und ist als jenes Zeitintervall in Tagen definiert, das nach der letzten Verabreichung eines Tierarzneimittels unter normalen Bedingungen verstreichen muss, bis das Tier geschlachtet werden darf bzw. bis zu dem keine Produkte für den menschlichen Genuss oder andere Anwendung am Menschen gewonnen werden dürfen. Während die EU-weit gültigen Rückstandshöchstmengen für pharmakologische Wirksubstanzen festgelegt sind, werden die Wartezeiten für jede Arzneispezialität individuell amtlich festgesetzt. Die geschieht entweder durch die EMEA (zentrale Zulassungen) oder von den jeweils zuständigen nationalen Behörden (dezentrale, nationale Zulassungen). Die Wartezeiten für essbare Gewebe und/oder tierische

Produkte einer bestimmten Tierart werden so festgelegt, dass nach dem Ablauf die festgelegten Rückstandshöchstmengen in den verschiedenen essbaren Geweben bzw. Produkten mit hoher statistischer Wahrscheinlichkeit (95%iges Konfidenzintervall) bei allen behandelten Tieren unterschritten sind, zuzüglich einer in Deutschland vorgeschriebenen angemessenen Sicherheitsspanne, die je nach Datenlage 10–20% dieses Zeitraums beträgt. Dadurch sollen Unwägbarkeiten in der Rückstandsbildung, z. B. durch veränderte Ausscheidung bei kranken Tieren, nicht bestimmungsgemäße Anwendung, Einflüsse von Haltungsformen (z. B. verlängerte Ausscheidungszeiten durch Wiederaufnahme ausgeschiedener Arzneimittel durch Koprophagie bei Geflügel in Bodenhaltung), abgedeckt werden. Die Antrag stellenden pharmazeutischen Firmen sind verpflichtet, ein analytisches Rückstandsnachweisverfahren, das festgelegten Parametern hinsichtlich Spezifität, Genauigkeit, Präzision und Praktikabilität entspricht und routinemäßig durchführbar sein muss, auszuarbeiten und später den Überwachungsbehörden zur Verfügung zu stellen.

Tierärzte sind gesetzlich verpflichtet, dem Tierhalter die für die essbaren Gewebe bzw. für das Ei oder die Milch festgesetzten und in der Produktinformation genannten Wartezeiten mitzuteilen. Die Länge der Wartezeiten der einzelnen Arzneispezialitäten ist sehr unterschiedlich und kann zwischen 0 bis etwa 90 Tagen schwanken. Die Wartezeitenfestsetzung geschieht auf der Basis spezifischer Rückstandsstudien, die für die Marktzulassung eines jeden Produktes vorgelegt werden müssen (Abb. 32.4). Sie sind also präparatspezifisch festzulegen, da sie bei gleichen Wirkstoffen in Abhängigkeit von der galenischen Formulierung oder des Verabreichungswegs erheblich differieren können. So wird z. B. für Depotpenicilline die wesentlich längere Wartezeit im Vergleich zu nicht retardierten Formulierungen durch die verzögerte Resorption und die Rückstandskinetik an der Injektionsstelle bestimmt. Bei oralen Formulierungen sind teilweise die Wartezeiten kürzer als für Injektionspräparate mit dem gleichen Wirkstoff, wenn dieser z. B. nur gering gastrointestinal resorbiert wird oder länger an der Injektionsstelle persistiert. Nach intramammärer Verabreichung polarer Wirkstoffe, wie Aminoglykosidantibiotika, die die Milch/Blutschranke kaum überwinden können, sind die Wartezeiten in essbaren Geweben wesentlich kürzer als nach parenteraler Gabe, wo sie wegen der wirkstoffspezifischen Kumulation in der Niere bis zu 90 Tage betragen können. Für verschiedene Cephalosporine sind nach intramammärer Verabreichung ebenfalls wegen fehlendem Übergang in die Blutbahn keine Wartezeiten für essbare Gewebe erforderlich. Für alle essbaren Gewebe gilt eine einheitliche Wartezeit, wobei das Gewebe mit der langsamsten Rückstandsdepletion Wartezeit bestimmend ist. Meistens sind das die Ausscheidungsorgane Leber und Niere, bei Injektionspräparaten kann es jedoch auch die Muskulatur wegen der Injektionsstelle sein.

Bei der Festsetzung von Wartezeiten für die Milch ist neben der gesundheitlichen Verbrauchergefährdung durch Überschreitungen der Rückstandshöchstmengen auch eine Störung industrieller Lebensmittelverarbeitungsprozesse, beispielsweise durch Beeinträchtigung des Wachstums von Starterkulturen für die Käse- oder Joghurt-Produktion, zu berücksichtigen.

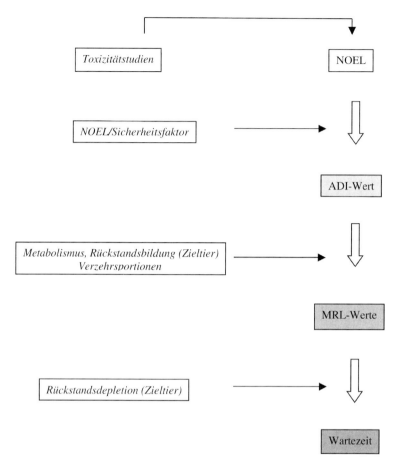

Der NOEL eines Wirkstoffes wird (tier-)experimentell bestimmt (mg Wirkstoff /kg Kgew./Tag). Mit Hilfe eines Sicherheitsfaktors wird aus dem NOEL der ADI-Wert der Rückstände für den Menschen errechnet (mg Rückstand/Person/Tag). Der ADI-Wert dient als Basis für die Festlegung der MRL-Werte in den Zielorganen und tierischen Produkten (Leber, Niere, Muskulatur, Fett, Milch, Ei, Honig; µg Rückstand/kg Frischgewicht). Die Festlegung der Wartezeit für die Arzneispezialität auf der Basis spezifischer Rückstandsdepletionsstudien im Zieltier erfolgt so, dass nach dem Ablauf alle MRL-Werte in den Zielorganen mit hoher statistischer Wahrscheinlichkeit unterschritten werden.

Abb. 32.4 Ablauf der Festlegung des ADI-Wertes und der Rückstandshöchstmengen für pharmakologische Wirksubstanzen sowie der Wartezeit für die Arzneispezialität.

32.6
Die Umwidmung von Tierarzneimitteln

Ein pharmakotherapeutisches Problem stellt sich für den Tierarzt in Fällen, in denen für eine bestimmte Tierart oder für eine bestimmte Erkrankung kein zugelassenes Arzneimittel verfügbar ist. Eine derartige, als „Therapienotstand" bezeichnete Situation tritt bei allen Nutztierarten auf, relativ häufig aber bei Schafen, Ziegen, Wassergeflügel und Kaninchen, da für die Vertreter solcher so genannter „minor species" vergleichsweise häufig kein spezifisches Tierarzneimittel auf dem Markt ist. Abgesehen vom rein klinischen Problem kommt hinzu, dass für solche Fälle keine gültigen Rückstandshöchstmengen und keine amtlich festgelegten Wartezeiten existieren. Um die Belange des Konsumentenschutzes in derartigen Situationen zu wahren, muss der Tierarzt in absteigender Prioritätenstufung („Kaskadenregel") einen der folgenden, in Artikel 11 der Richtlinie 2001/82/EG in Verbindung mit Richtlinie 2004/28/EG vorgegebenen Lösungswege beschreiten [13, 14]:

1. Verabreichung eines Tierarzneimittels, das in dem betreffenden Mitgliedstaat für eine andere Tierart oder für die betreffende Tierart, aber für eine andere Krankheit zugelassen ist.
2. Wenn es ein Tierarzneimittel nach 1. nicht gibt, kann ein zugelassenes Humanarzneimittel verwendet werden oder aus einem anderen EU-Mitgliedstaat ein für die betreffende Tierart zugelassenes Arzneimittel eingeführt werden.
3. Wenn es ein geeignetes Arzneimittel auch nach 2. nicht gibt, kann nach tierärztlicher Verschreibung (Rezept) ein geeignetes Arzneimittel in einer Apotheke oder in eingeschränktem Umfang in der tierärztlichen Hausapotheke hergestellt werden.

Die Anwendung der Kaskadenregel ist jedoch an Voraussetzungen gebunden; die Anwendung von umgewidmeten Arzneimitteln kann nur an Einzeltieren bzw. einer kleinen Gruppe von Tieren eines bestimmten Bestandes erfolgen, und auch nur, um den Tieren unzumutbare Leiden zu ersparen. Es ist zusätzlich zu beachten, dass die nach den Kaskadenstufen 1.–3. verwendeten Arzneimittel nur Stoffe enthalten dürfen, die in einem der Anhänge I–III der Verordnung des Rates (EWG) 2377/90 aufgeführt sind.

Bei der Umwidmung eines Arzneimittels auf eine andere Tierart bzw. von Mensch auf Tier gelten folgende Mindestwartezeiten: für essbare Gewebe 28 Tage, Milch und Eier 7 Tage und für Speisefische 500 Wassertemperaturgrade (500: Wassertemperatur in °C = Wartezeit in Tagen).

Im Sinne der genannten Verordnung stellt die Umwidmung eine Ausnahme dar, wenngleich ihre Inanspruchnahme in der Praxis oftmals notwendig ist. Es sei erwähnt, dass die Kaskadenregel in einigen EU-Mitgliedstaaten in abgewandelter Version in nationales Gesetz umgesetzt worden ist (z. B. in Österreich).

32.7
Arzneimittel-Sonderregelung für Pferde

Pferde und andere Equiden haben in einer am 28.1.2000 publizierten Entscheidung der Europäischen Kommission eine Sonderstellung erhalten [4]. Soweit sie nach den Eintragungen im Equidenpass als schlachtbar klassifiziert sind, dürfen sie bei Vorliegen eines „Therapienotstandes" (s.o.) derzeit auch noch mit Stoffen, die nicht in den Anhängen I–III der Rückstandshöchstmengen-Verordnung aufgeführt sind, behandelt werden (ausgenommen Stoffe des Anhanges IV). Durch Änderung in Artikel 10 der EU-Tierarzneimittelrichtlinie (Gemeinschaftskodex für Tierarzneimittel) wird diese Freizügigkeit künftig erheblich eingeschränkt. Dann dürfen bei diesen Pferden nur noch Stoffe, die nicht in den Anhängen I–III stehen, angewendet werden, wenn sie in einer von der EU-Kommission erstellten Liste von Arzneimitteln stehen, die für die Behandlung von Equiden wesentlich sind [14]. Diese Liste wird voraussichtlich auch verschiedene Antibiotika enthalten, die nur als Humanarzneimittel zugelassen sind (z.B. Amikacin, Rifampicin, Ticarcillin, Azithromycin, Imipenem, Levofloxacin). Nach Anwendung von Arzneimitteln, die solche Stoffe enthalten (z.B. Humanarzneispezialitäten), ist bis zur Schlachtung eine pauschale Wartezeit von sechs Monaten einzuhalten.

Alle Behandlungen mit Stoffen, die nicht in den Anhängen der Rückstandshöchstmengen-Verordnung stehen, sind in den Equidenpass einzutragen, der bei der Schlachtung überprüft wird. Pferde, die nach dem Equidenpass definitiv nicht zum Verzehr vorgesehen sind, dürfen zusätzlich mit allen Wirkstoffen, auch mit Wirkstoffen des Anhanges IV behandelt werden.

32.8
Antibiotikarückstände, Resistenzproblem und Verbraucherschutz

Das europäische Arzneimittelrecht schreibt vor, dass dem Antrag auf Marktzulassung antimikrobieller Verbindungen Angaben bzw. Unterlagen über die potenzielle Auswirkung von Rückständen auf die Darmflora des Menschen sowie auf die Mikroorganismen, die bei der industriellen Lebensmittelbearbeitung oder -verarbeitung Anwendung finden, beizufügen sind.

Im Hinblick auf den Schutz des Konsumenten werden vor allem zwei Risiken mit dem Einsatz von antimikrobiellen Wirkstoffen assoziiert. Zum einen können Rückstände nach ihrer Aufnahme mit einem Lebensmittel die Ökologie der Darmflora des Menschen beeinträchtigen und eine erhöhte Empfindlichkeit gegenüber Überwucherung mit pathogenen Keimen hervorrufen oder eine Resistenzselektion fördern [11]. Zur Bestimmung solcher Effekte wird, wie oben erwähnt, ein „mikrobiologischer" ADI-Wert abgeleitet.

Das zweite Risiko ist nicht mit Rückständen in Lebensmitteln verknüpft sondern bezieht sich auf den Kontakt von Konsumenten mit resistenten Bakterien, welche sich in Lebensmitteln befinden, die von Antibiotika behandelten Tieren gewonnen worden sind [6–8, 18]. Es wird weithin angenommen, dass die Hauptgefahr für die öffentliche Gesundheit in der Entstehung resistenter Keime im behandelten Tier und nicht in der Aufnahme von rückstandsbelasteten Lebensmitteln liegt. Die Problematik liegt darin, dass nahezu alle in der Veterinärmedizin angewandten Antibiotika mit den in der Humanmedizin verabreichten Antibiotika identisch oder zumindest mit ihnen strukturell verwandt sind, und der Einsatz am Tier deshalb zu Kreuzresistenzen führen kann. Das gefürchtete Szenario ist der Transfer von resistenten pathogenen Keimen vom Tier über das Lebensmittel auf den Menschen. Befürchtungen dieser Art werden durch bekannt gewordene lebensmittelverursachte Infektionen mit hoher Morbidität und Mortalität genährt. Multiresistente Salmonellen, Listerien, Campylobacter und pathogene *E. coli* (EHEC, VTEC) wurden in Nutztieren und Lebensmitteln tierischer Herkunft isoliert. Der Verdacht, dass der Einsatz von antimikrobiell wirksamen Verbindungen im Nutztierbereich zur Ausbreitung resistenter Bakterien führt und das Risiko erhöht, dass der Mensch mit resistenten Keimen oder mit antimikrobiellen Rückständen konfrontiert wird, ist oft geäußert worden.

Mögliche Übertragungswege bakterieller Resistenzen vom antibiotikabehandelten Tier auf den Menschen sind [26]:
1. Selektion resistenter Keime im Tier und Übertragung auf den Menschen durch
   – direkten Kontakt,
   – kontaminierte Lebensmittel,
   – Austausch von Resistenzgenen mit humanpathogenen Keimen,
2. Kolonisation und Ausscheidung resistenter Keime aus dem Darm mit nachfolgender Umweltkontamination,
3. Resistenzselektion in der humanen Darmflora durch antimikrobielle Arzneimittelrückstände.

Besonders kritisch wird die Zunahme von Fluorchinolonresistenzen bei Salmonellen und Campylobacter vor allem im Nutzgeflügelbereich gesehen [9]. Vereinzelt gibt es Berichte von schweren Salmonelleninfektionen bei Menschen, die, wie z. B. in Dänemark und England, durch multiresistente *Salmonella thyphimurium* DT104 verursacht wurden, deren Herkunft in Schweinemast- oder Milchkuhbetriebe zurückverfolgt werden konnte [9]. Insgesamt ist das Risiko von schweren Infektionen mit vom Tier stammenden resistenten Keimen bisher nicht quantifizierbar, erscheint jedoch im Vergleich zur Resistenzentwicklung durch den humanmedizinischen Einsatz von Antibiotika gering zu sein.

Es muss erwähnt werden, dass zu den gesundheitlichen Risiken von Antibiotikarückständen grundsätzlich auch jene, die unabhängig von ihren antimikrobiellen Eigenschaften existieren, gerechnet werden müssen. Hierzu zählen beispielsweise toxische, allergische, teratogene, genotoxische oder tumorigene Wirkungen. Diese Effekte sind bei der Etablierung des ADI-Wertes eines jeden Wirkstoffes Gegenstand der Evaluierung.

32.8.1
Rückstandsbefunde

Wenngleich die zuständigen Überwachungsbehörden immer wieder Antibiotikarückstände in tierischen Geweben und in der Milch feststellen, sind aus solchen Gegebenheiten heraus keine Fälle gesundheitlicher Verbraucherschädigung bekannt geworden. Vielmehr zeigen in Deutschland die Ergebnisse aus dem nationalen Rückstandskontrollplan, der seit 1989 bundesweit nach den Vorgaben der EU erstellt und durchgeführt wird, eine abnehmende Tendenz positiver Rückstandsbefunde. Die Kontrollen erfolgen in Tierbeständen, Schlachtbetrieben und sonstigen Betrieben, die unverarbeitete tierische Erzeugnisse (Milch, Eier, Honig, Wild) erhalten. Nach der deutschen Fleischhygieneverordnung müssen mindestens 2% der geschlachteten Kälber und 0,5% aller sonstigen gewerblich geschlachteten Tiere untersucht werden. Diese Stichprobengrößen liegen deutlich höher als die EU-Vorgaben. Die Ergebnisse für 1999 zeigen eine sehr geringe Inzidenz positiver Befunde: Bei der Überprüfung auf 352 Stoffe wurden bei 310 000 Untersuchungen in nur 0,44% der Proben Höchstmengen-Überschreitungen festgestellt. Darunter befanden sich auch antimikrobiell wirksame Stoffe wie Benzylpenicillin, Neomycin, Dihydrostreptomycin, Tetracyclin, Oxytetracyclin, Sulfonamide, Enrofloxacin, Ciprofloxacin und das bereits seit 1995 verbotene Chloramphenicol [10].

Trotz vereinzelter positiver Rückstandsbefunde liegen nur wenige ältere Berichte über unerwünschte Wirkungen bei Menschen vor, die möglicherweise auf Antibiotikarückstände zurückzuführen sind. Hierbei handelte es sich um allergische Erscheinungen bei sensibilisierten Personen nach der Aufnahme von penicillinhaltiger Milch oder anderen Lebensmitteln [36].

32.9
Zusammenfassung

In der EU existiert ein zusammenhängendes Regelwerk, das den möglichen Gefahren für die öffentliche Gesundheit durch Arzneimittelrückstände in Fleisch und anderen tierischen Lebensmitteln durch gesetzliche Maßnahmen und amtliche Kontrolle begegnet [1].

Das Sicherheitssystem umfasst die obligatorischen Arzneimittelzulassungsverfahren mit definierten wissenschaftlichen Anforderungen an einen pharmakologischen Wirkstoff und ein marktfähiges Fertigarzneimittel. Tierarzneimittel sind nur für bestimmte Tierarten, für bestimmte Krankheiten, mit einer bestimmten Dosierung und Verabreichungsart sowie gegebenenfalls einer verbindlichen Wartezeit zugelassen. Im Falle von Arzneimitteln zur Anwendung an Lebensmittel liefernden Tieren muss ein gesondertes wissenschaftlich begründetes Datenmaterial vorgelegt werden, welches die Unbedenklichkeit der Rückstände in den von behandelten Tieren gewonnenen Lebensmitteln belegt. Ebenso tragen die Umwidmungsregeln bei der Anwendung von Arzneimitteln an Tierarten, für welche das Arzneimittel nicht zugelassen ist, zur Verbrauchersicherheit bei. Für die Behandlung von Pferden, die grundsätzlich zu den Lebensmittel liefernden Tieren zählen, wurden Sonderregelungen getroffen, die ein erweitertes Arzneimittelspektrum verfügbar machen. Für Antibiotika müssen neben den „klassischen" Parametern der Arzneimitteltoxizität zusätzlich die möglichen mikrobiologischen „Gefahren" für die öffentliche Gesundheit untersucht und nach dem Stand der wissenschaftlichen Erkenntnisse ausgeschlossen werden [16].

Das in der EU installierte Rückstands-Überwachungssystem basiert auf der analytischen Kontrolle von definierten Rückständen in Tierorganen und Produkten mit festgelegten Rückstandshöchstkonzentrationen. Von den EU-Mitgliedstaaten sind ein jährlicher Rückstandskontrollplan auszuarbeiten und die festgelegten amtlichen Kontrollen durchzuführen. Die ständige Kontrolle von Arzneimittelrückständen ist eine wichtige Maßnahme zur Überwachung des Tierarzneimitteleinsatzes in der Praxis; Verletzungen von Rückstandshöchstmengen führen zur entsprechenden Ahndung. Die strikte Reglementierung des Umganges mit Arzneimitteln für Nutztiere verweist beispielsweise Überlegungen, durch bewusste Verabreichung von Antibiotika kurz vor der Schlachtung tierische Lebensmittel gegen bakteriellen Verderb zu schützen, in den illegalen Bereich.

Insgesamt liegen bisher, trotz fallweise aufgedeckter Mängel oder sogar festgestellter, sich über Staatsgrenzen erstreckender illegaler Gebarung und Anwendung von Antibiotika, nur wenige Publikationen über nachweisliche Vergiftungsfälle bei Konsumenten vor. In all diesen Fällen musste auf unsachgemäße Anwendung (Überdosierung, illegale Verabreichung) von Arzneimitteln rückgeschlossen werden. Diese Tatsache kann nicht beruhigen, sondern sie belegt im Gegenteil die unbedingte Notwendigkeit des immer wieder eingeforderten qualifizierten und rechtskonformen Umganges mit Tierarzneimitteln in den verschiedenen Bereichen der Nutztierhaltung.

32.10
Literatur

1 Berendt D (2000) The European residue control system: contribution of the Community Reference Laboratory Berlin, *Microchemical Journal* **67**: 31–30.

2 Boisseau J (1993) Basis for the evaluation of the microbiological risks to veterinary drug residues in food, *Veterinary Microbiology* **35**: 187–192.

3 Bundestierärztekammer (BTK), Arbeitsgemeinschaft der Leitenden Veterinärbeamten (ArgeVET) (2000) Leitlinien für den sorgfältigen Umgang mit antimikrobiell wirksamen Tierarzneimitteln – mit Erläuterungen, *Deutsches Tierärzteblatt* **48** Nr. 11 (Supplement).

4 Entscheidung der Kommission vom 22. 12. 1999 zur Änderung der Entscheidung 93/623/EWG und zur Festlegung eines Verfahrens zur Identifizierung von Zucht und Nutzequiden. Amtsblatt der Europäischen Gemeinschaften L 23 vom 28. 1. 2000, S. 72–75.

5 European Commission: Notice to applicants and note for guidance. Establishment of maximum residue limits (MRLs) for residues of veterinary medicinal products in foodstuffs of animal ori-

gin. Volume 8: The Rules governing Medicinal Products in the European Community. Brussels, F2/AW D (2003).

6 Fédération Européenne de la Santé Animale (FEDESA) (1998) Survey of antimicrobial usage in animal health in the European Union, July 1988, supplied to the European Agency for the Evaluation of Medicinal Products (EMEA).

7 Hilbert F, Rippel-Rachlé B, Paulsen P, Smulders FJM (2001) Die Bedeutung antibiotikaresistenter Keime im Lebensmittel tierischer Herkunft, *Wiener Tierärztliche Monatsschrift* **88**: 97–105.

8 Mayrhofer S, Paulsen P, Smulders FJM, Hilbert F (2004) Antimicrobial resistance profile of five major food-borne pathogens isolated from beef, pork and poultry, *International Journal of Food Microbiology* **97**: 23–29.

9 Mølbak K 2(004) Spread of resistant bacteria and resistance genes from animals to humans – the public health consequences, *J. Vet. Med. B* **51**: 364–369.

10 Nau H, Steinberg P, Kietzmann, M (2003) Lebensmitteltoxikologie. Rückstände von Stoffen mit pharmakologischer Wirkung, Parey, Berlin: 119–147.

11 Nord CE (1993) The effect of antimicrobial agents on the ecology of the human intestinal microflora, *Veterinary Microbiology* **35**: 193–197.

12 Nouws JFM, Kuiper H, van Klingeren B, Kruyswijk PG (1994) Establishment of a microbiologically acceptable daily intake of antimicrobial drug residues, *The Veterinary Quarterly* **16**: 152–156.

13 Richtlinie 2001/82/EG des Europäischen Parlamentes und des Rates vom 6. November 2001 zur Schaffung eines Gemeinschaftskodexes für Tierarzneimittel, Amtsblatt der Europäischen Gemeinschaften L 311 vom 28. 11. 2001, S. 1–66.

14 Richtlinie 2004/28/EG des Europäischen Parlaments und des Rates vom 31. März 2004 zur Änderung der Richtlinie 2001/82/EG zur Schaffung eines Gemeinschaftskodexes für Tierarzneimittel. Amtsblatt der Europäischen Gemeinschaften L 136 vom 30. 4. 2004, S. 58–84.

15 Richtlinie 90/167/EWG des Rates vom 26. März 1990 zur Festlegung der Bedingungen für die Herstellung, das Inverkehrbringen und die Verwendung von Fütterungsarzneimitteln in der Gemeinschaft. Amtsblatt der Europäischen Gemeinschaften L 092 vom 7. 4. 1990, S. 42–48.

16 Schmerold I, Dichtl J, Dadak A (2004) Tierarzneimittel und Konsumentenschutz, *Veterinary Medicine Austria/Wiener Tierärztliche Monatsschrift* **91** Suppl. 1: 5–11.

17 Schmerold I, Ungemach FR (2004) Antibiotics/Use in Animal Husbandry, in Jensen WK, Devine C, Dikeman M (Hrsg) Encyclopedia of Meat Sciences, Elsevier Ltd., Oxford, UK, 32–38.

18 The European Agency for the evaluation of medicinal products (1999) Antibiotic resistance in the European Union associated with therapeutic use of veterinary medicines. Report and qualitative risk assessment by the Committee for Veterinary Medicinal Products, EMEA/CVMP/342/99-Final.

19 The European Agency for the evaluation of medicinal products, Committee for veterinary medicinal products (1996) Dimetridazole (1) Summary Report. http://www.emea.eu.int/pfds/vet/mrls/dimetridazole1.pdf (accessed January 2005).

20 The European Agency for the evaluation of medicinal products, Committee for veterinary medicinal products (1996) Dimetridazole (2) Summary Report. http://www.emea.eu.int/pfds/vet/mrls/dimetridazole2.pdf (accessed January 2005).

21 The European Agency for the evaluation of medicinal products, Committee for veterinary medicinal products (1996) Dimetridazole (3) Summary Report. http://www.emea.eu.int/pfds/vet/mrls/dimetridazole3.pdf (accessed January 2005).

22 The European Agency for the evaluation of medicinal products, Committee for veterinary medicinal products (1996) Penicillins Summary Report. http://www.emea.eu.int/pfds/vet/mrls/penicillins.pdf (accessed January 2005).

23 The European Agency for the evaluation of medicinal products, Committee for veterinary medicinal Products (2002)

Florfenicol Summary Report (1). http://www.emea.eu.int/pfds/vet/mrls/florfenicol.pdf (accessed January 2005).

24 The European Agency for the evaluation of Medicinal Products: Chloramphenicol Summary Report 1996 http://www.emea.eu.int/pfds/vet/mrls/chloramphenicol.pdf (accessed January 2005).

25 The European Ageny for the evaluation of medicinal products, Committee for Veterinary Medicinal Products Nitrofurans Summary Report. http://www.emea.eu.int/pdfs/vet/mrls/nitrofurans.pdf (accessed January 2005).

26 Ungemach FR (2002) Einsatz von Antibiotika in der Veterinärmedizin: Konsequenzen und rationaler Umgang in Fachabteilung 8C-Veterinärwesen beim Amt der Steiermärkischen Landesregierung (Hrsg) Symposium Proceedings: Antibiotika und Resistenzen, Graz, Austria, 45–55, ISBN Nr. 3-901290-11-7.

27 Ungemach FR (2003) Toxicological evaluation of certain veterinary drugs in food: Carbadox, *WHO Food Additives Series* 51: 49–59.

28 Verordnung (EG) Nr. 1756/2002 des Rates vom 23. September 2002 zur Änderung der Richtlinie 70/524/EWG des Rates über Zusatzstoffe in der Tierernährung hinsichtlich des Widerrufs der Zulassung eines Zusatzstoffes sowie der Verordnung (EG) Nr. 2430/1999 der Kommission. Amtsblatt der Europäischen Gemeinschaften Nr. L 265/1 vom 2. 10. 2002, S. 1–2.

29 Verordnung (EG) Nr. 1831/2003 des Europäischen Parlaments und des Rates vom 22. September 2003 über Zusatzstoffe zur Verwendung in der Tierernährung. Amtsblatt der Europäischen Gemeinschaft L 268 vom 18. 10. 2003, S. 29–43.

30 Verordnung (EG) Nr. 2788/98 der Kommission vom 22. Dezember 1998 zur Änderung der Richtlinie 70/524/EWG des Rates über Zusatzstoffe in der Tierernährung hinsichtlich der Rücknahme der Zulassung bestimmter Wachstumsförderer. Amtsblatt der Europäischen Gemeinschaften, Nr. L 347 vom 23. 12. 1998, S. 31–32.

31 Verordnung (EG) Nr. 434/97 des Rates vom 3. März 1997 zur Änderung der Verordnung (EWG) Nr. 2377/90 zur Schaffung eines Gemeinschaftsverfahrens für die Festsetzung von Höchstmengen für Tierarzneimittelrückstände in Nahrungsmitteln tierischen Ursprungs. Amtsblatt der Europäischen Gemeinschaften Nr. L 67 vom 07. 03. 1997, S. 1.

32 Verordnung (EG) Nr. 726/2004 des Europäischen Parlaments und des Rates vom 31. März 2004 zur Festlegung von Gemeinschaftsverfahren für die Genehmigung und Überwachung von Human- und Tierarzneimitteln und zur Errichtung einer Europäischen Arzneimittel-Agentur. Amtsblatt der Europäischen Gemeinschaften L 136 vom 30. 4. 2004, S. 1–33.

33 Verordnung (EWG) Nr. 2377/90 des Rates vom 26. Juni 1990 zur Schaffung eines Gemeinschaftsverfahrens für die Festsetzung von Höchstmengen für Tierarzneimittelrückstände in Nahrungsmitteln tierischen Ursprungs. Amtsblatt der Europäischen Gemeinschaften, Nr. L 224 vom 18. 8. 1990, S. 1–8.

34 WHO (1991) Toxicological evaluation of certain veterinary drugs in food: Benzylpenicillin, *WHO Food Additives Series* **27**: 105–116.

35 WHO (2000) WHO global principles for the containment of antimicrobial resistance in animals intended for food, World Health Organization WHO/CDS/CSR/APH/2000.4

36 Wicher K, Reisman RE, Arbesman CE (1969) Allergic reactions to penicillin present in milk, *Journal of the American Medical Association* **208**: 143–145.

37 Witte W, Tschäpe H, Klare I, Werner G (2000) Antibiotics in animal feed, *Acta Veterinaria Scandinavia*, Supplement, **93**: 37–45.

33
Hormone

Iris G. Lange und Heinrich D. Meyer

33.1
Allgemeine Substanzbeschreibung

Hormone sind Botenstoffe, die in endokrinen Drüsen oder Geweben gebildet, ins Blut ausgeschüttet werden und in kleinen Mengen (10^{-7}–10^{-10} mol/L) in Zielzellen im Körper wirken. Die recht heterogene Substanzklasse der körpereigenen Hormone lässt sich in zwei Gruppen unterteilen, die der Steroide und der Nicht-Steroide, wie Peptid-/Proteohormone (Oxytocin, Somatotropin, Insulin), Fettsäure- (Prostaglandine, Leukotriene) und Aminosäurederivate (Thyroxin, Adrenalin). Die Gruppe der Nicht-Steroide hat aufgrund ihrer chemischen Natur nur eine geringe Halbwertszeit im Körper und ist nach oraler Aufnahme toxikologisch nicht relevant, während Steroidhormone aus dem Verdauungstrakt resorbiert werden können. Daher werden in diesem Kapitel nur die Steroidhormone und steroidartig wirksame relevante Verbindungen behandelt. Aufgrund ihrer lipophilen Eigenschaften werden Steroide in der ersten Phase der Biotransformation in der Leber wasserlöslich gemacht (Hydroxylierung, Oxidation etc.). An dieser Stelle setzen Strategien bei der Entwicklung oral wirksamer synthetischer Substanzen an. Diese werden strukturell so modifiziert (z. B. 17α-Alkylierung), dass Inaktivierungs- und Eliminationsreaktionen beeinträchtigt werden, d. h. derartige Substanzen sind in wesentlich geringeren Dosierungen oral wirksam, da im Gegensatz zu endogenen Hormonen ein geringerer Anteil dem First-pass-Effekt durch die Leber unterliegt und in den Blutkreislauf gelangt. Im Folgenden sollen neben den natürlichen Hormonen einige wichtige synthetische Substanzen beschrieben werden.

Die Anwendung von Hormonen ist bei der Haltung Lebensmittel liefernder Tiere zum Teil für zootechnische Zwecke (Östrussynchronisation, Östrusinduktion) weiterhin zugelassen [40]. Darüber hinaus wurden seit den 1950er Jahren hormonal wirksame Wachstumsförderer in der Tiermast eingesetzt, um die Futterumsetzung zu verbessern, die Stickstoffretention und die Proteinsynthese zu erhöhen und die Fettdepotbildung zu reduzieren. Sie entfalten ihre Wirkung in Abhängigkeit von Spezies, Geschlecht, Alter, Applikationsart, Dosierung und

Stickstoffgehalt im Futter [124]. Besonders effektiv ist die Anwendung bei Tieren mit niedriger endogener Hormonproduktion, wie Kälbern und Ochsen, aber auch Färsen. In der Europäischen Union sind hormonal wirksame Wachstumsförderer seit 1988 generell verboten [22]. Nach illegaler Anwendung können jedoch Rückstände in die Nahrung gelangen. Im Folgenden sollen einige wichtige Vertreter der Substanzklasse kurz beschrieben werden. Die entsprechenden Strukturformeln finden sich in Tabelle 33.1.

Östradiol-17β ist das wirksamste natürlich vorkommende Östrogen. Es wird im Ovar, der Plazenta, den Testes und in kleineren Mengen auch in der Nebennierenrinde produziert. Auch außerhalb dieser Drüsen, beispielsweise im Fettgewebe, entsteht es durch Aromatisierung von Androgenen.

Zeranol ist ein nicht-steroidales Östrogen mit anaboler Wirkung, das großtechnisch aus Zearalenon, einem Mykotoxin aus *Fusarium spp.*, synthetisiert wird. Es tritt aber auch natürlich als Metabolit in *Fusarium spp.*-Kulturen auf [103].

Diethylstilböstrol (DES) ist ein synthetisches nicht-steroidales Östrogen, das 80% der Bindungsaffinität von Östradiol-17β in Bezug auf Östrogenrezeptor α (rhERα; rekombinant hergestellt) besitzt [111]. Andere Arbeiten schreiben ihm sogar doppelt so hohe Affinitäten im Vergleich zu Östradiol-17β sowohl zu rhERα als auch zu rhERβ zu [69]. Das oral wirksame DES wurde 1938 erstmals synthetisiert und klinisch zur Verhinderung eines drohenden Aborts (A. imminens) eingesetzt. Weiter diente es zur Behandlung von Prostatatumoren. Zwischen 1947 und 1959 wurde es in der Hühnermast, bis 1979 in der Schaf- und Rindermast eingesetzt [84]. 1971 wurde erstmals über einen möglichen Zusammenhang von DES und dem Auftreten von Vaginal- und Zervikalkarzinomen bei acht jungen Frauen, deren Mütter während ihrer Schwangerschaft mit DES behandelt worden waren, berichtet [55]. Es wird geschätzt, dass zwischen 1948 und 1976 4–8 Millionen Schwangerschaften allein in den USA mit DES behandelt wurden [83]. Seine Anwendung ist heute verboten.

Testosteron, neben 5α-Dihydrotestosteron das wichtigste natürliche Androgen, wird hauptsächlich in den Leydigschen Zwischenzellen des Hodens, aber auch im Ovar und der Nebennierenrinde synthetisiert.

19-Nortestosteron ist ein weiteres Androgen, das relativ zu 5α-Dihydrotestosteron eine 75%ige Bindungsaffinität an den humanen Androgenrezeptor (rekombinant hergestellt; rhAR) besitzt [7]. Es ist ein u.a. bei Eber und Hengst sowie in der Follikelflüssigkeit der Frau und der Stute natürlich vorkommendes Steroid, das vermutlich als Zwischenstufe bei der Aromatisierung von Androgenen gebildet wird [79]. Bei der hochträchtigen Kuh und beim Kalb in den ersten Tagen nach der Geburt ist 17α-Hydroxy-4-estren-3-on (19-Nortestosteron-17α) nachweisbar [89].

Trenbolon ist ein sehr potentes Anabolikum, dem neben seiner androgenen auch gestagene [7, 88] und antiglucocorticoide Wirkungen [24] zugeschrieben werden. Die relative Bindungsaffinität des bovinen Glucocorticoidrezeptors gegenüber Trenbolon-17β beträgt 9,4% im Vergleich zu Cortisol [7]. Zur Wachstumsförderung beim Rind wird es in Form von Trenbolonacetat appliziert. Die

Tab. 33.1 Übersicht über ausgewählte hormonell wirksame Substanzen.

Trivialname	Chem. Bezeichnung	CAS-Nr.	Summenformel	MW[a)]	Strukturformel
17α-Acetoxyprogesteron	17α-Acetoxy-4-pregnen-3,20-dion	302-23-8	$C_{23}H_{32}O_4$	372,5	
Altrenogest/Allyltrenbolon	17α-Allyl-17β-hydroxy-4,9,11-estratrien-3-on	1061-33-8	$C_{21}H_{26}O_2$	310,4	
17β-Boldenon	17β-Hydroxy-1,4-androstadien-3-on	846-48-0	$C_{19}H_{26}O_2$	286,4	
Chlormadinonacetat	17α-Acetoxy-6-chlor-4,6-pregnadien-3,20-dion	302-22-7	$C_{23}H_{29}ClO_4$	404,9	

Tab. 33.1 (Fortsetzung)

Trivialname	Chem. Bezeichnung	CAS-Nr.	Summenformel	MW[a)]	Strukturformel
Clostebol	4-Chlor-17β-hydroxy-4-androsten-3-on	855-19-6	$C_{21}H_{29}ClO_3$	364,9	
Diethylstilböstrol	(E)-3,4-Bis(4-hydroxyphenyl)-3-hexen	56-53-1	$C_{18}H_{20}O_2$	268,4	
Dienöstrol	3,4-Bis(4-hydroxyphenyl)-2,4-hexadien	84-17-3	$C_{18}H_{18}O_2$	266,3	
17α-Ethinylöstradiol	17α-Ethinyl-3,17β-dihydroxy-1,3,5(10)-estratrien	57-63-6	$C_{20}H_{24}O_2$	296,4	

Name	Chemische Bezeichnung	CAS-Nr.	Summenformel	Molmasse
Flugestonacetat/ Cronolon	17α-Acetoxy-9α-fluoro-11β-hydroxy-4-pregnen-3,20-dion	2529-45-5	$C_{23}H_{31}FO_5$	406,5
Hexöstrol	meso-3,4-Bis(4-hydroxyphenyl)-2,4-hexan	84-16-2	$C_{18}H_{22}O_2$	270,4
Medroxyprogesteronacetat	17α-Acetoxy-6α-methyl-4-pregnen-3,20-dion	71-58-9	$C_{24}H_{34}O_4$	386,5
Megestrolacetat	17α-Acetoxy-6-methyl-4,6-pregnadien-3,20-dion	595-33-5	$C_{24}H_{32}O_4$	384,5

Tab. 33.1 (Fortsetzung)

Trivialname	Chem. Bezeichnung	CAS-Nr.	Summenformel	MW[a]	Strukturformel
Melengestrolacetat	17α-Acetoxy-6-methyl-16-methylen-4,6-pregnadien-3,20-dion	2919-66-6	$C_{25}H_{32}O_4$	369,5	
17α-Methyltestosteron	17β-Hydroxy-17α-methyl-4-androsten-3-on	58-18-4	$C_{20}H_{30}O_2$	302,5	
17β-Nortestosteron/ Nandrolon	17β-Hydroxy-4-estren-3-on	434-22-0	$C_{18}H_{26}O_2$	274,4	
17-Östradiol	3,17β-Dihydroxy-1,3,5(10)-estratrien	50-28-2	$C_{18}H_{24}O_2$	272,4	

33.1 Allgemeine Substanzbeschreibung | **1543**

Progesteron		57-83-0	$C_{21}H_{30}O_2$	314,5
Stanozolol		1018-03-8	$C_{22}H_{36}N_2O$	344,5
Testosteron		58-22-0	$C_{19}H_{28}O_2$	288,4
17β-Trenbolon		1061-33-8	$C_{18}H_{22}O_2$	270,4

Progesteron: 4-Pregnen-3,20-dion
Stanozolol: 17β-Hydroxy-17α-methyl-5α-androstan-[3,2-c]pyrazol
Testosteron: 17β-Hydroxy-4-androsten-3-on
17β-Trenbolon: 17β-Hydroxy-4,9,11-estratrien-3-on

Tab. 33.1 (Fortsetzung)

Trivialname	Chem. Bezeichnung	CAS-Nr.	Summenformel	MW[a]	Struturformel
α-Zearalanol/Zeranol	3,4,5,6,7,8,9,10,11,12-Decahydro-7α,14,16-trihydroxy-3-methyl-1H-2-benzoxacyclotetradecin-1-on	26538-44-3	$C_{18}H_{26}O_5$	322,4	
β-Zearalanol/Taleranol	3,4,5,6,7,8,9,10,11,12-Decahydro-7β,14,16-trihydroxy-3-methyl-1H-2-benzoxacyclotetradecin-1-on	42422-68-4	$C_{18}H_{26}O_5$	322,4	

a) MW: Molekulargewicht.

androgene Wirkung von Trenbolonacetat wird etwa drei- bis fünfmal stärker als die von Testosteronpropionat angegeben, die anabole acht- bis zehnmal [91].

Progesteron ist das wichtigste endogene Gestagen und als Synthesevorstufe weiterer Hormone in allen steroidproduzierenden Organen zu finden. Hauptproduktionsorte sind das Corpus luteum und die Plazenta. Eine ihm anfänglich zugeschriebene Wachstumsförderung [47] konnte später jedoch nicht mehr untermauert werden [87]. Progesteron wird in Kombination mit Östradiol eingesetzt, um dessen östrogene Nebeneffekte abzumildern.

Synthetische Gestagene werden in der Tiermedizin zur Östrussynchronisation eingesetzt. Im Gegensatz zu Progesteron sind sie oral wirksam. Ziel ist die Hemmung der Gonadotropinfreisetzung. Melengestrolacetat (MGA) wird vom bovinen Gestagenrezeptor etwa fünfmal stärker gebunden als Progesteron [7]. Darüber hinaus werden MGA glucocorticoide Wirkungen, jedoch keine androgenen Effekte zugeschrieben [7, 33]. MGA hat beim Rind, der gegenüber MGA sensitivsten Spezies [73], die zehn- bzw. hundertfache orale Wirksamkeit von Chlormadinonacetat (CMA) und Medroxyprogesteronacetat (MPA). In den USA und Kanada ist es in Dosen von 0,25–0,5 mg/d (Applikation etwa 90–150 d) bei Färsen zur Wachstumsförderung zugelassen. Die anabole Wirkung beruht auf einer Steigerung der endogenen Östradiolsynthese [54]. Nach Dosen von 0,5 mg/d steigt bei Färsen der Plasmagehalt an Östradiol-17β um das Vier- bis Fünffache und somit bis auf das Konzentrationsmaximum an, das während des normalen Zyklus erreicht wird. Doch die durch zunehmende Östradiolkonzentrationen ausgelöste positive Rückkopplung (Feedback), welche normalerweise die Ovulation auslöst, wird durch MGA gehemmt und der Zyklus in der späten Follikelphase angehalten [52].

CMA ist ein synthetisches Gestagen, das bei Rindern und Equiden zur Östrussynchronisation in oralen Dosen von 12 mg pro Tier für bis zu 20 d zugelassen ist [102]. Zum gleichen Zweck wird es bei Schafen und Ziegen in Dosen von 2,5 mg eingesetzt [36]. CMA bindet etwa mit einer um den Faktor 10 höheren Affinität an den bovinen Gestagenrezeptor als Progesteron [7] und hat im Gegensatz zu MGA eine nicht unbeträchtliche Affinität zum rhAR (15% Bindung relativ zu 5α-Dihydrotestosteron) [7]. Bis in die 1970er Jahre wurde CMA auch bei der Frau u.a. zur Behandlung von Dysmenorrhoe und Endometriose in täglichen Dosen von 10 mg und in oralen Kontrazeptiva in einer täglichen Dosis von 0,5 mg eingesetzt [36].

MPA ist ein weiteres oral wirksames Gestagen, dessen gestagene Wirkung niedriger ist als die von MGA und CMA (220% Bindung an den bGR relativ zu Progesteron) [7], das aber stärker an den Androgenrezeptor bindet (49% Bindung an den rhAR relativ zu 5α-Dihydrotestosteron) [7]. Es wird in der Veterinärmedizin zur Zyklussynchronisation und Östrusinduktion bei Schafen als intravaginaler Schwamm (60 mg MPA/Schwamm) einmal pro Jahr vor der Paarung angewendet [102]. In der Humanmedizin wird MPA als Kontrazeptivum, zur Behandlung hormonaler Dysfunktionen und in der Krebstherapie eingesetzt [34].

Flugestonacetat ist ein synthetisches Gestagen, das intravaginal bei Schafen und Ziegen zur Östrussynchronisation angewendet wird [102]. Ein Schwamm mit 30 oder 40 mg Flugestonacetat wird bei Schafen für 12–14 d appliziert, bei Ziegen liegt die Dosierung bei 45 mg für 17–21 d. Neben der gestagenen wird Flugestonacetat auch glucocorticoide Wirkung zugeschrieben. Androgene oder östrogene Nebeneffekte sind nicht nachweisbar [37].

Altrenogest ist ein synthetisches, oral aktives Gestagen; es wird bei Sauen (20 mg pro Tier und d für 18 d) und Stuten (0,044 mg/kg KG pro d für 10–15 d) zur Östrussynchronisation eingesetzt [102]. Neben der gestagenen und antigonadotropen Wirkung hat Altrenogest auch schwache östrogene, androgene und anabole Effekte, jedoch keine corticoiden oder antiinflammatorischen Wirkungen [35].

33.2
Vorkommen

Da die Anwendung von Hormonen in der Tiermast wie auch die Einfuhr von Lebensmitteln, die von hormonbehandelten Tieren gewonnen wurden, in der Europäischen Union verboten ist [22], sind Rückstände synthetischer Hormone nur nach missbräuchlicher Anwendung zu erwarten.

Östradiol, Testosteron und Progesteron sind jedoch in tierischen Lebensmitteln natürlich vorhanden, je nach Art und Reproduktionsstatus der Tiere in un-

Tab. 33.2 Konzentrationen natürlicher Steroidhormone im Plasma [53, 54, 57].

Spezies/Kategorie	Östradiol-17β [µg/L]	Testosteron [µg/L]	Progesteron [µg/L]
Rind			
Stier	0,01–0,05	1,0–20,0	0,1
Kuh	0,0024–0,017 (Färse)	0,01–0,05	0,2–12,0 (Färse)
	0,026–0,060 (Kuh, trächtig)		
Ochse	0,005	0,09	0,1
Kalb (m)		0,05–0,60	0,1–0,4
Kalb (w)		0,05–0,07	
Schaf			
Bock		0,5–28,0	
Schaf	0,005–0,020 (zyklisch)	0,30	0,2–8,0 (zyklisch)
	0,020–0,214 (trächtig)		8,0–19,0 (trächtig)
Kastrat (m)		0,05	
Schwein			
Eber	0,21–0,30 [a]	2,0–23,0	
Sau	0,018–0,082 (zyklisch)	0,4–1,9	0,2–25,0 (zyklisch)
	0,015–0,40 (trächtig)		10,0–12,0 (trächtig)
Börge		1,5–2,4	
Ferkel (m)		1,5	

[a] Gesamtöstrogene.

Tab. 33.3 Konzentrationen natürlicher Steroidhormone im Faeces [72].

Spezies	Kategorie	Östrogene [µg/kg]	Androgene [µg/kg]	Gestagene [µg/kg]
Rind	Kalb (m)	3	30	
	Kuh, zyklisch	5	110	30–390
	Kuh, trächtig	5–450		180–390
	Stier	9		
Schwein	Sau, zyklisch	7		130–1800
	Sau, trächtig	7–30		780–2400
	Eber	140		
Schaf	Schaf, zyklisch	10		440–1000
	Schaf, trächtig	10–300		1000–1200
	Bock	11		

terschiedlichen Konzentrationen (s. a. Abschnitt 33.3). Die Tabellen 33.2 und 33.3 verdeutlichen am Beispiel der Plasma- und Faeceskonzentrationen, in welch beträchtlichem Maße diese Konzentrationen schwanken.

Unter anderem in den USA [16] ist die Verwendung der natürlichen Steroidhormone, bzw. entsprechender Esterderivate, Testosteronpropionat (200 mg/Depotimplantat), Östradiol (8–28 mg/Depotimplantat) oder Östradiolbenzoat (10–28 mg/Depotimplantat) und Progesteron (100–200 mg/Depotimplantat) sowie von Trenbolonacetat (40–200 mg/Depotimplantat), Zeranol (12–72 mg/Depotimplantat) und MGA (0,25–0,5 mg/d) aber erlaubt [64] und weit verbreitet. Während Östradiol und Zeranol für Ochsen, Färsen und Kälber zugelassen sind, darf Trenbolon nur an Ochsen und Färsen verabreicht werden. Testosteron und MGA sind bei Färsen erlaubt, Progesteron bei Ochsen und Kälbern. Die Applikation erfolgt mit Ausnahme von MGA, das oral wirksam ist, in Form von Depotpräparaten subkutan in die Ohrmuschel.

33.3
Verbreitung in Lebensmitteln

Über die Gehalte endogener Steroidhormone in einzelnen tierischen Lebensmitteln informiert Tabelle 33.4.

Nach missbräuchlicher Anwendung von Steroidhormonpräparaten können weitaus höhere Gehalte an hormonell wirksamen Substanzen über Implantationsstellen in die Nahrung gelangen, die ganze Chargen von Fleischprodukten kontaminieren können. Das höchste Risiko geht dabei von den verbliebenen Implantaten aus. Nach acht Wochen können darin noch ca. 40% des ursprünglichen Wirkstoffgehaltes nachgewiesen werden. Tabelle 33.5 zeigt in einer Beispielrechnung, welche Menge an Fleisch mindestens nötig wäre, um die

Tab. 33.4 Konzentrationen natürlicher Steroidhormone in Lebensmitteln [29, 46].

		Östradiol-17β [µg/kg]	Testosteron [µg/kg]	Progesteron [µg/kg]
Kalb	Muskel	0,011 (0,004–0,033)	0,01–0,42 (w) 0,03–0,77 (m)	0,25
	Leber	0,017 (0,005–0,053)	0,01–0,12 (w) 0,1–0,32 (m)	0,27
	Niere	0,023 (0,008–0,069)	0,06–0,57 (w) 0,58–10 (m)	5,8
	Fett	0,017 (0,006–0,050)	0,02–0,49 (w) 0,27–3,9 (m)	
Färse	Muskel	0,008 (0,006–0,012)		3,8–44
	Leber	0,008 (0,0021–0,038)		0,79–1,5
	Niere	0,010 (0,003–0,040)		0,76–3,2
	Fett	0,030 (0,013–0,067)		17–38
Kuh, zyklisch	Muskel	0,002	0,02–0,09	
	Leber	0,009	0,01–0,19	
	Fett	0,017	0,03–0,61	
Kuh, trächtig	Muskel	0,016 (1. Trim.) 0,027 (2. Trim.) 0,033 (3. Trim.)	0,30–0,42	10
	Leber	0,058 (1. Trim.) 0,38 (2. Trim.) 1,03. (3. Trim.)	0,04–0,27	34
	Niere	0,009 (1. Trim.) 0,13 (2. Trim.) 0,23 (3. Trim.)	1,9–4,0	6,2
	Fett	0,018 (1. Trim.) 0,045 (2. Trim.) 0,077 (3. Trim.)	0,4–0,7	240
Kuh	Vollmilch	0,01–0,09	<0,01–0,15	9,5–13
	Butter	0,082	<0,05	130–300
	Joghurt	<0,02	<0,01	13
	Frischkäse	0,01	<0,1–0,15	1,7–30
	Schnittkäse	<0,01–0,03	<0,1–1,4	<1–44
Ochse	Muskel	0,005 (0,8–14)	0,01–1,1	0,01–3,9
	Leber	0,007 (0,9–14)		0,18–0,35
	Niere	0,003 (0,002–0,007)		0,4–1,6
	Fett	0,005 (0,002–0,010)		2,5–4,6
Stier	Muskel		0,34–1,44	0,06–0,6
	Leber		0,75	
	Niere		2,8	
	Fett	0,021	5,3–11	
Sau	Muskel	0,058	0,09	<0,01–1,76
	Leber	0,21	0,04	
	Niere	0,16	0,2	
	Fett	0,031	0,07	<0,01–0,01

Tab. 33.4 (Fortsetzung)

		Östradiol-17β [μg/kg]	Testosteron [μg/kg]	Progesteron [μg/kg]
Börge	Muskel	0,029	0,04	0,35–0,76
	Leber	0,077	0,04	
	Niere	0,17	0,3	
	Fett	0,029	0,01	
Eber	Muskel	0,91	3,7	
	Leber	9,7	1,2	
	Niere	12	13	
	Fett	0,43	12	
Huhn	Muskel	<0,004–0,015	<0,02	7,8
	Ei	<0,03–0,22	0,04–0,49	13–44
Hähnchen	Muskel	<0,004–0,02	<0,004–0,03	0,24

Tab. 33.5 Mögliche Kontamination von verarbeitetem Rindfleisch durch eine Implantationsstelle (250 g) [30].

Substanz	Angenommene Rückstandsmenge in einer Implantationsstelle	Zugrunde gelegter Grenzwert	Theoretische Chargengröße zur ausreichenden „Verdünnung"
Progesteron	50 mg	ADI 1,8 mg/60 kg	7 kg
Testosteron (als Testosteronpropionat)	30 mg	ADI 120 μg/60 kg	63 kg
Östradiol	7 mg	ADI 3 μg/60 kg	575 kg
Trenbolon (als Trenbolonacetat)	60 mg	MRL 2 μg/kg	26000 kg

in einem Implantat verbliebenen Rückstände so zu „verdünnen", dass die ADI eingehalten werden.

Im umgebenden Gewebe finden sich je nach Gewebeart und Ausgangsdosis Rückstände im mg/kg-Bereich. In peripheren Geweben liegen die Rückstände im ng/kg-Bereich (Tab. 33.6) [30, 70].

Die Rückstandssituation bei den für zootechnische Zwecke zugelassenen Gestagenpräparaten stellt sich wie folgt dar: Bei Schafen, die intravaginal mit MPA (Schwamm à 60 mg für 13 d) behandelt werden, findet man die höchsten Rückstandsmengen im Fett (>20 μg/kg 2 h nach Entfernung des Schwammes; 14 μg/kg nach 2 d; 7,5 μg/kg nach 5 d). In Leber und Muskel sind die Rückstandsmengen geringer (2 bzw. 1 μg/kg nach 2 h bzw. nach 2 d; <1 μg/kg nach 5 d).

Tab. 33.6 Steroidhormonkonzentrationen nach 8-wöchiger Behandlung von Färsen mit unterschiedlichen Implantationspräparaten [30, 70].

	Östradiol [a]	Testosteron [a]	Trenbolon [b]
Implantat	6,2 mg Östradiolbenzoat	66 mg Testosteronpropionat	45 mg Trenbolonacetat
Leber	0,03 µg/kg Östradiol-17β 0,25 µg/kg Östradiol-17α	0,025 µg/kg Testosteron	0,38 µg/kg Trenbolon-17β 5,0 µg/kg Trenbolon-17α
Fett	0,02 µg/kg Östradiol-17β	0,09 µg/kg Testosteron	0,28 µg/kg Trenbolon-17β 0,02 µg/kg Trenbolon-17α
Muskel	0,005 µg/kg Östradiol-17β	0,01 µg/kg Testosteron	0,09 µg/kg Trenbolon-17β

a) Synovex-H®: 200 mg Testosteronpropionat und 20 mg Östradiolbenzoat.
b) Finaplix-H®: 200 mg Trenbolonacetat.

In Milch wurden während der Behandlung Konzentrationen von 1,75–6 µg/L, nach Entfernung des Schwammes von 0,5–3,75 µg/L (entspricht Kontrollwerten) nachgewiesen, d. h. MPA wird aus Geweben und Milch rasch entfernt [34].

Zur Evaluierung der Rückstandssituation nach Behandlung mit CMA wurden zwölf laktierende Kühe (vier Behandlungsgruppen mit 1, 4, 7 bzw. 8 d Wartezeit vor der Schlachtung) oral mit 10 mg CMA für 20 d behandelt. Da der Muttersubstanz CMA die maßgebliche pharmakologische Aktivität zugerechnet wird, wird sie als Markersubstanz angesehen. Einen Tag nach der letzten Behandlung lagen die Rückstände in Niere und Muskel unter der Bestimmungsgrenze von 1 µg/kg, im Fett im Mittel bei 17 µg/kg, in der Leber bei 9 µg/kg. Nach 4 d Wartezeit fand man 4 µg/kg CMA in der Leber in einem Tier und 3 bzw. 10 µg/kg CMA im Fett zweier Tiere. Nach 7 d waren noch 2 µg/kg CMA im Fett einer Kuh nachweisbar. Fünf positive von acht Milchproben aus der gleichen Studie (Bestimmungsgrenze 0,25 µg/kg) enthielten nach einem Tag Wartezeit im Mittel 2,1 µg/kg CMA. Nach 2 d Wartezeit waren noch zwei von acht Proben positiv mit im Mittel 1 µg/kg CMA. Nach 7 d fand man nur noch in einer Probe 2,1 µg/kg [36].

Da Flugestonacetat ähnlich anderen Steroiden abgebaut wird (s. u.) und die Abbauprodukte für hormonell weniger aktiv gehalten werden, ist auch hier die Muttersubstanz die Markersubstanz. Geweberückstände wurden nur beim Schaf untersucht und zwar 1, 3 und 5 d nach einer 14-tägigen Behandlung mit einem 40 mg-Präparat. Nach einem Tag Wartezeit fand man die höchsten Rückstände im Muskel (1,84 µg/kg). In Fett, Leber und Niere waren 0,45, 0,44 bzw. 0,17 µg/kg enthalten. Diese Konzentrationen nahmen bis Tag 5 nach Absetzen des Präparates auf 0,06, 0,03, 0,03 bzw. 0,02 µg/kg in Muskel, Fett, Leber bzw. Niere ab. In Milch von Schafen und Ziegen folgten die Konzentration der Plasmakinetik (s. u.). Bei Schafen wurde nach 10 h ein Plateau von 1,33 µg/L erreicht, das 10 h nach Absetzen auf 0,22 µg/L und nach einem Tag Wartezeit auf

0,08 µg/L abfiel. In Ziegenmilch fand man zwischen Tag 1 und 4 der Behandlung 0,82 µg/L, zwischen Tag 5 und 11 0,64 µg/L. Danach fielen die Rückstände auf Konzentrationen von 0,1 µg/L 10 h und 0,03 µg/L 1 Tag nach Absetzen [37].

Die Gesamtrückstände von Altrenogest in Schweinen nach Behandlung mit der empfohlenen Dosis radioaktiv markierter Substanz sind am höchsten in der Leber (476 µg/kg nach 6 h, 105 µg/kg nach 5 d, 54 µg/kg nach 15 d, <30 µg/kg nach 30 d). In der Niere findet man 210 µg/kg nach 6 h, 23 µg/kg nach 5 d, <15 µg/kg nach 15 d. In Muskel und Fett waren die Konzentrationen zu allen Zeitpunkten ≤2 µg/kg. Die Leber- und Nierenproben nach 15- bzw. 30-tägiger Wartezeit wurden auch nach Extraktion untersucht. Altrenogest machte dabei weniger als 5% bzw. 20% der Radioaktivität in der Leber bzw. der Niere (jeweils entsprechend <2 µg/kg) aus. Die Rückstandssituation bei Pferden nach Applikation der vorgeschriebenen Dosis wurde sowohl mit radioaktiv markierter als auch unmarkierter Substanz durchgeführt. In der Tracerstudie fand man nach 4 h Wartezeit 1062 µg/kg Altrenogest in der Leber, 84,1 µg/kg in der Niere, 63,9 µg/kg im Fett und 12,4 µg/kg im Muskel. Nach 15-tägiger Wartezeit waren es 17,8 µg/kg, 1,1 µg/kg, 0,5 µg/kg bzw. 0,2 µg/kg. Die nach 15-tägiger Wartezeit gewonnene Leberprobe enthielt weniger als 5% (entsprechend <1 µg/kg) extrahierbare Muttersubstanz und andere extrahierbare unpolare Metabolite, genauer gesagt weniger als 0,12 µg/kg Altrenogest einschließlich eines Metaboliten gleicher Masse. Die Behandlung mit unmarkierter Substanz ergab nach 4 h Wartezeit 5,5–17 µg/kg Altrenogest in der Leber, 4,3–7,5 µg/kg in der Niere, 6,7–63,6 µg/kg im Fett und 1,6–5,8 µg/kg im Muskel. Zu späteren Zeitpunkten (2 bzw. 14 d) lagen die Rückstände unterhalb der Nachweisgrenze von 1 µg/kg Muskel bzw. 2 µg/kg Leber, Niere und Fett [35].

Zum sensitiven Screening auf hormonell wirksame Substanzen stehen eine Reihe radio- und enzymimmunologischer sowie HPLC-Messverfahren zur Verfügung. Zur Bestätigung verwendet man LC-MS- oder GC-MS-Verfahren. In bestimmten Fällen ist der Extraktion der Analyten eine enzymatische Hydrolyse konjugierter Metabolite vorzuschalten (vgl. dazu Abschn. 33.4).

Analytische Schwierigkeiten treten u.a. beim Nachweis einer Behandlung mit endogenen Hormonen auf, aber auch bei der Analyse von Zeranol. Es kann nämlich nicht nur nach illegaler Anwendung nachweisbar sein, da es vom Rind *in vivo* aus den *Fusarium spp.*-Toxinen α-Zearalenol und Zearalenon gebildet wird [65]. Zur Unterscheidung exogen applizierter natürlicher Hormone von endogen vorhandenen stellt die GC-C-IRMS einen vielversprechenden Ansatz dar, da exogen verabreichte Hormone zumeist niedrigere $\delta^{13}C$-Signaturen aufweisen als endogene [8].

Die Menge an Sexualhormonen, die von Menschen bzw. landwirtschaftlichen Nutztieren ausgeschieden wird, liegt in der gleichen Größenordnung. Die Ausscheidung von Östrogenen durch den Menschen in der EU wird jährlich auf 9,7–27 t/a [12, 62] geschätzt. Entscheidend beeinflusst wird diese Menge durch die Zahl schwangerer Frauen. Durch landwirtschaftliche Nutztiere werden in der EU im Jahr (Stand 2000) etwa 33 t Östrogene, in den USA etwa 49 t exkretiert, wobei die überwiegende Menge von trächtigen Kühen stammt. Exkretierte Androgene kommen zum größten Teil von Bullen (EU: 7,1 t/a, USA: 4,4 t/a), Gestagene von zyklischen und trächtigen Kühen (EU: 320 t/a, USA: 280 t/a). Neben endogenen tragen jedoch auch exogene Hormone, die in einigen Ländern außerhalb der EU legal als Anabolika in der Tiermast zugelassen sind oder in der Humanmedizin als Kontrazeptiva eingesetzt werden, zum Gesamteintrag in die Umwelt bei. So schätzen Blok und Wösten [12] den Eintrag von Ethinylöstradiol in den Niederlanden auf 16 kg/a, den synthetischer Gestagene auf 23 kg/a. Intestinale und Umweltmikroorganismen können Sexualhormone zum Teil degradieren, ihre Aktivität ist jedoch für einen vollständigen Abbau und den Verlust der hormonalen Aktivität nicht ausreichend. Natürliche Hormone werden in der ersten Stufe der Abwasserreinigung zu 35–55% abgebaut und zu 50–70% in einem Zweistufensystem, wohingegen synthetische Hormone, wie Ethinylöstradiol zu 5–25% in der ersten Stufe bzw. 20–40% im Zweistufensystem degradiert werden [116]. Abbauraten bei biologischer Rieselfiltrierung betragen für Östradiol-17β bzw. Ethinylöstradiol 92% und 64%, mittels Belebtschlamm werden 99,9% bzw. 78% abgebaut [118]. Ausscheidungen von landwirtschaftlichen Nutztieren gelangen ungeklärt in die Umwelt. Wenn man davon ausgeht, dass etwa 8% der in der Tiermast applizierten Wirkstoffdosis in die Umwelt gelangen [109], sind das allein in den USA im Jahr etwa 100 kg Östrogene und 1000 kg Androgene und etwa 10 kg MGA. Im Vergleich zur natürlichen Ausscheidung sind das 0,2% bei den Östrogenen oder 20% bei den Androgenen. Der Verbleib von Steroiden aus Ausscheidungen landwirtschaftlicher Nutztiere in der Umwelt wird stark durch Lagerungsbedingungen der Exkremente wie auch durch den Bodentyp der Felder, auf denen der Dung ausgebracht wird, beeinflusst. Partikelgröße und Gehalt an organischer Substanz beeinflussen Adsorption und Migration im Boden. Studien zeigen, dass niedrige Konzentrationen Trenbolon und MGA in landwirtschaftlichen Böden sehr mobil sind. Beide Hormone haben jedoch eine hohe Neigung, an die organische Substanz der immobilen Phase zu binden, was zu einer hohen Retardation im Boden führt [72].

33.4
Kinetik und innere Exposition

Hormone, die über Fleisch oder Milch vom Menschen aufgenommen werden können, sind unterschiedlich oral wirksam. Im Rahmen der Biotransformation in der Leber unterliegen die Substanzen unterschiedlichem oxidativem und reduktivem Umbau, wobei sich die synthetischen Wirkstoffe resistenter erweisen als die natürlichen.

Coert et al. haben bei Ratten gezeigt [17], dass Testosteronundecanoat nach oraler Aufnahme zum Teil schon in der Darmwand in 5α-Dihydrotestosteron umgewandelt wird und dieses zusammen mit unverändertem Ester durch die Lymphe absorbiert wird. Andere weniger fettlösliche Umsetzungsprodukte gelangten dagegen in den Pfortaderkreislauf. Durch die Aufnahme in die Lymphe und die Umgehung der Leberpassage kann ein Teil des Testosterons der unmittelbaren Inaktivierung in der Leber entzogen werden.

Die primären Abbauprodukte werden als Glucuronide, Glykoside oder Sulfate mit dem Urin oder der Galle ausgeschieden. Bei Schwein, Pferd und Mensch wird die überwiegende Menge an Steroidhormonmetaboliten über den Harn, beim Rind über den Kot ausgeschieden. Nach Hydrolyse durch bakterielle Glucuronidasen und Sulfatasen im Intestinaltrakt können die biliär eliminierten Verbindungen rückresorbiert werden (enterohepatischer Kreislauf), wodurch ihre Exkretion verzögert wird.

Östradiol-17β ist nur schwach oral wirksam. In einem Versuch mit einem feinpartikulär verteilten Präparat waren im Vergleich zur intravenösen Applikation nur etwa 5% oral verfügbar. Im humanen Plasma liegen etwa 40% gebunden an „sex hormone-binding globulin" (SHBG), 1–2% frei und der Rest an Albumin gebunden vor. Östradiol-17β besitzt beim Menschen eine biologische Halbwertszeit von ca. 30 min [133]. Bezüglich der wichtigsten endokrinen Parameter (endogene Konzentrationen, Halbwertszeit, humoraler Transport, Sensitivität des negativen „feedback"-Mechanismus, Eliminationsmetabolismus und -routen, produzierende Organe, Biorhythmik etc.) sind die Speziesunterschiede beträchtlich [71]. Minimale Werte werden in der Güstzeit (Zwischentragezeit) weiblicher Elefantinnen und Rinder sowie bei juvenilen Tieren (Kälber) gefunden (<1 ng/L Plasma); maximale Werte findet man bei Fischen während der Ovulationsphase vor der Laichsaison (>10 µg/L Plasma). In Analogie dazu zeigen die Gehalte an endogenem Östradiol in Lebensmitteln Unterschiede von mehr als einem Faktor 1000 (Kalbfleisch: 0,01 µg/kg, Kaviar: 15 µg/kg).

Die Plasmagehalte liegen nach Untersuchungen von Henricks et al. bei einer unbehandelten Färse bei 2,4–5,9 ng/L. Während einer 20-wöchigen Behandlung mit 140 mg Trenbolonacetat und 14 mg Östradiol-17β wurden zwischen 10 und 100 ng/L gemessen [54]. Östradiol-17β kann zu Östron oxidiert, zu Östriol oder Katecholöstrogenen hydroxyliert oder zu Östradiol-17α epimerisiert werden. Schließlich kann ein breites Spektrum an Mono- und Dikonjugaten gebildet werden (Sulfate, Glucuronide, Glykoside). Welches Produkt exkretiert wird, ist für den Organismus offensichtlich von geringer Bedeutung, da auch innerhalb einer Spezies individuelle Unterschiede bestehen. Der Mensch exkretiert hauptsächlich Östriol, während Pferde und Schweine vorwiegend Östron und Östradiol-17β eliminieren. Beim Rind überwiegt Östradiol-17α. Neben den wasserlöslichen werden auch unpolare Metabolite, Östradiolfettsäureester, synthetisiert [82, 95]. Die Veresterung scheint die einzige Form der Metabolisierung zu sein, bei der Östradiol nicht inaktiviert wird [96, 126]. Durch diesen Schritt wird ein Depot gebildet, aus dem bei Bedarf Östradiol wieder ins Blut freigegeben werden kann. Die Dissoziationskonstante von Östradiol-17β und ERα liegt im Bereich von 0,1–1,0 nM [2]. Die Östradiol-17β-Metabolite Östriol, Östron und Östradiol-17α werden mit einer relativen Affinität von 26%, 14% bzw. 13% vom rhERα gebunden, die Katecholöstrogene 2- und 4-Hydroxyöstradiol mit einer relativen Bindungsstärke von 17 bzw. 34% [111]. In einem Reportergenassay hingegen wurde die Aktivität von Östradiol-17α gegenüber dem rhERα mit 7%, die gegenüber dem rhERβ mit 2% beschrieben [69].

Auch Zeranol zeigt bedeutende Speziesunterschiede, was die Exkretionsroute, die Konjugationsrate und das Ausmaß an oxidativem Abbau anbelangt. Hauptmetabolit in den sieben bisher untersuchten Spezies (Ratte, Kaninchen, Rind, Schaf, Hund, Affe, Mensch) ist Zearalanon. Taleranol (β-Zearalanol) spielt eine untergeordnete Rolle [4]. Die relative Affinität zum rhERα wird für Zeranol mit 57%, für Taleranol mit 19% und für Zearalanon mit 13% angegeben [111]. Während beim Menschen die Ausscheidung eher über die Niere erfolgt [90], überwiegt beim Rind die Elimination über die Galle [112]. Die Plasmahalbwertszeit von Zeranol liegt beim Menschen nach einer oralen Einzeldosis bei 22 h [4].

DES wird nach oraler Gabe sehr rasch absorbiert, die Plasmakonzentration zeigt beim Mann nach 20–40 min ein Maximum. Nach einem anfänglich raschen Abfall pendelt sie sich nach 3–6 h ein und zeigt in der Spätphase der Exkretion eine Halbwertszeit von 2–3 d. Bei Schaf bzw. Ochse wird eine Plasmaspitzenkonzentration 16 bzw. 12 h nach oraler Gabe erreicht [84]. Der Hauptmetabolit von DES in einer Vielzahl bisher untersuchter Säugetierspezies, so auch beim Menschen, ist DES-Glucuronid. Bei der Henne scheint auch DES-Monosulfat von Bedeutung zu sein. Nager zeigen im Gegensatz zu Primaten einen ausgeprägteren oxidativen Metabolismus. Den Hauptanteil an oxidativen Metaboliten in der Fraktion der Glucuronide machen im Primatenharn Z,Z-Dienöstrol und 1-Hydroxy-Z,Z-dienöstrol aus; sie zeigen jedoch nur noch geringe östrogene Wirkung [84]. Ein für die genotoxische Wirkung von DES entscheidender Metabolit ist DES-4′,4″-Chinon, eine Zwischenstufe bei der Bildung von Z,Z-Dienöstrol [77]. DES-Glucuronid unterliegt einem enterohepatischen Kreislauf, und zwar je nach Spezies in unterschiedlichem Maß, da das Ausmaß der biliären Exkretion vom Molekulargewicht einer Substanz abhängt und dieser Schwellenwert speziesspezifische Unterschiede aufweist. So ist der enterohepatische Kreislauf von DES-Glucuronid (MW 444) bei der Ratte (Schwellenwert für die biliäre Exkretion MW >320) stärker ausgeprägt als beim Menschen (Schwellenwert MW >420). DES wird demzufolge vom Menschen hauptsächlich über den Urin in Form von DES-Glucuronid ausgeschieden, während beim Schwein renale und fäkale Elimination sich etwa die Waage halten [84]. Bei Rind und Schaf überwiegt die Exkretion der freien Form über den Faeces [66].

Testosteron wird nach oraler Gabe gut absorbiert, bei der ersten Leberpassage jedoch rasch abgebaut, weshalb z.B. nur etwa 4% einer Dosis von 25 mg in einer Studie an jungen Frauen nach oraler Gabe bioverfügbar waren [133]. Im humanen Plasma liegt Testosteron zu 54% an Albumin und zu 44% an SHBG gebunden vor. Nur 1–2% kommen frei vor. Die Plasmahalbwertszeit beträgt etwa 10 min [133]. Testosteron wird in der Leber zunächst zu Androstandion abgebaut und anschließend hauptsächlich in Form von Glucuroniden und Sulfaten des Androsterons (3α-Hydroxy-5α-Androstan-17-on) und des Etiocholanons (Isoandrosteron, 3α-Hydroxy-5β-androstan-17-on) ausgeschieden [120]. Bei den Wiederkäuern (Ruminantia) ist Testosteron-17α der Hauptmetabolit [105].

Trenbolonacetat wird im Tierkörper rasch in das aktive Trenbolon-17β umgewandelt, das weiter zu Trendion oxidiert und schließlich zu Trenbolon-17α reduziert werden kann [99]. Im Muskel und Fett des Rindes findet man Rückstände vorwiegend in Form von Trenbolon-17β, in Leber und Niere in Form von Trenbolon-17α. In einer 20-wöchigen Behandlungsperiode lagen die Plasmagehalte von Färsen bei 6–58 ng/L nach Implantation von 140 mg Trenbolonacetat und 14 mg Östradiol-17β bzw. bei 32–42 ng/L nach Implantation von 200 mg Trenbolonacetat [54]. Trenbolon tendiert zur Bildung proteingebundener Rückstände [42, 106]. Die während der normalen Proteindegradation entstehenden Peptid- oder Aminosäureaddukte stellen *per se* weniger ein Risiko dar als vielmehr die Tatsache, dass während der Metabolisierung von Trenbolon reaktive Intermediate entstehen, die kovalent an funktionell wirksame Proteine binden können [58]. An DNA bindet Trenbolon-17β *in vitro* etwa in demselben Maß wie Testosteron, stärker als Zeranol, aber schwächer als Östradiol-17β [5] und wesentlich schwächer als Aflatoxin B1 oder Dimethylnitrosamin [130, 132]. Die Ausscheidung erfolgt beim Rind vorwiegend über die Galle in Form von Glucuroniden und zu einem geringeren Teil in Form von Sulfaten [99]. Bei männlichen Kälbern erreichen die Trenbolon-17α-Konzentration in Faeces und Urin innerhalb einer 6-wöchigen Behandlungsphase (140 mg Trenbolonacetat und 14 mg Östradiol-17β) 50–900 µg/kg Faeces bzw. 5–140 µg/kg Urin [127]. In einem Versuch (9 Wochen) mit Kühen lagen die Ausscheidungen bei 15–45 ng Trenbolon-17α/g Faeces (300 mg Trenbolonacetat) bzw. 10–30 Trenbolon-17α/g Faeces (200 mg Trenbolonacetat und 40 mg Östradiol-17β), während bei einem Bullen (Behandlungsdauer 14 Wochen) nur 1–8 ng Trenbolon-17α/g Faeces nach Implantation von 200 mg Trenbolonacetat und 40 mg Östradiol-17β detektiert wurden [100]. Der Metabolismus beim Menschen ist nicht eingehend untersucht. In einer Fallstudie wurde Trenbolon überwiegend als Trenbolon-17α über den Urin ausgeschieden. 24 Stunden nach oraler Einzeldosis wurden etwa 50% der verabreichten Radioaktivität im Harn nachgewiesen [114]. Trenbolon-17β und seine Abbauprodukte binden unterschiedlich stark an den Androgenrezeptor. In einem Bindungsassay mit rhAR konnten relativ zu 5α-Dihydrotestosteron (100%) 109% Bindung bei Trenbolon-17β, 4,5% bei Trenbolon-17α und 0,36% bei Trendion gemessen werden. Für Testosteron wurde zum Vergleich ein Wert von 31% angegeben [7]. Die gegenüber Progesteron gemessene relative Affinität des bovinen Gestagenrezeptors (bGR) beläuft sich auf 137% für Trenbolon-17β, 2,0% für Trenbolon-17α und 1,0% für Trendion [7].

Progesteron besitzt eine geringe systemische Bioverfügbarkeit nach oraler Aufnahme. Eine oral verabreichte Dosis besitzt 8,6% der Verfügbarkeit einer intramuskulär verabreichten, da es zwar rasch absorbiert wird, jedoch einem intensiven Abbau im Darm und in der Leber unterliegt. Im humanen Plasma liegt Progesteron zu 80% an Albumin und zu 17% an CBG (corticoid binding globulin) gebunden vor [133]. Bei Mensch [120] und Schwein ist 5β-Pregnan-3α,20α-diolglucuronid der Hauptmetabolit des Progesteronstoffwechsels, während bei den Ruminantia primär Androsteron ausgeschieden wird [105]. Die Plasmahalbwertszeit beträgt beim Menschen 5 min, die Eliminationshalbwertszeit 12 h [133].

Zur Pharmakokinetik von MGA liegen Studien bei Rind, Kaninchen und Mensch vor [134]. Beim Rind wird ein Großteil als Muttersubstanz über die

Galle ausgeschieden [68], 10–17% der applizierten Dosis passieren den Gastrointestinaltrakt unresorbiert [26]. Die höchsten Rückstände im Gewebe findet man in der Leber und im Fettgewebe. Bei der Frau beträgt die biologische Halbwertszeit nach oraler Gabe von 3–5 mg 3,5 d [20]. Es gibt Hinweise auf eine hohe Abbaurate und zahlreiche hydroxylierte Metabolite, die jedoch strukturell und in Bezug auf ihre biologische Wirksamkeit nicht alle ausführlich beschrieben sind [20, 86, 134].

CMA wird nach oraler Anwendung rasch und vollständig absorbiert, die maximale Plasmakonzentration wird bei Ratten nach etwa 30–60 min, bei Rindern nach etwa 5 h erreicht. Während der ersten Leberpassage unterliegt CMA einer intensiven Metabolisierung. CMA wird bei Rindern mit einer Halbwertszeit von 14 h aus dem Körper ausgeschieden, bei Ratten beträgt die Eliminationshalbwertszeit 16 h. Der Metabolismus zeigt beträchtliche Interspeziesunterschiede und scheint vom Induktionsstatus hepatischer Monooxygenasen abzuhängen. Das Hauptprodukt bei der Inkubation mit menschlichen Lebermikrosomen ist das 3-Hydroxyprodukt. Beim Rind wird ein großer Teil der Metabolite ohne systemische Zirkulation über die Galle und schließlich den Faeces ausgeschieden. 8% werden in Form der Muttersubstanz eliminiert, der Rest als Metabolite [36].

Nach oraler Applikation von MPA werden die Plasmaspitzenkonzentrationen bei Mensch, Hund und Affe nach 1–4 h, beim Schaf nach 18 h erreicht [34]. Die Elimination scheint beim Menschen nach oraler Gabe wesentlich rascher zu erfolgen als beispielsweise beim Schaf [21, 113]. Nach intravaginaler Behandlung erreicht die Plasmakonzentration bei Frauen ihr Maximum nach 1 d, bei Kühen nach 1–3 d. Die orale Bioverfügbarkeit beim Menschen entspricht etwa 50% der nach intramuskulärer Gabe. Zum Metabolismus von MPA ist wenig bekannt. MPA und seine Metabolite werden beim Schaf zu 77%, beim Mensch zu 44% über die Faeces ausgeschieden. MPA wird auch über die Milch exkretiert [34].

Zu Flugestonacetat liegen keine pharmakokinetischen Studien in Labortieren vor. Bei Schafen erreicht die Plasmakonzentration nach intravaginaler Applikation der empfohlenen Dosis (s. o.) nach 10 h eine Plateaukonzentration von 1,2 µg/L, die bis zum Absetzen des Präparates nach 14 d konstant bleibt. Danach zeigt die Elimination aus dem Plasma einen biphasischen Verlauf mit einer Halbwertszeit von 1,6 h bzw. 28,7 h. Die Plasmakonzentration zeigt bei Ziegen zwei Plateaus von Tag 0 bis Tag 2 (0,77 µg/L) und Tag 3 bis Tag 9 (0,53 µg/L) und sinkt danach bis auf 0,15 µg/L bis zum Entfernen des Schwammes an Tag 17. Nach 24 h Wartezeit lag die Plasmakonzentration unterhalb der Nachweisgrenze von 0,01 µg/L. In vitro-Studien zum Metabolismus von Flugestonacetat in ovinen Hepatozyten zeigten, dass der Hauptabbauweg ähnlich wie bei anderen Gestagenen hauptsächlich über hydroxylierte Produkte verläuft [37].

Altrenogest wird nach Verabreichung der vorgeschriebenen Dosis von Schweinen und Pferden leicht absorbiert. Die höchste Plasmakonzentration wird nach 3–6 h erreicht. Bei längerer Behandlung akkumuliert Altrenogest im Plasma von Schweinen. Die Elimination von Altrenogest aus dem Plasma erfolgt in beiden Spezies biphasisch mit einer Eliminationshalbwertszeit von 10 d bei

Schweinen. Nach Applikation radioaktiv markierter Wirksubstanz findet man die höchsten Rückstände in der Leber, in Niere, Muskel und Fett hingegen weniger. Ähnlich wie bei Trenbolon ist nur ein geringer Teil der Metabolite extrahierbar. In der Leber von Schweinen und Pferden werden 80% der gesamten Rückstände irreversibel gebunden. Von den übrigen 20% macht Altrenogest maximal ein Viertel aus. Nach 15-tägiger Wartezeit macht Altrenogest mindestens 0,5% der nicht gebundenen und damit potenziell aktiven Rückstände aus. In der Niere von Schweinen sind 20% der Rückstände gebunden. Die verbleibenden 80% bestehen zu maximal 25% aus Altrenogest. Man nimmt an, dass die weniger lipophilen Metabolite eine geringere hormonale Wirksamkeit als die Muttersubstanz besitzen. Genauere Studien zur hormonalen Aktivität, insbesondere auch eines Hauptmetaboliten gleichen Molekulargewichtes, aber ungeklärter Struktur liegen jedoch bisher nicht vor. Die Biotransformation verläuft überwiegend über die Konjugation. Dealkylierung zu Trenbolon findet nicht statt. Altrenogest wird bei Schweinen und Pferden überwiegend über die Galle mit dem Faeces exkretiert. Die Ausscheidung über den Urin beläuft sich bei Schweinen auf etwa 20%, bei Pferden auf 44% [35].

33.5
Wirkungen

33.5.1
Mensch

Die Wirkung von Sexualhormonen wird auf molekularer Ebene von Steroidhormonrezeptoren vermittelt. Bisher sind beim Menschen zwei Formen des Östrogenrezeptors, eine Form des Androgenrezeptors und drei spezifische Formen des Gestagenrezeptors beschrieben. Der durch Bindung eines Agonisten aktivierte Rezeptor wandert in den Zellkern, dimerisiert und bindet an so genannte hormonresponsive Elemente der DNA. Dies hat zur Folge, dass die strangabwärts gelegenen korrespondierenden Gene exprimiert werden.

Östrogene sind Substanzen, welche die Zellteilung in den Geweben des weiblichen Genitaltraktes (Uterus und Vagina) sowie in der Brustdrüse stimulieren. Östrogene sind damit entscheidend an der Entwicklung der weiblichen Geschlechtsmerkmale beteiligt. Sie sind im Zusammenspiel mit Progesteron wichtig für die zyklischen Veränderungen bei weiblichen Säugern, den Transport und die Einnistung des befruchteten Eies und den normalen Verlauf einer Schwangerschaft. Östrogene fördern die Proliferation des Endometriums und können so die Häufigkeit von Endometriumkarzinomen erhöhen, was jedoch durch Gestagene verhindert wird. Bei der therapeutischen Anwendung von Östrogenen können als Nebenwirkungen erhöhte Wasser- und Natriumretention, Störungen der Libido, des Zyklus und der Verdauung, Veränderungen der Brust, Leberfunktionsstörungen, Depressionen, Kopfschmerzen, Hautrötungen und Nesselsucht auftreten. Bei Männern erhöhen hohe Dosen von Östrogenen das Risiko einer Thromboembolie. Extragenital spielen Östrogene auch eine wichtige Rolle bei der Regulation des Immunsystems, im Zentralnervensystem und bei der Calcium- und Phosphorretention und damit beim Knochenwachstum und der Knochenreifung. Sie zeigen bei Mädchen wie auch bei Jungen einen biphasischen Effekt mit maximaler Stimulation der Sexualreifung in niedrigen Konzentrationen (4 pg Östradiol-17β/mL Serum) [23], während in hohen Konzentrationen der pubertäre Wachstumsschub beendet wird. Auf dieser Basis wird die schnellere Epiphysenreifung und der frühere Eintritt in die Pubertät bei Mädchen im Vergleich zu Jungen mit ihren in der Präpubertät höheren Östradiolgehalten erklärt (0,6 ng/L Serum ggü. 0,08 ng/L) [94]. Die anabole Wirksamkeit von Östradiol führt man auf eine Stimulation der somatotropen Achse zurück, da es die Wachstumshormonsekretion [27] sowie die Gehalte an Wachstumshormonrezeptoren in der Leber [13] und die IGF1-(insulin-like growth factor 1-)Gehalte im Blut [108] ansteigen lässt. Darüber hinaus wird, wie auch beim Testosteron, ein direkter Effekt auf das Muskelwachstum über die spezifischen Rezeptoren postuliert. Denn gerade in denjenigen Muskelpartien an Hals, Schulter und Hinterbein, die für den Sexualdimorphismus verantwortlich sind, findet man beim Kalb relativ hohe Konzentrationen an freiem und daher sensitivem Rezeptor [107]. 1–2 mg Östradiol-17β oral verabreicht führten bei ovarektomierten Frauen nach dreiwöchiger Behandlung in 50% der Fälle zu einer Entzugsblutung. Östradiol-17β-3-benzoat und Östron zeigten gleiche Effekte bei 8% bzw. 240% dieser Dosis [56]. In einer Studie an postmenopausalen Frauen wurden 1,5 mg Östradiol bzw. 2 mg Östradiolvalerat (entsprechend 1,53 mg Östradiol) in mikronisierter Form verabreicht. Beide Formen werden rasch absorbiert und ergeben das gleiche kinetische Profil. Plasmaspitzenkonzentrationen von 31 ng/L (bzw. 20 ng/L nach Korrektur um den Basalwert) bzw. 31 ng/L (21 ng/L) werden nach 8,9 h bzw. 5,6 h erreicht. Die Pharmakokinetik zeigt in beiden Fällen eine erste und zweite Absorptionsphase bedingt durch enterohepatische Zirkulation. Die mittlere Verweilzeit liegt im Falle von Östradiol bei 19 h, im Falle von Östradiolvalerat bei 21 h [128]. Die orale Wirksamkeit von Östradiol-17α kann man aus Studien im Allen-Doisy-Test auf etwa 10% schätzen [56]. Östradiol wird beim Menschen als Risikofaktor für Endometriumkarzinome und in geringerem Maße auch für Brustkrebs angesehen. Darüber hinaus gibt es zahlreiche Hinweise zu DNA-Schädigungen und zu mutagenem Potential (s.u.), weshalb Östradiol-17β von der Europäischen Union als kanzerogen eingestuft wird [38].

Studien zur substanzspezifischen Toxizität von Zeranol beim Menschen liegen nicht vor.

DES ist eine beim Menschen und beim Nager transplazental wirksame, genotoxische Substanz [50]. Nachdem 1971 erstmals ein Zusammenhang zwischen der Einnahme von DES während der Schwangerschaft und dem Auftreten von Vaginal- und Zervikalkarzinomen in der Tochtergeneration hergestellt worden war [55], wurden 1975 auch genitale Defekte (Kryptorchidismus, Epididymiszysten) bei Söhnen von DES-behandelten Müttern beschrieben [10, 11]. Später wurde auch von erhöhtem Auftreten hypoplastischer Hoden, abnormalen Spermien und Hodenkrebs berichtet [19, 48, 49]. Für die Manifestation von Tumoren sind ähnlich wie bei Östradiol-17β vermutlich zwei Eigenschaften von DES verantwortlich: die genotoxische, bedingt durch metabolische Aktivierung, die zur Tumorinitiation führt und die proliferationsfördernde, die Tumorpromotion zur Folge hat [84].

Androgene fördern die Ausbildung physischer und psychischer männlicher Geschlechtsmerkmale und verbessern durch ihre anabole Wirkung die Proteinsynthese in Muskel und Knochen. Testosteron und 5α-Dihydrotestosteron sind die wichtigsten natürlichen Androgene im Säugerorganismus. In bestimmten Organen, wie der Prostata, wird Testosteron in 5α-Dihydrotestosteron, ein wesentlich potenteres Androgen, umgewandelt. Die anabole Wirkung von Testosteron lässt sich neben der unmittelbaren rezeptorvermittelten Stimulation der Proteinsynthese [107] durch seine antiglucocorticoiden Eigenschaften [25] wie auch durch eine Stimulation der Wachstumshormonausschüttung [28] erklären. Allerdings kann man aufgrund der Möglichkeit einer metabolischen Aromatisierung von Testosteron seinen Einfluss auf die somatotrope Achse nicht losgelöst von dem der Östrogene betrachten [28]. Hohe Dosen exogen verabreichter Androgene führen bei Männern aufgrund der feed-back-regulierten Depression der körpereigenen Androgensynthese zu einem Rückgang der Spermatogenese, Degeneration der Hoden und Gynekomastie. Darüber hinaus kann durch Androgene das Wachstum maligner Neoplasien der Prostata beschleunigt werden [97, 117]. Erhöhtes Auftreten von Hepatomen wird bei Patienten beschrieben, die über längere Zeit mit 17α-alkylierten Androgenen behandelt worden waren [97, 117]. Bei der Frau können Ovaraktivität und Laktation gehemmt werden; Virilisierung (Stimmvertiefung, Haarwuchs, Klitorisvergrößerung, Akne) wird beobachtet. Bei Kindern führen häufige hohe Dosen von Androgenen zu einem verfrühten Epiphysenfugenschluss und verfrühtem Einsetzen der Pubertät [97, 117]. Bei der Anwendung von Androgenen wurde auch eine Beeinflussung der Psyche und des Verhaltens beobachtet [32, 97]. Darüber hinaus kann sich das Risiko koronarer Herzkrankheiten erhöhen. Dies lässt sich auf die Beeinflussung des Lipidstoffwechsels zurückführen, nach Einnahme von Androgenen wurden erhöhte LDL-(low density lipoprotein-) und erniedrigte HDL-(high density lipoprotein-)Konzentrationen im Serum festgestellt [32, 97].

Dem NOEL (no observed effect level) von Testosteron (100 mg Testosteron/Tag, entsprechend 1,7 mg/kg Körpergewicht) liegen Experimente zum Einfluss oral applizierten Testosterons auf die Sexualfunktionsindizes (Libido, Erektion, Ejakulation) von fünf Eunuchen zugrunde [62]. Im Gegensatz zu Östradiol und Progesteron (Faktor 100) wurde der ADI hier mit einem Sicherheitsfaktor von 1000 abgeleitet [61]. Studien zur Mutagenität oder Genotoxizität von Testosteron waren negativ. Allerdings ist zu bedenken, dass Testosteron zu Östradiol aromatisiert werden kann und als solches ein höheres Gefährdungspotenzial besitzt. Androgene werden von der IARC als wahrscheinliche Kanzerogene beim Menschen (Gruppe 2A) eingestuft [38].

In einer zweiwöchigen Studie an männlichen und weiblichen Probanden wurden intramuskuläre Dosen von 5 bzw. 10 mg Trenbolonacetat jeden zweiten

Tag verabreicht. Dabei war in der Niedrigdosisgruppe die Stickstoffretention erhöht, während in der Hochdosisgruppe bei den Frauen Zyklusstörungen auftraten [130]. Zur Kanzerogenität von Trenbolon beim Menschen liegen keine Studien vor [38].

Es gehört zu den wichtigsten Funktionen der Gestagene, den Uterus für die Nidation der befruchteten Eizelle vorzubereiten und die Schwangerschaft aufrecht zu erhalten. Progesteron induziert den Übergang des Endometriums von der proliferativen in die sekretorische Phase und stimuliert die Bildung sekretorischer Alveolen in der Mamma. Der Effekt ist jedoch ohne Östrogenpriming minimal, da durch Östrogene u. a. auch die Expression des Gestagenrezeptors erhöht wird. Für die Bestimmung der progestativen Endometriumkapazität beim Menschen wurden hauptsächlich zwei Testmethoden entwickelt: die Bestimmung der Tagesdosis (Transformationsdosis), die bei einer kastrierten Frau zusammen mit einem Östrogen an 14 aufeinander folgenden Tagen verabreicht werden muss, um im Endometrium die histologischen Kennzeichen der Sekretionsphase hervorzurufen, bzw. die Methode nach Greenblatt, wonach der zu prüfende Stoff Frauen mit normalem Zyklus jeweils vom 7. Tag nach der Ovulation drei Wochen lang mit einem Östrogen verabreicht wird und man die Dosis feststellt, welche die folgende Menstruation um mindestens zehn Tage hinausschiebt [51]. So liegen beispielsweise im Transformationsassay die subkutanen Dosen von Progesteron und MPA bei 200 mg, während oral bereits 80 mg MPA oder 20 mg CMA wirksam sind. Mit der Methode nach Greenblatt führen oral verabfolgte 1000 mg Progesteron (+0,2 mg Ethinylöstradiol-3-methylether, EE3-ME), 30 mg MPA (+0,3 mg Stilböstrol) oder 4 mg CMA (+0,12–0,18 mg EE3-ME) zu einer Verzögerung der Menstruation [74]. Die relativen Bindungsaffinitäten von Progesteron, MPA und CMA zum humanen Progesteronrezeptor im Myometrium liegen demgegenüber bei 1:1,96:1,2 [67]. Zur Toxizität, Mutagenität oder Genotoxizität von Progesteron beim Menschen sind keine Studien verfügbar. Progesteron wirkt schwach immunsuppressiv [133]. Bei der Behandlung mit Gestagenpräparaten können als Nebenwirkungen Wasserretention, Ödeme, Nesselsucht, Brustveränderungen, Zyklusstörungen, Depressionen und Leberfunktionsstörungen auftreten.

Synthetische Gestagene werden bei Mensch und Tier zur Hemmung der Gonadotropinfreisetzung und zur Ovulationshemmung eingesetzt. Sie zeigen zum Teil große Differenzen zwischen den Spezies hinsichtlich ihrer gestagenen Wirkung. Klinische Studien zeigen, dass MGA auch in hohen täglichen Dosen relativ gut toleriert wird. In Untersuchungen zur Behandlung verschiedener Arten von Krebs wurden 100–300 mg/d über 2–26 Wochen eingesetzt. Als Nebenwirkungen wurden zunehmender Appetit, Gesichtsschwellungen, Blutdruckerhöhung, eine Zunahme der Harnstoffkonzentration im Blut und Ödeme beschrieben [73]. Die oral wirksame, kontrazeptive Dosis von MGA ist nicht bekannt. In Dosen von 7,5 und 10 mg/d, jedoch nicht von 5 mg/d verzögert MGA die Menstruation. Einzeldosen von 5, 7,5 oder 10 mg oder fünf tägliche Dosen von 2,5 mg (entsprechend 0,042 mg/kg KG) induzierten bei mit Östrogenen vorbehandelten Frauen Entzugsblutungen [33]. In einer Studie, bei der an Frauen die zu 50% effektive Dosis zur Verzögerung der Menstruation untersucht wurde, ergab sich für Ethinylöstradiol-3-methylether in Kombination mit Megestrolacetat, MGA bzw. MPA eine relative Wirksamkeit von 1:0,72:0,08 [115]. Die oral wirksame kontrazeptive Dosis von Megestrolacetat wird mit 0,35–0,5 mg/d angegeben; 0,25 mg/d waren gering wirksam [3, 15]. Daraus ergibt sich für MGA rechnerisch eine minimal wirksame Dosis von 0,35 mg/d [134]. Ein Vergleich der Daten von MGA und MPA bei Menschen und im Tierversuch (Clauberg-McPhail-Test: Erfassung der Transformation des Endometriums sowie einer Hemmung der Gonadotropinsekretion in unreifen männlichen Ratten) deutet darauf hin, dass MGA beim Menschen mindestens viermal so aktiv ist wie MPA [33, 51, 138]. Der NOEL für MPA liegt bei 0,03 mg/kg KG/d (Clauberg-McPhail-Test) [34]. Auf dieser Basis wird die kontrazeptive Dosis von MGA bei der Frau in einer Evaluierung der WHO auf 0,007 mg/kg KG/d (entspricht 0,4 mg/d) geschätzt [134]. Was die glucocorticoiden Eigenschaften von MGA anbelangt, hat es etwa 1/40 der Aktivität von Dexamethason in Bezug auf die Fähigkeit, die Serumcortisolkonzentration zu senken [93]. In klinischen Studien wurden bei Langzeitbehandlungen keine negativen Auswirkungen im Zusammenhang mit Immunsuppression beobachtet. Eine Dosis von 0,166 mg/kg KG, welche die Empfindlichkeit der Nebenniere nicht hemmt, kann als NOEL für immunsuppressive Wirkungen gesehen werden [134].

Für CMA wurde zu Zeiten der Anwendung eine kontrazeptive Dosis von 0,5 mg empfohlen; minimal anti-östrogene Effekte auf den Zervixschleim wurden bereits bei 50 µg, maximale Effekte bei 300–400 µg beobachtet [81]. Ein NHEL (no-hormonal-effect level) von CMA konnte aufgrund unzureichender Absicherung der Daten beim Menschen nicht aufgestellt werden [36].

MPA hat neben seiner gestagenen Wirkung auch Einfluss auf verschiedene Enzyme (Fremdstoff metabolisierende Enzyme in der Leber, β-Glucuronidase in der Niere) und greift in Membranstrukturen ein, was man sich in der Antitumortherapie zunutze macht. Jüngste Studien an Anwendern von Depot-MPA zeigen ein erhöhtes Brustkrebsrisiko unter 35 Jahren. Verschiedene epidemiologische Studien besagen jedoch, dass die Behandlung mit 3 mg/kg KG alle drei Monate über mehrere Jahre weder das Brustkrebs- noch das Zervikal-, Ovar- oder Leberkrebsrisiko erhöht und darüber hinaus gegen Endometriumkarzinome schützt [34]. Studien an postmenopausalen Frauen, die diesbezüglich den sensitivsten Teil der Bevölkerung ausmachen, ergaben 1 mg MPA/d als LOEL (Auftreten minimaler Entzugsblutungen) [34]. Eine ovulationshemmende Wirkung wurde durch 10 mg/d erzielt [136].

33.5.2
Wirkungen auf Versuchstiere

Östradiol führt bei Mäusen zu einem verstärkten Auftreten von Brust-, Hypophysen-, Uterus-, Zervix-, Vaginal-, Hoden-, Lymphdrüsen- und Knochentumoren. Bei Ratten kommt es durch Östradiol häufiger zu Brust- und Hypophysentumoren, bei männlichen und ovarektomierten Hamstern zu Nierentumoren [38].

Darüber hinaus induzieren 4-Hydroxyöstradiol und -östron im Gegensatz zu 2-Hydroxyöstradiol und -östron beim männlichen Syrischen Hamster Nierentumoren [78].

In sexuell unreifen Ratten wurde anhand der uterotrophen Wirkung nach oraler Gabe eine relative östrogene Wirkung gegenüber Östradiol-17β von 1/150 für Zeranol, 1/400 für Zearalanon und 1/350 für Taleranol festgestellt [41]. Für Zeranol konnte weder bei Mäusen noch bei Ratten eine teratogene Wirkung gezeigt werden. Nach Applikation von 2,25 mg Zeranol/kg KG pro Tag traten bei männlichen Mäusen vermehrt Tumoren des Hypophysenvorderlappens auf. Da die Inzidenz dieser spontan selten, jedoch nach Östrogenbehandlung auftretenden Form in einer Kontrollgruppe mit Östradiol-17β-Behandlung (0,375 mg/kg KG pro Tag) höher war, stellte man die Tumoren in Zusammenhang mit der östrogenen Wirkung. Die Festlegung eines NHEL sollte daher die erforderliche Sicherheit geben. Studien an weiblichen, ovarektomierten Java-Makaken ließen unterhalb von 0,05 mg/kg KG pro Tag keine östrogenabhängigen Wirkungen mehr erkennen [130].

Zahlreiche Studien belegen, dass DES in Versuchstieren kanzerogen ist. Bei Mäusen sind Vagina, Zervix, Uterus, Ovar, Brustdrüse und Hoden Zielorgane. Bei Ratten führt pränatale Exposition vorwiegend zu Brust- und Hypophysentumoren, aber auch zu Tumoren der Vagina. Hamster entwickeln Tumoren der Vagina, der Zervix, des Endometriums, der Epididymidis, des Hodens, der Leber und der Niere. DES induziert darüber hinaus ovarielle Papillenkarzinome bei Hunden und maligne Uterusmesotheliome bei Totenkopfaffen (*Saimiri sciureus*). Darüber hinaus gibt es Hinweise auf einen transplazentar kanzerogenen Effekt, da pränatale Behandlung von Mäusen mit DES eine erhöhte Rate von Uterus- und Ovarkarzinomen in deren Nachkommen zur Folge hat [80]. Ähnlich wie bei Östradiol kann bei der Biotransformation von DES ein Chinon, DES-4',4''-Chinon, gebildet werden, dem tumorinitiierende Eigenschaften zugeschrieben werden. Nach chronischer Behandlung mit DES sind in der Niere von männlichen Syrischen Hamstern kovalent-modifizierte DNA-Addukte nachweisbar [75, 77]. Da auch in Feten von Nagern und sogar im Zielorgan der transplazentalen Kanzerogenität von DES, dem weiblichen Genitaltrakt, oxidativer Abbau von DES nachweisbar ist, liegt nahe, dass reaktive Metabolite, wie DES-4',4''-Chinon, auch für die Fetotoxizität von DES verantwortlich sind [85].

Bei weiblichen Nagern wird das Phänomen des „hormonal imprinting" durch Testosteron beschrieben. So ist bei der Ratte die Antwort der Uteruszellen auf Östrogene dauerhaft verändert, es kommt zu Insulinresistenz und Veränderungen in der Körperfettverteilung im Erwachsenenalter [38]. Es gibt keine Anzeichen, dass Testosteron genotoxisches Potenzial hat [38, 39], obwohl Verfüttern von Testosteron bei Mäusen zu Uterustumoren und bei Ratten zu Prostatatumoren führte [92, 125]. Testosteron lieferte jedoch in der Ratte weder beim Test auf chromosomale Aberrationen im Knochenmark noch in Spermatogonialzellen positive Ergebnisse [104].

Studien in mehreren Spezies belegen, dass oral verabreichtes Trenbolonacetat akut gering toxisch ist [130]. Leberhyperplasien und Tumoren bei Mäusen nach hohen Dosen von Trenbolonacetat (0,9–9 mg/kg KG pro Tag) und die leichte Zunahme der Inzidenz von Inselzelltumoren des Pankreas bei Ratten (1,85 mg/kg KG pro Tag) wurden auf die hormonelle Wirkung von Trenbolonacetat zurückgeführt [60]. Daher wird zur toxikologischen Bewertung von Trenbolonacetat sein NHEL herangezogen. Auf der Basis dreier Studien an Schweinen und einer Untersuchung an männlichen kastrierten Rhesusmakaken wurde ein NHEL von 2 µg Trenbolonacetat/kg KG pro Tag festgelegt [60, 131].

Gestagene Wirkungen zeigen relativ große Interspeziesdifferenzen, wobei der Hund als außerordentlich sensitiv gilt [36]. Progesteron erhöht bei Maus bzw. Hündin die Häufigkeit von Brustdrüsen-, Ovar-, Uterus- und Vaginatumoren [45, 63]. Hinweise auf Genotoxizität liegen nicht vor [39]. *Per os* ist Progesteron beim Kaninchen etwa 13fach weniger wirksam als subkutan, bei der Ratte soll das Verhältnis sogar 100:1 betragen [117].

MGA ist nach oraler Gabe bei Ratten akut relativ gering toxisch (LD_{50} >8000 mg/kg KG). Untersuchungen zur subakuten Toxizität zeigten, dass weibliche Tiere sensitiver reagierten als männliche. Hormonale Effekte – gestagene und corticoide – waren die sensitivsten Endpunkte. Der ADI wurde auf Basis hormonaler Effekte abgeleitet und wurde bei 0,03 µg/kg festgelegt. Er beruht auf der minimal effektiven Dosis von 5 µg/kg KG, um bei weiblichen Langschwanzmakaken (*Macaca fascicularis*) den Zyklus zu beeinflussen. Der NOEL in Bezug auf Reproduktionsfähigkeit liegt bei der Ratte (reduzierte Trächtigkeitsrate) bei 0,03 mg/kg KG, bei der Hündin (Östrusinhibierung, Verlust an Jungtieren) bei 0,002 mg/kg KG. MGA ist in oralen Dosen ab 0,8 mg/kg KG aufgrund seiner corticoiden Eigenschaften beim Kaninchen embryo- und fetotoxisch (reduzierte Wurfgröße, Mortalität der Feten, Resorption, Gaumenspalten, Klumpfüße, Nabelbruch). Der NOEL lag bei 0,4 mg/kg KG pro Tag. Kühe der F_1- und F_2-Generation von MGA-behandelten Färsen, die mit Ausnahme der Paarungszeit über zwei Jahre täglich mit 2 µg/kg KG MGA gefüttert worden waren, zeigten gegenüber den Kontrolltieren keine unterschiedliche Konzeptions- oder Trächtigkeitsrate. Lediglich nach der letzten Gabe bei Studienende war die Konzeptionsrate temporär erniedrigt. Bei der Nekropsie waren lediglich die Gewichte der Nebennieren der Kälber reduziert. Bei analog behandelten Bullenkälbern zeigten sich keine negativen Auswirkungen auf die Fertilität. Auch bei diesen Tieren zeigte sich Nebennierenatrophie. In Dosen ≥5 mg/kg KG pro Tag, die weit höher als die gestagen wirksamen liegen, ist MGA bei der Ratte immunsuppressiv [134]. Aufgrund der unzureichenden Datenlage kann das kanzerogene Potenzial von MGA nicht abschließend eingeschätzt werden. Lediglich in einer Spezies (SHN Mäuse) kam es nach Gabe von MGA (10 mg subkutan als Implantat) zu einer erhöhten Inzidenz von Mammatumoren, jedoch nicht von präneoplastischen, hyperplastischen alveolaren Knoten [38].

CMA ist oral akut gering toxisch (LD_{50} in Ratten und Mäusen: 6400 mg/kg KG). Der orale NHEL, der auf der Proliferation des Endometriums in juvenilen, mit Östrogenen vorbehandelten Kaninchen basiert, liegt bei 0,007 mg/kg KG pro Tag. Männliche Ratten, die 50 mg CMA/kg KG pro Tag für 21 d gefüttert bekamen, zeigten Atrophie der Nebennierenrinde, der Prostata und der Corticotropin produzierenden Zellen der Hypophyse. Weibliche Ratten, die oral für 30 d mit 10–1000 mg CMA/kg KG behandelt worden waren, zeigten in der Gruppe mit der niedrigsten Behandlungsdosis signifikant niedrigere Uterusgewichte. Weibliche Meerschweinchen, denen für 2–6 Monate Dosen von 0,5 mg/kg KG verabreicht worden waren, entwickelten Nierenschäden. Rinder, die für 20 d mit 12 mg CMA behandelt worden waren, zeigten keine Beeinträchtigungen. Bei Mäusen führten Dosen ab 1 mg/kg KG pro Tag von Tag 8–15 oder 14–17 der Trächtigkeit zu Missbildungen des Fetus, in den meisten Fällen jedoch zu Gaumenspalten, was bei Mäusen stressverursacht auftreten kann und somit nicht als spezifisch stoffbedingter reproduktionstoxischer Effekt angesehen wird. Die Teratogenität von CMA ist in Abhängigkeit von Dosis und Spezies unterschiedlich. Der orale Schwellenwert hinsichtlich einer Fruchtschädigung liegt bei Mäusen etwa bei 10 mg/kg KG pro Tag, bei Kaninchen zwischen 3 und 8 mg/kg, wohingegen bei Ratten bis zu 300 mg/kg KG keine teratogene Wirkung zeigten. Der Effekt von CMA auf die Fortpflanzungsfähigkeit ist dosisabhängig. Bis zu achtfach über der therapeutischen Dosis liegende Dosen führen bei Färsen für bis zu 3 Monate zu reversibler Sterilität. CMA wurde in verschiedenen Experimenten an Mäusen, Ratten und Hunden auf Kanzerogenität getestet. Die IARC kam zu dem Schluss, dass es begrenzte Hinweise darauf gibt, dass CMA beim Hund kanzerogen ist. Hohe Dosen können Tumoren auslösen, die Wirkung niedriger Dosen ist unklar. Der tumorigene Effekt wird jedoch auf die Interaktion von CMA mit Hormonrezeptoren in den entsprechenden Geweben zurückgeführt [36].

MPA hat bei Labortieren und Schweinen nur etwa ein Viertel bis die Hälfte der Wirksamkeit von MGA. Bei Wiederkäuern stellt sich die Situation jedoch anders dar. Bei Rindern ist oral die 300–900fache Dosis, bei Schafen die 150fache Dosis von MPA im Vergleich zu MGA nötig, um die Ovulation zu hemmen. Während MGA bei der Kuh intravenös und oral etwa die gleiche Wirksamkeit hat, hat MPA nach oraler Applikation nur etwa 3% der Wirkung nach intravenöser Gabe [138]. Die oral akut toxische Dosis von MPA ist sehr gering. Sie liegt bei Ratten höher als 10 000 mg/kg KG. Bei Mäusen liegt der LD_{50}-Wert nach intravenöser Applikation bei 376 mg/kg KG. Die pharmakodynamische Aktivität von MPA wurde im Clauberg-McPhail-Test untersucht. Dabei ergab sich ein oraler NOEL von 0,03 mg/kg KG pro Tag. In Abhängigkeit von Dosierung und Expositionsdauer zeigt MPA Anzeichen für Toxizität bzw. Einschränkung der Funktion der Reproduktionsorgane. Hunde, die ab dem 22. Tag der Trächtigkeit für 35 d mit 1, 10 oder 50 mg MPA/kg KG pro Tag behandelt worden waren, zeigten bei 1 mg keine, bei 10 mg leichte und bei 50 mg starke Effekte auf die Reproduktionsfähigkeit, die auf die androgene Wirkung von MPA zurückzuführen waren. Embryotoxizität wurde nach subkutaner und intramuskulärer Verabreichung an Kaninchen festgestellt. Dosisabhängig kam es aufgrund der corticoiden Wirkung von MPA zur Entstehung von Gaumenspalten. Bei den Kaninchen fanden sich bei einer Tagesdosis von 1 mg, in einer anderen Studie mit Primaten bei 10 mg/d keine Missbildungen mehr. Verwertbare Langzeitstudien zur Kanzerogenität wurden in Mäusen, Ratten und Affen durchgeführt. Die Ergebnisse waren negativ. Lediglich bei einer Dosis von 150 mg/kg KG traten bei zwei von 16 Affen Endometriumkarzinome auf [34].

Einzelstudien zur akuten Toxizität von Flugestonacetat wurden nicht durchgeführt. Der NOEL von Flugestonacetat liegt bei 0,003 mg/kg KG pro Tag (Proliferation des Endometriums bei juvenilen, weiblichen mit Östrogenen vorbehandelten Kaninchen). Untersuchungen zur Reproduktionstoxizität von Flugestonacetat zeigten, dass das Kaninchen die sensitivste Spezies ist. Gestagene und glucocorticoide Effekte sowie Wirkungen auf die Fortpflanzungsfähigkeit waren die empfindlichsten Parameter, die zur Festlegung eines NOEL von 0,003 mg/kg KG pro Tag führten. Studien zur Kanzerogenität wurden aufgrund der negativen in vitro-Testergebnisse nicht durchgeführt. Mögliche tumorigene Effekte sind auf epigenetische Mechanismen zurückzuführen, die den gestagenen Effekten nachgeordnet sind [37].

Der LD_{50} von Altrenogest liegt bei Ratten und Mäusen nach intraperitonealer Gabe bei 176 bzw. 233 mg/kg KG. Von Hunden werden orale Dosen von bis zu 400 mg/kg KG gut toleriert. Bei Affen, die Altrenogest über drei Menstruationszyklen erhielten, wurde ein NHEL (Wirkung auf Zykluslänge und Serumhormonkonzentrationen) von 4 µg/kg KG pro Tag festgelegt. Denselben Wert ergaben verschiedene Studien an Schweinen, bei denen die Hauptauswirkungen nach dreimonatiger oraler Behandlung mit 4, 40 oder 200 µg Altrenogest/kg KG pro Tag auf die hormonale Wirkung zurückzuführen waren (Gewichtsverlust, Histopathologie der Ovarien, des Uterus, der Brust, Prostata, Hoden und Samenblase). Der ADI von Altrenogest wurde demzufolge bei 0,04 µg/kg festgelegt. Untersuchungen zur Beeinflussung der Reproduktionsfähigkeit über eine bzw. zwei Generationen an Ratten ergaben eine verminderte Trächtigkeitsrate, Reduktion der Spermatogenese, verminderte Wurfgröße, vermindertes Wurfgewicht sowie eine Atrophie hormonabhängiger Organe (NOEL 0,03 mg/kg KG/d). Es gibt keine Hinweise auf Teratogenität (Zwei-Generationenstudie an Ratten; Toleranzstudie an Schweinen, die zwischen Tag 28 und 112 der Trächtigkeit 20 mg/d Altrenogest verabreicht bekamen). Langzeit- und Kanzerogenitätsstudien wurden nicht durchgeführt, da Altrenogest in einer Reihe von Mutagenitätstests (s. u.) kein genotoxisches Potenzial zeigte [35].

33.5.3
Wirkungen auf andere biologische Systeme

Die bei der Biotransformation von Östradiol-17β und -17α gebildeten Katecholöstrogene können weiter zu Semichinonen und Chinonen biotransformiert werden. Östradiol-3,4-chinon kann mit der DNA unter Bildung von depurinierten Addukten (N7-Guanin-, N3-Adeninaddukte) reagieren. Insbesondere N7-Guaninaddukte sollen eine entscheidende Rolle bei der Initiation östrogenabhängiger Tumore spielen [39]. Darüber hinaus kann durch Redoxcycling von Semichinonen und Chinonen Superoxid entstehen, d.h. die oxidativen Metabolite können direkt oder indirekt genotoxisch sein [38]. Östradiol-17β selbst zeigt in folgenden Genotoxizitäts- und Mutagenitätsassays positive Ergebnisse: Instabilität von Mikrosatelliten in transformierten 10T1/2-Zellen, Mutagenität in V79-Zellen (Hypoxanthinphosphoribosyltransferase/hprt-Lokus), chromosomale Aberrationen in V79-Zellen, Aneuploidie in Fibroblasten des Syrischen Hamsters und des Menschen [38]. In Embryozellen des Syrischen Hamsters induzieren 4-Hydroxyöstradiol, 4-Hydroxyöstron oder 2-Methoxyöstron somatische Mutationen im Na^+/K^+-ATPase- und hprt-Lokus [121]. Behandlung der Zellen mit 2-Methoxyöstradiol induzierte chromosomale Aberrationen [122]. 16α-Hydroxyöstron induziert Methotrexatresistenz in MCF-7-Zellen [119].

Die Studien zur Mutagenität von Zeranol, seiner Metabolite Zearalanon und Taleranol waren in einer Reihe bakterieller und Säugerzellen-Testsysteme negativ. So waren u.a. Studien mit Zeranol zur Bildung von DNA-Addukten in Rattenhepatozyten, Induktion von lacI-Mutationen in *Escherichia coli* und Induktion von hprt-Mutationen in V79-Zellen negativ [39]. DNA-Schädigungen durch Zeranol wurden in *Bacillus subtilis* (Rec-Assay) festgestellt. Durch Taleranol kam es in Ovarzellen des Chinesischen Hamsters zu chromosomalen Aberrationen. Nach Metabolisierung von Taleranol durch Zugabe von Rattenleber-S9-Präparation fiel der Test hingegen negativ aus [130].

Die Mutagenität von DES war lange Zeit ungeklärt. Inzwischen weiß man aber, dass DES Aneuploidien auslösen kann, die auch zur Mikrokernbildung führen [18, 110, 123]. Dafür dürfte die Reaktion von Metaboliten des DES mit mikrotubulären Proteinen verantwortlich sein [98]. Auch verschiedene Interaktionen mit der DNA sind nachgewiesen [76, 137].

Bei Trenbolon ergaben verschiedene Testanordnungen zum Teil Hinweise auf eine genotoxische Wirkung: der Ames-Test mit *Salmonella typhimurium* TA 100 ohne Rattenleber-S9-Präparation (Trenbolon-17β) sowie der Zelltransformationsassay und die Mikrokerninduktion in SHE-Zellen (Trenbolon-17α und -β). In murinen C3H10T1/2-Zellen wurden hingegen weder Zelltransformationen noch Induktion von Mikrokernen detektiert. Trenbolon-17β zeigte darüber hinaus *in vitro* eine irreversible Bindung an DNA aus *Salmonella typhimurium* TA 100 und Kalbsthymus. Der Index der kovalenten Bindung von Trenbolon-17β an DNA ist gegenüber Aflatoxin B1 und Dimethylnitrosamin um das über 500- bzw. 300fache kleiner [130, 132].

Studien zur Genotoxizität von MGA waren in einer Reihe von in vitro-Tests und einem in vivo-Test negativ: Rückmutationstest in *Salmonella typhimurium* (TA98, TA100, TA1535, TA1537, TA1538) (Ames-Test), hprt-Mutationen in V79-Zellen jeweils mit und ohne Rattenleber-S9-Fraktion, DNA-Schädigung in primären Rattenhepatozyten und V79-Zellen (±S9), Mikrokernbildung im Knochenmark von Mäusen [134]. Ebenso waren jüngste Untersuchungen zur Genotoxizität von MGA und einiger seiner Metabolite zur Induktion von hprt-Mutationen in V79-Zellen und LacI-Genmutationen in *Escherichia coli* negativ. Im Gegensatz zu reinem MGA zeigen Verunreinigungen in kommerziell erhältlichem MGA apoptotische Aktivität [86].

CMA wurde in verschiedenen Testsystemen auf Genotoxizität getestet. Negativ waren der *Salmonella*-Assay mit und ohne metabolische Aktivierung, Assays zur außerplanmäßigen DNA-Synthese in menschlichen und Rattenhepatozyten *in vitro* und ein in vivo-Zytogeneseassay in menschlichen Lymphozyten. In-vitro-Assays in menschlichen und Rattenleberzellen zeigten jedoch, dass CMA DNA-Addukte bilden kann. In Rattenleberzellen kam es darüber hinaus zur Mikrokerninduktion. In der Gesamtbeurteilung des CVMP (Committee for Veterinary Medical Products) wird CMA als nicht genotoxisch eingestuft [36].

MPA wird aufgrund einer Reihe von negativen Tests als nicht genotoxisch eingeschätzt [34].

Flugestonacetat wurde sowohl in In-vitro-Tests für Genmutationen in Bakterien- und Mauslymphomzellen als auch für chromosomale Aberrationen in menschlichen Lymphozyten negativ getestet und damit als nicht genotoxisch eingestuft [37]. Altrenogest zeigte weder *in vitro* (Rückmutationstest/Ames-Test, Induktion von Mutationen bei Wildtypzellen, Chromosomenaberrationstest, DNA-Reparaturtest) noch *in vivo* (Chromosomenaberrationstest in Ratten) genotoxisches Potenzial [35].

Studien zum Verhalten von Steroidhormonen nach Ausscheidung durch Mensch und Tier sowie zu einer möglichen Ökotoxikologie liegen in begrenztem Umfang vor. Endogene Hormone menschlichen oder tierischen Ursprungs gelangen seit Tausenden von Jahren in die Umwelt, wenn auch in zunehmendem Maße durch Bevölkerungswachstum und intensivere Tierhaltung. Während der letzten zehn Jahre gelangte die Schadwirkung verschiedener Substanzen natürlichen wie auch anthropogenen Ursprungs auf das Hormonsystem wildlebender Tiere und des Menschen immer mehr ins Blickfeld der wissenschaftlichen Diskussion. Bis heute konnte kein Kausalzusammenhang zwischen einem „natürlichen Recycling" und bekannten Schädigungen von Tier oder Mensch hergestellt werden.

33.5.4
Zusammenfassung der wichtigsten Wirkungsmechanismen

Sexualhormone sind aufgrund ihres Wirkungsspektrums in Androgene, Östrogene und Gestagene zu gliedern. Androgene fördern die Ausbildung physischer und psychischer männlicher Geschlechtsmerkmale, wozu u. a. die Förderung der Proteinbiosynthese gehört. Östrogene sind verantwortlich für viele Charakteristika des weiblichen Organismus in Bezug auf Morphologie, Metabolismus und Verhalten. Auch beim Mann werden einige wichtige Prozesse durch Östrogene gesteuert. Gestagene ermöglichen die Nidation des befruchteten Eies und die Erhaltung der Schwangerschaft.

33.6
Bewertung des Gefährdungspotenzials bzw. Gesundheitliche Bewertung

Die FDA (US Food and Drug Administration) schreibt in ihren Richtlinien für toxikologische Tests endogener Sexualsteroide, dass keine physiologische Wirkung auftritt, wenn Konsumenten längerfristig Fleisch verzehren, das einen

Mehranteil eines endogenen Steroids enthält, der maximal 1% der täglichen Produktion der Bevölkerungsgruppe mit der geringsten Syntheserate entspricht. Die täglichen Syntheseraten werden mit 6 µg Östradiol/d und 150 µg Progesteron/d bei präpubertären Jungen und 32 µg Testosteron/d bei präpubertären Mädchen angegeben [44]. Demzufolge wäre eine tägliche Aufnahme von 0,06 µg Östradiol, 1,5 µg Progesteron und 0,32 µg Testosteron unbedenklich.

Die ADI-Werte wurden jedoch bei 0,05 µg Östradiol, 30 µg Progesteron bzw. 2 µg Testosteron/kg KG festgelegt (Tab. 33.7). Bei einem Körpergewicht von 25 kg (präpubertäres Kind) errechnet sich für Östradiol demnach eine maximale Tagesaufnahme von 1,25 µg. Dieser Wert überschreitet die Unbedenklichkeitstoleranz der FDA um mehr als das 20fache. Rechnet man analog mit Progesteron und Testosteron, ist es um ein Vielfaches mehr. Nach Untersuchungen von Andersson und Skakkebæk [1] wurden bisher keine Studien zur metabolischen Clearance natürlicher Sexualhormone an gesunden Kindern veröffentlicht und wohl schon aus ethischen Gründen kaum durchgeführt. Dies wäre aber unablässig zur Ermittlung der täglichen Produktionsrate, die als Produkt aus

Tab. 33.7 Internationale Toleranzgrenzen für Rückstände hormonal wirksamer Masthilfsmittel.

Substanz	ADI[a] [µg/kg KG pro Tag]	MRL[b] [µg/kg]	NOEL[c] [µg/kg KG pro Tag]
Östradiol-17-β	0,05 [61]	–	5 [61]
Progesteron	30 [61]	–	3300 (LOEL[d]) [61]
Testosteron	2 [61]	–	1700 [61]
Trenbolon	0,02 [130]	2 (Muskel: TbOH-17β) 10 (Leber: TbOH-17α) [130]	2 (NHEL[e]) [60, 131]
Zeranol	0,5 [130]	2 (Muskel) 10 (Leber)[f] [129]	50 [130]
MGA	0,03 [135]	2 (Leber) 5 (Fett)[g] [135]	5 [135]
CMA	0,07 [37]	4 (Rinderfett) 2 (Rinderleber) 2,5 (Kuhmilch) [37, 103]	7 [37]
MPA	0,3 [35]	– [35, 103]	30 [35]
Flugestonacetat	0,03 [38]	1 (Schaf-, Ziegenmilch) [38, 103]	3 [38]
Altrenogest	0,04 [36]	3 (Schweine: Haut + Fett, Leber, Nieren; Equiden: Fett, Leber, Nieren) [36, 103]	4 (NHEL) [36]

a) ADI: acceptable daily intake;
b) MRL: maximum residue level;
c) NOEL: no observed effect level;
d) LOEL: lowest observed effect level;
e) NHEL: no hormonal effect level;
f) ARL: acceptable residue level;
g) vorläufiger MRL.

der Plasmakonzentration und der metabolischen Clearance errechnet wird. Es scheint, dass Ausscheidungsraten Erwachsener bei der Berechnung verwendet wurden. Die Autoren schätzen, dass es dadurch um eine Überschätzung der kindlichen Exkretionsraten um mindestens das Zwei- bis Dreifache kommt. Darüber hinaus sei die Ausscheidung bei Kindern durch die höhere Bindungskapazität des SHBG reduziert und der mikrosomale Abbau der Steroidhormone in der Leber wohl nicht höher als bei Erwachsenen. Des Weiteren besteht seit einigen Jahren die Vermutung, dass die Plasmaöstradiolgehalte bei präpubertären Kindern zu hoch angenommen worden sind. Oerter Klein et al. [94] bestimmten Gehalte von $0,6 \pm 0,6$ pg Östradiol-17β/mL Plasma bei Mädchen und von $0,08 \pm 0,2$ ng/L bei Jungen im präpubertären Alter mit Hilfe eines Bioassays auf der Basis genetisch modifizierter *Saccharomyces cerevisiae*-Zellen. Auch wenn eine derartige biologische Testmethode nicht die Zuverlässigkeit besitzt, die von einer Bestätigungsmethode gefordert wird und die Ergebnisse bisher mit anderen Verfahren noch nicht bestätigt werden konnten, so bestehen dennoch verstärkt Hinweise, dass die früher radioimmunologisch, nahe an der Nachweisbarkeitsgrenze bestimmten Plasmaöstradiolgehalte bei Kindern durch Matrixeffekte überschätzt wurden. Andersson und Skakkebæk [1] schätzen die Tagesproduktion von Östradiol auf der Basis der Untersuchungen von Oerter Klein et al. [94] auf 0,04 µg (FDA 1999: 6,5 µg/Tag).

33.7
Grenzwerte, Richtwerte, Empfehlungen, gesetzliche Regelungen

In der Europäischen Union sind hormonal wirksame Wachstumsförderer seit 1988 durch die Richtlinie 96/22/EG [22], geändert durch Richtlinie 2003/74/EG [40], verboten. Für tierzüchterische Zwecke sind nach Anhang I und III der VO (EWG) Nr. 2377/90 derzeit Altrenogest für Schweine und Pferde, Chlormadinonacetat für Rinder, Flugestonacetat für Schafe und Ziegen und Norgestomet für Rinder unter Festlegung einer Rückstandshöchstmenge sowie nach Anhang II Medroxyprogesteronacetat für Schafe und Progesteron für Rinder, Schafe, Ziegen und Pferde ohne Festlegung einer Rückstandshöchstmenge zugelassen [102].

Östradiol ist zwar derzeit noch nach Anhang II der VO (EWG) Nr. 2377/90 zur therapeutischen und zootechnischen Anwendung bei allen zur Lebensmittelerzeugung genutzten Säugetieren zugelassen [102], die Richtlinie 2003/74 der EU schränkt die Anwendungskriterien für die Zulassung jedoch auf die Mazeration (Aufweichung eines Gewebes) oder Mumifikation von Feten, die Behandlung der Pyometra (Vereiterung des Uterus) bei Rindern sowie die Östrusinduktion bei Rindern, Pferden, Schafen und Ziegen ein [40]. Weiter erlaubt die Richtlinie 2003/74 den Mitgliedstaaten die Zulassung auch anderer Substanzen mit östrogener Wirkung als Östradiol, von Androgenen oder Gestagenen zur tierzüchterischen Behandlung [40].

International wurden Grenzwerte bislang nur für die frei vorliegenden Wirkstoffe angegeben, weil man davon ausging, dass Steroidester im Gewebe zügig hydrolysiert werden und nicht in bedeutendem Maße zur Rückstandslast beitragen. Über Implantationsstellen können jedoch durchaus veresterte Steroidhormone in die Nahrung gelangen [30]. Lange andauernde Wirkungen sind u. a. für Östradiolester gezeigt worden [126].

Für die natürlichen Hormone wurden keine maximalen Rückstandsgrenzen (MRL) angegeben, da nach ihrer Anwendung unter Einhaltung der guten Veterinärpraxis die Hormonkonzentrationen in essbaren Geweben als nicht gefährlich für den Menschen angesehen werden [43, 61]. Das JECFA legte auf der Grundlage von Studien zu NOEL und LOEL (lowest observed effect level) tolerable Tagesaufnahmen (ADI) fest (Tab. 33.7).

33.8
Vorsorgemaßnahmen (individuell, Expositionsvermeidung)

Bei Einhaltung der gesetzlichen Bestimmungen gehen von den natürlich in Lebensmitteln vorhandenen Hormonen und Rückständen nach zootechnischer Anwendung keine Gefährdungen für die menschliche Gesundheit aus. Nach missbräuchlicher Anwendung können Implantations- oder Injektionsstellen sowie möglicherweise auch Leber, Niere oder Fett überhöhte Hormonkonzentrationen enthalten, die dann insbesondere für präpubertäre Kinder ein Risiko darstellen.

33.9
Zusammenfassung

Hormone sind grundsätzlicher Bestandteil der Nahrung. Die Konzentrationen variieren in Abhängigkeit von der Art des Lebensmittels, Tierspezies, Geschlecht, Alter und Reproduktionsstatus.

Darüber hinaus können auch synthetische, xenobiotische Hormone nach exogener Gabe in die Nahrung gelangen. Aufgrund ihrer höheren Stabilität sind sie im Gegensatz zu den natürlichen Hormonen meist weitaus besser oral wirksam. Jede Substanz ist in ihrer Wirkungscharakteristik einzeln zu betrachten und zu beurteilen. In Tabelle 33.8 soll am Beispiel dreier synthetischer Gestagene die unterschiedliche Dosis-Rückstandsrelation im Zusammenhang mit der gesundheitlichen Relevanz beleuchtet werden.

Ähnlich wie bei den Gestagenen (MGA > CMA > MPA >> Progesteron) kann man auch für Östrogene und Androgene eine Gliederung in der Reihenfolge ihrer oralen Wirksamkeit beim Menschen vornehmen. Bei den Östrogenen sind 0,01–0,05 mg Ethinylöstradiol, 0,1–0,5 mg DES oder 1–2 mg Östradiol-17β [56, 117] peroral wirksam. Zu Zeranol stehen lediglich Daten vom Tier zur Verfügung; der NHEL liegt bei 0,05 mg/kg (3 mg/60 kg) [130]. Die natürlich vorkommenden Androgene Testosteron und Nortestosteron sind aufgrund des starken First-pass-Effektes nicht oder kaum oral wirksam. Die oral wirksame Dosis von

Tab. 33.8 Vergleichende Übersicht zu Wirksamkeit und Rückständen von mgA, CMA und MPA.

	MGA	CMA	MPA	
Oral wirksame kontrazeptive Dosis (Mensch) [mg/d]	0,35–0,4	0,5	10	
ADI [µg/kg KG]	0,03	0,07	0,3	
Oral verabreichte Dosis im Tierversuch (Rind) [mg/d] (Dauer der Behandlung)	0,5 (56 d) [31]	12 (20 d) [59]	0,02 (7 d)	+ 0,2 (14 d) [101] 0,01–0,03
Wirkstoffkonzentration im Blut [µg/L]	0,03–0,04	0,2–0,9	0,007–0,01	
Rückstände in der Leber [µg/kg]	1	12	–	
Rückstände im Fett [µg/kg]	7	31	0,4	

Testosteron liegt bei über 100 mg/d [61], während 17α-Methyltestosteron bereits in Dosen von 1,25 mg/d [6] oder Stanozolol in Dosen von 5 mg/d [9, 14] therapeutisch oral wirksam ist.

Schwierig und weitgehend unklar ist noch heute die genaue Bewertung der Wirkung von Kombinationspräparaten. Synergistische Wirkungen der pharmakologisch wirksamen Substanzen untereinander oder auch in Verbindung mit bestimmten Begleitsubstanzen in der Formulierung sind häufig nicht absehbar.

33.10
Literatur

1 Andersson AM, Skakkebæk NE (1999) Exposure to exogenous estrogens in food: possible impact on human development and health, *European Journal of Endocrinology* **140**: 477–485.

2 Anstead GM, Carlson KE, Katzenellenbogen JA (1997) The estradiol pharmacophore: Ligand structure-estrogen receptor binding affinity relationships and a model for the receptor binding site, *Steroids* **62**: 268–303.

3 Avenando S, Tatum HJ, Rudel HW, Avenando O (1979) A clinical study with continuous low doses of megestrol acetate for fertility control, *American Journal of Obstetrics and Gynecology* **106**: 122–127.

4 Baldwin RS, Williams RD, Terry MK (1983) Zeranol: A review of the metabolism, toxicology, and analytical methods for detection of tissue residues, *Regulatory Toxicology and Pharmacology* **3**: 9–25.

5 Barraud B, Lugnier A, Dirheimer G (1984) Determination of the binding of trenbolone and zeranol to rat-liver DNA *in vivo* as compared to 17β-oestradiol and testosterone, *Food Additives and Contaminants* **1**: 147–155.

6 Barrett-Connor E, Young R, Notelovitz M, Sullivan J, Wiita B, Yang HM, Nolan J (1999) A two-year, double-blind comparison of estrogen-androgen and conjugated estrogens in surgically menopausal women. Effects on bone mineral density, symptoms and lipid profiles, *Journal of Reproductive Medicine* **44**: 1012–1020.

7 Bauer ERS, Daxenberger A, Petri T, Sauerwein H, Meyer HHD (2000) Characterisation of the affinity of different anabol-

7 ics and synthetic hormones to the human androgen receptor, human sex hormone binding globulin and to the bovine progestin receptor, *Acta Pathologica, Microbiologica et Immunologica Scandinavica* **108**: 838–846.

8 Becchi M, Aguilera R, Farizon Y, Flament MM, Casabianca H, James P (1994) Gas chromatography/combustion/isotope-ratio mass spectrometry analysis of urinary steroids to detect misuse of testosterone in sport, *Rapid Communications in Mass Spectrometry* **8**: 304–308.

9 Bénéton MN, Yates AJ, Rogers S, McCloskey EV, Kanis JA (1991) Stanozolol stimulates remodelling of trabecular bone and net formation of bone at the endocortical surface, *Clinical Science (London)* **81**: 543–549.

10 Bibbo M, Ali I, Al-Naqeeb M, Baccarini I, Climaco LA, Gill W, Sonek M, Wied GL (1975) Cytologic findings in female and male offspring of DES treated mothers, *Acta Cytologica* **19**: 568–572.

11 Bibbo M, Ali I, Al-Naqeeb M, Baccarini I, Gill W, Newton M, Sleeper KM, Sonek RN, Wied GL (1975) Follow-up study of male and female offspring of DES-treated mothers a preliminary report, *Journal of Reproductive Medicine* **15**: 29–32.

12 Blok J, Wösten MAD (2000) Source and environmental fate of natural oestrogens, Association of River Waterworks – RIWA, Nieuwegein.

13 Breier BH, Gluckmann PD, Bass JJ (1988) The somatotrophic axis in young steers: influence of nutritional status and oestradiol-17β on hepatic high- and low-affinity somatotrophic binding sites, *Journal of Endocrinology* **116**: 169–177.

14 Broekmans AW, Conard J, van Weyenberg RG, Horellou MH, Kluft C, Bertina RM (1987) Treatment of hereditary protein C deficiency with stanozolol, *Thrombosis and Haemostasis* **57**: 20–24.

15 Casavilla F, Stubrin J, Maruffo C, Van Nynatten B, Perez V (1972) Daily megestrol acetate for fertility control – A clinical study, *Contraception* **6**: 361–372.

16 Code of Federal Regulations, Food and Drugs, 21, Ch. I, Part 522.842, 522.2478, 522.2680 and 558.342. US Government Printing Office, Washington, D.C., 1999: http://www.access.gpo.gov/nara/cfr/waisidx_99/21cfrv6_99.html

17 Coert A, Geelen J, de Visser J, van der Vies J (1975) The pharmacology and metabolism of testosterone undecanoate (TU), a new orally active androgen, *Acta Endocrinologica* **79**: 789–800.

18 Colerangle JB, Roy D (1995) Perturbation of cell cycle kinetics in the mammary gland by stilbene estrogen, diethylstilbestrol (DES), *Cancer Letters* **94**: 55–63.

19 Conley GR, Sant GR, Ucci AA, Mitcheson HD (1983) Seminoma and epididymal cysts in a young man with known diethylstilbestrol exposure in utero, *Journal of the American Medical Association* **249**: 1325–1326.

20 Cooper MD, Elce JS, Kellie AE (1967) The metabolism of melengestrol acetate, *Biochemical Journal (Proceedings of the Biochemical Society)* **104**: 57P–58P.

21 Cornette JC, Kirton KT, Duncan GW (1971) Measurement of medroxyprogesterone acetate (Provera) by radioimmunoassay, *Journal of Clinical Endocrinology and Metabolism* **33**: 459–466.

22 Council of the European Union (1996) Council Directive 96/22/EC of 29 April 1996 concerning the prohibition on the use in stockfarming of certain substances having a hormonal or thyrostatic action and of beta-agonists, and repealing Directives 81/602/EEC, 88/146/EEC and 88/299/EEC, *Official Journal of the European Communities* **L 125**: 3–9.

23 Cutler GB Jr. (1997) The role of estrogen in bone growth and maturation during childhood and adolescence, *Journal of Steroid Biochemistry* **61**: 141–144.

24 Danhaive PA, Rousseau GG (1986) Binding of glucocorticoid antagonists to androgen and glucocorticoid hormone receptors in rat skeletal muscle, *Journal of Steroid Biochemistry* **24**: 481–487.

25 Danhaive PA, Rousseau GG (1988) Evidence for sex-dependent anabolic response to androgenic steroids mediated by muscle glucocorticoid receptors in the rat, *Journal of Steroid Biochemistry* **29**: 575–581.

26 Davis RA (1973) Determination of MGA in heifer excreta. Unveröffentlichter Bericht der Upjohn Company, Kalamazoo,

Michigan, USA, zitiert nach: WHO (2000) Toxicological evaluation of certain veterinary drug residues in food, WHO Food Additives Series 45: http://www.inchem.org/pages/jecfa.html

27 Davis SL, Borger ML (1974) Dynamic changes in plasma prolactin, luteinizing hormone and growth hormone in ovariectomized ewes, *Journal of Animal Science* **38**: 795–802.

28 Davis SL, Ohlson DL, Klindt J, Anfinson NS (1977) Episodic growth hormone secretory patterns in sheep: relationship to gonadal steroids, *American Journal of Physiology* **233**: E519–E523.

29 Daxenberger A, Ibaretta D, Meyer HHD (2001) Possible health impact of animal oestrogens in food, *Human Reproduction Update* **7**: 340–355.

30 Daxenberger A, Lange I, Meyer K, Meyer HHD (2000) Detection of anabolic residues in misplaced implantation sites in cattle, *Journal of the Association of Official Analytical Chemists International* **83**: 809–819.

31 Daxenberger A, Meyer K, Hageleit M, Meyer HHD (1999) Detection of melengestrol acetate residues in plasma and edible tissues of heifers, *Veterinary Quaterly* **21**: 154–158.

32 Deligiannis A (2001) Cardiac Side Effects of Anabolics, in Peters C, Schulz T, Michna H Biomedical Side Effects of Doping, Buch und Sport Strauss, Köln: 81–89.

33 Duncan GW, Lyster SC, Hendrix JW, Clark JJ, Webster HD (1964) Biologic effects of melengestrol acetate, *Fertility and Sterility* **15**: 419–432.

34 European Agency for the Evaluation of Medicinal Products, Committee for Veterinary Medicinal Products (1997) Medroxyprogesterone acetate, Summary Report: http://www.emea.eu.int/htms/vet/mrls/m-rmrl.htm

35 European Agency for the Evaluation of Medicinal Products, Committee for Veterinary Medicinal Products (2002) Altrenogest, Summary Report: http://www.emea.eu.int/htms/vet/mrls/a-fmrl.htm

36 European Agency for the Evaluation of Medicinal Products, Committee for Veterinary Medicinal Products (2002) Chlormadinone, Summary Report: http://www.emea.eu.int/htms/vet/mrls/a-fmrl.htm

37 European Agency for the Evaluation of Medicinal Products, Committee for Veterinary Medicinal Products (2002) Flugestone Acetate, Summary Report: http://www.emea.eu.int/htms/vet/mrls/a-fmrl.htm

38 European Commission (1999) Opinion of the Scientific Committee on Veterinary measures relating to Public Health, Assessment of potential risks to human health from hormone residues on bovine meat and meat products (30 April 1999): http://europa.eu.int/comm/food/fs/him/him_index_en.html

39 European Commission (2002) Opinion of the Scientific Committee on Veterinary measures relating to Public Health on Review of previous SCVPH opinions of 30 April 1999 and 3 May 2000 on the potential risk to human health from hormone residues in bovine meat and meat products (adopted on 10 April 2002): http://europa.eu.int/comm/food/fs/him/him_index_en.html

40 European Parliament and Council of the European Union (2003) Directive 2003/74 EC of the European Parliament and of the Council of 22 September 2003 amending Council Directive 96/22/EC concerning the prohibition on the use in stockfarming of certain substances having a hormonal or thyrostatic action and of beta agonists. *Official Journal of the European Communities* **L 262**: 17–21.

41 Everett DJ, Perry CJ, Scott KA, Martin BW, Terry MK (1987) Estrogenic potencies of resorcylic acid lactones and 17β-estradiol in female rats, *Journal of Toxicology and Environmental Health* **20**: 435–443.

42 Evrard P, Maghuin-Rogister G (1987) *In vitro* metabolism of trenbolone: study of the formation of covalently bound residues. *Food Additives and Contaminants* **5**: 59–65.

43 FAO/WHO (1999) Codex Alimentarius: Veterinary drug residues in food – maximum residue limits, FAOSTAT Database

44 FDA (1994) Guideline No. 3: General principles for evaluating the safety of compounds used in food-producing animals, Part II: Guideline for toxicological testing: http://www.fda.gov/cvm/guidance/guideline3pt2.html

45 Frank DW, Kirton KT, Murchinson TE, Quinlan WJ, Coleman ME, Gilbertson TJ, Feenstra ES, Kimball FA (1979) Mammary tumors and serum hormones in the bitch treated with medroxyprogesterone acetate or progesterone for four years, *Fertility and Sterility* **31**: 340–346.

46 Fritsche S, Steinhart H (1999) Occurrence of hormonally active compounds in food: a review, *European Food Research and Technology* **209**: 153–179.

47 Gassner FX, Martin RP, Algeo WI (1960) Hormone in der Tiermast. 6. Symposium der Deutschen Gesellschaft für Endokrinologie, Kiel, 28.–30. 04. 1959, Springer, Berlin, Heidelberg, New York: 151–194.

48 Gill WB, Schumacher GF, Bibbo M (1979) Pathological semen and anatomical abnormalities of the genital tract in human male subjects exposed to diethylstilbestrol in utero, *Journal of Urology* **117**: 477–480.

49 Gill WB, Schumacher GF, Bibbo M, Straus FHD, Schoenberg HW (1979) Asscociation of diethylstilbestrol exposure in utero with cryptorchidism, testicular hypoplasia and semen abnormalities, *Journal of Urology* **122**: 36–39.

50 Gladek A, Liehr JG (1991) Transplacental genotoxicity of diethylstilbestrol, *Carcinogenesis* **12**: 773–776.

51 Greenblatt RB, Rose FD (1962) Delay of menses: Test of progestational efficacy in induction of pseudopregnancy, *Obstetrics and Gynecology* **19**: 730–735.

52 Hageleit M, Daxenberger A, Kraetzl WD, Kettler A, Meyer HHD (2000) Dose-dependent effects of melengestrol acetate (MGA) on plasma levels of estradiol, progesterone and luteinizing hormone in cycling heifers and influences on oestrogen residues in edible tissues, *Acta Pathologica, Microbiologica et Immunologica Scandinavica* **108**: 847–854.

53 Heitzman RJ, Harwood DJ (1977) Residue levels of trenbolone and oestradiol-17β in plasma and tissues of steers implanted with anabolic steroid preparations, *British Veterinary Journal* **133**: 564–571.

54 Henricks DM, Brandt RT, Titgemeyer EC, Milton CT (1997) Serum concentrations of trenbolone-17β and estradiol-17β and performance of heifers treated with trenbolone acetate, melengestrol acetate, or estradiol-17β, *Journal of Animal Science* **75**: 2627–2633.

55 Herbst AL, Ulfelder H, Poskanzer DC (1971) Adenocarcinoma of the vagina. Association of maternal stilbestrol therapy with tumor appearance in young women, *New England Journal of Medicine* **284**: 878–881.

56 Herr F, Revesz C, Manson AJ, Jewell JB (1970) Biological properties of estrogen sulfates, in Bernstein S, Solomon S (Hrsg) Chemical and Biological Aspects of Steroid Conjugation, Springer, Berlin, Heidelberg, New York: 368–408.

57 Hoffmann B, Evers P (1986) Anabolic agents with sex hormone-like activities: problems of residues, in Rico AG (Hrsg) Drug residues in animals, Academic Press, New York: 111–146.

58 Hoffmann B, Schopper D, Karg H (1984) Investigations on the occurrence of non-extractable residues of trienbolone acetate in cattle tissues in respect to their bioavailability and immunological reactivity, *Food Additives and Contaminants* **1**: 253–259.

59 Hohl B (1992) Rückstandanalytik von Chlormadinonacetat nach oraler Anwendung bei Milchkühen. Dissertation, Ludwig-Maximilians-Universität München.

60 JECFA (1988) Evaluation of certain veterinary drug residues in food. 32nd report of the Joint FAO/WHO Expert Committee on Food Additives, WHO Technical Report Series 763: http://www.who.int/pcs/jecfa/JECFA_publications.htm

61 JECFA (1999) 52nd Meeting, 2–11 February 1999, Summary and conclusions, Rom.

62 Johnson AC, Belfroid A, Di Corcia AD (2000) Estimating steroid oestrogen inputs into activated sludge treatment

63 Jones LA, Bern HA (1977) Long-term effects on neonatal treatment with progesterone alone and in combination with estrogen, on the mammary gland and reproductive tract of female BALB/cfc3H mice, *Cancer Research* **37**: 67–75.

64 Karg H, Meyer HHD (1999) Aktualisierte Wertung der Masthilfsmittel Trenbolonacetat, Zeranol und Melengestrolacetat (Überlegungen zum „Hormonstreit" zwischen der EU und den USA bei der WTO), *Archiv für Lebensmittelhygiene* **50**: 28–37.

65 Kennedy DG, Hewitt SA, McEvoy JDG, Currie JW, Cannavan A, Blynchflower WJ, Elliot CT (1998) Zeranol is formed from Fusarium spp. toxins in cattle in vivo, *Food Additives and Contaminants* **15**: 393–400.

66 Knight W (1980) Estrogens administered to food-producing animals: environmental considerations in McLachlan J (Hrsg) Estrogens in the environment, Elsevier, New York, Amsterdam, Oxford: 391–401.

67 Kontula K, Janne O, Vihko R, de Jager E, de Visser J, Zeelen F (1975) Progesterone-binding protein. In vitro binding and biological activity of different steroidal ligands, *Acta Endocrinologica (Copenhagen)* **78**: 574–592.

68 Krzeminski LF, Byron L, Cox L, Gosline E (1981) Fate of radioactive melengestrol acetate in the bovine, *Journal of Agriculture and Food Chemistry* **29**: 167–171.

69 Kuiper GGJM, Lemmen JG, Carlsson B, Corton JC, Safe SH, van der Saag PT, van der Burg B, Gustafsson J (1998) Interaction of estrogenic chemicals and phytoestrogens with estrogen receptor β, *Endocrinology* **139**: 4252–4263.

70 Lange IG, Daxenberger A, Meyer HHD (2001) Hormone contents in peripheral tissues after correct and off-label use of growth promoting hormones in cattle: Effect of the implant preparations Finaplix-H®, Ralgro®, Synovex-H® and Synovex Plus®, *Acta Pathologica, Microbiologica et Immunologica Scandinavica* **109**: 53–65.

71 Lange IG, Hartel A, Meyer HHD (2002) Evolution of oestrogen functions in vertebrates. *Journal of Steroid Biochemistry and Molecular Biology* **83**: 219–226.

72 Lange IG, Daxenberger A, Schiffer B, Witters H, Ibarreta D, Meyer HHD (2002) Sex hormones originating from different livestock production systems: fate and potential disrupting activity in the environment, *Analytica Chimica Acta* **473**: 27–37.

73 Lauderdale JW, Goyings LS, Krzeminski LF, Zimbelman RG (1977) Studies of a progestogen (MGA) as related to residues and human consumption, *Journal of Toxicology and Environmental Health* **3**: 5–33.

74 Lauritzen C, Lehmann W-D (1969) Besonderheiten der Wirkungen der einzelnen Gestagene auf Morphologie und Funktion des Genitaltraktes beim Menschen, in Eichler O, Farah A, Herken H, Welch AD (Hrsg) Handbuch der Pharmakologie, Springer, Berlin, Heidelberg, New York: 1–49.

75 Liehr JG, Randerath K, Randerath E (1985) Target organ-specific covalent DNA damage preceding diethylstilbestrol-induced carcinogenesis, *Carcinogenesis* **6**:1067–1069.

76 Liehr JG, Roy D, Gladek A (1989) Mechanism of inhibition of estrogen-induced renal carcinogenesis in male Syrian hamsters by vitamin C, *Carcinogenesis* **10**: 1983–1988.

77 Liehr JG, DaGue BB, Ballatore AM, Henkin J (1983) Diethylstilbestrol (DES) quinone: a reactive intermediate in DES metabolism, *Biochemical Pharmacology* **32**: 3711–3718.

78 Liehr JG, Fang WF, Sirbasku DA, Ari-Ulubelen A (1986) Carcinogenicity of catechol estrogens in Syrian hamsters, *Journal of Steroid Biochemistry* **24**: 353–356.

79 Maghuin-Rogister G, Bosseloire A, Gaspar P, Dasnois C, Pelzer G (1988) Identification de la 19-nortestosterone (nandrolone) dans l'urine de verrats non castrés, *Annales de Médecine Vétérinaire* **132**: 437–440.

80 Marselos M, Tomatis L (1992) Diethylstilbestrol: II, pharmacology, toxicology and

80 carcinogenicity in experimental animals, *European Journal of Cancer* **29A**: 149–155.

81 Martinez-Manautou J, Giner-Velazquez J, Rudel H (1967) Continuous progestagen contraception: A dose relationship study with chlormadinone, *Fertility and Sterility* **18**: 57–62.

82 Maume D, Deceuninck Y, Pouponneau K, Paris A, Le Bizec B, André F (2001) Assessment of estradiol and its metabolites in meat, *Acta Pathologica, Microbiologica et Immunologica Scandinavica* **109**: 32–38.

83 McLachlan JA, Newbold RR, Burow ME, Fang Li Shuan (2001) From malformations to molecular mechanisms in the male: three decades of research on endocrine disruptors, *Acta Pathologica, Microbiologica et Immunologica Scandinavica* **109**: 263–272.

84 Metzler M (1981) The metabolism of diethylstilbestrol, *Critical Reviews in Biochemistry* **10**: 171–212.

85 Metzler M (1982) Role of metabolic activation in the transplacental carcinogenicity of diethylstilbestrol, *International Journal of Biological Research in Pregnancy* **3**: 103–107.

86 Metzler M, Pfeiffer E (2001) Genotoxic potential of xenobiotic growth promoters and their metabolites, *Acta Pathologica, Microbiologica et Immunologica Scandinavica* **109**: 89–95.

87 Meyer HHD (2001) Biochemistry and physiology of anabolic hormones used for improvement of meat production, *Acta Pathologica, Microbiologica et Immunologica Scandinavica* **109**: 1–8.

88 Meyer HHD, Rapp M (1985) Reversible binding of the anabolic steroid trenbolone to steroid receptors, *Acta Endocrinologica* **108**, Suppl 267: 129.

89 Meyer HHD, Falckenberg D, Janowski T, Rapp M, Rösel EF, van Look L, Karg H (1992) Evidence for the presence of endogenous 19-nortestosterone in the cow peripartum and in the neonatal calf, *Acta Endocrinologica* **126**: 369–373.

90 Migdalof BH, Dugger HA, Heider JG, Coombs RA, Terry MK (1983) Biotransformation of zeranol. I. Disposition and metabolism in the female rat, rabbit, dog, monkey and man, *Xenobiotica* **13**: 209–221.

91 Neumann F (1976) Pharmacological and endocrinological studies on anabolic agents, in Lu F, Rendel J (Hrsg) Anabolic Agents in Animal Production, FAO/WHO Symposium Rome, March 1975, Thieme, Stuttgart: 253–264.

92 Noble RL (1977) The development of prostatic adenocarcinoma in Nb rats following prolonged sex hormone administration, *Cancer Research* **37**: 1929–1933.

93 Nugent CA, Bressler R, Kayan S, Worall P (1975) Suppression of cortisol by a progestational steroid, melengestrol, *Clinical Pharmacology & Therapeutics* **18**: 338–344.

94 Oerter Klein K, Baron J, Colli MJ, McDonell DP, Cutler GB Jr (1994) Estrogen levels in childhood determined by a ultrasensitive recombinant cell bioassay, *Journal of Clinical Investigation* **94**: 2475–2480.

95 Paris A, Rao D (1989) Biosynthesis of estradiol-17β fatty acyl esters by microsomes derived from bovine liver and adrenals, *Journal of Steroid Biochemistry* **33**: 465–472.

96 Paris A, Goutal I, Richard J, Bécret A, Gueraud F (2001) Uterotrophic effect of a saturated fatty acid 17-ester of estradiol-17β administered orally to juvenile rats, *Acta Pathologica, Microbiologica et Immunologica Scandinavica* **109**: 365–375.

97 Peters C, Schulz T, Michna H (2001) Side Effects of Doping: an Overview, in Peters C, Schulz T, Michna H Biomedical Side Effects of Doping, Buch und Sport Strauss, Köln: 21–34.

98 Pfeiffer E, Metzler M (1992) Effects of steroidal and stilbene estrogens and their peroxidative metabolites and microtubular proteins, in Li JJ, Nandi S, Li SA (Hrsg) Hormonal carcinogenesis, Springer, New York: 313–317.

99 Pottier J, Cousty C, Heitzman RJ, Reynolds IP (1981) Differences in the biotransformation of a 17β-hydroxylated steroid, trenbolone acetate, in rat and cow, *Xenobiotica* **11**: 489–500.

100 Rapp M, Meyer HHD (1985) Nachweismöglichkeiten des Trenboloneinsatzes in der Rindermast: Radioimmuno-

101 Rapp M, Meyer HHD (1989) Control of illegal medroxyprogesterone acetate-application in veal calves by residue analysis in adipose tissue using HPLC/RIA methods, *Food Additives and Contaminants* 6: 59–70.

102 Rat der Europäischen Gemeinschaften (1990) Verordnung (EWG) Nr. 2377/90 des Rates vom 26. Juni 1990 zur Schaffung eines Gemeinschaftsverfahrens für die Festsetzung von Höchstmengen für Tierarzneimittelrückstände in Nahrungsmitteln tierischen Ursprungs, *Amtsblatt der Europäischen Gemeinschaften* L 224: 1–8; zuletzt geändert durch Verordnung (EG) Nr. 2011/03 der Kommission vom 15. November 2003, *Amtsblatt der Europäischen Gemeinschaften* L 297: 15.

103 Richardson KE, Hagler WM Jr, Mirocha CJ (1985) Production of zearalenone, α- and β-zearalenol, and α- and β-zearalanol by *Fusarium spp.* in rice culture, *Journal of Agricultural and Food Chemistry* 33: 862–866.

104 Richold M (1988) The genotoxicity of trenbolone, a synthetic steroid, *Archives of Toxicology* 61: 249–258.

105 Rico AG (1983) Metabolism of endogenous and exogenous anabolic agents in cattle, *Journal of Animal Science* 57: 226–232.

106 Ryan JJ, Hoffmann B (1978) Trenbolone Acetate. Experiences with Bound Residues in Cattle Tissues, *Journal of the Association of Official Analytical Chemists* 61: 1274–1279.

107 Sauerwein H, Meyer HHD (1989) Androgen and estrogen receptors in bovine skeletal muscle: relation to steroid induced allometric muscle growth, *Journal of Animal Science* 67: 206–212.

108 Sauerwein H, Meyer HHD, Schams D (1992) Divergent effects of estrogens on the somatotropic axis in male and female calves, *Journal of Reproduction and Development* 38: 271–278.

109 Schiffer B, Daxenberger A, Meyer K, Meyer HHD (2001) The fate of trenbolone acetate and melengestrol acetate after application as growth promotants in cattle – Environmental studies. *Environmental Health Perspectives* 109: 1145–1151.

110 Schiffmann D, De Boni U (1991) Dislocation of chromatin elements in prophase induced by diethylstilbestrol: A novel mechanism by which micronuclei can arise, *Mutation Research* 246: 113–122.

111 Seifert M, Haindl S, Hock B (1999) Development of an enzyme linked receptor assay (ELRA) for estrogens and xenoestrogens, *Analytica Chimica Acta* 386: 191–199.

112 Sharp GD, Dyer IA (1972) Zearalanol metabolism in steers, *Journal of Animal Science* 34: 176–179.

113 Sletholt K (1981) Radioimmunoassay of 6α-methyl-17α-acetoxyprogesterone (MAP) in plasma of sheep during and after oral administration, *Acta Endocrinologica* 96: 141–144.

114 Spranger B, Metzler M (1991) Disposition of 17β-trenbolone in humans, *Journal of Chromatography* 564: 485–492.

115 Swyer GIM, Little V (1962) Clinical Assessment of Orally Active Progestagens, *Proceedings of the Royal Society of Medicine* 55: 861–863.

116 Tabak HH, Bloomhuff RN, Bunch RL (1981) Steroid hormones as water pollutants II. Studies on the persistence and stability of natural urinary and synthetic ovulation-inhibiting hormones in untreated and treated wastewaters, *Developments in Industrial Microbiology* 22: 497–519.

117 Tausk M, Thijssen JHH, van Wimersma Greidanus TB (1986) Pharmakologie der Hormone, Thieme, Stuttgart, New York.

118 Ternes TA, Stumpf M, Mueller J, Haberer K, Wilken RD, Servos M (1999) Behavior and occurrence of estrogens in municipal sewage treatment plants – I. Investigations in Germany, Canada and Brazil, *The Science of the Total Environment* 225: 81–90.

119 Thibodeau PA, Bissonette N, Kocsis Bedard S, Hunting D, Paquette B (1998) Induction by estrogens of methotrexate resistance in MCF-7 breast cancer cells, *Carcinogenesis* 19: 1545–1552.

120 Träger L (1977) Steroidhormone, Springer, Berlin, Heidelberg, New York.
121 Tsutsui T, Tamura Y, Yagi E, Barrett JC (2000) Involvement of genotoxic effects in the initiation of estrogen-induced cellular transformation: studies using Syrian hamster embryo cells treated with 17β-estradiol and eight of its metabolites, *International Journal of Cancer* **86**: 8–14.
122 Tsutsui T, Tamura Y, Hagiwara M, Miyachi T, Hikiba H, Kubo C, Barett JC (2000) Induction of mammalian cell transformation and genotoxicity by 2-methoxyestradiol, an endogenous metabolite of estrogen, *Carcinogenesis* **21**: 735–740.
123 Tucker RW, Barrett JC (1986) Decreased numbers of spindle and cytoplasmic microtubules in hamster embryo cells treated with diethylstilbestrol, *Cancer Research* **46**: 2088–2095.
124 Van der Wal P, Berende PLM (1983) Effect of anabolic agents on food producing animals, in Meissonnier E, Mitchell-Vigneron J (Hrsg) Anabolics in Animal Production, Office International des Epizooties, Paris: 73–115.
125 Van Nie R, Benedetti EL, Mühlböck O (1961) A carcinogenic action of testosterone, provoking uterine tumours in mice, *Nature* **192**: 1303.
126 Vazquez-Alcantara MA, Menjivar M, Garcia GA, Diaz-Zagoya JC, Garza-Flores J (1989) Long-acting estrogenic responses of estradiol fatty acid esters, *Journal of Steroid Biochemistry* **33**: 1111–1118.
127 Vogt K (1984) Radioimmunologische Bestimmung von Trenbolon in Urin, Galle und Kot von Mastkälbern nach subkutaner Implantation von Revalor®, *Archiv für Lebensmittelhygiene* **35**: 27–32.
128 Vree TB, Timmer CJ (1998) Enterohepatic cycling and pharmakokinetics of oestradiol in postmenopausal women, *Journal of Pharmacy and Pharmacology* **50**: 857–864.
129 WHO (1988) Evaluation of certain veterinary drug residues in food, *WHO Technical Report Series* **763**: 26–28.
130 WHO (1988) Toxicological evaluation of certain veterinary drug residues in food, *WHO Food Additives Series* **23**: http://www.inchem.org/pages/jecfa.html
131 WHO (1989) Evaluation of certain veterinary drug residues in food, *WHO Technical Report Series* **788**: 40–42.
132 WHO (1990) Toxicological evaluation of certain veterinary drug residues in food, *WHO Food Additives Series* **25**: http://www.inchem.org/pages/jecfa.html
133 WHO (2000) Toxicological evaluation of certain veterinary drug residues in food, *WHO Food Additives Series* **43**: http://www.inchem.org/pages/jecfa.html
134 WHO (2000) Toxicological evaluation of certain veterinary drug residues in food, *WHO Food Additives Series* **45**: http://www.inchem.org/pages/jecfa.html
135 WHO (2001) Evaluation of certain veterinary drug residues in food, *WHO Technical Report Series* **900**: 64–80.
136 Wikstrom A, Green B, Johansson ED (1984) The plasma concentration of medroxyprogesterone acetate and ovarian function during treatment with medroxyprogesterone acetate in 5 and 10 mg doses, *Acta Obstetrica et Gynecologica Scandinavica* **63**: 163–168.
137 Williams GW, Iatropoulos M, Cheung R, Radi L, Wang CX (1993) Diethylstilbestrol liver carcinogenicity and modifications of DNA in rats, *Cancer Letters* **68**: 193–198.
138 Zimbelman RG, Smith LW (1966) Control of ovulation in cattle with melengestrol acetate. I. Effect of dosage and route of administration, *Journal of Reproduction and Fertility* **11**: 185–191.

34
β-Agonisten

Heinrich D. Meyer und Iris G. Lange

34.1
Allgemeine Substanzbeschreibung

Sympathomimetika imitieren die durch Stimulation adrenerger Nerven entstehenden Wirkungen der körpereigenen Botenstoffe Noradrenalin, Adrenalin und Dopamin. Je nach Angriffspunkt der Substanzen unterscheidet man Sympathomimetika mit direkter und indirekter Wirkung. Die Sympathomimetika mit indirekter Wirkung greifen präsynaptisch an und führen zur Freisetzung von Noradrenalin, während die direkt wirkenden Sympathomimetika aufgrund ihrer chemischen Struktur an postsynaptische Andrenorezeptoren binden und spezifische Folgereaktionen auslösen. Je nach Rezeptoraffinität (a_1, a_2, β_1, β_2, β_3) sind die Effekte einzelner Sympathomimetika unterschiedlich. Die Bindung von β_2-Agonisten an β_2-Rezeptoren führt zu Vasodilatation, Relaxation der Bronchien und des Uterus. β_2-Agonisten werden daher oral, inhalativ oder parenteral als Bronchodilatoren und zur Wehenhemmung (Tokolytika) eingesetzt, aber auch illegal zur Wachstumsförderung und Nährstoffumverteilung von Fett in Muskel, da sie die Gewichtszunahme und den Proteinaufbau fördern und den Fettansatz reduzieren. Seit den frühen 1980er Jahren ist die Wirksamkeit oral verabreichter β_2-Agonisten zur Verbesserung der Futterausbeute und Reduktion des Fettanteils im Schlachtkörper gut dokumentiert. Endogene Katecholamine haben sehr kurze Halbwertszeiten von einigen Minuten aufgrund des raschen Abbaus durch Monoaminoxidase und Katechol-O-Methyltransferase. Die Synthese des stabileren Isoprenalins [19] war der Beginn der Erforschung einer therapeutischen Applikation von a- und β-Sympathomimetika. Clenbuterol, das 1972 erstmalig hergestellt wurde [18], entwickelte sich aufgrund seiner Stabilität, seiner hervorragenden β_2-Selektivität neben einer geringen β_1-Aktivität zu einem weit verbreiteten Antiasthmatikum und Tokolytikum. Darüber hinaus ist seine anabole Wirkung in verschiedenen Haustieren belegt [16]. Trotz des EU-weiten Verbotes von β-Agonisten in der Tiermast (s. u.) werden sie aufgrund ihres beträchtlichen Potenzials immer wieder illegal als Wachstumsförderer bei landwirtschaftlichen Nutztieren angewendet. Dazu sind Dosen, die um ein Vielfaches über den therapeutischen liegen, notwendig. 1988 wurde zum ersten Mal der Missbrauch bei Kälbern nachgewiesen [29].

Tabelle 34.1 zeigt eine Aufstellung von β-Agonisten mit zum Teil unterschiedlich stark ausgeprägter Selektivität.

Neben den synthetischen β-Agonisten sollen noch einige natürlich vorkommende Substanzen kurz vorgestellt werden, die ebenfalls zu den β-Agonisten gezählt werden und als Stimulantien oder Schlankmacher angewendet werden: Ephedrin ist eine Substanz, die aus der Pflanze *Ephedra equisetina* gewonnen wird und seit Jahrhunderten als Stimulans und Bronchodilator Verwendung findet (Ma-Huang Extrakt). Es wird u.a. bei Asthma, zur Erhöhung des Blutdrucks oder unterstützend zur Gewichtskontrolle eingesetzt. L-Ephedrin werden indirekte und direkte Wirkungen auf α- und β-Rezeptoren zugeschrieben. L-Ephedrin ist gegenüber dem β_1- und dem β_2-Rezeptor etwa äquipotent, gegenüber dem β_3-Rezeptor nur schwach agonistisch [43]. Zur Erhöhung des Grundumsatzes beim Menschen ist eine Dosis von dreimal 50 mg/d nötig [37]. Hordenin wird beim Abbau von Tyramin beginnend am ersten Tag der Keimung von Gerste gebildet. Darüber hinaus findet man es in Kakteen wie auch in verschiedenen Reetarten (*Phalaris sp.*). Pferderennsportorganisationen in einigen Ländern stufen Hordenin als Stimulans ein. Der stimulatorische Effekt auf das respiratorische und kardiovaskuläre System ist kurzzeitig und tritt nur bei hohen Dosen auf. Durch natürlich vorkommendes Hordenin im Futter können beim Pferd Konzentrationen von 18–90 µg Hordenin/mL Urin oder bis zu 1 µg/mL Serum erreicht werden. Mit 1 kg Gerste können Pferde etwa 500 mg Hordenin am Tag (ca. 1 mg/kg KG) aufnehmen [17]. 2 mg/kg KG führten nach intravenöser Gabe beim Pferd kurzzeitig zu Atemnot, erhöhter Herzfrequenz und verstärktem Schwitzen [25]. 30 min nach Applikation zeigten die Tiere jedoch keine Symptome mehr. Die Peakplasmakonzentration betrug 1 µg/mL, im Urin wurden maximal 400 µg/mL freies und konjugiertes Hordenin detektiert. Bis 24 h nach Injektion kehrte die Konzentration im Urin exponentiell bis auf Basisniveau zurück. Die Kinetik der Plasmakonzentration entsprach dem Modell eines offenen Zweikompartimentsystems und zeigte Halbwertszeiten von 3 min (α-Phase) und 35 min (β-Phase). Nach oraler Gabe von 2 mg/kg KG waren keine Veränderungen von Herz- und Atmungsfrequenz, Körpertemperatur oder Verhalten festzustellen [14]. Hordenin ist neben Synephrin, Octopamin, Tyramin und *N*-Methyltyramin auch in *Citrus aurantium*-Extrakt (Zhi Shi-Extrakt) enthalten. Dieser Extrakt soll die Lipolyse stimulieren und zu einer verstärkten Thermogenese führen. Darüber hinaus sind auch Effekte auf das Herz-Kreislauf-System beschrieben [22, 33]. In Fettzellen von Ratten konnte der lipolytische Effekt von Synephrin durch β_1- und β_2-selektive Antagonisten komplett, durch einen β_3-selektiven Antagonisten jedoch nur schwach gehemmt werden, während der von Octopamin durch einen β_3-selektiven Antagonisten komplett und durch β_1- und β_2-selektive Antagonisten nur leicht gehemmt wurde. In humanen Fettzellen war der lipolytische Effekt von Synephrin und Octopamin weniger ausgeprägt als bei Ratten [4].

34.1 Allgemeine Substanzbeschreibung

Tab. 34.1 Strukturformeln ausgewählter β-Agonisten.

Trivialname	Chem. Bezeichnung	CAS-Nr.	Summenformel	MW[a]	Strukturformel
Natürlich vorkommende β-Agonisten					
Ephedrin	2-(Methylamino)-1-phenylpropan-1-ol	299-42-3	$C_{10}H_{15}NO$	165,2	
Hordenin	3-(4-Hydroxyphenyl)-1,1-dimethyl-ethylamin	3595-05-9	$C_{10}H_{15}NO$	165,2	
Octopamin	2-Amino-1-(4-hydroxyphenyl)ethanol	104-14-3	$C_8H_{11}NO_2$	153,2	
Synephrin	1-(4-Hydroxyphenyl)-2-(methylamino)ethanol	94-07-5	$C_9H_{13}NO_2$	167,2	
Synthetische β-Agonisten					
Amiterol	1-(4-Aminophenyl)-2-[(1-methylpropyl)-aminо]ethanol	54063-25-1	$C_{12}H_{20}N_2O$	208,3	

Tab. 34.1 (Fortsetzung)

Trivialname	Chem. Bezeichnung	CAS-Nr.	Summenformel	MW[a]	Strukturformel
Bambuterol[b]	Dimethylcarbaminsäure-5-[1-hydroxy-2-[[(1,1-dimethylethyl)amino]ethyl]-1,3-phenylenester	81732-65-2	$C_{18}H_{29}N_3O_5$	367,5	
Bitolterol[c]	4-Methylbenzoesäure-4-[1-hydroxy-2-[[(1,1-dimethylethyl)amino]ethyl]-1,2-phenylenester	30392-40-6	$C_{28}H_{31}NO_5$	461,6	
Brombuterol	1-(4-Amino-3,5-dibromphenyl)-2-[[(1,1-dimethylethyl)amino]ethanol	41937-02-4	$C_{12}H_{18}Br_2N_2O$	366,0	

Name	Structure	IUPAC-Name	CAS-Nr.	Summenformel	Molmasse
Broxaterol		1-(3-Brom-isoxazol-5-yl)-2-[(1,1-dimethyl-ethyl)amino]ethanol	76596-57-1	$C_9H_{15}BrN_2O_2$	263,1
Buphenin/ Nylidrin		1-(4-Hydroxyphenyl)-2-[(1-methyl-3-phenylpropyl)amino]propan-1-ol	447-41-6	$C_{19}H_{25}NO_2$	299,4
Carbuterol		5-[1-Hydroxy-2-(1,1-dimethylethyl)amino]-ethyl]-2-hydroxyphenyl]harnstoff	34866-47-2	$C_{13}H_{21}N_3O_3$	267,3
Cimaterol		2-Amino-5-[1-hydroxy-2-[(1-methylethyl)-aminoethyl]]benzolnitril	54239-37-1	$C_{12}H_{17}N_3O$	219,3

Tab. 34.1 (Fortsetzung)

Trivialname	Chem. Bezeichnung	CAS-Nr.	Summenformel	MW[a]	Strukturformel
Cimbuterol	2-Amino-5-[1-hydroxy-2-[(1,1-dimethylethyl)-aminoethyl]benzolnitril	54239-39-3	$C_{13}H_{19}N_3O$	233,3	
Clenbuterol	1-(4-Amino-3,5-dichlorphenyl)-2-[[(1,1-dimethylethyl)amino]ethanol	37148-27-9	$C_{12}H_{18}Cl_2N_2O$	277,2	
Clenpenterol	1-(4-Amino-3,5-dichlorphenyl)-2-[[(1,1-dimethylpropyl)amino]ethanol	38339-21-8	$C_{13}H_{20}Cl_2N_2O$	291,2	
Clenproperol	1-(4-Amino-3,5-dichlorphenyl)-2-[[(1-methylethyl)amino]ethanol	28339-11-6	$C_{11}H_{16}Cl_2N_2O$	263,2	

Chlorprenalin	1-(2-Chlorphenyl)-2-[(1-methylethyl)-aminoethanol	3811-25-4	$C_{11}H_{16}ClNO$ 213,7
Colterol	4-[1-Hydroxy-2-[(1,1-dimethylethyl)amino]-ethyl]-1,2-benzoldiol	18866-78-9	$C_{12}H_{19}NO_3$ 225,3
Denopamin	1-(4-Hydroxyphenyl)-2-[[2-(3,4-dimethoxy-phenyl)ethyl]aminoethanol	71771-90-9	$C_{18}H_{23}NO_4$ 317,4
Dioxethedrin	4-(2-Ethylamino-1-hydroxypropyl)-1,2-benzoldiol	497-75-6	$C_{11}H_{17}NO_3$ 211,3

Tab. 34.1 (Fortsetzung)

Trivialname	Chem. Bezeichnung	CAS-Nr.	Summenformel	$MW^{a)}$	Strukturformel
Dioxifedrin	4-[1-Hydroxy-(2-methylamino)propyl]-1,2-benzoldiol	10329-60-9	$C_{10}H_{15}NO_3$	197,2	
Etanterol	1-[3-Amino-5-(hydroxymethyl)phenyl]-2-[[2-(4-hydroxyphenyl)-1-methylethyl]amino]ethanol	93047-39-3	$C_{28}H_{24}N_2O_3$	316,4	
Fenoterol	5-[1-Hydroxy-2-[[2-(4-hydroxyphenyl)-1-methylethyl]amino]ethyl]-1,3-benzoldiol	13392-18-2	$C_{17}H_{21}NO_4$	303,4	

Flerobuterol	1-(2-Fluorphenyl)-2-[(1,1-dimethylethyl)-aminoethanol	82101-10-8	$C_{12}H_{18}FNO$ 211,3
Formoterol	N-[2-Hydroxy-5-[1-hydroxy-2-[1-methyl-2-(4-methoxyphenyl)ethyl]amino]ethyl-phenyl]formamid	73573-87-2	$C_{19}H_{24}N_2O_4$ 344,4
Hexoprenalin	4,4'-[1,6-Hexandiylbis[amino(1-hydroxy-2,1-ethandiyl)]]bis-1,2-benzoldiol	3215-70-1	$C_{22}H_{32}N_2O_6$ 420,5

Tab. 34.1 (Fortsetzung)

Trivialname	Chem. Bezeichnung	CAS-Nr.	Summenformel	$MW^{a)}$	Strukturformel
Ibuterol	2-Methylpropansäure-5-[1-hydroxy-2-[[(1,1-dimethylethyl)amino]ethyl]-1,3-phenylenester	53034-85-8	$C_{20}H_{31}NO_5$	365,5	
Imoxiterol	1-(4-Hydroxy-3-methoxyphenyl)-2-[(1-methyl-3-benzimidazol-1-yl-propyl)amino]ethanol	88578-07-8	$C_{20}H_{25}N_3O_3$	355,4	
Isoetharin	4-[1-Hydroxy-2-[(1-methylethyl)amino]-butyl]-1,2-benzoldiol	530-08-5	$C_{13}H_{21}NO_3$	239,3	

Isoprenalin/ Isoproterenol	4-[1-Hydroxy-2-[(1-methylethyl)amino]ethyl]-1,2-benzoldiol	7683-59-2	$C_{11}H_{17}NO_3$ 211,3
Isoxsuprin	1-(4-Hydroxyphenyl)-2-[(1-methyl-2-phenoxyethyl)amino]-propan-1-ol	395-28-8	$C_{18}H_{23}NO_3$ 301,4
Mabuterol	1-(4-Amino-3-chlor-5-(trifluormethyl)phenyl)-2-[(1,1-dimethylethyl)amino]ethanol	56341-08-3	$C_{13}H_{18}ClF_3N_2O$ 310,8
Mapenterol	1-(4-Amino-3-chlor-5-(trifluormethyl)phenyl)-2-[(1,1-dimethylpropyl)amino]ethanol	95656-68-1	$C_{14}H_{20}ClF_3N_2O$ 324,8

Tab. 34.1 (Fortsetzung)

Trivialname	Chem. Bezeichnung	CAS-Nr.	Summenformel	MW[a)]	Strukturformel
Mesuprin	N-[2-Hydroxy-5-(1-hydroxy-2-[[(4-methoxyphenyl)ethyl]amino]propyl]methansulfonamid	754-30-2	$C_{19}H_{26}N_2O_5S$	394,5	
Metaraminol	2-Amino-1-(3-hydroxyphenyl)propan-1-ol	54-49-9	$C_9H_{13}NO_2$	167,2	
Metaterol	1-(3-Hydroxyphenyl)-2-[1-methylethyl)amino]-ethanol	3571-71-9	$C_{11}H_{17}NO_2$	195,3	
Orciprenalin/ Metaproterenol	5-[1-Hydroxy-2-[(1-methylethyl)amino]ethyl]-1,3-benzoldiol	586-06-1	$C_{11}H_{17}NO_3$	211,3	

34.1 Allgemeine Substanzbeschreibung

Pirbuterol	1-[4-Hydroxy-6-(hydroxymethyl)-2-pyridyl]-2-[(1,1-dimethylethyl)amino]ethanol	38677-81-5	$C_{12}H_{20}N_2O_3$	240,3
Prenalterol	1-(4-Hydroxyphenoxy)-3-[1-(methylethyl)-amino]propan-2-ol	57526-81-5	$C_{12}H_{19}NO_3$	225,3
Procaterol	8-Hydroxy-5-[1-hydroxy-2-[(1-methylethyl)-amino]butyl]-2(1H)-chinolinon	72332-33-3	$C_{16}H_{22}N_2O_3$	290,4
Protokylol	4-[1-Hydroxy-2-[[1-methyl-2-(3,4-methylendioxy-phenyl)ethyl]amino]ethyl]-1,2-benzoldiol	136-70-9	$C_{18}H_{21}NO_5$	331,4

Tab. 34.1 (Fortsetzung).

Trivialname	Chem. Bezeichnung	CAS-Nr.	Summenformel	$MW^{a)}$	Strukturformel
Quinprenalin	1-(8-Hydroxychinolin-5-yl)-2-[(1-methylethyl)-aminojethanol	13757-97-6	$C_{14}H_{18}N_2O_2$	246,3	
Ractopamin	1-(4-Hydroxyphenyl)-2-[[3-(4-hydroxyphenyl)-1-methylpropyl]amino]ethanol	97825-25-7	$C_{18}H_{23}NO_3$	301,4	
Reproterol	7-[3-[[2-Hydroxy-(3,5-dihydroxyphenyl)ethyl]-amino]propyl]-3,7-dihydro-1,3-dimethyl-1H-purin-2,6-dion	54063-54-6	$C_{18}H_{23}N_5O_5$	389,4	
Rimiterol	4-[(2-Piperidyl)-hydroxymethyl]-1,2-benzoldiol	32953-89-2	$C_{12}H_{17}NO_3$	223,3	

Ritodrin	1-(4-Hydroxyphenyl)-2-[[(4-hydroxyphenyl)-ethyl]amino]-propan-1-ol	26652-09-5	$C_{17}H_{21}NO_3$	287,4
Salbutamol	1-[4-Hydroxy-3-(hydroxymethyl)phenyl]-2-[[(1,1-dimethylethyl)amino]ethanol	18559-94-9	$C_{13}H_{21}NO_3$	239,3
Salmeterol	1-[4-Hydroxy-3-(hydroxymethyl)phenyl]-2-[6-(4-phenylbutoxy)hexyl]aminoethanol	89365-50-4	$C_{25}H_{37}NO_4$	415,6
Soterenol	N-[2-Hydroxy-5-[1-hydroxy-2-[(1-methylethyl)-aminoethyl]phenyl]methansulfonamid	13642-52-9	$C_{12}H_{20}N_2O_4S$	288,4

Tab. 34.1 (Fortsetzung)

Trivialname	Chem. Bezeichnung	CAS-Nr.	Summenformel	$MW^{a)}$	Strukturformel
Terbutalin	5-[1-Hydroxy-2-[(1,1-dimethylethyl)amino]-ethyl]-1,3-benzoldiol	23031-25-6	$C_{12}H_{19}NO_3$	225,3	
Tolubuterol	1-(2-Chlorphenyl)-2-[(1,1-dimethylethyl)-amino]ethanol	41570-61-0	$C_{12}H_{18}ClNO$	227,7	
Zilpaterol	*trans*-4,5,6,7-Tetrahydro-7-hydroxy-6-[(1-methylethyl)amino]imidazo[4,5,1-jk]-[1]benzazepin-2(1H)-on	117827-79-9	$C_{14}H_{19}N_3O_2$	261,3	

a) MW: Molekulargewicht;
b) Bambuterol ist eine inaktive Vorstufe, aus der im Körper Terbutalin freigesetzt wird;
c) Bitolterol ist eine inaktive Vorstufe von Colterol.

34.2
Vorkommen

β-Agonisten sind in der EU als Masthilfsmittel verboten. Sie können jedoch nach illegaler Anwendung Fleisch und Milch kontaminieren. In einigen Staaten außerhalb der EU sind jedoch bestimmte Substanzen zugelassen: Ractopamin in den USA und Mexiko als Futterzusatz für Schweine, Zilpaterol für Rinder in Südafrika und Mexiko. Die gesetzliche Regelung in den USA sieht für Ractopamin eine Beschränkung auf eine Dosis von 5–20 mg/kg für Schweine mit einem Körpergewicht von 68–109 kg vor [6]. Zilpaterol ist den Herstellerangaben entsprechend in einer Dosis von 0,15 mg/kg KG pro Tag zu füttern.

34.3
Verbreitung in Lebensmitteln

Die Muttersubstanz ist in den meisten Fällen die Markersubstanz mit toxikologischer Relevanz (Ausnahmen vgl. Fußnoten zu Tab. 34.1). So macht Clenbuterol beim Rind 100% der gesamten Rückstände in Muskel, Fett und Milch aus, 60% in Leber und Niere [47]. Rückstände im Gewebe von Kälbern nach Gabe von 10 µg/kg KG pro Tag für drei Wochen zeigt Tabelle 34.2 [30].

Nach Gabe von 20 mg Ractopamin/kg für 14 d erreichten die Rückstände 12 bzw. 24 h nach der letzten Behandlung Werte von 5,4 µg/kg bzw. 1,9 µg/kg in Schweinemuskel, 11 bzw. 6 µg/kg in Schweineleber und 32 bzw. 13 µg/kg in

Tab. 34.2 Clenbuterolrückstände in Kälbern [µg/kg] nach Gabe von 10 µg/kg Körpergewicht (KG) pro Tag für drei Wochen [30].

Gewebe	Wartezeit [d]		
	0	3,5	14
Lunge	76	2,4	<0,08
Leber	39	1,6	0,6
Niere	29	1,2	<0,08
Milz	24	1,2	<0,08
Hirn	12	0,4	<0,08
Herz	11	0,3	<0,08
M. masseter	8,6	0,3	<0,08
M. trapezius	4,8	0,2	<0,08
Bauchfett	4,4	0,3	0,2
Auge	118	52	15
Eierstock	13	0,4	<0,02
Uterus	8,2	0,4	<0,02
Blut	1,1	0,05	<0,03
Urin	47	0,5	<0,05

Schweineniere. In Fett lagen die Konzentrationen bereits 12 h nach der letzten Fütterung unterhalb von 2 µg/kg [45].

Wird eine Färse entsprechend den Herstellerangaben für 14 d mit 0,15 mg/kg KG Zilpaterol gefüttert, erreicht die Plasmakonzentration 3,3 ng/mL bei der Schlachtung 24 h nach der letzten Gabe. Die Rückstände im Muskel, in der Leber und der Niere erreichten 6,9, 27 oder 44 µg/kg. Zehn Tage nach der letzten Behandlung waren 0,01, 0,03 bzw. 0,03 µg/kg feststellbar. Darüber hinaus akkumulierte Zilpaterol relativ dauerhaft in der Retina (3730 µg/kg an Tag 1 nach der letzten Behandlung, 2448 µg/kg an Tag 10 nach der letzten Behandlung) [41].

Zilpaterol ist etwa viermal wirksamer als Ractopamin, hat aber nur ca. ein Fünfzehntel der Wirkpotenz von Clenbuterol. Unterschiedlich hohe Applikationsdosen (Ractopamin > Zilpaterol > Clenbuterol) führen nach Resorption und unterschiedlich stark ausgeprägtem First-pass-Effekt zu ähnlich hohen Konzentrationen im Blut und in den Geweben, während die Ausscheidung über den Urin bei der höheren Ausgangsdosis größer ist (Ractopamin > Zilpaterol > Clenbuterol).

Für ein empfindliches Screening mit Hilfe von Enzymimmunoassays eignen sich Blut und Urin. Ein Nachweis einer Behandlung kann einfacher im Urin geführt werden, während die Untersuchung von Plasma eine bessere Beurteilung der Dosierung zulässt: Nach Behandlung von Kälbern mit 10 µg Clenbuterol/kg KG für drei Wochen fand man Gehalte von $1,1 \pm 0,2$ µg/L Plasma und 47 ± 37 µg/L Urin (Tab. 34.2). Die Halbwertszeit im Blut betrug während der ersten drei Tage nach Absetzen 16 h, im Urin 10 h.

Zur Bestätigung steht ein breites Spektrum an leistungsfähigen massenspektrometrischen Methoden zur Verfügung.

β-Agonisten akkumulieren beträchtlich in pigmentierten Geweben wie Haar, Federn oder Retina. Während die Rückstände im Auge mit der Zeit abgebaut werden, persistieren β-Agonisten im Haar, sobald sie eingebaut sind, bis zum Ausfall. Demzufolge kann eine Analyse dieser Matrizes den Beweis für Missbrauch auch nach einer längeren Wartezeit erbringen. Darüber hinaus bietet die Haaranalyse den weiteren Vorteil, nicht invasiv zu sein.

34.4
Kinetik und innere Exposition

Aufnahme- und Eliminationskinetiken hängen stark von der biochemischen Stabilität und der oralen Bioverfügbarkeit der einzelnen Komponente ab. β-Agonisten mit halogeniertem aromatischen Ring haben hohe orale Bioverfügbarkeit und lange Plasmahalbwertszeiten, β-Agonisten mit hydroxyliertem Ring zeigen geringe orale Bioverfügbarkeit und kurze Plasmahalbwertszeiten [38].

Die meisten Studien zur Pharmakokinetik wurden mit Clenbuterol durchgeführt. Clenbuterol wird bei Pferden und nicht laktierenden Rindern in Dosen von 0,8 µg/kg KG pro Tag bis zu 10 Tage oral, intramuskulär oder intravenös zur Bronchodilatation oder als Einzelinjektion zur Tokolyse verabreicht [13]. Für eine anabole Wirkung muss die Dosis etwa zehnmal höher sein als für therapeutische Zwecke. Clenbuterol wird nach der oralen Aufnahme rasch absorbiert. Bei den meisten Spezies wurden die Höchstwerte im Blut nach 2–3 h erreicht. In allen untersuchten Spezies erfolgt die Exkretion überwiegend über den Urin in Form der Muttersubstanz [47]. Durch Applikation von Clenbuterol zweimal am Tag erzielt man ein nahezu konstantes Niveau an Wirkstoff im Blut. In allen untersuchten Geweben reichert sich Clenbuterol an, die Eliminationskinetiken sind jedoch recht unterschiedlich (Tab. 34.2). Beim Kalb waren in den essbaren Geweben die Rückstände in der Leber am höchsten, während bezogen auf den Gesamtorganismus maximale Akkumulation im Auge zu beobachten war [30]. Fast identische Ergebnisse wurden für das Huhn [23] und das Schwein beobachtet, was auf eine ähnliche Pharmakokinetik innerhalb der Vertebraten hindeutet. In vitro-Studien an perfundierten Rinderaugen wie auch pigmentierten und unpigmentierten Ratten zeigten, dass es im Pigmentepithel der Retina zu einer extremen Anreicherung von Clenbuterol kommt [11, 12]. Für Clenbuterol und Salmeterol wurde die Bindung an Melanin, das physiologische Depot von Vitamin A und seinen Metaboliten, nachgewiesen [38]. Es ist unklar, ob die Bindung von Clenbuterol den Sehprozess beeinflusst oder Langzeiteffekte auf die Funktion des Auges hat.

Weiter ist belegt, dass Clenbuterol die Plazenta von Ratten, Hunden, Pavianen und Kühen passiert [13]. Auch für Reproterol, Ritodrin und Terbutalin ist Plazentatransfer nachgewiesen [42]. Neben Clenbuterol werden auch Salbutamol und Terbutalin über die Milch ausgeschieden [38].

Ractopamin wird nach oraler Verabreichung rasch absorbiert. In Ratten wurden Maximalkonzentrationen im Blut nach 0,5–2 h erreicht. Die Eliminationshalbwertszeit betrug ca. 7 h. Während sieben Tagen wurde Ractopamin zu 88% über den Urin und zu 9% über die Faeces fast quantitativ ausgeschieden. Während des ersten Tages nach Absetzen wurden bereits 85% der applizierten Dosis exkretiert. Die drei Hauptmetabolite, die man in Schweineleber, -niere und -urin findet, entstehen durch Glucuronidierung einer Hydroxylgruppe in Ring A oder B [45]. Im Gegensatz zum Schwein ist beim Truthahn auch die biliäre Exkretion von Ractopamin von Bedeutung (60%) [38].

34.5
Wirkungen

34.5.1
Mensch

Beim Menschen erzeugen inhalative Einzeldosen von 0,167 µg/kg KG Clenbuterol bronchospasmolytische Effekte, jedoch noch keine Anzeichen von Tachykardie. In einer Studie an chronisch Lungenkranken ergab sich ein NOEL von 0,04 µg/kg KG [46].

Nebenwirkungen der β_2-Agonisten werden durch die Wechselwirkungen mit den anderen Subtypen adrenerger Rezeptoren verursacht. Dazu gehören Beklemmungszustände, Tremor, Reizbarkeit, Verwirrtheit, aber auch reduzierter Appetit, Übelkeit und Erbrechen. Daneben können Herzklopfen, Bluthochdruck, Herzarrhythmien und Tachykardie vorkommen. Als weiteres Risiko bei Anwendung von β_2-Sympathomimetika ist Hypokalämie zu nennen [42].

Die meisten Daten zu Nebenwirkungen einer Lebensmittelvergiftung durch β-Agonisten liefern klinische Untersuchungen von Patienten, die mit Clenbuterol über die therapeutische Dosis hinaus kontaminiertes Fleisch konsumierten [2, 25, 26, 34]. Die aufgenommenen Mengen an Clenbuterol waren hoch (Leber mit Gehalten von bis zu 291 µg/kg [25] oder Fleisch mit bis zu 1480 µg/kg Clenbuterol [2]) und lagen nahe des Bereiches einer anabolen Wirksamkeit. Die meisten Patienten berichteten über diverse Nebenwirkungen (Tab. 34.3). Das Wirkspektrum anderer β-Agonisten im Menschen ist zum Teil ähnlich, wird aber im Einzelfall durch die stoffspezifische Pharmakodynamik und Affinität zu den verschiedenen β-Rezeptorsubklassen bedingt.

Die metabolischen Wirkungen von β-Agonisten auf Leber- und Fettzellen (Abb. 34.1) lassen sich wie folgt zusammenfassen: Nach der Bindung an β-adrenerge Rezeptoren, der Aktivierung des G-Proteins und der Adenylatcyclase wird cyclisches Adenosinmonophosphat produziert (cAMP). cAMP bindet an die regulatorische Untereinheit der Proteinkinase A, deren katalytische Untereinheit freigesetzt wird und diverse intrazelluläre Proteine, wie Phosphorylase, hormonsensitive Lipase, Glykogen oder Triacylglycerid abbauende Enzyme werden phosphoryliert und damit aktiviert. In der Folge werden Glucose und freie Fettsäuren (FFS) ins Blut abgegeben. Darüber hinaus steigen die Konzentration von Lactat und Insulin im Blut [48], die Lipogenese hingegen wird gehemmt.

Tab. 34.3 Lebensmittelvergiftung nach Verzehr von mit Clenbuterol kontaminierter Rinderleber. Symptomhäufigkeit bei 135 Patienten (Rückstand: 160–291 µg Clenbuterol/kg) [25].

Symptom	Häufigkeit	%
Tremor	123	91
Tachykardie	105	78
Nervosität	87	64
Kopfschmerz	71	53
Generalisierte Myalgie	56	41
Periorbitale Myalgie	46	34
Schwächeanfall	25	19
Übelkeit	22	16
Asthenie	13	10
Erbrechen	16	12
Fieber	11	8
Schüttelfrost	10	7

Nach einer einwöchigen Adaptionsphase kehren die Lactat- und Insulinkonzentration im Blut wieder auf ihr normales Niveau zurück. Die Futteraufnahme kann zurückgehen.

Darüber hinaus können β-Agonisten auch direkt das Muskelwachstum stimulieren (Abb. 34.2). Hier führt die Aktivierung durch die Proteinkinase K zu einer erhöhten Proteinsynthese. Weiterhin ist die Aktivität proteolytischer Enzyme wie Cathepsin B, Cathepsin L oder der calciumabhängigen Protease reduziert [15, 32, 44]. Im Skelettmuskel behandelter Tiere waren auch die Gehalte an α-Actin-mRNA und der mRNA der leichten Kette des Myosins erhöht [39].

Diese spezifischen Effekte werden durch β-Rezeptoren vermittelt, wobei der Beitrag einer jeden Subklasse dieser Rezeptoren noch nicht vollständig geklärt ist. Das β_2-selektive Salbutamol verbessert signifikant die Stärke des Skelettmuskels und der Atmung [24], wohingegen selektive β_3-Agonisten bei fettleibigen Personen nur eine Verschlankung, aber keinen Proteinanabolismus bewirken [8]. Wichtig für die Rezeptorbindung ist die Phenethanolaminstruktur, wenngleich nicht alle Phenethanolamine β-adrenerge Wirkung besitzen [38]. Essenziell für die biologische Wirkung ist die Konfiguration der Hydroxygruppe am β-Kohlenstoff [36]. Clenbuterol, Salbutamol, Ractopamin, Fenoterol, Terbutalin und zahlreiche weitere β-Agonisten binden lediglich in der linksdrehenden Form an den Rezeptor [38].

Was Körpergewichtszunahme, das Körpergewichtszunahme/Futteraufnahme-Verhältnis, Muskelaufbau und Reduktion der Fettdepotbildung betrifft, sind

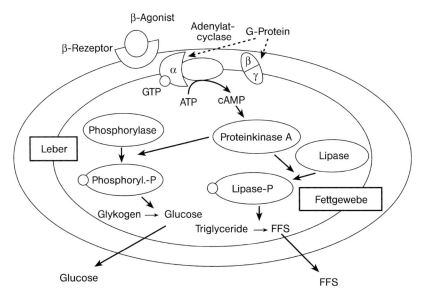

Abb. 34.1 Wirkungsweise von β-Agonisten in Leber- und Fettzellen. GTP: Guanosintriphosphat, ATP: Adenosintriphosphat, cAMP: cyclisches Adenosinmonophosphat, P: Phosphat, FFS: freie Fettsäuren.

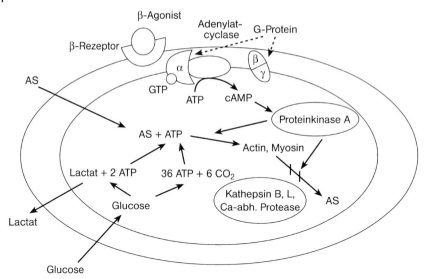

Abb. 34.2 Wirkungsweise von β-Agonisten in Muskelzellen.
GTP: Guanosintriphosphat, ATP: Adenosintriphosphat,
cAMP: cyclisches Adenosinmonophosphat, AS: Aminosäure,
P: Phosphat.

β-Agonisten bei Säugern und Vögeln unterschiedlich wirksam. In der Reihenfolge Schaf > Rind > Schwein > Huhn nimmt die Wirkstärke ab. Das ist darauf zurückzuführen, dass es je nach Spezies unterschiedliche Verteilungen von $β_1$-, $β_2$- und $β_3$-Rezeptoren in den einzelnen Geweben sowie speziesspezifische Unterschiede in den Rezeptoraffinitäten gibt [28]. Große Unterschiede bestehen u.a. in der Verteilung von β-Rezeptoren in braunen und weißen Fettzellen, was mit einer unterschiedlichen regulatorischen Wirkung verbunden ist [20]. In der Ratte gibt es im Fettgewebe überwiegend $β_3$-Rezeptoren, etwa 10% $β_1$-Rezeptoren und 1% $β_2$-Rezeptoren. Im Gegensatz dazu findet man im subkutanen Fettgewebe des Schweines überwiegend $β_1$-Rezeptortranskripte, 20% $β_2$-Rezeptoren und 7% $β_3$-Rezeptoren [27]. Diese Abschätzungen der mRNA-Menge stimmen mit Rezeptorproteinmessungen überein [21]. Der $β_2$-Rezeptor ist der dominierende Subtyp in Fettzellen des Schafes [1], des Rindes und des Menschen, im Skelettmuskel des Rindes, der Katze, des Menschen, der Maus und der Ratte, wie auch in der Leber der Ratte, des Kaninchens und des Menschen, wohingegen in der porcinen Leber etwa gleich viel $β_1$- und $β_2$-Rezeptor zu finden ist [21]. Weiter stellte sich heraus, dass selektive $β_3$-Agonisten in Zellen des weißen Fettgewebes der Ratte, des Hamsters und des Hundes als starke Lipolytika wirksam sind, während sie beim Meerschweinchen und Mensch weniger potent wirken [4, 20]. Die β-Rezeptoren des Schweines zeigen eine besondere Pharmakologie. Clenbuterol ist beim Schwein $β_2$-selektiv, wohingegen Ractopamin in etwa die gleiche Affinität zum $β_1$- und zum $β_2$-Rezeptor zeigt [3].

Darüber hinaus gibt es zahlreiche Mechanismen, die Responsivität der Zellen bei chronischer Verabreichung zu modulieren. Dabei werden die Rezeptoren inaktiviert und deren Zahl an der Zelloberfläche sinkt. Bei Schweinen zum Beispiel, die mit Ractopamin gefüttert worden waren, nahm die Zahl der β-Rezeptoren im Fettgewebe stärker ab als in Muskel [40].

34.5.2
Wirkungen auf Versuchstiere

In Versuchstieren führte Clenbuterol in Dosen bis hinab zu 0,8 µg/kg KG zu einer Reihe von Effekten wie Tachykardie, Bluthochdruck und Muskelrelaxation [47].

Clenbuterol zeigte nach oraler Gabe bei Mäusen und Ratten eine LD_{50} im Bereich von 80–180 mg/kg KG. Das linksdrehende Enantiomer ist höher akut toxisch als sein rechtsdrehendes Pendant. Nach parenteraler Gabe liegt die LD_{50} niedriger [13]. Beim Hund ist Clenbuterol nach oraler Gabe von geringerer Toxizität (LD_{50} = 400–800 mg/kg KG). Die Hauptanzeichen der Toxizität drückten sich in Lethargie, Herzrasen und tonisch-klonischen Krämpfen aus. Nach wiederholter Gabe ergaben sich für β-Agonisten typische Effekte wie Herzrasen und, nach höheren Dosen, Nekrosen des Myokards [47]. Tabelle 34.4 gibt eine Übersicht über die letalen Dosen einiger weiterer ausgewählter β-Agonisten.

In Zweijahresstudien an Mäusen bzw. Ratten (Chbb:THOM) zeigten sich bei oralen Dosen von bis zu 25 mg/kg KG/d keine Anzeichen für eine karzinogene Wirkung. Ein erhöhtes Auftreten von mesovariellen Leiomyomen bei mit gleichen Dosen behandelten Sprague-Dawley-Ratten wurde auf eine adrenerge Stimulation und nicht auf einen genotoxischen Mechanismus zurückgeführt, da ähnliche Effekte bei Mäusen in Studien mit Salbutamol und Medroxalol durch den β-Blocker Propranolol aufgehoben werden konnten [47].

In einer Reproduktionstoxizitätsstudie mit Ratten zeigten sich bei Dosen von 1–50 mg/kg KG/d von zehn Wochen vor der Paarung bei Männchen und zwei Wochen vor der Paarung bei Weibchen keine Auswirkungen auf die Fertilität. In der Gruppe, die mit der höchsten Dosis behandelt worden war, wurden die Nachkommen hingegen entweder tot geboren oder starben kurz nach der Geburt [47].

Teratogene Effekte (Hydrocephalus, generalisiertes Unterhautödem, Nabelbruch, Anophthalmie, Rippenvariationen, Wirbelmissbildungen) begleitet von Toxizitätserscheinungen bei den Muttertieren traten bei Ratten auf, denen 10 und 100 mg/kg KG/d Clenbuterol oral verabreicht worden waren. Bei Kaninchen zeigten sich in drei Studien mit Dosen von 30 µg/kg KG bis 50 mg/kg KG Anzeichen von Fetotoxizität (reduzierte Ossifikation, Lippen-Kiefer-Gaumen-Spalte). Der NOEL lag bei 30 µg/kg KG [47].

Tab. 34.4 LD_{50}-Werte verschiedener β-Agonisten [42].

Stoff	Spezies	Applikationspfad	LD_{50} [mg/kg]
Carbuterol	Maus	intravenös	32,8
		oral	3134,6
	Ratte	intravenös	77,2
Clenbuterol	Maus	oral	176
		intravenös	27,6
	Ratte	oral	315,0
		intravenös	35,5
	Meerschweinchen	oral	67,1
		intravenös	16,6
Fenoterol	Maus	subkutan	1100
		oral	1990
Isoxsuprin	Ratte	oral	1750
		intraperitoneal	164
Mabuterol	Maus, männlich	intravenös	41,5
		intraperitoneal	60,3
		subkutan	113,0
		oral	220,8
	Maus, weiblich	intravenös	51,1
		intraperitoneal	60,0
		subkutan	125,7
		oral	199,9
	Ratte, männlich	intravenös	26,4
		intraperitoneal	76,3
		subkutan	117,2
		oral	319,2
	Ratte, weiblich	intravenös	28,1
		intraperitoneal	78,3
		subkutan	123,1
		oral	304,6
Metaproterenol	Ratte	oral	42
Procaterol	Ratte, männlich	oral	2600
		intravenös	80
Reproterol	Maus	intravenös	148
		oral	>10000
Solterenol	Maus	intravenös	41
		intraperitoneal	315
		oral	660
Tolubuterol	Maus, männlich	oral	305
		subkutan	170
	Ratte	oral	850
		subkutan	417
	Kaninchen	oral	563
		subkutan	164

34.5.3
Wirkungen auf andere biologische Systeme

Es gibt keine Hinweise auf Genotoxizität von Clenbuterol [46] oder Ractopamin [45]. Clenbuterol war negativ im Ames-Test, in einem weiteren Reversionstest mit *E. coli* WP2 (P), in einem Genmutationsassay mit Chinesischen Hamster V79-Zellen, in einem in vivo-Mausmikrokerntest und einem In-vivo-cytogenetischen Assay mit Knochenmark von Chinesischem Hamster. Im Mauslymphomtest erhielt man allerdings nach metabolischer Aktivierung in einem von zwei Versuchen bei den zwei höchsten verwendeten Konzentrationen positive Ergebnisse. Allerdings wurden diese Befunde im zytotoxischen Konzentrationsbereich erzielt. In einem in vitro-Assay mit humanen Lymphozyten ohne metabolische Aktivierung kam es bei Konzentrationen >500 µg/mL zu einer nicht konzentrationsabhängigen Induktion chromosomaler Aberrationen [46].

Ractopamin war nicht genotoxisch im Test auf außerplanmäßige DNA-Synthese *in vitro*, im Ames-Test mit verschiedenen *S. typhimurium*-Stämmen wie auch mit *E. coli* WP2 und WP2uvrA. Die Tests waren auch mit S9-Fraktion negativ. Weiter waren der in vitro-Thymidinkinaseassay an Mauslymphomzellen sowie der Schwesterchromatidaustausch-Assay an Knochenmark von Chinesischen Hamstern *in vivo* negativ [45].

Aussagefähige Studien zum Abbau in der Umwelt nach Exkretion durch Mensch und Tier sowie zu einer potenziellen Ökotoxikologie liegen unseres Wissens nicht vor. Die gute Wasserlöslichkeit der meisten Verbindungen ermöglicht es kaum, Erfahrungen aus dem Bereich der Steroide und anderer lipophiler Wirkstoffe zu übertragen.

34.5.4
Zusammenfassung der wichtigsten Wirkungsmechanismen

β_2-Agonisten wirken relaxierend auf die glatte Muskulatur und stimulierend auf Glykogenolyse und Lipolyse. Sie hemmen den Proteinabbau, die Glykogensynthese und die Lipogenese. Der wirksamste Vertreter dieser Substanzklasse ist Clenbuterol. Es erwies sich in einer Reihe von In-vivo- und in vitro-Tests als nicht genotoxisch. Im Versuchstier ist es nicht reproduktionstoxisch, zeigt jedoch teratogene und fetotoxische Effekte.

34.6
Bewertung des Gefährdungspotenzials bzw. Gesundheitliche Bewertung

Grundsätzlich haben β-Agonisten mit einem halogenierten aromatischen Ring relativ lange Plasmahalbwertszeiten; sie werden durch Oxidation und Konjugation metabolisiert. β-Agonisten mit hydroxylierten aromatischen Ringen hingegen haben kürzere Plasmahalbwertszeiten; sie sind hydrophiler und werden rasch konjugiert ausgeschieden. Substanzen mit langen Plasmahalbwertszeiten, hoher oraler Bioverfügbarkeit und relativ niedrigen Eliminationsraten haben eine hohe orale Wirksamkeit beim Menschen. Rückstände derartiger Verbindungen stellen daher ein beträchtliches Gesundheitsrisiko für den Verbraucher dar.

34.7
Grenzwerte, Richtwerte, Empfehlungen, gesetzliche Regelungen

Grundlage des EU-weiten Verbotes von β-Agonisten in der Tiermast ist seit 1996 die Richtlinie 96/22/EG des Rates vom 29. April 1996 über das Verbot der Verwendung bestimmter Stoffe mit hormonaler bzw. thyreostatischer Wirkung und von β-Agonisten in der tierischen Erzeugung [9].

Zur therapeutischen Anwendung ist EU-weit laut Anhang I der VO (EWG) 2377/90 derzeit nur Clenbuterol zur Induktion der Tokolyse bei Rindern und Equiden sowie bei der Behandlung von Atemstörungen bei Equiden zugelassen. Die Rückstandshöchstmengen liegen nach therapeutischer Anwendung bei 0,1 µg/kg Muskel, 0,5 µg/kg Leber und 0,5 µg/kg Niere bei Pferden und Rindern sowie 0,05 µg/L Kuhmilch [35].

Clenbuterol wurde auch vom Joint FAO/WHO Expert Committee on Food Additives (JECFA) evaluiert. Das Komitee zog zur Festlegung des ADI von 0–0,004 mg/kg KG eine Studie zur bronchospasmolytischen Wirkung beim Menschen heran. Die Patienten mit chronischen Erkrankungen der Luftwege stellten einen sehr sensitiven Teil der Bevölkerung hinsichtlich der Wirkung von Clenbuterol dar. Der dort festgestellte NOEL von 0,04 mg/kg KG ist um den Faktor 2–4 niedriger im Vergleich zu einer anderen Studie, in der keine Personen mit chronischen Erkrankungen der Luftwege untersucht worden waren [46]. Auf dieser Basis wurden MRLs von 0,2 µg/kg Muskel und Fett (Rind, Pferd), 0,6 µg/kg Leber und Niere (Rind, Pferd) und 0,05 µg/L Milch (Rind) festgelegt [47]. Die MRLs für Gewebe liegen hier höher als in der EU.

Für Ractopamin konnte bislang noch kein ADI festgesetzt werden, da kein klarer NOEL beobachtet werden konnte und der Aspekt Karzinogenität nicht in Langzeitstudien untersucht wurde [45]. In den USA besteht ein ADI von 1,25 µg/kg KG und Toleranzwerte von 0,05 mg/kg Schweinemuskel und 0,15 mg/kg Schweineleber [5]. Ractopamin wurde vom JECFA evaluiert. Das Komitee entschied auf der Basis der zur Verfügung stehenden Kurzzeitstudien, dass Rückstände von Ractopamin ein geringes gesundheitliches Risiko für den Verbraucher darstellen [45].

34.8
Vorsorgemaßnahmen

Grundlage einer Expositionsvermeidung kann auf dem Gebiet der verbotenen Tierarzneimittel nur ein effektives Screening im Rahmen der Veterinär- und Lebensmittelkontrolle sein. Dabei ist es wichtig, die relative toxikologische Relevanz

Tab. 34.5 Vergleichende Übersicht zu Wirksamkeit und Rückständen von Clenbuterol und Salbutamol.

	Clenbuterol	Salbutamol
Oral wirksame anabole Dosis (Tier)	ca. 10 µg/kg KG/d (Rind) [31]	180 µg/kg KG/d (Schwein) [7]
Oral verabreichte anabole Dosis im Tierversuch (Kälber)	10 µg/kg KG/d [30]	50 µg/kg KG/d [10]
Wirkstoffkonzentration im Blut	1 µg/L	1 µg/L
Rückstände in der Leber	40 µg/kg	40 µg/kg
Rückstände im Urin	6–200 µg/L	100–1000 µg/L
Oral wirksame therapeutische Dosis (Mensch)	10–40 µg/d [a]	6000 µg/d [b]
Aus toxikologischer Sicht empfohlene Einschreiteschwelle (Urin)	0,1 µg/L	>10 µg/L

a) Spiropent®, Thomae.
b) Salbulair®, 3M Medica.

der einzelnen Vertreter einer Substanzklasse nicht außer Acht zu lassen. Tabelle 34.5 soll dies am Beispiel von Clenbuterol und Salbutamol klar werden lassen: Unterschiedlich hohe Applikationsmengen beim Tier führen aufgrund des unterschiedlich stark ausgeprägten First-pass-Effektes zu ähnlich hohen Konzentrationen im Blut und im Gewebe, wohingegen die Rückstände im Urin bei der höheren Ausgangsdosis größer sind. Unter Berücksichtigung der unterschiedlich hohen oral wirksamen Dosis beim Menschen sollte demnach die Einschreiteschwelle für Salbutamol gegenüber der von Clenbuterol um den Faktor 100 höher liegen.

34.9 Zusammenfassung

$β_2$-Agonisten gehören zu den Sympathomimetika. Durch Bindung an $β_2$-Rezeptoren wirken sie gefäßerweiternd und relaxierend auf Bronchien und Uterusmuskulatur. Aufgrund ihrer herausragenden Nährstoffumverteilungs-Eigenschaften, d.h. der Förderung der Lipolyse und Hemmung der Proteindegradation, eignen sie sich zur Wachstumsförderung bei landwirtschaftlichen Nutztieren. Nach illegaler Anwendung potenter Vertreter dieser Substanzklasse mit hoher oraler Bioverfügbarkeit, wie Clenbuterol, können durch Rückstände z.T. therapeutisch wirksame Dosen in die Nahrungskette gelangen (vgl. Tab. 34.3).

Viele $β$-Agonisten unterliegen nach der Resorption einem intensiven First-pass-Effekt. Muttersubstanzen und Metabolite werden frei oder als inaktive Konjugate (meist glucuronidiert, teilweise sulfatiert) überwiegend über den Urin und zum Teil auch über die Galle ausgeschieden [38].

Aufgrund der Anreicherung in pigmentiertem Gewebe eignen sich dunkle Haare und Augen hervorragend zum Nachweis einer auch länger zurückliegenden Behandlung.

34.10
Literatur

1 Bowen WP, Flint DJ, Vernon RG (1992) Regional and interspecific differences in the ligand binding properties of β-adrenergic receptors of individual white adipose tissue depots on the sheep and rat, *Biochemical Pharmacology* **44**: 681–686.

2 Brambilla G, Cenci T, Franconi F, Galarini R, Macrì A, Rondoni F, Strozzi M, Lozzo A (2000) Clinical and pharmacological profile in a clenbuterol epidemic poisoning of contaminated beef meat in Italy, *Toxicology Letters* **114**: 47–53.

3 Cao H (1998) Molecular cloning and binding kinetics of the porcine beta 1-adrenergic receptor, M.S. thesis, Purdue University, West Lafayette.

4 Carpéné C, Galitzky J, Fontana E, Atgié C, Lafontain M, Berlan M (1999) Selective activation of β_3-adrenoreceptors by octopamine: comparative studies in mammalian fat cells, *Naunyn-Schmiedebergs Archiv für Pharmakologie* **359**: 310–321.

5 Code of Federal Regulations, Food and Drugs, 21, Ch. I, Part 556.570, US Government Printing Office, Washington D.C. 2000: http://www.gpo.gov/nara/cfr/waisidx_00/21cfrv6_00.html (zitiert 21.08.2002).

6 Code of Federal Regulations, Food and Drugs, 21, Ch. I, Part 558.500, US Government Printing Office, Washington D.C. (2000): http://www.gpo.gov/nara/cfr/waisidx_00/21cfrv6_00.html (zitiert 21.08.2002).

7 Cole DJA, Wood JD, Kilpatrick MJ (1987) Effects of the beta agonist GAH/034 (Salbutamol) on growth, carcass quality and meat quality in pigs, in Hanrahan JP (Hrsg) Beta-agonists and their effects on animal growth and carcass quality, Elsevier Applied Science, London, New York: 137–142.

8 Connacher AA, Jung RT, Mitchell PEG (1988) Weight loss in obese subjects on a restricted diet given BRL 26830A, a new atypical β-adrenoceptor agonist, *British Medical Journal (Clinical Research Edition)* **296**: 1217–1220.

9 Council of the European Union (1996) Council Directive 96/22/EC of 29 April 1996 concerning the prohibition on the use in stockfarming of certain substances having a hormonal or thyrostatic action and of beta-agonists, and repealing Directives 81/602/EEC, 88/146/EEC and 88/299/EEC, *Official Journal of the European Communities L* **125**: 3–9.

10 Dürsch I (1992) Entwicklung von Analyseverfahren zur Kontrolle missbräuchlich eingesetzter β-Agonisten im Rahmen der Qualitätssicherung von Lebensmitteln tierischer Herkunft. Dissertation, Technische Universität München.

11 Dürsch I, Meyer HHD, Jäger S (1993) In vitro investigations of β-agonist accumulation in the eye, *Analytica Chimica Acta* **275**: 189–193.

12 Dürsch I, Meyer HHD, Karg H (1995) Accumulation of the β-agonist clenbuterol by pigmented tissues in rat eye and hair of veal calves, *Journal of Animal Science* **73**: 2050–2053.

13 EMEA, Committee for Veterinary Medicinal Products (2000): http://www.emea.eu.int/htms/vet/mrls/a-zmrl.htm (zitiert 24.10.2002).

14 Frank M, Weckman TJ, Wood T, Woods WE, Tai CI, Chang SI, Ewing A, Blake JW, Tobin T (1990) Hordenine: pharmacology, pharmakokinetics and behavioural effects in the horse, *Equine Veterinary Journal* **22**: 437–441.

15 Forsberg NE, Nassar AR, Dalrymple RH, Ricks CA (1987) Cimaterol reduces ca-

thepsin B activity in sheep skeletal muscle, *Federation Proceedings* **46**: 1176A.
16 Hanrahan JP (1987) Beta-agonists and their effects on animal growth and carcass quality, Elsevier Applied Science, London, New York.
17 Kania BF, Majcher A, Kowalska M (2000) Hordenine as a stimulating drug in horses, *Medycyna Weterynaryjna* **56**: 214–217.
18 Keck I, Krüger K, Noll, Machleidt H (1972) Synthesen von neuen Amino-Halogen-substituierten Phenylaminoäthanolen, *Arzneimittelforschung* **22**: 861–869.
19 Konzett H (1940) Neue broncholytisch hochwirksame Körper der Adrenalinreihe, *Naunyn-Schmiedebergs Archiv für experimentelle Pathologie und Pharmakologie* **127**: 27.
20 Lafontain M, Berlan M (1993) Fat cell adrenergic receptors and the control of white and brown fat cell function, *Journal of Lipid Research* **34**: 1057–1091.
21 Liang W, Mills SE (2002) Quantitative analysis of β-adrenergic receptor subtypes in pig tissues, *Journal of Animal Science* **80**: 963–970.
22 Life Plus International (1999) Stimulean: http://www.diary.bm/StimuLean.htm (zitiert: 16.12.2002).
23 Malucelli A, Ellendorff F, Meyer HHD (1994) Tissue distribution and residues of clenbuterol, salbutamol, and terbutaline in tissues of treated broiler chickens, *Journal of Animal Science* **72**: 1555–1560.
24 Martineau L, Horna MA, Rothwell NJ, Little RA (1992) Salbutamol, a β_2-adrenoceptor agonist, increases skeletal muscle strength in young men, *Clinical Science* **83**: 615–621.
25 Martinez F, Hernandez G, Quiros JR, Margolles M, Miguel C (1992) Epidemiological surveillance pertaining to the 1990–1992 epidemic arising from illicit use of β-agonist in Spain. In: Proceedings of 3rd World Congress of Foodborne Infections and Intoxications, Berlin **2**: 724.
26 Martinez-Navarro JF (1990) Food poisoning related to consumption of illicit β-agonists in liver, *Lancet* **336**: 1311.
27 McNeel RL, Mersmann HJ (1999) Distribution and quantification of beta$_1$, beta$_2$, and beta$_3$-adrenergic receptor subtype transcripts in porcine tissues, *Journal of Animal Science* **77**: 611–621.
28 Mersman HJ (1998) Overview of the effects of β-adrenergic receptor agonists on animal growth including mechanisms of action, *Journal of Animal Science* **76**: 160–172.
29 Meyer HHD (1991) The illegal practice and resulting risks versus the controlled use of licensed drugs: view on the present situation in Germany, *Annales de Recherche Veterinaires* **22**: 299–304.
30 Meyer HHD, Rinke L (1991) The pharmacokinetics and residues of clenbuterol in veal calves, *Journal of Animal Science* **69**: 4538–4544.
31 Miller MF, Garcia DK, Coleman ME, Ekeren PA, Lunt DK, Wagner KA, Procknor M, Welsh TH Jr, Smith SB (1988) Adipose tissue, longissimus muscle and anterior pituitary growth and function in Clenbuterol-fed heifers, *Journal of Animal Science* **66**: 12–20.
32 Morgan JB, Jones SJ, Clakins CR (1989) Muscle protein turnover and tenderness in broiler chickens fed cimaterol, *Journal of Animal Science* **67**: 2646–2654.
33 Pellati F, Benvenuti S, Melegari M, Firenzuoli F (2002) Determination of adrenergic agonists from extracts and herbal products of *Citrus aurantium* L. var. *amara* by LC, *Journal of Pharmaceutical and Biomedical Analysis* **29**: 1113–1119.
34 Pulce C, Lamaison D, Keck G, Bostvironnois C, Nicolai J, Decotes J (1991) Collective food poisonings by clenbuterol residues in veal liver, *Veterinary and Human Toxicology* **33**: 480–481.
35 Rat der Europäischen Gemeinschaften (1990) Verordnung (EWG) Nr. 2377/90 des Rates vom 26. Juni 1990 zur Schaffung eines Gemeinschaftsverfahrens für die Festsetzung von Höchstmengen für Tierarzneimittelrückstände in Nahrungsmitteln tierischen Ursprungs. *Amtsblatt der Europäischen Gemeinschaften* L **224**: 1–8; zuletzt geändert durch Verordnung (EG) Nr. 1752/2002 der Kommission vom 1. Oktober 2002 zur Änderung der Anhänge I und II der Verordnung (EWG) Nr. 2377/90 des Rates zur Schaffung eines Gemeinschaftsverfahrens für

die Festsetzung von Höchstmengen für Tierarzneimittelrückstände in Nahrungsmitteln tierischen Ursprungs. *Amtsblatt der Europäischen Gemeinschaften* **L 264**: 18–20.

36 Ruffulo RR (1991) Chirality in α- and β-adrenoceptor agonists and antagonists, *Tetrahedron* **47**: 9953–9980.

37 Shannon JR, Gottesdiener K, Jordan J, Chen K, Flattery S, Larson Candelore MR, Gertz B, Robertson D, Sun M (1999) Acute effect of ephedrine on 24-h energy balance, *Clinical Science (London)* **96**: 483–491.

38 Smith DJ (1998) The pharmacokinetics, metabolism, and tissue residues of β-adrenergic agonists in livestock, *Journal of Animal Science* **76**: 173–194.

39 Smith SB, Garcia DK, Davis SK, Patton MA, Anderson DB (1987) Specific gene expression in longissimus muscle of steers fed ractopamine, *Journal of Animal Science* **65**, Suppl. 1: 278.

40 Spurlock ME, Cusumano JC, Ji SQ, Anderson DB, Smith II CK, Hancock DL, Mills SE (1994) The effect of ractopamine on β-adrenoceptor density and affinity in porcine adipose and skeletal muscle tissue, *Journal of Animal Science* **72**: 75–80.

41 Stachel C, Radeck W, Gowik P (2002) Zilpaterol – A new focus of concern in residue analysis, In: Abstract Book of the Fourth International Symposium on Hormone and Veterinary Drug Residue Analysis, Antwerp, June 4–7: T 80.

42 Van Pethegem C, Maghuin-Rogister G (2001) Standardization of hormone and veterinary drug residue analysis in animal products, Molecule Database: *http://cemu10.fmv.ulg.ac.be/OSTC/search-mol.htm* (zitiert 24.10.2002).

43 Vansal SS, Feller DR (1999) Direct effects of ephedrine isomers on human beta-adrenergic receptor subtypes, *Biochemical Pharmacology* **58**: 807–810.

44 Wang SY, Beermann DH (1988) Reduced calcium-dependent proteinase activity in Cimaterol-induced muscle hypertrophy in lambs, *Journal of Animal Science* **66**: 2545–2550.

45 WHO (1993) Toxicological evaluation of certain veterinary drug residues in food, WHO Food Additives Series 31: http://www.inchem.org/documents/jecfa/jecmono/v31je09.htm (zitiert 30. 10. 2002).

46 WHO (1996) Toxicological evaluation of certain veterinary drug residues in food, WHO Food Additives Series 38: http://www.inchem.org/documents/jecfa/jecmono/v38je02.htm (zitiert 20. 08. 2002).

47 WHO (1998) Evaluation of certain veterinary drug residues in food, WHO Technical Report Series 876: 6–12: *http://www.who.int/pcs/jecfa/JECFA_publications.htm* (zitiert 20. 08. 2002).

48 Zimmerli UV, Blum W (1990) Acute and long term metabolic endocrine, respiratory, cardiac and skeletal muscle activity changes in response to perorally administered β-adrenoceptor agonists in calves, *Journal of Animal Physiology and Animal Nutrition* **63**: 157–172.

35
Leistungsförderer

Sebastian Kevekordes

35.1
Einleitung

Bestimmte Antibiotika/Chemotherapeutika wurden in „subtherapeutischen" bzw. „nutritiven" Dosierungen zur Steigerung der Mastleistung bei ausgewählten Nutztieren als Futterzusatzstoffe verwendet. Diese leistungsfördernden Zusatzstoffe reduzieren die Anzahl bestimmter Mikroorganismen im Verdauungstrakt. Dadurch sollte u. a. eine nicht erwünschte Toxinbildung einzelner Mikroorganismen minimiert und die Aufnahme von Nährstoffen aus dem Futter erleichtert werden [18, 62].

In den letzten Jahren wurden EU-weit intensive Diskussionen über eine mögliche Gesundheitsgefährdung durch übertragbare Antibiotikaresistenzen auf humane Krankheitserreger durch Verfütterung von Leistungsförderern (Flavophospholipol, Salinomycin-Natrium, Avilamycin, Avoparcin, Monensin-Natrium, Spiramycin, Tylosinphosphat, Virginiamycin, Zink-Bacitracin) sowie hinsichtlich toxischer Eigenschaften (Carbadox, Olaqindox) der leistungsfördernden Zusatzstoffe geführt [4, 31, 33, 47, 59, 64]. Vor diesem Hintergrund wurde in den letzten Jahren schrittweise die Verwendung bestimmter leistungsfördernder Zusatzstoffe EU-weit verboten [28, 48]. Flavophospholipol, Salinomycin-Natrium und Avilamycin waren die letzten drei antibakteriell wirksamen, EU-weit zugelassenen Stoffe, die seit Januar 2006 nicht mehr als Leistungsförderer verwendet werden dürfen [14, 19–21] (vgl. Tab. 35.1 und Tab. 35.2).

Das Verbot dieser antibiotisch wirksamen Leistungsförderer gilt nicht für die Verwendung vergleichbarer Stoffe als Histomonostatika und Kokzidiostatika, deren Einsatz aber ebenfalls befristet wurde, und zwar bis zum 31. 12. 2012. Diese Regelung betrifft das Salinomycin-Natrium, das als Kokzidiostatikum zur Dauerprophylaxe gegen eine Kokzidieninfektion im Einsatz ist [12, 48].

Handbuch der Lebensmitteltoxikologie. H. Dunkelberg, T. Gebel, A. Hartwig (Hrsg.)
Copyright © 2007 WILEY-VCH Verlag GmbH & Co. KGaA, Weinheim
ISBN: 978-3-527-31166-8

Tab. 35.1 Auflistung der in den letzten Jahren EU-weit zugelassenen antibiotischen Zusatzstoffe, die als so genannte „Leistungsförderer" in genau definierten Bereichen der Tierernährung eingesetzt wurden [14, 19, 20, 21].

EG-Register-Nr.	Zusatzstoff (Handels-bezeichnung)	Wirkstoff, chemische Bezeichnung	Tierart/-kategorie	Höchstalter	Mindestgehalt [mg Wirkstoff/ kg Alleinfutter-mittel]	Höchstgehalt [mg Wirkstoff/ kg Alleinfutter-mittel]	Verwendung zulässig bis
E 712	Flavophospholipol 80 g/kg (Flavomycin 80) und 40 g/kg (Flavomycin 40)	Flavophospholipol CAS-Nummer: 11015-37-5 Moenomycin A: $C_{69}H_{108}N_5O_{34}P$	Kaninchen	–	2	4	31. 12. 2005
			Legehennen	–	2	5	30. 09. 2003
			Truthühner	26 Wochen	1	20	30. 09. 2003
			Masthühner	16 Wochen	1	20	30. 09. 2003
			Ferkel	3 Monate	10	25	30. 09. 2003
			Schweine	6 Monate	1	20	30. 09. 2003
			Kälber	6 Monate	6	16	30. 09. 2003
			Mastrinder	–	2	10	30. 09. 2003
E 716	Salinomycin-Natrium 120 g/kg (Salocin 120 Mikro-Granulat)	Salinomycin-Natrium CAS-Nummer: 53003-10-4 $C_{42}H_{69}O_{11}Na$	Ferkel	4 Monate	30	60	31. 12. 2005
			Mastschweine	6 Monate	15	30	31. 12. 2005
E 717	Avilamycin 200 g/kg (Maxus G200, Maxus 200) und 100 g/kg (Maxus G100, Maxus 100)	Avilamycin CAS-Nummer von AvilamycinA: 69787-79-7 CAS-Nummer von AvilamycinB: 73240-30-9 $C_{57-62}H_{82-90}Cl_{1-2}O_{31-32}$	Ferkel	4 Monate	20	40	31. 12. 2005
			Mastschweine	6 Monate	10	20	31. 12. 2005
			Masthühner	–	2,5	10	31. 12. 2005
			Truthühner	–	5	10	31. 12. 2005

E 715	Avoparcin	Avoparcin $C_{53}H_{65}O_{30}N_6Cl_3$	Masthühner	–	7,5	15	31. 03. 1997
			Masttruthühner	16 Wochen	10	20	31. 03. 1997
			Ferkel	4 Monate	10	40	31. 03. 1997
			Schweine	6 Monate	5	20	31. 03. 1997
			Kälber	6 Monate	15	40	31. 03. 1997
			Mastrinder	–	15	30	31. 03. 1997
			Schaflämmer mit Pansenfunktion, ausgenommen Weidelämmer	16 Wochen	10	20	31. 03. 1997
E 714	Monensin-Natrium	Monensin-Natrium CAS-Nummer: 22373-78-0 $C_{36}H_{61}O_{11}Na$	Mastrinder	–	10	40	30. 09. 2003
E 710	Spiramycin	Spiramycin CAS-Nummer: 8025-81-8 I $C_{43}H_{74}O_{14}N_2$ II $C_{45}H_{76}O_{15}N_2$ III $C_{46}H_{78}O_{15}N_2$ (Makrolid)-Base	Truthühner	26 Wochen	5	20	30. 06. 1999
			Kälber	16 Wochen	5	20	30. 06. 1999
			Schaflämmer	6 Monate	5	20	30. 06. 1999
			Ziegenlämmer	6 Monate	5	20	30. 06. 1999
			Ferkel	4 Monate	5	50	30. 06. 1999
			Schweine	6 Monate	5	20	30. 06. 1999
			Pelztiere außer Kaninchen	–	5	20	30. 06. 1999
E 713	Tylosinphosphat	a) Tylosin $C_{46}H_{77}NO_{17}$ CAS-Nummer: 1401-69-0 b) Desmykosin $C_{39}H_{65}NO_{14}$ c) Macrocin $C_{45}H_{75}NO_{17}$ d) Relomycin $C_{46}H_{79}NO_{17}$ a+b+c+d = min. 95%	Ferkel	4 Monate	10	40	30. 06. 1999
			Schweine	6 Monate	5	20	30. 06. 1999

Tab. 35.1 (Fortsetzung)

EG-Register-Nr.	Zusatzstoff (Handels-bezeichnung)	Wirkstoff, chemische Bezeichnung	Tierart/-kategorie	Höchstalter	Mindestgehalt [mg Wirkstoff/ kg Alleinfutter-mittel]	Höchstgehalt [mg Wirkstoff/ kg Alleinfutter-mittel]	Verwendung zulässig bis
E 711	Virginiamycin	Virginiamycin CAS-Nummer: 11006-76-1 I $C_{28}H_{35}O_7N_3$ II $C_{43}H_{49}O_{10}N_7$	Legehennen Truthühner Ferkel Schweine Kälber Mastrinder	26 Wochen 4 Monate 6 Monate 16 Wochen	20 5 5 5 5 15	20 20 20 20 50 40	30. 06. 1999 30. 06. 1999 30. 06. 1999 30. 06. 1999 30. 06. 1999 30. 06. 1999
E 700	Zink-Bacitracin	Zink-Bacitracin CAS-Nummer: 1405-87-4 $C_{66}H_{103}O_{16}N_{17}SZn$	Legehennen Truthühner Kälber Schaflämmer Ziegenlämmer Ferkel Schweine Pelztiere außer Kaninchen	4 Wochen 26 Wochen 16 Wochen 6 Monate 6 Monate 4 Monate 6 Monate –	15 5 5 5 5 5 5 5	100 50 20 50 20 20 50 20 20	30. 06. 1999 30. 06. 1999 30. 06. 1999 30. 06. 1999 30. 06. 1999 30. 06. 1999 30. 06. 1999 30. 06. 1999 30. 06. 1999

Tab. 35.2 Auflistung der bis zum 31. 08. 1999 zugelassenen so genannten „Anderen Leistungsförderer", die auch in genau definierten Bereichen der Tierernährung eingesetzt wurden [19].

EG-Register-Nr.	Zusatzstoff (Handelsbezeichnung)	Wirkstoff, chemische Bezeichnung	Tierart oder Tierkategorie	Höchstalter	Mindestgehalt [mg Wirkstoff/ kg Alleinfuttermittel]	Höchstgehalt [mg Wirkstoff/ kg Alleinfuttermittel]	Verwendung zulässig bis
E 850	Carbadox	$C_{11}H_{10}ClN_4O_4$ CAS-Nummer: 6804-07-5	Ferkel (Wartezeit 4 Wochen)	4 Monate	20	50	31. 08. 1999
E 851	Olaquindox	$C_{12}H_{13}N_3O_4$ CAS-Nummer: 23696-28-8	Ferkel (Wartezeit 4 Wochen)	4 Monate	15	50	31. 08. 1999

35.2
Wirksamkeit und Wirkungsweise

Antibiotische Leistungsförderer wurden seit Jahrzehnten in Masttierbeständen, insbesondere in der Schweine-, Geflügel-, Rinder- und Kälbermast eingesetzt, um eine Steigerung der Futterverwertung und damit der Wachstumsrate zu erzielen.

Gleichwohl wurden und werden noch diese möglichen Effekte antimikrobieller Futterzusatzstoffe auf die Leistungsparameter kontrovers diskutiert. Demnach besteht der ökonomische Nutzen dieser Leistungsförderer in einer Steigerung der Gewichtsentwicklung von 2–10% und der Futterverwertung um bis zu 6% [18]. Dabei hängt die Steigerung der Mastleistung von verschiedenen Einflussgrößen ab, u.a. der Substanz (Art, Verwendungsdauer, Dosis), dem Tier (Tierart, Rasse, Alter, Leistungsniveau, Gesundheitsstatus), der Fütterung sowie den Haltungs- und Hygienebedingungen [18, 46].

Bei der Diskussion um mögliche Vorteile der Leistungsförderer argumentieren die Kritiker, dass signifikante Effekte nur unter weniger optimalen Haltungsbedingungen zu erzielen sind. Neben der eigentlichen Indikation der Leistungssteigerung betonen Befürworter von antibiotischen Leistungsförderern die gesundheitsstabilisierende Wirkung dieser Stoffe. Im Besonderen sei es die protektive Wirkung gegenüber bestimmten Darmbakterien, die dazu beitrage, den therapeutischen Einsatz von Antibiotika zu reduzieren [5].

Trotz zahlreicher Untersuchungen ist bis heute nicht eindeutig geklärt, worauf die leistungssteigernde Wirkung antibakterieller Futterzusatzstoffe im Detail beruht.

Bei Schweinen und Geflügel wirken die antibiotischen Leistungsförderer auf die Besiedlung der Mikroorganismenpopulation im Darm, bei Wiederkäuern dagegen vornehmlich auf die Mikroorganismen im Pansen, d.h. unerwünschte, Toxin bildende Keime werden gehemmt und nützliche Bakterien begünstigt [18, 62] (vgl. Tab. 35.3). Aus der verminderten Aktivität Toxin bildender Keime resultiert eine Entlastung des lymphatischen Systems der Darmwände, die dadurch dünner werden und die Resorption von Nährstoffen aus dem Darm verbessern [18]. Weniger Mikroorganismen im Darm oder Pansen verbrauchen auch weniger Nährstoffe aus dem Futter, welche wiederum dem Tier zur Verfügung stehen.

Grundsätzlich wird für die antibiotischen Leistungsförderer eine vergleichbare Beeinflussung der Magen-Darm-Flora angenommen, obgleich das Wirkungsspektrum und die Wirkungsmechanismen dieser Stoffe z.T. eher unterschiedlich sind [18] (vgl. Tab. 35.3).

Während die synthetisch hergestellten Chinoxaline (Carbadox, Olaquindox) ein breites Wirkungsspektrum im grampositiven wie auch im gramnegativen Bereich aufweisen, sind die übrigen antibiotischen Leistungsförderer vorwiegend gegen grampositive Bakterien wirksam (vgl. Tab. 35.3).

Eine weitere Besonderheit der Chinoxaline gegenüber den anderen antibiotischen Leistungsförderern besteht darin, dass sie enteral gut resorbiert werden

Tab. 35.3 Zusammenstellung wichtiger Charakteristika der in den Tabellen 35.1 und 35.2 genannten Leistungsförderer.

Zusatzstoff	Wirkungsspektrum	Wirkungstyp	Wirkungsmechanismus	Enterale Resorption	Literatur
Flavophospholipol (*Phosphoglykolipid*)	grampositiv	bakteriostatisch	Zellwandsyntheseinhibitor	–	[3, 56]
Salinomycin-Natrium (*Ionophore*)	grampositiv	bakterizid	Zellmembranpermeabilitätsstörung	–/+	[12, 36]
Avilamycin (*Orthosomycin*)	grampositiv	bakterizid	Proteinsyntheseinhibitor	–	[13, 38, 67]
Avoparcin (*Glycopeptid*)	grampositiv	bakterizid	Zellwandsyntheseinhibitor	–	[45, 68]
Monensin-Natrium (*Ionophore*)	grampositiv	bakterizid	Zellmembranpermeabilitätsstörung	–/+	[8, 39, 44, 49]
Spiramycin (*Makrolid*)	grampositiv	bakteriostatisch	Proteinsyntheseinhibitor	–/+	[7, 54]
Tylosinphosphat (*Makrolid*)	grampositiv	bakteriostatisch	Proteinsyntheseinhibitor	–/+	[6, 26]
Virginiamycin (*Streptogramin*)	grampositiv	bakteriostatisch	Proteinsyntheseinhibitor	–	[1, 40]
Zink-Bacitracin (*Polypeptid*)	grampositiv	bakterizid	Zellwandsyntheseinhibitor	–	[9, 45, 53]
Carbadox (*Chinoxalin*)	grampositiv u. gramnegativ	bakterizid	DNA-Syntheseinhibitor	+	[15, 16, 45]
Olaquindox (*Chinoxalin*)	grampositiv u. gramnegativ	bakterizid	DNA-Syntheseinhibitor	+	[15, 16, 45]

+ gute Resorption; –/+ geringe Resorption; – keine Resorption.

(vgl. Tab. 35.3). Vor diesem Hintergrund musste für diese Stoffe, deren Verwendung seit dem 31. 08. 1999 verboten ist, eine Wartezeit von vier Wochen eingehalten werden (vgl. Tab. 35.2).

35.3
Rückstände antibiotischer Leistungsförderer in Lebensmitteln

Generell sind Rückstände in Lebensmitteln durch die Verwendung von antibiotischen Leistungsförderern möglich; praktisch sind diese, bei Einhaltung der Anwendungsbedingungen gemäß Futtermittelrecht, jedoch als unbedenklich zu betrachten [27]. Besonders bei Überdosierungen, die auch zu Vergiftungen bei den landwirtschaftlichen Nutztieren führten, bei Missachtungen der Wartezeiten oder Schlachtung der Tiere vor Erreichen des üblichen Mastendgewichts bzw. des Höchstalters sowie bei Futterverwechselungen kann jedoch eine gewisse Verbrauchergefährdung nicht grundsätzlich ausgeschlossen werden [24].

Bei der Diskussion um eine Verbrauchergefährdung durch die Verwendung von antibiotischen Leistungsförderern ging es in den letzten Jahren weniger um eine mögliche Rückstandsproblematik. Das liegt daran, dass die Mehrzahl der antibiotischen Leistungsförderer nicht oder nur in sehr geringen Mengen im Darm der landwirtschaftlichen Nutztiere resorbiert wird und somit auch kaum ein Übergang in den späteren Schlachtkörper stattfinden kann. Vielmehr ging es um die Frage, inwieweit der Einsatz dieser Stoffe als Futterzusatzstoff in der Tiermast zur Verbreitung von bestimmten resistenten Bakterien und ihrer Resistenzgene auf den Menschen beiträgt [17, 22, 34, 66].

35.4
Resistenzsituation

Bei der Zunahme von bakteriellen Mehrfachresistenzen handelt es sich um ein globales Problem [43]. In der Humanmedizin werden zunehmend Fälle bakterieller Infektionskrankheiten beschrieben, bei denen eine antibiotische Therapie aufgrund einer Multiresistenz des ursächlichen Erregers schwierig oder sogar aussichtslos ist.

Dass die Verwendung von Leistungsförderern in der Tierernährung zur Zunahme multiresistenter Keime führt, gilt als unumstritten. So wurde in der Vergangenheit regelmäßig darauf hingewiesen, dass der Einsatz antibiotischer Leistungsförderer zur Selektion resistenter Keime beiträgt [23, 35, 63]. Dagegen ist eine Aussage, welchen genauen Anteil die Verwendung von antibiotischen Leistungsförderern an der Resistenzsituation in der Human- und Veterinärmedizin hat, bisher nicht möglich.

Nachweislich können plasmidgebundene Kreuzresistenzen zwischen Makrolid-Antibiotika, wie Tylosin, und den human- und tiermedizinisch bedeutsamen Makroliden, u. a. Erythromycin und Lincomycin, bei grampositiven Bakterien auftreten. Auch der Leistungsförderer Virginiamycin, ein in der Humanmedizin eher selten genutztes Peptolid-Antibiotikum, kann zu Kreuzresistenzen mit der Makrolid-Lincosamid-Gruppe führen [37, 55].

Die Verwendung von Avoparcin, das in vielen EU-Ländern seit 1974 als antibiotischer Leistungsförderer im Einsatz war, führte zu einem zusätzlichen Reservoir von Glykopeptid-Resistenzen. Untersuchungen des Robert-Koch-Instituts (RKI) und einer dänischen Arbeitsgruppe wiesen darauf hin, dass die Ursache für die Zunahme der plasmidgebundenen Glykopeptid-Resistenzen nicht nur im humanmedizinischen Bereich zu suchen ist [29, 30, 42, 63]. Glykopeptidresistente Enterokokken wurden bei Schweinen und Hühnern in Mastbetrieben gefunden, die Avoparcin als Futtermittelzusatz verwendeten. Von Legehennen, bei denen keine Glykopeptide als Leistungsförderer angewandt werden durften, oder von Wildschweinen isolierte Enterokokken waren dagegen empfindlich gegen Glykopeptide. Über kontaminierte Lebensmittel erreichten glykopeptidresistente Enterokokken den Verbraucher. In Hackfleischproben und in Auftauwasser von Mastgeflügel konnte das gleiche Resistenzgen nachgewiesen werden, das in Enterokokkenstämmen von infizierten Menschen zu finden war [2, 29, 31–33, 52].

Daraufhin wurde die Verwendung von Avoparcin in Dänemark im Mai 1995, in Deutschland im Januar 1996 und EU-weit im April 1997 untersagt. Die Auswirkungen des Avoparcin-Verbotes im Hinblick auf die glykopeptidresistenten Enterokokken waren überraschend deutlich. Während 1995 bei untersuchten Geflügelbroilern massiv glykopeptidresistente Enterokokken des VanA-Genotyps gefunden wurden, konnten diese Ende 1997 nur noch in etwa 25% der Tiere gefunden werden. Glykopeptidresistente Enterokokken des VanA-Genotyps wurden auch bei Personen außerhalb von Krankenhäusern gefunden. Während 1995 glykopeptidresistente Enterokokken des VanA-Genotyps bei 12% nicht hospitalisierter Träger gefunden wurden, ging 1997 der Nachweis dieser Keime in Stuhlproben nicht hospitalisierter Träger auf 3,3% zurück [2, 42, 65].

Auch wenn wir heute wissen, dass die Verwendung antibiotischer Leistungsförderer ihren Beitrag im Hinblick auf die Entwicklung multiresistenter Keime geleistet hat, so gilt als Hauptursache der Zunahme humanmedizinischer Problemkeime die fehlerhafte therapeutische Verwendung von Antibiotika beim Menschen.

35.5
Toxikologische Aspekte

Im Rahmen des Einsatzes der Chinoxalinderivate Carbadox und Olaquindox und der Ionophore Salinomycin und Monensin zeigte sich eine relativ hohe Toxizität dieser Stoffe. Carbadox und Olaquindox führten bei Schweinen in zugelassenen Dosen zu hydrophischen Veränderungen der Nebennierenrinde; Überschreitungen der zugelassenen Höchstmengen von Carbadox um etwa das Dreifache zeigten Intoxikationen und irreversible Alterationen der Zona glomerulosa

[41]. Versehentliche Überdosierungen der Chinoxalinderivate in der Schweinefütterung bis zum 15 fachen der zugelassenen Höchstmenge hatten eine irreversible Degeneration der Nebennierenrinde mit u. a. massivem Aldosteronmangel der Tiere zur Folge [24, 25, 58]. Tierexperimentelle Untersuchungen zeigten eine genotoxische Wirkung von Carbadox; bei der Ratte wurde eine dosisabhängige Zunahme benigner und maligner Lebertumoren durch Carbadox und den Metaboliten Desoxycarbadox festgestellt [60].

Infolge des Einsatzes von Olaquindox konnten bei Schweinemästern wiederholt Photoallergien und chronische photosensitive Dermatiden beobachtet werden [50, 51]. In diesem Zusammenhang wurde darauf hingewiesen, dass dieses allergene Risiko auch für Carbadox nicht ausgeschlossen werden kann [51]. Phototoxische Wirkungen des Olaquindox wurden auch bei der Ratte festgestellt [57]. In den letzten Jahren bis zum Anwendungsverbot im Jahr 1999 durfte daher Olaquindox nur in einer Formulierung mit verminderter Staubentwicklung und entsprechenden Warnhinweisen verwendet werden [46]. Im Hinblick auf mögliche Rückstände im Muskelfleisch geschlachteter Schweine zeigte sich, dass bis zu 4 µg Olaquindox/kg Muskelfleisch, gemessen als Metabolit MQCA, bei einer ordnungsgemäßen Fütterung von 50 mg Olaquindox/kg, verbleiben können [61].

Ionophore, wie Salinomycin und Monensin, haben bei verschiedenen Tierarten ebenfalls zu zahlreichen Vergiftungsfällen geführt, obgleich sie nur in sehr geringem Maße enteral resorbiert werden. Vergiftungen durch Salinomycin und Monensin zeigen sich organisch besonders in Skelettmuskel- und Myokardschäden. Darüber hinaus zeigen sich u. a. Symptome wie Erbrechen, Durchfall, Arrhythmien, Schock, Dyspnoe und gestörte Reflexe bedingt durch gastrointestinale und Kreislaufstörungen [24, 25]. In Untersuchungen mit bis zur doppelten Gebrauchsdosierung von Salinomycin während der Endmastphase bei Schweinen konnten bei 0 Tagen Absetzfrist (16.00 Uhr letzte Fütterung, am nächsten Morgen 08.00 Uhr Schlachtung) bei einer Nachweisgrenze von 0,01 µg/g in keinem untersuchten Gewebe (Leber, Niere, Muskel, Fett) mikrobiologisch aktive Rückstände festgestellt werden. Im Schweinekot wird Salinomycin zu über 90% in Form von mikrobiologisch nicht mehr aktiven Stoffwechselprodukten ausgeschieden [12].

Die Verträglichkeit von Salinomycin und Monensin weist zum Teil große tierartliche Unterschiede auf. So können für Schweine und auch für Rinder zugelassene Höchstmengen für Pferde bereits letal sein [10]. Daher konnten Verschleppungen geringer Mengen dieser Stoffe über Futtermittel bei Pferden zu Vergiftungen führen [24]. Bei Schweinen waren wiederholt Intoxikationen durch Salinomycin aufgetreten, die entweder auf Überdosierungen bis hin zum 10 fachen der zugelassenen Höchstmenge oder auf einer Arzneimittelinteraktion (Tiamulin) beruhten [24, 25]. Tiamulin potenziert die toxische Wirkung von Salinomycin. So zeigten sich bei gleichzeitiger Verabreichung des Arzneimittels Tiamulin in therapeutischer Dosierung und dem Leistungsförderer Salinomycin schwere Unverträglichkeitsreaktionen beim Schwein [11].

35.6
Ausblick

Seit Januar 2006 ist EU-weit die Verwendung aller bis dahin noch zugelassenen, leistungsfördernden antibiotischen Zusatzstoffe verboten. Zukünftig sollen deutlich erweiterte Vorschriften für die Sicherheitsbewertung und die Zulassung von Futtermittelzusatzstoffen gelten. Sämtliche Neuzulassungen für Futtermittelzusatzstoffe sollen nur noch für zehn Jahre erteilt werden.

Dagegen werden in Ländern außerhalb der EU antibiotische Leistungsförderer auch weiterhin Verwendung finden. So werden in verschiedenen osteuropäischen Ländern keine Hinderungsgründe für den weiteren Einsatz von Avoparcin gesehen. Und in Südostasien werden große Mengen antibiotischer Leistungsförderer in Hummerfarmen eingesetzt [65]. Vor dem Hintergrund, dass u.a. Fleisch- und Fischprodukte europaweit und auch interkontinental gehandelt werden, wäre eine internationale Koordinierung im Hinblick auf die Verwendung antibiotischer Leistungsförderer ein wichtiger Schritt.

Der Effekt antibiotischer Leistungsförderer zeigte sich besonders in landwirtschaftlichen Betrieben mit weniger optimalen Haltungsbedingungen für die Nutztiere. Es gibt klare Hinweise darauf, dass unter verbesserten Haltungsbedingungen auf den Einsatz antibiotischer Leistungsförderer in der Nutztierhaltung verzichtet werden kann. So sind in Schweden antibiotische Leistungsförderer seit 1986 verboten. In der Folge ging, nach einem anfänglichen Anstieg therapeutischer Verordnungen von Antibiotika, der Einsatz dieser Antibiotika bei gleich bleibendem Umfang der Tierproduktion zurück [65].

In Deutschland ist der Einsatz von antibiotischen Leistungsförderern in der Schweinemast für Betriebe des weit verbreiteten QS-Systems (Qualität und Sicherheit für Lebensmittel vom Erzeuger bis zum Verbraucher) bereits seit Jahren verboten.

Zunehmend gewinnen so genannte probiotische Leistungsförderer in der Nutztierhaltung an Bedeutung. Es sind Mikroorganismen, u.a. Milchsäurebakterien und bestimmte Hefen, die im Darm der Nutztiere gewünschte Darmmikroorganismen fördern, mit unerwünschten um Nährstoffe konkurrieren und sie auf diese Weise hemmen oder verdrängen. Da sie sich nicht dauerhaft im Darm ansiedeln können, müssen sie laufend über das Futter zugeführt werden. In ihrer Wirkung scheinen sie zwar gegenwärtig noch nicht das Niveau der antibiotischen Leistungsförderer zu erreichen, doch werden bei landwirtschaftlichen Nutztieren deutliche positive Effekte beobachtet.

35.7 Literatur

1. Abou-Youssef MH, Cuollo CJD, Free SM, Scott GC, DiCuollo CJ (1983) The influence of a feed additive level of virginiamycin on the course of an experimentally induced *Salmonella typhimurium* infection in broilers, *Poultry Science* **62**: 30–37.
2. Bager F, Aarestrup FM, Madsen M, Wegener HC (1999) Glycopeptide resistance in *Enterococcus faecium* from broilers and pigs following discontinued use of Avoparcin, *Microbial Drug Resistance* **1**: 53–56.
3. Bauer F, Dost G (1965) Moenomycin in animal nutrition, *Antimicrobial Agents Chemotherapy* **5**: 749–752.
4. Bogaard van den AE, Hazen M, Hoyer M, Oostenbach P, Stobberingh EE (2002) Effects of Flavophospholipol on Resistance in Fecal *Escherichia coli* and Enterococci of Fattening Pigs, *Antimicrobial Agents and Chemotherapy* Vol. **46**, No.1: 110–118.
5. Bundesverband für Tiergesundheit e.V. (Verband der Industrie für Tierarzneimittel) (1992) Leistungsfördernde Futterzusatzstoffe.
6. Christie PJ, Davidson JN, Novick RP, Dunny GM (1983) Effects of tylosin feeding on the antibiotic resistance of selected gram-positive bacteria in pigs, *American Journal of Veterinary Research* **44**: 126–128.
7. Descotes J, Vial T, Delattre D, Evreux J-C (1988) Spiramycin: safety in man. *Journal of Antimicrobial Chemotherapy* **22** suppl B: 207–210.
8. Donoho AL (1984) Biochemical studies on the fate of monensin in animals and in the environment, *Journal of Animal Science* **58(6)**: 1528–1539.
9. Donoso J, Craig GO, Baldwin RS (1970) The distribution and excretion of zinc bacitracin-^{14}C in rats and swine, *Toxicology and Applied Pharmacology* **17**: 366–374.
10. Dost G (1980) Salinomycin, ein neues Polyäther-Antibiotikum als Wachstumsförderer bei Schweinen, *Landwirtsch. Forsch. Sonderheft* **37**: 392–402.
11. Dost G (1991) Die Verträglichkeit von Salinomycin-Na mit Tiamulin bei Schweinen. *Prakt. Tierarzt* **72** (Coll. Vet. XXII): 56–61.
12. EFSA (European Food Safety Authority) (2004) Opinion of the Scientific Panel on Additives and Products or Substances used in Animal Feed on a request from the Commission on the re-evaluation of coccidiostat Sacox 120 micro Granulate in accordance with article 9G of Council Directive 70/524/EEC, *The EFSA Journal* **76**: 1–49.
13. Elanco Animal Health, Abt. der Lilly Deutschland GmbH (1985) Gutachten über die medizinisch-hygienische Unbedenklichkeit von Avilamycin.
14. EU-Kommission (2004) Verzeichnis der zugelassenen Futtermittel-Zusatzstoffe, veröffentlicht gemäß Artikel 9t Buchstabe b) der Richtlinie 70/524/EWG des Rates über Zusatzstoffe in der Tierernährung, Amtsblatt der Europäischen Union 2004/C50/01.
15. FAO/WHO (1991) 36th Meeting of the Joint FAO/WHO Expert Committee on Food Additives. Toxicological evaluation of certain veterinary drug residues in food, WHO Food Additives series, Rome, Vol. 27: 141–173.
16. FAO/WHO (1994) 42nd Meeting of the Joint FAO/WHO Expert Committee on Food Additives. Toxicological evaluation of certain veterinary drug residues in food, WHO Food Additives series, Rome, Vol. 33: 55–57.
17. Feuerpfeil I, López-Pila J, Schmidt R, Schneider R, Szewzyk R (1999) Antibiotikaresistente Bakterien und Antibiotika in der Umwelt, *Bundesgesundheitsbl-Gesundheitsforsch-Gesundheitsschutz* **42**: 37–50.
18. Greife HA, Berschauer F (1988) Leistungsförderer in der Tierproduktion: Stand und Perspektiven, *Übers. Tierernährung* **16**: 27–78.
19. Grüne Broschüre (1994) Das geltende Futtermittelrecht mit Typenliste für Einzel- und Mischfuttermittel, AS Agrar-Service, Rheinbach, 106–109.

20 Grüne Broschüre (2004) Das geltende Futtermittelrecht; Aktuelle Gesetze und Verordnungen aus Bundes- und Gemeinschaftsrecht, 15. Neuauflage, Allround Media Service e. K., Rheinbach, 126–129.

21 Grüne Broschüre (2005) Das geltende Futtermittelrecht; Aktuelle Gesetze und Verordnungen aus Bundes- und Gemeinschaftsrecht, 16. Neuauflage, Allround Media Service e. K., Rheinbach, 178–180.

22 Helmuth R (1999) Einsatz antimikrobiell wirksamer Substanzen in der Veterinärmedizin, Zum Stand der Diskussion, *Bundesgesundheitsbl-Gesundheitsforsch-Gesundheitsschutz* **42**: 26–34.

23 Hummel R, Tschäpe H, Witte W (1986) Spread of plasmid-mediated nourseothricin resistance due to antibiotic use in animal husbandry, *J. Basic Microbiol.* **26**: 461–466.

24 Kamphues J (1993) Nutzen und Risiken von Leistungsförderern für Schweine, *Prakt. Tierarzt* (Coll. Veterinar. XXIV) **74**: 96–100.

25 Kamphues J (1994) Futterzusatzstoffe – auch aus klinischer Sicht für den Tierarzt von Interesse, *Wien. Tierärztl. Mschr.* **81**: 86–92.

26 Kaukas A, Hinton M, Linton AH (1987) The effect of ampicillin and tylosin on the faecal enterococci of healthy young chickens, *Journal of Applied Bacteriology* **62**: 441–447.

27 Kidd ARM (1993) European perspectives on the regulation of antimicrobial drugs. *Vet. Human Toxicol.* **35** (Supplement 1): 6–9.

28 Kietzmann M (2004) Einfluss pharmakologisch aktiver Substanzen auf die Lebensmittelsicherheit, *Bundesgesundheitsbl-Gesundheitsforsch-Gesundheitsschutz* **47**: 834–840.

29 Klare I, Heier H, Claus H, Böhme G, Marin S, Seltmann G, Hakenbeck R, Antanassova V, Witte W (1995) *Enterococcus faecium* strains with vanA-mediated high-level glycopeptide resistance isolated from animal foodstuffs and fecal samples of humans in the community, *Microbial Drug Resistance* **1**: 265–272.

30 Klare I, Heier H, Claus H, Reissbrodt R, Witte W (1995) vanA-mediated high-level glycopeptide resistance in *Enterococcus faecium* from animal husbandry, *FEMS Microbiol. Lett.* **125**: 165–172.

31 Klare I, Reissbrodt R (1998) Glycopeptide-resistant enterococci (GRE), *Biotest Bulletin* **6**: 59–64.

32 Klare I, Badstübner D, Konstabel C, Werner G, Witte W (1999) Enterokokken mit Glycopeptidresistenz, *Mikrobiologie* **9**: 211–219.

33 Klare I, Konstabel C, Badstübner D, Werner G, Witte W (2003) Occurrence and spread of antibiotic resistances in *Enterococcus faecium*, *International Journal of Food Microbiology* **88**: 269–290.

34 Kresken M, Hafner D, Rosenstiel von N (1999) Zeitliche Entwicklung der Antibiotikaresistenz bei klinisch wichtigen Bakterienspezies in Mitteleuropa, Ergebnisse der Longitudinalstudie der Arbeitsgemeinschaft „Bakterielle Resistenz" der Paul-Ehrlich-Gesellschaft für Chemotherapie e.V. aus den Jahren 1975–1995, *Bundesgesundheitsbl-Gesundheitsforsch-Gesundheitsschutz* **42**: 17–25.

35 Lebek G (1970) Einflüsse der antibakteriellen Arzneimittel im Tierfutter auf das Auftreten von antibiotika- und chemoresistenten, pathogenen Bakterien, *Zbl. Vet. Med. B* **17**: 103–115.

36 Linde-Sipman van der JS, Ingh van den TSGAM, Nes van JJ, Verhagen H, Kersten JGTM, Beynen AC, Plekkringa R (1999) Salinomycin-induced Polyneuropathy in Cats: Morphologic and Epidemiologic Data, *Vet. Pathol.* **36**: 152–156.

37 Linton AH (1981) Has Swann failed? *Vet. Record* **108**: 328–331.

38 Magnussen JD, Dalidowicz JE, Thomson TD, Donoho AL (1991) Tissue residues and metabolism of avilamycin in swine and rats, *Journal of Agricultural and Food Chemistry* **39**: 306–310.

39 Metzler MJ, Britton WM, McDougald LR (1987) Effects of monensin feeding and withdrawal time on growth and carcass composition in broiler chickens, *Poultry Science* **66(9)**: 1451–1458.

40 Miller CR, Philip JR, Free SM Jr, Landis LM (1972) Virginiamycin for prevention

41 Molen van der EJ (1988) Pathological effects of carbadox in pigs with special emphasis on the adrenal, *J. Comp. Pathol.* **98**: 55–67.

42 Moller-Aarestrup F (1995) Occurrence of glycopeptide resistance among enterococcus faecium isolates from conventional and ecological poultry farms, *Microbial Drug Resistance* **1**: 255–257.

43 Neu HC (1992) The crisis in antibiotic resistance, *Science* **257**: 1064–1073.

44 Potter EL, Van Duyn RL, Cooley CO (1984) Monensin toxicity in cattle, *Journal of Animal Science* **58(6)**: 1499–1511.

45 Prescott JF, Baggot JD (Hrsg) (1993) Antimicrobial therapy in veterinary medicine, 2nd ed. Iowa State University Press, Ames: 612.

46 Richter A, Löscher W, Witte W (1996) Leistungsförderer mit antibakterieller Wirkung: Probleme aus pharmakologisch-toxikologischer und mikrobiologischer Sicht, *Der Tierarzt* **7**: 603–621.

47 Riedl S, Ohlsen K, Werner G, Witte W, Hacker J (2000) Impact of Flavophospholipol and Vancomycin on Conjugational Transfer of Vancomycin Resistance Plasmids, *Antimicrobial Agents and Chemotherapy* **44**, No.11: 3189–3192.

48 Robert Koch Institut (2003) Verbot von Antibiotika als Leistungsförderer in der Tiermast, *Epidemiologisches Bulletin* **41**: 329–331.

49 Rumsey TS (1984) Monensin in cattle: introduction, *Journal of Animal Science* **58(6)**: 1461–1464.

50 Schauder S (1989) Gefahren durch Olaquindox: Photoallergie, chronisch photosensitive Dermatitis und extrem gesteigerte Lichtempfindlichkeit beim Menschen. Hypoaldosteronismus beim Schwein, *Dermatosen* **37**: 183–185.

51 Schauder S (1991) Photocontact dermatitis and persistent light reaction from Olaquindox in piglet feed. In: Ring J, Przybilla B: New trends in allergy III. Springer Berlin Heidelberg: 318–325.

52 Schouten MA, Hoogkamp-Korstanje JAA, Klare I, Voss A (1998) Gastro-intestinal tract colonization with vancomycin-resistant enterococci is associated with meat consumption, *Vegetarian Nutrition: An International Journal* **2/2**: 61–66.

53 Stutz MW, Johnson SL, Judith FR (1983) Effects of diet and bacitracin on growth, feed efficiency, and populations of *Clostridium perfringens* in the intestine of broiler chicks, *Poultry Science* **62**: 1619–1625.

54 Sutter HM, Engeli J, Muller P, Schneider B, Riond J-L, Warner M (1992) Pharmacokinetics and bioavailability of spiramycin in pigs, *Veterinary Record* **130**: 510–513.

55 Threlfall EJ (1985) Resistance to growth promoters. In: Helmuth R, Bulling E: Proceedings of the symposium "Criteria and methods for the microbiological evaluation of growth promoters in animal feeds Vet Med 1 Bundesgesundheitsamt: 126–141.

56 Vollaard EJ, Clasener HAL (1994) Colonization Resistance, *Antimicrobial Agents and Chemotherapy* **38**, No. 3: 409–414.

57 Vries de H, Beijersbergen van Henegouwen GMJ, Berkhuysen MHJ, Kalloe F (1988) Phototoxicity of olaquindox in rats, , Proc. 4th congress Europ. Assoc. Vet. Pharmacol. Toxicol. Budapest, Vol 1: 98.

58 Waldmann K-H, Kikovic D, Stockhofe N (1989) Klinische und hämatologische Veränderungen nach Olaquindoxvergiftung bei Mastschweinen, *J. Vet. Med. A* **36**: 676–686.

59 Werner G, Klare I, Heier H, Hinz K-H, Böhme G, Wendt M, Witte W (2000) Quinupristin/Dalfopristin-Resistant Enterococci of the *satA* (*vatD*) and *satG* (*vatE*) Genotypes from Different Ecological Origins in Germany, *Microbial Drug Resistance* **6**, No. 1: 37–47.

60 WHO (World Health Organisation) (1990) Evaluation of certain veterinary drug residues in food. 36th report of the Joint FAO/WHO Expert Committee on Food Additives, WHO Technical Report Series 799: 45–55.

61 WHO (World Health Organisation) (1995) Evaluation of certain veterinary drug residues in food. 42nd report of the Joint FAO/WHO Expert Committee on

Food Additives, WHO Technical Report Series 851: 19–21.
62 Wisek WJ (1978) The mode of growth promotion by antibiotics, *J. Anim. Sci.* **46**: 1447–1469.
63 Witte W, Klare I (1995) Glycopeptide-resistant *Enterococcus faecium* outside hospitals: a commentary, *Microbial Drug Resistance* **1**: 259–263.
64 Witte W (1998) Medical Consequences of Antibiotic Use in Agriculture, *Science* **279**: 996–997.
65 Witte W (1999) Medizinische Folgen des Einsatzes von Antibiotika, *Deutsches Ärzteblatt* **96**, Heft 10: B471–B472.
66 Witte W, Klare I (1999) Antibiotikaresistenz bei bakteriellen Infektionserregern, Mikrobiologisch-epidemiologische Aspekte, *Bundesgesundheitsbl-Gesundheitsforsch-Gesundheitsschutz* **42**: 8–16.
67 Wolf H (1973) Avilamycin, an inhibitor of the 30 S ribosomal subunits function, *FEBS Letters* **36**: 181–186.
68 Zulalian J, Lee AH, Garces T, Berger H, Orloski EJ, Eggert RG (1979) A study of the excretion and tissue distribution in cattle and chickens fed carbon-14 labeled avoparcin lauryl sulfate, Abstracts of Papers, *American Chemical Society* **177**: 114.

Zusatzstoffe

36
Lebensmittelzusatzstoffe: Gesundheitliche Bewertung und allgemeine Aspekte

Rainer Gürtler

36.1
Einleitung

Viele Zusatzstoffe werden seit langem verwendet. Dementsprechend hat man sich auch schon vor vielen Jahren mit der Bewertung der gesundheitlichen Unbedenklichkeit befasst. Konservierungsstoffe, wie Benzoesäure, Borsäure, Ameisensäure und Salicylsäure, hat beispielsweise schon der Reichsgesundheitsrat im Jahr 1914 bewertet. Im Protokoll der damaligen Sitzung heißt es: *„Im Laufe der Zeit hätten sich in der Praxis der Lebensmittelerzeugung Zustände auf diesem Gebiete herausgebildet, die dringend der Abhülfe bedürften."* Am Schluss des Protokolls wurde der Auffassung Ausdruck gegeben, *„daß in Zukunft die Anwendung keines neuen Konservierungsmittels mehr zugelassen werden sollte, bevor nicht der Nachweis beigebracht ist, daß keine Gesundheits-Schädigung bei dessen Anwendung zu befürchten ist"* [52]. Wenige Jahre nach Gründung der Vereinten Nationen hat im Jahr 1954 das für Ernährungsfragen zuständige gemeinsame Expertengremium der FAO und WHO, das Joint FAO/WHO Expert Committee on Nutrition, die Etablierung eines Expertenkomitees für Lebensmittelzusatzstoffe angeregt. Das daraufhin gegründete Joint FAO/WHO Expert Committee on Food Additives (JECFA) hat 1956 allgemeine Prinzipien für die Verwendung von Zusatzstoffen formuliert und erklärt, dass die gesundheitliche Unbedenklichkeit von Zusatzstoffen mit sorgfältig geplanten Tierexperimenten evaluiert werden kann [79]. Nachdem entsprechende Prüfverfahren beschrieben waren [80], wurde in der Folge bis jetzt eine Vielzahl von Zusatzstoffen bewertet. Auf europäischer Ebene wurde 1974 von der Kommission der Europäischen Gemeinschaften ein Wissenschaftlicher Lebensmittelausschuss (Scientific Committee for Food, SCF) gegründet, der daraufhin die Kommission in lebensmittelrelevanten Fragen beraten und in diesem Zusammenhang auch Zusatzstoffe bewertet hat. Im Zuge der Reorganisation der wissenschaftlichen Komitees wurde dieses Gremium 1997 in Scientific Committee on Food (SCF) umbenannt. Das SCF bestand bis 2003, als nach Gründung der Europäischen Lebensmittelbehörde (European Food Safety Authority, EFSA, www.efsa.eu.int) die Aufgaben des SCF auf entsprechende neue Expertengremien der EFSA übertragen wurden. Lebensmittelzusatzstoffe werden seitdem vom Panel on Food Additives, Flavourings, Processing Aids and Materials in Contact with Food (Panel AFC) bewertet.

36.2
Definition des Zusatzstoff-Begriffs und andere lebensmittelrechtliche Aspekte

Im weitesten Sinn könnte man zu Lebensmittelzusatzstoffen alle Stoffe zählen, die Lebensmitteln absichtlich zugesetzt werden. Dazu gehörten dann Stoffe, die zu technologischen Zwecken zugesetzt werden, wie Konservierungs- und Farbstoffe, aber auch Extraktionslösemittel und andere technische Hilfsstoffe, die weitgehend wieder aus dem Lebensmittel entfernt werden, sowie Aromastoffe und auch Stoffe, mit denen Lebensmittel zu ernährungsphysiologischen Zwecken angereichert werden, wie Mineralstoffe und Vitamine. Das sind insgesamt mehrere Tausend Stoffe. Die breiteste Definition gibt es in den USA, wo alle mit Lebensmitteln in irgendeiner Weise in Kontakt kommenden Substanzen zu den Zusatzstoffen zählen, also alle den Lebensmitteln direkt oder indirekt zugesetzten Stoffe und alle Verpackungsmittel und deren Roh- und Hilfsstoffe, Desinfektionsmittel und viele andere [39]. Bei engerer Definition, wie sie in den meisten anderen Ländern üblich ist, liegt die Zahl der zugelassenen Zusatzstoffe bei etwa 300–400, von denen etwa 10% in größerem Umfang angewendet werden [39]. Im engeren Sinn werden zu den Zusatzstoffen nur die Stoffe gezählt, die Lebensmitteln zu technologischen Zwecken zugesetzt werden. Solche Zusatzstoffe werden nach Anhang 1 der Richtlinie 89/107/EWG in verschiedene Kategorien eingeteilt: Farbstoffe, konservierende Stoffe, Antioxidationsmittel, Emulgatoren, Schmelzsalze, Verdickungsmittel, Geliermittel, Stabilisatoren, Geschmacksverstärker, Säuerungsmittel, Säureregulatoren, Trennmittel, modifizierte Stärke, Süßstoffe, Backtriebmittel, Schaumverhüter, Überzugmittel, Mehlbehandlungsmittel, Festigungsmittel, Feuchthaltemittel, Bindemittel, Füllstoffe, Treibgas und Verpackungsgas. Die meisten dieser Kategorien sind in Artikel 1 Absatz 3 der Richtlinie 95/2/EG definiert, in der außerdem Schaummittel und Komplexbildner aufgeführt sind.

Für Lebensmittelzusatzstoffe gibt es in Deutschland, in der Europäischen Union (EU) und in anderen Ländern entsprechend der jeweils geltenden gesetzlichen Regelung etwas unterschiedliche Definitionen. In Deutschland sind Zusatzstoffe in § 2 des Lebensmittel- und Futtermittelgesetzbuchs (LFGB) definiert:

Lebensmittelzusatzstoffe sind Stoffe mit oder ohne Nährwert, die in der Regel weder selbst als Lebensmittel verzehrt noch als charakteristische Zutat eines Lebensmittels verwendet werden und die einem Lebensmittel aus technologischen Gründen beim Herstellen oder Behandeln zugesetzt werden, wodurch sie selbst oder ihre Abbau- oder Reaktionsprodukte mittelbar oder unmittelbar zu einem Bestandteil des Lebensmittels werden oder werden können. Den Lebensmittelzusatzstoffen stehen gleich

1. *Stoffe mit oder ohne Nährwert, die üblicherweise weder selbst als Lebensmittel verzehrt noch als charakteristische Zutat eines Lebensmittels verwendet werden und die einem Lebensmittel aus anderen als technologischen Gründen beim Herstellen oder Behandeln zugesetzt werden, wodurch sie selbst oder ihre Abbau- oder Reaktionsprodukte mittelbar oder unmittelbar zu einem Bestandteil des Lebensmittels werden oder werden können; ausgenommen sind Stoffe, die natürlicher Herkunft oder den natürlichen chemisch gleich sind und nach allgemeiner Verkehrsauffassung überwiegend wegen ihres Nähr-, Geruchs- oder Geschmackswertes oder als Genussmittel verwendet werden;*
2. *Mineralstoffe und Spurenelemente sowie deren Verbindungen außer Kochsalz,*
3. *Aminosäuren und deren Derivate,*
4. *Vitamine A und D sowie deren Derivate.*

Als Lebensmittelzusatzstoffe gelten nicht
1. *Stoffe, die nicht selbst als Zutat eines Lebensmittels verzehrt werden, jedoch aus technologischen Gründen während der Be- oder Verarbeitung von Lebensmitteln verwendet werden und unbeabsichtigte, technisch unvermeidbare Rückstände oder Abbau- oder Reaktionsprodukte von Rückständen in gesundheitlich unbedenklichen Anteilen im für die Verbraucherin oder den Verbraucher bestimmten Lebensmittel hinterlassen können, die sich technologisch nicht auf dieses Lebensmittel auswirken (Verarbeitungshilfsstoffe);*
2. *zur Verwendung in Lebensmitteln bestimmte Aromen, ausgenommen künstliche Aromastoffe im Sinne des Artikels 1 Abs. 2 Buchstabe b Unterbuchstabe iii der Richtlinie 88/388/EWG des Rates vom 22. Juni 1988 zur Angleichung der Rechtsvorschriften der Mitgliedstaaten über Aromen zur Verwendung in Lebensmitteln und über Ausgangsstoffe für ihre Herstellung (ABl. EG Nr. L 184 S. 61);*
3. *Pflanzenschutzmittel im Sinne des Pflanzenschutzgesetzes.*

Unter diese Definition fallen beispielsweise Farbstoffe, Konservierungsstoffe, Antioxidationsmittel, Säuerungsmittel, Emulgatoren, Stabilisatoren, Schaumverhüter, Backtriebmittel und vergleichbare Stoffe. Davon zu unterscheiden sind technische Hilfsstoffe, wie Extraktionslösungsmittel, die nach der Definition der Technischen Hilfsstoff-Verordnung *bei der Herstellung von Lebensmitteln zur Extraktion verwendet werden und aus dem Enderzeugnis wieder entfernt werden, die jedoch unbeabsichtigte, aber technisch unvermeidbare Rückstände oder Umwandlungsprodukte in den Lebensmitteln hinterlassen können.*

Nach § 6 LFGB ist es verboten, nicht zugelassene Zusatzstoffe zu verwenden. Enzyme und Mikroorganismenkulturen sind von diesem Verbot ausgenommen. Allerdings wird derzeit über einen Entwurf einer EU-Verordnung beraten, mit der die Verwendung von Enzymen künftig geregelt werden soll und die nach einer Übergangsphase direkt in den Mitgliedstaaten gelten soll.

In der EU sind Zusatzstoffe in Artikel 1 der Richtlinie 89/107/EWG ähnlich definiert wie von der Codex Alimentarius-Kommission (einer Kommission der Weltgesundheitsorganisation WHO und der Ernährungs- und Landwirtschaftsorganisation FAO, die internationale Normen für Lebensmittel erstellen soll (www.codexalimentarius.net)), aber etwas anders als im LFGB:

1. Diese Richtlinie findet auf Lebensmittelzusatzstoffe der in Anhang I aufgeführten Kategorien Anwendung, die als Zutaten bei der Herstellung oder Zubereitung eines Lebensmittels verwendet werden oder werden sollen und in gleicher oder veränderter Form noch im Enderzeugnis enthalten sind; sie werden im Folgenden „Lebensmittelzusatzstoffe" genannt.
2. Im Sinne dieser Richtlinie ist ein „Lebensmittelzusatzstoff" ein Stoff mit oder ohne Nährwert, der in der Regel weder selbst als Lebensmittel verzehrt noch als charakteristische Lebensmittelzutat verwendet wird und einem Lebensmittel aus technologischen Gründen bei der Herstellung, Verarbeitung, Zubereitung, Behandlung, Verpackung, Beförderung oder Lagerung zugesetzt wird, wodurch er selbst oder seine Nebenprodukte (mittelbar oder unmittelbar) zu einem Bestandteil des Lebensmittels werden oder werden können.
3. Diese Richtlinie gilt nicht für
    a) Verarbeitungshilfsstoffe;
    b) Stoffe, die gemäß den Gemeinschaftsbestimmungen über Pflanzenschutz für den Schutz von Pflanzen oder Pflanzenerzeugnissen verwendet werden;
    c) unter die Richtlinie 88/388/EWG fallende Aromen zur Verwendung in Lebensmitteln;
    d) Stoffe, die Lebensmitteln zu Ernährungszwecken beigefügt werden (z. B. Minerale, Spurenelemente oder Vitamine).

Die Zusatzstoff-Definition des bis 6. 9. 2005 geltenden Lebensmittel- und Bedarfsgegenständegesetzes (LMBG) entsprach nicht ganz dieser Richtlinie. Mit Inkrafttreten des LFGB am 7. 9. 2005 wurde die Definition von Zusatzstoffen in Deutschland der Definition in der Richtlinie 89/107/EWG etwas angepasst. Dennoch sind in Deutschland auch jetzt noch Mineralstoffe und Spurenelemente sowie deren Verbindungen außer Kochsalz nach § 2 LFGB (wie auch schon zuvor nach § 2 LMBG) den Zusatzstoffen gleichgestellt, wohingegen sie nach der Definition der Richtlinie 89/107/EWG aber vom Zusatzstoffbegriff ausgenommen sind. Außerdem sind künstliche Aromastoffe in Deutschland anders als nach der Definition der Richtlinie 89/107/EWG weiterhin nicht vom Zusatzstoffbegriff ausgenommen. Die Vorschriften des LFGB für Zusatzstoffe gelten nach § 4 Absatz 1 Nr. 2 LFGB auch für künstliche Aromastoffe, Mineralstoffe und Spurenelemente sowie deren Verbindungen (außer Kochsalz). Das bedeutet, dass die Verwendung dieser Stoffe in Deutschland weiterhin zulassungspflichtig ist.

Mit der Interpretation der Zusatzstoff-Definitionen nach bisherigem deutschen und künftigem europäischen Recht und den damit verbundenen möglichen Auswirkungen auf den gesundheitlichen Verbraucherschutz hat sich Streit [68] befasst, der bei einer Abkehr von der Zusatzstoff-Definition des § 2 LMBG (die bezüglich der Mineralstoffe und Vitamine sowie der künstlichen Aromastoffe der Definition des jetzt gültigen LFGB entspricht) eine Verschlechterung des Verbraucherschutzniveaus befürchtet. Für die in diesem Zusammenhang relevanten nationalen und internationalen Regelungen gibt es ausführliche Beschreibungen und Kommentare, bspw. im Handbuch Lebensmittelzusatzstoffe [27].

Während allgemeine Prinzipien zur Verwendung von Zusatzstoffen in der EU in der Rahmenrichtlinie 89/107/EWG festgelegt sind, ist die Verwendung von Süßungsmitteln, Farbstoffen und anderen Zusatzstoffen in den Richtlinien 94/35/EG, 94/36/EG und 95/2/EG des Europäischen Parlaments und des Rates sowie in entsprechenden Änderungsrichtlinien speziell geregelt (diese Richtlinien stehen als pdf-files zur Verfügung unter http://ec.europa.eu/food/fs/sfp/flav_index_de.html). Weitere Informationen zum europäischen Recht über Zusatzstoffe sind im Internet auch unter http://europa.eu/scadplus/leg/de/lvb/l21070a.htm verfügbar.

In Deutschland ist die Verwendung von Lebensmittelzusatzstoffen im LFGB sowie mehreren Verordnungen gesetzlich geregelt, mit denen die EU-Richtlinien in nationales Recht umgesetzt wurden. Die Verwendung für verschiedene Lebensmittelkategorien in den jeweils zulässigen Höchstmengen ist in der Zusatzstoff-Zulassungsverordnung geregelt, während Reinheitskriterien in der Zusatzstoff-Verkehrsverordnung genannt sind. Zu beachten ist auch die Lebensmittel-Kennzeichnungsverordnung. Die deutschen Regelungen stehen im Internet zur Verfügung unter http://bundesrecht.juris.de/bundesrecht/BML_index.html. Weitere Informationen bieten auch entsprechende Websites des Bundesministeriums für Ernährung, Landwirtschaft und Verbraucherschutz (www.bmelv.de), des Bundesamts für Verbraucherschutz und Lebensmittelsicherheit (www.bvl.bund.de) und des Bundesinstituts für Risikobewertung (www.bfr.bund.de) sowie der zuständigen Behörden der Bundesländer.

Derzeit wird über einen Entwurf einer neuen EU-Verordnung [34] beraten, in der die bisherigen Richtlinien zusammengefasst sind und die nach einer Übergangsphase direkt in den EU-Mitgliedsländern gelten und die bisherigen nationalen Regelungen ablösen soll.

Grundsätzlich dürfen in der EU nur zugelassene Zusatzstoffe verwendet werden, es gilt also das Verbotsprinzip mit Erlaubnisvorbehalt. Nach Anhang II der EU-Richtlinie 89/107/EWG dürfen Lebensmittelzusatzstoffe nur dann genehmigt werden,

- *wenn eine hinreichende technische Notwendigkeit nachgewiesen werden kann und wenn das angestrebte Ziel nicht mit anderen, wirtschaftlich und technisch brauchbaren Methoden erreicht werden kann;*
- *wenn sie bei der vorgeschlagenen Dosis für den Verbraucher gesundheitlich unbedenklich sind, soweit die verfügbaren wissenschaftlichen Daten ein Urteil hierüber erlauben;*
- *wenn der Verbraucher durch ihre Verwendung nicht irregeführt wird.*

36.3
Gesundheitliche Bewertung zu technologischen Zwecken zugesetzter Zusatzstoffe

Die in Deutschland und den anderen Mitgliedsländern der EU zulässigen Zusatzstoffe sind durch internationale und zum Teil auch nationale Expertengremien gesundheitlich bewertet und zur Verwendung in Lebensmitteln akzeptiert worden. Zu diesen Expertengremien zählen das Joint FAO/WHO Expert Committee on Food Additives (JECFA), der frühere Wissenschaftliche Lebensmittelausschuss der EU-Kommission (Scientific Committee on Food, SCF) und auf nationaler Ebene bspw. in Deutschland die Senatskommission zur Beurteilung der gesundheitlichen Unbedenklichkeit von Lebensmitteln (SKLM) der Deutschen Forschungsgemeinschaft.

In der EU ist seit 2003 die Europäische Lebensmittelbehörde (European Food Safety Authority, EFSA, www.efsa.eu.int/) für die gesundheitliche Bewertung von Zusatzstoffen zuständig. Sie wird dabei von einem internationalen Expertengremium, dem Panel on Food Additives, Flavourings, Processing Aids and Materials in Contact with Food (Panel AFC) beraten. Es bewertet Zusatzstoffe nun anstelle des im Frühjahr 2003 aufgelösten SCF. Dabei wird eine Risikobewertung durchgeführt, die sich bei neuen Zusatzstoffen im Wesentlichen auf Daten stützt, die vom Antragsteller als Beleg für die gesundheitliche Unbedenklichkeit vorzulegen sind. Außerdem gibt es in den EU-Mitgliedsländern nationale Einrichtungen, die die jeweiligen Regierungen hinsichtlich der Bewertung der gesundheitlichen Unbedenklichkeit von Zusatzstoffen beraten. In Deutschland ist hierfür das Bundesinstitut für Risikobewertung zuständig. Eine solche Beratung auf nationaler Ebene ist bei dem Gemeinschaftsverfahren der EU erforderlich, weil Richtlinien des Europäischen Parlaments und des Rates in nationales Recht umgesetzt werden müssen und EU-Verordnungen vor ihrem Inkrafttreten der Zustimmung der Mitgliedsländer bedürfen.

Eine E-Nummer wird an solche Zusatzstoffe vergeben, die der SCF beziehungsweise das Expertengremium der EFSA bewertet und akzeptiert hat.

36.3.1
Prinzipien und Kriterien der Bewertung

Prinzipien für die Risikobewertung von Lebensmittelzusatzstoffen wurden bspw. vom Joint FAO/WHO Expert Committee on Food Additives (JECFA) beschrieben [86]. Danach werden Zusatzstoffe ausführlich im Hinblick auf ihre gesundheitliche Unbedenklichkeit geprüft. Anhand der Prüfergebnisse werden bei der gesundheitlichen Bewertung in der Regel jeweils akzeptable tägliche Aufnahmemengen (acceptable daily intake, ADI) abgeleitet (vergl. Kapitel I-7). Diese ADI-Werte basieren überwiegend auf den Ergebnissen von Tierexperimenten, in denen die Tiere den betreffenden Zusatzstoff zumeist täglich über einen langen Zeitraum mit dem Futter in vergleichsweise hohen Konzentrationen erhalten haben. Die Dosis, bis zu der keine unerwünschten Reaktionen auftraten (no observed adverse effect level, NOAEL), wird durch einen Sicherheitsfaktor (in der Regel 100) geteilt. Dadurch sollen Unsicherheiten bei der Übertragung der Studienergebnisse vom Tier auf den Menschen und individuelle Unterschiede berücksichtigt werden. Somit beträgt der ADI-Wert häufig ein Hundertstel des NOAEL. Er wird in mg/kg Körpergewicht angegeben. Diese Menge kann ein ganzes Leben lang täglich aufgenommen werden, ohne dass unerwünschte Wirkungen zu erwarten sind. Gelegentliche kurzfristige Überschreitungen des ADI-Werts sind nach diesem ADI-Konzept tolerierbar. Ein ADI-Wert wird immer als von Null beginnender akzeptabler Aufnahmebereich angegeben. Er gilt in der Regel für alle Verbraucher, es sei denn, dass Informationen über besondere Empfindlichkeiten bestimmter Bevölkerungsgruppen vorliegen. ADI-Werte gelten grundsätzlich nicht für Kleinkinder im Alter bis zu 12 Wochen [83].

Für einige Zusatzstoffe wurden keine numerischen ADI-Werte abgeleitet, das Fazit der Bewertung lautete dann z. B. „akzeptabel" oder „ADI not specified". Das bedeutet nicht, dass eine unbegrenzte Verwendung solcher Zusatzstoffe als akzeptabel angesehen wird. JECFA hat darauf hingewiesen, dass die Verwendung der betreffenden Zusatzstoffe dann nach „Guter Herstellungspraxis" erfolgen sollte, d. h., nur in der Menge, die erforderlich ist, um die gewünschte technologische Wirkung zu erzielen. Zudem sollte die Zusatzstoffverwendung weder dazu führen, dass minderwertige Lebensmittelqualität unerkannt bleibt, noch sollte sie zu Ernährungsimbalanzen führen [86].

Hinsichtlich der Prüfanforderungen gibt es für Lebensmittelzusatzstoffe keine zwingend vorgeschriebene Regelung. Allerdings gibt es dazu Empfehlungen verschiedener Expertengremien, bspw. von JECFA [80, 86], der US Food and Drug Administration [23] und dem SCF [63]. Nach den Empfehlungen des SCF (Guidance on submissions for food additive evaluations by the Scientific Committee on Food) sind in der Regel zumindest Studien zu den folgenden toxikologischen Aspekten durchzuführen:

- Metabolismus/Toxikokinetik
  - *in vivo*, gegebenenfalls zusätzlich *in vitro*
- Subchronische Toxizität
  - in einer Nager- und einer Nichtnagerspezies über mindestens 90 Tage
- Genotoxizität
  - Test auf Induktion von Genmutationen in Bakterien
  - Test auf Induktion von Genmutationen in Säugerzellen *in vitro* (vorzugsweise der Maus-Lymphoma-TK-Assay)
  - Test auf Induktion von Chromosomenaberrationen in Säugerzellen *in vitro*
  - (bei positivem Befund in einem dieser Tests Prüfung der Genotoxizität *in vivo*)
- Chronische Toxizität und Kanzerogenität
  - in zwei Tierarten (üblicherweise Ratte 24 Monate und Maus 18 oder 24 Monate)
- Reproduktions- und Entwicklungstoxizität
  - eine Multigenerationsstudie (mit der auch die Wirkung von „endocrine disruptors" erfasst wird) in einer Tierart (üblicherweise Ratte)
  - Entwicklungstoxizität in einer Nager- und einer Nichtnagerspezies

Im Einzelfall können zusätzliche Studien erforderlich sein. Art und Umfang der zusätzlichen Untersuchungen kann bspw. von der chemischen Struktur, der vorgesehenen Verwendung oder bereits bekannten Effekten aus früheren Untersuchungen abhängen. Für weitere Untersuchungen kommen bspw. Studien zur Prüfung von Immunotoxizität, Allergenität, Intoleranz-Reaktionen und Neurotoxizität in Betracht sowie Studien, mit denen Fragen, die aus bisherigen Testergebnissen resultieren, beantwortet werden sollen oder mit denen der Mechanismus beobachteter Effekte geklärt werden soll. Gegebenenfalls kommen auch Untersuchungen an freiwilligen Probanden in Betracht. Sofern Erkenntnisse bereits in anderem Zusammenhang gewonnen wurden, bspw. Untersuchungen im Hinblick auf den Arbeitsschutz, sind sie in die Bewertung ebenso wie die relevante publizierte Literatur mit einzubeziehen.

Die Studien sollten entsprechend der „Guten Laborpraxis (GLP)" und nach internationalen Test-Guidelines (OECD- oder EU-Guidelines) durchgeführt werden. Nähere Angaben dazu finden sich bspw. auf einer Website des Europäischen Chemikalienbüros (European Chemicals Bureau, http://ecb.jrc.it/testing-methods/).

Darüber hinaus werden bei der Bewertung weitere Informationen berücksichtigt. Dazu gehören auch Daten zur Stabilität und zur Exposition. Für Zusatzstoffe, die fermentativ aus Mikroorganismen produziert werden, sind zusätzlich Daten erforderlich, mit denen gezeigt wird, dass die Verwendung der Mikroorganismen gesundheitlich unbedenklich ist. So sind Mikroorganismen vor ihrer Verwendung zu fermentativen Zwecken gegebenenfalls im Hinblick auf die Bildung von Mykotoxinen zu prüfen, wie das auch von JECFA für fermentativ hergestellte Enzympräparationen gefordert wurde [88]. Beispielsweise sollte der Schimmelpilz *Aspergillus niger* vor der Verwendung zur fermentativen Produktion des Zusatzstoffs Citronensäure (E 330) im Hinblick auf Ochratoxin A geprüft werden. In einem Übersichtsartikel wird berichtet, dass in etwa 3–10% der untersuchten *Aspergillus niger*-Stämme Ochratoxin A, aber keine Aflatoxine und Trichothecene gefunden wurden [65].

Moderne Methoden, wie Genomics, Proteomics und Metabonomics, haben derzeit für die Bewertung von Zusatzstoffen noch keine Bedeutung. In den letzten Jahren wurden zahlreiche Übersichtsartikel und Kommentare publiziert, in denen die Möglichkeiten und Grenzen solcher Methoden im Hinblick auf ihre Bedeutung für die Risikobewertung allgemein [1, 14, 28, 41, 42, 77, 78] oder im Hinblick auf toxikologische Teildisziplinen, wie etwa die Bewertung der chemischen Allergenität [50] oder der Entwicklungstoxizität [2] diskutiert wurden. Aus den Übersichtsartikeln wird deutlich, dass diese Methoden zur Zeit noch nicht ausreichend evaluiert und validiert sind und die Bedeutung der damit gemessenen Effekte für die Risikobewertung noch nicht klar ist. Das gilt ebenso für den medizinischen Bereich [32, 44]. Dennoch ist vorstellbar, dass solche Methoden künftig an Bedeutung gewinnen und dann entsprechend in die Bewertung mit einbezogen werden könnten. Die Forderung, die Zulassung von Zusatzstoffen zeitlich zu begrenzen und die zugelassenen Zusatzstoffe nach bspw. zehn Jahren erneut zu bewerten, wie das in einem Entwurf für eine neue EU-Verordnung vorgeschlagen wird [34], lässt sich unter anderem auch mit einer möglichen Fortentwicklung von Methoden begründen.

36.3.2
Unverträglichkeit gegenüber Zusatzstoffen

Unverträglichkeitsreaktionen müssen hinsichtlich ihrer Pathogenese unterschieden werden in immunologisch und nicht immunologisch bedingte Reaktionen. Während bei den immunologischen Reaktionen spezifische Wechselwirkungen zwischen Allergen und Immunsystem sofort (IgE-vermittelt) oder verzögert (IgG-, IgM-, T-Zell-vermittelt) auftreten, sind nicht immunologische Reaktionen auf andere Mechanismen zurückzuführen. Zu den nicht immunologischen Reaktionen zählen pseudoallergische Reaktionen und Reaktionen, die durch biogene Amine hervorgerufen werden oder die aufgrund von Enzymdefekten auftreten. Der Mechanismus der nicht immunologischen Reaktionen ist in den meisten Fällen unbekannt [17]. Es gibt mehrere Möglichkeiten, die verschiedenen Nahrungsmittelunverträglichkeiten zu benennen und zu systematisieren. Das ist bspw. bei Kreft et al. [38] und in einer Stellungnahme des Scientific Panel on Dietetic Products, Nutrition and Allergies der European Food Safety Authority (EFSA-Panel NDA) beschrieben [17].

Das klinische Erscheinungsbild der pseudoallergischen Reaktionen gleicht den immunvermittelten Reaktionen. Auch hier können massive, zum Teil lebensbedrohliche, Symptome auftreten. In beiden Fällen sind die gleichen Mediatorsysteme, z. B. Mediatoren aus Gewebsmastzellen wie Histamin und Leukotriene beteiligt. Während die Mediator-Freisetzung bei der immunvermittelten Reaktion durch eine Antigen-Antikörper-Reaktion an der Mastzellmembran ausgelöst wird, werden die Mediatoren bei der pseudoallergischen Reaktion durch pharmakologische Mechanismen freigesetzt [38]. Die Pseudo-Allergie ist für das auslösende Agens nicht spezifisch. Sie kann bereits bei der ersten Exposition ohne vorhergehende Sensibilisierung auftreten. Auslöser pseudoallergischer Reaktionen sind in der Regel niedermolekulare Stoffe, die in Lebensmitteln natürlich vorkommen oder auch zugesetzt sein können. Berichte über Unverträglichkeitsreaktionen, die mit natürlichen Lebensmittelbestandteilen oder Zusatzstoffen in Zusammenhang gebracht werden, wurden mehrfach vom ehemaligen Scientific Committee on Food (SCF) [58, 61] sowie vom EFSA-Gremium NDA bewertet [17].

Über die Häufigkeit von Unverträglichkeitsreaktionen gegenüber Zusatzstoffen gibt es unterschiedliche Angaben. Das SCF gelangte 1981 auf der Basis mehrerer Studien zu der Einschätzung, dass etwa 0,03–0,15% der Bevölkerung betroffen sind [58]. In weiteren Studien aus Holland [33], Dänemark [26, 43] und Großbritannien [90] lag die Prävalenz von Intoleranzreaktionen gegenüber Zusatzstoffen bei 0,13%, 1% bzw. 0,026% [61]. Dass Angaben zur Prävalenz so stark variieren, kann verschiedene Ursachen haben [17, 43]. Eine genaue Diagnose ist nicht einfach. Für den Nachweis von Pseudoallergien stehen anders als für einen Nachweis von echten Allergien keine einfachen Blut- oder Hauttests zur Verfügung. Die Prävalenz von Intoleranzreaktionen gegenüber Zusatzstoffen kann zuverlässig nur in aufwändigen, placebokontrollierten und doppelblind durchgeführten oralen Provokationstests ermittelt werden, eine Anforderung, der nur wenige Studien entsprechen [66]. Zudem wurden oftmals bestimmte Personengruppen untersucht, die eine besondere Empfindlichkeit aufwiesen und sich wegen entsprechender Symptome bereits in ärztliche Behandlung begeben hatten, wie Asthmatiker und Patienten mit Urtikaria oder Angioödemen. Ergebnisse solcher Studien sind nur begrenzt auf die Gesamtbevölkerung übertragbar. Unterschiedliche Angaben über die Häufigkeit von Unverträglichkeitsreaktionen gegenüber Zusatzstoffen können somit auf Unterschiede der jeweiligen Testpopulationen, aber auch auf methodische Schwierigkeiten beim Nachweis von pseudoallergischen Reaktionen zurückgeführt werden.

Allergien gegen bestimmte, natürlicherweise in Lebensmitteln vorkommende Bestandteile treten häufiger auf als Unverträglichkeitsreaktionen gegenüber Zusatzstoffen. Die Prävalenz aller (immunvermittelten und nicht immunvermittelten) Unverträglichkeitsreaktionen gegenüber Lebensmitteln liegt in der Gesamtbevölkerung grob abgeschätzt für Erwachsene bei 1–3% und für Kinder bei 4–6% [17].

Zusatzstoffe, für die pseudoallergische Reaktionen beschrieben wurden, sind nach Kreft et al. [38] und Simon [66] beispielsweise:
- die Konservierungsstoffe Sorbinsäure und Sorbate (E 200–E 203), Na-, K- oder Ca-Benzoat (E 211–E 213), Parahydroxybenzoesäureester (E 214–E 219) und Sulfite (E 220–E 228),
- die Antioxidantien Butylhydroxyanisol (BHA, E 320) und Butylhydroxytoluol (BHT, E 321),
- die Farbstoffe Tartrazin (E 102), Gelborange S (E 110), Amaranth (E 123), Cochenillerot A (E 124), Erythrosin (E 127), Patentblau V (E 131) und Indigotin I (E 132) sowie
- der Geschmacksverstärker Mononatriumglutamat (E 621).

Unverträglichkeitsreaktionen gegenüber Sulfiten wurden ausführlich vom EFSA-Gremium NDA beschrieben [17]. Sulfite werden als Konservierungsstoffe (E 220–E 228) verwendet, sie kommen aber aufgrund von Fermentationsprozessen auch natürlicherweise in Lebensmitteln vor, z. B. im Wein, und können bei der Verdauung aus schwefelhaltigen Aminosäuren gebildet werden. Das SCF hat 1994 einen ADI-Wert von 0–0,7 mg SO_2/kg Körpergewicht abgeleitet, wobei aber betont wurde, dass bei Einhaltung dieses ADI-Werts Unverträglichkeitsreaktionen, wie durch Sulfit induziertes Asthma, nicht auszuschließen sind. Während die Prävalenz für eine Unverträglichkeit gegenüber Sulfiten in der allgemeinen Bevölkerung nicht bekannt ist, liegen Angaben für Asthmatiker aus verschiedenen oralen Provokationsstudien im Bereich von 4–66% [17]. Als Unverträglichkeitsreaktionen werden überwiegend Bronchospasmen induziert, die innerhalb weniger Minuten nach dem Verzehr sulfithaltiger Lebensmittel auftreten können. Es wurden aber auch andere Effekte beobachtet. Die Pathogenese ist nicht eindeutig geklärt. Diskutiert werden immunvermittelte und nicht immunvermittelte Mechanismen, wobei das Gremium NDA die Existenz von immunvermittelten Mechanismen für wenig wahrscheinlich hielt [17]. Nach der Richtlinie 2003/89/EG müssen Lebensmittel, die Schwefeldioxid oder Sulfite in einer Konzentration von mehr als 10 mg/kg oder 10 mg/L (als SO_2 angegeben) enthalten, entsprechend gekennzeichnet werden. Dieser Wert basiert auf der Nachweisgrenze der verfügbaren Methoden zum Nachweis von Schwefeldioxid und Sulfiten. Ein Schwellenwert für durch Sulfite induzierte Unverträglichkeitsreaktionen ist nicht bekannt, er könnte auch kleiner als 10 mg/kg sein.

Dem Farbstoff Tartrazin (E 102) wurde in der Vergangenheit häufig eine asthmainduzierende Wirkung zugeschrieben. Nach Simon [66] induziert Tartrazin bei Asthmatikern aber nur sehr selten Unverträglichkeitsreaktionen. Berichte, wonach bis zu 50% der Asthmatiker, die gegenüber Aspirin® empfindlich sind, auch empfindlich auf Tartrazin reagieren, ließen sich in placebokontrollierten Doppelblindstudien nicht bestätigen [66].

Mononatriumglutamat, das als Geschmacksverstärker (E 621) verwendet wird, aber auch natürlicherweise in Lebensmitteln vorkommt, wird mit einer Vielzahl von Symptomen in Verbindung gebracht. Seitdem in den 1960er Jahren Unverträglichkeitsreaktionen nach dem Verzehr von glutamathaltigen Speisen in China-Restaurants beschrieben wurden, wird das auch als „China-Restaurant-Syndrom" oder als „Natriumglutamat-Symptom-Komplex" bezeichnet. Glutamate sind mehrfach durch die Expertengremien JECFA und SCF bewertet und zur Verwendung in Lebensmitteln akzeptiert worden. Bei diesen Bewertungen wurde auch das mögliche Auftreten von Unverträglichkeitsreaktionen berücksichtigt [60, 87]. Ein Expertengremium der Federation of American Societies for Experimental Biology (FASEB) hat Mononatriumglutamat im Auftrag der amerikanischen Gesundheitsbehörde FDA bewertet und festgestellt, dass ein zahlenmäßig nicht bekannter geringer Prozentsatz der Bevölkerung auf den Verzehr von Mononatriumglutamat mit bestimmten Symptomen reagiert, die in der Regel vorübergehend und nicht lebensbedrohlich sind. Die Reaktionen seien in diesen Fällen unter untypischen Verzehrsbedingungen, d.h. nach Aufnahme größerer Mengen Mononatriumglutamat (3 g oder mehr) auf nüchternen Magen und in Abwesenheit von Lebensmitteln zu beobachten. In dem FASEB-Bericht aus dem Jahr 1995 wurde vermutet, dass Personen mit schwerem Asthma möglicherweise eine besondere Empfindlichkeit gegenüber Glutamat aufweisen [22]. Das konnte in placebokontrollierten Doppelblindstudien jedoch nicht bestätigt werden [66].

Einige Zusatzstoffe können auch zu immunvermittelten Reaktionen führen, in den meisten Fällen handelt es sich bei den Unverträglichkeitsreaktionen aber um pseudoallergische Reaktionen [61]. IgE-vermittelte Immunreaktionen können beispielsweise durch Cochenille-Extrakt (E 120) hervorgerufen werden. Die Begriffe Cochenille, Karmin und Karminsäure werden gelegentlich synonym verwendet, betreffen aber verschiedene Stoffe. Cochenille sind die getrockneten Körper weiblicher Scharlach-Schildläuse, *Dactylopius coccus* Costa, die eine Alkali-Proteinverbindung der Karminsäure enthalten. Die in Mittelamerika heimischen Insekten werden unter anderem im Mittelmeerraum kultiviert. Aus Extrakten der getrockneten Schildläuse wird die wasserlösliche Karminsäure gewonnen. Karmin ist der daraus durch Fällung mit Aluminiumsalzen hergestellte Farblack [39]. Die im Handel erhältlichen Produkte enthalten nach den in der Richtlinie 95/45/EG definierten Reinheitskriterien auch Proteinmaterial des oben genannten Insekts. Die Verwendung von Cochenille als Farbstoff für Lebensmittel wurde mehrfach von den Expertengremien SCF und JECFA bewertet. Im Jahr 1981 hat das SCF eine akzeptable tägliche Aufnahmemenge von 0–5 mg/kg Körpergewicht abgeleitet [59]. JECFA kam 1982 zu dem gleichen Ergebnis [84]. Das allergene Potenzial wurde 2001 von JECFA bewertet [89]. Allergische Reaktionen wurden nach beruflicher Exposition, nach Hautkontakt und nach Verzehr entsprechend gefärbter Lebensmittel beschrieben. Zu den Symptomen zählten Urtikaria, Rhinitis, Diarrhö und Anaphylaxie. Es deutet vieles darauf hin, dass Proteine die Allergene sind, wenngleich die Struktur der Proteine und die Bedeutung der proteingebundenen Karminsäure nicht bekannt sind [13, 69, 89]. JECFA kam zu der Schlussfolgerung, dass Cochenille-Extrakt, Karmin und möglicherweise Karminsäure in Lebensmitteln zu allergischen, z.T. auch schwerwiegenden, Reaktionen führen können [89].

Ein IgE-vermittelter Mechanismus wurde auch bei einem Patienten mit Unverträglichkeit gegenüber Mannit (E 421) festgestellt [29].

Das Auftreten von Unverträglichkeitsreaktionen gegenüber bestimmten Zusatzstoffen lässt sich nicht ausschließen. Die geltenden Kennzeichnungsregelungen bieten aber die Möglichkeit, im Einzelfall bei bekannter Unverträglichkeit gegenüber bestimmten Zusatzstoffen die betreffenden Lebensmittel zu meiden.

36.3.3
Zusatzstoffe und Hyperaktivität bei Kindern

Etwa 10% der Kinder gelten als hyperaktiv, und dies wird in den meisten Fällen mit dem Aufmerksamkeitsdefizit-Hyperaktivitäts-Syndrom in Verbindung gebracht [20]. Zu den Faktoren, die als mögliche Ursache diskutiert werden, zählen auch Lebensmittelzusatzstoffe, wie Phosphate, Konservierungsstoffe und Farbstoffe. Über einen möglichen ursächlichen Zusammenhang wird seit vielen Jahren spekuliert. In den 1970er Jahren wurde eine zusatzstofffreie Diät zur Therapie vorgeschlagen [24]. Seitdem wurden einige widersprüchliche bzw. schwer interpretierbare Studien publiziert (z.B. [3, 19, 51, 76]), die kontrovers diskutiert wurden [20, 67]. Weitere Studien, die ebenfalls keine eindeutige Schlussfolgerung zulassen, sind in Bateman et al. [3] zitiert. Eigenmann und Haenggeli [20] haben diese Studien kritisch kommentiert. Sie halten eine sorgfältige klinische Untersuchung der betroffenen Patienten für angezeigt, stellen aber einen ursächlichen Zusammenhang mit Zusatzstoffen in Frage. Ein schlüssiger Beleg für eine auf Zusatzstoffe zurückzuführende Hyperaktivität konnte bislang nicht erbracht werden. Das mag auch an methodischen Schwierigkeiten (wie der angemessenen Berücksichtigung einer Vielzahl von möglichen Einflussfaktoren auf das Verhalten sowie an fehlenden objektiven Beurteilungskriterien) und daraus resultierenden Unzulänglichkeiten der Studien liegen.

36.3.4
Bewertung physikalischer Eigenschaften von Zusatzstoffen

Bei der gesundheitlichen Bewertung von Zusatzstoffen stehen Risiken, die auf chemische Stoffeigenschaften zurückzuführen sind, im Vordergrund, aber auch physikalische Eigenschaften können zu einem erhöhten gesundheitlichen Risiko führen. Das kann zum Teil bereits bei der Bewertung eines neuen Zusatzstoffes vor dessen Zulassung berücksichtigt werden, teilweise werden solche Risiken aber auch erst im Nachhinein bekannt.

36.3.4.1 Geliermittel für Gelee-Süßwaren in Minibechern

Ende 2001 wurde über das europäische Schnellwarnsystem, mit dem wichtige Informationen der Lebensmittelüberwachungsbehörden über das Internet den zuständigen Einrichtungen EU-weit schnell bekannt gemacht werden können [7, 10], eine Schnellwarnung der Europäischen Kommission verbreitet. Darin wurde vor Erstickungsgefahren beim Konsum von bestimmten Gelee-Süßwaren, die in Südostasien erzeugt wurden, gewarnt. Diese Gelee-Süßwaren waren in kleinen flexiblen Kunststoffbechern verpackt. Die Süßwaren sollten durch Druck auf den Becher auf einmal in den Mund ausgedrückt und in einem Bissen aufgenommen werden. Sie enthielten das Geliermittel Konjak (Glucomannan) (E 425). Solche Süßwaren waren auch in Deutschland auf dem Markt. Risikobewertungen aus mehreren Mitgliedstaaten, unter anderem aus Deutschland [5], in denen darauf hingewiesen wurde, dass solche Süßwaren auch mit anderen Geliermitteln hergestellt werden könnten, haben die EU-Kommission veranlasst, solche Erzeugnisse zu verbieten [36]. Die Verwendung von E 400 Alginsäure, E 401 Natriumalginat, E 402 Kaliumalginat, E 403 Ammoniumalginat, E 404 Calciumalginat, E 405 Propylenglykol-Alginat, E 406 Agar-Agar, E 407 Carrageen und E 407a Verarbeitete Eucheuma-Algen, E 410 Johannisbrotkernmehl, E 412 Guarkernmehl, E 413 Traganth, E 414 Gummi arabicum, E 415 Xanthan, E 417 Tarakernmehl und/oder E 418 Gellan in Gelee-Süßwaren in Minibechern sowie das Inverkehrbringen und die Einfuhr solcher Süßwaren wurden ausgesetzt.

Die EU-Kommission hat die Entscheidung damit begründet, dass *„bei diesen Gelee-Süßwaren in Minibechern aufgrund ihrer Konsistenz, Form, Größe und Art der Aufnahme mehrere Risikofaktoren kombiniert auftreten und somit die Gefahr besteht, dass sie im Hals stecken bleiben und zum Ersticken führen. Aus den Informationen seitens der Mitgliedstaaten, die Maßnahmen auf einzelstaatlicher Ebene getroffen haben, ist zu schließen, dass Gelee-Süßwaren in Minibechern, die aus Algen gewonnene Zusatzstoffe und/oder bestimmte Gummiarten enthalten, ein lebensbedrohliches Risiko darstellen. Zwar sind Form, Größe und Art der Aufnahme der Hauptgrund für das Risiko, es* *geht jedoch auch von den chemischen und physikalischen Eigenschaften dieser Zusatzstoffe aus, die dazu beitragen, dass Gelee-Süßwaren in Minibechern ein ernsthaftes Risiko für die menschliche Gesundheit darstellen"* [36].

36.3.4.2 Bedeutung des Molekulargewichts bei der Bewertung von Carrageen

Carrageen (E 407 und E 407a) ist ein Verdickungs- und Geliermittel, das durch wässrige Extraktion aus natürlich vorkommenden Rotalgen gewonnen wird. Es besteht hauptsächlich aus den Kalium-, Natrium-, Magnesium- und Calciumsalzen von Polysaccharid-Sulfatestern. Je nach Anzahl und Stellung der Sulfatestergruppen können verschiedene Polysaccharid-Fraktionen unterschieden werden, die bspw. als Kappa-, Iota- und Lambda-Carrageen bezeichnet werden (zu weitergehenden Informationen zur Struktur s. [75]). Das durchschnittliche Molekulargewicht liegt bei nativem Carrageen im Bereich von $1{,}5 \cdot 10^6$–$2 \cdot 10^7$ und bei „Food-grade"-Carrageen, das als Zusatzstoff verwendet wird, im Bereich von $1 \cdot 10^5$–$8 \cdot 10^5$ [71]. Unter bestimmten Umständen kann das Molekulargewicht gegebenenfalls auch geringer sein. Carrageen mit einem Molekulargewicht im Bereich von $2 \cdot 10^4$–$3 \cdot 10^4$ wird als Polygeenan oder „degraded carrageenan" bezeichnet. Bei der Bewertung von Carrageen durch JECFA und SCF wurde berücksichtigt, dass eine Aufnahme von Polygeenan beim Menschen möglicherweise zu unerwünschten Wirkungen führen könnte. In Tierversuchen wurden damit hämorrhagische Effekte und Ulzerationen im Dickdarm der Tiere beobachtet [57, 64, 85]. Dementsprechend ist in der Richtlinie 96/77/EG vorgeschrieben, dass Carrageen weder hydrolysiert noch auf andere Weise chemisch abgebaut werden darf [35]. Zudem muss die Viskosität einer 1,5%igen Lösung bei 75 °C mindestens 5 mPa·s betragen. Die Frage, ob und inwieweit Carrageen im Gastrointestinaltrakt zu Polygeenan hydrolysiert werden kann, war wiederholt Gegenstand der Beratungen von JECFA und SCF [64, 85]. Auch wurde spekuliert, dass Carrageen möglicherweise herstellungsbedingt mit Polygeenan kontaminiert sein könnte [71]. Bei einer stichprobenartigen Überprüfung des Molekulargewichts von 29 verschiedenen Carrageen-Proben, die von verschiedenen Herstellern stammten und als repräsentativ für den japanischen Markt angesehen wurden, lag das durchschnittliche Molekulargewicht im Bereich von etwa $4{,}5 \cdot 10^5$–$6{,}5 \cdot 10^5$, während Polygeenan (bei einer Nachweisgrenze von 5%) nicht nachweisbar war (bei drei Proben gab es lediglich Hinweise für ein mögliches Vorkommen von Polygeenan im Bereich der Nachweisgrenze) [74]. Nachdem das SCF empfohlen hatte, in der Spezifikation zusätzlich den Anteil von Carrageen mit einem Molekulargewicht von weniger als $5 \cdot 10^5$ auf einen Wert von maximal 5% zu begrenzen, weil mit der Viskositätsmessung allein ein Gehalt an Polygeenan nicht ausgeschlossen werden kann und inzwischen modernere Methoden zur Messung der Molekulargewichtsverteilung verfügbar sind [64], wurde die Spezifikation mit der Richtlinie 2004/45/EG entsprechend angepasst [37].

36.3.4.3 Zusatzstoffe und Nanotechnologie

Nanotechnologie spielt anscheinend auch bereits im Bereich Lebensmittelzusatzstoffe eine Rolle. Bei der Definition der Nanotechnologie gibt es noch keine international einheitliche Sichtweise. Für die Arbeiten des Bundesministeriums für Bildung und Forschung (BMBF) im Bereich der Nanotechnologie wird in Veröffentlichungen folgende Formulierungsgrundlage verwendet [6, 40]: *„Nanotechnologie beschreibt die Herstellung, Untersuchung und Anwendung von Strukturen, molekularen Materialien, inneren Grenz- und Oberflächen mit mindestens einer kritischen Dimension oder mit Fertigungstoleranzen (typischerweise) unterhalb 100 Nanometer. Entscheidend ist dabei, dass allein aus der Nanoskaligkeit der Systemkomponenten neue Funktionalitäten und Eigenschaften zur Verbesserung bestehender oder Entwicklung neuer Produkte und Anwendungsoptionen resultieren. Diese neuen Effekte und Möglichkeiten sind überwiegend im Verhältnis von Oberflächen- zu Volumenatomen und im quantenmechanischen Verhalten der Materiebausteine begründet."* Bei einem von der EU-Kommission initiierten Workshop wurden in diesem Zusammenhang verschiedene Begriffe definiert, wobei unter anderem zwischen freien und gebundenen Nanopartikeln unterschieden wurde [9].

Es gibt zwar Hinweise auf mögliche gesundheitliche Gefährdungen, die mit einer Verwendung von Nanopartikeln verbunden sein könnten, für eine umfassende Risikobewertung fehlen bislang aber die Grundlagen. Die *UK Royal Society/Royal Academy of Engineering* haben 2004 einen Bericht über Nanowissenschaft und Nanotechnologien verfasst, in dem darauf hingewiesen wurde, dass kleinere Partikel eine größere (re)aktive Oberfläche pro Masseneinheit aufweisen als größere Partikel und dass damit eine potenzielle Gesundheitsgefährdung verbunden sein könnte. In dem Bericht wurden erhebliche Wissenslücken hinsichtlich der Identifizierung des Gefährdungspotenzials und hinsichtlich der Expositionsabschätzung benannt [73]. Bei dem von der EU-Kommission initiierten Workshop wurde betont, dass freie Nanopartikel oral, inhalativ und möglicherweise dermal aufgenommen werden können und dann systemisch verfügbar werden und in verschiedene Organe und Gewebe gelangen können [9]. Dies werde erleichtert durch die Fähigkeit, Zellmembranen zu passieren, in Zellen einzudringen sowie sich unter Umständen entlang von Nervenzellen (Axonen und Dendriten) auszubreiten. Es gibt auch Hinweise darauf, dass Siliciumdioxid-Nanopartikel *in vitro* in Zellkulturen die Funktionen des Zellkerns beeinträchtigen können [12]. Allerdings ist bislang unklar, ob dies auch für andere Zelltypen und andere Nanopartikel gilt und ob *in vivo* vergleichbare Wirkungen zu erwarten sind. Die Aufnahme von Nanopartikeln, ihre Verteilung im Körper sowie mögliche Effekte wurden in Übersichtsartikeln von Hoet et al. [30] und Oberdörster et al. [48] sowie in einer Stellungnahme des Scientific Committee on Emerging and Newly Identified Health Risks [55] beschrieben. Bislang gibt es nur wenige Studien, in denen die Aufnahme, Verteilung und Ausscheidung von Nanopartikeln nach oraler Exposition untersucht wurden [48]. Die EU-Kommission hat einen Aktionsplan 2005–2009 für Nanowissenschaften und Nanotechnologien veröffentlicht [11]. Darin wird betont, dass eine Terminologie, Guidelines, Modelle und Standards für eine Risikobewertung sowie ein Risikobewertungskonzept zu entwickeln sind. Das Scientific Committee on Emerging and Newly Identified Health Risks (SCENIHR) hat im Auftrag der EU-Kommission eine Stellungnahme zu der Frage verfasst, inwieweit sich bereits existierende Methoden für eine Abschätzung des Risikopotenzials eignen. Eine wesentliche Schlussfolgerung des SCENIHR ist, dass die derzeit üblichen Risikobewertungsverfahren angepasst werden müssen [55]. Es gibt erste Vorschläge für Bewertungskonzepte [47], die aber noch nicht international abgestimmt sind. Entsprechende Aktivitäten werden unter anderem von der Organisation for Economic Co-operation and Development (OECD) koordiniert [49].

Es gibt einige Hinweise auf eine mögliche Exposition gegenüber nanoskaligen Lebensmittelzusatzstoffen, wobei allerdings nicht ganz klar ist, ob diese Stoffe tatsächlich bereits eingesetzt werden.

Im Internet finden sich Hinweise darauf, dass Siliciumdioxid-Nanopartikel zu Ketchup zugesetzt werden. Nach Anlage 4 der Zusatzstoff-Zulassungsverordnung ist Siliciumdioxid nur für bestimmte Lebensmittel, wie bspw. Kochsalz, Würzmittel oder Trockenlebensmittel in Pulverform zugelassen. Ketchup ist nicht ausdrücklich genannt, es könnte aber nach den „Leitsätzen für Gewürze und andere würzende Zutaten" als Würzsauce oder Würzmittel angesehen werden. Denkbar wäre auch, dass Lebensmittel, denen Siliciumdioxid zugesetzt werden darf, zur Herstellung von Ketchup verwendet werden. Die in der Zusatzstoff-Verkehrsverordnung (bzw. der entsprechenden EU-Richtlinie) genannte Spezifikation zu dem Lebensmittelzusatzstoff Siliciumdioxid (E 551) enthält keine Beschränkungen hinsichtlich der Größe der Partikel. Siliciumdioxid wird von verschiedenen Firmen angeboten, z. B. unter der Bezeichnung „pyrogene Kieselsäure", wobei zum Teil auf den betreffenden Websites unter anderem auch Lebensmittel als Einsatzbereich genannt sind. Solche synthetischen (pyrogenen) Kieselsäuren liegen nach im Internet veröffentlichten Informationen der Hersteller häufig als Aggregate aus nanoskaligen Primärteilchen vor, wobei die Aggregate nicht als Nanopartikel angesehen werden können. Ob Lebensmitteln, wie Ketchup, tatsächlich freie Siliciumdioxid-Nanopartikel zugesetzt werden, ist fraglich. Möglicherweise beruhen entsprechende Hinweise im Internet lediglich darauf, dass die Aggregate synthetischer Kieselsäuren aus nanoskaligen Primärteilchen bestehen. Allerdings werden im Chemikalienhandel auch Siliciumdioxid-Nanopartikel angeboten, beispielsweise zu wissenschaftlichen Zwecken.

Darüber hinaus gibt es weitere Zusatzstoffe, für die eine Formulierung als Nanopartikel vorstellbar oder aus anderen Anwendungsbereichen auch bekannt ist, wie Titandioxid (E 171), das als Nanopartikel für kosmetische Mittel verwendet wird und vom Scientific Committee on Cosmetic Products and Non-Food Products (SCCNFP) für diese Zwecke bewertet ist [53]. Das Scientific Committee on Consumer Products, das Nachfolge-Komitee zum SCCNFP, hat den Auftrag, Nanopartikel in kosmetischen Mitteln zu bewerten und dabei zu prüfen, ob die Stellungnahme zu Titandioxid ergänzt werden muss [54]. Ob die von JECFA und SCF durchgeführten bisherigen Bewertungen von Titandioxid auf eine Verwendung nanopartikulären Titandioxids als Lebensmittelzusatzstoff anwendbar sind, ist ebenso wie beim Siliciumdioxid fraglich.

Auch die Verwendung organischer Verbindungen als Trägerstoffe (bspw. für Zusatzstoffe, Vitamine und Aromastoffe) mit einer Molekülgröße im Nanometerbereich könnte im weitesten Sinn als nanotechnologische Anwendung bezeichnet werden. Bestimmte Trägerstoffe sind ringförmig, wie Beta-Cyclodextrin, oder kugelförmig, wie Liposomen und Vesikel. In einem Übersichtsartikel von Taylor et al. [70] ist die Verwendung von Liposomen zur Herstellung von Lebensmitteln beschrieben. Der Durchmesser von Liposomen kann im Bereich von wenigen Nanometern bis mehrere hundert Nanometer liegen [70]. Liposomen lassen sich aus Phospholipiden herstellen, bspw. aus Lecithin, das nach der Zusatzstoff-Zulassungsverordnung als Zusatzstoff (E 322) und gemäß Zusatzstoff-Verkehrsverordnung als Trägerstoff für bestimmte Zusatzstoffe zugelassen ist. Lecithine sind auch natürliche Bestandteile von Zellmembranen. Ein weiteres Beispiel sind Polysorbate, die als Zusatzstoffe (E 432–E 436) für verschiedene Lebensmittelkategorien sowie als Trägerstoffe für bestimmte Zusatzstoffe zugelassen sind. Sie wurden von JECFA und SCF bewertet (s. Tab. 36.1). Polysorbate können Micellen bilden, deren Größe im Fall des Polysorbat E 433 (Tween 80) im Bereich 5–20 nm liegt [72]. Das eingangs genannte Beta-Cyclodextrin (E 459) ist ebenfalls als Trägerstoff für Zusatzstoffe zugelassen. Es besteht aus sieben Glucose-Einheiten und hat einen Durchmesser von knapp 1 nm. Insofern könnte man bspw. die Formulierung von Beta-Carotin (E 160a ii) mit Beta-Cyclodextrin oder mit Liposomen mit einem Durchmesser bis 100 nm im weitesten Sinn als eine nanotechnologische Anwendung bezeichnen. Ob dies unter die in Publikationen des Bundesministeriums für Bildung und Forschung vorgeschlagene Definition für Nanotechnologie fällt, ist fraglich, weil zwar die Bioverfügbarkeit des Beta-Carotins durch die Formulierung mit Beta-Cyclodextrin oder Liposomen verbessert wird, aber keine neuen Funktionalitäten und Eigenschaften des Beta-Carotins erkennbar sind. Beta-Carotin und Beta-Cyclodextrin wurden jeweils von JECFA und SCF bewertet (s. Tab. 36.1). Das SCF hat den numerischen ADI-Wert für Beta-Carotin im Jahr 2000 zurückgezogen, aber betont, dass für eine tägliche Aufnahme von 1 bis 2 mg Beta-Carotin als Zusatzstoff keine Hinweise auf eine Gefährdung bestehen [62]. Ob dabei davon ausgegangen wurde, dass die Bioverfügbarkeit von Beta-Carotin durch geschickte Herstellung und Formulierung als Nanopartikel gegebenenfalls auch deutlich erhöht werden könnte, ist fraglich. Bei der Bewertung von Trägerstoffen wird die gesundheitliche Unbedenklichkeit des Trägerstoffs an sich betrachtet. Experimentell geprüft wird der Trägerstoff selbst, nicht aber mögliche Kombinationen mit zugelassenen Zusatzstoffen. Insofern kann auch nicht jede Kombination von Zusatzstoffen und Trägerstoffen als bewertet angesehen werden.

Zusammenfassend lässt sich bei gegenwärtigem Kenntnisstand festhalten, dass es einige Hinweise auf eine mögliche Exposition gegenüber nanoskaligen Stoffen gibt, wobei allerdings nicht ganz klar ist, ob diese Stoffe tatsächlich bereits eingesetzt werden. Eine Risikobewertung ist wegen der noch vorhandenen Wissenslücken bei der Identifizierung und Charakterisierung des Gefährdungspotenzials sowie bei der Expositionsabschätzung zurzeit nur sehr begrenzt möglich und allenfalls als vorläufige Bewertung zu betrachten. Einige zugelassene Lebensmittelzusatzstoffe sind organische Verbindungen, deren Molekül-

Tab. 36.1 Liste der Lebensmittelzusatzstoffe mit den Ergebnissen der Bewertung des Joint FAO/WHO Expert Committee on Food Additives (JECFA) und des ehemaligen Scientific Committee on Food (SCF) der EU-Kommission bzw. des Gremiums AFC der European Food Safety Authority (die Angaben entstammen einer Datenbank des Bundesinstituts für Risikobewertung, Stand: September 2006).

E/INS-No [1]	Substance	JECFA [2] ADI [4]	Year [5]	SCF/EFSA [3] ADI [4]	Year [5]
E 100	Curcumin	3	2003	acceptable	1975
E 101 i	Riboflavin from genetically modified Bacillus subtilis	0.5 Group a)	1999	acceptable*	1998
E 101 i	Riboflavin	0.5 Group a)	1981	acceptable*	2000
E 101 ii	Riboflavin 5′-phosphate sodium	0.5 Group a)	1981	acceptable*	1977
E 102	Tartrazine	7.5	1964	7.5	1983
E 104	Quinoline yellow	10	1984	10	1983
E 110	Sunset yellow FCF	2.5	1982	2.5	1983
E 120	Cochineal extract (formerly Cochineal and carminic acid)	5*	1982	5	1983
E 120	Cochineal colours (Cochineal extracts, carmines and carminic acid)	may provoke allergic reactions	2000		–
E 122	Azorubine	4	1983	4	1983
E 123	Amaranth	0.5	1984	0.8	1983
E 124	Ponceau 4R	4	1983	4	1983
E 127	Erythrosine	0.1	1990	0.1	1987
E 128	Red 2G	0.1*	1981	0.1*	1975
E 129	Allura red AC	7	1981	7	1987
E 131	Patent blue V	not allocated	1974	15	1983
E 132	Indigotine	5	1974	5	1983
E 133	Brilliant blue FCF	12.5	1969	10	1983
E 140	Chlorophylls	not limited	1969	acceptable*	1975
E 141 i	Chlorophyll/Chlorophyllin copper complexes	15	1969	15 as sum of both complexes	1975
E 141 ii	Chlorophyllin copper complex, Na and K-salts	15	1978		1975
E 142	Green S	not allocated	1974	5	1983
E 150 a	Caramel colour I (Plain)	not specified	1985	acceptable	1987
E 150 b	Caramel colour II (caustic sulfite process)	160	2001	200 Group b)	1994
E 150 c	Caramel colour III (ammonia process)	200	1985	200*	1994
E 150 d	Caramel colour IV (ammonia-sulfite process)	200	1985	200 Group b)	1987
E 151	Brilliant black PN	1	1981	5	1983
E 153	Vegetable carbon	not allocated	1987	acceptable	1977
E 154	Brown FK	not allocated	1986	0.15*	1983
E 155	Brown HT	1.5	1984	3	1983
E 160	Carotene, beta- and other carotenoids	5* Group c)	1974	acceptable*	2000
E 160 a	Carotene, beta- from Blakeslea trispora	5* Group c)	2001	acceptable*	2000
E 160 ai	Carotene, beta- (synthetic)	5* Group c)	2001	acceptable*	2000
E 160 aii	Carotenes (algal)	not allocated	1993	acceptable*	2000
E 160 aii	Carotenes (vegetable)	acceptable*	1993	acceptable*	2000
E 160 b	Annatto extracts	0.065*	1982	0.065	1979
E 160 b	Bixin	12	2006	0.065	1979

Tab. 36.1 (Fortsetzung)

E/INS-No [1]	Substance	JECFA [2]		SCF/EFSA [3]	
		ADI [4]	Year [5]	ADI [4]	Year [5]
E 160b	Norbixin	0.6	2006	0.065	1979
E 160b	Annatto B	12	2006		–
E 160b	Annatto C	0.6	2006		–
E 160b	Annatto D	not allocated	2003		–
E 160b	Annatto E	12	2006		–
E 160b	Annatto F	0.6	2006		–
E 160b	Annatto G	0.6	2006		–
E 160c	Paprika oleoresins	acceptable*	2006		–
E 160d	Lycopene	0.5	2006	*	2005
E 160e	Carotenal, beta-apo-8'-	5 Group c)	1974	acceptable*	2000
E 160f	Carotenoic acid, beta-apo-8', methyl or ethyl esters	5 Group c)	1974	acceptable*	2000
E 161b	Lutein	2	2004	acceptable	1975
E 161g	Canthaxanthin	0.03	1995	0.03*	1997
E 162	Beet red	not specified	1987	acceptable*	1996
E 163i	Anthocyanins	not allocated	1982	acceptable*	1975
E 163ii	Grape skin extract	2.5	1982		–
E 163iii	Blackcurrant extract	–		–	
E 170	Calcium carbonate	not specified	1985	not specified	1991
E 170ii	Calcium hydrogen carbonate	not allocated	1985		–
E 171	Titanium dioxide	not limited	1969	acceptable	2004
E 172i	Iron oxide black	0.5	1979	not specified	1975
E 172ii	Iron oxide red	0.5	1979	not specified	1975
E 172iii	Iron oxide yellow	0.5	1979	not specified	1975
E 173	Aluminium	not allocated [v]	1977	acceptable*	1975
E 174	Silver	decision postponed	1977	acceptable*	1984
E 175	Gold	not allocated*	1977	acceptable*	1984
E 180	Lithol rubine BK	not allocated	1986	1.5*	1983
E 200	Sorbic acid	25 Group d)	1973	25*	1994
E 202	Potassium sorbate	25 Group d)	1973	25*	1994
E 203	Calcium sorbate	25 Group d)	1973	25*	1994
E 210	Benzoic acid	5* Group e)	1996	5* Group e)	2002
E 211	Sodium benzoate	5* Group e)	1996	5* Group e)	2002
E 212	Potassium benzoate	5* Group e)	1996	5* Group e)	2002
E 213	Calcium benzoate	5* Group e)	1996	5* Group e)	2002
E 214	Ethyl p-hydroxybenzoate	10* Group f)	2006	10* Group g)	2004
E 215	Sodium ethyl p-hydroxybenzoate		–	10* Group g)	2004
E 216	Propyl p-hydroxybenzoate	withdrawn*	2006	withdrawn*	2004
E 217	Sodium propyl p-hydroxybenzoate		–	withdrawn*	2004
E 218	Methyl p-hydroxybenzoate	10* Group f)	2006	10* Group g)	2004
E 219	Sodium methyl p-hydroxybenzoate		–	10* Group g)	2004
E 220	Sulfur dioxide	0.7 Group h)	1998	0.7* Group h)	1994
E 221	Sodium sulfite	0.7 Group h)	1998	0.7* Group h)	1994
E 222	Sodium hydrogen sulfite	0.7 Group h)	1998	0.7* Group h)	1994

Tab. 36.1 (Fortsetzung)

E/INS-No[1]	Substance	JECFA[2] ADI[4]	Year[5]	SCF/EFSA[3] ADI[4]	Year[5]
E 223	Sodium metabisulfite	0.7 Group h)	1998	0.7* Group h)	1994
E 224	Potassium metabisulfite	0.7 Group h)	1998	0.7* Group h)	1994
E 226	Calcium sulfite	0.7* Group h)	1998	0.7* Group h)	1994
E 227	Calcium hydrogen sulfite	0.7 Group h)	1998	0.7* Group h)	1994
E 228	Potassium hydrogen sulfite	0.7 Group h)	1998		
E 230	Diphenyl	0.05	1964		–
E 231	Phenylphenol, o-	0.2 Group i)	1964		
E 232	Sodium phenylphenol, o-	0.2 Group i)	1964		–
E 234	Nisin	33000 units/kg bw	1968	0.13*	2006
E 235	Pimaricin/Natamycin	0.3	2001	acceptable*	1979
E 239	Hexamethylene tetramine	0.15	1973	conclusion postponed	1990
E 242	Dimethyl dicarbonate	acceptable*	1991	acceptable*	1990
E 249	Potassium nitrite	0.07 Group j)	2002	0.06 Group j)	1995
E 250	Sodium nitrite	0.07 Group j)	2002	0.06 Group j)	1995
E 251	Sodium nitrate	5 Group k)	2002	5 Group k)	1995
E 252	Potassium nitrate	5 Group k)	2002	5 Group k)	1995
E 260	Acetic acid, glacial	not limited	1997	not specified	1991
E 261	Potassium acetate	not limited	1973	not specified*	1991
E 262 i	Sodium acetate	not limited	1973	not specified*	1991
E 262 ii	Sodium diacetate	15	1973	not specified	1991
E 263	Calcium acetate	not limited	1973	not specified	1991
E 270	Lactic acid	not limited*	1973	not specified*	1991
E 280	Propionic acid	not limited	1997	not specified*	1991
E 281	Sodium propionate	not limited	1997	not specified*	1991
E 282	Calcium propionate	not limited	1997	not specified*	1991
E 283	Potassium propionate	not limited	1997	not specified*	1991
E 284	Boric acid	not allocated	1961	TDI: 0.1*	1996
E 285	Sodium tetraborate	not allocated	1961	TDI: 0.1*	1996
E 290	Carbon dioxide	not specified	1985	not specified*	1990
E 296	Malic acid, D,L-	not specified*	1965	not specified*	1990
E 297	Fumaric acid	not specified*	1999	6*	1990
E 300	Ascorbic acid	not specified*	1981	acceptable*	1987
E 301	Sodium ascorbate	not specified*	1981	acceptable*	1987
E 302	Calcium ascorbate	not specified*	1981	acceptable*	1987
E 304 i	Ascorbyl palmitate L-	1.25*	1973	acceptable*	1987
E 304 ii	Ascorbyl stearate	1.25*	1973		–
E 306	Tocopherol extracts	2*	1973	acceptable*	1987
E 307	Tocopherol, alpha-	2*	1986	acceptable*	1987
E 308	Tocopherol, gamma-		–	acceptable*	1987
E 309	Tocopherol, delta-		–	acceptable*	1987
E 310	Propyl gallate	1.4	1996	0.5 Group l)	1987
E 311	Octyl gallate	withdrawn*	1996	0.5 Group l)	1987
E 312	Dodecyl gallate	withdrawn*	1996	0.5 Group l)	1987

Tab. 36.1 (Fortsetzung)

E/INS-No [1]	Substance	JECFA [2] ADI [4]	Year [5]	SCF/EFSA [3] ADI [4]	Year [5]
E 315	Erythorbic acid	not specified	1990	6*	1995
E 316	Sodium erythorbate	not specified	1990		–
INS 319	Tertiary butylhydroquinone	0.7	1999	0.7*	2004
E 320	Butylated hydroxyanisole	0.5	1988	0.5 temporary	1987
E 321	Butylated hydroxytoluene	0.3	1995	0.05	1987
E 322	Lecithin	not limited	1973	acceptable*	1990
E 325	Sodium lactate (solution)	not limited	1973	not specified*	1990
E 326	Potassium lactate (solution)	not limited	1973	not specified*	1990
E 327	Calcium lactate	not limited	1973	not specified*	1990
E 330	Citric acid	not limited*	1973	not specified	1990
E 331 i	Sodium dihydrogen citrate	not limited	1979	not specified*	1990
E 331 iii	Trisodium citrate	not specified	1973	not specified*	1990
E 332 i	Potassium dihydrogen citrate	not limited	1979	not specified*	1990
E 332 ii	Tripotassium citrate	not specified	1973	not specified*	1990
E 333	Calcium citrate	not specified	1973	not specified*	1990
E 334	Tartaric acid, L(+)-	30 Group m)	1977	30 Group m)	1990
E 335 i	Monosodium tartrate, L-(+)-	30 Group m)	1977	30 Group m)	1990
E 335 ii	Sodium tartrate, L-(+)-	30 Group m)	1973	30 Group m)	1990
E 336 ii	Potassium tartrate, L-(+)-	30 Group m)	1973	30 Group m)	1990
E 337	Potassium sodium tartrate, L-(+)-	30 Group m)	1973	30 Group m)	1990
E 338	Phosphoric acid	MTDI: 70* Group n)	1982	MTDI: 70* Group n)	1990
E 339 i	Sodium dihydrogen phosphate	MTDI: 70* Group n)	1982	MTDI: 70* Group n)	1990
E 339 ii	Disodium hydrogen phosphate	MTDI: 70* Group n)	1982	MTDI: 70* Group n)	1990
E 339 iii	Trisodium phosphate	MTDI: 70* Group n)	1982	MTDI: 70* Group n)	1990
E 340 i	Potassium dihydrogen phosphate	MTDI: 70* Group n)	1982	MTDI: 70* Group n)	1990
E 340 ii	Dipotassium hydrogen phosphate	MTDI: 70* Group n)	1982	MTDI: 70* Group n)	1990
E 340 iii	Tripotassium phosphate	MTDI: 70* Group n)	1982	MTDI: 70* Group n)	1990
E 341 i	Calcium dihydrogen phosphate	MTDI: 70* Group n)	1982	MTDI: 70* Group n)	1990
E 341 ii	Dicalcium hydrogen phosphate	MTDI: 70* Group n)	1982	MTDI: 70* Group n)	1990
E 341 iii	Tricalcium phosphate	MTDI: 70* Group n)	1982	MTDI: 70* Group n)	1990
E 343 i	Monomagnesium phosphate	MTDI: 70* Group n)	2001	MTDI: 70* Group n)	1990
E 343 ii	Magnesium hydrogen phosphate	MTDI: 70* Group n)	1982	MTDI: 70* Group n)	1990

Tab. 36.1 (Fortsetzung)

E/ INS-No [1]	Substance	JECFA [2] ADI [4]	Year [5]	SCF/EFSA [3] ADI [4]	Year [5]
E 343 iii	Trimagnesium phosphate	MTDI: 70* Group n)	1982	MTDI: 70* Group n)	1990
E 350 i	Sodium malate, DL-	not specified	1979	not specified	1990
E 350 ii	Sodium hydrogen malate, DL-	not specified	1982	not specified	1990
E 351 ii	Potassium malate, DL- solution	not specified	1979	not specified	1990
E 351 ii	Potassium hydrogen malate, DL-	not specified	1982	not specified	1990
E 352 i	Calcium malate, DL-	not specified	1979	not specified	1990
E 353	Metatartaric acid	–		acceptable*	1990
E 354	Calcium tartrate, D,L-	not allocated	1983	not allocated	1990
E 354	Calcium tartrate, L-(+)-	not allocated	1983	30 Group m)	1990
E 355	Adipic acid	5 Group o)	1977	5 Group o)	1990
E 356	Sodium adipate	5 Group o)	1977	5 Group o)	1990
E 357	Potassium adipate	5 Group o)	1977	5 Group o)	1990
E 359	Ammonium adipate	5 Group o)	1977	5 Group o)	1990
E 363	Succinic acid	–		not specified	1990
E 380	Triammonium citrate	not limited	1979	not specified	1990
E 380	Ammonium citrate	not specified	1986	not specified	1990
E 385	Calcium disodium ethylenediaminetetraacetate	2.5	1973	2.5	1990
E 400	Alginic acid	not specified	1992	not specified*	2004
E 401	Sodium alginate	not specified	1992	not specified*	2004
E 402	Potassium alginate	not specified	1992	not specified*	2004
E 403	Ammonium alginate	not specified	1992	not specified*	2004
E 404	Calcium alginate	not specified	1992	not specified*	2004
E 405	Propylene glycol alginate	70*	1993	25*	1990
E 406	Agar	not limited	1973	not specified*	1988
E 407	Carrageenan	not specified	2001	75*	2003
E 407 a	Processed eucheuma seaweed	not specified	2001	75*	2003
E 410	Carob bean gum	not specified	1981	acceptable*	1997
E 412	Guar gum	not specified	1975	not specified*	1978
E 413	Tragacanth gum	not specified	1985	not specified*	1988
E 414	Gum arabic	not specified	1990	acceptable*	1997
E 415	Xanthan gum	not specified	1986	not specified*	1997
E 416	Karaya gum	not specified	1988	12.5	1988
E 417	Tara gum	not specified	1986	not specified*	1990
E 418	Gellan gum	not specified*	1991	not specified*	1989
E 420	Sorbitol	not specified	1982	acceptable*	1984
E 421	Mannitol	not specified	1986	acceptable*	1984
E 422	Glycerol	not specified	1976	not specified*	1981
E 422	Glycerol (as sweetener)	–		not acceptable	1997
E 425 i	Konjac (gum/glucomanan)	not specified	1996	acceptable*	1996
INS 426	Soybean hemicellulose	–		acceptable*	2003
E 431	Polyoxyethylene (40) stearate	25 Group p)	1973	not acceptable	1983
E 432	Polyoxyethylene (20) sorbitan monolaurate	25 Group p)	1973	10* Group p)	1983
E 433	Polyoxyethylene (20) sorbitan monooleate	25 Group p)	1973	10* Group p)	1983
E 434	Polyoxyethylene (20) sorbitan monopalmitate	25 Group p)	1973	10* Group p)	1983

Tab. 36.1 (Fortsetzung)

E/INS-No[1]	Substance	JECFA[2]		SCF/EFSA[3]	
		ADI[4]	Year[5]	ADI[4]	Year[5]
E 435	Polyoxyethylene (20) sorbitan monostearate	25 Group p)	1973	10* Group p)	1983
E 436	Polyoxyethylene (20) sorbitan tristearate	25 Group p)	1973	10* Group p)	1983
E 440	Pectins	not specified*	1981	not specified*	1983
E 442	Ammonium salts of phosphatidic acid	30	1974	30	1978
E 444	Sucrose acetate isobutyrate	20	1996	10	1992
E 445	Glycerol esters of wood rosin	25	1996	12.5	1992
E 450	Disodium dihydrogen diphosphate	MTDI: 70* Group q)	1982	MTDI: 70* Group q)	1990
E 450 i	Disodium pyrophosphate	MTDI: 70* Group q)	1982	MTDI: 70* Group q)	1990
E 450 ii	Trisodium diphosphate	MTDI: 70* Group q)	2001	MTDI: 70* Group q)	1990
E 450 iii	Tetrasodium pyrophosphate	MTDI: 70* Group q)	1982	MTDI: 70* Group q)	1990
E 450 iv	Tetrapotassium pyrophosphate	MTDI: 70* Group q)	1982	MTDI: 70* Group q)	1990
E 450 v	Dicalcium pyrophosphate	MTDI: 70* Group q)	1982	MTDI: 70* Group q)	1990
E 450 vi	Calcium dihydrogen diphosphate	MTDI: 70* Group q)	2001	MTDI: 70* Group q)	1990
E 451 i	Pentasodium triphosphate	MTDI: 70* Group q)	1982	MTDI: 70* Group q)	1990
E 451 ii	Pentapotassium triphosphate	MTDI: 70* Group q)	1982	MTDI: 70* Group q)	1990
E 452 i	Sodium polyphosphate	MTDI: 70* Group q)	2001	MTDI: 70* Group q)	1990
E 452 ii	Potassium polyphosphates	MTDI: 70* Group q)	1982	MTDI: 70* Group q)	1990
E 452 iii	Calcium sodium polyphosphate	MTDI: 70* Group q)	1982	MTDI: 70* Group q)	1990
E 452 iv	Calcium polyphosphate	MTDI: 70* Group q)	1982	MTDI: 70* Group q)	1990
E 452 v	Ammonium polyphosphate	MTDI: 70* Group q)	1982	MTDI: 70* Group q)	1990
E 459	Cyclodextrin, beta-	5	1995	5	2000
E 460 i	Microcrystalline cellulose	not specified*	1997	not specified*	1997
E 460 ii	Cellulose (powdered)	not specified	1976		–
E 461	Methyl cellulose	not specified	1990	not specified*	1992
INS 462	Ethyl cellulose	not specified	1990	not specified	2004
E 463	Hydroxypropyl cellulose	not specified	1990	not specified*	1992
E 464	Hydroxypropyl methyl cellulose	not specified	1990	not specified*	1992
E 465	Methyl ethyl cellulose	not specified	1990	not specified*	1992
E 466	Sodium carboxymethyl cellulose	not specified*	1990	not specified*	1992
E 466	Carboxymethyl cellulose	not specified*	1990	not specified*	1992
INS 467	Ethyl hydroxyethyl cellulose	not specified	1990	not specified	2002

Tab. 36.1 (Fortsetzung)

E/INS-No[1]	Substance	JECFA[2] ADI[4]	Year[5]	SCF/EFSA[3] ADI[4]	Year[5]
E 468	Modified cellulose gum / Cross linked carboxymethyl cellulose	not specified	2002	acceptable*	1998
E 469	Carboxymethyl cellulose, enzymatically hydrolysed	not specified*	1998	not specified	1992
E 469	Sodium carboxymethyl cellulose, enzymatically hydrolysed	not specified	1998	not specified	1992
E 470a	Capric acid and Ca; K; Na -salt	not specified	1985	not specified	1990
E 470a	Caprylic acid and Ca; K; Na -salt	not specified	1985	not specified	1990
E 470a	Oleic acid and Ca; K; Na -salt	not specified	1988	not specified	1990
E 470a	Palmitic acid and Ca; K; Na -salt	not specified	1985	not specified	1990
E 470a	Stearic acid and Ca; K; Na -salt	not specified	1985	not specified	1990
E 470a	Myristic acid and Ca; K; Na -salt	not specified	1985	not specified	1990
E 470a	Lauric acid and Ca; K; Na -salt	not specified	1985	not specified	1990
E 470b	Oleic acid and Al; Mg -salt	not allocated[v]	1985	not specified	1990
E 470b	Myristic acid and Al; Mg -salt	not allocated[v]	1985	not specified	1990
E 470b	Stearic acid and Al; Mg -salt	not allocated[v]	1985	not specified	1990
E 470b	Palmitic acid and Al; Mg -salt	not allocated[v]	1985	not specified	1990
E 470b	Capric acid and Al; Mg -salt	not allocated[v]	1985	not specified	1990
E 470b	Caprylic acid and Al; Mg -salt	not allocated[v]	1985	not specified	1990
E 470b	Lauric acid and Al; Mg -salt	not allocated[v]	1985	not specified	1990
E 471	Mono- and di-glycerides	not limited	1973	acceptable*	1997
E 472a	Acetic and fatty acid esters of glycerol	not limited	1973	not specified*	1977
E 472b	Lactic and fatty acid esters of glycerol	not limited	1973	not specified*	1977
E 472c	Citric and fatty acid of glycerol	not limited	1973	not specified*	1977
E 472d	Tartaric acid esters of mono- and di-glycerides	not limited	1973	not specified*	1977
E 472e	Diacetyltartaric and fatty acid esters of glycerol	50	2003	25*	1997
E 472f	Tartaric, acetic and fatty acid esters of glycerol (mixed)	withdrawn*	2001	not specified	1977
E 473	Sucrose esters of fatty acids	30* Group r)	1997	30 Group r)	2004
E 474	Sucroglycerides	30* Group r)	1997	30 Group r)	2004
E 475	Polyglycerol esters of fatty acids	25	1973	25	1978
E 476	Polyglycerol esters of interesterified ricinoleic acid	7.5	1973	7.5	1978
E 477	Propylene glycol esters of fatty acids	25	1973	25*	1978
E 479b	Therm. oxid. soya bean oil (mono+diglycerides of fatty acids)	30	1992	25	1988
E 481	Sodium stearoyl lactylate	20 Group s)	1973	20 Group s)	1978
E 482	Calcium stearoyl lactylate	20* Group s)	1973	20 Group s)	1978
E 483	Stearyl tartrate	acceptable*	1965	20*	1978
E 491	Sorbitan monostearate	25 Group t)	1973	25 Group t)	1978
E 492	Sorbitan tristearate	25 Group t)	1973	25 Group t)	1978
E 493	Sorbitan monolaurate	25 Group t)	1982	5 Group u)	1978
E 494	Sorbitan monooleate	25 Group t)	1982	5 Group u)	1978
E 495	Sorbitan monopalmitate	25 Group t)	1973	25 Group t)	1978
E 500i	Sodium carbonate	not specified	1985	not specified	1990
E 500ii	Sodium hydrogen carbonate	not specified	1985	not specified	1990
E 500iii	Sodium sesquicarbonate	not specified	1981	not specified	1990

Tab. 36.1 (Fortsetzung)

E/INS-No[1]	Substance	JECFA[2] ADI[4]	Year[5]	SCF/EFSA[3] ADI[4]	Year[5]
E 501 i	Potassium carbonate	not specified	1985	not specified*	1990
E 501 ii	Potassium hydrogen carbonate	not specified	1985	not specified	1990
E 503 i	Ammonium carbonate	not specified	1982	not specified	1990
E 503 ii	Ammonium hydrogen carbonate	not specified	1982	not specified	1990
E 504 i	Magnesium carbonate	not specified	1985	not specified	1990
E 504 ii	Magnesium hydroxide carbonate	not specified	1985	not specified	1990
E 507	Hydrochloric acid	not specified	1985	not specified	1990
E 508	Potassium chloride	not specified	1985	not specified	1990
E 509	Calcium chloride	not specified	1985	not specified	1990
E 511	Magnesium chloride	not specified*	1985	not specified*	1990
E 512	Stannous chloride	PTWI: 14	2000	PMTDI: 2*	1990
E 513	Sulfuric acid		–	not specified	1990
E 514 i	Sodium sulfate	not specified, temporary	1999	not specified	1990
E 515 i	Potassium sulfate	not specified	1985	not specified	1990
E 516	Calcium sulfate	not specified	1985	not specified	2004
E 517	Ammonium sulfate	not specified*	1985	not specified*	1990
E 520	Aluminium sulfate (anhydrous)	not allocated[v]	1978	PTWI: 7* Group v)	1990
E 521	Aluminium sodium sulfate	not allocated[v]	1978	PTWI: 7* Group v)	1990
E 522	Aluminium potassium sulfate	not allocated[v]	1978	PTWI: 7* Group v)	1990
E 523	Aluminium ammonium sulfate	PTWI: 7* Group v)	1989	PTWI: 7* Group v)	1990
E 524	Sodium hydroxide	not limited	1965	not specified	1990
E 525	Potassium hydroxide	not limited	1965	not specified	1990
E 526	Calcium hydroxide	not limited	1965	not specified	1990
E 527	Ammonium hydroxide	not limited	1965	not specified	1990
E 528	Magnesium hydroxide	not limited	1965	not specified	1990
E 529	Calcium oxide	not limited	1965	not specified	1990
E 530	Magnesium oxide	not limited*	1965	not specified*	1990
E 535	Sodium ferrocyanide	0.025 Group w)	1974	0.025 Group w)	1990
E 536	Potassium ferrocyanide	0.025 Group w)	1974	0.025 Group w)	1990
E 538	Calcium ferrocyanide	0.025 Group w)	1974		–
E 541	Sodium aluminium phosphate	PTWI: 7 Group v)	1988	PTWI: 7* Group v)	1990

1) Group PTWI E 520, E 521, E 522, E 523, E 541, E 554, E 555, E 556, E 558 und E 559 (SCF). In 2006, JECFA established a PTWI for Al of 1 mg/kg bw, which applies to all aluminium compounds in food, including additives. The previously established ADIs and PTWI for aluminium compounds were withdrawn (s. Abschnitt 36.5).
2) Bewertungen des Joint FAO/WHO Expert Committee on Food Additives (JECFA).

Tab. 36.1 (Fortsetzung)

E/INS-No [1]	Substance	JECFA [2] ADI [4]	Year [5]	SCF/EFSA [3] ADI [4]	Year [5]
E 551	Silicon dioxide amorphous	not specified	1986	not specified*	1990
E 552	Calcium silicate	not specified	1986	not specified	1990
E 553	Magnesium silicate (synthetic)	not specified	1986	not specified	1990
E 553 b	Talc	not specified	1986		–
E 554	Sodium aluminosilicate	not specified [v]	1985	PTWI: 7* Group v)	1990
E 555	Potassium aluminosilicate	not allocated [v]	1985	PTWI: 7* Group v)	1990
E 556	Calcium aluminium silicate	not specified [v]	1985	PTWI: 7* Group v)	1990
E 558	Bentonite	not allocated [v]	1976	PTWI: 7* Group v)	1990
E 559	Aluminium silicate	not specified [v]	1985	PTWI: 7* Group v)	1990
E 570	Fatty acids	–		not specified	1990
E 574	Gluconic acid	–		not specified	1990
E 575	Glucono delta-lactone	not specified	1998	not specified*	1990
E 576	Sodium gluconate	not specified	1998	not specified	1990
E 577	Potassium gluconate	not specified	1998	not specified	1990
E 578	Calcium gluconate	not specified	1998	not specified	1990
E 579	Ferrous gluconate	PMTDI: 0.8* Group x)	1987	PMTDI: 0.8* Group x)	1990
E 585	Ferrous lactate	PMTDI: 0.8* Group x)	1989	PMTDI: 0.8* Group x)	1990
INS 586	Hexylresorcinol, 4-	acceptable*	1996	acceptable*	2003
E 620	Glutamic acid (L(+)-)	not specified	2004	not specified	1990
E 621	Monosodium L-glutamate	not specified	2004	not specified	1990
E 622	Monopotassium L-glutamate	not specified	2004	not specified	1990
E 623	Calcium di-L-glutamate	not specified	2004	not specified	1990

3) Bewertungen des Scientific Committee on Food (SCF) der EU-Kommission (bis 2003) bzw. des Scientific Panel on Food Additives, Flavourings, Processing Aids and Materials in Contact with Food der European Food Safety Authority (EFSA) (seit 2003).

4) Akzeptable tägliche Aufnahmemenge (acceptable daily intake, ADI). Numerische ADI-Werte in mg/kg Körpergewicht. Für einige Zusatzstoffe sind die maximale tolerable tägliche Aufnahmemenge (maximum tolerable daily intake, MTDI) oder die vorläufig als tolerabel geltende tägliche Aufnahmemenge (provisional maximum tolerable daily intake, PMTDI; provisional tolerable weekly intake, PTWI) angegeben. Die Bezeichnung „ADI not allocated" bedeutet, dass ein ADI wegen fehlender Daten nicht abgeleitet werden konnte. Die Bezeichnung „not specified" (früher: „not limited") wird nur Zusatzstoffen mit sehr geringer Toxizität erteilt, wenn die Gesamtaufnahme aus verschiedenen Quellen nicht zu einer Gesundheitsgefährdung führen kann und ein numerischer Wert deshalb unnötig erscheint. Die Bezeichnung „acceptable" ist nicht so weitgehend wie „not specified" bzw. „not limited". Zur Definition dieser Begriffe vgl. auch *Environmental Health Criteria* **70** [86] sowie Kapitel I-7.

Tab. 36.1 (Fortsetzung)

E/INS-No[1]	Substance	JECFA[2] ADI[4]	Year[5]	SCF/EFSA[3] ADI[4]	Year[5]
E 624	Monoammonium L-glutamate	not specified	2004	not specified	1990
E 625	Magnesium di-L-glutamate	not specified*	2004	not specified*	1990
E 626	Guanylic acid, 5'-	not specified	1985	not specified	1990
E 627	Disodium guanylate, 5'-	not specified	1993	not specified	1990
E 628	Dipotassium guanylate, 5'-	not specified	1985	not specified	1990
E 629	Calcium guanylate, 5'-	not specified	1985	not specified	1990
E 630	Inosinic acid, 5'-	not specified	1985	not specified	1990
E 631	Disodium inosinate, 5'-	not specified	1993	not specified	1990
E 632	Dipotassium inosinate, 5'-	not specified	1985	not specified	1990
E 633	Calcium inosinate, 5'-	not specified	1985	not specified	1990
E 634	Calcium ribonucleotides, 5'-	not specified	1974	–	–
E 635	Disodium ribonucleotides, 5'-	not specified	1974	not specified	1990
E 640	Glycine and its sodium salts	–		not specified*	1990
E 650	Zinc acetate-dihydrate	–		acceptable*	1998
E 900	Polydimethylsiloxane	1.5	1978	1.5	1990
E 901	Beeswax, white and yellow	acceptable*	2005	acceptable temporary	1990
E 902	Candelilla wax	acceptable*	2005	acceptable temporary	1990
E 903	Carnauba wax	7	1992	7	2002
E 904	Shellac	acceptable	1992	acceptable temporary	1992
E 905	Microcrystalline wax	20*	1995	20*	1995
E 907	Hydrogenated poly-1-decene	6	2001	6	2001
E 912	Montanic acid esters			acceptable temporary	1990
E 914	Oxidized polyethylene waxes	–		acceptable temporary	1990
E 920	Cysteine, L-	acceptable*	2004	acceptable*	1990
E 927 b	Urea / Carbamide	acceptable	1993	acceptable	1991
E 938	Argon	–		acceptable	1990
E 939	Helium	–		–	–
E 941	Nitrogen	no ADI necessary	1980	acceptable*	1992
E 942	Nitrous oxide	acceptable*	1985	acceptable*	1991
E 943a	Butane	not allocated	1979	acceptable	1999
E 943b	Isobutane	–		acceptable	1999
E 944	Propane	not specified	1979	acceptable	1999
E 948	Oxygen	–		acceptable*	1990
E 949	Hydrogen	–		–	–
E 950	Acesulfame potassium	15	1990	9	2000

5) In der Spalte „Year" ist das Jahr genannt, in dem der jeweilige Zusatzstoff zuletzt im Hinblick auf eine Ableitung oder Überprüfung eines ADI bewertet wurde. Wenn lediglich die Spezifikation bewertet wurde, ist das hier nicht berücksichtigt.

Tab. 36.1 (Fortsetzung)

E/INS-No[1]	Substance	JECFA[2] ADI[4]	Year[5]	SCF/EFSA[3] ADI[4]	Year[5]
E 951	Aspartame	40	1981	40	2006
E 952 i	Cyclohexylsulfamic acid	11 Group y)	1982	7 Group y)	2000
E 952 ii	Sodium cyclamate	11 Group y)	1982	7 Group y)	2000
E 952 iii	Calcium cyclamate	11* Group y)	1982	7 Group y)	2000
E 953	Isomalt	not specified	1985	acceptable*	1988
E 954 i	Saccharin	5 Group z)	1993	5 Group z)	1997
E 954 ii	Sodium saccharin	5 Group z)	1993	5 Group z)	1997
E 954 iii	Calcium saccharin	5 Group z)	1993	5 Group z)	1997
E 954 iv	Potassium saccharin	5 Group z)	1993	5 Group z)	1997
E 955	Sucralose	15	1991	15	2000
INS 956	Alitame	1	1996		–
E 957	Thaumatin	not specified	1985	acceptable*	1988
E 959	Neohesperidin dihydrochalone	–		5	1988
INS 961	Neotame	2	2003		–
E 962	Aspartame-acesulfame salt	(see E 951 and E 950)	2000		–
E 965 i	Maltitol	not specified	1993	acceptable	1984
E 965 ii	Maltitol syrup	not specified*	1997	acceptable	1999
E 966	Lactitol	not specified	1983	acceptable	1988
E 967	Xylitol	not specified	1983	acceptable	1984
INS 968	Erythritol	not specified	1999	acceptable*	2003
E 999	Quillaia extracts	1*	2005	5*	1978
E 1103	Invertase derived fr. Saccharomyces cerevisiae	acceptable	2001	acceptable	1996
E 1105	Lysozyme hydrochloride	acceptable*	1992	acceptable*	1991
E 1200	Polydextroses	not specified	1987	not specified*	1990
E 1201	Polyvinylpyrrolidone	50	1986	acceptable*	1990
E 1202	Polyvinylpolypyrrolidone	not specified	1983	acceptable*	1990
INS 1203	Polyvinylalcohol	50	2003	*	2005
INS 1204	Pullulan PI-20	not specified	2005	acceptable*	2004
E 1404	Oxidized starch	not specified	1982	not allocated	1981
E 1410	Monostarch phosphate	not specified	1982	not allocated*	1981
E 1412	Distarch phosphate (esterified with sodium trimetaphosphate)	not specified	1982	not allocated*	1981

*) Bei Einträgen, die mit einem Stern (*) gekennzeichnet sind, enthält die Stellungnahme des Expertengremiums bestimmte Einschränkungen, Bedingungen oder sonstige Erläuterungen, die jeweils im Original nachzulesen sind.

Group a), Group b) etc.: In diesen Fällen gilt die akzeptable bzw. tolerable Aufnahmemenge für die Gesamtaufnahme der zu der jeweiligen Gruppe gehörenden Stoffe.

a) Group ADI für E 101i und E 101ii.
b) Group ADI für E 150b und E 150d.
c) Group ADI für E 160, E 160a, E 160ai, E 160e und E 160f.
d) Group ADI für E 200, E 202 und E 203.
e) Group ADI für E 210, E 211, E 212, E 213 und E 1519.
f) Group ADI für E 214 und E 218.
g) Group ADI für E 214, E 215, E 218 und E 219.

Tab. 36.1 (Fortsetzung)

E/INS-No[1]	Substance	JECFA[2] ADI[4]	Year[5]	SCF/EFSA[3] ADI[4]	Year[5]
E 1412	Distarch phosphate (esterified with phosphorusoxychloride)	not specified	1982	not allocated*	1981
E 1412	Distarch phosphate (infant-follow-on-formulae and FSMP)	–		not acceptable	1997
E 1413	Phosphated distarch phosphate	not specified	1982	not allocated*	1981
E 1414	Acetylated distarch phosphate	not specified	1982	not allocated*	1981
E 1420	Starch acetate (esterified with acetic anhydride)	not specified	1982	not allocated*	1981
E 1422	Acetylated distarch adipate	not specified	1982	not allocated*	1981
E 1440	Hydroxypropyl starch	not specified	1982	not allocated*	1981
E 1442	Hydroxypropyl distarch phosphate	not specified	1982	not allocated*	1981
E 1450	Starch sodium octenyl succinate	not specified	1982	acceptable*	1990
E 1451	Acetylated oxidised starch	not specified	2001	acceptable*	1995
E 1505	Triethyl citrate	20*	1999	20*	1990
E 1517	Glycerol diacetate	not specified	1976	not specified	1990
E 1518	Glyceryl triacetate/Triacetin	not specified	1975	not specified	1990
E 1519	Benzyl alcohol	5* Group e)	2001	5* Group e)	2002
E 1520	Propylene glycol	25*	2001	25	1996

h) Group ADI für E 220, E 221, E 222, E 223, E 224, E 226, E 227 und E 228 (JECFA) bzw. E 220, E 221, E 222, E 223, E 224, E 226 und E 227 (SCF).
i) Group ADI für E 231 und E 232. „In 1999 JMPR allocated an ADI of 0–0,4 mg/kg bw for 2-phenylphenol; an ADI was not established for the sodium salt because it rapidly dissociates to 2-phenylphenol (*FAO Plant Production and Protection Paper* 153, Rome, 1999)." (Summary of Evaluations Performed by JECFA, http://jecfa.ilsi.org/search.cfm).
j) Group ADI für E 249 und E 250.
k) Group ADI für E 251 und E 252.
l) Group ADI für E 310, E 311 und E 312.
m) Group ADI für E 334, E 335, E 336 und E 337 (JECFA) bzw. E 334, E 335, E 336, E 337 und E 354 (SCF).
n) Group MTDI für E 338, E 339i, E 339ii, E 339iii, E 340i, E 340ii, E 340iii, E 341i, E 341ii, E 341iii, E 343i, E 343ii und E 343iii.
o) Group ADI für E 355, E 356, E 357 und E 359.
p) Group ADI für E 431, E 432, E 433, E 434, E 435 und E 436 (JECFA) bzw. E 432, E 433, E 434, E 435 und E 436 (SCF).
q) Group MTDI für E 450, E 450i, E 450ii, E 450iii, E 450iv, E 450v, E 450vi, E 451i, E 451ii, E 452i, E 452ii, E 452iii, E 452iv und E 452v.
r) Group ADI für E 473 und E 474.
s) Group ADI für E 481 und E 482.
t) Group ADI für E 491, E 492, E 493, E 494 und E 495 (JECFA) bzw. E 491, E 492 und E 495 (SCF).
u) Group ADI für E 493 und E 494.
v) Group PTWI für E 520, E 521, E 522, E 523, E 541, E 554, E 555, E 556, E 558 und E 559 (SCF). In 2006, JECFA established a PTWI for Al of 1 mg/kg bw, which applies to all aluminium compounds in food, including additives. The previously established ADIs and PTWI for aluminium compounds were withdrawn.
w) Group ADI für E 535, E 536 und E 538 (JECFA) bzw. E 535 und E 536 (SCF).
x) Group PMTDI für E 579 und E 585.
y) Group ADI für E 952i, E 952ii und E 952iii.
z) Group ADI für E 954i, E 954ii, E 954iii und E 954iv.

größe knapp 1 nm beträgt (wie Beta-Cyclodextrin) oder die Liposomen beziehungsweise Micellen bilden, deren Größe im Nanometerbereich liegt (wie bspw. Micellen aus Polysorbaten). Ihre Verwendung könnte man deshalb im weitesten Sinn als eine nanotechnologische Anwendung bezeichnen. Ob dies unter die in Publikationen des Bundesministeriums für Bildung und Forschung vorgeschlagene Definition für Nanotechnologie fällt und ob diese Moleküle, Liposomen und Micellen als (Nano)Partikel im Sinne dieser Definition zu bezeichnen wären, ist fraglich. Bei anorganischen Zusatzstoffen, die wie Siliciumdioxid (E 551) oder Titandioxid (E 171) heute als Nanopartikel hergestellt werden können, ist nicht klar, welche Partikelgrößenverteilung die in den damaligen toxikologischen Prüfungen verwendeten Substanzen aufwiesen. Insofern ist es fraglich, ob Nanopartikel dieser Substanzen als bereits bewertet angesehen werden können. Sofern sich hierfür keine Belege beibringen lassen, wird eine Neubewertung von Nanopartikeln bereits zugelassener Zusatzstoffe erforderlich.

36.3.5
Stand der Bewertung zugelassener Zusatzstoffe

Wie aus Tabelle 36.1 ersichtlich, wurden etwa 33% der zugelassenen Zusatzstoffe innerhalb der letzten zehn Jahre erstmals oder erneut bewertet. Für einige Zusatzstoffe liegt die letzte Bewertung jedoch bereits etwa 20 bis 30 Jahre zurück. Beispielsweise wurde der ADI-Wert für den Farbstoff Tartrazin (E 102), der von JECFA im Jahr 1964 mit einem Wert von 0–7,5 mg/kg Körpergewicht abgeleitet [81] und vom SCF im Jahr 1983 bestätigt wurde, seitdem noch nicht überprüft. Dagegen hat das Gremium AFC der EFSA den Farbstoff Titandioxid (E 171), der 1969 von JECFA mit „ADI not limited" [82] und 1977 vom SCF mit *„acceptable"* [56] bewertet wurde, im Jahr 2004 re-evaluiert und die früheren Bewertungen bestätigt [15].

Gemäß Anhang II Nummer 4 der Richtlinie 89/107/EWG ist für Zusatzstoffe eine Re-Evaluierung unter Berücksichtigung wechselnder Verwendungsbedingungen und neuer wissenschaftlicher Informationen vorgesehen, sofern das erforderlich ist (*„All food additives must be kept under continuous observation and must be re-evaluated whenever necessary in the light of changing conditions of use and new scientific information"*). Eine systematische und regelmäßige Re-Evaluierung ist in den bisherigen Regelungen aber nicht gefordert. Das wäre in Anbetracht des damit verbundenen erheblichen Aufwands vom SCF, das mit der Bewertung von neuen Zusatzstoffen und anderen aktuellen Fragen bereits ein hohes Arbeitspensum zu bewältigen hatte, auch nicht ohne weiteres zu leisten gewesen. Deshalb wurden bereits zugelassene Zusatzstoffe in der Vergangenheit in der Regel nur dann neu bewertet, wenn begründete Hinweise bekannt wurden, die eine Neubewertung erforderlich machten. Der mit einer systematischen Neubewertung aller bereits zugelassenen Zusatzstoffe verbundene Aufwand ist erheblich, weil viele Stoffe zu bewerten sind, zu einzelnen Stoffen viele Daten existieren und die Informationen nicht wie bei der Bewertung eines neuen Zusatzstoffes von einem Antragsteller in einem Dossier vorgelegt werden, sondern jeweils

Tab. 36.2 Priorität für eine Neubewertung der zugelassenen Lebensmittelzusatzstoffe nach [45].

Prioritäts-stufe	Definition	Anzahl der Zusatzstoffe (bzw. -stoffgruppen)
5 (hoch)	„High priority for a re-evaluation or other action"	0
4	„Priority for a re-evaluation or other action"	15
3	„Some priority for re-evaluation or other action"	18
2	„Update of evaluation recommended"	20
1	„Some, usually minor, matters to be clarified"	38
0 (niedrig)	„No need for any action"	65

von der EFSA recherchiert werden müssen. Deshalb müssen für eine Neubewertung Prioritäten festgelegt werden. Dabei kann auf einen Bericht zurückgegriffen werden, der im Jahr 2000 im Auftrag des Nordic Council of Ministers erstellt wurde [45]. In diesem Bericht wurden für alle damals in der EU zulässigen Zusatzstoffe Prioritäten für eine Neubewertung empfohlen. Die Empfehlungen basierten auf den Daten der jeweils letzten Bewertungen, die von JECFA und SCF vorgenommen wurden, sowie den seitdem publizierten relevanten Daten. Zudem wurden Expositionsdaten, die in einem anderen Projekt zur Ermittlung der Zusatzstoffaufnahmemengen erhoben wurden [8], berücksichtigt. Dabei wurden sechs Prioritätsstufen definiert. Die Kategorie mit der höchsten Priorität für eine Neubewertung wurde keinem Zusatzstoff beigemessen. In die Kategorie der zweithöchsten Priorität wurden 15 Zusatzstoffe (beziehungsweise Stoffgruppen) eingeordnet, in die folgende Kategorie („some priority for re-evaluation or other action") wurden 18 Zusatzstoffe gezählt. Den übrigen Zusatzstoffen wurden niedrigere Kategorien zugemessen, bei denen nicht damit zu rechnen ist, dass der ADI-Wert verändert werden muss (Tab. 36.2).

Die EU-Kommission hat nun die EFSA beauftragt, die zugelassenen Zusatzstoffe systematisch vom Gremium AFC neu bewerten zu lassen. Zudem ist in einem Entwurf der EU-Kommission für eine Verordnung über Lebensmittelzusatzstoffe eine Re-Evaluierung nach 10 Jahren vorgesehen [34].

36.3.6
Bewertung einer Verwendung kanzerogener und genotoxischer Zusatzstoffe

Während für Zusatzstoffe, die im Tierversuch zwar kanzerogene Wirkungen zeigen, aber nicht genotoxisch sind, ein Schwellenwert für die kanzerogene Wirkung angenommen und ein ADI-Wert abgeleitet werden kann, ist für kanzerogene Stoffe, die gleichzeitig genotoxisch sind, kein Schwellenwert bekannt, unterhalb dessen eine kanzerogene Wirkung mit hinreichender Sicherheit ausgeschlossen werden kann. Genotoxische Kanzerogene kommen deshalb als Lebensmittelzusatzstoffe nicht in Betracht und die Prüfung genotoxischer und kanzerogener Wirkungen hat dementsprechend bei der Risikobewertung vor der Zulassung von neuen

Zusatzstoffen eine große Bedeutung. Wird eine solche Stoffeigenschaft erst im Nachhinein bekannt, führt das zum Verbot des betreffenden Zusatzstoffes. Ein häufig genanntes Beispiel ist Buttergelb, ein Azofarbstoff, der früher für kurze Zeit zum Färben von Butter und Margarine verwendet wurde und dessen Verwendung als Lebensmittelfarbstoff seit 1948 wegen der kanzerogenen Wirkung international verboten ist [21, 31]. Mit neueren in vitro-Untersuchungen wurde auch eine genotoxische Wirkung dieses Azofarbstoffs bestätigt [46].

Lebensmitteln werden aber leider gelegentlich auch nicht zugelassene Zusatzstoffe illegal zugesetzt. Beispielsweise wurden seit Mai 2003 die Azofarbstoffe Sudan I, II, III und IV in Lebensmitteln nachgewiesen. Die Farbstoffe wurden vorwiegend in Chilipulver sowie in daraus zubereiteten Lebensmitteln gefunden. Das mit einem Verzehr derart kontaminierter Lebensmittel verbundene Risiko wurde in diesem Fall durch eine Abschätzung des Margin of Exposure (MOE) abgeschätzt [4]. Dabei wird eine Dosis, die im Tierexperiment zu einer bestimmten Wirkung führt (bspw. die Dosis T25, die bei 25% der Tiere zu einem Tumor führt), durch die Exposition geteilt, die auf den Verzehr entsprechend kontaminierter Lebensmittel zurückzuführen ist. Die Größe des Quotienten liefert einen Anhaltspunkt für die Größe des Risikos. Ein solches Verfahren zur Abschätzung des Risikos für genotoxische Kanzerogene wurde auch kürzlich in einer Stellungnahme des Scientific Committee der EFSA empfohlen [18].

Bei der Bewertung der illegal zur Färbung von Lebensmitteln verwendeten Farbstoffe Sudan I–IV, Pararot, Rhodamin B und Orange II durch das Gremium AFC der EFSA war die Datenbasis für eine umfassende Risikobewertung nicht ausreichend. Das Gremium kam aber zu dem Schluss, dass Sudan I genotoxisch und kanzerogen ist, dass Rhodamin B potenziell als genotoxisch und kanzerogen anzusehen ist und dass es aufgrund der strukturellen Ähnlichkeit von Sudan II, Sudan III, Sudan IV und Pararot mit Sudan I vernünftig sei anzunehmen, dass diese Stoffe ebenfalls potenziell genotoxisch und möglicherweise kanzerogen sind. Das Gremium hat einige Strukturmerkmale identifiziert, bei denen eine mögliche genotoxische und kanzerogene Wirkung in Betracht gezogen werden sollte [16].

36.4
Risikobewertung als Grundlage für Maßnahmen des Risikomanagements

Die Definition von Verwendungsbedingungen, wie die Ableitung von Höchstmengen oder die Festlegung von Lebensmittelkategorien oder ganz bestimmten Lebensmitteln, für deren Herstellung Zusatzstoffe verwendet werden dürfen, ist Aufgabe des Risikomanagements, das in Deutschland ebenso wie in der EU von der Risikobewertung organisatorisch und institutionell getrennt ist. Für die Risikobewertung sind in der EU die Europäische Lebensmittelbehörde (European Food Safety Authority) und in Deutschland das Bundesinstitut für Risikobewertung zuständig. Das Risikomanagement wird in der EU von der Kommission der Europäischen Gemeinschaften im Zusammenwirken mit dem EU-Parlament und den Regierungen der Mitgliedstaaten wahrgenommen. In Deutschland sind hierfür das Bundesministerium für Ernährung, Landwirtschaft und Verbraucherschutz sowie das Bundesamt für Verbraucherschutz und Lebensmittelsicherheit zuständig. Für Fragen der Lebensmittelüberwachung sind zusätzlich die entsprechenden Ministerien der Bundesländer mit nachgeordneten Behörden verantwortlich.

Für die zugelassenen Zusatzstoffe wurden Verwendungshöchstmengen für verschiedene Lebensmittelkategorien abgeleitet (vgl. Kapitel I-7). Mit den Höchstmengen sollte sichergestellt werden, dass die akzeptable tägliche Aufnahmemenge (ADI) eingehalten wird. Viele Zusatzstoffe, für die keine numerischen ADI-Werte abgeleitet wurden und für die das Fazit der Bewertung dann bspw. „acceptable" oder „ADI not specified" lautete (bspw. Citronensäure E 330) und Zusatzstoffe, bei denen die Exposition deutlich unterhalb des ADI-Werts liegt (bspw. Carrageen E 407), sind für Lebensmittel allgemein, ausgenommen bestimmte Lebensmittel, „quantum satis (qs)" zugelassen. Sie dürfen entsprechend der Definition des Begriffs „quantum satis" in § 7 der Zusatzstoff-Zulassungsverordnung *„nach der ‚Guten Herstellungspraxis' nur in der Menge verwendet werden, die erforderlich ist, um die gewünschte Wirkung zu erzielen, und unter der Voraussetzung, dass der Verbraucher dadurch nicht irregeführt wird"*. Das betrifft mehr als 100 Zusatzstoffe. Dagegen dürfen Zusatzstoffe, für die ein niedriger ADI-Wert abgeleitet wurde, wie bspw. der Farbstoff Canthaxanthin (E 161g) mit einem ADI-Wert von 0–0,03 mg/kg Körpergewicht, nur in ganz bestimmten Lebensmitteln verwendet werden. So ist Canthaxanthin nur für eine bestimmte französische Wurstspezialität in einer Höchstmenge von 15 mg/kg zulässig. Durch diese starke Begrenzung der Verwendung soll die Einhaltung des ADI-Werts für Canthaxanthin gewährleistet werden.

Neue Risikobewertungen bereits zugelassener Zusatzstoffe können zu einer Einschränkung der Verwendungsbedingungen führen, wie das beispielsweise bei dem Süßstoff Cyclamat (E 952) der Fall war.

36.5
Bezugsquellen für Stellungnahmen von Expertengremien

Die Stellungnahmen (Opinions) des Scientific Panel on Food Additives, Flavourings, Processing Aids and Materials in Contact with Food (Panel AFC) der Europäischen Lebensmittelbehörde (European Food Safety Authority, EFSA) werden im Internet veröffentlicht unter http://www.efsa.europa.eu/ (Stichwort Science/AFC Panel/AFC Opinions).

Die Einschätzungen des ehemaligen Wissenschaftlichen Lebensmittelausschusses (Scientific Committee on Food, SCF) der EU-Kommission sind im Internet veröffentlicht unter http://ec.europa.eu/food/fs/sc/scf/outcome_en.html#opinions.

Die Bewertungen des Joint FAO/WHO Expert Committee on Food Additives (JECFA) sind in den Technical Report Series (TRS) der WHO sowie in den Food

Additives Series (FAS) „Toxicological evaluation of certain food additives and contaminants" veröffentlicht. (Die Dokumente sind zu beziehen über das WHO Joint Secretary of JECFA, International Programme on Chemical Safety, World Health Organization, CH-1211 Genf 27).

Nützliche Internet-Adressen:
JECFA-Publikationen: http://www.who.int/ipcs/publications/jecfa/en/
JECFA Suchfunktion: http://jecfa.ilsi.org/search.cfm
JECFA-Spezifikationen: http://www.fao.org/ag/agn/jecfa-additives/search.html?lang=en

Weitere Informationen und Links stehen auf den Websites des Bundesinstituts für Risikobewertung zur Verfügung unter www.bfr.bund.de (Stichwort Lebensmittelsicherheit/Lebensmittelzusatzstoffe).

36.6
Literatur

1 Aardema MJ, MacGregor JT (2002) Toxicology and genetic toxicology in the new era of "toxicogenomics": impact of "-omics" technologies, *Mutation Research* **499 (1)**: 13–25.

2 Barrier M, Mirkes PE (2005) Proteomics in developmental toxicology, *Reproductive Toxicology* **19 (3)**: 291–304.

3 Bateman B, Warner JO, Hutchinson E, Dean T, Rowlandson P, Gant C, Grundy J, Fitzgerald C, Stevenson J (2004) The effects of a double blind, placebo controlled, artificial food colourings and benzoate preservative challenge on hyperactivity in a general population sample of preschool children. *Archives of Disease in Childhood* **89**: 506–511.

4 BfR (2003) Farbstoffe Sudan I bis IV in Lebensmitteln. Bundesinstitut für Risikobewertung (BfR). Stellungnahme des BfR vom 19. November 2003. http://www.bfr.bund.de/cm/208/farbstoffe_sudan_i_iv_in_lebensmitteln.pdf

5 BgVV (2002) Erstickungsgefahren beim Konsum von Gelee-Produkten. Bundesinstitut für gesundheitlichen Verbraucherschutz und Veterinärmedizin (BgVV). Stellungnahme vom 14. Januar 2002. http://www.bfr.bund.de/cm/208/erstickungsgefahren_beim_konsum_von_geleeprodukten.pdf

6 BMBF (2004) „Nanotechnologie erobert Märkte – Deutsche Zukunftsoffensive für Nanotechnologie". Bundesministerium für Bildung und Forschung (BMBF), Bonn. http://www.bmbf.de/pub/zukunftsoffensive_nanotechnologie.pdf

7 BVL (2005) Schnellwarnsysteme. Bundesamt für Verbraucherschutz und Lebensmittelsicherheit (BVL). http://www.bvl.bund.de/ (Stichwort: Lebensmittel/Sicherheit und Kontrollen/Schnellwarnsysteme).

8 CEC (2001) Commission of the European Communities. Report from the Commission on Dietary Food Additive Intake in the European Union, http://ec.europa.eu/food/fs/sfp/addit_flavor/flav15_en.pdf

9 CEC (2004) Nanotechnologies: A preliminary risk analysis of the basis of a workshop organized in Brussels on 1–2 March 2004) by the Health and Consumer Protection Directorate General of the European Commission. http://ec.europa.eu/health/ph_risk/documents/ev_20040301_en.pdf

10 CEC (2005) Commission of the European Communities. Rapid Alert System for Food and Feed (RASFF), http://www.ec.europa.eu/food/food/rapidalert/index_en.htm

11 CEC (2005) Communication from the Commission to the Council, the European Parliament and the Economic and Social Committee – Nanosciences and nanotechnologies – an action plan for Europe 2005–2009. COM/2005/0243final.

http://europa.eu.int/eur-lex/lex/LexUriServ/site/en/com2005/com2005_0243en01.pdf

12. Chen M, von Mikecz A (2005) Formation of nucleoplasmic protein aggregates impairs nuclear function in response to SiO_2 nanoparticles. *Experimental Cell Research* **305**: 51–62.
13. Chung K, Baker JR Jr, Baldwin JL, Chou A (2001) Identification of carmine allergens among three carmine allergy patients. *Allergy* **56** (1): 73–77.
14. Cunningham ML, Bogdanffy MS, Zacharewski TR, Hines RN (2003) Workshop overview: use of genomic data in risk assessment, *Toxicological Sciences* **73**(2): 209–215.
15. EFSA-AFC (2004) Opinion of the Scientific Panel on Food Additives, Flavourings, Processing Aids and materials in Contact with Food on a request from the Commission related to the safety in use of rutile titanium dioxide as an alternative to the presently permitted anatase form, Adopted on 7 December 2004, *The EFSA Journal* **163**: 1–12. http://www.efsa.europa.eu/en/science/afc/afc_opinions/819.html
16. EFSA-AFC (2005) Opinion of the Scientific Panel on Food Additives, Flavourings, Processing Aids and Materials in Contact with Food on a request from the Commission to Review the toxicology of a number of dyes illegally present in food in the EU. *The EFSA Journal* **263**: 1–71. http://www.efsa.europa.eu/en science/afc/afc_opinions/1127.html
17. EFSA-NDA (2004) Opinion of the Scientific Panel on Dietetic Products, Nutrition and Allergies on a request from the Commission relating to the evaluation of allergenic foods for labelling purposes (adopted on 19 February 2004), *The EFSA Journal* **32**: 1–197. http://www.efsa.europa.eu/en/science/nda/nda_opinions/341.html
18. EFSA-SC (2005) Opinion of the Scientific Committee on a request from EFSA related to A Harmonised Approach for Risk Assessment of Substances Which are both Genotoxic and Carcinogenic. Adopted on 18 October 2005. *The EFSA Journal* **282**: 1–31. http://www.efsa.europa.eu/en/science/sc_commitee/sc_opinions/1201.html
19. Egger J, Stolla A, McEwen L (1992) Controlled trial of hypersensitisation in children with food-induced hyperkinetic syndrome. *Lancet* **339**: 1150–1153.
20. Eigenmann PA, Haenggeli CA (2004) Food colourings and preservatives – allergy and hyperactivity. *Lancet* **364**: 823–824.
21. Eisenbrand G, Schreier P (Hrsg) (1995) Römpp Lexikon Lebensmittelchemie, Georg Thieme, Stuttgart.
22. FDA (1995) US Food and Drug Administration. FDA and Monosodium Glutamate (MSG), FDA Backgrounder. http://www.cfsan.fda.gov/~lrd/msg.html
23. FDA (2004) US Food and Drug Administration, Office of Food Additive Safety. Redbook 2000, Toxicological Principles for the Safety Assessment of Food Ingredients, July 2000; Updated October 2001, November 2003, & April 2004. http://www.cfsan.fda.gov/~redbook/red-toca.html#toc
24. Feingold BF (1975) Hyperkinesis and learning disabilities linked to artificial food flavors and colors. *American Journal of Nursing* **75** (5): 797–803.
25. Fuglsang G, Madsen C, Halken S, Jorgensen M, Ostergard P, Osterballe O (1994) Adverse reactions to food additives in children with atopic symptoms. *Allergy* **49**: 31–37.
26. Fuglsang G, Madsen C, Saval P, Osterballe O (1993) Prevalence of intolerance to food additives among Danish school children. *Pediatric Allergy and Immunology* **4**: 123–129.
27. Glandorf KK, Kuhnert P, Lück E, Muermann B (Hrsg) (2005) Handbuch Lebensmittelzusatzstoffe (Grundwerk Auflage 1991, 31 Aktualisierungslieferungen, Stand März 2005), Behr, Hamburg.
28. Griffin JL, Bollard ME (2004) Metabonomics: its potential as a tool in toxicology for safety assessment and data integration, *Current Drug Metabolism* **5** (5): 389–398.
29. Hegde VL, Venkatesh YP (2004) Anaphylaxis to excipient mannitol: evidence for an immunoglobulin E-mediated mecha-

nism. *Clinical & Experimental Allergy* **34** (10): 1602–1609.
30 Hoet PHM, Brüske-Hohlfeld I, Salata OV (2004) Nanoparticles – known and unknown health risks. *Journal of Nanobiotechnology* **2**: 12 (Internet-Version). http://www.jnanobiotechnology.com/content/2/1/12
31 IARC (1975) Monographs on the evaluation of the carcinogenic risk of chemicals to humans, International Agency for Research on Cancer, Lyon, France, Volume 8, 125–146.
32 Ioannidis JP (2005) Microarrays and molecular research: noise discovery? *Lancet* **365**: 454–455.
33 Jansen JJ, Kardinaal AF, Huijbers G, Vlieg-Boerstra BJ, Martens BP, Ockhuizen T (1994) Prevalence of food allergy and intolerance in the adult Dutch population. *The Journal of Allergy and Clinical Immunology* **93(2)**: 446–456.
34 Kommission der Europäischen Gemeinschaften (2005) Draft Working Paper Regulation of the European Parliament and of the Council on food additives, Brussels, 2 February 2005, WGA/004/03 rev10. http://www.slv.se/upload/dokument/Nyheter/2005/framework_additives.pdf
35 Kommission der Europäischen Gemeinschaften (1996) Richtlinie 96/77/EG der Kommission vom 2. Dezember 1996 zur Festlegung spezifischer Reinheitskriterien für andere Lebensmittelzusatzstoffe als Farbstoffe und Süßungsmittel. *Amtsblatt der Europäischen Union* **L 339/1** vom 30. 12. 1996.
36 Kommission der Europäischen Gemeinschaften (2004) Entscheidung der Kommission vom 13. April 2004 über die Aussetzung des Inverkehrbringens und der Einfuhr von Gelee-Süßwaren in Minibechern mit den Lebensmittelzusatzstoffen E 400, E 401, E 402, E 403, E 404, E 405, E 406, E 407, E 407a, E 410, E 412, E 413, E 414, E 415, E 417 und/oder E 418 (2004/374/EG). *Amtsblatt der Europäischen Union* **L 118/70** vom 23. 4. 2004.
37 Kommission der Europäischen Gemeinschaften (2004) Richtlinie 2004/45/EG der Kommission vom 16. April 2004 zur Änderung der Richtlinie 96/77/EG zur Festlegung spezifischer Reinheitskriterien für andere Lebensmittelzusatzstoffe als Farbstoffe und Süßungsmittel. *Amtsblatt der Europäischen Union* **L 113/19** vom 20. 4. 2004.
38 Kreft D, Bauer R, Goerlich (1995) Nahrungsmittelallergene: Charakteristika und Wirkungsweisen. Walter de Gruyter, Berlin, New York.
39 Lück E, Kuhnert P (Hrsg) (1998) Lexikon Lebensmittelzusatzstoffe, 2. Auflage, Behr, Hamburg.
40 Luther W, Malanowski N, Bachmann G, Hoffknecht A, Holtmannspötter D, Zweck A, Heimer T, Sanders H, Werner M, Mietke S, Köhler T (2004) Nanotechnologie als wirtschaftlicher Wachstumsmarkt. http://www.bmbf.de/pub/nanotech_als_wachstumsmarkt.pdf
41 MacGregor JT (2003) SNPs and chips: genomic data in safety evaluation and risk assessment, *Toxicological Sciences* **73(2)**: 207–208.
42 MacGregor JT (2003) The future of regulatory toxicology: impact of the biotechnology revolution, *Toxicological Sciences* **75(2)**: 236–248.
43 Madsen C (1994) Prevalence of food additive intolerance. *Human and Experimental Toxicology* **13 (6)**: 393–399.
44 Michiels S, Koscielny S, Hill C (2005) Prediction of cancer outcome with microarrays: a multiple random validation strategy, *Lancet* **365**: 488–492.
45 Nordic Council of Ministers (2002) Food Additives in Europe 2000 – Status of safety assessments of food additives presently permitted in the EU. http://www.foodcomp.dk/foodadd/download/NorFAD.pdf
46 NTP (undatierte Website in 2005) National Toxicology Program Database Search Application, 4-Dimethylaminoazobenzene, Genetic Toxicity Studies, Salmonella (Study ID 607396; 883922), Mouse Lymphoma (Study ID 258568; 451770), http://ntp-apps.niehs.nih.gov/ntp_tox/
47 Oberdörster G, Maynard A, Donaldson K, Castranova V, Fitzpatrick J, Ausman K, Carter J, Karn B, Kreyling W, Lai D, Olin S, Monteiro-Riviere N, Warheit D,

Yang H; ILSI Research Foundation/Risk Science Institute Nanomaterial Toxicity Screening Working Group (2005) Principles for characterizing the potential human health effects from exposure to nanomaterials: elements of a screening strategy. Particle and Fibre Toxicology 2: 8. http://www.particleandfibretoxicology.com/content/2/1/8

48. Oberdörster G, Oberdörster E, Oberdörster J (2005) Nanotoxicology: An emerging discipline from evolving studies of ultrafine particles. *Environmental Health Perspectives* **113**(7): 823–839.

49. OECD (2005) Organisation for Economic Co-operation and Development, Workshop on the Safety of Manufactured Nanomaterials. http://www.oecd.org/document/35/0,2340,en_2649_201185_35406051_1_1_1_1,00.html

50. Pennie WD, Kimber I (2002) Toxicogenomics; transcript profiling and potential application to chemical allergy, *Toxicology In Vitro* **16**(3): 319–326.

51. Pollock I, Warner JO (1990) Effect of artificial food colours on childhood behaviour. *Archives of Disease in Childhood* **65**: 74–77.

52. Reichs-Gesundheitsrat (1914) Die Gesundheitliche Beurteilung gewisser zur Konservierung von Lebensmitteln verwendeter Stoffe. Aufzeichnung über die Beratungen des Reichs-Gesundheitsrats (Ausschuss für Ernährungswesen) am 19. und 20. Juni 1914.

53. SCCNFP (2000) Opinion concerning Titanium Dioxide, Colipa n° S75 adopted by the SCCNFP during the 14th plenary meeting of 24 October 2000. http://ec.europa.eu/health/ph_risk/committees/sccp/documents/out135_en.pdf

54. SCCP (2005) Scientific Committee on Consumer Products. Request for a scientific opinion: Safety of Nanomaterials in Cosmetic Products. http://ec.europa.eu/health/ph_risk/committees/04_sccp/docs/sccp_nano_en.pdf

55. SCENIHR (2005) Scientific Committee on Emerging and Newly Identified Health Risks (SCENIHR) Opinion on the appropriateness of existing methodologies to assess the potential risks associated with engineered and adventitious products of nanotechnologies. Adopted by the SCENIHR during the 7th plenary meeting of 28–29 September 2005. European Commission. http://ec.europa.eu/health/ph_risk/committees/04_scenihr/docs/scenihr_o_003.pdf

56. SCF (1977) Reports of the Scientific Committee for Food, Fourth Series. Commission of the European Communities. http://ec.europa.eu/food/fs/sc/scf/reports/scf_reports_04.pdf

57. SCF (1978) Reports of the Scientific Committee for Food. Seventh series. Commission of the European Communities, Luxembourg. http://ec.europa.eu/food/fs/sc/scf/reports/scf_reports_07.pdf

58. SCF (1982) Report of the Scientific Committee for Food on the sensitivity of individuals to food components and food additives (Opinion expressed 22 October 1981). Commission of the European Communities. Reports of the Scientific Committee for Food, Twelfth Series, 1982. http://ec.europa.eu/food/fs/sc/scf/reports/scf_reports_12.pdf

59. SCF (1983) Reports of the Scientific Committee for Food concerning Colouring Matters authorized for Use in Foodstuffs intended for Human Consumption. Commission of the European Communities. Reports of the Scientific Committee for Food, Fourteenth Series, 1983, 47–61. http://ec.europa.eu/food/fs/sc/scf/reports/scf_reports_14.pdf

60. SCF (1991) Reports of the Scientific Committee for Food (Twenty-fifth series). First series of food additives of various technological functions. Commission of the European Communities. http://ec.europa.eu/food/fs/sc/scf/reports/scf_reports_25.pdf

61. SCF (1995) Report on adverse reactions to foods and food ingredients. European Commission, Reports of the Scientific Committee for Food (37th series). http://ec.europa.eu/food/fs/sc/scf/reports/scf_reports_37.pdf

62. SCF (2000) Opinion of the Scientific Committee on Food on the safety of use of beta carotene from all dietary sources

63 SCF (2001) Guidance on submissions for food additive evaluations by the Scientific Committee on Food (opinion expressed on 11 July 2001). http://ec.europa.eu/food/fs/sc/scf/out98_en.pdf

64 SCF (2003) Opinion of the Scientific Committee on Food on Carrageenan (expressed on 5 March 2003). http://ec.europa.eu/food/fs/sc/scf/out164_en.pdf

65 Schuster E, Dunn-Coleman N, Frisvad JC, Van Dijck PW (2002) On the safety of *Aspergillus niger* – a review. *Applied Microbiology and Biotechnology* **59**(4/5): 426–435.

66 Simon RA (2003) Adverse reactions to food additives. *Current Allergy and Asthma Reports* **3**(1): 62–66.

67 Stevenson J, Bateman B, Warner JO (2005) Rejoinder to Eigenmann PA, Haengelli CA, Food colourings and preservatives – allergy and hyperactivity (*Lancet* 2004; **364**: 823–824) and an erratum. *Archives of Disease in Childhood* **90**(8): 875.

68 Streit H (2003) § 2 LMBG mausetot?: (K)ein Abgesang auf 45 Jahre Verbraucherschutz – Ein Kommentar, *Deutsche Lebensmittel-Rundschau* **99**(10): 418–421.

69 Tabar AI, Acero S, Arregui C, Urdanoz M, Quirce S (2003) Asma y alergia por el colorante carmín [Asthma and allergy due to carmine dye]. *Anales del Sistema Sanitario de Navarra* **26** Suppl 2: 65–73.

70 Taylor TM, Davidson PM, Bruce BD, Weiss J (2005) Liposomal nanocapsules in food science and agriculture. *Critical Reviews in Food Science and Nutrition* **45**: 587–605.

71 Tobacman JK (2001) Review of harmful gastrointestinal effects of carrageenan in animal experiments. *Environmental Health Perspectives* **109**(10): 983–994.

72 Türk M, Lietzow R (2004) Stabilized nanoparticles of phytosterol by rapid expansion from supercritical solution into aqueous solution. *AAPS PharmSciTech* **5**(4): e56.

73 UK Royal Society (2004) Nanoscience and nanotechnologies: opportunities and uncertainties. UK Royal Society and the Royal Academy of Engineering. http://www.nanotec.org.uk/finalReport.htm

74 Uno Y, Omoto T, Goto Y, Asai I, Nakamura M, Maitani T (2001) Molecular weight distribution of carrageenans studied by a combined gel permeation/inductively coupled plasma (GPC/ICP) method, *Food Additives and Contaminants* **18**(9): 763–772.

75 Voragen ACJ, Knutsen SH (2003) Polysaccharides, in Ullmann's Encyclopedia of Industrial Chemistry, Wiley-VCH Verlag GmbH & Co. KGaA. http://www.mrw.interscience.wiley.com/ueic/ueic_search_fs.html

76 Warner JO (1993) Food and behaviour: allergy, intolerance or aversion. *Pediatric Allergy and Immunology* **4**: 112–116.

77 Waters MD, Fostel JM (2004) Toxicogenomics and systems toxicology: aims and prospects. *Nature Reviews Genetics* **5**(12): 936–948.

78 Wetmore BA, Merrick BA (2004) Toxicoproteomics: proteomics applied to toxicology and pathology, *Toxicologic Pathology* **32**(6): 619–642.

79 WHO (1957) General principles governing the use of food additives (First report of the Joint FAO/WHO Expert Committee on Food Additives). *FAO Nutrition Meetings Report Series*, No. **15**, 1957; *WHO Technical Report Series*, No. **129**, 1957. http://whqlibdoc.who.int/trs/WHO_TRS_129.pdf

80 WHO (1958) Procedures for the testing of intentional food additives to establish their safety for use (Second report of the Joint FAO/WHO Expert Committee on Food Additives). *FAO Nutrition Meetings Report Series*, No. **17**, 1958; *WHO Technical Report Series*, No. **144**, 1958. http://whqlibdoc.who.int/trs/WHO_TRS_144.pdf.

81 WHO (1965) Specifications for the identity and purity of food additives and their toxicological evaluation: food colours and some antimicrobials and antioxidants (Eighth report of the Joint FAO/WHO Expert Committee on Food Additives). *FAO Nutrition Meetings Report Series*, No. **38**, 1965; *WHO Technical Report*

82 WHO (1969) World Health Organisation, Toxicological evaluation of some food colours, emulsifiers stabilizers, anti-cacing agents and certain other substances. Titanium dioxide. *FAO Nutrition Meetings Report Series* No. **46A** WHO/FOOD ADD/70.36. http://www.inchem.org/documents/jecfa/jecmono/v46aje19.htm

83 WHO (1978) Evaluation of certain food additives. Twenty-first report of the Joint FAO/WHO Expert Committee on Food Additives, *WHO Technical Report Series* **617**. http://whqlibdoc.who.int/trs/WHO_TRS_617.pdf

84 WHO (1982) Joint FAO/WHO Expert Committee on Food Additives (JECFA), World Health Organization, WHO Food Additives Series 17: Carmines. http://www.inchem.org/documents/jecfa/jecmono/v17je07.htm

85 WHO (1984) JECFA, Toxicological evaluation of certain food additives and contaminants. *WHO Food Additive Series*, No. **19**. Carrageenan & Furcellaran. World Health Organization, Geneva. http://www.inchem.org/documents/jecfa/jecmono/v19je05.htm

86 WHO (1987) Principles for the safety assessment of food additives and contaminants in food, *Environmental Health Criteria* **70**, World Health Organisation, Geneva. http://www.inchem.org/documents/ehc/ehc/ehc70.htm

87 WHO (1987) Toxicological evaluation of certain food additives. L-Glutamic acid and its ammonium, calcium, monosodium and potassium salts. *WHO Food Additives Series*, No. **22**. World Health Organisation, Geneva. http://www.inchem.org/documents/jecfa/jecmono/v22je12.htm

88 WHO (1988) Toxicological evaluation of certain food additives. Enzymes derived from *Aspergillus niger*. *WHO Food Additives Series*, No. **22**. World Health Organisation, Geneva. http://www.inchem.org/documents/jecfa/jecmono/v22je04.htm

89 WHO (2001) Joint FAO/WHO Expert Committee on Food Additives (JECFA), World Health Organization, *WHO Food Additives Series* No. **46**: Cochineal extract, carmine, and carminic acid. http://www.inchem.org/documents/jecfa/jecmono/v46je03.htm

90 Young E, Stoneham MD, Petruckevitch A, Barton J, Rona R (1994) A population study of food intolerance. *Lancet* **343**: 1127–1130.

37
Konservierungsstoffe

Gert-Wolfhard von Rymon Lipinski

37.1
Einleitung

Lebensmittel können durch mikrobielle, chemische und physikalische Vorgänge verderben. Das Wachsen unterwünschter Mikroorganismen auf und in Lebensmitteln, der mikrobielle Verderb, spielt dabei die größte Rolle. Weil sich dabei auch humanpathogene Organismen entwickeln oder toxische Metaboliten gebildet werden können, ist diese Form des Verderbs potenziell besonders gefährlich.

Viele Lebensmittel sind komplex und bieten damit Mikroorganismen sehr gute Entwicklungsmöglichkeiten. Daneben müssen aber auch weitere Voraussetzungen vorliegen, damit sich Verderbserreger entwickeln können. Dazu gehören insbesondere eine für das Wachsen günstige Temperatur, eine hinreichend hohe Wasseraktivität, ein geeigneter pH-Wert und Anwesenheit oder Freiheit von Sauerstoff für aerob bzw. anaerob wachsende Organismen. Schließlich muss der Zeitraum zwischen Herstellung oder Kontamination und Verzehr hinreichend lang sein, damit sich eine kritische Zellkonzentration aufbauen kann oder die gesundheitsgefährdenden Metaboliten gebildet werden können.

Zur Haltbarmachung von Lebensmitteln stehen verschiedenartige physikalische Verfahren zur Verfügung, die in breitem Umfang angewandt werden. Dazu gehören Kühlen und Kühllagerung, Gefrieren und Gefrierlagerung, Trocknen, Pasteurisation, Sterilisation und Ultrahocherhitzung. Die Bestrahlung von Lebensmitteln mit ionisierenden Strahlen stößt in vielen Ländern auf Vorbehalte. Neuere Verfahren wie Hochdruckbehandlung oder Anwendung gepulster elektrischer Felder haben bisher nur geringe Bedeutung erlangt. Insbesondere Produkte mit gleichmäßiger Oberfläche und fester Struktur lassen sich für einige Zeit durch Verpackung in gasdichten Folien unter Schutzgas haltbar machen.

Nicht alle Lebensmittel können mithilfe dieser physikalischen Verfahren haltbar gemacht werden. Dazu gehören u.a. Produkte, die wärmeempfindlich sind, die bei Transport oder Lagerung kontaminiert werden können oder längere Zeit

Handbuch der Lebensmitteltoxikologie. H. Dunkelberg, T. Gebel, A. Hartwig (Hrsg.)
Copyright © 2007 WILEY-VCH Verlag GmbH & Co. KGaA, Weinheim
ISBN: 978-3-527-31166-8

reifen, und Produkte, die verderbsempfindlich sind, aber einige Zeit im Anbruch aufbewahrt werden und in die dabei Verderbserreger gelangen können. Bei diesen Produkten kann der Zusatz antimikrobiell wirkender Stoffe, der Lebensmittelkonservierungsstoffe, unerwünschtes Wachsen von Mikroorganismen für kürzere oder längere Zeiträume unterdrücken und damit dem Verderb vorbeugen.

Bis zum Beginn der Neuzeit konnten Lebensmittel nur durch Trocknen, Erhitzen oder den Zusatz von Kochsalz, Rauch oder Essig haltbar gemacht werden. Im Laufe des 19. Jahrhunderts wurde die antimikrobielle Wirkung einer Reihe von Stoffen, darunter der Schwefligen Säure, des Kreosots, der Ameisensäure, der Salicylsäure und der Benzoesäure entdeckt. Regeln für die Verwendung von Konservierungsstoffen wurden im 20. Jahrhundert aufgestellt und immer weiter spezifiziert. Dabei wurde die Verwendung einiger ungünstig bewerteter Stoffe untersagt, während neue Stoffe, besonders Sorbinsäure und ihre Salze, an Bedeutung gewannen.

In der EU wird offiziell die Bezeichnung Konservierungsmittel verwendet. Sie werden definiert als „Stoffe, die die Haltbarkeit von Lebensmitteln verlängern, indem sie sie vor den schädlichen Auswirkungen von Mikroorganismen schützen" [11]. Die bedeutendsten Lebensmittelkonservierungsstoffe sind heute Sorbinsäure und Benzoesäure und ihre Salze. Ebenfalls in großem Umfang werden Schwefeldioxid, Schweflige Säure und ihre Salze verwendet, die aber nicht nur antimikrobiell wirken, sondern auch Antioxidationsmittel sind. In geringerem Umfang und z. T. nur für sehr spezielle einzelne Anwendungen sind einige weitere Stoffe lebensmittelrechtlich zugelassen. Dazu gehören Ester der *p*-Hydroxybenzoesäure und ihre Salze, Propionsäure und ihre Salze, Borsäure und Borax, Dimethyldicarbonat, Hexamethylentetramin, Lysozym, Natamycin und Nisin. Nitrit und Nitrat, die ebenfalls für einige Anwendungen als Konservierungsstoff zugelassen sind, werden in Kapitel II-15 behandelt.

Zu Eigenschaften, Toxikologie und Anwendung von Konservierungsstoffen oder Lebensmittelzusatzstoffen allgemein sind verschiedene Übersichten und Monographien veröffentlicht worden [55, 107, 169].

37.2
Vorkommen, Herstellung, Anwendung und Nachweis in Lebensmitteln

Die zur Lebensmittelkonservierung verwendeten Stoffe gehören sehr verschiedenen Stoffklassen an. Sie sind z. T. anorganische Verbindungen, z. T. natürlich vorkommende, aber in den benötigten Mengen synthetisch hergestellte Verbindungen oder auch Fermentationsprodukte.

Lebensmittelkonservierungsstoffe werden in einer ganzen Reihe von Lebensmitteln eingesetzt. Dazu zählen alkoholfreie Getränke, alkoholische Getränke mit geringem Alkoholgehalt, verschiedene Obst- und Gemüseerzeugnisse, Käse, Backwaren, Fettemulsionen, Feinkosterzeugnisse und andere. Die Verwendung richtet sich nach Zulassungen und Eigenschaften wie Wirkungsspektrum, Löslichkeit, Verteilungskoeffizient zwischen Wasser und Fett und sensorischem Verhalten. Besondere Bedeutung hat bei dissoziierenden Verbindungen die Dissoziationskonstante, da sie bestimmt, in welchen pH-Bereichen eine antimikrobielle Wirkung gegeben ist.

Zur Analytik der Konservierungsstoffe gibt es neben speziellen Veröffentlichungen auch amtliche oder offizielle Sammlungen von Analysenverfahren, z. B. die amtlichen Methoden nach § 64 des Lebensmittel- und Futtermittelgesetzbuchs (LFGB) oder DIN/CEN-Normen. Auch das Kapitel des Schweizerischen Lebensmittelbuchs zu Konservierungsstoffen führt Analysenverfahren an. Zur Überprüfung der für die Verwendung in Lebensmitteln verlangten Reinheitskriterien sind die in den Monographien in den EU-Richtlinien über Reinheitskriterien aufgeführten speziellen und die allgemeinen vom Gemeinsamen Expertenkomitee für Lebensmittelzusatzstoffe der WHO und FAO (Joint Expert Committee for Food Additives, JECFA) verabschiedeten Analysenverfahren heranzuziehen. In den USA und einer Reihe weiterer Länder dient dafür der Food Chemicals Codex [7, 12, 18, 79, 84, 169].

37.3
Wirkungen und Exposition

Alle als Konservierungsstoffe verwendeten Säuren sind recht schwache Säuren. Es gilt daher, dass der Anteil an undissoziierter Säure und Anion vom pH-Wert des Mediums abhängt, in dem sie sich befinden. Kinetische und toxikologische Betrachtungen gelten daher in der Regel gleichermaßen für Säuren und Anionen.

Für die Festlegung der vertretbaren Tagesdosis (acceptable daily intake, ADI) wird bei Lebensmittelzusatzstoffen mit numerischem ADI in der Regel ein Hundertstel des NOAEL aus Langzeitstudien zugrunde gelegt. Veröffentlicht werden ADI-Werte auf internationaler Ebene vom Gemeinsamen Expertenkomitee für Lebensmittelzusatzstoffe der WHO und FAO (JECFA), der Europäischen Behörde für Lebensmittelsicherheit (European Food Safety Authority, EFSA) und einigen nationalen Behörden wie der Lebensmittel- und Arzneimittelbehörde der USA (Food and Drug Administration, FDA). Zulassungen zur Verwendung werden nur in einem Umfang erteilt, dass ein wesentlicher Teil der Bevölkerung, je nach Land 90% bis 97,5%, die vertretbare Tagesdosis nicht längerfristig überschreitet. Wechselwirkungen mit anderen Lebensmittelzusatzstoffen sind nicht zu erwarten [24, 53, 82].

Die Exposition wird durch Verzehrserhebungen erfasst. Bei deren Bewertung ist zu beachten, dass sich individuelle Ein- oder Zweitagesdaten deutlich von der mittleren Aufnahme über längere Zeiten unterscheiden können, während die Zuverlässigkeit von Erhebungen oder Verbraucheraufzeichnungen über längere Zeiträume erfahrungsgemäß sinkt. Einen Überblick über die Aufnahme von Lebensmittelzusatzstoffen in Europa gibt ein Bericht der EU-Kommission [14, 17].

37.4
Sorbate

37.4.1
Eigenschaften, Vorkommen und Herstellung

Sorbinsäure, trans,trans-2,4-Hexadiensäure, E 200, CAS 110-44-1, *M* 112,13, p*K*s 4,76, bildet weiße bis farblose Kristalle, die bei 132–135 °C schmelzen. Sorbinsäure ist wenig wasserlöslich. Bei 20 °C lösen sich 0,16 g in 100 g Wasser. Da Lebensmittel oft wässrige Systeme sind, hat das gut wasserlösliche *Kaliumsorbat*, E 202, CAS 24634-61-5, *M* 150,22, größere praktische Bedeutung als die Säure. Bei 20 °C lösen sich 138 g in 100 g Wasser. Recht wenig wasserlöslich, aber gut stabil ist *Calciumsorbat*, E 203, CAS 7492-55-9, *M* 262,32. Bei 20 °C lösen sich 1,2 g in 100 g Wasser. *Natriumsorbat*, früher E 201, CAS 7757-81-5, ist deutlich weniger stabil als das Kalium- und das Calciumsalz und deshalb ohne praktische Bedeutung.

Sorbinsäure kommt natürlich vor. Die oft als Quelle genannten Vogelbeeren enthalten aber nicht Sorbinsäure, sondern 5-Hydroxy-2-hexensäure-lacton, Parasorbinsäure, die unter dem Einfluss von Säuren oder Laugen zu Sorbinsäure isomerisiert. Sorbinsäure kommt natürlich in den Depotfetten einiger Aphiden vor [27, 104, 106].

Die zur Lebensmittelkonservierung verwendete Sorbinsäure wird ausschließlich synthetisch hergestellt. Das übliche Herstellungsverfahren ist die Umsetzung von Keten mit Crotonaldehyd, bei der ein Polyester der 3-Hydro-4-hexensäure entsteht. Dieser Ester kann mit Säuren oder katalytisch zu Sorbinsäure gespalten werden. Die Salze werden durch Umsetzen der Säure mit den entsprechenden Hydroxiden erhalten.

37.4.2
Konservierende Wirkung, Anwendungen und Nachweis in Lebensmitteln

Die konservierende Wirkung von Sorbaten beruht in erster Linie auf der Hemmung verschiedener Enzymsysteme in den Mikroorganismenzellen. Betroffen sind besonders Enolase und Lactatdehydrogenase im Kohlenhydratstoffwechsel und verschiedene Enzyme des Citronensäurezyklus sowie Enzyme mit SH-Gruppen. Angenommen wird auch, dass die Eigenschaften der Zellwand beeinflusst werden. Gehemmt werden vorwiegend Schimmelpilze und Hefen. Aufgenommen wird die undissoziierte Sorbinsäure. Die Wirkung ist daher pH-abhängig und bei niedrigen pH-Werten besser als bei höheren. Allerdings eignet sich Sorbinsäure aufgrund ihrer niedrigen Dissoziationskonstante auch zur Konservierung von Lebensmitteln mit relativ hohem pH-Wert. Das Sorbatanion hat nur eine sehr geringe antimikrobielle Wirkung. Echte Resistenzen gegen Sorbinsäure treten anscheinend nicht auf. Allerdings können Mikroorganismen Sorbinsäure in unterschwelligen Konzentrationen abbauen [104, 108].

Sorbate eignen sich aufgrund ihrer niedrigen Dissoziationskonstante auch für weniger saure Lebensmittel bis fast zum Neutralbereich. Sie sind geschmacklich recht neutral und deshalb breit einsetzbar. Für wasserhaltige Produkte wird meistens Kaliumsorbat, für wasserärmere oft Sorbinsäure und für Überzüge auch Calciumsorbat eingesetzt.

In Lebensmitteln können Sorbate flüssig- oder gaschromatographisch bestimmt werden. Die amtliche Sammlung von Analysenmethoden nach § 64 LFGB enthält Analysenverfahren zur Bestimmung von Sorbaten in verschiedenen Lebensmitteln [7, 149].

37.4.3
Wirkungen am Menschen und Exposition

Toxische Effekte nach Aufnahme von Sorbinsäure sind offensichtlich nicht beobachtet worden. In einzelnen Fällen wird allerdings über durch Sorbinsäure oder Sorbate verursachte, besonders nicht immunologische Kontaktdermatitis berichtet. Reaktionen der Mundschleimhaut wurden nur bei Konzentrationen erhalten, die etwa das Hundertfache der üblichen Anwendungskonzentrationen betrugen. In anderen Untersuchungen und im Tiermodell wurden keine Überempfindlichkeiten gegen Sorbate beobachtet [32, 33, 56, 89, 99, 135, 157].

Die Aufnahme an Sorbaten in der EU liegt nach einem Bericht der EU-Kommission bei bis zu 76% der vertretbaren Tagesdosis von 0–25 mg/kg Körpergewicht (KG). Eine Abschätzung auf der Basis der früher in Deutschland geltenden, ebenfalls breiten Zulassungen ergab allerdings im Mittel weitaus niedrigere Werte [17, 105].

37.4.4
Kinetik und Metabolismus

Sorbinsäure wird schnell und annähernd vollständig resorbiert. Sie wird in Säugern in vergleichbarer Weise wie Nahrungsfettsäuren, z. B. die ebenfalls sechs C-Atome enthaltende Capronsäure, im Fettsäurezyklus zu Kohlendioxid und Wasser metabolisiert und folglich energetisch verwertet [104].

Mit ^{14}C-markierter Sorbinsäure ergaben sich in Ratten für Dosierungen von 60–1200 g/kg KG Halbwertszeiten von 40–110 min. Die Oxidation verläuft damit ähnlich schnell wie bei Nahrungsfettsäuren. Etwa 85% der verabreichten Aktivität wurden als Kohlendioxid in der Atmungsluft und etwa 2% in Harnstoff und Carbonat im Urin gefunden. Da das beim Abbau der Sorbinsäure entstehende Acetyl-CoA zur Neusynthese von Fettsäuren benutzt werden kann, verblieben 3% in inneren Organen, ebenfalls 3% in der Skelettmuskulatur und 6,6% in anderen Körperteilen. Vergleichbare Ergebnisse wurden in einer anderen Untersuchung mit Dosen von 4–3000 mg/kg KG erhalten, in der 81 ± 10% zu Kohlendioxid oxidiert und 7% als Sorbinsäure ausgeschieden wurden. Bei höheren Dosen wird ein kleiner Teil über ω-Oxidation verstoffwechselt und als *trans,trans*-Muconsäure ausgeschieden, in dieser Untersuchung 0,4%. In Ratten wirkten Sorbate nicht als Antimetaboliten für essenzielle Fettsäuren. Weibliche Ratten mit exogener Ketonurie produzierten nach Gabe von Natriumsorbat vergleichbare Mengen an Ketonkörpern wie nach Gabe von Capronsäure [44, 71, 76, 170].

37.4.5
Wirkungen auf Versuchstiere

Die akute Toxizität von Sorbaten ist sehr gering. Für die LD_{50} werden für Sorbinsäure bei Ratten Werte über 8 g/kg KG und bei Mäusen im Bereich von 7–10 g/kg KG berichtet. Die LD_{50} für Kaliumsorbat in Ratten liegt bei 4–7 g/kg KG [168].

Es wurde eine Reihe von Untersuchungen mit Sorbinsäure mit einer Dauer von 90–120 Tagen und Dosierungen bis zu 10% im Futter durchgeführt. In diesen Studien wurden keine makroskopisch oder histologisch erkennbaren Veränderungen gefunden. Beobachtet wurden auch bei den höchsten Dosierungen nur verminderte Gewichtszunahme und erhöhte Lebergewichte [104, 168].

In verschiedenen Langzeitstudien wurden Sorbate in Mengen bis zu 10% im Futter verabreicht. In einer Studie mit je 48 männlichen und weiblichen Ratten je Dosisgruppe ergaben sich bei 10% Sorbinsäure im Futter keine Änderungen bei physiologischen Parametern oder histologischen Befunden. Bei der höchsten Dosis wurden etwas verminderte Gewichtszunahme und Vergrößerung von Leber und Nieren sowie der Schilddrüse bei männlichen Tieren beobachtet. Bei niedrigeren Dosen traten keine signifikanten Unterschiede zu den Kontrollen auf. In einer Studie an Mäusen wurden vergleichbare Ergebnisse erhalten. In einer weiteren Langzeitstudie erhielten je 50 männliche und weibliche Ratten 5% Sorbinsäure im Futter. In der ersten Generation wurde bei den männlichen Ratten eine deutlich längere Lebenszeit beobachtet. Es wurde vermutet, dass sie auf eine mögliche Schutzwirkung gegen Lungeninfektionen zurückzuführen sein könnte. In der ersten Generation wurden im Vergleich zur Kontrolle weder Unterschiede in den Organgewichten, noch in den Todesursachen gefunden. Die Tiere der F1-Generation wurden nach 250 Tagen getötet. Bei Leber, Nieren, Herz und Testes fanden sich keine Abnormalitäten. Ebenso wurde nach Verabreichung von 5% Sorbinsäure an Ratten im Futter für ein Jahr kein signifikanter Unterschied in physiologischen Parametern und histologischen Befunden zur Kontrolle gefunden. In keiner der Studien ergaben sich Hinweise auf kanzerogene Wirkungen [50, 60, 71, 104, 121, 168].

Der Einfluss der Sorbinsäure auf Reproduktion und Entwicklung wurde an Ratten und Mäusen untersucht. Bei Konzentrationen von bis zu 10% im Futter wurden in der F1-Generation keine Auswirkungen auf das Reproduktionsverhalten oder die Entwicklung der Feten gefunden [104, 168].

37.4.6
Wirkungen auf biologische Systeme

Mit Sorbinsäure und Sorbaten wurden umfangreiche Untersuchungen auf Genotoxizität durchgeführt. Orale Verabreichung von Sorbinsäure bis zu 5000 mg/kg KG induzierte in Knochenmarkszellen von Mäusen keinen Schwesterchromatidaustausch und auch keine Bildung von Mikronuclei. In einer Kultur von menschlichen A459-Zellen blieb Sorbinsäure im UDS-Test ohne Wirkung. Intraperitoneale Behandlung von Ratten mit 400–1200 mg/kg KG an Kaliumsorbat änderte das Elutionsprofil von DNS aus isolierten Leberzellen bei alkalischer Elution nicht. In vitro-Inkubierung der Zellen mit 1–1000 mg Kaliumsorbat je mL in Gegenwart von und ohne Rattenleberhomogenat führte bei alkalischer Elution nicht zu DNS-Einzelstrangbrüchen. Im Mikronucleus-Test und im Zelltransformationstest *in vitro* mit syrischen Hamstern wurde keine genotoxische Wirkung gefunden. Bei einer umfassenden Überprüfung der genotoxischen Eigenschaften von Kaliumsorbat im Salmonella-Mikrosomen-Test, HGPRT-Test und Test auf Schwesterchromatidaustausch an Ovarzellen des chinesischen Hamsters, einem Mikronucleus-Test an Knochenmarkszellen der Maus und einem Chromosomenaberrationstest am chinesischen Hamster ergaben sich keine Hinweise auf genotoxische Wirkungen. Auch andere Untersuchungen verliefen in der Regel negativ [90, 104, 106, 114, 147].

Im Gegensatz dazu erwiesen sich wässrige Lösungen von Natriumsorbat nach Lagerung als zytotoxisch und schwach genotoxisch und führten zu erhöhten Chromosomenaberrationen und Mikronuclei. Für die beobachteten Wirkungen ist die bei Lagerung des wenig stabilen Natriumsorbats gebildete 4,5-Epoxi-2-hexensäure verantwortlich. Natriumsorbat, das unter Sauerstoffausschluss gelagert wurde, blieb ohne Wirkung. Da Natriumsorbat nicht kommerziell angeboten wird, ist diese Wirkung ohne Bedeutung für die praktische Verwendung. In Testsystemen aus Sorbat und Nitrit wurden mutagene Reaktionsprodukte gefunden, darunter Ethylnitrolsäure und 1,4-Dinitro-2-methylpyrrol. Allerdings wurden in diesen Untersuchungen praxisunübliche Bedingungen wie hohe Konzentrationen, hoher Nitritanteil, hohe Temperaturen und lange Lagerzeiten angewandt. Pökellaken mit Sorbaten und Nitrit waren nicht genotoxisch. Ascorbinsäure und Cystein hemmten effektiv die Bildung mutagener Reaktionsprodukte. Andererseits verminderte Sorbinsäure die *N*-Nitrosierung [110, 114, 117, 125, 147, 148, 168].

37.5
Benzoate

37.5.1
Eigenschaften, Vorkommen und Herstellung

Benzoesäure, Phenylcarbonsäure, E 210, CAS 65-85-0, *M* 122,12, p*K*s 4,19, bildet weiße bis farblose Kristalle, die bei 121,5–123,5 °C schmelzen. Benzoesäure ist wenig wasserlöslich und löst sich in Wasser bei 20 °C zu 0,29 g je 100 g. Größere Bedeutung hat das gut wasserlösliche *Natriumbenzoat*, E 211, CAS 532-2-1, *M* 144,11, von dem sich bei 20 °C 57 g in 100 g Wasser lösen. *Kaliumbenzoattrihydrat*, E 212, CAS 582-25-2, *M* 214,26, und *Calciumbenzoat*, E 213, CAS 290-05-3, lösen sich gut in Wasser, haben für Lebensmittel aber eine geringere Bedeutung.

Benzoesäure kommt ebenfalls natürlich vor, z. B. in Rinden, Blättern, Blüten und Früchten, sowohl als Säure wie auch in Form von Derivaten. Benzoeharz enthält bis 18% Benzoesäure, vorzugsweise als Ester der Harzsäuren. Auch in Milcherzeugnissen findet sich Benzoesäure natürlicher Herkunft [152, 153, 171].

Das gebräuchliche Verfahren der Herstellung von Benzoesäure ist die katalytische Oxidation von Toluol mit Luft oder auch Sauerstoff.

37.5.2
Konservierende Wirkung, Anwendungen und Nachweis in Lebensmitteln

Die konservierende Wirkung der Benzoesäure beruht in erster Linie auf der Hemmung verschiedener Enzyme. Dazu gehören Enzyme, die den Essigsäurestoffwechsel und die oxidative Phosphorylierung regeln. Außerdem werden Enzyme im Citronensäurezyklus, besonders α-Ketoglutarsäure- und Bernsteinsäuredehydrogenase gehemmt. Daneben wirkt Benzoesäure auch auf die Zellwand von Mikroorganismen. Gehemmt werden in erster Linie Schimmelpilze und Hefen, aber auch verschiedene Bakterien. Zur Wirkung trägt bei, dass Benzoesäure konzentrationsabhängig den pH-Wert der Zelle erniedrigt. Aufgenommen wird die undissoziierte Benzoesäure. Die Wirkung ist daher wie bei Sorbinsäure pH-abhängig und bei niedrigen pH-Werten besser als bei höheren. In der Praxis wird nur unterhalb von pH 4,5–4 eine gute Wirkung erreicht [138].

Benzoate werden vorzugsweise in Lebensmitteln mit niedrigerem pH-Wert eingesetzt. Die praktisch sinnvolle Obergrenze liegt zwischen pH 4 und 5. Zur Anwendung kommt in erster Linie das gut wasserlösliche Natriumbenzoat.

Für die Bestimmung von Benzoaten in Lebensmitteln eignen sich besonders flüssig- und gaschromatographische Verfahren. Die amtliche Sammlung von Analysenmethoden nach § 64 LFGB enthält Analysenverfahren zur Bestimmung von Benzoaten in verschiedenen Lebensmitteln [7, 149].

37.5.3
Wirkungen am Menschen und Exposition

Die tägliche Aufnahme von 1 g Benzoesäure führte nicht zu gesundheitlichen Beeinträchtigungen. Ältere Verträglichkeitsstudien mit unterschiedlichen Ergebnissen wurden an wenigen oder einzelnen Probanden durchgeführt und sind damit wenig relevant. Bei der therapeutischen Verwendung zur Behandlung von Hyperammonämie traten nach oraler Gabe von 250–500 mg/kg über mehrere Jahre fast nie klinische Symptome ein. Überempfindlichkeitsreaktionen gegen Benzoate sind möglich. Nach oraler Aufnahme von Benzoaten wurden Urticaria, Asthmaanfälle, Rhinitis und anaphylaktischer Schock beobachtet. Die Symptome traten kurz nach der Aufnahme ein und verschwanden in der Regel nach wenigen Stunden [5, 15, 32, 49, 89, 135, 144, 151].

Nach einem Bericht der EU-Kommission kann die vertretbare Tagesdosis von 0–5 mg/kg KG für Benzoate bei Erwachsenen zu einem merklichen Teil und bei Kindern fast völlig ausgeschöpft werden [17].

37.5.4
Kinetik und Metabolismus

Oral aufgenommene Benzoate werden in Form der Säure aus dem Magen-Darmtrakt resorbiert. Die höchsten Plasmakonzentrationen werden bei Menschen nach 1–2 h erreicht.

Benzoesäure wird in der Leber mit Glycin zu Hippursäure konjugiert. Im Bereich der zu erwartenden Aufnahmemengen wurde unabhängig von der Dosis eine Transformation im Bereich von 17–29 mg/kg KG und Stunde entsprechend etwa 500 mg/kg KG und Tag beobachtet. Nach anderen Quellen liegt die Umsetzungsgeschwindigkeit höher. Hippursäure wird schnell über den Urin ausgeschieden. Es wurde gefunden, dass nach oraler Aufnahme von bis zu 160 mg/kg KG 75–100% innerhalb von 6 h, der Rest in 2–3 Tagen eliminiert wurden. Benzoesäure wird daher im menschlichen Körper nicht akkumuliert. Limitierender Faktor ist die Verfügbarkeit von Glycin. Bis zu 10% der aufgenommenen Menge können als Benzoylglucuronsäure ausgeschieden werden. Daneben können kleine Mengen an Benzoesäure auch direkt eliminiert werden [28, 80, 97, 98, 141].

37.5.5
Wirkungen auf Versuchstiere

Die akute Toxizität von Benzoesäure ist gering, die LD_{50} liegt bei über 2000 mg/kg KG [80].

In einer 5-Tage-Studie an Ratten mit 2250 mg/kg KG im Futter wurden Ataxie, Konvulsionen und histopathologische Veränderungen im Gehirn bei einer Mortalität von 50% beobachtet. Bei niedriger dosierten Studien ergaben sich keine eindeutigen Effekte. In einer 10-Tage-Studie an Ratten mit bis zu 1800 mg Natriumbenzoat je kg KG zeigten sich Änderungen verschiedener Parameter des Serums, histopathologische Änderungen der Leber und erhöhte Gewichte der Nieren. Bis zu 3000 mg/kg KG im Trinkwasser wurden in einer 35-Tage-Studie an Mäusen als für die längerfristige Behandlung verträglich gefunden, während die Mortalität bei 6000 mg/kg KG 75% und bei 12000 mg/kg KG bei 100% lag. Bei Verfütterung von bis zu 8% Natriumbenzoat an Ratten starben innerhalb von vier Wochen alle Tiere, die 8% im Futter erhalten hatten, und 19 von 20 Tieren bei 4%, begleitet von Atrophie von Milz und Lymphknoten. Außer Hypersensitivität waren bei 2% und darunter keine Abnormalitäten erkennbar [73, 95, 154, 164].

In zwei Studien an Ratten mit 1,5% im Futter ergaben sich verminderte Futteraufnahme und Gewichtszunahme. In einer der Studien war die Mortalität erhöht. In einer 4-Generationenstudie mit je 20 männlichen und weiblichen Ratten je Gruppe wurden bis zu 750 mg Benzoesäure je kg Körpergewicht verabreicht. Es wurde kein Einfluss auf Wachstum und Futterverwertung beobachtet. Ebenso wurden keine histopathologischen Veränderungen gefunden. Verfütterung von bis zu 2% an Ratten über 18–24 Monate resultierte nicht in signifikanten Unterschieden zur Kontrolle. Verabreichung von bis zu 6200 mg/kg KG im Trinkwasser an Mäuse ergab keine Hinweise auf kanzerogene Wirkung [92, 109, 154, 164].

In Ratten wurde bei bis zu 1% Benzoesäure kein Einfluss auf Fertilität oder Laktation gesehen. In einer Untersuchung, in der bis zu 1000 mg/kg KG intraperitoneal an Ratten verabreicht wurden, ergaben sich bei der höchsten Dosis erhöhte Mortalitäten *in utero* und reduzierte Gewichte der Feten. In Mäusen hatten 6200 mg/kg KG im Trinkwasser für die gesamte Lebenszeit keinen Einfluss auf die Testes. Eine Einzeldosis von 510 mg/kg KG am 9. Tag der Trächtigkeit hatte bei Ratten keinen nachteiligen Einfluss. Bei oralen Dosen bis zu 300 mg/kg KG wurden weder bei Muttertieren noch den Nachkommen von Ratten, Mäusen, Kaninchen oder Hamstern nachteilige Effekte gefunden. Bei mehr als 4% im Futter gefundene maternale Toxizität sowie Embryotoxizität wurden auf verminderte Nahrungsaufnahme und daraus resultierende Mangelernährung der Muttertiere zurückgeführt [80, 86, 92, 93, 146, 164].

37.5.6
Wirkungen auf biologische Systeme

Es liegt eine ganze Reihe von Untersuchungen mit Benzoesäure und Benzoaten an verschiedenen Testsystemen vor. Benzoesäure und Benzoate waren negativ in verschiedenen Ames-Tests mit und ohne metabolische Aktivierung. In Tests mit menschlichen Lymphoblastoidzellen und Lymphozyten ergaben sich keine Hinweise auf genotoxische Aktivität. In Tests auf Schwesterchromatidaustausch und Chromosomenaberration wurden wiederholt positive Ergebnisse erhalten, die möglicherweise auf zytotoxische Wirkungen zurückzuführen sind. Ein Zytogenetiktest an Ratten mit einfacher und wiederholter Applikation von bis zu 5000 mg/kg KG war ebenso negativ wie ein Host-Mediated-Assay. In einem Dominant-Letal-Test an Ratten ergaben sich dagegen verschiedene statisch signifikante, dosisabhängige Effekte [1, 64–66, 80, 86, 112, 118, 131, 162, 174].

37.6
PHB-Ester

37.6.1
Eigenschaften, Vorkommen und Herstellung

Die Ester der 4-Hydroxybenzoesäure oder *p*-Hydroxybenzoesäure und ihre Natriumverbindungen bilden farblose bis weiße Kristalle. Die Natriumverbindungen sind hygroskopisch. Verwendet werden der *Methylester*, E 218, CAS 99-76-3, M 152,15, der bei 127 °C schmilzt und sich in Wasser bei 20 °C zu 0,25 g in 100 g löst, der *Ethylester*, E 214, CAS 120-47-8, M 166,18, der bei 118 °C schmilzt und sich in Wasser bei 20 °C zu 0,11 g in 100 g löst, sowie die besser löslichen *Natriumverbindungen* des Methylesters E 219, M 174,15 und des Ethylesters, E 215, M 188,18. Die Zulassungen des *Propylesters*, E 216, CAS 94-13-3, M 180,21 und seiner Natriumverbindung E 217, M 202,21 ist in der EU gestrichen worden.

PHB-Ester scheinen nur in besonderen Fällen natürlich vorzukommen. Kleine Anteile wurden in Gelée royale gefunden [67].

4-Hydroxybenzoesäure lässt sich analog der Kolbe-Synthese aus Kaliumphenolat und Kohlendioxid darstellen. Zur Herstellung der Ester wird sie mit den entsprechenden Alkoholen umgesetzt.

37.6.2
Konservierende Wirkung, Anwendungen und Nachweis in Lebensmitteln

PHB-Ester wirken zwar vorwiegend fungistatisch, aufgrund ihrer phenolischen OH-Gruppe aber auch etwas stärker gegen Bakterien als Sorbate und Benzoate. Ihre Wirkung beruht in erster Linie auf der Zerstörung der Zellmembran und Denaturierung von Proteinen in der Zelle. Die antimikrobielle Wirkung nimmt mit der Kettenlänge des Alkoholteils zu [107].

Die Bedeutung der PHB-Ester für die Lebensmittelkonservierung ist aufgrund ihrer ungünstigen geschmacklichen Eigenschaften und ihres ungünstigen O/W-Verteilungskoeffizienten begrenzt, obwohl die Wirkung weitgehend pH-unabhängig ist. Angewendet werden sie, wenn ihre antibakterielle Wirkung vorteilhaft ist, z. B. bei getrockneten Fleischwaren, Überzügen für Fleischwaren, Snacks und Süßwaren. Größere Bedeutung haben sie für die Konservierung von Kosmetika.

PHB-Ester lassen sich ebenfalls flüssigchromatographisch bestimmen [149].

37.6.3
Wirkungen am Menschen und Exposition

Toxische Effekte scheinen nach Aufnahme von PHB-Estern nicht beobachtet worden zu sein. 2 g Methyl- und Propylester je Tag für einen Monat wurden von Menschen ohne Schäden vertragen. PHB-Ester haben allerdings ein merkliches sensibilisierendes Potenzial. Insbesondere kann dermale Applikation zu Dermatitis führen, aber auch nach oraler Aufnahme wurden Intoleranzreaktionen beobachtet [5, 32, 49, 89, 135, 137, 144].

Aufgrund der begrenzten Zulassungen wird die vertretbare Tagesdosis von 0–10 mg/kg KG nach einem vorläufigen Bericht der EU-Kommission nicht überschritten. Für die USA, in denen PHB-Ester in breiterem Umfang als in der EU verwendet werden, wurde eine Aufnahme von 1,3 mg/kg KG abgeschätzt, also nur ein kleiner Teil der vertretbaren Tagesdosis [17, 155].

37.6.4
Kinetik und Metabolismus

Nach oraler Aufnahme werden PHB-Ester rasch und vollständig resorbiert und zu *p*-Hydroxybenzoesäure hydrolysiert. Als Metaboliten treten *p*-Hydroxybenzoesäure, ein Diglucuronid der *p*-Hydroxybenzoesäure, *p*-Hydroxyhippursäure und Ethersulfate in speziesabhängig unterschiedlichen Mengen auf. Nach oraler Gabe von 50 mg/kg KG schieden Hunde 85–89% der verabreichten Dosis innerhalb von 48 Stunden aus. Orale Aufnahme von 1 mg/kg KG des Methylesters führte beim Hund nicht zur Akkumulation. Die Ausscheidung lag innerhalb von 24 h bei 96% der täglichen Dosis. Allerdings wurden in Gewebeproben aus Human-Brusttumoren Spuren von PHB-Estern gefunden, die aber auch aus dermaler Aufnahme aus mit PHB-Estern konservierten Kosmetika stammen können [36, 37, 41, 142].

37.6.5
Wirkungen auf Versuchstiere

Die akute Toxizität der PHB-Ester liegt nach verschiedenen Quellen bei etwa 6–8 g/kg KG und ist damit sehr gering. Die Werte für die entsprechenden Natriumverbindungen sind deutlich niedriger.

2% Methyl- oder Propylester im Futter für 12 Wochen wurden von Ratten ohne nachteilige Effekte vertragen, während bei 8% die Gewichtszunahme verringert war. An Hunden waren 1000 mg/kg KG für ein Jahr ohne Wirkung. In einigen subakuten Studien wurde gefunden, dass PHB-Ester im Vormagen der Ratte Zellproliferationen induzieren können, die ähnlich denen von Butylhydroxyanisol, aber weniger ausgeprägt waren. In anderen Studien wurden allerdings keine derartigen Effekte gefunden [41, 111, 119, 134, 142, 150].

Methyl-, Ethyl- und Propylester, verabreicht an Ratten über knapp zwei Jahre mit 0,9–1,2 g/kg KG bewirkten keine stoffspezifischen Schädigungen oder histologischen Veränderungen an Nieren, Leber, Lunge und anderen untersuchten Organen. 2% im Futter für die gesamte Lebenszeit hatten keine Veränderungen im Vergleich zur Kontrollgruppe zur Folge [70, 111].

Studien zu Reproduktion und Teratogenität an Ratten mit bis zu 10% Ethylester im Futter zeigten keine nachteiligen Einflüsse auf das Reproduktionsverhalten und keine Dosisabhängigkeit bei den aufgetretenen Anomalitäten. In Studien an Mäusen und Ratten mit bis zu 550 mg/kg KG sowie Hamstern und Kaninchen mit bis zu 300 mg/kg KG wurden keine signifikanten Effekte auf Körpergewicht der Muttertiere, Trächtigkeit, Anzahl der Implantate, Wurfgröße, Mortalität der Embryos oder Feten, deren Gewicht sowie Abnormalitäten gefunden. Bei Dosen bis zu 1,0% Methylester im Futter, entsprechend bis zu 1043 mg/kg KG, ergaben sich bei männlichen Wistar-Ratten keine Einflüsse auf die Zahl der Spermien, keine morphologischen Änderungen und ebenfalls keine Änderungen in den Serumkonzentrationen von Testosteron. Im Gegensatz dazu reduzierten 1000 mg/kg KG und Tag die Spermienzahl auf etwa 50% der

Kontrolle und auch den Testosteronspiegel im Serum signifikant. Da der LOAEL in dieser Studie bei 10 mg/kg KG und Tag lag, wurde in der EU die Zulassung des Propylesters gestrichen [41, 122, 123].

37.6.6
Wirkungen auf biologische Systeme

Eine Reihe von in vitro-Studien zur Mutagenität, darunter Studien zu Punktmutationen und Chromosomenaberration, *in vivo* Host Mediated Assay und Dominant-Letal-Test, war für den Methyl- und den Propylester negativ [156].

Im Screening auf östrogene Aktivität waren die Ester schwach positiv, wobei die Wirkung mit zunehmender Kettenlänge deutlich zunahm und vom Methyl- zum Propylester vom $2,5 \cdot 10^{-6}$-fachen bis zum 10^{-4}-fachen der Wirkung von 17β-Östradiol anstieg. Die Wirkung des Propylesters wurde durch das Antiöstrogen 4-Hydroxytamoxifen unterdrückt. Die relative Bindungsaffinität zum Östrogenrezeptor aus Uteri von ovarektomisierten Ratten lag für den Propyl- und den Ethylester bei 0,0006% sowie den Methylester bei 0,0004%. Auch in anderen Untersuchungen nahm mit der Kettenlänge der Alkoholkomponente die östrogene Wirkung deutlich zu. In Dosen von bis zu 800 mg/kg KG und Tag hatte der Methylester keinen Einfluss auf das Uterusgewicht bei Ratten. Bei Mäusen waren 1000 mg/kg KG und Tag des Ethylesters ebenfalls ohne Wirkung [26, 31, 61, 124, 136].

37.7
Sulfite

37.7.1
Eigenschaften, Vorkommen und Herstellung

Schwefeldioxid und die Salze der Schwefligen Säure haben konservierende und antioxidative Wirkung. *Schwefeldioxid*, E 220, CAS 746-09-5, M 64,07, pK_s 1,81 und 6,91, ist ein stechend riechendes, reizend wirkendes Gas, das sich bei $-10\,°C$ verflüssigt. Es ist leicht wasserlöslich und wird in wässriger Lösung eingesetzt oder in wässrige Produkte eingeleitet. Daneben hat eine ganze Reihe von Salzen und Derivaten praktische Bedeutung. Sulfite bilden weiße bis farblose Kristalle. Die zur Lebensmittelkonservierung verwendeten Salze der Schwefligen Säure sind *Natriumsulfit*, E 221, CAS 7757-83-7, M 126,04, von dem sich bei 20 °C in Wasser 2,1 g in 100 g lösen, sowie Natriumsulfit $\cdot$ 7 H$_2$O, M 252,16, *Natriumhydrogensulfit*, Natriumbisulfit, E 222, CAS 7631-90-5, M 104,06, das als konzentrierte wässrige Lösung erhältlich ist, *Natriumdisulfit*, Natriummetabisulfit, Natriumpyrosulfit, E 223, CAS 7681-57-4, M 190,11, *Kaliumhydrogensulfit*, Kaliumbisulfit, E 228, 7773-03-7, M 120,17, *Kaliumdisulfit*, Kaliummetabisulfit, Kaliumpyrosulfit, E 228, CAS 16731-55-8, *Calciumhydrogensulfit*, Calciumbisulfit, E 226, CAS 187-80-03-5, M 156,17, *Calciumsulfit* $\cdot$ 2 H$_2$O, E 226,

CAS 10257-55-3 (Calciumsulfit), M 156,17. Die Hydrogensulfite liegen in wässriger Lösung vor. Die Sulfite und Disulfite bilden farblose bis weiße Kristalle und sind mit Ausnahme des Calciumsulfits gut wasserlöslich.

Schwefeldioxid wird bei vulkanischen Eruptionen freigesetzt und entsteht beim Verbrennen schwefelhaltiger Stoffe. Technisch fällt es beim Abrösten sulfidischer Erze an. Zur Gewinnung wird auch Schwefel verbrannt. Rohes Schwefeldioxid wird durch Auswaschen mit Wasser und anschließende Desorption oder Verflüssigung gereinigt. Sulfite und Hydrogensulfite werden beim Einleiten von Schwefeldioxid in die entsprechenden Laugen in stöchiometrischen Verhältnissen gebildet. Beim Eindampfen entstehen daraus die festen Sulfite oder Disulfite.

37.7.2
Konservierende Wirkung, Anwendungen und Nachweis in Lebensmitteln

Bei Schwefliger Säure stehen gelöstes SO_2 und undissoziierte Schweflige Säure, Hydrogensulfit- und Sulfitionen in einem pH-abhängigen Gleichgewicht, von denen die Erstere die stärkste, die Letzteren die schwächste antimikrobielle Wirkung haben. Gehemmt werden im Wesentlichen enzymkatalysierte Reaktionen, z. B. von SH-Gruppen enthaltenden Enzymen. Außerdem werden Reaktionsketten dadurch blockiert, dass Zwischenprodukte mit Aldehyd- oder Ketogruppen mit SO_2 Additionsverbindungen bilden, die enzymatisch nicht mehr umgesetzt werden können [128].

Sulfite zeichnen sich durch eine vorwiegend antibakterielle Wirkung aus. In vielen Fällen werden sie aber eher gegen oxidativ bedingte oder durch Maillard-Reaktionen verursachte Verfärbungen oder zur Hemmung von Enzymen eingesetzt. Für die Verwendung in Wein ist die Bindung an Acetaldehyd wichtig, der sich anderenfalls geschmacklich bemerkbar machen würde. Sulfite können den oxidativen Abbau von Ascorbinsäure deutlich hemmen. Nachteilig ist die Zerstörung von Thiamin durch Sulfite, die aber von begrenzter Bedeutung ist, weil Lebensmittel mit hohem Vitamin-B-Gehalt selten mit Sulfiten konserviert werden. Sulfite sind im verzehrfertigen Lebensmittel oft in deutlich geringeren Mengen enthalten als ursprünglich zugesetzt, da durch Oxidation und Verflüchtigung beim Erhitzen deutliche Verluste eintreten können.

Für die Bestimmung von Sulfiten stehen zwei genormte Analysenverfahren zur Verfügung, ein Destillations- sowie ein enzymatisches Verfahren. Darüber hinaus enthält die Sammlung amtlicher Analysenverfahren nach § 64 LFGB Analysenvorschriften für die Bestimmung von Sulfiten in verschiedenen Lebensmitteln [7–9].

37.7.3
Wirkungen am Menschen und Exposition

Nach oraler Aufnahme sehr hoher Sulfitmengen wurden toxische und gastrointestinale Symptome wie Leibschmerzen und Erbrechen beobachtet. Letale Vergiftungen nach oraler Aufnahme dürften kaum möglich sein, weil bereits von Mengen unterhalb von 250 mg SO_2 Erbrechen eintritt [81].

Es gibt zahlreiche Berichte über allergische und Überempfindlichkeitsreaktionen gegen Sulfite, die nach Verzehr sulfithaltiger Lebensmittel auftraten. Sie betreffen oft Einzelfälle und Untersuchungen an Einzelpersonen. Berichtet wurde über Urticaria, Angioödeme, Atembeschwerden, Kopfschmerzen, Leibschmerzen und sogar anaphylaktische Schocks mit letalem Ausgang auch bei Aufnahmemengen über Lebensmittel mit zulässigen Gehalten. Gefunden wurden aber auch erhöhte IgE-Werte im Serum. Asthmatische Beschwerden könnten über gasförmiges Schwefeldioxid ausgelöst werden, das aus sulfithaltigen Lebensmitteln freigesetzt wird. Etwa 8% aller chronischen, steroidabhängigen Asthmatiker, aber nur etwa 1% der nicht abhängigen sollen überempfindlich auf Sulfite reagieren. Eine Analyse von Verbraucherbeschwerden in den USA zeigte ebenfalls zahlreiche verschiedene Reaktionen, zusätzlich zu den genannten auch Schluckbeschwerden, Juckreiz, lokale Schwellungen, Diarrhö, Kopfschmerzen und Krämpfe. 25% der heftigeren Reaktionen entfielen auf Atembeschwerden [54, 69, 87, 101, 143, 144, 163].

Bei Sulfiten sind auch bei normaler Ernährung Überschreitungen des ADI-Wertes möglich, der mit 0–0,7 mg/kg KG sehr niedrig liegt. Der vorläufige Bericht der EU-Kommission zum Verzehr von Lebensmittelzusatzstoffen geht von einem Verzehr von bis 266% des ADI und sogar bis zu über 1200% bei Kleinkindern aus. Eine internationale Übersicht von Verzehrsabschätzungen mit Daten aus verschiedenen Ländern und verschiedenen methodischen Ansätzen legt ebenfalls nahe, dass erhebliche Überschreitungen des ADI-Wertes möglich sind [17, 87].

37.7.4
Kinetik und Metabolismus

Sulfite werden schnell resorbiert und durch Sulfitoxidasen zu Sulfat oxidiert, die in merklichen Mengen in der Leber vorkommen. Nach oraler Gabe von bis zu 50 mg/kg KG an SO_2 in Form von ^{35}S-markiertem Natriumhydrogensulfit schieden Mäuse, Ratten und Affen innerhalb von 24 h 70–95% des markierten Schwefels über den Urin aus. Nur 2% oder weniger verblieben im Körper. Auch nach 400 mg/kg konnte im Urin von Ratten kein freies Sulfit nachgewiesen werden. Eine isolierte mit 1 mmol/L perfundierte Leber extrahierte innerhalb von 3 min 98% des Sulfits und schied innerhalb von 5 min über 80% und nach 30 min das gesamte Sulfit als Sulfat wieder aus. Parallel dazu wurde Glutathion ausgeschieden. Aufgrund der schnellen Oxidation tritt keine Akkumulation ein. Im Körper werden durch Abbau von Cystein regelmäßig kleine Mengen an Sulfit gebildet [72, 81].

37.7.5
Wirkungen auf Versuchstiere

Bei oraler Gabe liegt die LD_{50} bei Ratten je nach verabreichter Konzentration im Bereich zwischen 1000 und 2000 mg/kg KG, bei anderen Spezies darunter.

Sulfit in Form von Natriumdisulfit oder Acetaldehydhydroxysulfonat, als die wichtigste Form von gebundenem Sulfit in Wein, wurden an normalen und sulfitoxidasedefizienten Ratten mit bis zu 350 mg/kg KG für acht Wochen bzw. 175 mg/kg KG für fünf Wochen geprüft. In allen Disulfit erhaltenden Gruppen war die Futteraufnahme im Vergleich zur Kontrolle erhöht, allerdings nicht dosisabhängig. In den enzymdefizienten, Disulfit erhaltenden Ratten wurden dosisabhängig erhöhte Wasseraufnahme und bei der höchsten Dosis signifikant niedrigere Körpergewichte gemessen. Makroskopisch wurden in den enzymdefizienten Ratten weiße Flecken in den Lungen gefunden. Bei histopathologischer Untersuchung zeigten sich bei den höchsten Dosierungen an freiem oder gebundenem Sulfit verschiedene Schädigungen am Vor- und Drüsenmagen, die bei den enzymdefizienten Ratten ausgeprägter waren. Außerdem wurden pathologische Veränderungen in Form zytoplasmischer Vakuolen an den Parenchymzellen der Lebern enzymdefizienter Ratten beobachtet, die gebundenes Sulfit erhalten hatten. Der NOEL lag in dieser Studie bei 70 mg/kg KG, gerechnet als SO_2. Orale Gabe von 5 mg/kg KG Natriumdisulfit für bis zu 15 Tage führte zu verringerter Aktivität der alkalischen Phosphatase und Lactatdehydrogenase im Nierengewebe, die vom Anstieg der Aktivitäten im Urin begleitet war. Gaben von 0,5 und 1,0% Natriumdisulfit im Futter an Ratten führten zu verstärkter Calciumausscheidung. Hohe Sulfitdosen führen bei Ratten und Schweinen zu Thiaminmangelerscheinungen und Wachstumsdepression. Bei Schweinen beeinflussen bereits 0,16% im Futter den Thiaminstatus nachteilig [2, 48, 62, 63, 69, 72, 77, 161].

Bei Ratten, die für zwei Jahre bis zu 2% Natriumdisulfit in einem mit Thiamin supplementierten Futter erhielten, zeigten sich im Vor- und Drüsenmagen Hyperplasien und entzündliche Veränderungen. 30% der Tiere aus der 2%-Gruppe hatten milde atrophische Gastritis. Dosen von 0,5–2% Natriumdisulfit im Futter ergaben bei Ratten nach einem Jahr verschiedene Schäden an Nieren und anderen Organen, Fortpflanzungsorganen, Knochengewebe und Nervensystem, 0,25% im Futter ergaben dagegen keine pathologischen Veränderungen. Schweine vertrugen 0,38% Natriumdisulfit über 48 Wochen ohne Reaktion, nicht aber 0,83%, die zu verschiedenen Organschäden führten. Bis zu 0,12% Natriumdisulfit, entsprechend 70 mg/L SO_2, verabreicht im Trinkwasser über 20 Monate, hatten bei Ratten keine relevanten Unterschiede zur Kontrolle zur Folge. In einer zweieinhalb Jahre dauernden Studie an Ratten, die bis zu 750 mg/L SO_2 im Trinkwasser erhielten, zeigte sich kein Einfluss auf Futter- und Wasseraufnahme, Reproduktion, Laktation und Tumorhäufigkeit. Bei Mäusen wurden bei bis zu 2% Kaliumdisulfit im Trinkwasser (entsprechend 3000 mg/kg und Tag) keine Unterschiede zur Kontrolle in den Tumorhäufigkeiten gefunden. Bei Ratten, die für acht Wochen 100 mg/L *N*-Methyl-*N'*-Nitrosoguanidin im Trinkwasser und anschließend für 32 Wochen Futter mit 1% Kaliumdisulfit erhalten hatten, war die Häufigkeit von Adenokarzinomen im Drüsenmagen im Vergleich zur Kontrolle erhöht. Außerdem zeigten sich Läsionen der Magenschleimhaut [34, 72, 77, 81, 158, 160, 161].

Die Verfütterung von bis zu 700 mg/kg SO_2 in Form von Natriumdisulfit im Futter an Ratten über drei Generationen hatte keinen nachteiligen Einfluss auf innere Organe, Fortpflanzungsfähigkeit und Gewicht der Jungtiere. Bei Ratten, die zwischen Tag 7 und 14 der Trächtigkeit 0,1, 1 oder 10% im Futter erhalten hatten, war das Körpergewicht bei der höchsten Dosierung merklich erniedrigt. Ebenso waren, mutmaßlich durch das niedrige Körpergewicht der Muttertiere bedingt, Gewichte der Feten und die Überlebensrate in dieser Gruppe geringer. Es zeigten sich keine anderen signifikanten Änderungen und insbesondere keine teratogenen Effekte. In einer weiteren Studie erhielten Ratten zwischen Tag 8 und 20 der Trächtigkeit bis zu 5% Natriumsulfitheptahydrat im Futter. Insbesondere bei der höchsten Dosierung waren Futteraufnahme und Zunahme des Körpergewichts erniedrigt. Obwohl an den Feten einige schwach dosisabhängige Effekte beobachtet wurden, waren niedrigere Körpergewichte der Feten in den meisten Fütterungsgruppen einziger signifikanter Effekt. Ebenso wenig wurden in sulfitoxidasedefizienten Ratten teratogene Effekte gefunden. In einer Mehrgenerationenstudie wurden bis zu 2% Natriumdisulfit im Futter dosiert. Die meisten Parameter entsprachen den Werten der Kontrolle, allerdings war die Körpergewichtszunahme bei einigen Würfen vermindert. Bis 40fach wiederholte intraperitoneale Injektionen von bis zu 400 mg/kg KG Natriumhydrogensulfit hatten bei Mäusen ebenso wie Einzelinjektionen von bis zu 1000 mg/kg KG keinen Einfluss auf die Spermatogenese [40, 42, 68, 160].

37.7.6
Wirkungen auf biologische Systeme

Die veröffentlichten Studien zu Genotoxizität von Sulfiten ergeben kein einheitliches Bild, da z.T. negative und z.T. positive Resultate erhalten wurden. Eine 1:3-Mischung aus Natriumhydrogensulfit und Natriumsulfit wurde *in vitro* in Humanlymphocyten getestet. Dabei ergaben sich positive Ergebnisse bei Chromosomenaberration, Bildung von Micronuclei und Schwesterchromatidaustausch. Sulfit kann allerdings in DNS und RNS Cytosin in Uracil umwandeln und dadurch mutagen wirken [81, 113].

37.8
Propionate

37.8.1
Eigenschaften, Vorkommen und Herstellung

Propionsäure, Propansäure, E 280, CAS 79-09-4, M 74,08, pK_s 4,86, ist eine stechend riechende, farblose Flüssigkeit, die bei 141,1 °C siedet und bei −21,5 °C fest wird. Zugelassen sind auch *Natriumpropionat*, E 281, CAS 137-40-6, M 96,06, *Calciumpropionat*, E 282, CAS 4075-81-4, M 186,22 und *Kaliumpropionat*, CAS 327-62-8, E 283, M 112,17. Alle drei Propionate bilden farblose bis weiße Kristalle und sind gut wasserlöslich.

Propionsäure wird bei Fermentationen gebildet, insbesondere wenn daran Propionibakterien beteiligt sind. Sie trägt zum charakteristischen Aroma einiger Käse wie Emmentaler bei [30, 120].

Die praktisch verwendete Propionsäure wird synthetisch durch direkte Umsetzung von Ethylen mit Kohlenmonoxid und Wasser in einer Reppe-Reaktion erhalten. Sie fällt außerdem bei der Luftoxidation von Kohlenwasserstoffen zur Produktion von Essigsäure als Nebenprodukt an.

37.8.2
Konservierende Wirkung, Anwendungen und Nachweis in Lebensmitteln

Die konservierende Wirkung der Propionsäure ist geringer als bei den anderen Konservierungsstoffsäuren, so dass höhere Mengen verwendet werden müssen.

Die Wirkung ist ebenfalls pH-abhängig und beruht auf der Hemmung verschiedener Enzymsysteme.

Propionate werden zum Schimmelschutz bei Backwaren und zur Oberflächenbehandlung bei gereiften Käsen verwendet.

Zur Bestimmung stehen gaschromatographische Verfahren zur Verfügung.

Darüber hinaus enthält die Sammlung amtlicher Analysenverfahren nach § 64 LFGB Analysenvorschriften für die Bestimmung von Propionaten in Backwaren [7, 23].

37.8.3
Wirkungen am Menschen und Exposition

Toxische Effekte nach Aufnahme von Propionaten aus Lebensmitteln scheinen nicht bekannt geworden zu sein. 6 g wurden vertragen, ohne dass andere Symptome als leicht alkalischer Urin auftraten. Propionazidämie, die aus der Unfähigkeit resultiert, Propionyl-CoA abzubauen, ist selten. Sie tritt bei einem von 50 000 Neugeborenen auf. Der Aufnahme überhöhter Mengen dürfte der spezifische Geruch der Propionsäure entgegenstehen, der auch nach Zusatz von Propionaten zu Lebensmitteln erkennbar wird. Spezifische Überempfindlichkeit gegen Propionate dürfte selten sein, obwohl bei direkter Exposition eine asthmatische Reaktion eintreten kann [21, 144].

Die Zulassungen von Propionaten sind auf Backwaren und Käse beschränkt. Deshalb bleiben die Aufnahmemengen beschränkt. Der ADI-Wert für Propionate ist „not limited".

37.8.4
Kinetik und Metabolismus

Propionate werden im Magen-Darmtrakt schnell resorbiert. Im Körper wird Propionat unter Carboxylierung analog zu Fettsäuren zu Methylmalonyl-CoA gebunden und über Succinyl-CoA und Succinat zu CO_2 und H_2O abgebaut und kalorisch verwertet oder in andere Stoffwechselprodukte eingebaut. Aufgrund des schnellen Abbaus tritt keine Akkumulation ein. Auch nach Aufnahme hoher Mengen wird praktisch keine Propionsäure ausgeschieden. Endogen entsteht Propionyl-CoA, insbesondere beim Abbau von Fettsäuren mit ungerader Zahl von Kohlenstoffatomen und einiger Aminosäuren. Die Unfähigkeit, Propionyl-CoA abzubauen, resultiert in Azidose und kann zu Hyperammonurie führen [3, 159].

37.8.5
Wirkungen auf Versuchstiere

Die akute Toxizität von Propionsäure und ihren Salzen ist gering. Die LD_{50} wurde mit 2,6 g/kg KG ermittelt.

Verfütterung von bis zu 3% Natrium- oder Calciumpropionat für bis zu fünf Wochen an junge Ratten hatte keinen Einfluss auf das Wachstum. Höhere Dosen von Propionat lösten in der Ratte Zellproliferationen aus, die nach drei Wochen erkennbar wurden. 4% Propionsäure in pulverförmigem Futter induzierte schwerwiegende Hyperplasien in der Schleimhaut des Vormagens. Histologisch wurden Basalzellwucherungen und Veränderungen des Plattenepithels gefunden. Auch bei 0,4% im Futter wurden noch Hyperplasien ausgelöst. Allerdings sind die Effekte reversibel. Pelletiertes Futter mit 4% Propionsäure hatte keinen Einfluss auf die Schleimhaut des Vormagens. Der Gehalt an Propionsäure lag in den Hyperplasien bei pulverförmigem Futter dreifach höher als in normalem Gewebe. Andere kurzkettige Säuren wie Buttersäure verursachen vergleichbare Veränderungen [29, 52, 57, 58, 75].

Verfütterung von bis zu 3,75% Natriumpropionat in Brot an Ratten für ein Jahr in Kombination mit anderen Stoffen resultierte in leicht verminderter Futteraufnahme ohne weitere Effekte. In Langzeitstudien, darunter eine Lebenszeitstudie an Ratten, wurden vergleichbare Veränderungen am Vormagen beobachtet wie bei kürzerer Exposition, aber keine weiteren behandlungsbedingten Effekte [75].

In reproduktionstoxikologischen Studien wurden keine von Propionsäure verursachten Effekte beobachtet [57].

37.8.6
Wirkungen auf biologische Systeme

Propionsäure und Propionate wurden in einer Reihe von Tests auf Genotoxizität geprüft, darunter DNA-Repair-Test, Ames-Test ohne und mit metabolischer Aktivierung, Schwesterchromatidaustausch *in vitro* und Micronucleustest *in vivo*, die alle negativ waren [22, 175].

37.9
Andere

37.9.1
Borsäure und Natriumtetraborat

Borsäure, E 284, CAS 10043-35-3, M 61,84, pK_s 9,27, bildet ein farbloses Pulver bzw. Kristalle, die bei 171 °C schmelzen. Die Löslichkeit in Wasser liegt bei 20 °C bei 5 g je 100 g Wasser. *Natriumtetraborat*, Borax, E 285, CAS 1330-43-4, M 201,22 und Natriumtetraborat-Decahydrat, E 285, CAS 1303-96-4, M 381,37 bilden ebenfalls farblose Kristalle und lösen sich bei 20 °C zu 5 g bzw. 9,5 g in 100 g Wasser.

Borsäure findet sich in freier Form in Fumarolen. Borate bilden in verschiedenen Teilen der Welt große Lagerstätten. Borsäure kann aus Boraten mit starken Säuren freigesetzt werden. Zur Verwendung in Lebensmitteln ist bei Borsäure und Natriumtetraborat eine Aufreinigung erforderlich.

Borsäure und Borate wirken gegen Mikroorganismen durch Blockierung von Enzymen des Phosphatstoffwechsels und, anders als die organischen Konservierungsstoffsäuren, auch noch im neutralen Bereich. In der EU sind Borsäure und Borate ausschließlich zur Konservierung von Kaviar zugelassen. Sie können darin durch Emissionsspektroskopie bestimmt werden [45].

Die Aufnahme toxischer Mengen an Borsäure und Boraten wurde beobachtet. Symptome waren, Leibschmerzen, Erbrechen und Diarrhö. Vor einem letalen Ausgang nach Aufnahme hoher Mengen traten niedriger Blutdruck, Azidose und Nierenversagen ein. Symptome in Kindern mit chronischer Borsäureintoxikation waren epileptische Anfälle und Anämie. Aufgrund der Beschränkung der Zulassung in der EU auf Kaviar ist die Aufnahme gesundheitlich relevanter Mengen aus Lebensmitteln kaum möglich [20, 51, 102, 103, 133].

Borsäure und Borate werden schnell und vollständig resorbiert und relativ langsam eliminiert. Die mittlere Halbwertszeit wird mit 13,4 h angegeben. Es wurden teilweise aber auch deutlich höhere Werte von mehr als 28 h gefunden. Die Ausscheidung erfolgt unverändert [139].

Die akute Toxizität von Borsäure und Boraten ist gering, die LD_{50} liegt nach verschiedenen Quellen bei Ratten bei 2660–5240 mg/kg. In einer Mäusestudie starben innerhalb von 14 Tagen 100% der männlichen und 80% der weiblichen Ratten, die 10% Borsäure im Futter erhalten hatten, und 20% der Tiere bei 2,5%. Nach 13 Wochen betrug die Mortalität bei 1 und 2% im Futter über 50%, begleitet von verschiedenen Effekten, darunter vermindertes Körpergewicht, Hyperkeratose und Hyperplasien im Vormagen und testikuläre Degeneration. Bei 0,25% und 0,5% waren bei vergleichbaren Effekten wie bei den höheren Dosen die Überlebensraten nach 63 Wochen und 84 Wochen vermindert. Kanzerogene Effekte wurden nicht beobachtet. Irreversible testikuläre Atrophie und verminderte Spermatogenese wurden auch in einer Studie an Ratten gefunden, die für neun Wochen 0,3–0,9% Borsäure im Futter erhielten. Der NOEL für Borsäure lag bei 97 mg/kg KG und Tag. In Reproduktionsstudien erwies sich die Ratte als die empfindlichste Spezies. Bei 0,1% und 0,2% im Futter für die ersten 20 Tage der Trächtigkeit war das Gewicht der Feten vermindert. Der NOEL für Borsäure lag bei 55 mg/kg KG und Tag. Neben Auswirkungen auf Organgewichte führte Borsäure bei Ratten oberhalb von 0,8% im Futter zu signifikanter Mortalität der Feten und Missbildungen. Bei Mäusen stiegen oberhalb von 0,4% im Futter die Resorptionsrate und die Anzahl der Missbildungen [4, 13, 38, 59, 96, 116, 130, 165].

In einer ganzen Reihe von Testsystemen zur Genotoxizität waren Borsäure und Borate nicht oder allenfalls sehr schwach genotoxisch [25, 38, 100].

37.9.2
Dimethyldicarbonat

Dimethyldicarbonat, DMDC, Dimethylpyrocarbonat, Pyrokohlensäuredimethylester, E 242, CAS 4525-33-1, M 134,09, schmilzt bei 17 °C und siedet bei 172 °C unter Zersetzung. Die Löslichkeit in Wasser liegt bei 3,8 g je 100 g. In Wasser zerfällt Dimethyldicarbonat schnell zu Methanol und Kohlendioxid. Daneben können in behandelten Getränken Spuren Dimethylcarbonat (bis ca. 0,5 mg/L), Methylethylcarbonat (bis ca. 1,5 mg/L), in Gegenwart von Ammoniumionen auch Methylcarbamat (bis ca. 0,02 mg/L) enthalten sein und Amino- und Hydroxylgruppen in geringem Umfang carboxyliert werden. Methanol entsteht mit bis zu 120 mg/L in Mengen, die im Bereich des natürlichen Vorkommens in Säften liegen [126, 145].

Dimethyldicarbonat wird synthetisch ausgehend von Chlorameisensäureestern hergestellt.

Gegen Mikroorganismen wirkt Dimethyldicarbonat durch Reaktion mit Enzymen, z. B. an Amino- und Sulfhydrylgruppen, und daraus folgende Inaktivierung. In der EU darf Dimethyldicarbonat nur nichtalkoholischen aromatisierten Getränken, alkoholfreiem Wein und Flüssigteekonzentraten zugesetzt werden. Es kann gaschromatographisch bestimmt werden. Ein indirekter Nachweis ist über beim Zerfall in Spuren gebildetes Methylethylcarbonat möglich [19, 167].

Humandaten für Dimethyldicarbonat scheinen nicht vorzuliegen. Aufgrund des schnellen Zerfalls in Getränken ist die Aufnahme aus Lebensmitteln nicht anzunehmen.

Aus Getränken werden nur Reaktionsprodukte von Dimethyldicarbonat aufgenommen. Einige Carboxymethylaminosäuren werden unverändert ausgeschieden. Andere Carboxylierungsprodukte werden von Ratten- und Human-Leberhomogenaten schnell hydrolysiert. Methylcarbamat wurde von Mäusen zu einem erheblichen Teil metabolisiert und von Ratten mit einer Halbwertszeit von 24 h z. T. unverändert, aber auch in Form von *N*-Hydroxymethylcarbamat, ausgeschieden. Bei wiederholter Gabe wurde bei Ratten eine Akkumulierung von Methylcarbamat beobachtet [83].

Für Dimethyldicarbonat lagen die oralen LD_{50}-Werte an Ratte und Maus im Bereich von 300–900 mg/kg KG, für Dimethylcarbonat bei >10 000 mg, für Methylethylcarbonat bei >15 000 mg, für Methylcarbamat bei >2000–4500 mg und für carboxylierte Aminosäuren im Bereich von 3000 bis >15 000 mg. In subchronischen und chronischen Studien an Ratten für bis zu 30 Monate sowie an Hunden für ein Jahr mit Getränken, die mit 4000 mg/L Dimethyldicarbonat behandelt worden waren, führte diese Dosierung nicht zu Effekten, die der Behandlung zuzuschreiben waren. Ebenso wenig waren solche Getränke reproduktionstoxisch oder teratogen. Bis zu 1% Dimethyldicarbonat und Methylethylcarbonat, verfüttert an Ratten für 3 Monate, blieben ohne Wirkung, während Methylcarbamat bei Ratten für 13 Wochen bei Dosierungen oberhalb von 200 mg/kg KG zu einer Reihe von physiologischen und histologischen Veränderungen führte und sich insbesondere als hepatotoxisch erwies. Sondierung von 800 mg/kg KG und darüber führte zu vorzeitigen Todesfällen. In Langzeitstudien an der Maus mit bis zu 1000 mg/kg KG war Methylcarbamat nicht kanzerogen. In einer Langzeitstudie mit bis zu 200 mg/kg KG Methylcarbamat ergab sich eine signifikante Erhöhung von Neoplasien und hepatozellulären Karzinomen bei weiblichen Tieren. Das für den Menschen bei kontinuierlich hohem Verzehr an mit Dimethyldicarbonat behandelten Getränken resultierende Risiko wurde allerdings auf maximal 10^{-7} abgeschätzt. Methylcarbamat erwies sich als nicht immunotoxisch und war an Ratten bei bis zu 1% im Futter nicht embryotoxisch oder teratogen [83].

Dimethyldicarbonat war im Ames-Test negativ, behandelte Getränke auch im Micronucleustest. Von den Reaktionsprodukten war Methylcarbamat in einer Reihe von Tests zur Genotoxizität durchgehend negativ [83, 127].

37.9.3
Hexamethylentetramin

Hexamethylentetramin, Methenamin, Urotropin, 1,3,5,7-Tetraazatricyclo-[3.3.1.1^{3,7}]-decan, E 239, CAS 100-97-0, M 140,19 bildet farblose, hygroskopische Kristalle, die bei 230 °C schmelzen. In Wasser lösen sich bei 20 °C 67 g in 100 g. In Wasser zerfällt Hexamethylentetramin langsam zu Formaldehyd und Ammoniak.

Zur Herstellung von Hexamethylentetramin werden Formaldehyd und Ammoniak eingesetzt.

Die Wirkung von Hexamethylentetramin gegen Mikroorganismen beruht auf der Abspaltung von Formaldehyd, der mit Proteinen reagiert und dadurch auch Enzyme inaktiviert. Hexamethylentetramin ist in der EU ausschließlich und nur in geringen Mengen für Provolone-Käse zugelassen. Die Bestimmung erfolgt über freigesetzten Formaldehyd [91].

Hexamethylentetramin und seine Salze werden als Arzneimittelwirkstoffe bei Infektionen des Harntraktes verwendet, z.T. mit mehreren hundert mg pro Tag. Toxische Effekte wie Irritationen dürften erst bei sehr viel höheren Mengen auftreten, da 8 g reaktionslos vertragen wurden. Die Überschreitung des ADI-Wertes von 0–0,15 mg/kg KG oder Aufnahme relevanter Mengen aus Lebensmitteln ist aufgrund der sehr beschränkten Zulassung und der niedrigen Höchstmenge unwahrscheinlich [39].

Hexamethylentetramin wird schnell resorbiert und mit einer Halbwertszeit von ca. 4 h eliminiert. Akkumulierung tritt nicht ein. Im sauren Medium des Magens wird es z. T. unter Abspaltung von Formaldehyd zerstört [94, 176].

Für Hexamethylentetramin wurde die orale LD_{50} an der Ratte zu 9200 mg/kg bestimmt. Verfütterung von 0,4 g je Tag an Ratten führte zu Gelbfärbung des Fells, aber keinen weiteren Auffälligkeiten. Verabreichung von 0,1% oder 0,5% im Trinkwasser für 60 Wochen, von 5,0% für 30 Wochen an Mäuse resultierte in den höheren Dosierungen in geringfügiger Wachstumsverzögerung als einzigem Effekt. Bis zu 1600 mg/kg KG für bis zu 35 Wochen hatten keine Veränderung im Vergleich zur Kontrolle zur Folge. 1% im Trinkwasser für 104 Wochen oder 5% für zwei Wochen wurden Ratten gegeben. 50% der Tiere starben nach Gabe von 5%, die anderen trugen keine bleibenden Schäden davon. Ebensowenig wurden, abgesehen von Gelbfärbung des Fells, in den anderen Tieren behandlungsbedingte Effekte gefunden. In beiden Spezies gab es keine Anzeichen für Kanzerogenität. Auch in einer Mehrgenerationenstudie und einer Studie an Ratten mit bis zu 0,16% im Futter für bis zu 30 Monate war Hexamethylentetramin unauffällig. In einer 5-Generationenstudie mit bis zu 50 mg/kg KG im Trinkwasser wurden keine behandlungsbedingten Veränderungen bei Organen, Plazenten oder Feten gefunden. Allerdings traten bei 3 von 48 Tieren der höchsten Dosierung Tumore auf. In Reproduktionsstudien wurden nur in Hunden bei 29 mg/kg KG leicht erhöhte Zahlen von Totgeburten, leicht verringerte Überlebensraten der Jungtiere und verzögerte Gewichtszunahme beobachtet. In einer Hundestudie mit bis zu 1875 mg/kg im Futter für ein Jahr waren die physiologischen Parameter, Anzahl der Würfe und Wurfgröße normal. Allerdings traten in zwei Dritteln der Würfe Abweichungen auf. In einer weiteren Untersuchung an Hunden mit bis zu 0,0375% im Futter ergaben sich keine Effekte auf die Nachkommenschaft [39, 74, 129].

In verschiedenen Testsystemen wie dem Ames-Test mit und ohne metabolische Aktivierung, dem Rec-Assay, Tests auf Chromosomenaberration in Lymphocyten und HeLa-Zellen und Drosophila war Hexamethylentetramin mutagen, nicht aber im Dominant-Letal-Test [74].

37.9.4
Lysozym

Lysozym ist ein Enzym mit *N*-Acetylmuramoylhydrolase-Aktivität, E 1105, CAS 12650-88-3, *M* 14388. Lysozym löst sich gut in Wasser und ist bis ca. 50 °C stabil. Verwendet wird oft das Hydrochlorid, CAS 9066-59-5, *M* 14424, das ebenfalls gut löslich ist.

Das praktisch verwendete Lysozym stammt aus Hühnereiklar. Es lässt sich daraus durch Extraktion gewinnen. Enzyme ähnlicher Spezifität finden sich in zahlreichen Organismen.

Lysozym wirkt gegen Bakterien. Es hat Muramidaseaktivität und hydrolysiert β-glycosidische Bindungen zwischen *N*-Acetylmuraminsäure und *N*-Acetylmucosamin in den Glycopolysacchariden der Bakterienzellwand, besonders von grampositiven Bakterien. Es wird gegen Spätblähungen bei gereiften Käsen eingesetzt. Zur Bestimmung können immunologische Verfahren herangezogen werden [132, 173].

Toxische Effekte von Lysozym scheinen nicht bekannt geworden zu sein. Enzyme mit Lysozymaktivität sind weit verbreitet. Sie kommen im menschlichen Körper, z.B. im Speichel, Nasensekret und der Tränenflüssigkeit vor. Zusatz von Lysozym zu Säuglingsmilch führte wie bei gestillten Kindern zur Ausscheidung von IgA im Stuhl. Nachteilige Effekte der Anreicherung wurden nicht beobachtet. Allergische Reaktionen gegen Lysozym können auftreten, allerdings weniger häufig als gegen andere Proteine des Eiklars. Es wurde gezeigt, dass etwa 10% der Kinder und 3% der Erwachsenen mit Lebensmittelallergien auf Lysozym aus Hühnerei reagieren [47, 85].

Lysozym wird durch proteolytische Enzyme des Magen-Darmtraktes abgebaut. Bei Ratten waren nach 90 min nur noch 0,4% im Verdauungstrakt nachweisbar [166].

Von Ratten und Mäusen wurde Lysozym akut oral in Mengen bis zu 4000 mg/kg KG vertragen [85].

Hinweise auf genotoxische Effekte von Lysozym gibt es nicht.

37.9.5
Natamycin

Natamycin, Pimaricin, E 235, CAS 7681-93-8, M 665,73, bildet ein gelbliches Pulver, das empfindlich gegen Licht, Sauerstoff und Säuren ist und bei 180 °C unter Zersetzung schmilzt. In Wasser lösen sich bei 20 °C 0,04 g in 100 g.

Natamycin kommt in verschiedenen Streptomyceten vor und lässt sich aus dem Überstand von Kulturen von *Streptomyces natalensis* mit Lösemitteln isolieren.

Antimikrobiell wirkt Natamycin durch Komplexbildung auf die Zellmembran, deren Permeabilität dadurch erhöht wird. Die Wirkung richtet sich ausschließlich gegen Hefen und Schimmelpilze. Es wird zur Oberflächenbehandlung von Lebensmitteln eingesetzt, in der EU bei Hartkäse, Schnittkäse und halbfestem Schnittkäse sowie getrockneten, gepökelten Würsten. Für die Bestimmung steht ein flüssigchromatographisches Verfahren zur Verfügung [10].

Die Aufnahme hoher Mengen an Natamycin kann zu Kopfschmerzen, Erbrechen und Diarrhö führen. Diese traten bei 600–1000 mg und Tag, gelegentlich auch bei 300–400 mg auf. Überempfindlichkeitsreaktionen wurden bei der Behandlung von Pilzinfektionen mit Natamycin nicht beobachtet. Nach verschiedenen Untersuchungen wird die vertretbare Tagesdosis von 0–0,3 mg/kg KG und Tag nur zu einem kleinen Teil ausgeschöpft [78].

Natamycin wird von Ratten und Hunden als solches nicht resorbiert. Die Dickdarmflora von Ratten metabolisiert Natamycin, und ein geringer Prozentsatz der Metaboliten kann resorbiert werden. Bei Menschen ergab sich kein Hinweis auf Resorption [88].

Für die akute orale Toxizität von Natamycin an Ratten und Mäusen wurden LD_{50}-Werte im Bereich zwischen 1500 und 4700 mg/kg KG und Tag bestimmt, an anderen Spezies darunter liegende Werte. Bei Verabreichung von 0,2 und 0,8% im Futter für 13 Wochen waren verminderte Futteraufnahme und geringeres Wachstum die einzigen beobachteten Effekte, während niedrigere Konzentrationen ohne Wirkung blieben. Bei bis zu 0,1% Natamycin im Futter für zwei Jahre ergaben sich bei Ratten bei der höchsten Dosis ebenfalls niedrigere Futteraufnahme und Wachstum. Hinweise auf chronisch-toxische Wirkungen oder Kanzerogenität wurden nicht gefunden. Verfütterung von Abbauprodukten für 13 Wochen blieb ebenfalls ohne Wirkung. Bei Ratten führten 0,1% im Futter zu vermindertem Körpergewicht der Nachkommen, hatten aber sonst keinen Einfluss. 100 mg/kg KG in einer Mehrgenerationenstudie führten zu verminderter Anzahl lebender und nach 21 Tagen überlebender Jungtiere und vermindertem Gewicht. Hinweise auf teratogene Effekte ergaben sich bei Ratten bei bis zu 100 mg/kg KG nicht. Eine Studie mit bis zu 50 mg/kg KG und Tag an Kaninchen lieferte wegen erhöhter Mortalität der Muttertiere keine eindeutigen Ergebnisse [78, 140].

Natamycin wurde z. T. als Reinsubstanz, z. T. in Form einer handelsüblichen Zubereitung in einer ganzen Reihe von Genotoxizitätstests geprüft, ohne dass über positive Ergebnisse berichtet wurde. *In vivo* wurden bei Ratten nach bis zu 100 mg/kg KG keine Chromosomenaberrationen gefunden. Auch Untersuchungen an Abbauprodukten verliefen negativ [78, 88].

37.9.6
Nisin

Nisin, E 234, CAS 1414-45-5, M 3354,25, ist ein Lantibiozid mit 34 Aminosäuren. Es bildet farblose Kristalle, wird für die praktische Verwendung aber in standardisierter Form angeboten. In 0,01 M Salzsäure lösen sich bei 20 °C 5,7 g in 100 g. Nisin ist darin bis 100 °C stabil. In Präparaten wird die Aktivität in internationalen Einheiten (IU) angegeben, wobei 1 IU 0,025 µg reinem Nisin bzw. 1 µg Nisin 40 IU entsprechen.

Nisin findet sich in Kulturen von *Streptococcus lactis*, aus denen es sich isolieren lässt [172].

Es wirkt auf die Zytoplasmamembran grampositiver Organismen und führt zur Bildung von Poren, die einen schnellen und unspezifischen Ausstrom niedermolekularer Zellinhaltsstoffe ermöglichen. Das gilt besonders für Sporen unmittelbar nach dem Auskeimen. Nisin wird in einigen Milcherzeugnissen sowie Pudding auf Stärke- oder Griesbasis verwendet. Es kann mittels Enzym-Immunoassay bestimmt werden [43].

Nisin wird regelmäßig aufgenommen, da es von Lactobazillen produziert wird, die in Milch und Käse vorkommen. Es hat keinen Einfluss auf die Darmflora. Nachteilige Wirkungen der Aufnahme von Nisin, auch Sensibilisierung, scheinen nicht bekannt geworden zu sein [172].

Nisin wird von den proteolytischen Enzymen des Magen-Darmtrakts schnell abgebaut [172].

Für Nisin wurde an der Ratte die orale LD_{50} mit über 7 g/kg KG ermittelt. Ratten zeigten nach Verfütterung von $3,33 \cdot 10^6$ IU je kg Futter, entsprechend ca. 0,08%, für zwei Jahre und auch nach kombinierter Verfütterung von 2 mg/kg KG an Nisin und 40 mg/kg KG an Sorbinsäure keine behandlungsbedingten Veränderungen. Reproduktionstoxizität oder Teratogenität wurden ebenfalls nicht beobachtet [46, 151].

in vitro- und in vivo-Studien mit Nisin ergaben keine Hinweise auf genotoxische Effekte, aber die Möglichkeit zytotoxischer Wirkungen [115, 172].

37.10
Schutzmaßnahmen

In reiner oder konzentrierter Form wirken die Konservierungsstoffsäuren reizend und z. T. auch ätzend. Die Salze reagieren in wässriger Lösung z. T. alkalisch und können dadurch ebenfalls reizend wirken. Deshalb sind im Umgang damit die üblichen persönlichen Schutzmaßnahmen wie Schutzkleidung und Augenschutz erforderlich. Insbesondere bei SO_2 und Dimethyldicarbonat ist auch das Einatmen zu vermeiden.

Internationale Sicherheitsdaten (International Chemical Safety Cards) sind für Sorbinsäure, Benzoesäure, Natriumbenzoat, SO_2, Natriumsulfit, Kaliumdisulfit, Propionsäure, Natriumpropionat und Natriumtetraborat verfügbar [6].

37.11
Zulassungen

Lebensmittelrechtliche Zulassungen von Konservierungsstoffen erfolgen in der EU durch Umsetzungen der Richtlinie über andere Lebensmittelzusatzstoffe als Farbstoffe und Süßungsmittel (Richtlinie 95/2/EG) in nationales Recht. Diese Richtlinie lässt Sorbate für über 60, Benzoate für über 30, PHB-Ester, Propionate, Borate, Dimethyldicarbonat, Hexamethylentetramin, Lysozym, Natamycin, Nisin, Nitrate und Nitrite jeweils nur für wenige Lebensmittelkategorien mit stoff- und produktspezifischen Verwendungsbedingungen zu. Sulfite sind für eine noch größere Zahl von Anwendungen als Sorbate zugelassen, in denen aber z. T. die antioxidative Wirkung oder die Hemmung von Enzymen und nicht die konservierende Wirkung im Vordergrund stehen [11]. Die Zulassungen gelten nur für Stoffe, die den in einer Richtlinie über besondere Reinheitskriterien festgelegten Anforderungen (Richtlinie 96/77/EG) entsprechen. Darin werden der Mindestgehalt sowie Maximalwerte für mögliche Kontaminanten festgelegt. In Deutschland sind diese Bestimmungen durch die Zusatzstoffzulassungs-Verordnung und die Zusatzstoff-Verkehrsverordnung in das nationale Recht umgesetzt [12].

Voraussetzung für die Aufnahme in EU-Richtlinien ist die Bewertung durch den früheren Wissenschaftlichen Lebensmittelausschuss oder das Panel für Lebensmittelzusatzstoffe der Europäischen Behörde für Lebensmittelsicherheit mit Festlegung einer vertretbaren Tagesdosis oder der Bedingungen für die Verwendung.

Tab. 37.1 Vertretbare Tagesdosen (ADI) und Bewertungen der Konservierungsstoffe.

Stoff	ADI [mg/kg Körpergewicht] oder Bewertung
E 200 Sorbinsäure E 202 Kaliumsorbat E 203 Calciumsorbat	0–25 (als Sorbinsäure)
E 210 Benzoesäure E 211 Natriumbenzoat E 212 Kaliumbenzoat E 213 Calciumbenzoat	0–5 (als Benzoesäure, JECFA) 0–5 (einschl. Benzylverbindungen, EU)
E 214 PHB-Ethylester E 215 PHB-Ethylester-Na E 218 PHB-Methylester E 219 PHB-Methylester-Na	0–10 (Summe der PHB-Ester)
E 220 Schwefeldioxid E 221 Natriumsulfit E 222 Natriumhydrogensulfit E 223 Natriumdisulfit E 224 Kaliumdisulfit E 226 Calciumsulfit E 227 Calciumhydrogensulfit E 228 Kaliumhydrogensulfit	0–0,7 (gerechnet als SO_2)
E 280 Propionsäure E 281 Natriumpropionat E 282 Calciumpropionat E 283 Kaliumpropionat	not limited (JECFA) no concern (EU)
E 284 Borsäure E 285 Natriumtetraborat E 242 Dimethyldicarbonat E 239 Hexamethylentetramin E 1105 Lysozym	ohne (JECFA) akzeptabel für Kaviar (EU) akzeptabel für Getränke bis 250 mg/L 0–0,15 akzeptabel
E 235 Natamycin	0–0,3 (JECFA), akzeptabel bis 1 mg/dm^2 Oberfläche (EU)
E 234 Nisin	0–33 000 Einheiten (JECFA) 0–0,13 für 40 000 Einheiten/mg (EU)
E 249 Kaliumnitrit E 250 Natriumnitrit	0–0,06 für die Aufnahme aus allen Quellen
E 251 Natriumnitrat E 252 Kaliumnitrat	0–3,7 (nicht für Kleinkinder)

Konservierungsstoffe müssen gemäß der Richtlinie der EU über die Etikettierung und Aufmachung von Lebensmitteln sowie Werbung hierfür bei Lebensmitteln kenntlich gemacht werden, bei verpackten Lebensmitteln im Verzeichnis der Zutaten. Dabei müssen Schweflige Säure und Sulfite oberhalb einer Menge von 10 mg/kg SO_2 grundsätzlich gekennzeichnet werden. Diese Richtlinie ist in der Verordnung über die Kennzeichnung von Lebensmitteln in deutsches Recht umgesetzt [16].

Auf internationaler Ebene werden Konservierungsstoffe durch das Gemeinsame Expertenkomitee für Lebensmittelzusatzstoffe der WHO und FAO bewertet, das ebenfalls eine vertretbare Tagesdosis festsetzt. Diese Bewertungen dienen in vielen Ländern als Basis für die Akzeptanz auf nationaler Ebene. In den meisten Fällen sind die von diesem Komitee und den EU-Gremien festgelegten Werte identisch (vgl. auch Tab. 37.1).

Zur Erleichterung des internationalen Handels wird ein Generalstandard für Lebensmittelzusatzstoffe des Codex Alimentarius, eines gemeinsam von WHO und FAO getragenen Gremiums, erarbeitet, der ebenfalls genaue Verwendungsbedingungen festlegt. Teile liegen bereits in endgültiger Form vor. Voraussetzung für die Aufnahme in diesen Standard ist eine positive Bewertung durch JECFA mit Festlegung einer vertretbaren Tagesdosis oder der Bedingungen für die Verwendung [35].

37.12
Literatur

1 Abe S, Sasaki M (1977) Chromosome aberrations and sister chromatid exchanges in Chinese hamster cells exposed to various chemicals, *Journal of the National Cancer Institute* **58**: 1635–1641.

2 Akanji MA, Olagoke OA, Oloyede OB (1993) Effect of chronic consumption of metabisulphite on the integrity of the rat kidney cellular system, *Toxicology* **81**: 173–179.

3 Al-Hassnan ZN, Boyadjiev SA, Praphanhhoj V, Hamosh A, Braverman NE, Thomas GH, Geraghty MT (2003) The relationship of plasma glutamine to ammonium and of glycine to acid-base balance in propionic acidaemia, *Journal of Inherited Metabolic Disease* **26**: 89–91.

4 Allen BC, Strong PL, Price CJ, Hubbard SA, Daston GP (1996) Benchmark dose analysis of developmental toxicity in rats exposed to boric acid, *Fundamental and Applied Toxicology* **32**: 194–204.

5 Anderson JA (1996) Allergic reactions to food, *Critical Reviews in Food Science and Nutrition* **36**: S19–S38.

6 Anonym, International Chemical Safety Cards, Amt für amtliche Veröffentlichungen der Europäischen Union, Luxemburg.

7 Anonym, Methodensammlung – LMBG, Beuth, Berlin (online-Dienst).

8 Anonym (1998) Lebensmittel-Bestimmung von Sulfit, Teil 1. Optimiertes Monier-Williams-Verfahren, DIN-EN 1988-1.

9 Anonym (1998) Lebensmittel-Bestimmung von Sulfit, Teil 2. Enzymatisches Verfahren, DIN-EN 1988-2.

10 Anonym (1991) Käse und Käserinde. Bestimmung des Natamycin-Gehalts. Spektralphotometrisches und hochdruckflüssigchromatographisches Verfahren, ISO 9233.

11 Anonym (1995) Richtlinie 95/2/EG über andere Lebensmittelzusatzstoffe als Farbstoffe und Süßungsmittel, *Amtsblatt der Europäischen Union* **L 61**: 1–40 (mit Ergänzungen).

12 Anonym (1996) Richtlinie 96/77/EG zur Festlegung spezifischer Reinheitskriterien für andere Lebensmittelzusatzstoffe als Farbstoffe und Süßungsmittel, *Amtsblatt der Europäischen Union* **L 339**: 1–69 (mit Ergänzungen).

13 Anonym (1998) Boron, Environmental Health Criteria 204, WHO, Genf.

14 Anonym (1998) The effect of survey duration on the estimation of food chemical intakes, Institute of European Food Studies, Dublin.

15 Anonym (2000) Benzoic acid and benzoates. Concise International Chemical Assessment Document No. 26, WHO, Genf.

16 Anonym (2000) Richtlinie 2000/13/EG zur Angleichung der Rechtsvorschriften der Mitgliedsstaaten über die Etikettierung sowie Aufmachung von Lebensmitteln sowie Werbung hierfür, *Amtsblatt der Europäischen Union* **L 109**: 29–42.

17 Anonym (2001) Report from the Commission on dietary food additive intake in the European Union, Kommission der Europäischen Gemeinschaften Dokument COM72001/542.

18 Anonym (2003) Food Chemicals Codex, 5. Aufl. National Academies Press, Washington

19 Anonym (2004) OIV Resolution OENO 25/2004, Organisation Internationale de la Vigne et Vin, Paris.

20 Astier A, Baud F, Fournier A (1988) Toxicokinetics of boron after an acute intoxication, *Journal de Pharmacie Clinique* **7 Suppl. 2**: 57–62.

21 Bässler KH (1959) Stoffwechsel und Stoffwechselwirkungen von Propionsäure im Hinblick auf ihre Verwendung als Konservierungsmittel, *Zeitschrift für Lebensmittel-Untersuchung und -Forschung* **110**: 28–42.

22 Basler A, Hude W von der, Scheutwinkel M (1987) Screening of the food additive propionic acid for genotoxic properties, *Food and Chemical Toxicology* **25**: 287–290.

23 Beljaars PR, van Dijk R, Verheijen PJJ, Anderegg MJPT (1996) Gas chromatographic determination of propionic acid and sorbic acid of rye bread: Interlaboratory study, *Journal of the Association of Official Analytical Chemists* **79**: 889–894.

24 Benford D (2000) The acceptable daily intake: A tool for ensuring food safety, ILSI Europe, Brüssel.

25 Benson WH, Birge WJ, Dorough HW (1984) Absence of mutagenic activity of sodium borate (borax) and boric acid in the *Salmonella typhimurium* preincubation test, *Environmental and Toxicological Chemistry* **3**: 209–214.

26 Blair RM, Fang H, Branham WS, Haas BS, Dial SL, Moland CL, Tong W, Shi L, Perkins R, Sheehan DM (2000) The estrogen receptor relative binding of 188 natural and xenochemicals: Structural diversity of ligands, *Toxicological Sciences* **54**: 138–153.

27 Bowie JH, Cameron DW (1965) Colouring matters of the Aphididae. Part xxv. A comparison of aphid constituents with those of their host plants. A glyceride of sorbic acid, *Journal of the Chemical Society*, 5651–5657.

28 Bridges JW, French MR, Smith RL, Williams RT (1970) The fate of benzoic acid in various species, *Biochemical Journal* **118**: 47–51.

29 Bueld JE, Netter KJ (1993) Factors affecting the distribution of ingested propionic acid in the rat forestomach, *Food and Chemical Toxicology* **31**: 169–176.

30 Bülow H, Kohler W, Görth H, Pagga U, Kirsch P (1980) Propionsäure und -Derivate, in Ullmanns Enzykopädie der Technischen Chemie, 4. Aufl. Verlag Chemie, Weinheim Bd. 19: 453–461.

31 Byford JR, Shaw LE, Drew MGB, Pope GS, Sauer MJ, Darbre PD (2002) Oestrogenic activity of parabens in MCF7 human breast cancer cells, *Journal of Steroid Biochemistry and Molecular Biology* **80**: 49–60.

32 Clemmensen OJ, Hjorth N (1982) Perioral contact urticaria from sorbic and benzoic acid in salad dressings, *Contact Dermatitis* **8**: 1–6.

33 Clemmensen OJ, Schlodt M (1982) Patch test reaction of the buccal mucosa to sorbic acid, *Contact Dermatitis* **8**: 341–342.

34 Cluzan R, Causeret J, Hugot D (1965) Le métabisulfite de potassium. Étude de toxicité à long terme sur le rat, *Annales de*

35 Codex Alimentarius (1995) General standard for food additives, Codex Stan 192-1995 (mit Ergänzungen).
36 Darbre PD, Aljarrah A, Miller R, Goldham NG, Sauer MJ, Pope GS (2004) Concentrations of parabens in human breast tumours, *Journal of Applied Toxicology* **24**: 5–13.
37 Derache R, Dourdon J (1963) Métabolisme d'un conservateur alimentaire: L'acide parahydroxybenzoique et ses esters, *Food and Cosmetics Toxicology* **1**: 189–195.
38 Dieter MP (1994) Toxicity and carcinogenicity studies of boric acid in male and female B6C3F1 mice, *Environmental Health Perspectives* **102**, Supplement 7: 93–97.
39 Dreyfors JM, Jones SB, Sayed Y (1989) Hexamethylenetetramine: A review, *American Industrial Hygiene Association Journal* **50**: 579–585.
40 Dulak L, Chiang G, Gunnison AF (1984) A sulphite oxidase-deficient rat model: reproductive toxicology of sulphite in the female, *Food and Chemical Toxicology* **22**: 599–607.
41 EFSA (2004) Opinion adopted by the AFC Panel related to para hydroxybenzoates (E 214-219), *EFSA Journal* **83**: 1–26.
42 Ema M, Itami T, Kanoh S (1985) Effect of potassium metabisulfite on pregnant rats and their offspring, *Journal of the Food Hygienic Society of Japan* **26**: 454–459.
43 Falalee MB, Adams MR, Dale JW, Morris BA (1990) An enzyme immunoassay for nisin, *International Journal of Food Science and Technology* **25**: 590–595.
44 Fingerhut M, Schmidt B, Lang K (1962) Über den Stoffwechsel der 1-^{14}C-Sorbinsäure, *Biochemische Zeitschrift* **336**: 118–125.
45 Franko V, Holak W (1975) Collaborative study of the determination of boric acid in caviar by emission spectroscopy, *Journal of the Association of Official Analytical Chemists* **58**: 293–296.
46 Frazer AC, Sharrat M, Hickman JR (1962) The biological effects of food additives. I. Nisin, *Journal of the Science of Food and Agriculture* **13**: 32–42.
47 Fremont S, Kanny G, Nicolas JP, Monneret-Vautrin DA (1997) Prevalence of lysozyme sensitization in an egg-allergic population, *Allergy* (Copenhagen) **52**: 224–228.
48 Fujitani T (1993) Short-term effect of sodium benzoate in F344 rats and B6C3F$_1$ mice, *Toxicology Letters* **69**: 171–179.
49 Gailhofer G, Soyer HP, Ludvan M (1990) Nahrungsmittelallergien und Pseudoallergien – Mechanismen, Klinik und Diagnostik, *Wiener Medizinische Wochenschrift* **140**: 227–232.
50 Gaunt IF, Butterworth KR, Hardy J, Gangolli SD (1975) Long-term toxicity of sorbic acid in the rat, *Food and Cosmetics Toxicology* **13**: 31–45.
51 Gordon AS, Prichard JS, Freedman MH (1973) Seizure disorders and anemia associated with chronic borax intoxication, *Canadian Medical Association Journal* **108**: 719–721, 724.
52 Griem W (1985) Tumorigene Wirkung von Propionsäure an der Vormagenschleimhaut von Ratten im Fütterungsversuch, *Bundesgesundheitsblatt* **28**: 322–327.
53 Groten JP, Butler W, Feron VJ, Kozianowski G, Renwick AG, Walker R (2000) An analysis of the possibility for health implications of joint actions and interactions between food additives, *Regulatory Toxicology and Pharmacology* **31**: 77–91.
54 Gunnison AF, Jacobsen DW (1987) Sulfite hypersensitivity. A critical review, *Critical Reviews in Toxicology* **17**: 185–214.
55 Hallas-Møller T, Hansen M, Knudsen I (Hrsg) (2002) Food additives in Europe 2000. Status of Safety Assessments of Food Additives Presently Permitted in the EU, Tema Nord, Nordic Council of Ministers, Kopenhagen.
56 Hannuksela M, Haahtela T (1987) Hypersensitivity reactions to food additives, *Allergy* **42**: 561–575.
57 Harrison PT, Grasso P, Badescu V (1991) Early changes in the forestomach of rats, mice and hamsters exposed to dietary propionic and butyric acid, *Food and Chemical Toxicology* **29**: 367–371.

58 Harrison PT (1992) Propionic acid and the phenomenon of rodent forestomach tumorigenesis: A review, *Food Chemical Toxicology* **30**: 332–340.

59 Heindel JJ, Price CJ, Field MA, Marr MC, Myers CB, Morrissey RE, Schwetz BA (1992) Developmental toxicity of boric acid in mice and rats, *Fundamental and Applied Toxicology* **18**: 266–277.

60 Hendy RJ, Hardy IF, Gaunt IF, Kiss IS, Butterworth KR (1976) Long-term toxicity studies of sorbic acid in mice, *Food and Cosmetics Toxicology* **14**: 381–386.

61 Hossaini RA, Larsen JJ, Larsen JC (2000) Lack of estrogenic effects of food preservatives (Parabens) in uterotrophic assays, *Food and Chemical Toxicology* **38**: 319–323.

62 Hugot D, Causeret J, Leclerc J (1965) Effets de l'ingestion de sulfites sur l'excrétion du calcium chez le rat, *Annales de Biologie Animale, Biochimie, Biophysique* **5**: 53–59.

63 Hui JY, Beery JT, Higley NA, Taylor SL (1989) Comparative subchronic oral toxicity of sulphite and acetaldehyde hydroxysulphonate in rats, *Food and Chemical Toxicology* **27**: 349–359.

64 Ishidate MJ, Harnois MC, Sofuni T (1988) A comparative analysis of data on the clastogenicity of 951 chemical substances tested in mammalian cell cultures, *Mutation Research* **195**: 151–213.

65 Ishidate M, Odashima S (1977) Chromosome tests with 134 compounds on Chinese hamster cells in vitro – a screening for chemical carcinogenesis, *Mutation Research* **48**: 337–354.

66 Ishidate MJ, Sofuni T, Yoshikawa K, Hayashi M, Nohmi T, Sawada M, Matsuoka A (1984) Primary mutagenicity screening of food additives currently used in Japan, *Food and Chemical Toxicology* **22**: 623–636.

67 Ishiwata H, Takeda Y, Yamada T, Watanabe Y, Hosagai T, Ito S, Sakurai H, Aoki G, Ushiama N (1995) Determination and confirmation of methyl p-hydroxybenzotate in royal jelly and other foods produced by the honeybee, *Food Additives and Contaminants* **12**: 281–284.

68 Itami T, Ema M, Kawasaki H, Kanoh S (1989) Evaluation of teratogenic potential of sodium sulfite in rats, *Drug and Chemical Toxicology* **12**: 123–135.

69 JECFA (1965) Sulfur dioxide, in Specifications for Identity and Purity and Toxicological Evaluation of Some Antimicrobials and Antioxidants, FAO Nutrition Meetings Report Series No. 38, FAO Rom.

70 JECFA (1966) Methyl p-hydroxybenzoate, ethyl p-hydroxybenzoate, propyl p-hydroxybenzoate, in Toxicological Evaluation of Some Antimicrobials, Antioxidants, Emulsifiers, Stabilisers, Flour-treatment Agents, Acids and Bases. FAO Nutrition Meetings Report Series 40, FAO Rom.

71 JECFA (1966) Sorbic acid, in Evaluation of Some Antimicrobials, Antioxidants, Emulsifiers, Stabilisers, Flour-treatment Agents, Acids and Bases. FAO Nutrition Meeting Report Series 40, FAO Rom.

72 JECFA (1966) Sulfur dioxide and related substances, in Toxicological Evaluation of Some Antimicrobials, Antioxidants, Emulsifiers, Stabilisers, Flour-treatment Agents, Acids and Bases. FAO Nutrition Meeting Report Series 40, FAO, Rom.

73 JECFA (1974) Benzoic acid and its sodium and potassium salts, in Toxicological Evaluation of Some Food Additives Including Anticaking Agents, Antimicrobials, Antioxidants, Emulsifiers and Thickening Agents. WHO Food Additives Series 5, WHO Genf.

74 JECFA (1974) Hexamethylenetetramine, in Toxicological Evaluation of Some Food Additives, Anticaking Agents, Antimicrobials, Antioxidants, Emulsifiers and Thickening Agents. WHO Food Additives Series 5, WHO Genf.

75 JECFA (1974) Propionic acid and its calcium, potassium and sodium salts, in Toxicological Evaluation of Some Food Additives Including Anticaking Agents, Antimicrobials, Antioxidants, Emulsifiers and Thickening Agents. WHO Food Additives Series 5, WHO Genf.

76 JECFA (1974) Sorbic acid and its calcium, potassium and sodium salts, in Toxicological Evaluation of Some Food Additives Including Anticaking Agents, Antimicrobials, Antioxidants, Emulsifiers and Thickening Agents. WHO Food Additives Series 5, WHO Genf.

77 JECFA (1974) Sulfur dioxides and sulfites, in Toxicological Evaluation of Some Food Additives Including Anticaking Agents, Antimicrobials, Antioxidants, Emulsifiers and Thickening Agents. WHO Food Additives Series 5, WHO Genf.

78 JECFA (1976) Natamycin, in Toxicological Evaluation of Certain Food Additives. WHO Food Additives Series 10, WHO Genf.

79 J ECFA (1978) Guide to Specifications. FAO Food and Nutrition Paper 5, FAO Rom (mit Ergänzungen).

80 JECFA (1983) Benzoic acid and its calcium potassium and sodium salts, in Toxicological Evaluation of Certain Food Additives and Contaminants. WHO Food Additives Series 18, WHO Genf.

81 JECFA (1983) Sulfur dioxide and sulfites, in Toxicological Evaluation of Certain Food Additives and Contaminants. WHO Food Additives Series 18, WHO Genf.

82 JECFA (1987) Principles for the Safety Assessment of Food Additives and Contaminants in Food. Environmental Health Criteria 70, WHO Genf.

83 JECFA (1991) Dimethyldicarbonate, in Toxicological Evaluation of Certain Food Additives and Contaminants. WHO Food Additive Series 28, WHO Genf.

84 JECFA (1992) Compendium of Food Additive Specifications. FAO Food and Nutrition Paper 52, FAO Rom (mit Ergänzungen).

85 JECFA (1993) Lysozyme, in Toxicological Evaluation of Certain Food Additives and Naturally Occurring Toxicants. WHO Food Additives Series 30, WHO Genf.

86 JECFA (1996) Benzyl acetate, benzyl alcohol, benzaldehyde and benzoic acid and its salts, in Toxicological Evaluation of Certain Food Additives. WHO Food Additives Series 37, WHO Genf.

87 JECFA (1999) Sulphur dioxide and sulfites, in Safety Evaluation of Certain Food Additives. WHO Food Additives Series No. 42, WHO Genf.

88 JECFA (2001) Natamycin, in Evaluation of Certain Food Additives. WHO Food Additives Series 48, WHO Genf.

89 Juhlen L (1980) Incidence of intolerance to food additives, *International Journal of Dermatology* **19**: 548–551.

90 Jung R, Cojocel C, Müller W, Böttger D, Lück E (1992) Evaluation of the genotoxic potential of sorbic acid and potassium sorbate, *Food and Chemical Toxicology* **30**: 1–7.

91 Kaminski J, Atwal AS, Mahadewvan S (1993) Determination of formaldehyde in fresh and retail milk by liquid column chromatography, *Journal AOAC International* **76**: 1010–1013.

92 Kieckebusch W, Lang K (1960) Die Verträglichkeit der Benzoesäure im chronischen Fütterungsversuch, *Arzneimittel-Forschung* **10**: 1001–1003.

93 Kimmel CA, Wilson JG, Schumacher HJ (1971) Studies on metabolism and identification of the causative agent in aspirin teratogenesis in rats, *Teratology* **4**: 15–24.

94 Kling E, Mannisto PT, Mantyla R, Lamminsivu U, Ottoila P (1982) Pharmacokinetics of methenamine in healthy volunteers, *Journal of Antimicrobial Chemotherapy* **9**: 209–216.

95 Kreis H, Frese F, Wilmes G (1967) Physiologische und morphologische Veränderungen an Ratten nach peroraler Verabreichung von Benzoesäure, *Food and Cosmetics Toxicology* **5**: 505–511.

96 Ku WW, Chapin RE, Wine RN, Gladen BC (1993) Testicular toxicity of boric acid (BA): relationship of dose to lesion development and recovery in the F344 rat, *Reproductive Toxicology* **7**: 305–319.

97 Kubota K, Horai Y, Kushida K, Ishizaki T (1988) Determination of benzoic acid and hippuric acid in human plasma and urine by high performance liquid chromatography, *Journal of Chromatography* **425(1)**: 67–75.

98 Kubota K, Ishizaki T (1991) Dose-dependent pharmacokinetics of benzoic acid following oral administration of sodium benzoate to humans, *European Journal of Clinical Pharmacology* **41**: 363–368.

99 Lahti A, Maibach HI (1984) An animal model for nonimmunologic contact urticaria, *Toxicology and Applied Pharmacology* **76**: 219–224.

100 Landolp JR (1985) Cytotoxicity and negligible genotoxicity of borax and borax ores to cultured mammalian cells, *American Journal of Industrial Medicine* **7**: 31–43.

101 Lang K (1960) Die physiologischen Wirkungen von Schwefliger Säure, Behr's, Hamburg.

102 Linden CH, Hall AH, Kulig WH, Rumack BH (1986) Acute ingestion of boric acid, *Journal of Toxicology-Clinical Toxicology* **24**: 269–279.

103 Litovitz TL, Klein-Schwartz W, Oderda GM, Schmitz BF (1988) Clinical manifestations of toxicity in an series of 784 boric acid ingestions, *American Journal of Emergency Medicine* **6**: 209–213.

104 Lück E (1972) Sorbinsäure Bd. II Biologie, Behr's Hamburg.

105 Lück E, Remmert KH (1976) ADI-Wert und Lebensmittelrecht. Gedanken über Einflüsse und Auswirkungen, dargestellt anhand der Gesetzgebung über Lebensmittelkonservierungsstoffe in der Bundesrepublik Deutschland, *Zeitschrift für das gesamte Lebensmittelrecht* **3**: 115–143.

106 Lück E (1993) Sorbic acid, in Ullmanns Encyclopedia of Industrial Chemistry 5th Ed., VCH Publishers, Weinheim Vol A 24: 507–513.

107 Lück E, Jager M (1995) Chemische Lebensmittelkonservierung, 3. Aufl. Springer, Berlin, Heidelberg.

108 Lück H, Rickerl E (1959) Untersuchungen an *Escherichia coli* über eine Resistenzsteigerung gegen Konservierungsmittel und Antibiotika, *Zeitschrift für Lebensmittel-Untersuchung und -Forschung* **10**: 1001–1003.

109 Marquardt P (1960) Zur Verträglichkeit der Benzoesäure, *Arzneimittel-Forschung* **10**: 1033.

110 Massey RC, Forsythe L, McWeeny DJ (1982) The effects of ascorbic acid and sorbic acid on N-nitrosamine formation in a heterogeneous model system, *Journal of the Science of Food and Agriculture* **33**: 294–298.

111 Matthews C, Davidson J, Bauer E, Morrison JL, Richardson AP (1956) p-Hydroxybenzoic acid esters as preservatives.II. Acute and chronic toxicity in dogs, rats and mice, *Journal of the American Pharmaceutical Association Scientific Edition* **45**: 260–267.

112 McCann J, Choi E, Yamasaki E, Ames BN (1975) Detection of carcinogens as mutagens in the Salmonella/microsome test: assay of 300 chemicals, *Proceedings of the National Academy of Sciences of the United States of America* **72**: 5135–5139.

113 Meng Z, Zhang L (1992) Cytogenetic damage induced in human lymphocytes by sodium bisulfite, *Mutation Research* **298**: 63–69.

114 Münzner R, Guigas C, Renner HW (1990) Re-examination of potassium sorbate and sodium sorbate for possible genotoxic potential, *Food and Chemical Toxicology* **28**: 397–402.

115 Murinda SE, Rashid KA, Roberts RF (2003) In vitro assessment of the cytotoxicity of nisin, pediocin, and selected colicins on Simian virus 40-transfected human colon and vero monkey kidney cells with trypan blue staining viability assays, *Journal of Food Protection* **66**: 847–853.

116 Murray FJ, Price CJ, Strong PL (1995) Risk assessment of boric acid (BA): a novel pivotal study, *Toxicologist* **15**: 35.

117 Namiki M, Osawa T, Ishibashi H, Tsuji K, Namiki K (1981) Chemical aspects of mutagen formation by sorbic acid-sodium nitrite reaction, *Journal of Agricultural and Food Chemistry* **29**: 407–411.

118 Nakamura SI, Oda Y, Shimada T, Oki I, Sugimoto K (1987) SOS-inducing activity of chemical carcinogens and mutagens in *Salmonella typhimurium* TA1535/pSK1002: Examination with 151 chemicals, *Mutation Research* **192**: 239–246.

119 Nera EA, Lok E, Iverson F, Ormsby E, Karpinski KF, Clayson DB (1984) Short-term pathological and proliferative effects of butylated hydroxyanisole and other phenolic antioxidants in the forestomach of Fisher 344 rats, *Toxicology* **32**: 197–213.

120 Noël Y, Boyaval P, Thierry A, Gagnaire V, Grappin R (1999) Eye formation and Swiss-type cheeses, in Law BA (Hrsg)

121 Ohno Y, Sekigawa S, Yamamoto H, Nakamori K, Tsubura Y (1998) Additive toxicity test of sorbic acid and benzoic acid in rats, *Journal of Nara Medical Association* **29**: 695–708.

122 Oishi S (2002) Effects of propyl paraben on the male reproductive system, *Food and Chemical Toxicology* **40**: 1807–1813.

123 Oishi S (2004) Lack of spermatotoxic effects of methyl and ethyl esters of p-hydroxybenzoic acid in rats, *Food and Chemical Toxicology* **42**: 1845–1849.

124 Okubo T, Yokoyama Y, Kano K, Kano I (2001) ER-dependent estrogenic activity of parabens assessed by proliferation of human breast cancer MCF-7 cells and expression of ERa and PR, *Food and Chemical Toxicology* **39**: 1225–1232.

125 Osawa T, Ishibashi H, Nakamiki M, Kada T (1980) Demutagenic actions of ascorbic acid and cysteine on an new pyrrole mutagen formed by the reaction between food additives: Sorbic acid and sodium nitrite, *Biochemical and Biophysical Research Communications* **95**: 835–841.

126 Ough CS, Langbehn L (1976) Measurement of methylcarbamate formed by the addition of dimethyl dicarbonate to model solutions and wines, *Journal of Agricultural and Food Science* **24**: 428–430.

127 Ough CS (1983) Dimethyl dicarbonate and diethyl dicarbonate, in Branen AL, Davidson PM (Hrsg) Antimicrobials in foods, Marcel Dekker, New York Basel, 299–325.

128 Pfleiderer G, Jeckel D, Wieland T (1956) Über die Einwirkung von Sulfit auf einige DPN hydrierende Enzyme, *Biochemische Zeitschrift* **328**: 187–194.

129 Porta GD, Colnaghi MI, Parmiani G (1968) Non-carcinogenicity of hexamethylene tetramine in mice and rats, *Food and Cosmetics Toxicology* **6**: 707–715.

130 Price CJ, Strong PL, Marr MC, Myers CR, Murray FJ (1996) Developmental toxicity NOAEL and postnatal recovery in rats fed boric acid during gestation, *Fundamental and Applied Toxicology* **32**: 179–193.

131 Prival MJ, Simmon VF, Mortelmans KE (1991) Bacterial mutagenicity testing of 49 food ingredients gives very few positive results, *Mutation Research* **260**: 321–329.

132 Rauch P, Hochel I, Kas J (1990) Sandwich enzyme immunoassay of hen egg lysozyme in foods, *Journal of Food Science* **55**: 103–105.

133 Restuccio A, Mortensen ME, Kelley MT (1992) Fatal ingestion of boric acid in an adult, *American Journal of Emergency Medicine* **10**: 545–547.

134 Rodrigues C, Lok E, Nera E, Iverson F, Page D, Karpinski K, Clayson DB (1986) Short-term effects of various phenols and acids on the Fisher 344 male rat forestomach epithelium, *Toxicology* **38**: 103–117.

135 Rosenhall L (1982) Evaluation of intolerance to analgesics, preservatives and food colorants with challenge tests, *European Journal of Respiratory Diseases* **63**: 410–419.

136 Routledge EJ, Parker J, Odum J, Ashby J, Sumpter JP (1998) Some alkyl hydroxy benzoate preservatives (parabens) are estrogenic, *Toxicology and Applied Pharmacology* **153**: 12–19.

137 Sabalitschka T, Neufeld-Crzellitzer R (1954) Zum Verhalten der p-Oxybenzoesäureester im menschlichen Körper, *Arzneimittelforschung* **4**: 575–579.

138 Salmond CV, Kroll RG, Booth IR (1984) The effect of food preservatives on pH homeostasis in *Escherichia coli*, *J Genetics and Microbiology* **130**: 2845–2850.

139 Samman S, Naghii MR, Lyons Wall PM, Verus AP (1998) The nutritional and metabolic effects of boron in humans and animals, *Biological Trace Element Research* **66**: 227–235.

140 SCF (1979) Report of the Scientific Committee for Food on natamycin, in Reports of the Scientific Committee for Food 9th Series, European Communities, Brüssel, 22–24.

141 SCF (1996) Opinion on benzoic acid and its salts, in Reports of the Scienti-

fic Committee for Food 35th Series, European Commission, Brüssel, 29–34.

142 SCF (1996) Opinion on p-hydroxybenzoic acid esters and their sodium salts, in Reports of the Scientific Committee for Food 35th Series, European Commission, Brüssel, 9–11.

143 SCF (1996) Opinion on sulphur dioxide and other sulphiting agents used as food preservatives, in Report of the Scientific Committee for Food 35th Series, European Communities, Brüssel 23–28.

144 SCF (1997) Report on adverse reactions to foods and food additives, in Reports of the Scientific Committee for Food 37th Series, European Communities, Brüssel.

145 SCF (1998) Dimethyldicarbonate, in Report of the Scientific Committee for Food 39th Series, European Communities, Brüssel, 23–26.

146 SCF (2002) Opinion of the Scientific Committee on Food on Benzoic Acid and its Salts, Dokument SCF/CS/ADD/CONS/48 Final.

147 Schiffmann D, Schlatter J (1992) Genotoxicity and cell transformation studies with sorbates in Syrian hamster embryo fibroblasts, *Food and Chemical Toxicology* **30**: 669–672.

148 Schlatter J, Würgler FE, Kränzlin R, Maier P, Holliger E, Graf U (1992) The potential genotoxicity of sorbates: Effects on cell cycle in vitro in V79 cells and somatic mutations in Drosophila, *Food and Chemical Toxicology* **30**: 843–851.

149 Schulte E (1995) Vereinfachte Bestimmung von Sorbinsäure, Benzoesäure und PHB-Estern durch HPLC, *Deutsche Lebensmittel-Rundschau* **91**: 286–289.

150 Shibata MA, Yamada M, Hirose M, Asakawa E, Tatematsu M, Ito N (1990) Early proliferative responses of forestomach and glandular stomach of rats treated with five different phenolic antioxidants, *Carcinogenesis* **11**: 425–429.

151 Shtenberg AJ, Ignat'ev AD (1970) Toxicological evaluation of some combinations of food preservatives, *Food and Cosmetics Toxicology* **8**: 369–380.

152 Sieber R, Bütikofer U, Bosset JO, Rüegg M (1989) Benzoic acid as a natural component of foods, *Mitteilungen aus dem Gebiet der Lebensmittel-Untersuchungen und Hygiene* **80**: 345–362.

153 Sieber R, Bütikofer U, Bosset JO (1995) Benzoic acid as a natural compound in dairy products and cheese, *International Dairy Journal* **5**: 227–246.

154 Sodemoto Y, Enomoto M (1980) Report of carcinogenesis bioassay of sodium benzoate in rats: Absence of carcinogenicity of sodium benzoate in rats, *Journal of Environmental Pathology, Toxicology and Oncology* **4**: 87–95.

155 Soni MG, Taylor SL, Greenberg NA, Burdock GA (2002) Evaluation of the health aspects of methyl paraben: A review of the published literature, *Food and Chemical Toxicology* **40**: 1335–1373.

156 Soni MG, Burdock GA, Taylor SL, Greenberg NA (2001) Safety assessment of propyl paraben: A review of the published literature, *Food and Chemical Toxicology* **39**: 513–532.

157 Soschin D, Leyden J (1986) Sorbic acid-induced erythema and edema, *Journal of the American Academy of Dermatology* **14**: 234–241.

158 Takahashi M, Hasegawa R, Furukawa F, Toyoda K, Sato H, Hayashi Y (1986) Effects of ethanol, potassium metabisulfite, formaldehyde and hydrogen peroxide on gastric carcinogenesis in rats after initiation with N-methyl-N'-nitro-N-nitrosoguanidine, *Japanese Journal of Cancer Research* **77**: 118–124.

159 Thompson GN, Walter JH, Bresson JL, Ford GC, Lyonnet SL, Chalmers RA, Saudubray JM, Leonard JV, Halliday D (1990) Sources of propionate in inborn, Errors of propionate metabolism, *Metabolism* **39**: 1133–1137.

160 Til HP, Feron VJ, Groot AP de (1972) The toxicity of sulfite. I. Long-term feeding and multi-generation studies in rats, *Food and Cosmetics Toxicology* **10**: 463–473.

161 Til HP, Feron VJ, Groot AP de (1972) The toxicity of sulfite. II. Short- and long-term feeding studies in pigs, *Food and Cosmetics Toxicology* **10**: 291–310.

162 Tohda H, Horaguchi K, Takahashi K, Oikawa A, Matsushima T (1980) Epstein-Barr virus-transformed human lymphoblastoid cells for study of sister chromatid exchange and their evaluation as a test system, *Cancer Research* **40**: 4775–4780.

163 Tollefson L (1988) Monitoring adverse reactions to food additives in the US Food and Drug Administration, *Regulatory Toxicology and Pharmacology* **8**: 438–446.

164 Toth B (1984) Lack of tumorigenicity of sodium benzoate in mice, *Fundamental and Applied Toxicology* **4**: 494–496.

165 Treinen KA, Chapin RE (1991) Development of testicular lesions in F344 rats after treatment with boric acid, *Toxicology and Applied Pharmacology* **107**: 325–335.

166 Umetsu H, Van Chuyen N (1998) Digestibility and peptide patterns of modified lysozyme after hydrolyzing by protease, *Journal of Nutrition Science and Vitaminology* (Tokyo) **44**: 291–300.

167 Unterweger H, Valenta M, Bandion F (1990) Pyrokohlensäuredimethylester (Dimethyldicarbonat) – Zusätze bei Fruchtsäften, fruchtsafthaltigen Getränken und „entalkoholisiertem Wein", *Mitteilungen Klosterneuburg: Rebe und Wein, Obstbau und Früchteverwertung* **40**: 169–174.

168 Walker R (1990) Toxicology of sorbic acid and sorbates, *Food Additives and Contaminants* **7**: 671–676.

169 Walser P, Pfenniger S, Spinner C (2004) Chemische Konservierungsmittel in Lebensmitteln. Schweizerisches Lebensmittelbuch Kapitel 44, Bundesamt für Gesundheit, Medien und Kommunikation, Bern, Teilrevision.

170 Westöö G (1964) On the metabolism of sorbic acid in the mouse, *Acta Chemica Scandinavica* **18**: 1373–1378.

171 Wolf W (1974) Benzoesäure, in Ullmanns Enzyklopädie der Technischen Chemie, 4. Aufl. Chemie, Weinheim, Bd. 8: 366–382.

172 Vuyst L de, Vandamme, E (1994) Properties, fermentation and applications of nisin, in Bacteriocins of lactic acid bacteria – microbiology, genetics and applications, Blackie Academic & Professional, Glasgow, 151–221.

173 Yoshida A, Takagachi Y, Hishimune T (1991) Enzyme immunoassay for hen egg white lysozyme used as food additive, *Journal of the Association of Analytical Chemists* **74**: 502–505.

174 Zeiger E, Anderson B, Haworth S, Lawlor T, Mortelmans K (1988) Salmonella mutagenicity tests: IV. Results from the testing of 300 chemicals, *Environmental and Molecular Mutagenesis* **11** (Suppl 12): 1–158.

175 Zeiger E, Anderson B, Haworth S, Lawlor T, Mortelmans K (1992) Salmonella mutagenicity tests. V. Results from the testing of 311 chemicals, *Environmental and Molecular Mutagenesis* **19** (Suppl 21): 2–141.

176 Zondlo MM (1992) Final report on the safety assessment of methenamine, *Journal of the American College of Toxicology* **11**: 531–558.